Mechanics of Materials

재료역학

저자 구민세

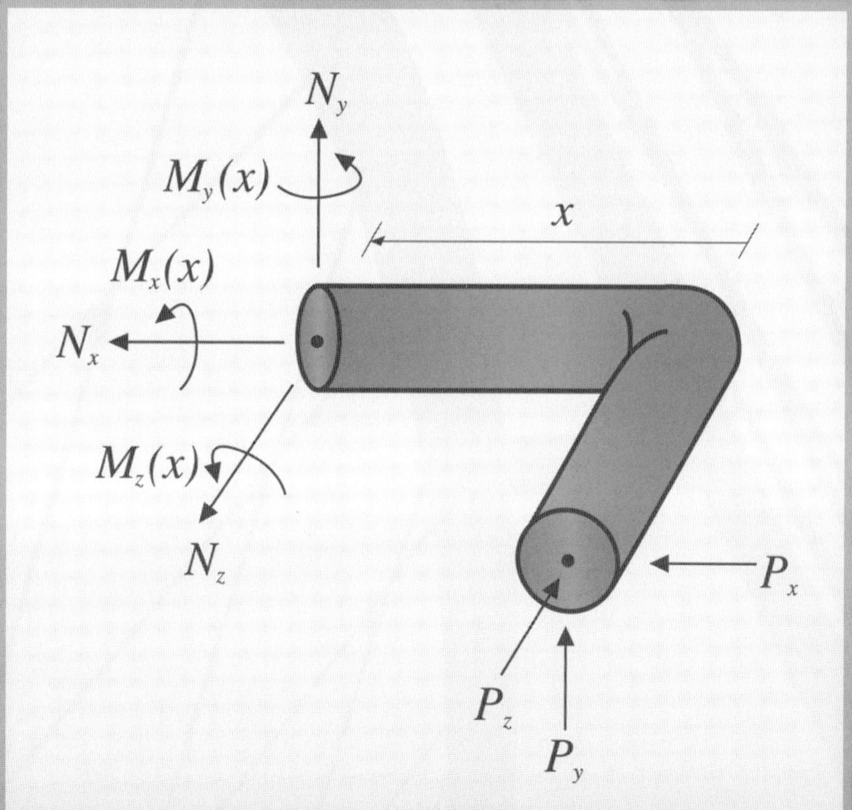

청문각

머리말

이 책이 나오기까지 많은 수고와 노력을 기울여준 박영제 박사, 김훈희 박사, 강윤식 석사, 김성만 석사, 베트남 호치민 대학교의 Do Dai Thang 교수, 정영도 박사, 임진선 박사, 박주영 석사, 정상민 석사, 연우 군에게 먼저 감사를 표한다.

이 책은 저자가 이십 수년간 교단에서 경험했던 것을 바탕으로 저술한 것으로서 책의 목차는 기존의 재료역학 도서들을 참고하여 약간 변형하였다.

이 책에서 저자가 강조하고 기존 재료역학 도서들과 차별화하려고 노력한 부분은 다음과 같다.

- 재료역학과 재료공학적 용어 및 실무와 관련된 예제의 개념 설명
- 정정구조시스템과 부정정구조시스템의 형태적, 기능적 차이점
- 간단한 공간구조시스템의 해석과 응력성분 분석
- 모어도를 이용한 3차원 응력 해석
- 에너지방법에서의 단위 하중법에 의한 처짐 및 처짐각 계산법
- 기둥에서의 P-Δ 효과의 개념 및 예제풀이

이 책을 쓰기 위해서 오랫동안 준비하고 정성을 기울였으나 탈고의 시점에서 뒤돌아보니 아쉬움도 많이 남는다.

끝으로 청문각의 김홍석 사장님 및 직원 여러분들의 노고에 깊은 감사를 표한다. 그리고 늘 곁에서 응원과 격려를 해준 가족들에게 고마운 마음을 전한다.

2012년 2월

저자 구민세

차 례

03 휨모멘트

04 비틀림

07 부재력선도

08 이중적분법에 의한 처짐각 및 처짐

09 모멘트 면적을 이용한 처짐각 및 처짐을 구하는 방법

10 에너지 방법

11 기 둥

서론(序論, Introduction)

재료역학(Mechanic of Materials)은 구조물(構造物, Structures)과 하중의 상호작용에 의한 변형(變形, Deformation), 변위(變位, Displacement) 및 응력상태(應力狀態, State of Stress)를 다루는 학문이다. 위에서 언급한 재료역학의 정의(定意, Definition) 속에는 재료역학을 처음 접하는 독자들에게 생소한 말들이 대부분이라고 생각한다. 용어의 표현에서 정의는 공학의 특성을 감안할 때 뜻을 정하는 것이라 판단하므로 한문으로 옳음을 정한다는 일반적인 표현인 '定義'로 표현하지 않고 '定意'로 표현했음을 밝혀둔다. 구조물이란 사용목적을 가지고 목적에 맞게 축조된 물체이고, 하중(荷重, Load)이란 구조물에 영향을 주는 외부로부터의 힘을 말하며, 하중을 세 가지로 구분하여 설명할 수 있다. 그 하나는 고정하중(固定荷重, Dead Load) 즉, 움직이지 않는 하중으로 구조물 자체의 중량으로 표현되는 자중이 있고, 또 하나는 사용목적에 부합되는 하중 즉, 사람, 차량 등을 들 수 있다. 세 번째로는 어쩔 수 없이 영향을 주는 바람, 눈, 지진 등이 있다. 여기서 바람은 풍하중, 눈은 설하중, 지진은 지진하중으로 표현되고 풍하중과 지진하중은 움직이는 하중 즉, 동하중(動荷重, Dynamic Load)으로 구분된다. 동하중은 속도와 시간에 관계되는 즉, 가속도(加速度, Acceleration)에 의해 관계되고 실무적으로 동하중은 등가정적하중(等價靜的荷重, Equivalent Static Load)으로 계산하여 설계에 반영하는 경우가 많다. 변형은 말뜻대로 형태가 변하는 것을 말하나 구조물이 파괴되지 않는 상태에서는 눈으로 식별할 수 없을 정도의 미소한 것이다. 변위는 하중을 받는 물체에 나타나는 크기와 방향을 가지는 벡터양 즉, 위치의 변화량을 말하며 수직방향의 처짐 또는 수평방향의 변위가 대표적이다.

'재료역학을 왜 배워야 하는가?'라는 의문은 독자들이 당연히 가져야 할 사항이고 다음의 목적을 생각하면 어렴풋이나마 답을 얻을 수 있으리라 생각한다. 재료역학을 배우는 목적은 구조물과 하중의 상호관계를 해석하여 안전하고 경제적인 더 나아가 미관이 수려한 구조물을 설계하기 위함이라 할 수 있다. 여기서 해석(解析, Analysis)이란 부재력(部材力, Member Force) 또는 단면력(斷面力, Section Force) 즉, 하중의 영향을 받아 부재 내적으로 작용되는 힘의 성분들을 계산하는 것을 말하고, 설계(設計, Design)란 해석 결과를 이용하여 안전성을 검토하고 경제적인 구조물의 도면을 작성하는 일련의 과정을 말한다. 여기서 부재(部材, Member)란 구조물을 구성하는 요소이고 도면이란 목적된 구조물을 축조하기 위해 평면도, 측면도를 포함하여 시공하는 데 필요한 모든 사항이 그림으로 표현된 것을 말한다. 여기서 시공이란 도면에 나타난 대로 정해진 규정(시방)에 따라 순차적으로 구조물을 세우는 것을 말한다.

이 책에서는 재료역학의 진도에서 필요한 정역학의 내용을 함께 다루어 학습에 효율성을 높이고자 한다. 여기서 정역학(靜力學, Statics)은 일명 강체(剛體, Rigid Body)역학이라고도 하며 변형을 고려치 않는 역학이다.

이 책의 언어적 표현의 특징이라 할 수 있는 것은 전문용어에 대해 가능한 한 괄호 속에 한문과 영문, 또는 한문과 영문으로 동시에 표현하기 어려운 것은 한문 또는 영문만으로 나타낸 것이다. 그리고 이 책에서 가장 많이 다루어지는 응력과 변형량의 계산은 간단한 식으로의 표현을 위해 단위를 생략한 숫자만을 사용하여 결과가 MPa과 mm로 산출되도록 하였으며 그 외 계산 과정에서도 단위를 생략하였다.

예제문제와 연습문제는 저자가 직접 만든 부분과 참고 문헌으로부터 발췌·변형하여 수록한 부분이 있음을 밝혀둔다.

01 응 력 Stress

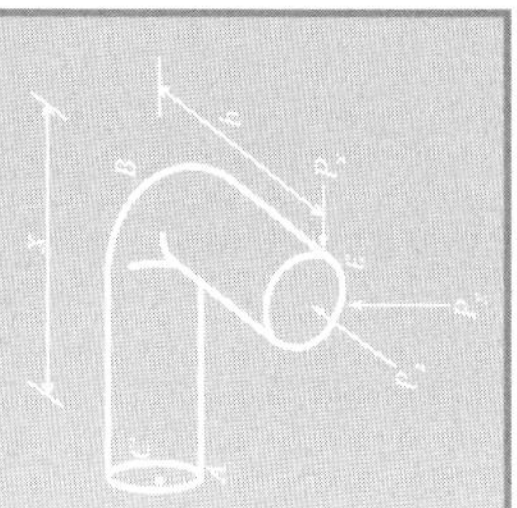

1.1 응력의 개념(Concept)

응력(Stress)이란 단위면적당의 힘을 말하며, 주로 사용되는 단위는 SI단위(System of International Units)로서 파스칼(Pa)이고 지금도 일부 외국 서적에서는 psi(Pound per Square Inch, lb/in^2)를 쓰는 경우가 있는데, 이 책에서는 국제 통용 단위인 SI단위로 통일하여 사용하기로 한다. 참고로 국내에서는 MPa로 통일하여 사용하는 추세이다.

우선 힘의 단위는 N(Newton)이 있고, $1\ \mathrm{N} = 1\ \mathrm{kg\ m/sec^2}$으로 정의된다. 우리가 일반적으로 말하는 1 kg은 중력 상태에 있기 때문에 1 kg중 또는 1 kgf로 표현된다. 여기서 1 kg중에서 '중'은 중력가속도 $9.81\ \mathrm{m/sec^2}$이다. 따라서 $1\ \mathrm{kg}$중$= 1\ \mathrm{kg} \times 9.81\ \mathrm{m/sec^2}$이므로 9.81 N이나 10 N으로 간주하여 사용하여도 무리가 없다.

참고로 우리가 흔히 사용하는 힘과 관련된 용어 중 질량(質量, Mass)과 무게가 있는데 질량은 힘을 중력가속도로 나눈 것을 말하며 무게는 힘을 의미한다. 무게는 또한 중량(重量, Weight)과 같은 뜻이다.

응력이란 단위를 왜 사용해야 하는지에 대해 생각해 보기로 하자. 어느 물체에 힘이 가해진 것만으로 표현한다면 그 물체가 받고 있는 부담 정도는 정량적(定量的, Quantitative)으로 어느 정도 가늠할 수는 있겠으나 정성적(定性的, Qualitative)인 표현으로는 부족하다. 물체가 크면 부담은 적을 것이고 작으면 그 반대이다. 그러나 가해진 힘을 단위면적당의 힘으로 표현한다면 부담 정도를 정량적 및 정성적으로의 표현이 가능하다. 예로 그림 1.1을 이용하여 설명하면 응력의 개념이 확실히 이해될 것이다.

그림 1.1로부터 (b)단면의 면적이 (a)단면의 2배이고 수직으로 작용된 하중 P는 같다

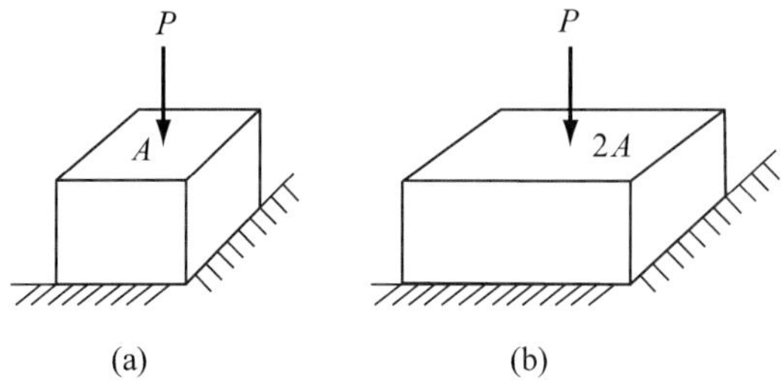

그림 1.1

고 할 때 단위면적당의 힘 즉, 응력은 (a)단면에 발생되는 응력이 (b)단면에 발생되는 응력의 2배가 된다. 즉, (a)단면이 (b)단면보다 응력측면에서 2배 더 부담된다는 의미로 풀이된다.

1.2 응력의 종류

응력의 종류를 설명하기 전에 축(軸, Axis)과 전단축(剪斷軸, Shear Axis)에 대한 정의가 선행되어야 한다. 축이란 길이 방향의 도심을 연결한 선이고 그냥 축 또는 종축이라고도 하며 축에 직각 방향을 전단축 또는 횡축이라고 한다. 만약 축이 수직으로 놓여있으면 수직축(垂直軸, Vertical Axis)이 된다. 그림 1.2에 축과 전단축에 대한 정의가 설명되어 있다.

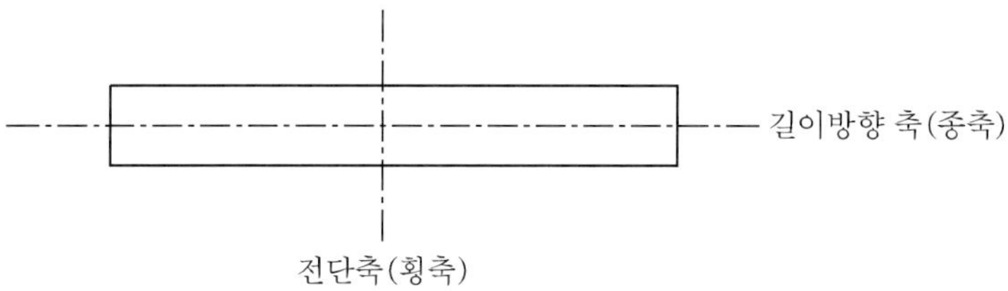

그림 1.2

- **축응력(軸應力, Normal Stress, Axial Stress) 또는 수직응력(垂直應力, Vertical Stress)**

축응력은 축방향으로 작용되는 힘과 휨모멘트에 의한 응력으로서 고대 그리스 문자인 σ(시그마)로 표시한다. 축응력은 압축응력(壓縮應力, Compressive Stress)과 인장응력(引張應力, Tensile Stress)으로 구분된다. 1장에서는 축방향력에 의한 축응력 또는 수직응력에 대해 다루고 휨모멘트에 의한 축응력은 3장에서 다루기로 한다. 축응력에서 압축응력과 인장응력에 대한 독자들의 이해를 돕기 위해 그림을 이용하여 설명해보자. 그림 1.3(a)에서와 같이 한 변이 a인 정사각형 기둥이 수직상태에서 하향으로 하중 P를 받고

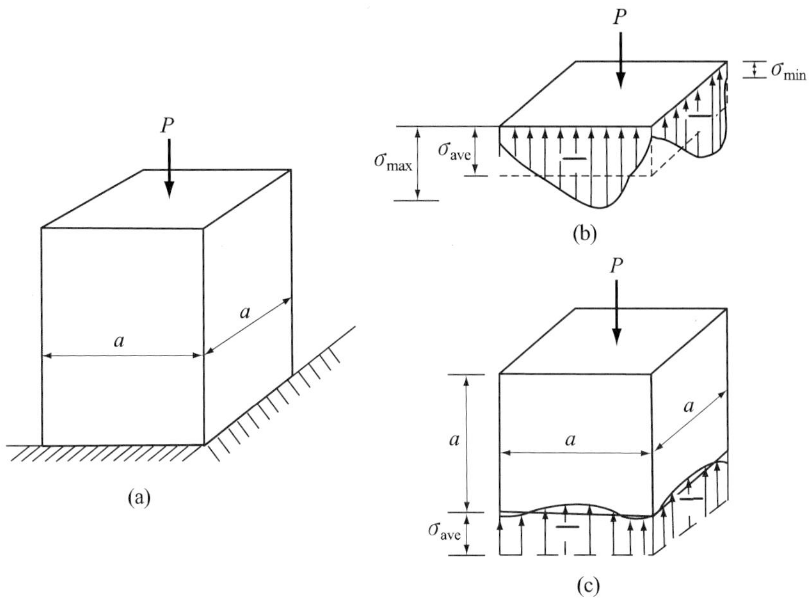

그림 1.3

있을 때의 평균응력 σ_{ave}는 수직하중 P를 단면적 $A = a^2$으로 나눈 것으로서 $\sigma_{ave} = \dfrac{P}{A}$로 표현되고 압축응력이다.

압축응력은 부호 규정상 '−'로 표시한다. 그림 1.3(b)는 하중 P가 단면 표면에 골고루 분포될 수 있는 장치가 되어 있지 않고 직접 작용될 때의 응력분포 상태도이다. 그림에서 응력분포는 하중 작용점에서 크게 집중되어 있고 하중작용점 바깥쪽으로 응력이 점차 작아짐을 알 수 있다. 한편 그림 1.3(c)의 경우 하중 작용점에서 폭 a만큼 떨어진 곳에서의 응력은 비교적 평균화되어 있음을 알 수 있다. 만약 그림 1.3(a)에서 하중 P가 상향으로 작용되면 인장응력이 발생되고 부호 규정상 '+'로 정의한다. 그림 1.3(a)는 물론 좌굴(座屈, Buckling)이 발생되지 않는다는 가정이다. 좌굴이란 부재가 휘어져 파괴되는 현상이고 이 장(章)에서는 간단히 언급하고 11장에서 상세히 다루기로 한다.

다음으로 구조물로서는 비교적 간단한 트러스(Truss) 구조에 대한 예제(例題, Example)를 분석해 보기로 하자.

간단한 트러스 구조물의 해석 예

그림 1.4는 경사진 부재 AC와 수직부재 BC가 C점에서 연결되어 있고 A점과 B점은 지점으로 구성되어 있다. 그림에서 C점과 같은 연결을 핀 연결(Pinned Connection) 또는 절점 연결(節點連結, Hinged Connection), 힌지(Hinge) 연결이라 하는데, 우리나라에

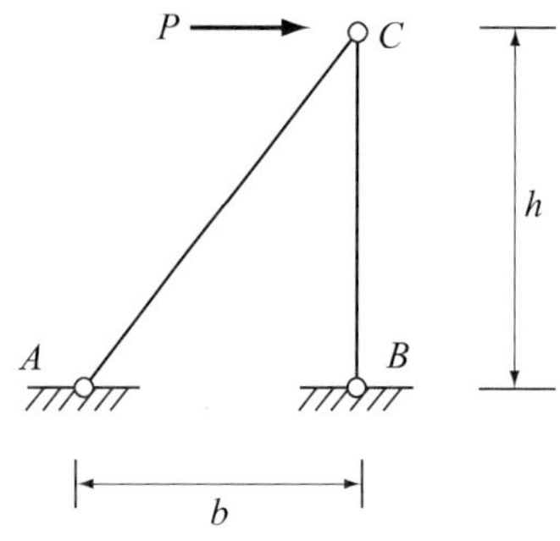

그림 1.4

서는 주로 힌지 연결로 표현되고 있다. 따라서 이 책에서도 힌지 연결로 통일하여 표현하기로 한다. 연결부 상세도는 예제 1.4에서 상세히 다루기로 한다. 이 문제에서 해결해야 할 것은 간단한 구조물에서 C점에 작용되는 수평하중(水平荷重, Horizontal Load) P가 부재 AC와 부재 BC로 전달되는 힘을 결정하는 것이다. 이 힘을 결정해야 하는 이유는 힘의 크기에 맞는 부재 AC, BC의 단면 및 A, B, C점의 연결부 설계를 하기 위함이다.

지점에도 여러 종류가 있으나 여기서는 방향만 고정된 힌지지점을 다루기로 한다. A점과 B점의 힌지지점은 고정된 상태에서 수직면(垂直面, Vertical Plane)과 수평면(水平面, Horizontal Plane)으로 회전이 가능한 기능을 갖고 있다. 즉, 회전력(모멘트)은 지지될 수 없는 힌지구조이다. 구조물을 구성하는 부재로는 트러스, 보(Beam), 기둥(Column), 판(板, Plate) 등이 있으나 이 예제에서는 가장 간단한 구조물의 구성요소인 트러스 부재에 대해 정의하기로 한다. **트러스 부재는 양단이 힌지로 구성되어 있고 하중은 힌지에만 작용되는 특징을 갖는 부재이다. 이러한 외형적 특징을 갖는 부재는 오직 축력(축방향력)만 전달시킨다.** 그림 1.4에 나타낸 부재 AC와 부재 BC는 트러스 부재이다. 이 예제를 해석하는 방법은 두 가지가 있는데 이를 모두 설명하기로 하자.

1) 힘의 평형방정식을 전체구조시스템에 적용시키는 경우

이 경우에는 먼저 지점 A, B에서 부재 AC와 부재 BC에 의해 전달된 힘의 지지력을 계산해야 하는데, 그림 1.4에서 다루는 문제의 지점 A, B는 수평력과 수직력을 지지할 수 있는 지점이고 이 지지력을 지점반력(反力, Reaction Force)이라 한다.

그림 1.5에서 A점과 B점에서의 수직방향의 반력을 각각 A_V, B_V로, 수평반력은 각각 A_H, B_H로 표현하였다. 여기서 첨자 V는 수직 즉, Vertical의 그리고 첨자 H는 수평 즉, Horizontal의 첫 자를 의미하는 것으로 하였다. 이 문제에서는 물론 역학의 모든 문제해결의 기본이 되는 힘의 평형조건과 자유물체도(自由物体圖, Free Body Diagram:

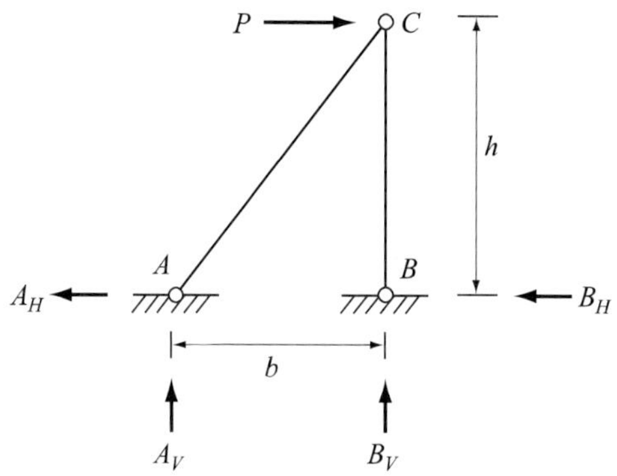

그림 1.5

F.B.D)를 이용하여 구조물을 해석할 것이다. 지금부터 힘의 평형방정식과 자유물체도를 상세히 설명할 텐데, 본 저자는 독자들에게 힘의 평형방정식과 자유물체도를 완전히 이해하면 모든 역학의 반 이상을 이해한 것이라고 말할 수 있다. 실력 있는 기술자, 더 나아가 능력 있는 기술자가 되기 위한 첫 발걸음인 만큼 꼭 이해해야만 한다고 생각한다. 여기서 능력 있는 기술자란 전문적으로 실력을 갖춤은 물론, 넓은 시야로 좌우, 상하를 살필 줄 알고 남을 배려할 수 있는 품성을 갖춘 기술자라고 생각한다. 이 책으로 공부하는 독자들은 모두 실력 있는 기술자를 뛰어넘어 능력 있는 기술자가 되길 바란다.

힘의 평형방정식에 대한 설명 예로 체중이 70 kg중인 사람이 똑바로 서 있을 시 각 발밑에서는 35 kg중씩 지지되고 있으므로 정지상태를 유지할 수 있을 것이다. 만약 지지력이 35 kg중보다 크거나 적은 경우 서있는 사람은 위로 올라가거나 아래로 내려가게 될 것이다. 이것이 바로 힘의 평형방정식의 원리이다. 여기서 체중의 작용방향은 하향(↓)이고 지지력의 방향은 상향(↑)이며 평형을 이루어야만 수직방향으로 정지상태가 유지된다. 이 상태를 식으로 표현하면 다음과 같다.

$$\sum V = 0 \tag{1.1}$$

즉, 수직방향의 정지상태를 유지하기 위해서는 모든 수직력(垂直力, Vertical Force)의 합은 '0'이어야 한다. 이와 마찬가지로 앞서의 사람이 벽체에 기대어 섰을 경우 벽체에 수평으로 작용된 힘이 300 N이라 할 때 수평으로의 정지상태를 유지하기 위해서는 벽체에서 꼭 300 N만큼을 수평으로 지지해 주어야만 한다. 만약 불균형이 된다면 정지상태는 유지되지 않는다. 이 상태를 식으로 나타내면

$$\sum H = 0 \tag{1.2}$$

으로 표현된다.

다음으로는 회전력에 관한 힘의 평형방정식을 예를 들어 설명해 보겠다. 여기서 회전력을 모멘트(Moment)라고 하며 앞으로는 회전력을 모멘트 또는 M으로 표현하겠다.

예를 들어 도로상의 방향표시판에 정면으로 바람이 불면 방향표시판은 바람방향으로 넘어지려고 할 것이다. 이 넘어지려는 힘은 대부분 회전력과 같은 것으로 표시판의 지지점이 바람에 의한 회전력의 반대방향으로 지지해 주어야만 즉, 평형상태가 유지되어야만 서있는 상태가 유지될 것이다. 이때의 회전력의 평형상태는 모멘트(Moment)에 관한 평형상태로 구조물의 임의점에서 모멘트의 합은 "0"으로 표현되며 다음 식과 같이 나타낸다. 여기서 첨자 c는 임의의 회전점을 의미한다.

$$\sum M_c = 0 \tag{1.3}$$

지금까지의 힘의 평형방정식을 요약하면 다음과 같다.

$$\sum V = 0$$
$$\sum H = 0$$
$$\sum M_c = 0$$

지금까지 설명한 힘의 평형방정식은 평면문제(平面問題, Plane Problem)이고 공간문제(空間問題, Space Problem)는 3장에서부터 다루기로 한다. 평면문제는 2차원 문제, 공간문제는 3차원 문제라고도 한다. 다시 그림 1.5로 돌아가 힘의 평형방정식을 세워 보기로 하자. 식 중에 화살표 옆에 표시된 '+'의 의미는 힘의 방향이 화살표의 방향일 때 '+'로 간주한다는 의미이다. 우선 $\sum V = 0$의 식을 적용시켜보면

$$+\uparrow \sum V = A_V + B_V = 0 \tag{1.4}$$

이고 $\sum H = 0$의 식을 적용시키면

$$\overset{\rightarrow}{\overset{+}{\sum}} H = P - A_H - B_H = 0 \tag{1.5}$$

이며 여기서 A_H와 B_H가 '−'인 것은 식 (1.5)에서의 화살표 방향의 반대로 방향을 정했기 때문이다.

'+' 방향은 앞에서와 반대로 정해도 결과는 같으나 독자들은 책에서 나타낸 방향을 따를 것을 권한다. 마지막으로 $\sum M = 0$의 식인데, 여기서는 회전점을 어디로 하느냐에 따라 계산의 간단 정도가 결정된다. 여기서 회전점을 A점으로 하는 경우 P와 B_V가 모멘트로 작용된다. 모멘트는 반드시 회전점과 작용력과의 팔거리(Arm Distance) 즉, 직선

거리가 존재해야만 발생된다. 따라서 회전점을 A점으로 하는 경우 A_V 및 A_H와 B_H는 모멘트에 영향을 줄 수 없다. 왜냐하면 작용되는 힘들(A_V, A_H, B_H)의 연장선이 회전점을 통과하는 경우이고, 이때 모멘트는 발생될 수 없기 때문이다. 즉, 팔거리가 존재하지 않기 때문이다. B점을 회전점으로 하는 경우 P와 A_V가 모멘트로 작용되고 A_H와 B_V 및 B_H는 모멘트로 작용되지 않는다.

회전점을 C로 했을 경우에는 3개의 지점반력 A_H, A_V, B_H가 모멘트로 작용된다. 따라서 2개의 회전력이 고려되는 A점이나 B점을 회전점으로 정하는 모멘트에 대한 평형방적식이 비교적 간단한 계산을 유도할 수 있다. 따라서 앞으로는 힘의 평형방정식을 전체구조시스템에 적용시키는 경우 외팔보(Cantilever)시스템을 제외하고 항상 지점을 기준으로 하는 힘의 평형방정식을 이용하길 권한다. 우선 A점을 회전점으로 정했을 때 힘의 평형방정식은 다음과 같이 표현된다. 여기서 M_A의 첨자 A는 A점이 회전점이라는 의미이다.

$$\overset{\curvearrowleft}{+}\ \sum M_A = B_V \times b - P \times h = 0 \tag{1.6}$$

여기서 '$\overset{\curvearrowleft}{+}$'의 표시는 화살표 방향 즉, 시계 반대방향의 모멘트를 '+'로 정했다는 뜻이다. 식 (1.6)으로부터 $B_V = \dfrac{Ph}{b}$이고 이 결과를 식 (1.4)에 대입하면 $A_V = -\dfrac{Ph}{b}$이다. 여기서 A_V가 '−'인 것은 그림 1.5에서 A_V의 화살표 방향이 상향이 아니고 하향이란 의미이다. 위와 같이 A_V와 B_V는 손쉽게 계산되나 A_H와 B_H는 식 (1.4), 식 (1.5) 및 식 (1.6)으로는 계산되지 않는다. 여기서 부재 BC에 대해 생각해보자. 여기에 대한 첫 번째 설명으로 부재 BC는 트러스 부재이고 오직 축력만 전달되는 부재이다. 그렇다면 부재 BC축의 직각방향인 수평지점반력 B_H는 존재될 수 없다는 결론을 내릴 수 있다. 또 다른 방법으로는 다음 그림 1.6으로 설명될 수 있다.

그림 1.6(a)에서 수직부재 AC와 BD의 축은 평행으로 그림 1.6(b)와는 달리 두 부재의 축이 만나지 않는다. 따라서 좌우로 흔들릴 수 있다. 좌우로 흔들린다는 것은 지점 A와 B에서 수평력을 지지할 수 없다는 의미이다. 그래서 **트러스 부재의 축과 직각되는 지점반력은 발생되지 않는다는 결론이다.**

그림 1.6의 (a)와 (b)의 구조시스템은 2장의 2.12절에서 다루게 될 구조시스템의 부정정차수 판정법에 따르면 불안정(不安定, Unstable)시스템이다. 구조시스템의 부정정차수 판정법과 안정 또는 불안정시스템에 대해서는 2장의 12절에서 다루어진다. 불안정시스템

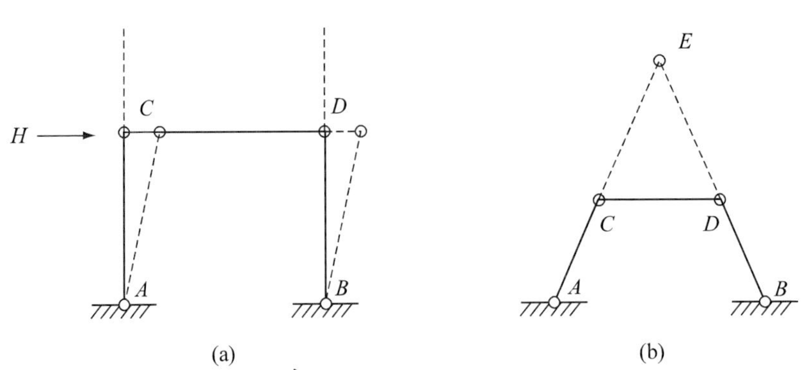

그림 1.6

이란 구조물로서 안정적(安定的, Stable)인 거동을 할 수 없다는 뜻이다. 한편 그림 1.6(b)는 불안정 구조시스템임에도 불구하고 부재 AC와 BD의 축의 연장선이 E점에서 만나게 되는데 이 일치점 E가 부재 AC와 BD의 공통된 회전점이다. 따라서 부재 AC와 BD의 독립적인 흔들림을 서로가 교란시키므로 좌우로의 흔들림이 발생되지 않는다. 그러나 부재 AC와 BD의 축과 직각방향의 지점반력은 그림 1.6(a)와 마찬가지로 발생되지 않는 반면 수평방향의 지점반력은 존재한다. 따라서 그림 1.6(b)는 예외적으로 안정적 거동을 하게 된다. 구조시스템의 부정정차수 판정방법과 다른 또 하나의 예외적인 구조시스템은 그림 1.7(a)와 같다.

그림 1.7(a)에서 부재 AC와 BC의 축은 평행이라 생각할 수 있고 서로 교차되지 않는다. 따라서 그림 1.6(a)에서 수평으로 흔들리는 경우와 마찬가지로 부재 AC와 BC는 상하로 흔들릴 수 있고 A와 B의 수직지점반력은 발생될 수 없다. 따라서 그림 1.7(a)의 구조시스템은 예외적으로 불안정거동을 하게 된다. 한편 그림 1.7(b)는 구조적으로 안정시스템으로 판정되고 기능적으로도 안정적 거동을 한다. 우리가 일반적으로 접할 수 있는 구조시스템으로서 부정정차수 판정법과 실제 거동이 다른 예외인 경우는 불안정시스템

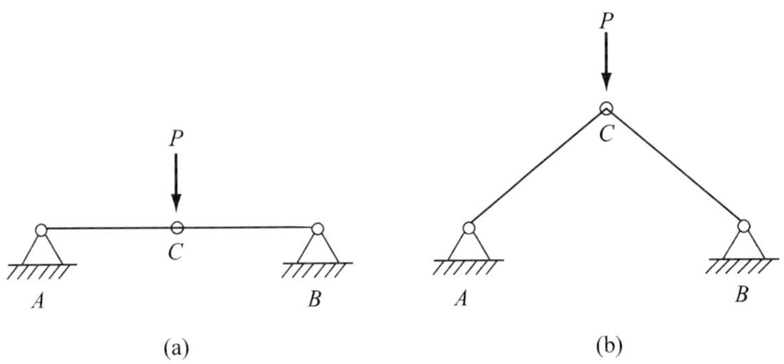

그림 1.7

이면서도 안정적 거동을 하는 그림 1.6(b)와 안정시스템이면서도 불안정 거동을 하는 그림 1.7(a)의 두 경우뿐이다. 다음으로는 다시 그림 1.6(b)로 돌아가서 A점에서의 지점반력을 그림 1.8(a)로 설명해보자.

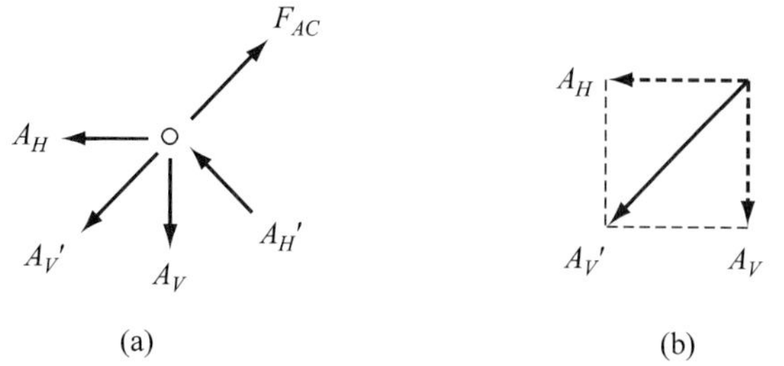

그림 1.8

여기서도 트러스 부재 AC와 직각방향의 지점반력 A_H'은 발생되지 않는다. 그러나 A_V'의 분력 A_V 와 A_H는 존재한다. 다시 말해서 그림 1.8(b)와 같이 A_V와 A_H의 합력이 A_V'이고 A_V'이 부재 AC의 부재력 F_{AC}이다. 그림 1.5에서 B점에서의 지지력 관계도 A점에서의 설명과 동일하다. 즉, 부재 BC의 부재력 $F_{BC}=B_V$가 된다. 물론 지점 B의 수평반력 $B_H=0$이다.

다음으로는 부분적인 자유물체도를 이용하여 그림 1.4의 트러스 구조물을 해석하기로 한다. 그림 1.4에서 C점은 힌지 즉, 절점이므로 C점에는 회전력 즉, 모멘트가 발생되지 않는다는 점을 이용하여 그림 1.9와 같이 구조시스템을 좌측 시스템과 우측 시스템으로 분리하여 생각할 수 있다. 식 (1.6)으로부터 $B_V=\dfrac{Ph}{b}$가 계산되었고 식 (1.4)로부터 A_V가 $-\dfrac{Ph}{b}$로 계산되었으므로 A_V의 작용방향은 하향이 된다.

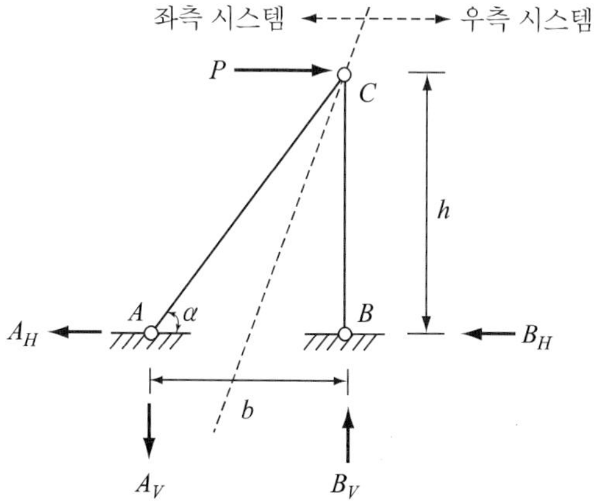

그림 1.9

우선 좌측 시스템의 C점에서 모멘트에 관한 힘의 평형방정식을 세워보면

$$\overset{\curvearrowleft}{+}\sum M_C = -A_H \times h + A_V \times b = 0$$

따라서

$$A_H = \frac{A_V\, b}{h}$$

이고 앞서 계산된 A_V는 작용방향이 하향으로 $\frac{Ph}{b}$였다. 따라서

$$A_H = P$$

로 계산된다. 또는 전체 시스템에서 $\Sigma H = 0$의 식에 의해서도 $A_H = P$임을 알 수 있다.

따라서 A지점에서 수평하중 P를 지지하므로 식 (1.5)로부터 $B_H = 0$이 됨을 확인할 수 있다. 이를 우측 시스템으로부터 다시 설명해보면

$$\overset{\curvearrowleft}{+}\sum M_C = -B_H \times h = 0$$

이고, 따라서 $B_H = 0$이란 결론을 앞서 경우와 동일하게 얻을 수 있다. 여기서 물론 B_V의 작용선이 C점을 통과하므로 모멘트에 영향을 주지 못한다는 것을 상기하기 바란다. 다음으로는 A점의 지점반력 A_H와 A_V 및 F_{AC}와의 관계를 살펴보자.

먼저 A점에서의 자유물체도를 그려보면 그림 1.10과 같다.

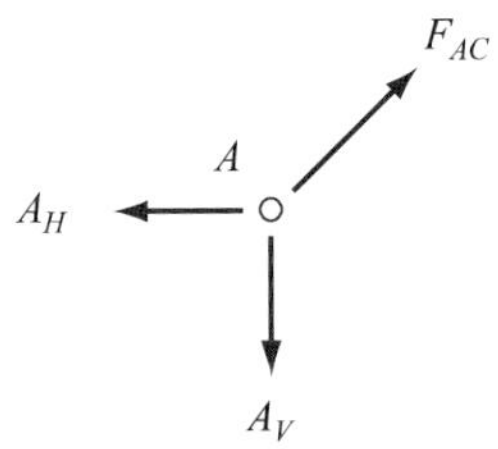

그림 1.10

그림 1.10으로부터 F_{AC}는 수평력 A_H와 수직력 A_V의 합력이다. 이 표현은 정역학에서 '힘 벡터의 합성과 분해'의 대목을 찾아보기 바란다. 힘 벡터 F_{AC}를 정좌표축(일반적인 x, y축을 정좌표축이라 함)으로 그림 1.11과 같이 분해해보자.

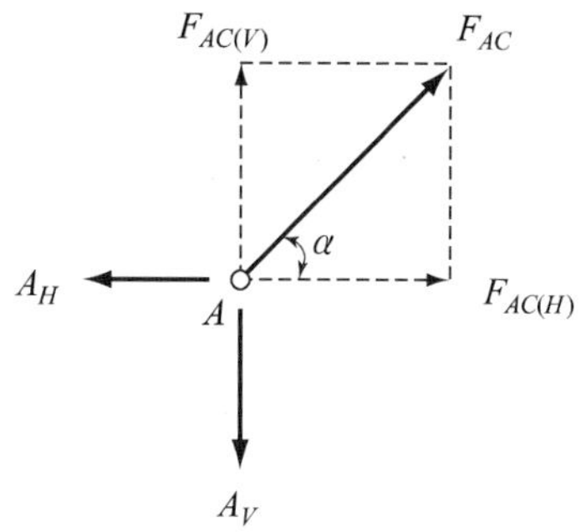

$$\alpha = \arctan\frac{h}{b}$$

그림 1.11

여기서 부재 AC가 A, B점의 연장선과 이루는 각을 α라고 하면

$$F_{AC(H)} = F_{AC}\cos\alpha$$

이고

$$F_{AC(V)} = F_{AC}\sin\alpha$$

이다. 그리고 힘의 평형방정식

$$+\uparrow\sum V = -A_V + F_{AC(V)} = 0$$

으로부터 A_V는 다음과 같이 계산된다.

$$A_V = F_{AC(V)} = F_{AC}\sin\alpha$$

그리고 수평방향의 힘의 평형방정식은 다음과 같다.

$$\overset{\rightarrow}{\overset{+}{\sum}} H = -A_H + F_{AC}\cos\alpha = 0$$

따라서

$$F_{AC} = \frac{A_H}{\cos\alpha}$$

이고, $A_H = P$이므로

$$F_{AC} = \frac{P}{\cos\alpha}$$

이다. 또한 그림 1.9의 전체 시스템에서

$$+\uparrow\sum V = 0$$

이어야 하므로 $-A_V+B_V=0$으로부터, 그리고 $\tan\alpha=\dfrac{h}{b}$이므로

$$B_V=A_V=F_{AC}\sin\alpha=\frac{P}{\cos\alpha}\sin\alpha=P\tan\alpha=\frac{Ph}{b}$$

임을 알 수 있다. 따라서

$$F_{BC}=B_V=F_{AC}\sin\alpha$$

가 된다.

2) 절점법(節點法, Method of Joints)을 이용하는 경우

절점법은 트러스 부재는 오직 축력만 전달시킬 수 있는 부재라는 점을 이용하는 방법이다. 그림 1.12와 같이 C점의 주변을 절단하여 간단하게 부재력 F_{CA}와 F_{CB}를 구할 수 있다. 여기서 F_{CA}는 F_{AC}와 같고 F_{CB}는 F_{BC}와 같다. 왜냐하면 한 트러스 부재에서 힘의 평형이 이루어져야 하므로 시작점과 끝점에서의 힘의 크기와 부호는 일치되어야 한다. 단지 첨자의 의미는 예를 들어 F_{CA}는 C점에서 A점으로의 힘의 방향을 의미한다.

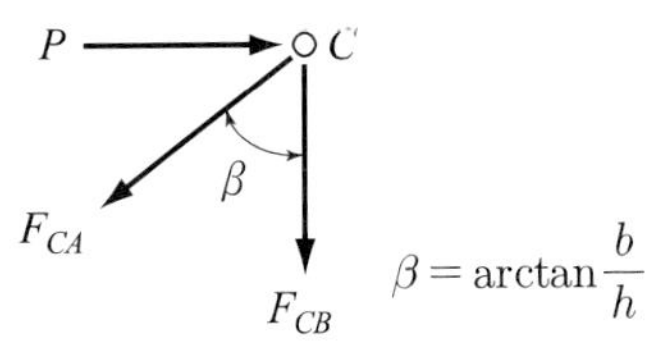

그림 1.12

힘의 방향은 힌지에서 바깥쪽으로 정하는 것이 편리하다. 그 이유는 화살표 방향이 인장 즉, '+'이기 때문이다. 그리고 응력의 부호도 힘과 마찬가지로 인장이 '+'이고 압축은 '−'이다.

부재 AC에서 힌지 부근을 절단하고 힌지에서 바깥쪽을 화살표 방향으로 정했을 때 내부 부재 $A'C'$의 힘의 방향은 그림 1.13에서와 같이 힘의 평형이 되기 위해 힌지에서의 방향과 반대방향이어야 한다. 따라서 부재 $A'C'$은 인장이 된다.

그림 1.13

그림 1.12에서 부재 CA와 부재 CB가 이루는 각을 β라고 하고 힘의 평형방정식을 세워 부재력을 구해보자.

$$\overset{\rightarrow}{+}\sum H = P - F_{CA}\sin\beta = 0$$

으로부터

$$F_{CA} = \frac{P}{\sin\beta}$$

로 계산되고

$$+\uparrow\sum V = -F_{CB} - F_{CA}\cos\beta = 0$$

으로부터

$$F_{CB} = -F_{CA}\cos\beta = -\frac{P\cos\beta}{\sin\beta}$$

로 계산된다. 여기서 결과가 '−' 부호로 나온 것은 인장의 반대인 압축을 의미한다. 절점법에 의한 결과는 $\sin\beta = \cos\alpha$이고 $\sin\alpha = \cos\beta$이므로 앞에서 다룬 1)의 힘의 평형방정식을 전체구조물에 적용시키는 경우의 결과와 일치된다.

다음으로는 2)의 절점법과 앞서 다룬 힘의 평형방정식을 전체구조시스템에 적용시킨 경우의 특징을 살펴보기로 한다. 먼저 **절점법은 부재력을 구해야 할 2개의 트러스 부재와 하중이 한 절점 즉, 힌지에 작용될 때 적용이 가능하다.** 그래야만 절점에서 두 개의 힘의 평형방정식 $\sum V = 0$, $\sum H = 0$으로부터 두 개의 부재력을 산정할 수 있기 때문이다. 그림 1.4에서 다룬 트러스 구조물은 오직 2개의 부재로 구성되었으므로 손쉽게 지점반력 또는 부재력을 산정할 수 있었다.

일반적으로 그림 1.4와 같은 간단한 트러스 구조의 경우 절점법이 훨씬 간단한 해석방법이 될 수 있다. 다음으로는 그림 1.14와 같이 부재 및 하중의 수가 많은 트러스 구조에서의 절점법을 이용하는 경우를 알아보자.

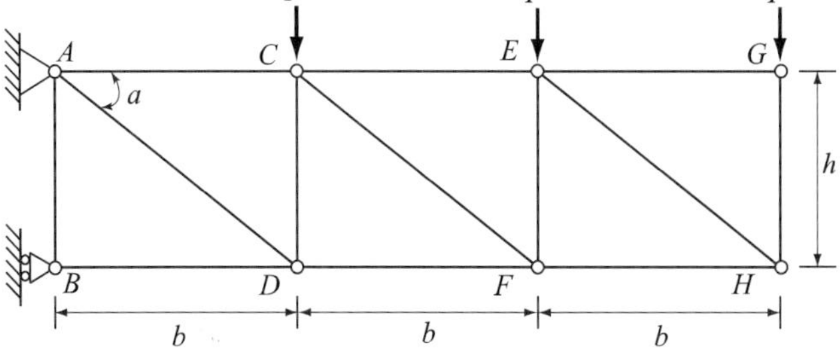

그림 1.14

절점법에서 $\sum M=0$이란 평형방정식은 모든 부재력의 방향이 절점 즉, 힌지를 통과하기 때문에 성립될 수 없다는 점을 상기하기 바란다. 그림 1.14에서 $\sum V=0$, $\sum H=0$이라는 평형방정식으로 부재력을 해결할 수 있는 곳이 어디일지 먼저 생각해보면 G점이다. 왜냐하면 G점에서는 부재력 F_{GE}와 F_{GH}만 존재하기 때문이다. 여기서 $F_{GE}=0$이고 $F_{GH}=-P$란 결론을 깨달을 수 있는지 스스로 생각해보고 잘 이해가 되지 않으면 그림 1.4로 다시 한 번 돌아가 완전히 이해한 다음 이 문제로 돌아오기 바란다. 두 번째로 계산해야 할 두 개의 부재력, 즉 F_{HE}와 F_{HF}가 연결된 곳은 H점이다. 만약 E점을 두 번째 단계로 풀려면 미지력이 F_{EF}, F_{EH}, F_{EC}로 3개가 되기 때문에 $\sum H=0$, $\sum V=0$의 두 식으로는 해결이 불가능하다. 3번째 단계로는 E점이다. 왜냐하면 두 번째 단계에서 F_{HE}가 해결됐으므로 미지력이 F_{EF}와 F_{EC} 두 개만 남기 때문이다. 다음 단계로는 F점, C점, D점, B점, A점순으로 계산하면 된다.

그림 1.14의 경우 전체 구조시스템에 힘의 평형방정식을 적용시켜 A점과 B점의 지점반력을 먼저 구하고 B점, A점, D점, C점, F점, E점, H점순으로 절점법을 이용하여 문제를 해결할 수도 있다. 이상의 절점법과 지점반력을 먼저 구하고 절점법을 이용하여 문제를 해결하는 경우의 차이가 무엇인지 독자들은 이해했으리라 생각한다. 그림 1.14에서 다룬 문제의 경우 절점법의 장점은 지점반력을 구하지 않고 직접 부재력을 산정할 수 있으므로 계산상의 신속성이라 할 수 있다.

여기서 그림 1.4에서의 지점표시 방법과 그림 1.14에서의 지점표시 방법이 다른점에 대한 설명을 해보자. 지점표시  과 같은 지점은 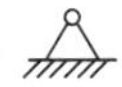 과 같은 기능의 지점으로 수직 및 수평력을 지지할 수 있는 지점이고, 지점표시  과 같은 지점은 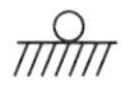 과 같은 기능을 갖는 지점으로 오직 수직력만 지지할 수 있는 지점이다. 2장에서 지점의 종류에 대해 상세히 다루게 된다.

트러스 구조물을 해석하는 방법은 앞에서 설명한 1) 힘의 평형방정식을 전체구조시스템에 적용시키는 경우와 2) 절점법이 있었는데 또 하나의 방법 즉, 단면법(斷面法, Method of Sections)이 있다.

3) 단면법(斷面法, Method of Sections)을 이용하는 경우

그림 1.4는 부재가 두 개였기 때문에 단면법을 적용시킬 수 없었는데 그림 1.14와 같이 하중작용점과 부재 3개 이상이 한 절점에 연결되고 독립적으로 자유물체도가 성립되는 경우에 단면법의 적용이 가능하다. 예로서 그림 1.14에서 절점 G와 H를 포함한 독립적인 자유물체도가 그림 1.15와 같이 성립되는 경우 단면법을 적용할 수 있다. 그림

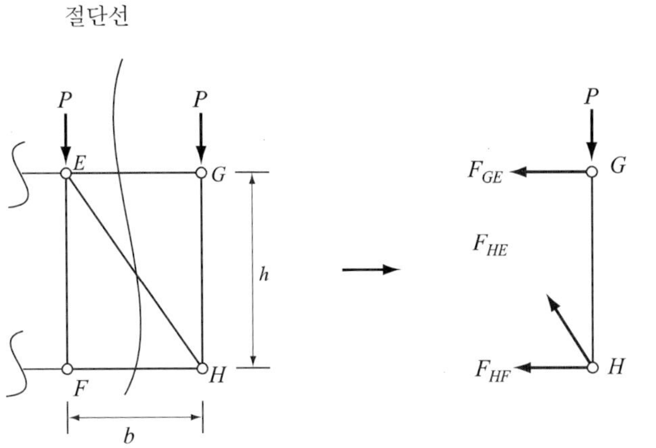

그림 1.15

1.15와 같은 자유물체도가 성립되므로 $\sum M_H = 0$으로부터 $F_{GE} = 0$이란 결과를 얻을 수 있고 $\sum V = 0$과 $\sum H = 0$으로부터 F_{HE}와 F_{HF}가 구해진다.

다음으로는 부재 EC, FC, FD를 포함하여 그림 1.15와 같은 방법으로 자유물체도를 이용하여 순차적으로 부재력 산정이 가능하다.

앞서 다룬 그림 1.14와는 달리 절점법 또는 단면법으로 바로 부재력을 계산할 수 없는 경우가 그림 1.16에 나타나 있다. 그림 1.16의 트러스 구조물은 지점반력을 먼저 구하고 절점법을 적용시킬 수 있는 구조이다. 다시 말해서 먼저 절점법을 이용하여 곧바로 부재력을 산정하는 것이 불가능한 트러스구조시스템이다. 왜냐하면 지점을 제외하고는 하중과 두 개의 부재로 연결된 절점이 없기 때문이다. 이런 경우에는 A점 또는 B점의 지점반력을 먼저 구한 후 절점법에 따라 순차적으로 A점, C점, D점, F점, E점의 순서로 부재력을 계산할 수 있다. 물론 그림 1.16의 트러스구조시스템은 대칭이므로 B점, G점, H점, F점, E점순으로 구한 부재력과 대칭부재의 부재력은 같다.

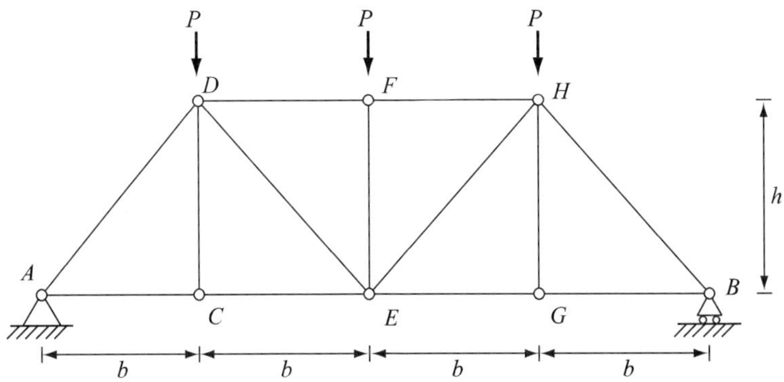

그림 1.16

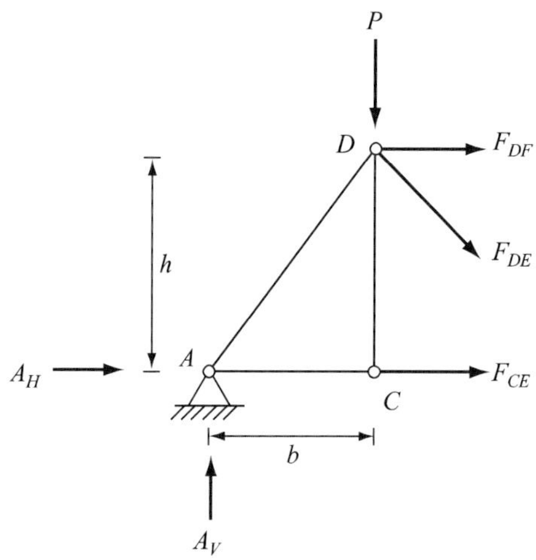

그림 1.17

그림 1.17은 지점반력 A_V를 구한 후 단면법을 적용시키는 경우로서 단면이 절단된 독립적인 자유물체도를 나타내고 있다.

그림 1.17의 자유물체도로부터 $\sum M_D = 0$으로부터 F_{CE}를 구할 수 있고, $\sum V = 0$, $\sum H = 0$을 이용하여 F_{DE} 및 F_{DF}를 구할 수 있다.

[예제 1.1]

그림 1.14와 그림 1.16에서 $b = 4$ m, $h = 3$ m이며 $P = 100$ kN일 때 다음 방법에 따라 부재력을 구하라. 단, 압축력은 '−'가 되도록 계산하라.

1) 그림 1.14의 트러스 구조물에서 힘의 평형방정식을 전체 구조물에 적용시켜 지점반력을 먼저 구하고 절점법을 이용하는 경우
2) 그림 1.14의 트러스 구조물에서 지점반력을 구하지 않고 절점법을 바로 이용하는 경우
3) ① 그림 1.14의 트러스 구조물에서 지점이 포함되지 않은 독립적인 자유물체도로부터의 단면법을 이용하는 경우
   ② 그림 1.16의 트러스 구조물에서 지점을 포함한 자유물체도로부터의 단면법을 이용하여 F_{CE}, F_{DE}, F_{DF}를 구한 후 절점법을 이용하는 경우

[풀이] 1) 그림 1.14의 구조물에서 힘의 평형방정식을 전체 구조물에 적용시켜 지점반력을 먼저 구하고 절점법을 이용하는 경우

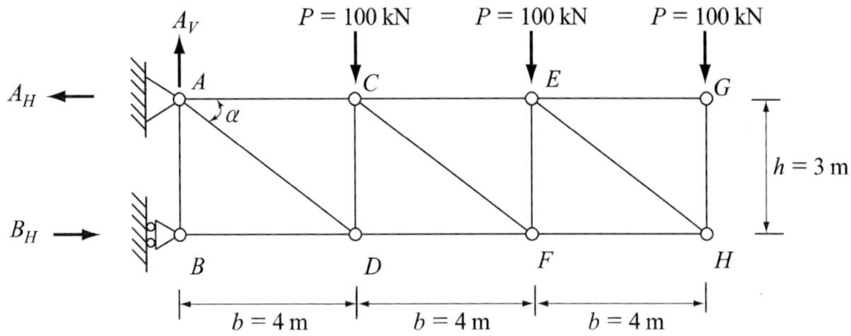

(1) 전체 구조물에 힘의 평형방정식을 적용시켜 보자.

$+\uparrow \sum V=0$ 으로부터 $A_V=300$ kN(↑)이 결정된다.

다음으로는

$\overset{\rightarrow}{+}\sum H=0$ 으로부터 $B_H-A_H=0$이고

$\curvearrowleft_{+}\sum M_A=0$으로부터 $-100\times(4+8+12)+B_H\times 3=0$이란 식이 성립된다.

따라서 $B_H=800$ kN(→), $A_H=800$ kN(←)으로 계산된다.

(2) 여기서 각 $\angle CAD$를 α라고 하면, $\sin\alpha=\frac{3}{5}$, $\cos\alpha=\frac{4}{5}$가 되며 각 절점에서 절점법을 적용시켜 다음과 같이 순차적으로 부재력들을 계산할 수 있다. 시작점은 부재 두 개로 연결되어 있는 B 점이 된다.

(B 점)

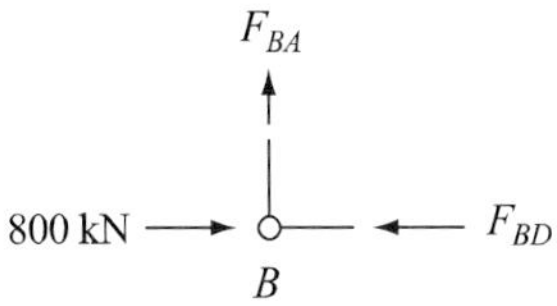

$F_{BA}=0$

$F_{BD}=-800$ kN

(A 점)

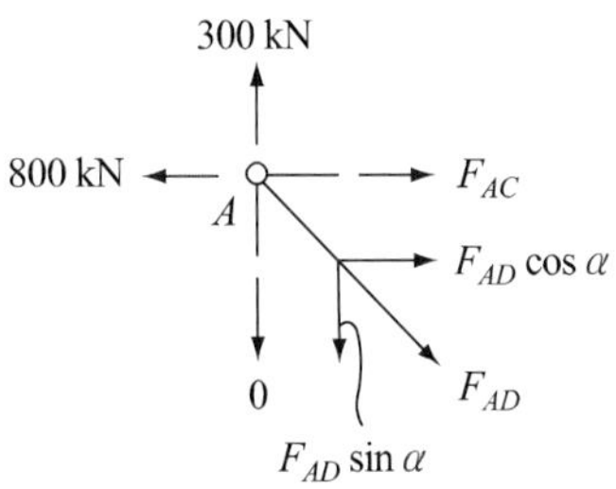

$F_{AD}\sin\alpha=300$ kN

$F_{AD}=500$ kN

$F_{AD}\cos\alpha+F_{AC}=800$ kN

$F_{AC}=400$ kN

(D점)

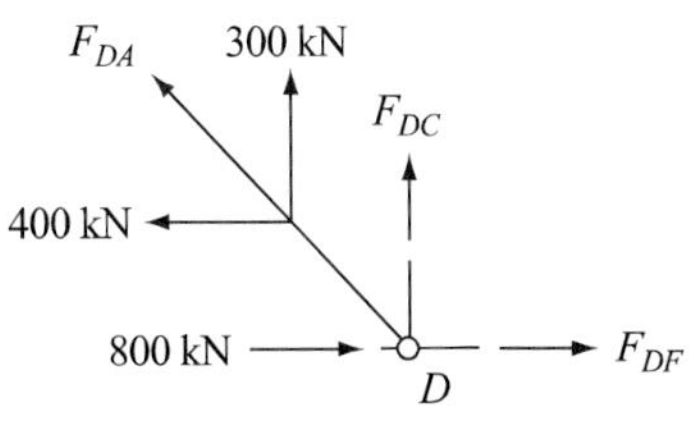

$F_{DC}=-300$ kN

$F_{DF}=-400$ kN

(C 점)

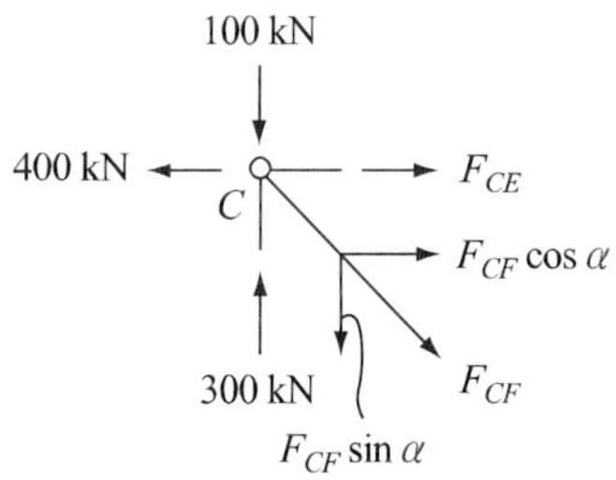

$$F_{CF}\sin\alpha = 200\ \text{kN}$$
$$F_{CF} = \frac{1,000}{3}\ \text{kN}$$

$$F_{CE} + \cos\alpha \times \frac{1,000}{3} = 400\ \text{kN}$$
$$F_{CE} = 400 - \frac{4,000}{15}$$
$$= \frac{2,000}{15} = \frac{400}{3}\ \text{kN}$$

(F 점)

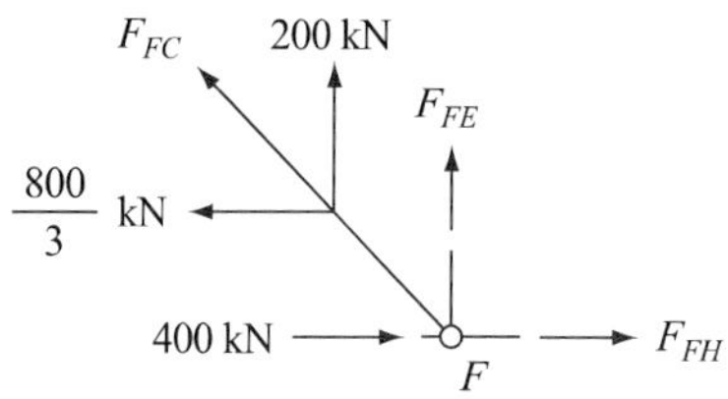

$$F_{FE} = -200\ \text{kN}$$

$$F_{FH} = -\frac{400}{3}\ \text{kN}$$

(E 점)

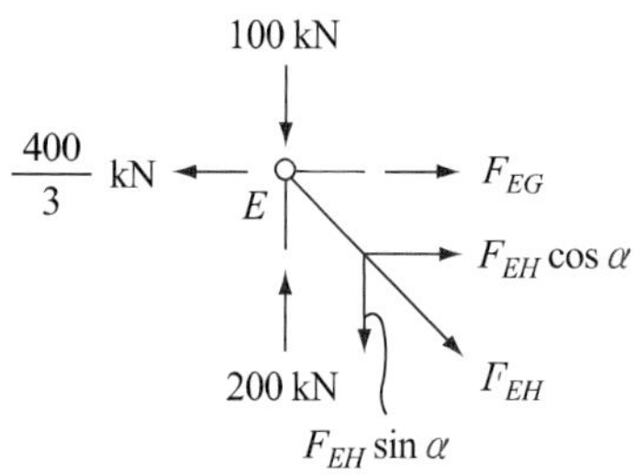

$$F_{EH}\sin\alpha = 100\ \text{kN}$$

$$F_{EH} = \frac{500}{3}\ \text{kN}$$

$$F_{EG} = 0$$

(H 점)

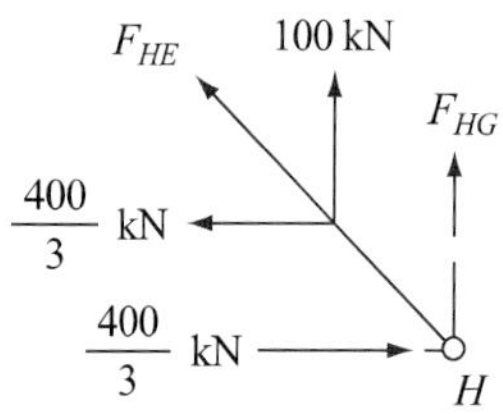

$$F_{HG} = -100\ \text{kN}$$

(G 점)

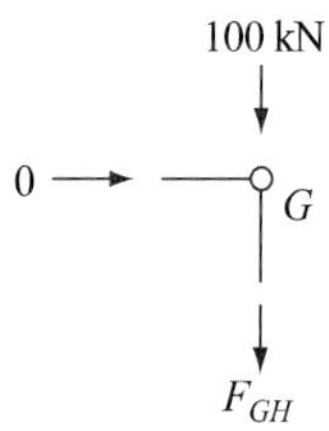

$$F_{GH} = -100\ \text{kN}$$

2) 그림 1.14의 트러스 구조물에서 지점반력을 구하지 않고 절점법을 바로 이용하는 경우 시작점은 하중과 부재 2개가 연결되어 있는 G 점이고 다음으로는 H, E, F, C, D, A, B 점순으로 부재력들을 순차적으로 다음과 같이 계산한다.

(G 점)

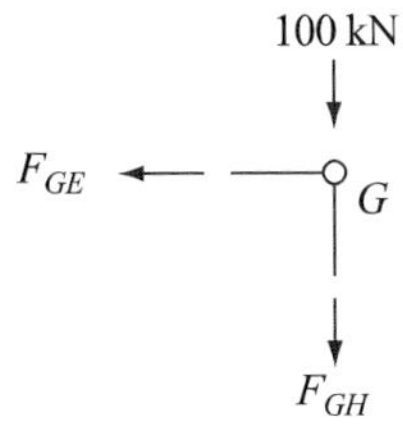

$$F_{GE} = 0$$

$$F_{GH} = -100\text{ kN}$$

(H 점)

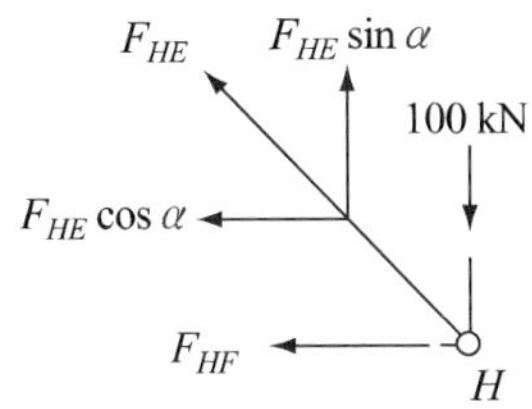

$$F_{HE} = \frac{500}{3}\text{ kN}$$

$$F_{HF} = -\frac{400}{3}\text{ kN}$$

(E 점)

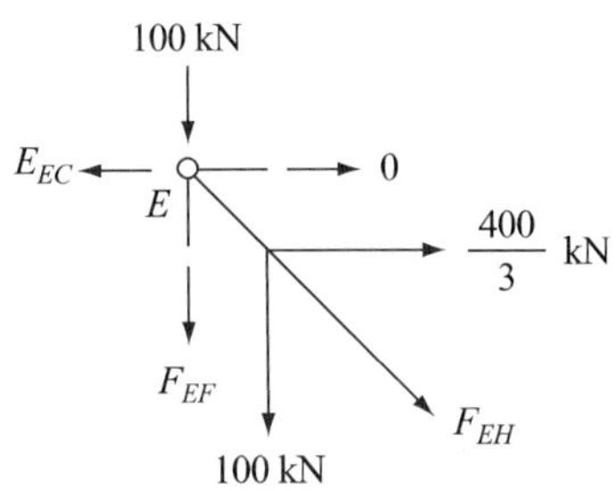

$$F_{EC} = \frac{400}{3}\text{ kN}$$

$$F_{EF} = -200\text{ kN}$$

(F 점)

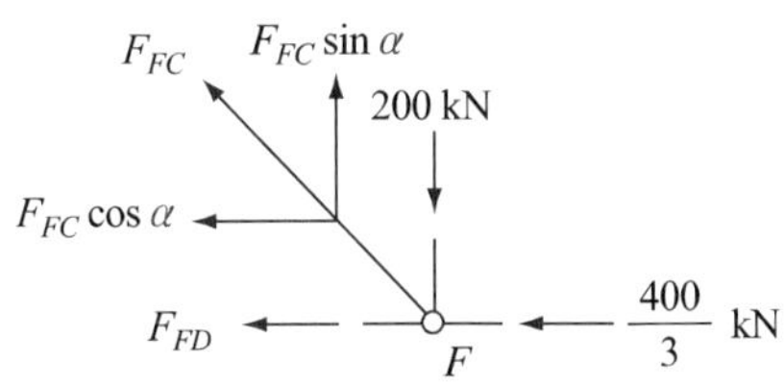

$$F_{FC}\sin\alpha = 200\text{ kN}$$

$$F_{FC} = \frac{1{,}000}{3}\text{ kN}$$

$$F_{FD} = -400\text{ kN}$$

(C 점)

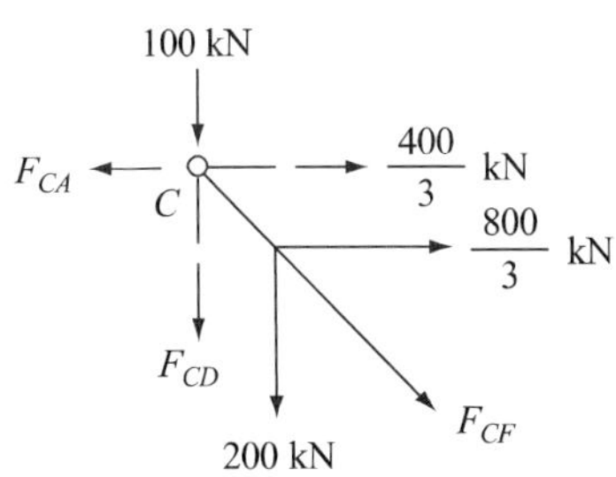

$$F_{CD} = -300\text{ kN}$$

$$F_{CA} = \frac{400}{3} + \frac{800}{3}$$

$$F_{CA} = 400\text{ kN}$$

(D 점)

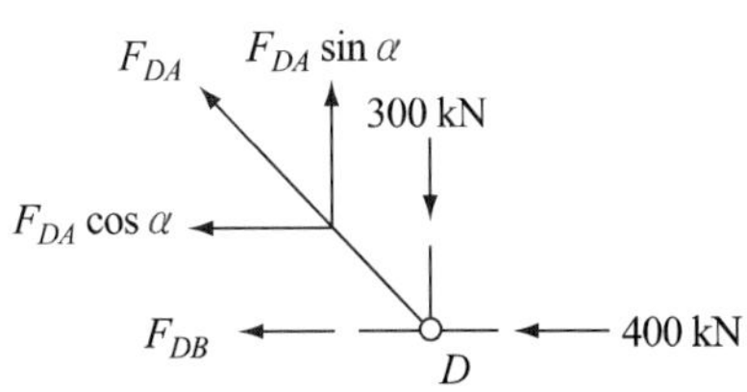

$$F_{DA}\sin\alpha = 300\text{ kN}$$

$$F_{DA} = 500\text{ kN}$$

$$F_{DB} = -800\text{ kN}$$

(A점)

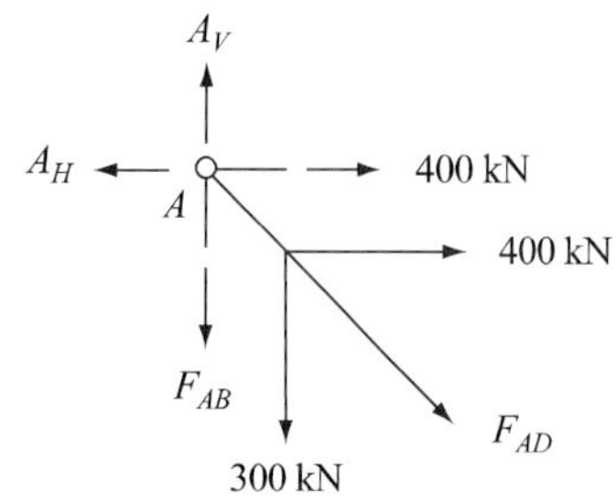

$A_V - F_{AB} = 300$ kN

$A_H = 800$ kN

(B점)

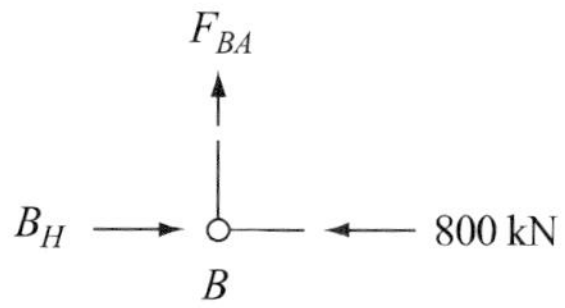

$B_H = 800$ kN

$F_{BA} = 0$

$A_V = 300$ kN

이상에서 계산된 부재력들을 정리하면 다음과 같다.

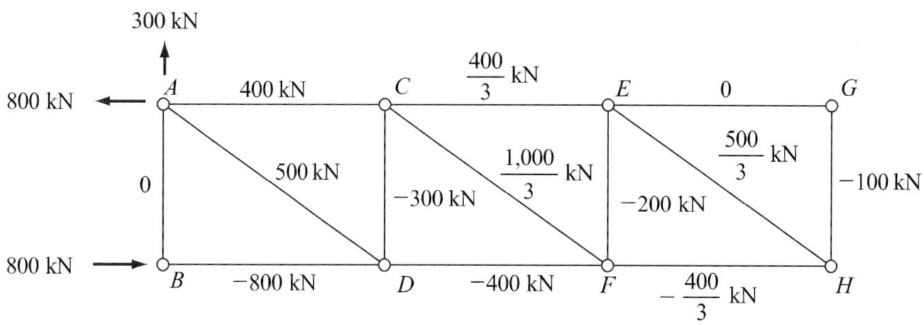

3) ① 그림 1.14의 트러스 구조물에서 지점반력이 포함되지 않은 독립적인 자유물체도로부터의 단면법을 이용하는 경우(여기서는 부재 EC, FD, FC를 절단하는 단면법만 다루기로 한다.)

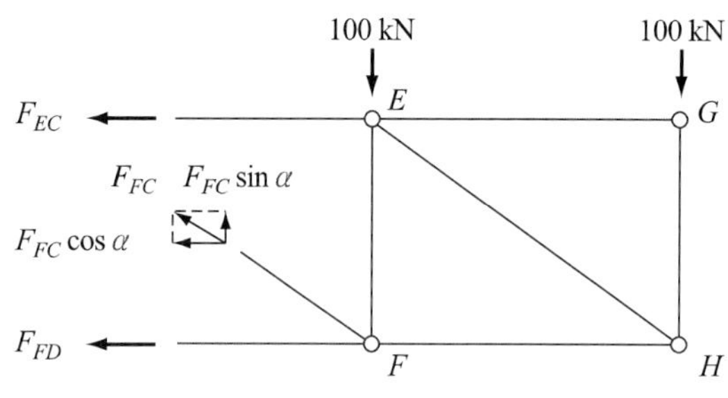

$\curvearrowleft\!+\sum M_F = 0$ 으로부터 $F_{EC} \times 3 - 100 \times 4 = 0$이고, 따라서

$$F_{EC} = \frac{400}{3}\ \text{kN}$$

$+\uparrow \sum F_V = 0$ 으로부터 $F_{FC}\sin\alpha - 200 = 0$이고, 따라서

$$F_{FC} = \frac{1,000}{3}\ \text{kN}$$

$$\overset{\xrightarrow{+}}{\sum} F_H = 0 \text{ 으로부터 } -\frac{400}{3} - \frac{1,000}{3} \times \frac{4}{5} - F_{FD} = 0 \text{이고,}$$

따라서 $F_{FD} = -400$ kN

나머지 부재력은 또 다른 독립적인 자유물체도를 이용하여 단면법을 이용하거나 위의 1)번 또는 2)번과 같이 절점법을 이용하여 계산할 수 있다.

3) ② 그림 1.16의 트러스 구조물에서 지점반력을 포함한 자유물체도로부터의 단면법을 이용하여 F_{CE}, F_{DE}, F_{DF} 를 구한 후 절점법을 이용하는 경우

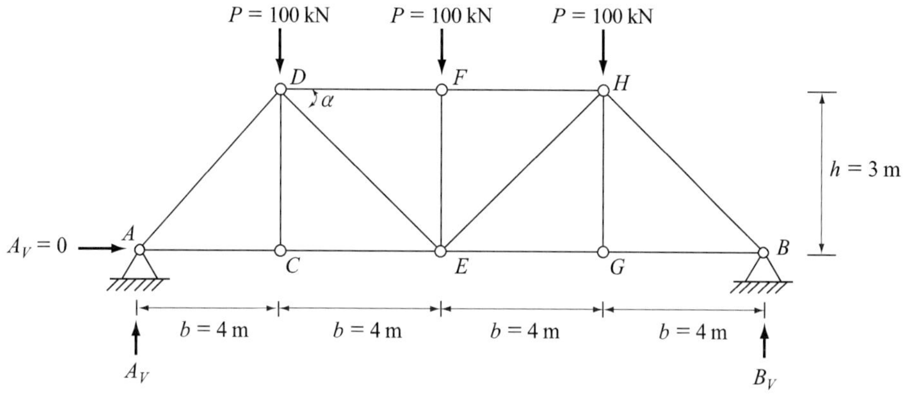

전체 구조물에 힘의 평형방정식을 이용하면

$$+\uparrow \sum V = 0 \text{ 이므로 } A_V + B_V = 300 \text{ kN 이고}$$

$$\overset{\curvearrowleft}{+}\sum M_A = 0 \text{ 으로부터 } -100 \times (4+8+12) + B_V \times 16 = 0$$

의 식이 성립된다. 따라서 $B_V = 150$ kN(↑), $A_V = 150$ kN(↑)으로 계산된다.

A_H 는 대칭구조시스템에서 수평하중이 작용되지 않으므로 “0”이다.

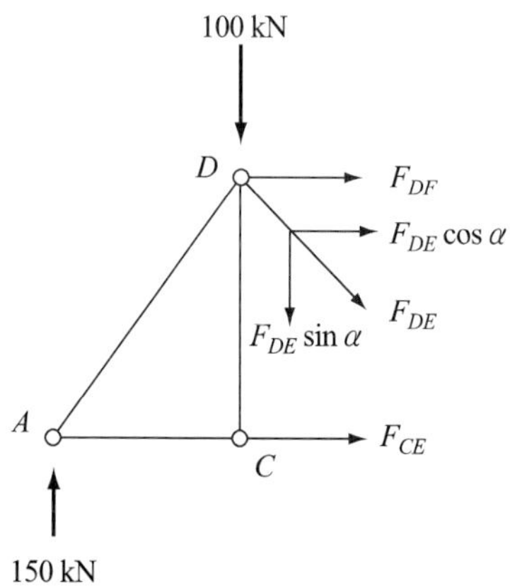

여기서 각 $\angle FDE$를 α라고 하면, $\sin\alpha = \dfrac{3}{5}$, $\cos\alpha = \dfrac{4}{5}$가 되며 다음 그림과 같은 독립적인 자유물체도로부터 부재력을 계산할 수 있다.

$\overset{\curvearrowleft}{+}\sum M_D = 0$ 으로부터 $-150 \times 4 + F_{CE} \times 3 = 0$

$$F_{CE} = 200\ \text{kN}$$

$+\uparrow \sum F_V = 0$ 으로부터 $150 - 100 - F_{DE}\sin\alpha = 0$

$$F_{DE} = \frac{250}{3}$$

$\overset{+}{\longrightarrow}\sum F_H = 0$ 으로부터 $200 + \dfrac{200}{3} + F_{DF} = 0$

$$F_{DF} = -\frac{800}{3}$$

계산된 부재력 F_{CE}, F_{DE}, F_{DF} 를 이용하여 각 절점에서의 부재력을 다음과 같이 순차적으로 계산할 수 있다.

(C점)

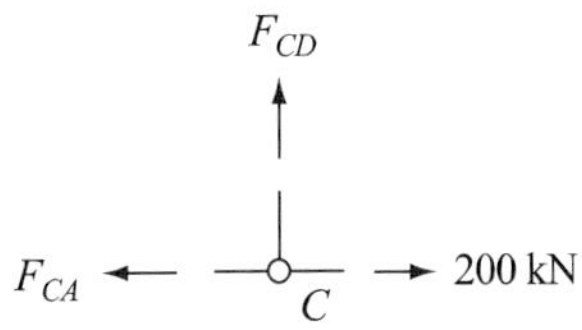

$$F_{CA} = 200\ \text{kN}$$

$$F_{CD} = 0$$

(A점)

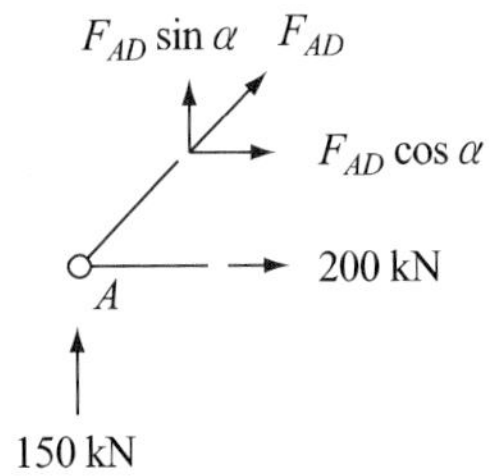

$$F_{AD} = -250\ \text{kN}$$

(F점)

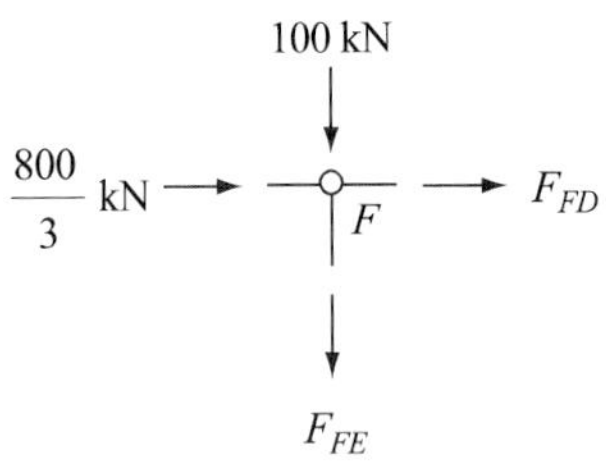

$$F_{FD} = -\frac{800}{3}\ \text{kN}$$

$$F_{FE} = -100\ \text{kN}$$

이 트러스 구조물은 좌우대칭이므로 계산결과는 다음과 같이 나타낼 수 있다.

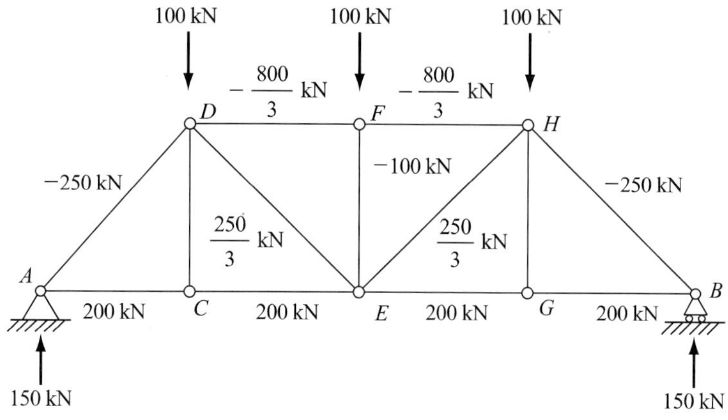

[예제 1.2]

그림과 같이 부재 ACE 와 부재 BDF 에 트러스 부재 CD 와 EF 가 연결되어 있고, E 점에 $P=50$ kN 의 수직하중이 작용되고 있다. 부재 ACE 와 BDF 는 트러스 부재가 아님을 주지하고 변형을 무시하는 것으로 가정하여 부재력 F_{CD} 와 F_{EF} 를 구하라. 여기서 변형을 무시한다는 의미는 강체(剛體, Rigid Body)란 의미이다.

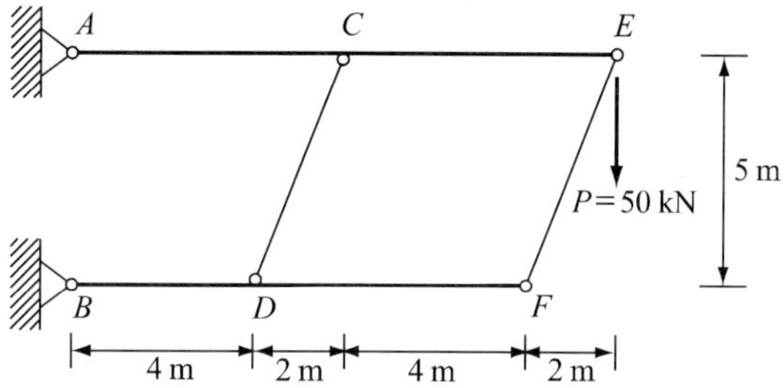

[풀이] 전체 구조시스템에 평형방정식을 적용시켜 하중 P 와 지점반력 A_V, A_H, B_V, B_H 와의 관계식을 세운다.

$$A_H + B_H = 0 \quad ①$$

$$A_V + B_V - 50 = 0 \quad ②$$

식 ①과 식 ②만으로는 지점반력 A_V, B_V, A_H, B_H 를 구할 수 없다. 따라서 모멘트

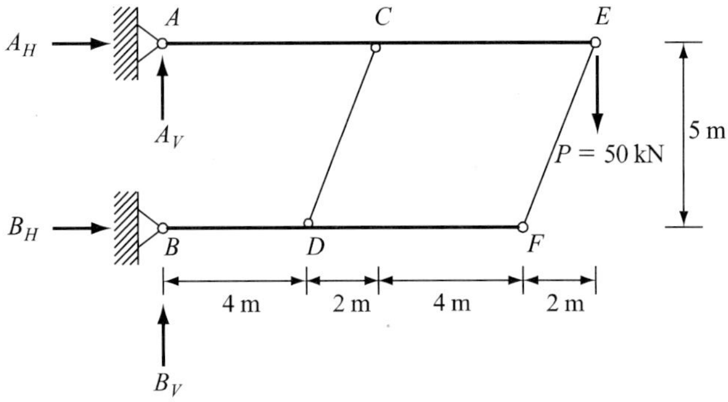

에 관한 식이 필요한데 $\sum M_A = 0$ 또는 $\sum M_B = 0$ 중 한 개의 평형방정식만 유효하다. 왜냐하면 평면문제에서 전체 시스템을 이용한 힘의 평형방정식은 3개만 유효하기 때문이다. 물론 $\sum M_E = 0$이란 식을 이용할 수는 있으나, 지점반력 A_V, B_V, B_H가 미지력으로 들어가는 식이 되므로 복잡해짐을 상기하기 바란다. 지점을 기준으로 평형방정식을 세워 문제를 해결하는 것이 일반적인 방법이다. 따라서 여기서는 $\sum M_A = 0$의 식을 이용하기로 한다. 거듭 설명하지만 $\sum M_B = 0$의 식은 최종적으로 $\sum M_A = 0$의 식과 같은 결과가 도출된다.

$$\curvearrowleft + \sum M_A = B_H \times 5 - P \times 12 = 0 \qquad ③$$

따라서 B점의 수평지점반력 B_H는 다음과 같이 계산된다.

$$B_H = \frac{50 \times 12}{5} = 120 \text{ kN}$$

따라서 A_H는 식 ①로부터 -120 kN임을 알 수 있다. 그런데 A_V와 B_V는 식 ①, ②, ③으로는 계산이 되지 않는다. 따라서 단면법을 적용하여 자유물체도를 다음 그림과 같이 상·하로 분리하고 2개의 힘의 평형방정식을 세움으로써 문제가 해결된다.

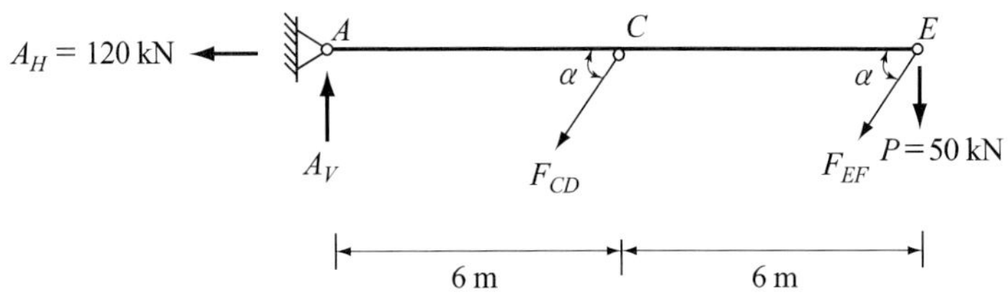

<상부 시스템의 자유물체도>

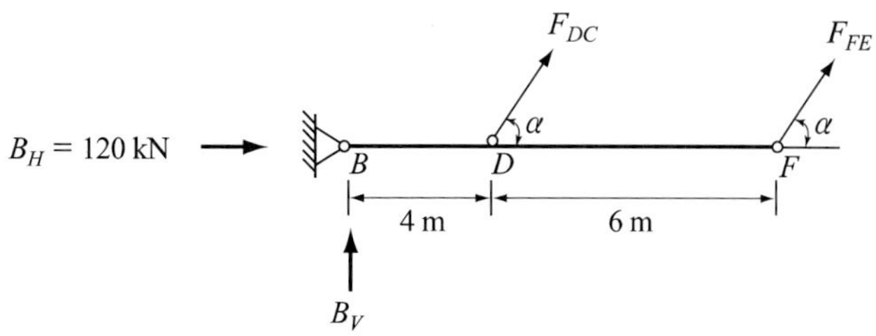

<하부 시스템의 자유물체도>

여기서, $\sin\alpha = \dfrac{5}{\sqrt{29}}$, $\cos\alpha = \dfrac{2}{\sqrt{29}}$ 임을 이용하여 문제를 풀기로 한다.

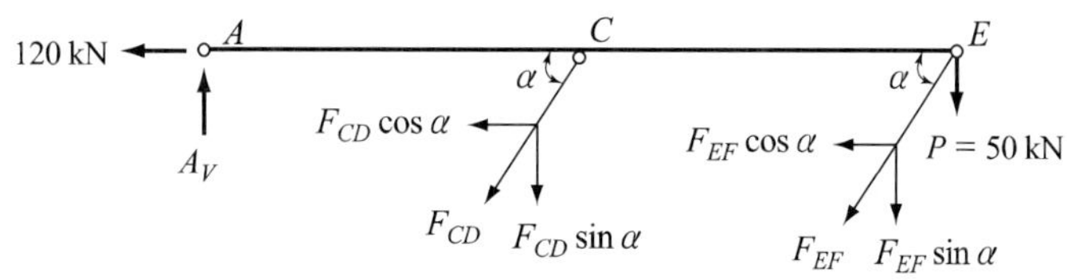

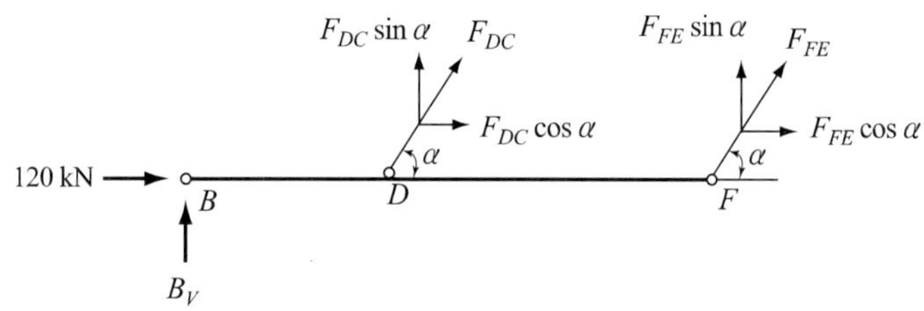

B 지점을 포함한 자유물체도를 이용하여

$\overset{\rightarrow}{+}\sum F_H = 0$ 으로부터 $120 + F_{FE}\cos\alpha + F_{DC}\cos\alpha = 0$이 되고

$\dfrac{2}{\sqrt{29}}(F_{FE} + F_{DC}) = -120$ kN 으로부터 $F_{FE} + F_{DC} = -60\sqrt{29}$ kN 이란 식이 성립된다.

다음으로는 A 지점을 포함하는 자유물체도를 이용하여 $+\uparrow\sum F_V = 0$ 으로부터

$A_V - \sin\alpha(F_{CD} + F_{EF}) - 50 = 0$이므로

$A_V = \dfrac{5}{\sqrt{29}}(-60\sqrt{29}) + 50 = -250$ kN$(\downarrow)$으로 계산된다.

전체 구조시스템으로부터 B 점의 수직반력은 다음과 같이 계산된다.

$B_V = 300\ \mathrm{kN}(\uparrow)$

따라서 상, 하부의 자유물체도로부터 아래와 같은 평형방정식을 이용하여 부재력 F_{DC} 및 F_{FE}를 구할 수 있다.

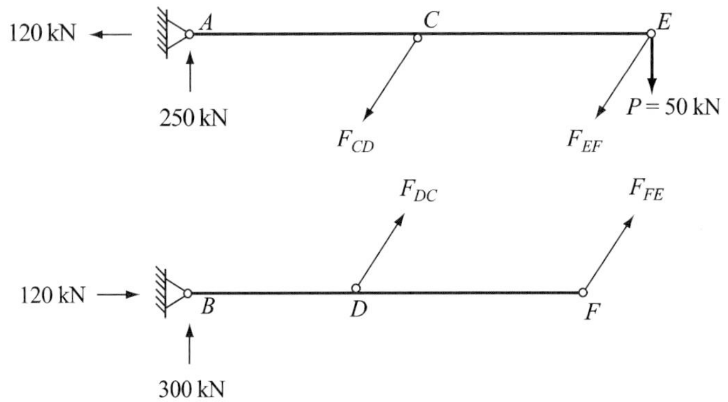

$\overset{\curvearrowleft}{+}\Sigma M_B = 4\times F_{DC}\sin\alpha + 10\times F_{FE}\sin\alpha = 0$으로부터 $F_{DC} = -\dfrac{5}{2}F_{FE}$의 식이 성립된다.

또한 $F_{FE} - \dfrac{5}{2}F_{FE} = -60\sqrt{29}$의 식이 성립되고, 따라서 $\dfrac{3}{2}F_{FE} = 60\sqrt{29}$로부터 F_{FE}와 F_{DC}가 다음과 같이 계산된다.

$F_{FE} = 40\sqrt{29} = 215.4\ \mathrm{kN},\ F_{DC} = -100\sqrt{29} = -538.5\ \mathrm{kN}$

지금까지는 트러스 구조물의 부재력을 계산하는 방법 및 그에 따른 예제들을 다루어 보았다. 이와 같은 과정을 해석(解析, Analysis)이라 한다. 해석한 결과를 이용하여 응력 검토를 통해 적절한 부재를 결정하고 도면을 작성하는 과정을 설계(設計, Design)라 하는데 그림 1.4에 대한 설계를 예제 1.3과 1.4에서 다루기로 한다.

[예제 1.3]

그림 1.4에서 $P=\ 30\,\mathrm{kN}$이고 $b=3\,\mathrm{m}$, $h=5\,\mathrm{m}$이다. 허용응력 $\sigma_{\mathrm{all}}=\ 300\,\mathrm{MPa}$일 때 환봉으로 된 부재 AC의 직경을 결정하라.

[풀이] 환봉의 직경을 d라 하면 환봉의 면적은 $\dfrac{\pi d^2}{4}$이며, 그림 1.12에서

$$\beta=\arctan\frac{b}{h}=31°$$

이다. 따라서 부재력 $F_{AC}=\dfrac{P}{\sin\beta}=\dfrac{30}{\sin 31°}=\ 58.2\,\mathrm{kN}$으로 계산된다.

여기서 부재 AC의 직경은 부재 AC의 응력이 허용응력을 초과하지 않는 다음과 같은 조건하에서 결정되어야한다. 여기서 허용응력은 발생되는 응력이 초과되어서는 안되는 응력으로 2.10절에서 상세히 설명된다.

$$\sigma=\frac{F_{AC}}{A}=\frac{58.2\times10^3}{\dfrac{\pi d^2}{4}}\le\sigma_{\mathrm{all}}=\ 300\,\mathrm{MPa}$$

여기서 $\mathrm{N/mm^2}$의 단위가 MPa과 동일하다는 것을 기억하기 바란다.

따라서 $d^2\ \ge\dfrac{58.2\times10^3\times4}{\pi\times\sigma_{\mathrm{all}}}\geq 247\,\mathrm{mm^2}$으로 계산되고, $d\ge15.7\,\mathrm{mm}$이므로

$d=16\,\mathrm{mm}$로 결정한다.

여기서 환봉의 직경은 현장 여건 및 기성품(旣成品, Ready-made)의 규격 등을 감안하여 결정되는데 반드시 계산된 최소직경 이상을 선택해야 한다.

전단응력(剪斷應力, Shearing Stress)

전단응력은 축과 직각방향으로 작용되는 힘에 의한 응력으로서 고대 그리스 문자 τ(타우)로 표시한다. 강구조물(鋼構造物, Steel Structures)에서 흔히 사용되는 연결방법인 볼트(Bolt) 연결을 예로 들어 설명해보자.

그림 1.18(a)는 두 모재를 상하로 겹쳐 볼트로 연결한 형상을 나타내고 있다. 모재란 표현이 생소하겠지만 주로 사용되는 용어이니 그대로 받아들임이 좋겠다. 모재(母材, Basic Material)에는 P라는 축력이 인장으로 작용되지만 그림 1.18(b)와 같이 볼트에는 볼트축의 직각방향으로 P가 작용된다. 따라서 볼트에는 전단응력 τ가 발생되고 다음과 같이 표현된다.

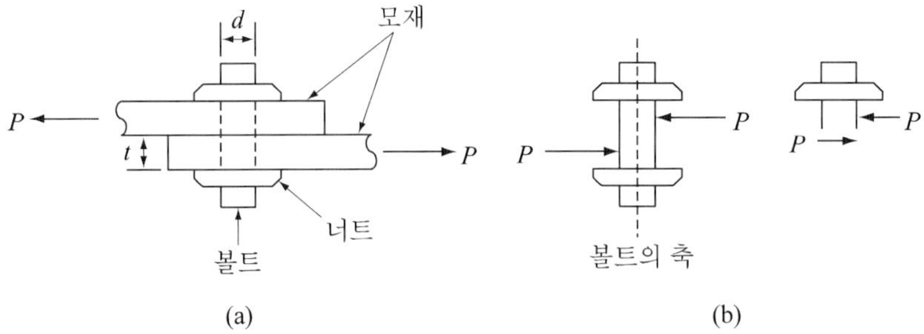

그림 1.18

$$\tau = \frac{P}{A}$$

여기에서 A는 볼트의 단면적이고, τ는 평균전단응력이다. 볼트의 표면과 중심에서의 응력의 크기는 다르나 힘을 볼트의 단면적으로 나누었기 때문에 평균응력이 된다는 의미이다.

그림 1.18(a)와 같이 두 개의 모재와 볼트의 연결상태를 단순전단(單純剪斷, Single Shear)상태라 한다.

그림 1.19(a)는 모재를 가운데에 위치시키고 덮개판(Cover Plate)을 상하로 겹쳐 볼트

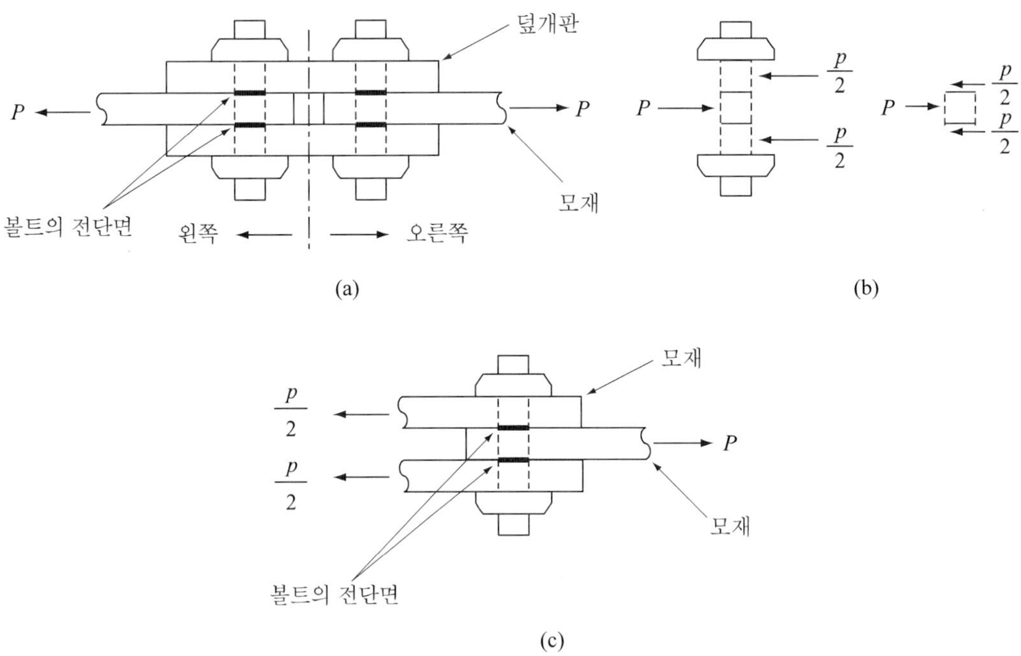

그림 1.19

로 연결하는 방식이다. 그림 1.19(b)는 그림 1.19(a)에서 오른쪽 볼트에 작용되는 전단력의 상태를 나타내고 있다. 이때 오른쪽 볼트의 왼쪽에는 그림 1.19(b)와 같이 상하에 위치한 두 개의 덮개판이 P를 감당하게 된다. 따라서 볼트에는 두 단면에 전단력이 발생되는데 그 크기는 평형의 원칙에 따라 각각 $\frac{P}{2}$가 된다. 따라서 이때 볼트의 평균전단응력 τ는 다음과 같이 표현된다.

$$\tau = \frac{\frac{P}{2}}{A} = \frac{P}{2A}$$

이러한 연결상태를 2중전단(二重剪斷, Double Shear)상태라 한다.

그림 1.19(c)와 같이 2개의 모재와 1개의 모재를 볼트로 연결하는 경우도 전단면이 2곳이므로 2중전단상태가 된다.

그림 1.20(b)는 그림 1.20(a)에서 오른쪽 볼트에 발생되는 전단력을 나타내고 있다. 두 모재에 작용되는 P의 반작용력은 3개로 나뉘어져 각각 $\frac{P}{3}$씩 전단력으로 발생되나 볼트의 전단면은 4곳이다.

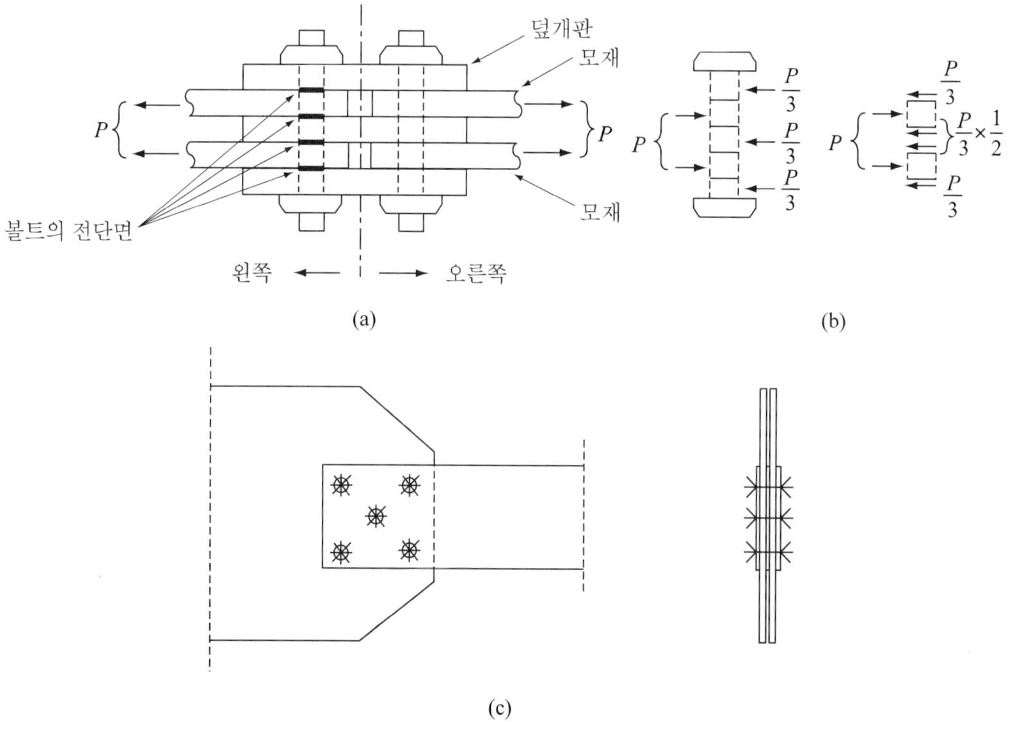

그림 1.20

따라서 이때 볼트의 전단응력

$$\tau = \frac{P}{4A}$$

가 된다. 이러한 연결상태를 4중전단(四重剪斷, Quadruple Shear)상태라 한다. 그림 1.20(c)는 실제 시공될 수 있는 4중전단상태의 측면도 및 단면도이다

여기까지 단순전단, 2중전단, 4중전단상태를 설명하였다. 왜 이러한 여러 형태의 연결상태가 실제로 현장에서 시행되는지에 대해 생각해보기로 하자. 단순전단상태보다는 2중전단상태가 또 다중전단상태가 될수록 구조 및 시공에 있어 복잡해지지만 볼트의 직경을 작게 즉, 작은 볼트의 사용이 가능하다. 이 결과는 모재에 적은 단면손실 즉, 적은 볼트구멍을 뚫으므로 구조물의 대부분을 차지하는 모재를 경제적으로 설계할 수 있는 장점을 살릴 수 있다.

여기까지 단순, 2중, 4중전단상태에 대해 다루었는데 혹 독자들 중에는 3중전단상태에 대해 의문점을 가질 수 있다. 구태여 3중전단상태를 그림으로 표시한다면 그림 1.21과 같을 수 있겠으나 단지 3중전단상태가 어떤 것인지 이해하는 것으로 만족하기 바란다. 왜냐하면 이는 현실성이 거의 없는 연결상태이기 때문이다.

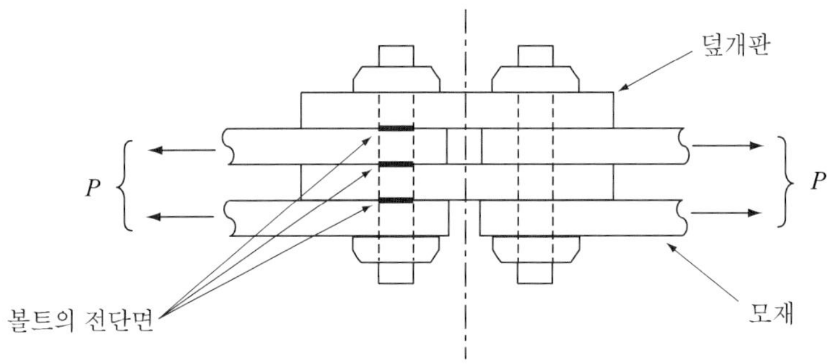

그림 1.21

지압응력(支壓應力, Bearing Stress)

지압응력은 모재의 볼트구멍 주변에 생기는 일종의 압축응력이고 σ_b로 표시하는데, 일반적인 축응력 또는 수직응력과 구분하기 위해 첨자를 사용한다. 첨자 b는 지압이란 뜻으로 Bearing의 첫 자를 의미한다. 지압응력의 개념을 간단하게 설명하기 위해 단순전단상태의 그림인 그림 1.18(a)의 상부 모재로 설명하기로 한다.

그림 1.22는 상부 모재의 볼트 왼쪽부분을 나타내고 있다. 그림에 나타난 볼트구멍 왼쪽은 인장력 P에 의해 틈새가 생기려는 경향이 있는 반면, 그 반대방향 즉, 상부 모재

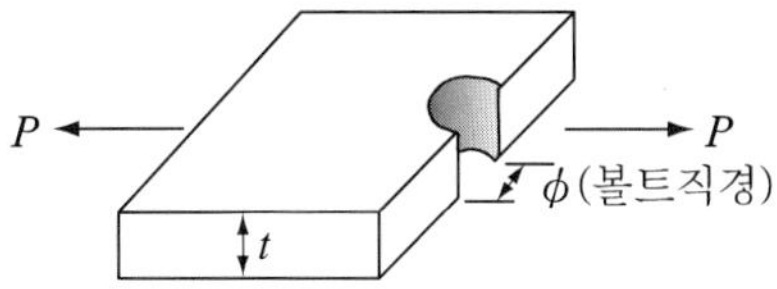

그림 1.22

의 볼트 오른쪽은 압축력 P가 발생된다. 바로 이 압축력이 볼트구멍에 발생되는 지압력(支壓力, Bearing Force)이다. 볼트구멍 주변의 지압응력의 분포는 가장 오목한 곳에서 최대가 될 것이나 허용지압응력 자체를 평균응력 개념 즉, 지압면적 $A = \phi \times t$ 로 결정하였기 때문에 지압응력은 다음과 같이 결정된다.

$$\sigma_b = \frac{P}{A}$$

허용지압응력(許容支壓應力, Allowable Bearing Stress)은 허용인장응력과 마찬가지로 실험결과를 근거로 하여 결정된다.

1.3 볼트 연결부(Part of Connection)의 설계

볼트 연결부는 앞서 전단응력에서 그림들을 통해 다루었던 모재와 볼트의 연결된 부분이다. 트러스 부재에서 모재는 볼트와는 달리 축력을 받게 되는데 축력은 또한 인장력과 압축력으로 구분된다. 볼트 연결에서 압축력과 인장력은 설계에 있어 큰 차이를 보인다. 모재에 인장력이 작용될 경우 응력 계산 시 볼트구멍의 단면적을 제외한 순단면적(純斷面積, Nett Section Area)을 사용해야 한다. 그 이유를 본 저자는 분필을 이용해 설명하곤 한다. 분필은 많은 물을 흡수할 수 있다. 이 사실은 분필 속에는 많은 작은 구멍 즉, 공극(空隙, Pore)이 있고, 일종의 모세관 현상으로 물이 공극 속으로 빨려들어가기 때문이다. 그 분필의 양끝을 잡고 늘리려고 하면 쉽게 끊어진다. 그 이유는 인장력에 대응해 공극면적을 제외한 순단면적(A_{nett})만이 대응했기 때문이다. 반대로 분필 양끝을 눌러 압축을 가하면 웬만한 사람이 분필을 파괴시키지 못할 것이다. 이 현상은 분필 속의 공극면적은 상당량의 압축력을 전달시킬 수 있다는 증거이다. 분필과 비슷한 재료적 특성을 갖는 것이 콘크리트재이다. 콘크리트재는 시멘트, 자갈, 모래 그리고 꼭 물이 섞여야만 성립될 수 있는 물질이다. 물은 여러 재료들이 결합되어 단단한 고체가 되도록 수화작용을 발생시키고 나면 점차 증발되어 콘크리트 속에는 사용한 물만큼의 공극이 발생된다. 그러므로 콘크리트재는 인장력에 매우 약하다.

따라서 콘크리트재는 인장 측의 단면을 무시하고 설계한다. 이에 대해서는 3장에서 다시 다루기로 한다. 볼트 연결에서도 압축을 받는 경우에는 인장을 받는 경우와는 달리 볼트구멍을 포함한 모재의 총 단면적(總斷面績, Gross Section Area) 즉, A_{gross}를 사용하여 설계한다. 이에 대해서는 예제 1.4에서 자세히 다루기로 한다.

[예제 1.4]

그림 1.4의 트러스구조시스템에서 주어진 상세도에 따라 연결부 A, B, C점의 안전을 검토하라. (이 문제에서 구조물의 자중은 무시한다.)

[풀이] 여기에서 구조물의 자중을 무시한다는 의미는 하중 P의 영향에 비해 자중의 영향이 미미하다는 뜻으로 생각하기 바란다.

우선 그림 1.4에서 A점과 B점의 지점반력 A_V, A_H, B_V 및 부재력 F_{AC}, F_{BC}를 정리해보면 다음과 같다.

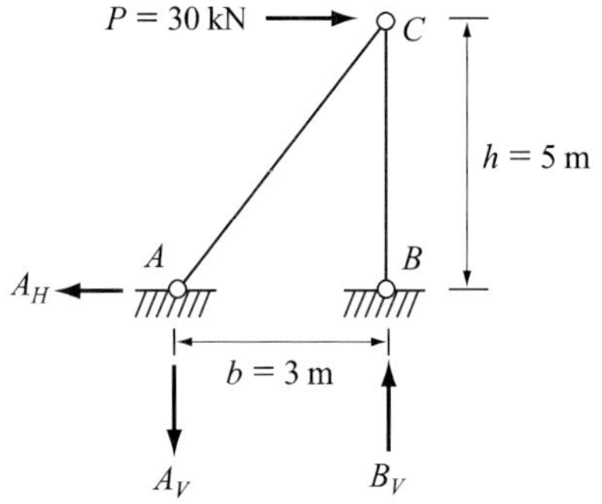

$$A_V = \frac{30 \times 5}{3} = 50 \text{ kN}$$

$$B_V = -A_V = 50 \text{ kN}$$

$$A_H = 30 \text{ kN}$$

$$F_{AC} = 58.3 \text{ kN} \qquad \text{(인장)}$$

$$F_{BC} = 50 \text{ kN} \qquad \text{(압축)}$$

여기서

부재의 허용응력: $\sigma_{\text{all}} = 300 \text{ MPa}$

볼트의 허용전단응력: $\tau_{\text{all}} = 170 \text{ MPa}$

허용지압응력: $\sigma_{b,\text{ all}} = 400 \text{ MPa}$

이다.

• A점의 연결부 검토

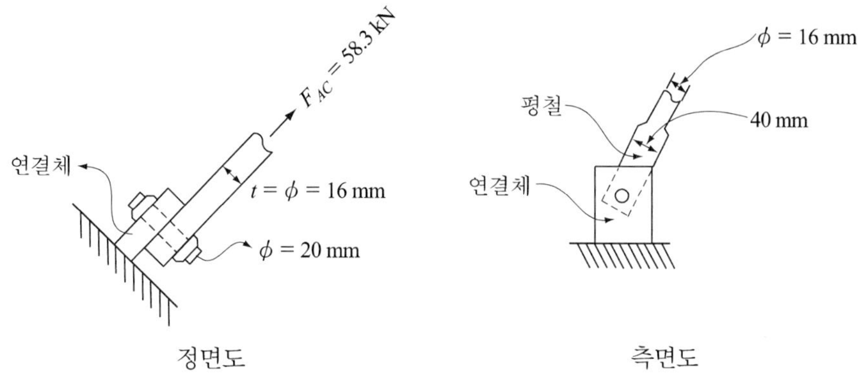

1) A점의 연결부 상세도

부재 AC는 인장력을 받고 있는 부재 즉, 인장재이고 직경 $\phi = 16$ mm로 예제 1.3에서 결정되었다. 여기에서 연결체는 단면이 충분히 크다는 가정하에서 검토를 생략한다. 부재 AC의 끝단이 평철(平鐵, Flat Iron)로 표현하였는데 납작한 형태의 철이란 뜻이다. 정확한 표현으로는 평강(平鋼)이 맞겠으나 국내에선 이러한 경우 평철이란 용어를 자주 사용하니 참고하기 바란다.

• 부재 AC의 응력 검토

부재 AC는 인장재로 순단면적(A_{nett})으로 응력 계산을 해야 한다.

따라서

$$A_{nett} = (40 - 21) \times 16 = 304 \text{ mm}^2$$

이고, 평철의 인장응력은

$$\sigma = \frac{F_{AC}}{A_{nett}} = \frac{58.3 \times 10^3}{304} = 191.8 \text{ MPa}$$

이므로 허용인장응력을 초과하지 않는다.

여기서 볼트직경 ϕ보다 1 mm 크게 볼트구멍을 정한 이유는 현장에서 실제 시공할 때 볼트 삽입을 용이하게 하기 위해 볼트구멍을 1 mm 더 크게 뚫기 때문이다. 여기서 시공의 용이성만을 위해 볼트구멍을 더 크게 뚫는 경우가 있다면 바로 이러한 행위가 부실시공의 원인이 될 수 있다.

• 볼트의 응력 검토

볼트의 연결은 단순전단상태이다.

볼트의 단면적

$$A = \frac{\pi \phi^2}{4} = 314 \text{ mm}^2$$

이므로

$$\tau = \frac{58.3 \times 10^3}{314} = 186\,\text{MPa}$$

이고 허용전단응력을 초과하였으므로 N.G(No Good)이다. 따라서 볼트의 직경을 크게 정하는 것이 필요하다. $\phi = 22$ mm로 하여 평철의 인장응력과 볼트의 전단응력을 다시 계산하면

$$\sigma = \frac{F_{AC}}{(40-23) \times 16} = 214.3\,\text{MPa}$$

이고

$$\tau = \frac{4 \times 58.3 \times 10^3}{\pi \times 22^2} = 153.4\,\text{MPa}$$

이다. 따라서 평철의 인장응력과 볼트의 전단응력은 허용응력 이내에 있다. 즉, O.K이다.

• 지압응력 검토

여기서도 단순전단상태이고 지압면적을 계산하면

$$A = (\phi) \times 16 = 22 \times 16 = 352\,\text{mm}^2$$

이다. 따라서

$$\sigma_b = \frac{58.3 \times 10^3}{A} = 165.6\,\text{MPa}$$

이고 허용지압응력을 초과하지 않으므로 O.K이다. 여기서는 지압면적 계산 시 볼트직경에 1 mm의 여유를 두지 않는다. 왜냐하면 지압은 볼트직경에 의해서만 발생되기 때문이다.

2) B점의 연결부 상세도

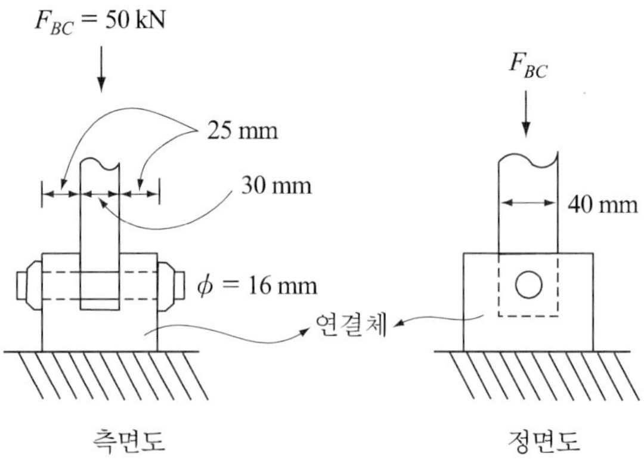

• 부재 BC의 응력 검토

부재 BC는 압축력을 받는 부재 즉, 압축재이다. 압축재는 좌굴(座屈, Buckling)이 발

생될 수 있는데 여기에서는 좌굴이 발생되지 않는 단주(短柱, Short Column)로 간주하며 허용응력은 인장부재와 같다는 조건으로 검토한다. 좌굴에 대해서는 11장의 기둥에서 다루어진다. 압축재는 앞서 설명한 바와 같이 인장재와는 달리 순단면적이 아닌 총 단면적 A_{gross}로 응력을 계산한다. 따라서

$$\sigma = \frac{F_{BC}}{A_{\text{gross}}} = \frac{50 \times 10^3}{40 \times 30} = 41.7\ \text{MPa}\ (\text{압축})$$

로 계산되고 허용응력에 훨씬 미치지 못한다. 여기서 압축응력의 부호는 '−'이나 압축이란 서술이 따르면 부호를 생략해도 된다.

• 볼트의 전단응력 검토

그림에서와 같이 B점의 볼트 연결은 2중전단상태이다. 따라서 전단응력

$$\tau = \frac{F_{BC}}{2A} = \frac{50 \times 10^3}{2 \times \dfrac{\pi \times 16^2}{4}} = 124.3\ \text{MPa} < \tau_{\text{all}}$$

이므로 안전하다.

• 지압응력의 검토

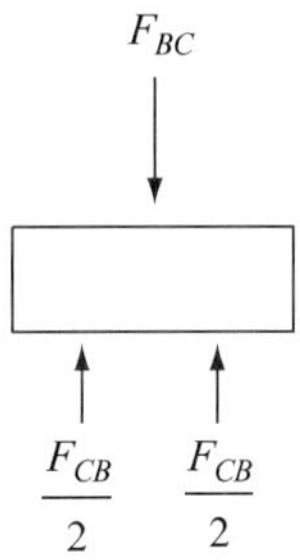

여기서 부재 BC와 연결체의 지압면적을 생각해보자. 연결체의 지압면적은

$$A = 2\phi \times t = 2 \times 25 \times 16 = 800\ \text{mm}^2$$

이고, 부재 BC의 지압면적은

$$A = \phi \times t = 16 \times 30 = 480\ \text{mm}^2$$

이다. 따라서 지압응력은 다음과 같이 계산되고 계산된 결과는 허용지압응력을 초과하지 않는다.

$$\sigma_b = \frac{50 \times 10^3}{480} = 104.2\ \text{MPa} < \sigma_{b,\text{all}}$$

여기서 부재 BC의 지압면적이 연결체의 지압면적보다 훨씬 작으므로 연결체의 지압응력 검토는 필요치 않다.

3) C 점의 연결부 상세도

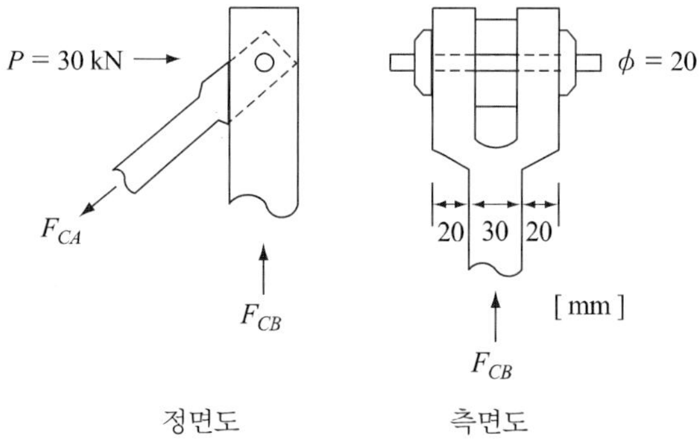

C 점의 응력 검토에서 부재 AC 와 부재 BC 의 경우는 1)과 2)에서 이미 수행하였고 단지 볼트의 전단응력 및 지압응력의 검토가 필요하다. 부재 BC 는 2중전단상태이고 C 점에 작용되는 힘의 성분은 다음 그림과 같이 표현된다.

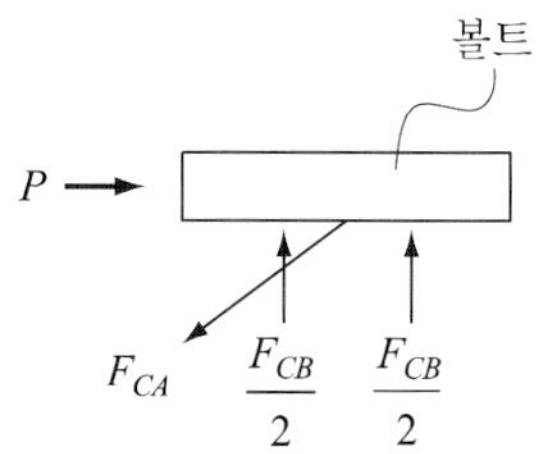

그림과 같이 세 방향으로 작용되는 힘은 앞에서 1벡터를 2방향으로 분해했듯이 여러 방향의 벡터는 합성도 가능하다. 3벡터의 합성을 그림으로 표시해보자. 여기에서 C 점이 힌지이므로 합력 R 이 "0"이 됨은 당연하나 힘의 합성 및 분해로 R 이 "0"이 됨을 증명해보자. 합력의 크기는 다음과 같이 계산된다. 우선 F_{CA}를 정좌표 축으로 분해하면 다음과 같다.

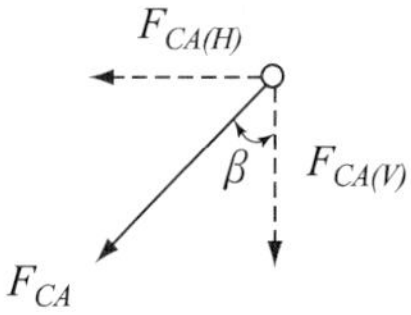

$$F_{CA(H)} = F_{CA}\ \sin\beta = 30\ \text{kN}$$
$$F_{CA(V)} = F_{CA}\ \cos\beta = 50\ \text{kN}$$

따라서 합력벡터 R 의 수평성분 R_H 는 다음과 같이 "0"으로 계산된다.

$$R_H = (\leftarrow)\ F_{CA(H)} + (\rightarrow)P = 0\ \text{kN}$$

그리고 수직성분 R_V 도 다음과 같이 계산된다.

$$R_V = (\uparrow)F_{CB} + F_{CA(V)}(\downarrow) = 0\,\text{kN}(\uparrow)$$

따라서 합력 R 은 "0"이 된다. 그러므로 힌지 연결인 C 점에서 힘의 평형방정식이 성립됨이 증명된 셈이다. 따라서 C 점에 작용되는 가장 큰 힘은 F_{CA} 이므로 F_{CA} 로 볼트의 전단응력 및 지압응력의 검토가 필요하다. 아래 그림은 C 점에서 3벡터의 합성을 그림으로 나타낸 것이다.

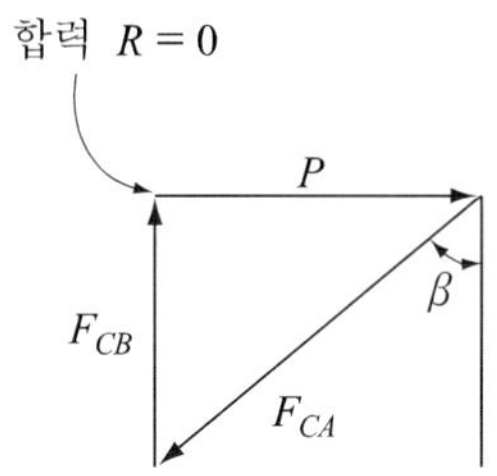

• 볼트의 전단응력 검토

볼트의 단면적 $A = 314\,\text{mm}^2$ 이고 2중전단상태이므로 볼트의 전단응력은 다음과 같이 계산된다.

$$\tau = \frac{F_{CA}}{2A} = 92.8\,\text{MPa} < \tau_{\text{all}}$$

따라서 볼트의 전단응력은 허용전단응력에 훨씬 미치지 못하므로 O.K이다.

• 지압응력 검토

우선 부재 CA 의 지압면적

$$A = \phi \times 16 = 320\,\text{mm}^2$$

이고, 부재 CB 의 지압면적은 2중이므로

$$A = 2 \times \phi \times 20 = 800\,\text{mm}^2$$

이다. 따라서 부재 CA 의 지압응력은 다음과 같이 계산되고 계산결과는 안전하다.

$$\sigma_b = \frac{F_{CA}}{320} = 182.2\,\text{MPa} < \sigma_{\text{b,all}}$$

[예제 1.5]

그림과 같이 강체(剛體, Rigid Body)인 브래킷 ABC 에 두 개의 힘이 작용되고 있고 핀과 강봉의 지름은 22 mm 이다. 단, 사용된 모든 재료는 동질의 강재이다.

(1) 강봉 CD 에 발생되는 축응력을 검토하라.

(2) B 점에서 핀의 전단응력을 검토하라.

(3) B 점의 브래킷(지지대)이 $7\ \mathrm{mm}$ 일 때 지압응력을 검토하라.

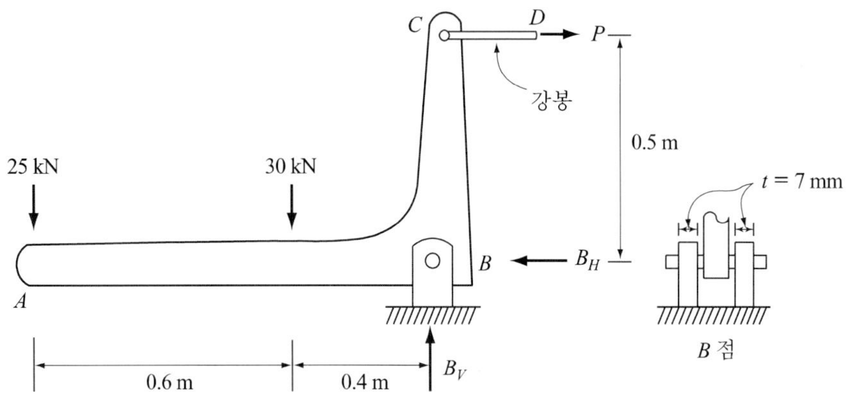

[풀이] 그림과 같은 전체 브래킷에 대한 자유물체도에서 평형방정식을 이용하면, 강봉에 작용되는 힘 P 와 B 점의 반력을 계산할 수 있다.

$\overset{\curvearrowleft}{+}\sum M_B = 0$ 이므로 $25\times 1 + 30\times 0.4 - P\times 0.5 = 0$

$$P = 74\ \mathrm{kN}$$

$+\uparrow\sum V = 0$ 이므로 $-25 - 30 + B_V = 0$

$$B_V = 55\ \mathrm{kN}$$

$\overset{\rightarrow}{+}\sum H = 0$ 이므로 $B_H = P$

$$B_H = 74\ \mathrm{kN}$$

따라서 B 점에 작용되는 반력들의 합력 R 은 다음과 같이 구해진다.

$$R = \sqrt{(B_H)^2 + (B_V)^2} = \sqrt{74^2 + 55^2} = 92.2\ \mathrm{kN}$$

(1) 강봉의 작용력 $P = 74\ \mathrm{kN}$ 이므로 강봉 CD 에 발생되는 인장응력은 다음과 같이 계산된다. 단, C 점에서 강봉의 단면손실은 없는 것으로 한다.

$$\phi_{CD} = 22\ \mathrm{mm}$$

$$A_{CD} = \frac{\pi}{4}\times\phi_{CD}^2 = \frac{\pi}{4}\times 22^2 = 380.1\ \mathrm{mm}^2$$

$$\sigma = \frac{P}{A_{CD}} = \frac{74 \times 10^3}{380.1} = 194.7\ \mathrm{MPa}$$

(2) 핀은 2중전단상태이므로 B 점에서의 핀의 전단응력은 다음과 같이 계산된다.

$$\tau = \frac{\frac{R}{2}}{A_{CD}} = \frac{\frac{92.2}{2} \times 10^3}{380.1} = 121.3\ \mathrm{MPa}$$

(3) 핀의 지름 $\phi = 22\ \mathrm{mm}$이고 2개의 브래킷은 $\frac{R}{2}$의 힘을 각각 받고 있으므로 B 점에서의 지압면적 A와 지압응력 σ_b은 다음과 같이 계산된다.

$$A = 22 \times t = 22 \times 7 = 154\ \mathrm{mm}^2$$

$$\sigma_b = \frac{\frac{R}{2}}{A} = \frac{\frac{92.2}{2} \times 10^3}{154} = 299.4\ \mathrm{MPa}$$

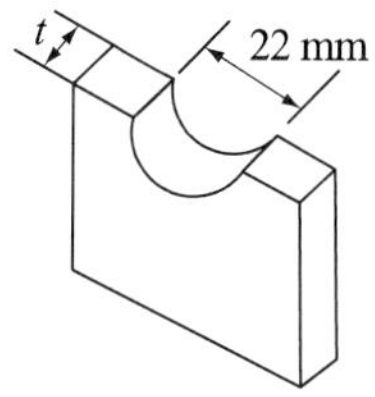

1.4 축하중에 의한 임의 경사면의 수직응력 σ_θ와 전단응력 τ_θ

축하중하에서 경사면의 경사각 θ에 따른 수직응력 σ_θ와 전단응력 τ_θ를 다루는 목적은 경사각과 응력들 사이의 관계로부터 경사면에서의 최대 수직응력과 최대 전단응력을 해석하기 위해서이다.

그림 1.23과 같이 축하중 P가 부재 AB에 작용될 때 임의의 경사각 θ의 경사면에 대한 수직력과 전단력을 살펴보자.

축력 P 및 경사면의 수직력 F와 경사면의 전단력 V를 그림 1.24(a)에 표시하였다.

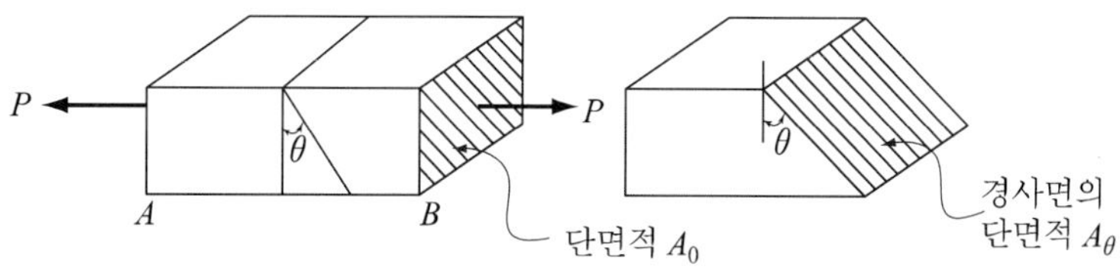

그림 1.23

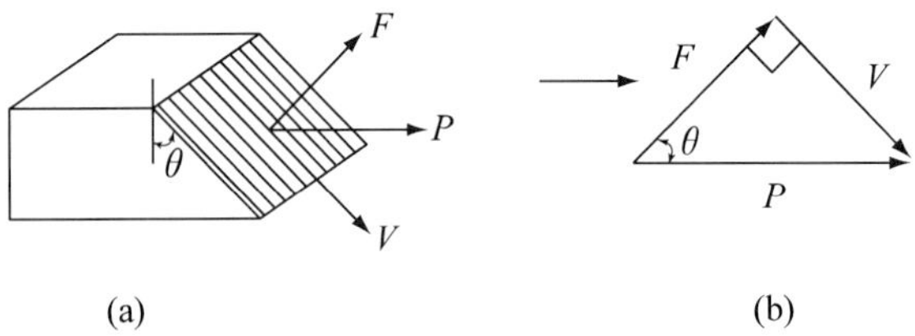

그림 1.24

여기서 수직력과 전단력은 항상 수직관계임을 상기하기 바란다.

그림 1.24(b)로부터

$$F = P\cos\theta$$
$$V = P\sin\theta$$

의 관계식이 성립된다.

따라서 부재 AB의 단면적을 A_0라 할 때 경사면의 면적 A_θ는 $\dfrac{A_0}{\cos\theta}$이고 σ_θ와 τ_θ는 다음과 같이 계산된다.

$$\sigma_\theta = \frac{F}{A_\theta} = \frac{P\cos^2\theta}{A_0}$$

$$\tau_\theta = \frac{V}{A_\theta} = \frac{P\sin\theta\cos\theta}{A_0}$$

그리고 경사각 θ와 σ_θ 또는 τ_θ와의 관계는 다음 그림 1.25와 같다.

그림 1.25(a)로부터 $\theta = 0$일 때 즉, $A_\theta = A_0$일 때 부재 AB의 수직응력이 최대이다. 그림 1.25(b)로부터 부재 AB의 축과 45°의 경사면에서 최대 전단응력은 $\dfrac{P}{2A_0}$이고 이 때의 수직응력도 $\dfrac{P}{2A_0}$임을 알 수 있다.

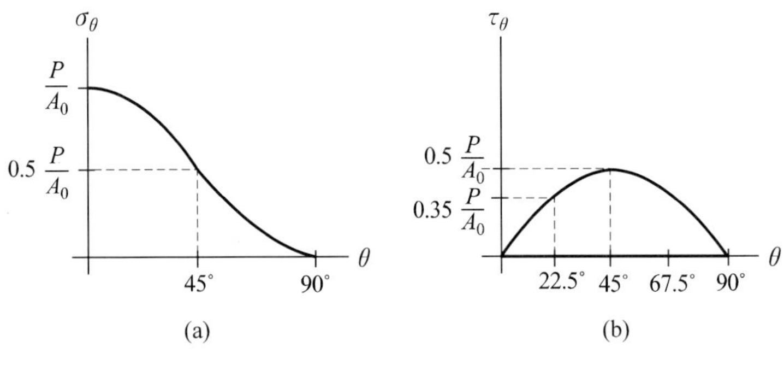

그림 1.25

[예제 1.6]

그림과 같이 목재 부재가 아교에 의해 $30°$의 경사로 접착되어 있다. $h = 10\ \mathrm{cm}$이고, $b = 15\ \mathrm{cm}$, 허용전단응력 $\tau_{\mathrm{all}} = 500\ \mathrm{kPa}$일 때 허용될 수 있는 P를 구하라.

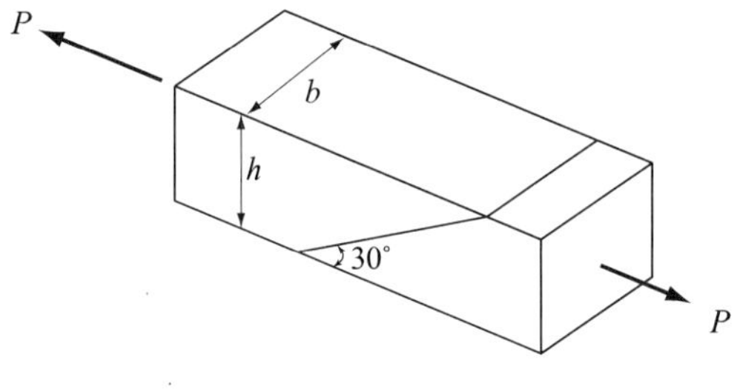

[풀이] $A_0 = h \times b$

$$A_\theta = \frac{A_0}{\sin 30°} = \frac{h \times b}{\sin 30°} = 0.03\ \mathrm{m}^2$$

경사면의 수직력 F와 전단력 V 및 부재의 축 P 사이의 관계를 그림으로 표시하면 다음과 같다.

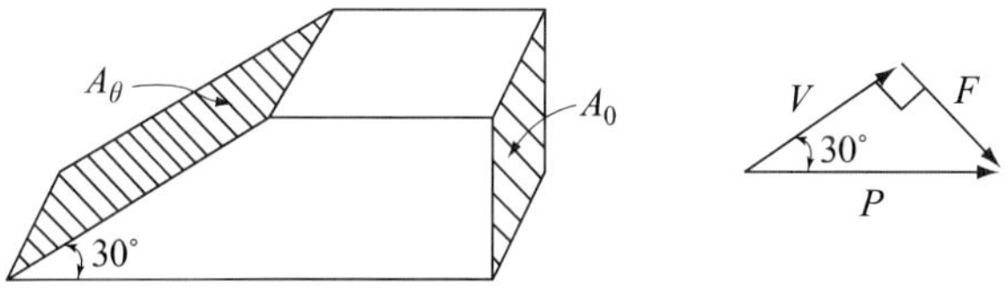

따라서 $F = P\sin 30°$, $V = P\cos 30°$이므로

경사면의 전단응력

$\tau_\theta = \dfrac{V}{A_\theta} = \dfrac{P\cos 30°}{0.03} = 28.9P$ 이고 τ_{all}을 초과해서는 안된다.

따라서

$$P \le \frac{\tau_{\mathrm{all}}}{28.9}$$

이므로 τ_{all}을 초과하지 않는 범위 내에서의 P를 구할 수 있다. 따라서 $P \le 17.3\ \mathrm{kN}$이고 τ_{all}의 단위가 kPa이므로 P가 kN의 단위임을 주지하기 바란다. 또한 주어진 각이 경사면과 축의 사이각인지 또는 경사면과 전단축 즉, 축과 직각방향과의 사이각인지 혼동하지 않길 바란다.

연습문제

EXERCISE

1. 그림과 같이 두 개의 중실 원형단면의 봉이 결합되어 있다. 이때 각 봉에 발생되는 수직응력을 구하라.

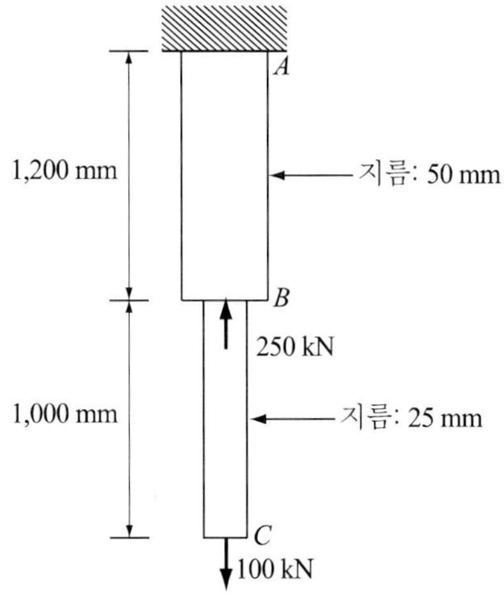

풀이

봉 AB와 봉 BC가 받고 있는 수직력(F_{AB} , F_{BC})을 계산하여 수직응력을 산정한다. 잘 이해가 안 되면 A점으로부터 또는 B점으로부터 AB 및 BC구간을 절단하는 자유물체도를 그려 생각하기 바란다. A점으로부터 자유물체도를 이용할 경우 A점의 수직반력을 포함시켜야 함을 상기하기 바란다.

- $F_{AB} = 100 - 250 = -150\ \text{kN}$
- $F_{BC} = 100\ \text{kN}$
- 봉 AB에 발생되는 수직응력 $\sigma_{AB} = \dfrac{F_{AB}}{A_{AB}} = \dfrac{-150 \times 10^3}{\dfrac{\pi \times 50^2}{4}} = -76.4\ \text{MPa}$
- 봉 BC에 발생되는 수직응력 $\sigma_{BC} = \dfrac{F_{BC}}{A_{BC}} = \dfrac{100 \times 10^3}{\dfrac{\pi \times 25^2}{4}} = 203.7\ \text{MPa}$

2. 다음 그림과 같은 전단상태의 연결에서 볼트에 발생되는 전단응력을 구하라. (단, 볼트의 직경은 20 mm이다.)

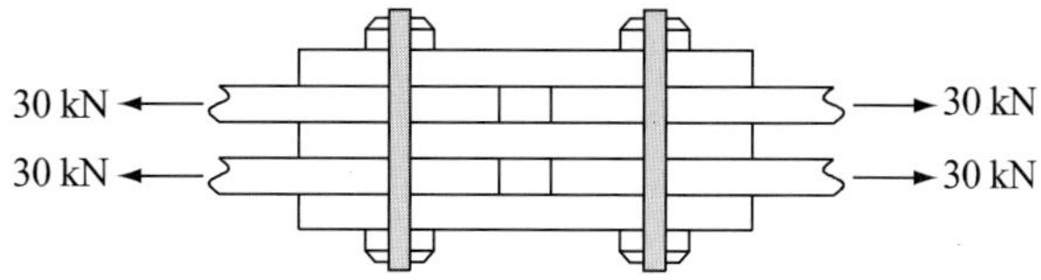

풀이

주어진 볼트의 연결은 4중전단상태이다. 따라서 다음과 같은 자유물체도를 그릴 수 있다.

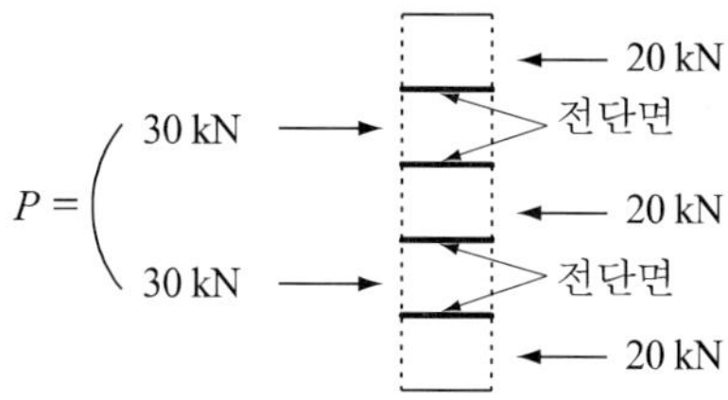

전단면이 4면이므로 볼트에 발생되는 전단응력 τ는 다음과 같이 계산된다.

$$\tau = \frac{P}{4A} = \frac{2\times 30\times 10^3}{4\times\dfrac{\pi\times 20^2}{4}} = 47.8\text{ MPa}$$

3. 균일한 사각 단면을 갖는 두 개의 목재 부재가 그림과 같이 접착제에 의해 접합되어 있다. 부재축과 경사면이 이루는 각 $\alpha = 40°$인 접착면에서의 수직응력 및 전단응력을 구하라.

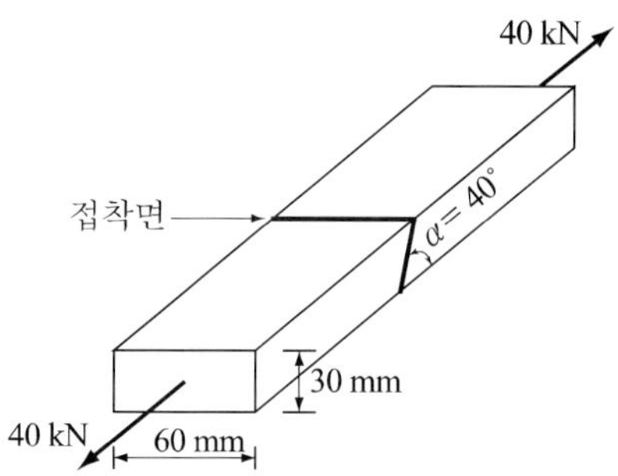

풀이

주어진 경사각 $\alpha = 40°$이므로 $\theta = 90 - 40 = 50°$이다. 따라서 경사면에 발생되는 수직응력 및 전단응력은 다음과 같이 계산된다.

– 수직응력 $\sigma = \dfrac{P}{A_0}\cos^2\theta = \dfrac{40\times 10^3}{60\times 30}\times\cos^2 50 = 9.2\text{ MPa}$

– 전단응력 $\tau = \dfrac{P}{A_0}\sin\theta\cos\theta = \dfrac{40\times10^3}{60\times30}\times\sin50\times\cos50 = 10.9\ \mathrm{MPa}$

4. 수직하중 4,000 kN이 짧은 콘크리트 기둥에 작용되고 있고, 기둥은 평평한 땅 위에 타설된 콘크리트 기초에 의해 지지되어 있다. 콘크리트 기둥에 발생되는 수직응력을 구하고, 땅이 받을 수 있는 허용지압응력이 0.15 MPa일 경우에 필요로 하는 콘크리트 기초의 크기를 구하라. (단, 콘크리트 기초는 강체거동을 하는 것으로 가정한다.)

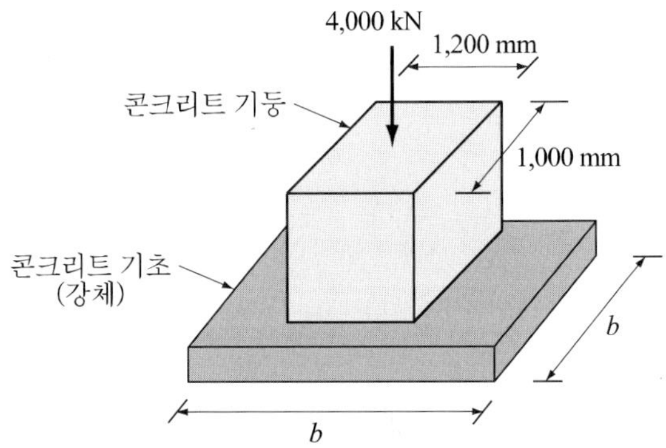

풀이

1.3절에서 볼트 연결부에서 볼트구멍의 지압응력에 대해 다루었는데 콘크리트 기초가 받는 압축응력도 지압응력이라 표현하니 참고 바란다. 콘크리트 기둥에 발생되는 응력과 땅이 받을 수 있는 허용지압응력을 초과하지 않는 기초의 크기를 다음과 같이 구한다.

– 콘크리트 기둥에 발생되는 수직응력

$$\sigma = \frac{P}{A} = \frac{4,000\times10^3}{1,200\times1,000} = 3.3\ \mathrm{MPa}\ \text{(압축)}$$

– 콘크리트 기초의 크기 결정

$0.15\ \mathrm{MPa} \le \dfrac{4,000\times10^3}{\mathrm{b}\times\mathrm{b}}$ 이므로 $b \ge \sqrt{\dfrac{4,000\times10^3}{0.15}} = 5,164\ \mathrm{mm}$ 이다.

따라서 약 $5.2\ \mathrm{m}\times5.2\ \mathrm{m}$ 크기의 콘크리트 기초가 필요하다.

5. 다음 트러스 구조물에서 부재 GH 에 발생되는 축응력을 구하라. (단, 부재 DH 는 한 변의 길이가 60 mm 인 정사각형 단면이다.)

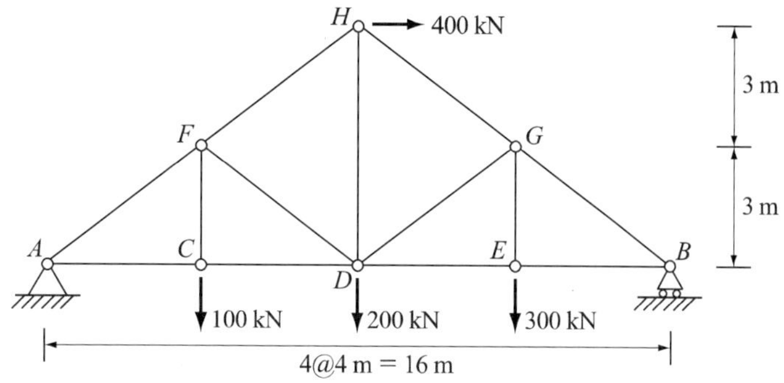

풀이

구조물의 반력을 산정한 후 단면법을 이용하여 부재 GH 의 부재력을 산정한다. 이 문제에서는 지점반력 B_V 를 구하고 부재 GH, GD, ED 를 절단하는 단면법을 이용함이 바람직한 방법이다.

– 부재 GH 의 부재력 $F_{GH} = -583.3$ kN

– 부재 GH 의 축응력 $\sigma_{GH} = \dfrac{F_{GH}}{A_{GH}} = \dfrac{583.3 \times 10^3}{60 \times 60} = 162$ MPa (압축)

6. 다음 구조물에서 부재 CD 에 발생되는 수직응력이 120 MPa일 때, B 점에 작용되고 있는 하중 P 의 크기를 구하라. (단, 부재 ACB 는 강체이고 부재 CD 의 단면적 $A_{CD} = 2{,}500$ mm^2 이다.)

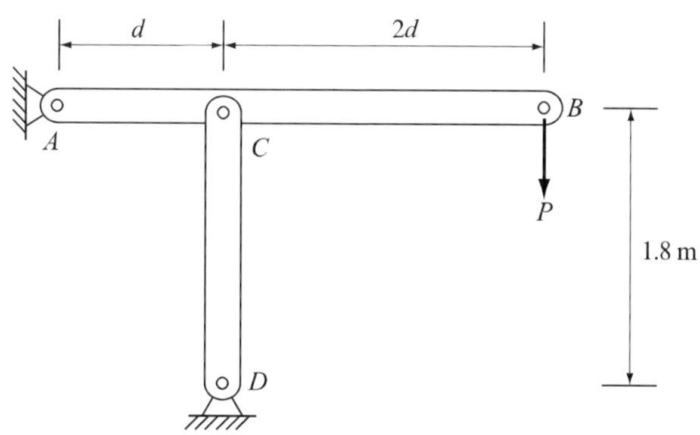

풀이

부재 CD 는 트러스 부재이므로 D 점에서의 수평지점반력 $D_H = 0$이고 $\sum M_A = 0$으로부터 D 점에서의 수직지점반력 D_V 를 구할 수 있다. 다음으로는 주어진 수직응력 120 MPa과 같은 크기의 응력을 발생시키는 하중 P 를 구한다.

– 부재 CD 의 부재력 $F_{CD} = 3P$

– 하중 P 산정

$$120\ \mathrm{MPa} = \frac{3\mathrm{P}}{2{,}500} \Rightarrow \mathrm{P} = 120 \times \frac{2{,}500}{3} = 100{,}000\ \mathrm{N} = 100\ \mathrm{kN}$$

02
응력과 변형률 Stress and Strain

2.1 변형률의 개념(Concept)

1장에서 응력의 개념 및 종류에 대해 다루었고, 2장에서는 응력과 변형률과의 관계와 그 관계로부터 재료역학적 특성을 설명하고 구조물에서의 응용 예를 다루기로 한다. 재료역학에서 가장 많이 사용되는 용어는 응력이고 변형률도 응력에 못지않게 자주 사용되는 용어이다. 변형률은 말 그대로 변형된 률을 말하고 이에 대해 그림 2.1을 이용하여 설명해보자.

그림 2.1에서 부재의 길이가 l이고 단면적이 일정한 경우 양 끝에서 P란 힘으로 인장시켰을 때 부재는 늘어날 것이다. 그 늘어난 길이를 Δl이라고 할 때 변형률(變形率, Strain)은 다음과 같이 정의된다.

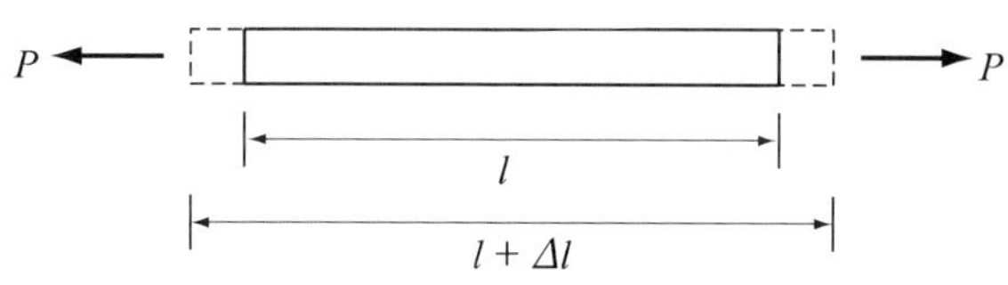

그림 2.1

$$\text{변형률 } \epsilon = \frac{\Delta l}{l}$$

변형률은 고대 그리스 문자인 ϵ(입실론)으로 표현되고 단위길이당 늘어난 길이를 의미한다. 그리고 단위는 무차원량(無次元量, Dimensionless Quantity)이다. 건설에 사용되는

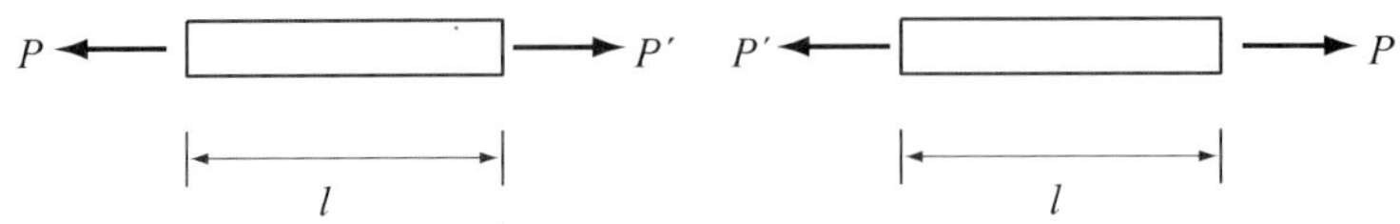

그림 2.2

재료의 ϵ은 % 이하의 숫자로 나타낼 만큼 매우 미미하나 재료역학적 중요성은 매우 크다. 여기서 만약 부재의 길이가 $2l$이고 축인장력 P가 일정할 때 늘어난 길이는 당연히 $2\Delta l$이 된다. "왜?" 라고 독자들한테 묻는다면 어떻게 대답할 것인가? 1장에서 배운 지식으로도 충분히 대답할 수 있으리라 생각한다. 즉, 축인장력 P는 길이 $2l$ 전체를 통해 일정하게 작용되므로 그림 2.2와 같은 자유물체도로부터 설명될 수 있다.

부재는 길이 $2l$을 통해 축력만 작용되므로 어느 위치에서 절단하든 절단된 곳에서는 끝단에 작용됐던 P에 대응되는 힘 P'이 발생될 것이고 따라서 힘의 평형조건에 따라 $P = P'$임을 알 수 있다. 그림 2.2는 길이 $2l$의 중간에서 절단한 자유물체도이다. 그러므로 그림 2.1에서의 변형량 Δl의 2배가 되는 $2\Delta l$이 발생되고 변형률 ϵ은 일정하다.

예로서 그림 2.1에서 $l = 1.0\,\text{m}$의 봉이 축하중 P에 의해 0.2 mm가 늘어났다고 하자. 이때의 $\epsilon = \dfrac{0.2}{1{,}000} = 200 \times 10^{-6}$이다. 즉, ϵ은 200 μ이고, μ(마이크로)는 "10^{-6}"의 단위 표현이다.

여기까지가 1장에서 배운 지식으로 설명하였고, 2장에서는 좀 더 발전된 재료역학적 법칙에 따라 다루기로 하자.

2.2 응력-변형률 선도(Stress-Strain Diagram)

응력-변형률 선도는 표현상의 간단성을 위해 이후부터는 "$\sigma-\epsilon$선도"로 표현하겠다. $\sigma-\epsilon$선도는 재료의 가장 중요한 특성들을 나타내는 것으로 $\sigma-\epsilon$선도를 작성하기 위해서는 다음과 같은 실험체(實驗体, Specimen) 및 실험편(實驗片, Specimen)(그림 2.3)과 만능재료시험기(萬能材料試驗器, Universal Testing Machine, UTM)(그림 2.4)를 사용한다.

일반적으로 사용되어 온 용어인 공시체 또는 시편의 표현을 이 책에서는 실험체, 실험편으로 표현했음을 밝혀둔다.

그림 2.3(a)는 콘크리트재의 대표적인 실험체로 직경 $d\times$ 높이 h를 주로 10×20 cm, 15×30 cm를 사용하고 있다. 그림 2.3(b)는 철근의 대표적인 실험편 사진이다. 그림 2.4에 있는 시험기의 명칭은 만능재료시험기이고 현장에서는 UTM으로 불리니 잘 기억 해

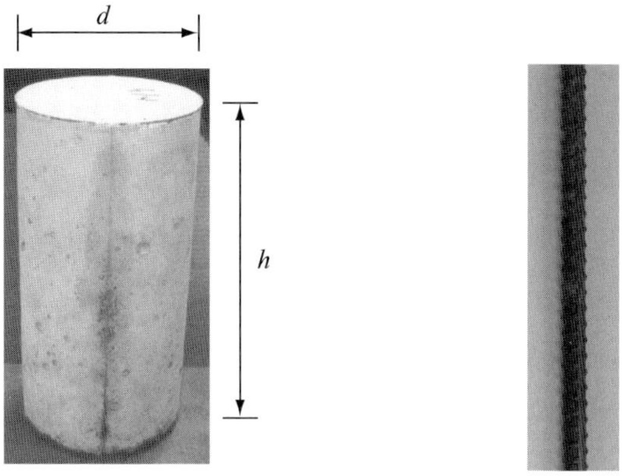

(a) 실험체 (b) 실험편

그림 2.3

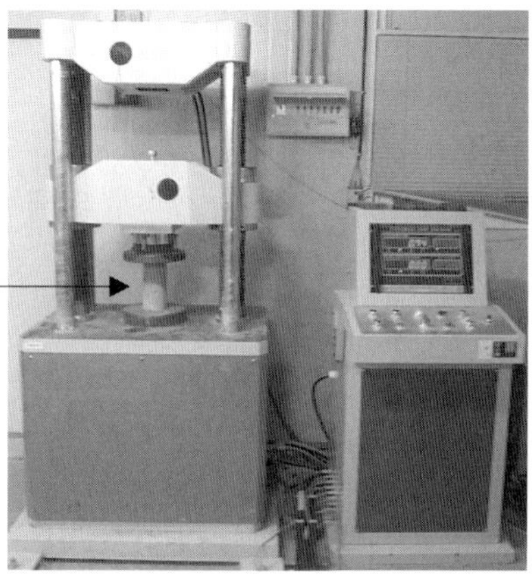

그림 2.4 만능재료시험기(Universal Testing Machine, UTM)

두기 바란다. $\sigma-\epsilon$선도를 작성하기 위해서 콘크리트재는 특별한 경우를 제외하고는 압축실험을 수행한다. 그 이유는 콘크리트 구조물의 설계는 압축강도(壓縮强度, Compression Strength)를 기준으로 하기 때문이다. 콘크리트재는 모래, 자갈, 시멘트, 물이 혼합되어 굳어진 물체이다. 물은 수화작용, 일종의 화학반응을 일으킨 후 증발되고 콘크리트재에는 작은 구멍 즉, 공극(空隙, Pore)이 생기게 된다. 콘크리트재의 단면을 생각할 때 공극이 많으면 많을수록 콘크리트재의 순단면적(純斷面積, Pure Section Area) A_{nett}가 감소하게 되고, 따라서 인장강도가 감소하게 된다. 콘크리트의 인장강도는 압축강도의 약 10% 정도에 불과하다.

한편 철근은 일반적으로 인장실험을 수행하여 재료역학적으로 필요한 물성치(物性値, Material Property)를 찾아낸다. 여기서도 철근은 왜 인장실험을 수행하는가에 대한 의문이 생길 것이다. 그 이유로는 첫 번째로 철근은 철근 콘크리트 부재에서 인장 측에 사용되기 때문이고 두 번째로는 콘크리트재보다 강도가 크므로 부재 단면이 콘크리트재에 비해 상대적으로 작아지므로 인해 압축상태에서 좌굴(座屈, Buckling)이 일어날 수 있기 때문이다. 그리고 앞서 설명한 대로 콘크리트재는 공극이 크고 많은 반면 강재는 조직이 콘크리트재와는 비교할 수 없을 만큼 조밀하므로 만약 좌굴의 염려가 없다면 인장강도와 압축강도가 거의 비슷하다고 할 수 있다. 그러나 엄격히 말한다면 좌굴의 염려가 없는 상태에서의 압축강도는 인장강도보다 미소하나마 크다.

다음으로는 구조물을 건설하는 데 흔히 사용되는 강재 즉, 연성(延性, Ductility)재료의 $\sigma-\epsilon$선도(그림 2.5)의 특성을 살펴보자. 강재 중 저탄소강이 연성재료의 분류에 속하며, 파단변형률 ϵ_B는 약 0.2까지 이른다. 이는 항복변형률(降伏變形率, Yielding Strain)의 약 200배에 해당된다.

그림 2.5에 나타나 있는 연성재료의 $\sigma-\epsilon$선도로부터 알 수 있듯이 연성재료는 파단 즉, 끊어질 때까지 길게 늘어지는 성질을 갖는 재료이다. 파단될 때의 실험편의 길이가 원래 길이의 1.2배 정도되는 연성재료도 있다. 연성재료에 대응되는 재료가 취성(脆性, Brittle) 재료이다(그림 2.6 참조).

그림 2.5와 그림 2.6에서 σ_u는 인장강도(引張强度, Tension Strength) 또는 극한강도(極限强度, Ultimate Strength)라고 한다. σ_u의 첨자 u는 Ultimate의 첫 글자를 의미한다.

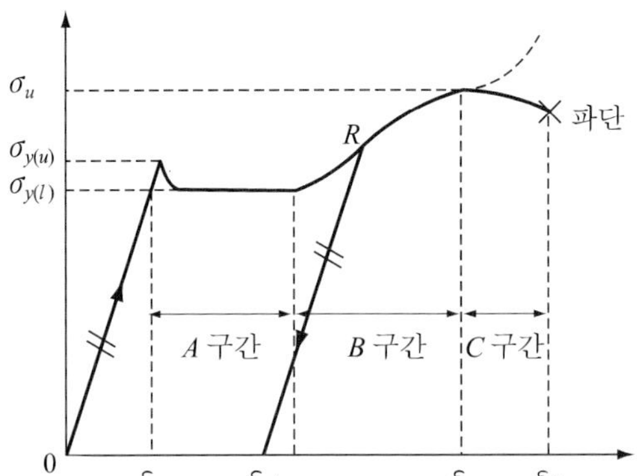

A구간: 항복구간

B구간: 변형률 경화(變形率硬化, Strain Hardening)구간

C구간: 네킹(Necking) 또는 단면축소구간

R: 임의 점에서의 하중제거점

그림 2.5 연성강재의 $\sigma-\epsilon$선도

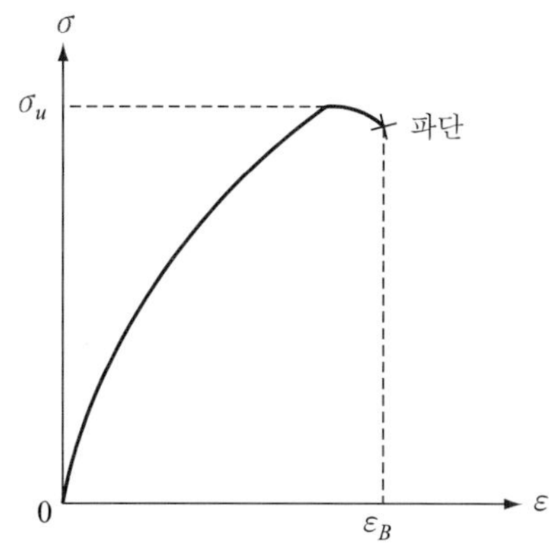

그림 2.6 대표적인 취성재료의 $\sigma-\epsilon$선도

그림 2.5에서 보인 연성재료의 $\sigma-\epsilon$선도와 그림 2.6에 나타난 취성재료의 $\sigma-\epsilon$선도를 비교 분석해보자. 연성재료는 $\sigma_{y(u)}$와 $\sigma_{y(l)}$이 뚜렷한 반면 취성재료는 불분명하다. $\sigma_{y(u)}$는 상항복점(上降伏點, Upper Yield Point)이라고 하며, $\sigma_{y(u)}$에 도달될 때까지 σ와 ϵ의 관계가 선형(線型, Linear)적 변화를 한다. 여기서 선형이란 비례와 같은 뜻이다. $\sigma_{y(u)}$는 실험실의 온도와 하중재하 속도에 따라 달라질 수 있으므로 설계기준으로 삼지 않는다. $\sigma_{y(l)}$은 하항복점(下降伏點, Lower Yield Point)을 말하며 역시 $\sigma-\epsilon$선도에서 선형적 변화를 한다. 이 하항복점이 설계에 기준이 되는 강도 또는 응력이며 σ_y로 표시하고 항복응력 또는 항복강도라고 한다.

반면 그림 2.6의 취성재에서는 뚜렷한 선형적 관계의 한계점이 나타나 있지 않다. 또한 σ_u와 σ_B가 거의 구분되지 않고 네킹현상이 거의 없다는 특징이 있다.

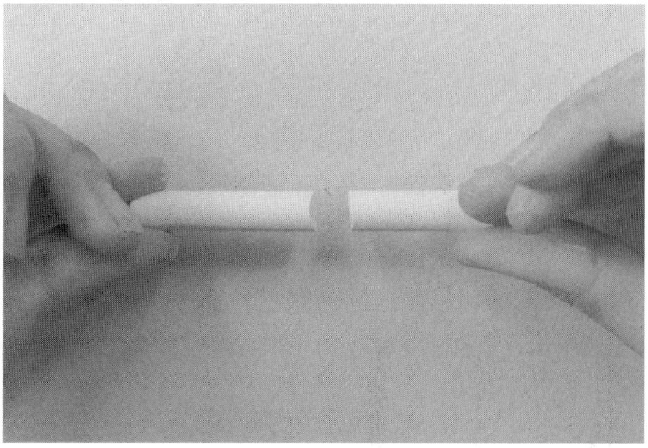

그림 2.7 취성재의 인장파괴

취성재의 파괴형태를 알아보기 위해 취성재와 유사한 재료라 할 수 있는 분필의 양끝을 손으로 잡고 인장시키면 그림 2.7과 같이 파괴된다. 이러한 파괴형태 즉, 축과 직각방향으로 파괴되는 형태를 취성재료의 전형적인 축력에 의한 인장파괴라 할 수 있다.

취성재의 $\sigma-\epsilon$선도에서 만약 ϵ_B가 0.2% 이내에 있을 경우 오프셋 방법(그림 2.9 참조)에 의해 σ_y를 결정할 수 있겠으나 건설재료의 구조부재(構造部材, Structural Members)로 사용하는 데에는 심도 있는 연구가 선행되어야 할 것이다. 취성재료로는 대표적으로 유리, 플라스틱 제품 등을 들 수 있다. 유리는 강도면에서는 매우 뛰어나지만 취성재이다. 유리를 구조부재 즉, 힘을 받는 부재로 사용한 건축구조물의 축조 기록이 유럽에 있으나 토목구조물의 대표적인 구조라 할 수 있는 일반적인 교량구조물에 적용한 예는 없다. 물론 긴급복구용으로 플라스틱(합성수지)재를 이용한 경우는 있다. 여기서 긴급복구용이란 임시적인 구조물로서, 예로 전쟁 시 파괴된 교량을 신속하게 대체할 수 있는 교량을 말하며 영구적이 아니다.

다시 그림 2.5로 돌아가서 연성재료의 $\sigma-\epsilon$선도의 특성을 더 관찰해 보자. $\sigma_{y(l)}$점 이후 변형률은 미끄러지듯 한동안 증가하는데 이 구간을 항복구간이라 하고, 항복구간을 지나 다시 응력이 증가됨에 따라 변형률도 증가하다가 σ_u점을 정점으로 응력이 감소되며 변형률은 증가되다가 파단되는 현상이 나타난다. 항복구간을 지나 σ_u점까지를 변형률 경화구간이라고 하고 그 후 파단될 때까지를 네킹(Necking)구간이라 한다.

네킹(Necking)현상이란 말은 우리말로 표현된 것이 없지만 그 현상은 하중이 계속 증가되고 σ_u에 도달된 후부터는 단면이 축소되기 시작하는 것을 말한다. 우리말로 네킹구간을 단면축소구간이라 표현해도 무리가 없을 듯 하다. 고무줄을 끊어질 때까지 힘껏 당겨 본 경험이 있는 독자들이 있을 것이다. 고무줄을 당기면 처음에는 팽팽한 상태에서 늘어나다가 고무줄의 가운데 부분이 홀쭉하게 변하면서 힘없이 늘어나다가 끊어지게 된다. 단면이 변화하기 시작한 후부터 끊어질 때까지를 네킹구간이라 한다. 연성강재라 할 수 있는 철근의 인장실험에 의한 파단형태는 뚜렷하지는 않으나 축과 45°의 각을 보인다(그림 2.8(b) 참조). 이런 현상은 바로 전단파괴의 형태이다. 이는 1장에서 축하중에 의한 임의 경사면의 수직응력과 전단응력을 상기해보면 축과 경사각 45°에서 최대 전단응력이 발생된다는 결과와 일치되는 현상이다. 여기서 한 가지 알고 지나갈 것은 압축상태에서는 당연히 네킹현상 즉, 단면축소현상이 발생될 수 없다는 점이다.

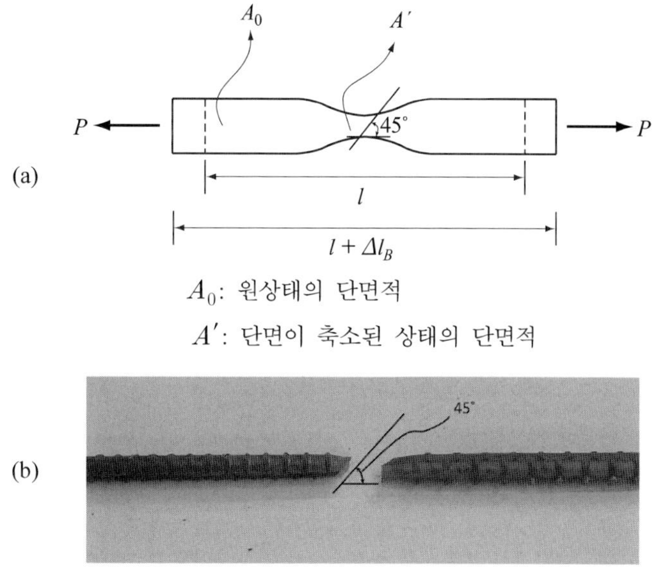

그림 2.8 연성재의 파괴형태

2.3 소성거동 (Plastic Behaviour)

그림 2.5의 $\sigma-\epsilon$선도에서 임의점 R에서 하중을 제거하면, 다시 말해서 가했던 힘을 0으로 빼버리면 초기점 O에서 $\sigma_{y(l)}$까지의 경사 즉, 초기강성과 같은 경사로 되돌아온다. 이러한 현상은 자연현상이라 말할 수 있다. 응력이 "0"으로 되돌아온 후의 변형률 ϵ_{pl}은 영구변형률(永久變形率, Permanant Strain) 또는 소성변형률(塑性變形率, Plastic Strain)이라고 한다. 여기서 영구변형률은 O점에서 시작한 변형률이 하중이 제거된 후 O점으로 되돌아가지 않고 영구적으로 남아 있다는 것을 의미한다. 소성의 의미는 변형된 후 변형을 유발시킨 원인을 제거했어도 회복되지 않고 변형이 그대로 남아 있는 성질이라 할 수 있다. 따라서 영구변형과 소성변형은 표현적 차이일뿐 의미는 같다. 만약 ϵ_{pl} 상태에서 다시 하중을 가하면 $\sigma-\epsilon$선도는 어떠한 형태를 보일지 생각해보자. 그 결과는 하중 제거 시의 거동과 거의 같은 경로로 거동한다. 그러나 정확히는 감쇄효과(Damping effect) 때문에 약간 좌측으로 포물선을 그리며 거동한다. 감쇄효과는 여러 원인에 의해 발생되는데 지금 단계에서 설명하기엔 이른 감이 있으나 소성과 관련하여 부분적이고 개념적인 설명은 가능하리라 생각한다.

앞서 소성을 설명했듯이 소성은 소성변형을 일으켰던 에너지가 흡수(吸收, Absorption) 또는 분산(分散, Dissipation)되는 현상을 유발시키는데 감쇄효과도 에너지의 흡수 또는 분산현상의 일부분(一部分)이라 할 수 있다. 다시 에너지 흡수 또는 분산 현상을 예로 들어 설명하면 이해가 빠르리라 생각한다. 질량(質量, Mass)이 같은 두 종류의 차량이 30 km/h의 속도로 벽에 충돌하였다고 가정하자. 한 대의 차량은 20 cm가 정면으로부터 찌그러지고 다른 한 대는 10 cm가 찌그러졌다고 가정할 때, 충격만을 생각하면 20 cm가 찌그러진 차량이 10 cm 찌그러진 차량보다 운전자에게 안전했을 것이다. 왜냐하면, 20 cm 찌그러진 차량이 소성변형에 의한 에너지 흡수 또는 분산현상이 컸기 때문이다.

2.4 탄성거동(Elastic Behaviour)

다음으로는 그림 2.5로부터 $\sigma_{y(l)}$ 즉, σ_y와 ϵ_y가 만난 점 즉, 탄성한계점 또는 비례한계점에 대해 설명하기로 한다. 탄성(彈性, Elasticity)은 소성과는 달리 변형을 유발시킨 원인이 제거되면 원래 상태로 회복되고, σ와 ϵ이 선형적 거동 또는 비례적 거동을 하는 성질이다. 예로서 스프링을 늘렸을 때 어느 정도까지는 탄력 있게 늘어날 것이고 힘을 제거했을 때 원위치로 되돌아갈 것이다. 점점 더 세게 늘려가다 보면 원위치로 되돌아갈 수 있는 한계상태에 도달할 것이다. 원위치로 회복될 수 있는 한계상태가 탄성한계점 또는 비례한계점이라 할 수 있다. 그 한계점이 넘어가면 소성상태에서 거동하게 된다.

2.5 진응력과 진변형률(True Stress & True Strain)

그림 2.5의 $\sigma-\epsilon$선도의 네킹구간에서 실선은 원래 단면적 A_0가 축소되어 A'이 되었음에도 불구하고 P를 A_0로 나누어 계산한 σ와 늘어난 길이 Δl을 원래길이 l로 나눈 ϵ으로 작성된 $\sigma-\epsilon$ 관계도이다(그림 2.8(a) 참조). 이때의 σ가 공학응력(工學應力, Engineering Stress)이고 $\epsilon=\dfrac{\Delta l}{l}$로 계산된 것을 공학변형률이라고도 한다. 한편 네킹구간에서 축소된 단면적 A'을 기준으로 한 응력 즉, $\sigma=\dfrac{P}{A'}$, 그리고 변형률 또한 변형된 변형량을 포함한 길이 $l+\Delta l$을 기준으로 하여 즉, $\epsilon=\dfrac{\Delta l}{l+\Delta l}$로 계산된 ϵ을 이용하여 작성된 $\sigma-\epsilon$선도는 점선으로 나타나 있다. 이때의 σ는 진응력(眞應力, True Stress)이고 ϵ은 진변형률로 정의된다. 진응력과 진변형률이 사실적 값들이라고 할 수 있다.

2.6 오프셋(Offset) 방법에 의한 항복강도의 결정

비교적 연성이 좋은 재료라 할지라도 그림 2.5와 같이 항복구간이 뚜렷하지 않고 그림 2.9와 같은 $\sigma-\epsilon$선도를 보이는 경우가 많다. 이러한 $\sigma-\epsilon$선도로 나타나는 대표적인 재료는 알루미늄재라 할 수 있다.

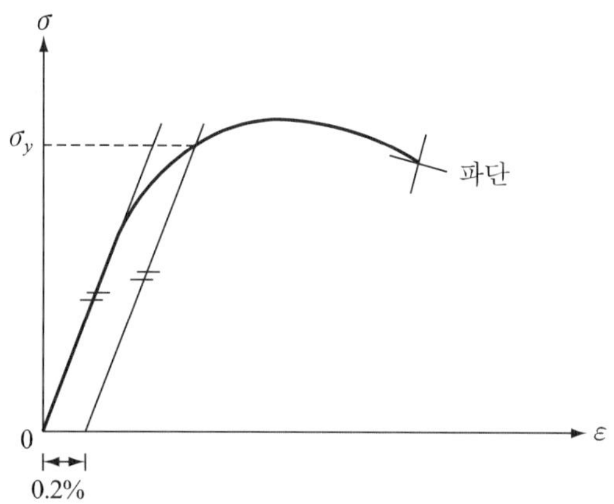

그림 2.9

이때 설계에 기준이 되는 매우 중요한 값인 σ_y를 어떻게 결정할 것인가가 문제될 수 있다. 이럴 때에는 오프셋(Offset) 방법에 의해 σ_y를 결정한다. 그림 2.9와 같이 $\sigma-\epsilon$선도에서 초기의 기울기와 ϵ이 0.2%인 곳에서 평행선을 그어 $\sigma-\epsilon$선도와 만난 점을 σ_y로 정하는 방법이 오프셋에 의한 항복강도의 결정방법이다.

2.7 후크의 법칙(Hooke's Law)

대부분의 구조물은 재료의 탄성범위 내에서 설계된다. 다시 말해서 구조물이 외부로부터 큰 하중을 받았을 때 그 구조물은 변형(變形, Deformation) 또는 변위(變位, Displacement)가 발생될 것이다. 이때 발생된 변형 또는 변위는 외부로부터의 큰 하중이 제거되었을 때 원상태로 회복되어야 한다. 만약 회복되지 않고 영구변형 또는 변위가 존재한 상태에서 외부로부터의 큰 하중을 다시 받게 되면 영구변형 또는 변위는 누적되어 커질 것이고, 결국 구조물은 원래의 형태 및 구조물의 기능을 상실할 것이다. 따라서 특별한 경우를 제외한 일반적인 구조물 설계는 재료가 항복되기 전 상태를 유지하도록 설계한다. 그러나 일반적인 구조물에서 설계지진하중에 대해서는 인명피해가 없을 만큼의 소성변형을 인정하는 것이 내진설계의 기본 철학(哲學, Philosophy)이다.

후크의 법칙은 재료의 탄성범위 내에서 성립되는, 재료공학적으로 의미가 큰 법칙이다. 즉, $\sigma = E\epsilon$이란 법칙이다. 여기서 E는 탄성계수(彈性係數, Modulus of Elasticity) 또는 영국의 과학자 Young의 이름을 따서 Young's Modulus라고도 한다. Hooke(1635~1703)는 영국의 수학자였고, Young(1773~1829)은 Hooke보다 1세기 후쯤 태어난 사람이다.

그림 2.10은 여러 종류의 강재에 대한 개략적인 $\sigma-\epsilon$선도를 나타내고 있다.

그림 2.10으로부터 ①은 단련강의 거동 특성을 나타내고 있고, ②는 고탄소강의 거동 특성, 그리고 ③은 저탄소강이고, ④는 순철(純鐵, Pure Iron)의 거동 특성을 보이고 있다. 여기서 용어설명을 해보자. 단련강은 독자들이 흔히 사용하는 체력단련이란 말을 생각하면 쉽게 이해될 수 있을 것이다. 단련이란 대장장이가 쇠를 불에 달구어 두드리고 물에 넣었다가 다시 달구는 반복된 작업을 의미한다. 요즘의 단련강은 옛날의 대장장이의 작업 대신 기계적으로 수행된다. 고탄소강(高炭素鋼)은 0.7 ~ 1.7% 정도의 탄소를 함유한 강재이고, 저탄소강은 0.17% 이하의 탄소를 함유한 강재이다. 순철은 탄소가 함유되지 않은 철을 말한다.

우선 인류의 문명과 흥망성쇠를 좌우한 철과 강(鋼, Steel)에 대해 기원부터 살펴보자. 철의 역사는 선사시대(先史時代, Prehistoric Ages)로 거슬러 올라간다. 선사시대의 역사는 출토되는 유물로써 추정을 가능케 하는데 이집트의 피라미드 또는 스핑크스에서 철재제품 즉, 팔찌, 칼 등이 발견된 것을 감안한다면 인류(人類, Humanity)가 철을 사용한 역사는 피라미드 또는 스핑크스의 축조시기 이전일 것이다. 피라미드 또는 스핑크스의 축조시기가 약 5,000년 전이라면 철의 사용시기에 대한 답이 나온다. 그렇다면 한반도에서 우리 조상들은 언제부터 철을 사용했을까? 답은 역시 출토된 유물로부터 추정이 가능한

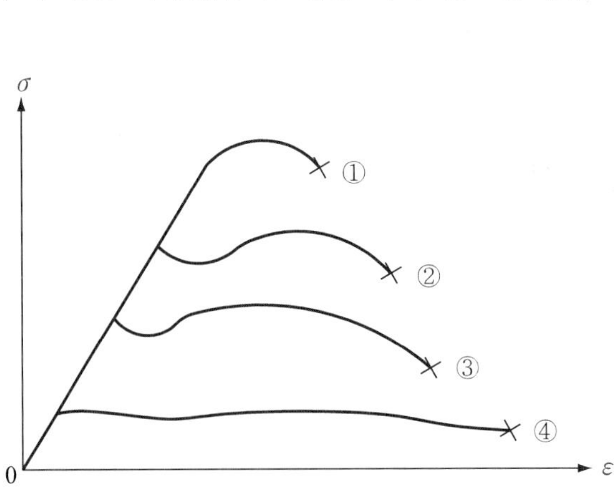

그림 2.10

데 약 2,500년 전이라고 한다. 그렇다면 철은 어디로부터 구했을까 하는 의문이 아니 생길 수 없다. 아마도 철광석이 지표면에 표출된 산에서 큰 산불이 난 후 철을 처음 발견했을 것이라는 학설과 유성이 대기권에서 완전 연소되지 않고 지구에 떨어진 것이 철의 기원이란 말이 있다. 원시인들은 돌보다는 철을 사용하여 비교적 쉽게 예리한 도구를 만들 수 있었으며 철을 잘 활용한 부족은 번성했을 것이다. 그렇다면 강은 철과 무엇이 다르고 기원은 어떻게 되는지 알아보자.

구조용강은 철(Fe)에 1% 내외의 탄소(C)를 함유시켜 제조한 물질이라고 정의된다. 여기서 구조용(構造用, Structural Steel)강은 건설에 사용되는 강을 말한다. 물론 강에는 철에 탄소만 함유시킨 것이 아니고 여러 가지 물질이 미미하나마 함유되어 강재의 강도, 연성, 내구성 등에 영향을 준다. 우리가 건설에 사용하는 강재를 탄소강이라고 부르듯이 탄소함유량이 강재의 재료역학적 특성에 가장 큰 영향을 준다. 탄소강의 기원은 철과 숯으로부터 시작된다. 달구어진 쇠에 우연히 접한 숯이 강도를 크게 한다는 사실을 고대인들은 깨달았을 것이다. 예로서 노천 철광석이 있는 산에 큰 산불이 났고 철광석이 녹아 있는 상태에서 숯에 접한 곳이 있었을 것이고 그곳의 철(쇠)은 다루기는 힘들었으나 매우 강하다는 사실을 깨달았을 것이다. 여기서 철은 숯으로 강도를 높일 수 있다는 지혜를 습득했고 달구어진 철에 막대기에 숯을 묶어 접촉시킴으로서 최초의 강재가 생산되었다고 한다. 그 후 기술이 한걸음 발전하여 달구어진 철에 통풍시켜 강재를 생산했고 숯 대신 탄소(C)라는 원소를 사용하게 되는 데까지는 인류가 철을 처음 접한 후 다시 약 5,000년이란 세월이 흐른 후였다. 고대에도 물론 대장장이의 손끝에서 이론이 없는 감각과 경험만으로 우수한 강재가 생산되었고 명검(名劍, Famous Sword)이 제조되었다.

다시 그림 2.10으로 돌아가서 탄소강의 역학적 특성을 생각해보자. ①의 단련강은 σ_y와 σ_u면에서 다른 강재들보다 우수하다. 그 이유는 단련과정에서 σ_y와 σ_u를 상승시키기 위한 제조방법 즉, 강재의 재료적 특성을 유리한 쪽으로 유도할 수 있는 열처리(熱處理, Heat Treatment)가 잘 되었기 때문이라고 할 수 있다. 다시 말해서 복잡한 공정을 통해 고급 강재가 생산된 것이라 할 수 있겠다. ②와 ③과 ④로부터 탄소함유량의 차이만으로 재료역학적 특성을 살펴보면 탄소함유량이 증가할수록 σ_y와 σ_u가 증가함을 알 수 있다. 여기까지 탄소의 역할을 생각해 볼 때 강도면에서 매우 유익한 역할을 한 것임에는 틀림없다. 하지만 부정적인 영향 또한 크다. 부정적 영향은 연성 즉, 파괴점까지의 변형률이 σ_y와 σ_u가 증가함에 따라 감소된다는 사실이다. 말을 다르게 표현한다면 탄소함유량이 증가함에 따라 강재는 취성화된다는 것이다. 건설에 사용되는 재료는 최소한의 연성이 보장되어야 하기 때문에 건설용 강재 즉, 탄소강은 1% 내외의 탄소를 함유한 강재라고 정의한 이유이다. 여기서 σ_y와 σ_u의 비는 고탄소강일수록 적다. 다시 말해서 σ_y와 σ_u의 차이가 적다는 것이다. 그렇다면 σ_y와 σ_u의 비는 구조용 강재로서 어떠한 영향이 있는 것일까? 생각해보면 탄성범위 내에서의 설계에는 영향이 없다. 그러나 구조물의 극한상태(極限狀態, Ultimate State) 또는 소성설계(塑性設計, Design of Plasticity)에서는 σ_y와 σ_u의 비가 적을수록 효율적이라 할 수 있다. 실제로 고강도강 즉, 고급강일수록 σ_y와 σ_u의 비는 적다.

지금까지는 탄소강의 강도와 관련하여 설명하였는데 재료공학적으로 매우 중요한 연성에 대해 살펴보자. 탄소함유량에 반비례하여 연성이 크다는 사실을 그림 2.10을 통해 알 수 있다. 즉, 탄소함유량이 증가함으로써 강도는 증가하는 반면 연성은 감소하는 현상이 좋은 일 뒤에는 나쁜 일도 따른다는 인간 삶의 한 격언과 비슷하다는 생각이 든다.

마지막으로 또 중요한 특성을 살펴보자. 강성(剛性, Rigidity)은 탄소함유량과 어떻게 관련되는지 살펴보자. 그림 2.10에 나타난 바로는 변화가 없다는 것이다. 여기서 강성은 탄성계수 E를 의미한다. 즉, $\sigma-\epsilon$선도에서 탄성구간의 기울기는 거의 일정하다는 뜻이다. 강성은 변형 정도를 나타내는 계수로서 재료의 종류에 따라 결정되는데 일반적인 강구조물의 건설에서 $E=210\,\text{GPa}$로 정하고 있다. 강성에 대한 한 예를 들어 다시 한 번 설명해보면 다음과 같다. 그림 2.11과 같이 길이와 단면적이 같은 강재와 알루미늄재에 동일한 인장력 P를 탄성한계 내에서 가했을 때 강재가 1 mm 늘어났다고 하면 알루미늄재는 몇 mm 늘어났겠는가? 단, 알루미늄의 E_a는 강재의 E_s의 1/3인 경우이다.

후크의 법칙으로부터 $E=\dfrac{\sigma}{\epsilon}$이고 $\sigma=\dfrac{P}{A}$, $\epsilon=\dfrac{\Delta l}{l}$이다. 따라서 $\Delta l=\dfrac{Pl}{EA}$이란 관계식이 성립되는데, 두 재료 모두 P, l, A가 같기 때문에 늘어나는 길이 Δl은 E값에 반비례한다. 따라서 E값이 강재의 1/3인 알루미늄재가 강재의 늘어난 길이 1 mm의 3배 즉, 3 mm 늘어난다. 위의 예에서 설명했듯이 강성 E는 변형 정도를 나타내는 계수라

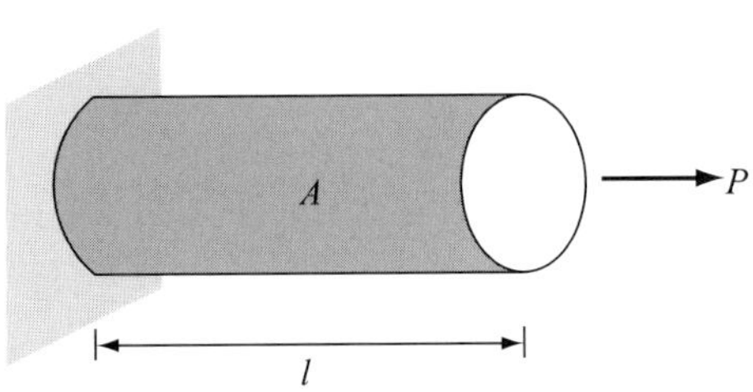

(a) 강재

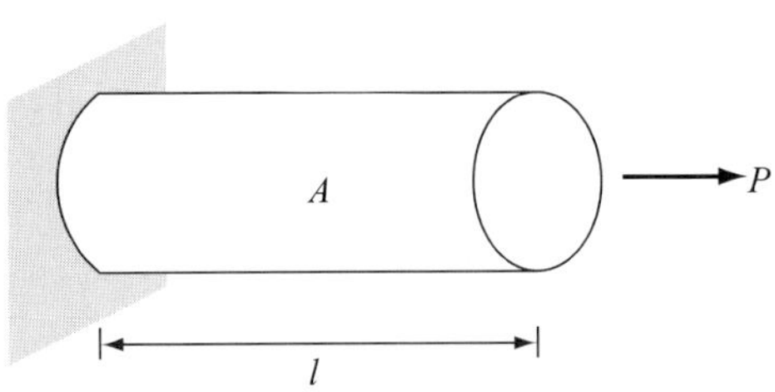

(b) 알루미늄재

그림 2.11

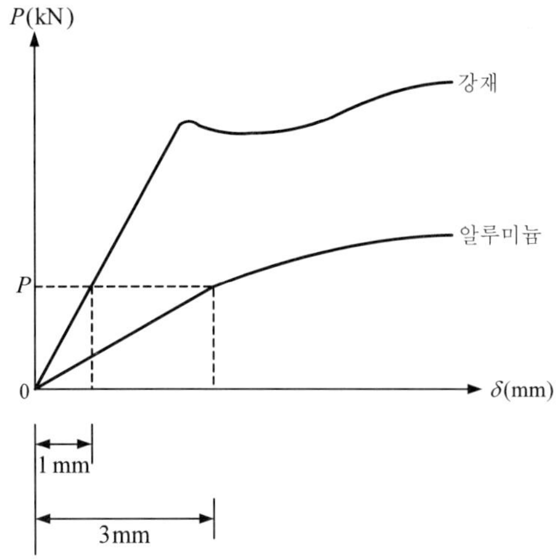

그림 2.12

표현할 수 있다. 이 현상을 $\sigma-\epsilon$선도로 표시하면 그림 2.12와 같다. 앞에서 설명한 예를 잘 이해하면 E와 후크의 법칙의 의미를 결코 잊지 않을 것이다.

지금까지의 탄소강의 재료공학적 특성에 대한 설명 중 강성에 대한 설명에 대해서는 다음과 같은 추가적인 설명이 필요하다. 순수한 철 즉, 순철을 기준으로 했을 때 탄소는 이물질로 생각할 수 있다. 따라서 고탄소강일수록 탄성계수는 감소하게 된다. 그러나 감소되는 값이 미미하므로 강구조물에서의 E값은 탄소함유량에 관계없이 일정한 값으로 정하고 있다. 그러나 PSC(Prestressed Concrete) 구조에 사용되는 강선(鋼線, Steel Wire)은 매우 작은 단면적으로 큰 힘을 발휘하기 때문에 실험에 의해 결정되는 정확한 E값을 사용해야 한다. 당연히 PSC구조에 사용되는 강선의 E값은 일반 강재의 E값보다 약 10% 정도 작다.

2.8 재료의 기타 특성

Bauschinger 효과(効果, Effect)

Bauschinger는 독일 공학자로서 그림 2.13과 같이 인장과 압축이 연속적으로 탄-소성 범위를 초과할 경우 발생되는 항복강도 즉, σ_y의 변화에 대해 다음과 같은 관찰을 하였다.

실험편에 인장력을 가해 파단까지 진행되면 $O-A-B$ 경로로 진행될 것이다. 만약 변형률 경화구간의 임의 점 B에서 하중을 제거하면 C점에 도달되어 OC만큼의 영구

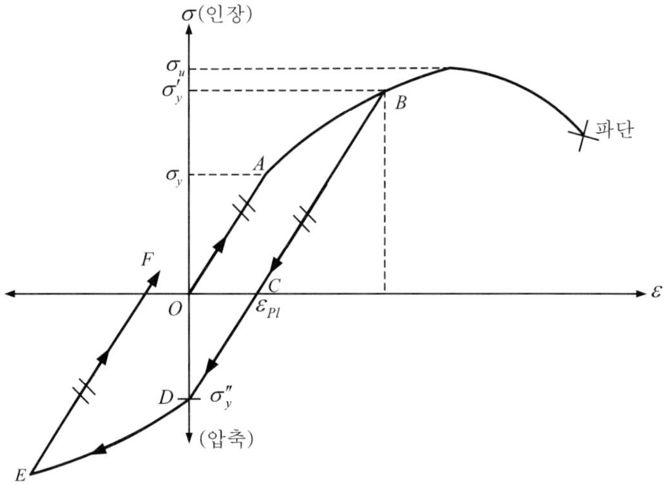

그림 2.13

변형률 ϵ_{pl}이 남게 된다. 이때 다시 인장력을 가하면 B점에 다시 도달하게 되는데 탄성 거동 즉, 선형적 거동을 하게 된다. 물론 초기강성 OA의 기울기와 하중제거 시 강성인 BC의 기울기는 일정하다고 볼 수 있다. 하중을 다시 가했을 시의 CB의 강성도 초기의 강성과 거의 일치하게 된다. 이 설명은 그림 2.5에서 이미 했으니 참고하기 바란다. 이때 주목할 것은 초기의 σ_y보다도 큰 σ_y'을 나타낸다는 것이다. 그렇다면 설계기준강도가 되는 σ_y를 높이는 효과를 설계에 반영시키면 어떨까 하는 생각을 해볼 수 있다. 그러나 실무에서는 연성이 영구변형률만큼 감소되기 때문에 σ_y'을 설계기준강도로 사용하지 않으나 연구대상은 될 수 있다고 저자는 생각한다. 저자는 약 15년 전 19 m 길이의 H형강을 영구변형 즉, 소성변형시켜 2경간(38 m) 연속형 교량을 시공한 경험이 있다. 물론 그 교량(송추 1교)은 지금까지 잘 사용되고 있다. H형강이란 용어는 3장 그림 3.13에서 상세히 설명하기로 한다.

다시 그림 2.13으로 돌아가서 C점에서 즉, 하중이 제거된 상태에서 압축하중을 가하게 되면 초기강성 OA의 기울기와 CD의 기울기가 같게 거동을 하게 되고 어느 정도 변형률경화가 진행된 상태 즉, E점에서 하중을 제거하고 인장으로 하중을 가하면 역시 같은 강성 즉, 같은 기울기로 EF와 같이 거동하게 된다. Bauschinger는 이러한 과정에서 $\sigma_y > \sigma_y''$이라는 현상을 발견하고 자신의 이름을 따서 'Bauschinger Effect'라고 하였다 한다.

2.9 재료의 피로(Fatigue)

우리 인간들은 피로를 느끼며 살아가고 있다. 그런데 생명이 없는 재료에도 피로현상이 있을까? 물론 재료는 무생물이므로 느끼지는 못하겠지만 현상은 발생된다. 인간의 피로를 정량적(定量的, Quantitative)으로 측정 또는 판단하기가 불가능하듯이 재료 또는 구조물의 피로상태를 정량적으로 판정하는 일은 매우 어려운 일이라 생각될 것이다. 이러한 이유로 구조물의 피로에 대한 연구는 아직까지 미완성이라 할 수 있다. 이 책에서는 개념적인 설명만 하기로 한다. 재료 또는 구조물의 피로는 지속적으로 반복되는 하중하에서 발생된다. 그러나 반복되는 하중의 크기가 설계하중에 비해 월등히 작다면 피로현상은 발생되지 않는다. 지난 1994년에 성수대교 붕괴사건이 있었다. 붕괴원인은 피로현상에 의한 것이라고 많은 학자들이 생각했었고 저자도 그렇게 판단한다. 그때 피로원인을 버스의 잦은 통행으로 생각하는 사람들이 많았는데 그것은 잘못된 생각이었다. 왜냐하면 버스에 의한 하중은 성수대교의 설계하중의 반에도 못미치는 하중이었기 때문이다. 그렇다면 무엇이 원인이 될 수 있었을까라는 의문은 이 책에서는 논하지 않기로 하겠다.

피로현상에 노출될 수 있는 구조물은 두 종류로 구분하여 생각할 수 있다. 의미 있는 반복하중의 수가 약 10만 번 정도 즉, 10만 번 정도의 반복하중에 의해 피로파괴가 발생될 수 있는 피로를 저반복 피로(低反復疲勞, Low Cycle Fatigue)라 한다. 이러한 저반복 피로현상은 지진이 자주 발생되는 지역에서 검토된다. 그러나 철도교같이 설계하중인 기관차가 수분 간격으로 통과되는 경우 또는 설계하중에 버금가는 차량이 자주 통과되는 교량에서는 고반복 피로(高反復疲勞, High Cycle Fatigue)로 검토된다. 피로파괴에 유의해야 할 구조물은 설계하중에 버금가는 하중 즉, 고반복 피로파괴에 영향을 줄 수 있는 하중이 사용예상기간 동안 약 200~2,000만 회 정도를 기준으로 설계한다. 성수대교의 불행한 사고 이후 많은 기술자들이 피로에 민감해져 왔다. 그러나 일반적인 교량에 하루에 몇 차례나 설계하중에 버금가는 차량이 통행하는지를 생각하면 생각이 달라질 것이다. 피로에 특별한 주의를 기울여야 하는 구조물로는 앞서 예를 들은 철도교, 중차량이 수시로 통과되는 공장 또는 항만에 연결되는 교량, 크레인 등이라 할 수 있다. 피로현상은 콘크리트 구조물보다 특히 강구조물에서 자주 발생된다. 그 이유는 강구조물에는 볼트구멍, 미세한 균열, 용접부위 등 피로에 민감한 요소가 많기 때문이다. 앞서 말한 대로 피로현상에 대한 연구는 미완성 상태이나 이론과 실험에 근거를 둔 그림 2.14에 나타낸 Whöler의 피로파괴 곡선의 개념도를 이용하여 고반복 피로파괴곡선에 대해 개략적으로 설명이 가능하리라 생각한다.

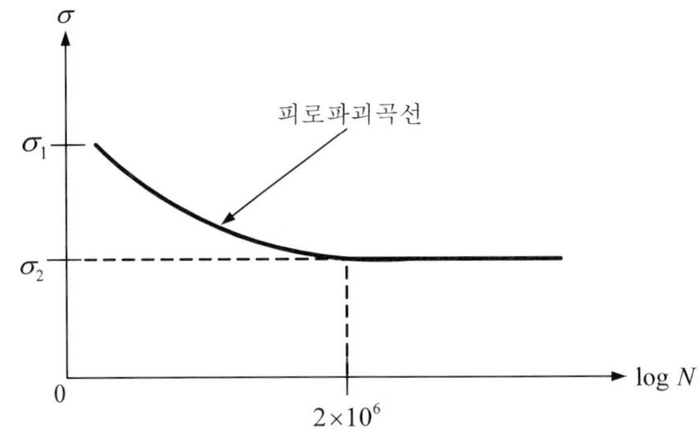

그림 2.14 Whöler의 피로파괴 곡선의 개념도

여기서 N은 반복하중 횟수이고 개략적인 설명을 위해 σ_1은 σ_y에 해당된다고 가정하고, 피로파괴응력이 피로파괴곡선과 수렴하는 응력을 σ_2라고 하면 무한대에 이르는 응력 즉, σ_2가 얼마일까 하는 것이 피로파괴문제의 핵심이 될 것이다. 거듭 얘기하지만 σ_2를 찾아내기란 매우 어려운 문제이나 기술자가 막연하게만 생각할 수는 없는 일이다. 따라서 저자는 개략적인 기술자의 감각(Engineer Sense)으로 σ_2는 $0.4\sigma_1$~$0.6\sigma_1$ 사이에 있다고 설명하고 싶다. 그렇다면 σ_2는 개략적으로 설계하중에 의한 응력과 비슷하다고 할 수 있다. 다시 말해서 피로파괴에 대해 안전 측에 놓이는 응력 즉, σ_2를 허용응력에 비교한다면 안전계수는 1.67~2.5에 해당되는 값이다. 그래서 앞에서 언급한 성수대교 참사의 원인은 설계하중의 반에도 못 미치는 버스가 될 수 없었다는 설명이었다.

2.10 허용응력(Allowable Stress: σ_{all})과 안전계수(Factor of Safety: F.S)

1장의 예제 문제에서 허용응력(σ_{all})과 허용전단응력(τ_{all})에 대해 다루었는데 상세한 설명이 그림 2.5의 $\sigma-\epsilon$선도를 설명한 후에 가능하므로 뒤로 미루어왔다. 허용응력은 설계상 초과해서는 안되는 응력이라 설명될 수 있고, 안전계수는 여러 가지의 원인에 의해 꼭 필요한 계수이며, 안전계수를 고려해야 할 이유들은 다음과 같다.

1. 재료 품질(品質, Quality)의 불확실성(不確實性, Uncertainty)

재료의 제조과정 또는 운반, 보관, 시공과정에서 발생될 수 있는 품질의 변화, 변형, 소

성변형에 의한 잔류응력 발생 등에 의한 불확실성

2. 설계하중의 불확실성

건설계획에서 결정하였던 설계하중을 초과하는 경우. 예로서 과적차량, 천재지변급의 태풍, 홍수, 지진 등에 의한 불확실성

3. 재료의 피로에 의한 불확실성

예상치 못한 설계하중의 사용횟수 증가에 대한 불확실성

4. 구조해석(構造解析, Structural Analysis)상의 불확실성

구조물을 해석하는 과정에서는 많은 가정들이 동반된다. 예로서 힌지의 가정, 후크의 법칙 등 자연현상과 정확하게 일치하지 않음에 대한 불확실성

5. 사용상의 예측에 대한 불확실성

누수, 부식 등에 의한 원인

이상과 같은 불확실성을 극복하기 위해서는 반드시 안전계수의 도입이 필요하다.
허용응력을 결정하기 위한 방법은 2가지로 다음과 같다.

- 항복응력 개념의 허용응력

$$\sigma_{\text{all}} = \frac{\sigma_y}{F.S},\ \tau_{\text{all}} = \frac{\tau_y}{F.S}$$

로 결정된다.

- 극한응력 σ_u 또는 τ_u의 개념에 의한 허용응력

$$\sigma_{\text{all}} = \frac{\sigma_u}{F.S},\ \tau_{\text{all}} = \frac{\tau_u}{F.S}$$

로 결정된다.

여기서 건설 분야에서는 항복응력개념의 허용응력을 주로 사용하니 참고하기 바란다. 그리고 기술자의 감각으로 τ_{all}은 대략 $\dfrac{\sigma_{\text{all}}}{\sqrt{3}}$이라는 것도 기억해두면 좋을 것이다. σ_y나 σ_u에 대해서는 그림 2.5에서 상세히 설명되었으나 τ_y나 τ_u에 대해서는 설명이 되지 않았다. τ_y 또는 τ_u는 4장에서 다룰 비틀림에 의해 주로 결정된다. 또 다른 방법은 그림 2.15와

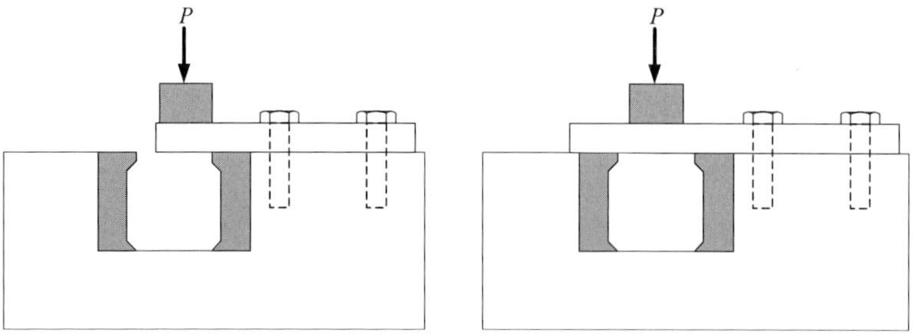

(a) 단순전단 실험장치 (b) 2중전단 실험장치

그림 2.15

같은 장치를 이용해 P를 증가시켜 항복전단하중 P_y와 극한전단하중(極限剪斷荷重, Ultimate Shearing Force) P_u를 구하여 τ_y 또는 τ_u를 결정하기도 한다.

안전계수는 국가마다의 시방서(施方書, Specification)에서 정하고 있다. 시방서에는 설계 및 시공하는 데 지켜야 할 규정들을 정하고 있다. 토목분야의 건설과 관련된 시방서에는 콘크리트구조설계기준, 도로교표준시방서 및 도로교설계기준 등이 있다. 국내에서 참고자료로 가장 많이 사용하는 시방서는 미국시방서 ACI(American Concrete Institute), AASHTO(American Association of State Highway and Transportation Officials), 유로코드(Eurocode) 등이 있다. 유로코드는 EU국가들의 통일된 시방서를 말한다. 아시아 지역의 시방서도 장차 통일되는 것이 바람직한 일이라 생각한다.

2.11 축력(Axial Force)에 의한 부재의 변형(Deformation of Member)

그림 2.16과 같이 등단면적이 A이고 탄성계수가 E인 부재 AB가 축하중 P에 의해 인장되었을 때 후크의 법칙에 따라 변형량 Δl은 다음과 같이 표현된다.

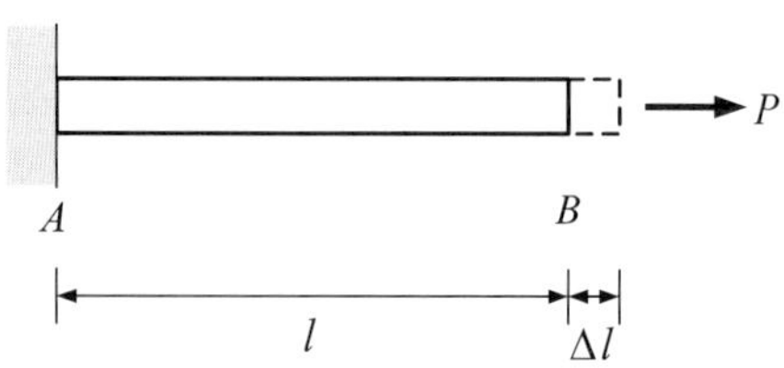

그림 2.16

$$E = \frac{\sigma}{\epsilon} = \frac{\frac{P}{A}}{\frac{\Delta l}{l}} = \frac{P\,l}{A\,\Delta l}$$

$$\Delta l = \frac{P\,l}{A\,E} \tag{2.1}$$

축력 P에 의한 변형량은 단면적 A와 탄성계수 E에 반비례하고 하중의 크기 P와 부재길이 l에 비례한다는 사실은 당연한 현상일 것이다.

여기서 용어상으로 변형량에 대해 변위와 차별화된 정의가 필요하다. 변형량은 후크의 법칙과 직접적으로 관련된 것 즉, 식 (2.1)과 같이 표현되는 것으로 정의할 수 있으며 변위는 위치가 변화되는 것을 의미한다.

식 (2.1)을 확대 적용시키면 그림 2.17과 같이 축하중 P에 의해 제각기 다른 재료와 길이 및 단면적인 부재들이 연결되었을 때의 총 변형량 Δl을 다음과 같은 식으로 표현할 수 있다.

$$\Delta l = \sum_{i=1}^{n} \frac{P\,l_i}{A_i\,E_i}$$

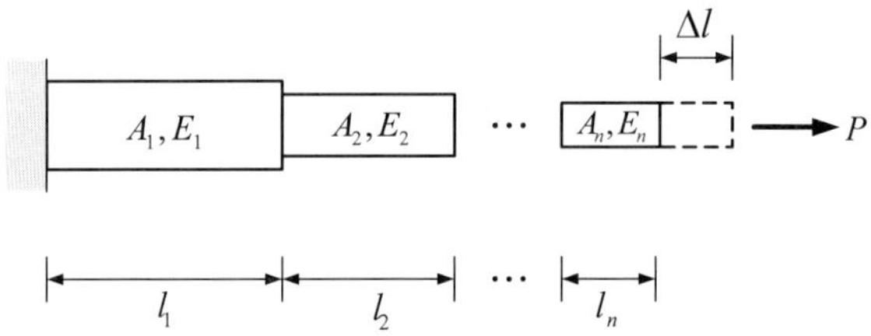

그림 2.17

[예제 2.1]

두 개의 중실(中實) 원형봉이 B점에 접합되어 그림과 같이 하중을 받고 있다. A점의 수평변형량을 구하라. (단, 단면적 $A_{DB} = 2{,}827\ \mathrm{mm}^2$, $A_{BA} = 314\ \mathrm{mm}^2$이고, 모두 같은 재료로 $E = 70\ \mathrm{GPa}$이다.)

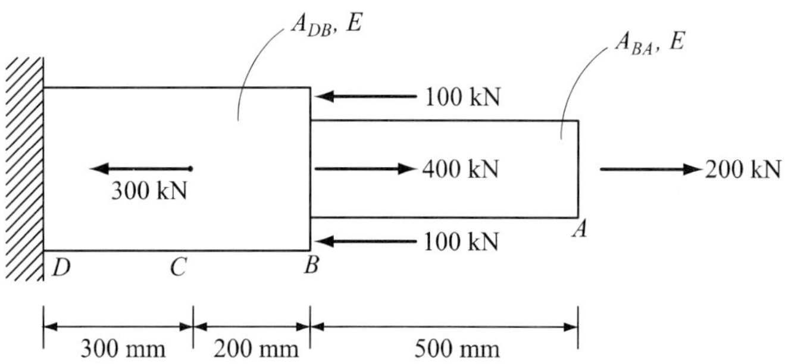

[풀이] 여기서 중실이란 속이 차있다는 뜻이다. 먼저 아래 그림과 같이 봉을 세 부분 즉, AB, BC, CD 구간으로 나누고, 부재력 F_{AB}, F_{BC}, F_{CD}를 알기 위해 각 부분을 지나는 단면을 절단하여 우측 부분에 대한 자유물체도를 각각 그려 다음과 같은 각각의 부재력을 계산해보자.

$$\overset{+}{\longrightarrow}\ \sum H = 0,\ 200 - F_{AB} = 0 \quad \rightarrow \quad F_{AB} = 200\ \text{kN}$$

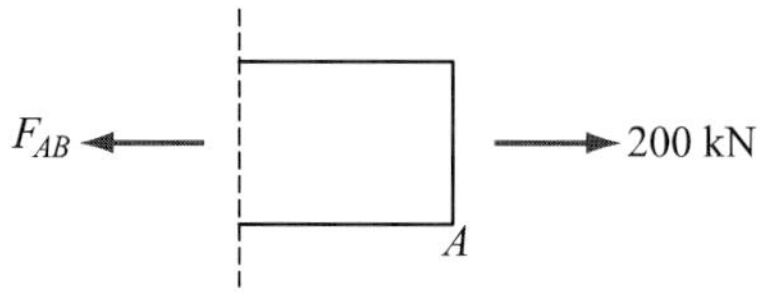

$$\overset{+}{\rightarrow}\ \sum H = 0,\ 200 + 400 - 200 - F_{BC} = 0 \quad \rightarrow \quad F_{BC} = 400\ \text{kN}$$

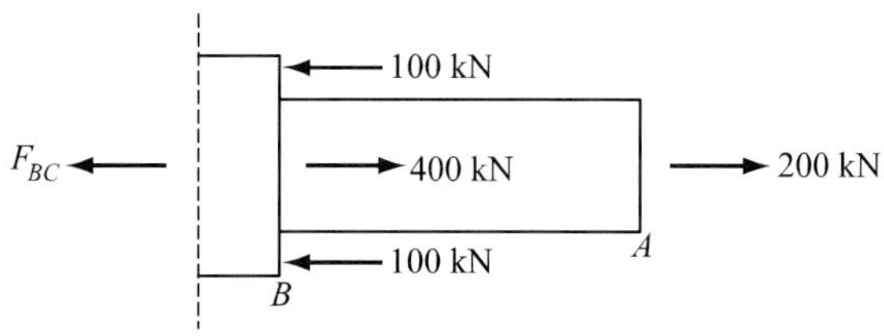

$$\overset{+}{\rightarrow}\ \sum H = 0,\ 200 + 400 - 200 - 300 - F_{CD} = 0 \quad \rightarrow \quad F_{CD} = 100\ \text{kN}$$

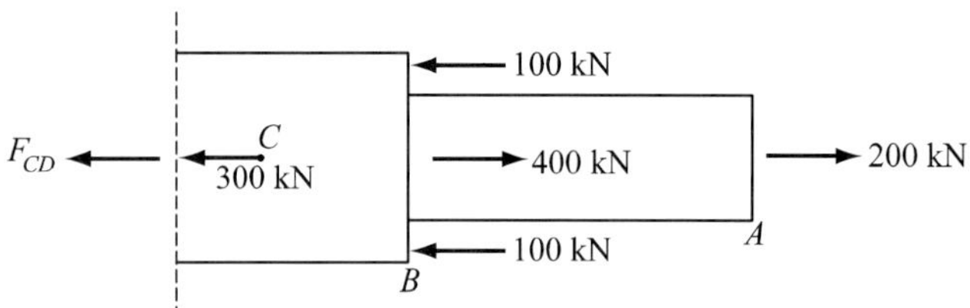

계산된 부재력과 주어진 조건으로부터 A점의 변형량 δ_A는 다음과 같이 계산된다.

$$\delta_A = \sum_{n=1}^{3} \frac{F_i l_i}{A_i E_i} = \frac{1}{E}\left[\frac{F_{AB} l_{AB}}{A_{BA}} + \frac{F_{BC} l_{BC}}{A_{DB}} + \frac{F_{CD} l_{CD}}{A_{DB}}\right]$$

$$= \frac{200\times10^3\times0.5\times10^3}{70\times10^3\times314} + \frac{400\times10^3\times0.2\times10^3}{70\times10^3\times2{,}827} + \frac{100\times10^3\times0.3\times10^3}{70\times10^3\times2{,}827}$$

$$= 4.55 + 0.40 + 0.15 = 5.1\ \mathrm{mm}(\rightarrow)$$

[예제 2.2]

그림과 같이 변단면 원형봉 AB가 끝점 B에 지지되어 있고 자유단 A에서 인장하중 P를 받고 있다. 양쪽 끝 A와 B에서의 지름은 각각 $d_A = 200\ \mathrm{mm}$, $d_B = 500\ \mathrm{mm}$이다. 하중 P에 의한 A점에서의 신장량을 구하라. (단, 자중은 무시하고 $E = 70\ \mathrm{GPa}$, 길이 $l = 2\ \mathrm{m}$이다.)

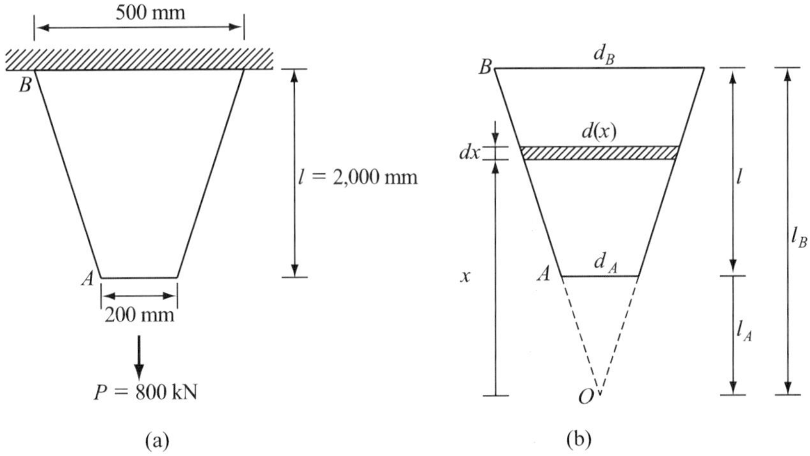

[풀이] 문제 풀이의 첫 단계는 임의 단면에서의 단면적 $A(x)$를 나타내는 식을 구하는 것이다. 이러한 목적으로 좌표 x에 대한 원점을 그림 (b)와 같이 정하면 쉽게 문제를 해결할 수 있다.

원점 O에서 A와 B까지의 거리를 각각 l_A, l_B라 하면, 이들의 비율은 그림 (b)의 닮은꼴 삼각형으로부터 다음과 같다.

$$\frac{l_A}{l_B} = \frac{d_A}{d_B}$$

원점에서 길이 x만큼 떨어진 위치의 지름 $d(x)$와 봉의 A점에서의 지름 d_A에 대한 비는 닮은꼴 삼각형으로부터 $\frac{d(x)}{d_A} = \frac{x}{l_A}$이고, $d(x) = \frac{d_A x}{l_A}$로 표현된다.

그러므로 원점에서 길이 x만큼 떨어진 임의의 위치의 단면적

$$A(x) = \frac{\pi\, d(x)^2}{4} = \frac{\pi}{4}\left(\frac{d_A\, x}{l_A}\right)^2 = \frac{\pi\, d_A^2 x^2}{4 l_A^2}$$

이 된다.

주어진 문제에서 하중은 봉의 전체 길이를 통하여 일정한 축력을 받고 있지만 단면적은 길이에 따라 변하므로 적분식을 이용하여 신장량 δ를 구해야 한다. 따라서

$$\delta = \int \frac{P\ dx}{E A(x)} = \int_{l_A}^{l_B} \frac{P\ (4 l_A^2)}{E\ (\pi\ d_A^2\ x^2)}\, dx = \frac{4\,P\ l_A^2}{\pi\ E\ d_A^2} \int_{l_A}^{l_B} \frac{1}{x^2}\, dx$$

$$= \frac{4\,P\ l_A^2}{\pi\ E\ d_A^2}\left[-\frac{1}{x}\right]_{l_A}^{l_B} = \frac{4\,P\ l_A^2}{\pi\ E\ d_A^2}\left(\frac{1}{l_A} - \frac{1}{l_B}\right) = \frac{4\,P\ l_A^2}{\pi\ E\ d_A^2}\left(\frac{l}{l_A\, l_B}\right)$$

이 되고 l_A는 다음과 같이 표현된다.

$$l_A = \frac{l_B\, d_A}{d_B}$$

따라서

$$\delta = \frac{4\,P}{\pi\ E\ d_A^2}\left(\frac{l_B^2\ d_A^2}{d_B^2}\right)\left(\frac{l}{l_A\, l_B}\right) = \frac{4\,P\, l_B\, l}{\pi\ E\ d_B^2\, l_A}$$

이 된다. 또한 l_B는 다음과 같은 비례식이 성립되므로 최종적으로 δ는 다음과 같이 계산된다.

$$l_B = \frac{l_A\ d_B}{d_A}$$

$$\delta = \frac{4\,P\, l_B\, l}{\pi\ E\ d_B^2\, l_A} = \frac{4\,P\ l}{\pi\ E\ d_A\ d_B} = \frac{4 \times 800 \times 10^3 \times 2{,}000}{\pi \times 70 \times 10^3 \times 200 \times 500} = 0.29\ \mathrm{mm}$$

[예제 2.3]

강체봉 BDE가 두 개의 트러스 부재 AB와 CD로 지지되어 있다. 트러스 부재 AB의 $E = 70\ \mathrm{GPa}$, $A = 500\ \mathrm{mm}^2$인 알루미늄으로 만들어졌고, CD의 $E = 200\ \mathrm{GPa}$, $A = 600\ \mathrm{mm}^2$인 강재로 만들어졌다. 그림과 같이 $60\ \mathrm{kN}$의 힘이 E점에 작용될 때, B, D, E점에서의 변위량을 구하라.

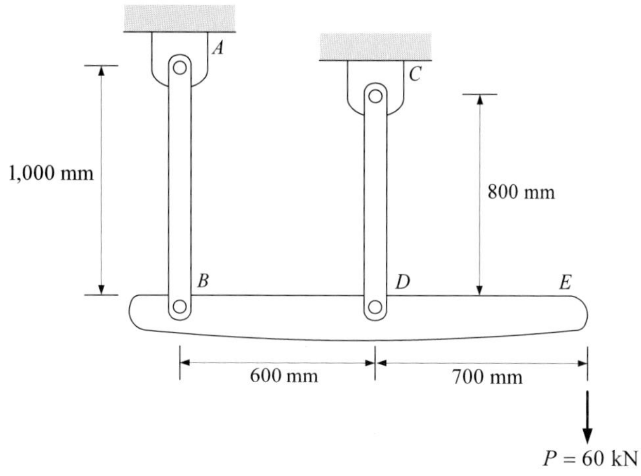

[풀이] 부재 AB 와 CD 는 트러스 부재이므로 A 점과 B 점에서의 수평반력은 존재치 않는다는 점을 상기하기 바란다.

B, D, E 점을 포함한 자유물체도로부터 부재 AB 와 DE 의 축력을 다음과 같이 계산한다.

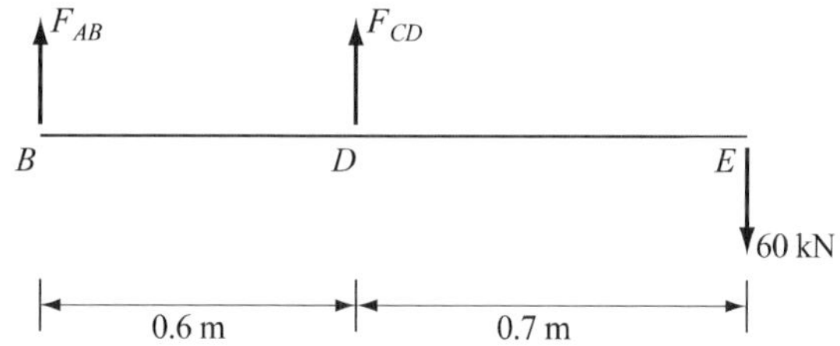

$$\overset{\curvearrowleft}{+}\sum M_B = 0,\ F_{CD} \times 0.6 - 60 \times 1.3 = 0$$

따라서 F_{CD} 는 다음과 같이 계산된다.

$$F_{CD} = 130 \text{ kN} \ \ (\text{인장})$$

힘의 평형방정식

$$\overset{\curvearrowleft}{+}\sum M_D = 0,\ -F_{AB} \times 0.6 - 60 \times 0.7 = 0$$

으로부터 F_{AB} 도 다음과 같이 계산된다.

$$F_{AB} = -70 \text{ kN}(\text{압축})$$

B, D, E 점의 변위는 아래와 같이 산정된다.

B 점;

$$\delta_B = \frac{-70 \times 10^3 \times 1 \times 10^3}{500 \times 70 \times 10^3} = -2\,\mathrm{mm}(\uparrow)$$

(음의 부호는 수축을 의미하므로 위 방향으로 변형)

D 점;

$$\delta_D = \frac{130 \times 10^3 \times 0.8 \times 10^3}{600 \times 200 \times 10^3} = 0.87\,\mathrm{mm}(\downarrow)$$

E 점;

봉 BDE가 강체이므로 B', D', E'점은 일직선을 이룬다. 여기서 B', D', E'는 B, D, E 점의 변형 후의 위치이다.

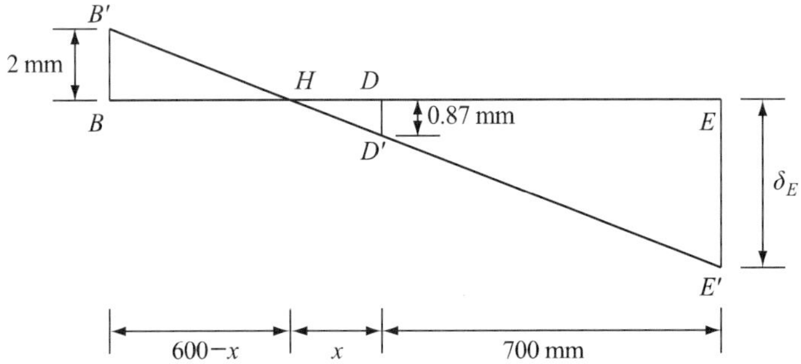

HD의 거리 x는 다음의 비례식에 의해 구해진다.

$$\frac{BB'}{DD'} = \frac{BH}{HD}, \quad \frac{2}{0.87} = \frac{600 - x}{x}, \quad x = 181.9\,\mathrm{mm}$$

따라서 δ_E도 다음의 비례식에 의해 계산된다.

$$\frac{EE'}{DD'} = \frac{HE}{HD}, \quad \frac{\delta_E}{0.87} = \frac{700 + 181.9}{181.9}, \quad \delta_E = 4.2\,\mathrm{mm}(\downarrow)$$

2.12 부정정 문제(Statically Indeterminate Problems)

1장에서 다룬 트러스 구조와 예제 2.1과 2.2에서 다룬 문제들은 자유물체도와 힘의 평형방정식을 이용하여 부재력을 산정할 수 있었다. 이와 같이 힘의 평형방정식만 가지고 문제를 해결할 수 있는 구조물을 정정구조물(靜定構造物, Statically Determinate Structure)이라 하고, 힘의 평형방정식만으로는 문제 풀이가 되지 않고 변형에 관한 식이 추가되어야만 문제가 해결되는 구조물을 부정정구조물(不靜定構造物, Statically Indeterminate Structure)이라고 한다.

부정정 문제를 다루기 전에 부정정구조물의 판정방법에 대해 설명해 보기로 한다. 부정정구조물에는 1차, 2차, ⋯ n차 부정정이 있을 수 있다. 여기서 1차 부정정은 구해야 할 미지력 수가 성립될 수 있는 힘의 평형방정식 수보다 1개가 많은 경우이고 n차 부정정은 미지력 수가 성립될 수 있는 힘의 평형방정식 수보다 n개가 많은 구조물을 말한다. 부정정차수 판정법을 다루는 이유는 힘의 평형방정식만으로 해결 가능한 구조시스템인지 또는 몇 개의 변형에 관한 식이 도입되어야 문제가 해결될 것인지를 사전에 판단하기 위함이다. 이 절에서 다루는 문제는 평면문제(Plane Problems)에 국한한다. 구조물의 부정정차수를 판정하기 위해서는 다음과 같은 문제들이 선결되어야 한다.

1) 지점반력의 종류 및 반력 수 a

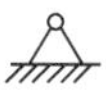 로 표현되는 지점은  로 표현된 것과 같고 반력 수는 수직과 수평력을 지지할 수 있으므로 $a=2$이다. 이러한 지점을 고정지점(固定支點, Fixed Supporter)이라고 한다.

 로 표현되는 지점은  로도 표현되며 수평이동지점 또는 롤러(Roller)지점이라고 하며 오직 수직력만 지지할 수 있고 지점반력 수 $a=1$이다.

 또는 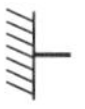 와 같은 지점은 수직, 수평, 모멘트를 지지할 수 있는 지점으로 고정단(固定端, Fixed End)지점이라고 하며 $a=3$이다.

2) 힌지 내부의 미지력 수 h

두 부재가 연결된 힌지에서는 모멘트를 지지 또는 전달할 수 없고 수평력과 수직력, 즉 2개의 힘만 지지 또는 전달이 가능하다. 부재가 3개 연결된 힌지는 2개가 연결된 것의 2배가 되는 형상이고 4개의 미지력이 된다. 이 관계를 식으로 쓰면

$$h=2(m-1)$$

여기서 m은 힌지에 연결된 부재 수이다. 그림 2.18의 예를 통해 힌지 내부의 미지력 수 h에 대한 이해가 잘되리라 생각한다.

그림 2.18(a)는 $m=4$이므로 미지력 수가 6이며 그림 2.18(b)에서 m은 4가 아니고 3이니 착오 없기 바란다.

(a) $h=2(4-1)=6$ (b) $h=2(3-1)=4$

그림 2.18

3) 폐쇄공간에는 미지력 수가 3이다. 왜냐하면 그림 2.19와 같은 폐쇄된 공간을 이루는 부재의 부재력을 구하기 위해서는 폐쇄공간의 어느 한쪽이 열려야 부재력을 산정할 수 있다. 즉, 수평, 수직, 모멘트의 미지력을 포함한 식들로 문제가 해결될 수 있다.

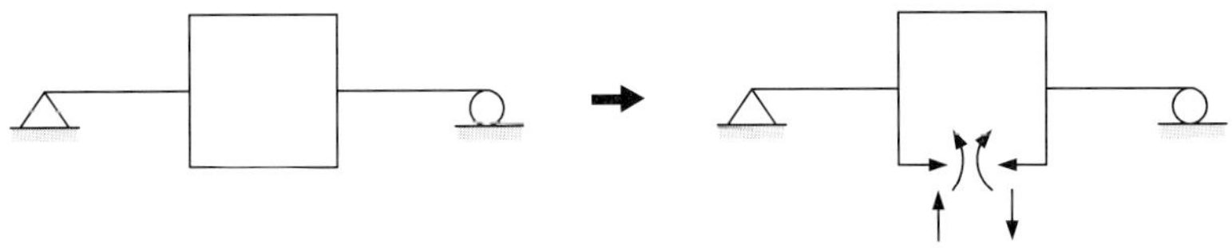

그림 2.19

지금 단계에서 폐쇄공간에 대한 이해가 쉽지 않을 것이라 판단되나 부정정차수를 산정하는 방법만은 꼭 알아두어야 한다. k는 폐쇄공간의 수이다. **여기서 정정구조물과 부정정구조물의 구조적 차이점을 설명하자면, 정정구조물은 해석 및 설계가 간편한 반면 부정정구조물은 차수가 높을수록 해석과 설계가 복잡해진다. 그러나 하중에 의한 부재력의 분산효과가 부정정차수가 높을수록 크므로 안정적**(安定的, Stable)이고 재료비 측면에서 경제적인 구조물의 설계가 가능하다고 할 수 있다. 부정정차수 판정식은 식 (2.2)로 표현된다.

$$n=a+h+3k-3m \tag{2.2}$$

식 (2.2)에서의 n은 부정정차수이고 a는 지점반력 수, h는 힌지 내부 미지력 수, k는 폐쇄공간 수이며 m은 평형방정식 3개가 성립되는 부재 수이다. 부정정 판정식을 다시 한 번 생각해보면 a, h, $3k$는 구해야 할 미지력 수이고 $3m$은 성립될 수 있는 힘의 평형방정식 수이다. 다음의 예 및 예제들을 다루어 보고 확실히 이해가 된다면 모든 시험에

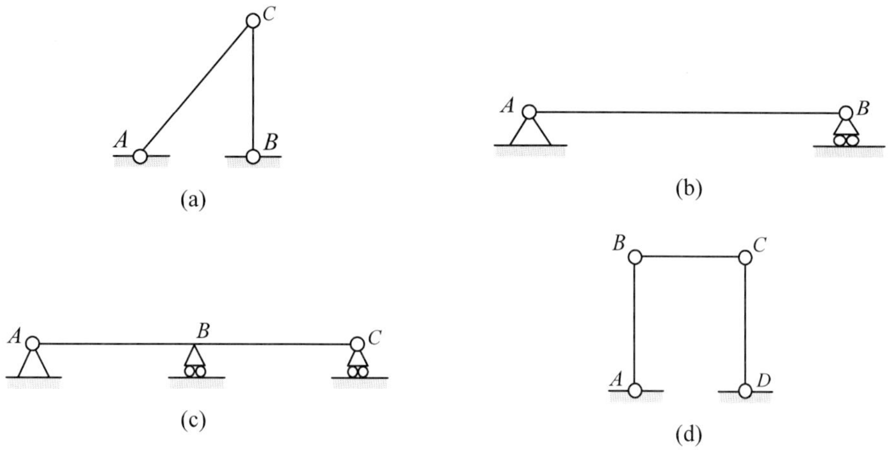

그림 2.20

서 자주 다루어지는 부정정 차수 판정에 대한 문제에 실수가 없을 것이다.

그림 2.20(a)는 1장에서 다루었던 트러스구조시스템으로서 힘의 평형방정식만으로 문제를 풀었었다. 지점반력 수 a는 A, B 지점에서 2씩 해서 4이고 C점은 힌지로서 힌지 미지력 수 $h=2$이다. 또한 폐쇄공간은 없고 부재 수는 2이다. 따라서 $n=4+2+0-3\times2=0$이다. $n=0$은 0차 부정정구조라 부르지 않고 정정구조라고 하는데, 앞서 설명한 대로 정정구조는 힘의 평형방정식만으로 문제 풀이 즉, 지점반력과 부재력 F_{AC} 및 F_{BC}를 산출할 수 있다.

그림 2.20(b)는 가장 간단한 단순보(單純보, Simple Beam)시스템으로서 A지점에서 반력수가 2개, B 지점은 수직력만 지탱할 수 있는 수평이동지점 또는 롤러지점이므로 반력수가 1개이므로 $a=3$이고 힌지 미지력 수는 0, 폐쇄공간 수도 0, 부재는 1개이므로 $n=3+0+0-3\times1=0$ 즉, 정정구조시스템이다. 이 구조시스템은 교량구조시스템으로 자주 적용된다. 여기서 B 지점은 왜 롤러지점이어야 하는지 생각해보자. 부재 AB가 설치될 때보다 온도가 상승하면 부재 AB는 늘어날 것이고 B 지점은 늘어난 길이를 수평으로 이동시켜 줄 것이다. 온도가 하강하면 반대현상이 발생된다. 따라서 롤러지점은 온도에 의한 수축 또는 팽창을 완화시켜주는 역할을 한다. 만약 B 지점도 A지점처럼 고정지점이라면 온도에 의한 수축 또는 팽창을 완화시켜주지 못하고 부재 내부에 구속력이 발생된다. 온도에 의한 문제는 2.15절에서 상세히 다루기로 하자.

그림 2.20(c)의 구조시스템의 지점반력 수는 지점 A가 2, 지점 B가 1, 지점 C가 1이므로 $a=4$이고 $h=0$, $k=0$, $m=1$이다. 따라서 $n=4+0+0-3\times1=1$로서 1차

부정정이다. 여기서도 B, C지점이 수평이동이 가능한 롤러지점인 이유를 이해했으리라 생각한다. 부재 수는 부재 중간에 힌지가 없기 때문에 1개가 되고 이러한 구조시스템을 2경간연속보(2徑間連續보, 2 Span Continuous Beams)시스템이라 하고 교량구조시스템에 자주 적용된다.

여기서 구조물과 구조시스템의 용어상 차이점을 생각해보자. 구조물에 대한 정의는 이 책의 서론에서 서술한 대로 사용목적을 가지고 축조된 물체라고 할 수 있고 시스템은 구조물의 기능적 의미를 갖는 것으로 구조물보다 협의(狹義) 즉, 좁은 뜻을 갖는 것으로 생각할 수 있다. 다시 말해서 구조물은 용도에 맞는 형태적인 것을 포함하고 구조시스템은 형태 속의 기능적인 것이라 할 수 있다.

[예제 2.4]

다음 구조시스템들의 부정정차수를 결정하라.

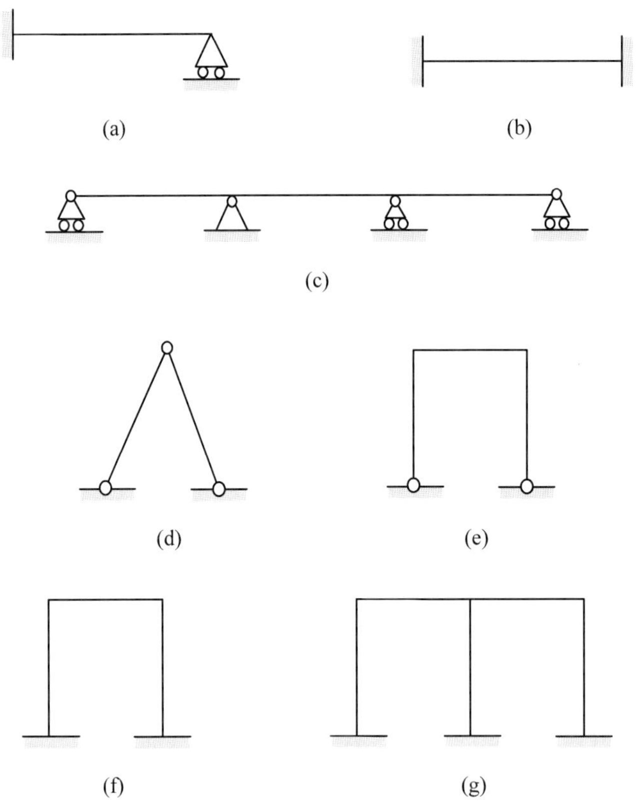

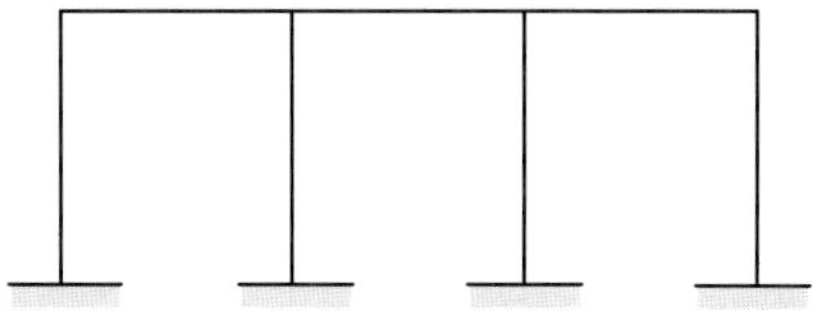

(h)

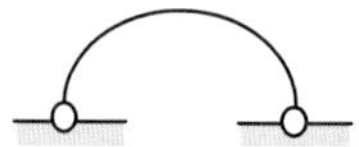

(i)

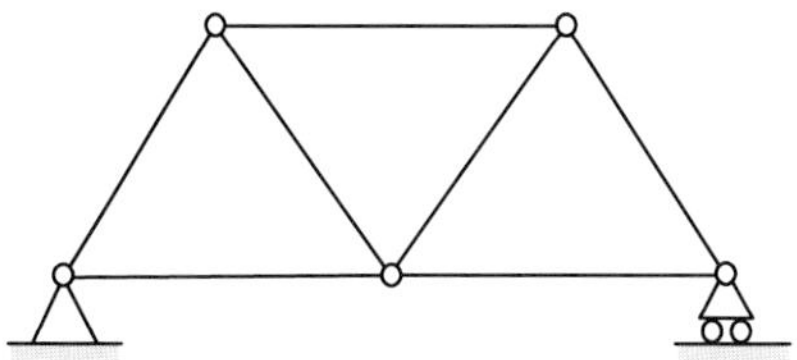

(j)

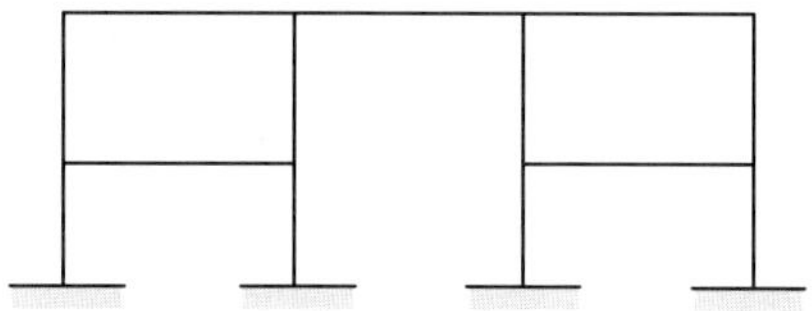

(k)

[풀이] (a) $n=4+0+0-3\times1=1$, (b) $n=6+0+0-3\times1=3$

(c) $n=5+0+0-3\times1=2$, (d) $n=4+2+0-3\times2=0$

(e) $n=4+0+0-3\times1=1$, (f) $n=6+0+0-3\times1=3$

(g) $n=9+0+0-3\times1=6$, (h) $n=12+0+0-3\times1=9$

(i) $n=4+0+0-3\times1=1$, (j) $n=3+18+0-3\times7=0$

(k) $n=12+0+3\times2-3\times1=15$

그림 (g)의 경우 지점반력 수는 3지점 $\times 3=9$이고 $h=0$, $k=0$이며 부재는 1개임에 유의하기 바란다. 여기서 트러스 구조는 대개 정정구조 시스템이다. 부재 3개가 삼각형 모양을 형성하며 삼각형 꼭지점이 힌지로 연결될 경우 3개 부재를 1개의 부재로 간주할 수 있다. 그 이유는 3개의 부재 중 2개씩의 부재축이 3개의 꼭지점의 힌지에서 결합되어 상호 간의 회전을 교란시켜 일체거동을 하기 때문이다. 따라서 아래 그림과 같이 3개 부재를 1개의 부재로 빗금쳐 나가면 전체 트러스 구조를 1개의 부재로 간주할 수 있음을 알 수 있다. 따라서 트러스구조시스템 (j)는 단순보시스템과 동일한 부정정차수 판정결과가 산출된다.

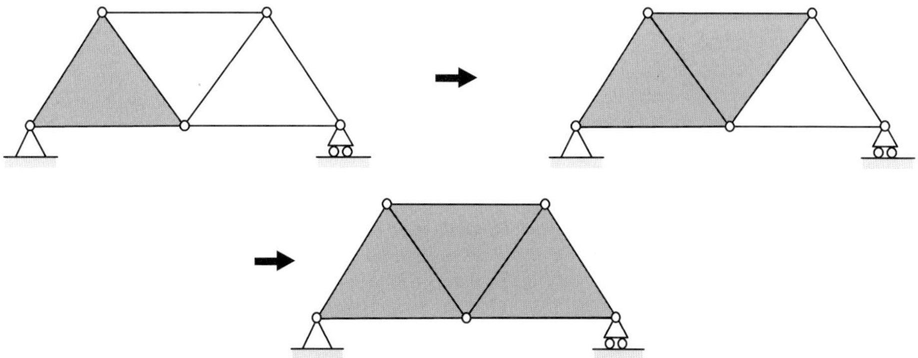

그림 (k)의 경우 지점반력 수는 4지점 $\times 3 = 12$이고 $h = 0$이다. 그러나 폐쇄공간 수가 2이고 부재는 통짜로 1개이다. 이상과 같이 평면문제에서 부정정차수 판정법에 대해 상세히 다루어 보았다. 공간문제(空間問題, Space Problems)의 부정정차수 판정방법에 대해서는 4장에서 다루기로 한다.

2.13 부정정 문제의 해석방법(Method of Analysis)

부정정 문제의 해석은 다음과 같은 순서로 수행함이 일반적인 방법이다.

1단계: 정정구조시스템으로 시스템을 변환(變換, Transformation)시킨다. 이때 변환된 구조시스템은 자유물체도와 힘의 평형방정식을 이용하여 가장 쉽게 해석될 수 있는 구조시스템으로 변환해야 한다. 즉, 힘의 평형방정식 속에서 미지력 수가 최소가 되는 시스템으로 변환해야 한다. 그리고 가능한 한 대칭시스템이 되도록 변환함이 해석에 유리하다.

2단계: 변환된 위치에서의 변형(變形, Deformation) 또는 변형각(角, Angle) 그리고 변위(變位, Displacement) 또는 변위각을 구한다. 여기서 변위가 수직이면 처짐이라 하며 이때의 변위각은 처짐각이라고도 한다. 비틀림에 대해서는 비틀림각을 구한다. 비틀림각에 대해서는 4장에서 다룬다.

3단계: 변환된 위치에서 변형 또는 변형각, 변위 또는 변위각 또는 비틀림각에 대응되는 미지력(부정정력)을 적용시켜 2단계에서의 과정을 반복한다.

4단계: 2단계에서의 결과와 3단계에서의 결과가 결합되어 원 구조시스템의 조건을 만족시키도록 조건식(條件式, Conditional Equation)을 세워 미지력을 구한다.

5단계: 미지력이 결정되면 자유물체도와 힘의 평형방정식을 이용하여 나머지 미지력을 산정한다.

앞으로의 부정정 문제는 상기의 부정정 문제의 해석 순서에 따라 해석하도록 하겠다.

[예제 2.5]

다음 그림과 같은 높이가 h인 수직체의 단면이 서로 다른 재료인 봉과 튜브로 구성되어 있다. 강체판(剛體板, Plate of Rigid Body) 위에 하중 P가 작용될 때 봉과 관의 수직응력을 구하라. 단, 강체판과 수직체의 자중은 무시한다.

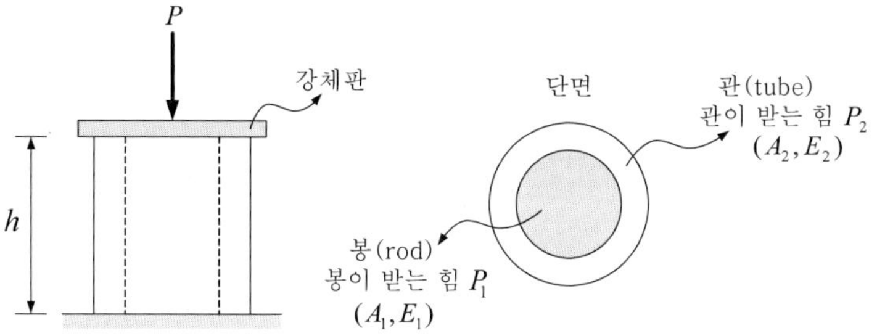

[풀이] 이 문제는 부정정 문제이다. 왜냐하면 성립될 수 있는 힘의 평형방정식 $P = P_1 + P_2$ 이므로 미지력 P_1과 P_2가 힘의 평형방정식만으로 풀리지 않기 때문이다. 여기서 수평력에 관한 힘의 평형방정식은 수평하중이 존재하지 않기 때문에 성립될 수 없음을 주지하기 바란다. 여기서 강체판은 변형이 일어나지 않는 물체이므로 하중 P가 집중되지 않고 봉과 관에 골고루 전달되게 하는 역할을 한다. 부정정 문제의 해석 순서에 따라 이 문제를 풀어보도록 하겠다.

① 1단계: 정정시스템으로의 변환

강체판을 제거하고 봉과 관을 분리하여 자유물체도를 그리면 다음과 같다.

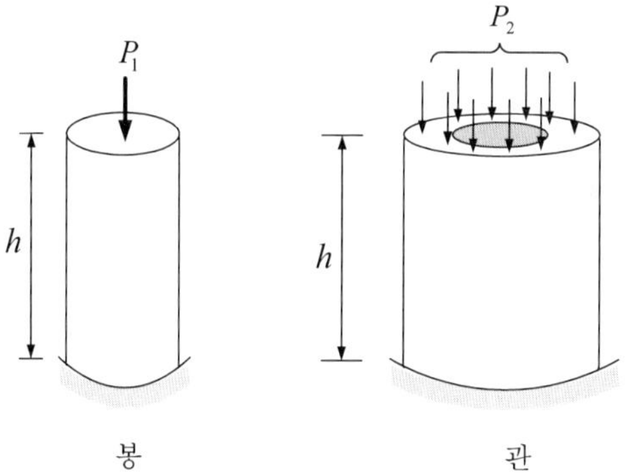

② 2단계: 봉과 관의 변형량 δ_1과 δ_2를 계산하면 $\delta_1 = \dfrac{P_1 h}{A_1 E_1}$이고 $\delta_2 = \dfrac{P_2 h}{A_2 E_2}$이다.

③ 3단계: 이 문제에서는 필요없는 단계이다.

④ 4단계: 조건식은 δ_1과 δ_2가 같아야 한다. 왜냐하면 수직체 상부에 덮인 강체판에 의해 봉과 관에 일정한 수직변형이 발생되기 때문이다. 즉, $\delta_1 = \delta_2$이어야 한다.

⑤ 5단계: 4단계에서의 조건식 $\delta_1 = \delta_2$로부터 $\dfrac{P_1 h}{A_1 E_1} = \dfrac{P_2 h}{A_2 E_2}$이고

$P_1 = \dfrac{P_2 A_1 E_1}{A_2 E_2}$이 된다. 그리고 힘의 평형방정식으로부터 $P_2 = P - P_1$이므로

$P_1 = \dfrac{(P - P_1)\, A_1\, E_1}{A_2\, E_2}$ 으로 계산된다.

그래서 $P_1 = \dfrac{P\ A_1\ E_1}{A_1\ E_1 + A_2\ E_2}$ 이고 $P_2 = \dfrac{P\ A_2\ E_2}{A_1\ E_1 + A_2\ E_2}$ 가 된다.

따라서 봉의 수직응력 $\sigma_1 = \dfrac{P_1}{A_1} = \dfrac{P\ E_1}{A_1\ E_1 + A_2\ E_2}$ 이고

관의 수직응력 $\sigma_2 = \dfrac{P_2}{A_2} = \dfrac{P\ E_2}{A_1\ E_1 + A_2\ E_2}$ 로 표현된다.

물론, σ_1과 σ_2는 압축응력이다.

[예제 2.6]

다음 그림과 같이 균일단면봉이 A점과 B점에 고정되어 있고 C점에 하중 P가 작용될 때 AC와 BC구간의 수직응력을 구하라. (단, 자중은 무시한다.)

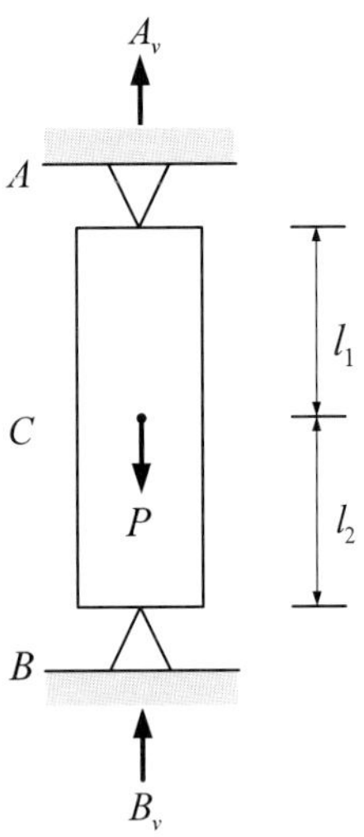

[풀이] A점과 B점의 수직 지점반력을 각각 A_V와 B_V라고 할 때 힘의 평형방정식 $P = A_V + B_V$가 된다. 이 힘의 평형방정식만으로는 A_V와 B_V를 구할 수 없다. 따라서 부정정 구조시스템이므로 부정정 문제의 해석 순서에 따라 풀어보자.

① 1단계: 정정시스템으로 변환하기 위해 B지점을 제거

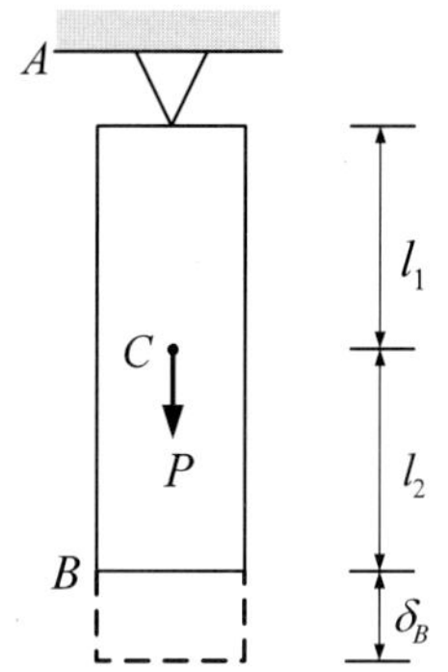

② 2단계: 지점 제거 위치에서의 변형량 $\delta_B = \dfrac{P\,l_1}{A\,E}$ 을 계산한다. 여기서 하중 P 의 영향을 받는 구간은 AC 구간뿐이다.

③ 3단계: 지점 제거 위치에서 미지력 B_V 에 의해 발생되는 변형량 δ_{B_V} 를 계산한다.

$$\delta_{B_V} = \frac{B_V \times (l_1 + l_2)}{A\,E}$$

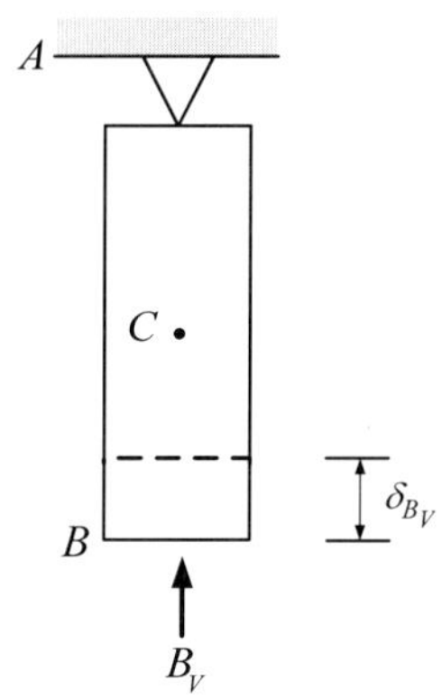

④ 4단계: 조건식은 $\delta_B = \delta_{B_V}$ 이고 이 조건으로부터 B_V 는 다음과 같이 계산된다.

$$B_V = \frac{P\,l_1}{l_1 + l_2}$$

따라서 힘의 평형방정식 $P = A_V + B_V$로부터 $A_V = \dfrac{P\,l_2}{l_1 + l_2}$로 계산된다.

⑤ 5단계: 다음으로는 자유물체도로부터 F_{AC}와 F_{BC}를 구해보자.

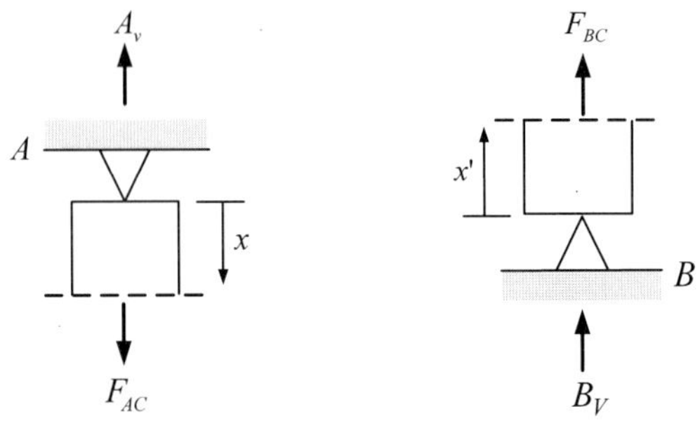

A 지점에서 $0 < x \le l_1$인 경우 $F_{AC} = A_V$ 이고 힘의 방향이 기준점에서 바깥쪽을 향하기 때문에 인장이다. B 지점에서 $0 < x' \le l_2$인 경우 $F_{BC} = -B_V$ 이고 압축력이 된다. 따라서 AC 구간의 수직응력 $\sigma = \dfrac{A_V}{A} = \dfrac{P\ l_2}{A(l_1 + l_2)}$ 이고, BC 구간의 수직응력 $\sigma = \dfrac{-P\ l_1}{A(l_1 + l_2)}$ 으로 압축응력이다. 여기서 F_{BC}를 아래 그림과 같이 A 점으로부터의 자유물체도를 이용하여 구할 수도 있다.

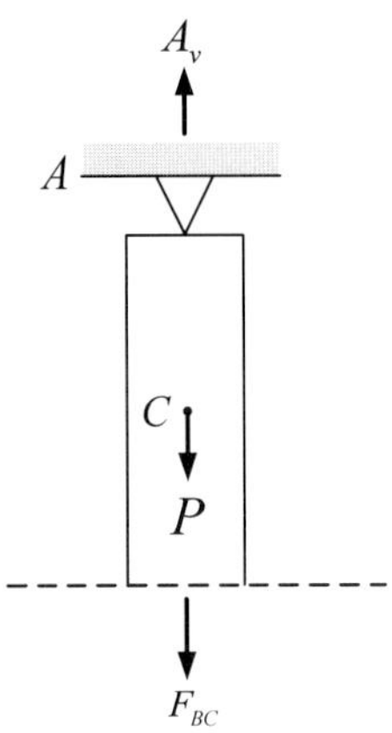

즉, $F_{BC} = A_V - P = -\dfrac{P\ l_1}{l_1 + l_2}$

여기서 '–'는 압축을 의미하므로 앞에서의 계산결과와 같다. 그러나 B 지점으로 부터의 자유물체도를 이용하는 것이 간단한 계산방법이다.

2.14 중첩법(Method of Superposition)

중첩법은 겹침법이라고도 하며 오직 탄성범위 내에서만 적용된다. 중첩법에 대해 다음 그림을 이용하여 설명해보자.

예제 2.6에서와 같이 그림 2.21은 앞서 설명한 대로 힘의 평형방정식만으로는 A점과 B점의 지점반력을 구할 수 없으므로 부정정 구조시스템이다. 따라서 B 지점을 제거하여 변형량을 구하고 미지력인 B 지점의 반력을 상향으로 작용시켜 변형량을 결정하여 B 지

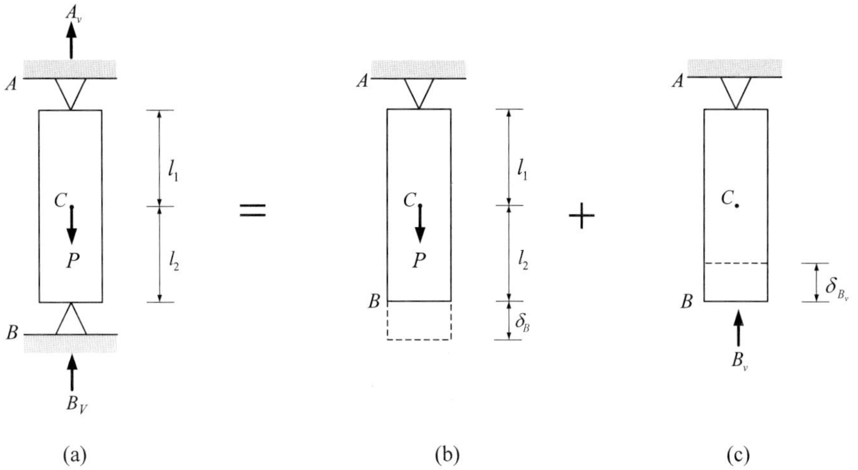

그림 2.21

점 제거 후 하중 P에 의한 변형량과 미지력 B_V에 의한 변형량이 같다고 하는 것은 중첩법의 응용에 해당된다. 여기서 부정정 판정법을 적용해보면 $n=4+0+0-3\times1=1$로 1차 부정정시스템이다. 그림 2.21(a)의 상태는 그림 2.21(b)와 그림 2.21(c)의 상태를 중첩시킨 것과 같다. 3장에서 다룰 힘모멘트와 4장에서 다룰 비틀림모멘트에 대해서도 중첩법이 성립된다.

[예제 2.7]

하중을 가하기 전 꼭 맞게 고정된 아래 그림과 같은 강재봉이 하중을 받는 상태에서 A점과 B점에 발생되는 반력을 구하고 AD, DC, CE, EB 구간의 응력을 구하라. 여기서 강재봉의 자중은 무시한다.

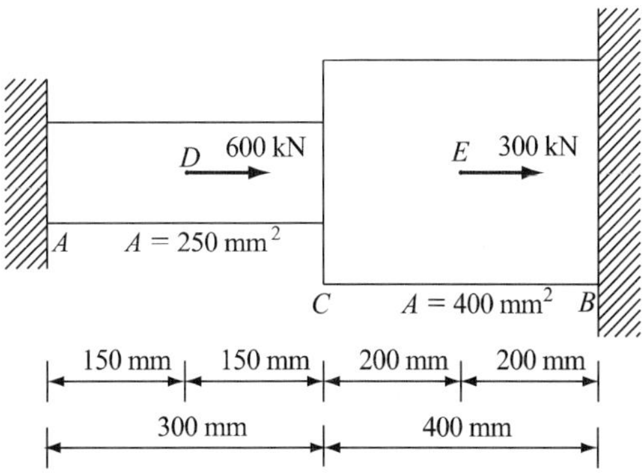

[풀이] 이 문제의 구조시스템은 부정정 판정법에 의해 3차 부정정으로 판정된다. 그러나 수평하중만 존재하고 수평하중은 도심축에 작용되는 것으로 가정하면 수직반력과 편심에 의한 지점모멘트는 발생되지 않는다. 즉, 두 개의 힘의 평형방정식 $\sum H=0$, $\sum M=0$이 성립되지 않는다. 따라서 1차 부정정 구조시스템으로 문제 해결이 가능하다. 문제 풀이의 첫 번째 단계로 B 지점을 제거하고 D 점과 E 점에 작용되는 하중에 의한 수평변형량 δ_0를 다음과 같이 계산한다.

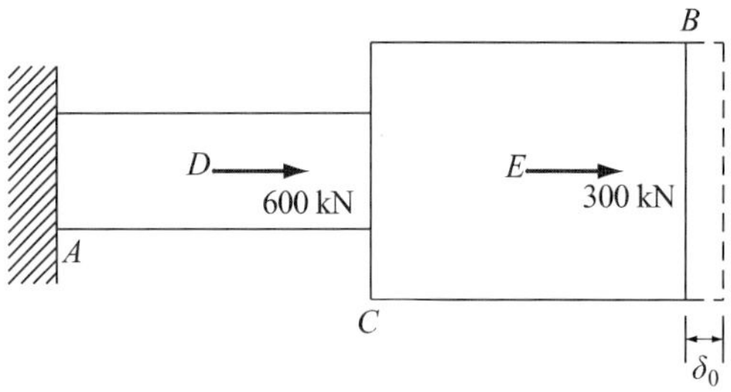

$$\delta_0 = \delta_{EC} + \delta_{CD} + \delta_{DA} = \frac{1}{E}\left(\frac{300\times10^3\times200}{400} + \frac{300\times10^3\times150}{250} + \frac{900\times10^3\times150}{250}\right)$$

$$= 8.7\times10^5\frac{1}{E}(\rightarrow)$$

다음 단계로 B 점에서의 수평반력 B_H 에 의한 δ_{B_H} 는 다음과 같이 계산된다.

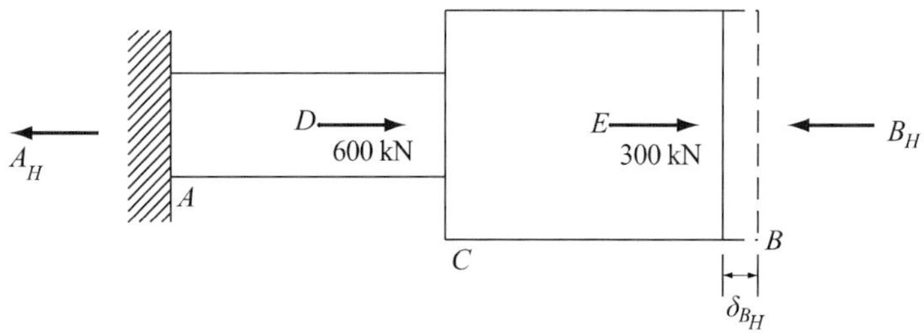

$$\delta_{B_H} = \delta_{BC} + \delta_{CA} = \frac{B_H}{E}\left(\frac{400}{400} + \frac{300}{250}\right) = 2.2\frac{B_H}{E}(\leftarrow)$$

따라서 조건식 $\delta_0 = \delta_{B_H}$로부터 $B_H = \dfrac{8.7\times10^5}{2.2} = 395{,}454\ \text{N} \doteqdot 396\ \text{kN}$이고 힘의 평형방정식 $-A_H + 600 + 300 - B_H = 0$으로부터 $A_H = 504\ \text{kN}\ (\leftarrow)$으로 계산된다. 각 구간의 응력은 다음과 같이 계산된다.

$$AD\text{ 구간: } \sigma = \frac{A_H\times10^3}{250} = 2{,}016\ \text{MPa}$$

$$DC\text{ 구간: } \sigma = \frac{(A_H - 600) \times 10^3}{250} = -384\,\text{MPa}$$

$$CE\text{ 구간: } \sigma = \frac{(A_H - 600) \times 10^3}{400} = -240\,\text{MPa}$$

$$EB\text{ 구간: } \sigma = \frac{-B_H \times 10^3}{400} = -990\,\text{MPa}$$

[예제 2.8]

그림과 같이 예제 2.7의 문제에서 하중을 가하기 전에 B 지점과의 간격이 3 mm 떨어진 경우 A 점과 B 점에서 발생되는 반력을 구하라($E = 200$ GPa).

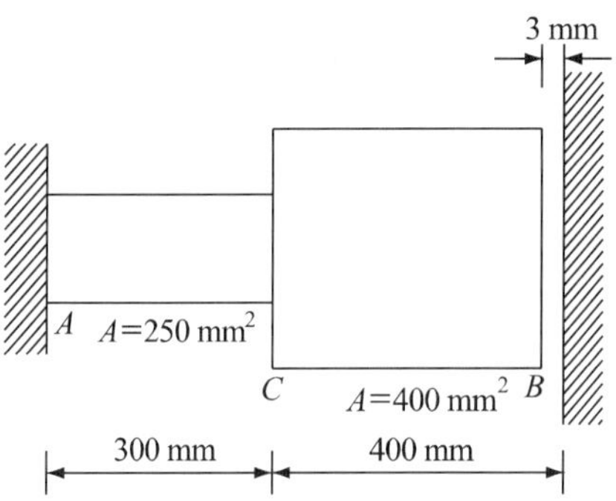

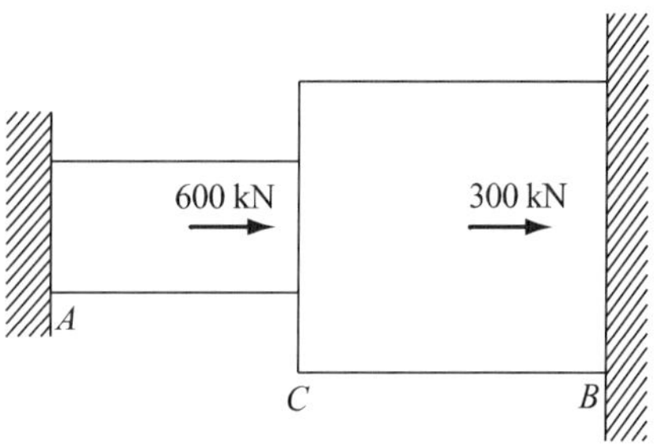

[풀이] (예제 2.7)의 풀이과정과 같이 B 에서의 반력을 미지력으로 고려하고 주어진 하중과 미지력 B_H 에 의해 발생되는 δ_0와 δ_{B_H} 를 각각 계산한다. 이 경우 총 변형량은 '0'이 아니고 변형량 $\delta = 3$ mm 이다. 그러므로 다음과 같은 식이 성립되고 B_H 가 계산된다.

$$\delta = \delta_0 + \delta_{B_H} = 3\,\text{mm}$$

$$\frac{8.7 \times 10^5}{200 \times 10^3} - \frac{2.2}{200 \times 10^3} B_H = 3$$

$$B_H = 122{,}727\,\text{N} \doteqdot 122.7\,\text{kN}$$

반력 A_H 는 그림 (a)와 같은 자유물체도로부터 계산할 수 있다.

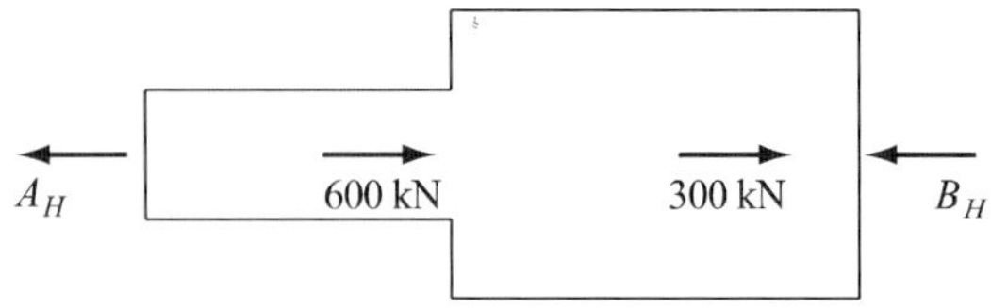

(a)

힘의 평형방정식

$$-A_H + 600 + 300 - B_H = 0$$

으로부터 $A_H = 600 + 300 - B_H = 600 + 300 - 122.7 = 777.3\ \mathrm{kN}$ 으로 계산된다.

[예제 2.9]

그림과 같이 원형 단면을 가지고 탄성계수 $E = 200\ \mathrm{GPa}$, 길이 $l = 300\ \mathrm{mm}$ 인 완만한 테이퍼 봉 AB 가 양단이 구속되어 있고, C 점에 하중 P 가 작용되고 있다. 양쪽 끝 A 점과 B 점의 지름이 각각 $d_A = 40\ \mathrm{mm}$, $d_B = 20\ \mathrm{mm}$ 일 때 A 점과 B 점의 반력을 구하라.

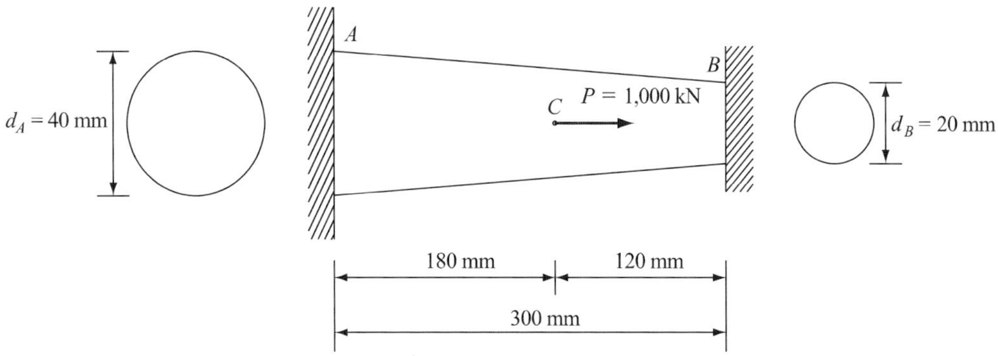

[풀이] 이 문제의 구조시스템은 부정정 판정법에 의해 3차 부정정으로 판정되나 수평하중만 존재하므로 예제 2.7과 마찬가지로 1차 부정정 구조시스템으로 문제 해결이 가능하다. 문제 풀이의 첫 번째 단계로 B 지점을 제거하고 C 점에 작용되는 하중에 의한 수평 변형량 δ_0를 예제 2.2의 풀이를 참고하여 다음과 같이 계산한다. C 점에서의 지름 d_C 를 닮은 삼각형을 이용하여 계산하고 최종적으로 δ_0을 구한다.

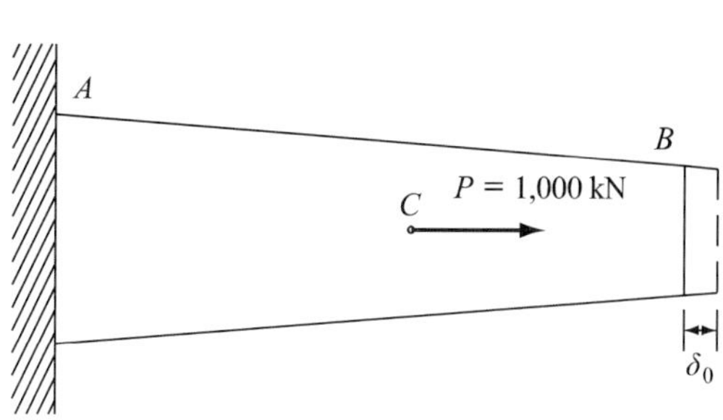

(a)

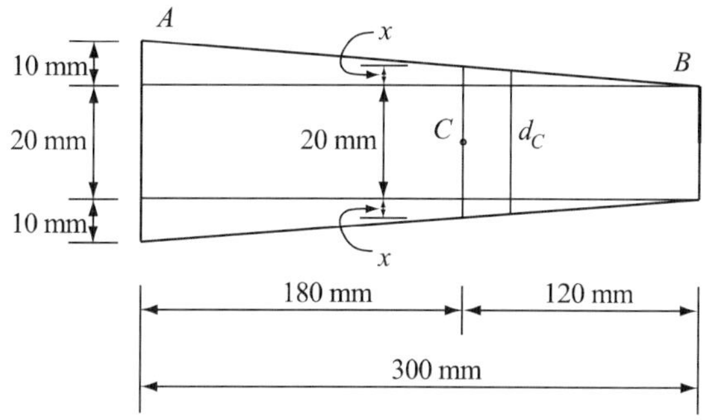

(b)

그림 (b)에서 닮은 삼각형에 의해 x를 계산하면 $x = \dfrac{10 \times 120}{300} = 4\ \mathrm{mm}$이고 따라서 $d_C = 4 + 20 + 4 = 28\ \mathrm{mm}$이다.

B 지점이 제거된 상태에서 작용되는 하중만으로 인해 δ_0는 예제 2.2에서 계산된 결과를 이용하여 아래와 같이 계산된다.

$$\delta_0 = \frac{4\,F_{CA}\,l_{CA}}{\pi\,E\,d_C\,d_A} = \frac{4 \times 1{,}000 \times 10^3 \times 180}{\pi \times 200 \times 10^3 \times 28 \times 40} = 1.02\ \mathrm{mm}\,(\rightarrow)$$

다음 단계로는 B 점에서의 수평반력 B_H 에 의한 δ_{B_H} 를 다음과 같이 계산한다.

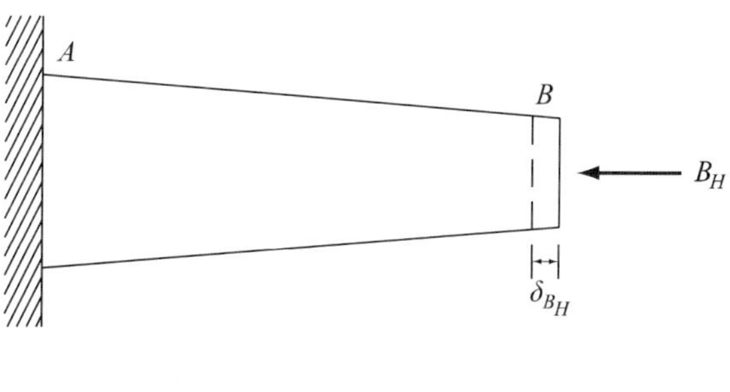

$$\delta_{B_H} = \frac{4\,B_H\,l_{AB}}{\pi\,E\,d_A\,d_B} = \frac{4 \times B_H \times 300}{\pi \times 200 \times 10^3 \times 40 \times 20} = 2.39 \times 10^{-6} B_H (\leftarrow)$$

따라서 조건식 $\delta_0 = \delta_{B_H}$ 로부터 $B_H = 426,778N \triangleq 427$ kN (←)이고 힘의 평형방정식 $\overset{\xrightarrow{+}}{\sum} H = 0, \ -A_H + 1,000 - B_H = 0$ 으로부터 $A_H = 573$ kN (←) 으로 계산된다. 계산결과로부터 AC 구간은 인장이고 BC 구간은 압축임을 알 수 있다.

[예제 2.10]

지름 15 mm인 봉 CE 와 25 mm인 봉 DF 가 강체봉 $ABCD$ 에 그림과 같이 결합되어 있다. 봉들은 강재로 만들어 졌으며 $E = 200$ GPa일 때,

(a) 주어진 하중에 의해 각 봉에 걸리는 힘을 구하라.

(b) 그에 따른 A 점의 변위를 구하라.

여기서 변형량이 아닌 변위로 표현한 것은 A 점의 변위가 후크의 법칙과 직접적인 관련이 없는 위치 변화이기 때문이다.

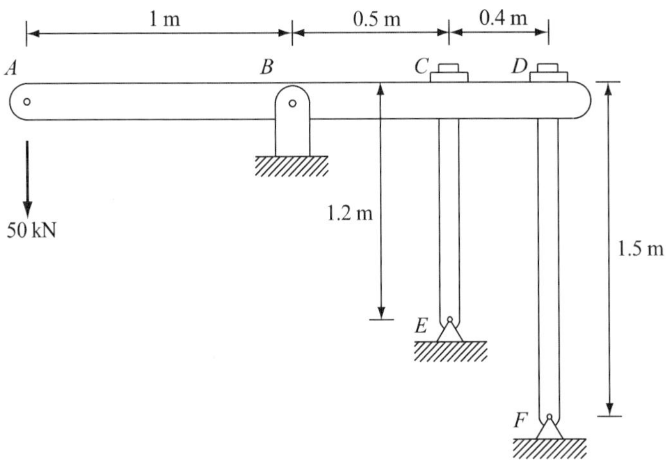

[풀이] 이 문제의 풀이는 부정정 구조해석 순서에 따라 정정 구조시스템화하여 해결할 수 있다. 이 문제의 경우 정정 구조시스템화하는 방법은 B 지점, E 지점 또는 F 지점을 제거하는 경우가 있다. B 지점을 제거하는 경우 C 점과 D 점이 힌지로 간주되기 때문에 부정정차수 판정법에 의하면 $n = -1$ 즉, 불안정시스템으로 판정되나 수평하중이 없기 때문에 문제 풀이는 가능하다. 이 문제에서는 첫 번째로 B 지점을 제거하는 경우와 두 번째로는 부재 CE 와 DF 의 변위에 대한 비례식을 이용하여 풀기로 한다.

<방법 1>
문제 풀이의 첫 번째 단계로 B 지점을 제거하고 A 점에 작용되는 하중에 의한 B 점의 수직변형량 δ_0를 다음 계산과정에 따라 계산한다.

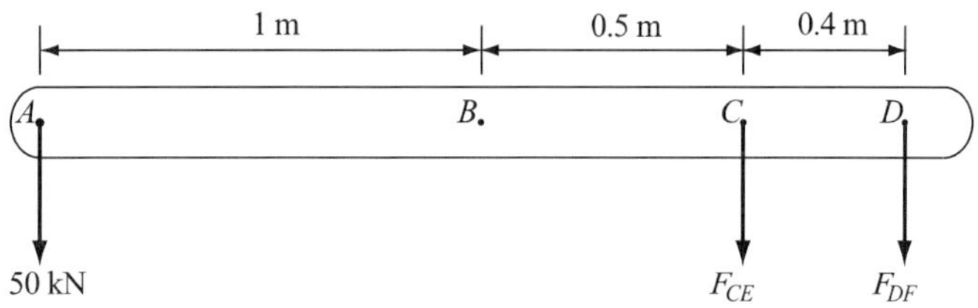

$\curvearrowleft + \sum M_C = 0,\ 50 \times 1.5 - F_{DF} \times 0.4 = 0$으로부터

$$F_{DF} = 187.5 \text{ kN (인장)}$$

$\curvearrowleft + \sum M_D = 0,\ 50 \times 1.9 + F_{CE} \times 0.4 = 0$으로부터

$F_{CE} = -237.5$ kN (압축)으로 계산되고 δ_{CE}와 δ_{DF}는 다음과 같이 계산된다.

$$\delta_{CE} = \frac{F_{CE}\, l_{CE}}{E\ A_{CE}} = \frac{-237.5 \times 10^3 \times 1,200}{200 \times 10^3 \times \dfrac{\pi \times 15^2}{4}} = -8.06 \text{ mm}(\downarrow)$$

$$\delta_{DF} = \frac{F_{DF}\, l_{DF}}{E\ A_{DF}} = \frac{187.5 \times 10^3 \times 1,500}{200 \times 10^3 \times \dfrac{\pi \times 25^2}{4}} = 2.86 \text{ mm}(\uparrow)$$

C 점과 D 점의 변형량을 그림으로 나타내면 다음과 같다.

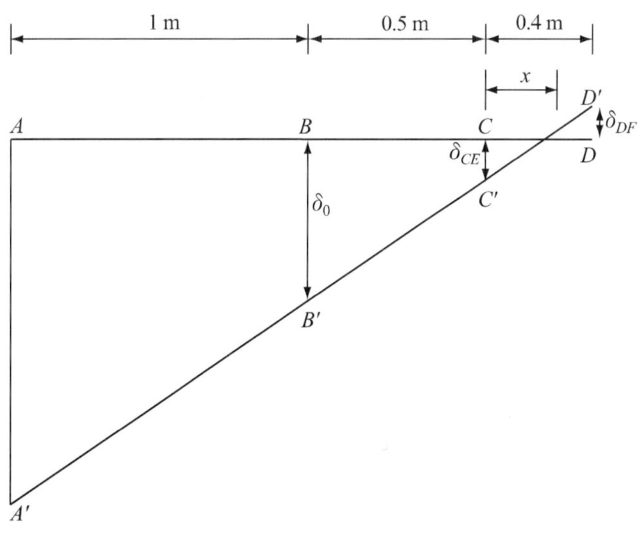

앞의 그림으로부터 x와 δ_0는 다음과 같이 계산된다.

$x = 0.295\ \mathrm{m}$ 이고 $\delta_0 = 21.72\ \mathrm{mm}(\downarrow)$

다음 단계로는 B 점에서의 수직반력 B_V 에 의한 δ_{B_V} 를 다음과 같이 계산한다.

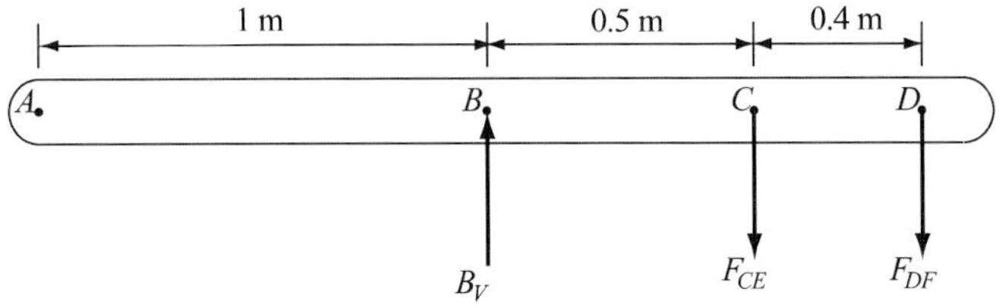

$$\overset{\curvearrowleft}{+}\sum M_C = 0,\ -B_V \times 0.5 - F_{DF} \times 0.4 = 0$$

$$F_{DF} = -1.25 B_V(\text{압축})$$

$$\overset{\curvearrowleft}{+}\sum M_D = 0,\ -B_V \times 0.9 + F_{CE} \times 0.4 = 0$$

$$F_{CE} = 2.25 B_V(\text{인장})$$

$$\delta_{CE} = \frac{F_{CE}\, l_{CE}}{E\, A_{CE}} = \frac{2.25 \times 10^3 \times 1,200}{200 \times 10^3 \times \dfrac{\pi \times 15^2}{4}} B_V = 0.076 B_V(\uparrow)$$

$$\delta_{DF} = \frac{F_{DF}\, l_{DF}}{E\, A_{DF}} = \frac{-1.25 \times 10^3 \times 1,500}{200 \times 10^3 \times \dfrac{\pi \times 25^2}{4}} B_V = -0.019 B_V(\downarrow)$$

C 점과 D 점의 변형량을 그림으로 나타내면 다음과 같다.

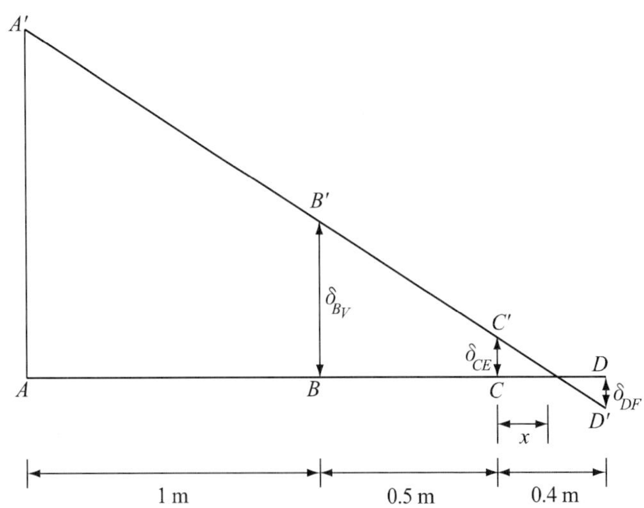

앞의 그림으로부터 x와 δ_{B_V}를 계산하면 다음과 같다.

$x = 0.32$ m이고 $\delta_{B_V} = 0.195 B_V (\uparrow)$

따라서 조건식 $\delta_0 = \delta_{B_V}$ 로부터 $B_V = \dfrac{21.72}{0.195} = 111$ kN이 계산되고 힘의 평형방정식으로부터 각 봉에 걸리는 힘은 다음과 같이 계산된다.

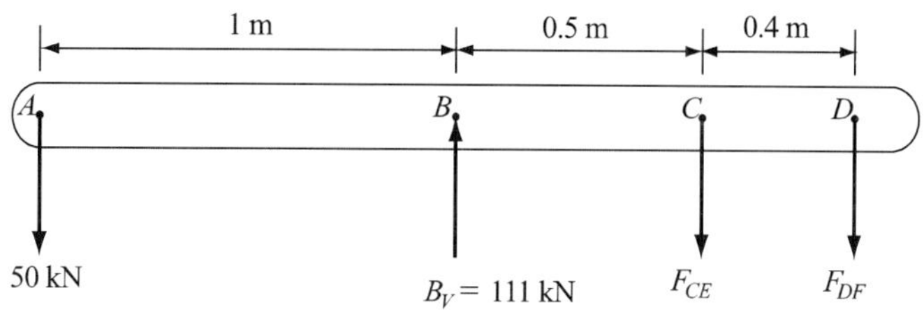

$$\overset{\curvearrowleft}{+} \sum M_C = 0,\ 50 \times 1.5 - 111 \times 0.5 - F_{DF} \times 0.4 = 0$$

$$F_{DF} = 48.8 \text{ kN (인장)}$$

$$\overset{\curvearrowleft}{+} \sum M_D = 0,\ 50 \times 1.9 - 111 \times 0.9 + F_{CE} \times 0.4 = 0$$

$$F_{CE} = 12.3 \text{ kN (인장)}$$

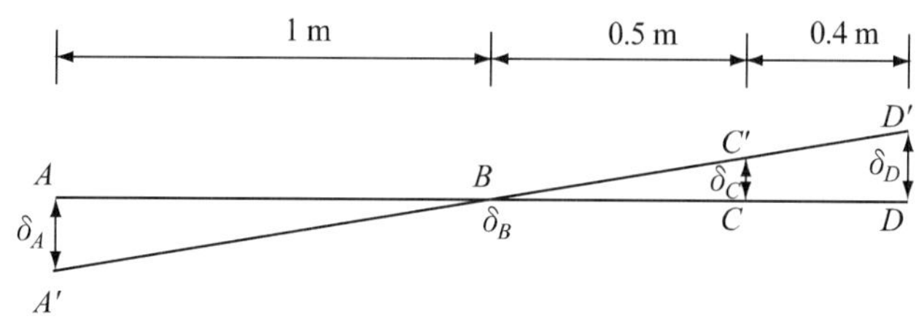

다음으로는 위의 그림으로부터 δ_A와 δ_D의 관계식을 이용하여 δ_A를 다음과 같이 계산한다.

$$\frac{\delta_A}{1.0} = \frac{\delta_D}{0.9} \text{ 이므로 } \delta_A = 1.11\delta_D$$

따라서 $\delta_A = 1.11\delta_D = 1.11 \times \dfrac{48.8 \times 10^3 \times 1500}{200 \times 10^3 \times \dfrac{\pi \times 25^2}{4}} = 0.83 \text{ mm} (\downarrow)$로 계산된다.

<방법 2>

다음의 자유물체도로부터 부재력 F_{CE} 와 F_{DF} 의 관계식을 식 (1)과 같이 세울 수 있다.

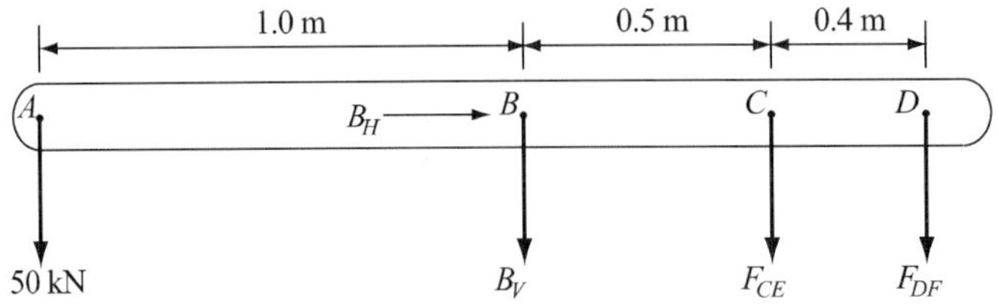

$$\overset{\curvearrowleft}{+} \sum M_B = 0,\ 50 \times 1.0 - F_{CE} \times 0.5 - F_{DF} \times 0.9 = 0$$

$$5F_{CE} + 9F_{DF} = 500 \text{ kN} \tag{1}$$

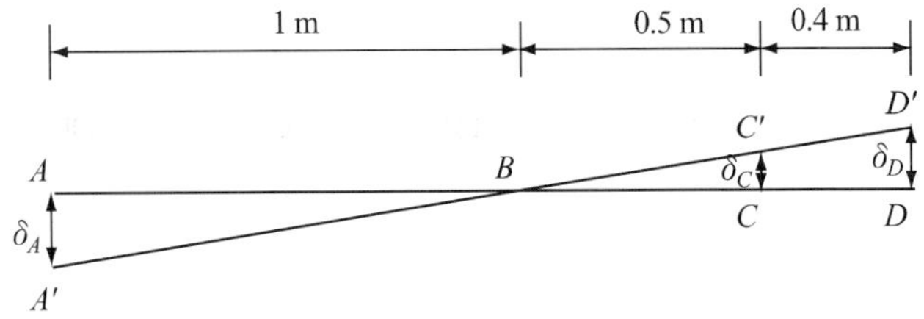

위와 같은 변형 또는 변위도로부터 δ_A와 δ_D, δ_C와 δ_D 의 관계식 (2)와 (3)을 구한다.

$$\frac{\delta_C}{0.5} = \frac{\delta_D}{0.9} \text{ 이므로 } \delta_C = 0.56\delta_D \tag{2}$$

$$\frac{\delta_A}{1.0} = \frac{\delta_D}{0.9} \text{ 이므로 } \delta_A = 1.11\delta_D \tag{3}$$

δ_C 와 δ_D 는 다음과 같이 계산된다.

$$\delta_C = \frac{F_{CE}\, l_{CE}}{A_{CE}\, E},\quad \delta_D = \frac{F_{DF}\, l_{DF}}{A_{DF}\, E}$$

식 (2)로부터 F_{CE} 와 F_{DF} 의 관계식은 아래와 같이 구해진다.

$$\frac{F_{CE}\, l_{CE}}{A_{CE}\, E} = 0.56 \frac{F_{DF}\, l_{DF}}{A_{DF}\, E}$$

$$F_{CE} = 0.56 \frac{l_{DF}\, A_{CE}}{l_{CE}\, A_{DF}} F_{DF} = 0.56 \frac{1.5}{1.2} \times \frac{\frac{\pi \times 15^2}{4}}{\frac{\pi \times 25^2}{4}} F_{DF} = 0.25 F_{DF}$$

부재력 F_{CE}를 식 (1)에 대입하면 부재력 F_{DF}가 다음과 같이 구해진다.

$$5 \times 0.25 F_{DF} + 9 F_{DF} = 500 \text{ kN}$$

$$F_{DF} = 48.8 \text{ kN}(\text{인장})$$

따라서

$F_{CE} = 0.25 F_{DF} = 12.2 \text{ kN}$으로 계산된다. 다음으로 δ_D는 다음과 같이 구해진다.

$$\delta_D = \frac{F_{DF}\, l_{DF}}{A_{DF}\, E} = \frac{48.8 \times 10^3 \times 1{,}500}{\frac{\pi \times 25^2}{4} \times 200 \times 10^3} = 0.75 \text{ mm}(\uparrow)$$

마지막으로 식 (3)에 의해

$\delta_A = 1.11 \delta_D = 0.83 \text{ mm}(\downarrow)$로 계산된다.

2.15 온도변화 문제(Problems of Changing Temperature)

모든 구조물들이 시공될 때의 온도와 사용 중의 온도가 상이한 차이를 보이는 경우가 많다. 시공 당시보다 기온이 높으면 팽창(膨脹, Expansion)되려고 할 것이고 그 반대이면 수축(收縮, Shrinkage)되려고 할 것이다. 만약 팽창 또는 수축이 지지점의 조건에 따라 자유스럽게 흡수되어 온도응력(溫度應力, Thermal Stress) σ_T가 발생되지 않을 수도 있고 수축 또는 팽창이 구속된다면 σ_T는 발생될 것이다. 전자와 후자의 경우에 대해 각각의 특징을 알아보기로 하자.

온도변화에 의한 수축 또는 팽창이 구속되지 않는 경우

그림 2.22와 같이 한 단은 고정되어 있고 다른 한 단은 구속되지 않은 경우의 온도변화에 의한 수축 또는 팽창량 δ_T는 온도변화량 ΔT와 열팽창계수(熱膨脹係數, Coefficient of Thermal Expansion) α_T 및 부재 길이 l에 관계되는 다음과 같은 식이 성립된다.

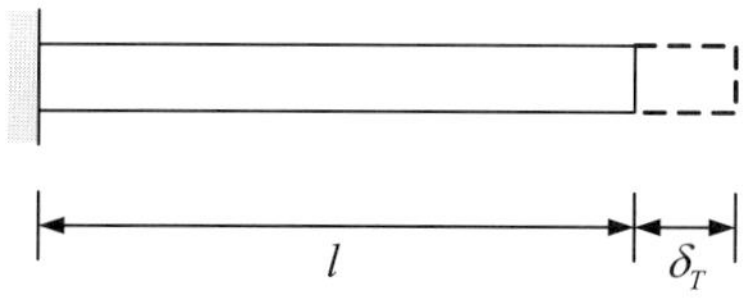

그림 2.22

$$\delta_T = \alpha_T \ \Delta T \ l$$

여기서 α_T는 실험에 의해 결정되며, 콘크리트재의 α_T는 약 $1.0\times10^{-5}/℃$이고 강재의 α_T는 약 $1.2\times10^{-5}/℃$이다. 물론 실험결과는 실험실 조건 및 주변 환경에 따라 다소 달라질 수 있겠으나 국내에서 설계 시 반영되는 α_T는 위에서 언급한 값을 사용한다. 온도에 의한 변화가 구속되지 않는 경우 주목해야 할 일은 후크의 법칙이 적용되지 않는다는 것이다. 즉, 그림 2.22의 경우 온도변화에 의한 변형률 $\epsilon_T = \dfrac{\delta_T}{l}$로 존재하나 온도응력 σ_T는 존재하지 않는다는 것이다. 만일 후크의 법칙을 적용시킨다면 $\sigma_T = E\epsilon_T$로 σ_T가 존재해야 하나 실제로는 자유단(自由端, Free End)에서 변형량 δ_T를 흡수하기 때문에 σ_T는 존재하지 않는다. 따라서 온도에 의한 변화가 구속되지 않는 경우에는 후크의 법칙은 적용되지 않는다.

온도변화에 의한 수축 또는 팽창이 구속되어 있는 경우

그림 2.23과 같이 부재의 양단(兩端, Both End)이 고정되어 있는 경우 온도변화에 의해 부재 내부에는 온도응력 σ_T가 발생된다.

그림 2.23(a)와 (b)는 양단이 고정된 부재를 나타내고 부정정 구조시스템이다. 그림 2.23(c)는 우측단을 자유단으로 변환시킨 상태에서 δ_T가 발생된 상태를 나타내고 그림 2.23(d)는 우측단에서 변형 반대방향으로 수평하중 P_T가 작용된 상태에서 P_T에 의해 δ_{P_T}가 발생된 상태를 나타내고 있다. 여기서 $\delta_T = \alpha_T \Delta T l$이 되고 $\delta_{P_T} = \dfrac{P_T\, l}{E\, A}$이 된다. 여기서도 앞서 설명했던 중첩법이 성립된다. 즉, 그림 2.23의 (a) 또는 (b)는 그림 2.23의 (c)와 (d)를 중첩시킨 것과 같다.

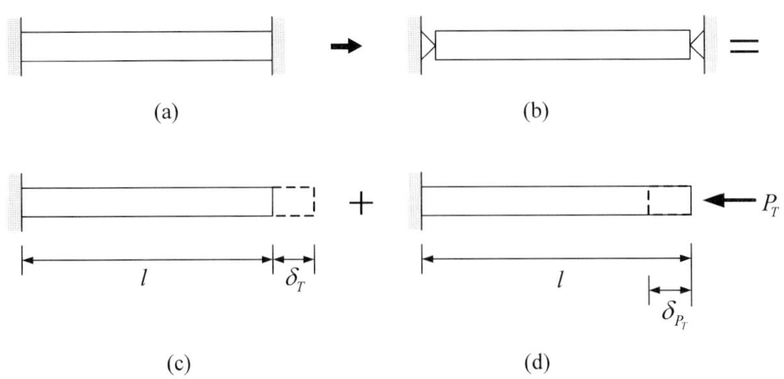

그림 2.23

그림 2.23(a)의 구조시스템을 부정정 판정법에 의해 판정을 해보면 $n=6+0+0-3\times 1=3$으로 3차 부정정이다. 그러나 이 구조시스템에 균일온도가 작용된다면 즉, 수평력만 작용된다면 지점에 모멘트는 발생되지 않으므로 지점반력 수 $a=4$이며 그림 2.23(b)와 같이 1차 부정정 구조시스템이 된다.

그림 2.23(c)에서의 δ_T와 그림 2.23(d)에서의 δ_{P_T}를 중첩하면 즉, $\delta_T+\delta_{P_T}=0$의 조건식을 성립시키면 $P_T=\alpha_T\,\Delta T\,E\,A$로 표현된다. 따라서 온도응력 $\sigma_T=\alpha_T\,\Delta TE$가 된다. 이 결론은 σ_T는 부재길이와 단면적에 무관하다는 의미이다. 그러나 실제 라멘교와 같은 교량에서는 보와 교대와 교각과의 결합상태에서 σ_T에 보의 길이 l과 단면적 A가 영향을 줄 수 있다.

라멘교(Rahmen 橋)는 예제 2.4의 그림 (e), (f), (g), (h)와 같이 기둥과 보가 일체화된 구조물이다. 기둥 중 바깥쪽 기둥은 교량에서 교대(橋臺, Abutment)라 하고 예제 2.4의 그림 (g), (h)와 같은 라멘구조시스템은 2경간, 3경간 연속 라멘구조시스템이라고 하며 교대가 아닌 기둥을 교각(橋脚, Pier)이라 한다. 지금까지 주로 건설되어 온 거더(Girder)교의 시스템은 교대 또는 교각상에 교좌장치(橋座裝置, Shoe)를 설치하고 거더를 거치시키는 방식이었다. 그러나 근래에 들어와 설계기술 및 시공기술이 발달됨에 따라 유지관리에 어려움이 있는 교좌장치와 팽창조인트가 생략 또는 최소화된 교량시스템에 대한 관심도가 커지고 있다. 여기에서 빔(Beam)과 거더(Girder)의 차이점에 대해 알아보자. **빔은 우리말로 보, 거더는 거더로 불린다. 거더는 큰 빔을 의미한다.** 우리말로 거더를 큰 보라고 해야 하는지 생각해 볼 문제이다. 물론 대들보란 용어가 있는데 이는 건축구조물의 용어이다.

[예제 2.11]

그림과 같은 단경간 PSC 라멘교에서 국내 콘크리트설계기준2007에 따라 계절에 따른 온도차 $\Delta T=\pm 10$℃ 일 때 거더에 작용되는 σ_T를 구하라.

(단, 교대의 $EI=\infty$이고 $\alpha_T=1.0\times 10^{-5}$/℃ 이며 $E=30$ GPa이다.)

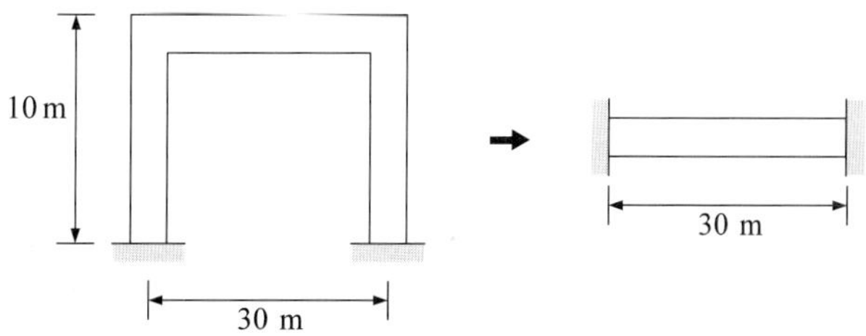

(a) (b)

[풀이] 여기서 PSC 거더란 PreStressed Concrete Girder의 약자로서 사용 중 작용되는 하중에 대응하기 위해 미리 압축력이 도입된 거더를 말하며 원리는 다음 그림과 같다.

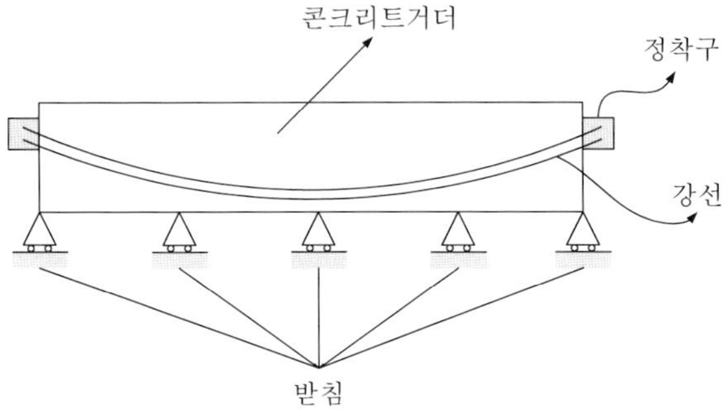

받침 위에 원하는 크기와 길이의 콘크리트 거더를 강선이 들어갈 수 있는 관(쉬스관이라 함)을 매입한 상태에서 제작하여 양생(養生, Curing)시킨다. 여기서 양생이란 콘크리트가 잘 굳도록 하기 위한 수분공급 등의 행위를 말한다. 양생된 콘크리트 거더의 쉬스관을 통해 강선을 삽입시키고 인장(引張, Tension)시킨 후 정착장치(고정장치)를 이용하여 인장시킨 힘이 유지되도록 고정시킨다. 다음으로는 쉬스관의 공간을 몰탈(Mortar)로 채워 양생시킨다. 여기서 몰탈은 시멘트와 모래를 섞어 만든 반죽상태의 물질을 말한다. 그림 (a)는 강선에 도입된 인장력에 의해 부재 하부에 압축력이 도입됨에 따라 상향으로 솟음(Camber)이 발생된 상태를 보이고 있다.

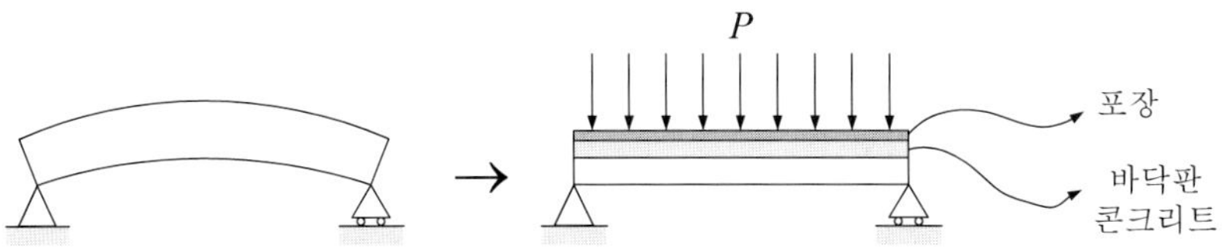

(a) (b)

이렇게 제작된 PSC 거더를 사용될 장소에 거치시킨 후 바닥판(Slab) 콘크리트를 타설하고 포장한다. 다음으로 사용하중(使用荷重, Service Load)이 재하되면 거더는 그림 (b)처럼 솟음이 회복된 상태로 될 것이다. 다시 말해서 PSC 빔은 바닥판, 포장, 사용하중에 의해 하부로 휘어지려는 상태를 미리 강선에 인장력을 도입시켜 대응하는 기능을 갖도록 제작된 거더이다.

예제 2.11로 돌아가서 교대의 $EI=\infty$라는 것은 변형이 일어날 수 없을 만큼 강성이 크다는 뜻이다. 지금 현 단계에서 교대를 사실적으로 문제에 포함시켜 해결할 수 없기 때문에 가정한 것이니 참고 바란다. 따라서 구조시스템의 거더는 그림 (b)와 같은 구조시스템으로 변환시킬 수 있다.

따라서 앞서 다룬 그림 2.23과 같은 구조시스템이 되며, $\sigma_T = 1.0 \times 10^{-5} \times 10 \times 30 \times 10^3 = 3\,\text{MPa}$이 계산된다. 이 정도의 온도응력은 일반적인 교량에서 사용하중(활하중)에 의한 응력에 버금가는 응력이나 실제 교대의 강성이 무한대가 아니므로 온도응력은 위에서 계산된 값에서 약 50% 정도 감소된다고 할 수 있다.

앞서 설명한 내용들은 지금 책의 진도 단계의 지식을 갖은 독자들에게 감각을 키우기 위한 내용들이고 정확한 결과가 아님을 밝혀둔다.

라멘교에서는 활하중(活荷重, Live Load)하에서 라멘 모서리의 상부에 인장응력이 발생되고 온도변화에 의한 불리한 응력이 추가로 발생되므로 라멘 모서리에 발생되는 인장응력에 대한 대응조치가 필요하다.

[예제 2.12]

그림과 같이 강재봉이 온도 0℃ 에서 강체지지대에 의해 고정되어 있다. 최저온도를 −20℃, 최고온도를 40℃ 라 할 때 최고온도일 때의 AC 구간 및 BC 구간에 발생되는 온도응력을 구하라. (단, 강재의 $E = 200\,\text{GPa}$, 열팽창계수 $\alpha_T = 1.0 \times 10^{-5}/℃$ 이다.)

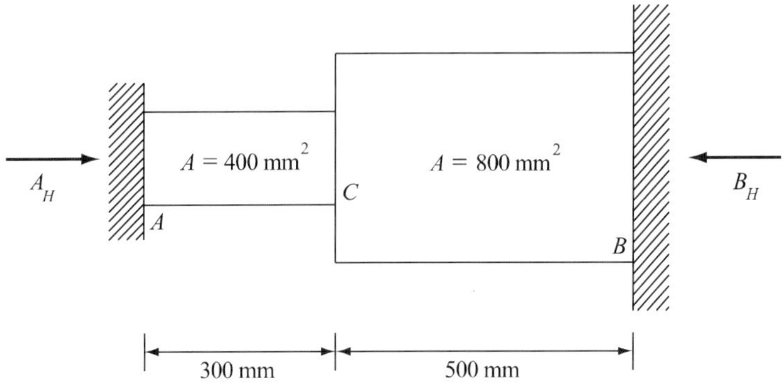

[풀이] 부정정시스템이므로 봉을 지지점 B에서 분리하여 온도변화를 받게 한다. 온도변화 $\Delta T = (40℃) - (0℃) = 40℃$ 이다.

온도변화에 따른 변형량 δ_T는 다음과 같이 계산된다.

$$\delta_T = \alpha(\Delta T)l = 1.0 \times 10^{-5} \times (40) \times 800 = 0.32\ \text{mm}\,(\rightarrow)$$

끝점 B에 지점반력 B_H를 적용시켜 변형량 δ_{B_H} 및 지점반력 A_H를 다음과 같은 계산과정을 거쳐 계산한다.

$$l_{AC} = 300\ \text{mm},\ l_{CB} = 500\ \text{mm},\ A_{AC} = 400\ \text{mm}^2,\ A_{CB} = 800\ \text{mm}^2$$

$$F_{AC} = F_{CB} = B_H,\ E = 200\ \text{GPa}$$

$$\delta_{B_H} = \frac{F_{AC}\ l_{AC}}{A_{AC}\ E} + \frac{F_{CB}\ l_{CB}}{A_{CB}\ E} = \frac{B_H}{200 \times 10^3}\left(\frac{300}{400} + \frac{500}{800}\right) = (6.88 \times 10^{-6})B_H(\leftarrow)$$

조건식 $\delta_T = \delta_{B_H}$ 로부터 $\delta = \delta_T + \delta_{B_H} = 0.32 - (6.88 \times 10^{-6})B_H = 0$이므로

$B_H = \dfrac{0.32}{6.88 \times 10^{-6}} = 46{,}512N = 46.5\text{ kN}\,(\leftarrow)$으로 계산된다.

따라서 $A_H = 46.5\text{ kN}\,(\rightarrow)$이다.

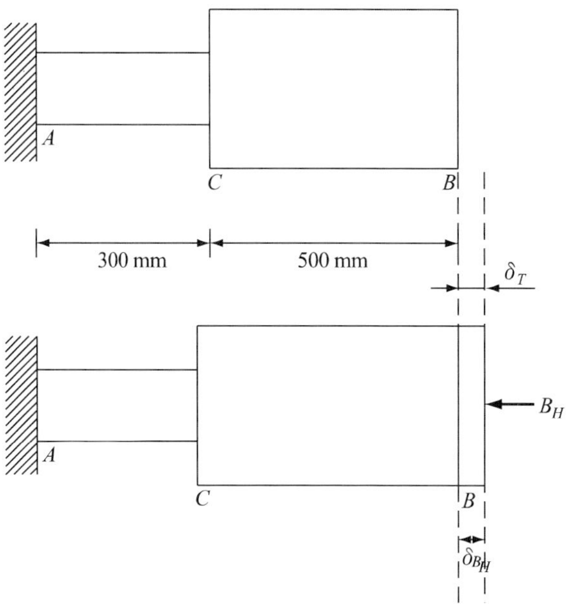

봉의 두 부분에 작용되는 힘은 $F_{AC} = F_{CB} = F = 46.5\text{ kN}$(압축력)이므로 봉의 AC와 CB 부분에 대한 온도응력은 다음과 같이 구해진다.

$$\sigma_{AC} = \frac{F}{A_{AC}} = \frac{46.5 \times 10^3}{400} = 116.3\text{ MPa (압축)}$$

$$\sigma_{CB} = \frac{F}{A_{CB}} = \frac{46.5 \times 10^3}{800} = 58.1\text{ MPa (압축)}$$

[예제 2.13]

길이가 l인 원형관이 볼트(Bolt) 주위를 둘러싸고, 양단에 있는 와셔(Washer) 사이에 끼워져 있다. 초기 응력이 발생되지 않도록 너트가 조립되어 있는 조립체에 온도가 ΔT 만큼 상승될 때 원형관과 볼트에 발생되는 온도응력과 신장량을 구하라. (단, 원형관의 열팽창계수 α_s가 볼트의 열팽창계수 α_b 보다 크며, 원형관과 볼트의 단면적은 각각 A_s, A_b이고 원형관과 볼트의 탄성계수는 각각 E_s, E_b이다.)

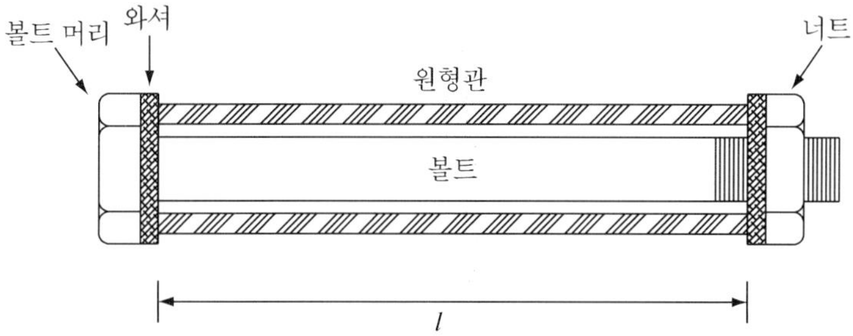

[풀이] 원형관과 볼트가 다른 재료로 되어 있으므로 온도가 상승되어 자유로이 팽창되었을 때 원형관과 볼트의 늘어난 길이는 서로 다르게 된다. 하지만 이들이 조립체로 결합되어 있을 때는 자유롭게 늘어나지 못하므로 온도응력이 발생된다.

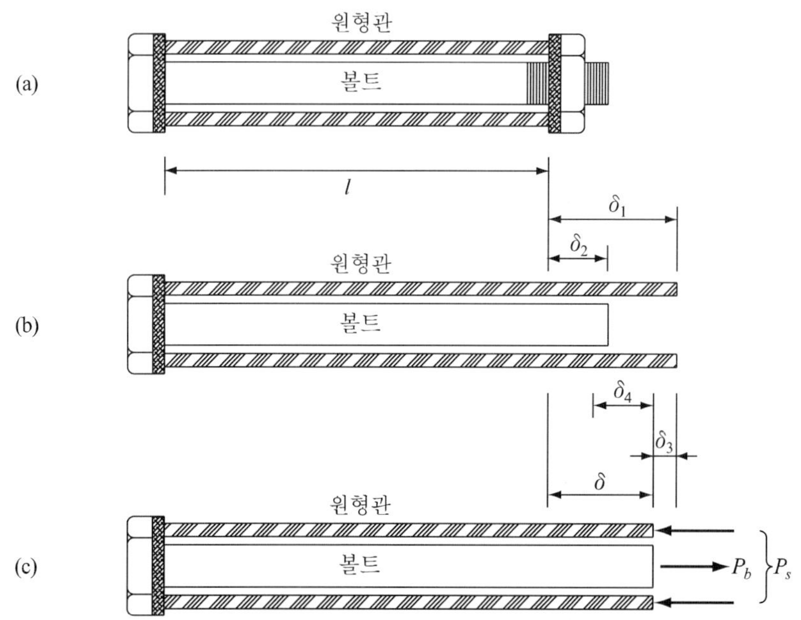

그림 (a)의 상태에서 그림 (b)와 같이 너트 부분의 구속을 해제하여 온도변화에 의한 신장량을 계산하면 $\delta_1 = \alpha_s(\Delta T)l$, $\delta_2 = \alpha_b(\Delta T)l$이 된다.

너트 부분의 구속을 해제하여 원형관과 볼트의 축력 P_s와 P_b에 의한 변형량을 계산하면 다음과 같다.

$$\delta_3 = \frac{P_s\ l}{E_s\ A_s}, \qquad \delta_4 = \frac{P_b\ l}{E_b\ A_b}$$

이를 아래의 조건식에 적용시키면 다음과 같이 계산된다.

$$\delta = \delta_1 - \delta_3 = \delta_2 + \delta_4 = \alpha_s(\Delta T)l - \frac{P_s\ l}{E_s\ A_s} = \alpha_b(\Delta T)l + \frac{P_b\ l}{E_b\ A_b} \tag{1}$$

$$\frac{P_s}{E_s\ A_s} + \frac{P_b}{E_b\ A_b} = (\alpha_s - \alpha_b)(\Delta T)$$

여기서 평형조건이 성립되어야 하므로 $P_s = P_b$이고 다음과 같은 식이 유도된다.

$$P_s = P_b = \frac{(\alpha_s - \alpha_b)(\Delta T)E_s\ A_s E_b\ A_b}{E_s A_s + E_b\ A_b} \tag{2}$$

따라서 원형관과 볼트의 온도응력은 다음과 같이 계산된다.

$$\sigma_s = \frac{P_s}{A_s} = \frac{(\alpha_s - \alpha_b)(\Delta T)E_s\ E_b A_b}{E_s\ A_s + E_b A_b}$$

$$\sigma_b = \frac{P_b}{A_b} = \frac{(\alpha_s - \alpha_b)(\Delta T)E_s E_b A_s}{E_s\ A_s + E_b A_b}$$

조립체의 신장량 δ를 구하기 위해 식 (1)에 식 (2)의 P_s 또는 P_b를 대입하면

조립체의 신장량 $\delta = \dfrac{(\alpha_s E_s\ A_s + \alpha_b\ E_b\ A_b)(\Delta T)l}{E_s\ A_s + E_b A_b}$으로 계산된다.

2.16 푸아송비(Poisson's Ratio)

푸아송비는 프랑스의 수학자 Simson Denis Poisson(1781~1841)의 이름을 딴 것으로 고대 그리스 문자 ν(nu)라고 부르며 다음과 같이 정의된다.

$$\nu = \frac{\text{횡방향 변형률}}{\text{축방향 변형률}}$$

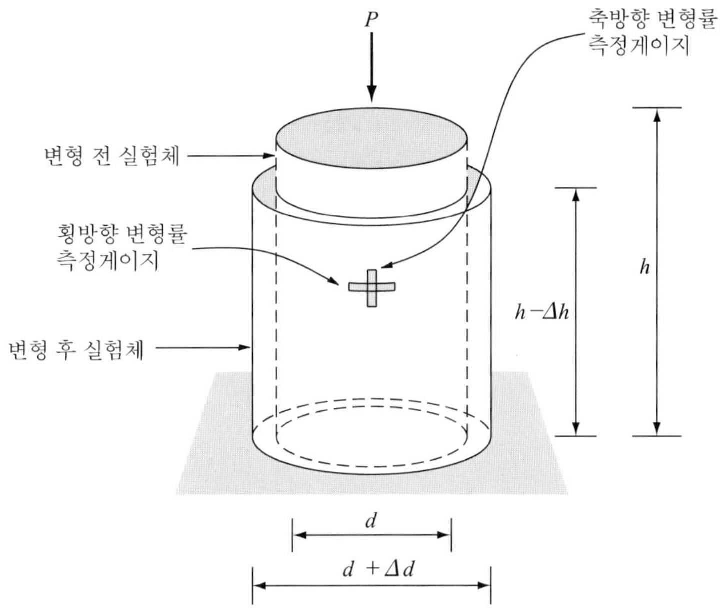

그림 2.24

그림 2.24는 콘크리트의 푸아송비 측정을 위한 개념도이다.

그림 2.24와 같이 실험체에 종방향 변형률게이지(Strain Gauge)와 횡방향 변형률게이지를 부착한 후 UTM을 이용하여 하중 P를 가하여 종 및 횡방향 변형률을 측정한다. 이 실험은 콘크리트의 압축강도실험과 동시에 이루어질 수 있다.

종방향을 x축, 횡방향을 y축 또는 z축으로 놓으면 $\epsilon_x = -\dfrac{\Delta h}{h}$가 되고 ϵ_y 또는 $\epsilon_z = \dfrac{\Delta d}{d}$가 된다. 따라서 절댓값으로 $\nu = \dfrac{\epsilon_y \text{ 또는 } \epsilon_z}{\epsilon_x}$로 표현되며 ν는 절댓값으로 나타낸다.

강재의 푸아송비 측정은 인장실험을 통해 결정된다. 개략적인 콘크리트재의 ν는 0.2 정도이고 강재의 ν는 0.3 정도이니 참고하기 바란다. 여기서 $\epsilon_y = \epsilon_z$가 성립되기 위해서는 다음과 같은 재료적 가정이 성립되어야 한다.

첫째, 재료는 균질(均質, Homogeneous)하여야 한다. 즉, 표면 및 내부 할 것 없이 모든 위치에서 같은 성질이어야 한다.

둘째, 재료는 등방성(等方性, Isotropic)이어야 한다. 즉, 모든 방향으로의 성질이 동일해야 한다. 여기서의 성질이라 함은 물체의 물리·화학적 성질을 의미한다.

[예제 2.14]

길이 $600\,\mathrm{mm}$, 지름 $15\,\mathrm{mm}$인 균질, 등방성 재료의 원형봉이 축 방향으로 $15\,\mathrm{kN}$의 하중을 받을 때, 길이 방향으로 $400\,\mu\mathrm{m}$가 늘어나고 지름이 $2.4\,\mu\mathrm{m}$ 줄어들었다. 재료의 탄성계수와 푸아송비를 구하라.

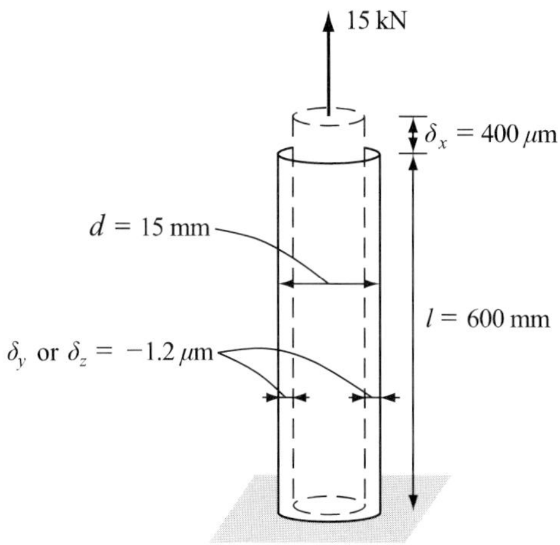

[풀이] 봉의 단면적

$$A = \frac{\pi d^2}{4} = \frac{\pi \times 15^2}{4} = 176.7\,\mathrm{mm}^2$$

봉의 축방향을 x축으로 간주하면 다음과 같이 쓸 수 있다.

$$\sigma_x = \frac{P}{A} = \frac{15\times 10^3}{176.7} = 84.9\,\mathrm{MPa}$$

$$\epsilon_x = \frac{\delta_x}{l} = \frac{400\times 10^{-3}}{600} = 667\times 10^{-6}$$

$$\epsilon_y = \frac{\delta_y}{d} = \frac{-2.4\times 10^{-3}}{15} = -160\times 10^{-6}$$

후크의 법칙에 의해서 $\sigma_x = E\,\epsilon_x$ 이므로

따라서 $E = \dfrac{\sigma_x}{\epsilon_x} = \dfrac{84.9}{667\times 10^{-6}} = 127{,}286\,\mathrm{MPa} = 127.3\,\mathrm{GPa}$

푸아송비의 정의에 의해 푸아송비

$$\nu = \frac{\epsilon_y}{\epsilon_x} = \frac{160\times 10^{-6}}{667\times 10^{-6}} = 0.24$$

로 계산된다.

2.17 1축 하중하의 체적변화량 ΔV 및 체적변화율 e

그림 2.25와 같은 직육면체인 물체에 힘 P가 가해졌을 때 푸아송비를 이용하여 다음과 같은 관계를 얻을 수 있고 그 결과로부터 ΔV 및 e를 구할 수 있다. 그림 2.25에서 abcdefgo는 변형 전 상태이다. 재료는 균질(均質, Homogeneous)이고 등방성(等方性, Isotrophic) 즉, 재료는 물체 전체를 통해 균일하게 분포되어 있고, 모든 방향으로 동질한 성질을 가지며 하중과 변형은 선형적 관계(線形的關係, Linear Relation) 즉, 탄성한계 내에 있다고 가정하면

$$\epsilon_x = \frac{\Delta a_1}{a_1}$$

이고 여기서

$$\Delta a_1 = a_1 \epsilon_x \ \text{(인장)}$$

$$\Delta b_1 = b_1 \epsilon_y = b_1 \nu \epsilon_x \ \text{(감소)}$$

$$\Delta c_1 = c_1 \epsilon_z = c_1 \nu \epsilon_x \ \text{(감소)}$$

이며, 변형후의 치수는

$$x\text{방향}: \ a_1(1+\epsilon_x)$$

$$y\text{방향}: \ b_1(1-\nu\epsilon_x)$$

$$z\text{방향}: \ c_1(1-\nu\epsilon_x)$$

와 같으며, 변형 후의 최종체적(體積, Volume) V_f는 다음과 같다.

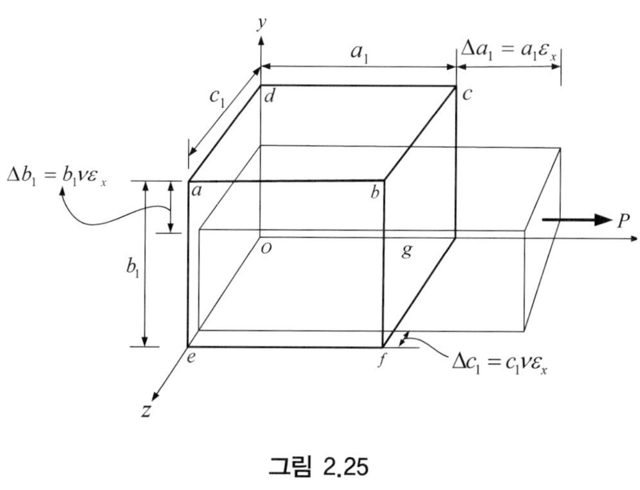

그림 2.25

$$V_f = a_1 b_1 c_1 (1+\epsilon_x)(1-\nu\epsilon_x)(1-\nu\epsilon_x) \approx a_1 b_1 c_1 (1+\epsilon_x - 2\nu\epsilon_x)$$

여기서 ϵ^2항과 ϵ^3항은 실제 ϵ이 % 이하의 값이므로 생략하며 최종 체적변화량

$$\Delta V = V_f - V_0 = V_f - a_1 b_1 c_1 = a_1 b_1 c_1 \epsilon_x (1-2\nu)$$

로 표현되고 최종 체적변화율 e는 다음과 같다.

$$e = \frac{\Delta V}{V_0} = \epsilon_x (1-2\nu) = \frac{\sigma_x}{E}(1-2\nu)$$

[예제 2.15]

알루미늄으로 제작된 원형 단면봉이 축하중 $P = 100\ \text{kN}$을 받고 있다. 봉의 길이 l은 $5\ \text{m}$이고 직경 d는 $50\ \text{mm}$이며 탄성계수 $E = 70\ \text{GPa}$, 푸아송비 $\nu = 0.3$이다.

(a) 봉의 신장량 δ, (b) 봉의 직경감소량 $\triangle d$, (c) 봉의 체적변화량 $\triangle V$를 구하라.

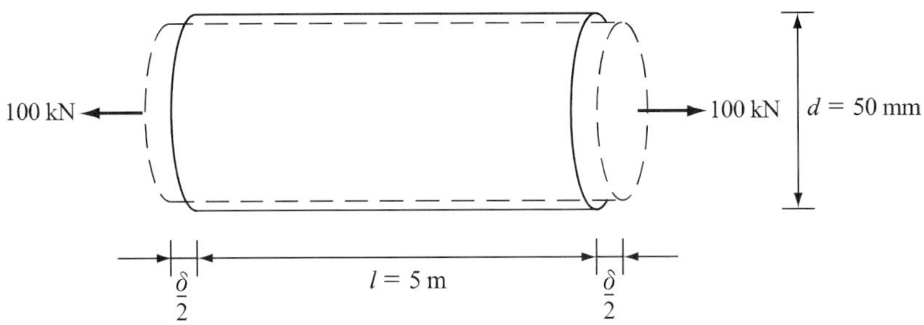

[풀이] 봉의 축방향 응력 $\sigma_x = \dfrac{100 \times 10^3}{\dfrac{\pi \times 50^2}{4}} = 50.93\ \text{MPa}$

축변형률 $\varepsilon_x = \dfrac{\sigma_x}{E} = \dfrac{50.93}{70 \times 10^3} = 0.00073$

봉의 신장량 $\delta = \varepsilon_x \times l = 0.00073 \times 5{,}000 = 3.65\ \text{mm}$

봉의 가로변형률 $\varepsilon_z = -\nu \times \varepsilon_x = -0.3 \times 0.00073 = -0.000219$

봉의 직경감소량 $\triangle d = -0.000219 \times 50 = -0.011\ \text{mm}$

봉의 체적변화량

$\triangle V = V_0 \times \varepsilon_x \times (1-2\nu)$

$= \left(\dfrac{\pi \times 50^2}{4} \times 5{,}000\right) \times 0.00073 \times (1 - 2 \times 0.3) = 2{,}866.7\ \text{mm}^3$이다.

2.18 다축하중(Multiaxial Loading)

다축하중이란 그림 2.26과 같이 x, y, z축에 작용되는 하중을 말하며 3축에 모두 축하중에 의한 응력 σ_x, σ_y, σ_z가 발생되도록 작용되는 경우를 말한다. 그림 2.26(a)에서 육면체의 1변이 "1"인 정육면체에 σ_x, σ_y, σ_z가 발생되었다고 할 때 실제변형(實際變形, Actual Deformation)만 고려한다면 그림 2.26(b)와 같이 변형되었을 것이다.

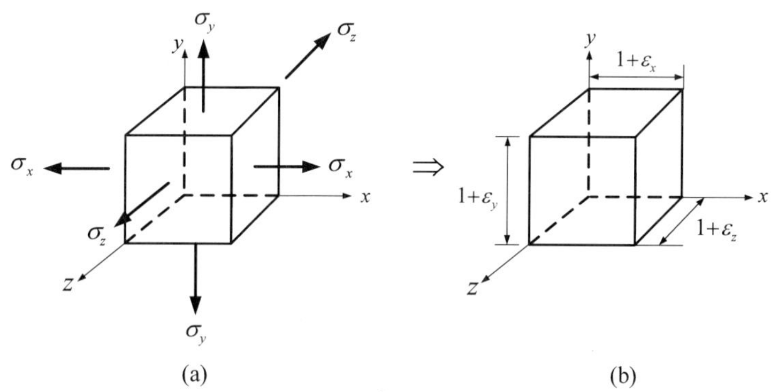

그림 2.26

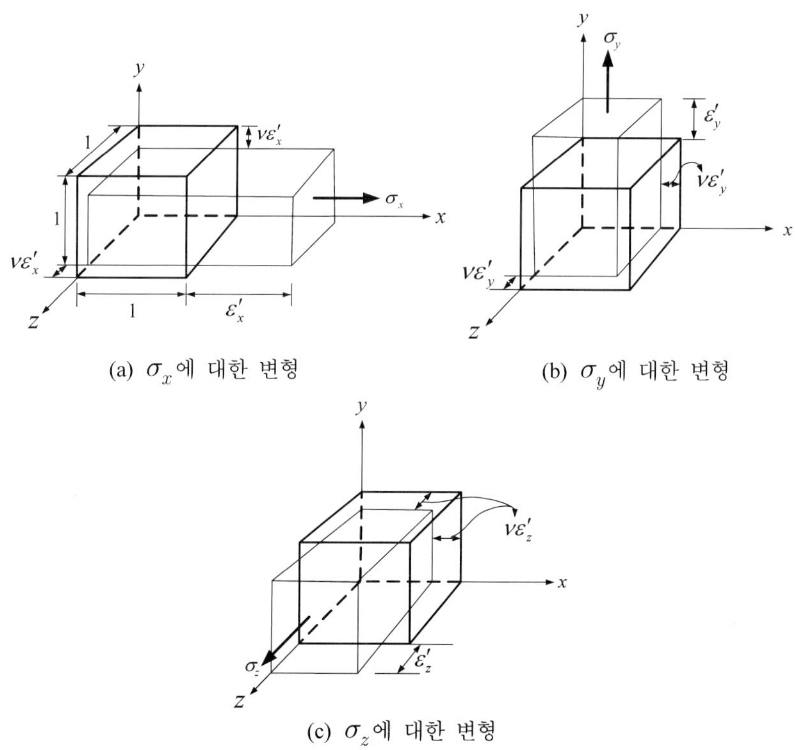

그림 2.27

여기서 x, y, z축에 대한 변형률 성분 ϵ_x, ϵ_y, ϵ_z를 σ_x, σ_y, σ_z의 항으로 나타내기 위해 첫 번째로 σ_x만 발생시키고 순차적으로 σ_y, σ_z를 발생시켜 세 가지 경우를 조합하여 보자. 이 경우도 탄성한계 내에서는 앞서 설명했던 중첩법이 성립되므로 이러한 방법이 가능하다.

그림 2.27에서 (a), (b), (c)의 세 경우의 변형률의 합이 그림 2.26(a)의 $\sigma_x, \sigma_y, \sigma_z$가 동시에 발생되었을 때의 변형률 $\epsilon_x, \epsilon_y, \epsilon_z$(그림 2.26(b) 참조)와 같으므로 서로의 경우를 구분하기 위해 $\epsilon_x{}'$, $\epsilon_y{}'$, $\epsilon_z{}'$으로 표시하였다. 다음으로는 그림 2.27의 세 경우를 중첩하면 그림 2.26(a)의 경우와 같게 되므로, 다음과 같은 식이 성립된다.

$$- \ x\text{방향}: \ \epsilon_x = \epsilon_x{}' - \nu\epsilon_y{}' - \nu\epsilon_z{}' = \frac{\sigma_x}{E} - \nu\frac{\sigma_y}{E} - \nu\frac{\sigma_z}{E} \tag{2.3}$$

$$- \ y\text{방향}: \ \epsilon_y = \epsilon_y{}' - \nu\epsilon_x{}' - \nu\epsilon_z{}' = \frac{\sigma_y}{E} - \nu\frac{\sigma_x}{E} - \nu\frac{\sigma_z}{E} \tag{2.4}$$

$$- \ z\text{방향}: \ \epsilon_z = \epsilon_z{}' - \nu\epsilon_x{}' - \nu\epsilon_y{}' = \frac{\sigma_z}{E} - \nu\frac{\sigma_x}{E} - \nu\frac{\sigma_y}{E} \tag{2.5}$$

이와 같이 ϵ_x, ϵ_y, ϵ_z를 σ_x, σ_y, σ_z의 항으로 표시한 식을 공간좌표계 또는 3차원에서 다축하중하에서의 후크의 법칙(Generalized Hooke's Law for a Multi-axial Loading) 또는 일반화된 후크의 법칙이라 한다.

2.19 다축하중하에서의 체적 탄성계수 k 및 체적변화율 e

다축하중에 의한 응력 σ_x, σ_y, σ_z에 의한 변형 후의 체적 V_f는 다음과 같다(그림 2.26(b) 참조).

$$V_f = (1+\epsilon_x)(1+\epsilon_y)(1+\epsilon_z)$$

여기서 ϵ_x, ϵ_y, ϵ_z는 % 이내의 작은 값이므로 제곱 또는 세제곱항은 무시한다. 따라서

$$V_f = (1+\epsilon_x+\epsilon_y+\epsilon_z)$$

로 표현된다.

- 단위체적당 체적변화비(體積變化比, Ratio of Changing Volume) e

단위체적당 체적변화량

$$\Delta V = V_f - 1 = \epsilon_x + \epsilon_y + \epsilon_z$$

이고 이것을 재료의 팽창(膨脹, Distention)이라고도 한다.

그리고 단위체적당 체적변화비 또는 팽창률 e는 다음과 같이 정의된다.

$$e = \frac{\Delta V}{V_0} = \epsilon_x + \epsilon_y + \epsilon_z \tag{2.6}$$

식 (2.6)에 일반화된 후크의 법칙, 식 (2.3), 식 (2.4), 식 (2.5)를 대입하면 체적변화비 e는 다음과 같이 표현된다.

$$e = \frac{1}{E}(\sigma_x + \sigma_y + \sigma_z) - \frac{2\nu}{E}(\sigma_x + \sigma_y + \sigma_z) = \frac{1-2\nu}{E}(\sigma_x + \sigma_y + \sigma_z) \tag{2.7}$$

체적탄성계수(體積彈性係數, Bulk Modulus) k

만일 한 변이 "1"인 정육면체가 정수압(靜水壓, Hydrostatic Pressure)을 받는 경우 $\sigma_x = \sigma_y = \sigma_z = -P$가 되고 따라서

$$e = -\frac{3(1-2\nu)}{E}P$$

가 된다. e가 '−'인 것은 체적이 감소되었다는 의미이다.

체적탄성계수 $k = \dfrac{E}{3(1-2\nu)}$라 할 때 단위체적당 체적변화비

$$e = -\frac{P}{k}$$

이다. 여기서 e는 압축계수(壓縮係數, Modulus of Compression)라고도 한다. 압축계수의 단위도 E와 마찬가지로 Pa(Pascal)의 단위를 사용한다. 정수압 상태에서 팽창률 e는 '−'이므로 k는 '+'가 된다. 따라서 $k = \dfrac{E}{3(1-2\nu)}$가 '+'가 되기 위해서는 $(1-2\nu) > 0$ 즉, $\nu < \dfrac{1}{2}$이어야 한다. 앞서 푸아송비에 대한 설명에서 ν는 절댓값이어야 하므로 건설재료에서의 ν의 범위는 다음과 같다. $0 < \nu < \dfrac{1}{2}$. 만일 $\nu = 0$이면 오직 하중을 가한 방향으로만 변형될 수 있다는 결론 즉, 하중방향이 아닌 다른 방향으로는 수축이 일어나지 않는다는 의미이다. 한편 $\nu = \dfrac{1}{2}$이라 할 때 $k = \infty$이고 이러한 재료를 완전 비압축성 재료(非壓縮性材料, Incompressible Materials)라 한다. 탄성범위 내에서 $\nu < \dfrac{1}{2}$이므로 한 방향의 힘에 의한 변화량을 갖는 건설재료는 그 체적이 증가하게 된다.

[예제 2.16]

아래 그림과 같은 강재블록이 정수압 $P = 210\ \mathrm{MPa}$을 받을 때 블록의 체적변화 ΔV를 구하라(단, $E = 200\ \mathrm{GPa}$, $\nu = 0.3$).

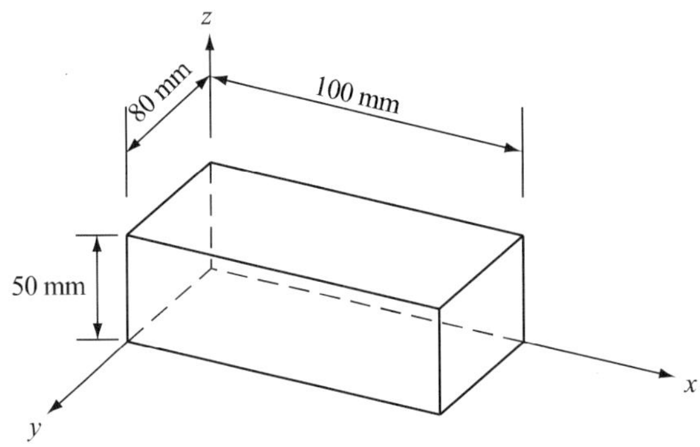

[풀이] 강재의 체적탄성계수 k와 팽창률 e는 다음과 같이 계산된다.

$$k = \frac{E}{3(1-2\nu)} = \frac{200}{3(1-2\times 0.3)} = 167\ \mathrm{GPa}$$

$$e = -\frac{P}{k} = -\frac{210}{167\times 10^{3}} = -1.26\times 10^{-3}$$

압력을 받기 전 블록의 체적은 다음과 같다.

$$V_0 = 50\times 80\times 100 = 400{,}000\ \mathrm{mm}^3$$

e는 단위체적당 체적변화를 나타내므로 $e = \Delta V / V_o$이다. 따라서 체적변화량 ΔV는 다음과 같이 계산된다.

$$\Delta V = e V_0 = -1.26\times 10^{-3}\times 400{,}000\ \mathrm{mm}^3 = -504\ \mathrm{mm}^3$$

[예제 2.17]

지름 $d = 50\ \mathrm{mm}$의 원이 두께 $4\ \mathrm{mm}$인 무응력 상태의 알루미늄판에 새겨져 있다. 지름이 새겨진 후에 판에 작용된 힘에 의해 수직응력 $\sigma_x = 120\ \mathrm{MPa}$과 $\sigma_z = 160\ \mathrm{MPa}$이 발생되었다. $E = 70\ \mathrm{GPa}$이고 $\nu = 0.3$일 때

(a) 지름 AB와 CD, (b) 판의 두께, (c) 판의 부피 변화량을 구하라.

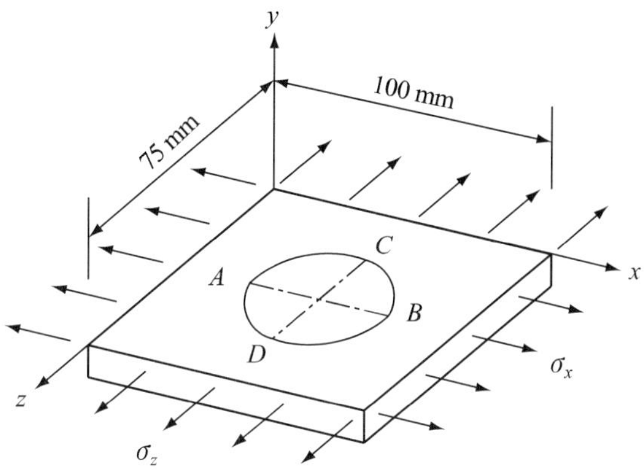

[풀이] 각 좌표방향의 변형률은 식 (2.3), (2.4), (2.5)에 의해 다음과 같이 계산된다. 이때 $\sigma_y = 0$이다.

$$\epsilon_x = \frac{\sigma_x}{E} - \frac{\nu\,\sigma_y}{E} - \frac{\nu\,\sigma_z}{E} = \frac{1}{70\times10^3}(120 - 0 - 0.3\times160) = 1.03\times10^{-3}$$

$$\epsilon_y = -\frac{\nu\,\sigma_x}{E} + \frac{\sigma_y}{E} - \frac{\nu\,\sigma_z}{E} = \frac{1}{70\times10^3}(-0.3\times120 + 0 - 0.3\times160) = -1.20\times10^{-3}$$

$$\epsilon_z = -\frac{\nu\,\sigma_x}{E} - \frac{\nu\,\sigma_y}{E} + \frac{\sigma_z}{E} = \frac{1}{70\times10^3}(-0.3\times120 - 0 + 160) = 1.77\times10^{-3}$$

(a) 지름 AB의 변화량 $\delta_{A/B} = \epsilon_x d$이므로 다음과 같이 계산된다.

$$\delta_{A/B} = \epsilon_x d = 1.03\times10^{-3}\times50 = 0.05\text{ mm}$$

지름 CD의 변화량 $\delta_{C/D} = \epsilon_z d$이므로 다음과 같이 계산된다.

$$\delta_{C/D} = \epsilon_z d = 1.77\times10^{-3}\times50 = 0.09\text{ mm}$$

(b) 판의 두께 $t = 4\text{ mm}$이므로 δ_t는 다음과 같다.

$$\delta_t = \epsilon_y t = -1.20\times10^{-3}\times4 = -0.005\text{ mm}$$

(c) 판의 부피변화량 $\Delta V = e\,V_0$이고 $e = \epsilon_x + \epsilon_y + \epsilon_z = 1.60\times10^{-3}$이 된다.

따라서 $\Delta V = e\,V_0 = 1.60\times10^{-3}\times(100\times75\times4) = 48\text{ mm}^3$

로 계산된다.

2.20 전단변형률(Shear Strain)

전단응력의 표시

앞에서 다룬 다축하중 상태에서는 전단변형률의 영향을 고려치 않았으나 일반적인 경우에는 미소하나마 전단응력에 의한 전단변형률이 발생될 수 있다. 우선 전단응력의 표시방법을 다루고 전단변형률에 대해 설명하기로 한다. 그림 2.28은 다축하중 상태에서 전단응력이 포함된 응력상태를 나타내고 있다.

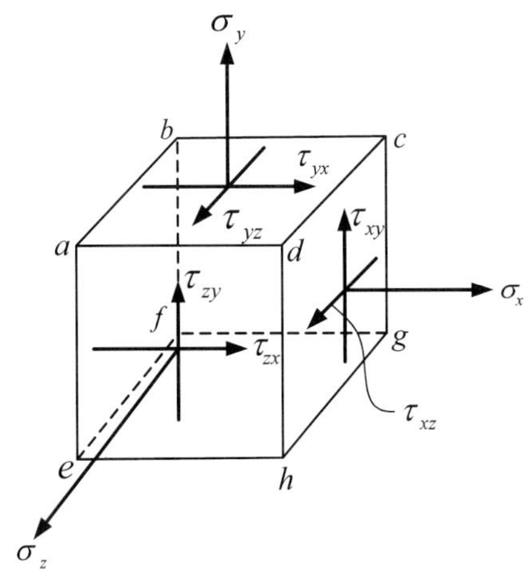

그림 2.28

그림 2.28에서 축응력의 첨자는 좌표방향을 나타내는 것으로 한 개의 첨자로 응력방향을 표시하는 데 충분하나 비대칭 휨모멘트(3.8절 참조) 또는 편심축하중과 같이 축응력을 발생시키는 원인이 1개 이상일 때에는 2개의 첨자가 필요하다. 전단응력은 작용면과 방향이 정의되어야 하기 때문에 첨자가 두 개 필요하다. 첫 번째 첨자는 작용면과의 수직축을 의미하고 두 번째 첨자는 작용방향을 나타낸다. 예로서 τ_{xy}는 작용면과 수직축이 x이고 전단응력의 작용방향이 y축을 향하고 있다는 뜻이다. 축응력의 부호는 인장이 '+'이고 압축이 '−'이듯이 전단응력도 부호가 규정되어 있다. 전단응력의 첨자가 면과 방향에 관계되어 있듯이 '+'면과 '+'방향이 정의되어 있고 그 관계가 그림 2.29에 표시되어 있다.

그림 2.29(a)에서 눈에 보이는 면이 '+'면 즉, $abcd$면, $adhe$면, $cdhg$면이 '+'면이다. 그림 2.29(b)의 좌표축의 화살표 방향이 '+'로 정의된다. 따라서 그림 2.28에 표시된 τ_{xy}, τ_{xz}, τ_{yx}, τ_{yz}, τ_{zx}, τ_{zy}는 모두 양의 면에 양의 방향으로 표시된 전단응력들이다. 전단응력의 면과 방향이 '+'이면 그 전단응력의 부호는 '+'이다. 또한 전단응력의 면과 방향이

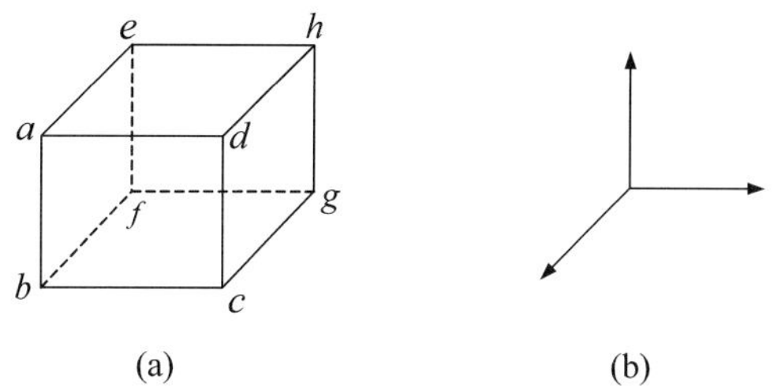

그림 2.29

'−'인 경우도 그 전단응력의 부호는 '+'이다. 음의 면은 그림 2.28에서 눈에 보이지 않는 면 즉, $abfe$, $bcgf$, $efgh$면이고 그림 2.29(b)의 화살표의 반대방향이 음의 방향이다. 예로서 음의 면 $abfe$를 독립적으로 떼어내어 전단응력의 부호가 '+'가 되도록 그림 2.30에 표시하였다.

여기서 중요한 사항은 1장 트러스 부재에서 시작점과 끝점의 부호 및 부재력의 크기가 같아야 하는 이유와 마찬가지로 전단응력도 한 단면요소(斷面要素, Section Element)에서의 부호 및 전단응력의 크기는 일치되어야 한다. 따라서 그림 2.28과 그림 2.30에 나타난 전단응력의 부호는 모두가 '+'이고, 그림 2.28에 나타낸 정육면체 단면요소에 발생되는 응력들은 평형을 이룬다.

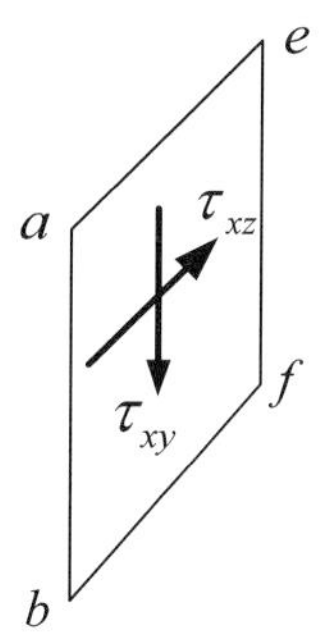

그림 2.30

전단변형률(剪斷變形率, Shear Strain) γ 의 정의

그림 2.31(a)는 $x-y$평면에 전단변형을 일으키는 전단응력들 즉, τ_{xy}와 τ_{yx}가 표시되어 있고, 그림 2.31(b)는 이 상태를 평면요소에 나타낸 것이다. 전단변형률은 그림 2.31(b)와 같이 정사각형 단면요소가 전단응력에 의해 그림 2.31(c)와 같이 일정한 각을 갖는 사다리꼴로 변한 모양에서 예각부분의 축소된 각으로 정의되고 γ (Gamma)로 표시한다. 저자는 쉽게 말해서 단면요소의 찌그러진 각이 전단변형률 γ 라고 표현하곤 한다.

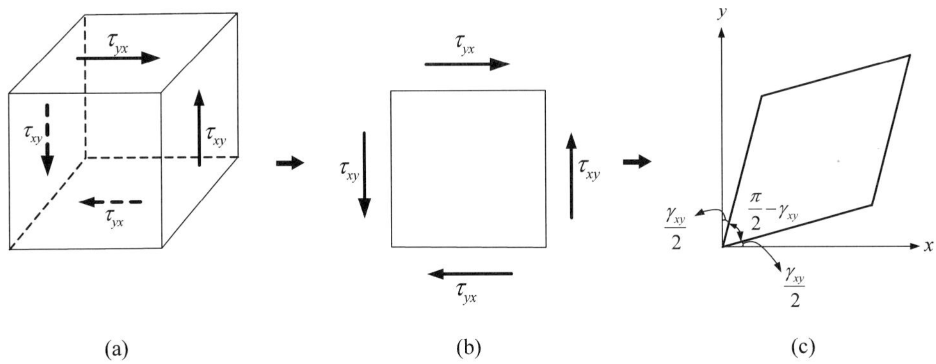

그림 2.31

γ의 첨자는 γ의 평면좌표를 말한다. 예로서 γ_{xy}는 $x-y$평면에서의 찌그러진(축소된) 각을 의미한다. 축력에 의한 응력 σ와 변형률 ϵ 사이에 후크의 법칙이 적용됐던 것을 기억하면 전단응력 τ와 전단변형률 γ 사이에도 후크의 법칙이 적용된다는 사실이 생소하지는 않을 것이다. 즉, $G=\dfrac{\tau_{xy}}{\gamma_{xy}}$가 성립된다. 여기서 G는 E에 대응되는 계수로 전단탄성계수(剪斷彈性係數, Shear Modulus)이다. 전단응력의 작용면이 6면일 때 중복되는 전단응력을 단순화하면 3면에 작용되는 것으로 표시할 수 있다. 즉 τ_{xy}, τ_{xz}, τ_{yx}, τ_{yz}, τ_{zx}, τ_{zy}이다(그림 2.28 참조). 따라서 각 면에 발생되는 전단응력과 변형률 사이의 후크의 법칙은 다음과 같은 3개의 식이 성립된다.

$$G=\frac{\tau_{xy}}{\gamma_{xy}},\quad G=\frac{\tau_{xz}}{\gamma_{xz}},\quad G=\frac{\tau_{yz}}{\gamma_{yz}}$$

여기서 그림 2.28과 같은 단면요소에서의 힘의 평형을 생각하면 $\tau_{xy}=\tau_{yx}$이고 $\tau_{xz}=\tau_{zx}$이며 $\tau_{yz}=\tau_{zy}$이라는 것을 알 수 있다. 전단탄성계수 G는 E와 마찬가지로 강성계수(剛性係數, Modulus of Rigidity)라고 한다. G를 전단탄성계수라 칭한다면 앞에서 정의한 탄성계수 E는 축탄성계수라 표현해야 정확한 표현일 것이다. 그러나 전단탄성계수보다 일반적으로 사용되는 탄성계수이고 명칭을 간소화하는 의미에서 축을 생략한 것으로 이해하면 될 것이다.

예제 2.18

전단탄성계수 $G=800\ \mathrm{kPa}$인 재료의 사각블록이 두 개의 강체 수평판에 접착되어 있다. 아래 평판은 고정되어 있고 위 평판은 수평력 H를 받는다. 가해진 외력에 의해 위 평판이 $2\ \mathrm{mm}$ 수평 이동된 경우 재료의 평균 전단변형률과 위 평판에 작용된 힘 H를 구하라. 참고로 이 예제는 교량받침(교좌장치)을 해석하는 문제와 유사하다.

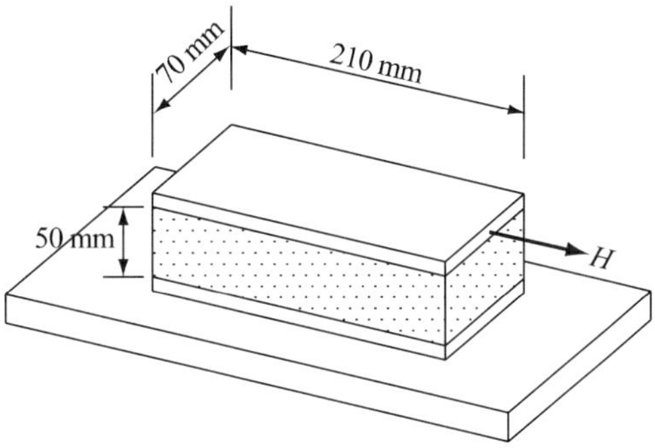

[풀이]

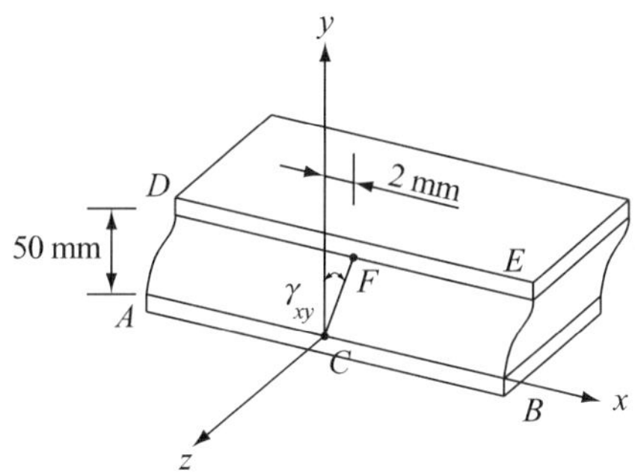

좌표축의 중심을 모서리 AB의 중앙인 C점에 두고 그림과 같은 방향으로 좌표를 설정한다. 정의에 따라 전단변형률 γ_{xy}는 수직선과 두 모서리 AB, DE의 중앙점을 이은 선분 CF가 이루는 각도이다. 이 각도는 매우 작은 각이며 라디안으로 표현되므로 다음과 같이 쓸 수 있다.

$$\gamma_{xy} \approx \tan\gamma_{xy} = \frac{2}{50} = 0.04\,\text{rad}$$

따라서 재료에 발생되는 전단응력 τ_{xy}를 결정할 수 있다. 전단에 관한 후크의 법칙을 이용하면

$$\tau_{xy} = G\,\gamma_{xy} = 800 \times 0.04 = 32\,\text{kPa}$$

그러므로 위 평판에 작용된 힘 H는 다음과 같이 계산된다.

$H = \tau_{xy}\,A = 0.032 \times 210 \times 70 = 470.4N = 0.47\,\text{kN}$ 이다.

2.21 탄성계수 E와 전단탄성계수 G 및 푸아송비 ν 사이의 관계

E와 G 및 ν 사이의 관계식을 유도하기 위한 첫 번째 단계로 축하중에 의한 변형을 ν와 관련하여 그림 2.32에 표시하였다.

그림 2.32는 한 변이 "1"인 정사각형 단면요소가 축력 P에 의해 변형된 후의 상태를 점선으로 나타내었다.

축력 P에 의해 점선처럼 변형된 상태의 대각선 각을 β라고 하면

$$\tan\beta = \frac{1-\nu\epsilon_x}{1+\epsilon_x} \tag{2.8}$$

로 표현된다.

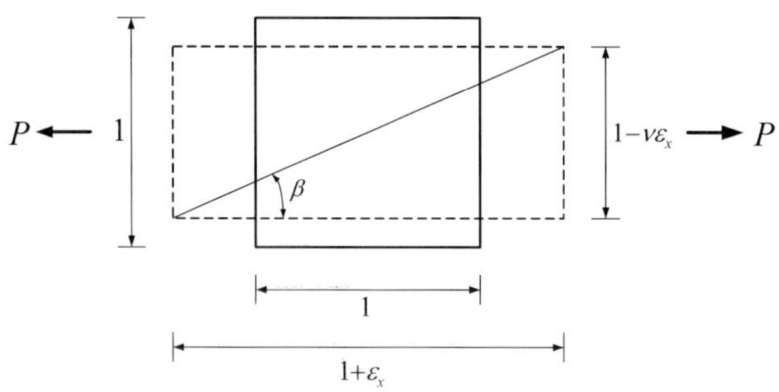

그림 2.32

두 번째 단계로는 전단변형으로 정사각형 단면요소가 전단력에 의해 변형된 상태를 그림 2.33에 표현하였다. 여기서 대각선의 길이를 "1"로 표현하면 대각선 방향으로 변형된 길이는 $1+\epsilon_x$가 된다. 정사각형의 한 변을 "1"로 표시한다면 전단변형 방향의 대각선 길이는 "$\sqrt{2}$"가 되므로 식이 복잡해지는 것을 피하기 위해 대각선의 길이를 "1"로 나타낸 것이니 참고 바란다. 따라서

$$\beta = 45° - \frac{\gamma}{2}$$

이다.

삼각함수에서 두 각들의 차에 관한 탄젠트 공식을 적용하면

$$\tan\beta = \frac{\tan\frac{\pi}{4} - \tan\frac{\gamma}{2}}{1+\tan\frac{\pi}{4}\tan\frac{\gamma}{2}} = \frac{1-\tan\frac{\gamma}{2}}{1+\tan\frac{\gamma}{2}}$$

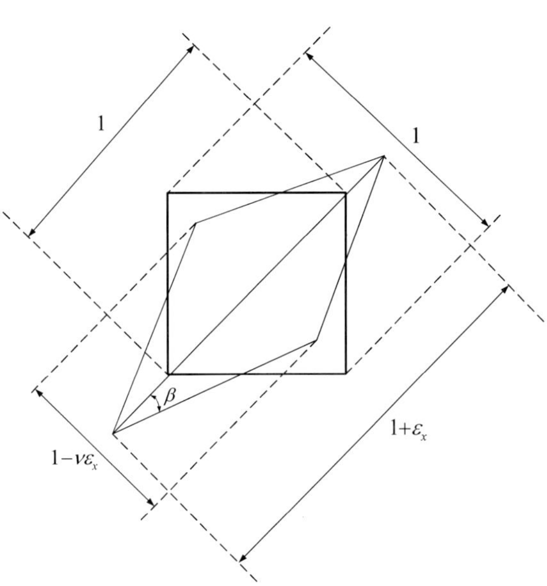

그림 2.33

가 된다. 여기서 $\frac{\gamma}{2}$는 미소각이므로 $\tan\frac{\gamma}{2}$는 $\frac{\gamma}{2}$로 표현할 수 있다. 따라서

$$\tan\beta = \frac{1-\frac{\gamma}{2}}{1+\frac{\gamma}{2}} \tag{2.9}$$

로 표현된다. 식 (2.8)과 식 (2.9)로부터 $\frac{1-\nu\epsilon_x}{1+\epsilon_x} = \frac{1-\frac{\gamma}{2}}{1+\frac{\gamma}{2}}$의 관계식을 γ에 대해 정리하면 다음과 같다.

$$\gamma = \frac{(1+\nu)\epsilon_x}{1+\frac{1-\nu}{2}\epsilon_x}$$

또한 ϵ_x는 % 이하의 값이고 $\frac{1-\nu}{2}\epsilon_x$의 값은 1에 비해 매우 미소값이므로 생략할 수 있다. 따라서

$$\gamma \approx (1+\nu)\epsilon_x$$

로 표현된다.

이 식은 ν와 ϵ_x의 관계식이다. 다시 후크의 법칙으로부터 $\gamma = \frac{\tau}{G}$의 관계식을 대입하면 $\frac{\tau}{G} = (1+\nu)\epsilon_x$가 되고 G에 대해 정리하면

$$G = \frac{E\tau}{(1+\nu)\sigma_x}$$

로 표현된다.

1장의 1.4절로부터 경사진 면에서의 축응력과 전단응력에 관한 내용을 회상해보면 축력 P에 의한 최대 축응력 $\sigma = \frac{P}{A}$였고 경사각 45°에서 최대 전단응력 $\tau = \frac{P}{2A}$가 발생되었다. 위의 식에 σ와 τ가 최대가 되는 조건을 부여하면 G는 다음 식과 같이 표현된다.

$$G = \frac{E}{2(1+\nu)} \tag{2.10}$$

이 식이 바로 E와 G 및 ν와의 관계식이다.

따라서 강재의 경우 ν는 약 0.3이므로 $G \approx 0.38E$이고 또한 콘크리트의 ν는 약 0.2이므로 $G \approx 0.42E$이다. 강재나 콘크리트재의 G는 E의 약 40%에 해당됨을 알 수 있다. 이 결과는 기술자의 감각으로 기억해 두는 것이 바람직하다.

2.22 Saint-Venant의 원리(Saint-Venant's Principle)

Saint-Venant의 원리는 그림 1.3에서 응력집중에 대한 개념적인 설명이 있었듯이 "집중하중이 작용되는 경우 하중 작용점에서 일정거리 즉, 폭만큼 떨어진 곳에서의 응력의 분포는 거의 평균적이다." 라고 요약하여 설명될 수 있다. 이 원리는 축하중뿐만 아니라 어떤 형태의 하중에도 적용된다. 즉, 모멘트가 하중으로 작용되는 경우 및 비틀림모멘트가 작용되는 경우에도 이 원리가 적용된다. 이 책에서는 Saint-Venant의 원리에 대해 위와 같이 간략한 개념적인 설명으로 끝내겠다.

2.23 응력집중(Stress Concentration)

응력집중은 그림 1.3에서 설명했듯이 하중의 작용점 부근에서 발생될 수 있다. 이러한 현상을 일종의 응력집중 현상이라고 할 수 있고 이러한 현상은 우리들이 상상할 수 있는 현상이다. 그러나 단면의 형태가 급격히 또는 완만하게 변하는 경우 즉, 단면에 구멍이

뚫려 있거나 단면의 폭 또는 높이가 변하는 경우에 구멍 부근에서 또는 단면의 폭 또는 높이가 축소된 곳에서도 응력의 집중현상이 일어난다. 응력집중 현상에 대해 중요시하는 이유는 응력집중 정도 즉, 평균응력 σ_{ave}와 집중된 응력의 최댓값 σ_{max}의 비가 어느 정도인지 아는 것이다. 왜냐하면 응력집중을 고려치 않고 평균응력개념으로 설계한다면 평균응력보다 훨씬 클 수 있는 집중된 최대응력에 의해 부재가 위험해질 수 있기 때문이다. 응력집중 현상이 뚜렷하게 발생되는 두 경우를 그림 2.34를 이용해 설명해보자.

그림 2.34(a)는 원형구멍(Circular Hole)에서의 응력분포를 나타내고 있는데 원형구멍 가장자리에서 최대응력(最大應力, Maximum Stress) σ_{max}가 발생되는 특징을 보인다. 그림 2.34(b)는 서로 다른 폭을 갖는 판이 곡률반경 r로 완만하게 연결된 경우, 이런 판을 필렛(Fillet)이라고 하는데 최소폭이 되는 곳에서 최대의 응력집중 현상이 발생된다. 이러한 응력집중 현상은 그림 2.34(a)의 경우 폭 D와 원형구멍의 반경 r 그리고 원형구멍의 직경을 제외한 판의 폭 d에 의해 결정된다. 그림 2.34(b)의 경우 판의 큰 부분의 폭 D와 최소부분의 폭 d, 그리고 완화되는 곡률반경에 의해 결정된다. 여기서 응력집중계수(應力集中係數, Factor of Stress Concentration) K는 평균응력(平均應力, Average Stress) σ_{ave}와 최대응력 σ_{max}의 비로 나타낸다. 여기서 σ_{ave}는 그림 2.34(a)와 (b)의 경우 $\dfrac{P}{d \times t}$로 계산되는데 t는 판의 두께이다. 우리가 설계에서 알아야 할 응력은 σ_{max}인데 다양한 현장 문제에서의 다양한 경우 매번 실험에 의해 σ_{max}를 결정하는 것은 매우 복잡한 일이다. 그러나 다행히도 여러 경우에 대한 실험결과로부터 응력집중계수를 찾아낼 수 있

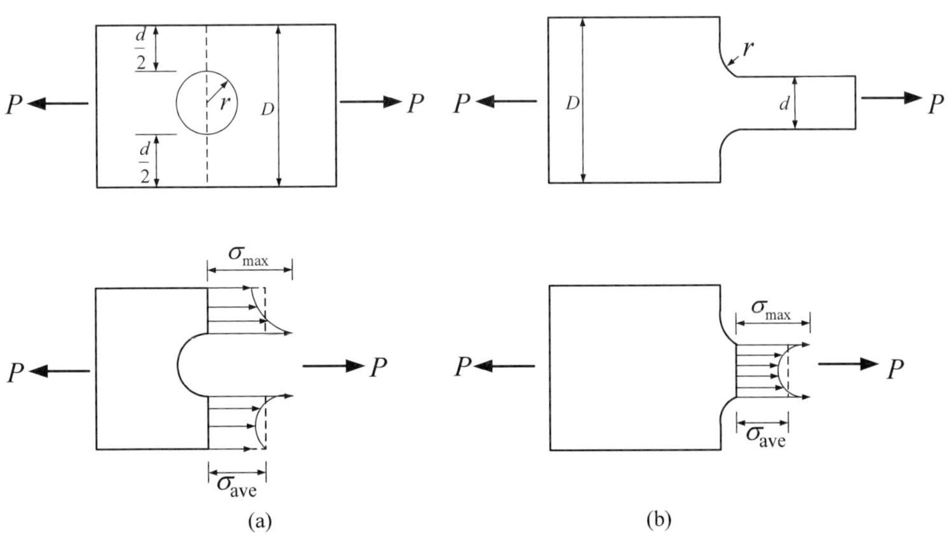

그림 2.34

다. 실험결과는 부재의 크기나 사용된 재료에는 상관이 없는 것으로 알려져 있다. 그림 2.35의 실험결과는 탄성범위 내에서 행해진 것이고 그림 2.35를 이용하여 계산된 $\sigma_{\max}$는 허용응력 σ_{all}을 초과해서는 안된다. 실험결과에 대한 그림 2.35는 실험결과로서 참고 문헌으로부터 인용된 것이다.

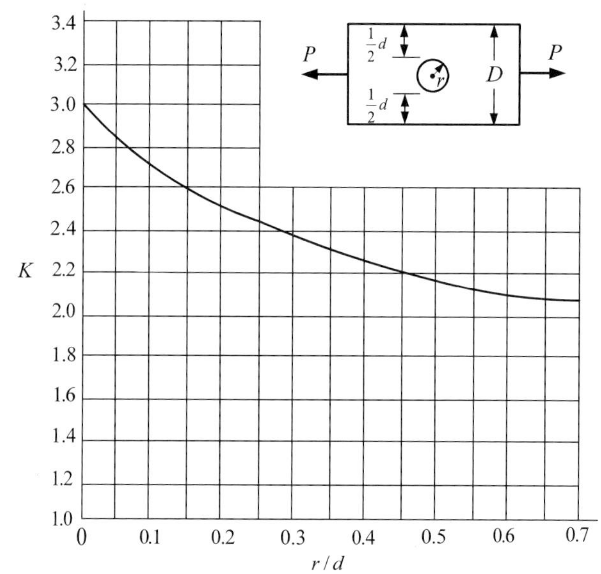

(a)

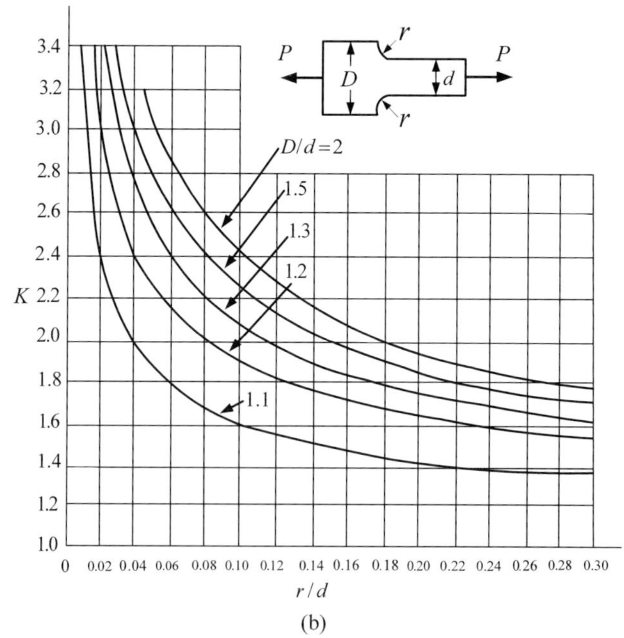

(b)

그림 2.35

[예제 2.19]

그림과 같이 하중 P를 받고 있는 구멍 뚫린 평판이 있다. 평판의 두께는 10 mm이고 허용인장 응력이 140 MPa일 때 허용될 수 있는 최대 축하중 P를 구하라.

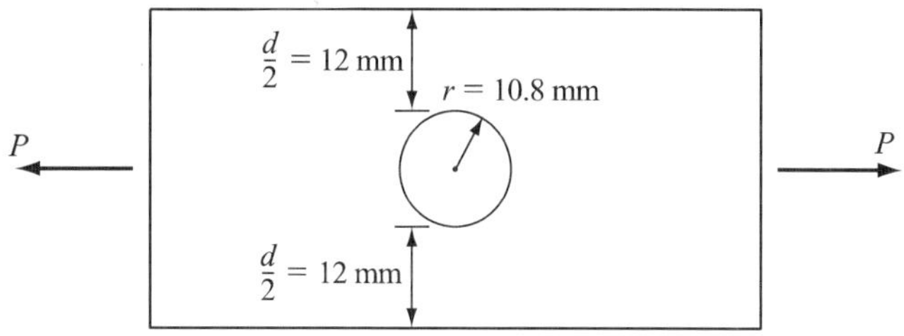

[풀이] 우선 다음의 비를 계산한다. $\frac{r}{d} = \frac{10.8}{24} = 0.45$

그림 2.35(a)의 그래프에서 $\frac{r}{d} = 0.45$에 해당되는 응력집중계수 $K = 2.2$를 찾아낼 수 있다.

응력집중계수의 정의에 의해 $K = \frac{\sigma_{max}}{\sigma_{ave}}$이므로 $\sigma_{ave} = \frac{\sigma_{max}}{K} = \frac{\sigma_{max}}{2.2}$의 등식이 성립된다. 여기서 σ_{max}는 허용응력 $\sigma_{all} = 140$ MPa을 초과하지 않는 조건으로부터 $\sigma_{ave} = \frac{140}{2.2} = 63.6$ MPa로 계산되고 $\sigma_{ave} = \frac{P}{A}$로부터 허용될 수 있는 최대 축하중 $P = \sigma_{ave}\ A = \sigma_{ave}\ t\ d = 63.6 \times 10 \times 24 = 15{,}273$ N ≒ 15.3 kN으로 계산된다.

[예제 2.20]

아래 그림과 같이 두께가 10 mm인 강재 평판의 서로 다른 폭 50 mm와 100 mm가 필렛 반지름 $r = 9$ mm로 연결되어 있다. 허용응력 $\sigma_{all} = 140$ MPa일 때 허용될 수 있는 최대 축하중 P를 구하라.

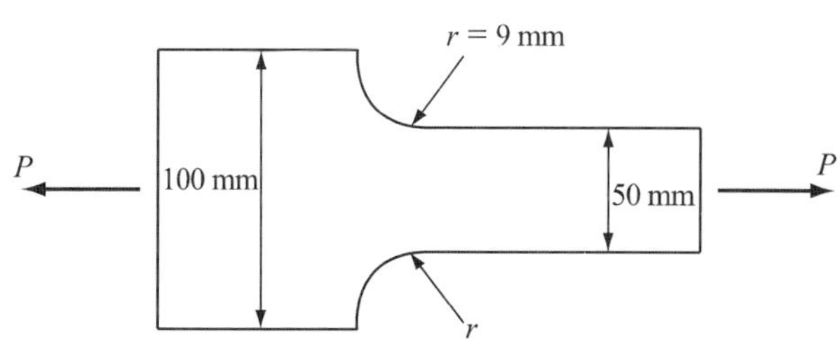

[풀이] 우선 다음의 비를 계산한다. $\dfrac{D}{d} = \dfrac{100}{50} = 2.0$, $\dfrac{r}{d} = \dfrac{9}{50} = 0.18$

그림 2.35(b)의 그래프에서 $\dfrac{D}{d} = 2.0$인 곡선으로부터 $\dfrac{r}{d} = 0.18$일 때의 응력집중계수 K를 찾을 수 있다. 이때 응력집중계수 K는 2.0이다.

응력집중계수의 정의에 의해 $K = \dfrac{\sigma_{max}}{\sigma_{ave}}$이므로 $\sigma_{ave} = \dfrac{\sigma_{max}}{K} = \dfrac{\sigma_{max}}{2.0}$의 등식이 성립된다. 여기서 σ_{max}는 허용응력 $\sigma_{all} = 140$ MPa을 초과하지 않는 조건으로부터 $\sigma_{ave} = \dfrac{140}{2.0} = 70$ MPa을 계산할 수 있다.

그리고 $\sigma_{ave} = \dfrac{P}{A}$로부터 허용될 수 있는 최대 축하중

$P = \sigma_{ave}\, A = \sigma_{ave}\, t\, d = 70 \times 10 \times 50 = 35{,}000$ N $= 35$ kN으로 계산된다.

2.24 소성해석(Plastic Analysis)

지금까지 다루었던 문제들은 재료가 탄성범위 즉 $\sigma - \epsilon$선도가 선형적 거동을 하는 경우에 대해서였다. 이 절(節, Section)에서는 구조용 강재(鋼材, Steel)의 응력이 항복응력을 초과한 경우에 대해 다루어 보기로 한다. 소성해석은 일반적으로 콘크리트 구조에서는 다루지 않고 강구조에서 다루어지고 있다.

구조용 강재는 그림 2.36(a)와 같이 $\sigma - \epsilon$선도의 특성 즉, σ_y와 변형률 경화구간을 거쳐 σ_u에 도달되고 파단되는 과정을 갖는다. 그러나 소성해석에서는 일반적으로 그림

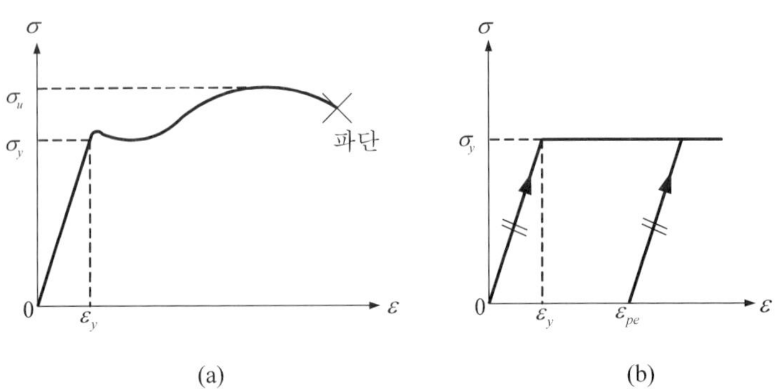

그림 2.36

2.36(b)와 같이 $\sigma - \epsilon$선도를 이상화시킨 재료모델을 이용한다. 그림 2.36(b)와 같이 이상화시킨 재료모델을 이상화된 탄소성재료모델(理想化된 彈塑性材料모델, Idealized Elasto-Plastic Material Model)이라고 한다. 그림 2.36(a)와 (b)의 차이는 변형률 경화구간이 생략되고 극한강도 σ_u가 무시된 것이라 할 수 있다.

그렇다면 여기서 이상화된 탄소성 재료모델을 사용했을 시 해석의 정확도에 대한 의구심이 생길 수 있을 것이다. 저자도 박사논문을 위한 연구 초기에 상당한 의구심을 가지고 그림 2.36(a)의 $\sigma - \epsilon$선도에 근접되도록 모델링하여 그림 2.36(b)의 경우와 비교분석한 경험이 있다. 비교결과 두 경우 생각했던 만큼 큰 차이가 나지 않는 것을 발견하고 상당 시간 동안 헛고생을 했구나 하고 생각했던 적이 있으니 독자들은 특별한 연구논문을 위한 경우가 아니라면 그림 2.36(b)의 모델을 사용하길 권한다. 물론 그림 2.36(a)에 근접되도록 이상화시켜 컴퓨터로 해석하는 방법은 시간이 많이 소요되겠지만 지진하중과 같은 인장과 압축이 반복되는 경우에는 바람직하다고 생각한다. 다시 그림 2.36(b)로 돌아가서 소성상태의 임의점에서 하중을 제거하면 초기 기울기(강성)와 동일한 기울기로 회복되어 영구변형률 또는 소성변형률 ϵ_{pl}이 남게 된다. 여기에 대해서는 그림 2.5에서 상세히 설명했었다.

일반적으로 실무에서 소성해석 및 설계는 거의 다루지 않는 방법이다. 그렇다면 왜 배워야 하는가에 대한 의구심이 생길 수 있다. 여기에 대한 답변은 그래도 배워야 한다는 것이다. 전 세계적으로 소성설계(塑性設計, Plastic Design)로 강구조물을 건설한 사례는 극히 드물고 국내에서는 건설한 사례가 없는 것으로 알고 있다. 그렇다면 왜 배워야 하는가 하는 질문이 다시 나올 수 있다. 지금 독자들이 배우게 될 소성해석방법은 가장 기초적인 것이며 장차 고급 기술자가 되기 위해서는 기초 지식으로 배워야 한다. 왜냐하면 소성설계는 구조물의 극한상태(極限狀態, Limit State)를 규명하는 데 필요하기 때문이다. 예를 들어 설계지진에 해당되는 지진이 발생됐을 경우 특수 구조물이 아닌 일반적인 구조물은 인명에 피해가 없을 정도의 소성변형을 허용하는 것으로 되어 있는데 어떠한 상태까지의 소성변형 상태를 허용할 것인가라는 문제라던가 탄성범위를 지나 소성범위에서 인장과 압축이 반복되는 상황에서 소성에 의한 에너지 소산(消散, Dissipation) 또는 흡수(吸收, Absorption)에 의한 효과가 구조물의 극한상태에 미치는 영향 등의 연구에 소성해석 이론은 필요하다. 앞서 서술한 구조물의 극한상태, 지진하중, 에너지 소산 및 흡수 등의 용어와 내용은 현 단계에서 독자들에게 상세히 설명하기에는 쉽지 않은 과제들이다.

[예제 2.21]

단면적 $A_r = 48\ \mathrm{mm}^2$이고 길이 $0.8\ \mathrm{m}$인 실린더 형상의 봉이 단면적 $A_t = 62\ \mathrm{mm}^2$인 같은 길이의 튜브 속에 위치하고 있다. 봉과 튜브는 아래의 그림에서 길이 방향으로 나타낸 것과 같이 왼쪽은 강체 지지대에 고정되어 있고 오른쪽은 강체판이 부착되어 있다, 봉과 튜브를 모두 탄소성 재료로 가정하고 탄성계수는 각각 $E_r = 210\ \mathrm{GPa}$, $E_t = 105\ \mathrm{GPa}$이고 항복강도는 각각 $(\sigma_r)_y = 250\ \mathrm{MPa}$, $(\sigma_t)_y = 310\ \mathrm{MPa}$이다. 하중 P를 0에서 $27\ \mathrm{kN}$으로 증가시켰다가 다시 0으로 감소시킬 경우 조립체의 최대 신장량과 하중이 제거된 후의 영구변형량을 구하라.
단, 자중은 무시하고 이상화된 탄소성 재료모델로 가정하라.

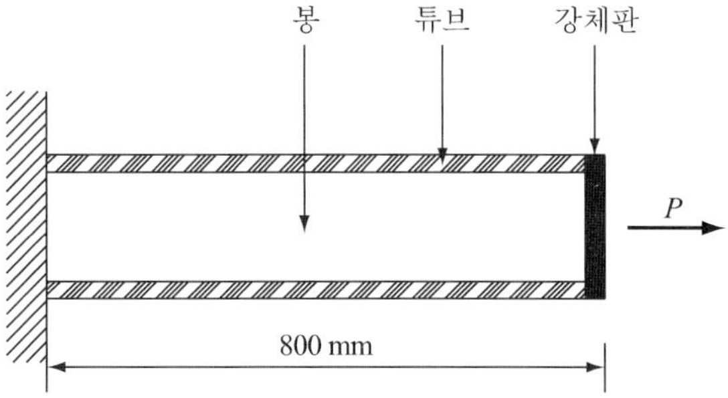

[풀이] 항복이 시작되는 시점에서의 봉과 튜브의 항복하중과 이에 대응되는 신장량은 다음과 같이 계산된다.

$$(P_r)_y = (\sigma_r)_y\ A_r = 250 \times 48 = 12{,}000\ \mathrm{N} = 12\ \mathrm{kN}$$

$$(\delta_r)_y = (\epsilon_r)_y\, l = \frac{(\sigma_r)_y}{E_r} l = \frac{250}{210 \times 10^3} \times 800 = 0.95\ \mathrm{mm}$$

$$(P_t)_y = (\sigma_t)_y\ A_t = 310 \times 62 = 19{,}220\ \mathrm{N} = 19.22\ \mathrm{kN}$$

$$(\delta_t)_y = (\epsilon_t)_y\, l = \frac{(\sigma_t)_y}{E_t} l = \frac{310}{105 \times 10^3} \times 800 = 2.36\ \mathrm{mm}$$

위의 계산결과를 $P-\delta$선도로 나타내면 다음과 같다.

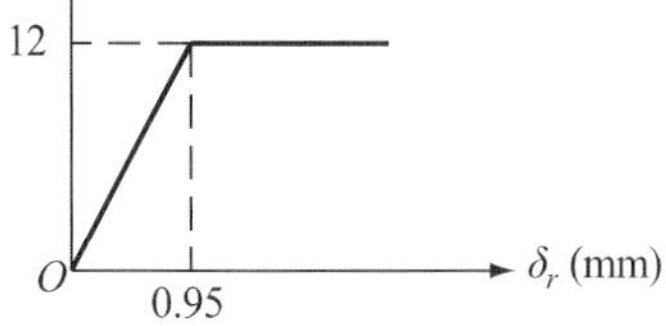

<봉의 $P-\delta$선도>

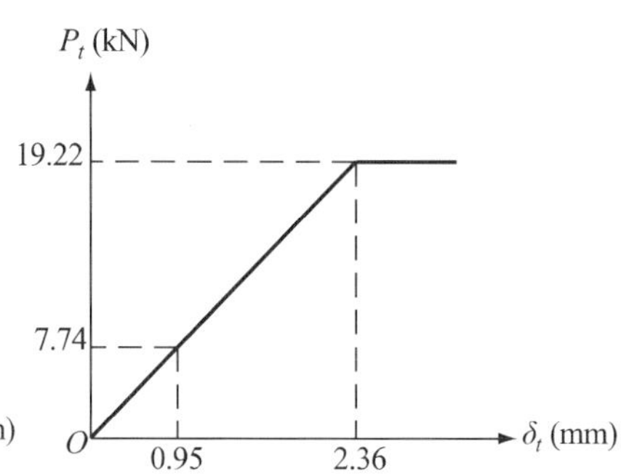

<튜브의 $P-\delta$선도>

따라서 봉과 튜브의 결합체에 대한 $P-\delta$선도는 봉과 튜브의 $P-\delta$선도를 중첩시키므로 다음과 같이 그려진다.

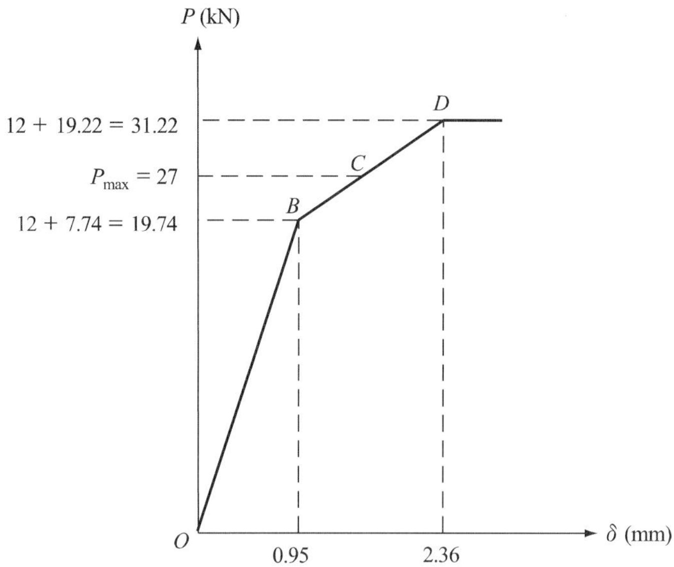

<결합체의 $P-\delta$선도>

• 최대 신장량 산정

하중 $P_{\max}=27\,\text{kN}$에 해당되는 점은 결합체의 $P-\delta$선도에서 B점과 D점 사이에 위치한다. 따라서 봉은 소성역에 도달됐으나 튜브는 아직 탄성역에 남아 있으므로 이 때의 튜브에 작용된 힘 P_t와 응력 σ_t는 다음과 같이 계산된다.

$$P_t = P - P_r = 27 - 12 = 15\,\text{kN}$$

$$\sigma_t = \frac{P_t}{A_t} = \frac{15\times10^3}{62} = 241.94\,\text{MPa}$$

따라서 σ_t에 대응되는 δ_t는 다음과 같이 계산되고 결합체의 최대 신장량이 된다.

$$\delta_t = \epsilon_t l = \frac{\sigma_t}{E_t} l = \frac{241.94}{105\times10^3}\times800 = 1.84\,\text{mm}$$

• 영구변형량 산정

하중 P가 27 kN에서 0으로 감소되므로 P_r과 P_t는 아래 그림과 같은 회복형태를 나타낸다.

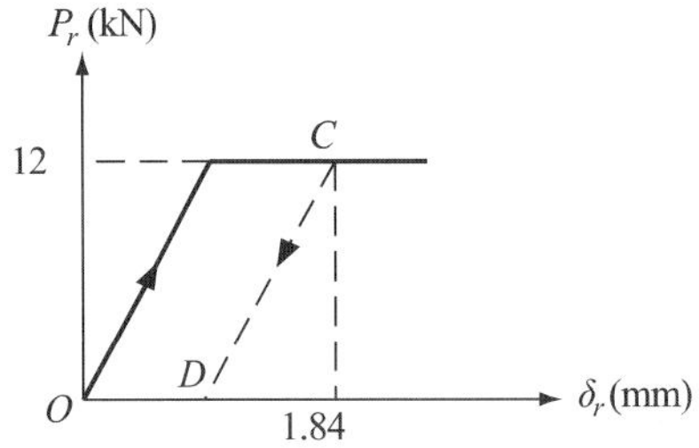

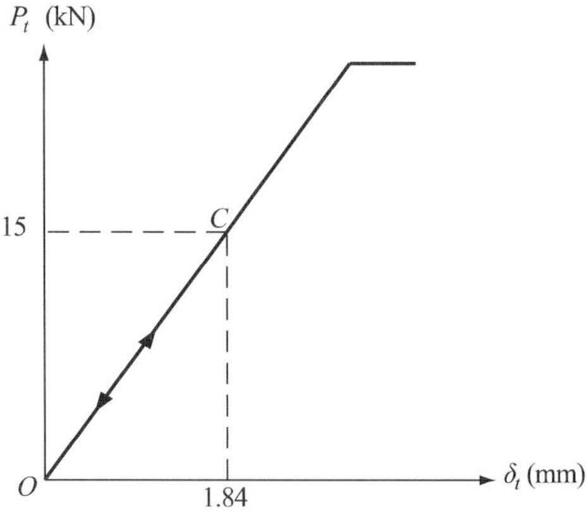

P_r은 $P_r-\delta_r$ 선도의 초기부분과 평행한 선 CD를 따라 감소되는 반면 P_t는 항복점을 넘지 않았으므로 초기강성으로 감소된다.

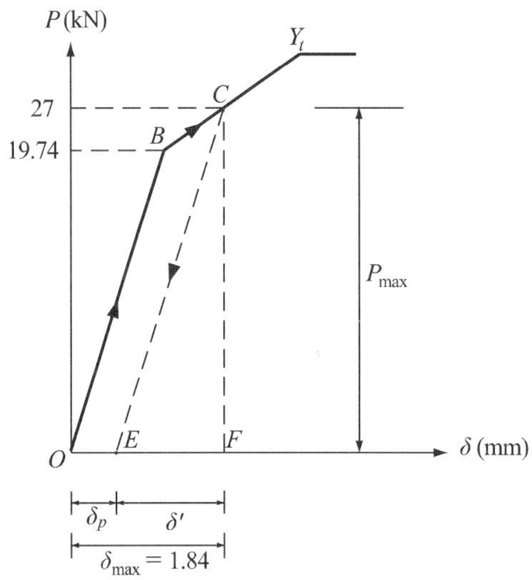

결합체의 $P-\delta$ 선도로부터 OB의 기울기 m은 다음과 같이 계산된다.

$$m = \frac{19.74}{0.95} = 20.79\ \mathrm{kN/mm}$$

다음으로는 C점에서 m의 기울기로 회복된 변형량 δ'은 다음과 같이 계산된다.

$$\delta' = -\frac{P_{\max}}{m} = -\frac{27}{20.79} = -1.30\ \mathrm{mm}$$

따라서 영구변형량 δ_P는 다음과 같다.

$$\delta_P = \delta_{\max} - \delta' = 1.84 - 1.30 = 0.54\ \mathrm{mm}$$

여기에서 C점에서 하중을 제거한 경우 OB의 기울기 즉, 초기강성과 같이 회복되는지를 검증해 보자. 이 검증은 봉과 튜브에 대해 하중제거 시의 각각의 기울기를 합하므로 이루어진다. 즉, 봉의 하중제거 시의 기울기

$m_r = \dfrac{12}{0.95} = 12.63\,\mathrm{kN/mm}$와 튜브의 하중제거 시의 기울기

$m_t = \dfrac{15}{1.84} = 8.15\,\mathrm{kN/mm}$를 더한 기울기 $m = 20.79\,\mathrm{kN/mm}$가 계산된다. 따라서 결합체의 $P-\delta$선도로부터 EC의 기울기와 OB의 기울기가 같다는 것이 검증된 셈이다.

2.25 잔류응력(殘留應力, Residual Stress)

잔류응력은 일반적으로 원치 않으나 부득이 발생되는 경우인데, 소성변형에 의한 것이 대부분이다. 예로서 열에 의한 소성변형이 발생되는 경우는 I형강 및 H형강의 제조과정과 용접(鎔接, Welding)이고 이때 잔류응력이 발생된다. 그리고 부정정구조에서 소성변형에 의한 잔류응력이 발생될 수 있다. 다음의 예제를 통해 잔류응력에 대해 설명해보자.

[예제 2.22]

예제 2.21에서 하중 P를 0에서 27 kN까지 증가시켰다가 다시 0으로 감소되는 경우에 봉과 튜브에 남아 있는 잔류응력을 구하라.

[풀이] 아래 그림의 그래프로부터 하중 P가 0으로 되돌아간 후에도 봉과 튜브는 각각 원위치에 있지 않다는 사실을 알 수 있다. 그들 값은 다음 그림에서 δ_P에 해당되는 E점로 표시되어 있다. 이것은 결합체의 하중이 제거된 뒤에도 그때의 응력은 각각 0이 아니라는 뜻이다. 봉의 $P-\delta$선도에서 E점에 해당되는 힘 $P_{r(res)}$와 튜브의 $P-\delta$선도에서 E점에 해당되는 힘 $P_{t(res)}$의 합은 0이어야 한다. 왜냐하면 결합체에서의 힘이 0으로 회복되었기 때문이다.

그림으로부터 $P_{r(res)}$는 압축이고 $P_{t(res)}$는 인장임을 알 수 있다.

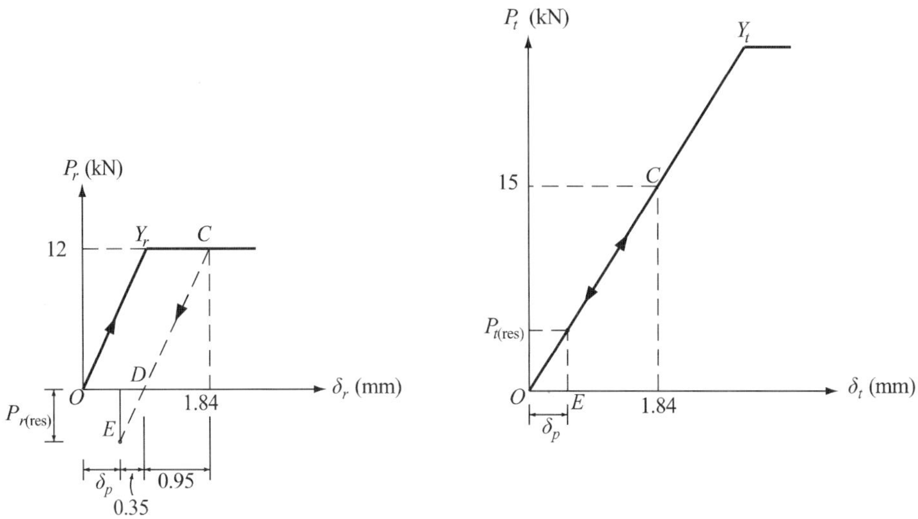

(a) (b)

봉의 $P_{r(\text{res})}$와 튜브의 $P_{t(\text{res})}$는 다음과 같이 계산된다.

즉, $P_{r(\text{res})} = m_r\, 0.35 = 4.4\,\text{kN}$(압축)과 $P_{t(\text{res})} = m_t\, \delta_p = 4.4\,\text{kN}$(인장)으로 여기서 m_r과 m_t 및 δ_p는 예제 2.21에서 구했었다. 따라서 봉과 튜브의 잔류응력은 다음과 같이 계산된다.

$$(\sigma_r)_{\text{res}} = \frac{P_{r(\text{res})}}{A_r} = \frac{4.4\times 10^3}{48} = 91.7\ \text{MPa}\ \ (\text{압축})$$

$$(\sigma_t)_{\text{res}} = \frac{P_{t(\text{res})}}{A_t} = \frac{4.4\times 10^3}{62} = 70.9\ \text{MPa}\ \ (\text{인장})$$

[예제 2.23]

아래 그림의 구조물은 탄소성 재료로 만들어진 3개의 강봉이 상부의 강체판에 의해 지지되어 있고 하부의 강체판에 하중 P가 작용되고 있다. 두 개의 바깥쪽 봉의 길이는 l_1, 안쪽 봉의 길이는 l_2이며, 세 개의 모든 봉의 단면적과 탄성계수는 A와 E로 동일하고 또한 모든 재료의 항복응력은 σ_y이다. 하중 P와 변위 δ의 관계를 나타내는 하중–변위($P-\delta$) 선도를 그리고 하중 P를 0에서 항복하중 P_y(강봉 세 개가 모두 항복에 도달된 상태의 하중)까지 증가시켰다가 다시 0으로 감소시키는 경우에 강봉 ①과 ②에 남아 있는 잔류응력을 구하라. 여기서 $l_1 = 2l_2$이다.

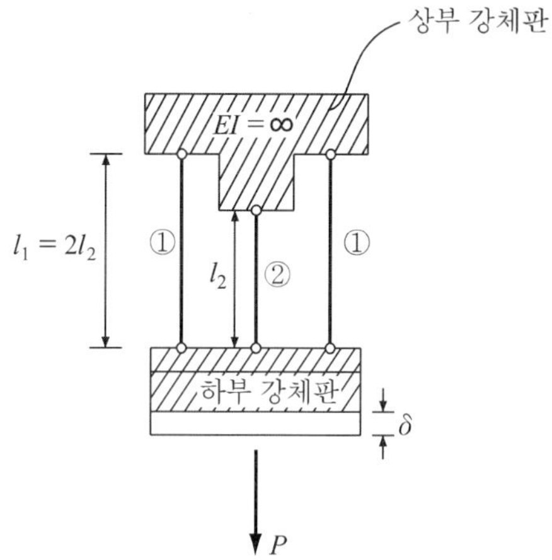

[풀이] 수직방향 평형방정식으로부터

$$+\uparrow \sum V = 0 \; ; \; 2F_1 + F_2 - P = 0$$

$$2F_1 + F_2 = P$$

이고 강봉 ①과 ②의 항복하중 P_y 는 단면적이 같으므로 각각 $A\sigma_y$가 된다.

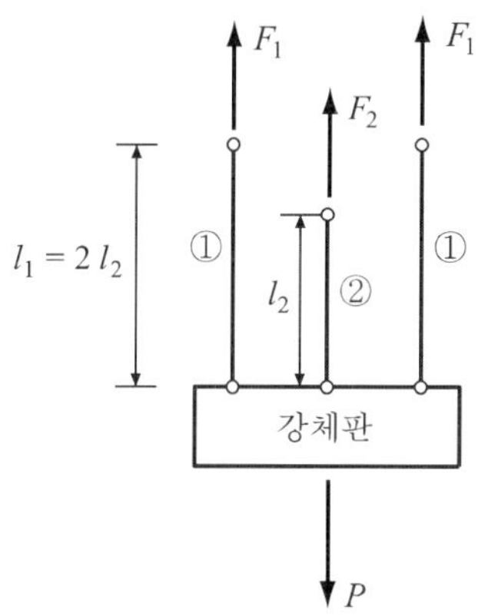

따라서 다음과 같은 항복하중 P_y가 계산된다.

$$P_y = 2\sigma_y A + \sigma_y A = 3\sigma_y A$$

하중이 소성하중 P_p에 도달된 순간의 소성변위(塑性變位, Plastic Displacement) δ_p는 강봉 ①의 응력이 항복에 도달한 순간의 신장량과 같다. 그러므로

$$\delta_p = \frac{\sigma_y A\, l_1}{E A} = \frac{\sigma_y l_1}{E} = \frac{2\sigma_y l_2}{E} = 2\delta_y$$

여기서 δ_y는 강봉 ②가 항복될 때의 변위량이다.

이상의 계산결과를 바탕으로 하중-변위 선도를 그리면 다음과 같다.

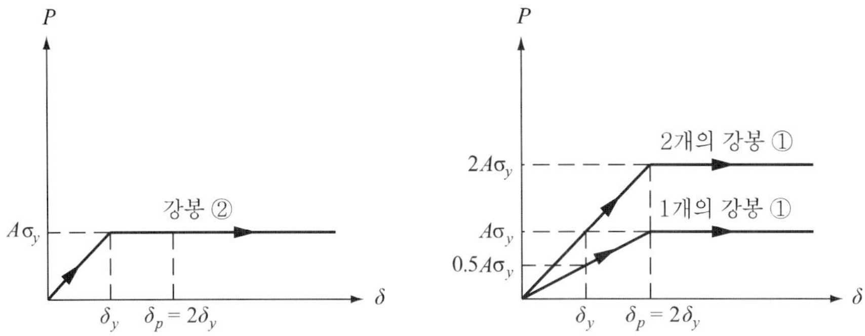

강봉 ①이 2개이므로 전체 시스템의 $P-\delta$선도는 아래 그림과 같이 그려진다.

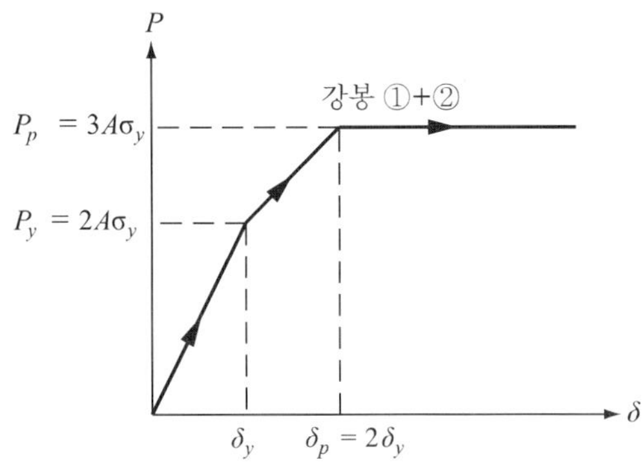

다음으로 잔류응력을 계산해보자. 하중 P를 0에서 소성하중 P_p까지 증가시켰다가 다시 "0"으로 감소되는 경우에 강봉 ①과 ②에 남아 있는 잔류응력을 구하기 위해 아래의 하중-변위 선도를 이용하여 잔류력 $P_{①(res)}$과 $P_{②(res)}$를 계산한다.

우선 전체 시스템의 $P-\delta$선도에서 임의의 C점에서 하중을 제거하면 다음 그림과 같이 초기의 OA의 경사와 같은 기울기 CD와 같이 나타난다. 왜냐하면 CD의 기울기는 강봉 ①과 ②에 대한 기울기의 합과 같기 때문이다. 여기서 회복된 변위량은 $1.5\delta_y$가 된다.

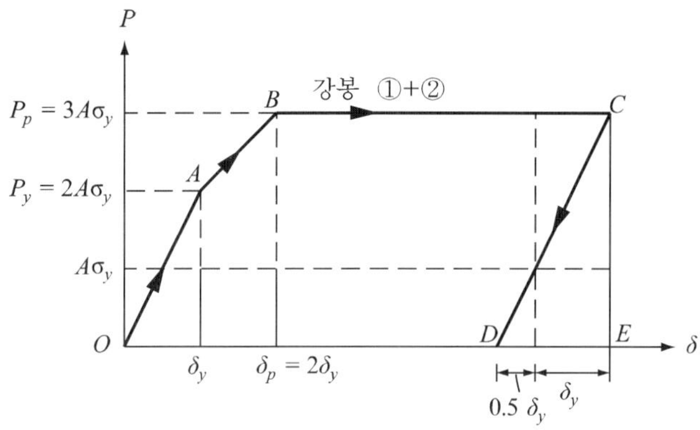

아래 그림은 강봉 ①의 $P-\delta$선도이고 하중제거 시의 회복된 변위량은 $2\delta_y$가 된다. 여기서 전체 시스템의 회복된 변위량 $1.5\delta_y$에 대응되는 $P_{①(res)} = \dfrac{A\sigma_y}{4}$ 이다.

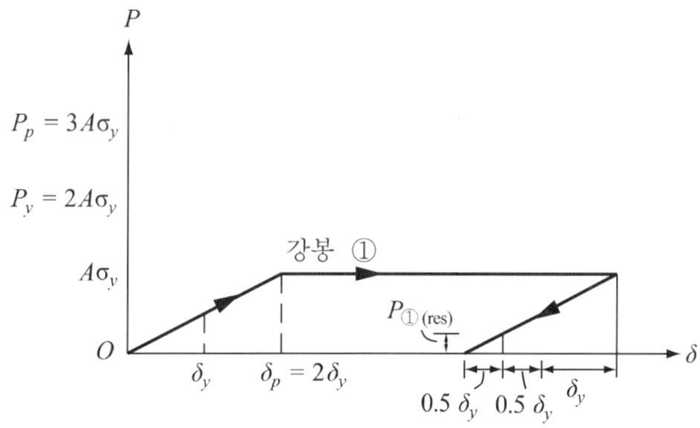

아래 그림은 강봉 ②의 $P-\delta$선도이고 회복된 변위량 $1.5\delta_y$에 대응되는 $P_{②(res)} = -\dfrac{A\sigma_y}{2}$가 된다. 즉, 압축력이다.

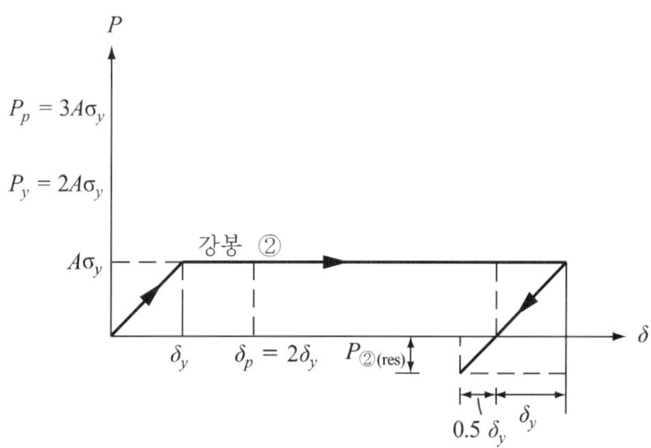

여기서도 다음과 같은 평형식이 성립되어야 한다.

$$2P_{①(\mathrm{res})} + P_{②(\mathrm{res})} = 0$$

따라서 잔류응력은 다음과 같이 계산된다.

$$(\sigma_{①})_{\mathrm{res}} = \frac{P_{①(\mathrm{res})}}{A} = \frac{A\sigma_y}{4A} = 0.25\sigma_y \text{ (인장)}$$

$$(\sigma_{②})_{\mathrm{res}} = \frac{P_{②(\mathrm{res})}}{A} = \frac{A\sigma_y}{2A} = 0.5\sigma_y \text{ (압축)}$$

연습문제

EXERCISE

1. 그림에서 너트를 점점 조여 직경 ϕ가 10 μm 줄어들었다. 이때의 작용력을 구하라 ($E = 200$ GPa, $\nu = 0.3$).

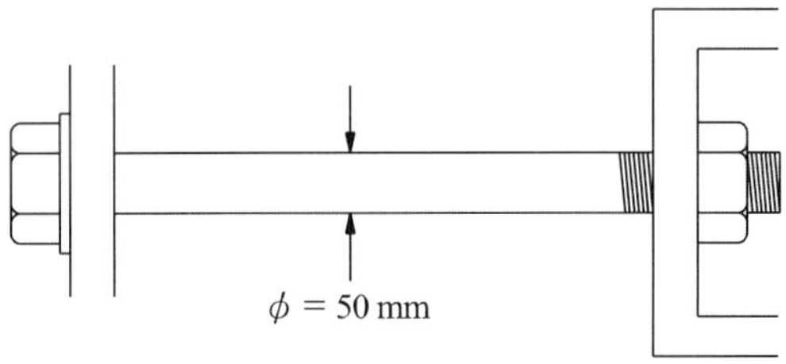

해석 순서

① 자유물체도

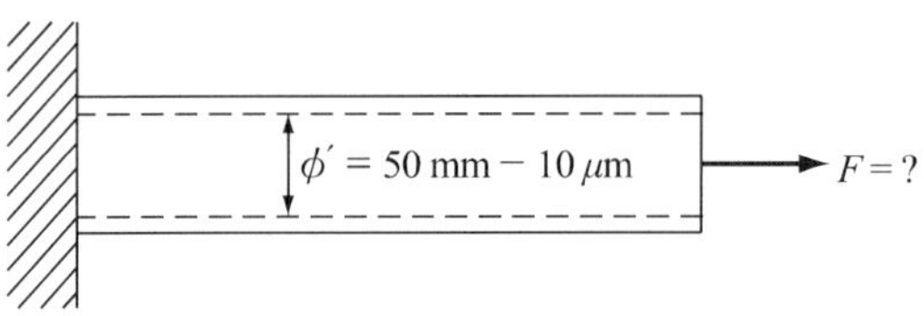

② 변형량 산정 $\epsilon_x = \epsilon_y/\nu = 666.7 \times 10^{-6}$

③ 응력 산정 $\sigma_x = E\epsilon_x = 133.34$ MPa

④ 작용력 결정 $F = \sigma_x A = 261.74$ kN

2. 부재 AB와 CD는 단면적이 150 mm^2, $E = 70$ GPa로 동일한 알루미늄재이다. 부재 BC가 강체일 때 F점의 변위를 구하라.

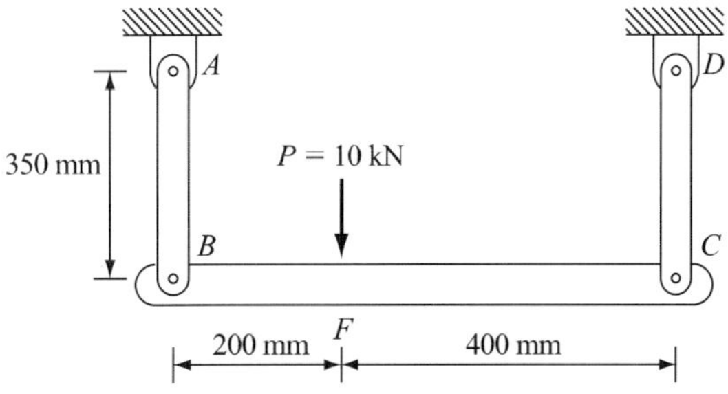

해석 순서

① 자유물체도 및 부재력 산정

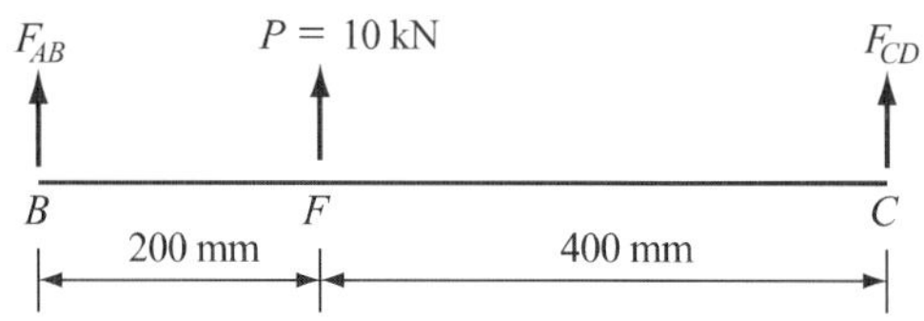

② 변형량 산정 δ_{AB}, δ_{CD}

$$\delta_{AB} = \frac{F_{AB}\, l_{AB}}{EA} = 0.222\ \text{mm},\ \ \delta_{CD} = \frac{F_{CD}\, l_{CD}}{EA} = 0.111\ \text{mm}$$

③ F 점의 변위는 부재 BC가 강체이므로 선형적으로 변화함.

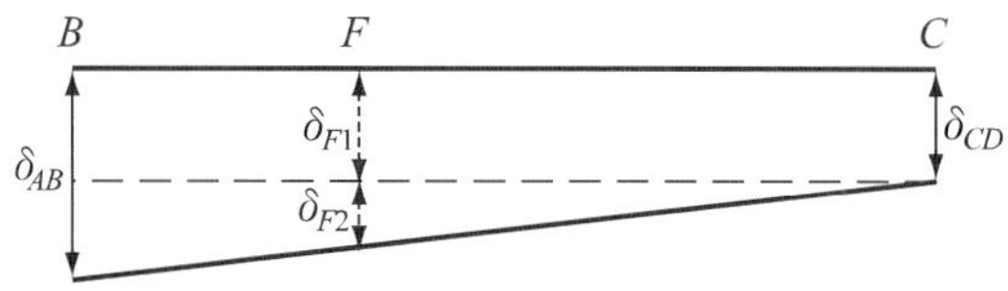

$$400 : \delta_{F2} = (400+200) : (0.222-0.111)$$

$$\delta_{F2} = 0.074\ \text{mm}$$

④ F 점의 변위 $\delta_F = \delta_{F1} + \delta_{F2} = 0.185\ \text{mm}$(하향)

3. 그림과 같이 온도 20℃에서 알루미늄재와 강재로 된 두 봉의 양끝이 0.5 mm 떨어져 있다. 온도가 140℃에 이르렀을 때 알루미늄 봉 AB의 축응력 및 변형량을 구하라.
(알루미늄 $A_{AB} = 2{,}000\ \text{mm}^2$, $E_{AB} = 70\ \text{GPa}$, $\alpha_{AB} = 2.3\times10^{-5}/℃$
강재 $A_{CD} = 2{,}000\ \text{mm}^2$, $E_{CD} = 200\ \text{GPa}$, $\alpha_{CD} = 1.2\times10^{-5}/℃$)

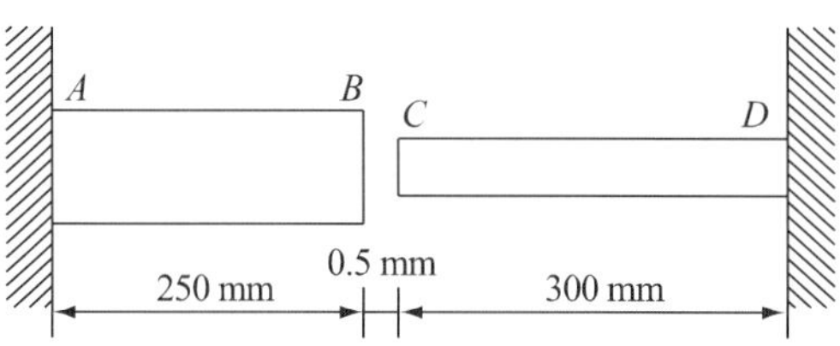

해석 순서

① 부재 AB 및 부재 CD의 온도변화에 의한 신축량

$$\delta_T = \delta_{AB} + \delta_{CD} = \alpha_{AB}\Delta T\, l_{AB} + \alpha_{CD}\Delta T\, l_{CD} = 1.122\ \text{mm}$$

② δ_T 가 두 봉이 떨어져 있는 거리 0.5 mm보다 크면 더 이상 늘어나지 못하므로 신축량 $\delta_0 = \delta_T - 0.5\ \text{mm}$는 전체 구조물에 압축력으로 작용

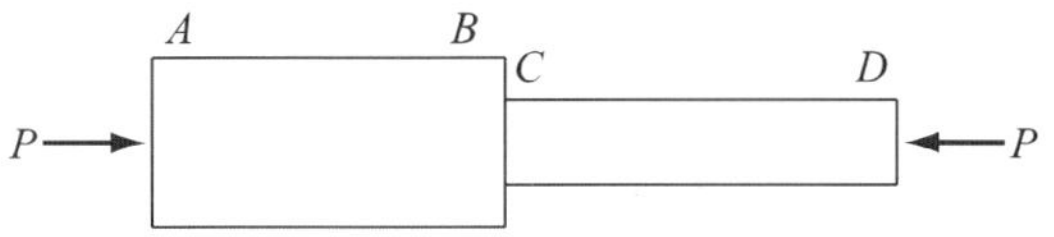

③ 압축력 P에 의한 신장량(δ_P) 산정

$$\delta_P = \frac{P\,l_{AB}}{E_{AB}\,A_{AB}} + \frac{P\,l_{CD}}{E_{CD}\,A_{CD}} = 2.54 \times 10^{-6} P$$

④ $\delta_P = \delta_0$에 의해 압축력 P 산정 $P = -244.88\ \text{kN}$

⑤ 산정된 압축력 P에 의해 부재 AB에서 발생되는 압축응력 산정

$\sigma_{AB} = -122.44\ \text{MPa}$

⑥ 부재 AB의 변형량 산정

부재 AB의 변형량은 온도변화에 의한 부재 AB의 변형량 + 압축력 P에 의한 부재 AB의 변형량

$$\delta_{AB} = \alpha_{AB}\,\Delta T\,l_{AB} + \frac{P\,l_{AB}}{E_{AB}\,A_{AB}} = -0.253\ \text{mm}$$

4. 그림과 같이 중심축하중을 받고 있는 긴 강재판에 두 개의 구멍이 뚫려 있는 경우 $\sigma_{\text{all}} = 200\ \text{MPa}$일 때, 최대 허용축하중 P를 구하라.

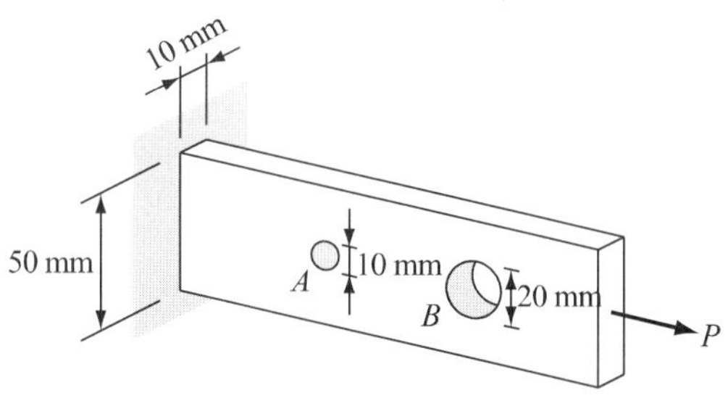

해석 순서

① 구멍 A가 있는 단면의 응력집중계수 K값을 그림 2.35(a)로부터 산정

$K = 2.65$

② 구멍 A가 있는 단면의 중심축하중 P_A 산정

$P_A = A_{\text{nett}}\,\sigma_{\max}/K = 30.2\ \text{kN}$

③ 구멍 B가 있는 단면의 응력집중계수 K값을 그림 2.35(a)로부터 산정

$K = 2.32$

④ 구멍 B가 있는 단면의 중심축하중 P_B 산정

$P_B = A_{nett}\, \sigma_{max} / K = 25.9$ kN

⑤ P_A와 P_B 중 작은 값이 최대 허용축하중 즉, $P = P_B = 25.9$ kN이 된다.

5. 그림과 같이 허용응력 $\sigma_{all} = 140$ MPa인 평강판으로 만든 실험편에서 최대 허용하중 P를 구하라.

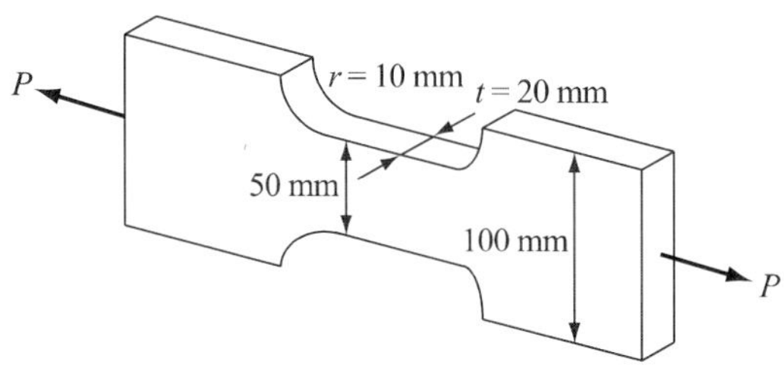

해석 순서

① 그림 2.35(b)로부터 응력집중계수 K값을 산정

$K = 1.94$

② 최소 단면의 단면적 산정 $A_{min} = 50 \times 20 = 1{,}000\ \text{mm}^2$

③ 최대 허용하중 P 산정

$P = A_{min}\, \sigma_{all} / K = 72.2$ kN

6. 그림과 같은 강재블록($E =$ 200 GPa, $\nu =$ 0.3)이 있다.

$\sigma_x = -30$ MPa

(a) 강재블록의 높이 변화가 0이기 위한 σ_y의 크기

(b) 이 경우 면 $ABCD$의 면 변화량

(c) 이 경우 블록의 체적 변화량을 구하라.

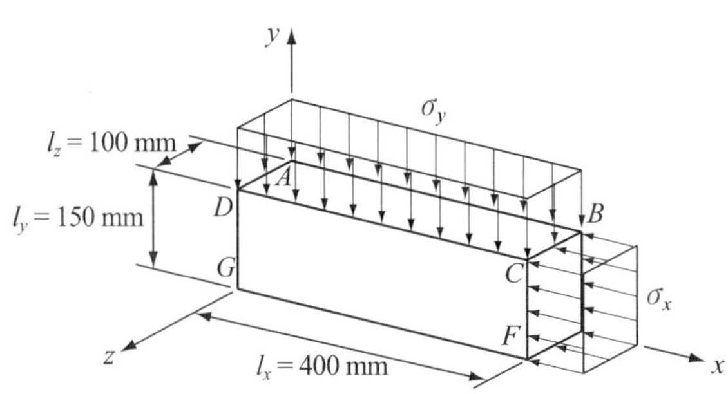

해석 순서

(a) ① $\delta_y = 0$, $\epsilon_y = 0$이므로 $\epsilon_y = \frac{1}{E}(\sigma_y - \nu\sigma_x) = 0$

② $\sigma_y = \nu\sigma_x = 0.3 \times (-30) = -9\,\mathrm{MPa}$

(b) 면 $ABCD$의 면 변화량

$A_o + \Delta A = l_x(1+\epsilon_x)\,l_z(1+\epsilon_z)$이므로

① ϵ_x, ϵ_z 산정 $\epsilon_x = \frac{1}{E}(\sigma_x - \nu\sigma_y) = -1.365 \times 10^{-4}$

$\epsilon_z = \frac{1}{E}(-\nu\sigma_x - \nu\sigma_y) = -\frac{\nu}{E}(\sigma_x + \sigma_y) = 5.85 \times 10^{-5}$

② 면 변화량 $A_o + \Delta A = l_x(1+\epsilon_x)\,l_z(1+\epsilon_z)$에서

$A_o = l_x l_z$ 이므로

$\Delta A = l_x l_z(\epsilon_x + \epsilon_z + \epsilon_x \epsilon_z) = -3.12\,\mathrm{mm}^2$

(c) $\Delta V = l_y \Delta A = -468\,\mathrm{mm}^3$

03

휨모멘트 Bending Moment

3.1 순수 휨모멘트(Pure Bending Moment)

이 장(章, Chapter)에서는 크기가 같고 방향이 반대인 모멘트 M이 그림 3.1(a)와 같이 부재를 휘어지게 하는 상태 즉, 순수(純粹, Pure) 휨상태에 대해 주로 다룬다.

순수 휨상태는 이론적으로 표현이 가능하나 실제 상황에서는 매우 드문 경우이다. 반면 그림 3.1(b)와 같은 상태는 일반적으로 발생될 수 있는 휨상태로서 순수 휨상태가 아닌 수직하중에 의한 휨상태 즉, 전단력이 동반된 휨상태이다. 일반적인 상태에서 흔히 접하는 경우가 전단력이 동반된 휨상태인데 이 장에서 순수 휨상태를 주로 다루는 이유는 휨과 응력의 관계에 대해 비교적 간편하게 접근할 수 있고 전단력이 휨에 미치는 영향이 미미하기 때문이다. 다시 말해서 전단력이 휨응력에 미치는 영향이 무시할 만큼 미미한 반면 전단력을 고려한 휨응력에 대한 해석방법은 매우 복잡해지기 때문이다. 전단력이 휨응력에 미치는 영향은 10장에서 다루게 된다(그림 10.14에 대한 설명 참조).

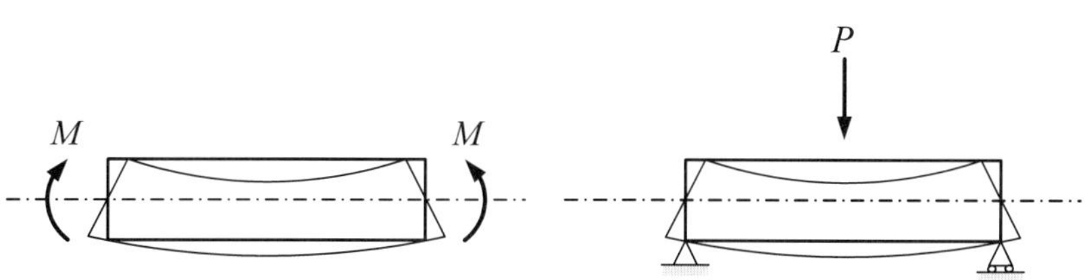

(a) 순수 휨상태　　(b) 수직하중 P에 의한 휨상태

그림 3.1

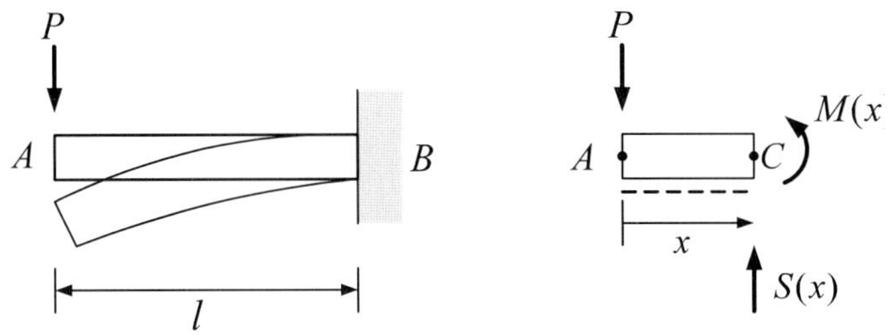

(a) (b)

그림 3.2

이 장의 후반에서는 비대칭단면(非對稱斷面, Asymmetry Cross Section)과 비대칭휨에 대해서 다루고 또한 곡선부재(曲線部材, Curved Members)의 휨응력에 대해 다룬다. 휨모멘트 M의 부호는 그림 3.1과 같이 원호 중심이 상향일 때 즉, 부재 상단이 압축되고 하단이 인장일 때 정(正, Positive)모멘트, 그 반대로 원호의 중심이 하향일 때 부(負, Negative)모멘트로 규정된다. 부(負, Negative)모멘트가 발생되는 경우가 그림 3.2에 나타나 있고, 이런 구조시스템을 외팔보(Cantilever)라고 한다.

물론 그림 3.2(a)의 구조시스템의 끝단 A에 집중하중 P가 작용되는 경우에 발생되는 모멘트는 순수 휨모멘트가 아니다. 그 이유는 그림 3.2(b)로 설명된다. 1장에서 트러스부재가 오직 축력만 전달시킬 수 있는 부재였던 것과 달리 보(Beam)는 축력(軸力, Axial Force), 전단력(剪斷力, Shear Force) 및 휨모멘트를 감당하는 기능을 갖는 부재이다. 따라서 그림 3.2(b)의 자유물체도로부터 힘의 평형방정식을 세워 부재력(部材力, Member Force) 또는 단면력(斷面力, Section Force)을 구해보자. 우선 힘의 평형방정식을 세워 아래와 같이 $S(x)$를 구해보면,

$$+\uparrow \sum V = P - S(x) = 0$$

이므로 x점에서의 전단력 $S(x) = P$가 된다.

다음으로는 $\sum M = 0$의 식을 세워야 하는데 회전점을 A점 또는 C점 중 어느 곳으로 해도 결과는 같으나 어느 곳이 간단한 식이 될지는 문제를 푸는 사람이 판단해야 한다. 이 경우 C점이나 A점 모두 간단 정도는 같으므로 A점을 회전점으로 하여 힘의 평형방정식을 세워보자.

$$\overset{\curvearrowleft}{+} \sum M_A = M(x) + S(x)\ x = 0$$

따라서 x점에서의 휨모멘트 $M(x) = -S(x)\ x = -Px$로 표현된다. 여기서 시계 반

대방향을 '+'로 한 이유는 점선으로 표시한 기준선이 아래에 있을 때 오른쪽 끝에서 시계 반대방향을 '+'로 정한 부호규정에 따랐기 때문이고, 따라서 그림 3.2(a)의 외팔보에는 '−'모멘트 즉, 부모멘트가 발생된 것이다. 여기서 화살표 머리 방향은 압축이고 꼬리쪽이 인장이 되니 기억해 두면 편리할 것이다. 앞서의 설명에서 순수 휨상태가 흔치 않은 경우라고 했는데 흔치 않은 경우를 그림 3.3을 통해 설명해보자.

그림 3.3(a)에서 A점과 B점의 수직반력 A_V와 B_V는 구조시스템이 대칭이므로 상향으로 P가 된다. 그림 3.3(b)의 자유물체도로부터 x점에서의 전단력

$$S(x) = A_V = P$$

이고 휨모멘트

$$M(x) = Px$$

가 된다.

그리고 그림 3.3(c)의 자유물체도로부터 $S(x) = 0$이고

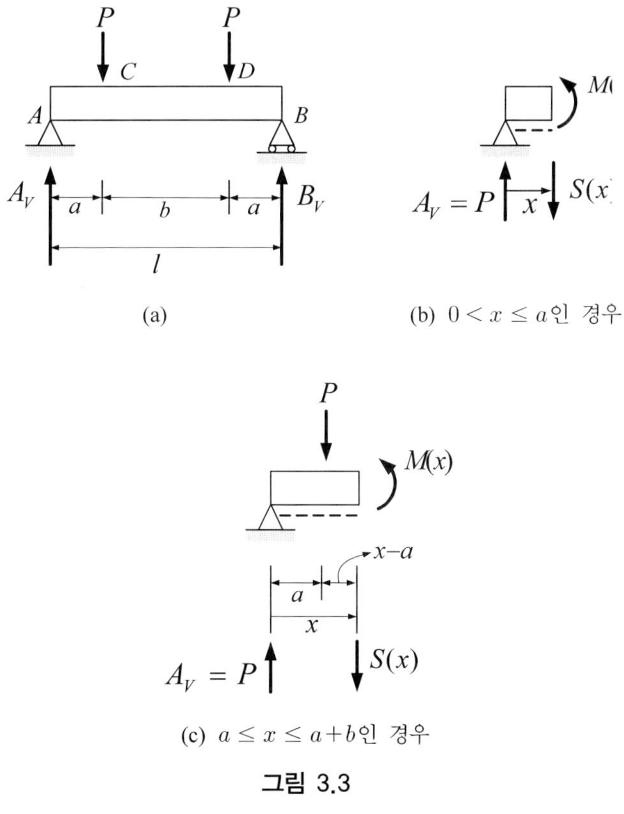

(a)

(b) $0 < x \leq a$인 경우

(c) $a \leq x \leq a+b$인 경우

그림 3.3

$$M(x) = A_V\ x - P(x-a) = Pa$$

가 된다. 이 결과는 CD 구간에서의 전단력은 "0"이고, 모멘트 $M = Pa$가 된다. 즉, CD 구간에서는 전단력이 존재하지 않으므로 모멘트만 존재하는 순수 휨상태이다. 실제 구조물에서 이와 같은 순수 휨상태는 드문 경우이다.

3.2 직선부재에서 순수 휨에 의한 응력

여기서 직선부재(直線部材, Straight Members)는 휨모멘트가 작용되기 전의 상태가 직선이란 뜻이고, 3.10절에서 다룰 곡선부재(曲線部材, Curved Members)와 구분하기 위해서 직선부재라 표현한 것이다. 직선부재가 휨모멘트에 의해 변형된 상태도는 그림 3.1에 나타나 있다. 만일 균일단면보이고 휨모멘트의 크기가 같은 경우에 그림 3.4와 같이 일정한 곡률(曲率, Curvature) κ를 갖게 되면 곡률 κ와 곡률반경(曲率半徑, Radius of Curvature) ρ 의 관계는 다음과 같이 정의된다.

$$\kappa = \frac{1}{\rho}$$

여기서 부재 AB의 곡률반경 교차점 사이의 각을 ϕ 라고 할 때 곡률 또는 곡률반경 ρ와 변형률 ϵ과의 관계 및 휨모멘트 M과 축응력 σ와의 관계식을 유도하기 위해 그림 3.5와 같이 원심점 O으로부터 수직되는 축에서 미소길이 ds만큼 변형된 단면요소를 고려해 보기로 하자.

그림 3.5에서 변형 후의 보 요소(要素, Element)는 미소요소이므로 직선으로 표시하였다. 그리고 $d\phi$가 미소각이므로 $ds = \rho d\phi$로 표현되고 따라서 $\rho = \dfrac{ds}{d\phi}$라는 관계가 성립

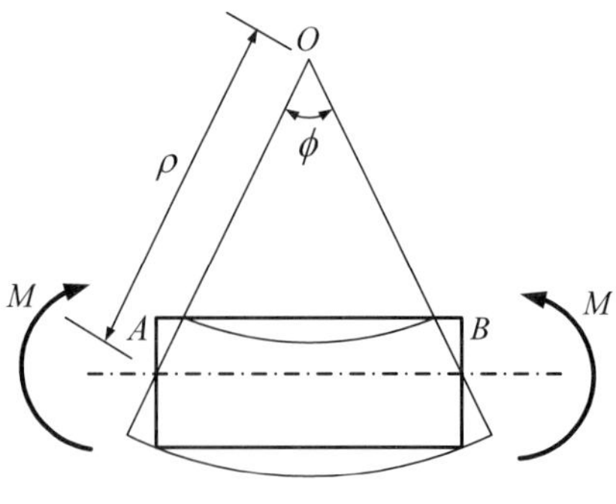

그림 3.4

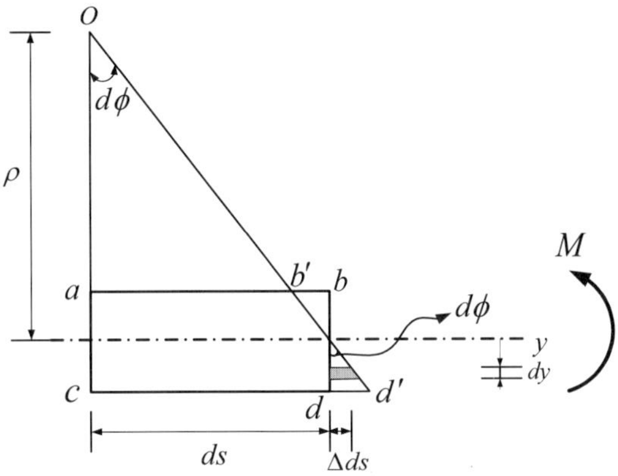

$abcd$: 변형 전 상태의 보 요소

$ab'cd'$: 변형된 후의 보 요소

그림 3.5

된다. 또한

$$\epsilon = \frac{\Delta ds}{ds} = \frac{y\ d\phi}{ds} = \frac{y}{\rho} = \kappa y \tag{3.1}$$

로 표현된다.

여기서 휨모멘트 M은 Input에 해당되고 응력에 의한 내부 모멘트 M_i는 다음과 같이 표현된다. $M_i = \int \sigma y dA$. 여기서 σ는 그림 3.2에 나타낸 y의 위치에서의 응력이고 dA는 dy에 해당되는 미소단면력이다(그림 3.7 참조). 또는 y는 '모멘트=힘×팔거리'에서 팔거리에 해당된다. M_i는 작용된 모멘트 M 즉, Input과 같아야 하므로 $M = M_i$ 즉, $M = \int \sigma y dA$가 된다. 이 식에 후크의 법칙으로부터 $\sigma = E\epsilon$의 관계식과 식 (3.1)로부터 $\epsilon = \dfrac{y}{\rho}$의 관계식을 대입하면 다음과 같은 식이 성립된다.

$$M = \int \sigma y dA = \int E \epsilon y dA = \frac{E}{\rho} \int y^2 dA$$

여기서 $\int_A y^2 dA$는 단면2차모멘트 또는 관성모멘트(慣性모멘트, Inertia Moment) I로 정의된다. 따라서

$$M = \frac{EI}{\rho} = EI \frac{d\phi}{ds} \tag{3.2}$$

가 된다. 여기서 EI를 휨강성이라고 하니 용어로서 잘 기억하기 바란다. 여기서 E는 2장에서 다루었듯이 재료의 특성에 따라 결정되는 강성계수이고, I는 3.3절에서 상세히 다루

겠지만 단면의 기하학적 형상에 따라 결정되는 강성계수의 하나이다. 식 (3.2)는 다시 $d\phi = \frac{M}{EI}ds$의 형식으로 표현되고 $d\phi = \frac{\epsilon\ ds}{y}$로 표현되므로 식 (3.1)을 $d\phi$에 대해 정리하면

$$\frac{\epsilon\ ds}{y} = \frac{M}{EI}ds$$

라는 식이 유도(誘導, Inducing)된다. 따라서

$$\epsilon E = \sigma = \frac{M}{I}y \tag{3.3}$$

와 같은 M과 σ와의 관계식이 완성된다. 이 식을 **보 방정식(보方程式, Beam Equation)**이라고 한다. 이러한 응력 σ는 일종의 축응력으로서 휨모멘트에 의해 발생된 응력이므로 휨응력이라고도 하고 보 방정식은 **탄성 휨공식(Elastic Flexure Formula)**이라고도 한다. 이 공식은 자주 사용되는 중요한 공식이다.

3.3 면적(面積)의 모멘트

이 절에서는 단면의 기하학적 형상에 따른 단면의 도심(圖心, Centroid)과 단면1차모멘트 및 강성계수 중 하나인 단면2차모멘트 I, 극관성모멘트 J에 대해 다룬다.

단면1차모멘트(First Moment of an Area)

단면1차모멘트는 면적에 도심까지의 거리를 곱한 것으로 정의되는데 그림 3.6을 이용해 설명해보도록 하자.

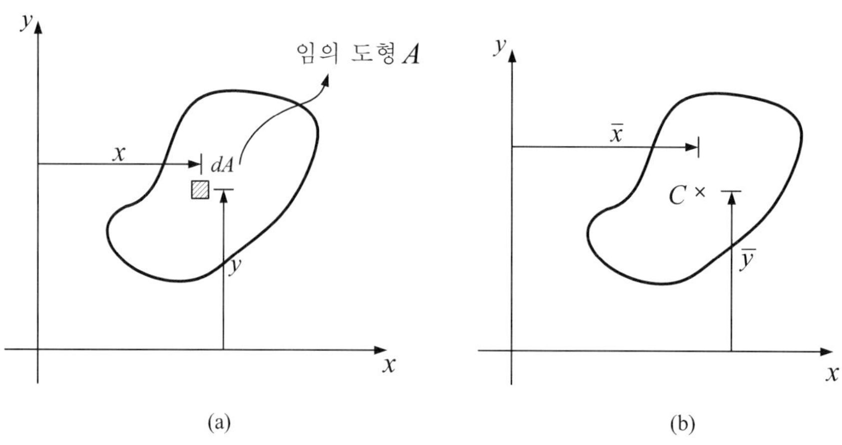

그림 3.6

그림 3.6(a)는 면적이 A인 임의 도형이 $x-y$좌표계(座標系, Coordinate System)상에 나타나 있고, 미소단면적 dA의 좌표 $(x,\ y)$가 표시되어 있다. x축(軸, Axis)에 관한 A의 단면1차모멘트 Q_x는 다음과 같은 적분(積分, Integration)식으로 표현된다.

$$Q_x = \int_A y dA$$

그리고 y축에 관한 A의 단면1차모멘트

$$Q_y = \int_A x dA$$

로 표현된다. 그림 3.6(b)는 임의 도형 A의 도심(圖心, Centroid) C와 도심 C의 좌표 $(\overline{x},\ \overline{y})$가 나타나있다. 따라서 x 및 y축에 대한 도형 A의 단면1차모멘트는 다음과 같이도 표현된다.

$$Q_x = A\overline{y},\ \ Q_y = A\overline{x}$$

여기서 $\int_A ydA = A\ \overline{y}$이고, $\int_A x\,dA = A\ \overline{x}$의 등식이 성립된다.

따라서 x축에서 도심까지의 거리

$$\overline{y} = \frac{\int_A ydA}{A}$$

이고 y축에서 도심까지의 거리

$$\overline{x} = \frac{\int_A xdA}{A}$$

로 표현된다. 한 단면의 도심축은 도심축에 대한 단면1차모멘트가 "0"이 되는 축이다. 다른 말로 표현하면 **도심축은 도심축 상부와 하부의 단면1차모멘트의 합이 "0"이 되는 축이다.** 그 예를 그림 3.7과 같은 직사각형 단면을 이용하여 설명해보자.

도심축 상부의 단면1차모멘트

$$Q_{x(상)} = \int_0^c y\ dA = \int_0^c yb\ dy = \frac{bc^2}{2}$$

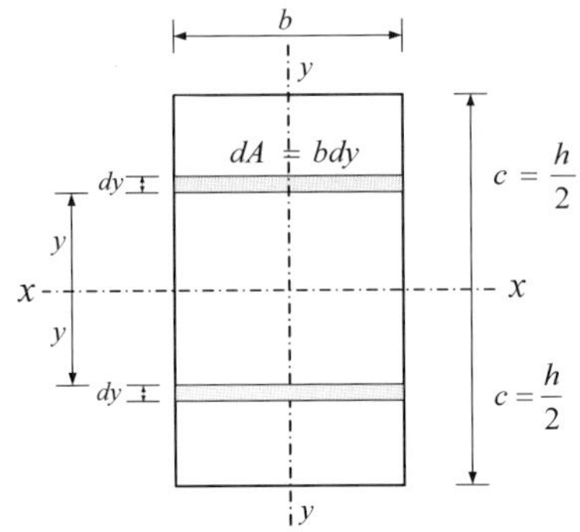

그림 3.7

이고 도심축 하부의 단면1차모멘트

$$Q_{x(하)} = \int_0^{-c} y\,dA = \int_0^{-c} y\,b\,dy = -\frac{bc^2}{2}$$

이므로 $Q_{x(상)} + Q_{x(하)} = 0$ 이 된다. x축과 y축의 도심축이 만나는 점을 도심(centroid) 또는 중심(中心, Center)이라고 한다. 이 결과는 어떤 단면이 대칭중심(對稱中心, Symmetric Centroid)을 가지는 경우 대칭중심을 통하는 모든 축에 대한 단면1차모멘트는 "0"이라는 의미이다.

다음으로는 대칭축이 없는 경우, 예로서 삼각형 단면의 도심축과 x축에 대한 Q_x를 구해보자.

그림 3.8로부터 단면적 $A = \dfrac{bh}{2}$ 이고 기준축을 x로 할 때, x축에서 임의 거리 y에 해당되는 단면폭

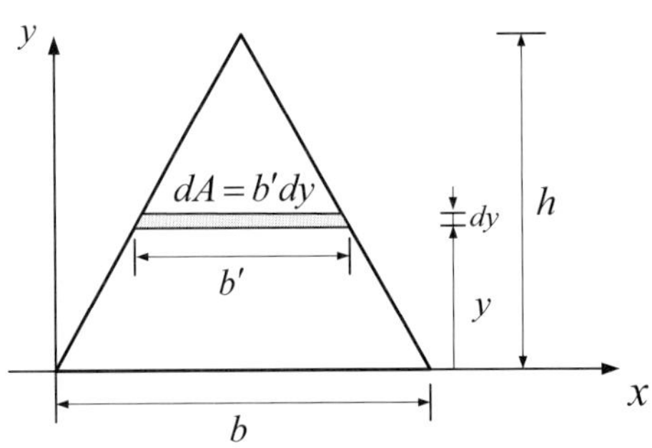

그림 3.8

$$b' = \frac{b}{h}(h-y)$$

이다. 따라서 x축에서 삼각형 단면의 도심축까지의 거리를 $\bar{y}$라고 하면 앞에서의 정의에 따라

$$\bar{y} = \frac{\int_0^h y\,dA}{A} = \frac{1}{A}\int_0^h y[\frac{b}{h}(h-y)]dy$$

로 표현되고, 이 식을 다시 정리하면

$$\bar{y} = \frac{2}{b\,h}\times\frac{b}{h}\int_0^h (y\,h-y^2)dy = \frac{h}{3}$$

로 계산된다. 따라서

$$Q_x = A\,\bar{y} = \frac{b\ h}{2}\times\frac{h}{3} = \frac{b\,h^2}{6}$$

이 된다.

다음으로는 그림 3.9와 같은 임의 도형의 도심과 단면1차모멘트를 구하는 방법에 대해 알아보자.

그림 3.9(a)와 같은 임의 도형을 그림 3.9(b)와 같이 우리가 면적과 도심을 알고 있는 삼각형 또는 사각형 단면으로 분할하고 각각의 면적 A_i 및 기준축 x로부터의 도심 C_i까지의 거리 $\bar{y}_i$를 구한다. 분할된 총 단면적

$$A = \sum_i A_i$$

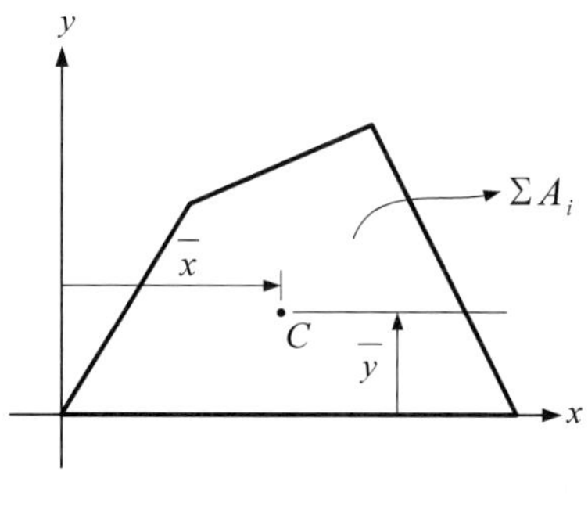

(a) 임의 도형

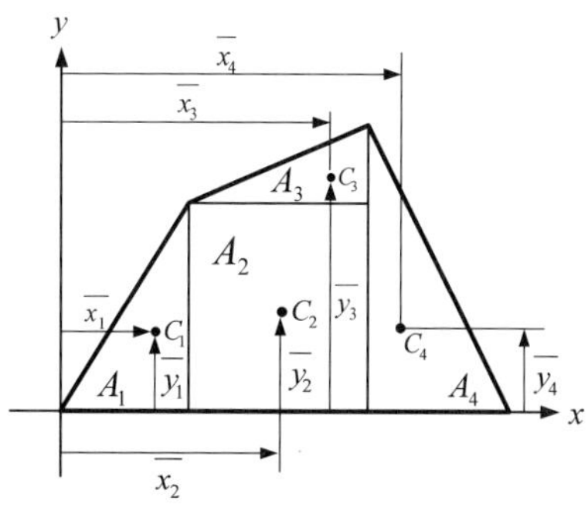

(b) 단면 분할

그림 3.9

이고 분할된 단면의 x축에 대한 각각의 단면1차모멘트의 합은 $\sum A_i \overline{y_i}$로 표현된다. 따라서 총 단면1차모멘트는

$$A\overline{y} = A_1\overline{y_1} + A_2\overline{y_2} + A_3\overline{y_3} + A_4\overline{y_4}$$

이고 이 식은 다음과 같이 표현된다. 기준축 x에서 임의 도형 도심 C까지의 거리

$$\overline{y} = \frac{\sum_i A_i \overline{y_i}}{\sum_i A_i} \tag{3.4}$$

이다. 그리고 기준축을 y로 하는 경우 y축으로부터 분할된 도형의 도심까지 거리를 $\overline{x_i}$라 할 때 기준축 y에서 임의 도형 도심 C까지의 거리

$$\overline{x} = \frac{\sum_i A_i \overline{x_i}}{\sum_i A_i} \tag{3.5}$$

로 표현된다. 여기서, 도심 C 및 도심 C의 좌표가 그림 3.9(a)에 나타나 있다.

[예제 3.1]

그림과 같은 단면의 기준축을 x와 y로 했을 때의 x축과 y축으로부터 도심 C의 좌표 $(\overline{x}, \overline{y})$를 구하고 x축, y축에 대한 단면1차모멘트 Q_x, Q_y를 구하라.

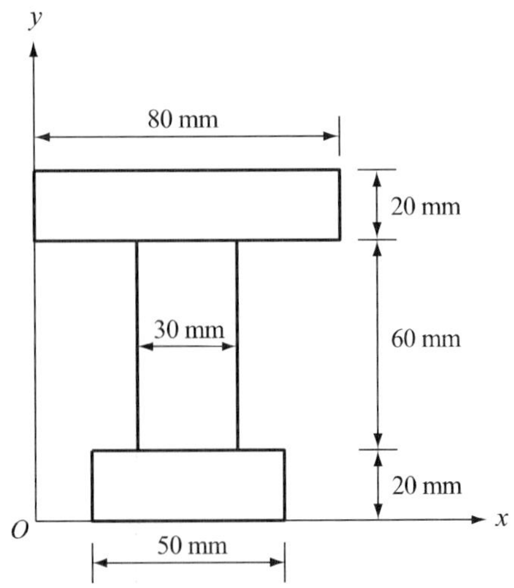

[풀이] 전체 단면을 A_1, A_2, A_3로 분할한 다음 기준축 x, y로부터 도심까지의 거리 $\overline{x_i}$, $\overline{y_i}$를 결정한다.

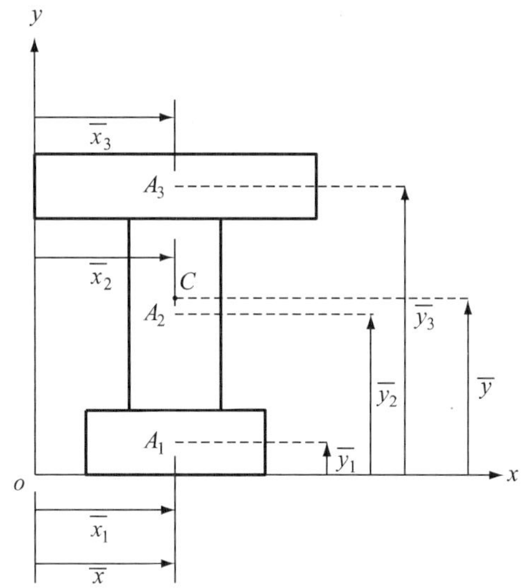

따라서

$$\overline{x} = \frac{A_1\,\overline{x_1} + A_2\,\overline{x_2} + A_3\,\overline{x_3}}{A_1 + A_2 + A_3}$$

$$= \frac{50\times20\times40 + 30\times60\times40 + 80\times20\times40}{50\times20 + 30\times60 + 80\times20} = 40\ \mathrm{mm}$$ 이고 $\overline{y}$는 다음과 같이 계산된다. 그리고

$$\overline{y} = \frac{A_1\,\overline{y_1} + A_2\,\overline{y_2} + A_3\,\overline{y_3}}{A_1 + A_2 + A_3}$$

$$= \frac{50\times20\times10 + 30\times60\times50 + 80\times20\times90}{50\times20 + 30\times60 + 80\times20} = 55.45\ \mathrm{mm}$$

가 된다. 따라서 x축과 y축에 대한 단면1차모멘트 Q_x 및 Q_y는 다음과 같이 계산된다.

$$Q_x = \sum A_i\,\overline{y} = A_1\,\overline{y_1} + A_2\,\overline{y_2} + A_3\,\overline{y_3} = 4,400\times55.45 = 244,000\ \mathrm{mm}^3$$

$$Q_y = \sum A_i\,\overline{x} = A_1\,\overline{x_1} + A_2\,\overline{x_2} + A_3\,\overline{x_3} = 4,400\times40 = 176,000\ \mathrm{mm}^3$$

단면2차모멘트(斷面2次모멘트, Second Moment of an Area) 또는 관성모멘트(慣性모멘트, Moment of Inertia of an Area)

단면2차모멘트는 면적에 면적의 도심까지의 거리를 자승한 값을 곱한 것으로 정의된다.

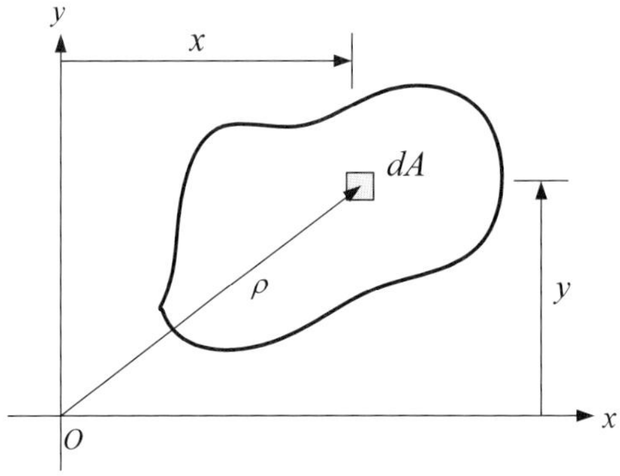

그림 3.10

그림 3.10과 같이 임의 도형의 x축과 y축에 대한 단면2차모멘트는 각각 $I_x = \int_A y^2 dA$ 이고 $I_y = \int_A x^2 dA$로 표현된다.

또한 0점에 대한 극관성모멘트(極慣性모멘트, Polar Moment of Inertia)

$$J = \int_A \rho^2 dA$$

로 표현된다. 극관성모멘트 J는 4장에서 다룰 비틀림모멘트에 의한 전단응력 및 비틀림각과 관련된다.

- 회전반경(回轉半徑, Radius of Gyration)

x축과 y축에 관한 회전반경은 다음과 같이 정의된다. 회전반경 r_x, r_y는 11장에서 다룰 세장비와 관련된다.

x축에 관한 회전반경

$$r_x = \sqrt{\frac{I_x}{A}}$$

이고 y축에 관한 회전반경

$$r_y = \sqrt{\frac{I_y}{A}}$$

이다. 또한 원점에 관한 회전반경 r_0는 다음과 같다.

$$r_0 = \sqrt{\frac{J_0}{A}}$$

[예제 3.2]

아래 그림과 같은 직사각형 단면의 도심축 x에 관한 I_x 와 r_x를 구하라.

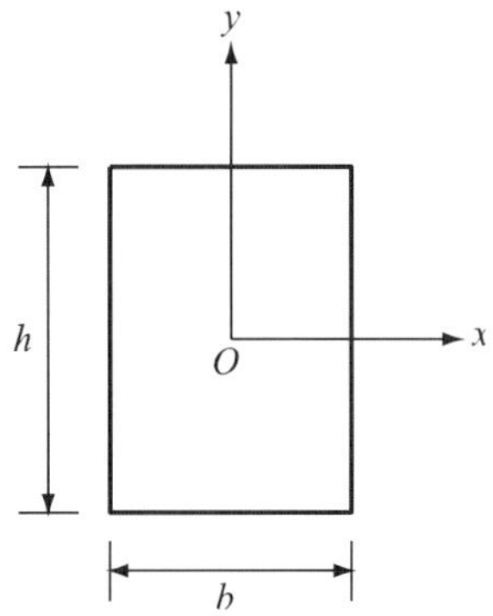

[풀이] 그림과 같이 단면요소의 면적을 $dA = b\,dy$라고 할 때

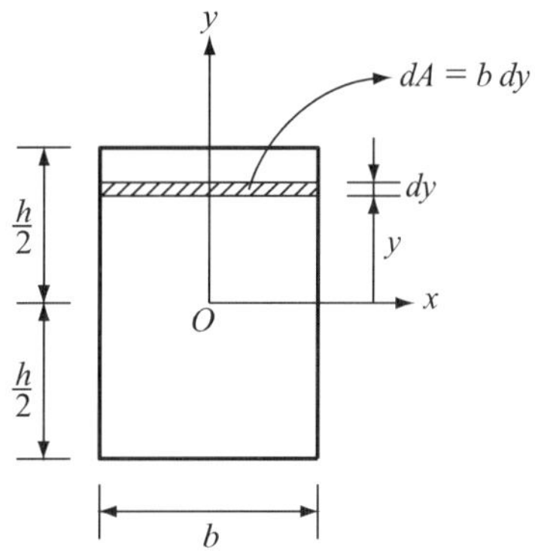

이 단면요소의 x축에 관한 단면2차모멘트 dI_x는 다음과 같이 표현된다.

$$dI_x = y^2 dA = y^2(bdy)$$

따라서 x축에 대한 단면2차모멘트

$$I_x = \int y^2 dA = \int_{-\frac{h}{2}}^{+\frac{h}{2}} y^2(b\,dy) = \frac{1}{3}b\left[y^3\right]_{-\frac{h}{2}}^{+\frac{h}{2}} = \frac{1}{3}b\left(\frac{h^3}{8} + \frac{h^3}{8}\right) = \frac{bh^3}{12} \text{ 이고}$$

회전반경 r_x는 다음과 같이 표현된다.

$$r_x = \sqrt{\frac{I_x}{A}} = \sqrt{\frac{\frac{bh^3}{12}}{bh}} = \frac{h}{\sqrt{12}}$$

[예제 3.3]

반경이 r인 원형단면의 단면2차모멘트 I_x와 I_y 그리고 극관성모멘트 J_0를 구하라.

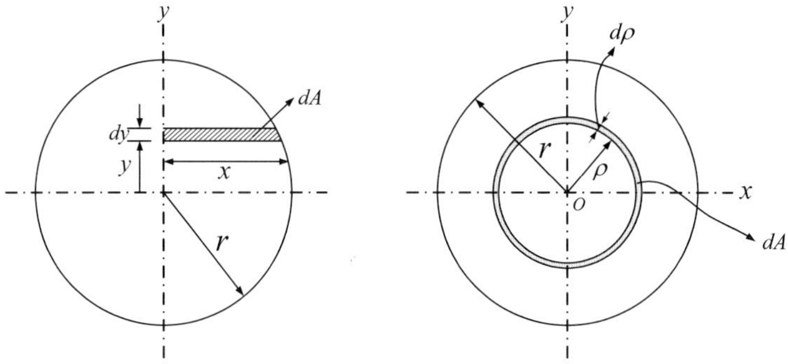

(a) (b)

[풀이] 우선 원형단면은 x축과 y축이 대칭이므로 $I_x = I_y$임을 알 수 있다. 위의 그림 (a)에서 원의 식으로부터

$$x = \sqrt{r^2 - y^2}$$
$$dA = x\,dy = \sqrt{r^2 - y^2}\,dy$$

로 표현되므로

$$\begin{aligned} I_x &= 4\int_0^r y^2\,dA \\ &= 4\int_0^r y^2\sqrt{r^2 - y^2}\,dy \\ &= \frac{\pi r^4}{4} \end{aligned}$$

으로 계산된다. 그리고 그림 (b)에서 $dA = 2\pi\rho\,d\phi$이므로 극관성모멘트

$$J_0 = \int_0^r \rho^2 dA = 2\pi\int_0^r \rho^3 d\phi = \frac{\pi r^4}{2}$$

이다. 따라서 $J_0 = I_x + I_y$의 관계가 성립되고 단면2차모멘트는 회전반경 r^2에 비례하므로 ${r_0}^2 = {r_x}^2 + {r_y}^2$의 관계도 성립된다.

평행축의 정리(平行軸의 定理, Parallel-Axis Theorem)

그림 3.11과 같이 임의 도형 A의 자체 도심축을 x'이라 하고 임의의 기준축 x에서 x'축까지의 거리를 d라 할 때 x축에 대한 단면2차모멘트는 앞에서의 정의에 따라 다음 식과 같이 표현된다.

$$I_x = \int_A (d+y)^2 dA$$

이 식은 다시

$$I_x = \int_A d^2 dA + 2d\int_A y dA + \int_A y^2 dA$$

로 전개되고, 앞서에서 설명했듯이 $\int_A y dA$는 도형 A의 자체 도심에 대한 단면1차모멘트이므로 "0"이다(그림 3.7 참조). 그리고 $\int_A y^2 dA$는 도형 A의 자체도심축 x'에 대한 단면2차모멘트이고 $\int_A d^2 dA = d^2 A$는 기준축 x에서 x'축과의 거리의 제곱에 A를 곱한 것이다. 다시 정리하면

$$I_x = A\, d^2 + I_{x'} \tag{3.6}$$

이 된다. 이 결과식이 **매우 중요한 평행축의 정리이다.**

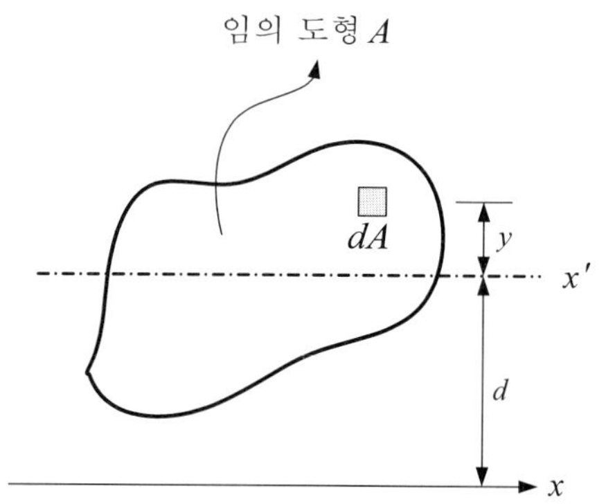

그림 3.11

[예제 3.4]

주어진 T형 단면에서 도심축 x에 관한 단면2차모멘트를 구하라.

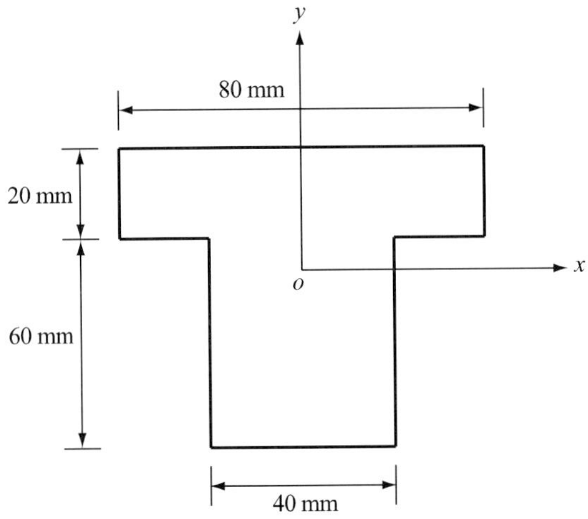

[풀이] 먼저 도심축의 위치를 계산하기 위해 전체 단면 A를 아래 그림과 같이 A_1, A_2로 분할한다. 그리고 기준축 x'으로부터 분할된 단면 A_1과 A_2의 도심까지의 거리를 $\overline{y_1}$와 $\overline{y_2}$라 할 때

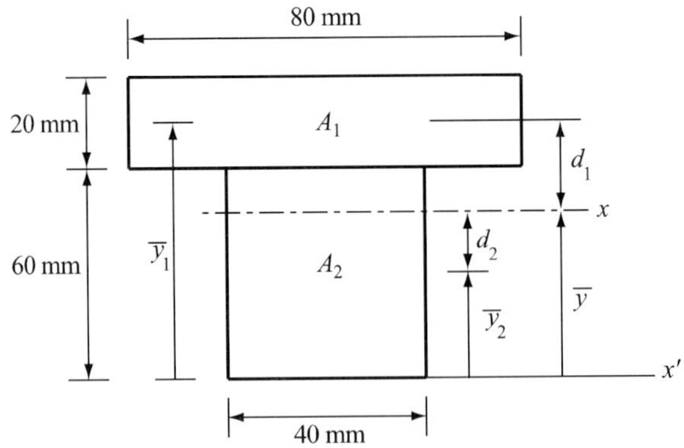

$$\overline{y} = \frac{A_1 \overline{y_1} + A_2 \overline{y_2}}{A_1 + A_2} = \frac{80 \times 20 \times 70 + 40 \times 60 \times 30}{80 \times 20 + 40 \times 60} = 46 \text{ mm}$$ 로 계산되고

평행축의 정리를 이용하여 다음과 같이 I_x를 계산할 수 있다.

$$I_x = \frac{80 \times 20^3}{12} + (80 \times 20) \times (70 - 46)^2 + \frac{40 \times 60^3}{12} + (40 \times 60) \times (46 - 30)^2$$

$$= 2.31 \times 10^6 \text{mm}^4$$

● 단면효과(斷面効果, Effects of Section Area)

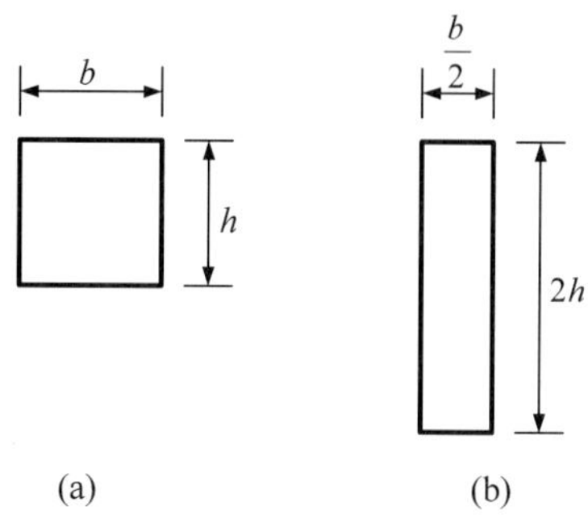

그림 3.12

그림 3.12에 나타낸 단면적이 같은 두 단면의 재료역학적 특성을 분석해보자. 첫 번째로 단면2차모멘트를 비교해보면 (a)단면의

$$I_{(a)} = \frac{bh^3}{12}$$

이고 (b)단면의

$$I_{(b)} = \frac{\frac{b}{2}(2h)^3}{12} = \frac{4bh^3}{12}$$

이다. 단면2차모멘트 측면에서 비교해볼 때 단면적이 똑같음에도 불구하고 (b)단면이 (a)단면의 4배에 달한다. 다음으로 휨모멘트에 의한 응력 $\sigma = \frac{M}{I}c$의 측면에서 비교해볼 때 (a)단면의 최대응력

$$\sigma_{(a)} = \frac{M}{I_{(a)}} \times \frac{h}{2}$$

이고 (b)단면의 최대응력

$$\sigma_{(b)} = \frac{M}{I_{(b)}} h$$

가 되므로 $\sigma_{(a)}$가 $\sigma_{(b)}$의 2배가 됨을 알 수 있다. 다시 말해서 (b)단면이 (a)단면보다 응력 측면에서 2배의 단면효과가 크다는 결론이다. 앞서 3.2절에서 휨강성을 EI라고 설명했는데 휨강성은 휨(Bending)의 정도를 결정짓는 계수로서 처짐(Displacement) 또는 처

짐각에 반비례하는 계수이다. 즉, 그림 3.12와 같은 보에서 일정한 하중조건일 때, (a)단면의 처짐이 (b)단면의 처짐보다 4배가 크다는 결론이다. 즉, 휨강성 측면에서 (b)단면이 (a)단면보다 4배의 단면효과가 크다는 의미이다. 그림 3.12는 단면의 형상(形狀, Shape)에 따라 휨강성 또는 최대응력의 차이가 매우 크다는 것을 설명한 예이다.

다음으로는 구조용강(構造用鋼)에 대해 외형 및 기능적 특성에 대해 다루어 보기로 하겠다. 그림 3.13에 나타낸 2종류의 강재의 단면 형태는 그 외형적 차이가 있고 명칭 또한 외형적 특성에 따라 정해져 있다. 이러한 형태의 강재는 건설재로서 가장 자주 사용되는 것들이니 기능적 차이에 대해 정확히 이해하기 바란다.

그림 3.13의 (a)단면은 외형적으로 (b)단면보다 홀쭉 또는 날씬하다고 표현할 수 있다. 따라서 'Slender'란 단어의 첫 자 'S'를 따서 S-형 단면이라 부른다. 또한 형태가 영어 알파벳 대문자 'I'와 같다고 하여 I-형 단면이라는 명칭도 가지고 있고 플랜지 폭이 그림과 같이 일정하지 않다. 그림 3.13의 (b)단면은 플랜지 폭이 넓어 'Wide Flange'란 뜻에서 W-형 단면이라 부르며 또한 단면을 90° 회전시켰을 때 영어 알파벳 대문자 'H'와 같다 하여 H-형 단면이라고도 부른다. S-형 단면이나 W-형 단면과 같은 모양을 갖는 강재는 제작방법에 따라 형강(形鋼, Rolled Profile)과 판형(板桁, Plate Girder)으로 구분된다. 형강은 약 1,200℃로 가열된 강재를 롤러(Roller)를 이용한 압밀(壓密, Pressing)과정을 거쳐 원하는 형태 및 치수로 제작된 제품으로 I-형강 또는 H-형강이 이에 속한다. 판형은 강판을 원하는 치수로 플랜지용과 복부용으로 절단하여 원하는 형태로 고정시킨 다음 플랜지와 복부를 용접하여 제작되는 제품이다. 가격면에서는 물론 판형이 형강보다 덜 기계적이기 때문에 단위중량당 약 10% 정도 비싸다. 그러나 형강은 제작시설 및 설비문제 때문에 국내에서는 최대 형고(桁高, Height of Beam)가 1 m 정도로 제한적이다. 토목공사 특히 교량공사에서 형고가 1 m 이상 요구되는 경우에는 판형을 사용할 수밖에 없는 실정이다. 형강의 형고가 제한적인 것은 고온도(高溫度)에서 제작되므로 형고가 높을수록 형태를 유지하기가 어렵기 때문이다.

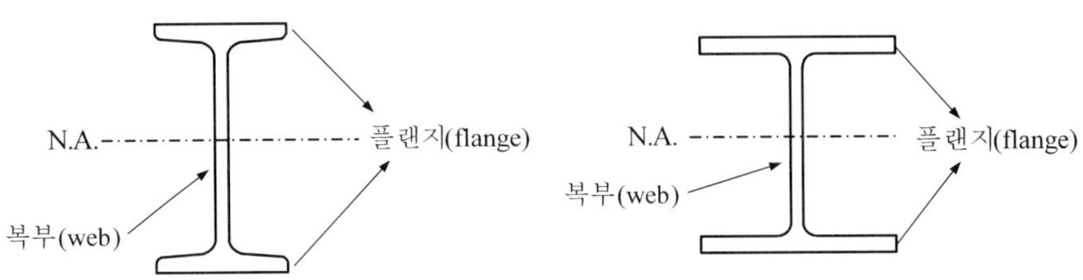

(a) S-형 단면 (I-Shape Section) (b) W-형 단면 (H-Shape Section)

그림 3.13

다음으로는 S-형 단면보(S-보)와 W-형 단면보(W-보)의 기능적 차이에 대해 알아보자. S-보와 W-보의 가격은 중량 기준일 때 단면적이 같은 경우 같다고 할 수 있다. S-보는 x축에 대해 강성이 강조된 빔이다. 왜냐하면 형고가 높기 때문에 I_x가 W-보의 I_x보다 훨씬 크다. 그 이유를 설명하기 위하여 평행축의 정리를 다시 한 번 생각해 보기로 하자.

$$I_x = Ay^2 + I_{x'}$$

에서 $I_{x'}$은 Ay^2에 비해 매우 미미한 값이고 Ay^2이 I_x값을 지배한다. I_x는 단면적 곱하기 x축에서의 높이의 제곱에 비례하기 때문에 S-보가 W-보보다 I_x가 훨씬 크다. 다시 말해서 I_x는 플랜지 면적에 중립축에서 플랜지까지의 거리의 제곱에 비례한다. 따라서 상대적으로 형고가 높은 S-보가 x축에 대해 강성이 훨씬 크기 때문에 중력(重力, Gravity) 방향의 하중 즉, 수직방향의 하중에 유리하다. 따라서 휨모멘트를 지배적으로 받는 보에 유리하다. 한편 W-보는 y축에 대한 강성 즉, I_y가 S-보보다 강조된 단면이다. 그러므로 W-보는 압축력을 지배적으로 받는 부재인 기둥(Column)에 S-보보다 유리하다. 그 이유는 S-보는 x축에만 강성이 집중된 반면 W-보는 x축과 y축에 강성이 어느 정도 분배된 단면이기 때문이다. 이와 같이 S-보나 W-보는 각기 특성이 있고 단면효과가 매우 큰 단면이다. 따라서 도로상에서 공사현장으로 운반 중인 S-보나 W-보를 자주 볼 수 있는 이유이기도 하다.

[예제 3.5]

그림과 같은 직사각형 단면을 갖는 단순보시스템에서 BC 구간의 단면을 항복시키는 휨모멘트 M을 구하여라. 단, $\sigma_y = 100\text{ MPa}$이다.

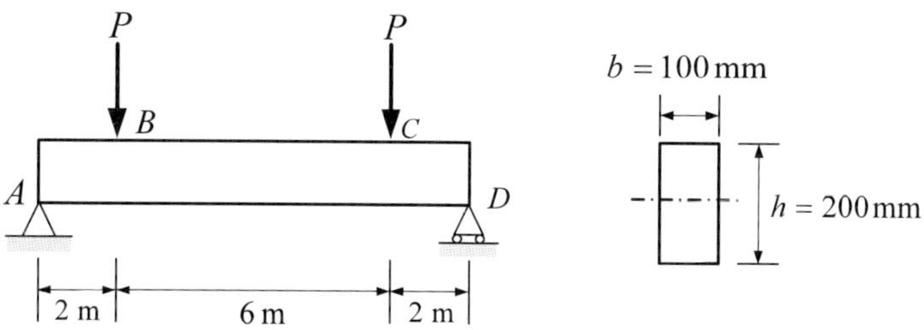

[풀이] 대칭시스템이므로 A점과 D점의 수직반력은 P이고, BC 구간의 휨모멘트 $M = 2P$이다. 여기서 BC 구간은 순수휨 상태이다(그림 3.3 참조).

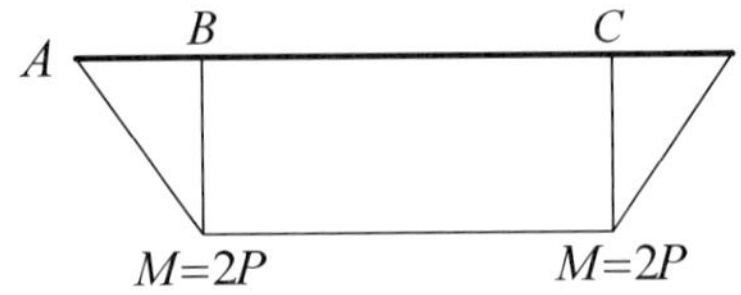

주어진 단면의

$$I_x = \frac{0.1 \times 0.2^3}{12} = 66.7 \times 10^{-6} \mathrm{m}^4$$

이고 따라서

$$\sigma = \frac{2P}{I_x} \times 0.1 \le \sigma_y = 100 \text{ MPa}$$

의 조건을 만족시키는 P를 구한다. 따라서 BC 단면을 항복시키는 하중 $P = 33.4$ kN 이므로 $M = 66.8$ kNm가 계산된다.

[예제 3.6]

아래 그림과 같은 반원모양의 단면을 갖는 알루미늄 봉이 곡률반경 $\rho = 2.5$ m의 원호모양으로 휘어져 있다. 봉의 평평한 면이 원호의 곡률중심을 향하였을 때 봉에 발생되는 최대 인장 및 최대 압축응력을 구하라(단, $E = 70$ GPa).

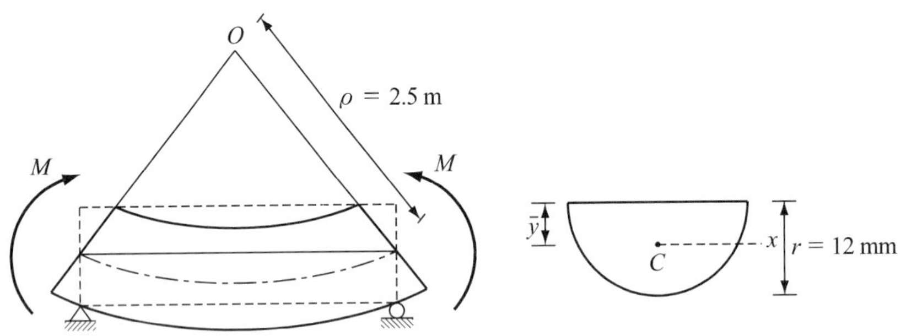

[풀이] 반원단면의 도심 $\bar{y}$와 단면2차모멘트 I_x는 다음의 공식으로 구할 수 있다(부록 B 참조).

$$\bar{y} = \frac{4r}{3\pi}, \quad I_x = \frac{9\pi^2 - 64}{72\pi} r^4$$

따라서 $\bar{y} = \dfrac{4r}{3\pi} = 5.1$ mm, 단면2차모멘트

$$I_x = \frac{9\pi^2 - 64}{72\pi} r^4 = \frac{9\pi^2 - 64}{72\pi} \times 12^4 = 2{,}276 \text{ mm}^4$$로 계산된다.

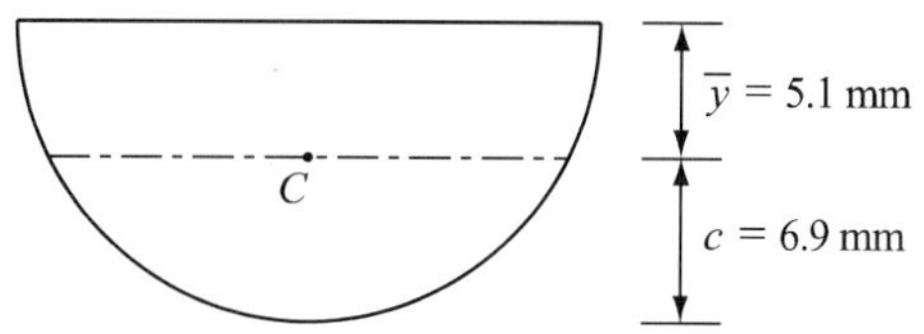

$\frac{1}{\rho} = \frac{M}{EI}$의 식으로부터 작용모멘트 M을 산정하면 다음과 같다.

$$M = \frac{EI_x}{\rho} = \frac{70 \times 10^3 \times 2,276}{2.5 \times 10^3} = 63,728 \text{ Nmm}$$

따라서 최대 압축응력

$\sigma_c = \frac{M}{I_x}\bar{y} = \frac{63,728}{2,276} \times 5.1 = 142.8 \text{ MPa}$로 계산되고

최대 인장응력

$\sigma_t = \frac{M}{I_x}c = \frac{63,728}{2,276} \times 6.9 = 193.2 \text{ MPa}$로 계산된다.

[예제 3.7]

상자형 단면인 알루미늄 압출관의 항복응력 $\sigma_y = 100$ MPa이고, 탄성계수 $E = 70$ GPa이다. 필렛효과와 전단력의 영향을 무시하고, 안전계수 F.S = 2일 때 그림과 같은 외팔보가 받을 수 있는 최대 허용하중 P를 구하라.

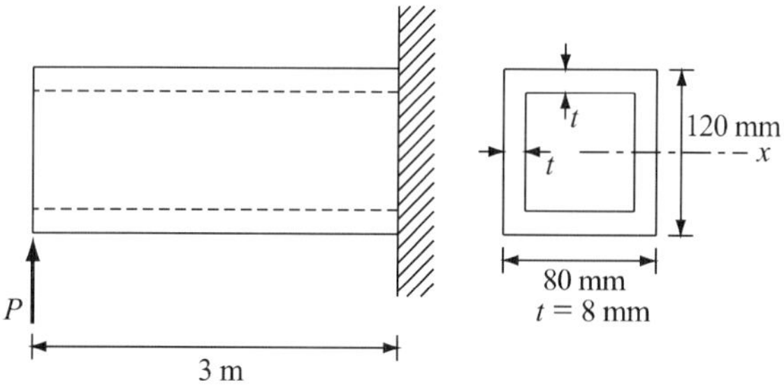

[풀이] 문제에서 필렛효과를 무시한다는 의미는 응력집중현상을 무시한다는 뜻이다.

주어진 단면의 단면2차모멘트를 구하면 다음과 같다.

$$I_x = \frac{80 \times 120^3}{12} - \frac{64 \times 104^3}{12} = 5.52 \times 10^6 \text{ mm}^4$$

주어진 F.S = 2이므로 허용응력은 $\sigma_{\text{all}} = \frac{\sigma_y}{2} = 50$ MPa이다.

σ_{all}을 초과하지 않는 범위의 P는 다음 조건으로부터 구할 수 있다.

$$\sigma_{max} = \frac{(3 \times 10^3)P}{5.52 \times 10^6} \times 60 \le \sigma_{all} = 50 \text{ MPa}$$

따라서 P는 1.53 kN을 초과해서는 안된다.

[예제 3.8]

캔틸레버 보의 끝단에 그림과 같이 하중 $P = 2.5$ kN이 작용되고 있다. B점의 단면에 발생되는 최대 인장응력과 압축응력을 구하고 곡률반경을 구하라. (단 $E = 165$ GPa이다.)

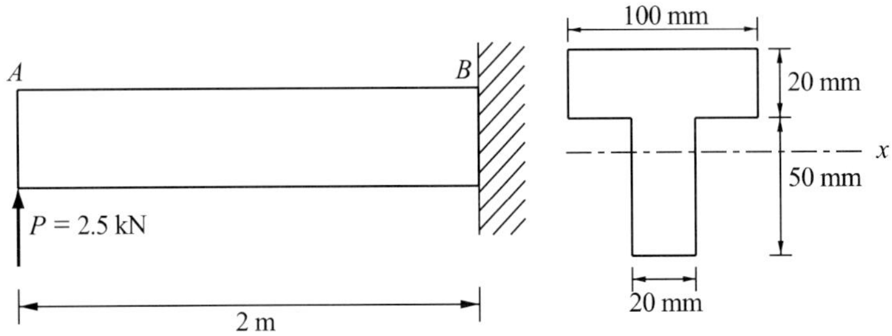

[풀이] 먼저 단면의 도심을 계산하면 다음과 같다.

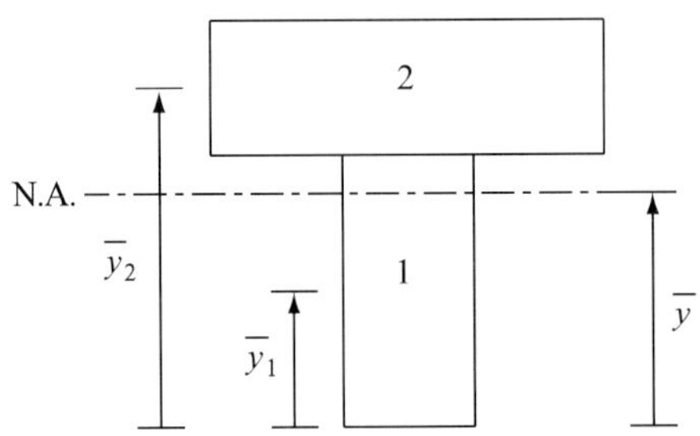

$$\bar{y} = \frac{A_1\overline{y_1} + A_2\overline{y_2}}{A_1 + A_2} = \frac{20 \times 50 \times 25 + 100 \times 20 \times 60}{20 \times 50 + 100 \times 20} = 48.3 \text{ mm}$$

단면2차모멘트는 다음과 같이 계산된다.

$$\begin{aligned} I_x &= \sum(\bar{I} + Ad^2) \\ &= \frac{20 \times 50^3}{12} + (20 \times 50) \times (48.3 - 25)^2 + \frac{100 \times 20^3}{12} + (100 \times 20) \times (60 - 48.3)^2 \\ &= 1.09 \times 10^6 \text{ mm}^4 \end{aligned}$$

B 점에 발생되는 모멘트 $M = 2.5 \times 2 = 5\ \mathrm{kNm}$ 이고 최대 인장응력은 단면의 최하단에서, 최대 압축응력은 단면의 최상단에서 발생된다.

따라서 최대 인장응력

$$\sigma_t = \frac{M}{I_x} y = \frac{5 \times 10^6}{1.09 \times 10^6} \times 48.3 = 221.6\ \mathrm{MPa}$$로 계산되고

최대 압축응력

$$\sigma_c = \frac{M}{I_x} y = \frac{5 \times 10^6}{1.09 \times 10^6} \times 21.7 = 99.5\ \mathrm{MPa}$$이다.

그리고 곡률반경 ρ는 다음과 같이 계산된다.

$$\rho = \frac{EI_x}{M} = \frac{165 \times 10^3 \times 1.09 \times 10^6}{5 \times 10^6} = 35{,}970\ \mathrm{mm} \doteqdot 36\ \mathrm{m}$$

3.4 합성부재(合成部材, Composite Members)

합성부재란 2종류 이상의 재료가 결합되어 일체거동(擧動, Behavior)을 하는 부재를 말한다. 2종류 이상의 재료란 탄성계수 E가 다른 재료가 2종류 이상이란 뜻이고 일체거동이란 서로 다른 재료의 변형이 일체(一体)거동한다는 뜻이다. 합성부재의 대표적인 단면이 그림 3.14에 나타나 있다. 이러한 합성 부재에 휨모멘트가 작용될 때의 응력상태를 계산하기 위해서는 보 방정식을 이용해야 하는데 이를 위해서는 단면2차모멘트 I값의 계산이 선결되어야 한다.

그림 3.14(a)는 철근콘크리트(鐵筋콘크리트, Reinforced Concrete)의 단면으로 철근이 콘크리트에 묻혀 결합된 상태이고, 그림 3.14(b)는 강재보와 콘크리트 바닥판(Slab)이 합

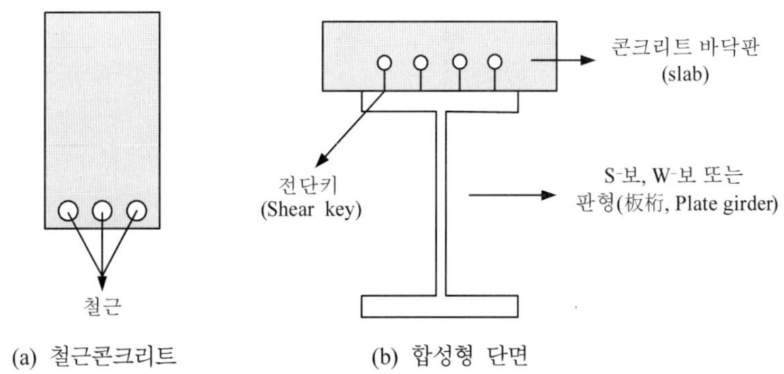

그림 3.14

성되어 있는 합성보 또는 합성형(合成桁, Composite Beam) 단면으로 전단키(Shear Key)에 의해 강재보와 콘크리트 바닥판이 결합된 상태이다. 합성보 또는 합성형은 그림 3.14(b)와 같은 단면의 일반화된 명칭이다. 이러한 합성부재의 해석방법은 두 가지로 즉, 탄성계수를 각각 다르게 고려하여 계산하는 방법과 서로 다른 탄성계수를 어느 하나의 탄성계수를 기준으로 단면을 환산하는 방법이 있는데 이 책에서는 실무에 주로 사용되는 후자 즉, 환산단면법만을 다루기로 하겠다. 우선 그림 3.14(a)의 철근콘크리트 부재의 단면 특성을 살펴보자. 콘크리트재는 2장에서 언급했듯이 여러 재료가 결합된 물체인데 결합과정에서 필요했던 물이 빠져나간 자리는 공극(空隙, Pore)으로 남아 있게 된다. 따라서 인장력에는 매우 약한 특성을 갖는 재료이므로 인장력이 작용되는 단면은 무시하고 대신 인장력을 철근이 감당하도록 설계를 한다.

그림 3.15(a)에는 폭이 b 이고 높이가 h인 직사각형 단면에 휨모멘트 M이 작용되고 있다. 여기서 직사각형 단면은 구형(矩形, Rectangle) 또는 장방형(長方形) 단면이라고도 한다. 그림 3.15(b)에는 단면 상부에서 중립축(N.A.)까지는 압축력을 받는 부분이고, 그 아랫부분 즉, 인장력을 받는 부분의 콘크리트 단면은 없는 것으로 가정하고 대신 철근이 인장력을 받는 상태가 나타나 있다. 그림 3.15(a)에서 e는 콘크리트의 피복이라고 하는데 피복을 두는 이유는 철근이 외부 대기에 노출됨에 따른 부식을 방지하기 위함이다. 철근

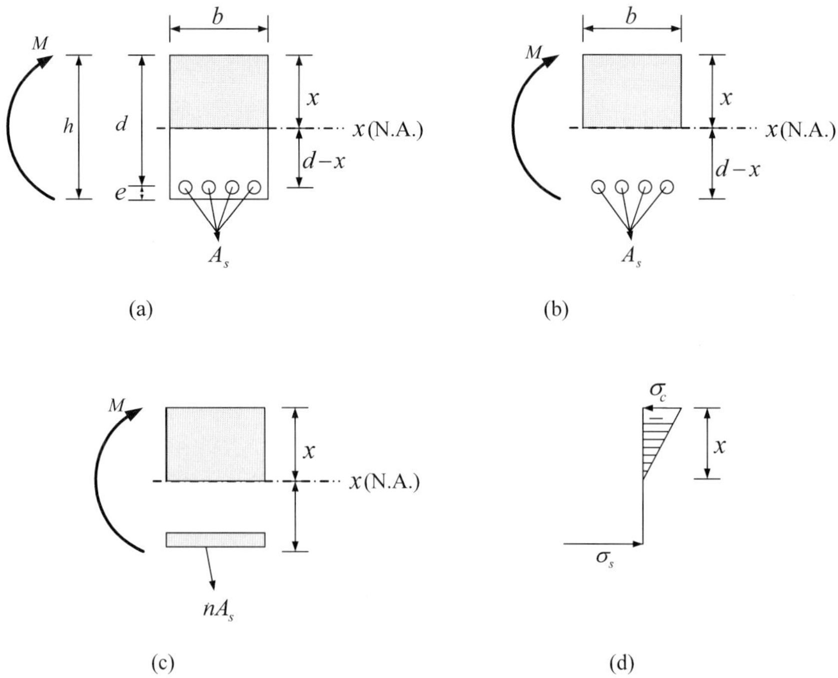

그림 3.15

콘크리트에서 단면을 환산하는 방법을 이용하는 경우에는 콘크리트의 강성으로 철근 단면을 환산하는 것이 일반적인 방법이다. 단면을 환산하기 위해서는 강성비 n 을 다음과 같이 계산한다. $n=\dfrac{E_s}{E_c}$ 이고, 여기서 E_c는 콘크리트의 탄성계수, E_s는 철근의 탄성계수이다. 따라서 철근의 단면적 A_s를 콘크리트를 기준으로 환산하면 nA_s가 된다. 그리고 중립축까지의 거리 x는 다음과 같은 조건으로부터 구할 수 있다. 앞서 단면의 성질에서 언급했듯이 중립축은 중립축 상부의 단면1차모멘트와 하부의 단면1차모멘트가 절댓값으로 같은 조건에서 구할 수 있다. 여기서 중립축 상부의 단면1차모멘트는 $bx\dfrac{x}{2}$이고 중립축 하부의 단면1차모멘트는 $nA_s(d-x)$가 된다. 따라서

$$\frac{b}{2}x^2 = nA_s(d-x)$$

의 조건에서 x를 계산해 양(+)의 실수를 택한다. 다음 단계로 x축에 대한 단면2차모멘트 I_x는 다음과 같이 계산된다.

$$I_x = bx\left(\frac{x}{2}\right)^2 + \frac{bx^3}{12} + nA_s(d-x)^2$$

여기서 철근 자체의 도심축에 대한 단면2차모멘트 즉, 평행축의 정리 $I_x = Ay^2 + I_{x'}$에서 $I_{x'}$ 에 해당되는 값은 무시할 만큼 미미한 값이므로 생략한다. 따라서 콘크리트 상부의 압축응력 즉, 최대 압축응력

$$\sigma_c = \frac{M}{I_x}x$$

가 되고 철근의 인장응력

$$\sigma_s = n\frac{M}{I}(d-x)$$

가 된다. 여기서 n을 곱해주는 이유는 콘크리트재로 환산되었던 철근을 다시 원상태 즉, 철근으로 환원시키기 위함이다. 철근콘크리트 단면의 높이에 따른 응력도는 그림 3.15(d)에 나타나있다. 철근콘크리트 단면의 환산단면법에 의한 해석방법은 허용응력설계(許容應力設計, Design of Allowable Stress)를 위한 것으로 환산단면법의 이해를 위해 예시하였으나, 현재 철근콘크리트 설계법은 대부분 강도(强度, Strength)설계법으로 수행된다.

[예제 3.9]

철근콘크리트보에 정모멘트 120 kNm가 작용되고 있으며 콘크리트와 철근의 탄성계수가 각각 25 GPa, 200 GPa일 때 철근에서의 응력과 콘크리트에서의 최대 압축응력을 구하라.

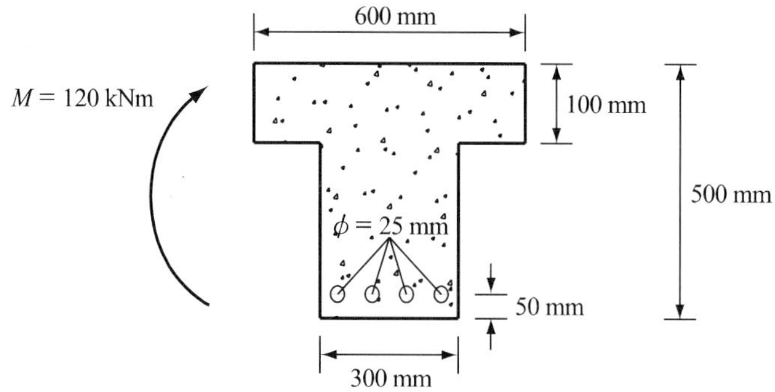

[풀이] 강성(탄성계수)비 $n = \dfrac{E_s}{E_c} = \dfrac{200}{25} = 8$이고

철근의 단면적 $A_s = 4 \times \dfrac{\pi \times 25^2}{4} = 1,963\ \mathrm{mm}^2$이다.

철근의 단면적은 철근의 제원표에서 찾을 수 있으나 여기서는 철근의 직경을 기준으로 계산하였다.

따라서 철근을 기준으로 한 환산단면적 $n A_s = 8 \times 1,963 = 15,704\ \mathrm{mm}^2$로 계산된다.

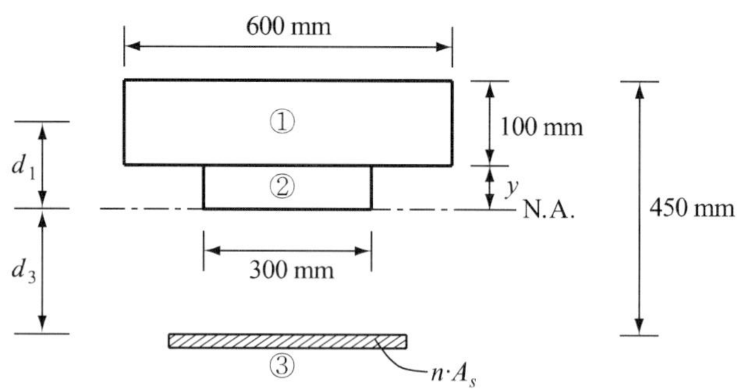

중립축의 위치는 다음과 같이 계산된다.

$$600 \times 100 \times (y + 50) + 300 \times y \times \frac{y}{2} - 15,704 \times (350 - y) = 0$$

$$60,000y + 3,000,000 + 150y^2 - 5,496,400 + 15,704y = 0$$

$$150y^2 + 75,704y - 2,496,400 = 0$$

$$y = \frac{-75{,}704 + \sqrt{75{,}704^2 - 4 \times 150 \times (-2{,}496{,}400)}}{2 \times 150} = 31.1 \text{ mm}$$

단면 ①, ②, ③의 단면2차모멘트를 I_1, I_2, I_3라 할 때 환산단면의 도심에 대한 단면2차모멘트 I_x는 다음과 같이 계산된다.

$$\begin{aligned} I_x &= I_1 + I_2 + I_3 \\ &= \frac{600 \times 100^3}{12} + (600 \times 100) \times (50 + 31.1)^2 + \frac{300 \times 31.1^3}{12} \\ &\quad + (300 \times 31.1) \times \left(\frac{31.1}{2}\right)^2 + 15{,}712 \times (350 - 31.1)^2 = 2{,}046 \times 10^6 \text{ mm}^4 \end{aligned}$$

따라서 철근의 인장응력 σ_s와 콘크리트의 최대 압축응력 σ_c는 다음과 같이 계산된다.

$$\sigma_s = n\frac{M}{I_x}y = 8 \times \frac{120 \times 10^6}{2{,}046 \times 10^6} \times 318.9 = 149.6 \text{ MPa}$$

$$\sigma_c = \frac{M}{I_x}y = \frac{120 \times 10^6}{2{,}046 \times 10^6} \times 131.1 = 7.7 \text{ MPa}$$

다음으로는 그림 3.14(b)와 같은 합성형 단면에 대해 생각해보자. 그림 3.16(a)는 합성형 단면의 치수를 나타내고 그림 3.16(b)는 환산단면을 나타낸다. 여기서 철근콘크리트 단면과는 달리 강재의 강성을 기준으로 콘크리트 바닥판의 폭을 환산한 이유는 사각형인 콘크리트단면이 I-형인 강재 단면보다 환산하기 쉽고 단면 계산이 용이하기 때문이다.

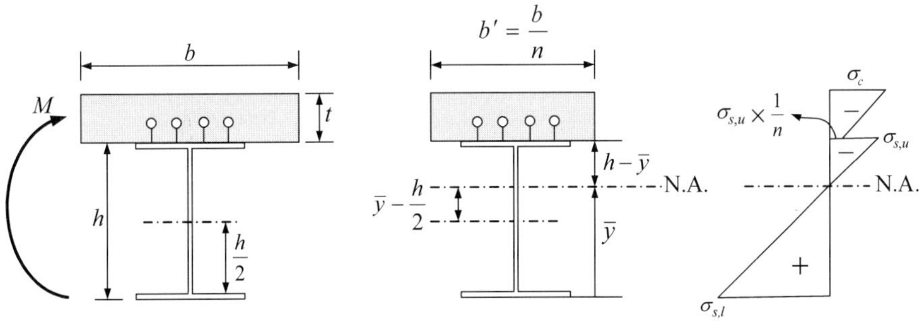

(a) (b) (c)

그림 3.16

여기서 n 은 강성비로 $\frac{E_s}{E_c}$ 이고, 콘크리트의 폭 b 를 강재의 기준으로 환산하면 $b' = \frac{b}{n}$ 가 된다. 그리고 강재의 단면적을 A', 단면2차모멘트를 I_x' 이라고 할 때 저면에서 중립축까지의 거리

$$\bar{y} = \frac{A'\frac{h}{2} + b't(h + \frac{t}{2})}{A' + b't}$$

가 된다. 따라서 합성단면의 단면2차모멘트

$$I_x = \frac{b't^3}{12} + b't\ (h - \bar{y} + \frac{t}{2})^2 + I_x' + A'\ (\bar{y} - \frac{h}{2})^2$$

으로 계산된다. 그리고 콘크리트 바닥판 상부의 압축응력 즉, 최대 압축응력

$$\sigma_c = \frac{M}{I_x}(h + t - \bar{y}) \times \frac{1}{n}$$

로 계산된다. 여기서 $\frac{1}{n}$ 은 단면을 환산할 때 강재를 기준으로 했기 때문에 다시 콘크리트로 환원하기 위함이다. 강재보의 상단부는 중립축 상부에 존재하므로 압축응력을 받게 되는데 이때의 압축응력을 $\sigma_{s,u}$ 라 하면 $\sigma_{s,u} = \frac{M}{I_x}(h - \bar{y})$ 가 되고, 강재보의 하단부는 인장응력을 받게 되는데 이때의 인장응력을 $\sigma_{s,l}$ 이라 하면 $\sigma_{s,l} = \frac{M}{I_x}\bar{y}$ 로 계산된다. 그리고 콘크리트 바닥판 하부의 압축응력은 $\frac{1}{n}\sigma_{s,u}$ 로 계산된다. 이러한 응력상태를 합성형 단면의 높이에 따라 표시하면 그림 3.16(c)와 같다.

[예제 3.10]

다음 그림과 같이 휨모멘트 $M = 4{,}500\ \mathrm{kNm}$ 가 작용되는 합성형 단면에서 콘크리트와 강재에 발생되는 응력을 구하고 응력도를 그려라. (단, 강성비 $n = 7$ 로 한다.)

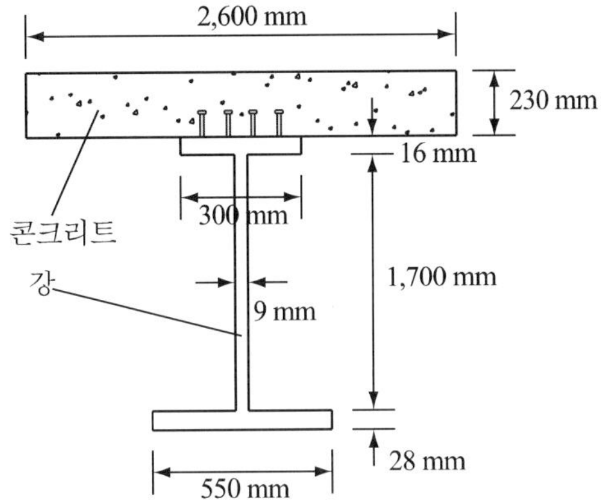

[풀이]

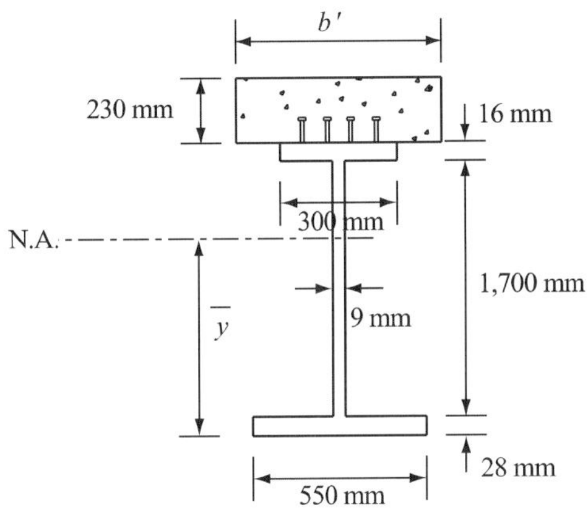

강재를 기준으로 바닥판 콘크리트 폭을 환산하면

$b' = \dfrac{b}{n} = \dfrac{2,600}{7} = 371\ \mathrm{mm}$로 계산된다.

그리고 강재 하단에서 중립축까지의 거리

$$\bar{y} = \frac{550 \times 28 \times 14 + 9 \times 1,700 \times 878 + 300 \times 16 \times 1,736 + 230 \times 371 \times 1,859}{550 \times 28 + 9 \times 1,700 + 300 \times 16 + 230 \times 371}$$

$= 1,495\ \mathrm{mm}$로 계산된다.

단면2차모멘트는 다음과 같이 계산된다.

$$\begin{aligned} I_x = {} & \frac{550 \times 28^3}{12} + 550 \times 28 \times \left(1,495 - \frac{28}{2}\right)^2 \\ & + \frac{9 \times 1,700^3}{12} + 9 \times 1,700 \times \left(1,495 - 28 - \frac{1,700}{2}\right)^2 \\ & + \frac{300 \times 16^3}{12} + 300 \times 16 \times \left(1,744 - 1,495 - \frac{16}{2}\right)^2 \\ & + \frac{371 \times 230^3}{12} + 371 \times 230 \times \left(1,974 - 1,495 - \frac{230}{2}\right)^2 = 5.525 \times 10^{10}\ \mathrm{mm}^4 \end{aligned}$$

따라서 콘크리트와 강재의 응력은 다음과 같이 계산된다.

바닥판 콘크리트의 최대 압축응력

$$\sigma_{c,u} = \frac{1}{n}\frac{M}{I_x}(1,974-\bar{y}) = \frac{1}{7}\times\frac{4,500\times10^6}{5.525\times10^{10}}\times479 = 5.6\text{ MPa}$$

바닥판 콘크리트의 하부응력

$$\sigma_{c,l} = \frac{1}{n}\frac{M}{I_x}(1,974-\bar{y}-230) = \frac{1}{7}\times\frac{4,500\times10^6}{5.525\times10^{10}}\times249 = 2.9\text{ MPa}$$(압축)이고

강재보의 상부응력

$$\sigma_{s,u} = \frac{M}{I_x}(1,974-\bar{y}-230) = \frac{4,500\times10^6}{5.525\times10^{10}}\times249 = 20.3\text{ MPa}$$(압축)으로 계산된다.

강재보의 하부응력

$$\sigma_{s,l} = \frac{M}{I_x}\bar{y} = \frac{4,500\times10^6}{5.525\times10^{10}}\times1,495 = 121.8\text{ MPa}$$(인장)으로 계산된다.

이 계산결과를 합성보의 높이에 따른 응력도로 나타내면 다음과 같다.

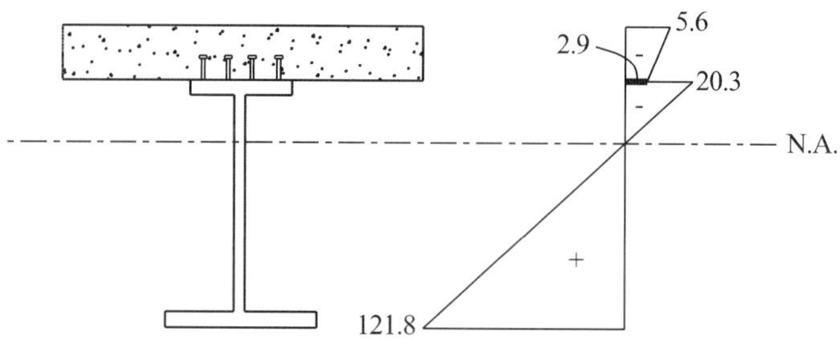

σ-도 [단위: MPa]

3.5 탄소성 재료의 부재(彈塑性材料의 部材, Member Made of an Elastoplastic Material)

앞에서 탄성범위에서의 응력에 대한 문제를 다양하게 다루어 보았다. 이 절(節, Section)에서는 소성(塑性, Plasticity)에 의한 응력 분포 및 그에 대응하는 휨모멘트에 대해 다루어 보기로 하겠다. 탄소성 재료모델은 2장에서 다루었던 이상화된 탄소성 재료모델(Idealized Elastoplastic Material Model)을 사용하기로 한다. 그림 3.17(a)에 표시한 직사

각형 단면에 휨모멘트 M이 점점 증가하여 탄성범위를 지나 소성범위까지 진행된 경우를 그림 3.17(b)와 같은 이상화된 탄소성 재료모델을 이용하여 단계별로 σ-도를 작성해 보자.

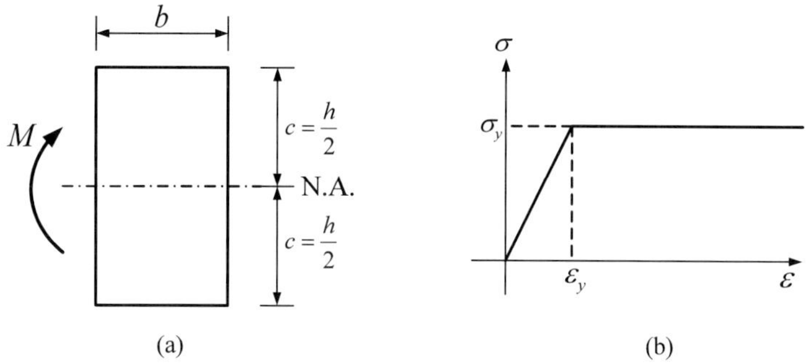

그림 3.17

1) M에 의해 발생된 응력 σ가 σ_y보다 작을 때 즉, $\sigma < \sigma_y$일 때 $\sigma_{\max} = \frac{M}{I}c$이고, σ-도는 그림 3.18과 같다.

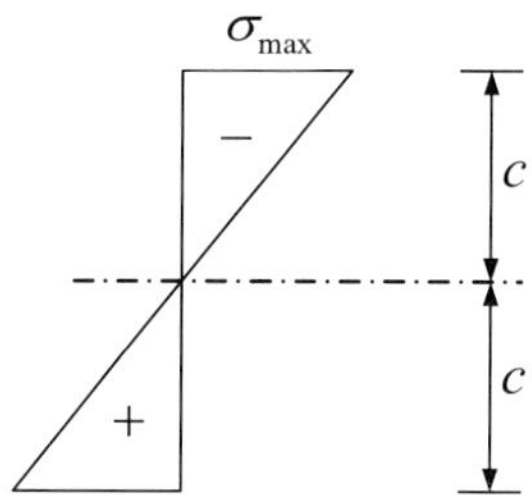

그림 3.18

2) M에 의해 발생된 응력 $\sigma = \sigma_y$일 때, $\sigma_y = \frac{M_y}{I}c$이고 σ-도는 그림 3.19와 같다.

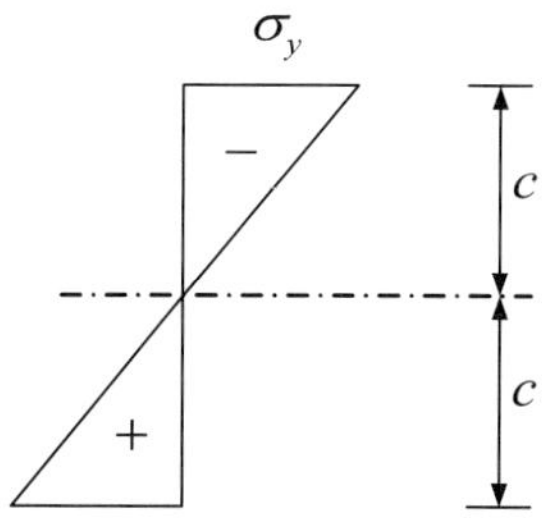

그림 3.19

여기서 M은 σ_y를 발생시킨 휨모멘트로서 항복응력 σ_y처럼 첨자 y를 사용하고 항복응력에 대응되는 휨모멘트란 뜻에서 항복모멘트(降伏모멘트, Yielding Moment) M_y라고 한다. 또한 M_y는 탄성으로서는 최대가 되는 모멘트이므로 최대 탄성모멘트(最大彈性모멘트, Maximum Elastic Moment) M_{el}이라고도 한다. M_y는 다음과 같이 표현된다.

$$M_y = \frac{I}{c}\sigma_y = \frac{2}{3}b\,c^2\,\sigma_y \tag{3.7}$$

그리고 M_y는 M_y에 의해 발생된 응력도로부터 직접 구할 수도 있다. 그림 3.20으로부터 중립축 상하부의 평균응력은 $\dfrac{\sigma_y}{2}$이고 각각의 면적은 bc이다. 따라서 응력을 힘으로 계산한 F는 우력관계이고 이 우력이 발생시키는 $M_y = F\times\dfrac{4}{3}c$가 된다. 즉, 식 (3.7)과 같은 결과이다.

$$M_y = \frac{\sigma_y}{2}\,bc\times\frac{4}{3}c = \frac{2}{3}bc^2\sigma_y$$

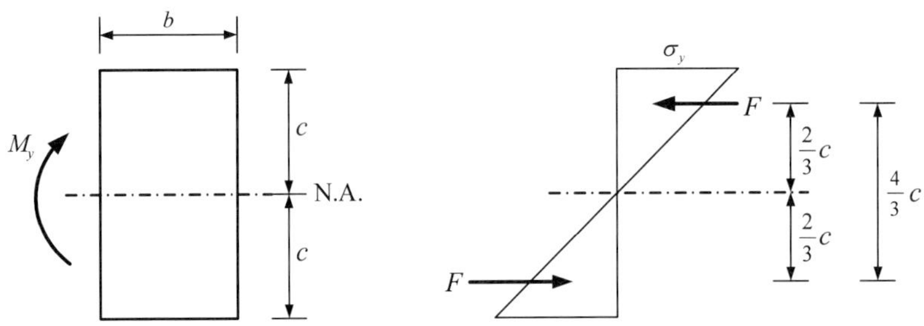

그림 3.20

3) σ가 탄소성범위에 있을 때 즉, $M > M_y$일 때

그림 3.21(a)는 탄소성 상태에서의 응력도를 나타내고 있고, 그림 3.21(b)는 ϵ-도이고 ϵ-도에서 소성구간의 ϵ은 선형적 관계가 아니므로 정확한 값을 계산할 수 없다. 그림에서 탄성구간까지의 높이를 $\pm y_y$로 표시했고 탄성구간의 임의 점 y에서의 응력을 σ_x라고 할 때 $\sigma_x = \dfrac{\sigma_y}{y_y}y$로 표현되고 σ_x가 발생된 위치에서의 미소단면적(微少斷面積, Infinitesimal Element Area) $dA = b\,d_y$로 표현된다(그림 3.21(c) 참조). 따라서 탄성범위의 응력도를 발생시킨 탄성휨모멘트

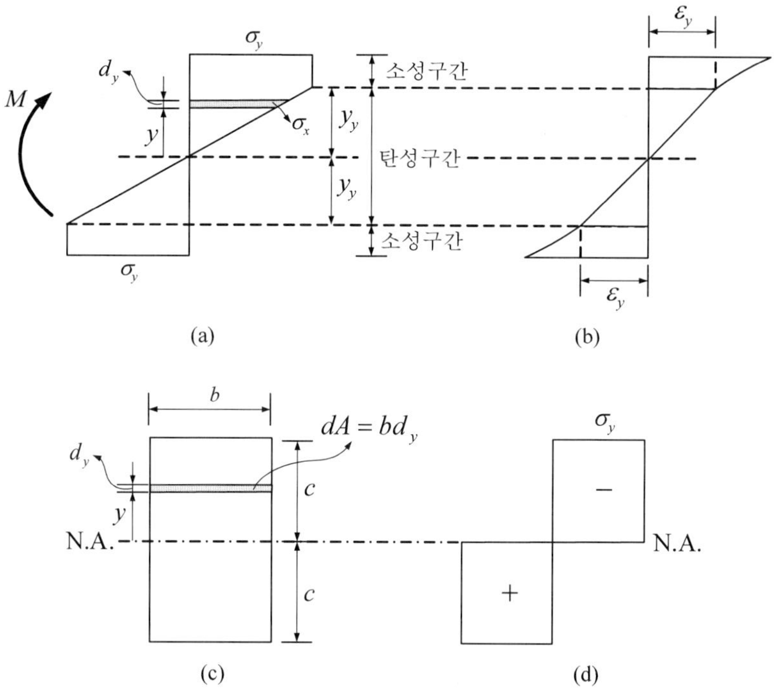

그림 3.21

$$M_{el}' = \int_{-y_y}^{y_y} \sigma_x y dA = 2b \int_0^{y_y} y\left(\frac{\sigma_y}{y_y} y\right) dy = \frac{2}{3} b\, y_y^2 \sigma_y$$

로 계산된다. 여기서 계산된 M_{el}'은 그림 3.21(a)와 같은 σ-도를 발생시킨 M 중 탄성구간 부분의 것이다.

다음으로는 그림 3.21(a)의 σ-도에서 소성구간에 해당되는 소성모멘트 M_{pl}'을 계산해 보자. 그림 3.21(a)와 같은 σ-도로부터 소성구간에서의 $\sigma = \sigma_y$로 전 소성구간에 일정하게 분포된다.

따라서

$$M_{pl}' = 2b \int_{y_y}^{c} y(\sigma_y) dA = bc^2 \sigma_y - b y_y^2 \sigma_y$$

가 된다.

이번에는 그림 3.20에서 M_y를 σ-도로부터 구했듯이 그림 3.22를 이용하여 M을 계산해보자.

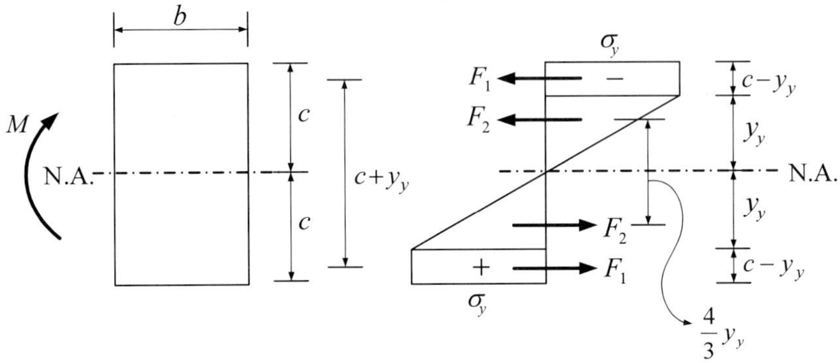

그림 3.22

탄성구간의 평균응력은 $\dfrac{\sigma_y}{2}$이고 중립축 상하에 방향이 반대로 발생되는 각각의 힘 $F_2 = \dfrac{\sigma_y}{2} b y_y$이며 중립축 상하의 F_2는 우력관계로 팔거리는 $\dfrac{4}{3}y_y$가 된다. 따라서

$$M_{el}' = F_2 \times \frac{4}{3}y_y = \frac{\sigma_y}{2}\, b\, y_y \times \frac{4}{3}y_y = \frac{2}{3} b y_y^2 \sigma_y$$

로 앞서의 결과와 같다. 그리고 소성구간에서의 $F_1 = \sigma_y b (c - y_y)$가 되고 중립축 x의 상하에 발생되는 F_1은 우력관계이고 우력 간의 팔거리는 $(c + y_y)$가 된다. 따라서

$$M_{pl}' = F_1 (c + y_y) = \sigma_y b (c - y_y)(c + y_y) = b c^2 \sigma_y - b y_y^2 \sigma_y$$

가 되고 앞서의 결과와 일치한다.

그림 3.21(a)와 같은 σ-도를 유발시킨 M은 탄성범위 내의 $M_{\rm el}'$와 소성범위 내의 $M_{\rm pl}'$을 합한 것이다. 즉,

$$M = M_{el}' + M_{pl}' = \frac{2}{3} b y_y^2 \sigma_y + b c^2 \sigma_y - b y_y^2 \sigma_y$$

$$= b c^2 \sigma_y \left(1 - \frac{1}{3}\frac{y_y^2}{c^2}\right) = \frac{3}{2} M_y \left(1 - \frac{y_y^2}{3c^2}\right) \tag{3.8}$$

으로 계산된다. 여기서 M_{el}'와 M_{pl}'의 표시는 최대 탄성모멘트 M_{el}과 소성모멘트 M_{pl}과 구분하기 위해서다.

4) 완전 소성 시

완전 소성 시의 응력도는 그림 3.21(d)와 같이 $y_y = 0$인 경우이다. 따라서 탄성구간이 없으므로 삼각형의 응력도는 사라지고 사각형의 응력도로만 표현된다. 이때의 모멘트를 소성모멘트 M_{pl}이라 하고 식 (3.8)에 $y_y = 0$을 대입하면

$$M_{pl} = bc^2\sigma_y = \frac{3}{2}M_y$$

로 계산된다. 소성설계(塑性設計, Plastic Design)에서는 완전 소성된 단면은 힌지(節點, Hinge)화된 것으로 간주한다. 한편 식 (3.8)로 부터 M_y 또는 M_{el}은 $y_y = c$인 경우이므로

$$M_y = M_{el} = \frac{2}{3}bc^2\sigma_y$$

로 계산되고 식 (3.7)과 같은 결과이다.

[예제 3.11]

그림과 같이 50×120 mm의 균일 직사각형 단면의 단순보에 집중하중 $P = 18.4$ kN이 작용되고 있다. 부재의 항복응력 $\sigma_y = 240$ MPa이고 탄성계수 $E = 200$ GPa일 때 최대 모멘트 발생 위치에서 탄성역의 두께와 중립면의 곡률반경을 구하라. (단, 전단력의 영향은 무시한다.)

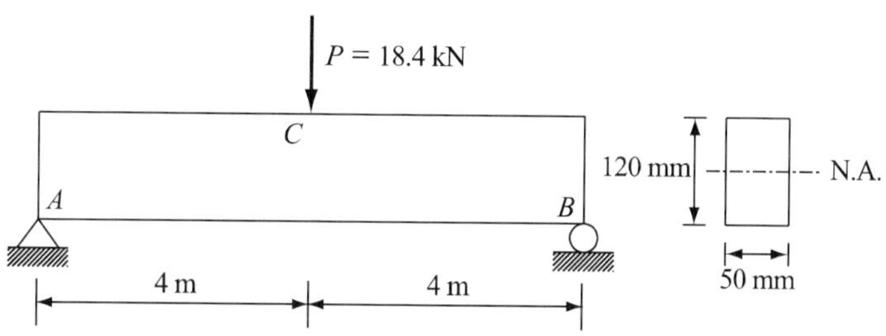

[풀이] 보에 발생되는 최대 모멘트는 지간 중앙의 C점에서 발생되고 그 크기는 다음과 같다.

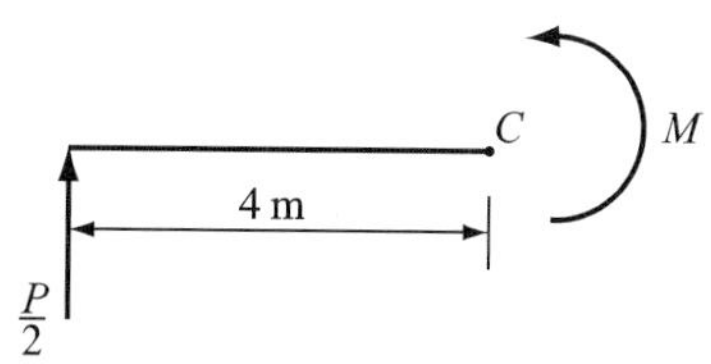

$$M_{\max} = \frac{P}{2} \times 4 = \frac{18.4}{2} \times 4 = 36.8 \text{ kNm}$$

탄성역의 두께를 계산하기 위해 먼저 최대 탄성모멘트 M_{el}을 계산하면 다음과 같다.

$$\frac{I_x}{c} = \frac{2}{3}bc^2 = \frac{2}{3} \times 50 \times 60^2 = 1.2 \times 10^5 \text{ mm}^3$$

$$M_{el} = \frac{I_x}{c}\sigma_y = 1.2 \times 10^5 \times 240 = 28.8 \times 10^6 \text{ Nmm} = 28.8 \text{ kNm}$$

따라서 탄성역의 두께는 식 (3.8)로부터 다음과 같이 계산된다.

$$M_{\max} = \frac{3}{2}M_{el}\left(1 - \frac{1}{3}\frac{y_y^2}{c^2}\right)$$

$$36.8 = \frac{3}{2} \times 28.8 \times \left(1 - \frac{1}{3}\frac{y_y^2}{c^2}\right)$$

$$\left(\frac{y_y}{c}\right)^2 = 0.444 \quad \Rightarrow \quad \frac{y_y}{c} = 0.666$$

여기서 $c = 60$ mm이므로 $y_y = 0.666 \times 60 = 40$ mm이다.

따라서 탄성역의 두께 $2y_y = 80$ mm이고 항복변형률

$\epsilon_y = \dfrac{\sigma_y}{E} = \dfrac{240}{200 \times 10^3} = 1.2 \times 10^{-3}$으로 계산된다.

따라서 곡률반경

$\rho = \dfrac{y_y}{\epsilon_y} = \dfrac{40 \times 10^{-3}}{1.2 \times 10^{-3}} = 33.3$ m로 계산된다.

[예제 3.12]

예제 3.11에서 하중 P가 "0"으로 감소된 후의 잔류응력 분포와 곡률반경을 구하라.

[풀이] 예제 3.11로부터 항복응력과 탄성역의 두께는 각각 $\sigma_y = 240$ MPa, $2y_y = 80$ mm이다. P의 작용에 의한 응력분포는 그림 (a)와 같다.

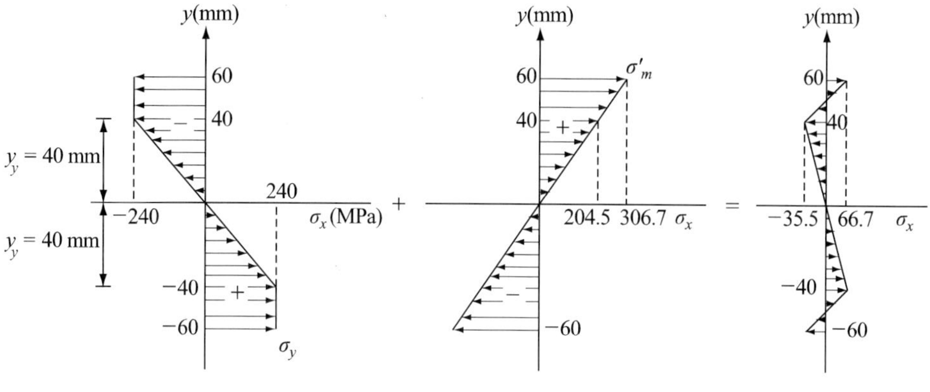

(a) (b) (c)

하중 $P = 18.4$ kN을 제거한 후 즉, 반대방향의 모멘트 36.8 kNm에 의한 응력의 분포는 선형이며 그림 (b)와 같다(그림 2.5에 대한 설명 참조). 따라서 반대방향의 모멘트에 의한 최대응력

$\sigma'_m = \dfrac{Mc}{I_x} = \dfrac{36.8 \times 10^6}{1.2 \times 10^5} = 306.7$ MPa로 계산된다.

그림 (a)와 (b)를 중첩하면 그림 (c)와 같은 잔류응력도를 얻을 수 있다.

잔류응력도로부터 y_y에 해당되는 $\sigma = 35.5$ MPa이므로 이에 해당되는 변형률

$\epsilon_x = \dfrac{\sigma_x}{E} = \dfrac{35.5}{200 \times 10^3} = 177.5 \times 10^{-6}$으로 계산된다.

따라서 하중제거 후의 곡률반경 ρ는 다음과 같이 계산된다.

$$\rho = \frac{y}{\epsilon_x} = \frac{40 \times 10^{-3}}{177.5 \times 10^{-6}} = 225 \text{ m}$$

[예제 3.13]

보 AC의 $E = 200$ GPa이고 $\sigma_y = 250$ MPa인 탄소성 재료로 만들어졌다.

B점에서 아래 조건의 하중 P와 곡률반경을 구하라. (단, 전단력의 영향은 무시한다.)

(1) 최초의 항복이 일어날 때

(2) 플랜지가 완전 소성 상태로 될 때

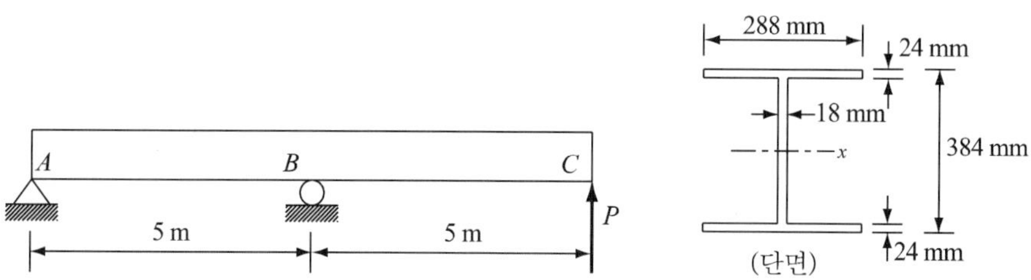

[풀이] P 에 의한 모멘트도는 다음과 같이 구해진다.

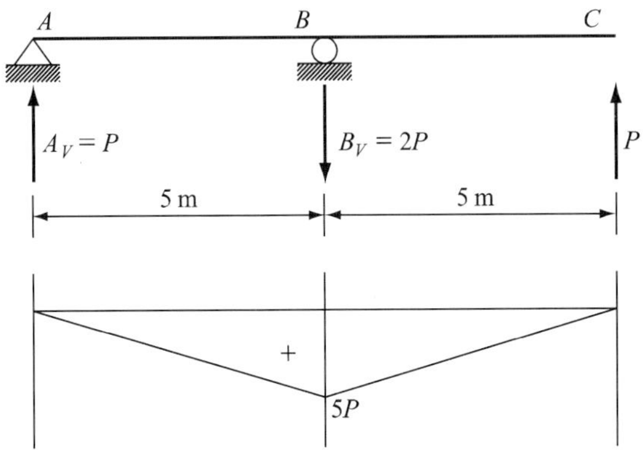

최대 모멘트는 B 점에서 $M_{\max} = 5P$ 가 발생된다.

(1) 최초의 항복이 일어날 때

단면2차모멘트

$$I_x = \frac{1}{12} \times 0.288 \times 0.384^3 - \frac{1}{12}(0.288 - 0.018) \times 0.336^3 = 505.5 \times 10^{-6}\ \text{m}^4 \text{이고}$$

최대 탄성모멘트 또는 항복모멘트

$$M_{el} = \frac{\sigma_y I_x}{c} = \frac{250 \times 10^3 \times 505.5 \times 10^{-6}}{0.192} = 658\ \text{kNm} \text{로 계산된다.}$$

따라서 $M_{\max} = 5P = 658$ kNm 이고 $P = 131.6$ kN 으로 계산된다.

중립축에서 상・하단 위치 $c = 0.192$ m 이고

$$\text{변형률 } \epsilon_y = \frac{\sigma_y}{E} = \frac{250}{200 \times 10^3} = 1.25 \times 10^{-3} \text{이므로 곡률반경}$$

$$\rho_y = \frac{c}{\epsilon_y} = \frac{0.192}{1.25 \times 10^{-3}} = 153.6\ \text{m} \text{로 계산된다.}$$

(2) 플랜지가 완전 소성 상태로 될 때

플랜지가 완전한 소성으로 되어졌을 때 변형률도와 응력도는 아래 그림과 같다.

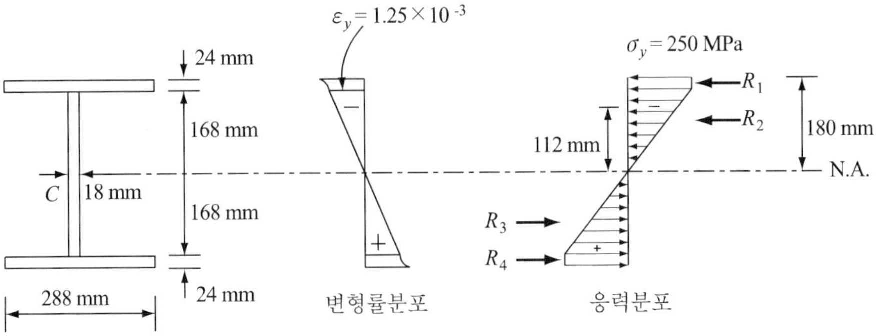

플랜지 및 웨브에 작용되는 압축력 R_1, R_2는 다음과 같이 계산된다. 여기서 대칭이므로 $R_1 = R_4$이고 $R_2 = R_3$이다.

$$R_1 = R_4 = 250 \times 10^3 \times 0.288 \times 0.024 = 1{,}728 \text{ kN}$$

$$R_2 = R_3 = \frac{1}{2} \times 250 \times 10^3 \times 0.168 \times 0.018 = 378 \text{ kN}$$

따라서 플랜지가 완전 소성 상태가 되는 휨모멘트

$M = 2(R_1 \times 0.180 + R_2 \times 0.112) = 707 \text{ kNm}$로 계산되고

$M_{max} = 5P = 707 \text{ kN} \cdot \text{m}$에 해당된다. 따라서 $P = 141.4 \text{ kN}$이 계산된다.

또한 이때의 곡률반경 $\rho = \dfrac{y_y}{\epsilon_y} = \dfrac{0.168}{1.25 \times 10^{-3}} = 134.4 \text{ m}$로 계산된다.

[예제 3.14]

예제 3.13에서 하중 $P = 141.4 \text{ kN}$이 제거된 후의 잔류응력도를 구하라.

[풀이] 예제 3.13에서 하중 P에 의해 B점에 모멘트 $M = 707 \text{ kNm}$가 발생될 때의 응력도는 그림 (a)와 같고, M을 제거한 후의 응력도는 (b)와 같으며 이때의 최대응력

$\sigma_m{}' = \dfrac{M}{M_y}\sigma_y = \dfrac{707}{658} \times 250 = 268.6 \text{ MPa}$로 계산되고

그림 (a)와 (b)를 중첩시키면 그림 (c)와 같은 잔류응력도가 작성된다.

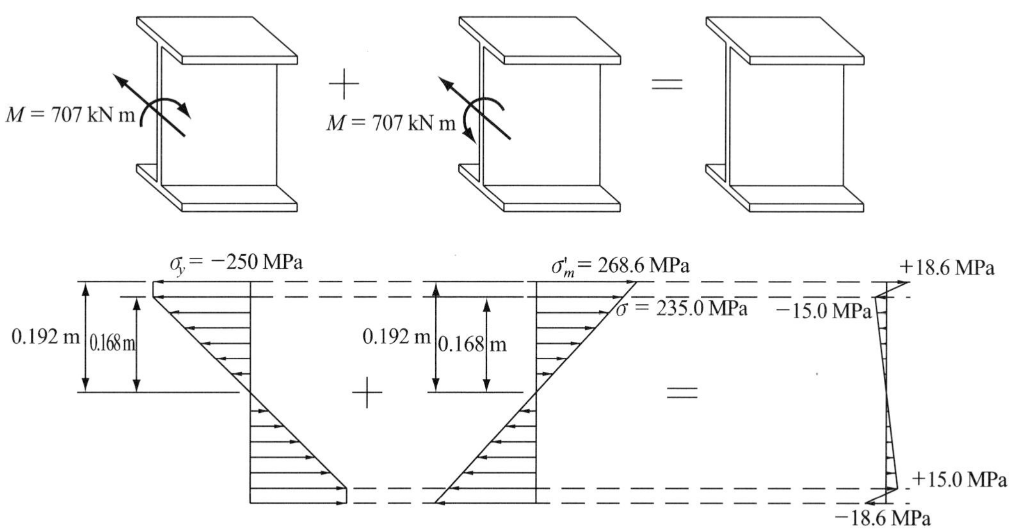

(a) (b) (c)

3.6 탄성단면계수(彈性斷面係數, Elastic Section Modulus) S 및 소성단면계수 Z

- 탄성단면계수 $S=\dfrac{I}{c}$로 정의되는데, 직사각형(直四角形, Rectangle) 단면 또는 원형 단면처럼 x축에 대칭인 단면에서는 $c=\dfrac{h}{2}$ 또는 r이 된다. 따라서 x축에 대칭인 직사각형 단면의 탄성단면계수

$$S=\frac{\frac{bh^3}{12}}{\frac{h}{2}}=\frac{bh^2}{6}=\frac{2}{3}bc^2$$

이고 원형 단면의 탄성단면계수

$$S=\frac{\frac{\pi r^4}{4}}{r}=\frac{\pi r^3}{4}$$

이 된다. 탄성단면계수는 일반적으로 그냥 단면계수라고 불리기도 한다.

- 소성단면계수(塑性斷面係數, Plastic Section Modulus) Z는 단면을 2등분하는 축에 대한 상하부 단면1차모멘트의 절댓값의 합으로 정의된다. x축에 대칭인 직사각형 단면의 탄성단면계수 S와 소성단면계수 Z를 비교하여 보자.

$$S=\frac{I}{c}=\frac{bh^2}{6}=\frac{2}{3}bc^2$$

이고, 소성단면계수 Z는 중립축 상하부의 면적이 $2bc$이고 중립축에서 상하부 단면의 도심까지의 거리가 $\dfrac{c}{2}$이기 때문에 bc^2이 된다. 여기서 형상계수(形狀係數, Shape Factor) $k=\dfrac{M_{pl}}{M_{el}}=\dfrac{Z}{S}$로 정의되므로 직사각형 단면의 $k=\dfrac{3}{2}$이 된다. **S-형 단면이나 W-형 단면의 k는 약 1.14이다. 형상계수 k는 단면효과와도 관련된 계수로서 k값이 작을수록 단면효과가 좋다.** 여기에 대해서는 다음의 예제를 이용하여 확인해 보도록 하자.

[예제 3.15]

그림과 같은 상자형 단면의 형상계수 k와 M_{el} 및 M_{pl}을 구하라. (단, $\sigma_y = 200\ \mathrm{MPa}$이다.)

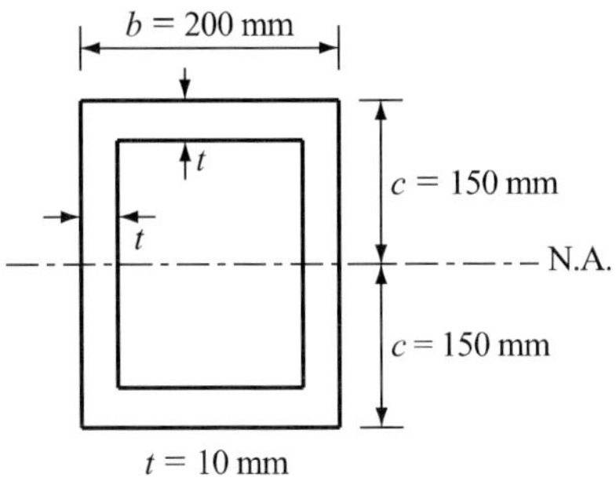

[풀이] 단면2차모멘트

$$I_x = \frac{2}{3}(200 \times 150^3 - 180 \times 140^3) = 120.72 \times 10^6\ \mathrm{mm}^4$$로 계산되고

탄성단면계수

$$S = \frac{I_x}{c} = \frac{120.72 \times 10^6}{150} = 80.48 \times 10^4\ \mathrm{mm}^3$$가 된다.

한편 소성단면계수

$$Z = 200 \times 150^2 - 180 \times 140^2 = 97.20 \times 10^4\ \mathrm{mm}^3$$이므로

형상계수

$$k = \frac{Z}{S} = \frac{97.20 \times 10^4}{80.48 \times 10^4} = 1.21$$로 계산된다.

그리고 최대 탄성모멘트 M_{el} 또는 항복모멘트 M_y와 소성모멘트 M_{pl}은 다음과 같이 형상계수 k를 이용하여 계산된다.

$$M_{\mathrm{el}} = M_y = S\,\sigma_y = (80.48 \times 10^4) \times 200 = 160.96 \times 10^6\ \mathrm{Nmm} = 160.96\ \mathrm{kNm}$$

$$M_{\mathrm{pl}} = Z\sigma_y = kM_{\mathrm{el}} = 1.21 \times 160.96 = 194.8\ \mathrm{kNm}$$

다음으로는 그림 3.23(a)와 (b)의 단면에서 형상계수를 비교해보고 단면효과에 대해 알아보자.

비교를 위해서 H 300×150인 단면 (a)와 단면적이 동일한 높이 $h = 300\ \mathrm{mm}$, 폭 $b = 15.6\ \mathrm{mm}$인 직사각형 단면 (b)를 고려하였다. 부록 A로부터 단면 (a)의 탄성단면계수 $S_x = 4.81 \times 10^5\ \mathrm{mm}^3$이고 소성단면계수 $Z_x = 5.42 \times 10^5\ \mathrm{mm}^3$임을 알 수 있다. 따라서 형상계수 $k = \dfrac{5.42 \times 10^5}{4.81 \times 10^5} = 1.13$이다.

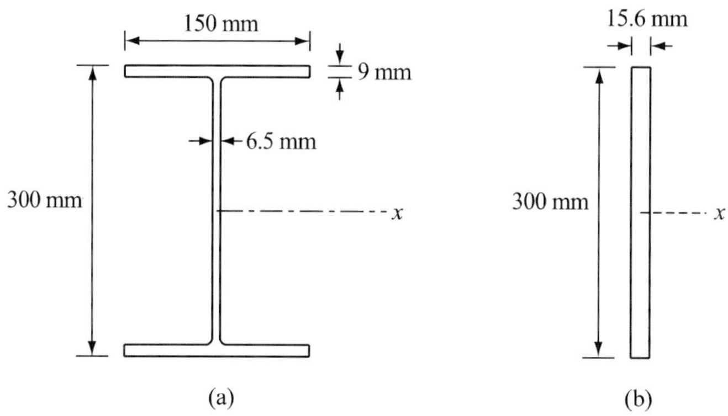

그림 3.23

한편, 단면 (b)의 탄성단면계수와 소성단면계수는 각각 $S_x = \dfrac{2}{3} \times 15.6 \times 150^2 = 2.34 \times 10^5 \text{ mm}^3$, $Z_x = 15.6 \times 150^2 = 3.51 \times 10^5 \text{ mm}^3$로 계산된다. 따라서 형상계수 $k = \dfrac{3.51 \times 10^5}{2.34 \times 10^5} = 1.50$이다.

또한 탄성단면계수 및 단면2차모멘트는 단면 (a)가 단면 (b)보다 2.06배가 더 크다. 상기 계산 결과와 같이 같은 단면적임에도 불구하고 k값이 적은 단면 (a)가 단면계수 즉, 응력 측면과 휨강성 측면에서 2배 이상 유리하다. 결론적으로 단면 (a)가 단면 (b)보다 단면효과가 2배 이상 크다고 할 수 있다.

이러한 효과를 평행축의 정리와 연관시켜 생각해보기 바란다.

[예제 3.16]

그림과 같이 x축에 비대칭인 T형 단면의 소성중립축 및 소성모멘트 M_{pl}과 형상계수 k 를 구하라. (단, $\sigma_y = 250 \text{ MPa}$이다.)

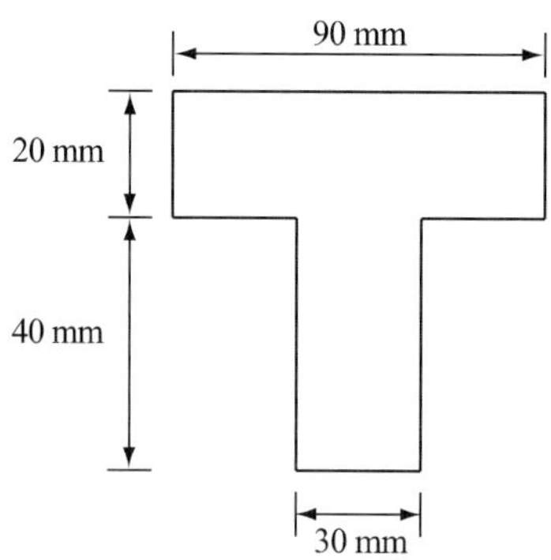

[풀이] 소성중립축은 단면적을 이등분하는 축이다. 따라서 부재 상단으로부터 중립축까지의 거리 $\bar{y}$는 다음과 같이 구해진다.

$\frac{A}{2} = 90 \times \bar{y}$로부터 소성중립축 $\bar{y} = 16.7\ \text{mm}$

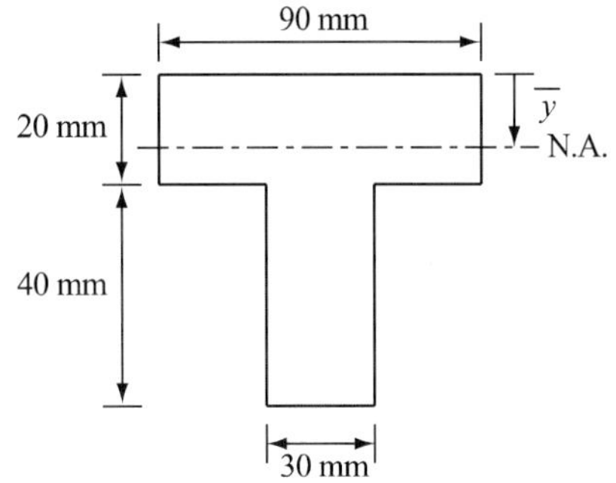

소성단면계수 Z는 소성중립축으로부터 상하부 단면의 단면1차모멘트의 절댓값의 합이므로

$$Z = 90 \times 16.7 \times \frac{16.7}{2} + 90 \times 3.3 \times \frac{3.3}{2} + 30 \times 40 \times (20 + 3.3) = 4.1 \times 10^4\ \text{mm}^3$$

따라서 $M_{pl} = Z\sigma_y = 4.1 \times 10^4 \times 250 = 10.25 \times 10^6\ \text{Nmm} = 10.25\ \text{kNm}$로 계산된다.

한편 탄성중립축 $\bar{y} = \dfrac{(90 \times 20) \times 50 + (30 \times 40) \times 20}{(90 \times 20) + (30 \times 40)} = 38\ \text{mm}$이고

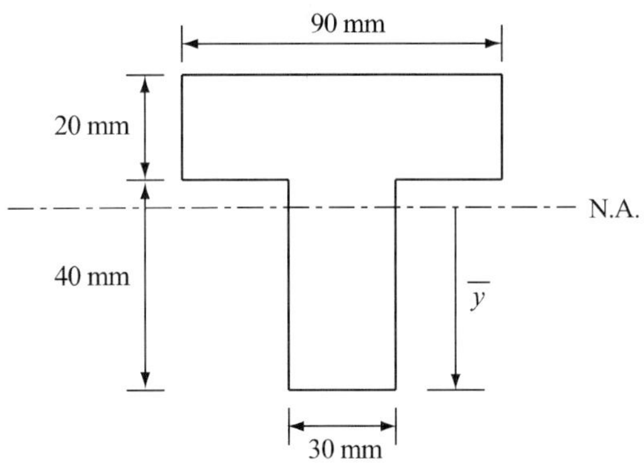

따라서

$$I_x = \frac{90 \times 20^3}{12} + (90 \times 20) \times 12^2 + \frac{30 \times 40^3}{12} + (30 \times 40) \times 18^2 = 86.8 \times 10^4\ \text{mm}^4$$

로 계산된다.

따라서 탄성단면계수 S의 최솟값 $S_{\min} = \dfrac{I_x}{\bar{y}} = \dfrac{86.8 \times 10^4}{38} = 2.3 \times 10^4\ \text{mm}^3$이므

로 형상계수 $k = \dfrac{Z}{S_{\min}} = \dfrac{4.1\times 10^4}{2.3\times 10^4} = 1.78$로 계산된다.

이 단면은 단면효과 측면에서 불리한 단면이라 할 수 있다. 따라서 재료비가 고가인 강재단면으로는 선택되어서는 안 될 단면이다.

3.7 편심축하중(偏心軸荷重, Eccentric Axial Loading)

그림 3.24(a)와 (b)에서 단면적이 같고 수직하중 P가 점차적으로 증가되는 경우 그림 3.24(b)의 경우가 먼저 파괴되는 이유에 대해 생각해보자. 그림 3.24(a)의 경우 수직응력 $\sigma = \dfrac{P}{A}$로 압축이다. 이 경우는 물론 좌굴(座屈, Buckling)의 염려가 없다는 가정하에서다. 좌굴현상은 기둥에서 발생될 수 있는 현상으로 부재의 길이가 길 경우 횡방향으로 휘어져 파괴되는 현상이라 할 수 있다. 좌굴에 대해서는 11장에서 상세히 다루어진다.

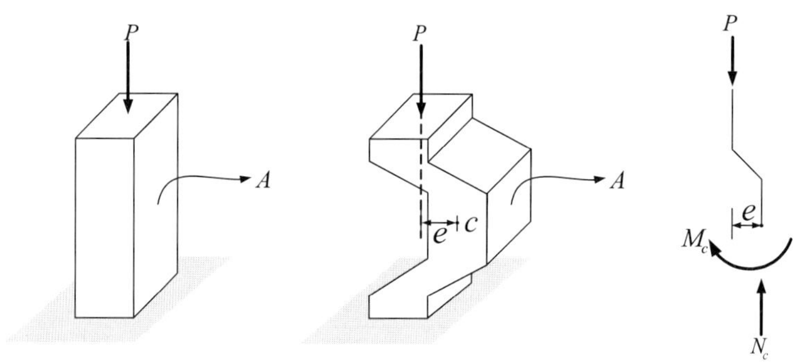

그림 3.24

한편 그림 3.24(b)에서 C점은 P의 작용축과 수평거리 e만큼 편심되어 있다. 그림 3.24(c)의 자유물체도로부터 $M_c = Pe$이고 $N_c = P$임을 알 수 있다. 따라서 C점에서의 응력은 그림 3.25와 같이 P에 의한 수직응력과 편심모멘트 M_c에 의한 휨응력 $\sigma = \pm\dfrac{Pec}{I}$가 추가로 발생된다.

그림 3.25(a)는 수직응력 $\sigma = -\dfrac{P}{A}$이고 M_c에 의한 휨응력은 그림 3.25(b)에 나타나 있다. 따라서 그림 3.25(a)와 (b)의 응력을 중첩시키면 그림 3.25(c)와 같은 응력도가 된다.

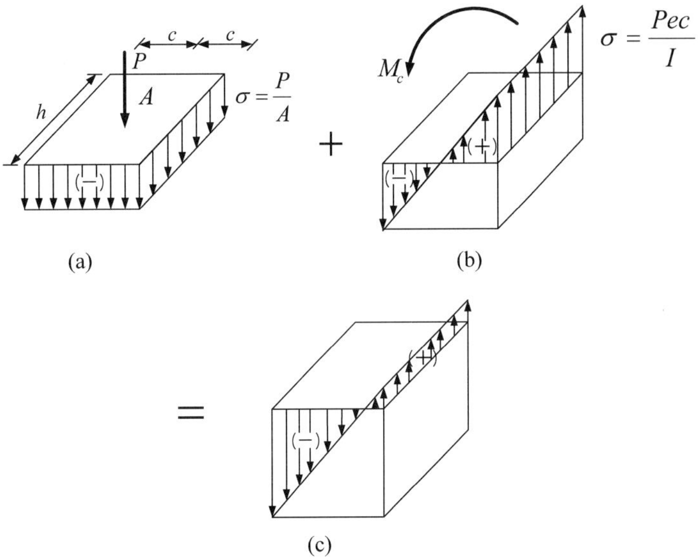

그림 3.25

따라서 그림 3.24(b)는 그림 3.24(a)와는 달리 편심모멘트 M_c 가 발생되기 때문에 응력 부담이 큰 단면 위치 즉, 그림 3.24(b)에서 c 점의 좌측부의 응력이 크므로 그림 3.24(a) 보다 먼저 파괴된다.

[예제 3.17]

그림과 같이 두 기둥에 교통표지판이 고정되어 있다. z 방향으로의 바람에 의해 기둥이 100 mm 가 순간적으로 기울어진다고 가정하자. 교통표지판의 중량에 의한 수직하중이 20 kN 이고 기둥의 단면이 주어진 그림과 같을 때 기둥 바닥에서의 최대 인장 및 압축응력을 구하라(단, 교통표지판에 작용되는 풍압 $p = 2\ \mathrm{kPa}$ 이고 좌굴은 없는 것으로 간주하고, $p - \Delta$ 효과는 무시).

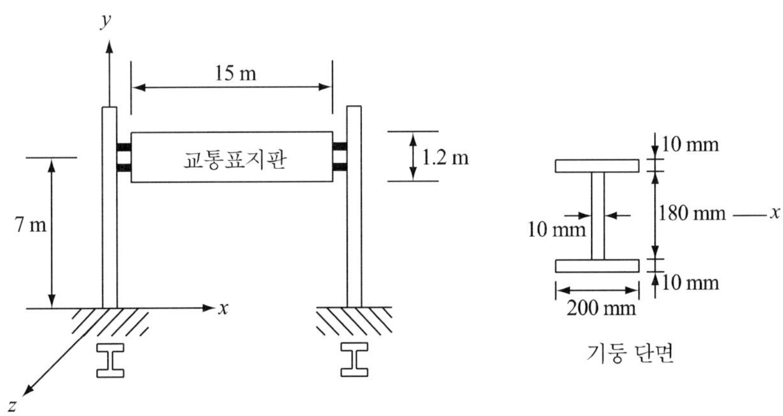

[풀이] 교통표지판에 작용되는 풍압을 힘으로 환산하여 하나의 기둥에 작용되는 힘 W를 계산하면 다음과 같다. 참고로 $p-\Delta$ 효과에 대해서는 11.5에서 다루어진다.

$$W=\frac{pA}{2}=\frac{2\times 15\times 1.2}{2}=18\text{ kN}$$

기둥의 단면적과 단면2차모멘트는 아래와 같이 계산된다.

$$A=2\times(200\times 10)+(10\times 180)=5{,}800\text{ mm}^2$$

$$I_x=\frac{200\times 200^3}{12}-\frac{190\times 180^3}{12}=4.1\times 10^7\text{ mm}^4$$

기둥이 순간적으로 바람에 의해 100 mm 기울어졌으므로 다음 그림과 같은 편심모멘트를 생각할 수 있다.

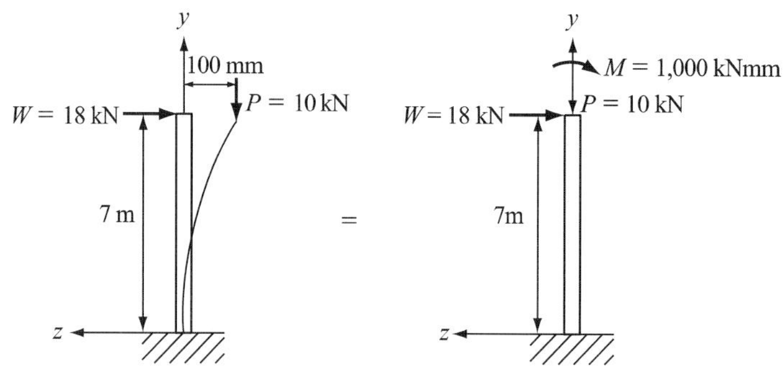

따라서 기둥 바닥에서 단면의 플랜지에 발생되는 응력은 다음과 같이 계산된다.

$$\sigma=-\frac{P}{A}\pm\frac{Wh}{I_x}z\pm\frac{M}{I_x}z$$

$$=-\frac{10\times 10^3}{5{,}800}\pm\frac{18\times 10^3\times 7\times 10^3\times 100}{4.1\times 10^7}\pm\frac{1{,}000\times 10^3\times 100}{4.1\times 10^7}$$

$=308\text{ MPa}$(최대 인장응력) 또는 -311 MPa(최대 압축응력)

3.8 비대칭(非對稱, Unsymmetry) 휨모멘트

지금까지의 휨모멘트는 평면문제(平面問題)에서 직각좌표계에 대해 다루었다. 여기서 직각좌표계라 함은 수평과 수직으로 나타내는 좌표계를 말한다. 비대칭하중은 직각좌표축(정좌표축)이 아닌 임의 방향의 축에 대한 휨모멘트가 작용되는 경우를 말한다. 여기서는 물론 평면문제에 국한하여 다루기로 한다.

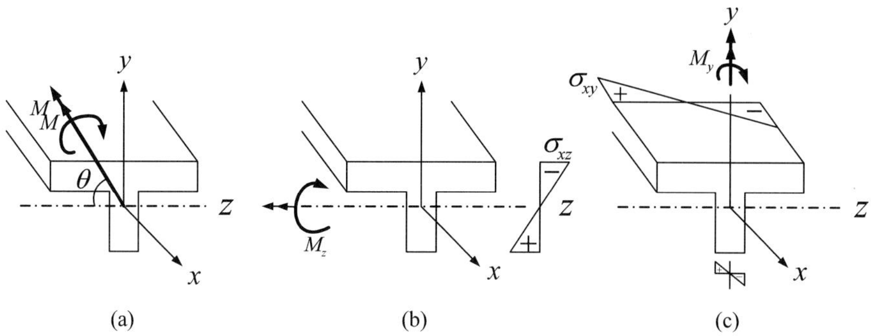

그림 3.26

그림 3.26(a)와 같이 $y-z$ 평면에 y축과 θ만큼 경사진 축에 휨모멘트 M이 작용될 때를 생각해보자. 휨모멘트도 벡터(Vector)이므로 y축과 z축의 성분으로 분해할 수 있다. 즉, z축 성분 $M_z = M\cos\theta$ [그림 3.26(b)]이고, y축 성분 $M_y = M\sin\theta$ [그림 3.26(c)]로 분해된다. 여기서 M과 M_z 및 M_y는 그림 3.26에 나타낸 바와 같이 회전방향을 화살표로 표시하는 방법이 있고 화살표 2개로 회전축을 가리키는 표시방법이 있다. 분해된 모멘트 M_z에 의한 응력 $\sigma_{xz} = \dfrac{M_z}{I_z}y$이고 M_y에 의한 응력 $\sigma_{xy} = \dfrac{M_y}{I_y}z$가 된다. 휨모멘트에 의한 인장(+)측과 압축(−)측의 구분은 화살표 머리부분이 압축측이고, 꼬리부분이 인장측이라고 기억하면 편리하게 구분할 수 있다. 여기서 응력의 첨자가 두 개로 표시되어 있는데 앞의 첨자는 작용방향을 의미하고 뒤의 첨자는 응력의 발생 원인을 나타낸다. 예로서 σ_{xz}에서 x는 응력방향이고 z는 M_z에 의한 응력이란 뜻이다.

다음으로는 중립축(中立軸, Neutral Axis)이 z축과 이루는 각 ϕ를 구해보자. 중립축은 응력이 “0”인 축 즉, $\sigma_{xz} + \sigma_{xy} = 0$인 조건(條件, Condition)에서 구해진다. 따라서

$$\frac{M_z y}{I_z} + \frac{M_y z}{I_y} = \frac{M\cos\theta}{I_z}y + \frac{M\sin\theta}{I_y}z = 0$$

의 조건식을 y에 대해 정리하면

$$y = \frac{I_z}{I_y}\frac{\sin\theta}{\cos\theta}z = \frac{I_z}{I_y}\tan\theta z$$

가 되고 중립축이 z축과 이루는 각

$$\frac{y}{z} = \tan\phi = \frac{I_z}{I_y}\tan\theta$$

로 표현된다.

[예제 3.18]

다음 그림과 같이 $20 \times 50\ \mathrm{mm}$의 직사각형 단면을 갖는 보에 $200\ \mathrm{Nm}$의 모멘트가 $30°$ 기울어진 면에 수직으로 작용되고 있다. 보의 최대응력과 중립면이 수평축 x와 이루는 각을 구하라.

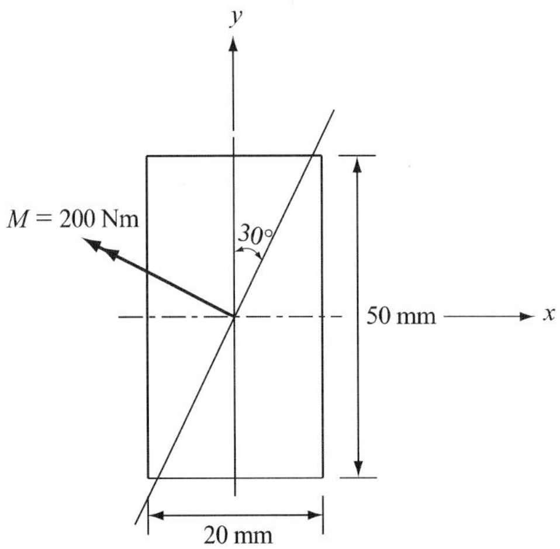

[풀이] 아래 그림과 같이 M_x, M_y를 먼저 구한다.

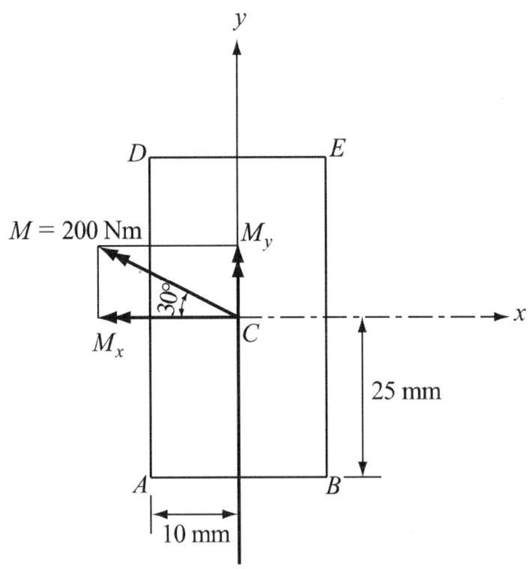

$$M_x = 200\ \mathrm{Nm} \times \cos 30° = 173.2\ \mathrm{Nm}$$

$$M_y = 200\ \mathrm{Nm} \times \sin 30° = 100.0\ \mathrm{Nm}$$

또한 x, y축에 대한 단면의 관성모멘트를 계산하면 다음과 같다.

$$I_x = \frac{20 \times 50^3}{12} = 2.08 \times 10^5 \text{ mm}^4$$

$$I_y = \frac{50 \times 20^3}{12} = 0.33 \times 10^5 \text{ mm}^4$$

M_x에 의한 가장 큰 인장응력 σ_{zx}는 단면의 가장자리 AB를 따라 발생된다.

$$\sigma_{zx} = \frac{M_x}{I_x} y = \frac{173.2 \times 10^3 \times 25}{2.08 \times 10^5} = 20.8 \text{ MPa}$$

M_y에 의한 가장 큰 인장응력 σ_{zy}는 단면의 가장자리 AD를 따라 발생된다.

$$\sigma_{zy} = \frac{M_y}{I_y} y = \frac{100 \times 10^3 \times 10}{0.33 \times 10^5} = 30.3 \text{ MPa}$$

따라서 조합하중으로 인한 가장 큰 인장응력 $\sigma_{\max,t}$는 A점에서 다음과 같이 발생된다.

$$\sigma_{\max,t} = \sigma_{zx} + \sigma_{zy} = 20.8 + 30.3 = 51.1 \text{ MPa}$$

최대 압축응력은 위와 같은 크기를 가지며 E점에서 발생된다.
그리고 아래 그림과 같이 중립축이 수평축과 이루는 각 ϕ는 다음과 같이 계산된다.

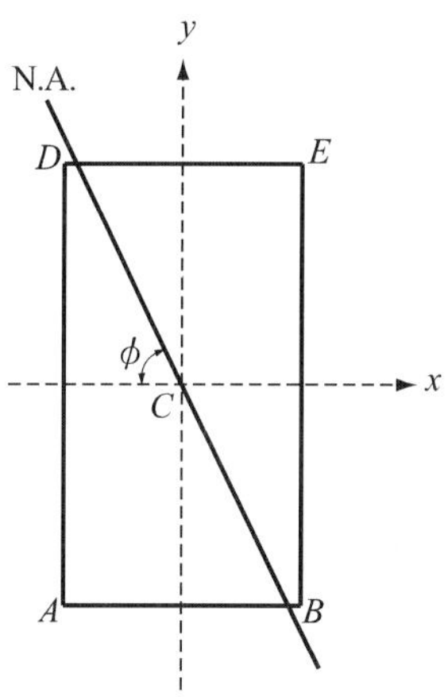

$$\tan\phi = \frac{I_x}{I_y} \tan\theta = \frac{2.08 \times 10^5}{0.33 \times 10^5} \tan 30° = 3.64$$

$$\phi = \tan^{-1}(3.64) = 74.6°$$

3.9 편심축하중의 일반적인 경우(General Case of Eccentric Axial Loading)

앞서 다루었던 편심축하중(偏心軸荷重)은 평면문제였으나 일반적인 경우는 공간좌표계(空間座標系, System of Space Coordinates)에 관한 것으로 그 한 예가 그림 3.27에

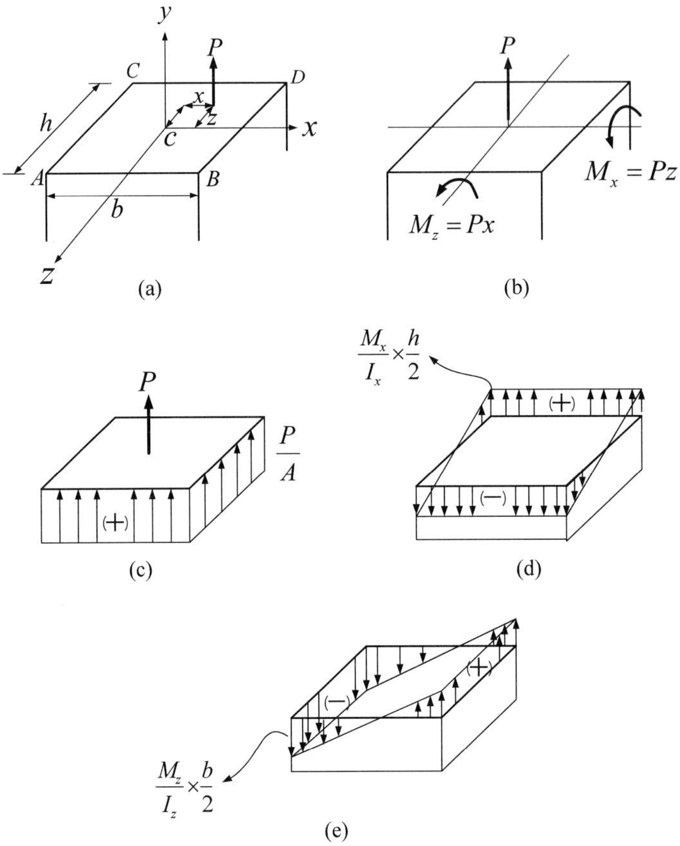

그림 3.27

나타나 있다.

그림 3.27(a)는 x축으로 z만큼, z축으로 x만큼 편심된 위치에서 수직하중 P가 상향으로 작용되고 있다. 응력계산을 위해 P가 도심에 작용되도록 이동시키고 이동됨에 따라 발생되는 모멘트 M_x와 M_z를 계산할 수 있다. 여기서 힘벡터 이동에 대해 생각해보자. 힘벡터는 수평이동이 가능하나 이동된 거리에 대한 모멘트가 파생된다. 즉, 이 문제에서 P가 x축 좌측으로의 이동거리 x에 대한 $M_z = Px$이고 z축 이동거리 z에 대한 $M_x = Pz$이다. 따라서 P에 의한 수직응력과 M_x에 의한 휨응력, M_z에 의한 휨응력이 각각 그림 3.27(c), (d), (e)에 나타나 있다. 따라서 A, B, C, D점의 응력은 다음과 같이 조합된다.

$$A\text{ 점}\quad \sigma_A = \frac{P}{A} - \frac{M_x}{I_x}\times\frac{h}{2} - \frac{M_z}{I_z}\times\frac{b}{2}$$

$$B\text{점} \quad \sigma_B = \frac{P}{A} - \frac{M_x}{I_x} \times \frac{h}{2} + \frac{M_z}{I_z} \times \frac{b}{2}$$

$$C\text{점} \quad \sigma_C = \frac{P}{A} + \frac{M_x}{I_x} \times \frac{h}{2} - \frac{M_z}{I_z} \times \frac{b}{2}$$

$$D\text{점} \quad \sigma_D = \frac{P}{A} + \frac{M_x}{I_x} \times \frac{h}{2} + \frac{M_z}{I_z} \times \frac{b}{2}$$

따라서 응력검토 위치는 응력이 최대가 되는 D점이 된다.

[예제 3.19]

10 kN의 수직하중이 아래 그림과 같은 직사각형 단면에 작용되고 있다. A, B, C, D 점에서의 응력과 단면의 중립축 위치를 구하라.

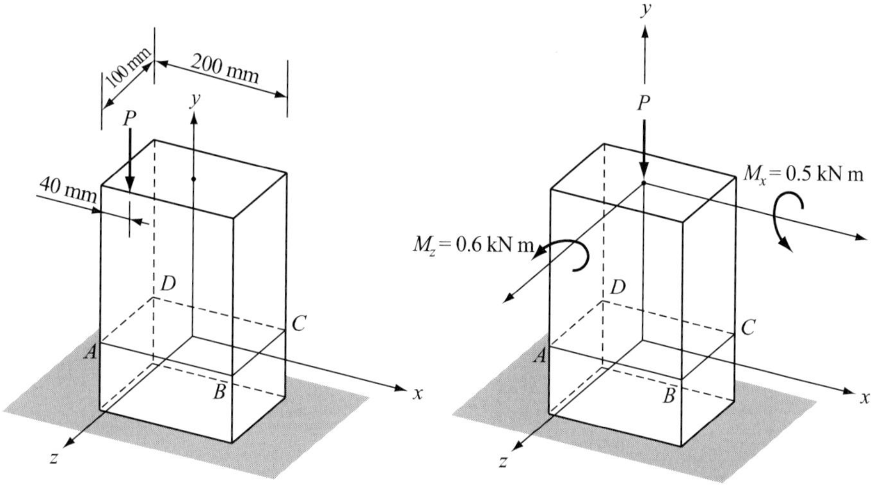

[풀이] 주어진 편심축하중 P는 위의 오른쪽 그림과 같이 중심축하중으로 이동시킴에 따라 두 개의 편심모멘트 M_x, M_z가 다음과 같이 발생된다.

$$M_x = 10 \times 0.05 = 0.5 \text{ kNm}$$

$$M_z = 10 \times (0.1 - 0.04) = 0.6 \text{ kNm}$$

면적과 도심에 대한 단면2차모멘트를 계산하면

$A = 100 \times 200 = 2.0 \times 10^4 \text{ mm}^2$이고 $I_x = \dfrac{200 \times 100^3}{12} = 1.67 \times 10^7 \text{ mm}^4$이며

$I_z = \dfrac{100 \times 200^3}{12} = 6.67 \times 10^7 \text{ m}^4$로 계산된다.

중심축하중 P에 의한 응력

$\sigma_P = \dfrac{P}{A} = \dfrac{-10\times10^3}{2.0\times10^4} = -0.5\,\text{MPa}$로 압축응력이다.

모멘트 M_x, M_z에 의한 응력은 단면에 걸쳐 선형적으로 분포되며 다음과 같은 각각의 최댓값을 가진다.

$$\sigma_{yx} = \frac{M_x\, z_{\max}}{I_x} = \frac{0.5\times10^6\times50}{1.67\times10^7} = 1.5\,\text{MPa}$$

$$\sigma_{yz} = \frac{M_z\, x_{\max}}{I_z} = \frac{0.6\times10^6\times100}{6.67\times10^7} = 0.9\,\text{MPa}$$

단면 모서리에서의 응력은 다음과 같다.

M_x에 의한 응력은 C, D에서 양이고 A, B에서 음이며, M_z에 의한 응력은 B, C에서 양이며 A, D에서 음이다.

$$\sigma_A = -0.5-1.5-0.9 = -2.9\,\text{MPa}$$
$$\sigma_B = -0.5-1.5+0.9 = -1.1\,\text{MPa}$$
$$\sigma_C = -0.5+1.5+0.9 = +1.9\,\text{MPa}$$
$$\sigma_D = -0.5+1.5-0.9 = +0.1\,\text{MPa}$$

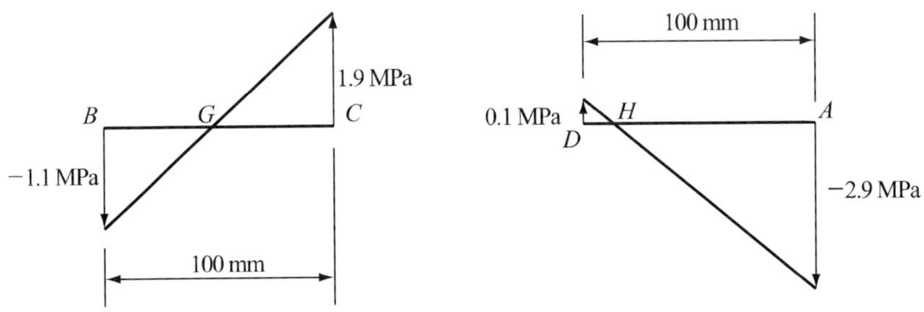

응력은 위 그림에서와 같이 BC 사이의 G점에서 "0"이 되고 DA 사이의 H점에서 "0"이 된다. 응력은 선형적으로 분포되므로 BG와 HA는 다음과 같이 계산된다.

$$\frac{BG}{100} = \frac{1.1}{1.9+1.1}, \quad BG = 36.7\,\text{mm}$$

$$\frac{HA}{100} = \frac{2.9}{2.9+0.1}, \quad HA = 96.7\,\text{mm}$$

따라서 중립축은 다음 그림과 같이 G와 H점을 연결하여 결정할 수 있다.

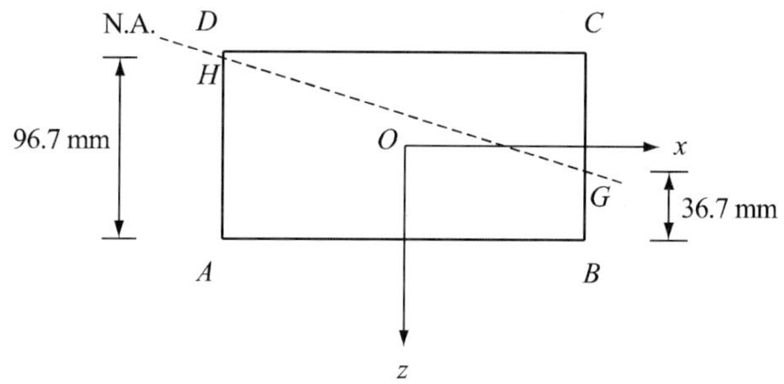

그리고 단면에서의 응력분포는 아래와 같다.

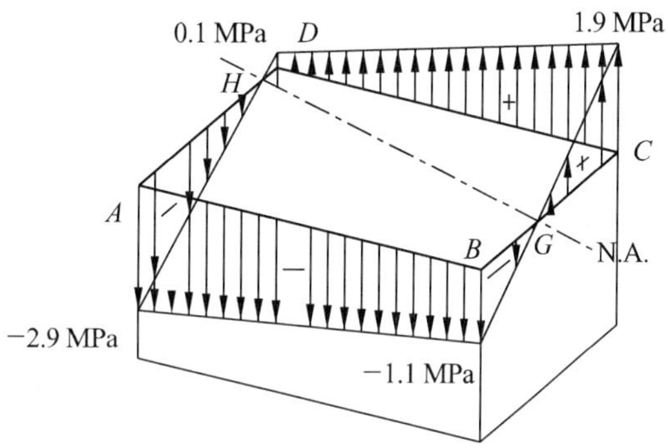

[예제 3.20]

수평하중 P가 그림과 같은 부재에 작용되고 있다. 부재의 허용압축응력 $\sigma_{\text{all}} = 90\ \text{MPa}$일 때, 최대 허용하중 P를 구하라.

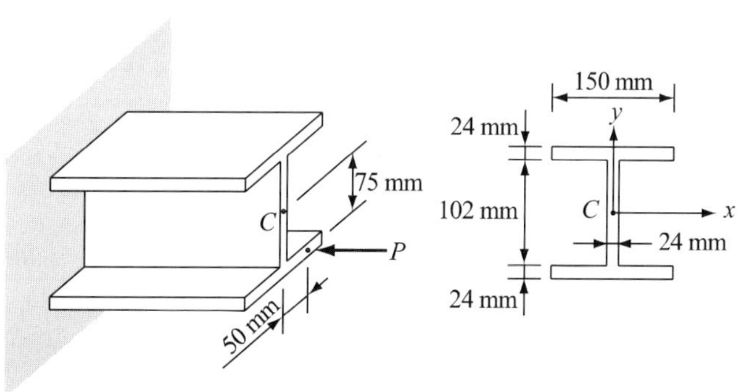

[풀이] 면적과 도심에 대한 단면2차모멘트는 다음과 같이 계산된다.

$$A = (150 \times 24) \times 2 + (102 \times 24) = 9,648 \text{ mm}^2$$

$$I_x = \frac{150 \times 150^3}{12} - \frac{126 \times 102^3}{12} = 31.04 \times 10^6 \text{ mm}^4$$

$$I_y = 2 \times \frac{24 \times 150^3}{12} + \frac{102 \times 24^3}{12} = 13.62 \times 10^6 \text{ mm}^4$$

편심축하중 P 를 단면의 도심으로 이동함에 따라 발생되는 편심모멘트 $M_x = 75P$, $M_y = 50P$ 로 계산되고 아래 그림과 같이 나타내어진다.

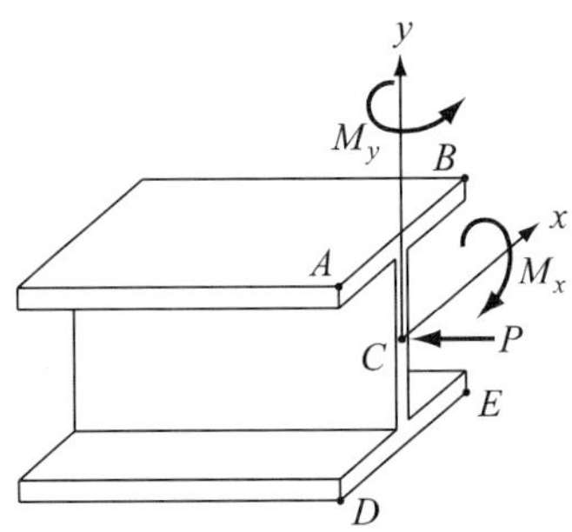

중심축하중 P 에 의한 응력 $\sigma_P = \frac{P}{A} = -\frac{P}{9,648}$ 로 압축응력이고

모멘트 M_x, M_y 에 의한 A, B, D, E 에서의 응력의 절댓값은 다음과 같다.

$$\sigma_{zx} = \frac{M_x}{I_x} y = \frac{75P}{31.04 \times 10^6} \times 75$$

$$\sigma_{zy} = \frac{M_y}{I_y} x = \frac{50P}{13.62 \times 10^6} \times 75$$

각 점에서의 전체 응력은 P, M_x, M_y 에 의한 응력을 중첩하여 얻는다. M_x 에 의한 응력은 A, B 에서 양이고 D, E 에서 음이며, M_y 에 의한 응력은 A, D 에서 양이며 B, E 에서 음이다.

$$\sigma_A = -\frac{P}{9,648} + \frac{75P \times 75}{31.04 \times 10^6} + \frac{50P \times 75}{13.62 \times 10^6} = 3.53 \times 10^{-4} P$$

$$\sigma_B = -\frac{P}{9,648} + \frac{75P \times 75}{31.04 \times 10^6} - \frac{50P \times 75}{13.62 \times 10^6} = -1.98 \times 10^{-4} P$$

$$\sigma_D = -\frac{P}{9,648} - \frac{75P \times 75}{31.04 \times 10^6} + \frac{50P \times 75}{13.62 \times 10^6} = -0.95 \times 10^{-4} P$$

$$\sigma_E = -\frac{P}{9,648} - \frac{75P \times 75}{31.04 \times 10^6} - \frac{50P \times 75}{13.62 \times 10^6} = -5.60 \times 10^{-4} P$$

절대 최대응력은 압축으로 E 점에서 발생되고 따라서 최대 허용하중 P 는 다음 조건으로부터 구할 수 있다.

$$\sigma_E = 5.60 \times 10^{-4} P \le \sigma_{\text{all}} = 90\ \text{MPa}$$

따라서 $P = 160.7\ \text{kN}$ 이 계산된다.

3.10 곡선부재(曲線部材, Curved Beam)에 작용되는 휨모멘트

지금까지는 부재가 직선인 경우에 국한하여 휨모멘트에 의한 응력을 다루었는데 이 절에서는 곡선부재에 작용되는 휨모멘트에 의한 응력 계산에 관한 것을 다룬다.

그림 3.28(a)는 곡률반경이 ρ 이고 사잇각이 θ인 곡선부재를 나타내고 있고 그림 3.28(b)는 단면과 중립축으로부터 임의 점까지의 거리 y와 곡률중심점 c로부터 임의 점 y까지의 거리 R이 정의되어 있다. 그림 3.28(c)는 휨모멘트 M에 의해 변형된 후 곡률반경이 감소됨에 따른 상태도이고 그림으로부터

$$\rho\,\theta = \rho'\,\theta' \tag{3.9}$$

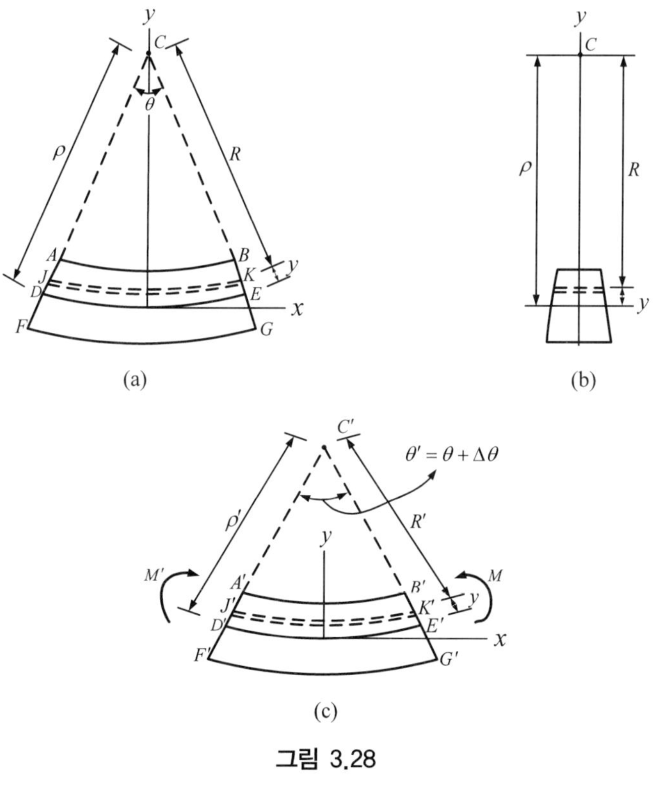

그림 3.28

의 관계식이 성립된다. 왜냐하면 중립축의 길이 DE는 변형 후의 $D'E'$과 같기 때문이다. 그림 3.28(a)에서 임의점의 원호(圓弧) JK의 변형은 M이 작용되기 전과 후의 곡률 R과 R'에 따라 달라지고 원호의 변형량 δ는 다음과 같이 표현된다.

$$\delta = R'\theta' - R\theta$$

또한 $R = \rho - y$이고 $R' = \rho' - y$ 이므로

$$\delta = (\rho' - y)\theta' - (\rho - y)\theta \tag{3.10}$$

로 표현되며 $\Delta\theta = \theta' - \theta$를 식 (3.10)을 전개한 식에 대입하면

$$\delta = \rho'\theta' - y\theta' - \rho\theta + y\theta = \rho'\theta' - \rho\theta - y(\theta' - \theta) = -y\ \Delta\theta$$

이다. 또한 JK의 축변형률

$$\epsilon_x = \frac{\delta}{R\theta} = -\frac{y\Delta\theta}{R\theta}$$

가 된다. 또는

$$\epsilon_x = -\frac{\Delta\theta}{\theta}\frac{y}{\rho - y} \tag{3.11}$$

로도 표현된다. 또한 σ_x는 후크의 법칙으로부터 $E\epsilon_x$이므로

$$\sigma_x = -\frac{E\Delta\theta}{\theta}\frac{y}{\rho - y} \tag{3.12}$$

가 된다. 또한 그림 3.28(a)로부터 $y = \rho - R$의 관계식을 식 (3.12)에 대입하면

$$\sigma_x = -\frac{E\Delta\theta}{\theta}\frac{\rho - R}{R} \tag{3.13}$$

로도 표현된다. 식 (3.11)의 ϵ_x에 관한 식과 식 (3.12)의 σ_x에 관한 식으로부터 ϵ_x나 σ_x는 중립축으로부터의 거리 y에 선형적 변화를 하지 않는다는 것을 알 수 있다. 즉, σ_x와 y의 관계를 그림으로 그려보면 그림 3.29와 같이 포물선 형태를 나타낸다.

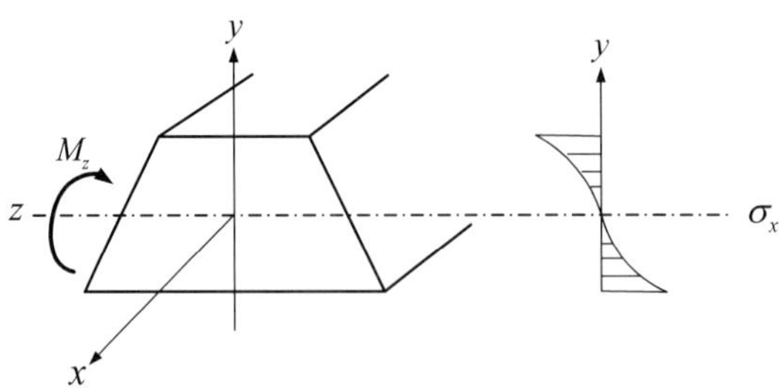

그림 3.29

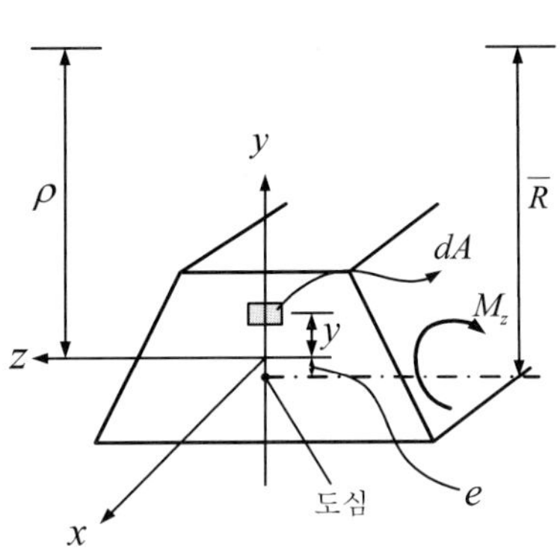

그림 3.30

그림 3.30에서 미소면적 dA에 발생되는 응력 σ_x는 식 (3.13)에 의해 구할 수 있다. 따라서 x축의 축력성분은

$$\int \sigma_x dA = 0 \tag{3.14}$$

이다. 즉, $\sum F_x = \int \sigma_x dA = 0$이란 평형방정식으로 표현될 수 있다. 그리고 x축의 축력성분 $\int \sigma_x dA$에 팔거리 y를 곱해주면 z축을 회전축으로 하는 모멘트 성분이 계산된다. 즉, $\int \sigma_x dAy$는 외력으로 작용되는 M_z와 평형을 이루어야 한다. 왜냐하면 항상 평형조건식이 성립되어야 하기 때문이다. 이 말을 달리 한다면 Input = Output 이어야 한다는 말로 표현할 수 있다. 여기서 Input은 M_z라고 할 수 있고 M_z에 의해 발생된 응력성분 σ_x에 의한 회전력 즉, $\int \sigma_x dAy$는 Output이라고 할 수 있다. 따라서

$$M_z = \int \sigma_x dA y \tag{3.15}$$

로 표현된다.

식 (3.14)에 식 (3.13)을 대입하면

$$\int \frac{E\Delta\theta}{\theta} \frac{\rho - R}{R} dA = 0$$

이 되고 $\frac{E\Delta\theta}{\theta} \neq 0$이므로 $\frac{\rho - R}{R} dA = 0$이어야 한다. 따라서

$$\rho \int \frac{dA}{R} - \int dA = 0$$

으로 표현된다. 즉, 곡률의 중심 C로부터 중립면까지의 거리

$$\rho = \frac{A}{\displaystyle\int \frac{dA}{R}} \tag{3.16}$$

로 표현된다. ρ는 곡률중심의 C로부터 단면의 중심까지의 거리 $\overline{R}$와 같지 않다(그림 3.30 참조). 왜냐하면 $\overline{R} = \dfrac{\int R dA}{A}$와 $\rho = \dfrac{A}{\int \frac{dA}{R}}$는 다른 표현이기 때문이다. $\overline{R} = \dfrac{\int R dA}{A}$의 식은 3.3절의 "면적(面積)의 모멘트"를 참고하기 바란다. 결론적으로 곡선부재에서는 단면의 중립축과 중심이 일치하지 않는다는 것이다. 그림 3.31은 4가지의 단

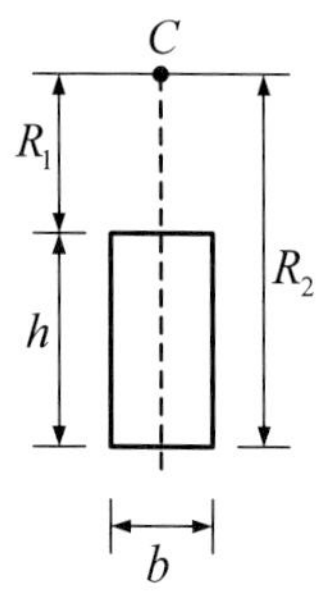

<직사각형>

$$\rho = \frac{h}{\ln \frac{R_2}{R_1}}$$

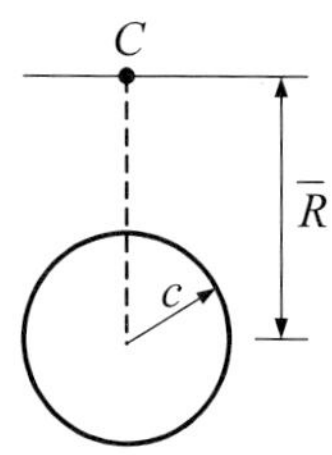

<원>

$$\rho = \frac{1}{2}\left(\overline{R} + \sqrt{\overline{R}^2 - c^2}\right)$$

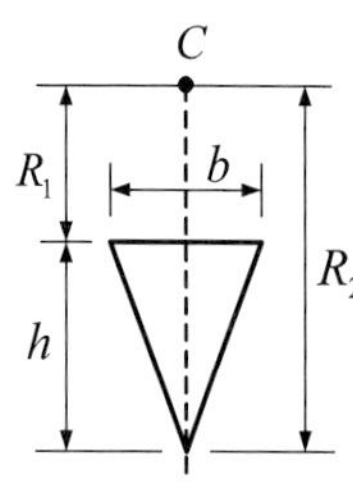

<삼각형>

$$\rho = \frac{\frac{1}{2}h}{\frac{R_2}{h}\ln\frac{R_2}{R_1} - 1}$$

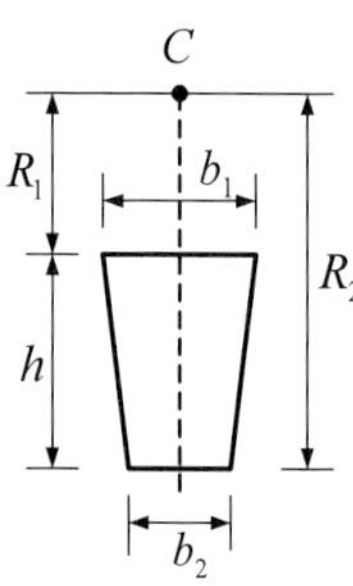

<사다리꼴>

$$\rho = \frac{\frac{1}{2}h^2(b_1 + b_2)}{(b_1 R_2 - b_2 R_1)\ln\frac{R_2}{R_1} - h(b_1 - b_2)}$$

그림 3.31

면형태에 대해 곡률의 중심 C로부터 중립면까지의 거리인 곡률반경 ρ에 대해 유도한 결과들이다.

다시 식 (3.15)로 돌아가서 식 (3.15)에 식 (3.13)을 대입하면

$$M_z = \int \frac{E\Delta\theta}{\theta}\frac{\rho - R}{R} y\,dA$$

가 되고 그림 3.28(a)로부터 $y = \rho - R$이므로

$$\frac{E\Delta\theta}{\theta}\int \frac{(\rho - R)^2}{R} dA - M_z = \frac{E\Delta\theta}{\theta}\left[\rho^2 \int \frac{dA}{R} - 2\rho A + \int R\,dA\right] - M_z = 0$$

으로 전개된다. 여기서 식 (3.13)의 σ_x에 대한 식에서 '−'를 생략한 것은 Input = Output 즉, 절댓값으로 $M_z = \int \sigma_x y\,dA$이어야 하기 때문이다. 그리고 식 (3.16)으로부터 양변에 ρ를 곱하고 ρA로 정리하면

$$\rho A = \rho^2 \int \frac{dA}{R}$$

가 된다. 그리고 $\overline{R} = \dfrac{\int R\,dA}{A}$로부터

$$\int R\,dA = \overline{R}A$$

로 표현된다. 따라서

$$\frac{E\Delta\theta}{\theta}(\rho A - 2\rho A + \overline{R}A) - M_z = 0$$

이고, 따라서

$$\frac{E\Delta\theta}{\theta} = \frac{M_z}{A(\overline{R} - \rho)}$$

란 식이 성립된다.

그림 3.30으로부터 $e = \overline{R} - \rho$이므로

$$\frac{E\Delta\theta}{\theta} = \frac{M_z}{Ae} \tag{3.17}$$

이다. 따라서 식 (3.17)을 식 (3.12)에 대입하면

$$\sigma_x = -\frac{M_z\, y}{Ae(\rho - y)}$$

가 되고, 이 식에 $y = \rho - R$을 대입하면

$$\sigma_x = \frac{M_z(\rho - R)}{AeR} \tag{3.18}$$

이 된다. 곡률반경이 부재의 높이에 비해 매우 큰 경우 즉, 직선부재에 가까운 경우 보 방정식 $\sigma_x = -\frac{M}{I}y$를 이용하여 계산해도 결과는 큰 차이가 없다. 식 (3.9)의 $\rho\theta = \rho'\theta'$이란 관계식은 $\frac{1}{\rho'} = \frac{\theta'}{\rho\theta}$으로 표현되며 $\theta' = \theta + \Delta\theta$이고 식 (3.17)로부터 $\frac{\Delta\theta}{\theta} = \frac{M_z}{EAe}$의 관계식을 도입하면

$$\frac{1}{\rho'} = \frac{1}{\rho}(1 + \frac{\Delta\theta}{\theta}) = \frac{1}{\rho}(1 + \frac{M_z}{EAe})$$

로 전개된다. 또한 중립면의 곡률변화

$$\frac{1}{\rho'} - \frac{1}{\rho} = \frac{M_z}{EAe\rho}$$

라는 관계식이 성립된다.

[예제 3.21]

아래 그림과 같은 곡선부재에 M이 작용될 때 A점에서의 응력을 구하라.

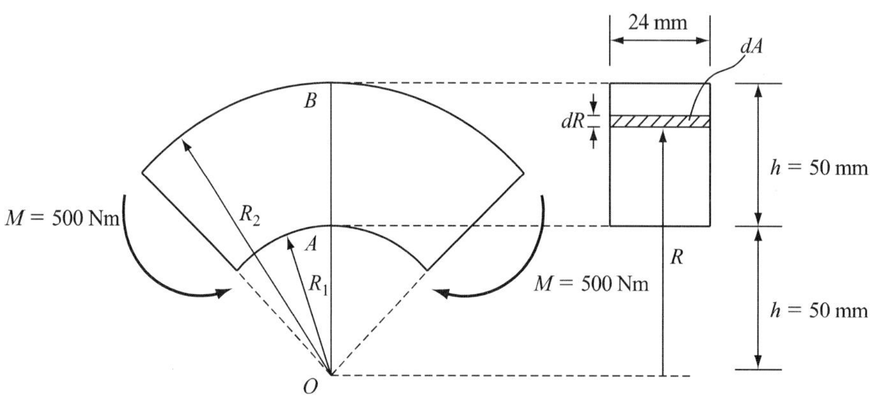

[풀이] 식 (3.16)으로부터 직사각형 단면에 대한 중립면의 곡률반경 ρ는 다음식과 같이 표현된다. 여기서 R_1과 R_2는 각각 보의 안 반지름과 바깥 반지름이다.

$$\rho = \frac{A}{\int_{R_1}^{R_2} \frac{dA}{R}} = \frac{bh}{\int_{R_1}^{R_2} \frac{bdR}{R}} = \frac{h}{\int_{R_1}^{R_2} \frac{dR}{R}} = \frac{h}{\ln \frac{R_2}{R_1}} \tag{a}$$

주어진 조건으로부터 $R_1 = 50\,\text{mm}$, $R_2 = 100\,\text{mm}$를 식 (a)에 대입하면 곡률반경 ρ가 다음과 같이 계산된다.

$$\rho = \frac{h}{\ln \frac{R_2}{R_1}} = \frac{50}{\ln \frac{100}{50}} = 72.1\,\text{mm}$$

따라서 단면의 도심축과 중립축 사이의 거리는 다음과 같다.

$$e = \overline{R} - \rho = \frac{1}{2}(R_1 + R_2) - \rho = \frac{1}{2}(50 + 100) - 72.1 = 2.9\,\text{mm}$$

식 (3.18)에 의해 A점의 응력

$\sigma_A = \dfrac{M(R_A - \rho)}{A\,e\,R_A} = \dfrac{500 \times 10^3 \times (50 - 72.1)}{24 \times 50 \times 2.9 \times 50} = -63.5\,\text{MPa}$로 계산된다.

여기서 R_A는 A점의 반경 R_1이고 M이 '+'이면 $\sigma_A = \dfrac{M(\rho - R_A)}{A\,e\,R_A}$의 식에 의해 구해진다.

[예제 3.22]

그림과 같은 부재의 곡선 부분의 안쪽 반지름이 20 mm이다. 곡선 부분의 곡률중심을 포함하는 수직평면으로부터 $a = 60\,\text{mm}$ 떨어진 곳에 3 kN의 힘이 작용될 때 부재에 발생되는 최대 압축응력을 구하라.

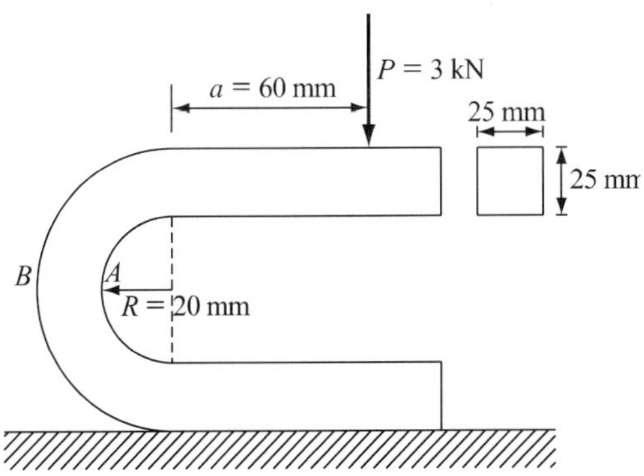

[풀이] 단면 $A-B$ 의 부재력은 $P=3\text{ kN}$, $M=3\times\left(60+20+\dfrac{25}{2}\right)=277.5\text{ kNmm}$ 이다.

수직하중 P 는 단면 $A-B$ 에 걸쳐 균일한 압축응력을 발생시킨다. 휨모멘트 M 은 부재의 곡률을 증가시키는 경향을 나타내므로 B 점은 인장측, A 점은 압축측이다.

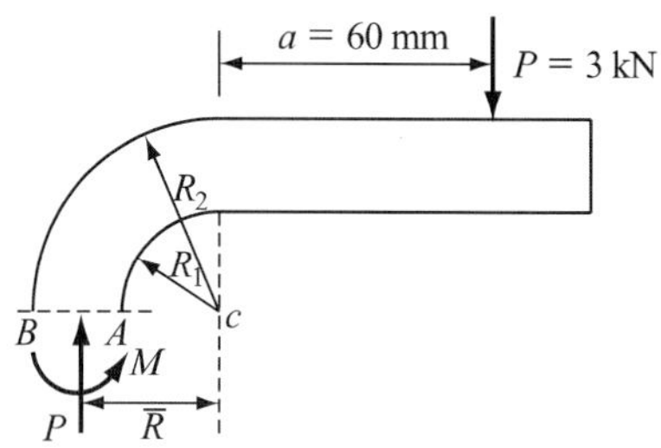

곡률중심 c 로부터 R 만큼 떨어져 있는 단면 $A-B$ 의 압축측인 A 점에서의 응력은 다음과 같은 식에 의해 계산된다(식 3.18 참조).

$$\sigma=-\frac{P}{A}+\frac{M(R-\rho)}{A\ e\ R}$$

직사각형 단면의 중립면까지의 곡률반경

$$\rho=\frac{A}{\displaystyle\int\frac{dA}{R}}=\frac{h}{\displaystyle\int_{20}^{45}\frac{dR}{R}}=\frac{25}{\ln\dfrac{45}{20}}=30.8\text{ mm}$$ 로 계산되고

따라서 편심거리

$$e=\overline{R}-\rho=\frac{1}{2}(R_1+R_2)-\rho=\frac{1}{2}(20+45)-30.8=1.7\text{ mm}$$ 이다.

최대 압축응력은 A 점에서 발생되므로 A 점의 응력을 구하면

$$\sigma_A=-\frac{3\times10^3}{25\times25}+\frac{277.5\times10^3\times(20-30.8)}{25\times25\times1.7\times20}=-145.8\text{ MPa}$$ 로 계산된다.

[예제 3.23]

그림과 같은 안쪽 반지름 $R_1=18\text{ mm}$ 이고 두께 $d=30\text{ mm}$ 인 한쪽이 열려있는 중공(中空) 원형단면이 있다. 주어진 하중하에서 A 점과 B 점에서의 응력을 구하라.

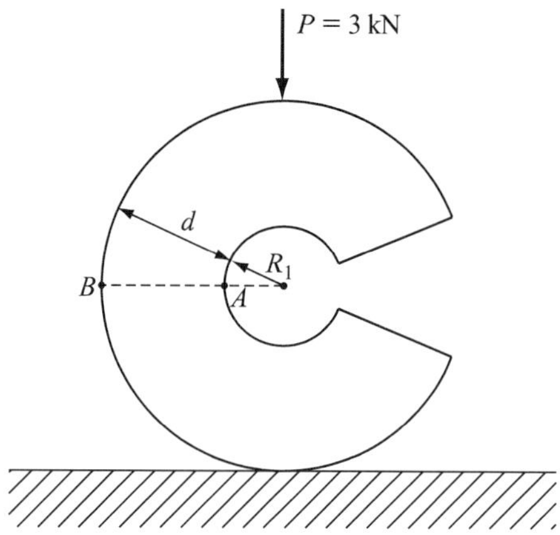

[풀이] 단면 $A-B$ 에서의 부재력은

$P = 3$ kN 이고 $M = P\times(R_1+\frac{d}{2}) = 3\times\left(18+\frac{30}{2}\right) = 99$ kNmm 이다.

수직하중 P 는 단면 $A-B$ 에 걸쳐 균일한 압축응력을 발생시키고 휨모멘트 M 은 부재의 곡률을 증가시키므로 B 점은 인장측, A 점은 압축측이다.

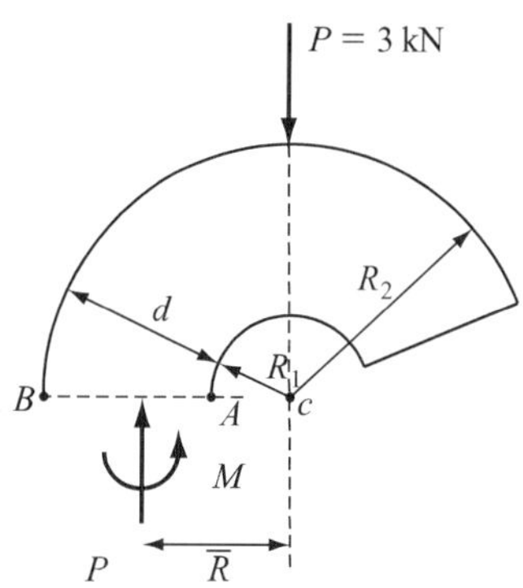

곡률중심 c로부터 R 만큼 떨어져 있는 단면 $A-B$ 에서 한 점에서의 응력은 다음 식에 의해 계산된다(식 3.18 참조).

$$\sigma = -\frac{P}{A}+\frac{M(R-\rho)}{A\ e\ R}$$

원형 단면의 중립면까지의 곡률반경 ρ 는 다음과 같이 계산된다(그림 3.31의 원형 단면 참조).

$$\rho = \frac{1}{2}(\overline{R}+\sqrt{\overline{R}^2-c^2}) = \frac{1}{2}(33+\sqrt{33^2-15^2}) = 31.2\text{ mm}$$

따라서 편심거리

$e = \overline{R} - \rho = \frac{1}{2}(R_1 + R_2) - \rho = \frac{1}{2}(18+48) - 31.2 = 1.8\text{ mm}$로 계산되고

A점에서 발생되는 압축응력을 구하면 다음과 같다.

$$\sigma_A = -\frac{3\times 10^3}{\frac{\pi\times 30^2}{4}} + \frac{99\times 10^3\times(18-31.2)}{\frac{\pi\times 30^2}{4}\times 1.8\times 18} = -61.3\text{ MPa}$$

그리고 B점에서 발생되는 응력은 다음과 같이 계산된다.

$$\sigma_B = -\frac{3\times 10^3}{\frac{\pi\times 30^2}{4}} + \frac{99\times 10^3\times(48-31.2)}{\frac{\pi\times 30^2}{4}\times 1.8\times 48} = 22.9\text{ MPa}$$

3.11 응력집중(應力集中, Stress Concentration)

2.23절에서는 축력에 의한 응력집중을 다루었는데 이 절에서는 휨모멘트에 의한 응력집중에 대해 다룬다. 휨모멘트를 받는 부재의 단면이 급격히 변하는 곳에서 응력 σ는 보 방정식에 의해 구한 응력보다 훨씬 크게 발생될 수 있다. 이 절에서는 횡단면의 폭이 급격히 변화하는 보의 경우와 홈을 갖는 보의 경우에서의 응력집중에 대해 알아보자.

2.23절에서 축력에 의한 응력집중에서와 마찬가지로 최대응력은 응력집중계수 K를 이용하여 다음 식에 의해 계산된다.

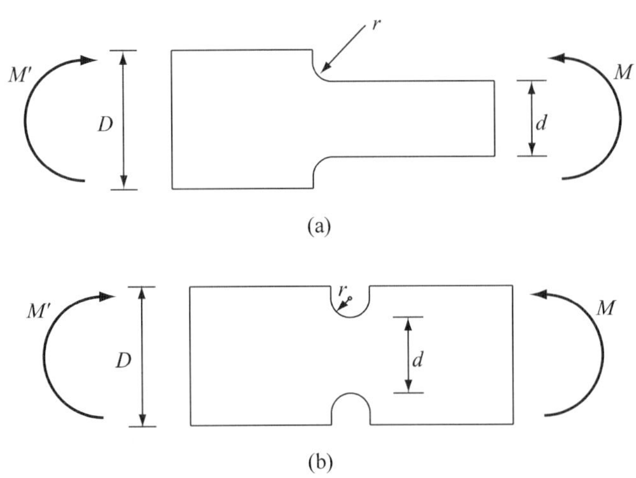

그림 3.32

$$\sigma_{\max} = K\frac{Mc}{I} \tag{3.19}$$

여기서, K는 그림 3.32(a)와 (b)에서 정의된 $\frac{D}{d}$와 $\frac{r}{d}$에 따라 변하는 응력집중계수이며 $\frac{Mc}{I}$는 두 단면에서 폭이 작은 부재에 대한 응력이다. 응력집중계수 K는 그림 3.33의 그래프에 의해 결정된다. 그림 3.33(a)는 일정한 폭을 갖는 단면의 높이가 완화구간을 거쳐 변화하는 경우이고 그림 3.33(b)는 일정한 폭을 갖는 단면에서 홈이 파여 있는 상태를 보이고 있다. 그림 3.33은 실험결과로서 참고문헌으로부터 인용된 자료이다.

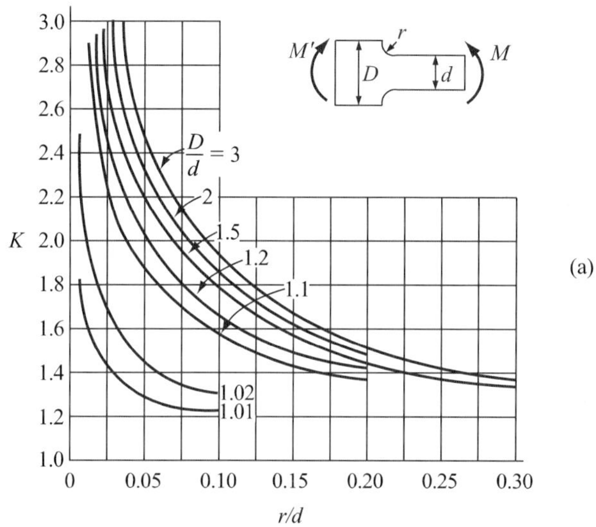

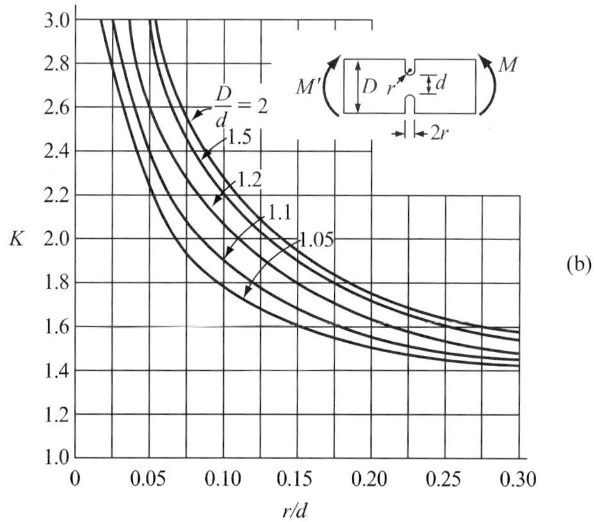

그림 3.33

[예제 3.24]

그림과 같은 보의 허용응력 $\sigma_{all} = 140\ \mathrm{MPa}$인 경우 보에 작용될 수 있는 최대 모멘트 M을 구하라.

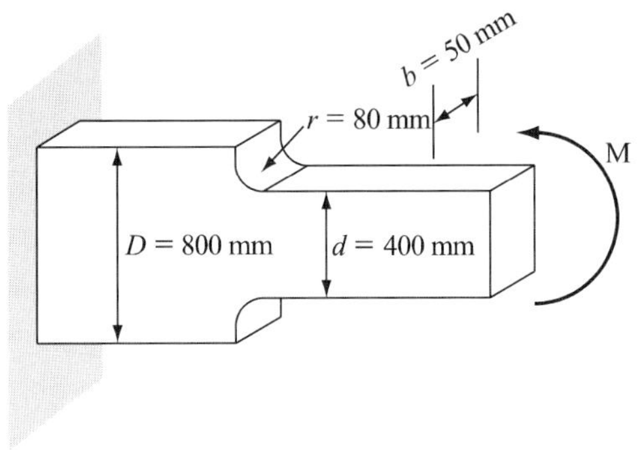

[풀이] 먼저 다음의 비를 구한다.

$\dfrac{D}{d} = \dfrac{800}{400} = 2.0$ 그리고 $\dfrac{r}{d} = \dfrac{80}{400} = 0.2$이다.

그림 3.33(a)의 그래프에서 $\dfrac{D}{d} = \dfrac{800}{400} = 2.0,\ \dfrac{r}{d} = \dfrac{80}{400} = 0.2$일 때의 응력집중계수 $K = 1.5$임을 알 수 있다.

식 (3.19)에 의해 $M = \dfrac{\sigma_{max} I}{Kc}$이고

여기서 σ_{max}는 허용응력 σ_{all}을 초과해서는 안된다.

따라서 주어진 보가 받을 수 있는 휨모멘트는 다음과 같이 계산된다.

$$M_{max} \le \frac{\sigma_{max} I}{Kc} \le \frac{140 \times 10^3 \times \dfrac{0.05 \times 0.4^3}{12}}{1.5 \times 0.2} \le 124.4\ \mathrm{kNm}$$

연습문제

EXERCISE

1. 그림과 같은 콘크리트 기둥이 직경이 25 mm인 8개의 철근에 의해 보강되어 있다. 기둥 상부의 단면 도심에 작용되는 300 kN의 수직하중에 의한 콘크리트와 철근의 수직응력을 구하라. (단, 좌굴의 영향은 무시하고 $E_s = 200$ GPa, $E_c = 25$ GPa이며 철근콘크리트의 단위중량은 25 kN/m^{3}이다.)

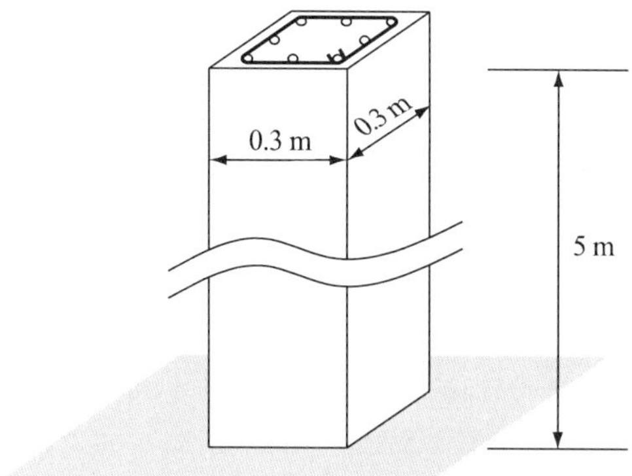

해석 순서

① 바닥면에서 자중을 포함해 가장 큰 힘이 작용되므로 자중 산정

자중 $W = 0.3 \times 0.3 \times 5 \times 25 = 11.25$ kN

② 바닥면에 작용되는 힘 산정 $P_T = W + 300 = 311.25$ kN

③ 철근의 환산단면적 계산

$$nA_s = \frac{200}{25} \times 8 \times \frac{\pi \times 25^2}{4} = 31,415 \text{ mm}^2$$

④ 총 단면적 계산 $A = (A_c - A_s) + nA_s = 117,488 \text{ mm}^2$

⑤ 콘크리트와 철근의 응력 계산

$$\sigma_c = \frac{P_T}{A} = 2.65 \text{ MPa}, \ \sigma_s = n\frac{P_T}{A} = 21.2 \text{ MPa}$$

이 문제에서 자중에 의한 영향은 약 3% 정도로 미미한 편이다.

2. ㄷ자형 보 AB가 $M = 200\ \text{kNm}$에 의해 순수휨 상태에 있다. 이 모멘트에 의한 D, C, E 점에서의 응력을 구하라.

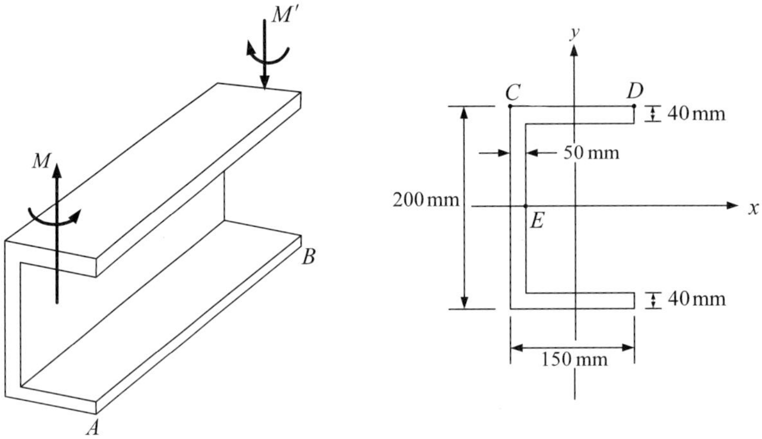

해석 순서

① 휨모멘트를 받는 축에 대한 단면의 중립축 위치 및 단면2차모멘트 산정

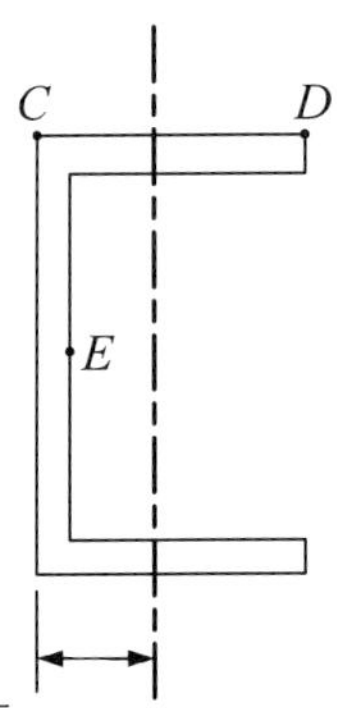

$\bar{x} = 58.333\ \text{mm}$ $I_y = 33.751 \times 10^6\ \text{mm}^4 = 33.751 \times 10^{-6}\ \text{m}^4$

② 각 점의 중립축으로부터의 거리 산정

$x_C = -0.058\ \text{m},\ x_D = 0.092\ \text{m},\ x_E = -0.008\ \text{m}$

③ 각 점의 응력 산정

$\sigma_C = 343.7\ \text{MPa},\ \sigma_D = -545.2\ \text{MPa},\ \sigma_E = 47.4\ \text{MPa}$

3. 그림과 같이 콘크리트 바닥판에 직경 $\phi = 16\ \text{mm}$의 철근이 중심간격 200 mm로 보강되어 있다. 콘크리트의 탄성계수 $E_c = 20\ \text{GPa}$이고, 철근의 탄성계수 $E_s = 200\ \text{GPa}$이며, 콘크리트와 철근의 허용응력이 각각 $\sigma_{\text{all},c} = 10\ \text{MPa}$, $\sigma_{\text{all},s} = 150\ \text{MPa}$일 때 바닥판에 작용될 수 있는 단위길이당 최대 휨모멘트를 구하라.

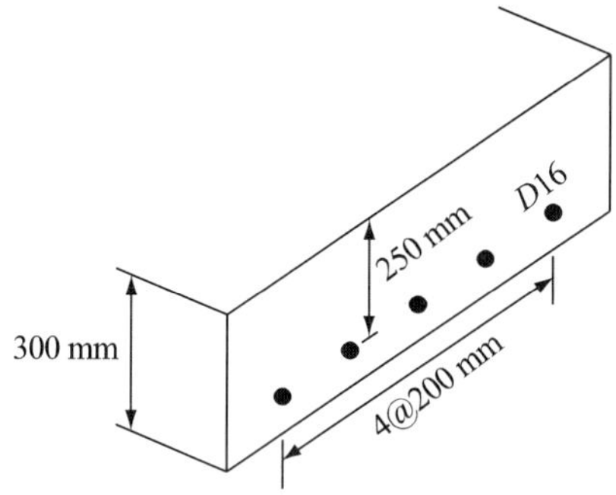

해석 순서

① 단면의 중립축 위치 및 단면2차모멘트 산정

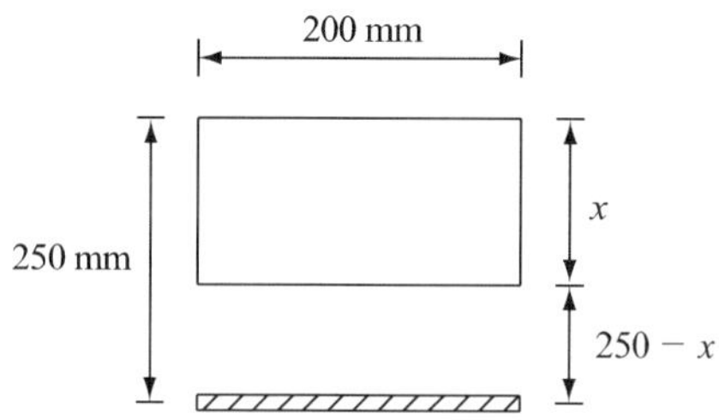

강성비 또는 탄성계수비 $n = \dfrac{E_S}{E_C} = 10$

철근의 환산단면적 $nA_S = 2.011 \times 10^3\ \mathrm{mm}^2$

단면의 중립축 위치

$$200 \times x \times \frac{x}{2} = (250 - x) \times 2.011 \times 10^3 \qquad x = 61.56\ \mathrm{mm}$$

단면2차모멘트

$$I = \frac{1}{3} \times 200 \times x^3 + 2.01 \times 10^3 \times (250 - x)^2 = 86.96 \times 10^{-6}\ \mathrm{m}^4$$

② 콘크리트가 받을 수 있는 최대 휨모멘트 M_c 산정

$$M_c = \frac{\sigma_{\mathrm{all},\,c}\ I}{x} = 14.03\ \mathrm{kNm}$$

③ 철근이 받을 수 있는 최대 휨모멘트 M_s 산정

$$M_s = \frac{\sigma_{\mathrm{all},\,s}\ I}{n\,(250 - x)} = 6.94\ \mathrm{kNm}$$

④ $M_c = 14.03\ \mathrm{kNm}$와 $M_s = 6.94\ \mathrm{kNm}$ 중 작은 값이 바닥판에 작용될 수 있는 최대 휨모멘트가 된다.

⑤ 바닥판에 작용되는 단위길이당 최대 휨모멘트 M 산정

상기 휨모멘트 $M_s = 6.94\ \mathrm{kNm}$는 $200\ \mathrm{mm}$ 길이에 작용되는 값이므로

$$M = 6.94 \times \frac{1,000}{200} = 34.7\ \mathrm{kNm/m}$$

4. 그림과 같은 외팔보시스템의 설계에서 사용된 재료의 허용응력이 $100\ \mathrm{MPa}$이다.

(a) 반지름 $r = 15\ \mathrm{mm}$인 반원 홈을 지닌 부재를 설계할 때 부재에 작용될 수 있는 최대 휨모멘트 M을 구하고

(b) 그림에서 $40\ \mathrm{kNm}$의 휨모멘트가 작용되고 반지름 $r = 53\ \mathrm{mm}$일 때 발생되는 응력을 구하라.

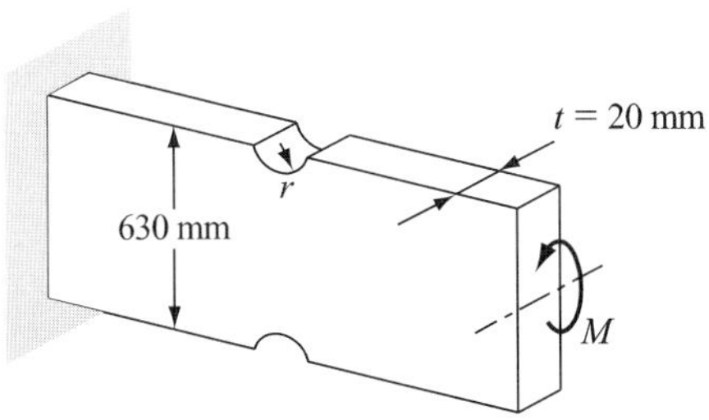

(a)의 해석 순서

① 그림 3.33(b)로부터 응력집중계수 K 값을 산정

$K = 2.74$

② 취약 단면의 단면2차모멘트 산정

$$I = \frac{bh^3}{12} = 3.6 \times 10^{-4}\ \mathrm{m}^4$$

③ 최대 휨모멘트 M 산정

$$M = \frac{\sigma_{\mathrm{all}}\ I}{K c} = 43.8\ \mathrm{kNm}$$

(b)의 해석 순서

① 그림 3.33(b)로부터 응력집중계수 K값을 산정

$K = 2.07$

② 취약 단면의 단면2차모멘트 산정

$$I = \frac{bh^3}{12} = 2.398 \times 10^{-4}\ \mathrm{m}^4$$

③ 취약 단면에 발생되는 응력 산정

$$\sigma_s = K\frac{Mc}{I} = 90.5\ \mathrm{MPa}$$

5. 항복응력 $\sigma_y = 200\,\mathrm{MPa}$의 강으로 만들어진 균일단면기둥이 x축에 대한 휨모멘트 M을 받고 있으며 탄소성 상태에 있다고 가정할 때

(a) 항복이 최초로 발생될 때의 휨모멘트 M을 구하고

(b) 내부 탄성부분의 두께가 150 mm인 경우의 휨모멘트 M을 구하라. 여기서 기둥의 자중과 좌굴의 영향은 무시한다.

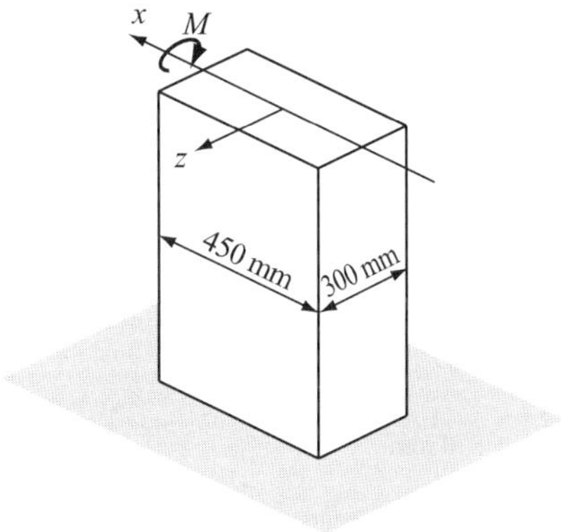

해석 순서

(a) ① 단면의 단면2차모멘트 산정

$$I_x = 10.125 \times 10^{-4}\ \mathrm{m}^4$$

② 최초 항복 발생 시의 휨모멘트 산정

$$M_y = \frac{\sigma_y I}{c} = 1{,}350\ \mathrm{kNm}$$

(b) ① 단면의 중립축으로부터 내부 탄성역까지의 거리 산정

$$y_y = 0.5 \times 0.15 = 0.075\ \mathrm{m}$$

② 다음 식으로부터 M을 계산

$$M = \frac{3}{2} M_y \left\{1 - \frac{1}{3}\left(\frac{y_y}{c}\right)^2\right\} = 1{,}860\ \mathrm{kNm}$$

6. 휨모멘트 M_0가 그림과 같은 압연강 보에 작용되고 있다. 보의 복부는 수직축과 경사각 θ를 이루고 있다. $\theta = 0$일 때 보의 최대 축응력을 σ_0라 정의한다면, 최대응력이 $2\sigma_0$가 될 때의 경사각 θ를 구하라. 단, I-형강의 단면 특성은 아래와 같다.

I $300 \times 150 \times 8 \times 15$, $I_x = 9.48 \times 10^7\ \mathrm{mm}^4$, $I_y = 0.588 \times 10^7\ \mathrm{mm}^4$

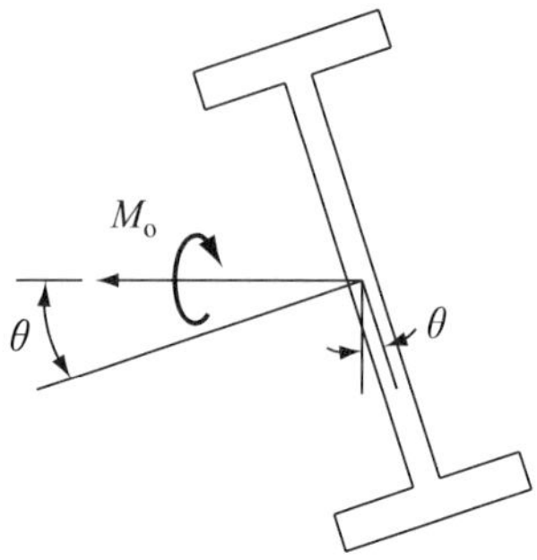

해석 순서

문제에서 I 300×150×8×15의 단면이란 h(형강의 전체 높이)= 300 mm, b(플랜지의 폭)= 150 mm, t_w(복부의 두께)= 8 mm, t_f(플랜지의 두께)= 15 mm인 I- 형강을 의미한다.

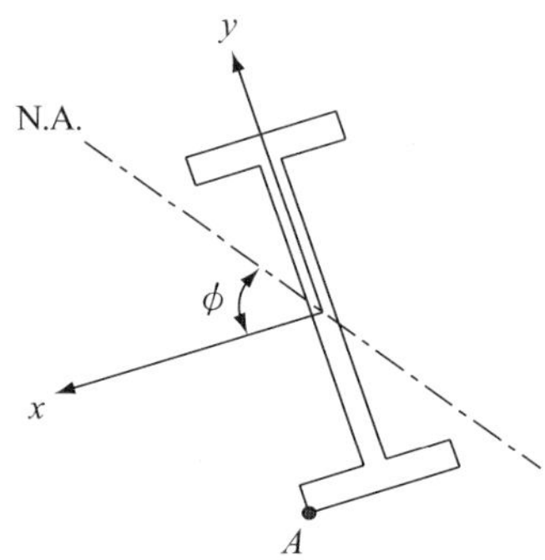

① 최대응력이 발생되는 A점의 x축과 y축으로부터의 거리 산정

$$x_A = \frac{b}{2},\ y_A = -\frac{d}{2}\ \ (d = 300\text{ mm},\ b = 150\text{ mm})$$

② 중립축이 x축과 이루는 각 ϕ 산정

$$\tan\phi = \frac{I_x}{I_y}\tan\theta = 16.1\tan\theta$$

③ 각 축방향의 모멘트 산정

$$M_y = M_0\sin\theta,\ M_x = M_0\cos\theta$$

④ 최대응력이 발생되는 A점의 응력 산정

$$\sigma_A = -\frac{M_x\, y_A}{I_x} + \frac{M_y\, x_A}{I_y} = \frac{M_0\, d}{2I_x}\left(1 + \frac{I_x}{I_y}\frac{b}{d}\tan\theta\right)$$

⑤ $\theta = 0$일 때 최대응력을 σ_0라 정의할 때

$$\sigma_A = \sigma_0 = \frac{M_0\, d}{2I_x}$$

⑥ 최대응력이 $2\sigma_0$가 될 때 보의 경사각 θ 산정

$$\sigma_A = \sigma_0\left(1 + \frac{I_x}{I_y}\frac{b}{d}\tan\theta\right) = 2\sigma_0 \qquad \theta = 7.108°$$

04
비틀림 Torsion

4.1 비틀림의 정의(定意, Definition)

비틀림이란 부재의 축을 회전축으로 회전하려는 현상이다. 그림 4.1에서 부재 AB를 축으로 비틀리려는 회전력 $P \times b$와 같은 것을 비틀림모멘트라고 한다. 비틀림모멘트 표기는 휨모멘트와 구분하기 위해 M_T로 하기로 한다. 이 경우도 힘의 평형조건이 성립되기 위해서는 A지점에서 시계방향의 회전력 M_T로 지탱해줘야 하는데 이 M_T는 A점의 지

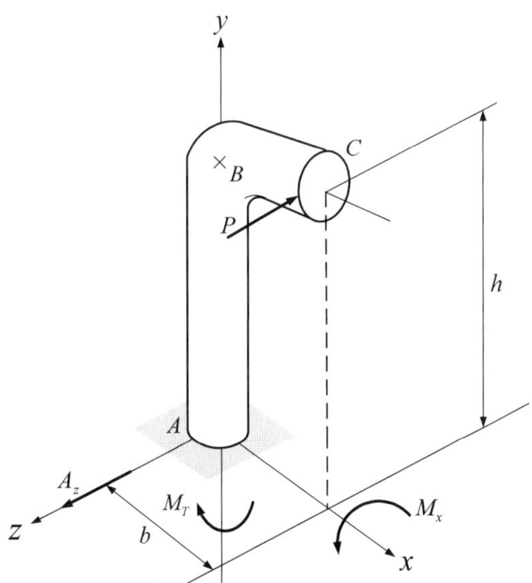

그림 4.1

점반력에 해당된다. 지점반력은 M_T 외에도 z방향으로 P와 반대방향의 반력 A_z와 x축을 회전하려는 회전력 $M_x(=P\times h)$가 있다는 것을 아울러 이해하기 바란다. 여기서 M_x는 물론 휨모멘트이다.

비틀림 현상이 발생되는 예로서는 일반적인 구조물, 즉 3차원 구조물 및 발전소에서 터빈(Turbine)과 발전기(發電機, Generator)를 연결하는 전동축(傳動軸, Transmission Shaft) 그리고 우리 생활의 일부라 할 수 있는 자동차의 바퀴가 돌아갈 때 동력을 전달시키는 전동축을 들 수 있다. 그림 4.2에 전동축에 작용되는 M_T가 표현되어 있다.

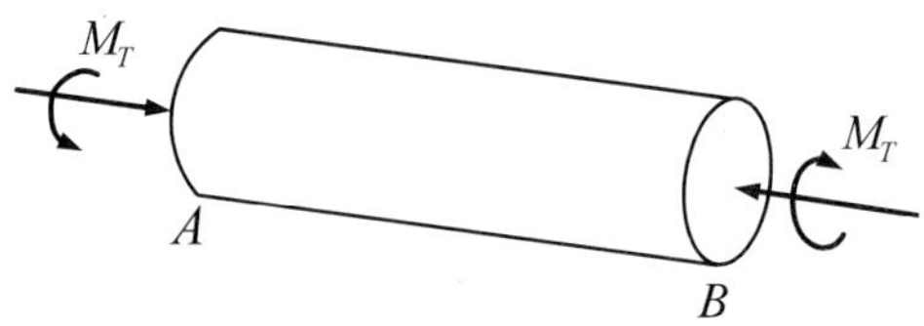

그림 4.2

M_T는 부재의 축을 회전시키려는 회전력인데 축응력을 발생시키는 휨모멘트와는 달리 전단응력을 유발시킨다. 이 장에서는 비틀림모멘트와 비틀림모멘트에 의해 유발되는 전단응력과의 관계에 대해 다룬다. 참고로 비틀림모멘트는 토크(Torque)로도 불리는데 건설분야에서는 볼트를 조이는 경우에 토크란 용어를 사용하고 일반적으로 비틀림모멘트(Torsional Moment)란 용어를 사용한다.

4.2 원형 단면축(圓形斷面軸, Circular Shaft)의 비틀림

그림 4.3(a)와 같이 원형 단면부재의 외팔보(Cantilever)시스템에서 외팔보 끝단 B점에 M_T가 작용되고 있다. M_T에 의해 발생되는 비틀림각(Angle of Twist) ϕ와 전단응력 τ에 관한 식을 유도하기 위해 그림 4.3(b)와 같이 미소길이 dx에 대해 생각해보자. 여기서 B단에 작용되는 M_T는 부재 AB구간을 통해 일정하다. 따라서 그림 4.3(b)에서의 끝단에도 M_T가 작용된다. 끝단에서 원래의 기준선 끝을 b라 하고 M_T에 의해 변형된 즉, 비틀어진 후의 기준선 끝을 b', 그리고 변화된 기준선과의 사이각을 γ라 하자. 또한 끝단 단면의 비틀어진 각을 $d\phi$로 표시했을 때 다음과 같은 관계식들이 성립된다. 여기서 γ는 전단변형률이고 저자는 2장에서 γ를 찌그러진 각이라고 표현한 바 있다. γ는 단면 표면 즉, $\rho=r$일 때 최대이므로 끝단 기준선 사이의 거리 $bb'=dx\sin\gamma_{\max}$로 표현되나

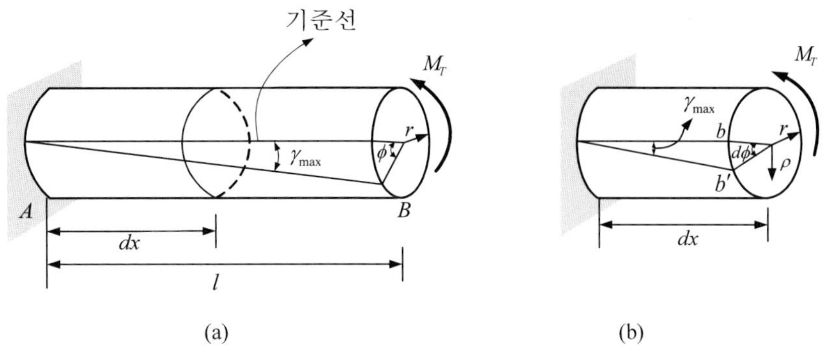

그림 4.3

γ는 미소한 각이므로 $bb' = \gamma_{max} dx$로 표현되고 마찬가지로 $bb' = r d\phi$가 된다. 따라서

$$\gamma_{max} = \frac{d\phi}{dx} r \tag{4.1}$$

의 식이 성립된다. 여기서 단위길이당 비틀림각을 θ라 하면 $\theta = \dfrac{d\phi}{dx}$이고

$$\gamma_{max} = r\theta$$

가 된다. 원형 단면의 원점에서 ρ만큼의 거리에서의 전단변형률

$$\gamma = \frac{\rho d\phi}{dx} = \rho\theta \tag{4.2}$$

로 표현된다. 식 (4.1)과 식 (4.2)로부터 $d\phi$를 소거하면

$$\gamma = \frac{\rho}{r} \gamma_{max} \tag{4.3}$$

가 된다. 이 식에서 $\rho = r$일 때 γ는 최대가 되고 $\rho = 0$일 때 γ는 "0"이 된다. 여기서 후크의 법칙을 적용하여 전단응력 τ에 관한 식을 유도해보자. 여기서 후크의 법칙과 E와 G 및 ν와의 관계식

$$G = \frac{\tau}{\gamma} = \frac{E}{2(1+\nu)} \tag{4.4}$$

를 상기하면서 $G\gamma = \tau$의 형태로 식 (4.3)을 표현하기 위해 양변에 G를 곱하면 다음과 같은 식을 얻는다.

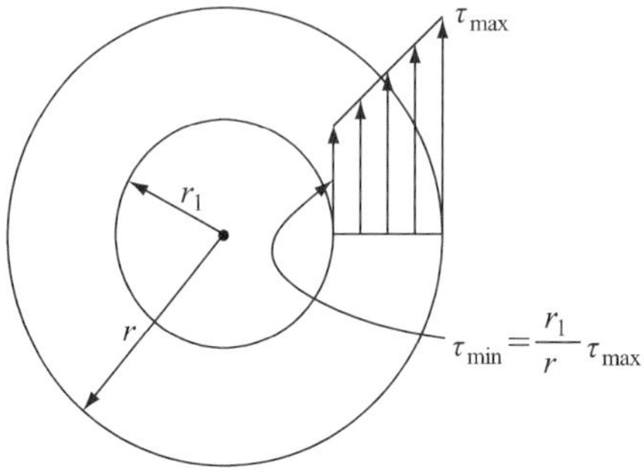

그림 4.4

$$G\ \gamma = \frac{\rho}{r}\gamma_{\max} G \quad \text{즉} \quad \tau = \frac{\rho}{r}\tau_{\max} \tag{4.5}$$

이 식의 적용범위는 물론 탄성범위 내에서 유효하고 τ는 원형단면의 원점으로부터의 거리 ρ에 비례한다는 의미이다. 내측 반경이 r_1이고 외측 반경이 r인 원형 중공축(圓形中空軸)의 전단응력도 위의 식으로부터 그림 4.4와 같이 표현된다.

다음으로는 원형 단면축에서 M_T에 의해 발생되는 τ-도로부터 전단응력 τ와 M_T와의 관계식을 유도해보자.

그림 4.5는 원형 단면축에 작용되는 M_T와 τ-도 및 원점에서 임의 거리 ρ와 증분거리 $d\rho$ 및 미소면적 dA를 보이고 있다. 원점에서 임의 거리 ρ의 전단응력을 τ라 할 때 빗금친 미소단면적 dA에 발생되는 전단력은 τdA로 표현된다. 따라서 원점을 회전점으로 하는 회전력은 $\tau\, dA \rho$로 표현되므로 전단면에 작용되는 회전력, 즉 비틀림모멘트 M_T'은 적분식 $\int_0^r \tau \rho dA$로 표현되고 $\tau = \frac{\rho}{r}\tau_{\max}$이므로

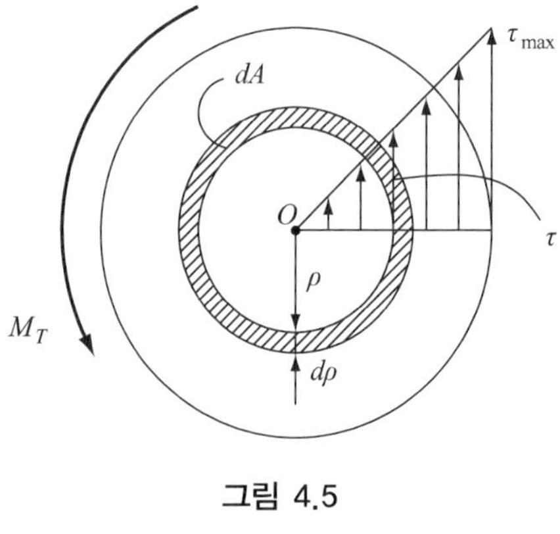

그림 4.5

$$M_T{}' = \int_0^r \frac{\rho^2}{r} dA \ \tau_{\max} = \frac{\tau_{\max}}{r} \int_0^r \rho^2 dA \tag{4.6}$$

가 된다. 우리는 이미 $\int_0^r \rho^2 dA$는 극관성모멘트이고 J로 표현한다는 것을 3.3절에서 다루었다. 따라서 τ-도에 의해 계산된 회전력은 $\frac{\tau_{\max}}{r}J$로 표현된다. 이 회전력은 M_T에 의해 발생된 것으로 Output에 해당되므로 Input = Output의 등식이 성립되어야 한다. 따라서 Input에 해당되는

$$M_T = \frac{\tau_{\max}}{r} J \tag{4.7}$$

라는 등식이 성립된다. 이 식을 $\tau_{\max}$에 대해 정리하면

$$\tau_{\max} = \frac{M_T \, r}{J} \tag{4.8}$$

이 되고 τ와 M_T의 관계식이 유도된 것이다. 이 식을 비틀림 공식이라 한다. 또한 원점으로부터 거리 ρ에서의

$$\tau = \frac{M_T \, \rho}{J} \tag{4.9}$$

가 된다.

[예제 4.1]

그림의 원형 중실축(中實軸)과 원형 중공축(中空軸)의 단면적이 같을 때 원형 중실축과 원형 중공축의 극관성모멘트 J의 비를 구하라. (단, $r_1 = 480\ \mathrm{mm}$이고 $r_2 = 500\ \mathrm{mm}$이다.)

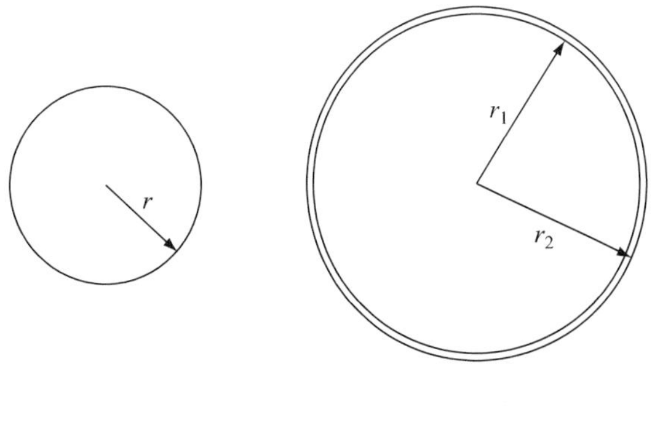

[풀이] 원형 중실축과 원형 중공축의 단면적 A와 극관성모멘트 J는 다음과 같다.

원형 중실축에서 $A=\pi r^2$, $J=\dfrac{\pi r^4}{2}$이고

원형 중공축에서 $A=\pi(r_2^2-r_1^2)$, $J=\dfrac{\pi}{2}(r_2^4-r_1^4)$이다.

단면적이 같다는 조건에 의해 $r^2=(r_2^2-r_1^2)$이므로

$r=\sqrt{(500^2-480^2)}=140\,\mathrm{mm}$가 계산된다.

따라서 원형 중실축과 원형 중공축의 극관성모멘트 J의 비

$$R=\frac{J_{원형중공}}{J_{원형중실}}=\frac{\frac{\pi}{2}\times(500^4-480^4)}{\frac{\pi}{2}\times 140^4}=24.5$$로 계산된다.

이 경우 전단응력(식 4.8 참조)과 비틀림강성(식 4.11 참조)측면에서 원형 중공축이 원형 중실축보다 25배 정도의 단면효과가 높다고 할 수 있다.

[예제 4.2]

길이와 외측 반경 r이 같고 구성재료가 같은 원형 중실축과 내측 반경이 $0.6r$인 원형 중공축이 있다. 두 단면의 축에 동일한 M_T가 작용될 때 각각의 τ_{max}와 중량을 비교하여라.

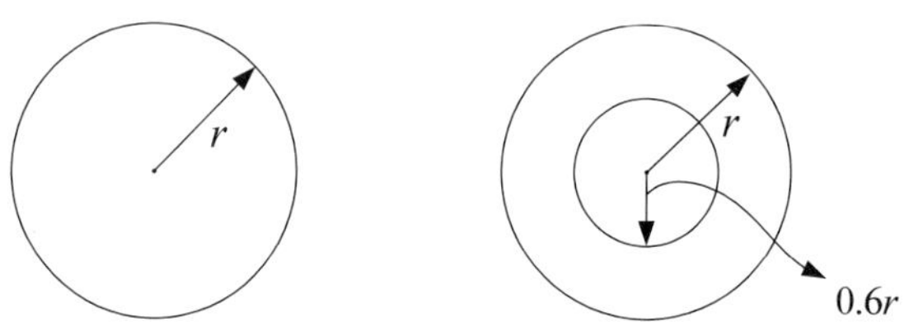

[풀이] 원형 중실축의 극관성모멘트 $J=\dfrac{\pi d^4}{32}=0.5\pi r^4$이고 단면적 $A=\pi r^2$이다.

원형 중공축의 극관성모멘트

$J=0.5\pi\{r^4-(0.6r)^4\}=0.435\pi r^4$이고 단면적 $A=\pi\{r^2-(0.6r)^2\}=0.64\pi r^2$으로 계산된다.

τ_{max}는 J에 반비례하므로 원형 중실축의 τ_{max}가 원형 중공축의 τ_{max}의 87%에 해당된다. 또한 단면적 즉, 중량은 원형 중실축이 원형 중공축의 1.56배에 달한다. 이 결론은 원형 중실축은 원형 중공축보다 최대응력 측면에서 13% 유리하나 재료비 측면

에서는 1.56배가 더 든다는 뜻이다. 즉, 원형 중공축이 단면효과가 좋다는 결론으로 풀이된다.

2장에서는 축인장력에 의한 연성재와 취성재의 파괴형태를 살펴보았다. 연성재는 인장력에 의해 축과 45°정도의 각도에서 파괴가 일어난다고 하였고 취성재는 축과 직각방향으로 인장파괴가 발생되었다. 여기서는 비틀림모멘트에 의한 연성재와 취성재의 파괴형태를 살펴보기로 하자.

연성재는 그림 4.6(a)와 같이 축인장력에 의한 파괴와는 달리 축과 직각방향으로 파괴된다. 아주 큰 연성재의 특성을 갖는 떡가래를 비틀어 보면 어떨까 상상해보자. 그러면 쉽게 이해할 수 있을 것이다. 취성재는 분필을 이용하여 비틀림에 의한 파괴형태를 직접 볼 수 있다. 그림 4.6(b)의 사진에서 취성재인 분필은 축과 대략 45° 경사로 파괴됨을 알 수 있다.

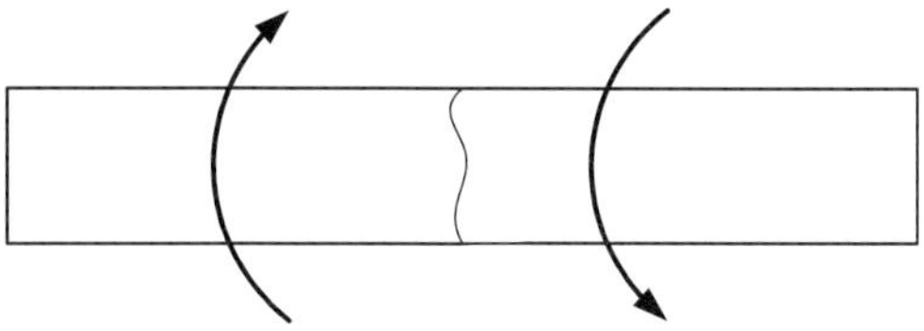

(a)

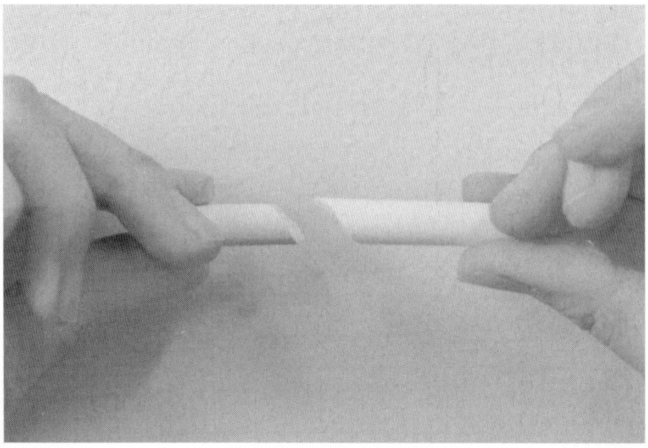

(b)

그림 4.6

4.3 탄성한계 내(彈性限界內, Range of Elastic Limit)에서의 비틀림각(Angle of Twist) ϕ

그림 4.7과 같이 한 단이 고정단(固定端, Fixed End)이고 다른 단이 자유단(自由端, Free End)인 경우 자유단에 비틀림모멘트 M_T가 작용될 때 원형 단면의 변형된 각(角, Angle)을 비틀림각 ϕ로 정의하고 길이 l에 따라 변형된 각을 전단변형률 γ라고 하였다(그림 4.3 참조). γ는 원점으로부터의 거리 ρ가 r일 때 최대가 된다. 여기서 $\gamma_{\max}\, l = r\phi$ 란 등식이 성립되고 $\gamma_{\max} = \dfrac{r\phi}{l}$로 표현된다. 또한 후크의 법칙으로부터 $\gamma_{\max} = \dfrac{\tau_{\max}}{G}$이고 $\tau_{\max} = \dfrac{M_T\, r}{J}$ 이므로

$$\frac{r\phi}{l} = \frac{M_T\, r}{G\, J} \tag{4.10}$$

의 등식을 ϕ에 대해 정리하면

$$\phi = \frac{M_T\, l}{G\, J} \tag{4.11}$$

이 된다. 여기서 ϕ는 Radian이다. 비틀림각에 대한 식 (4.11)과 2장의 축변형량 $\Delta l = \dfrac{P\, l}{E\, A}$의 식과 비교해 볼 때 G나 E는 재료적 특성에 따른 강성계수(剛性係數, Modulus of Rigidity)이고 J나 A는 단면의 기하학적 특성에 따라 결정되는 강성계수이다. 즉 GJ나 EA는 재료와 단면의 특성에 따른 강성계수이다. 그리고 M_T나 P는 하중이다. 위의 두 식의 공통점을 잘 이해하기 바란다.

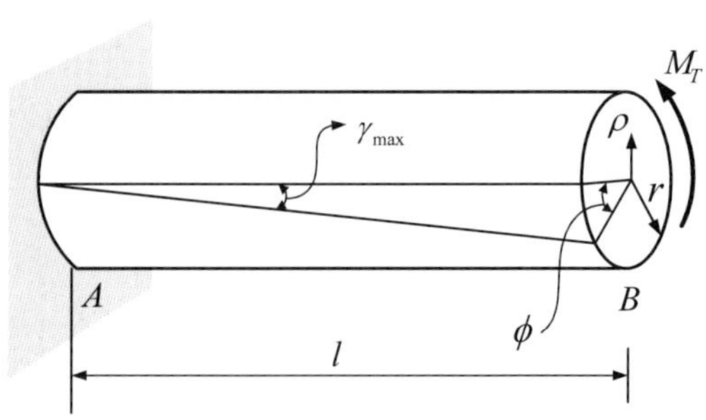

그림 4.7

[예제 4.3]

길이가 2 m이며 안 지름과 바깥 지름이 각각 90 mm, 100 mm인 강재축이 있다. 축의 자유단에 5°의 비틀림각을 일으키려면 얼마의 비틀림모멘트를 작용시키면 되는지 구하라. (단, 자중은 무시하고 강재의 전단탄성계수 $G = 80$ GPa이다.)

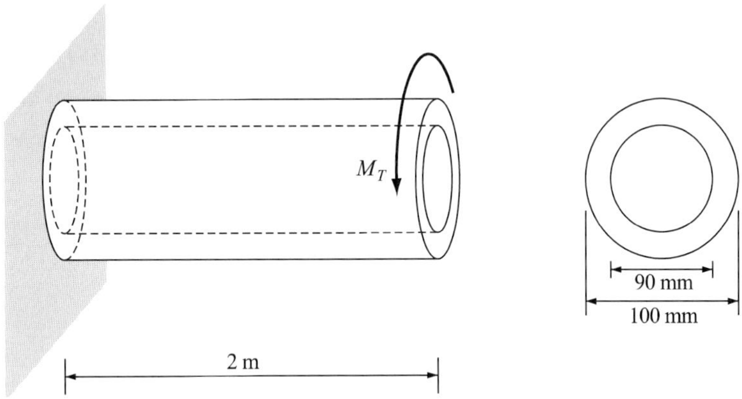

[풀이] 식 (4.11)을 M_T에 대해 정리하면 $M_T = \dfrac{JG}{l}\phi$이다.

극관성모멘트 $J = \dfrac{\pi}{2}(50^4 - 45^4) = 3.38 \times 10^6\ \text{mm}^4$로 계산되고

비틀림각 $\phi = 5° \times \dfrac{2\pi}{360°} = 8.73 \times 10^{-2}$ rad이므로

축단에 5°의 비틀림각을 일으키는 비틀림모멘트

$M_T = \dfrac{J\ G}{l}\phi = \dfrac{3.38 \times 10^{-6} \times 80 \times 10^6 \times 8.73 \times 10^{-2}}{2} = 11.77$ kNm로 계산된다.

[예제 4.4]

아래 그림과 같은 구조시스템에서 B점에 1°의 비틀림각이 발생되기 위한 C점에서의 수직력 P를 구하라. 또한 내부 직경면에 50 MPa의 전단응력이 발생되는 데 필요한 비틀림각을 구하라. (단, 자중은 무시하고 $G = 80$ GPa이며, 비틀림모멘트의 영향만을 고려하라.)

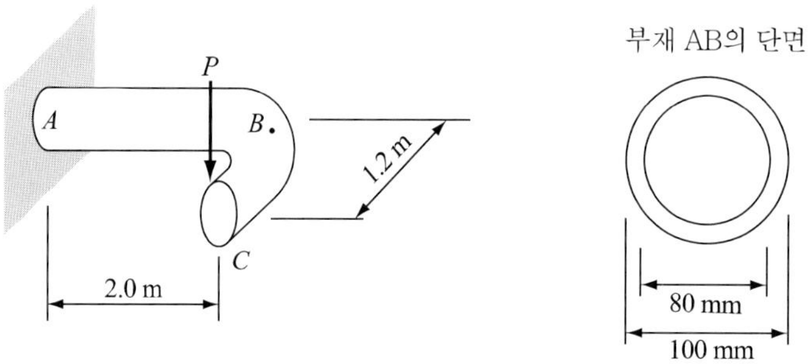

[풀이] 이 문제는 부재 AB에 관한 것이므로 P를 B점으로 이동시키면 아래 그림과 같이 표현된다.

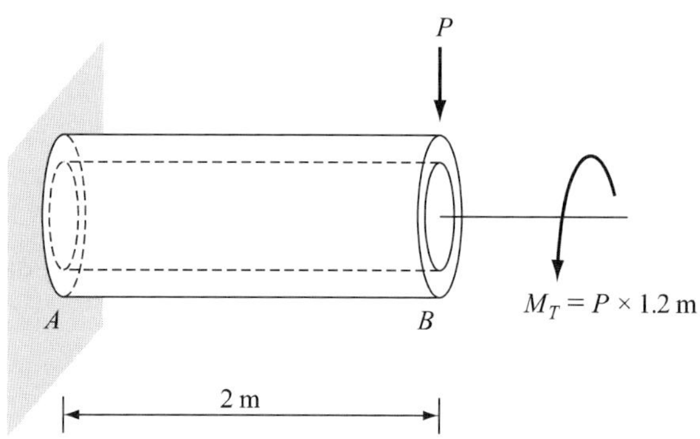

극관성모멘트 $J = \dfrac{\pi}{2}(0.05^4 - 0.04^4) = 5.796 \times 10^{-6}\ \mathrm{m}^4$이고

비틀림각 $\phi = 1° \times \dfrac{2\pi}{360°} = 0.018\ \mathrm{rad}$이다.

따라서 B점에 1°의 비틀림각을 일으키는 비틀림모멘트

$M_T = \dfrac{JG}{l}\phi = \dfrac{5.796 \times 10^{-6} \times 80 \times 10^6 \times 0.018}{2} = 4.18\ \mathrm{kN\,m}$로 계산되고

C점에 작용되는 하중 P에 의해 B점에 발생되는 비틀림모멘트 $M_T = 1.2P$이므로 B점에 1°의 비틀림각을 일으키는 하중 P는 $1.2P = 4.18\ \mathrm{kNm}$의 관계식에 의해 $P = 3.48\ \mathrm{kN}$으로 계산된다.

후크의 법칙으로부터 축의 안 지름면에 생기는 전단변형률을 먼저 계산하면

$\gamma_{\min} = \dfrac{\tau_{\min}}{G} = \dfrac{50}{80 \times 10^3} = 6.25 \times 10^{-4}$으로 계산된다.

따라서 내부직경면에 50 MPa의 전단응력이 발생되는 데 필요한 비틀림각

$\phi = \dfrac{l\,\gamma_{\min}}{\rho} = \dfrac{2{,}000 \times 6.25 \times 10^{-4}}{40} = 0.031\ \mathrm{rad} \doteqdot 1.8°$로 계산된다.

위의 식은 $\gamma_{max} l = r\phi$에서 γ_{max}와 r 대신에 γ_{min}과 내부 반경 ρ를 대입하고 ϕ에 대해 정리한 것이다.

4.4 비균일분포(非均一分布, Nonuniform) 비틀림

그림 4.8과 같이 A지점이 고정단이고 B, C, D 점에서 서로 다른 비틀림모멘트가 작용되는 경우, 그리고 부재 AB, BC, CD 구간의 전단탄성계수 G 및 극관성모멘트 J가 서로 다른 경우 자유단 D에서의 비틀림각 ϕ는 식 (4.11)을 확대 적용하여 다음과 같이 표현할 수 있다.

$$\phi = \sum_i \frac{M_{Ti}\ l_i}{G_i\ J_i} \tag{4.12}$$

여기서 M_{Ti}는 자유단인 D 단에서부터 자유물체도를 이용하여 구한다.

즉, CD 구간 : $M_{T3} = M_{TD}$

BC 구간 : $M_{T2} = M_{TD} - M_{TC}$

AB 구간 : $M_{T1} = M_{TD} - M_{TC} - M_{TB}$ 이다.

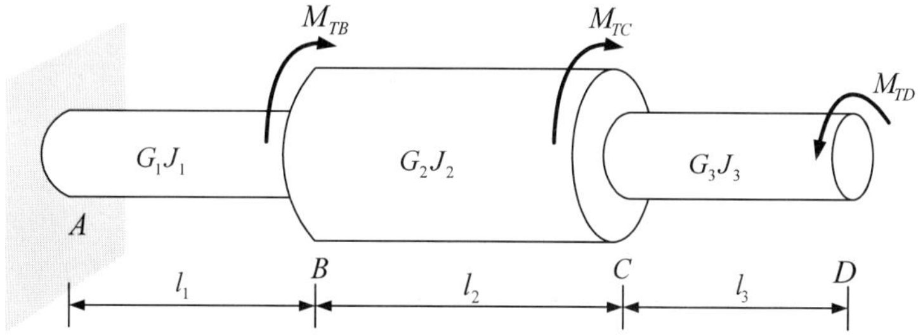

그림 4.8

[예제 4.5]

아래 그림과 같이 비틀림모멘트를 받고 있는 균일단면축의 각 부분에서 최대 전단응력과 D 점의 비틀림각 ϕ를 구하라. (단, 자중은 무시하고 $G = 80$ GPa)

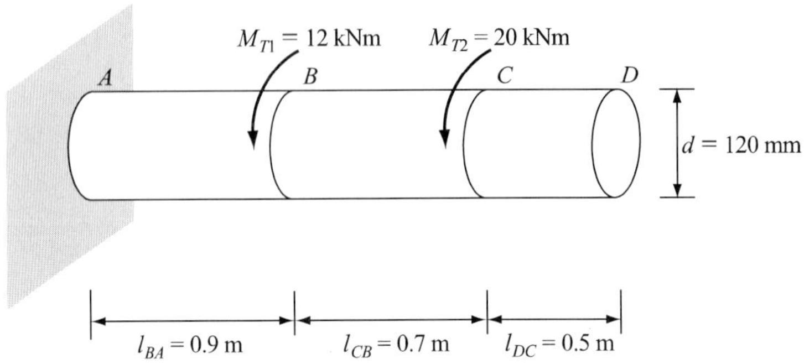

[풀이] 각 구간에 발생되는 비틀림모멘트 M_T 는 자유단인 D 단에서부터 자유물체도를 이용하여 구한다.

DC 구간: $M_{T,DC} = 0\ \text{kNm}$

CB 구간: $M_{T,CB} = 20\ \text{kNm}$

BA 구간: $M_{T,BA} = 32\ \text{kNm}$ 이다.

각 구간에 발생되는 최대 전단응력 $\tau_{\max}$ 는 식 (4.8)에 의해 다음과 같이 구할 수 있다.

DC 구간의 $\tau_{\max,DC} = \dfrac{M_{T,DC}}{J} r = 0$

CB 구간의

$$\tau_{\max,CB} = \frac{M_{T,CB}}{J} r = \frac{M_{T,CB}}{\frac{\pi d^4}{32}} \times \frac{d}{2} = \frac{16 M_{T,CB}}{\pi d^3} = \frac{16 \times 20 \times 10^6}{\pi \times 120^3} = 58.95\ \text{MPa}$$

BA 구간의 $\tau_{\max,BA} = \dfrac{16 M_{T,BA}}{\pi d^3} = \dfrac{16 \times 32 \times 10^6}{\pi \times 120^3} = 94.31\ \text{MPa}$로 계산된다.

따라서 D 점의 비틀림각

$$\phi_D = \sum \frac{M_{Ti}\ l_i}{G\ J} = \frac{1}{G\ J}(M_{T,DC}\ l_{DC} + M_{T,CB}\ l_{CB} + M_{T,BA}\ l_{BA})$$

$$= \frac{1}{80 \times 10^6 \times \frac{\pi \times 0.12^4}{32}}(0 \times 0.5 + 20 \times 0.7 + 32 \times 0.9) = 0.026\ \text{rad} \doteqdot 1.5^\circ \text{로}$$

계산된다.

다음으로는 그림 4.9와 같이 단면이 균일하게 변하는 경우의 비틀림각 ϕ에 대해 알아보자.

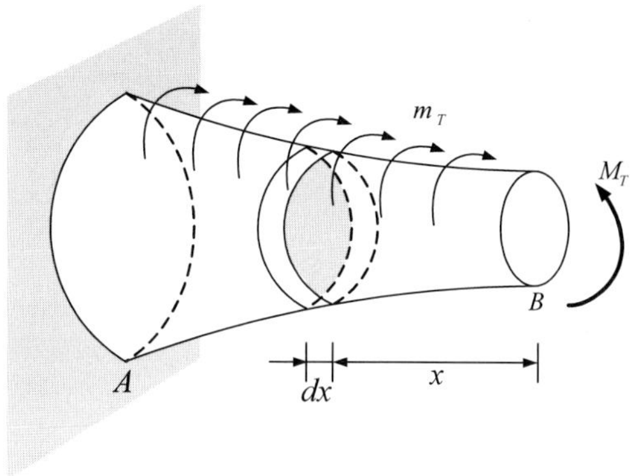

그림 4.9

여기서 m_T는 등분포(等分布, Uniform) 비틀림모멘트이다. 단위는 단위길이당의 비틀림모멘트로 kNm/m로 표현된다. 그리고 자유단(自由端, Free End) B점으로부터 거리 x 만큼 떨어진 곳에 미소단면요소(微少斷面要素, Infinitesimal Section Element)의 미소 비틀림각

$$d\phi = \frac{M_T(x)\ dx}{G\ J_x} \tag{4.13}$$

로 표현된다. 여기서 J_x는 미소단면요소의 극관성모멘트이고 $M_T(x)$는 미소단면요소에 작용되는 비틀림모멘트이다. 즉,

$$M_T(x) = M_T - m_T\ x \tag{4.14}$$

이다. 따라서 A점에서의 비틀림각 ϕ는 다음과 같은 적분식으로 표현된다.

$$\phi = \int_0^l \frac{M_T(x)\ dx}{G\ J_x} \tag{4.15}$$

[예제 4.6]

그림과 같이 A점에 비틀림모멘트 M_T가 탄성범위 내에서 작용되어 비틀어진 중실 원형 비균일 단면봉 AB가 있다. 봉의 지름은 A점의 지름 d_A로부터 B점의 지름 d_B까지 선형적으로 변한다. 이 봉의 비틀림각 ϕ를 구하라. (단, 전단탄성계수 $G = 80$ GPa이다.)

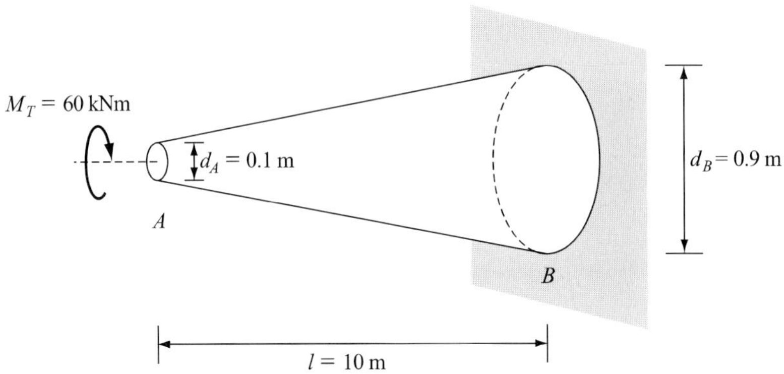

[풀이] 비틀림모멘트는 전 구간에 걸쳐 M_T로 일정하고 극관성모멘트는 A점으로부터 거리 x에 따라 비례적으로 변하기 때문에 비틀림각은 식 (4.15)를 이용하여 계산할 수 있다.

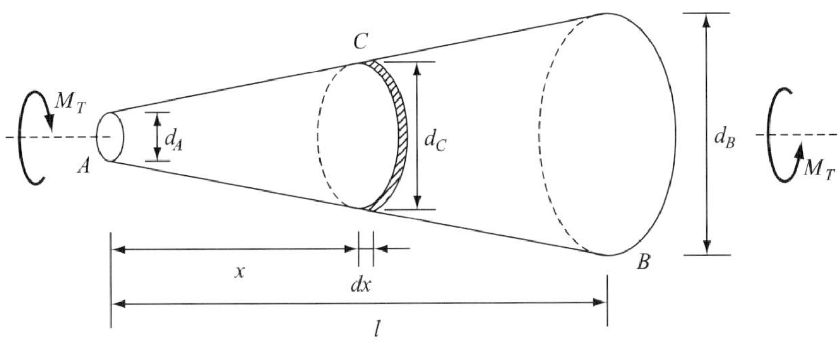

A점에서 거리 x만큼 떨어진 위치를 C점이라고 하면 C점에서의 지름

$d_C = d_A + \dfrac{d_B - d_A}{l}x$로 나타낼 수 있고 x만큼 떨어진 위치의 극관성모멘트

$$J_x = \frac{\pi\, d_C^4}{32} = \frac{\pi}{32}\left(d_A + \frac{d_B - d_A}{l}x\right)^4$$

으로 표현된다. 따라서 비틀림각 ϕ는 다음과 같이 계산된다.

$$\phi = \int_0^l \frac{M_T(x)\ dx}{G\ J_x} = \frac{32\,M_T}{\pi G}\int_0^l \frac{dx}{\left(d_A + \dfrac{d_B - d_A}{l}x\right)^4} = \frac{32 M_T\, l}{3\pi G(d_B - d_A)}\left(\frac{1}{d_A^3} - \frac{1}{d_B^3}\right)$$

$$= \frac{32\times 60\times 10^3\times 10}{3\pi\times 80\times 10^9\times(0.9-0.1)}\times\left(\frac{1}{0.1^3} - \frac{1}{0.9^3}\right) = 0.032\ \text{rad} \doteqdot 1.83°$$

4.5 부정정축(不靜定軸, Statically Indeterminate Shaft)

2장과 3장에서 다루었던 부정정 문제와 마찬가지로 비틀림모멘트에 대한 부정정축도 힘의 평형방정식만으로는 문제가 풀리지 않고 변형에 관한 식을 도입함으로써 문제를 풀 수 있는 구조시스템이다. 건설분야에서는 비틀림모멘트에 대한 문제가 공간문제(空間問題, Space Problems)에서 발생된다. 공간문제는 3차원 문제라고도 하는데, 3차원이라함은 x, y, z의 좌표축을 갖는 구조시스템이다. 평면문제(平面問題, Plane Problems)는 앞 장에서 설명했듯이 부재와 하중이 2좌표축을 공유하는 경우를 말하고 공간문제는 부재와 하중이 3좌표축을 공유하는 경우를 말한다.

예로서 그림 4.10(a)는 평면문제이다. 왜냐하면 부재 AB는 x축, CD는 y축, DE는 x축상에 있고 하중 P_y는 y축 방향 즉, 부재와 하중이 x축과 y축 2축만을 공유하기 때문이다. 즉, $x-y$평면상에만 존재하기 때문이다. 만일 그림 4.10(a)의 평면문제에서 그림 4.10(b)와 같이 P_z가 추가되면 평면문제가 아닌 공간문제가 된다. 물론 그림 4.1도 공간문제이니 참고하기 바란다. 평면문제와 공간문제에 대한 상세한 설명은 5.5절에서 하기로 한다.

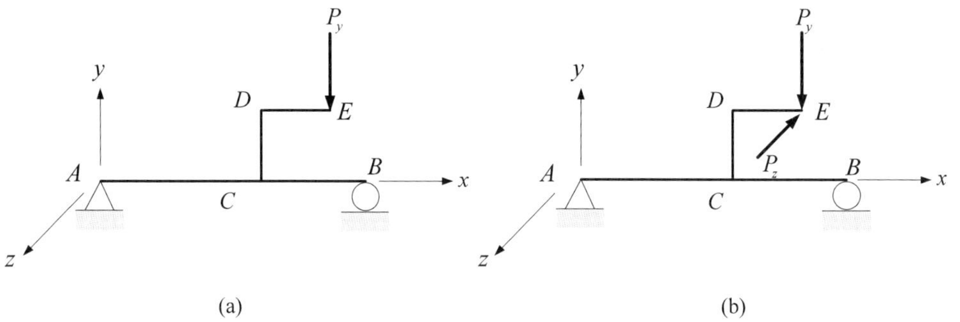

그림 4.10

공간문제에서 부정정차수 판정방법

앞서 3장에서 평면문제의 부정정차수 판정방법에 대해 다루었다. 공간문제에서의 부정정 문제의 차수 판정법도 평면문제와 원리는 똑같다. 부정정차수 판정식은 다음과 같은 식으로 정의된다.

$$n = a + h + 6k - 5m \text{ 또는 } 6m \tag{4.16}$$

여기서 a는 평면문제에서와 같이 지점반력수이고 h는 힌지 미지력수, k는 폐쇄공간

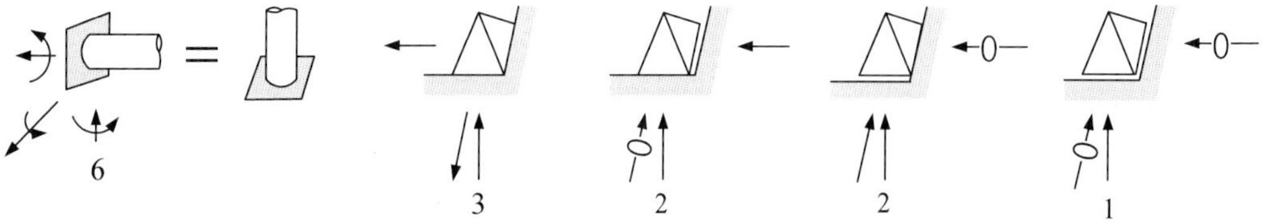

그림 4.11

수, m은 부재수이다. 여기서 $5m$은 양단이 힌지로 구성된 부재의 경우로서 일반적으로 비틀림모멘트를 받지 못한다. 따라서 성립될 수 있는 힘의 평형방정식수는 "5"라는 의미이다. 만일 양단이 힌지로 구성되어 있음에도 비틀림모멘트를 받을 수 있도록 설계된 경우에는 비틀림 강성부재라 명시되고 이때는 $6m$으로 계산해야 한다. 지점 종류의 경우 평면문제에서는 지점의 종류가 3개였으나 공간문제에서는 그림 4.11과 같이 5개가 된다.

지점은 수직 즉, 상향으로의 변위가 구속되어야 한다. 따라서 일반적인 경우 상향으로 변위될 수 있는 지점은 존재하지 않는다. 다음으로는 힌지 미지력수 $h=3(m-1)$이다. 왜냐하면 평면문제에서는 모멘트를 제외한 2방향력만 존재했고 공간문제에서는 모멘트를 제외한 3방향력을 갖기 때문이다. 폐쇄공간의 미지력수는 3방향의 힘의 성분과 3방향의 모멘트 성분을 미지력으로 갖기 때문에 6이다.

[예제 4.7]

다음의 구조시스템의 부정정차수를 결정하라.

(a) (b)

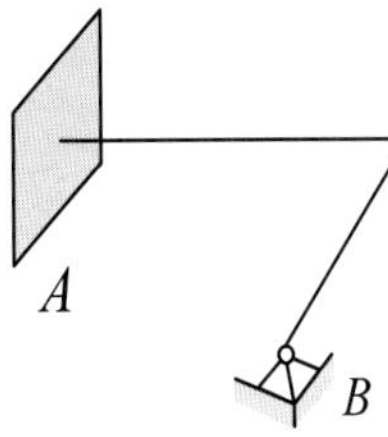

(c)

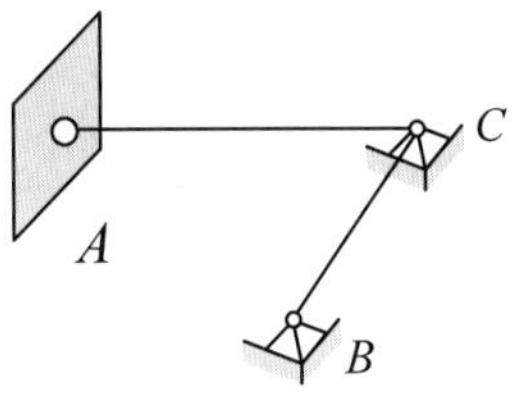

(d)

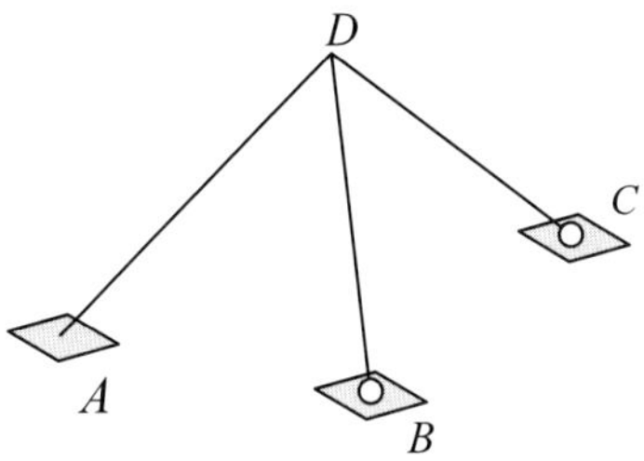

(e)

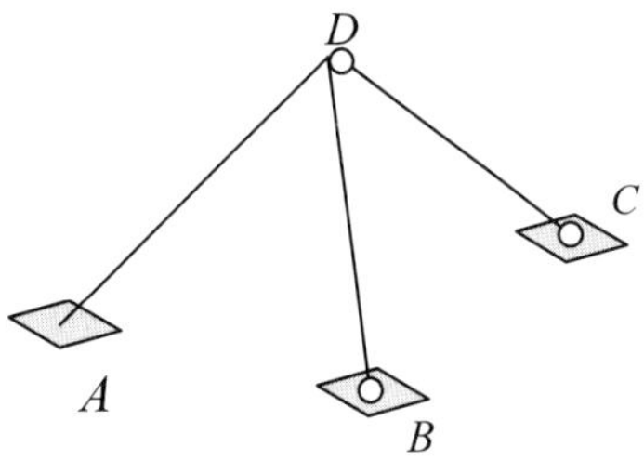

(f)

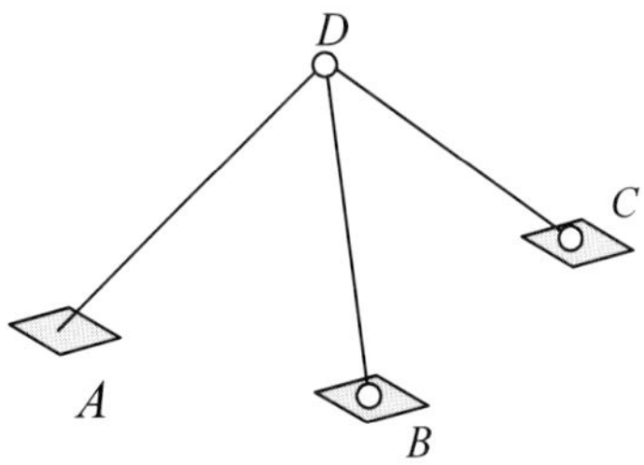

(g)

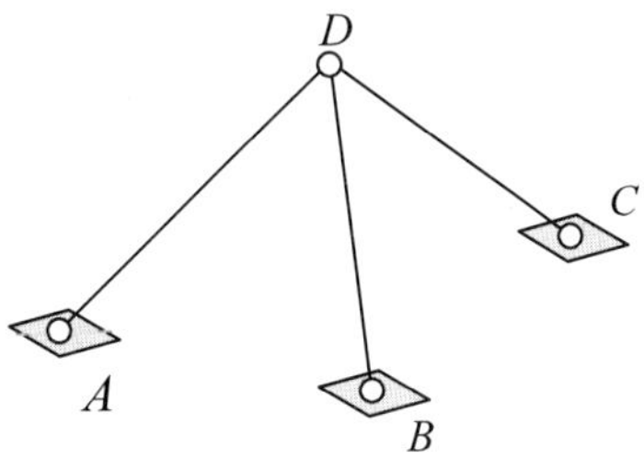

(h)

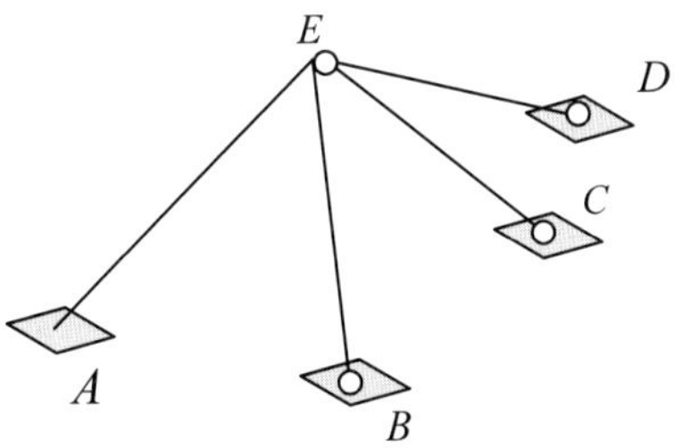

(i)

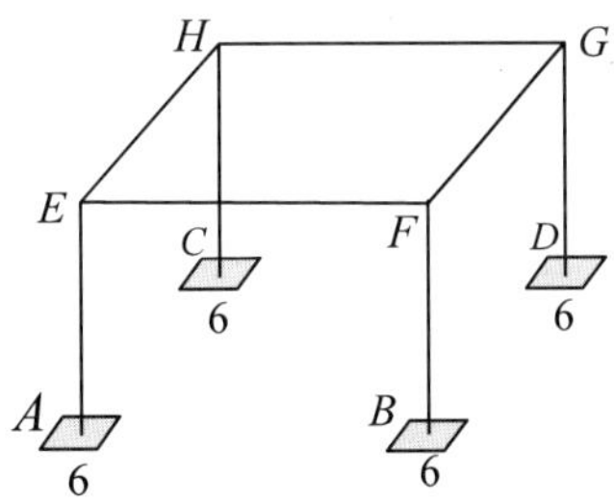

(j)

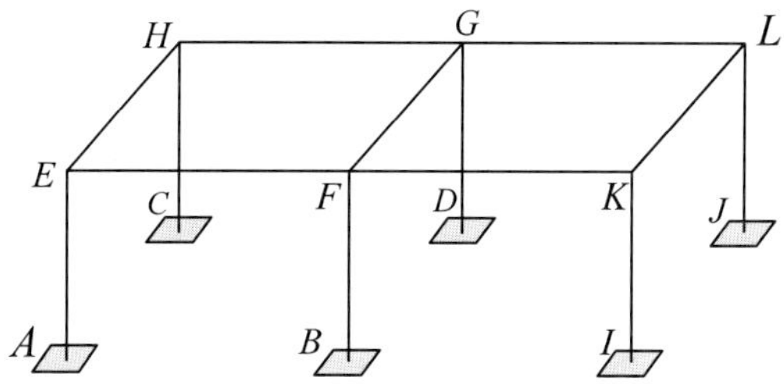
H
G
L
E
C
F
D
K
J
A
B
I

(k)

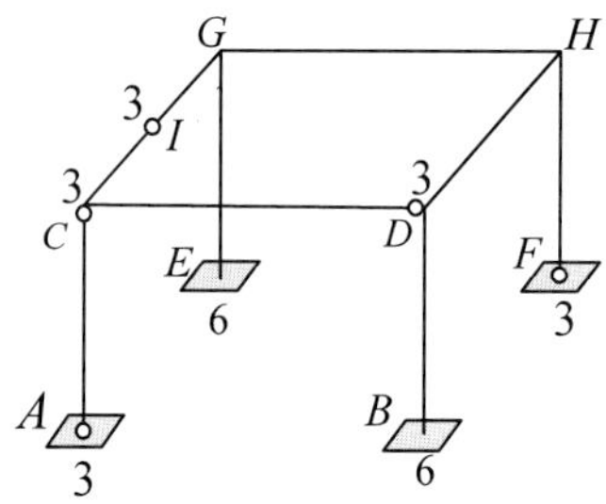
G
H
3
I
3
3
C
D
E
6
F
3
A
3
B
6

(l)

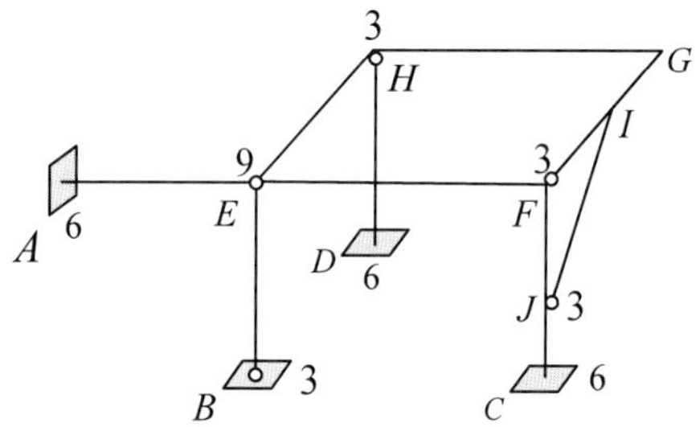
3
H
G
I
9
3
A
6
E
F
D
6
J
3
B
3
C
6

(m)

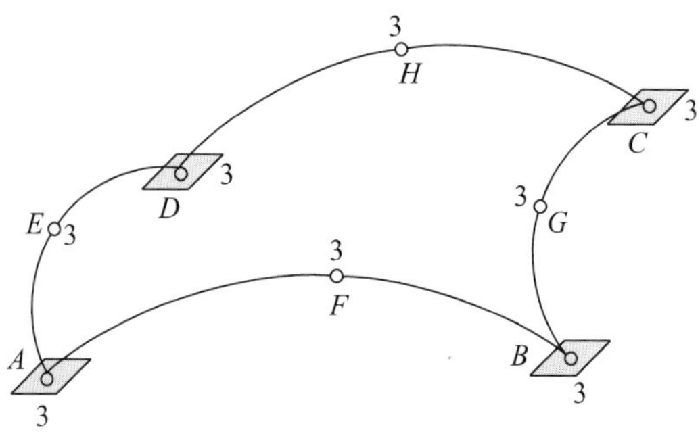
3
H
C
3
D
3
E
3
3
G
3
F
A
3
B
3

(n)

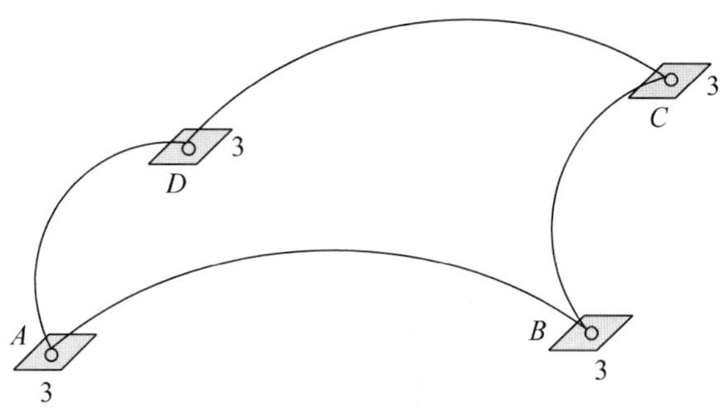

(o)

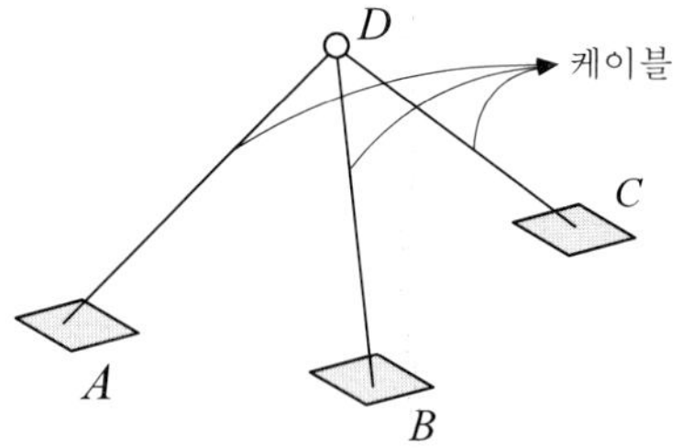

(p)

[풀이] (a) 반력수는 A 지점이 6이고 B 지점이 3이며 힌지와 폐쇄공간이 없으므로 $n=9+0+0-6\times1=3$이다. 따라서 3차 부정정 구조시스템이다.

(b) A 지점은 힌지지점으로 모멘트를 지지할 수 없다. 따라서 A와 B지점의 반력수는 각각 3이고 부재 AB는 양단이 힌지로 구성되어 있으므로 $n=6+0+0-5\times1=1$이다. 따라서 1차 부정정 구조시스템이다.

(c) $a=6+2=8$이므로 $n=8+0+0-6\times1=2$이고 따라서 2차 부정정 구조시스템이다.

(d) $n=9+3+0-5\times2=2$이므로 2차 부정정 구조시스템이다.

(e) 반력수 $a=6+3\times2=12$이고, 부재수는 1개이므로 $n=12+0+0-6\times1=6$이다.

(f) 반력수 $a=12$, D점에서 h는 6이 아니고 3이다. 그리고 부재 DC는 양단이 힌지이기 때문에 비틀림모멘트를 받지 못하므로 힘의 평형방정식수는 6이 아니고 5개임을 주지하기 바란다. 따라서 $n=12+3+0-\binom{5\times1}{6\times1}=4$

(g) $a=12$이고 $h=3(3-1)=6$이므로 $n=12+6+0-\binom{5\times2}{6\times1}=2$

(h) $a=3\times3=9$이고 $h=6$ 그리고 부재 AD, BD, CD 모두 양단이 힌지이므로 5개의 평형방정식이 가능한 부재이다. 따라서 $n=9+6+0-5\times3=0$

(i) $a = 6 + 3 \times 3 = 15$이고 $h = 6$이므로 $n = 15 + 6 + 0 - (\begin{smallmatrix} 5 \times 2 \\ 6 \times 1 \end{smallmatrix}) = 5$

(j) $a = 6 \times 4 = 24$, $h = 0$, $EFGH$는 폐쇄공간이므로 $k = 1$, 그리고 $m = 1$이므로 $n = 24 + 0 + 6 \times 1 - 6 = 24$

(k) $a = 6 \times 6 = 36$이고, $h = 0$, $k = 2$이고 $m = 1$이므로 $n = 36 + 0 + 6 \times 2 - 6 = 42$

(l) $a = 6 \times 2 + 3 \times 2 = 18$이고 h는 3곳에서 3이며 $k = 0$이다. 성립될 수 있는 평형방정식수가 5인 부재는 AC와 DCI이고 부재 $BDHFGEI$는 1개의 부재로서 평형방정식 6개를 성립시킬 수 있다. 따라서 $n = 18 + 9 + 0 - (\begin{smallmatrix} 5 \times 2 \\ 6 \times 1 \end{smallmatrix}) = 11$

(m) $a = 6 \times 3 + 3 \times 1 = 21$이고 h는 E점에서 9이고 F, H, J점에서는 각각 3이며 성립될 수 있는 평형방정식수가 5인 부재는 BE이고 부재 AE, HD, EFC, $EHGIFJ$는 평형방정식 6개를 성립시킬 수 있다. 따라서

$n = 21 + (9 + 3 \times 3) + 0 - (\begin{smallmatrix} 5 \times 1 \\ 6 \times 4 \end{smallmatrix}) = 10$

(n) $a = 3 \times 4 = 12$이고 $h = 3 \times 4 = 12$이며 부재수는 4개이므로 $n = 12 + 12 - 6 \times 4 = 0$

(o) $a = 12$, $h = 0$이고 폐쇄공간 $k = 1$, 부재수는 1개이므로 $n = 12 + 0 + 6 \times 1 - 6 \times 1 = 12$

(p) 부재 AD, BD, CD는 케이블이므로 A, B, C점은 모멘트를 지지할 수 없는 지점이다. 따라서 $n = 9 + 6 + 0 - 5 \times 3 = 0$이므로 정정 구조시스템이다.

[예제 4.8]

다음과 같은 구조시스템 (a)와 (b)의 부정정 차수와 지점반력을 구하라(단, $G = 70$ GPa).

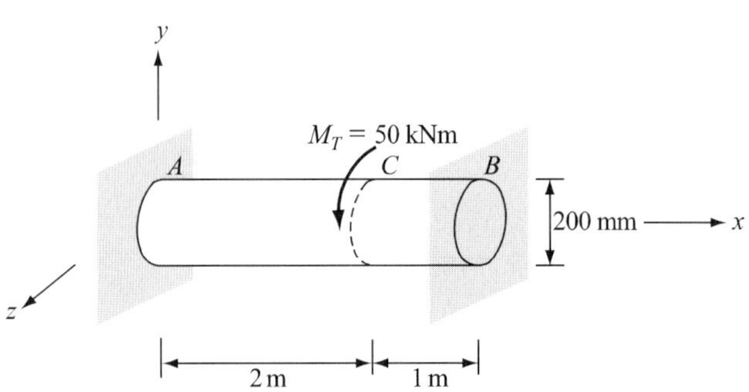

(a)

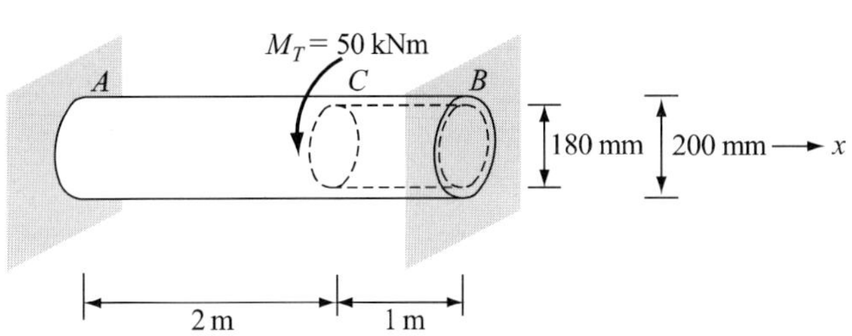

(b)

[풀이] (a), (b) 구조시스템 모두 공간문제로서 부정정차수 $n = 12 + 0 + 0 - 6 \times 1 = 6$이므로 6차 부정정 구조시스템이다. 그러나 하중이 축방향 회전력 1개뿐이고 A와 B 지점에 축방향으로의 회전반력이 2개이므로 1차 부정정으로 문제 해결이 가능하다. 다시 설명하면 위의 구조시스템으로부터 $\sum F_x = \sum F_y = \sum F_z = 0$, 그리고 $\sum M_y = \sum M_z = 0$이란 평형방정식이 성립될 수가 없고 오직 $\sum M_x = 0$이란 힘의 방정식만 유효하다. 따라서 1차 부정정으로 간주할 수 있다.

(1) 구조시스템 (a)

문제 풀이의 첫 번째 단계로 B 지점을 제거하고 C 점에 작용되는 비틀림모멘트에 의한 비틀림각 ϕ_0를 다음과 같이 계산한다.

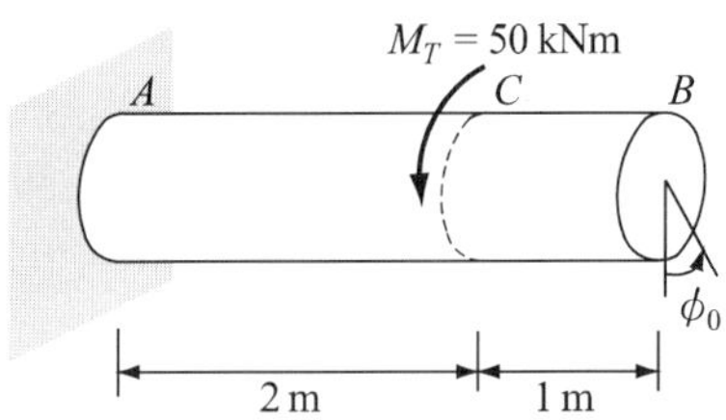

$$\phi_0 = \phi_{BC} + \phi_{CA} = \frac{1}{G}\left(0 + \frac{50 \times 10^6 \times 2{,}000}{\frac{\pi}{2} \times 100^4}\right) = \frac{636.6}{G}(\curvearrowleft)$$

다음에는 B 점에서의 반력 M_{TB}에 의한 ϕ_B를 다음과 같이 계산한다.

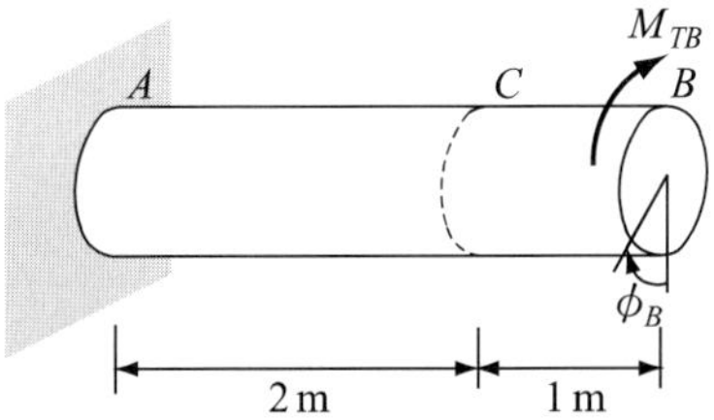

$$\phi_B = \phi_{BC} + \phi_{CA} = \frac{M_{TB}}{G}\left(\frac{1,000}{\frac{\pi}{2}\times 100^4} + \frac{2,000}{\frac{\pi}{2}\times 100^4}\right) = 1.9\times 10^{-5}\frac{M_{TB}}{G}(\circlearrowright)$$

조건식 $\phi_0 = \phi_B$로부터

$M_{TB} = \dfrac{636.6}{1.9\times 10^{-5}} = 33.5\times 10^6\ \mathrm{Nmm} = 33.5\ \mathrm{kNm}(\circlearrowright)$이고 힘의 평형방정식

$M_{TA} + M_{TB} = 50\ \mathrm{kNm}$로부터 $M_{TA} = 16.5\ \mathrm{kNm}(\circlearrowright)$로 계산된다.

(2) 구조시스템 (b)

문제 풀이의 첫 번째 단계로 B 지점을 제거하고 C 점에 작용되는 비틀림모멘트에 의한 비틀림각 ϕ_0의 계산은 구조시스템 (a)와 동일하다.

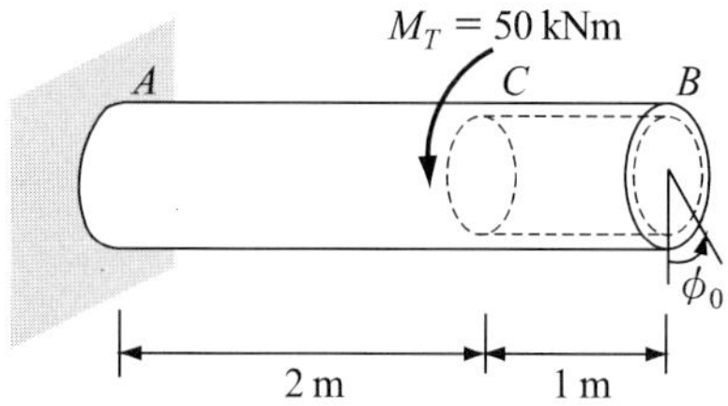

즉, $\phi_0 = \dfrac{636.6}{G}(\circlearrowleft)$

다음에는 B 점에서의 반력 M_{TB} 에 의한 ϕ_B 를 다음과 같이 계산한다.

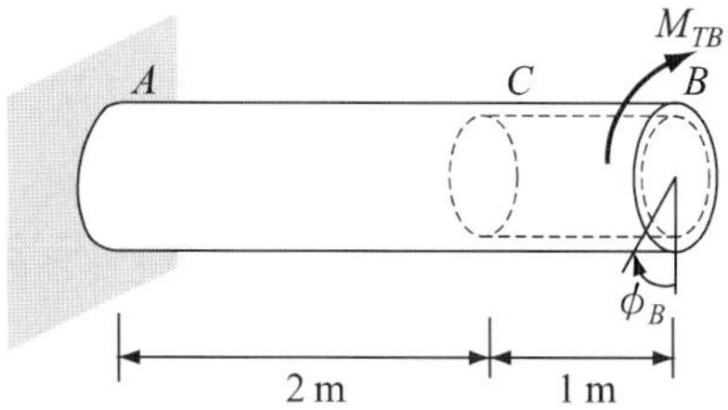

$$\phi_B = \phi_{BC} + \phi_{CA} = \frac{M_{TB}}{G}\left(\frac{1,000}{\frac{\pi}{2}\times (100^4 - 90^4)} + \frac{2,000}{\frac{\pi}{2}\times 100^4}\right) = 3.12\times 10^{-5}\frac{M_{TB}}{G}(\circlearrowright)$$

조건식 $\phi_0 = \phi_B$로부터

$M_{TB} = \dfrac{636.6}{3.12\times 10^{-5}} = 20.4\times 10^6\ \mathrm{Nmm} = 20.4\ \mathrm{kNm}(\circlearrowright)$이고 힘의 평형방정식

$M_{TA} + M_{TB} = 50\ \mathrm{kNm}$로부터 $M_{TA} = 29.6\ \mathrm{kNm}(\circlearrowright)$로 계산된다.

[예제 4.9]

그림과 같이 강재봉과 알루미늄 튜브가 고정단에 지지되어 있으며 자유단에는 강체로 된 원판이 부착되어 있다. 초기 응력이 "0"일 때 원판에 작용시킬 수 있는 최대 비틀림모멘트 M_{T_0}를 구하라. (단, 강재봉의 허용전단응력은 $140\,\mathrm{MPa}$이고 $G = 77\,\mathrm{GPa}$, 알루미늄 튜브의 허용전단응력은 $70\,\mathrm{MPa}$이고 $G = 27\,\mathrm{GPa}$이다.)

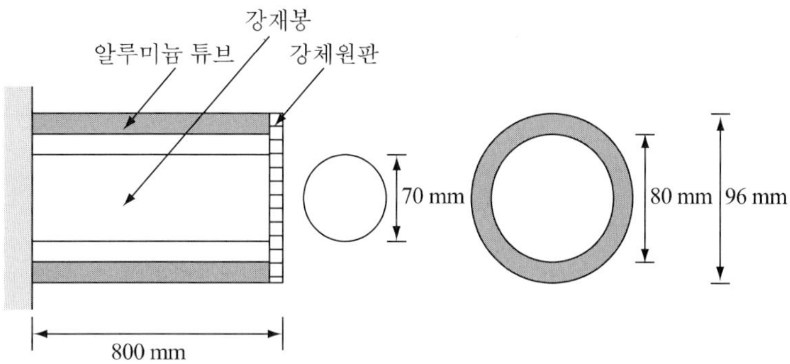

[풀이] 강체원판상의 알루미늄 튜브에 작용되는 비틀림모멘트를 M_{T_1}, 그리고 M_{T_1}에 의한 비틀림각을 ϕ_1이라고 하고 강재봉에 작용되는 비틀림모멘트를 M_{T_2}, 그리고 M_{T_2}에 의한 비틀림각을 ϕ_2라고 할 때 힘의 평형방정식은 다음과 같이 성립되고 다음과 같은 단계로 M_{T_1}과 M_{T_2}가 결정된다.

$$M_{T_0} = M_{T_1} + M_{T_2}$$

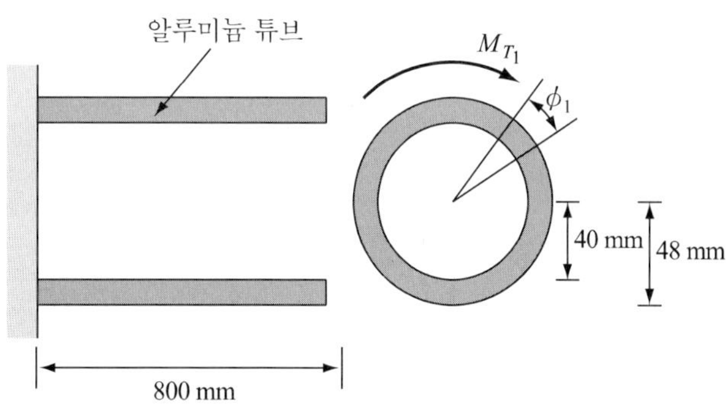

알루미늄 튜브의 극관성모멘트 $J_1 = \dfrac{\pi}{2} \times (48^4 - 40^4) = 4.32 \times 10^6\ \mathrm{mm}^4$

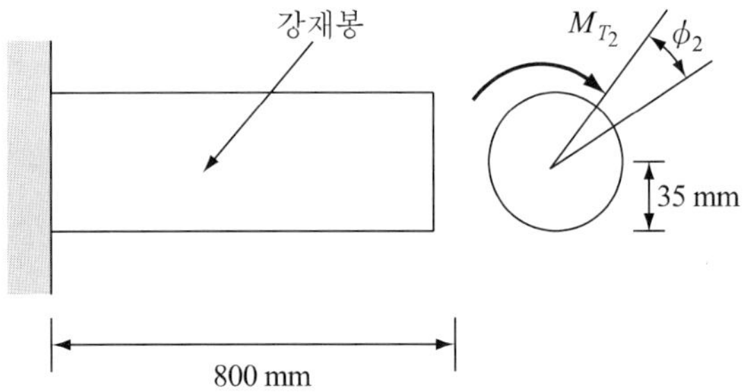

강재봉의 극관성모멘트 $J_2 = \frac{\pi}{2}\times 35^4 = 2.36\times 10^6 \text{ mm}^4$

튜브와 봉이 강체원판으로 연결되어 있기 때문에 $\phi_1 = \phi_2$ 즉, $\frac{M_{T_1} l_1}{J_1\ G_1} = \frac{M_{T_2} l_2}{J_2\ G_2}$

따라서 $\frac{M_{T_1}\times 800}{4.32\times 10^6\times 27} = \frac{M_{T_2}\times 800}{2.36\times 10^6\times 77}$ 이므로 $M_{T_2} = 1.56 M_{T_1}$

임계조건 $\tau_{\text{alum}} \le 70 \text{ MPa}$ 을 알루미늄 튜브를 기준으로 하여 적용시키면

$M_{T_1} = \frac{\tau_{\text{alum}}\ J_1}{c_1} \le \frac{70\times 10^3\times 4.32\times 10^{-6}}{0.048} \le 6.3 \text{ kNm}$ 이고

$M_{T_2} = 1.56 M_{T_1}$ 이므로 $M_{T_2} \le 9.8 \text{ kNm}$ 로 계산된다.

다음으로 강봉의 최대 전단응력은 다음과 같이 계산된다.

$$\tau_{\text{steel}} = \frac{M_{T_2}\ c_2}{J_2} = \frac{9.8\times 10^6\times 35}{2.36\times 10^6} = 145.3 \text{ MPa} > 140 \text{ MPa}$$

이 값은 강재봉의 허용응력 140 MPa을 초과하므로 알루미늄 튜브를 기준으로 한 가정이 잘못된 것이다. 따라서 임계조건 $\tau_{\text{steel}} \le 140 \text{ MPa}$을 기준으로 강봉에 적용시켜 다시 계산하면

$$M_{T_2} = \frac{\tau_{\text{steel}}\ J_2}{c_2} \le \frac{140\times 10^3\times 2.36\times 10^{-6}}{0.035} \le 9.4 \text{ kNm}$$

$M_{T_2} = 1.56 M_{T_1}$ 이므로 $M_{T_1} \le 6.0 \text{ kNm}$ 로 계산된다.

최종적으로 원판에 작용될 수 있는 최대 비틀림모멘트

$M_{T_0} = M_{T_1} + M_{T_2} = 6.0 + 9.4 = 15.4 \text{ kNm}$ 이다.

4.6 전동축의 설계(傳動軸의 設計, Design of Transmission Shafts)

전동축의 설계는 건설기술자와는 직접적(直接的)으로 관련이 없다고 할 수 있으나 생활 속에서의 상식(常識)으로 필요하다고 판단하여 간단히 기술한다. 동력(動力, Power)은 P로 표시하고, 전동축은 회전하는 것이므로 각속도 ω로 표시하며 단위는 [rad/sec]이다. f를 회전주파수라고 할 때 각속도 $\omega = 2\pi f$로 표현된다. f(Frequency of Rotation)의 단위는 Hz(Herz)이다. 여기서 Hz는 독일어 Herz(심장)에서 유래된 용어로 "헤르츠"로 발음된다.

- 동력 P와 토크(Torque) T 및 ω와의 관계에서

$$P = T\,\omega = T\,2\pi f\,[\mathrm{Nm/sec}] \tag{4.17}$$

가 된다. 여기서 T는 우리가 지금까지 사용하였던 용어 비틀림모멘트(Torsional Moment)와 같은 의미인데 기계공학적 용어임을 기억하기 바란다. Watt의 단위는 1 Nm/sec이고 동력의 단위로 자주 사용되는 1마력(馬力, Horse Power)은 746 Watt에 해당된다.

다음의 비틀림 공식으로부터

$$\tau_{\max} = \frac{M_T\, r}{J}$$

이고

$$\frac{J}{r} = \frac{M_T}{\tau_{\max}} \tag{4.18}$$

의 관계가 성립된다.

[예제 4.10]

회전속도가 3,600 rpm(분당 회전수)이고 동력 $P = 7.5\ \mathrm{kW}$이며 허용전단응력 $\tau_{\mathrm{all}} = 60\ \mathrm{MPa}$일 때 적절한 원형 단면축의 반경을 결정하라.

[풀이] 주파수 3,600 rpm은 60 Hz가 되고 $M_T = \dfrac{P}{2\pi f}$의 관계식을 이용하면

$$M_T = \frac{P}{2\pi f} = \frac{7.5 \times 10^3}{2\pi \times 60} = 19.9\ \mathrm{Nm}$$

이다. 따라서

$$J = \frac{\pi r^4}{2},\quad \frac{J}{r} = \frac{\pi r^3}{2} = \frac{M_T}{\tau_{\max}}$$

의 관계식으로부터

$$r^3 = \frac{2}{\pi}\frac{M_T}{\tau_{\max}}$$

가 된다. $\tau_{\max} \leq \tau_{\text{all}}$이어야 하므로 $r \geq 5.95\text{ mm}$가 계산된다. 따라서 $r = 6\text{ mm}$로 결정할 수 있다.

4.7 탄소성 재료로 만든 원형 단면축(彈塑性材料로 만든 圓形斷面軸, Circular Shafts Made of an Elastoplastic Material)

탄소성 재료의 $\tau - \gamma$ 선도는 $\sigma - \epsilon$ 선도에서와 마찬가지로 그림 4.12와 같이 이상화된 탄소성 재료모델(Idealized Elastoplastic Material Model)을 사용한다.

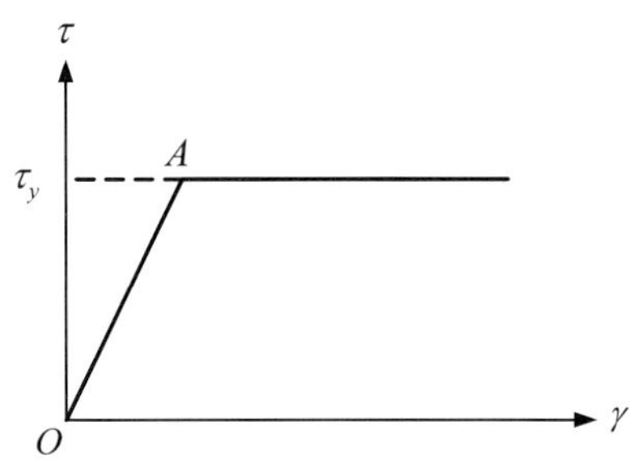

그림 4.12

$\tau < \tau_y$ 일 때 즉, 탄성범위 내에 있을 때($O-A$구간) $\tau_{\max} = \dfrac{M_T\, r}{J}$이고 τ-도는 그림 4.13과 같이 표현된다.

여기서 원점으로부터 ρ만큼 떨어진 곳의 전단응력 τ는 식 (4.5)로부터 $\dfrac{\tau_{\max}}{r}\rho$가 되고 미소단면적 $dA = 2\pi\rho d\rho$로 표현된다. 그림 4.13과 같은 τ-도를 유발시킨 비틀림모멘트

$$M_T = \int_0^r \tau dA\rho = 2\pi\int_0^r \rho^2\tau d\rho = 2\pi\int_0^r \rho^2\frac{\tau_{\max}}{r}\rho d\rho = \frac{1}{2}\pi r^3\tau_{\max} \tag{4.19}$$

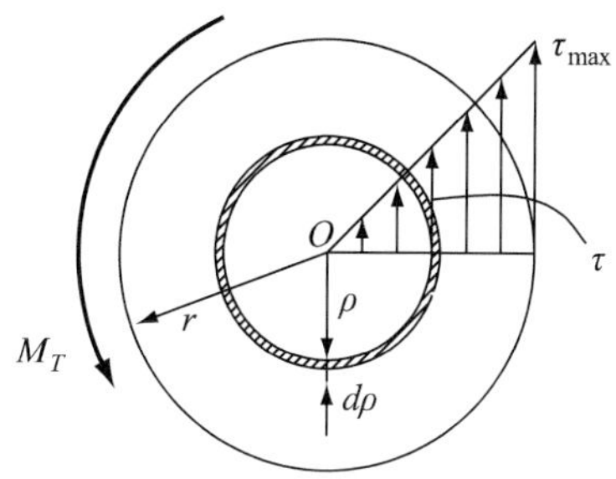

그림 4.13

로 표현된다. 그리고 $\tau_{max} = \tau_y$일 때

$$\tau_y = \frac{M_{Ty}\, r}{J} \tag{4.20}$$

이 된다. 여기서 M_{Ty}는 항복전단응력 τ_y에 대응되는 비틀림모멘트로 항복비틀림모멘트 또는 최대 탄성비틀림모멘트라고 한다. 만일 M_T가 M_{Ty}를 초과하는 경우 전단응력도는 그림 4.14와 같이 탄성범위와 소성범위로 구분되어 나타난다.

ρ_y는 원점에서 탄성한계까지의 거리이고 원점에서 임의점 ρ에서의 $\tau = \tau_y \dfrac{\rho}{\rho_y}$로 표현된다. 따라서 하중 즉, Input으로 작용된 M_T는 탄성역 M'_{Tel}과 소성역 M'_{Tpl}로 구분된다. 따라서 탄성역에 해당되는

$$M'_{Tel} = 2\pi \int_0^{\rho_y} \rho^2 \frac{\tau_y}{\rho_y} \rho d\rho = \frac{1}{2}\pi\, \rho_y^3\, \tau_y \tag{4.21}$$

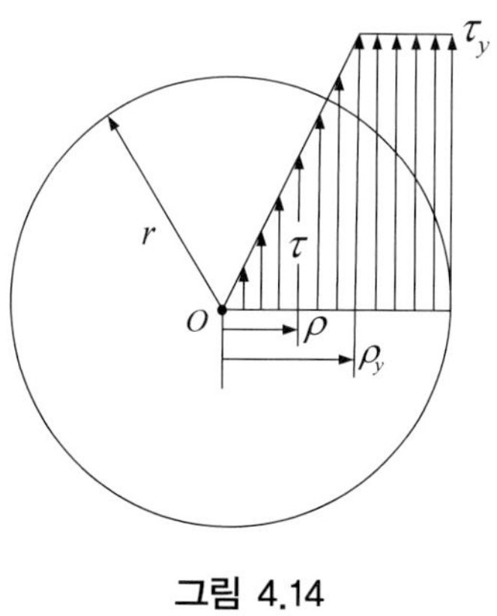

그림 4.14

로 계산되고 소성역에 해당되는

$$M'_{T\mathrm{pl}} = 2\pi \int_{\rho_y}^{r} \rho^2 \tau_y d\rho = \frac{2}{3}\pi r^3 \tau_y - \frac{2}{3}\pi \rho_y^3 \tau_y \tag{4.22}$$

가 된다. 따라서

$$M_T = M'_{T\mathrm{el}} + M'_{T\mathrm{pl}} = \frac{1}{2}\pi \rho_y^3 \tau_y + \frac{2}{3}\pi r^3 \tau_y - \frac{2}{3}\pi \rho_y^3 \tau_y \tag{4.23}$$

로 표현되고 식 (4.20)으로부터 $M_{Ty} = \dfrac{\pi r^3}{2}\tau_y$의 관계식을 식 (4.23)에 대입하면 M_T는 다음 식과 같이 정리된다.

$$M_T = \frac{4}{3} M_{Ty} \left(1 - \frac{\rho_y^3}{4r^3}\right) \tag{4.24}$$

여기서 $\rho_y = 0$인 경우 즉, 원점에서의 $\tau = \tau_y$인 경우의 τ-도는 그림 4.15와 같다. 이때의 M_T를 소성비틀림모멘트 $M_{T\mathrm{pl}}$이라 한다. 즉,

$$M_{T\mathrm{pl}} = \frac{4}{3} M_{Ty} \tag{4.25}$$

가 된다.

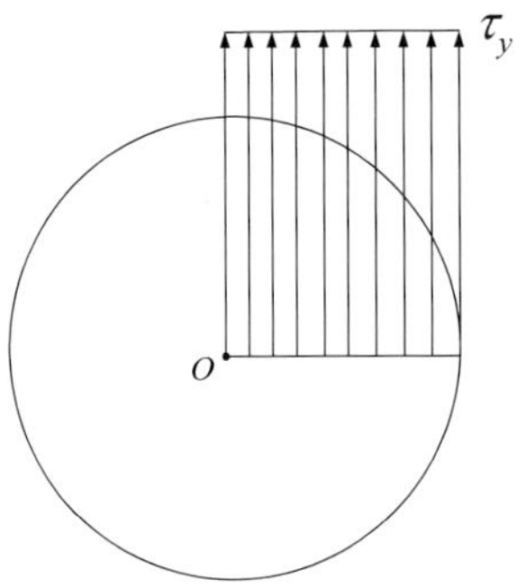

그림 4.15

다음으로는 $0 < \rho_y < r$ 일 때 즉, 전단응력이 탄소성범위에 있을 때 ϕ와 ρ_y 그리고 γ_y의 관계를 그림 4.16을 이용해 알아보자.

그림 4.16(a)에서 ρ_y에 해당되는 전단변형률을 γ_y라 할 때 다음과 같은 식이 성립된다.

$$\rho_y \phi = l \gamma_y$$

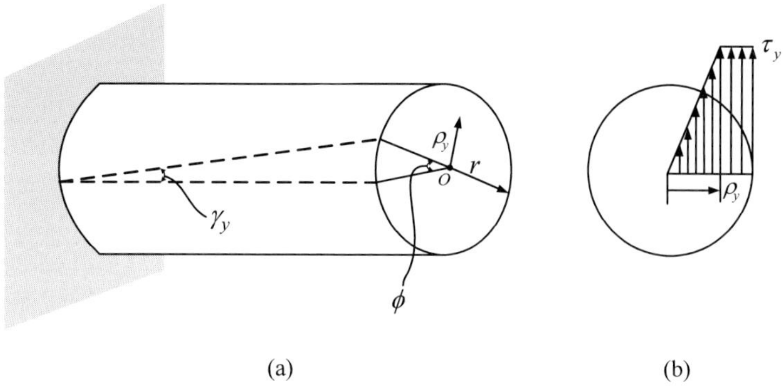

그림 4.16

따라서

$$\rho_y = \frac{l\,\gamma_y}{\phi} \tag{4.26}$$

로 표현된다. 그리고 식 (4.26)에서 $\rho_y = r$, $\phi = \phi_y$로 놓으면

$$r = \frac{l\gamma_y}{\phi_y} \tag{4.27}$$

가 되고 식 (4.26)을 식 (4.27)로 나누면

$$\frac{\rho_y}{r} = \frac{\phi_y}{\phi} \tag{4.28}$$

의 관계식이 성립된다. 따라서 식 (4.24)를 비틀림각 ϕ를 포함하는 다음과 같은 식으로도 표현할 수 있다.

$$M_T = \frac{4}{3} M_{Ty} \left(1 - \frac{\phi_y^3}{4\phi^3}\right) \tag{4.29}$$

이 식을 $M_T - \phi$선도로 그리면 그림 4.17과 같다.

그림에서 알 수 있듯이 항복비틀림각이 ϕ의 3배가 될 때, 즉 $3\,\phi_y$에서 M_{Tpl}에 수렴하는 것을 알 수 있다.

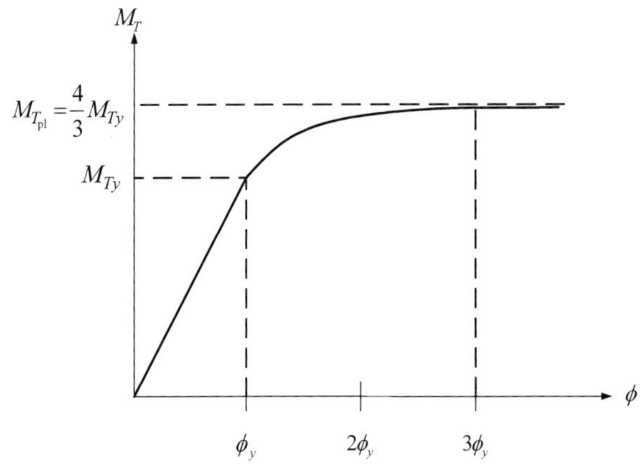

그림 4.17

[예제 4.11]

그림과 같이 비틀림모멘트를 받고 있는 원형 중실축이 있다. 이 축은 전단항복강도가 $150\ \mathrm{MPa}$ 이고 전단탄성계수 $G = 80\ \mathrm{GPa}$ 이다. 이 경우 B 점의 단면에서 탄성범위의 반경 ρ_y를 구하라.

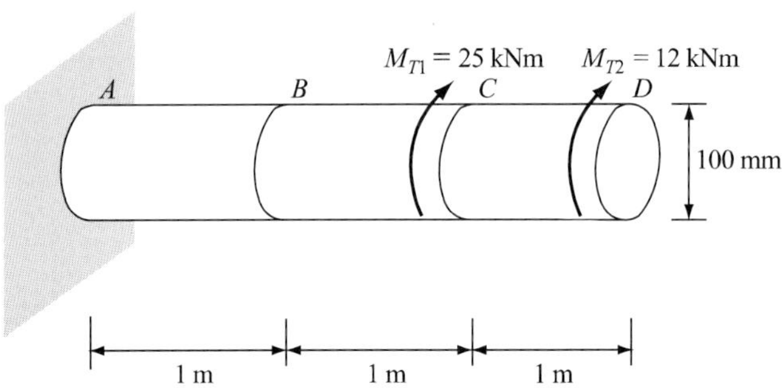

[풀이] 단면의 극관성모멘트

$J = \frac{1}{2}\pi r^4 = \frac{1}{2}\pi(50)^4 = 9.82 \times 10^6\ \mathrm{mm}^4$ 이고

항복이 시작되는 비틀림모멘트

$M_{Ty} = \frac{J\tau_y}{r} = \frac{9.82 \times 10^6 \times 150}{50} = 29.46 \times 10^6\ \mathrm{Nmm} = 29.46\ \mathrm{kNm}$ 로 계산된다.

B 점에 작용된 비틀림모멘트 $M_{TB} = M_{T1} + M_{T2} = 25 + 12 = 37\ \mathrm{kNm}$ 즉, $M_{Ty} < M_{TB}$ 이다.

식 (4.24)로부터

$$\left(\frac{\rho_y}{r}\right)^3 = 4 - \frac{3M_{TB}}{M_{Ty}} = 4 - \frac{3\times 37}{29.46} = 0.232 \text{ 이고 } \frac{\rho_y}{r} = 0.614 \text{ 로 계산된다.}$$

따라서 탄성반지름 $\rho_y = 0.614 \times 50 = 30.7\ \mathrm{mm}$ 이다.

4.8 원형 단면축에서의 잔류응력(殘留應力, Residual Stress)

항복비틀림모멘트 M_{Ty}보다 큰 M_T가 작용되면 축은 탄성한계를 초과하게 되고 $\tau-\gamma$ 선도를 이상화된 탄소성 재료모델로 가정할 때 그림 4.18(a)와 같이 나타내진다. 한편 $M_T-\phi$선도는 그림 4.18(b)와 같다.

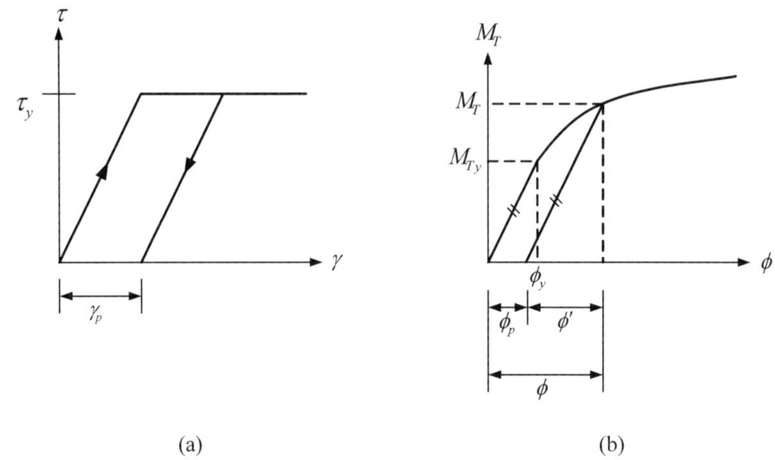

그림 4.18

그림 4.18(a)로부터 소성역에서 하중을 제거하면 초기의 기울기와 같은 기울기로 τ는 "0"에 도달되고 γ_p만큼의 영구전단변형률 또는 소성전단변형률이 잔류하게 된다. 이때의 원형 단면축에 발생된 전단응력 분포도는 그림 4.19(a)와 같다. 그림 4.18(b)에서의 $M_T-\phi$선도에서도 M_T가 M_{Ty}를 초과한 경우에서 M_T를 "0"으로 제거하였을 때 ϕ_p만큼 원상회복되지 않은 영구비틀림각 ϕ_p가 잔류하게 된다. 여기서 ϕ_y가 계산되면 $M_T-\phi$ 선도의 선형적 관계로부터 ϕ와 ϕ'을 계산할 수 있고 따라서 $\phi_p = \phi - \phi'$으로 계산된다. 여기서 $\tau-\gamma$선도나 $M_T-\phi$선도에서 하중을 소성범위에서 제거하였을 때의 기울기는 초기의 기울기와 같다. 이러한 현상은 $\sigma-\epsilon$선도에서와 마찬가지로 자연현상이라 설명된다.

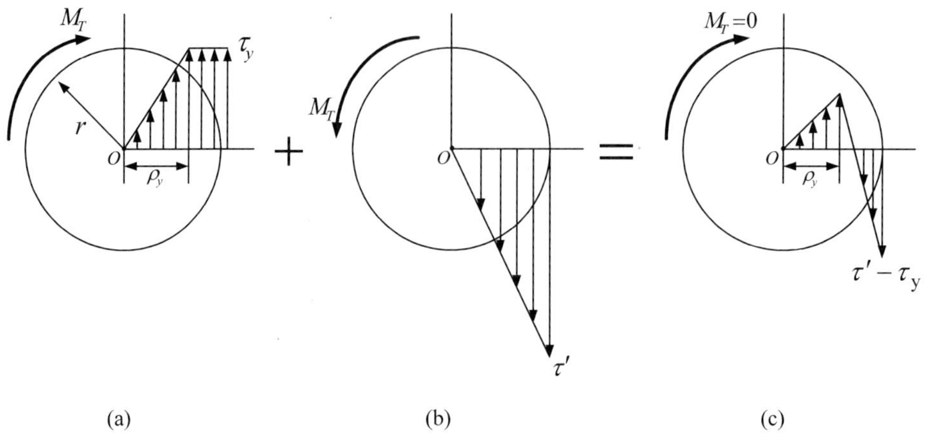

그림 4.19

그림 4.19(a)는 M_T가 M_{Ty}를 초과했을 때 발생되는 τ의 분포도이고 그림 4.19(b)는 M_T를 "0"으로 제거 시의 τ의 분포도이다. 여기서 M_T를 제거했을 때 $M_T-\phi$선도가 선형적 관계를 보였듯이 응력도 선형적 관계를 보인다. 따라서 $\tau' = \tau_y \dfrac{M_T}{M_{Ty}}$로 계산되므로 잔류응력도는 그림 4.19(c)와 같이 작성된다.

[예제 4.12]

예제 4.11의 축에 대하여 비틀림모멘트 M_{T1}과 M_{T2}를 제거한 후 B점에서의 잔류응력도를 구하라.

[풀이] 예제 4.11에서 $\tau_y = 150\,\mathrm{MPa}$, $\rho_y = 30.7\,\mathrm{mm}$인 경우의 전단응력분포도($\tau$-도)는 그림 (a)와 같다. 비틀림모멘트 M_{T1}과 M_{T2}를 제거한 후의 응력분포도는 그림 (b)와 같고 이 경우 최대응력은 다음과 같이 계산된다.

$$\tau'_{\max} = \frac{M_{TB}\,r}{J} = \frac{37\times10^6\times50}{9.82\times10^6} = 188.39\,\mathrm{MPa}$$

(a)와 (b)를 더하면 그림 (c)와 같은 잔류응력도를 얻을 수 있다.

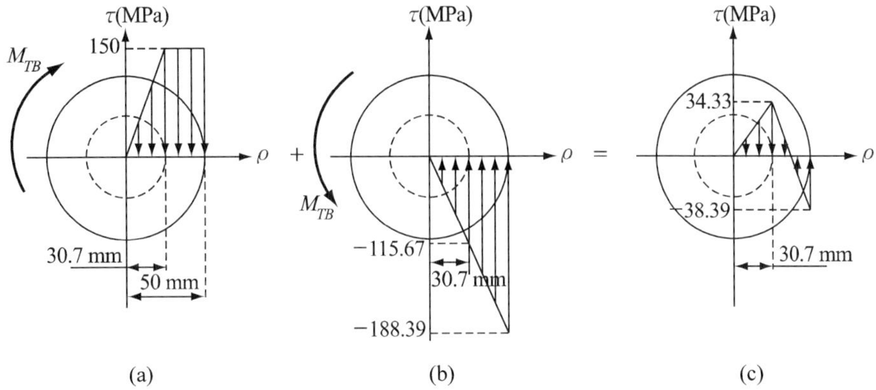

[예제 4.13]

원형축 AB는 $G = 80\ \mathrm{GPa}$, $\tau_y = 150\ \mathrm{MPa}$인 탄소성 재료인 연강(저탄소강)으로 되어 있다. 비틀림모멘트 M_T의 크기를 점차 증가시킬 때 항복이 처음 일어나는 경우와 완전 소성 상태가 되는 경우의 비틀림모멘트 M_T를 구하고 이에 상당하는 비틀림각 ϕ를 구하라.

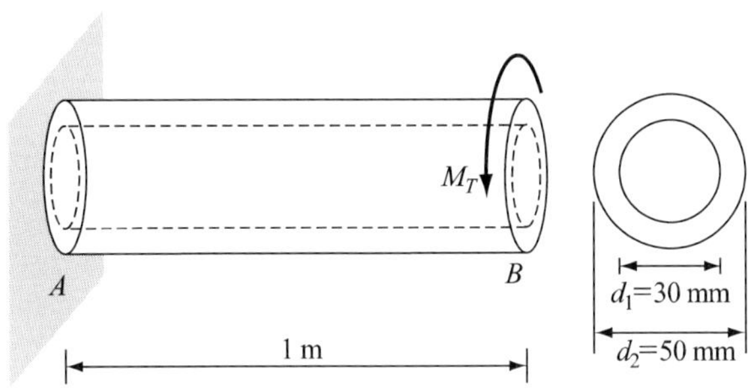

[풀이] (1) 항복이 처음 일어나는 경우

$\tau_{\max} = \tau_y = 150\ \mathrm{MPa}$이므로

$$M_{T\mathrm{el}} = \frac{\tau_y J}{d_2/2} = \frac{150 \times \frac{\pi}{2}(25^4 - 15^4)}{25} = 3.2 \times 10^6\ \mathrm{Nmm} = 3.2\ \mathrm{kNm}\text{ 이다.}$$

식 (4.26)에서 $\rho_y = d_2/2$로 놓고 ϕ에 대하여 풀면

$$\phi_y = \frac{\gamma_y\, l}{\frac{d_2}{2}} = \frac{\tau_y\, l}{\frac{d_2}{2} G} = \frac{150 \times 1{,}000}{25 \times 80 \times 10^3} = 0.075\ \mathrm{rad} \doteqdot 4.3°\text{ 로 계산된다.}$$

(2) 완전 소성 상태가 되는 경우

소성구역이 안 지름까지 도달된 응력도는 그림과 같이 균일하게 분포하게 되고 즉, 완전 소성 상태가 되고 이때의 소성비틀림모멘트 $M_{T\text{pl}}$ 은 식 (4.22)를 이용하여 계산할 수 있다.

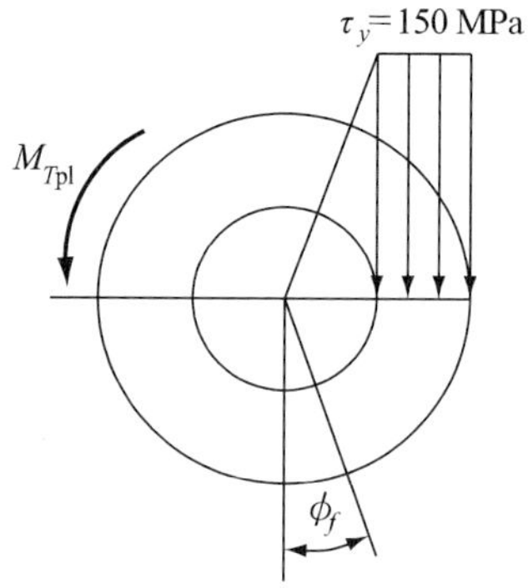

$$M_{T\text{pl}} = 2\pi\tau_y \int_{d_1/2}^{d_2/2} \rho^2 d\rho = \frac{2}{3}\pi\tau_y\left\{(d_2/2)^3 - (d_1/2)^3\right\}$$

$$= \frac{2}{3}\pi \times 150 \times (25^3 - 15^3) = 3.85 \times 10^6 \text{ Nmm} = 3.85 \text{ kNm} \text{ 이고}$$

이때의 비틀림각 ϕ는 식 (4.28) $\dfrac{\rho_y}{r} = \dfrac{\phi_y}{\phi}$ 로부터 다음과 같이 계산된다.

$$\phi = \frac{\gamma\,\phi_y}{\rho_y} = \frac{25}{15} \times 0.075 = 0.125\text{rad} \doteq 7.2°$$

이고, 또한 식 (4.26)으로부터 다음과 같이도 계산된다.

$$\phi = \frac{\gamma_y\, l}{\dfrac{d_1}{2}} = \frac{\tau_y\, l}{\dfrac{d_1}{2}G} = \frac{150 \times 1{,}000}{15 \times 80 \times 10^3} = 0.125 \text{ rad} \doteq 7.2°$$

여기서 안 지름 d_1을 고려해야 하는 이유는 위의 식 즉, 식 (4.22)는 탄성역에서만 유효하기 때문이다.

[예제 4.14]

예제 4.13의 축에 대하여 비틀림모멘트 $M_{Tpl} = 3.85$ kNm를 제거한 후 발생되는 잔류응력과 영구비틀림각을 구하라.

[풀이] 예제 4.13에서 소성구역이 안 지름 표면에 도달되었을 때 $M_{Tpl} = 3.85$ kNm와 $\phi = 7.2°$를 얻었다. 이 값을 그림 (a)에 표시하였다.

M_{Tpl}을 제거한 후의 응력도는 (b)와 같으며 이때의 최대・최소 응력과 비틀림각은 다음과 같이 계산된다.

$$\tau_{max} = \frac{M_{Tpl}\dfrac{d_2}{2}}{J} = \frac{(3.85\times10^6)\times25}{\dfrac{\pi}{2}(25^4-15^4)} = 180.22 \text{ MPa}$$

$$\tau_{min} = \tau_{max}\frac{d_1}{d_2} = 180.22\times\frac{30}{50} = 108.13 \text{ MPa}$$

$$\phi' = \frac{M_{Tpl}\, l}{J\, G} = \frac{3.85\times10^6\times1{,}000}{\dfrac{\pi}{2}(25^4-15^4)\times80\times10^3} = 0.09 \text{ rad} \doteqdot 5.2°$$

따라서 그림 (a)와 (b)를 중첩시키면 그림 (c)와 같은 잔류응력도와 영구비틀림각 ϕ_p를 구할 수 있다. 여기서 잔류비틀림각 $\phi_p = \phi - \phi' = 2.0°$로 계산된다.

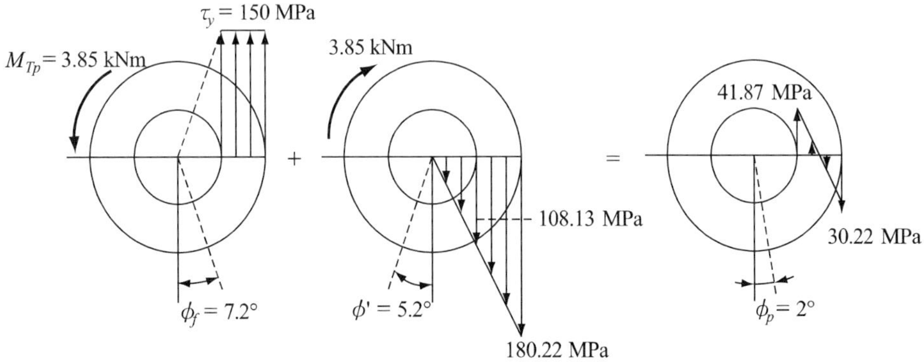

(a) (b) (c)

4.9 직사각형(直四角形, Rectangular) 단면부재의 비틀림

4장에서 지금까지는 원형 단면축의 비틀림에 대하여 다루었다. 이 절(節)에서는 비원형 부재 중 직사각형 단면(直四角形斷面, Rectangular Section)으로 된 부재의 비틀림에 대해 알아보자.

그림 4.20(a)는 정사각형 단면인 고무모형(Rubber Model)에 비틀림모멘트를 가했을 때의 변형된 상태도이다. 이 경우 각 모서리에는 변형이 거의 발생되지 않는다. 원형 단면축에서 단면의 표면에 최대 전단응력이 발생된 현상과는 전혀 다른 현상이므로 원형 단면축에 대한 비틀림 공식은 사각형 단면에서는 더 이상 유효하지 않다. 그림 4.20(a)에서 단면 모서리의 단면요소 A는 자유면(自由面, Free Face)에 존재한다. 따라서 그림 4.20(b)에 나타낸 단면 A의 x, y, z축의 수직면에 발생되는 전단응력은 모두 "0"이어야 한다. 즉, x축의 수직면에 발생되는 전단응력 $\tau_{xy} = \tau_{xz} = 0$이고, y축의 수직면에 발생되는 전단응력 $\tau_{yx} = \tau_{yz}$도 "0"이다. 마찬가지로 $\tau_{zx} = \tau_{zy} = 0$이다. 따라서 사각형 단면 모서리에는 전단응력이 "0"이므로 아무런 변형도 발생되지 않는다. 한편 모서리와 모서리 사이의 중앙 부분에 변형이 최대가 되고 또한 전단응력도 최대가 된다(그림 4.20(a) 참조).

그림 4.21은 길이가 l이고 단면적이 균일한 직사각형 단면(直四角形斷面, Rectangular Cross Section)의 부재에 비틀림모멘트가 작용된 상태를 나타내고 있다.

그림 4.20에서 설명했듯이 폭의 중앙선에 최대의 전단응력 $\tau_{\max}$가 발생되는데 $\tau_{\max}$를 계산하는 것은 수학적 이론(數學的理論, Theory of Mathematics)인 탄성론(彈性論, Theory of Elasticity)으로 해결할 수 있으나 이 책에서는 그 결과만을 수록한다. 결과적으로 단면의 넓은 폭 중앙에 최대 전단응력(그림 4.21 참조)이 발생되고

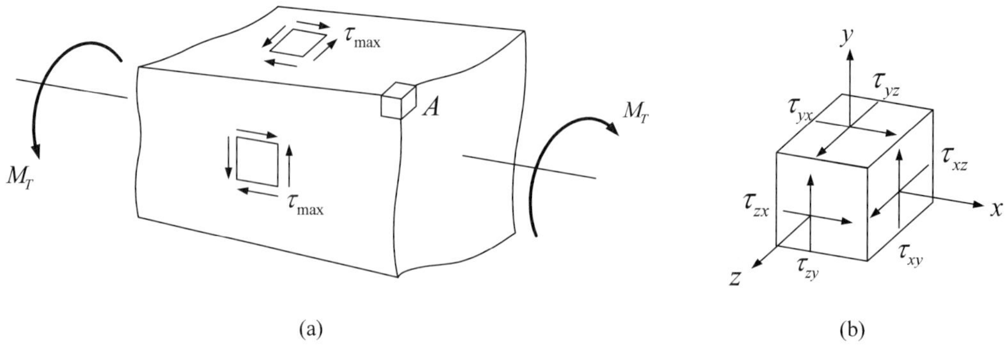

그림 4.20

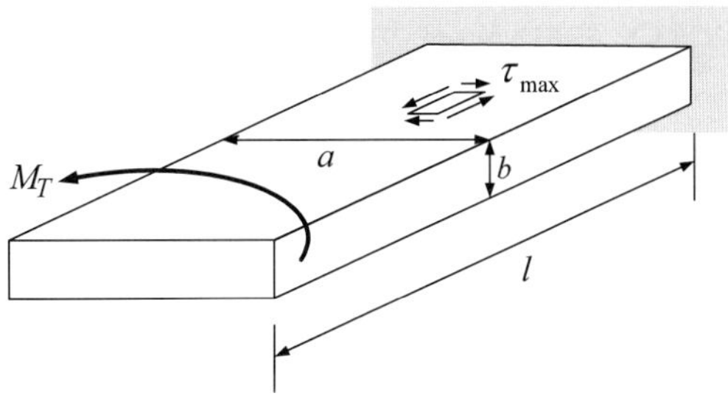

그림 4.21

$$\tau_{max} = \frac{M_T}{c_1\, a\, b^2} \tag{4.30}$$

로 표현된다. 또한 비틀림각

$$\phi = \frac{M_T\, l}{c_2\, a\, b^3\, G} \tag{4.31}$$

로 표현된다. 계수 c_1과 c_2는 아래의 표 4.1에 나타나 있다.

표 4.1

a/b	c_1	c_2
1.0	0.208	0.1406
1.2	0.219	0.1661
1.5	0.231	0.1958
2.0	0.246	0.229
2.5	0.258	0.249
3.0	0.267	0.263
4.0	0.282	0.281
5.0	0.291	0.291
10.0	0.312	0.312
∞	0.333	0.333

위의 표에서 알 수 있듯이 계수 c_1과 c_2는 a/b에 따라 결정된다.

4.10 벽 두께가 얇은 중공축(中空軸, Hollow Shafts)에서의 전단응력

벽 두께가 얇은 중공축에서의 최대 전단응력과 비틀림모멘트 M_T 와의 관계식을 그림 4.22를 이용하여 유도해보자.

그림 4.22(a)는 중공축의 내부 반지름 r_1 및 바깥 반지름 r_2와 M_T에 의한 응력 τ_1 및 τ_2가 표시되어 있다. 또한 벽 두께의 도심까지의 반경 r_m 및 r_m에 해당되는 면적 A_m이 음영으로 나타나 있다. 그림 4.22(b)에는 미소원주길이 ds에 작용되는 전단흐름 q가 표시되어 있다. 여기서 q는 r_1과 r_2에 해당되는 전단응력 τ_1과 τ_2의 평균응력 τ_{ave}에 벽 두께 t를 곱한 것으로 표현된다. 전단흐름에 대한 상세한 내용은 5.3절에서 다루기로 한다.

전단흐름 q는 다음과 같이 표현된다.

$$q = \frac{\tau_1 + \tau_2}{2}\, t = \tau_{\text{ave}}\, t \tag{4.32}$$

따라서 원점 O에 대한 q에 의한 힘 $F = q\,ds$가 되고 응력에 의한 내부 회전모멘트

$$M_{Ti} = q \oint r_m\, ds \tag{4.33}$$

로 표현된다. 여기서 $r_m\, ds$는 그림 4.22(b)에서 음영 면적의 2배에 해당되고 $\oint r_m ds$는 그림 4.22(a)에서의 음영 면적 A_m의 2배에 해당되므로 $M_{Ti} = 2qA_m$이 된다. 여기서 하중으로서의 M_T는 응력에 의한 내부 비틀림모멘트 M_{Ti}와 같아야 하므로 다음과 같은 식이 성립된다.

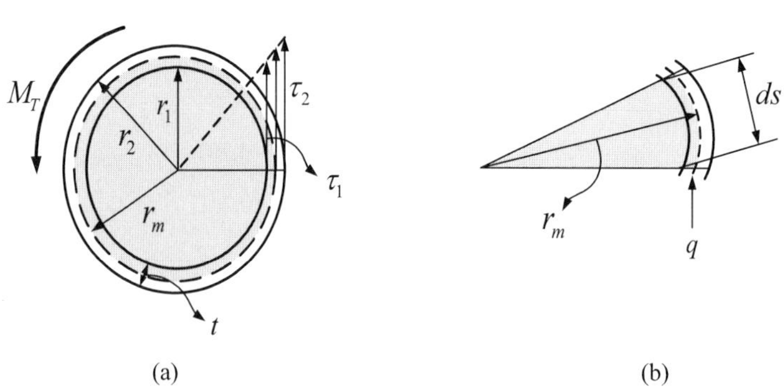

그림 4.22

$$M_T = q \oint r_m\, ds = 2\, q A_m \tag{4.34}$$

따라서

$$q = \frac{M_T}{2\, A_m} \tag{4.35}$$

란 식이 유도된다. 그러므로 최대 전단응력

$$\tau_{\max} = \frac{M_T}{2\, A_m\, t_{\min}} \tag{4.36}$$

로 표현된다.

여기서 $t_{\min}$은 벽 두께가 최소인 위치의 두께를 말한다.

[예제 4.15]

비틀림모멘트 $M_T = 4\ \mathrm{kNm}$가 그림과 같은 얇은 벽으로 된 서로 다른 단면에 작용되고 있다. 각각의 최대 전단응력을 구하라. (단, 단면의 모서리에서의 응력집중효과는 무시한다.)

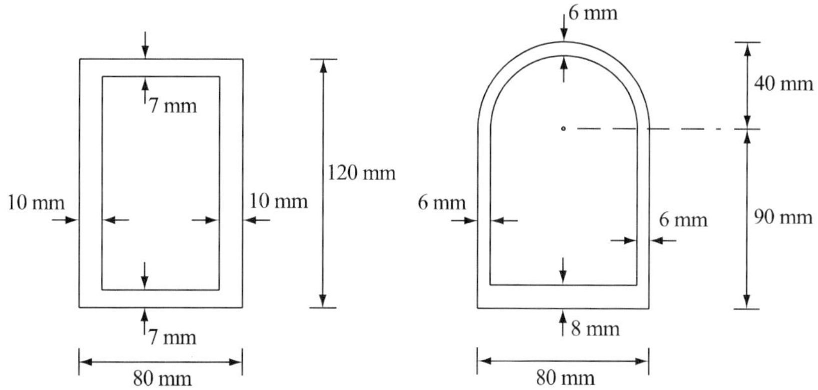

(a) (b)

[풀이] (a) 단면

벽 단면의 중심선으로 둘러싸인 면적 $A_m = 70 \times 113 = 7{,}910\ \mathrm{mm}^2$이다.

최대 전단응력은 벽 두께가 제일 작은 위치에서 발생되므로 $t = 7\ \mathrm{mm}$인 벽면에서 최대 전단응력이 발생된다.

따라서 최대 전단응력

$\tau_{max} = \dfrac{M_T}{2A_m t_{min}} = \dfrac{4\times10^6}{2\times7{,}910\times7} = 36.1\ \text{MPa}$로 계산된다.

(b) 단면

벽 단면의 중심선으로 둘러싸인 면적 $A_m = 86\times74 + \dfrac{1}{2}\pi\times37^2 = 8{,}514\ \text{mm}^2$이다.

$t = 6\ \text{mm}$인 벽면에서 최대 전단응력이 발생된다.
따라서 최대 전단응력

$\tau_{max} = \dfrac{M_T}{2A_m t_{min}} = \dfrac{4\times10^6}{2\times8{,}514\times6} = 39.2\ \text{MPa}$로 계산된다.

[예제 4.16]

그림과 같이 원형 관과 정사각형 관이 같은 재료로 만들어져 있으며 같은 비틀림모멘트를 받고 있다. 두 개의 관은 같은 길이, 같은 벽 두께 및 같은 단면적을 가진다. 이들의 전단응력 비를 구하라. (정사각형 관의 모서리에서의 응력집중 효과는 무시한다.)

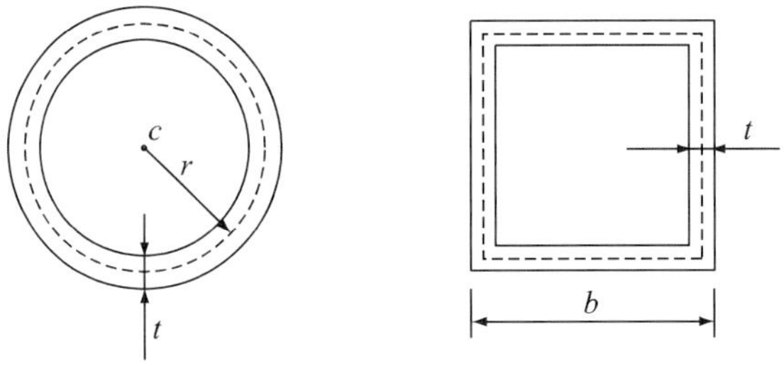

[풀이] 원형관에 대하여 단면의 중심선에 의해 둘러싸인 면적 $A_{m1} = \pi r^2$

정사각형 관의 단면적 $A_{m2} = 4bt$이고 원형관과 면적이 같은 조건의 $b = \pi r/2$가 된다. 그러므로 단면 중심선에 의해 둘러싸인 넓이

$A_{m2} = b^2 = \left(\dfrac{\pi r}{2}\right)^2 = \dfrac{\pi^2 r^2}{4}$으로 계산된다.

따라서 원형관의 전단응력 τ_1과 정사각형관의 전단응력 τ_2의 비는 식 (4.36)을 이용하여 다음과 같이 계산할 수 있다.

$$\frac{\tau_1}{\tau_2} = \frac{\dfrac{M_T}{2tA_{m1}}}{\dfrac{M_T}{2tA_{m2}}} = \frac{A_{m2}}{A_{m1}} = \frac{\dfrac{\pi^2 r^2}{4}}{\pi r^2} = \frac{\pi^2 r^2}{4\pi r^2} = \frac{\pi}{4} = 0.785$$

이 결과는 원형 관의 비틀림에 대한 단면효과가 정사각형관의 단면보다 좋다는 결론이다.

[예제 4.17]

직경 2 m인 강관을 제작하기 위해 두께 10 mm인 강판을 제단하여 원형으로 유지시킨 후 그림과 같이 이음새를 볼트로 연결하였다. 작용된 비틀림모멘트 $M_T = 6{,}000$ kNm이며 사용된 볼트의 직경 $\phi = 16$ mm이다. 허용전단응력 $\tau_{all} = 150$ MPa이고 허용지압응력 $\sigma_{b,\ all} = 420$ MPa일 때 볼트간격 e를 결정하라.

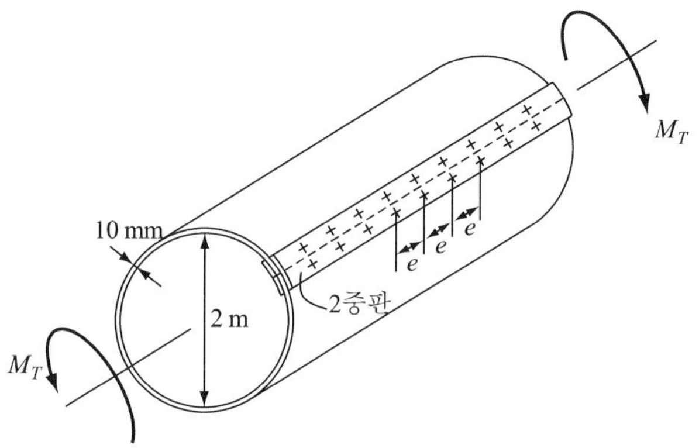

[풀이] 단위m 당 전단력 q는 식 (4.35)에 의해

$$q = \frac{M_T}{2A_m} = \frac{6{,}000}{2 \times \pi \times 1.0^2} = 955 \text{ kN/m}$$ 로 계산된다.

2중 전단에 대한 볼트 1개의 허용력

$$P_{\tau(all)} = 2 \times \tau_{all} \times A_{볼트} = 2 \times 150 \times \frac{\pi \times 16^2}{4} = 60{,}319 \text{ N} = 60.32 \text{ kN}$$ 이고

볼트구멍 1개의 지압력

$$P_{b(all)} = \sigma_{b(all)} \times t \times \phi = 420 \times 10 \times 16 = 67{,}200 \text{ N} = 67.2 \text{ kN}$$ 으로 계산된다.

따라서 단위m 당 필요한 볼트의 개수

$$n = \frac{q}{P_{\tau(all)}} = \frac{955}{60.32} = 16$$ 개이고 볼트간격 $e = \frac{1{,}000}{16} = 63$ mm로 결정된다.

여기서 볼트의 개수 계산 시 $P_{\tau(all)}$을 사용한 이유는 안전측 즉, 볼트 개수가 많이 나오는 계산을 위함이다.

4.11 원형 축의 응력집중(應力集中, Stress Concentration)

2.23절 및 3.11절에서와 마찬가지로 단면이 급격히 변하는 경우 비틀림모멘트에 의해서도 응력집중이 발생된다.

지름이 다른 두 개의 구간으로 구성된 계단식 축을 생각해 보자.

하나의 부재는 지름이 D 이고 다른 하나의 부재는 지름이 d이며 두 부재의 연결부의 곡률반경이 r 인 필릿(Fillet)용접(鎔接, Welding)으로 완만하게 제작되어 있다. 만약 필릿이 없으면 단면이 변하는 부분의 모퉁이가 날카로운 90°이기 때문에 응력집중 현상이 현저히 크게 나타날 것이다. 따라서 단면이 급격히 변하는 원형 축에서는 언제나 완만한 필릿용접이 사용된다.

여기서 필릿용접은 우리말로 모살용접이라고 한다. 모살이라는 말은 모서리에 살을 붙였다는 의미이고 실제 현장에서 약 80%의 용접작업이 모살용접으로 이루어진다.

원형축의 응력집중 효과는 필릿 부분에서 가장 크다. 이 부분에서 최대 전단응력은 다음과 같이 계산된다.

$$\tau_{\max} = K\frac{M_T r}{J} \tag{4.37}$$

여기서, K는 $\dfrac{D}{d}$와 $\dfrac{r}{d}$에 따라 변하는 응력집중계수이며 응력 $\dfrac{M_T r}{J}$은 두 축 중 지름이 작은 부재에 대해 계산되는 전단응력이다. 응력집중계수 K는 그림 4.24로부터 결정된다. 그림 4.24는 실험결과로서 참고문헌으로부터 인용된 것이다.

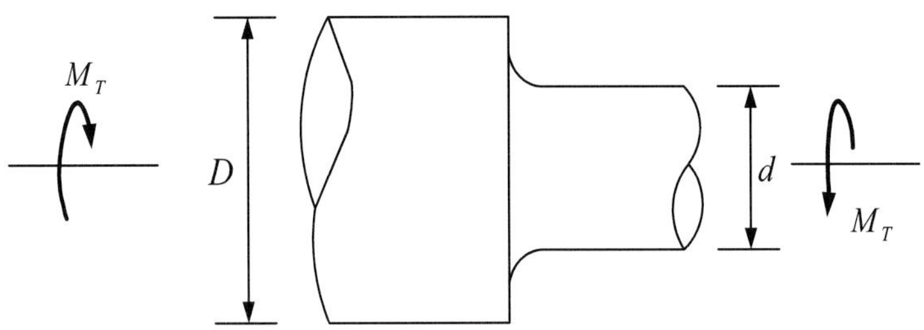

그림 4.23

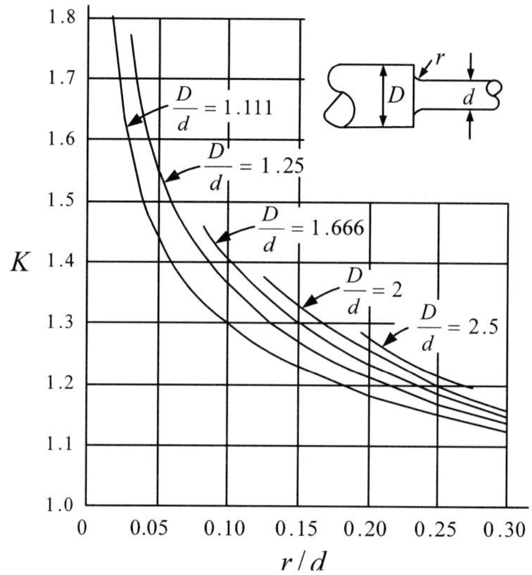

그림 4.24

[예제 4.18]

그림과 같은 축의 지름이 급격히 변하는 경우 축이 받을 수 있는 최대 비틀림모멘트를 구하라. (단, 허용전단응력 $\tau_{\text{all}} = 60\ \text{MPa}$이다.)

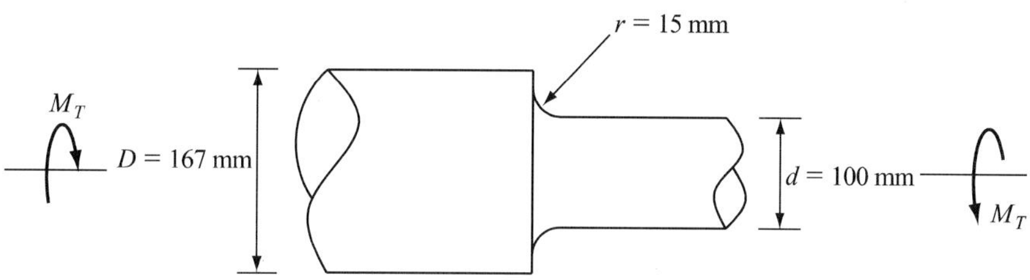

[풀이] 먼저 다음의 비를 구한다.

$$\frac{D}{d} = \frac{167}{100} = 1.67 \text{ 그리고 } \frac{r}{d} = \frac{15}{100} = 0.15 \text{이다.}$$

그림 4.24로부터 $\frac{D}{d} = \frac{167}{100} = 1.67$, $\frac{r}{d} = \frac{15}{100} = 0.15$인 경우의 응력집중계수 $K = 1.3$임을 알 수 있다.

식 (4.37)에 의해 $M_T = \frac{\tau_{\max} J}{Kr}$이고

여기서 $\tau_{\max}$는 허용전단응력 τ_{all}을 초과해서는 안 된다.

따라서 주어진 축이 받을 수 있는 최대 비틀림모멘트는 다음 계산결과의 조건을 만족시키는 값이어야 한다.

$$M_{T,\max} \le \frac{\tau_{\max} J}{K\rho} \le \frac{60 \times \frac{\pi}{2} \times 50^4}{1.3 \times 50} \le 9.1\ \text{kNm}$$

연습문제

EXERCISE

1. 그림에서와 같은 복합재료로 이루어진 봉 AB의 A점에 비틀림모멘트 M_T가 작용되고 있다. 강재 외피에 200 MPa의 전단응력이 발생될 때 알루미늄 코어에 발생되는 전단응력을 구하라. 단, 강재와 알루미늄의 전단탄성계수는 각각 $G_S = 80$ GPa, $G_A = 30$ GPa 이다.

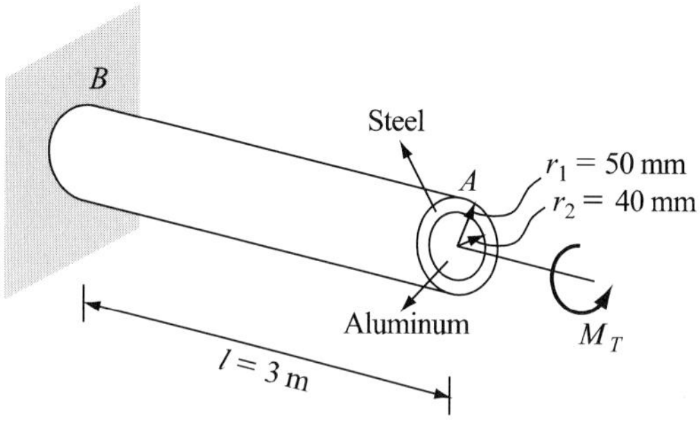

해석 순서

① 강재 외피의 물성치를 G_S, J_S, τ_S

알루미늄 코어의 물성치를 G_A, J_A, τ_A로 한다.

② 강재 외피와 알루미늄 코어의 단위길이당 비틀림각은 같아야 한다.

강재 외피의 길이당 비틀림각 $\dfrac{\phi}{l} = \dfrac{M_T}{G_S J_S} = \dfrac{1}{G_S J_S}\dfrac{\tau_S J_S}{r_1} = \dfrac{\tau_S}{r_1 G_S}$

마찬가지로 알루미늄 코어의 길이당 비틀림각 $\dfrac{\phi}{l} = \dfrac{\tau_A}{r_2 G_A}$

따라서 다음과 같은 등식이 성립되어야 한다.

$$\frac{\tau_A}{r_2 G_A} = \frac{\tau_S}{r_1 G_S}$$

③ 알루미늄 코어에서 발생되는 전단응력 산정 $\tau_A = 60$ MPa

2. 그림과 같이 두 개의 강재($G = 80$ GPa) 기둥에 $M_T = 500$ Nm가 작용될 때 단면 (a)와 (b) 기둥의 가로변 중앙 B점에서의 최대 전단응력과 비틀림각을 구하라.

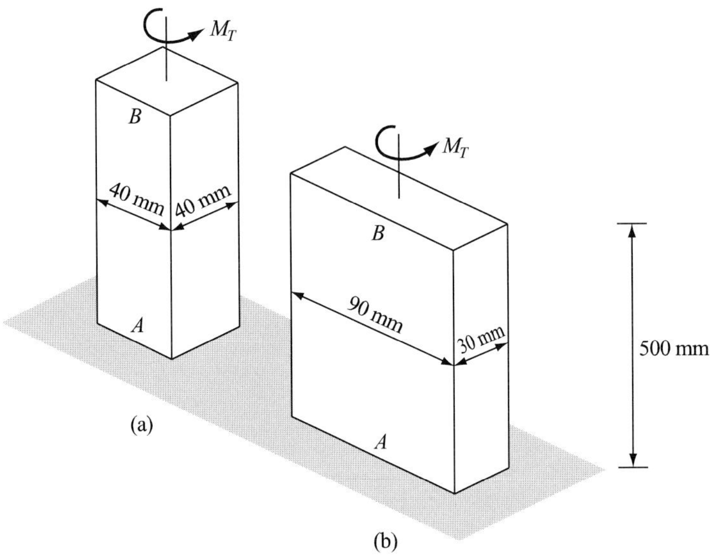

해석 순서

단면 (a) ① 4.9절의 표 4.1로부터 C_1, C_2값을 구함

$C_1 = 0.208$, $C_2 = 0.1406$

② 최대 전단응력 $\tau_{max} = \dfrac{M_T}{C_1 a b^2} = 37.56\text{ MPa}$

③ 비틀림각

$$\phi = \frac{M_T l}{C_2\, a\, b^3\, G} = 0.87 \times 10^{-2}\text{ rad} \fallingdotseq 0.5°$$

단면 (b) ① 4.9절의 표 4.1로부터 C_1, C_2값을 구함

$C_1 = 0.267$, $C_2 = 0.263$

② 최대 전단응력 $\tau_{max} = \dfrac{M_T}{C_1\, a\, b^2} = 23.12\text{ MPa}$

③ 비틀림각

$$\phi = \frac{M_T l}{C_2\, a\, b^3\, G} = 4.89 \times 10^{-3}\text{ rad} \fallingdotseq 0.280°$$

3. 문제 2의 그림에서 $\tau_{all} = 60\text{ MPa}$이고 $G = 80\text{ GPa}$일 때 축에 가해질 수 있는 최대 비틀림모멘트 M_T와 비틀림각 ϕ를 구하라.

해석 순서

단면 (a) ① 최대 비틀림모멘트 $M_T = C_1\, a\, b^2\, \tau_{max} = 798.7\ \text{Nm}$

② 비틀림각

$$\phi = \frac{M_T\, l}{C_2\, a\, b^3\, G} = 1.39 \times 10^{-2}\ \text{rad} \doteq 0.79°$$

단면 (b) ① 최대 비틀림모멘트 $M_T = C_1\, a\, b^2\, \tau_{max} = 1.3\ \text{kNm}$

② 비틀림각

$$\phi = \frac{M_T\, l}{C_2\, a\, b^3\, G} = 1.27 \times 10^{-2}\ \text{rad} \doteq 0.73°$$

4. 원형 중실축 AB가 $G = 80\ \text{GPa}$, $\tau_y = 140\ \text{MPa}$인 탄소성 재료로 만들어져 있다. 비틀림모멘트 M_T가 그림과 같은 응력도를 유발시켰을 때 M_T를 구하고 M_T를 제거시켰을 때의 잔류응력도를 구하라.

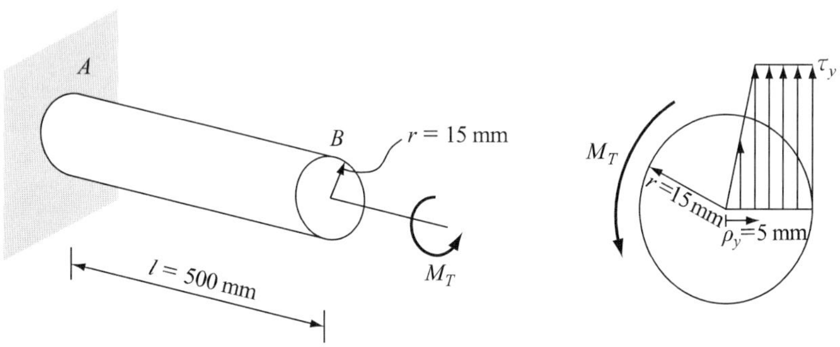

해석 순서

① 문제에 주어진 응력도를 유발시킨 M_T

$$M_T = \frac{4}{3} M_{Ty} \left(1 - \frac{\rho_y^3}{4r^3}\right) = \frac{4}{3} \frac{\pi r^3}{2} \tau_y \left(1 - \frac{\rho_y^3}{4r^3}\right) = 0.98\ \text{kNm}$$

② 잔류응력도 작도

하중제거 시 전단응력 $\tau' = \tau_y \dfrac{M_T}{M_{Ty}} = \tau_y \dfrac{M_T}{\dfrac{\pi r^3}{2} \tau_y} = 185\ \text{MPa}$이므로 잔류응력도는

다음과 같다.

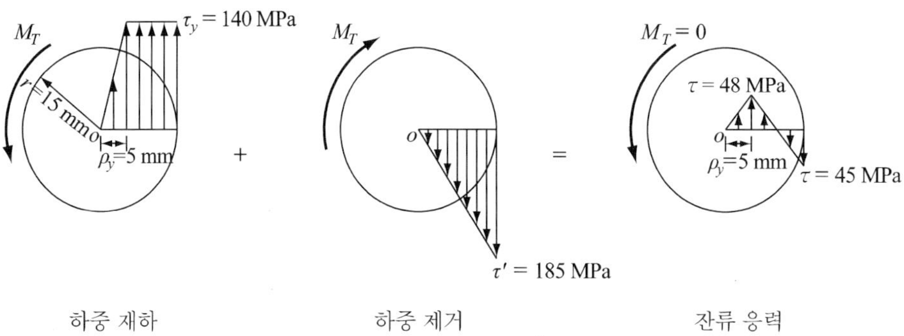

5. 탄소성 재료로 만들어진 중실봉에 작용된 비틀림모멘트가 봉이 완전히 소성이 될 때까지 증가된 후 제거되었다. 이때의 잔류응력 분포가 그림과 같음을 보여라.

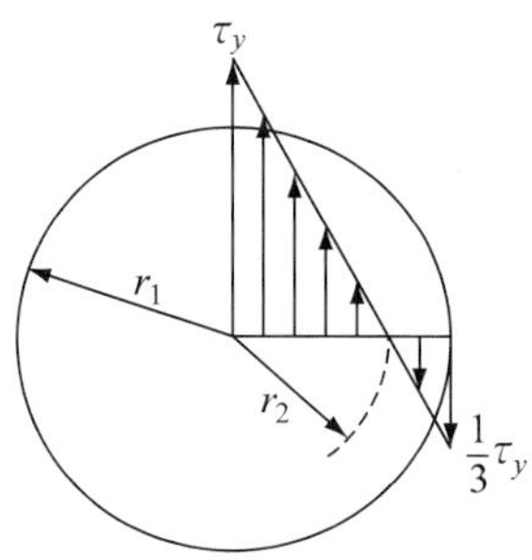

해석 순서

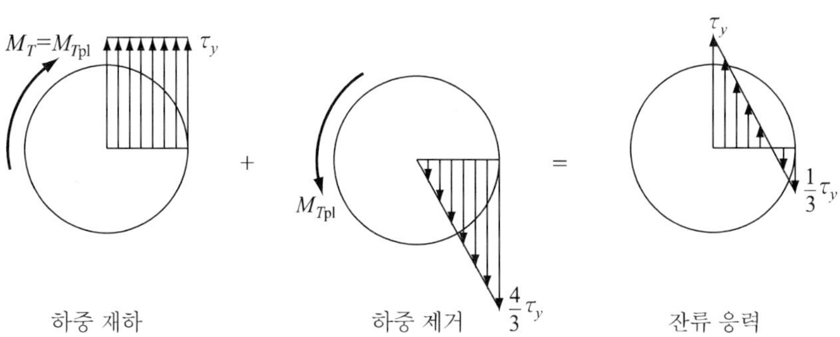

① 하중 재하 시 하중값 산정 $M_{Tpl} = \frac{4}{3}M_{Ty} = \frac{2\pi}{3}r_1^3\tau_y$

② 하중 제거 시 $\rho = r_1$에서의 전단응력 τ' 산정 $\tau' = \frac{M_{Tpl}\,r_1}{J} = \frac{4}{3}\tau_y$

③ 잔류응력 산정 $\tau_{res} = \tau_y - \frac{4}{3}\tau_y = -\frac{1}{3}\tau_y$

④ $\rho = r_2$일 때 $\tau_{res} = 0$이므로 $r_2 = \dfrac{3}{4} r_1$

6. 길이 $l = 500$ mm의 중실원형봉 BC는 길이 $a = 250$ mm의 강성레버 AB에 연결되어 있고, C점에 고정 지지되어 있다. A점에 100 kN의 힘 P가 작용될 때 A점의 수직변위 δ가 5 mm를 초과하지 않도록 봉의 지름을 결정하라. ($\tau_{\text{all}} = 40$ MPa, $G = 80$ GPa)

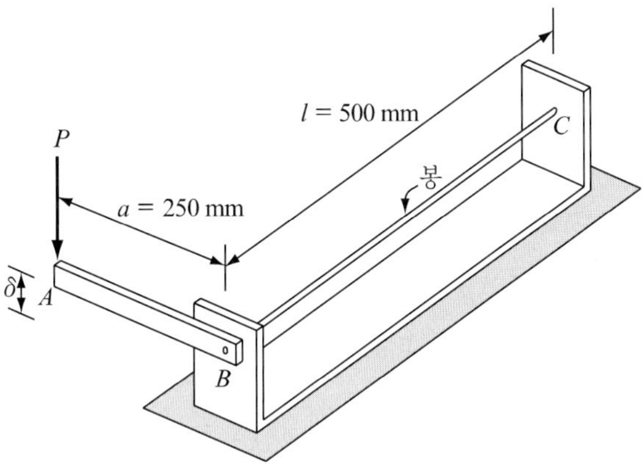

해석 순서

① 허용비틀림각 산정

$$\sin\phi = \frac{\delta}{l_{AB}} = 0.02,\ \ \phi = 1.146° \triangleq 0.02 \text{ rad}$$

② 비틀림모멘트 산정

$$M_T = P\, l_{AB} \cos\phi = 24.995 \text{ MNmm}$$

③ 비틀림각을 기준으로 하여 봉의 반지름 r 결정

$$\phi = \frac{M_T\, l_{AB}}{GJ} = \frac{2 M_T l_{AB}}{\pi G r^4} \quad \rightarrow \ r = 47 \text{ mm}$$

④ 허용전단응력을 기준으로 하여 봉의 반지름 결정

$$\tau = \frac{M_T\, r}{J} = \frac{2 M_T}{\pi\, r^3} \quad \rightarrow \ r = 73.5 \text{ mm}$$

⑤ $r = 47$ mm와 73.5 mm 중 작은 값으로 결정되어야 함.
따라서 봉의 직경 $d = 2 \times r = 94$ mm

05 횡방향하중

橫方向荷重, Transverse Loading

5.1 횡방향하중의 정의(定意, Definition)

이 장에서는 일반적으로 수평(水平, Horizontal)으로 존재하는 보(Beam)에 작용되는 하중 즉, 중력(重力, Gravity)방향하중의 영향에 대해 다룬다. 중력방향하중은 수평부재의 수직방향이므로 횡방향하중 또는 전단방향하중이라고 한다. 횡방향하중의 종류는 그림 5.1에 나타낸 P와 같은 하중 즉, 집중하중(集中荷重, Concentrated Loading)이 있고 w_0와 같은 등분포하중(等分布荷重, Uniform Distributed Loading)과 w_B와 같은 비등분포하중이 있다.

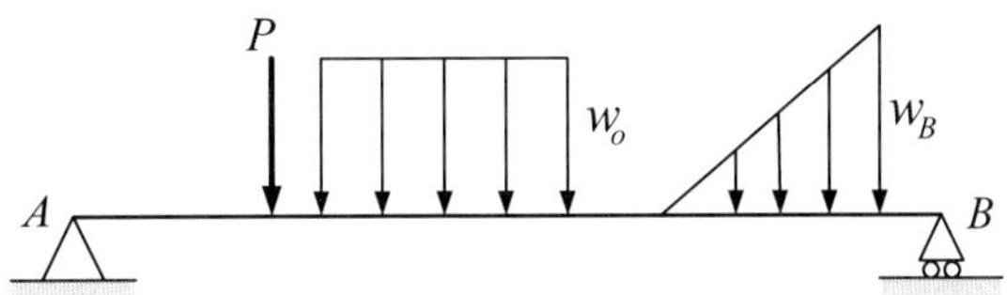

그림 5.1

그림 5.1과 같이 횡방향하중이 작용되면 A점에는 수직반력 A_V가 발생되고 A점 부근 즉, P의 작용점 이전까지의 자유물체도는 그림 5.2와 같다.

축력의 인장은 '+'이고 압축은 '−'로 정의하였고 휨모멘트에서는 부재 단면의 상부가 압축이 되고 하부가 인장이 되는 경우 정모멘트라 정의하였듯이 전단력에도 부호가 규정되어 있다. 즉, 그림 5.3과 같이 부재 정면에서 보아 기준선이 아래에 있을 경우 부재 왼쪽에서 상향이고 오른쪽에서 하향인 전단력을 '+'로 규정하고 있다.

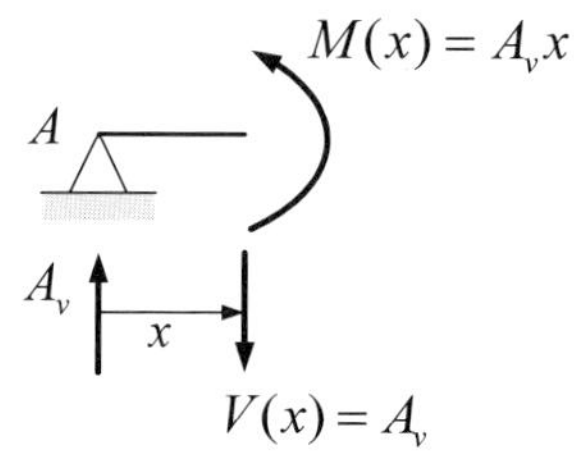

그림 5.2

부재력의 부호에 대해 종합적으로 표시하면 그림 5.3과 같다.

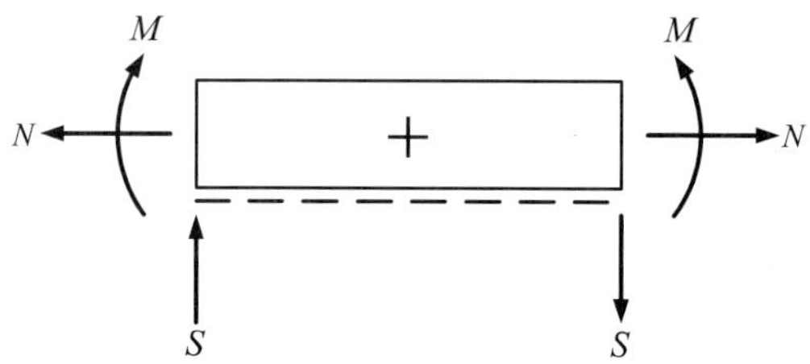

그림 5.3

부재 하부에 점선으로 표시한 의미는 정면에서 봤을 때 부재 하부를 기준으로 하기 위한 것이다.

이 장에서는 횡방향하중에 의해 발생되는 전단력에 대해 다룬다.

5.2 수평전단력(水平剪斷力, Longitudinal Shearing Force)

다음으로는 문제의 설명이 용이한 그림 5.4(a)와 같은 외팔보(Cantilever)시스템을 이용하여 수평전단력에 대해 다루어보자.

그림 5.4(b)는 외팔보의 끝단에서 x만큼의 거리에서의 자유물체도와 힘의 성분들을 나타내고 있다. 여기서 x방향의 힘의 성분

$$\int \sigma_x \, dA = \int \frac{Px}{I} y \, dA$$

이고, M_c는 '+' 즉, 정모멘트이므로 그림 5.4(b)에서 $\sigma_x dA$의 방향이 '−'로 표시되어 있다. 여기서 M_c는 z축을 회전축으로 하는 모멘트이다.

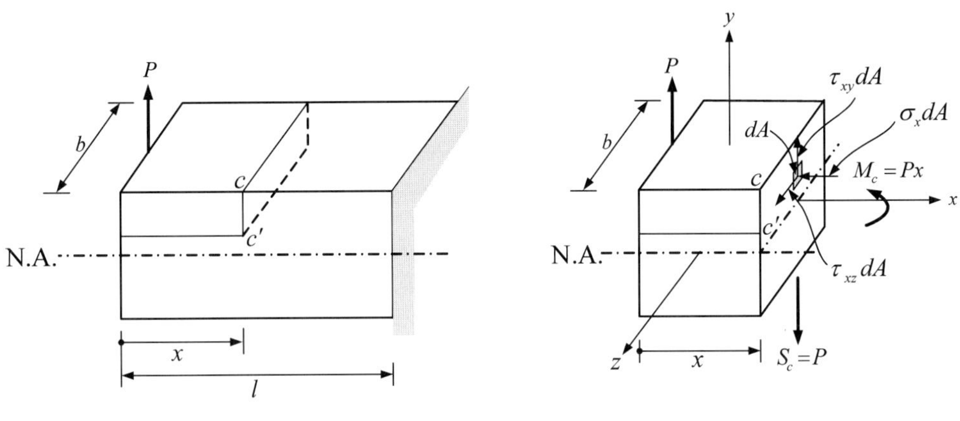

(a) (b)

그림 5.4

y방향 힘의 성분

$$P = \int \tau_{xy}\, dA$$

이고, z방향 힘의 성분

$$\int \tau_{xz}\, dA = 0$$

이다. σ_x는 모멘트에 비례하고 즉, x에 비례하며 $x = l$일 때 최대가 된다. 다음으로는 수평면의 전단력에 대해 생각해보자.

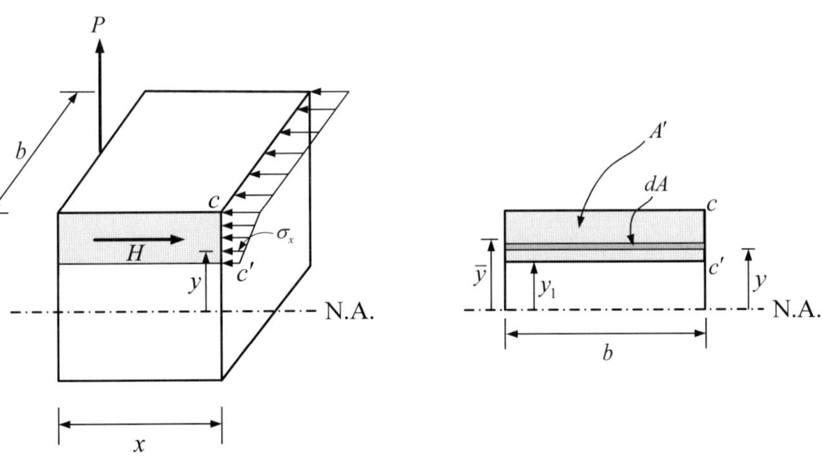

(a) (b)

그림 5.5

그림 5.5(a)에는 중립축으로부터 거리 y에서의 응력 σ_x와 그림 5.5(b)에는 c'을 통하는 단면과 중립축에서 미소단면 dA까지의 거리 y 및 중립축으로부터 고려단면 즉, y_1에서 c까지의 면적 A'의 도심까지의 거리 $\bar{y}$ 그리고 c'점까지의 거리 y_1이 표시되어 있다. 고려단면에 수평으로 작용되는 힘, 즉 수평전단력은 다음과 같이 표현된다.

$$\int_{y_1}^{c} \sigma_x \, dA = \int_{y_1}^{c} \frac{P x y}{I} dA = \frac{P x}{I} \int_{y_1}^{c} y \, dA$$

위의 식으로부터 $\int_{y_1}^{c} y \, dA = Q$ 즉, 중립축(N.A)에 대한 고려단면 A'의 1차모멘트이다. 따라서 수평전단력

$$H = \frac{P x}{I} \times A' \bar{y} = \frac{P x}{I} Q$$

로 표현된다. 위의 식으로부터 수평전단력 H는 외팔보 자유단에서의 거리 x에 비례한다는 의미를 갖고 있다. 또한 H는 단위길이당 수평전단력 $q = \dfrac{H}{x} = \dfrac{P Q}{I}$라고 할 때 고려단면적 A' 즉, 단위 수평전단력 q가 작용되는 면적의 중립축(N.A.)에 관한 단면 1차모멘트 Q에 비례한다는 의미도 갖고 있다.

다음으로는 수평전단응력 τ_{yx}에 관한 식을 유도해보자. 그림 5.4(a)로부터 자유단으로부터의 미소거리 dx와 미소 수평단면적 dA에 작용되는 ΔH에 대한 상태가 그림 5.6에 나타나있다.

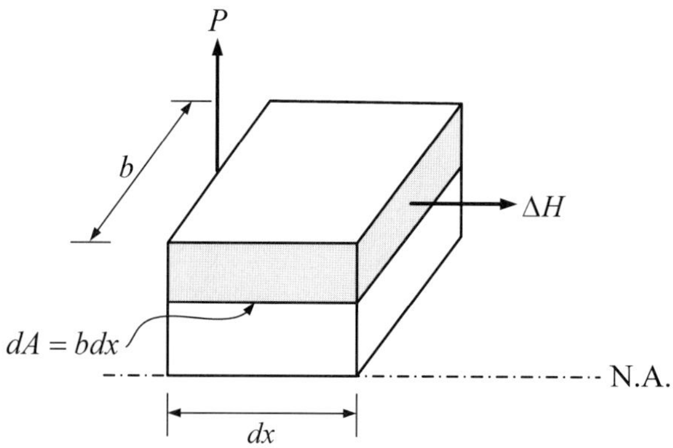

그림 5.6

그림으로부터

$$\Delta H = \frac{P\,dx}{I}Q = \frac{\Delta M}{I}Q$$

로 표현된다. 따라서 단위길이당 수평전단력

$$q = \frac{\Delta H}{dx} = \frac{\Delta M\,Q}{dx\,I}$$

로 전개된다. 그런데 $\frac{dM}{dx} = V$(전단력)가 된다. 이에 대한 설명은 7.3절에서 하중, 전단력 및 휨모멘트 사이의 관계에서 상세히 설명된다. 따라서 $q = \frac{VQ}{I}$의 관계식이 성립되고 $\Delta A = b\,dx$이므로 수평전단응력

$$\tau_{yx} = \frac{\Delta H}{\Delta A} = \frac{V\,Q\,dx}{Ib\,dx} = \frac{V\,Q}{Ib} \tag{5.1}$$

란 식이 유도된다. 이 식으로 구해지는 τ_{yx}는 평균적 개념이나 실무에서는 이 식을 일반적으로 적용하니 참고 바란다. 다음으로는 직사각형 단면에서의 전단응력 τ_{xy}에 관한 일반식을 그림 5.7을 이용하여 유도해보자.

여기서 빗금 친 면적 A'의 중립축(N.A.)에 대한 단면1차모멘트 $Q = A'\,\bar{y}$로 표현된다. 그리고

$$A' = b(c-y)$$

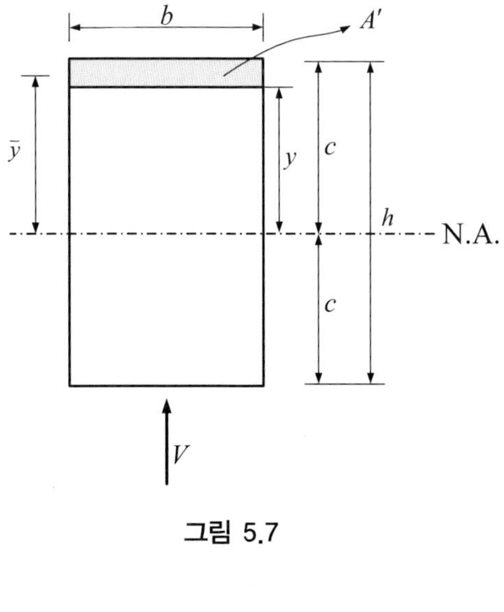

그림 5.7

가 되고

$$\bar{y} = \frac{(c+y)}{2}$$

이므로

$$Q = A'\,\bar{y} = \frac{1}{2}b(c^2 - y^2)$$

가 된다. 단면2차모멘트 $I = \dfrac{bh^3}{12} = \dfrac{2}{3}bc^3$이므로

$$\tau_{xy} = \frac{V\dfrac{1}{2}b(c^2-y^2)}{\dfrac{2}{3}bc^3\,b} = \frac{3}{4}\frac{(c^2-y^2)}{b\,c^3}V$$

이고 $A = 2bc$이므로

$$\tau_{xy} = \frac{3}{2}\times\frac{V}{A}\left(1-\frac{y^2}{c^2}\right) \tag{5.2}$$

이라는 식이 유도된다. **식 (5.1)에서 표현한 τ_{yx}와 식 (5.2)에서 표현한 τ_{xy}는 2.20절에서 그림 2.28에 나타낸 τ_{yx}와 τ_{xy}에 해당되고 $x-y$평면상에 나타내면 그림 2.31(b)와 같은 상태이다.**

식 (5.2)로부터 $y = \pm c$이면 $\tau_{xy} = 0$이다. τ_{xy}의 최댓값은 $y = 0$ 즉, 중립축에서 발생되고 $\tau_{\max} = 1.5\dfrac{V}{A}$가 된다. τ_{xy}-도는 그림 5.8(a)와 같이 2차 포물선의 형태를 이룬다.

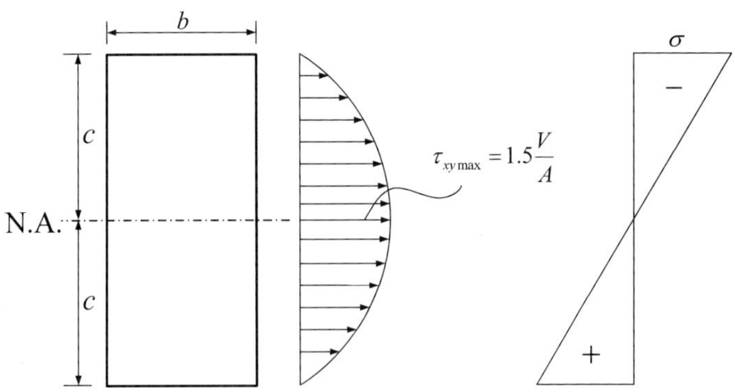

(a) τ_{xy}-도 (b) σ-도

그림 5.8

한편 휨모멘트 $M_c = Px$(그림 5.4(b) 참조)이고 $\sigma_x = -\frac{M_c}{I}y = -\frac{Px}{I}y$이므로 σ-도는 그림 5.8(b)와 같은 형태를 이룬다. τ_{xy}-도와 σ-도를 비교해 볼 때 $y=0$일 때 τ_{xy}는 최대인 반면 σ는 "0"이고, $x=c$일 때 τ_{xy}는 "0"인 반면 σ는 절댓값으로 최대가 된다. **여기서 τ_{xy}-도와 $\sigma-$도의 서로 상반되는 성질 즉, $\tau_{xy}=0$인 위치에서 절댓값으로 $\sigma=\sigma_{\max}$가 되고 τ_{xy}가 최대인 위치에서 $\sigma=0$이 됨을 잘 이해하기 바란다.**

[예제 5.1]

그림과 같이 20 mm×120 mm 평판 세 개를 못질해서 만든 보가 있다. 못의 간격이 20 mm이고 보에 작용되는 수직전단력 $V=600$ N일 때, 각 못의 전단력을 구하라.

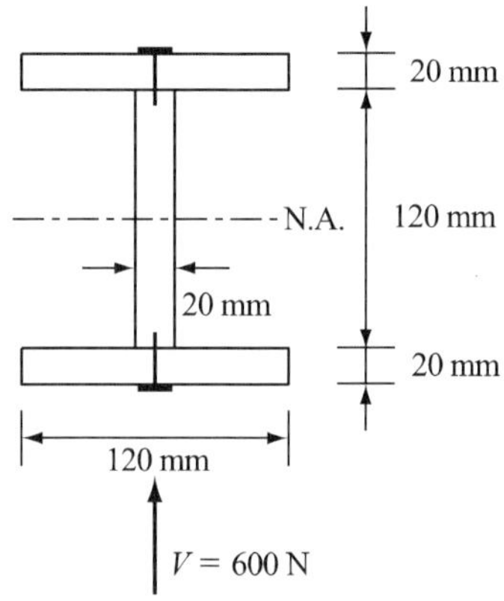

[풀이] 상부 플랜지의 밑면에 작용되는 단위길이당의 수평전단력

$$q = \frac{VQ}{I_x} \text{이고}$$

$$Q = A\bar{y} = 0.02 \times 0.12 \times 0.07 = 168 \times 10^{-6}\ \text{m}^3 \text{이며}$$

$$I_x = \frac{0.12 \times 0.16^3}{12} - \frac{0.1 \times 0.12^3}{12} = 26.56 \times 10^{-6}\ \text{m}^4 \text{이다.}$$

따라서 $q = \frac{VQ}{I_x} = \frac{600 \times 168 \times 10^{-6}}{26.56 \times 10^{-6}} = 3{,}795\ \text{N/m}$로 계산된다.

못의 간격이 20 mm이므로 각 못에 작용되는 전단력은 다음과 같다.

$$F = 0.02 \times q = 0.02 \times 3{,}795 = 75.9\ \text{N}$$

다음으로는 강재보에서 자주 사용되는 S-보나 W-보의 전단응력도에 대해 생각해보자. 그림 5.9(a)에서 b_f 및 t_f는 플랜지의 폭과 두께이고 보의 높이는 h, 그리고 복부(web)의 두께는 t_w 로 표시하였다. 그림 5.9(b)에서 $\tau_{\max}$는 그림 5.9(a)의 단면 중립축에서 발생된다. 그리고 플랜지와 복부의 연결점 a에서 플랜지 부분은 $\tau_{f(a)}$이고 복부 부분은 $\tau_{w(a)}$로 표현하였다. 우선 $\tau_{xy} = \dfrac{VQ}{Ib}$의 식을 이용하기 위하여 플랜지의 중립축에 대한 단면1차모멘트 Q_f 를 계산해보면

$$Q_f = b_f \times t_f \times \frac{1}{2}(h - t_f)$$

가 된다. 따라서 $\tau_{f(a)} = \dfrac{VQ_f}{Ib_f}$이고 $\tau_{w(a)} = \dfrac{VQ}{It_w}$이므로 플랜지와 복부의 연결점 a에서 전단응력은 그림 5.9(b)와 같이 불연속점이 발생된다. 만일 b_f가 t_w 의 10배가 된다면 $\tau_{w(a)}$가 $\tau_{f(a)}$의 10배가 되는 것이다. 그리고 중립축에 대한 단면1차모멘트 Q는 최대이고 다음과 같이 계산된다. 즉,

$$Q_{\max} = Q_f + \left(\frac{h}{2} - t_f\right) \times t_w \times \frac{1}{2}\left(\frac{h}{2} - t_f\right)$$

따라서 최대 전단응력

$$\tau_{\max} = \frac{VQ_{\max}}{I\,t_w}$$

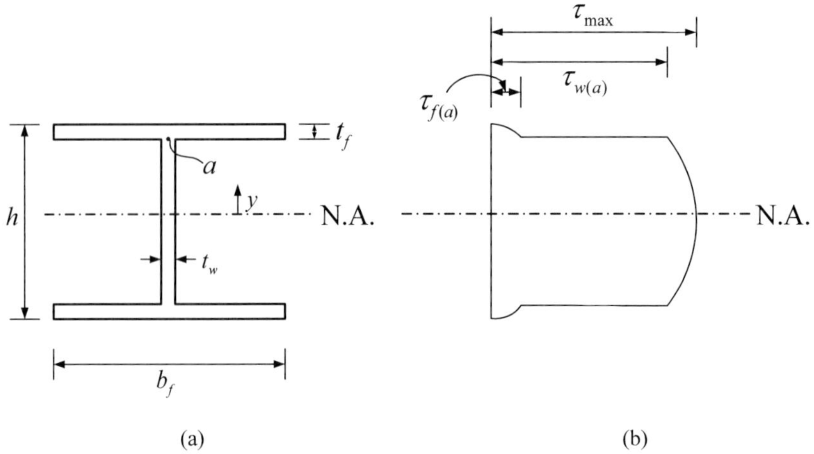

그림 5.9

로 계산된다. 여기서 τ-도는 중립축에서의 거리 y의 제곱의 항으로 계산되기 때문에 2차 포물선 형태로 나타난다.

[예제 5.2]

아래 그림과 같은 보의 단면에 수직전단력 V가 작용될 때 전단응력도를 그리고 복부가 감당하는 전단력을 구하라. (단, $t_f = 0.1h$, $s = 0.1b$이다.)

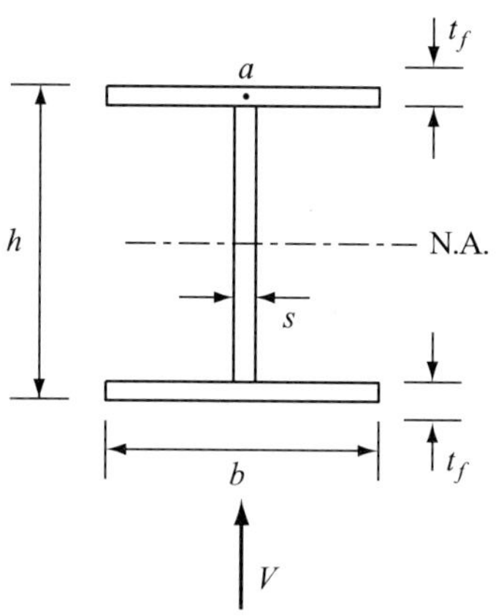

[풀이] 단면2차모멘트는 다음과 같이 계산된다.

$$I_x = \frac{bh^3}{12} - \frac{(b-s)(h-2t_f)^3}{12} = \frac{bh^3}{12} - \frac{(b-0.1b)(h-2\times 0.1h)^3}{12}$$

$$= \frac{bh^3}{12} - \frac{0.9b(0.8h)^3}{12} = 0.045bh^3$$

플랜지와 복부의 연결점 a에서의 단면1차모멘트

$$Q_a = bt_f\left(\frac{h-t_f}{2}\right) = b0.1h\left(\frac{h-0.1h}{2}\right) = 0.045bh^2 \text{이고}$$

중립축에서의 단면1차모멘트 Q_{max}는 다음과 같이 계산된다.

$$Q_{max} = Q_a + \left(\frac{h-2t_f}{2}\right)\times s \times \left(\frac{h-2t_f}{4}\right)$$

$$= 0.045bh^2 + \left(\frac{h-2\times 0.1h}{2}\right)\times 0.1b \times \left(\frac{h-2\times 0.1h}{4}\right) = 0.053bh^2$$

따라서 각각의 전단응력은 다음과 같이 계산된다.

$$\tau_{f(a)} = \frac{V\,Q_a}{I_x\,b} = \frac{V \times 0.045bh^2}{0.045bh^3 \times b} = \frac{V}{bh}$$

$$\tau_{w(a)} = \frac{V\,Q_a}{I_x\,s} = \frac{V \times 0.045bh^2}{0.045bh^3 \times 0.1b} = \frac{10\,V}{bh}$$

$$\tau_{\max} = \frac{V\,Q_{\max}}{I_x\,s} = \frac{V \times 0.053bh^2}{0.045bh^3 \times 0.1b} = \frac{11.8\,V}{bh}$$

계산결과로부터 전단응력 분포도는 다음 그림과 같다.

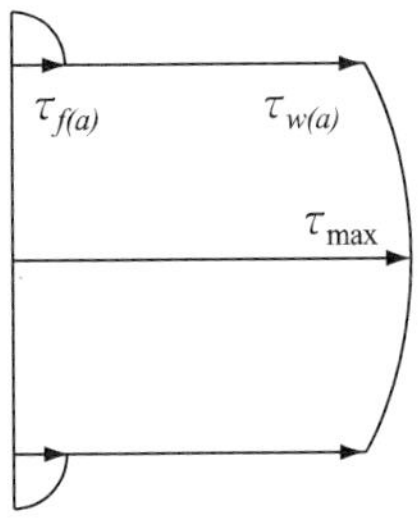

다음으로는 복부가 받는 전단력 V_{web}은 다음과 같은 적분식으로 표현할 수 있다.

$$V_{\mathrm{web}} = \int_{-\left(\frac{h}{2}-t_f\right)}^{\left(\frac{h}{2}-t_f\right)} \tau dA = \int_{-\left(\frac{h}{2}-t_f\right)}^{\left(\frac{h}{2}-t_f\right)} \frac{V\,Q_x}{I_x\,s} dA$$

여기서 중립축으로부터 임의 거리 y까지의 단면1차모멘트 $Q(x)$는 다음과 같이 계산된다.

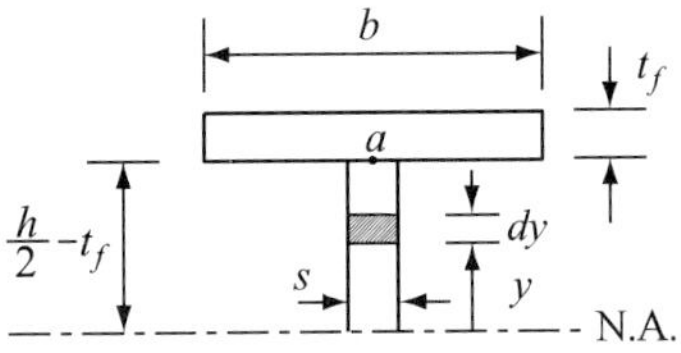

$$Q(x) = b\,t_f\,\frac{h-t_f}{2} + s\left(\frac{h}{2} - t_f - y\right) \times \frac{1}{2} \times \left(\frac{h}{2} - t_f + y\right)$$

$$= \frac{bt_f}{2}(h - t_f) + \frac{s}{2}\left\{\left(\frac{h}{2} - t_f\right)^2 - y^2\right\}$$

따라서

$$V_w = \int_{-\left(\frac{h}{2}-t_f\right)}^{\left(\frac{h}{2}-t_f\right)} \frac{V}{2I_x}\left\{\frac{b\,t_f}{s}(h-t_f) + \left(\frac{h}{2} - t_f\right)^2 - y^2\right\} s dy$$

$$= \frac{V}{I_x}\left\{\frac{2}{3}s\left(\frac{h}{2}-t_f\right)^3 + b\,t_f(h-t_f)\left(\frac{h}{2}-t_f\right)\right\}$$

$$= \frac{V}{I_x}\left\{b(0.1h)(h-0.1h)\left(\frac{h}{2}-0.1h\right)+\frac{2}{3}(0.1b)\left(\frac{h}{2}-0.1h\right)^3\right\}$$

$$= \frac{0.0403bh^3}{0.0450bh^3}V \approx 0.9V$$

로 계산된다.

즉, 복부가 전단력 V의 90%를 감당한다는 결론이다. **따라서 실무에서는 전단력 전부를 복부가 받는 것으로 간주하여 설계하기도 한다.**

[예제 5.3]

세 개의 평판을 접착시켜 만든 보 AB에 그림과 같은 하중이 작용되고 있다. 접합부에 발생되는 전단응력을 구하라. 중립축의 위치는 그림과 같으며 중립축에 대한 단면2차모멘트 $I_x = 8.63 \times 10^{-6}\ \text{m}^4$이다.

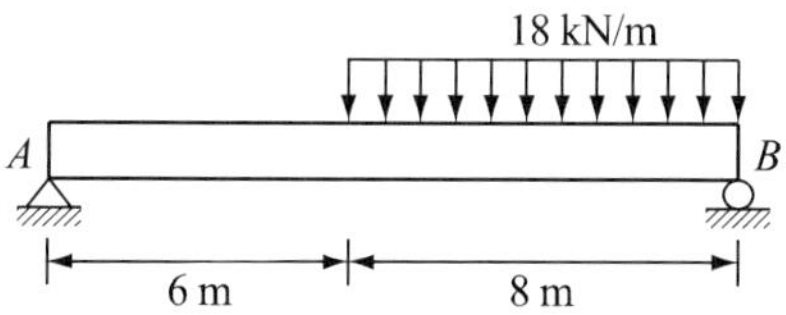

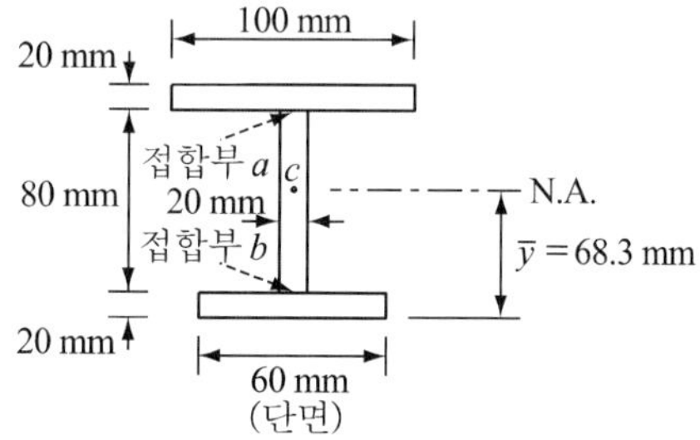

[풀이]

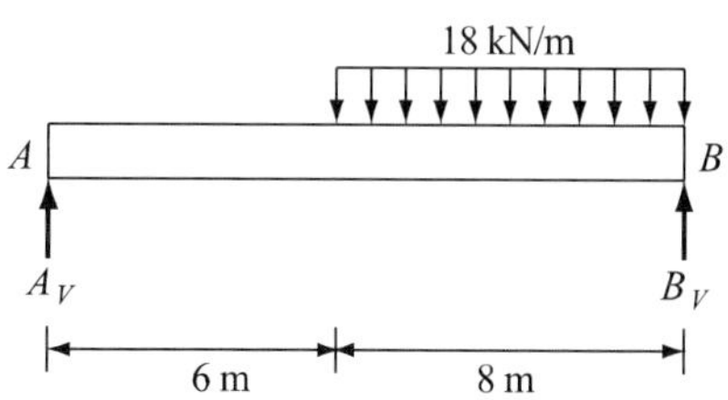

수직 지점반력 A_V와 B_V는 다음과 같이 계산된다.

$$\overset{\curvearrowleft}{+}\sum M_B = 0 \text{으로부터 } 18\times 8\times 4 - A_V \times 14 = 0$$

이므로

$$A_V = 41.1\ \text{kN}\ ,\ \ B_V = 102.9\ \text{kN} \text{으로 계산된다.}$$

따라서 전단력 $V = 102.9$ kN에 대해 전단응력을 검토한다.

접합부 a와 b점에서의 단면1차모멘트 Q_a와 Q_b는 다음과 같이 계산된다.

$$Q_a = 0.1 \times 0.02 \times 0.0417 = 8.34 \times 10^{-5}\ \text{m}^3$$

$$Q_b = 0.06 \times 0.02 \times 0.0583 = 7.0 \times 10^{-5}\ \text{m}^3$$

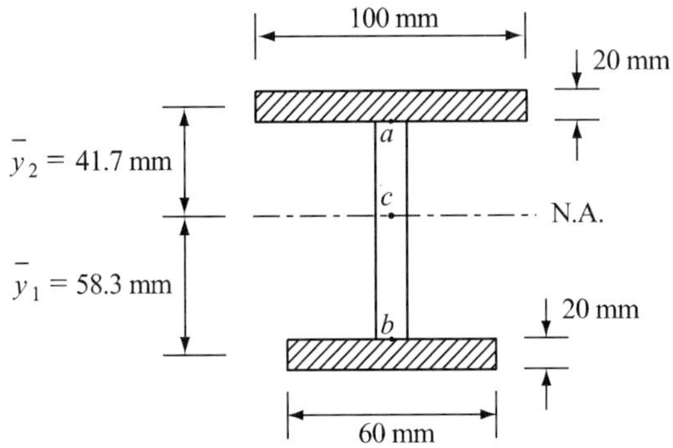

전단응력의 검토가 의미 있는 곳은 a점이므로

$$\tau = \frac{V Q_a}{I_x t_w} = \frac{102.9 \times 10^3 \times 8.34 \times 10^{-5}}{8.63 \times 10^{-6} \times 0.02} \times 10^{-6} = 49.7\ \text{MPa}$$

로 계산된다.

[예제 5.4]

단면이 T형인 보에 그림에서 보인 바와 같이 하중이 작용될 때에 $n-n$ 단면에 발생되는 최대 전단응력을 구하라.

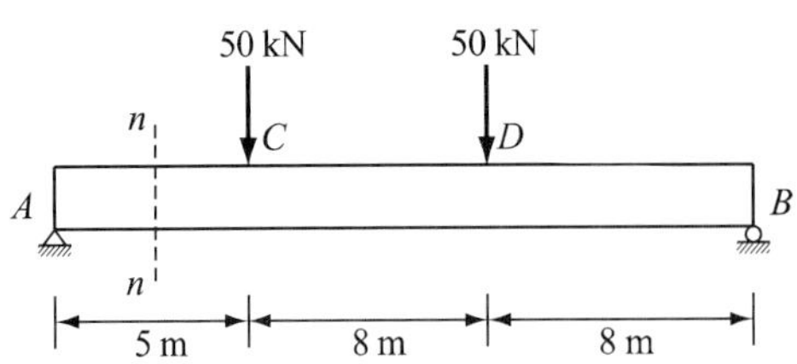

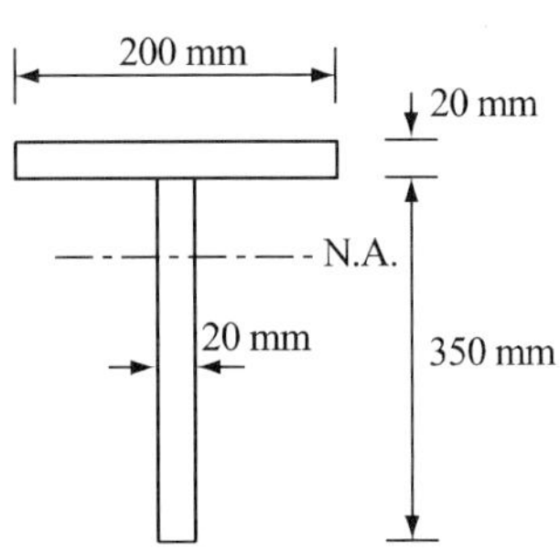

[$n-n$ 단면]

[풀이]

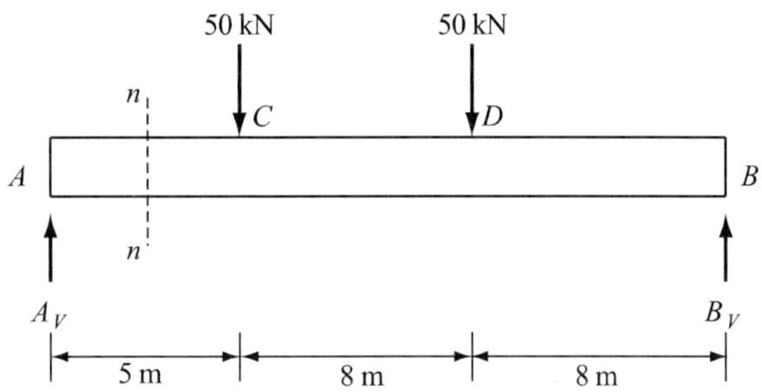

지점반력 A_V 와 B_V 는 다음과 같이 계산된다.

$$\overset{\curvearrowleft}{+}\sum M_B = 0 \text{으로부터 } 50\times 16 + 50\times 8 - A_V\times 21 = 0$$

$$A_V = 57.1 \text{ kN},\ B_V = 42.9 \text{ kN 으로 계산된다.}$$

따라서 $n-n$단면의 전단력 $V = 57.1$ kN에 대해 전단응력을 검토한다.

단면에 발생되는 최대 전단응력은 중립축에서 발생되며 다음과 같은 단계로 계산된다.

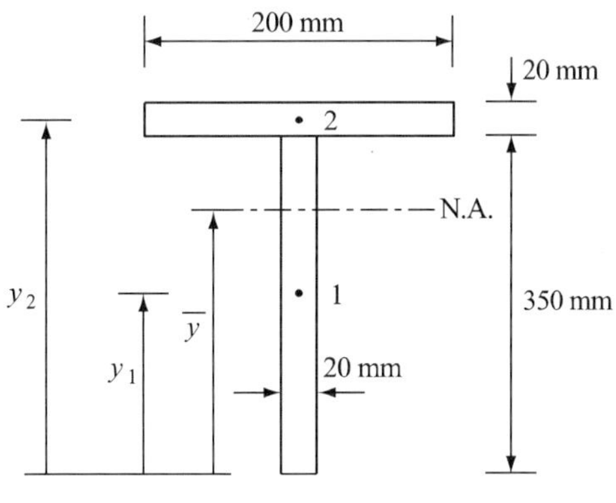

중립축

$$\bar{y} = \frac{A_1 y_1 + A_2 y_2}{A_1 + A_2} = \frac{20\times 350\times 175 + 200\times 20\times 360}{20\times 350 + 200\times 20} = 242 \text{ mm}$$

단면2차모멘트

$$I_x = \frac{20\times 350^3}{12} + (20\times 350)\times(242-175)^2 + \frac{200\times 20^3}{12} + (200\times 20)\times(360-242)^2$$

$$= 158.7\times 10^6 \text{ mm}^4$$

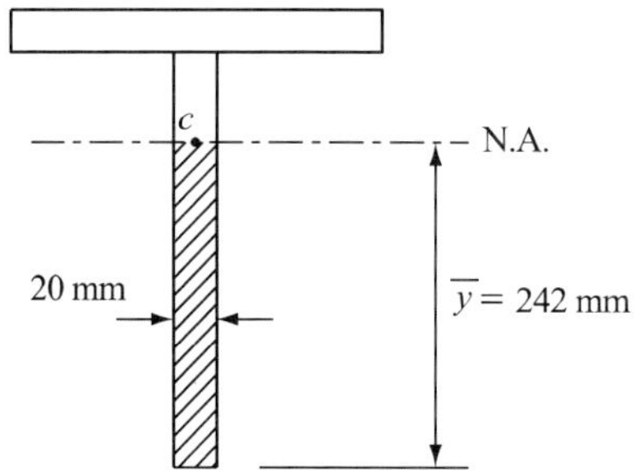

중립축에 대한 빗금 친 단면의 단면1차모멘트

$$Q_c = 20 \times 242 \times 121 = 5.86 \times 10^5 \text{ mm}^3$$

최대 전단응력

$$\tau_{max} = \frac{VQ_c}{I_x t_w} = \frac{57.1 \times 10^3 \times 5.86 \times 10^5}{158.7 \times 10^6 \times 20} = 10.5 \text{ MPa}$$

여기서 중립축 상부의 단면1차모멘트와 하부 빗금 친 단면의 1차모멘트는 절댓값으로 같다는 사실을 상기하기 바란다. 그리고 중립축 하부의 단면1차모멘트를 계산한 이유는 상부의 단면1차모멘트의 계산보다 간편하기 때문이다.

[예제 5.5]

그림과 같이 15 mm×100 mm 평판 두 개와 15 mm×140 mm 평판 두 개를 못질해서 만든 상자형보가 있다. 이 보가 수직전단력 $V = 3$ kN을 받고 있으며 못의 간격이 25 mm일 때 각 못에 작용되는 전단력을 구하라.

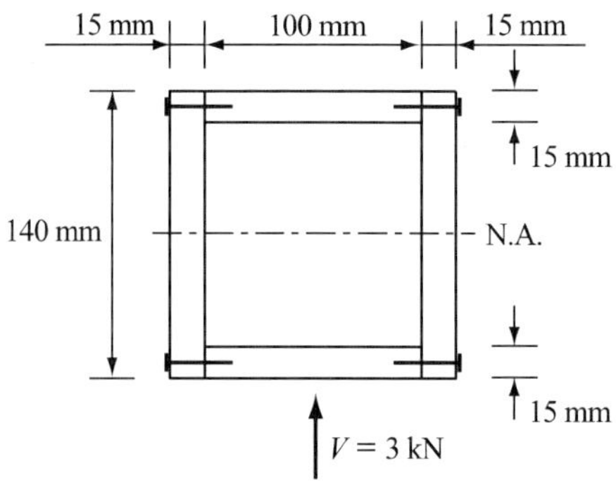

[풀이] 그림과 같이 상부평판을 고려하여 판의 양단에 작용되는 단위길이당의 수평전단력 q를 다음과 같은 단계로 구한다.

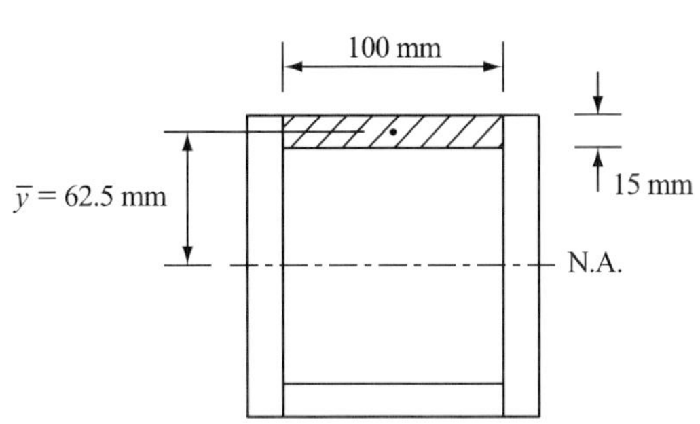

상부평판의 단면1차모멘트

$$Q_u = 100 \times 15 \times 62.5 = 9.38 \times 10^4 \text{ mm}^3$$

중립축에 대한 단면2차모멘트

$$I_x = \frac{130 \times 140^3}{12} - \frac{100 \times 110^3}{12} = 18.64 \times 10^6 \text{ mm}^4$$

따라서 상부 평판의 양단에 작용되는 단위길이당의 수평전단력

$$q = \frac{VQ_u}{I_x} = \frac{3 \times 10^3 \times 9.38 \times 10^4}{18.64 \times 10^6} = 15.1 \text{ N/mm}$$

상부 평판이 수직축에 대해 대칭이므로 평판의 양단에는 각각 동일한 하중이 작용되며 단위길이당의 수평전단력은 $\frac{1}{2}q = 7.55$ N/mm로 계산된다. 한편 못의 간격이 25 mm이므로 각 못에 발생되는 전단력은 다음과 같이 계산된다.

$$F = 7.55 \times 25 = 188.7 \text{ N}$$

5.3 두께가 얇은 부재의 전단응력 (Shearing Stresses in Thin Walled Members)

그림 5.10(a)와 같이 W-보의 중립축 상부의 단면에서 길이방향의 미소길이 dx와 플랜지 끝단에서 임의 폭 b'이 고려단면요소로 표시되어 있고 그림 5.10(b)는 고려단면요소 dx만큼의 길이를 독립시켜 놓은 그림이다. 앞서 단위길이당의 수평전단력을 q로 정의했었고 $q = \frac{VQ}{I}$로 표현하였다. 여기서 Q는 고려단면요소 즉, 빗금 친 부분의 중립축에

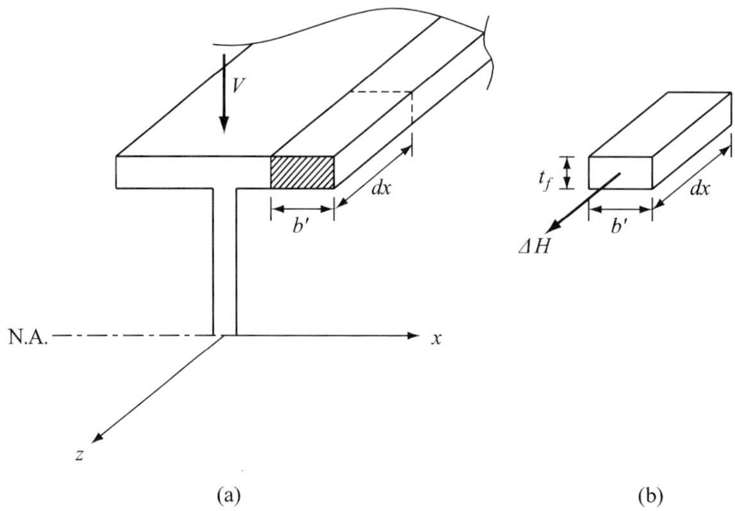

그림 5.10

대한 단면1차모멘트이고 그림 5.10(b)에서 $\Delta H = q\,b'$이며, $\tau_{xz} = \dfrac{\Delta H}{b'\,t_f}$가 된다. 고려단면에서 우측단의 $\tau = 0$이고 좌측으로 갈수록 면적이 증가되므로 Q가 증가되고, 따라서 τ_{xz}도 증가된다. 이 증가량은 전단력 V에 선형적(線形的, Linear) 변화를 한다. 다시 그림 5.10(b)를 그림 5.11(a)와 같이 확대한 그림에서 미소요소의 전단흐름(Shear Flow)에 대해 알아보자. 전단흐름(Shear Flow)은 물이 흐르는 것과 유사하다고 하여 유래된 용어이다. 그림 5.11(b)는 미소요소를 다시 확대하여 작용되는 응력요소들을 독립적으로 나타낸 그림이다.

또한 앞서 계산한 τ_{xz}가 표시되어 있고 전단력은 한 요소에서 평형을 이루어야 하므로 평형을 이루는 방향으로 τ_{zx}와 음의 면에 발생되는 τ_{xz} 및 τ_{zx}도 점선으로 표현하였다.

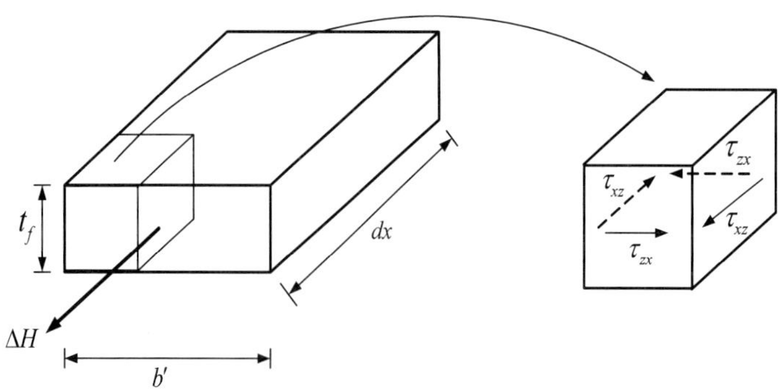

그림 5.11

그림 5.10(a)에서 b'이 커질수록 Q가 증가하므로 τ_{xz}, τ_{zx}도 커진다. 그러므로 $q=\dfrac{VQ}{I}$도 b'이 증가될수록 증가된다. 따라서 그림 5.12와 같은 q의 흐름도가 작성된다. 전단흐름은 전단력의 작용점을 기준으로 단면의 구성에 따라 그림 5.12와 그림 5.13과 같은 특성을 갖는다. 그림 5.12에서는 복부가 전단력 V를 지배적으로 감당해야 하므로 열린 단면인 플랜지 양 끝단으로부터 전단흐름이 모여 복부로 합류되어 흐르는 형상을 갖는다. 그림 5.13(a)의 단면은 상자형 단면으로 단면의 양 복부에서 전단력 V를 지배적으로 감당해야 하므로 전단력의 작용점에서 플랜지 좌우 바깥쪽으로 전단흐름이 흘러 양쪽 복부로 흐르는 형상을 갖는다. 그림 5.13(b)는 전단력 V의 작용점 좌우의 원호를 복부로 간주할 수 있고 대칭이므로 작용점 좌우로 전단흐름이 흐르는 형상이다.

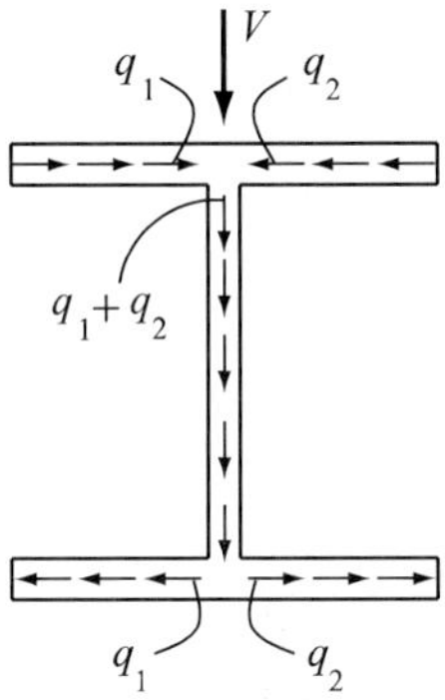

그림 5.12

그림 5.13(a)와 같은 벽이 얇은 상자형 단면이나 그림 5.13(b)와 같은 반원형 단면에서도 전단흐름의 원리에 따라 $q=\dfrac{VQ}{I}$의 식으로부터 구할 수 있다.

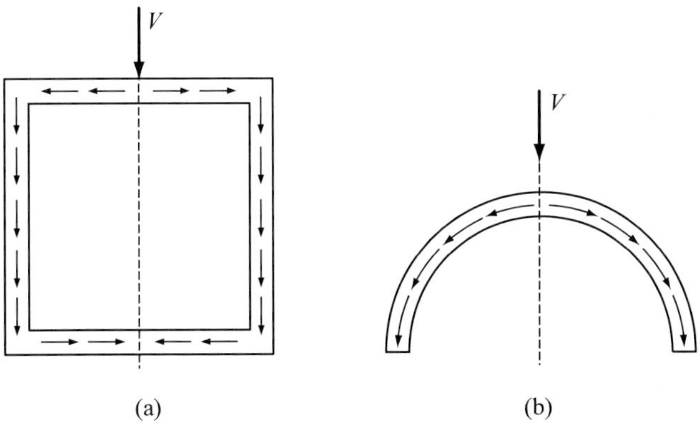

그림 5.13

5.4 소성변형(塑性變形, Plastic Deformation)

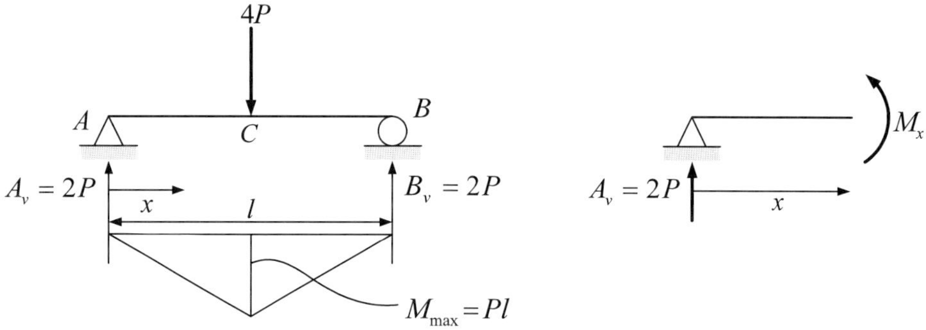

그림 5.14

그림 5.14와 같은 길이가 l인 단순보시스템에서 보 중앙 C점에 집중하중 $4P$가 작용될 때 C점에서의 최대 휨모멘트 $M_{max} = Pl$이 된다. 여기서 하중을 $4P$로 한 이유는 M_{max}를 간단하게 나타내기 위함이다. M_{max}가 최대 탄성모멘트 또는 항복모멘트 M_y일 때 즉, 보의 전 높이가 탄성범위 내에 있을 때와 M_{max}가 M_y를 초과할 때, 즉 보의 높이가 탄소성역에 있을 때의 상태가 그림 5.15(a)와 (b)에 각각 나타나 있다.

그림 5.15(a)는 $y_y = c$로 전 높이 $2c$를 통해 탄성역에 있는 것을 나타내며, 그림 5.15(b)는 탄성역이 $2y_y$인 경우이고, 그림 5.15(c)는 $y_y = 0$ 즉, 완전소성상태를 보이고 있다. $y_y = 0$일 때 C점은 힌지화된 상태로 간주하고 그 시스템은 그림 5.16과 같다. 직사각형 단면에서의 탄소성상태의 모멘트 $M = \frac{3}{2}M_y\left(1 - \frac{y_y^2}{3c^2}\right)$의 관계식을 3.5절에서 다루었고 완전소성모멘트 M_{pl}은 $y_y = 0$일 때 즉, $\frac{3}{2}M_y$로 표현된다.

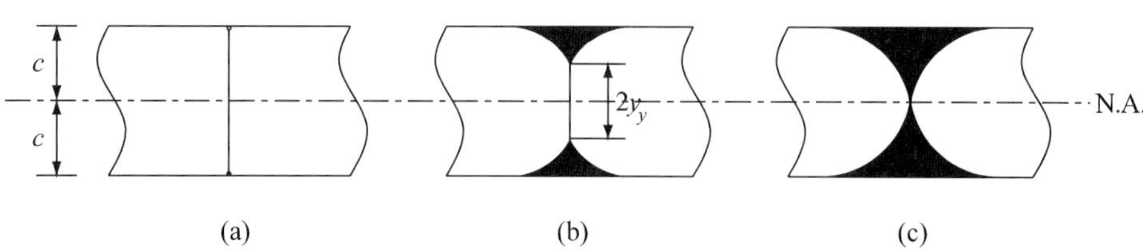

그림 5.15

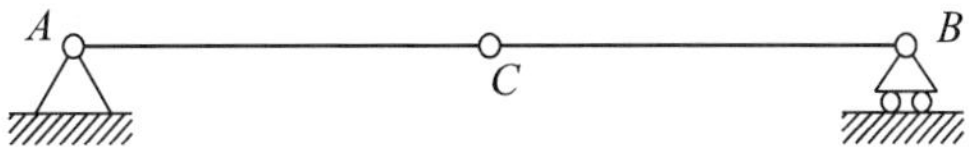

그림 5.16

그림 5.16에 나타난 시스템은 부정정차수 판정법에 따라 불안정(不安定, Unstable)시스템이고 붕괴(崩壞)시스템(System of Collapse)이라고도 한다. **탄소성역에서의 전단응력 τ_{xy}는 오직 탄성역의 단면 $A' = 2by_y$만을 고려하여 계산하여야 하므로 다음 식과 같이 표현된다.**

$$\tau_{xy} = \frac{3}{2} \times \frac{V}{A'}\left(1 - \frac{y^2}{3y_y^2}\right)$$

따라서

$$\tau_{xy(\max)} = \frac{3}{2} \times \frac{V}{A'} \tag{5.3}$$

[예제 5.6]

아래 그림의 구조시스템에서 C 점에 소성절점이 발생될 때의 P 를 계산하라. (단 $\sigma_y = 240$ MPa이다.)

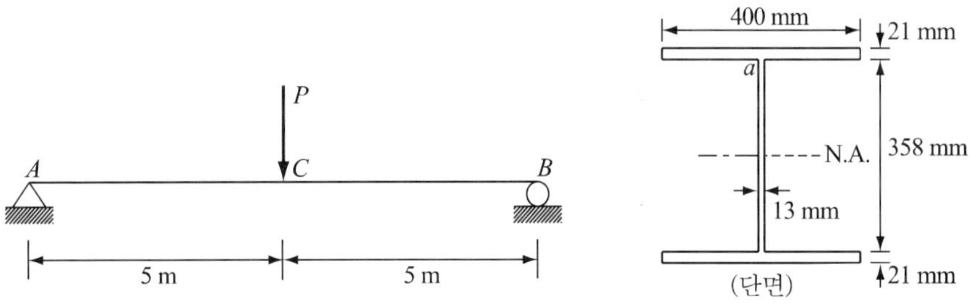

[풀이] C 점의 탄성영역 두께 $y_y = 0$이 될 때, 즉 완전소성 상태일 때 C 점은 소성절점 상태가 된다. 완전소성 상태의 응력도는 다음과 같다.

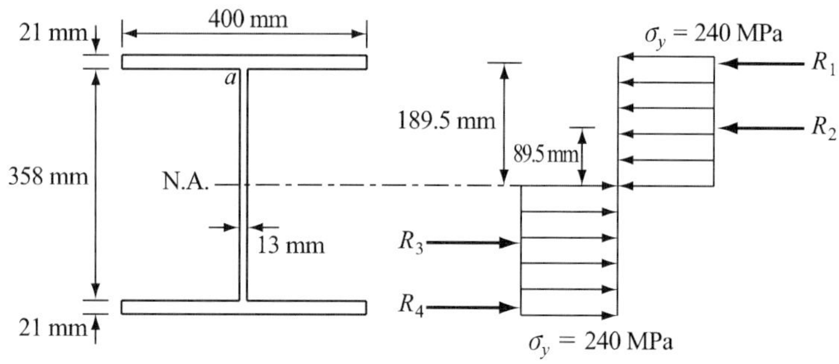

응력도로부터 플랜지 및 웨브에 발생되는 압축력 R_1, R_2는 다음과 같이 계산된다. 여기서 대칭이므로 $R_1 = R_4$이고 $R_2 = R_3$이다.

$$R_1 = R_4 = 240 \times 10^3 \times 0.4 \times 0.021 = 2{,}016 \text{ kN}$$

$$R_2 = R_3 = 240 \times 10^3 \times 0.179 \times 0.013 = 558.5 \text{ kN}$$

C 점이 소성절점이 되는 휨모멘트

$$M_{\text{pl}} = 2(R_1 \times 0.1895 + R_2 \times 0.0895) = 864 \text{ kNm}$$

로 계산된다. 간단한 방법으로 소성단면계수 Z (3.6절 참조)를 계산하여 C 점이 소성절점이 되는 휨모멘트를 다음과 같이 산정할 수도 있다.

$$Z = 2 \times \{0.4 \times 0.021 \times 0.1895 + 0.013 \times 0.179 \times 0.0895\} = 3.6 \times 10^{-3} \text{ m}^3$$

$$M_{\text{pl}} = Z\sigma_y = 3.6 \times 10^{-3} \times 240 \times 10^3 = 864 \text{ kNm}$$

하중 P에 의해 C 점에 발생되는 모멘트 M_C는 아래의 자유물체도에 의해 다음과 같이 계산된다.

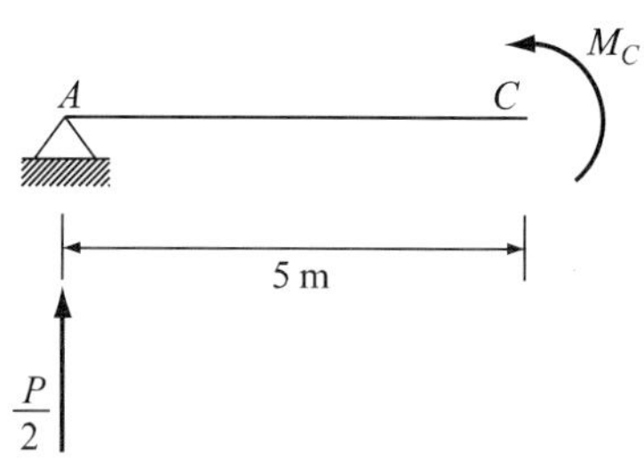

$$M_C = \frac{P}{2} \times 5 = \frac{5}{2} P$$

따라서 C 점이 소성절점이 되는 하중 P는 다음과 같이 계산된다. C 점이 소성절점이 된 상태는 그림 5.16과 같이 표현된다.

$$M_C = \frac{5}{2}P = M_{\rm pl} = 864 \ \text{kNm}$$

$$P = 345.6 \ \text{kN}$$

5.5 공간문제(空間問題, Space Problems)에서의 부재력과 응력의 표시 및 계산

공간문제를 3차원 문제라고도 하는데 이는 x, y, z축 방향의 힘과 회전력이 발생될 수 있는 경우이다. 4.5절에서 다루었던 평면문제(Plane Problems)와 공간문제를 그림 5.17을 통해 다시 한 번 설명해보자.

평면문제는 부재와 하중이 2개축상에 존재할 때이다. 따라서 그림 5.17(a)에서 부재는 x축과 y축 방향으로 존재하고 하중 또한 P_1은 y축, P_2의 분력은 x축과 y축으로 작용되기 때문에 즉, x축과 y축 방향만 갖는 구조시스템, 다시 말해서 $x-y$ 평면에만 하중과 부재가 존재하므로 평면문제이다. 따라서 성립될 수 있는 힘의 평면방정식은 $\sum V=0$, $\sum H=0$, $\sum M=0$으로 3개이다.

공간문제는 부재와 하중이 3개축 즉, x, y, z축상에 존재할 경우로 그림 5.17(b)가 그러한 경우이다. 즉, 부재는 x축과 z축상에 있고 하중 P_y와 P_z는 y축과 z축상에 있으므로 3개축 모두 포함하고 있는 구조시스템이다. 따라서 공간문제이다. 평면문제에서는 부재력이 3개 즉, 축력, 전단력, 휨모멘트이다. 그림 5.17(a)의 경우 휨모멘트는 M_z가 되나 평면문제에서는 일반적인 경우이기 때문에 첨자 z를 생략하는 경우가 많다.

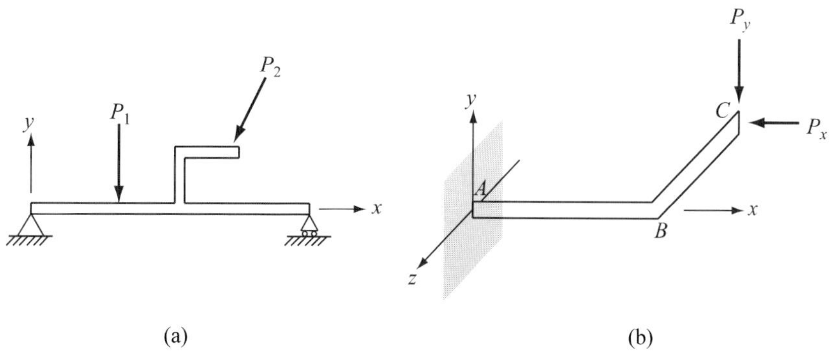

그림 5.17

그림 5.17(b)의 경우 부재 AB는 P_x에 의해 압축력 N_x가 발생되고 P_y에 의해 전단력 V_y와 M_x 및 M_z가 발생된다. 물론 B점에서의 $M_z=0$이다. 한편 부재 BC는 P_x에 의해 전단력 V_x와 M_y가 발생되고 P_y에 의해 전단력 V_y와 M_x가 발생된다. 여기서도 C점에서는 M_x와 M_y는 "0"이다. 종합하면 부재 AB와 BC에 3개의 힘의 성분, 즉 N_x, V_x, V_y와 3개의 모멘트 성분, 즉 M_x, M_y, M_z가 발생되는 것이다.

다음으로는 힘의 성분과 모멘트 성분들의 각각의 역할에 대해 그림 5.18을 이용해 알아보자.

그림 5.18의 구조시스템 ABC에서 부재 AB부분은 x축, BC부분은 z축상에 있고 하중은 x, y, z방향으로 각각 P_x, P_y, P_z가 작용되고 있으므로 이 구조시스템은 공간문제이다. 다시 말해서 하중과 부재가 $x-y$평면, $x-z$평면, $y-z$평면에 존재하므로 공간문제이다. 공간문제의 부정정차수 판정법에서 설명했듯이 A지점은 고정단(固定端, Fixed End)지점이므로 지점반력은 3방향의 힘 N_x, N_y, N_z의 성분과 3축에 대한 회전력, 즉 모멘트 M_x, M_y, M_z를 지지할 수 있는 지점이다. 공간문제에서 A지점은 미지력수, 즉 반력수가 6개이고 부재는 1개이므로 6개의 힘의 평형방정식을 세울 수 있으므로 정정구조(靜定構造, Statically Determinate Structure)시스템이다. 따라서 그림 5.18의 구조시스템은 힘의 평형방정식만으로 지점반력 A_x, A_y, A_z, M_x, M_y, M_z가 해석될 수 있다. 따라서 3개의 힘의 성분에 대한 평형방정식으로부터

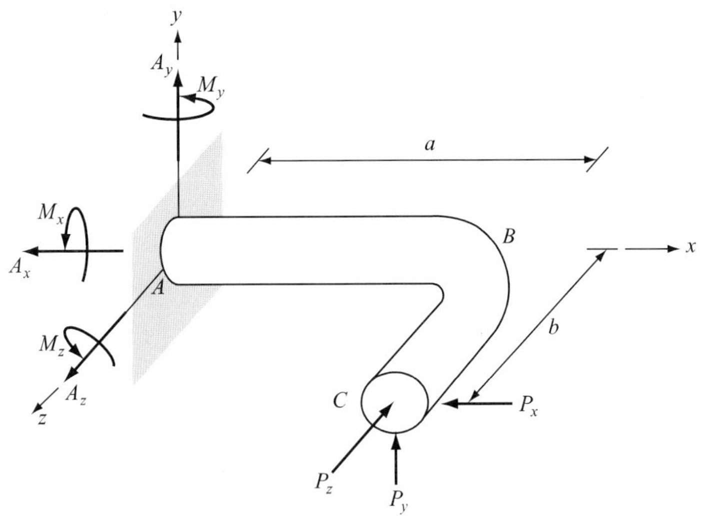

그림 5.18

$$\overset{\rightarrow}{+}\sum F_x = -A_x - P_x = 0\text{이므로 } A_x = -P_x\text{이고}$$

$$\uparrow + \sum F_y = A_y + P_y = 0\text{이므로 } A_y = -P_y\text{이며}$$

$$\nearrow + \sum F_z = -A_z + P_z = 0\text{이므로 } A_z = P_z\text{가 된다.}$$

힘의 성분에 대한 힘의 평형방정식은 쉽게 이해되었으리라 생각한다.

다음으로는 회전모멘트 성분에 대한 3개의 힘의 평형방정식으로부터

$$\sum M_x = M_x + P_y \times b = 0\text{이므로 } M_x = -P_y \times b\text{가 되고}$$

$$\sum M_y = M_y + P_z \times a - P_x \times b = 0\text{으로부터 } M_y = P_x \times b - P_z \times a\text{가 되며}$$

$$\sum M_z = M_z + P_y \times a = 0\text{으로부터 } M_z = -P_y \times a\text{이다.}$$

모멘트에 대한 힘의 평형방정식을 세울 때 축과 힘의 연장선이 평행이거나 교차되는 경우에는 회전력이 발생되지 않는다는 점을 기억한다면 위의 모멘트에 대한 힘의 평형방정식은 잘 이해했을 것이다. 우선 $\Sigma M_x = 0$에서 P_x는 x축과 평행이고 P_z는 $x-z$평면상에 있기 때문에 x축과 교차되므로 회전력이 발생되지 않는다. 이 결과를 다르게 표현한다면 P_x와 P_z는 x축과의 팔거리(Arms Distance)가 “0”이다. 두 번째로 $\Sigma M_y = 0$에서 P_y는 y축과 평행이므로 회전력이 발생되지 않는다. 마지막으로 $\Sigma M_z = 0$에서 P_z는 z축과 평행이고 P_x는 $x-z$평면상에 있기 때문에 회전력은 발생되지 않는다. 앞에서 계산한 결과를 A지점과 근접된 절단면의 부재력으로 그림 5.19와 같이 나타내보자. 앞에서의 계산결과가 ‘–’로 나왔다면 그림 5.18에서 설정했던 화살표 방향과 반대라는 것을 상기하기 바란다.

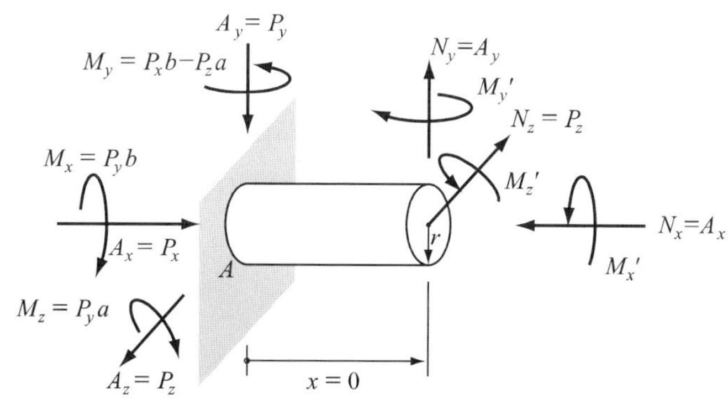

그림 5.19

그림 5.19의 오른쪽에 표시한 부재력들의 방향표시에서 지점 A에서 계산된 반력들과 부호는 같아야 함은 당연하다. 그림 5.19의 자유물체도에서 지점반력들과 부재력들 N_x, N_y, N_z, M_x', M_y', M_z'은 우력관계에 있어야 힘의 평형방정식이 만족되는 것이다. 물론 여기서 지점 A와 절단면 사이의 거리 x는 "0"이라는 가정하에서이다.

다음으로는 계산된 부재력들의 성분을 하나씩 분리하여 분석해보기로 하자. 부재력 계산도 중요하지만 계산된 부재력들의 역할을 모른다면 계산결과는 아무 소용없는 것이 될 것이다. 부재력들의 역할을 하나씩 열거하면 다음과 같다.

N_x: 축력으로 압축력이고 축응력 $\sigma_x = -\dfrac{N_x}{A}$로 계산된다.

여기서 $A = \pi r^2$이고 r은 단면의 반경이다.

N_y: 전단력이고 기준선을 아래로 하였을 경우 부재 N_y의 작용방향이 오른쪽에서 상향이기 때문에 부호규정상 '–'이며 $\tau_{xy} = \dfrac{N_y Q_z}{I_z(2r)}$로 계산된다. 여기서 Q_z는 z축에서 y방향의 위치에 따라 달라지는 값이고 z축의 중립축에서 최대가 된다.

N_z: 전단력이고 기준선을 아래로 하였을 경우 N_y에서와 마찬가지로 부호규정상 '–'이며 $\tau_{xz} = \dfrac{N_z Q_y}{I_y(2r)}$이다. 여기서 Q_y도 y축에서 z방향의 위치에 따라 달라지는 값이고 y축의 중립축에서 최대가 되고, 원형단면이므로 $Q_y(\max) = Q_z(\max)$가 된다.

M_x': 비틀림모멘트이고 $\tau = \dfrac{M_x' r}{J}$로 계산된다.

M_y': 휨모멘트이고 그림에 나타난 화살표 방향은 화살표 방향에서 볼 때 시계방향이므로 부호규정상 '–'이며 $\sigma_{xy'} = \dfrac{M_y' r}{I_y}$로 계산된다. 여기서 M_y'의 부호는 P_x 또는 P_z의 크기 또는 a와 b의 거리에 따라 결정된다.

M_z': M_z'은 휨모멘트이고 부호규정상 '+'이며 $\sigma_{xz'} = \dfrac{M_z' y}{I_z}$로 계산된다.

지금까지 부재력들의 성분 분석결과는 다음과 같이 요약된다. 힘의 성분 3개 중 1개는 축력이고 2개는 전단력이며, 모멘트성분 3개 중 1개는 비틀림모멘트이고 나머지 2개는 휨모멘트 성분이다.

다음으로는 부재력 N_x, N_y, N_z, M_x', M_y', M_z'에 의해 발생되는 응력들을 그림 5.20에 표시하였다. 그림 5.20(a)에서 $\sigma_x = \dfrac{P}{A}$이고 압축응력이다. (b)에서 $\tau_{xy(\max)} = \dfrac{N_y Q_{\max}}{I_z(2r)}$인데 $Q_{\max} = \dfrac{\pi r^2}{2} \times \dfrac{4r}{3\pi}$(반원면적×중립축에서 반원의 도심까지의 거리)이다.

(c)에서 $\tau_{xz(\max)} = \dfrac{N_z Q_{\max}}{I_y(2r)}$ 인데 $Q_{\max}$는 앞서에서와 같다. (d)는 비틀림모멘트 M_x'에 의한 전단응력으로 $\tau = \dfrac{M_x' r}{J}$ 이다. (e)는 휨모멘트 M_y'에 의한 축응력이고 (f)도 휨모멘트 M_z'에 의한 축응력이다.

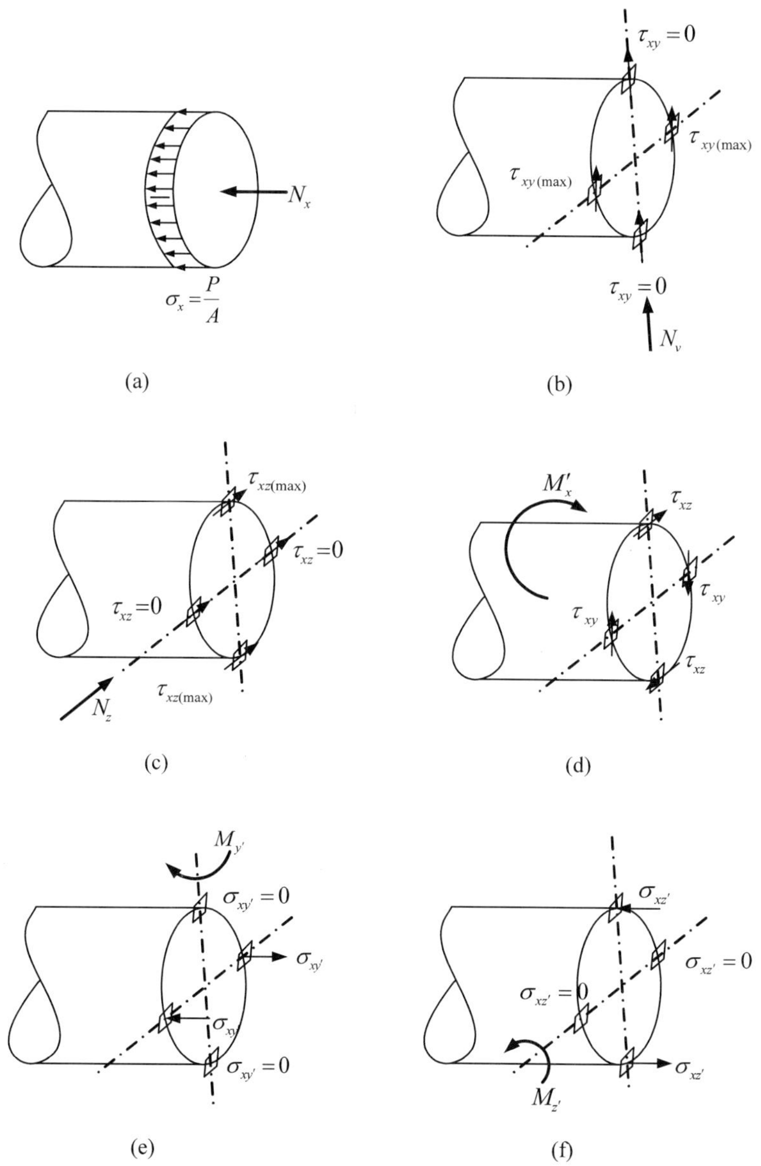

그림 5.20

지금까지는 그림 5.18에 대하여 지점 A에서의 반력과 지점 부근에서의 부재력 성분과 응력성분들에 대해 다루었다. 다음으로는 자유물체도를 이용하여 부재 AB부분의 임의 위치에서의 부재력을 산정해보자. 부재력만 산정할 수 있다면 응력성분은 앞서에서의 계산방법에 따라 구할 수 있다. 그림 5.21은 부재 AB부분에서 A에서의 임의 거리 x점에서의 자유물체도이다. 공간문제에서의 완전한 이해를 할 수 있게 하기 위하여 임의 위치에서의 부재력에 대한 일반식을 세워보도록 하자. 여기에서 자유물체도는 두 가지 방법에 의해 작성될 수 있는데 그 결과는 당연히 똑같다. 우선 첫 번째 방법은 지점을 포함한 자유물체도이고, 두 번째 방법은 자유단(自由端, Free End)을 포함한 자유물체도이다. 첫 번째 방법의 자유물체도는 그림 5.21과 같다.

힘의 평형방정식 $\sum F_x = 0$, $\sum F_y = 0$, $\sum F_z = 0$으로부터 $N(x) = -A_x$, $N(y) = A_y$, $N(z) = A_z$는 쉽게 구할 수 있다. 다음으로는 회전점을 C로 한 모멘트에 대한 힘의 평형방정식으로부터 A점으로부터의 임의 거리 x에서의 C점에 대한 모멘트들을 구해보면 다음과 같다.

$$\sum M_{xC} = M_x + M_x(x) = 0 \quad \Rightarrow \quad M_x(x) = -M_x$$

$$\sum M_{yC} = M_y + A_z \times x + M_y(x) = 0 \quad \Rightarrow \quad M_y(x) = -M_y - A_z\, x$$

$$\sum M_{zC} = M_z - A_y \times x + M_z(x) = 0 \quad \Rightarrow \quad M_z(x) = -M_z + A_y\, x$$

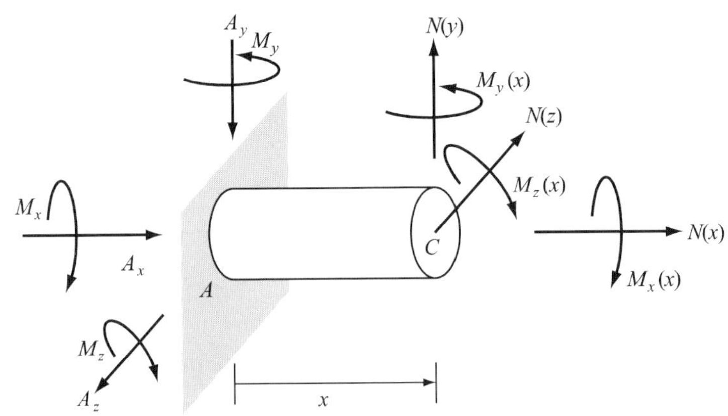

그림 5.21

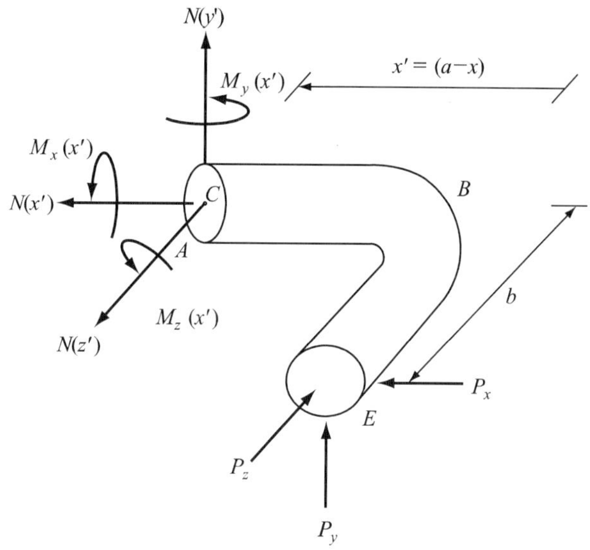

그림 5.22

두 번째 방법인 자유단을 포함하는 자유물체도는 그림 5.22와 같다.

여기서도 $N(x') = -P_x$, $N(y') = -P_y$, $N(z') = P_z$는 쉽게 식별할 수 있다. 그림 5.21과 비교하여 3방향 힘의 성분들은 서로 우력관계임을 확인하기 바란다. 다음은 C점을 회전점으로 하는 모멘트에 의한 힘의 평형방정식들이다.

$$\sum M_{xC} = M_x(x') + P_y\, b = 0 \;\Rightarrow\; M_x(x') = -P_y\, b$$

$$\sum M_{yC} = M_y(x') + P_z\, x' - P_x b = 0 \;\Rightarrow\; M_y(x') = -P_z\, x' + P_x b$$

$$\sum M_{zC} = M_z(x') + P_y\, x' = 0 \;\Rightarrow\; M_z(x') = -P_y\, x'$$

여기서도 지점을 포함하는 자유물체도에 의한 부재력과 자유단을 포함하는 자유물체도에 의한 부재력은 우력관계에 있고 그 부재력의 크기도 같으니 확인하기 바란다. 다음으로는 부재 BC부분의 자유단으로부터 임의 거리 z의 위치에서 부재력을 그림 5.23을 이용하여 산정해보자. 여기서도 물론 지점을 포함하고 B점에서 E점 방향으로 절단한 자유물체도를 이용하여 부재력을 계산할 수 있으나 자유단을 포함한 자유물체도를 이용하는 것보다 훨씬 복잡해지므로 후자를 선택함이 현명한 방법이다.

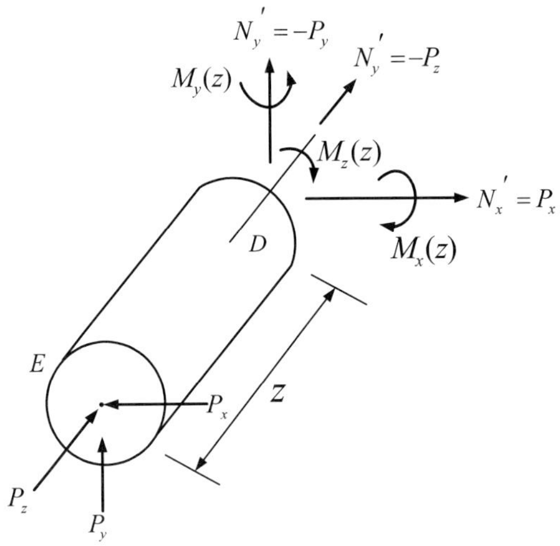

그림 5.23

여기서도 물론 N_x', N_y', N_z'은 P_x, P_y, P_z와 우력관계에 있으므로 쉽게 식별할 수 있다. 다음으로는 D점을 회전점으로 하여 모멘트에 대한 힘의 평형방정식을 세워 $M_x(z)$, $M_y(z)$, $M_z(z)$를 구해보자.

$$\sum M_x = M_x(z) - P_y \times z = 0 \;\Rightarrow\; M_x(z) = P_y\, z$$

$$\sum M_y = M_y(z) - P_x \times z = 0 \;\Rightarrow\; M_y(z) = P_x\, z$$

$$\sum M_z = M_z(z) = 0 \;\Rightarrow\; M_z(z) = 0$$

여기서 P_x는 $x-z$평면상에 존재하고, P_y는 $y-z$평면상에 존재하며, P_z는 z축의 축력이기 때문에 $M_z(z)$는 "0"이다.

이상으로 간단한 공간문제에 대해 상세하게 분해하여 보았다. **이 문제를 잘 이해한다면 어떠한 자유물체도와 공간문제도 해결할 수 있는 기초지식을 갖추었다고 생각한다.**

[예제 5.7]

강재 직사각형 단면으로 제작된 T형 기둥 모양의 구조에서 A, B 및 D점에 그림과 같은 세 개의 하중이 작용되고 있다. 이 기둥 단면의 치수가 $0.5\ \text{m} \times 1.5\ \text{m}$일 때 I점에서의 수직응력과 전단응력을 구하라.

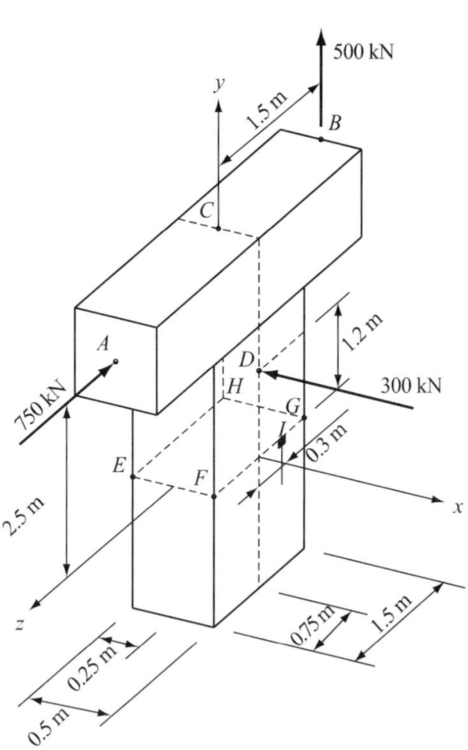

[풀이] 이 문제는 부재와 하중이 x, y, z축을 공유하고 있기 때문에 공간문제이다. 직사각형 기둥의 단면 $EFGH$에 작용되는 부재력들을 계산하면 다음과 같다.

$$P = 500 \text{ kN}, \quad V_x = 300 \text{ kN}, \quad V_z = 750 \text{ kN}$$

$$M_x = 500 \times 1.5 - 750 \times 2.5 = -1,125 \ \text{kNm}$$

$$M_z = 300 \times 1.2 = 360 \ \text{kNm}$$

여기서 계산된 값들은 작용방향대로 다음 그림과 같이 나타낼 수 있다. 그리고 단면적 A와 I_x 및 I_z는 다음과 같이 계산된다.

$$A = 0.5 \times 1.5 = 0.75 \text{ m}^2$$

$$I_x = \frac{0.5 \times 1.5^3}{12} = 0.1406 \text{ m}^4$$

$$I_z = \frac{1.5 \times 0.5^3}{12} = 0.0156 \text{ m}^4$$

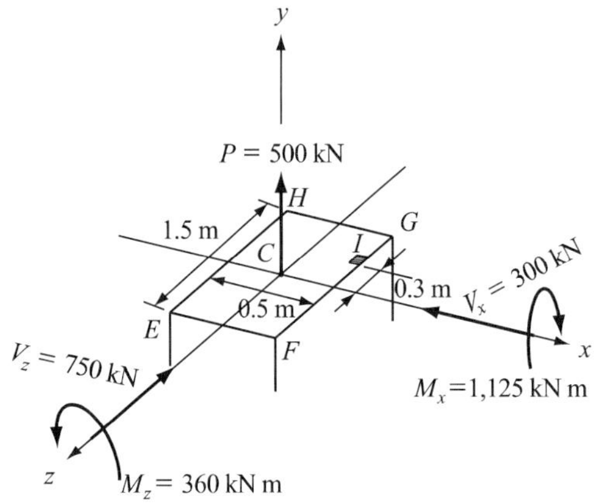

따라서 그림으로부터 I 점의 수직응력을 산정하면 다음과 같다.

$$\sigma_y = \frac{P}{A} + \frac{M_z}{I_z}\frac{0.5}{2} - \frac{M_x}{I_x}0.3$$

$$= \frac{500}{0.75} + \frac{360}{0.0156} \times 0.25 - \frac{1,125}{0.1406} \times 0.3$$

$$= 666.67 + 5,769.23 - 2,400.43 = 4,035.5 \text{ kN/m}^2 = 4.04 \text{ MPa}$$

또한 I 점의 전단응력은 다음과 같은 방법으로 계산할 수 있다. I 점은 단면 $EFGH$의 끝단에 있기 때문에 z축에 관한 단면1차모멘트는 "0"이 된다. 따라서 V_x는 I 점에 전단응력을 발생시키지 못하며 V_z에 의한 전단응력만을 산정하면 된다. 여기서 M_y 즉, 비틀림모멘트는 존재하지 않는다.

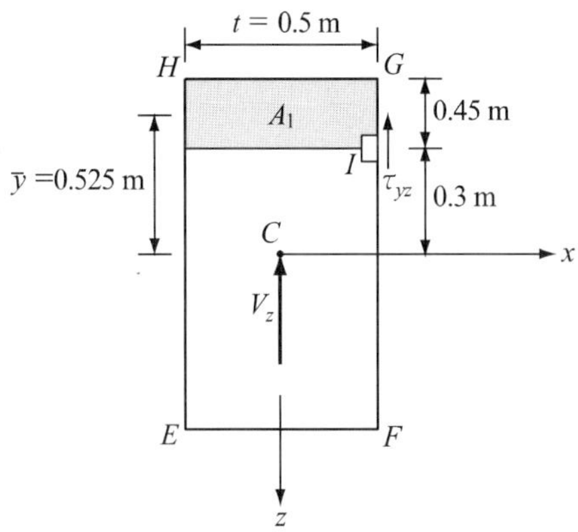

A_1의 중립축에 대한 단면1차모멘트

$$Q = A_1 \cdot \bar{y} = 0.45 \times 0.5 \times 0.525 = 0.1181 \text{ m}^3$$

가 되고 따라서 I 점에서의 전단응력은 다음과 같이 계산된다.

$$\tau_{yz} = \frac{V_z Q}{I_x t} = \frac{750 \times 0.1181}{0.1406 \times 0.5} = 1{,}260\ \mathrm{kN/m^2} = 1.26\ \mathrm{MPa}$$

5.6 두께가 얇은 부재에 작용되는 비대칭하중(非對稱荷重, Unsymmetric Loading), 전단중심(剪斷中心, Shear Center)

이 절에서는 한 축에만 대칭인 단면에서 비대칭 도심축에 작용되는 하중에 의한 비틀림 현상의 원인과 비틀림 현상이 발생되지 않는 위치 즉, 전단중심에 대해 다룬다.

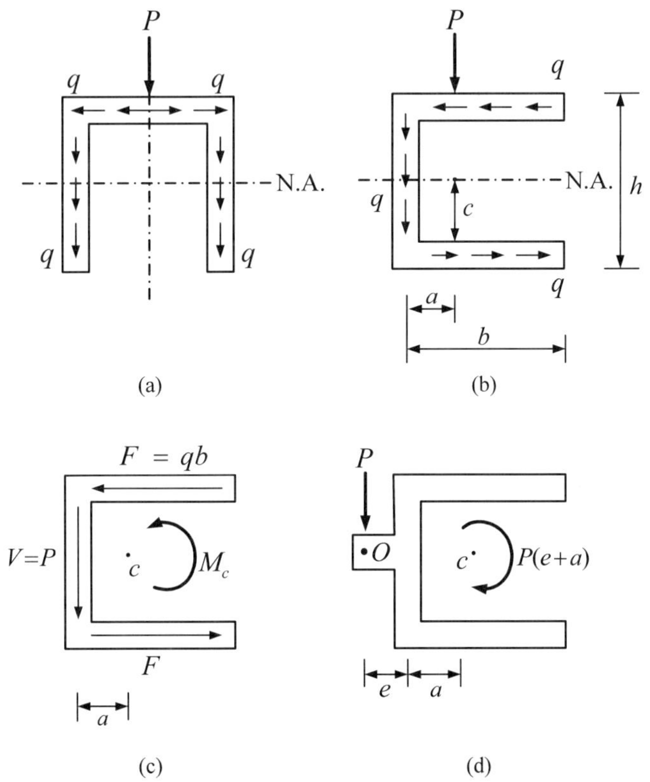

그림 5.24

그림 5.24(a)는 하중작용축에 대칭인 찬넬형 단면의 전단흐름을 나타내고 있다. 여기서도 전단흐름의 방향은 그림 5.12와 5.13에서 나타냈듯이 복부로의 흐름이 주가 된다.

그림 5.24(a)는 보인 바와 같이 대칭축을 기준으로 전단흐름 q도 대칭이므로 비틀림현상은 발생되지 않는다. 한편 그림 5.24(b)와 같이 단면이 하중작용축에 비대칭인 경우 그림 5.24(c)와 같이 전단흐름에 의한 우력 F와 수직력 V가 단면의 도심 C에 대해 회전력 즉, 비틀림모멘트를 발생시킨다. 그 모멘트를 M_C라 하면 $M_C = Fh + Va$가 된다. M_C에 의해 비틀리려는 현상을 부재의 뒤틀림현상이라고도 한다. 이러한 뒤틀림현상이 발생되지 않도록 하기 위해서는 수직하중 P를 좌측 O점으로 이동시켜 M_C에 대응되는 비틀림모멘트가 발생되도록 하면 된다. 즉, $M_C = P(e+a)$가 되도록 e를 결정하면 된다.

따라서

$$Fh + Va = P(e + a)$$

로부터

$$Fh = Pe$$

가 된다.

여기서 $V = P$이므로

$$e = \frac{Fh}{V} \tag{5.4}$$

가 된다. 바로 이 e가 그 단면의 전단중심의 위치를 결정짓는다(그림 5.24(d) 참조).

위에서 언급한 뒤틀림현상은 비틀림과는 다른 의미를 갖고 있다. 비틀림은 원형중실단면을 예를 들어 생각해보면 일정한 변형을 일으킬 것이다. 반면 그림 5.24의 (a)나 (b) 단면에서 부재의 두께가 얇은 경우 비틀림모멘트가 작용될 때 단면 전 부분의 변형은 일정치 않을 수 있다. 즉, 한 단면을 구성하는 요소들의 변형이 일정치 않은 변형상태를 뒤틀림(Warping)이라고 한다.

[예제 5.8]

그림과 같이 두께가 일정한 찬넬형 단면의 전단중심 O의 위치를 구하라. (단, $b = 600$ mm, $h = 1{,}000$ mm, $t = 4$ mm이다.)

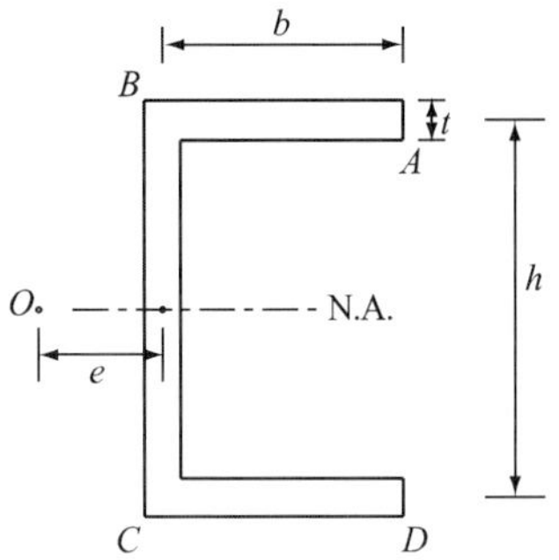

[풀이] 플랜지 AB 의 A 로부터 s 만큼 떨어진 점에서의 전단흐름 q 를 구한다.

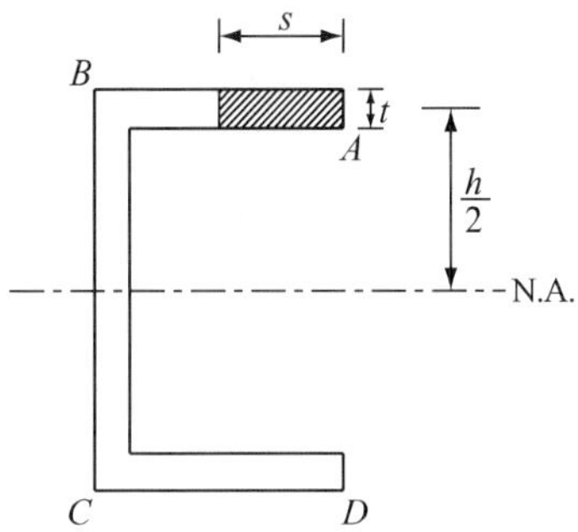

빗금 친 면적의 중립축에 관한 단면1차모멘트 $Q = st\dfrac{h}{2}$ 이고 단면2차모멘트

$$I_x = \frac{th^3}{12} + 2\left[\frac{bt^3}{12} + bt\left(\frac{h}{2}\right)^2\right]$$

으로 계산된다. 여기서 실제로 t^3 은 매우 작은 값이므로 무시할 수 있다. 따라서

$$I_x = \frac{th^3}{12} + \frac{tbh^2}{2} = \frac{th^2}{12}(6b+h)$$

가 되고 전단흐름

$$q = \frac{VQ}{I_x} = \frac{Vsth}{2\dfrac{th^2}{12}(6b+h)} = \frac{6Vs}{h(6b+h)}$$

로 계산된다. A 점에서 B 점으로의 전단흐름 q 를 적분하여 플랜지의 AB 부분에 발생되는 전단력 F 를 구하면

$$F = \int_0^b q\,ds = \int_0^b \frac{6V}{h(6b+h)} s\,ds = \frac{6V}{h(6b+h)}\int_0^b s\,ds = \frac{3Vb^2}{h(6b+h)}$$

으로 계산된다. 따라서 복부 BC의 중심선으로부터 전단중심점 O까지의 거리 e는 식 (5.4)로부터 다음과 같이 구할 수 있다.

$$e = \frac{Fh}{V} = \frac{3Vb^2}{h(6b+h)}\frac{h}{V} = \frac{3b^2}{6b+h} = \frac{3\times 600^2}{6\times 600+1{,}000} = 234.8 \text{ mm}$$

[예제 5.9]

예제 5.8의 찬넬형 단면에서 그림과 같이 전단중심점 O에 50 kN의 수직전단력 V가 작용될 때 전단응력의 분포도를 그려라.

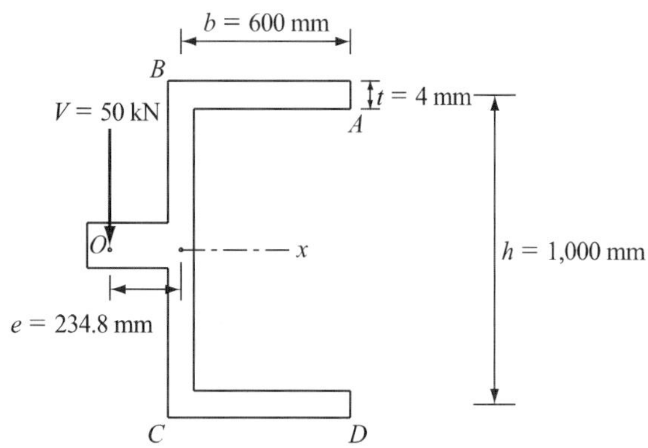

[풀이] V가 전단중심점에 작용되기 때문에 비틀림은 발생되지 않는다. 예제 5.7에서 구한 플랜지 AB의 전단흐름을 이용하여 플랜지 AB에 발생되는 전단응력을 구해보자.

$$\tau = \frac{q}{t} = \frac{VQ}{I_x t} = \frac{6V}{th(6b+h)}s$$

위의 식에 $s=0$과 $s=b$를 대입하면 A점와 B점의 전단응력을 구할 수 있다. 즉,

$$\tau_A = 0,\ \tau_B = \frac{6Vb}{th(6b+h)} = \frac{6\times 50\times 10^3\times 600}{4\times 1{,}000\times(6\times 600+1{,}000)} = 9.8 \text{ MPa}$$

로 계산된다.

복부 BC에서 전단응력분포는 W-보에서와 마찬가지로 포물선 형태로 되며 최대 전단응력은 중립축에서 발생된다. 아래 그림의 빗금 친 면적에 대한 단면1차모멘트

$$Q = bt\frac{h}{2} + \frac{h}{2}t\frac{h}{4} = \frac{ht}{8}(4b+h)$$

로 계산되고 따라서 최대 전단응력

$$\tau_{\max} = \frac{VQ}{I_x t} = \frac{V\left(\dfrac{ht}{8}\right)(4b+h)}{\dfrac{th^2}{12}(6b+h)t} = \frac{3V(4b+h)}{2th(6b+h)}$$

$$= \frac{3 \times 50 \times 10^3 \times (4 \times 600 + 1{,}000)}{2 \times 4 \times 1{,}000 \times (6 \times 600 + 1{,}000)}$$

$$= 13.9 \ \text{MPa}$$

로 계산된다.

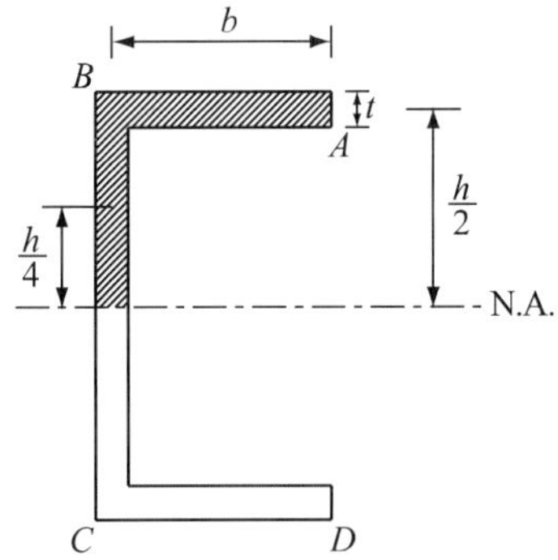

계산결과를 전체 단면에 대한 전단응력분포로 도시하면 다음과 같다.

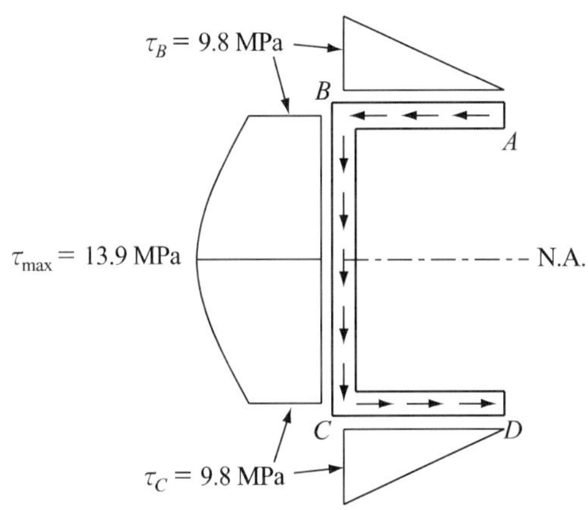

[예제 5.10]

그림과 같은 단면을 갖는 두께 t가 균일한 얇은 벽으로 된 보의 전단중심의 위치를 결정하라. (단, $a = 600\ \mathrm{mm}$, $b = 800\ \mathrm{mm}$ 그리고 $h = 1{,}500\ \ \mathrm{mm}$이다.)

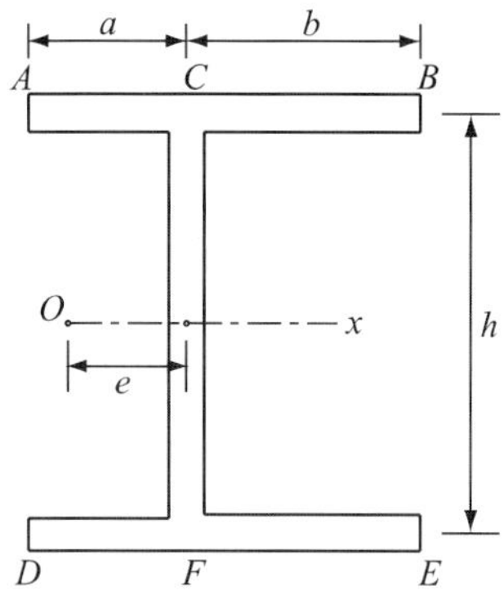

[풀이] 아래 그림 (a)는 주어진 단면의 전단흐름을 나타내고 그림 (b)는 각 부분의 전단흐름에 의한 전단력을 나타내고 있다.

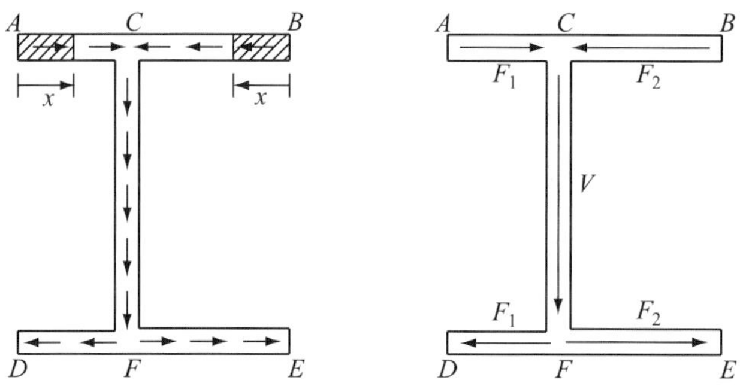

(a) (b)

플랜지의 AC 부분에 작용되는 전단력 F_1은 A점에서 C점의 전단흐름 q를 적분하여 구한다. 단면1차모멘트

$$Q = t\,x\,\frac{h}{2}$$

이고 전단흐름

$$q = \frac{VQ}{I_x} = \frac{V}{I_x}\left(t\,x\,\frac{h}{2}\right) = \frac{V\,t\,h\,x}{2I_x}$$

이다. 여기서 단면2차모멘트 I_x는 다음과 같이 계산할 수 있다.

$$I_x = 2 \times \left\{ \frac{(a+b)t^3}{12} + (a+b)t\left(\frac{h}{2}\right)^2 \right\} + \frac{t h^3}{12}$$

하지만 실제로 t^3은 매우 작은 값이므로 무시하면

$$I_x = \frac{1}{2}(a+b)\,t\,h^2 + \frac{t\,h^3}{12} = \frac{t}{12}(6a+6b+h)h^2$$

이 된다. 따라서 AC 부분에 작용되는 전단력 F_1은 다음과 같이 계산된다.

$$F_1 = \int q\,dx = \int_0^a \frac{V\,t\,h}{2I_x} x\,dx = \frac{V\,t\,h}{2I_x}\int_0^a x\,dx = \frac{V\,t\,h\,a^2}{4I_x}$$

마찬가지로 B점에서 D점의 전단흐름 q를 적분하여 플랜지의 BD 부분에 작용되는 전단력 F_2를 다음과 같은 단계로 구한다.

단면1차모멘트

$$Q = t\,x\,\frac{h}{2}$$

전단흐름

$$q = \frac{V\,Q}{I_x} = \frac{V}{I_x}\left(t\,x\,\frac{h}{2}\right) = \frac{V\,t\,h\,x}{2\,I_x}$$

BD 부분에 작용되는 전단력

$$F_2 = \int q\,dx = \int_0^b \frac{V\,t\,h}{2I_x} x\,dx = \frac{V\,t\,h}{2I_x}\int_0^b x\,dx = \frac{V\,t\,h\,b^2}{4I_x}$$

따라서 전단중심의 정의에 의해 다음과 같은 등식이 성립된다.

$$V\,e = F_2 h - F_1 h = \frac{V\,t\,h^2(b^2-a^2)}{4I_x} = \frac{V\,t\,h^2(b^2-a^2)}{4 \times \frac{1}{12} t(6a+6b+h)h^2} = \frac{3\,V(b^2-a^2)}{6a+6b+h}$$

따라서 전단중심의 위치

$$e = \frac{3(b^2-a^2)}{6(a+b)+h} = \frac{3 \times (800^2 - 600^2)}{6 \times (600+800) + 1{,}500} = 84.8 \ \text{mm}$$

로 계산된다.

[예제 5.11]

그림과 같은 단면을 갖는 균일한 얇은 벽으로 된 보의 전단중심의 위치를 결정하라. (단, 균일한 두께 $t = 12\ \text{mm}$이고 x축 대칭이며 $I_x = 2.59 \times 10^{10}\ \text{mm}^4$이다.)

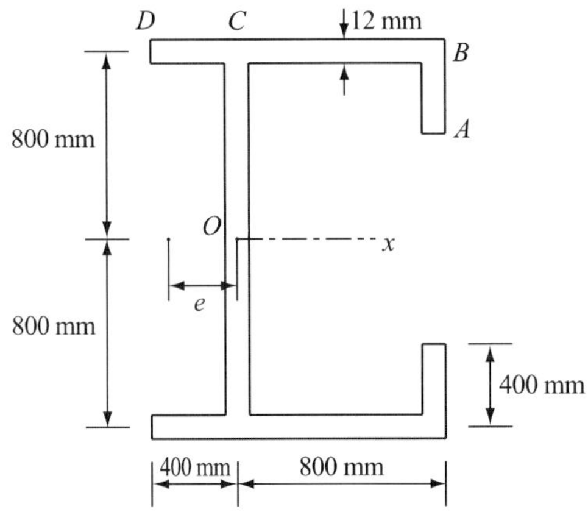

[풀이] 구간별로 τ-도를 계산하여 전단중심을 결정하기로 한다.

- AB 구간에서 전단응력

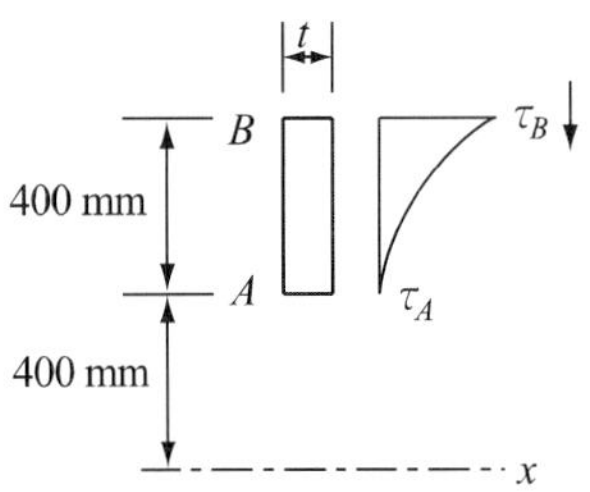

$$\tau_A = 0$$

$$\tau_B \downarrow = \frac{VQ}{I_x t} = \frac{400 \times t \times 600}{t} \frac{V}{I_x} = 2.4 \times 10^5 \frac{V}{I_x}$$

- BC 구간에서 전단응력

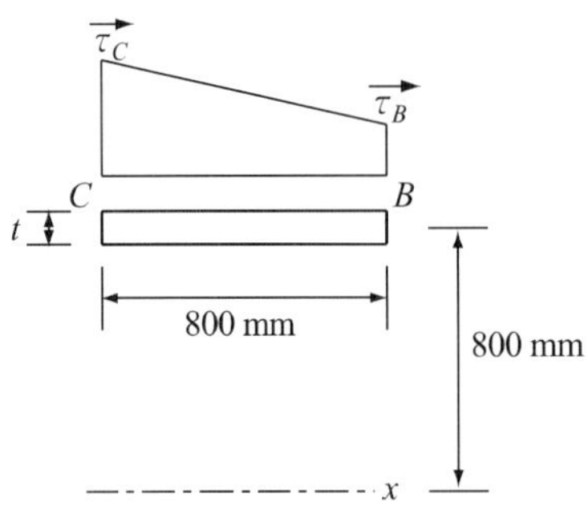

$$\overrightarrow{\tau_B} = 2.4 \times 10^5 \frac{V}{I_x}$$

$$\overrightarrow{\tau_C} = \overrightarrow{\tau_B} + \frac{800 \times t \times 800}{t} \frac{V}{I_x} = 8.8 \times 10^5 \frac{V}{I_x}$$

• DC 구간에서 전단응력

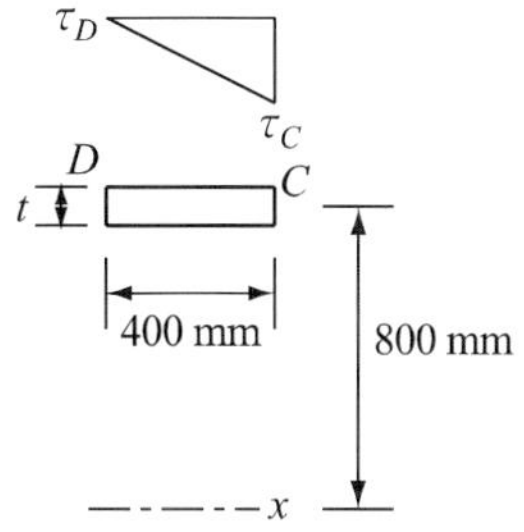

$$\tau_D = 0$$

$$\overleftarrow{\tau_C} = \frac{400 \times t \times 800}{t} \frac{V}{I_x} = 3.2 \times 10^5 \frac{V}{I_x}$$

• CO 구간에서 전단응력

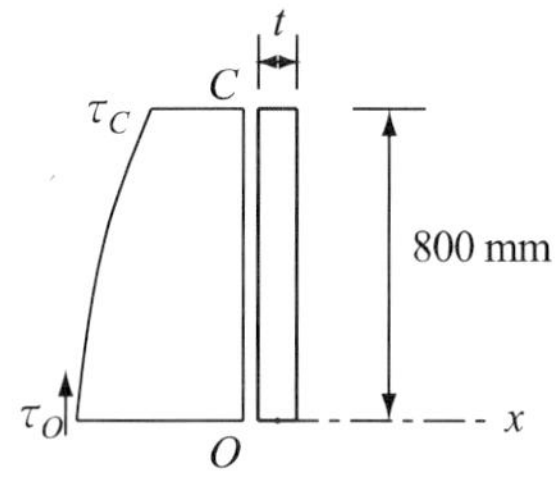

$$\tau_C \uparrow = \overrightarrow{\tau_C} + \overleftarrow{\tau_C} = 12.0 \times 10^5 \frac{V}{I_x}$$

$$\tau_O \uparrow = \tau_C \uparrow + \frac{t \times 800 \times 400}{t} \frac{V}{I_x} = 15.2 \times 10^5 \frac{V}{I_x}$$

계산결과로부터 τ-도를 작성하면 다음과 같다.

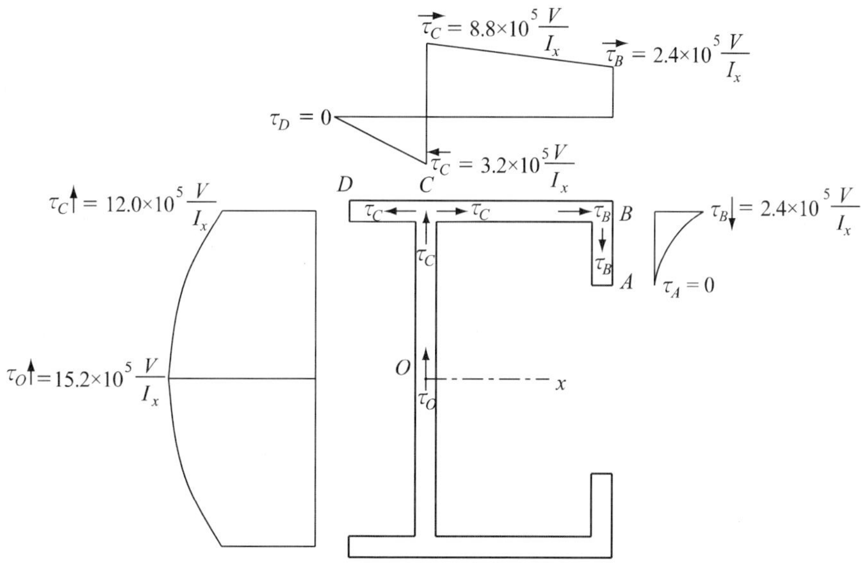

앞서 구한 전단응력으로부터 각 부분에 작용되는 전단력을 다음과 같은 단계로 구한다.

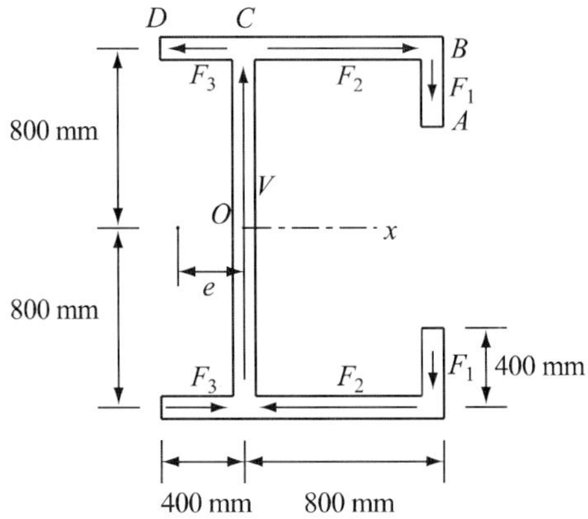

AB 부분에 작용되는 전단력 F_1은 전단응력의 분포를 통하여 계산할 수 없으므로 다음과 같이 계산한다.

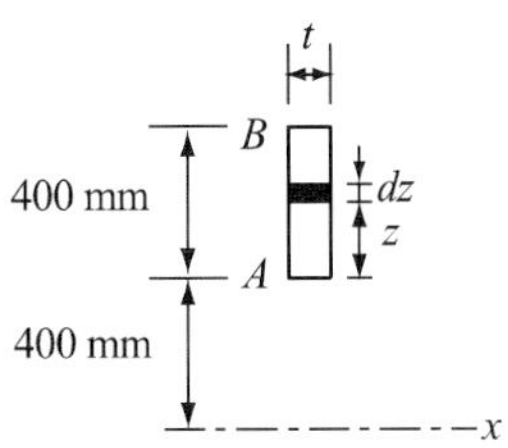

$$\tau = \frac{V}{I_x t}(z\,t)\left(400 + \frac{z}{2}\right)$$

$$F_1 = \int_0^{400} \tau\, dA$$

$$= \frac{V t}{I_x}\int_0^{400} z\left(400 + \frac{z}{2}\right) dz = 5.12 \times 10^8 \frac{V}{I_x}$$

τ-도에 의해 BC 부분에 작용되는 전단력

$$F_2 = \frac{(2.4 + 8.8) \times 10^5}{2}\frac{V}{I_x} \times 800 \times 12 = 53.76 \times 10^8 \frac{V}{I_x}$$

DC 부분에 작용되는 전단력

$$F_3 = \frac{3.2 \times 10^5}{2}\frac{V}{I_x} \times 400 \times 12 = 7.68 \times 10^8 \frac{V}{I_x}$$

따라서 전단중심의 정의에 의해 다음과 같은 등식이 성립된다.

$$V e = 2 \times (F_1 \times 800) + (F_2 - F_3) \times 1{,}600$$

따라서 전단중심의 위치 e는 다음과 같이 계산된다.

$$e = \frac{1{,}600(F_1 + F_2 - F_3)}{V} = \frac{1{,}600 \times (5.12 + 53.76 - 7.68) \times 10^8}{V}\frac{V}{I_x}$$

$$= \frac{1{,}600 \times (5.12 + 53.76 - 7.68) \times 10^8}{2.59 \times 10^{10}} = 316 \text{ mm}$$

5.7 비대칭 단면(非對稱斷面, Unsymmetric Section)의 전단중심(剪斷中心, Shear Center)

앞서 전단중심은 한 축에 대해 대칭인 단면에 대해 다루었고 이 절에서는 양축 모두 비대칭인 단면의 전단중심에 대해 다루어보자.

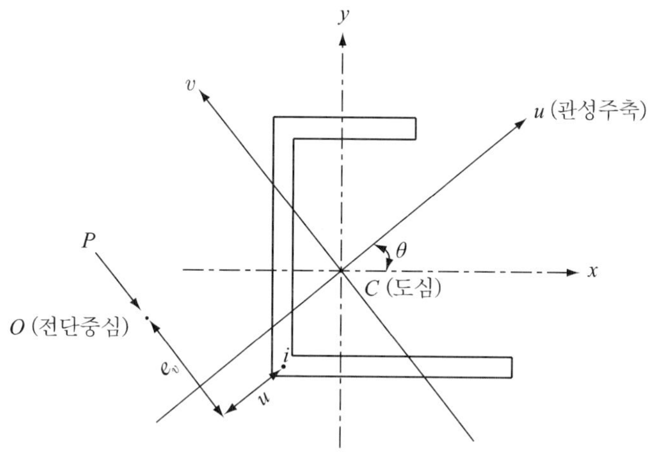

그림 5.25

그림 5.25에서 u축은 단면2차모멘트 I_u가 최대가 되는 축으로 도심을 통과하는 축이고 v축은 u축에 직각인 축을 의미한다. 비대칭 단면의 전단중심을 계산하는 과정은 다음과 같이 이루어진다.

1) 관성주축의 위치 결정

$\tan 2\theta = \dfrac{I_{xy}}{\left(\dfrac{I_y - I_x}{2}\right)}$ 로부터 $2\theta = \tan^{-1}\left\{\dfrac{I_{xy}}{\left(\dfrac{I_y - I_x}{2}\right)}\right\}$ 이고 따라서 관성주축의 위치 $\theta = \dfrac{1}{2}\tan^{-1}\left\{\dfrac{I_{xy}}{\left(\dfrac{I_y - I_x}{2}\right)}\right\}$ 로 결정된다.

2) $V=\sum P$ 를 u축과 수직인 방향에 작용시켜서 e_u값을 결정

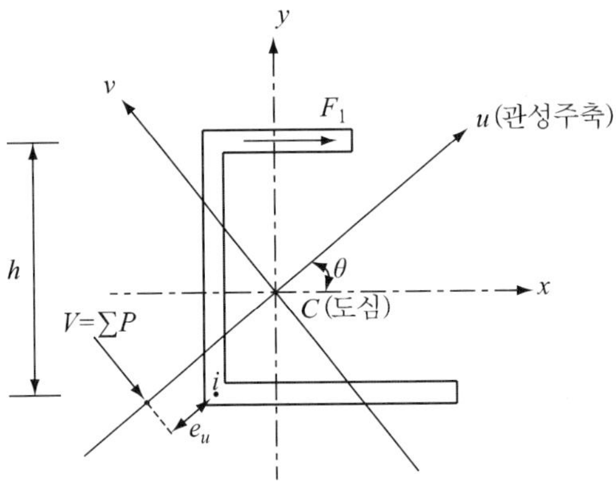

$\sum M_i = 0$으로부터

$$e_u = \frac{F_1 h}{V}$$

로 계산된다.

3) $V=\sum P$ 를 v축과 수직인 방향에 작용시켜서 e_v값을 결정

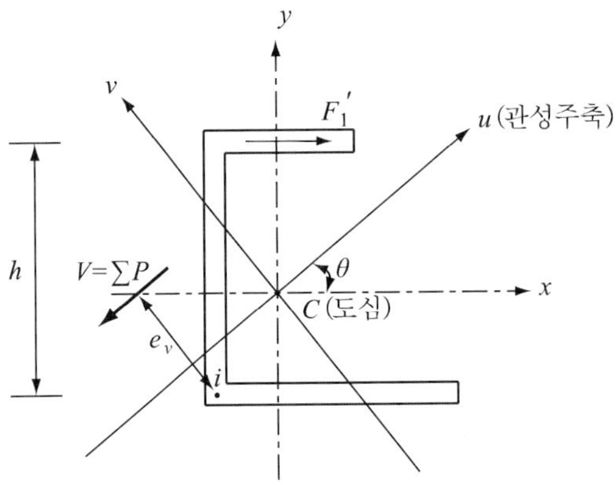

$\sum M_i = 0$으로부터

$$e_v = \frac{F_1' h}{V}$$

로 계산된다.

여기서 F_1과 F_1'은 값이 다르다.

[예제 5.12]

그림과 같은 단면을 갖는 두께 t가 균일한 얇은 벽으로 된 비대칭 단면의 전단중심의 위치를 결정하라.

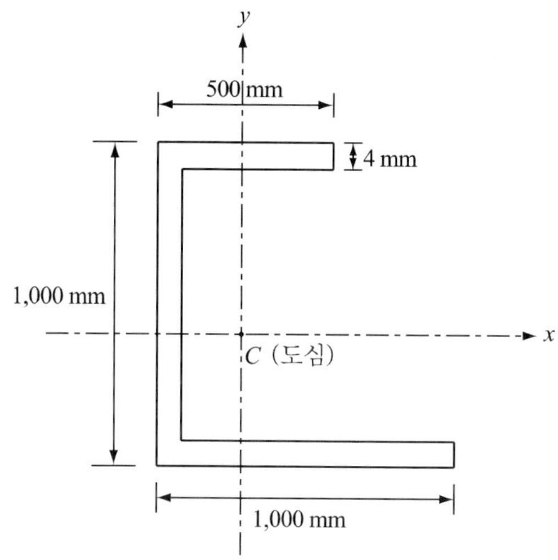

[풀이] 단면의 도심위치 $\bar{x}$, $\bar{y}$, 단면2차모멘트 I_x, I_y 및 단면상승모멘트 I_{xy}를 구하면 다음과 같다.

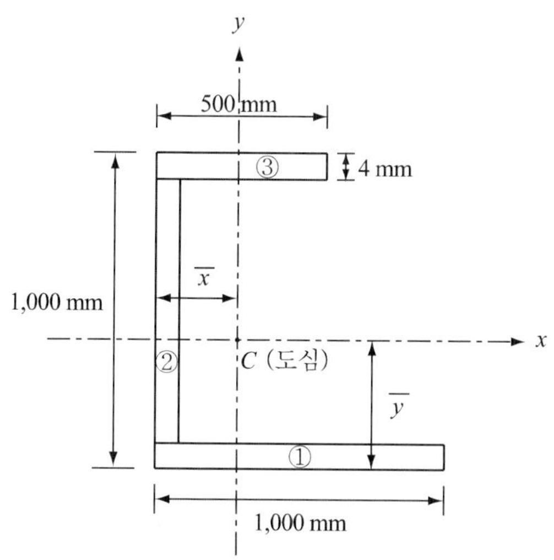

$$\bar{y} = \frac{1{,}000 \times 4 \times 2 + 4 \times 992 \times 500 + 500 \times 4 \times 998}{1{,}000 \times 4 + 4 \times 992 + 500 \times 4} = 400.1 \text{ mm}$$

$$\bar{x} = \frac{1{,}000 \times 4 \times 500 + 4 \times 992 \times 2 + 500 \times 4 \times 250}{1{,}000 \times 4 + 4 \times 992 + 500 \times 4} = 251.6 \text{ mm}$$

$$I_x = \frac{1,000 \times 4^3}{12} + (1,000 \times 4) \times (400.1 - 2)^2 + \frac{4 \times 992^3}{12} + (4 \times 992) \times (500 - 400.1)^2$$

$$+ \frac{500 \times 4^3}{12} + (500 \times 4) \times (998 - 400.1)^2 = 17.14 \times 10^8 \text{ mm}^4$$

$$I_y = \frac{4 \times 1,000^3}{12} + (4 \times 1,000) \times (500 - 251.6)^2 + \frac{992 \times 4^3}{12} + (992 \times 4) \times (251.6 - 2)^2$$

$$+ \frac{4 \times 500^3}{12} + (4 \times 500) \times (251.6 - 250)^2 = 8.69 \times 10^8 \text{ mm}^4$$

$$I_{xy} = (1,000 \times 4) \times (500 - 251.6) \times (2 - 400.1) + (4 \times 992) \times (2 - 251.6)$$

$$\times (500 - 400.1) + (500 \times 4) \times (250 - 251.6) \times (998 - 400.1) = -4.96 \times 10^8 \text{ mm}^4$$

다음으로 관성주축의 위치는 다음과 같이 계산되고 아래 그림과 같이 도시된다.

$$\tan 2\theta = \frac{I_{xy}}{\left(\frac{I_y - I_x}{2}\right)} = \frac{-4.96 \times 10^8}{\left(\frac{8.69 \times 10^8 - 17.14 \times 10^8}{2}\right)} = 1.17$$

$$\theta = \frac{1}{2} \tan^{-1} 1.17 = 24.7°$$

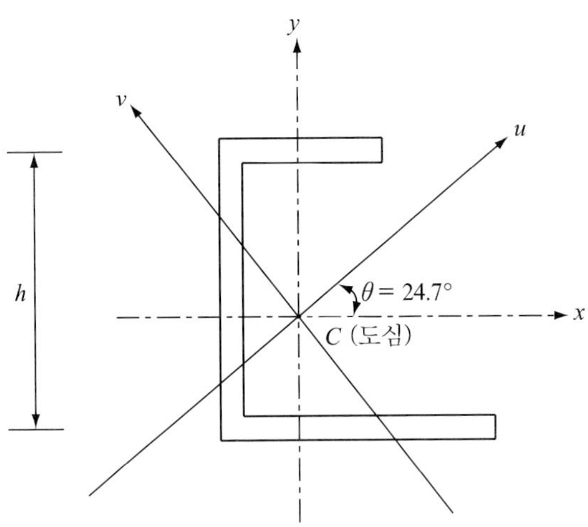

e_u와 e_v를 구하기 위해 먼저 u_A, v_A 그리고 I_u, I_v를 계산한다.

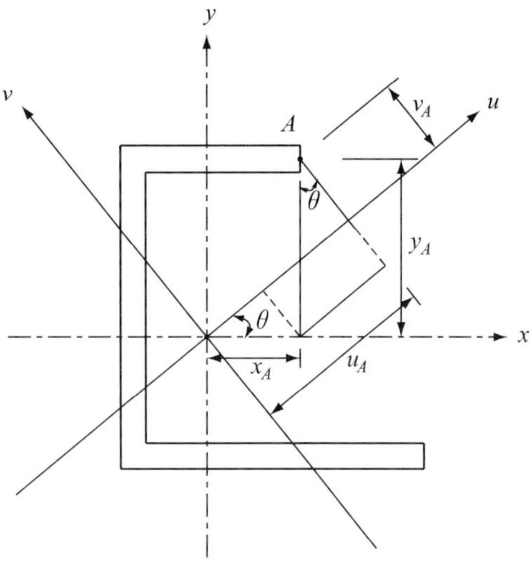

위의 그림을 이용하여 다음과 같이 u_A, v_A를 계산할 수 있다.

$$x_A = 500 - \bar{x} = 500 - 251.6 = 248.4 \text{ mm}$$

$$y_A = 998 - \bar{x} = 998 - 400.1 = 597.9 \text{ mm}$$

$$u_A = x_A\cos\theta + y_A\sin\theta = 248.4 \times \cos 24.7° + 597.9 \times \sin 24.7° = 475.5 \text{ mm}$$

$$v_A = -x_A\sin\theta + y_A\cos\theta = -248.4 \times \sin 24.7° + 597.9 \times \cos 24.7°$$

$$= 439.4 \text{ mm}$$

x, y와 u, v의 관계를 표시하면 다음과 같다.

$$\begin{Bmatrix} u \\ v \end{Bmatrix} = \begin{bmatrix} \cos\theta & \sin\theta \\ -\sin\theta & \cos\theta \end{bmatrix} \begin{Bmatrix} x \\ y \end{Bmatrix}$$

단면2차모멘트의 정의에 의해 I_u, I_v를 식으로 표현하면 다음과 같다.

$$I_u = \int v^2 dA = \int (-x\sin\theta + y\cos\theta)^2 dA$$

$$= \sin^2\theta \int x^2 dA + \cos^2\theta \int y^2 dA - 2\sin\theta\cos\theta \int xy dA$$

$$= I_y \sin^2\theta + I_x \cos^2\theta - I_{xy}\sin 2\theta = 19.43 \times 10^8 \text{ mm}^4$$

$$I_v = \int u^2 dA = \int (x\cos\theta + y\sin\theta)^2 dA$$

$$= \cos^2\theta \int x^2 dA + \sin^2\theta \int y^2 dA + 2\sin\theta\cos\theta \int xy dA$$

$$= I_y \cos^2\theta + I_x \sin^2\theta + I_{xy}\sin 2\theta = 6.4 \times 10^8 \text{ mm}^4$$

다음 단계로는 e_u를 계산하기 위해 먼저 F_1을 구한다.

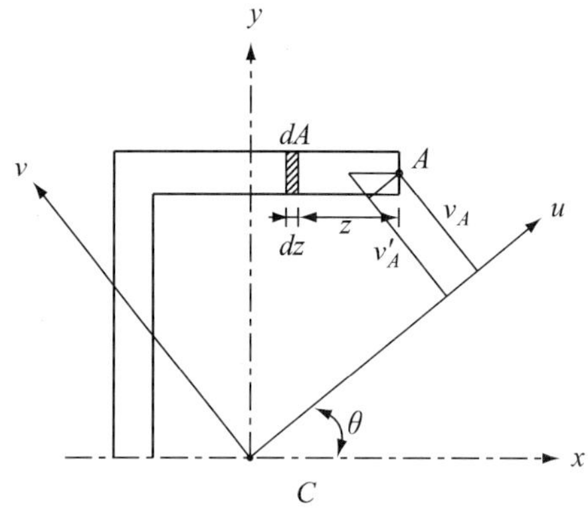

$$F_1 = \int \tau dA = \int_0^{498} \frac{VQ}{I_u t} dA = \frac{V}{I_u t}\int_0^{498} zt\left(v_A + \frac{z}{2}\sin\theta\right) t\,dz$$

$$= \frac{4V}{19.43 \times 10^8}\int_0^{498} z\left(439.4 + \frac{\sin 24.7°}{2} z\right) dz = 0.13\ \text{V}$$

따라서

$$e_u = \frac{F_1 h}{V} = \frac{0.13V \times 996}{V} = 129.5\ \text{mm}$$

로 계산된다. 또한 e_v를 계산하기 위해 $F_1{}'$을 구한다.

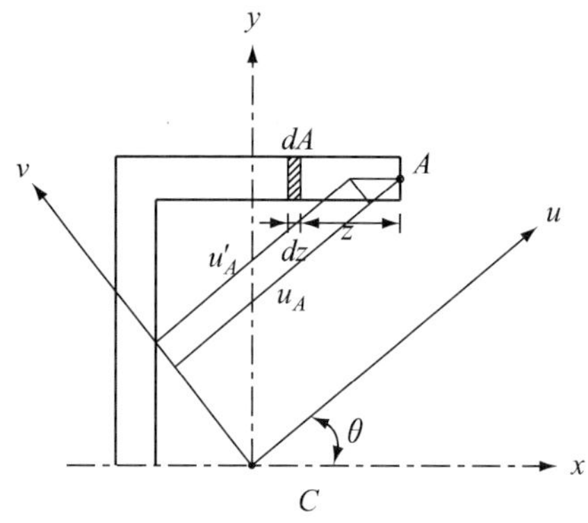

$$F_1{}' = \int \tau dA = \int_0^{498} \frac{VQ}{I_v t} dA = \frac{V}{I_v t}\int_0^{498} zt\left(u_A - \frac{z}{2}\cos\theta\right) t\,dz$$

$$= \frac{4V}{6.4 \times 10^8}\int_0^{498} z\left(475.5 - \frac{\cos 24.7°}{2} z\right) dz = 0.25\,V$$

따라서

$$e_v = \frac{F_1{}' h}{V} = \frac{0.25\,V \times 996}{V} = 249 \text{ mm}$$

로 계산되고 전단중심의 위치는 아래 그림과 같이 도시된다.

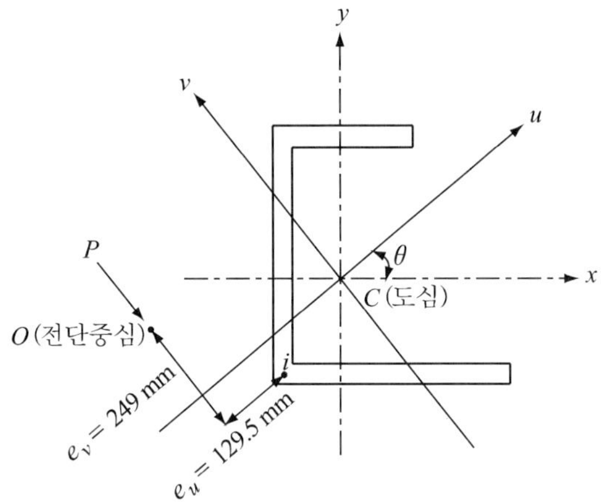

연습문제

EXERCISE

1. 그림과 같은 강재보 AD가 B점과 C점에서 하중을 받고 있다. 강재의 허용전단응력 $\tau_{\text{all}} = 50$ MPa일 때 보의 최소폭 b를 구하라.

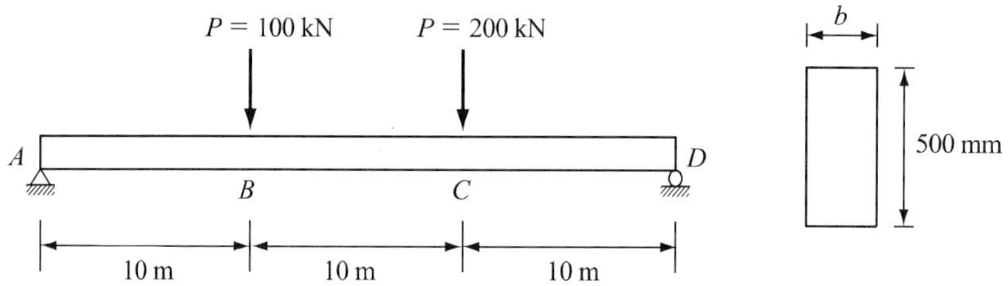

해석 순서

① 자유물체도 및 부재력 산정

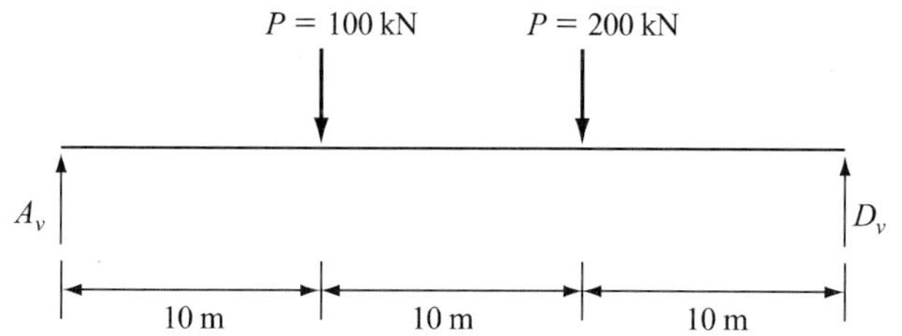

$A_V = 133.3$ kN, $D_V = 166.7$ kN

② 최소폭 b 산정

절대 최대 전단력 $|V|_{\max} = D_V = 166.7$ kN

폭이 좁은 직사각형 단면의 $\tau_{\max} = \tau_{\text{all}} = \dfrac{3}{2}\dfrac{D_V}{A}$

최소폭 $b = 10$ mm

2. 그림에 보인 바와 같은 보에서 주어진 전단력 V가 모자형으로 압출된 부분에서 최대 전단응력 $\tau_{\max} = 100$ MPa을 발생시킨다. a점과 b점에서 발생되는 전단응력을 구하라.

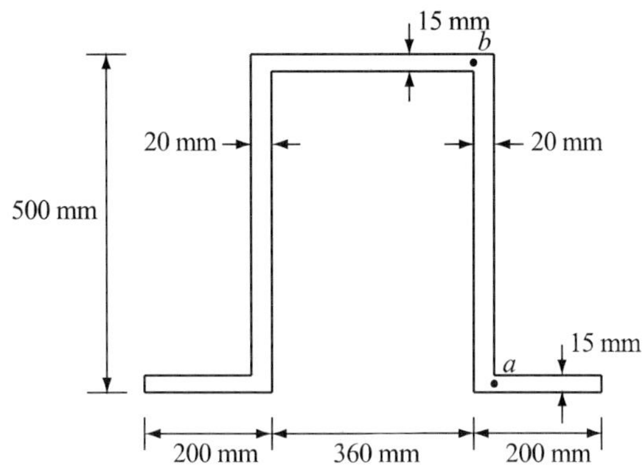

해석 순서

① 단면의 중립축 산정

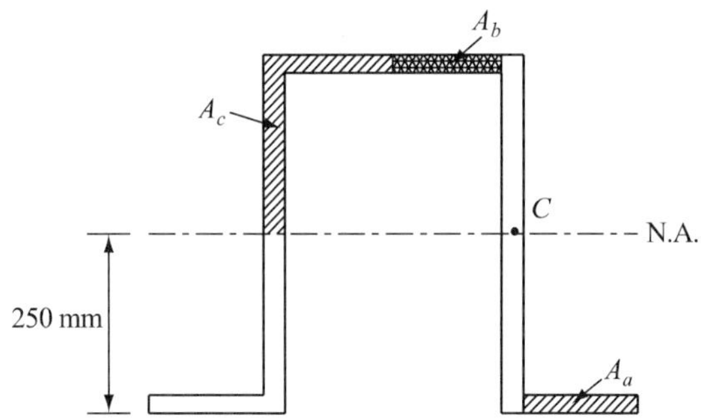

② 각 단면에서 발생되는 전단응력 산정

$$\tau_c = \frac{V\ Q_c}{I\ t_c} = 100\ \text{MPa}, \quad \tau_a = \frac{V\ Q_a}{I\ t_a}, \quad \tau_b = \frac{V\ Q_b}{I\ t_b}$$

$$\rightarrow \quad \frac{\tau_a}{\tau_c} = \frac{Q_a\ t_c}{Q_c\ t_a}, \quad \frac{\tau_b}{\tau_c} = \frac{Q_b\ t_c}{Q_c\ t_b}$$

③ 단면1차모멘트 산정

$$Q_c = 20 \times 250 \times 125 + 180 \times 15 \times 242.5 = 1,279,750\ \text{mm}^3,\ t_c = 20\ \text{mm}$$

$$Q_a = 180 \times 15 \times 242.5 = 654,750\ \text{mm}^3,\ t_a = 15\ \text{mm}$$

$$Q_b = 180 \times 15 \times 242.5 = 654,750\ \text{mm}^3,\ t_c = 15\ \text{mm}$$

④ a점과 b점에서 발생되는 전단응력 산정

$$\tau_a = \frac{Q_a\ t_c}{Q_c\ t_a}\tau_c = 68.2\ \text{MPa}, \quad \tau_b = \frac{Q_b\ t_c}{Q_c\ t_b}\tau_c = 68.2\ \text{MPa}$$

3. 그림과 같은 보와 하중상태에서 $n-n$ 단면에 발생되는 최대 전단응력을 구하라.

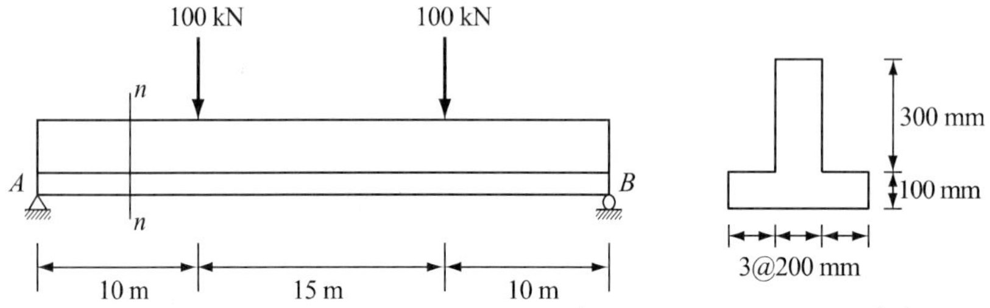

[$n-n$ 단면]

해석 순서

① 부재력 산정

$A_V = B_V = 100$ kN이므로 $V_{n-n} = 100$ kN

② 단면의 중립축 및 단면1차모멘트, 단면2차모멘트 산정

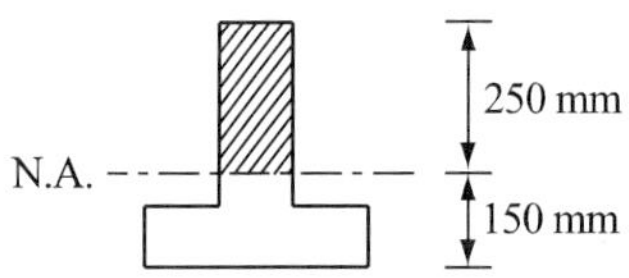

$Q = 6.25 \times 10^{-3}$ m^3

$I = 17 \times 10^{-4}$ m^4

$t = 0.2$ m

③ 발생되는 최대 전단응력 산정

$\tau = 1.8$ MPa

4. 그림과 같은 균일 두께의 얇은 벽을 갖는 보의 전단중심 O의 위치를 결정하라.

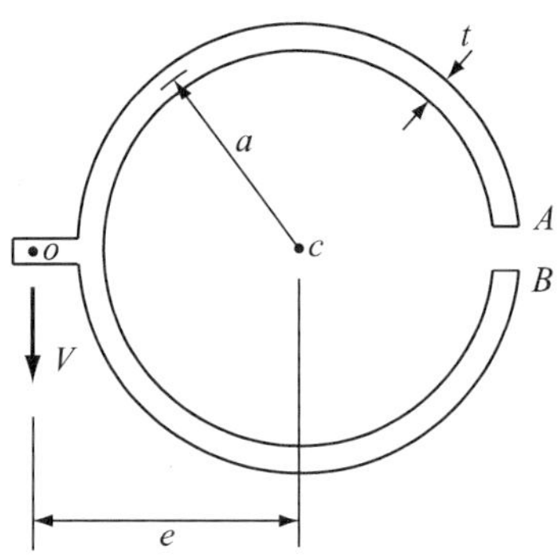

해석 순서

① 전체 단면의 단면 특성값 산정

$$A = 2\pi a t, \quad J = A a^2 = 2\pi a^3 t, \quad I = \frac{1}{2}J = \pi a^3 t$$

② 일부 단면의 단면 특성값 산정

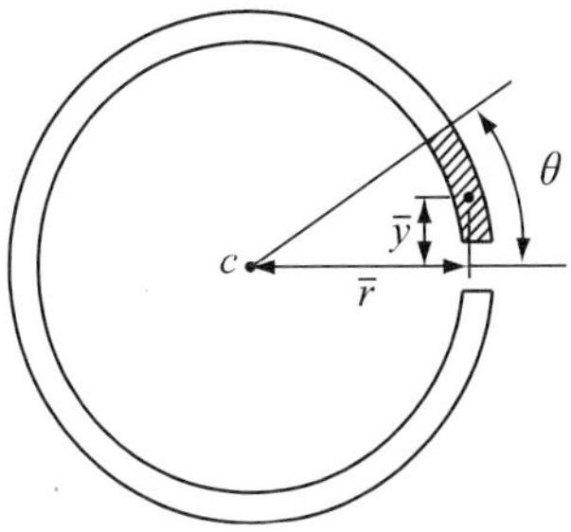

$$A = a\theta t$$

$$\bar{r} = a\frac{\sin\alpha}{\alpha} \quad 여기서\ \alpha = \frac{1}{2}\theta$$

$$\bar{y} = \bar{r}\sin\alpha = a\frac{\sin^2\alpha}{\alpha}$$

$$Q = A\bar{y} = a\theta t a\frac{\sin^2\alpha}{\alpha} = a^2 t 2\sin^2\alpha$$

$$= a^2 t 2\sin^2\frac{\theta}{2} = a^2 t(1-\cos\theta)$$

③ 전단응력 산정

$$\tau = \frac{VQ}{It} = \frac{Va^2}{I}(1-\cos\theta)$$

④ 전단력에 의한 비틀림모멘트 산정

$$M_c = \int a\tau\, dA = \int_0^{2\pi}\frac{Va^3}{I}(1-\cos\theta)\, t\, a\, d\theta = 2aV$$

⑤ 전단중심 O 의 위치 결정

$M_c = Ve$ 이므로 $e = 2a$

5. 그림과 같이 두께가 얇고 일정한 단면으로 된 보가 있다. 단면의 전단중심 O 가 그림에서 보인 곳에 위치하도록 a의 치수를 구하라.

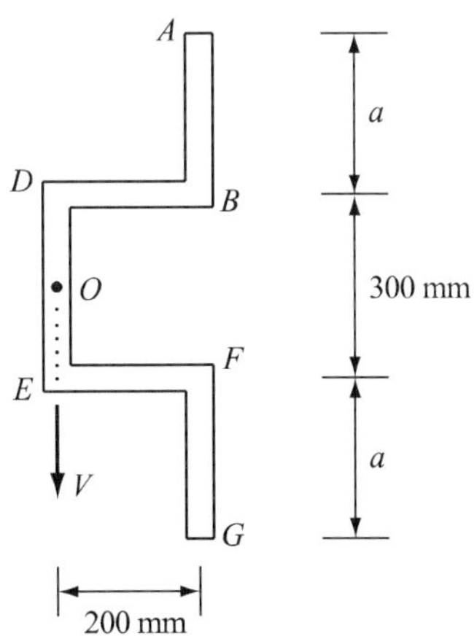

해석 순서

① 전단력도 작도

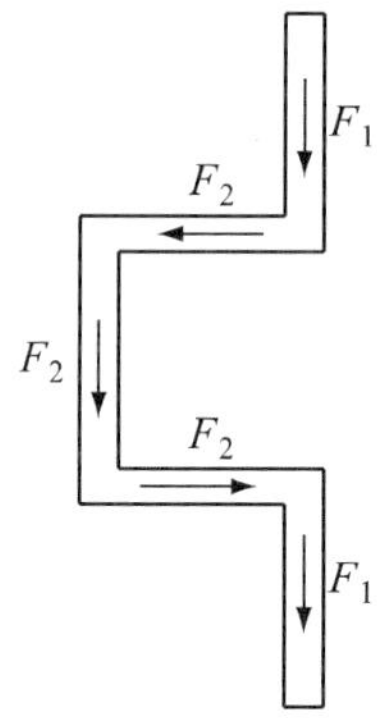

② 구간 AB 에서 전단력 F_1 산정

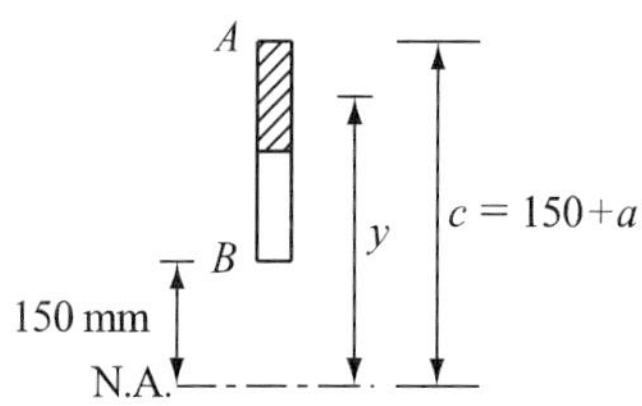

$$A = t\,(c-y), \qquad \bar{y} = \frac{1}{2}\,(c+y)$$

$$Q = A\,\bar{y} = \frac{1}{2}\,t\,(c-y)\,(c+y) = \frac{1}{2}\,t\,(c^2-y^2)$$

$$\tau = \frac{VQ}{It} = \frac{V\,(c^2-y^2)}{2\,I}$$

$$F_1 = \int_{150}^{c} \tau\,dA$$

$$= \int_{150}^{c} \frac{V\,(c^2-y^2)}{2\,I}\,t\,dy = \frac{V\,t}{2\,I}\left(\frac{2}{3}\,c^3 - 150\,c^2 + 1{,}125{,}000\right)$$

③ 구간 BD 에서 전단력 F_2 산정

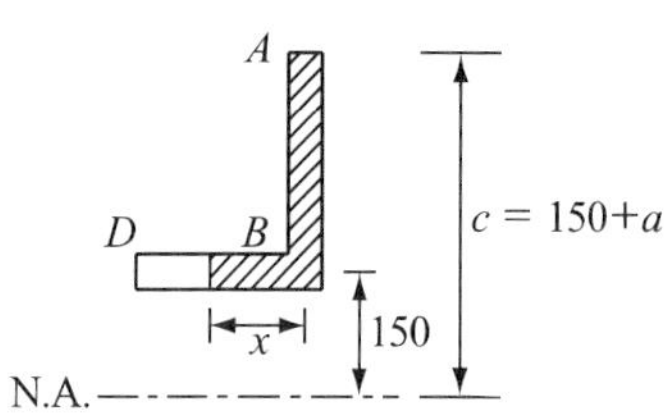

$$Q = Q_{AB} + t\,\bar{y}_{BD} = \frac{1}{2}\,t\,(c^2-150^2) + t\,x\,150$$

$$\tau = \frac{VQ}{It} = \frac{V}{2\,I}\,(c^2 - 150^2 + 300\,x)$$

$$F_2 = \int_{0}^{200} \tau\,dA$$

$$= \int_{0}^{200} \frac{V}{2\,I}\,(c^3 - 150^2 + 300\,x)\,t\,dy = \frac{V\,t}{2\,I}\,(200\,c^2 + 1{,}500{,}000)$$

④ a 치수 산정

$\sum M_o = 0$이므로

$300F_2 - 2 \times 200F_1 = 0$

$c = 450 \text{ mm}, \; a = 300 \text{ mm}$

6. 그림에 보인 구조용 강체는 25 mm의 균일 두께로 되어 있다. a, b, c점에서 발생되는 수직응력과 전단응력을 구하라.

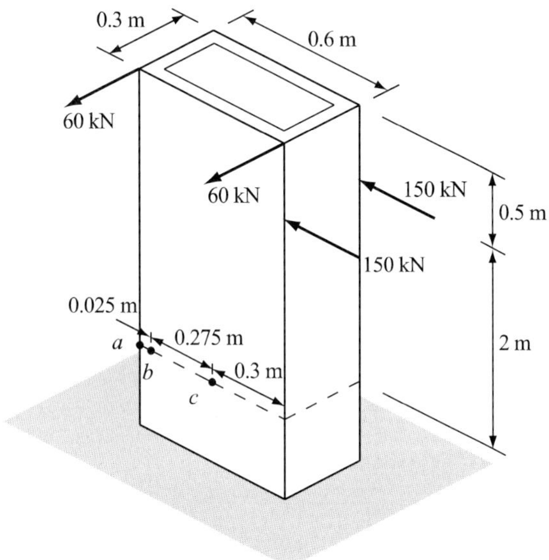

해석 순서

① 자유물체도 및 부재력 산정

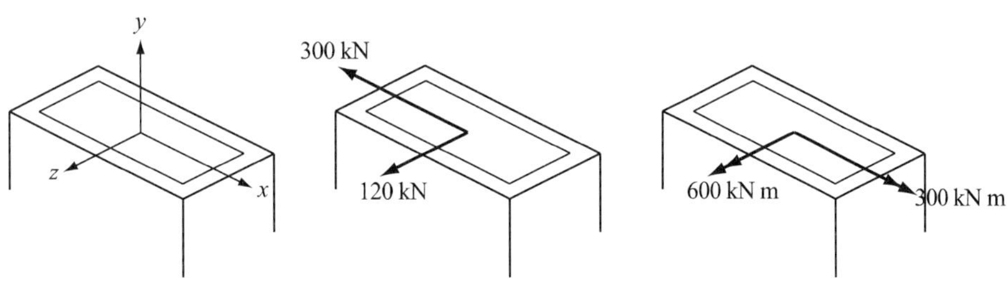

[전단력] [휨모멘트]

② 단면2차모멘트 산정

$I_x = 6.339 \times 10^{-4} \text{ m}^4, \; I_z = 19.339 \times 10^{-4} \text{ m}^4$

③ 각 점의 수직응력 산정

$$\sigma = \frac{M_z\, x}{I_z} - \frac{M_x\, z}{I_x}$$

$\sigma_a = -164.07$ MPa, $\sigma_b = -156.31$ MPa, $\sigma_c = -70.99$ MPa

④ a점의 전단응력 산정

$\tau_a = 0$ (a점은 최외측면상에 존재)

⑤ x축 방향의 b점, c점의 전단응력 산정

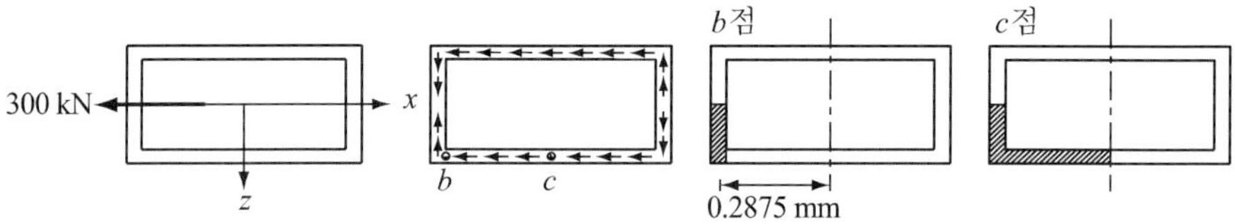

b점에서 $Q_{z,b} = 0.15 \times 0.025 \times 0.2875 = 1.078 \times 10^{-3}\ \text{m}^3$

$$\tau_{b,x} = \frac{V_x\, Q_{z,b}}{I_z\, t} = 6.689\ \text{MPa}$$

c점에서 $Q_{z,c} = Q_{z,b} + 0.275 \times 0.025 \times 0.275/2 = 2.023 \times 10^{-3}\ \text{m}^3$

$$\tau_{c,x} = \frac{V_x\, Q_{z,c}}{I_z\, t} = 12.621\ \text{MPa}$$

⑥ z축 방향의 b점, c점의 전단응력 산정

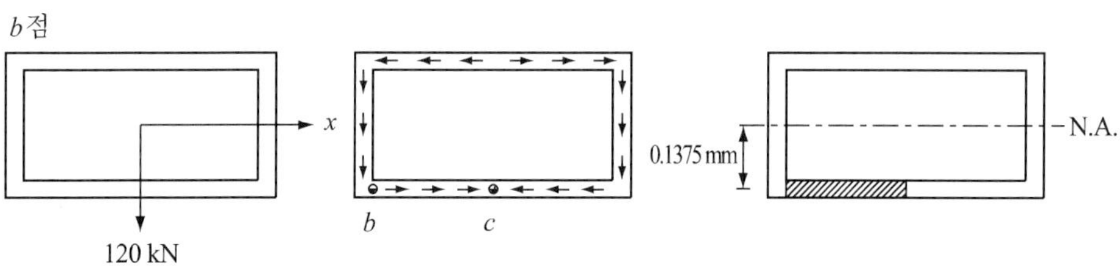

b점에서 $Q_{x,b} = 0.275 \times 0.025 \times 0.1375 = 0.945 \times 10^{-3}\ \text{m}^3$

$$\tau_{b,z} = \frac{V_z\, Q_{x,b}}{I_x\, t} = 7.156\ \text{MPa}$$

$\tau_{c,z} = 0$ (c점은 z축 중심상에 존재)

⑦ x, z축 방향을 모두 고려한 b점, c점의 전단응력 산정

$\tau_b = \tau_{b,x} + \tau_{b,z} = 0.47$ MPa

$\tau_c = \tau_{c,x} + \tau_{c,z} = 12.6$ MPa

7. 그림과 같은 단면을 갖는 단순보에 하중 P와 w가 작용되고 있다.

(a) 이 경우 τ-도를 작성하고

(b) 복부가 몇 %의 전단력 V를 감당하는지 구하라.

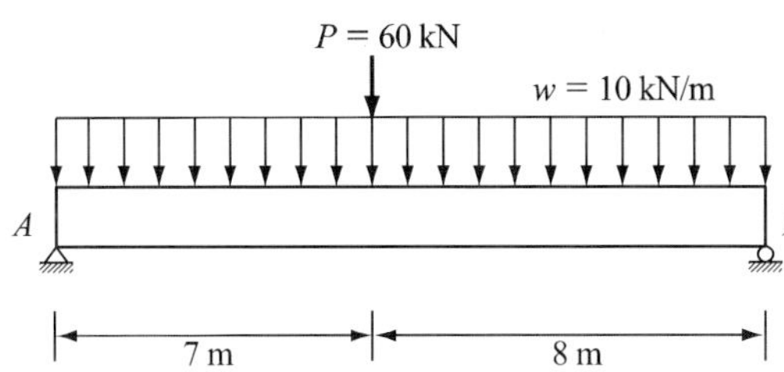

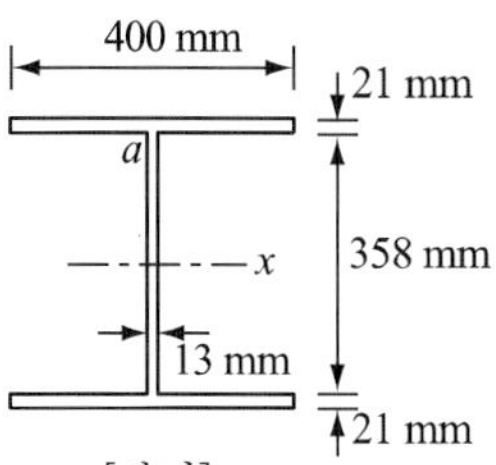

[단면]

해석 순서

(a) τ-도 작성

① 수직지점반력 A_V 와 B_V 계산 및 최대 전단력 V 결정

$A_V = 107$ kN, $B_V = 103$ kN, 따라서 최대 전단력 $V = 107$ kN

② 전체 단면의 단면2차모멘트 산정 $I_x = 6.54 \times 10^8\ \text{mm}^4$,

③ 플랜지와 복부의 연결점 a에서 및 중립축에서의 단면1차모멘트 계산

$Q_a = 1.59 \times 10^6\ \text{mm}^3$, $Q_{\max} = 1.80 \times 10^6\ \text{mm}^3$

④ 단면의 각 위치에서 전단응력 계산

$$\tau_{f(a)} = \frac{V\,Q_a}{I_x\,b} = 0.65\ \text{MPa},\quad \tau_{w(a)} = \frac{V\,Q_a}{I_x\,t_w} = 20.01\ \text{MPa}$$

$$\tau_{\max} = \frac{V\,Q_{\max}}{I_x\,t_w} = 22.65\ \text{MPa}$$

⑤ τ-도

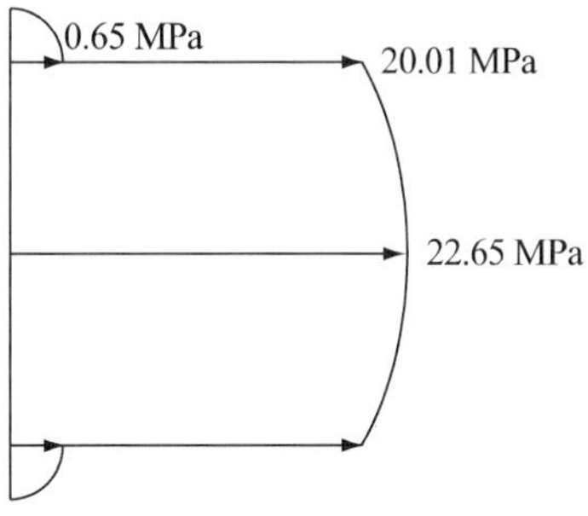

(b) 복부가 감당하는 전단력 V (예제 5.2 참조)

$$V_w = \int_{-\left(\frac{h}{2} - t_f\right)}^{\left(\frac{h}{2} - t_f\right)} \frac{V}{2\,I_x} \left\{ \frac{b\,t_f}{s}\,(h - t_f) + \left(\frac{h}{2} - t_f\right)^2 - y^2 \right\} s\,dy$$

$$= \frac{V}{I_x} \left\{ \frac{2}{3}\,s\,\left(\frac{h}{2} - t_f\right)^3 + b\,t_f\,(h - t_f)\left(\frac{h}{2} - t_f\right) \right\}$$

$$= 0.95\,V$$

복부가 전단력 V의 95%를 감당.

06 응력과 변형률의 변환

應力과 變形率의 變換, Transformation of Stress & Strain

6.1 서론(序論, Introduction)

지금까지 축응력 σ와 전단응력 τ에 대해 평면 또는 공간에서의 정좌표축 즉, $x-y$좌표축 또는 x, y, z좌표축을 기준으로 다루었다. 이 장에서는 한 단면요소의 평면 및 공간에서의 정좌표축 즉, x, y 및 x, y, z좌표축에서 임의의 경사면에 대한 σ 또는 ϵ, τ 또는 γ 즉, 응력성분 또는 변형률 성분의 상호작용으로 인한 영향에 대해 다룬다. 평면문제에서 어떤 경사면에서의 $\sigma_{\max}$ 또는 $\epsilon_{\max}$와 $\sigma_{\min}$ 또는 $\epsilon_{\min}$을 구하는 식을 유도하고 이때의 경사각과 $\tau_{\max}$ 또는 $\gamma_{\max}$를 구하는 식을 유도한다. 이러한 식들을 유도하기 위해 좌표축이 회전할 때의 응력성분(應力成分, Components of Stresses)의 변환과 변형률 성분의 변환에 대한 해석과 평면 또는 공간문제에서의 모어원에 대해 다룬다.

6.2 평면응력의 변환(平面應力의 變換, Transformation of Plane Stress)

대부분의 구조물은 공간상태에 존재하고 있으나, 이 절에서는 해석상의 복잡성을 줄이고 충분한 합리성 있는 결과를 도출할 수 있도록 그림 6.1과 같은 평면문제의 응력변환에 대해 다루기로 한다.

그림 6.1(a)는 정좌표축 x, y에서의 평면응력상태를 나타내고 있고 그림 6.1(b)는 시계반대방향으로 θ만큼 회전된 좌표축 x', y'에서의 평면응력상태를 나타내고 있다. 각 θ만

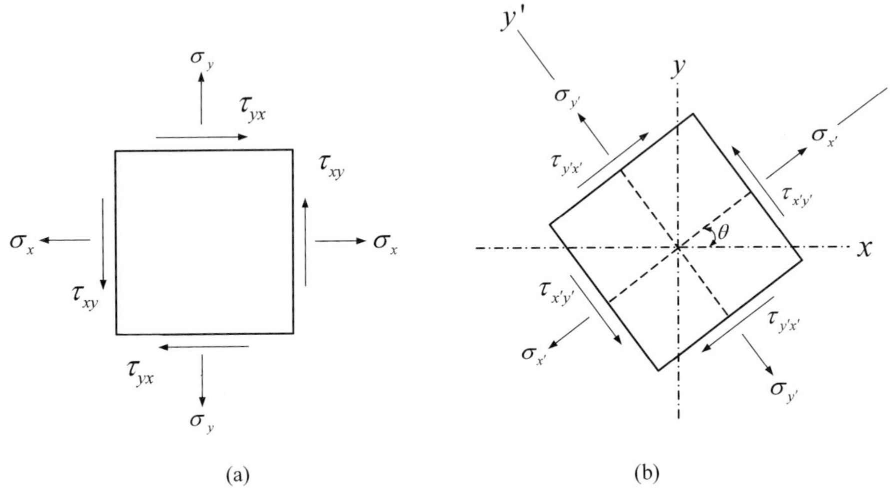

그림 6.1

큼 회전된 좌표축에서 미소요소(微小要素, Infinitesimal Element)에 표현된 $\sigma_{x'}$, $\sigma_{y'}$, $\tau_{x'y'}$과 정좌표축에서 표현된 σ_x, σ_y, τ_{xy}와의 관계식을 유도하기 위해 그림 6.2와 같은 삼각형요소를 사용하기로 한다.

그림 6.2(a)에는 정좌표축으로 작용되는 σ_x, σ_y, τ_{xy}, τ_{yx}와 회전각 θ의 경사면의 수직응력 $\sigma_{x'}$과 전단응력 $\tau_{x'y'}$이 표시되어 있다. 그림 6.2(b)는 경사면의 면적을 A_0로 하여 그림 6.2(a)에서의 응력들에 해당 면적들을 곱해 힘의 성분으로 표시한 그림이다. 힘의 성분으로 표시한 이유는 응력성분으로는 힘의 평형방정식을 세울 수 없기 때문이다. 최종적으로 θ만큼 회전된 축 x', y'의 $\sigma_{x'}$과 $\tau_{x'y'}$에 대해 정리된 식을 유도하기 위해 그림 6.2(b)와 같이 정좌표축으로 표시된 힘들을 그림 6.2(c)와 같이 x', y'축으로 분해하였다.

다음으로는 힘의 평형방정식 $\sum F_{x'}=0$, $\sum F_{y'}=0$으로부터 $\sigma_{x'}$과 $\tau_{x'y'}$의 항으로 정좌표축의 σ_x, σ_y, τ_{xy}를 다음과 같은 힘의 평형방정식으로 전개할 수 있다.

$$\overset{\nearrow}{+}\sum F_{x'} = A_0\sigma_{x'} - A_0\sigma_x\cos^2\theta - A_0\tau_{xy}\cos\theta\sin\theta - A_0\tau_{yx}\sin\theta\cos\theta - A_0\sigma_y\sin^2\theta = 0$$

여기서 $\tau_{xy}=\tau_{yx}$이므로 $\sigma_{x'}$은 다음과 같은 식으로 나타내어진다.

$$\sigma_{x'} = \sigma_x\cos^2\theta + \sigma_y\sin^2\theta + 2\tau_{xy}\sin\theta\cos\theta \tag{6.1}$$

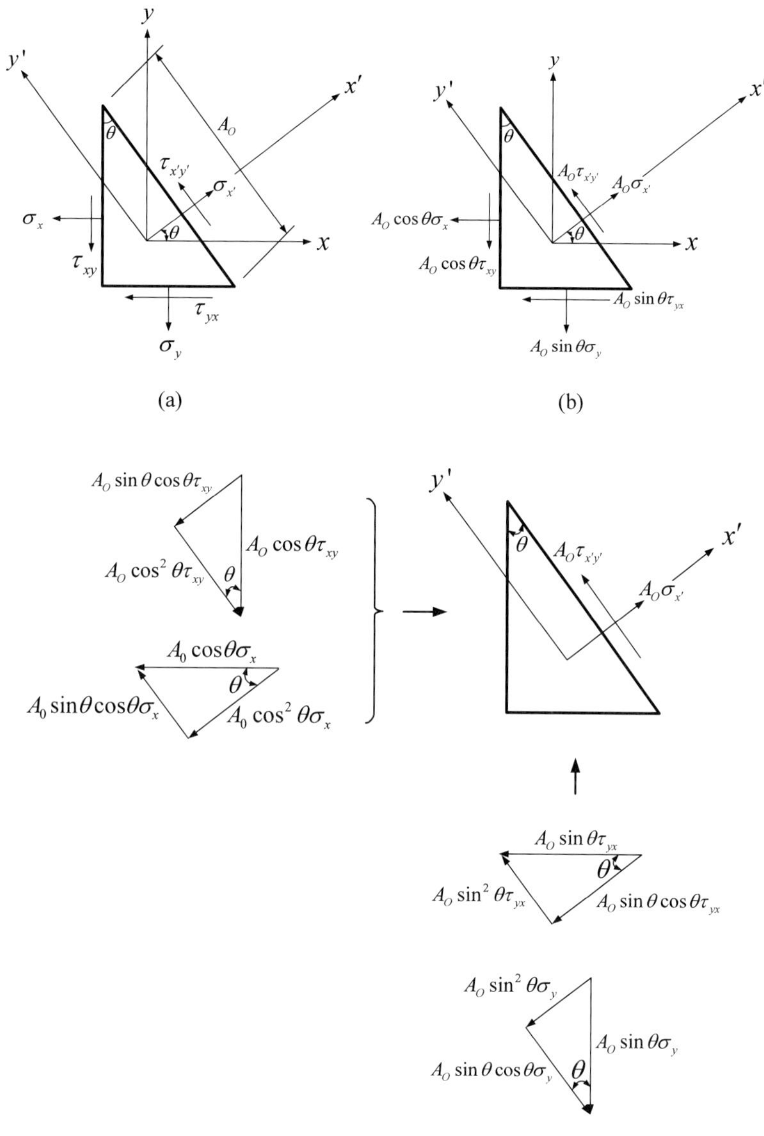

그림 6.2

다음으로는

$$\nwarrow_{+}\sum F_{y'} = A_0\tau_{x'y'} - A_0\tau_{xy}\cos^2\theta + A_0\sigma_x\cos\theta\sin\theta + A_0\sin^2\theta\tau_{yx} - A_0\sigma_y\sin\theta\cos\theta = 0$$

으로부터

$$\tau_{x'y'} = (\sigma_y - \sigma_x)\sin\theta\cos\theta + \tau_{xy}(\cos^2\theta - \sin^2\theta) \tag{6.2}$$

라는 식이 성립된다. 다음과 같은 삼각함수공식

$$\sin 2\theta = 2\sin\theta\cos\theta$$

$$\cos 2\theta = \cos^2\theta - \sin^2\theta$$

$$\sin^2\theta = \frac{1-\cos 2\theta}{2}$$

$$\cos^2\theta = \frac{1+\cos 2\theta}{2}$$

들을 식 (6.1)과 식 (6.2)에 대입하면 $\sigma_{x'}$과 $\tau_{x'y'}$은 다음의 식들과 같이 표현된다.

$$\sigma_{x'} = \sigma_x \frac{1+\cos 2\theta}{2} + \sigma_y \frac{1-\cos 2\theta}{2} + \tau_{xy}\sin 2\theta$$

$$= \frac{\sigma_x + \sigma_y}{2} + \frac{\sigma_x - \sigma_y}{2}\cos 2\theta + \tau_{xy}\sin 2\theta \tag{6.3}$$

$$\tau_{x'y'} = -(\sigma_x - \sigma_y)\frac{\sin 2\theta}{2} + \tau_{xy}\cos 2\theta \tag{6.4}$$

여기서 $\sigma_{y'}$에 대한 식은 $\sigma_{x'}$에 대한 식에서 θ를 $\theta + 90°$로 대치하여 얻어진다. 즉,

$$\sigma_{y'} = \frac{\sigma_x + \sigma_y}{2} - \frac{\sigma_x - \sigma_y}{2}\cos 2\theta - \tau_{xy}\sin 2\theta \tag{6.5}$$

로 표현된다. 여기서 $\sigma_{x'}$의 식과 $\sigma_{y'}$의 식을 더하면 다음과 같은 등식이 성립된다.

$$\sigma_{x'} + \sigma_{y'} = \sigma_x + \sigma_y \tag{6.6}$$

이 결과는 계산결과에 대한 검증 시 이용될 수 있다

6.3 주응력(主應力, Principal Stress)과 최대 전단응력(最大剪斷應力, Maximum Shear Stress)

주응력은 σ_x와 σ_y 및 τ_{xy}의 상호작용에 의해 발생되는 최대 또는 최소 응력을 말하며 위의 $\sigma_{x'}$과 $\tau_{x'y'}$의 식으로부터 원의 방정식을 유도함으로써 얻어진다. 식 (6.3)으로부터 $\dfrac{\sigma_x + \sigma_y}{2}$를 좌변으로 이항하고 양변을 제곱하면 다음과 같다.

$$\left(\sigma_{x'}-\frac{\sigma_x+\sigma_y}{2}\right)^2=\left[\left(\frac{\sigma_x-\sigma_y}{2}\right)\cos 2\theta+\tau_{xy}\sin 2\theta\right]^2$$
$$=\left(\frac{\sigma_x-\sigma_y}{2}\right)^2\cos^2 2\theta+\tau_{xy}^2\sin^2 2\theta+(\sigma_x-\sigma_y)\tau_{xy}\cos 2\theta\sin 2\theta$$

그리고 식 (6.4)로부터 양변을 제곱하면 다음과 같은 등식이 성립되고

$$\tau_{x'y'}^2=\left(\frac{\sigma_x-\sigma_y}{2}\right)^2\sin^2 2\theta+\tau_{xy}^2\cos^2 2\theta-(\sigma_x-\sigma_y)\tau_{xy}\sin 2\theta\cos 2\theta$$

위의 두 식을 더하면 다음과 같다.

$$\left(\sigma_{x'}-\frac{\sigma_x+\sigma_y}{2}\right)^2+\tau_{x'y'}^2=\left(\frac{\sigma_x-\sigma_y}{2}\right)^2(\sin^2 2\theta+\cos^2 2\theta)+\tau_{xy}^2(\sin^2 2\theta+\cos^2 2\theta)$$

그리고 $\sin^2\theta+\cos^2\theta=1$이므로 이 식을 다시 정리하면

$$\left(\sigma_{x'}-\frac{\sigma_x+\sigma_y}{2}\right)^2+\tau_{x'y'}^2=\left(\frac{\sigma_x-\sigma_y}{2}\right)^2+\tau_{xy}^2 \tag{6.7}$$

가 된다. 여기서 평균응력(平均應力, Average Stress) $\sigma_{\text{ave}}=\dfrac{\sigma_x+\sigma_y}{2}$이고 $R^2=(\dfrac{\sigma_x-\sigma_y}{2})^2+\tau_{xy}^2$으로 놓으면 원의 방정식이 완성된다. 즉,

$$(\sigma_{x'}-\sigma_{\text{ave}})^2+\tau_{x'y'}^2=R^2 \tag{6.8}$$

그림 6.3은 원의 방정식(식 6.8)을 그림으로 나타낸 것이다. 원의 중심 O에서

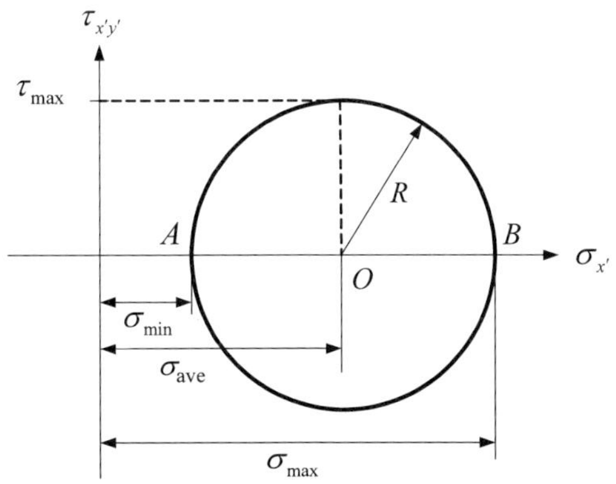

그림 6.3

$\sigma_{ave} = \dfrac{\sigma_x + \sigma_y}{2}$이고 원의 반지름은 R이다. 따라서 $\sigma_{max} = \sigma_{ave} + R$, $\sigma_{min} = \sigma_{ave} - R$이고 이 응력들을 주응력(主應力, Principal Stress)이라 한다. 한편 τ_{max}는 원의 반지름 R에 해당된다. 이를 다시 정리하면

$$\sigma_{max/min} = \frac{\sigma_x + \sigma_y}{2} \pm \sqrt{(\frac{\sigma_x - \sigma_y}{2})^2 + \tau_{xy}^2} \tag{6.9}$$

이고

$$R = \tau_{max} = \sqrt{(\frac{\sigma_x - \sigma_y}{2})^2 + \tau_{xy}^2} \tag{6.10}$$

으로 표현된다. 그림 6.3으로부터 σ_{max} 또는 σ_{min}이 되기 위해서는 $\tau_{x'y'} = 0$이어야 한다. 따라서 식 (6.4)로부터 σ_{max} 또는 σ_{min}이 되기 위한 조건식은 다음과 같다.

$$0 = -(\sigma_x - \sigma_y)\frac{\sin 2\theta}{2} + \tau_{xy}\cos 2\theta$$

그리고 σ_{max}와 σ_{min}이 되기 위한 경사각 θ_p는 다음 식으로부터 구할 수 있다.

$$\tan 2\theta_p = \frac{\sin 2\theta_p}{\cos 2\theta_p} = \frac{2\tau_{xy}}{\sigma_x - \sigma_y} \tag{6.11}$$

이때 각 θ_p는 σ_{max} 또는 σ_{min}의 작용방향이 x축과 이루는 각이 된다(그림 6.4 참조). 또한 θ_p는 주면과 이루는 각이라고도 한다.

그림 6.4로부터 σ_{max} 또는 σ_{min}의 작용방향과 90°를 이루는 면을 주면 또는 주응력면

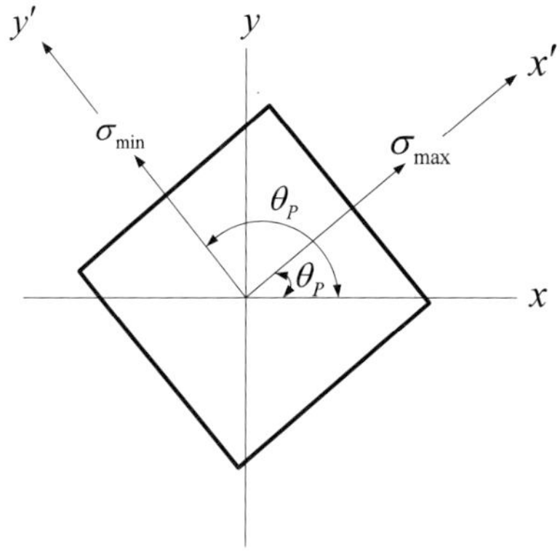

그림 6.4

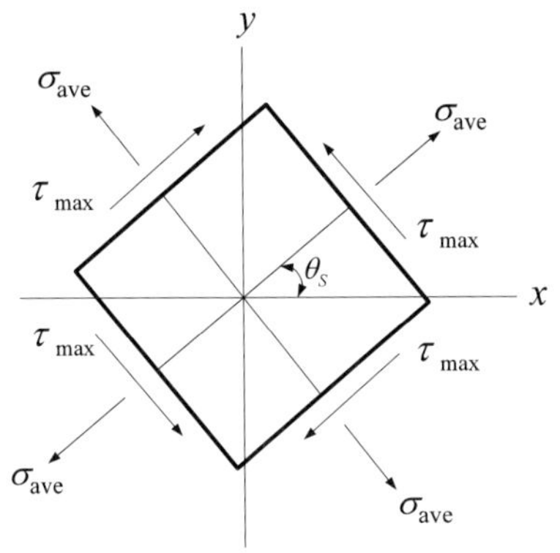

그림 6.5

(主應力面, Plane of Principal Stress)이라고 한다.

다음으로는 σ_{max}와 σ_{min}의 평균응력 σ_{ave}일 때 발생되는 최대 전단응력 τ_{max}의 작용방향에 대한 직각축 즉, σ_{ave}의 작용방향축과 x좌표축이 이루는 각 θ_s를 구해보자(그림 6.5 참조).

식 (6.3)에서 $\sigma_{x'} = \sigma_{ave} = \dfrac{\sigma_x + \sigma_y}{2}$로 놓으면 θ_s가 구해진다. 따라서

$$\tan 2\theta_s = -\frac{\sigma_x - \sigma_y}{2\tau_{xy}} = -\frac{1}{\tan 2\theta_p} \tag{6.12}$$

이 된다. 즉 $\tan 2\theta_p$와 $\tan 2\theta_s$는 부호가 다른 역수이다. 이는 θ_p와 θ_s는 45°를 이룬다는 뜻이다. 이 관계가 그림 6.6에 나타나 있다.

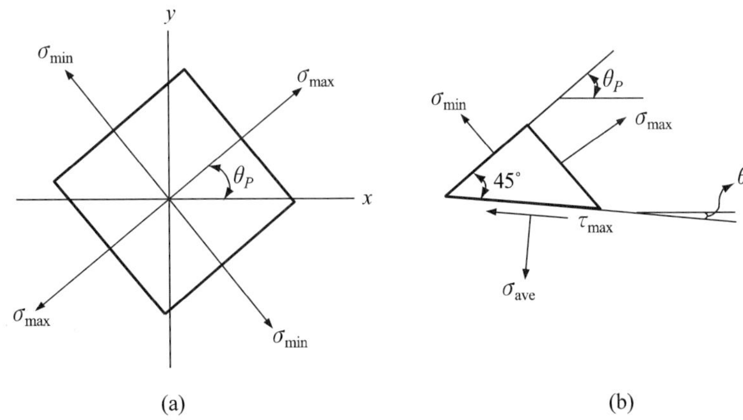

그림 6.6

그림 6.6(a)는 주응력과 θ_p가 표시되어 있고 그림 6.6(b)는 주응력과 τ_{max}와의 관계 및 θ_p와 θ_s의 관계가 표시되어 있다. 여기서 $\theta_s = \theta_p - 45$의 관계가 성립된다.

[예제 6.1]

그림과 같은 평면응력 상태에 대해 주면과 주응력, 최대 전단응력과 이에 대응되는 축응력을 구하라.

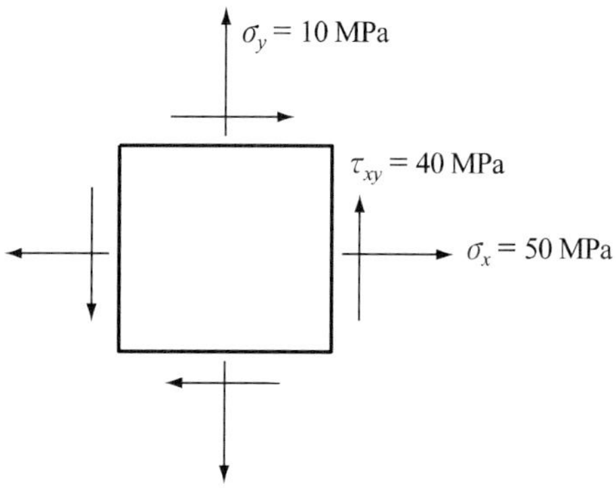

[풀이] 부호규약에 따라 응력성분은 다음과 같다.

$$\sigma_x = 50\ \text{MPa},\ \ \sigma_y = 10\ \text{MPa},\ \ \tau_{xy} = 40\ \text{MPa}$$

주면을 구하면 다음과 같다.

$$\tan 2\theta_P = \frac{2\tau_{xy}}{\sigma_x - \sigma_y} = \frac{2 \times 40}{50 - 10} = \frac{80}{40}$$

$$2\theta_P = 63.4^\circ \ \text{또는}\ 180^\circ + 63.4^\circ = 243.4^\circ$$

$$\theta_P = 31.7^\circ \ \text{또는}\ 121.7^\circ$$

주응력은 주응력 공식(식 6.9)에 의해 다음과 같이 계산된다.

$$\sigma_{max/min} = \frac{\sigma_x + \sigma_y}{2} \pm \sqrt{\left(\frac{\sigma_x - \sigma_y}{2}\right)^2 + \tau_{xy}^2}$$

$$= \frac{50+10}{2} \pm \sqrt{\left(\frac{50-10}{2}\right)^2 + 40^2}$$

$$= 30 \pm \sqrt{20^2 + 40^2}$$

$$\sigma_{max} = 30 + 44.72 = 74.72\ \text{MPa}$$

$$\sigma_{min} = 30 - 44.72 = -14.72\ \text{MPa}$$

주면과 주응력을 도시하면 다음과 같다.

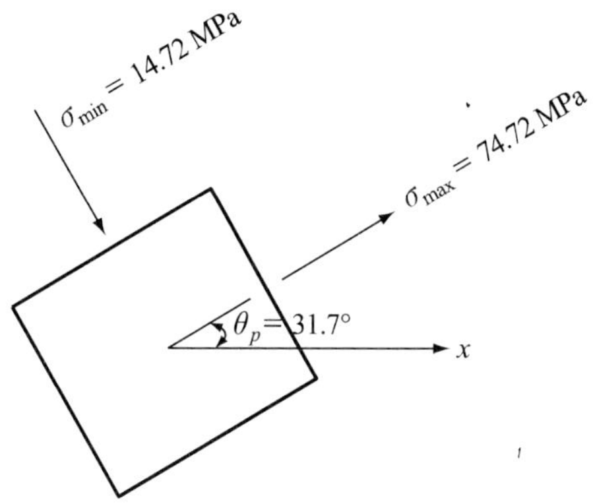

최대 전단응력과 이에 대한 축응력 $\sigma' = \sigma_{ave}$는 다음과 같다.

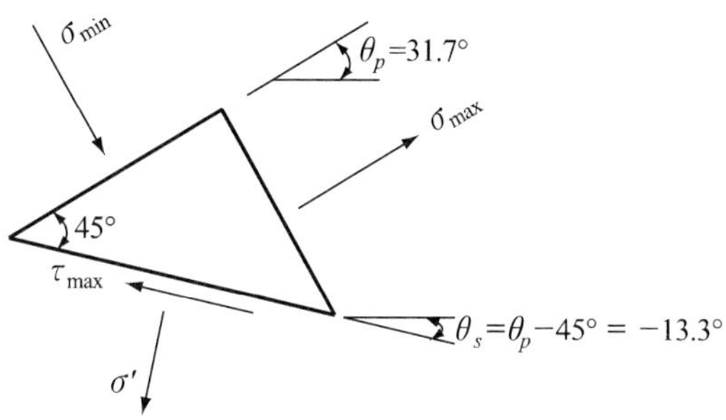

$$\tau_{max} = \sqrt{\left(\frac{\sigma_x - \sigma_y}{2}\right)^2 + \tau_{xy}^2} = \sqrt{\left(\frac{50-10}{2}\right)^2 + 40^2} = 44.72\ \text{MPa}$$

$$\sigma' = \sigma_{ave} = \frac{\sigma_x + \sigma_y}{2} = \frac{50+10}{2} = 30\ \text{MPa}$$

[예제 6.2]

ㄱ자형 구조물에 그림과 같은 하중이 작용되고 있다. ABC 부재는 지름 $d = 800$ mm인 원형 중실단면이다. D 점에서의 축응력과 전단응력을 구하고 주면과 주응력을 구하라.

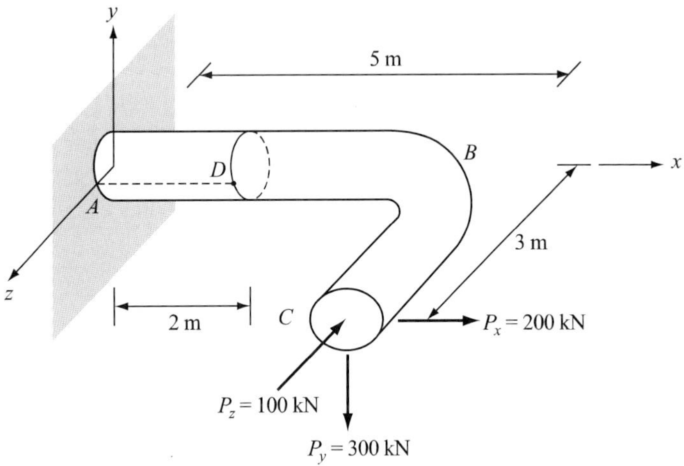

[풀이] D 점을 포함하는 단면에 작용되는 부재력을 다음의 자유물체도를 이용하여 구한다.

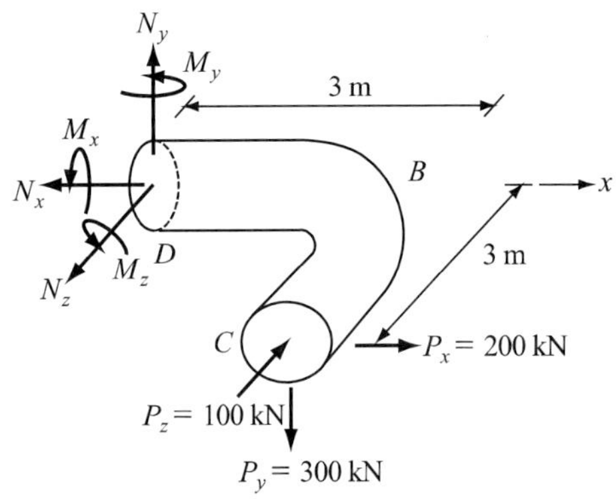

다음의 힘의 평형방정식으로부터 D 점에서의 부재력 N_x, N_y, N_z 및 M_x, M_y, M_z를 구해보자.

$$\overset{\rightarrow}{+}\sum F_x = -N_x + 200 = 0 \quad \rightarrow \quad N_x = 200 \text{ kN}$$

$$+\uparrow \sum F_y = N_y - 300 = 0 \quad \rightarrow \quad N_y = 300 \text{ kN}$$

$$+\nearrow \sum F_z = -N_z + 100 = 0 \quad \rightarrow \quad N_z = 100 \text{ kN}$$

$$\sum M_x = M_x - 300 \times 3 = 0 \quad \rightarrow \quad M_x = 900 \text{ kN}$$

$$\sum M_y = M_y + 200 \times 3 + 100 \times 3 = 0 \quad \rightarrow \quad M_y = -900 \text{ kN}$$

$$\sum M_z = M_z - 300 \times 3 = 0 \quad \rightarrow \quad M_z = 900 \text{ kN}$$

계산결과를 표시하면 다음 그림과 같다. 여기서 주의해야 할 점은 앞서 자유물체도에서의 단면과 다음 그림의 단면은 마주보는 단면이므로 양단면에서의 부재력 방향은 힘의 평형조건에 따라 나타내야 한다. 여기서 또 하나 주의해야 할 점은 M_y가 '−'이므로 화살표 방향이 원래 설정했던 방향의 반대 즉, 시계방향이어야 한다.

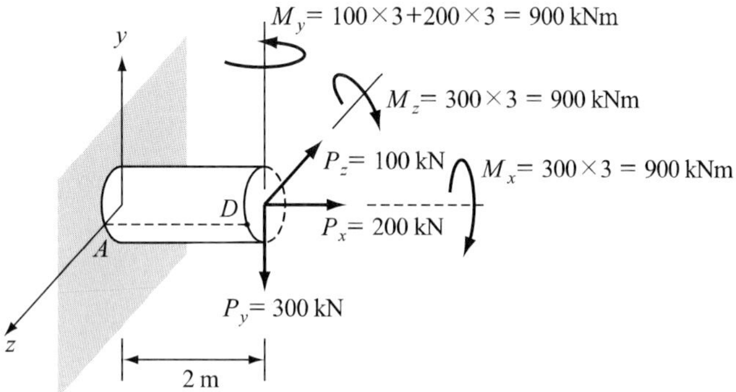

D 점에서의 응력 σ_x, τ_{xy}를 산정하면 다음과 같다.

$$\sigma_x = \frac{P_x}{A} + \frac{M_y}{I_y} z = \frac{200 \times 10^3}{\dfrac{\pi \times 800^2}{4}} + \frac{900 \times 10^6}{\dfrac{\pi \times 800^4}{64}} \times 400 = 18.3 \text{ MPa}$$

여기서 D 점이 z축의 중립축에 놓여있기 때문에 M_z에 의한 E 점에서의 σ_x 성분은 "0"이다. 다음으로 전단응력 τ_{xy}는 다음과 같이 구해진다.

$$\tau_{xy} = \frac{P_y Q}{I_z t} + \frac{M_x r}{J} = \frac{300 \times 10^3 \times \dfrac{1}{2} \times \dfrac{\pi \times 800^2}{4} \times \dfrac{4}{3\pi} \times \dfrac{800}{2}}{\dfrac{\pi \times 800^4}{64} \times 800} + \frac{900 \times 10^6 \times \dfrac{800}{2}}{\dfrac{\pi \times 800^4}{32}}$$

$$= 9.7 \text{ MPa}$$

여기서 D점에서의 P_z에 의한 전단응력은 D점이 z축 끝단에 있기 때문에 발생되지 않는다.

이상의 계산결과는 다음 그림과 같이 표시된다. 여기서 τ_{xy}의 방향은 P_y의 방향과 같으므로 '−'이다.

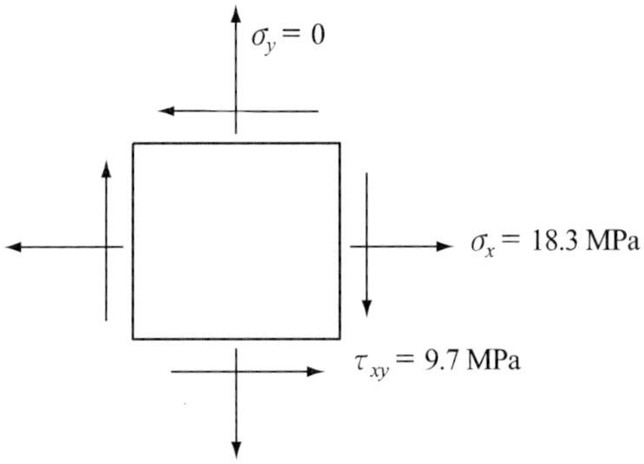

위에서 구한 응력성분들을 식 (6.11)에 대입하면 주면의 방향 θ_P는 다음과 같이 계산된다.

$$\tan 2\theta_P = \frac{2\tau_{xy}}{\sigma_x - \sigma_y} = \frac{2\times(-9.7)}{18.3-0} = -\frac{19.4}{18.3}$$

$$2\theta_P = -46.7^\circ \text{ 또는 } 180^\circ - 46.7^\circ = 133.3^\circ$$

$$\theta_P = -23.4^\circ \text{ 또는 } 66.7^\circ$$

주응력은 주응력 공식에 의해 다음과 같이 계산된다.

$$\sigma_{\max/\min} = \frac{\sigma_x+\sigma_y}{2} \pm \sqrt{\left(\frac{\sigma_x-\sigma_y}{2}\right)^2 + \tau_{xy}^2}$$

$$= \frac{18.3+0}{2} \pm \sqrt{\left(\frac{18.3-0}{2}\right)^2 + (-9.7)^2}$$

$$= 9.15 \pm \sqrt{9.15^2 + (-9.7)^2}$$

$$\sigma_{\max} = 9.15 + 13.33 = 22.48 \text{ MPa}$$

$$\sigma_{\min} = 9.15 - 13.33 = -4.18 \text{ MPa}$$

주면과 주응력을 도시하면 다음과 같다.

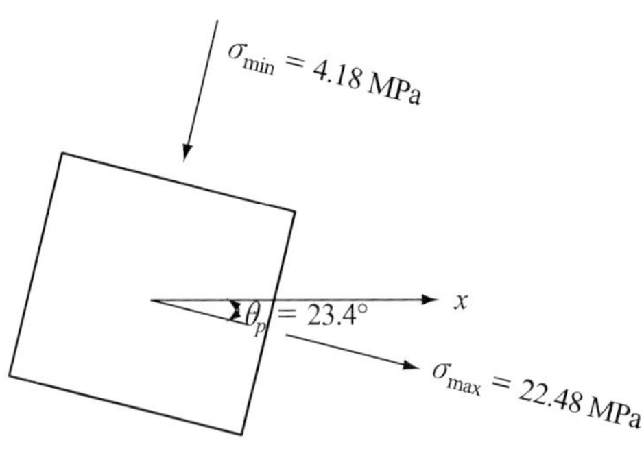

6.4 평면응력(平面應力, Plane Stress)에 대한 모어(Mohr)원

평면응력에 대한 모어(Mohr)원은 독일공학자 Otto Mohr(1835~1918)가 공학적인 공식을 사용하지 않고 단순한 기하학(幾何學, Geometry)에 근거를 둔 고찰에 의한 것이다. 모어원은 일정한 규칙에 의해 작성되고 원을 이용해 주응력 $\sigma_{\max}$ 및 $\sigma_{\min}$ 그리고 주면과 이루는 각 θ_P를 구할 수 있다.

규칙으로는 X점과 Y점을 정의하였는데 τ_{xy}가 '+'일 때 $Y(\sigma_y,\ \tau_{xy})$점과 $X(\sigma_x,\ -\tau_{xy})$점의 좌표가 결정된다. X점과 Y점을 연결한 직선이 σ축과 만난 점이 모어원의 중심이 되고 X점과 Y점을 지나는 원이 모어원이 된다. 만일 τ_{xy}가 '−'이면 $X(\sigma_x,\ \tau_{xy})$점과 $Y(\sigma_y,\ -\tau_{xy})$점의 좌표가 결정되고 나머지 방법은 앞에서와 동일하다. 그리고 τ_{xy}가 '−'이면 x축과 $\sigma_{\max}$의 작용축이 이루는 각 즉, θ_P는 '−' 즉, 시계방향의 각이 된다. τ_{xy}가 '+'인 경우의 한 예가 그림 6.7에 나타나 있다. 그림 6.7에서의 $2\theta_P$는 시계방향으로 표시되어 있으나 실제로는 시계 반대방향임을 주지하기 바란다. 다시 말해서 모어원에서 나타내는 θ_P의 부호는 실제와는 반대부호이다.

그림으로부터 $x'=\sqrt{R^2-\tau_{xy}^2}$으로부터 결정되고 $\tan 2\theta_p=\dfrac{\tau_{xy}}{x'}$로부터 θ_P를 구할 수 있다.

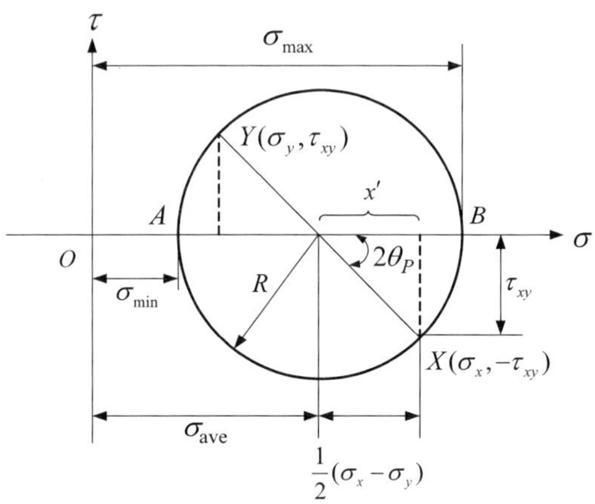

그림 6.7

[예제 6.3]

구조 부재의 한 평면요소가 그림과 같이 $\sigma_x = 80\,\mathrm{MPa}$, $\sigma_y = 20\,\mathrm{MPa}$, $\tau_{xy} = 30\,\mathrm{MPa}$의 평면응력을 받고 있다. 모어원을 작도하고 주응력 및 θ_P, 최대 전단응력과 이에 대응되는 축응력을 구하라.

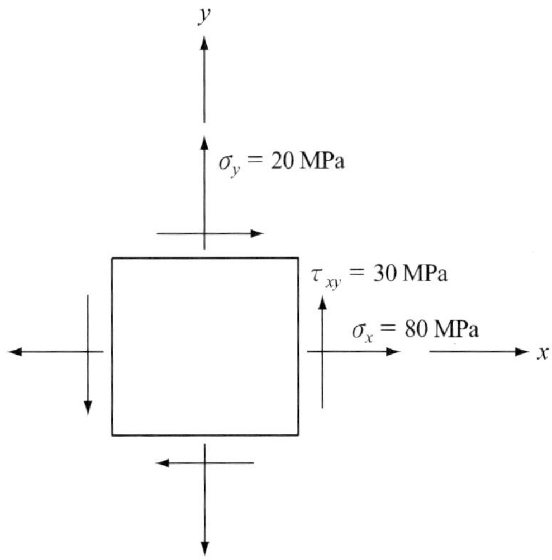

[풀이] τ_{xy}가 '+'이므로 모어원의 작성규칙에 따라 좌표점 $Y(20,\ 30)$이고 좌표점 $X(80,\ -30)$이다. 따라서 X 점과 Y 점을 연결한 직선과 σ축과 만나는 점이 모어원의 중심 C가 되고 X 점과 Y 점을 지나는 원이 모어원이 된다.

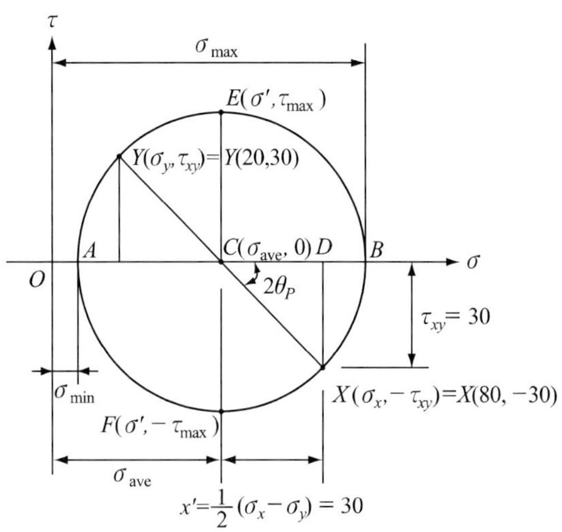

위의 그림에서 모어원의 중심 C점의 횡좌표는 다음과 같다.

$$\sigma_{\text{ave}} = \frac{\sigma_x + \sigma_y}{2} = \frac{80 + 20}{2} = 50\ \text{MPa}$$

그리고 삼각형 CDX의 변의 길이

$CD = x' = \frac{1}{2}(\sigma_x - \sigma_y) = \sigma_x - \sigma_{\text{ave}} = 30\ \text{MPa}$이고 $DX = 30\ \text{MPa}$이므로

원의 반지름 R은 다음과 같이 계산된다.

$$R = CX = \sqrt{30^2 + 30^2} = 42.43\ \text{MPa}$$

따라서 주응력

$\sigma_{\max} = OB = OC + CB = 50 + 42.43 = 92.43\ \text{MPa}$

$\sigma_{\min} = OA = OC - CA = 50 - 42.43 = 7.57\ \text{MPa}$로 계산된다.

주어진 응력성분들을 식 (6.11)에 대입하면 주면의 방향 θ_P는 다음과 같이 계산된다.

$$\tan 2\theta_P = \frac{2\tau_{xy}}{\sigma_x - \sigma_y} = \frac{2 \times (30)}{80 - 20} = 1$$

$$2\theta_P = 45^\circ \text{ 또는 } 180^\circ + 45^\circ = 225^\circ$$

$$\theta_P = 22.5^\circ \text{ 또는 } 112.5^\circ$$

θ_P는 식 (6.11)을 이용하지 않고 모어원으로부터 직접 구할 수도 있다. 모어원에 표현된 θ_P의 부호는 반대임을 상기하기 바란다.

위의 그림으로부터 최대 전단응력

$\tau_{\max} = R = 42.43\ \text{MPa}$이고 이에 대응하는 축응력

$\sigma' = \sigma_{\text{ave}} = 50\ \text{MPa}$이다.

[예제 6.4]

그림과 같은 구조부재의 평면응력상태에 대해 다음을 구하라.

(a) 주응력과 주면의 방향

(b) 주어진 요소를 반시계방향으로 25° 회전하여 얻은 요소에 발생되는 응력성분

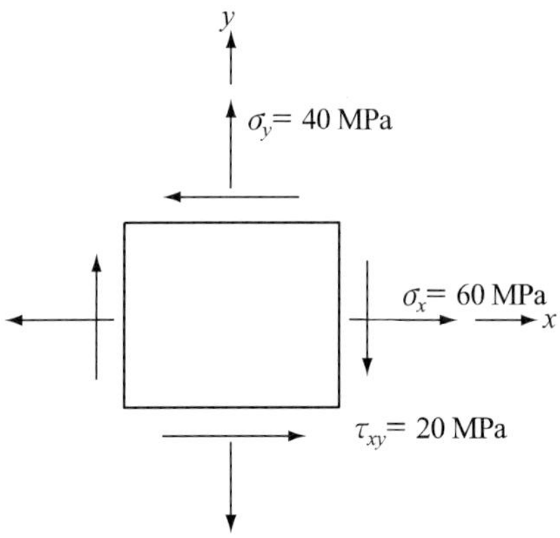

[풀이] 우선 모어원을 작도한다. τ_{xy}가 '−'이므로 좌표점 X는 (60, 20)이고 좌표점 Y는 (40, −20)이다. 따라서 X점과 Y점을 연결하면 모어원의 중심 C를 얻을 수 있다. 모어원의 중심좌표 C점의 좌표(σ_{ave}, 0)와 모어원의 반지름은 다음과 같이 계산된다.

$$\sigma_{\text{ave}} = OC = \frac{\sigma_x + \sigma_y}{2} = \frac{60+40}{2} = 50\text{ MPa}$$

$$R = \sqrt{(CF)^2 + (FX)^2} = \sqrt{\left(\frac{\sigma_x - \sigma_y}{2}\right)^2 + \tau_{xz}^2} = \sqrt{\left(\frac{60-40}{2}\right)^2 + 20^2} = 22\text{ MPa}$$

위에서 계산된 결과를 그림으로 나타내면 다음과 같다.

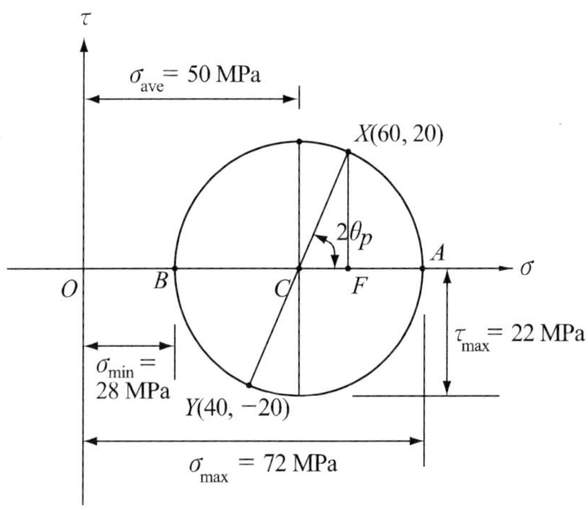

(a) 주응력의 계산

$\tan 2\theta_p = \dfrac{XF}{CF} = \dfrac{20}{10} = 2$이고 $2\theta_p = 63.4°$이므로 $\theta_p = 31.7°$이다. 여기서 실제적인 θ_P는 '−'임을 주지하기 바란다.

따라서 최대 주응력과 최소 주응력은 다음과 같이 계산된다.

$$\sigma_{max} = OA = OC + CA = 50 + 22 = 72 \text{ MPa}$$

$$\sigma_{min} = OB = OC - BC = 50 - 22 = 28 \text{ MPa}$$

또한 주응력과 주면의 방향은 아래의 그림과 같이 표현된다.

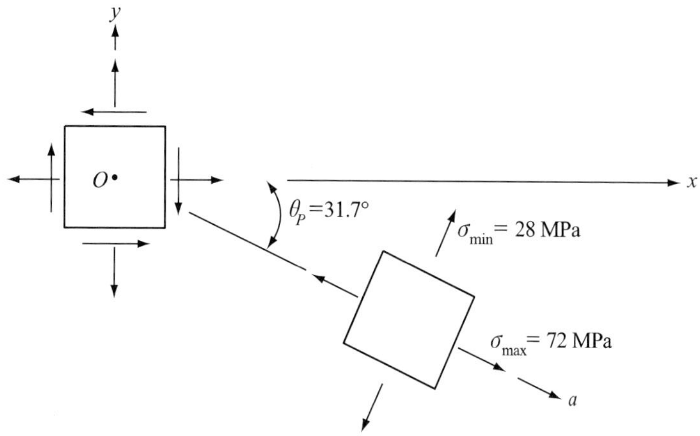

(b) 반시계방향으로 25° 회전된 요소의 응력성분

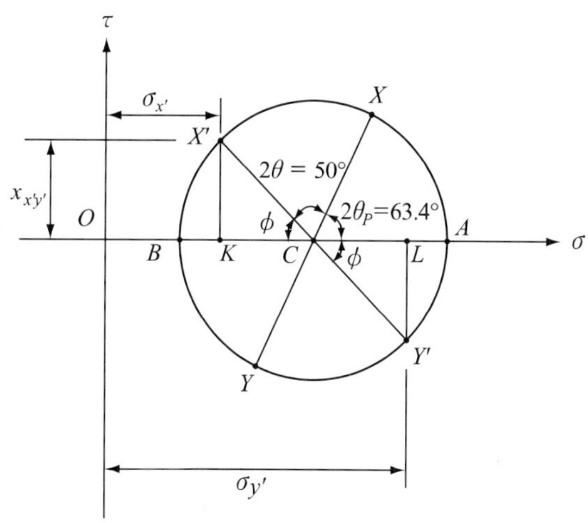

회전된 응력성분은 반시계방향으로 $2\theta = 50°$만큼 회전한 경우로

$$\phi = 180° - 50° - 63.4° = 66.6°$$

이고 $\sigma_{x'} = OK = OC - KC = 50 - 22\cos 66.6° = 41.3 \text{ MPa}$

$\sigma_{y'} = OL = OC + CL = 50 + 22\cos 66.6° = 58.7 \text{ MPa}$

$\tau_{x'y'} = KX' = 22\sin 66.6° = 20.2 \text{ MPa}$로 계산된다.

따라서 주어진 요소를 반시계방향으로 25° 회전시켜 얻은 요소에 발생되는 응력성분을 그림으로 표시하면 다음과 같다.

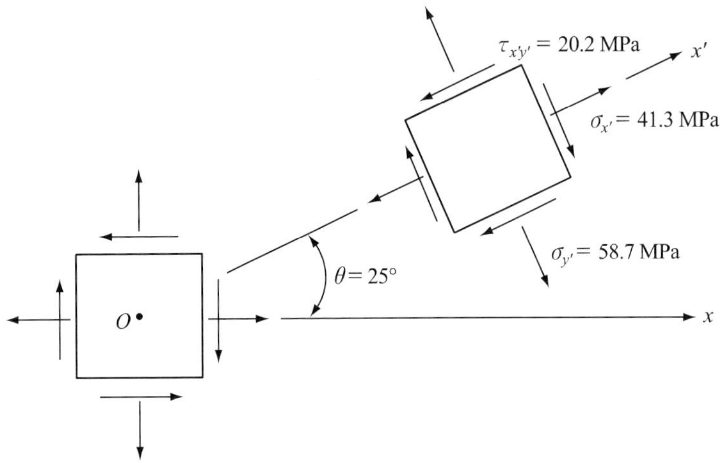

6.5 축하중과 비틀림모멘트에 의한 모어도

그림 6.8(a)는 단면적이 A인 부재에 축하중 P가 작용된 상태를 나타내고 있다. 이 상태에서 y 축 방향의 하중이 없으므로 $\sigma_y = \tau_{xy} = 0$이다. 따라서 좌표점 Y는 (0, 0)이고 X는 $(\sigma_x,\ 0)$이 되므로 그림 6.8(b)와 같은 모어도가 작성된다. 여기서 $\tau_{\max}$는 모어원의 원점 C 즉, $\sigma_{\text{ave}} = \dfrac{\sigma_x}{2}$이다. 따라서 $\tau_{\max} = \dfrac{P}{2A}$가 된다. 여기서 σ_x는 $\sigma_{\max}$이고 $\sigma_{\max}$와 σ_{ave}는 45°의 경사를 이루어야 하므로 그림 6.8(c)와 같이 나타내진다. X점과 Y점의 연결축은 x축이므로 $\theta_P = 0°$이고 $\sigma_{\max}$의 작용방향 즉, x축과 $\tau_{\max}$의 작용방향 또한 45°의 경사를 이룬다. 왜냐하면 σ_{ave}의 방향과 $\tau_{\max}$의 방향이 이루는 각은 90°이기 때문이다. 따라서 이 결과는 그림 1.25의 결과와 일치된다.

다음으로는 비틀림모멘트가 그림 6.9(a)와 같이 작용된 경우에 대해 모어도를 적용해 보자. 비틀림공식에 의해 최대 전단응력 $\tau_{\max} = \dfrac{M_T r}{J}$이고 $\sigma_x = \sigma_y = 0$이다. 모어도의 규칙에 따라서 좌표점 $Y(0,\ \tau_{\max})$, $X(0,\ -\tau_{\max})$가 결정되고 그 결과는 그림 6.9(b)와 같다. 그림으로부터 $\sigma_{\max} = \tau_{\max}$, $\sigma_{\min} = -\tau_{\max}$이다. 또한 X점과 Y점의 연결축 즉, τ축과 σ축과의 각이 $2\theta_P = 90°$이므로 그림 6.9(c)와 같이 $\theta_P = 45°$가 된다.

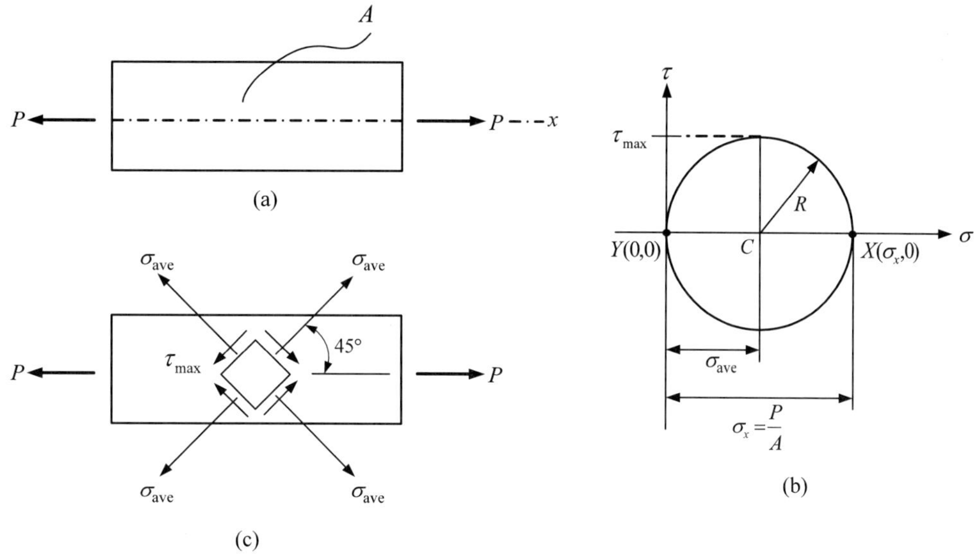
A
P
P
x
(a)
τ
τ_max
R
σ
Y(0,0)
C
X(σ_x,0)
σ_ave
σ_x = P/A
(b)
σ_ave
σ_ave
τ_max
45°
P
P
σ_ave
σ_ave
(c)

그림 6.8

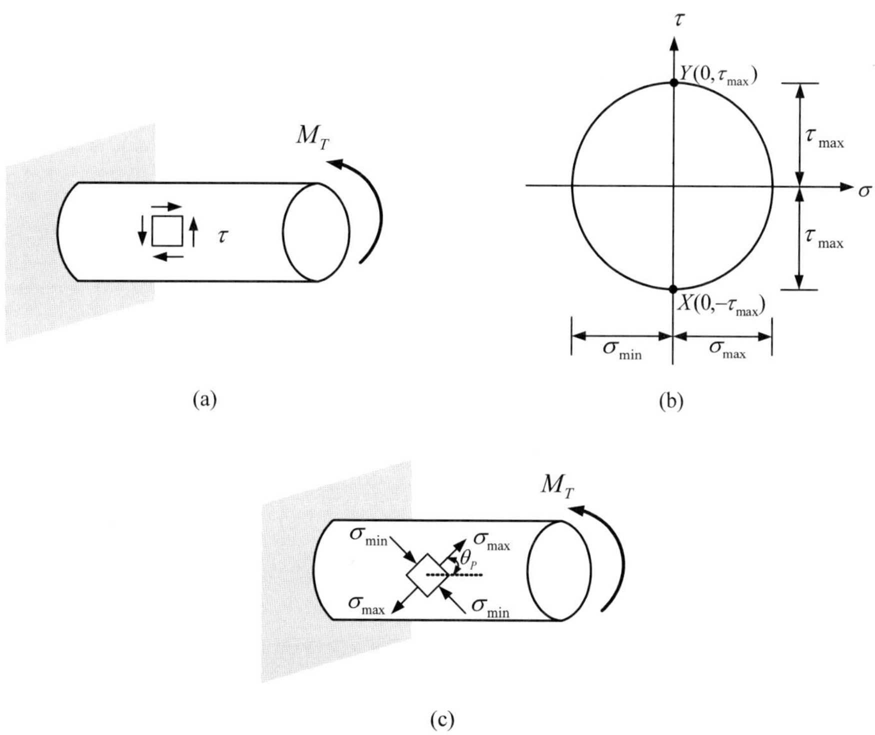
M_T
τ
(a)
τ
Y(0, τ_max)
τ_max
σ
τ_max
X(0, −τ_max)
σ_min
σ_max
(b)
M_T
σ_min
σ_max
θ_P
σ_max
σ_min
(c)

그림 6.9

6.6 일반적인 응력상태(一般的인 應力狀態, General State of Stress)

지금까지는 표현 및 식의 유도가 비교적 간편한 평면문제 즉, $\sigma_z = \tau_{zx} = \tau_{zy} = 0$인 상태에서 회전된 축에 대한 응력의 변환에 대해 다루었다.

이 절에서는 그림 6.10(a)와 같은 일반적인 응력상태 즉, 공간상태에서 그림 6.10(b)와 같이 x, y, z축의 회전에 따른 응력의 변환에 대해 다루어보자.

그림 6.11(a)는 x, y, z좌표계에 삼각주형 4면체(四面體, Tetrahedron) $ABCO$상에 면 BCO는 x축에 ABO는 y축에 그리고 ACO는 z축에 수직의 면이고, 이 면들에 작용되는 인장축응력성분 σ_x, σ_y, σ_z와 전단응력성분 τ_{xy}, τ_{xz}, τ_{yx}, τ_{yz}, τ_{zx}, τ_{zy}가 표시되어 있다. 여기서 전단응력성분들은 음의 면에 음의 방향 즉, 부호규정상 '+'로 표시되어 있다. 여기서 표현하고자 하는 σ_n은 임의 방향면 ABC의 수직축 ON의 인장축응력이다. ABC의 면적을 ΔA라 하고 BCO면, ABO면, ACO면의 면적의 방향여현(方向餘弦, Direction Cosine)을 λ_x, λ_y, λ_z라 하면 BCO면의 면적은 $\Delta A\lambda_x$, ABO면의 면적은 $\Delta A\lambda_y$, ACO면의 면적은 $\Delta A\lambda_z$로 나타내진다. 여기서 방향여현 λ_x를 평면응력의 변환에서의 그림 6.2(b)와 비교하여 설명해보자. 그림 6.2(b)에서 x축의 수직 면적이 $A_O\cos\theta$로 표시되므로, 이 경우 $\cos\theta$가 일반응력상태에서 x축의 수직면의 방향여현 λ_x에 해당된다. x, y, z좌표계에 작용된 응력성분들에 의한 힘들을 구하고자 하는 ABC면의 수직축 즉, ON축의 축력 $\sigma_n\Delta A$의 항으로 표현하기 위해서는 다시 한 번 축 ON의

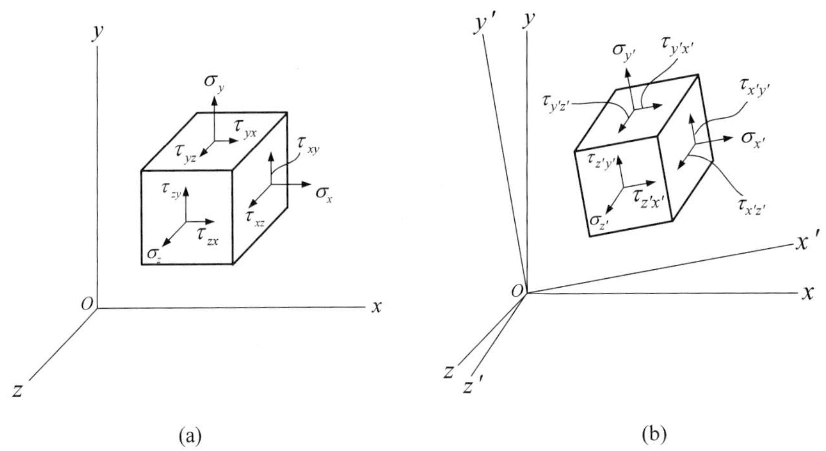

그림 6.10

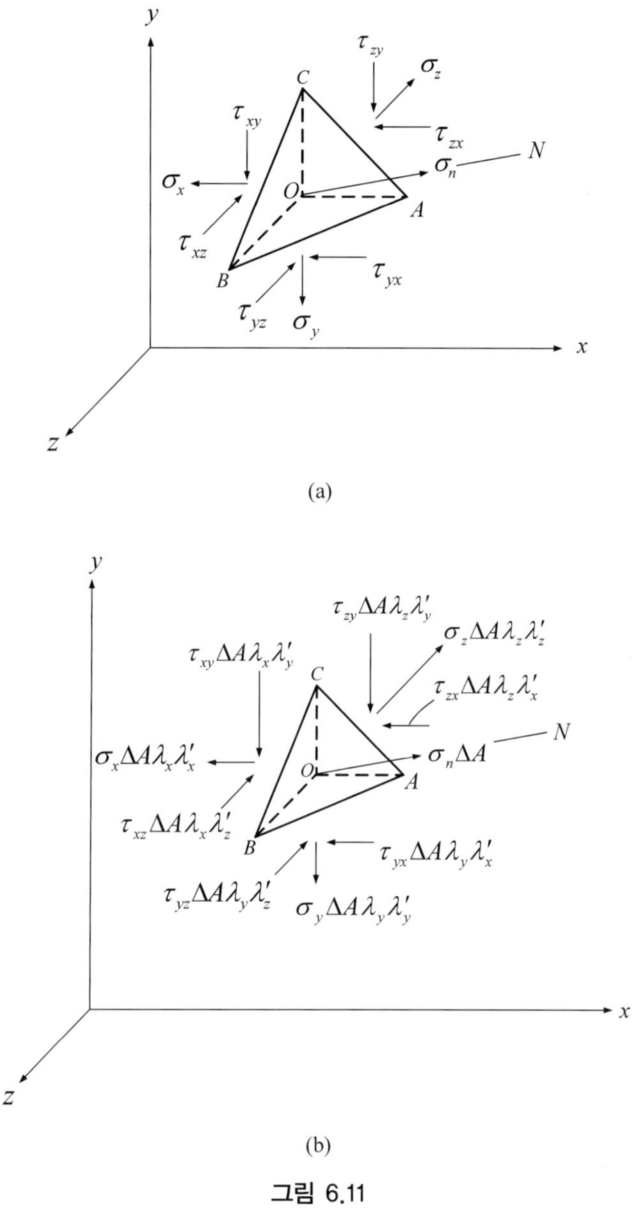

그림 6.11

방향성분을 고려해야 한다. x, y, z좌표계에 작용된 힘의 성분들의 방향여현을 λ'_x, λ'_y, λ'_z이라고 하면 각각의 힘의 성분에 방향여현을 곱해야 하고 그 결과가 그림 6.11(b)에 나타나 있다. 여기서 면적의 방향여현과 힘의 성분들의 방향여현이 서로 다름을 주지하기 바란다.

따라서 그림 6.11(b)로부터 다음과 같은 힘의 평형방정식이 세워진다.

$$\begin{aligned}\sum F_N = \sigma_n \Delta A - \sigma_x \Delta A \lambda_x \lambda'_x - \tau_{xy} \Delta A \lambda_x \lambda'_y \\ - \tau_{xz} \Delta A \lambda_x \lambda'_z - \sigma_y \Delta A \lambda_y \lambda'_y - \tau_{yx} \Delta A \lambda_y \lambda'_x \\ - \tau_{yz} \Delta A \lambda_y \lambda'_z - \sigma_z \Delta A \lambda_z \lambda'_z - \tau_{zx} \Delta A \lambda_z \lambda'_x - \tau_{zy} \Delta A \lambda_z \lambda'_y = 0\end{aligned}$$

여기서 σ_n의 작용면을 제외하고는 모든 응력성분들의 작용면이 음의 면이기 때문에 '−'로 나타낸 것이다. 즉, 양의 면에 작용되는 힘의 성분의 부호와 음의 면에 작용되는 힘의 성분의 부호는 상반된다.

위 식을 ΔA로 나누고 σ_n에 대해 정리하면 다음과 같다.

$$\begin{aligned}\sigma_n = \sigma_x \lambda_x \lambda'_x + \sigma_y \lambda_y \lambda'_y + \sigma_z \lambda_z \lambda'_z + \tau_{xy} \lambda_x \lambda'_y + \tau_{yz} \lambda_y \lambda'_z + \tau_{zx} \lambda_z \lambda'_x \\ + \tau_{yx} \lambda_y \lambda'_x + \tau_{zy} \lambda_z \lambda'_y + \tau_{xz} \lambda_x \lambda'_z\end{aligned} \tag{6.13}$$

식 (6.13)에서 σ_n은 x, y, z좌표계에 작용된 응력성분들 즉, σ_x, σ_y, σ_z, τ_{xy}, τ_{xz}, τ_{yx}, τ_{yz}, τ_{zx}, τ_{zy}를 ON축을 기준으로 한 면 ΔA의 방향여현 λ_x, λ_y, λ_z 및 ON축을 기준으로 한 힘의 방향여현 λ'_x, λ'_y, λ'_z의 곱으로 나타낸 것이다. 여기서 σ_n은 평면응력의 변환에서의 $\sigma_{x'}$에 해당된다.

그림 6.12는 주응력축 a, b, c와 a, b, c축에 발생되는 주응력 σ_a, σ_b, σ_c가 표현되어 있다.

여기까지 일반적인 응력상태 즉, x, y, z좌표계에서의 응력변환에 대해 복잡한 과정을 거쳐 다루었는데 궁극적인 목적은 x, y, z좌표계의 응력성분들 즉, σ_x, σ_y, σ_z 및 τ_{xy}, τ_{xz}, τ_{yx}, τ_{yz}, τ_{zx}, τ_{zy}를 주응력 좌표축 a, b, c와 주응력성분 σ_a, σ_b, σ_c로 표현하는 데

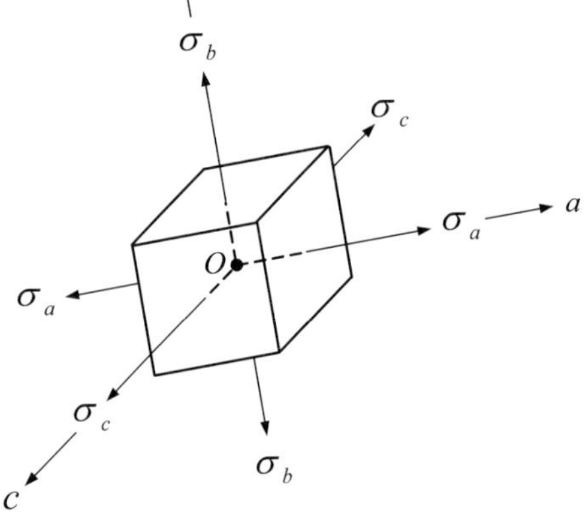

그림 6.12

있다. 그러나 평면응력의 변환에서 $\sigma_{\max}$ 또는 $\sigma_{\min}$으로 표현한 것처럼 정리된 1개의 식으로 σ_a, σ_b, σ_c를 표현하는 것은 불가능하다. 그러나 다음 절의 3차원 응력에 대한 모어도를 이용하면 x, y, z축 중 한 축을 회전축으로 하는 주축 a, b, c에 대한 주응력 및 최대 전단응력을 구할 수 있다.

6.7 3차원 응력에 대한 모어도의 응용

그림 6.13과 같이 단면요소가 c축을 회전축으로 하여 회전한 후의 축을 a축과 b축이라고 한다면 모어도의 평면응력의 변환과 유사한 경우이므로 주응력과 최대 전단응력 및 주면에 대한 모어원의 작도가 가능하다. 이때 c축의 직각면 즉, ab평면에는 축의 회전에 의한 전단응력은 발생되지 않고 σ_c는 회전축상에 존재하기 때문에 변환되지 않는다. 여기서 a, b, c축을 주응력축 또는 주축(主軸, Principal Axis)이라 한다.

그림 6.14의 모어원에서 지름을 BA로 하는 원은 c축이 회전축일 때의 모어도로서 σ_c는 C점에 해당된다. σ_a와 σ_b는 그림상의 A점과 B점에 해당되고 $\sigma_a = \sigma_{\max}$, $\sigma_c = \sigma_{\min}$이 되며 AC를 지름으로 하는 원의 반지름이 최대 전단응력 $\tau_{\max}$로 정의된다. 즉, 3개의 원 중 제일 큰 원의 반지름이 $\tau_{\max}$이다. 만약 $\sigma_z = 0$이면 C점은 원점 O에 위치한다. 다음의 예제 6.5는 3차원 응력에서 모어도에 대한 더욱 분명한 설명이 될 것이다.

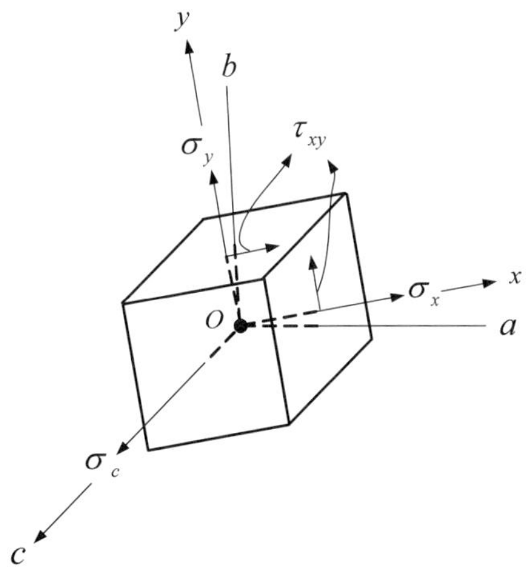

그림 6.13

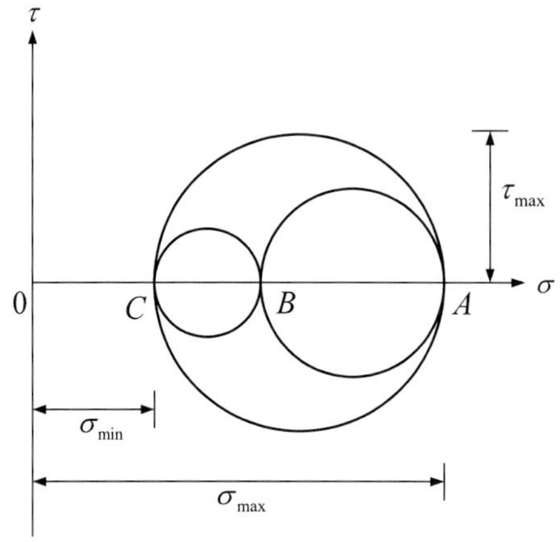

그림 6.14

[예제 6.5]

그림과 같은 평면응력상태에 대하여 세 주면과 주응력, 최대 전단응력을 구하라.

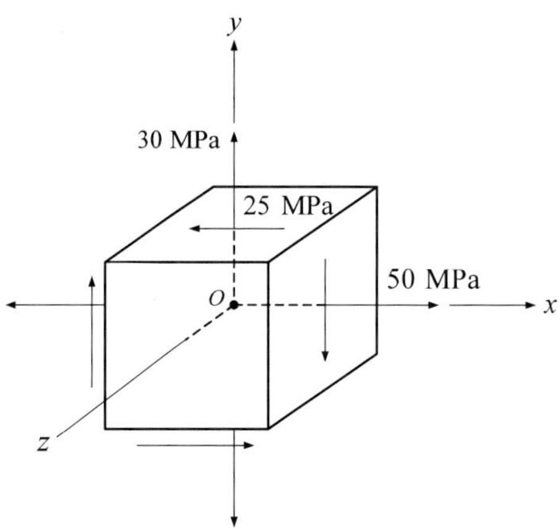

[풀이] τ_{xy}가 '−'이므로 평면응력에서 모어원의 작성규칙에 따라 좌표점 $X(50,\ 25)$이고, $Y(30,\ -25)$이다. 따라서 X 점과 Y 점을 연결하면 C 점을 중심으로 하는 모어원이 그려진다.

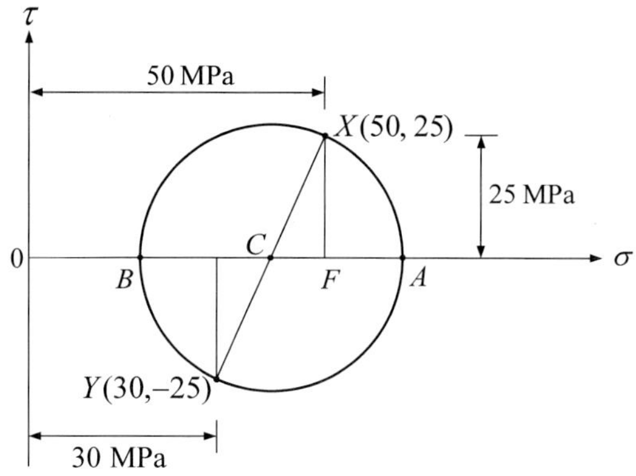

이때 중심 C는 $\sigma_{\text{ave}} = \dfrac{\sigma_x + \sigma_y}{2} = \dfrac{50+30}{2} = 40\ \text{MPa}$이다.

그리고 원의 반지름 R은 다음과 같이 계산된다.

$CF = 50 - 40 = 10\ \text{MPa}$, $FX = 25\ \text{MPa}$이므로

$$R = CX = \sqrt{(10)^2 + (25)^2} = 26.9$$

따라서 주응력

$\sigma_a = OA = OC + CA = 40 + 26.9 = 66.9\ \text{MPa}$

$\sigma_b = OB = OC - BC = 40 - 26.9 = 13.1\ \text{MPa}$로 계산된다.

또한 $\tan 2\theta_P = \dfrac{FX}{CF} = \dfrac{25}{10}$이므로 $2\theta_P = 68.2°$이다.

z축에 직각인 요소의 면에는 작용응력이 없으므로, 이 면은 주면 중의 하나일 뿐이고, 대응되는 주응력 $\sigma_c = 0$이다. 나머지 두 주면은 모어원상의 A점과 B점에 대응되는 면으로 정의된다. 즉, x축과 주축 a와의 회전각은 θ_P로 정의되는데 $\tau_{xy} < 0$이므로 θ_P는 시계방향의 각이다. 또 다른 주축 b와 a축과는 $90°$를 이룬다. 따라서 a축이 x축과 이루는 각은 $-34.1°$이고 b축이 x축과 이루는 각은 $55.9°$이며 c축은 회전축이므로 c축이 x축 또는 y축과 이루는 각은 $90°$이다. 물론 주축 a, b, c축이 각각의 주면과 이루는 각은 $90°$이다.

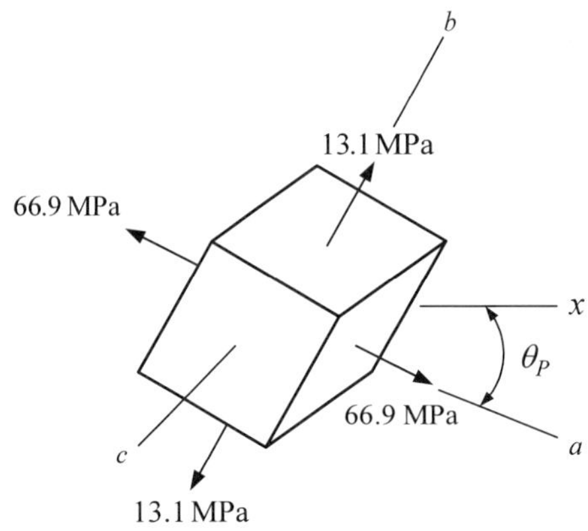

최대 전단응력은 지름이 OA인 원의 반지름

$\tau_{\max} = \dfrac{1}{2}\sigma_a = \dfrac{1}{2}\times 66.9 = 33.5$ MPa로 계산된다.

계산결과들은 다음 그림과 같이 표시된다.

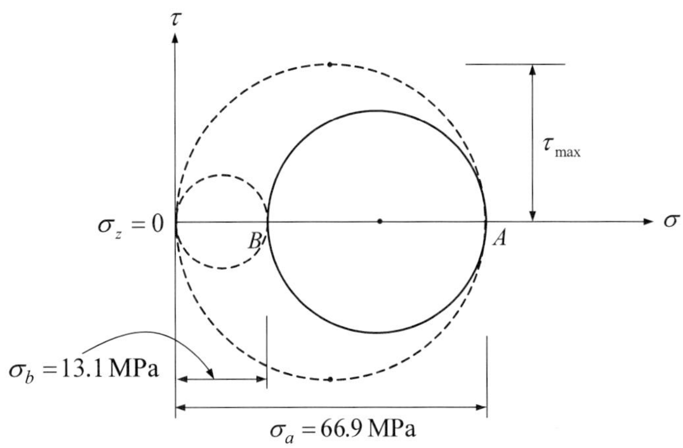

6.8 평면응력(平面應力, Plane Stress)을 받는 연성재료(延性材料, Ductile Material)의 항복기준

건설에 사용되는 강재는 일반적으로 연성(延性, Ductility)재를 사용하며 항복강도 범위 내에서 설계된다. 일축하중이 작용되는 경우, 예를 들어 트러스 부재 같은 경우 재료

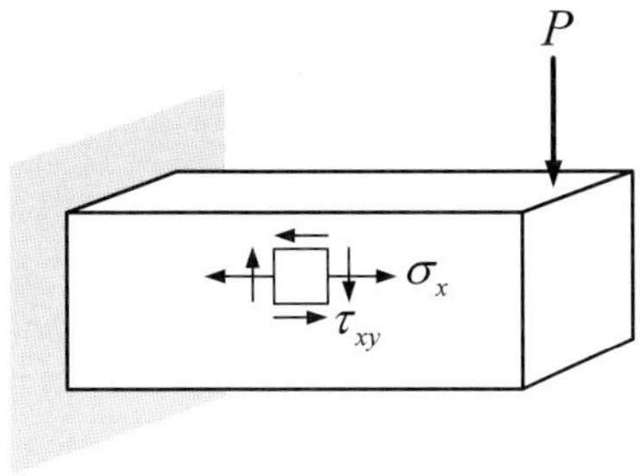

그림 6.15

의 항복강도는 실험에 의해 결정된다(그림 2.5의 $\sigma-\epsilon$선도 참조).

그러나 그림 6.15와 같이 축응력과 전단응력이 발생되는 경우가 일반적이다. 이런 경우는 일축하중만 작용되는 경우와는 달리 축응력과 전단응력의 상호작용에 의한 최대응력 즉, 주응력으로 구조부재의 안전성을 검토해야 한다. 이 절에서는 연성재료의 안전성을 검토하기 위한 연성재료의 항복기준에 대해 최대 전단응력이론과 최대 비틀림에너지이론에 따라 다루기로 한다.

최대 전단응력 기준(最大剪斷應力基準, Maximum-Shearing-Stress Criterion)

최대 전단응력 기준에서는 평면응력상태에서 임의 점의 $\tau_{\max}$가 동일한 재료의 일축인장실험에서의 $\tau_{\max}$보다 적으면 안전하다고 정의하고 있다. 1.4절에서 일축응력상태에서 $\tau_{\max}=\dfrac{P}{2A}$ 즉, $\tau_{\max}=\dfrac{\sigma_{\max}}{2}$의 관계와 평면에서의 모어원의 $\tau_{\max}=\dfrac{1}{2}|\sigma_{\max}-\sigma_{\min}|$의 관계식으로부터 다음과 같은 식을 성립시킬 수 있다. 여기서 σ_1과 σ_2는 주응력을 의미한다.

$$\left|\frac{\sigma_1-\sigma_2}{2}\right| < \frac{\sigma_y}{2}$$

$$|\sigma_1-\sigma_2| < \sigma_y \tag{6.14}$$

식 (6.14)로부터 σ_1과 σ_2의 부호가 동일할 때 $|\sigma_1-\sigma_2|<\sigma_y$이어야 한다. 위의 조건을 그림으로 표시하면 그림 6.16과 같다. 그림 6.16으로부터 안전한 범위는 음영으로 나타낸 부분이다.

다음으로는 σ_1과 σ_2의 부호가 다를 경우를 생각해보자.

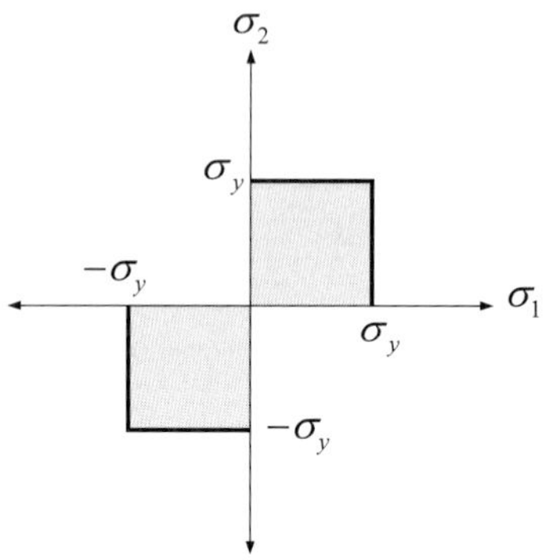

그림 6.16

$\sigma_1 > \sigma_2$이면 $\sigma_1 - \sigma_2 < \sigma_y$이고, $\sigma_2 > \sigma_1$이면 $\sigma_2 - \sigma_1 < \sigma_y$이어야 한다. 이 조건을 그림으로 표시하면 그림 6.17과 같다.

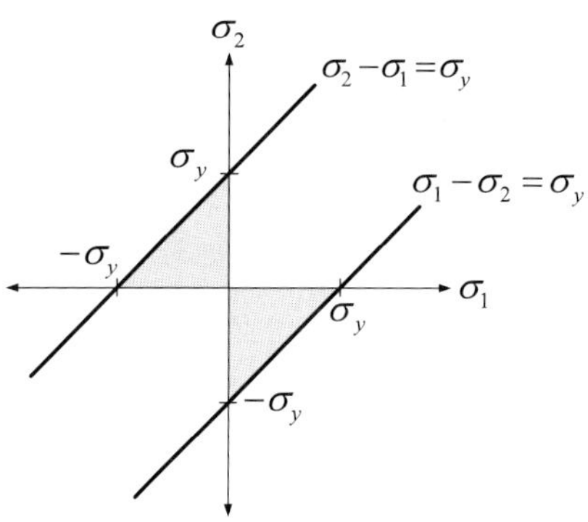

그림 6.17

그림 6.17로부터 음영으로 나타낸 부분이 안전한 범위이다.

그림 6.16과 6.17을 겹쳐 그림으로 나타내면 그림 6.18과 같다. 그림 6.18에서 σ_1과 σ_2는 두 주응력을 나타내고 임의의 주어진 응력상태는 좌표가 σ_1과 σ_2인 한 점으로 그림 내에 표시할 수 있다. 만약 어떤 점의 좌표($\sigma_{\max}$, $\sigma_{\min}$)가 음영으로 나타낸 육각형 면적 안에 있게 되면 그 부재는 안전하다고 할 수 있고, 육각형 면적 밖에 점이 존재하면 재료의 항복에 의하여 파괴되는 것을 의미한다. 이러한 최대 전단응력 기준을 프랑스의 공학자 Henry Edouard Tresca의 이름을 따서 트레스카의 육각형(Tresca's Hexagon)이라고 한다.

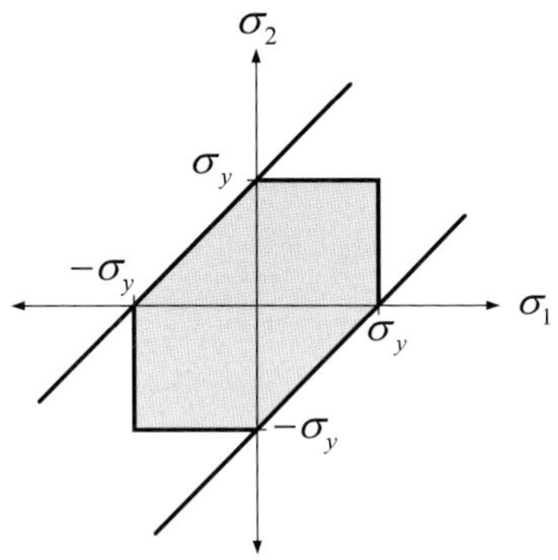

그림 6.18

최대 비틀림에너지 기준(Maximum–Distortion–Energy Criterion)

이 기준은 재료의 비틀림현상을 일으키는 에너지 즉, 체적변화에너지에 기초를 둔 이론이다. 이 기준은 응용수학자인 Richard von Mises(1883~1953)의 이름을 따서 Von mises 기준이라고도 한다. 여기서 최대 비틀림에너지 기준을 다루기 위해 탄성변형에너지 U에 대해 설명해보자. 탄성변형에너지는 그림 6.19에서 탄성범위 내의 음영으로 나타낸 면적에 해당된다.

따라서 그림 6.19(a)에서의 탄성축변형에너지

$$U = \frac{1}{2}\sigma\epsilon = \frac{1}{2}\sigma\left(\frac{\sigma}{E}\right) = \frac{\sigma^2}{2E} = \frac{\epsilon^2}{2}E$$

로 표현된다.

마찬가지로 전단변형률 $\gamma = \dfrac{\tau}{G}$의 관계(4.2절 참조)와 그림 6.19(b)로부터 탄성전단변형에너지

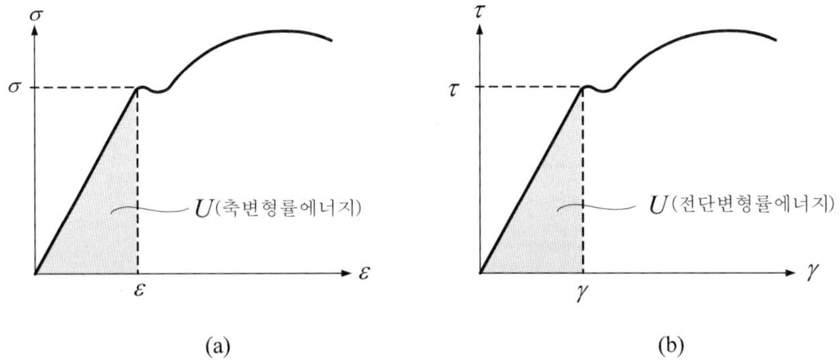

그림 6.19

$$U = \frac{1}{2}\tau\gamma = \frac{1}{2}\tau\left(\frac{\tau}{G}\right) = \frac{\tau^2}{2G} = \frac{\gamma^2}{2}G$$

로 표현된다. 따라서 일반응력상태 즉, x, y, z좌표계에서의 단위체적당 총 변형에너지는 다음과 같이 표현된다.

$$U = \frac{1}{2}(\sigma_x\epsilon_x + \sigma_y\epsilon_y + \sigma_z\epsilon_z + \tau_{xy}\gamma_{xy} + \tau_{yz}\gamma_{yz} + \tau_{zx}\gamma_{zx}) \tag{6.15}$$

식 (6.15)의 ϵ_x, ϵ_y, ϵ_z에 식 (2.3), (2.4), (2.5)를 대입하고 $\gamma_{ij} = \dfrac{\tau_{ij}}{G}$의 관계식을 대입하면 단위체적당 총 변형에너지 U는 다음 식 (6.16)과 같이 표현된다.

$$U = \frac{1}{2E}[\sigma_x^2 + \sigma_y^2 + \sigma_z^2 - 2\gamma(\sigma_x\sigma_y + \sigma_y\sigma_z + \sigma_z\sigma_x)] + \frac{1}{2G}({\tau_{xy}}^2 + {\tau_{yz}}^2 + {\tau_{zx}}^2) \tag{6.16}$$

그림 6.20과 같이 3축으로 주응력이 발생되는 상태에서 $\tau_{ij} = 0$(그림 6.3의 평면문제 참조)이므로

$$U = \frac{1}{2E}[\sigma_1^2 + \sigma_2^2 + \sigma_3^2 - 2\nu(\sigma_1\sigma_2 + \sigma_2\sigma_3 + \sigma_3\sigma_1) \tag{6.17}$$

이 되고 평면응력의 경우에는

$$U = \frac{1}{2E}({\sigma_1}^2 + {\sigma_2}^2 - 2\nu\sigma_1\sigma_2)$$

으로 나타내어진다.

다음으로는 단위체적당의 변형에너지에 대해 알아보자.

단위체적당의 총 변형에너지의 성분은 그림 6.20과 같이 표현된다.

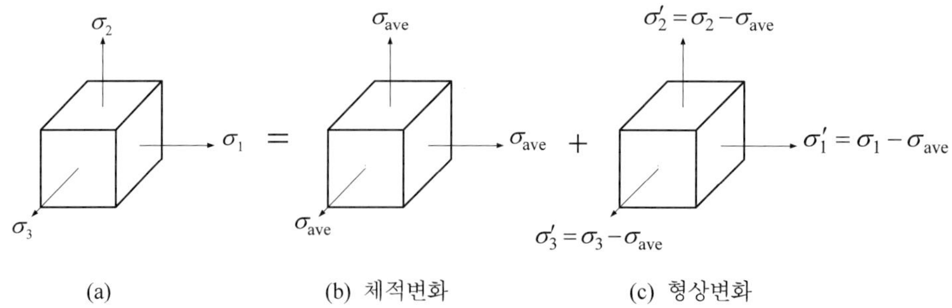

그림 6.20

그림 6.20(a)으로부터 σ_1, σ_2, σ_3는 3축 주응력이고 평균응력

$$\sigma_{\text{ave}} = \frac{1}{3}(\sigma_1 + \sigma_2 + \sigma_3)$$

이다. 여기서 σ_1, σ_2, σ_3를 주응력으로 정의하였기 때문에 각 면에는 전단응력이 발생되지 않는다. 그림 6.20(b)는 3축으로 σ_{ave}가 발생되는 경우이므로 체적변화는 있으나 형상변화(形狀變化, Shape Distortion)는 없는 상태이다. 그림 6.20(c)에서 σ_1', σ_2', σ_3' 중 어느 하나는 인장, 다른 어느 하나는 압축일 수 있다. 따라서 형상변화가 발생된다. 이 경우 식 (2.6)으로부터 체적변화율 $e = \dfrac{\Delta V}{V_O} = \dfrac{1-2\nu}{E}(\sigma'_1 + \sigma'_2 + \sigma'_3) = 0$이다(식 2.7 참조). 즉, 체적변화는 없다. 그림 6.20(b)에서 체적변형에너지를 U_V라고 하면 U_V는 총 변형에너지 U에 관한 식 (6.17) $U = \dfrac{1}{2E}[(\sigma^2{}_1 + \sigma^2{}_2 + \sigma^2{}_3) - 2\nu(\sigma_1\sigma_2 + \sigma_2\sigma_3 + \sigma_3\sigma_1)]$에 그림 6.20(b)의 $\sigma_1 = \sigma_2 = \sigma_3 = \sigma_{\text{ave}}$를 대입시킴으로써 다음과 같이 정리된다.

$$\begin{aligned} U_V &= \frac{1}{2E}[3\sigma_{\text{ave}}{}^2 - 2\nu(3\sigma_{\text{ave}}{}^2)] = \frac{(1-2\nu)}{2E}(3\sigma_{\text{ave}}{}^2) \\ &= \frac{(1-2\nu)}{2E}(\sigma_1{}^2 + \sigma_2{}^2 + \sigma_3{}^2) = \frac{(1-2\nu)}{2E}\frac{1}{3}(\sigma_1 + \sigma_2 + \sigma_3)^2 \end{aligned}$$

그림 6.20(c)로부터 형상변형에너지 U_d는 다음과 같이 표현된다.

$$\begin{aligned} U_d &= U - U_V \\ &= \frac{1}{6E}[3(\sigma_1^2 + \sigma_2^2 + \sigma_3^2) - 6\nu(\sigma_1\sigma_2 + \sigma_2\sigma_3 + \sigma_3\sigma_1) - (1-2\nu)(\sigma_1 + \sigma_2 + \sigma_3)^2] \end{aligned}$$

이 식을 정리하면 다음과 같다.

$$U_d = \frac{1+\nu}{6E}[(\sigma_1 - \sigma_2)^2 + (\sigma_2 - \sigma_3)^2 + (\sigma_3 - \sigma_1)^2]$$

여기서 $G = \dfrac{E}{2(1+\nu)}$이므로 $\dfrac{1+\nu}{6E}$는 $\dfrac{1}{12G}$로 표현된다. 평면응력상태에서의 $U_d = \dfrac{1}{6G}(\sigma_1^2 - \sigma_1\sigma_2 + \sigma_2^2)$이 되고 이 변형에너지는 동일한 재료의 1축 인장실험으로부터의

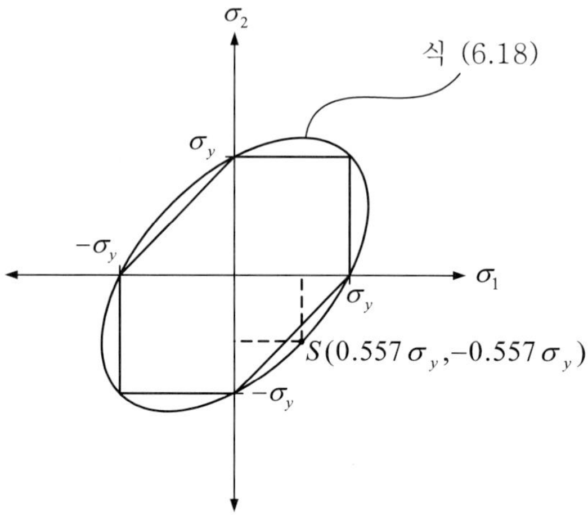

그림 6.21

최대 변형에너지 $\dfrac{\sigma_y^2}{6G}$을 초과하지 않도록 정의되어 있으므로 다음과 같은 조건식이 성립된다.

$$\sigma_1^2 - \sigma_1\sigma_2 + \sigma_2^2 < \sigma_y^2 \tag{6.18}$$

그리고 식 (6.18)은 그림 6.21과 같이 나타내어진다.

예로서 $\sigma_2 = -\sigma_1$인 점을 S점이라고 하면

$\sigma_1{}^2 - \sigma_1(-\sigma_1) + (-\sigma_1)^2 < \sigma_y{}^2$으로부터 $\sigma_1 < \dfrac{\sigma_y}{\sqrt{3}} = 0.577\sigma_y$가 되고 그림에 나타낸 S점과 같다. 그림 6.21은 최대 비틀림에너지 개념이 포함된 연성재료의 항복기준으로서 최대 전단응력기준인 트레스카의 육각형과는 다소의 차이를 보이는 타원형이다. 당연히 식 (6.18)의 결론인 그림 6.21이 그림 6.18의 타원형이 트레스카의 육각형보다 진보된 결론이라 할 수 있다.

[예제 6.6]

그림과 같은 평면응력상태가 강구조물의 중요한 위치에서 계산되었다. 몇 차례의 인장실험의 결과로부터 얻어진 재료의 인장항복강도 $\sigma_y = 300\ \mathrm{MPa}$일 때, 항복에 대한 안전계수(Factor of Safety)를 최대 전단응력기준과 최대 비틀림에너지 기준으로 계산하라.

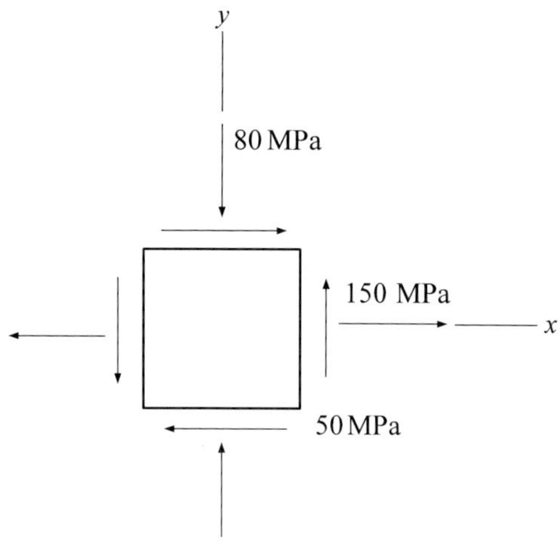

[풀이] τ가 양이므로 좌표점 $Y(-80,\ 50)$와 좌표점 $X(150,\ -50)$가 정해지므로 모어원으로부터 다음과 같은 값들을 계산할 수 있다.

$$\sigma_{ave} = OC = \frac{1}{2}(\sigma_x + \sigma_y) = \frac{1}{2}(150-80) = 35\ \text{MPa}$$

$$\tau_{max} = R = \sqrt{(CF)^2 + (FX)^2} = \sqrt{(115)^2 + (50)^2} = 125.4\ \text{MPa}$$

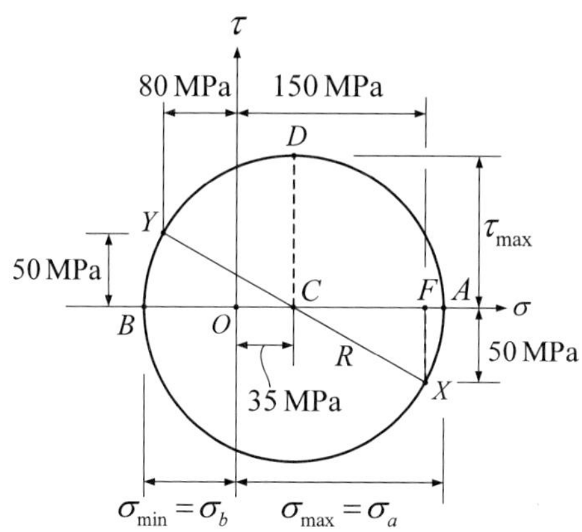

주어진 강재의 인장항복강도 $\sigma_y = 300\ \text{MPa}$이므로 최대 전단응력 기준을 이용하면

$\tau_y = \frac{1}{2}\sigma_y = \frac{1}{2}\times 300 = 150\ \text{MPa}$이고

$$F.S = \frac{\tau_y}{\tau_{max}} = \frac{150}{125.4}$$

따라서 $F.S = 1.2$이다.

최대 비틀림에너지 기준에서 $\sigma_a^2 - \sigma_a \sigma_b + \sigma_b^2 < \sigma_y^2$ 식을 이용하면

$$\sigma_a^2 - \sigma_a \sigma_b + \sigma_b^2 = (\frac{\sigma_y}{F.S})^2$$

여기서 $\sigma_a = OC + CA = 35 + 125.4 = 160.4\,\mathrm{MPa}$

$\sigma_b = OC - BC = 35 - 125.4 = -90.4\,\mathrm{MPa}$로 계산된다.

따라서 위의 기준식으로부터

$(160.4)^2 - (160.4)(-90.4) + (90.4)^2 = (\frac{300}{F.S})^2$이므로

$F.S = 1.36$으로 계산된다. 이 결과를 최대 비틀림에너지 기준의 그림으로 나타내면 다음과 같다. 따라서 σ_a와 σ_b는 안전 측에 있다.

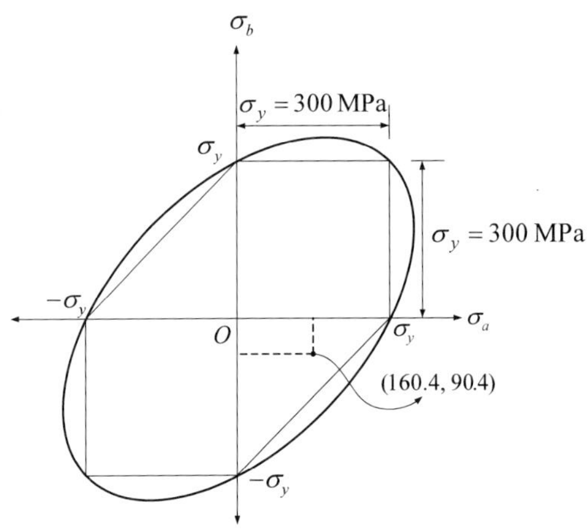

6.9 평면응력(平面應力, Plane Stress)을 받는 취성재료(脆性材料, Brittle Material)의 파괴기준

2장에서 언급했듯이 취성재료는 인장실험을 할 때 연성재료와는 달리 뚜렷한 항복현상을 나타내지 않고 갑자기 파괴되는 특성을 갖는다. 취성재료로 만들어진 구조부재가 1축 인장하중을 받는 경우 그 부재가 파괴되는 축응력의 값은 1축 인장실험 시 얻어지는 그 재료의 극한강도 σ_u와 같다고 할 수 있다. 왜냐하면 인장실험편과 구조부재가 동일한 응력상태이기 때문이다. 그러나 구조부재가 평면응력상태 즉, 축응력과 전단응력이 발생되

는 경우에는 1축 인장실험편과 구조부재가 동일 응력상태가 아니므로 구조부재의 임의 점에서 주응력 σ_1과 σ_2를 구하고 이 절에서 설명하는 취성재료의 파괴 기준을 이용하여 부재의 안전성을 평가해야 한다.

최대 축응력 기준(最大軸應力基準, Maximum-Normal-Stress Criterion)

최대 축응력 기준은 구조부재의 최대 축응력값이 동일 재료로 만든 인장실험 실험편으로부터 얻은 극한강도 σ_u에 도달될 때 파괴된다는 관점에서의 기준이다. 따라서 구조부재는 주응력 σ_1과 σ_2의 절댓값이 모두 σ_u보다 작으면 안전하다. 즉, 다음과 같은 조건식이 성립된다.

$$|\sigma_1| < \sigma_u, \quad |\sigma_2| < \sigma_u$$

이 조건식은 그림 6.22와 같이 나타낼 수 있다. 만약 주응력 σ_1와 σ_2의 값으로 표시되는 점이 그림 6.22의 음영으로 나타낸 면적 내에 있다면 그 부재는 안전하고, 면적 밖에 있다면 그 부재는 취성파괴를 일으킬 수 있다.

최대 축응력 기준은 프랑스의 물리학자인 Charles Augustin de Coulomb의 이름을 따서 쿨롱 기준(Coulomb's Criterion)이라고도 한다. 이 기준은 부재의 극한강도가 인장과 압축에서 동일하다고 가정하였기 때문에 실제적인 취성재료의 특징이 반영되어 있지 않고 재료의 파괴원인으로 축응력만이 고려되고 다른 영향은 고려되지 않는다는 단점이 있다.

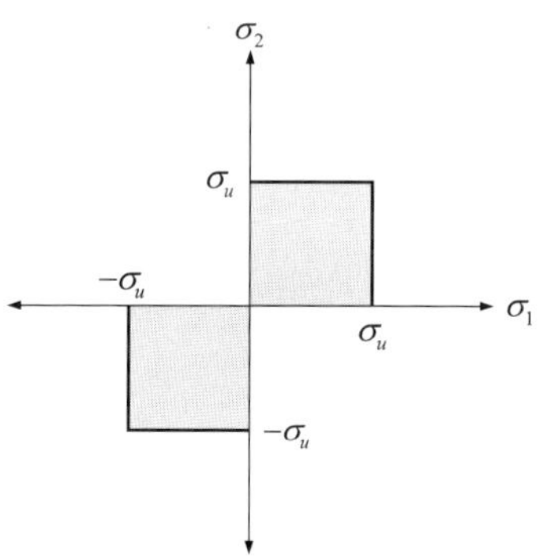

그림 6.22

모어 기준(Mohr's Criterion)

모어 기준은 연성재료의 파괴 기준인 최대 전단응력 기준과 유사한 개념의 기준으로 취성재료에 대해 여러 실험결과가 주어졌을 경우 주어진 평면응력상태의 영향을 검토하는 데 사용하는 기준이다.

검토대상 재료에 대하여 인장실험과 압축실험을 실시하여 인장극한강도 σ_{ut} 및 압축극한강도 σ_{uc} 값을 얻었다면 인장실험 실험편의 파괴에 해당되는 응력상태는 그림 6.23(a)의 오른쪽과 같이 O 점과 σ_{ut} 에서 수평축과 교차하는 모어원으로 표시될 수 있다. 같은 방법으로 압축실험 실험편의 파괴에 해당되는 응력상태는 그림 6.23(a)의 왼쪽과 같이 O 점과 σ_{uc} 에서 수평축과 교차하는 모어원으로 표시할 수 있다. 그림 6.23(a)에서 점선으로 표시된 원과 같이 이 두 원의 어느 안쪽에 포함되는 원으로 표시되는 응력상태는 안전하다.

즉, 두 주응력이 모두 '+'인 경우 $\sigma_1 < \sigma_{ut}$ 와 $\sigma_2 < \sigma_{ut}$ 의 관계가 성립되면 응력상태는 안전하다고 할 수 있고, 두 주응력이 모두 '−'인 경우 $|\sigma_1| < |\sigma_{uc}|$ 의 조건과 $|\sigma_2| < |\sigma_{uc}|$ 의 조건이 성립되면 안전하다고 할 수 있다. 이러한 관계를 나타낸 것이 그림 6.23(b)이고 만약 주응력 σ_1 과 σ_2 의 값으로 표시되는 점이 그림 6.23(b)의 음영으로 나타낸 면적 내에 있다면 그 부재는 안전하다.

다음으로는 주응력 σ_1 과 σ_2 가 서로 반대부호를 갖는 경우에 대해서 살펴보자. 재료에 비틀림실험을 하고, 그 극한강도를 τ_u 라 하고, 비틀림실험 실험편의 파괴에 해당되는 응력상태를 나타내는 O 에 중심을 둔 모어원을 그림 6.24(a)와 같이 그리면 이 원 안에 완전히 포함되는 원으로 표시되는 응력상태는 안전하다고 할 수 있다. 모어 기준에 의하면 어떤 응력상태가 주어진 실험데이터에 대응되는 원들의 포락선(Envelope)으로 둘러싸인 면적 안에 완전히 포함되는 원으로 표시된다면 그 응력상태는 안전하다(그림 6.24(a) 참조). 주응력 선도의 나머지 부분은 이 포락선에 접하는 여러 개의 원을 그리고 이에 대응

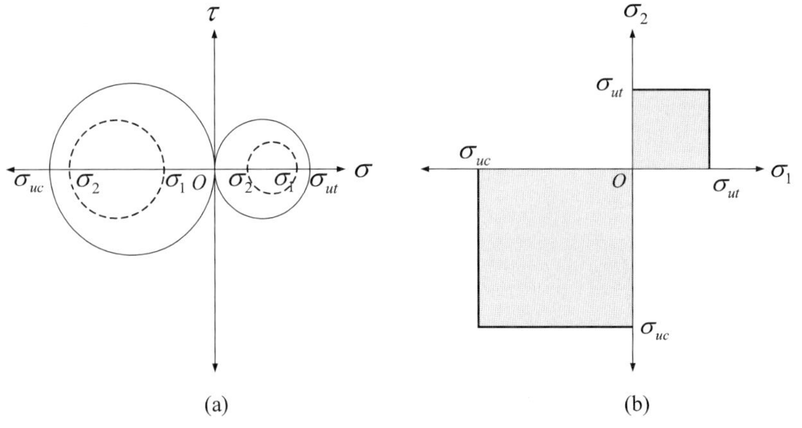

그림 6.23

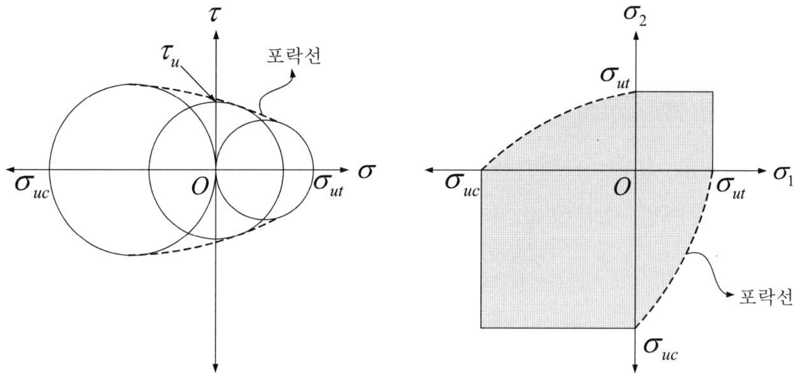

(a) (b)

그림 6.24

되는 σ_1과 σ_2값을 구한 다음 좌표가 (σ_1, σ_2)인 점을 작도하면 그림 6.24(b)의 그림을 얻을 수 있다.

여러 가지 응력상태에 대응되는 많은 실험데이터가 있다면 그림 6.24(b)의 그림보다 더욱 정확한 선도를 그릴 수 있을 것이다. 하지만 많은 실험데이터를 확보하기가 현실적으로 어렵기 때문에 극한강도 σ_{ut}와 σ_{uc}만 알고 있는 경우에 대해 살펴본다. 극한강도 σ_{ut}와 σ_{uc}만 알고 있다면 그림 6.24(a)의 포락선은 각각 인장파괴와 압축파괴에 대응되는 원들의 두 접선 AB와 $A'B'$으로 대치된다(그림 6.25(a) 참조). 그림 6.25(a)에 보인

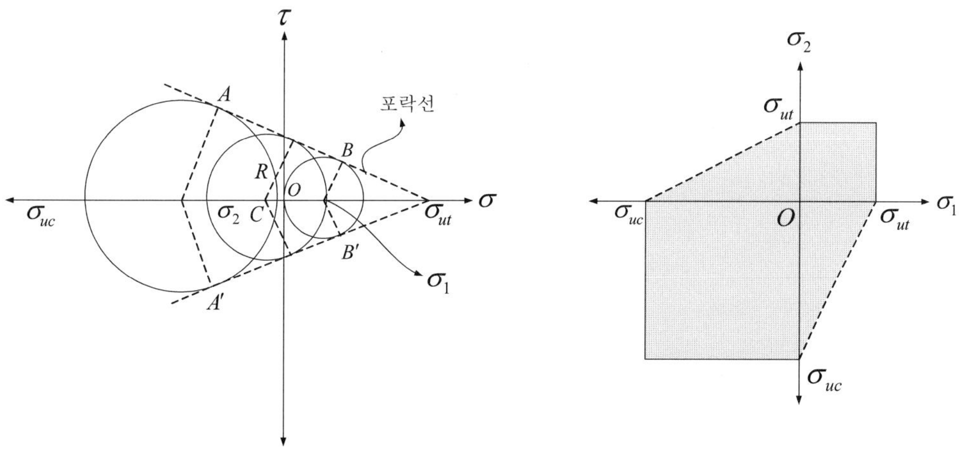

(a) (b)

그림 6.25

닮은꼴 삼각형으로부터 AB와 $A'B'$에 접하고 있는 원의 중심 C의 횡좌표가 이 원의 반지름 R과 선형적인 관계를 이룬다는 것을 알 수 있다. $\sigma_1 = R - OC$, $\sigma_2 = R + OC$이므로 σ_1과 σ_2도 역시 선형적인 관계를 이룬다. 따라서 단순하게 표시된 모어 기준에 대응되는 음영면적은 그림 6.25(b)와 같이 직선으로 나타나게 된다. 만약 충분한 실험데이터가 없다면 불확실한 포락선을 포함한 파괴기준도(그림 6.24(b) 참조)보다는 직선으로 표현된 그림 6.25(b)를 택하는 것이 안전하다고 할 수 있다.

최대 축변형률 기준(St. Venant의 기준)

최대 축변형률 이론은 주어진 재료의 최대 변형률 $\epsilon_{\max}$가 1축 실험 시의 극한변형률 ϵ_u를 초과하지 않으면 안전하다는 데에 기초를 두고 있다. 즉,

$\epsilon_{\max} = \dfrac{\sigma_1}{E} - \nu\dfrac{\sigma_2}{E} < \epsilon_u = \dfrac{\sigma_u}{E}$ 이어야 하고 따라서

$$\sigma_1 - \nu\sigma_2 < \sigma_u$$

의 관계가 성립되어야 한다.

따라서 수직경사방향의 선형방정식은 $\sigma_1 - \nu\sigma_2 < \sigma_u$이고 수평경사방향의 선형방정식은 $\sigma_2 - \nu\sigma_1 < \sigma_u$가 된다. 이 식을 그림으로 나타내면 그림 6.26과 같다.

σ_1이 '+'일 때 $\sigma_1 - \nu\sigma_2 < \sigma_u$는 수직경사방향직선 ①이 되고, σ_1이 '−'일 때 $\sigma_1 - \nu\sigma_2 < \sigma_u$는 수직경사방향직선 ②가 된다. 그리고 σ_2가 '+'일 때 $\sigma_2 - \nu\sigma_1 < \sigma_u$는 수평경사방향직선 ③이고 σ_2가 '−'일 때 $\sigma_2 - \nu\sigma_1 < \sigma_u$는 수평경사방향직선 ④이다. 그림 6.26에서 A점은 $\sigma_1 = \sigma_2$일 때, 즉 $\sigma_1 - \nu(\sigma_1) = \sigma_u$, $\sigma_1 = \dfrac{\sigma_u}{1-\nu}$ 이므로 좌표 $\left(\dfrac{\sigma_u}{1-\nu}, \dfrac{\sigma_u}{1-\nu}\right)$이고 B점은 $\sigma_1 = -\sigma_2$일 때, 즉 $\left(\dfrac{\sigma_u}{1+\nu}, -\dfrac{\sigma_u}{1+\nu}\right)$로 나타내어진다.

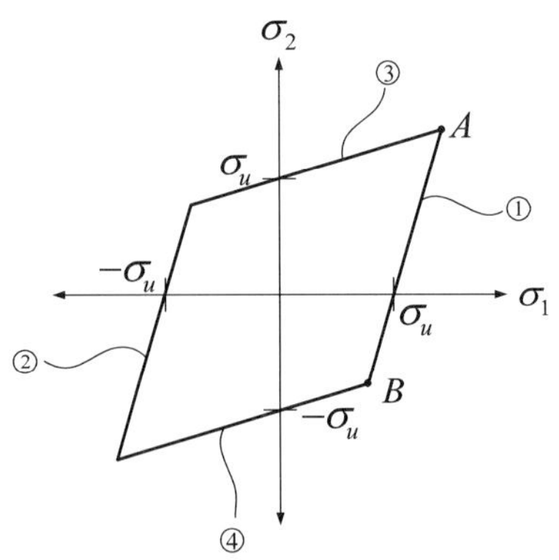

그림 6.26

[예제 6.7]

아래 그림은 취성재료로 된 구조부재의 평면응력상태를 나타내고 있다. 취성재료의 인장극한강도 $\sigma_{ut} = 160\ \mathrm{MPa}$이고, 압축극한강도 $\sigma_{uc} = 320\ \mathrm{MPa}$일 때 모어 기준을 이용하여 부재에 파괴가 일어나는지를 결정하라.

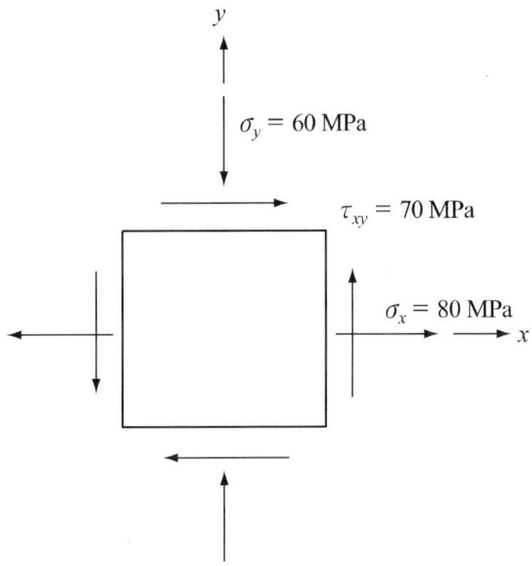

[풀이] 부호규약에 따라 응력성분은 다음과 같다.

$$\sigma_x = +80\ \mathrm{MPa},\ \sigma_y = -60\ \mathrm{MPa},\ \tau_{xy} = +70\ \mathrm{MPa}$$

주응력은 모어원을 이용하여 구할 수 있으나 여기서는 공식을 이용하여 계산하기로 한다.

주응력은 식 (6.9)의 주응력 공식에 의해 다음과 같이 계산된다.

여기서 $\sigma_1 = \sigma_{\max}$, $\sigma_2 = \sigma_{\min}$을 의미한다.

$$\begin{aligned}\sigma_{1,\,2} &= \frac{\sigma_x + \sigma_y}{2} \pm \sqrt{\left(\frac{\sigma_x - \sigma_y}{2}\right)^2 + \tau_{xy}^2} \\ &= \frac{80-60}{2} \pm \sqrt{\left(\frac{80+60}{2}\right)^2 + 70^2} \\ &= 10 \pm \sqrt{70^2 + 70^2}\end{aligned}$$

$$\sigma_1 = 10 + 99 = 109\ \mathrm{MPa}$$

$$\sigma_2 = 10 - 99 = -89\ \mathrm{MPa}$$

계산결과 다음 그림과 같이 주어진 평면응력상태의 주응력 σ_1과 σ_2의 값으로 표시되는 A점은 빗금 친 면적 내에 존재하기 때문에 구조부재는 안전하다. B점은 σ_2의 한계점을 표시한 것이다.

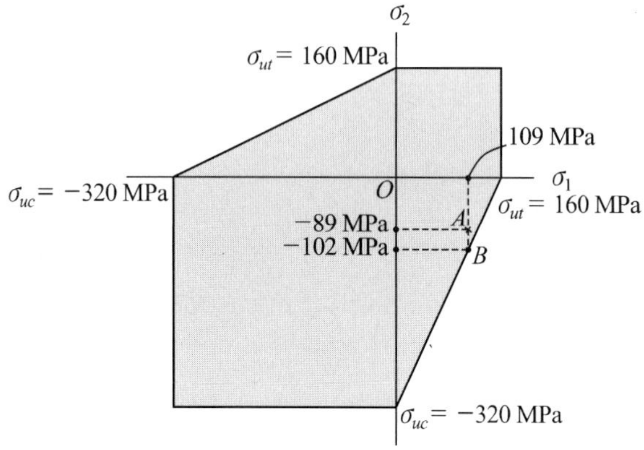

6.10 얇은 벽 두께를 갖는 실린더에서의 응력

벽 두께가 얇은 실린더의 내부에 압력 p 가 작용되는 경우를 생각해보자. 그림 6.27(a)

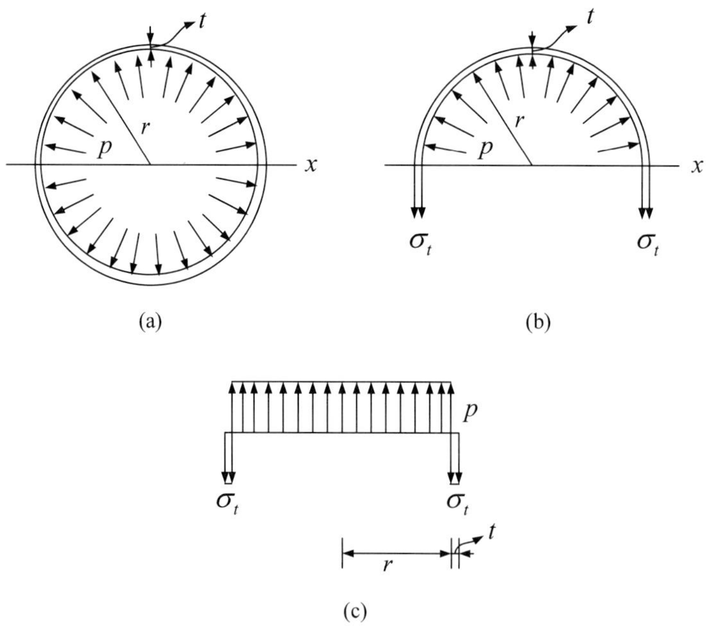

그림 6.27

는 실린더의 단면과 벽 두께 t 및 내부압력 p 가 나타나 있다. 그림 6.27(b)는 실린더 단면의 반을 수평축 x로 절단한 자유물체도로서 얇은 벽에 발생되는 응력 σ_t가 표시되어 있다. 그림 6.27(c)는 그림 6.27(b)의 자유물체도를 직선으로 이상화시킨 것이다.

그림 6.27(c)로부터 수직력에 대한 평형방정식을 다음과 같이 세울 수 있다.

$$+\uparrow \sum V = p(2r) - 2\sigma_t \ t = 0$$

따라서 σ_t는 다음과 같이 표현된다.

$$\sigma_t = \frac{p\,r}{t} \tag{6.19}$$

여기서 σ_t는 법선응력(法線應力, Tangential Stress) 또는 원환응력(圓環應力, Hoop stress)이고 식 (6.19)는 Barlow공식이라고도 한다.

그림 6.28(a)는 실린더의 절단면에 작용되는 내부압력 p 가 나타나 있고 그림 6.28(b)는 p 에 의한 응력 σ_l을 나타내고 있다. 여기서 실린더의 내부압력 p 는 법선방향과 길이방향에 동일 크기로 작용된다. 왜냐하면 압력용기에서의 압력은 모든 방향으로 일정하기 때문이다. 그림 6.28로부터의 힘의 평형방정식을 세우면 길이방향 응력 σ_l 은 다음과 같이 표현된다.

$$\sigma_l\,(2\pi r t) - p(\pi r^2) = 0$$

$$\sigma_l = \frac{pr}{2t} \tag{6.20}$$

따라서 $\sigma_t = 2\sigma_l$이 된다. 여기서 단면의 표면에서의 σ_t와 σ_l의 수직 즉, 단면의 원점을 통하는 응력을 σ_r이라고 하면 단면의 표면에서는 $\sigma_r = 0$이 되고 단면의 내부에서는 내부압력 p 가 된다. 실린더 단면에서 σ_t와 σ_l은 주응력에 해당되므로 모어원을 그리기 위해

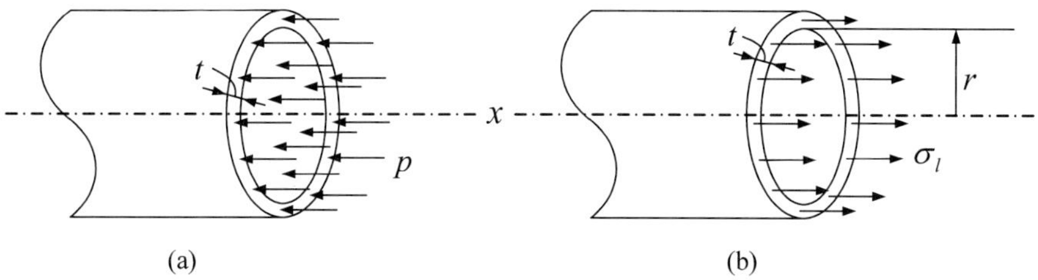

그림 6.28

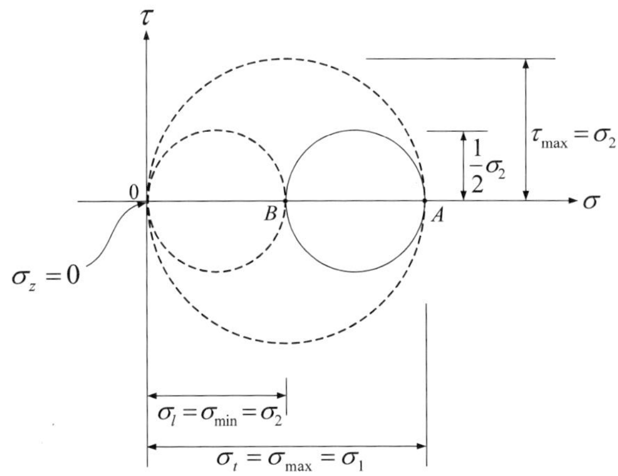

그림 6.29

$\sigma_t = \sigma_1$, $\sigma_l = \sigma_2$로 놓고 단면의 표면에서의 응력 $\sigma_r = \sigma_z = 0$으로 놓으면 그림 6.29와 같은 모어원이 작도된다.

그림 6.29로부터 평면응력상태에서의 $\tau_{max} = \dfrac{\sigma_2}{2}$이나, 여기서 다루는 실린더는 평면응력상태가 아닌 x, y, z좌표계의 문제이므로 τ_{max} 는 OA를 지름으로 하는 원의 반지름 즉, $\tau_{max} = \sigma_2$가 된다.

다음으로는 그림 6.30과 같은 벽 두께가 얇고 내부에 압력 p 가 작용되는 원형체(圓形体, Spherical Body)에 대해 다루기로 한다.

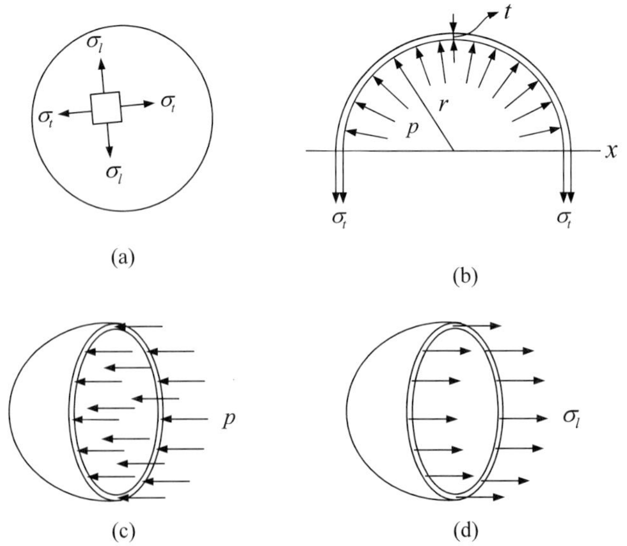

그림 6.30

그림 6.30(a)는 벽 두께가 얇은 원형체의 내부에서의 압력 p에 의한 법선응력 σ_t와 법선응력과 수직인 수직응력 σ_l을 보이고 있다. 여기서 대상 물체는 원형체이기 때문에 $\sigma_l = \sigma_t$이고, 또한 주응력 $\sigma_1 = \sigma_2$로도 표현할 수 있다. 그림 6.30(b)는 내부압력 p와 법선응력 σ_t가 나타나있다. 그림 6.30(c)는 법선과 수직의 압력 p가 나타나있고 그림 6.30(d)에는 법선과 수직의 응력 σ_l이 나타나있다. 여기서도 σ_t와 σ_l은 주응력이므로 σ_1과 σ_2로 표현하여 모어도를 작성하면 그림 6.31과 같이 A점과 B점이 일치되는 점으로 표시된다. 즉, 평면문제로 보면 전단응력 $\tau = 0$이 된다.

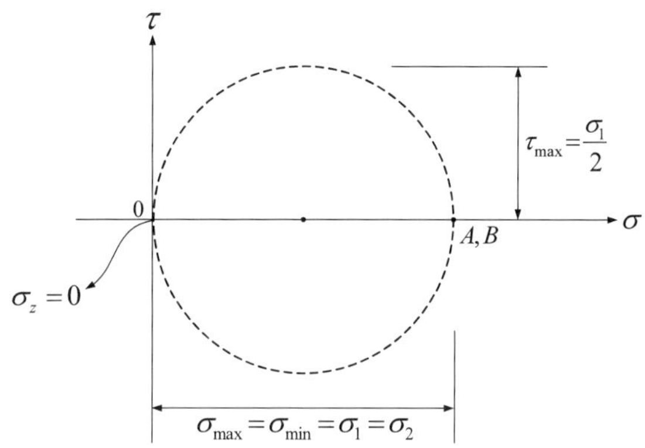

그림 6.31

그러나 벽이 얇은 원형체는 평면문제가 아니라 x, y, z좌표계를 갖는 공간문제이고 원형체 표면에서의 $\sigma_z = 0$이므로 OA 또는 OB를 지름으로 하는 모어원이 성립된다. 따라서 $\sigma_{max} = \sigma_{min} = \sigma_1$이고 최대 전단응력

$$\tau_{max} = \frac{\sigma_1}{2} = \frac{pr}{4t} \tag{6.21}$$

로 평면문제와는 전혀 다른 결론이 도출된다.

[예제 6.8]

안 지름 4 m, 벽 두께 40 mm인 압축공기탱크를 두 개의 금속재로 된 반원형체를 용접하여 만들었다. 용접 부위에 대한 실험결과 파괴는 용접부에 400 MPa을 초과하는 인장응력이 발생될 때와 240 MPa의 전단응력을 초과할 때 발생되었다. 이때의 최대 허용압력 p를 구하라. (단, 안전계수는 2.5이다.)

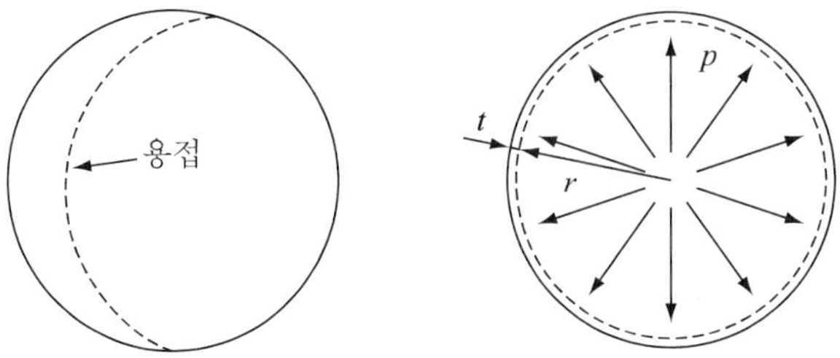

[풀이] (a) 용접부의 허용인장응력 기준

$\sigma_{\text{all}} = \dfrac{\sigma_u}{F.S} = \dfrac{400}{2.5} = 160\ \text{MPa}$ 이다.

원형 압력용기에 발생되는 인장응력

$\sigma_l = \sigma_t = \dfrac{p\,r}{2\,t}$ 이므로 최대 허용압력

$p = \dfrac{2\,t}{r}\sigma_a = \dfrac{2 \times 40}{2{,}000} \times 160 = 6.4\ \text{MPa}$ 로 계산된다.

(b) 용접부의 허용전단응력 기준

$\tau_{\text{all}} = \dfrac{\tau_u}{F.S} = \dfrac{240}{2.5} = 96\ \text{MPa}$ 이다.

원형체 압력용기에 발생되는 최대 전단응력은 식 (6.21)에 의해

$\tau_{\max} = \dfrac{\sigma_1}{2} = \dfrac{p\,r}{4t}$ 이므로 최대 허용압력

$p = \dfrac{4\,t}{r}\tau_a = \dfrac{4 \times 40}{2{,}000} \times 96 = 7.7\ \text{MPa}$ 로 계산된다. 따라서

주어진 원형체 압축공기탱크가 받을 수 있는 최대 허용압력 p 는 허용인장응력 기준인 6.4 MPa 이다.

[예제 6.9]

그림과 같은 압축탱크의 내압이 800 kPa 이다. 탱크의 원통은 800 mm 의 바깥 지름으로 되어 있고, 횡단면과 30° 의 나선을 따라 두께 10 mm 의 강판으로 용접되어 있다. 나선 용접부에 발생되는 축응력 및 전단응력을 구하라.

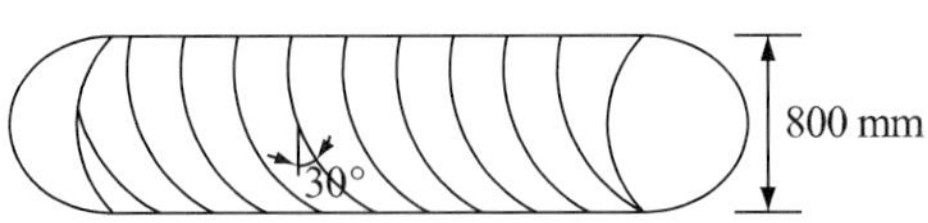

[풀이] 탱크의 원통부에 발생되는 원환응력 σ_t 와 길이방향 응력 σ_l 을 식 (6.19)와 식 (6.20)을 이용하여 계산하면

$$\sigma_t = \frac{pr}{t} = \frac{0.8 \times (400-10)}{10} = 31.2\text{ MPa}$$이고

$$\sigma_l = \frac{pr}{2t} = \frac{1}{2}\sigma_t = 15.6\text{ MPa}$$로 계산된다.

σ_t와 σ_l은 주응력에 해당되므로 모어원을 그리기 위해 $\sigma_t = \sigma_1$, $\sigma_l = \sigma_2$로 놓으면 아래와 같은 모어원이 작도된다.

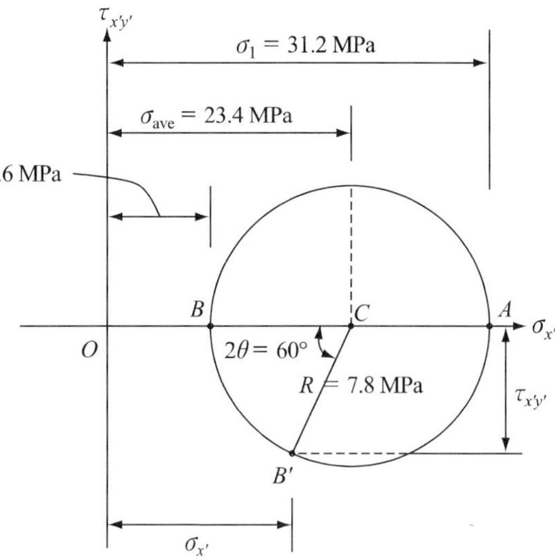

모어원에서 용접부의 응력성분에 대응되는 점은 B'점이고 B'점의 응력성분을 계산하면

$$\sigma_{x'} = \sigma_{ave} - R\cos 60° = 23.4 - 7.8\cos 60° = 19.5\text{ MPa}$$이고

$$\tau_{x'y'} = R\sin 60° = 7.8\sin 60° = 6.8\text{ MPa}$$로 계산된다.

6.11 평면변형률(平面變形率, Plane Strain)의 변환

이 절에서는 한 단면요소에 발생되는 변형률의 변환에 대해 다룬다. 변형률의 변환은 앞서에서 다룬 응력의 변환과 마찬가지로 축의 회전에 의해 발생된다. 건설분야에서 변형률 측정은 각종 구조물의 안전성 평가에서 이루어진다. 예로서 교량의 주요 부재의 중요한 위치에 변형률 게이지(Strain Gauge)를 부착하여 측정하게 되는데, 측정된 결과를 의미 있는 방향의 변형률로 계산할 필요가 있을 시 변형률의 변환에 대한 계산이 필요하다. 이 절에서는 평면변형률의 변환공식을 유도하는 방법에 대해 다룬다. 평면문제에서

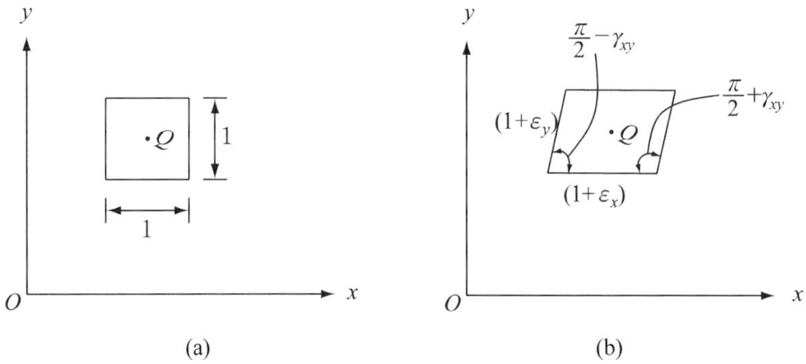

그림 6.32

발생될 수 있는 변형률은 3가지 즉, ϵ_x, ϵ_y, γ_{xy}가 있다. 즉, $\epsilon_z=\gamma_{xz}=\gamma_{yz}=0$인 상태이다.

그림 6.32(a)는 변형되기 전의 미소요소가 그려져 있고 그림 6.32(b)는 변형 후의 상태가 나타나있다. 이 절에서 다루고자하는 변형률의 변환상태를 그림 6.33에 표시하였다.

그림 6.33은 그림 6.32의 좌표축 x, y가 시계 반대방향으로 θ만큼 회전된 상태를 나타내고 있다. 여기서 3개의 변형률성분 ϵ_x, ϵ_y, γ_{xy}를 θ만큼 회전된 축 x', y'상의 변형률성분 $\epsilon_{x'}$, $\epsilon_{y'}$, $\gamma_{x'y'}$으로 나타내는 식을 그림 6.34를 이용하여 유도하기로 한다.

그림 6.34(a)는 경사각 θ를 갖는 변형 전의 단면요소 ABC가 그려져 있고, 그림 6.34(b)는 변형된 후의 단면요소 $A'B'C'$이 나타나 있다. 여기서 Cosine법칙을 변형 후의 단면요소 $A'B'C'$에 적용시키면 다음과 같은 관계식이 성립된다.

$$(A'B')^2=(A'C')^2+(C'B')^2-2(A'C')(C'B')\cos\left(\frac{\pi}{2}+\gamma_{xy}\right)$$

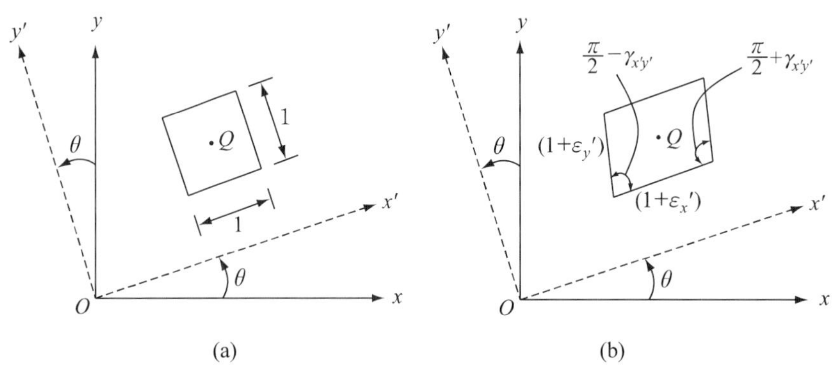

그림 6.33

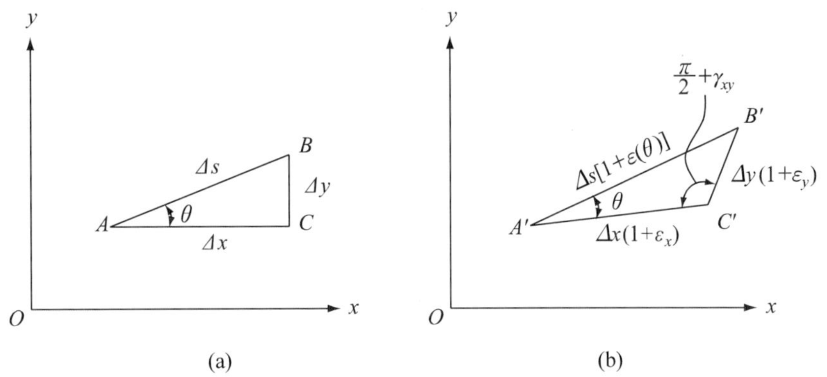

그림 6.34

즉, $(\Delta s)^2[1+\epsilon(\theta)]^2=(\Delta x)^2(1+\epsilon_x)^2+(\Delta y)^2(1+\epsilon_y)^2$

$$-2(\Delta x)(1+\epsilon_x)(\Delta y)(1+\epsilon_y)\cos\left(\frac{\pi}{2}+\gamma_{xy}\right) \tag{6.22}$$

그림 6.34(a)에서

$$\Delta x=(\Delta s)\cos\theta\ ,\ \ \Delta y=(\Delta s)\sin\theta \tag{6.23}$$

이고 γ_{xy}가 매우 작은 값이므로

$$\cos\left(\frac{\pi}{2}+\gamma_{xy}\right)=-\sin\gamma_{xy}\approx-\gamma_{xy} \tag{6.24}$$

의 관계가 성립된다. 식 (6.24)와 식 (6.23)를 식 (6.22)에 대입하고 $\cos^2\theta+\sin^2\theta=1$을 적용시키며, $\epsilon(\theta), \epsilon_x, \epsilon_y, \gamma_{xy}$의 2차항 이상은 아주 미소한 값이므로 무시하면 다음과 같은 식이 된다.

$$\epsilon(\theta)=\epsilon_x\cos^2\theta+\epsilon_y\sin^2\theta+\gamma_{xy}\sin\theta\cos\theta \tag{6.25}$$

식 (6.25)는 임의의 AB 방향 수직변형률 $\epsilon(\theta)$를 $\epsilon_x, \epsilon_y, \gamma_{xy}$ 및 AB가 x축과 이루는 각 θ를 포함하는 항으로 구할 수 있는 공식이다.

식 (6.25)에서 $\theta=45°$를 대입하면 그림 6.35에서와 같이 x축과 y축의 사이각을 이등분하는 직선 OB 방향의 수직변형률 ϵ_{OB}를 얻는다.

$$\epsilon_{OB}=\epsilon(\theta=45°)=\frac{1}{2}(\epsilon_x+\epsilon_y+\gamma_{xy}) \tag{6.26}$$

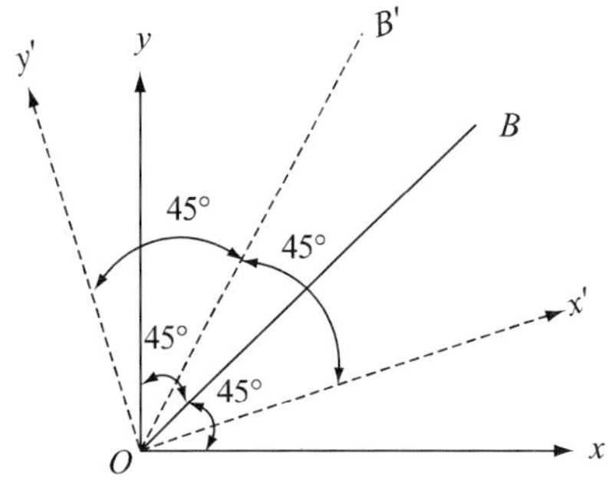

그림 6.35

식 (6.26)을 γ_{xy}에 관해 정리하면 다음 식과 같다.

$$\gamma_{xy} = 2\epsilon_{OB} - (\epsilon_x + \epsilon_y) \tag{6.27}$$

x'방향의 수직변형률 $\epsilon_{x'}$은 식 (6.25)에 삼각함수공식을 적용하여 구할 수 있다.

$$\epsilon_{x'} = \frac{\epsilon_x + \epsilon_y}{2} + \frac{\epsilon_x - \epsilon_y}{2}\cos 2\theta + \frac{\gamma_{xy}}{2}\sin 2\theta \tag{6.28}$$

y'방향의 수직변형률 $\epsilon_{y'}$은 식 (6.28)의 θ에 $\theta + 90°$를 대입하고 $\cos(2\theta + 180°) = -\cos 2\theta$와 $\sin(2\theta + 180°) = -\sin 2\theta$를 적용하여 구한다. 즉,

$$\epsilon_{y'} = \frac{\epsilon_x + \epsilon_y}{2} - \frac{\epsilon_x - \epsilon_y}{2}\cos 2\theta - \frac{\gamma_{xy}}{2}\sin 2\theta \tag{6.29}$$

가 된다. 여기서 식 (6.28)과 식 (6.29)를 더하면

$$\epsilon_{x'} + \epsilon_{y'} = \epsilon_x + \epsilon_y \tag{6.30}$$

의 관계가 성립됨을 알 수 있다.

또한 식 (6.28)에서 θ에 $\theta + 45°$를 대입하면 축 x'와 y' 사이각의 이등분선 OB'방향의 수직변형률을 구하는 다음과 같은 식을 얻을 수 있다.

$$\epsilon_{OB'} = \frac{\epsilon_x + \epsilon_y}{2} - \frac{\epsilon_x - \epsilon_y}{2}\sin 2\theta + \frac{\gamma_{xy}}{2}\cos 2\theta \tag{6.31}$$

즉, 식 (6.27)을 x'축과 y'축에 대하여 정리하면 전단변형률 $\gamma_{x'y'}$이 x'축과 y'축 및 이들의 이등분선 OB'방향으로 측정된 수직변형률로 다음과 같이 표현된다.

$$\gamma_{x'y'} = 2\epsilon_{OB'} - (\epsilon_{x'} + \epsilon_{y'}) \tag{6.32}$$

다시 식 (6.30)과 식 (6.31)을 식 (6.32)에 대입하면

$$\gamma_{x'y'} = -(\epsilon_x - \epsilon_y)\sin 2\theta + \gamma_{xy}\cos 2\theta \tag{6.33}$$

로 표현된다. 식 (6.28), (6.29) 그리고 (6.33)은 좌표축의 회전에 의한 평면변형률의 변환을 구하는 식들이다. 이 식들은 앞서 6.2절에서 유도한 평면응력의 변환식과 유사하다. 평면변형률의 변환식(식 6.28)은 평면응력의 변환식(식 6.3) 중 축응력 $\sigma_{x'}$은 축변형률 $\epsilon_{x'}$으로, 그리고 σ_x와 σ_y는 ϵ_x와 ϵ_y로 대치하고 전단응력 τ_{xy}는 $\frac{1}{2}\gamma_{xy}$로 대치하므로 얻어진다.

또한 평면전단변형률의 변환식(식 6.33)은 평면전단응력의 변환식(식 6.4)에서 $\tau_{x'y'}$은 $\gamma_{x'y'}$으로 대치하고 $\frac{(\sigma_x - \sigma_y)}{2}$항은 $(\epsilon_x - \epsilon_y)$항으로 그리고 τ_{xy}는 γ_{xy}로 대치하므로 얻어진다.

6.12 평면변형률(平面變形率, Plane Strain)에 대한 모어원

평면변형률의 변환에 대한 식들이 평면응력의 변환에 관한 식과 같은 형태이므로 평면변형률에 대한 모어원은 평면응력에 대한 모어원 작도와 유사한 방법으로 작성될 수 있다(그림 6.36 참조).

규칙으로는 X점과 Y점을 정의하였는데 γ_{xy}가 '+'일 때 $Y(\epsilon_y, \frac{1}{2}\gamma_{xy})$점과 $X(\epsilon_x, -\frac{1}{2}\gamma_{xy})$의 좌표가 결정된다. 또한 X점과 Y점을 연결한 직선과 ϵ축과 만난 점이 모어원의 원중심 C가 되고 X점과 Y점의 연결선을 원의 지름으로 하는 모어원이 된다.

평면변형률에 대한 모어원의 중심 C의 횡좌표와 모어원의 반지름 R은 그림 6.36으로부터 다음과 같이 정해진다.

$$\epsilon_{ave} = \frac{\epsilon_x + \epsilon_y}{2} \text{ 그리고 } R = \sqrt{\left(\frac{\epsilon_x - \epsilon_y}{2}\right)^2 + \left(\frac{\gamma_{xy}}{2}\right)^2} \tag{6.34}$$

그림 6.36에서 모어원과 ϵ_x축이 교차되는 A점과 B점은 주변형률 $\epsilon_{\max}$와 $\epsilon_{\min}$이 된다.

$$\epsilon_{\max} = \epsilon_{ave} + R\ ,\ \epsilon_{\min} = \epsilon_{ave} - R \tag{6.35}$$

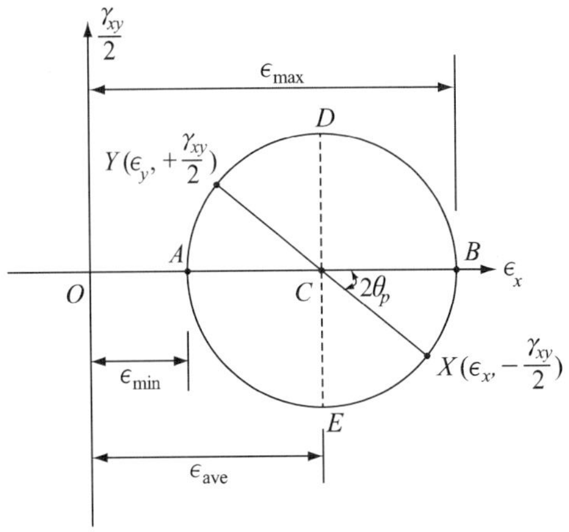

그림 6.36

이 주변형률에 대응되는 각 θ_P는 B점과 A점에서 전단변형률이 "0"인 조건에서 구해진다. 즉, 식 (6.33)에서 $\gamma_{x'y'}=0$으로 놓으면

$$\tan 2\theta_P = \frac{\gamma_{xy}}{\epsilon_x - \epsilon_y} \tag{6.36}$$

의 식이 성립된다. 이 축은 변형률의 주축이라 한다. 그리고 주의할 점은 γ_{xy}가 '−'이면 θ_P도 '−'라는 사실이다.

6.13 공간좌표계(x, y, z)의 변형률에 대한 모어원

평면문제에서 주응력 σ_{max} 또는 σ_{min}일 때 전단응력이 존재하지 않았던 경우와 마찬가지로, 그림 6.37과 같은 공간문제에서 a, b, c 축이 주축이고 σ_a, σ_b, σ_c가 주응력일 때 전단응력이 발생되지 않는다. 즉, $\tau_{ab}=\tau_{bc}=\tau_{ca}=0$이다.

그림 6.37은 주응력 상태에서 원래 한 변이 "1"이었던 정육면체가 $1+\epsilon_a$, $1+\epsilon_b$, $1+\epsilon_c$로 변형된 상태를 보이고 있다. 여기서 다루는 모어원은 x, y, z좌표계에서의 응력의 변환에서 다루었듯이 주축 a, b, c의 회전에 대한 것이다. 여기서 축 변형률과 전단변형률 사이의 관계를 모어원을 이용하여 설명해보자. 축 변형률 ϵ_a는 '+'이고 ϵ_b는 '−'이며 $\epsilon_z=0$인 경우 모어도는 그림 6.38(a)와 같이 그려진다. 여기서 $\epsilon_a=\epsilon_{max}$, $\epsilon_b=\epsilon_{min}$이며 최대 전단변형률 γ_{max}는 지름이 AB인 원의 지름에 해당된다.

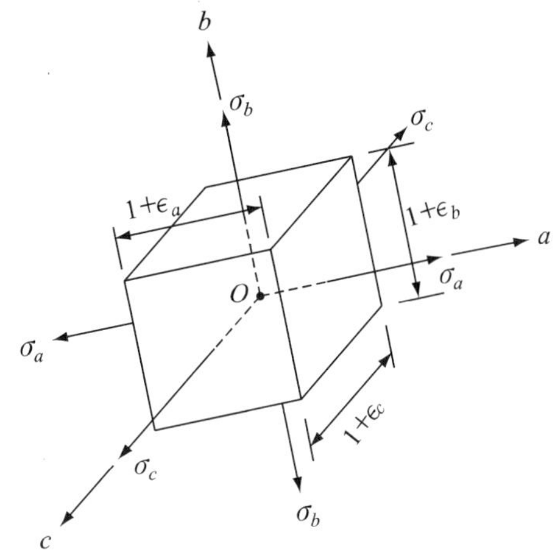

그림 6.37

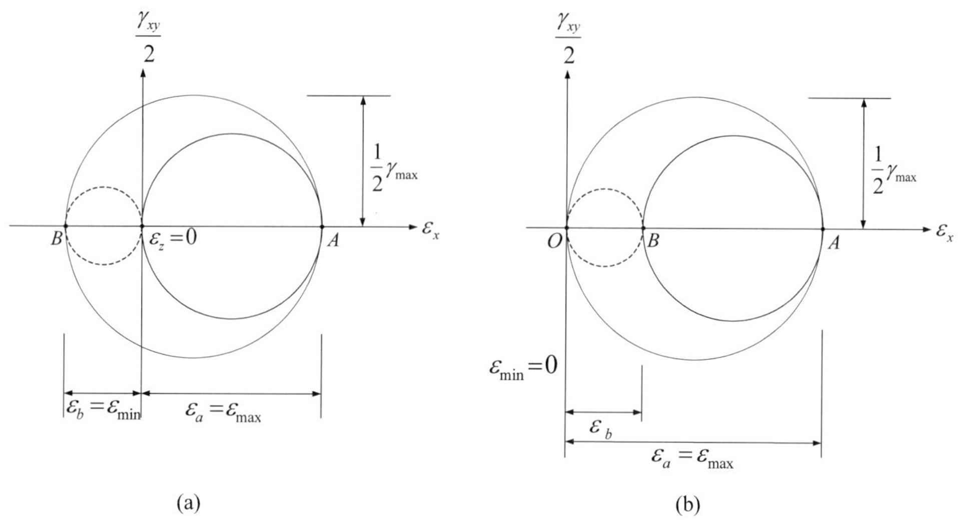

그림 6.38

다음으로는 ϵ_a와 ϵ_b가 모두 양이고 $\epsilon_z=0$인 경우 모어도는 그림 6.38(b)와 같이 나타내진다. 그림에서 AB를 지름으로 하는 원은 평면에서의 ϵ_a와 ϵ_b에 대한 것이고 x, y, z 좌표계에서는 OA를 지름으로 하는 모어원이 작도된다. 여기서 $\epsilon_a=\epsilon_{\max}$이고 $\epsilon_{\min}=0$이 되며 최대 전단변형률 $\gamma_{\max}$는 OA를 지름으로 하는 원의 지름에 해당된다. 앞에서의 결론은 x와 y축을 변형률평면 내에 설정하여 $\epsilon_z=\gamma_{zx}=\gamma_{zy}=0$으로 가정한 경우이다. 다음으로는 다축하중하에서의 후크의 법칙인 $\epsilon_z=\dfrac{1}{E}(-\nu\sigma_x-\nu\sigma_y+\sigma_z)$에서 $\sigma_z=0$인 경우에 대해 다루어 보기로 한다. 여기서 $\sigma_x=\sigma_a,$ $\sigma_y=\sigma_b,$ $\sigma_z=0$을 2장의 식 (2.3), (2.4),

(2.5)에 대입하면 다음과 같은 식들이 얻어진다.

$$\epsilon_a = \frac{\sigma_a}{E} - \nu\frac{\sigma_b}{E} \tag{6.37}$$

$$\epsilon_b = -\frac{\nu\sigma_a}{E} + \frac{\sigma_b}{E} \tag{6.38}$$

$$\epsilon_c = -\frac{\nu}{E}(\sigma_a + \sigma_b) \tag{6.39}$$

식 (6.37)과 식 (6.38)을 더하고 정리하면 다음과 같다.

$$\epsilon_a + \epsilon_b = \frac{1-\nu}{E}(\sigma_a + \sigma_b) \tag{6.40}$$

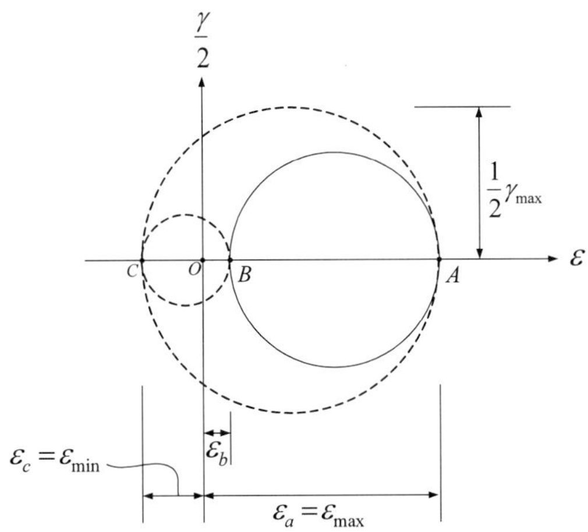

그림 6.39

식 (6.39)를 $(\sigma_a + \sigma_b)$의 항으로 나타내고 식 (6.40)에 대입하여 정리하면 다음과 같은 결론을 얻는다.

$$\epsilon_c = -\frac{\nu}{1-\nu}(\epsilon_a + \epsilon_b) \tag{6.41}$$

식 (6.41)에서 ϵ_c는 주변형률 중의 하나이고 '−'일 때 모어원에 나타내면 그림 6.39의 C점에 해당된다.

여기에 대한 상세한 내용은 예제 6.10에서 설명된다.

[예제 6.10]

구조부재의 표면에 다양한 방법으로 스트레인 게이지를 부착하여 측정한 결과 표면상의 주변형률이 $\epsilon_a = +300\times 10^{-6}\ \mathrm{mm/mm}$, $\epsilon_b = -40\times 10^{-6}\ \mathrm{mm/mm}$이었다. 주어진 재료의 푸아송비 $\nu = 0.3$일 때 구조부재의 표면 근처에서 실제의 최대 전단변형률을 구하라.

[풀이] 표면은 평면응력상태이므로 식 (6.41)을 사용하여 주변형률 ϵ_c를 구하면 다음과 같다.

$$\epsilon_c = -\frac{\nu}{1-\nu}(\epsilon_a + \epsilon_b)$$

$$= -\frac{0.3}{(1-0.3)}(300\times 10^{-6} - 40\times 10^{-6}) = -111.43\times 10^{-6}\ \mathrm{mm/mm}$$

아래 그림과 같이 A점과 C점 및 B점과 C점을 지나는 모어원을 작도하면 최대 전단변형률 $\gamma_{\max}$는 지름 CA와 같다는 것을 알 수 있다. 따라서

$\gamma_{\max} = 300\times 10^{-6} + 111.43\times 10^{-6} = 411.43\times 10^{-6}$ rad으로 계산된다.

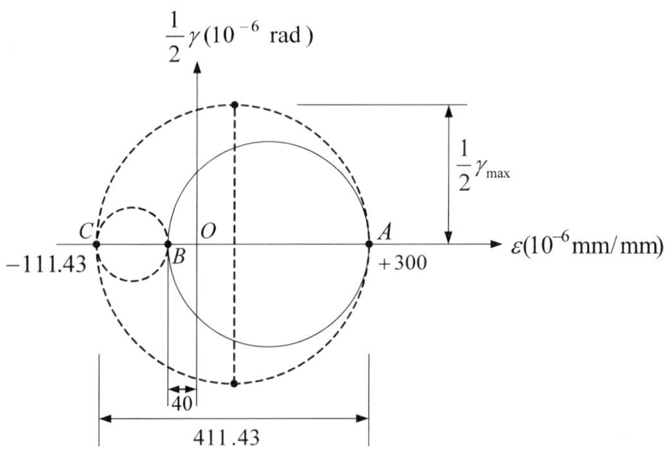

6.14 변형률의 측정

변형률을 측정하는 게이지를 변형률 게이지(Strain Gauge)라고 하는데 변형률 게이지의 원리는 게이지 안에 매설된 미세한 전도물체, 가는 철사 같은 것의 전기흐름에 대한 저항 상태를 측정하여 변형률을 계산하는 것이다. 예로서 인장인 경우 전도물체의 단면은 축소하게 될 것이고 따라서 전기저항은 커질 것이다. 압축이면 반대현상이 발생될 것이다. 건설분야에서 변형률 게이지는 모든 형태의 구조물의 안전성 평가에 이용된다. 예로서 교량의 주요 부재의 중요한 위치에 변형률 게이지를 부착하여 측정된 변형률을 분

석해서 안전성을 평가하게 된다. 그림 6.40은 일반적인 변형률 게이지의 형상을 보이고 있다. 저자의 경험으로 볼 때 인장에 의한 측정값은 어느 정도 신뢰할 수 있으나 압축의 경우에는 측정값의 신뢰도가 크게 저하된다. 강재에서는 측정결과의 신뢰도가 높으나 콘크리트재에서는 신뢰도가 매우 낮은 편이므로 콘크리트 구조의 경우 가능하면 변위(變位, Displacement)계를 이용하는 것이 정확한 안전성을 평가할 수 있는 방법이 될 수 있다고 생각한다.

그림 6.40과 같은 변형률 게이지는 주로 단축 게이지 즉, 한 방향의 축변형률만을 측정하는 게이지로서 많이 사용되고 있는 게이지이다. 주응력 방향이 알려져 있지 않은 경우에는 서로 다른 방향의 3개의 게이지를 조합해서 변형률을 측정할 필요가 있다. 그림 6.41과 같이 물체 표면에 3개의 게이지를 조합하여 부착한 형태를 스트레인 로제트(Strain Rosette)라고 부르며 이러한 형태로 변형률을 측정하면 게이지가 물체 표면에 부착되어 있기 때문에 6.11절의 평면변형률의 변환공식을 사용할 수 있게 된다. 따라서 임의 방향의 변형률이 계산될 수 있고 또한 주응력을 계산할 수 있게 된다. 자주 사용되는 스트레인 로제트의 종류에는 45°로제트와 60°로제트가 있다. 45°로제트는 그림 6.41에 있는 $\theta_a = 0°$, $\theta_b = 45°$, $\theta_c = 90°$인 경우이고, 60°로제트는 $\theta_a = 0°$, $\theta_b = 60°$, $\theta_c = 120°$인 경우이다.

그림 6.41에서 스트레인 로제트로 측정된 변형률 $\epsilon_a, \epsilon_b, \epsilon_c$를 이용하여 $\epsilon_x, \epsilon_y, \gamma_{xy}$를 계산하는 방법을 살펴보기로 하자. 평면변형률의 변환을 적용할 수 있으므로 식 (6.25)에

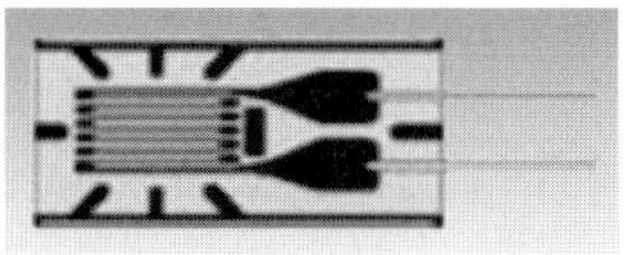

그림 6.40

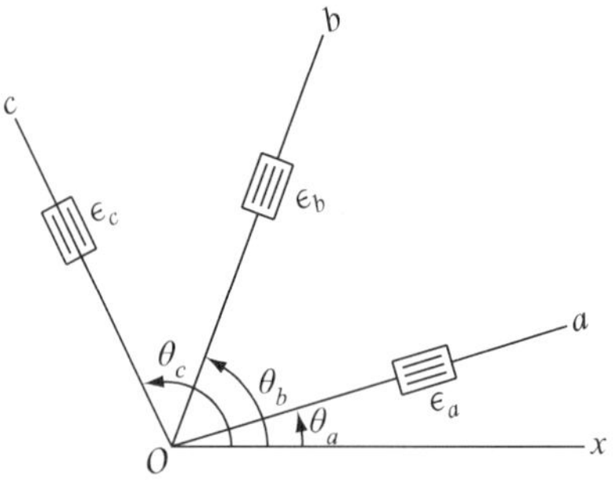

그림 6.41

각 변형률 게이지가 x축과 이루는 각 θ_a, θ_b, θ_c 를 대입하면 다음과 같은 세 방정식을 세울 수 있다.

$$\begin{aligned}\epsilon_a &= \epsilon_x \cos^2\theta_a + \epsilon_y \sin^2\theta_a + \gamma_{xy}\sin\theta_a \cos\theta_a \\ \epsilon_b &= \epsilon_x \cos^2\theta_b + \epsilon_y \sin^2\theta_b + \gamma_{xy}\sin\theta_b \cos\theta_b \\ \epsilon_c &= \epsilon_x \cos^2\theta_c + \epsilon_y \sin^2\theta_c + \gamma_{xy}\sin\theta_c \cos\theta_c\end{aligned} \tag{6.42}$$

식 (6.42)의 세 방정식을 연립하여 풀면 $\epsilon_x, \epsilon_y, \gamma_{xy}$ 를 구할 수 있고 평면변형률의 모어원을 이용하여 주변형률 및 최대 전단변형률을 계산할 수 있다. 여기에 대한 내용들은 다음의 예제들을 통해 상세히 설명된다.

[예제 6.11]

강구조물의 부재에 그림과 같이 변형률 게이지를 설치하여 변형률을 측정하였다. A점의 주응력 σ_1과 σ_2를 구하라. (단, 변형률 게이지로 측정된 변형률값은 $\epsilon_a = 40\,\mu$, $\epsilon_b = 980\,\mu$, $\epsilon_c = 330\,\mu$이고 강재의 $E_s = 2.1 \times 10^5\ \mathrm{MPa}$, $\nu = 0.3$이다.)

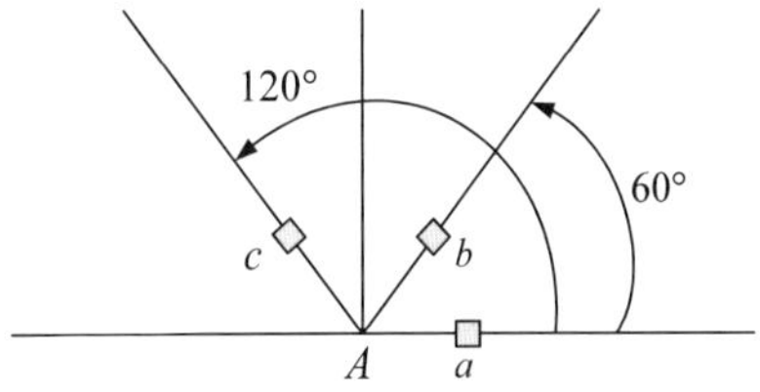

[풀이] 측정된 변형률 결과 값을 식 (6.42)에 대입하면 3개의 식을 얻을 수 있다.

$$40 = \epsilon_x(1)^2 + \epsilon_y(0)^2 + \gamma_{xy}(0)(1) \qquad (\theta = 0°)$$

$$980 = \epsilon_x\left(\frac{1}{2}\right)^2 + \epsilon_y\left(\frac{\sqrt{3}}{2}\right)^2 + \gamma_{xy}\left(\frac{\sqrt{3}}{2}\right)\left(\frac{1}{2}\right) \qquad (\theta = 60°)$$

$$330 = \epsilon_x\left(-\frac{1}{2}\right)^2 + \epsilon_y\left(\frac{\sqrt{3}}{2}\right)^2 + \gamma_{xy}\left(\frac{\sqrt{3}}{2}\right)\left(-\frac{1}{2}\right) \qquad (\theta = 120°)$$

위의 세 식을 연립하여 풀면

$\epsilon_x = 40\,\mu$, $\epsilon_y = 860\,\mu$, $\gamma_{xy} = 750\,\mu$로 계산된다.

위에서 구한 ϵ_x, ϵ_y, γ_{xy} 값을 이용하여 주변형률을 계산하면 다음과 같다.

$$\epsilon_{1,2} = \frac{\epsilon_x + \epsilon_y}{2} \pm \sqrt{\left(\frac{\epsilon_x - \epsilon_y}{2}\right)^2 + \left(\frac{\gamma_{xy}}{2}\right)^2}$$
$$= \frac{40 + 860}{2} \pm \sqrt{\left(\frac{40 - 860}{2}\right)^2 + \left(\frac{750}{2}\right)^2}$$
$$= +\,1{,}006\,\mu \text{ 또는 } -\,106\,\mu$$

따라서 주응력은 다음과 같이 계산된다.

$$\sigma_1 = \frac{E}{1-\nu^2}(\epsilon_1 + \nu\epsilon_2) = \frac{2.1\times 10^5}{1-0.3^2}(1006\times 10^{-6} - 0.3\times 106\times 10^{-6})$$
$$= 224.8\text{ MPa}$$
$$\sigma_2 = \frac{E}{1-\nu^2}(\epsilon_2 + \nu\epsilon_1) = \frac{2.1\times 10^5}{1-0.3^2}(-\,106\times 10^{-6} + 0.3\times 1006\times 10^{-6})$$
$$= 45.2\text{ MPa}$$

[예제 6.12]

안 지름이 10 m, 벽 두께가 200 mm인 LNG 저장탱크가 있다. 탱크 표면에 횡방향과 종방향으로 부착한 스트레인 게이지로부터 각각 850×10^{-6}과 280×10^{-6} mm/mm의 변형률이 측정되었고 비틀림 실험에 의하여 탱크에 사용된 재료의 전단탄성계수 $G = 77$ GPa임을 알았다. 다음을 구하라.

(a) 탱크 내의 게이지 압력

(b) 탱크 벽에 발생되는 주응력과 최대 전단응력

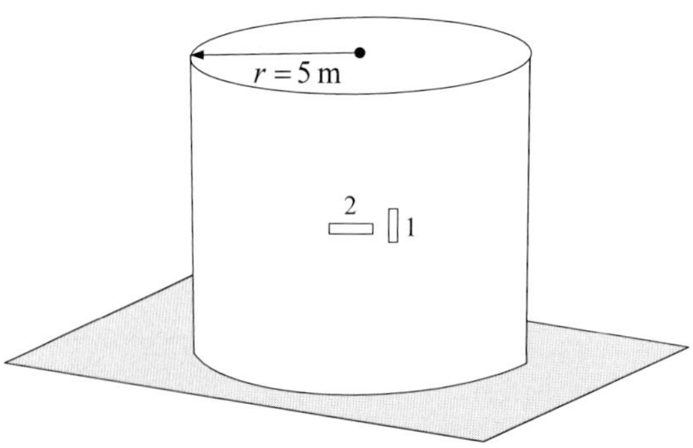

[풀이] (a) 탱크 내의 게이지 압력

주어진 변형률은 탱크 표면의 주변형률이다.

이에 대응되는 A점과 B점을 잡고 변형률에 대한 모어원을 그린다. 최대 전단변형률은 원의 지름과 같으므로 $\gamma_{\max}$는 다음과 같이 계산된다.(아래 그림 참조)

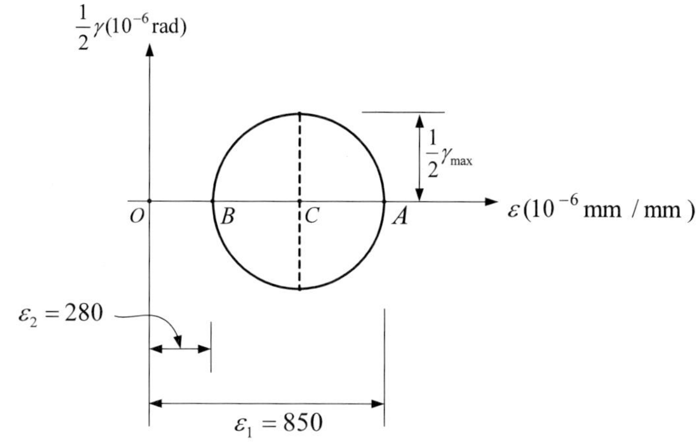

$$\gamma_{max} = \epsilon_1 - \epsilon_2 = 850 \times 10^{-6} - 280 \times 10^{-6} = 570 \times 10^{-6}\text{ rad}$$

전단응력과 변형률에 대한 후크의 법칙으로부터 평면문제에서의

$$\begin{aligned}\tau'_{max} &= G\gamma_{max} \\ &= 77 \times 570 \times 10^{-6} \\ &= 43.9\text{ MPa}\end{aligned}$$ 로 계산된다.

식 (6.21)에 의해

$\tau_{max} = \dfrac{pr}{4t}$ 이므로 $43.9\text{ MPa} = \dfrac{p \times 5}{4 \times 0.2}$ 로부터

탱크 내의 압력 $p = 7\text{ MPa}$로 계산된다.

(b) 주응력과 최대 전단응력

얇은 벽을 가진 원통형 압력용기에서 $\sigma_1 = 2\sigma_2$(6.10절 참조)이므로 응력에 대한 모어원을 작도하여 주응력을 계산하면 주응력

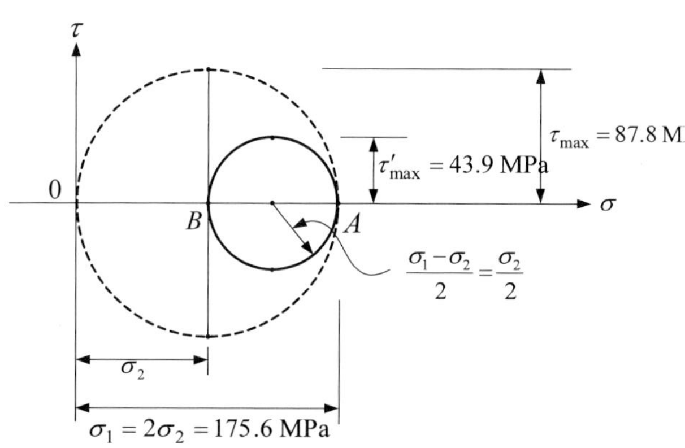

$\sigma_2 = 2\tau'_{\max} = 2 \times 43.9 = 87.8\ \mathrm{MPa}$

$\sigma_1 = 2\sigma_2 = 2 \times 87.8 = 175.6\ \mathrm{MPa}$이다.

평면응력상태에서 계산한 $\tau'_{\max} = 43.9\ \mathrm{MPa}$이었으나 주어진 문제의 LNG탱크는 x, y, z좌표계의 문제이므로 최대 전단응력은 지름이 OA인 원의 반지름과 같다(그림 6.29 참조). 따라서 $\tau_{\max} = \dfrac{1}{2}\sigma_1 = \sigma_2 = 87.8\ \mathrm{MPa}$로 계산된다.

[예제 6.13]

강박스 거더 표면상의 Q 점에 $60°$ 로제트를 부착하여 다음과 같은 변형률값을 얻었다.

$\epsilon_1 = 40\ \mu,\ \epsilon_2 = 600\ \mu,\ \epsilon_3 = 200\mu,\ \nu = 0.3$

그림에 보인 좌표축을 사용하고, Q 점에 대하여 다음을 구하라.

(a) 변형률 성분 ϵ_x, ϵ_y 및 γ_{xy}

(b) 주변형률

(c) 최대 전단변형률 및 최대 전단응력

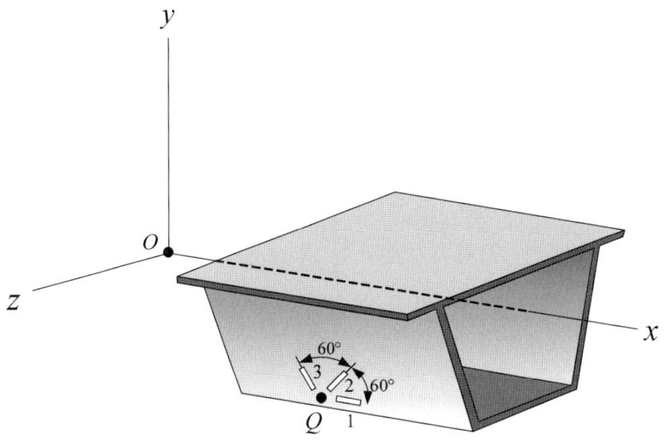

[풀이] 여기서 $60°$ 로제트를 강박스 거더 복부의 하단부에 부착한 것으로 나타냈는데 실제에서는 강박스 거더 하부 플랜지에 부착하는 것이 일반적이다.

(a) 변형률 성분 ϵ_x, ϵ_y 및 γ_{xy} 그림에 보인 좌표축에 대하여

$$\theta_1 = 0,\ \theta_2 = 60°,\ \theta_3 = 120°$$

이다. θ_1, θ_2, θ_3와 측정된 변형률 값인 $\epsilon_1, \epsilon_2, \epsilon_3$를 식 (6.42)에 대입하면 다음과 같다.

$$\epsilon_1 = 40\ \mu = \epsilon_x(1) + \epsilon_y(0) + \gamma_{xy}(0)(1)$$

$$\epsilon_2 = 600\ \mu = \epsilon_x(0.5)^2 + \epsilon_y(0.866)^2 + \gamma_{xy}(0.866)(0.5)$$

$$\epsilon_3 = 200\ \mu = \epsilon_x(-0.5)^2 + \epsilon_y(0.866)^2 + \gamma_{xy}(0.866)(-0.5)$$

이 방정식을 연립하여 풀면,

$\epsilon_x = 40\ \mu$, $\epsilon_y = 520\ \mu$, $\gamma_{xy} = 462\ \mu$로 계산된다.

(b) 모어원의 규정으로부터 γ_{xy}가 (+)일 때 $Y(\epsilon_y,\ \frac{1}{2}\gamma_{xy})$점과 $X(\epsilon_x,\ -\frac{1}{2}\gamma_{xy})$점의 좌표가 결정될 수 있다. 따라서 $X(40,\ -231)$와 $Y(520,\ +231)$로부터 다음과 같은 모어원이 작도된다.

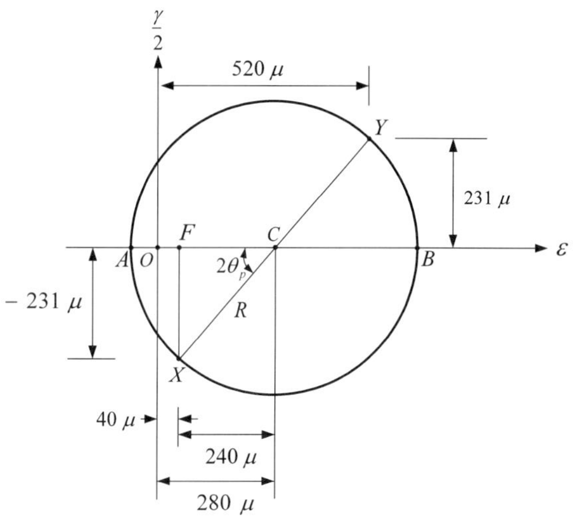

식 (6.34)에 의해 $\epsilon_{\text{ave}} = \frac{1}{2}(520 + 40) = 280\ \mu$이고

$R = \sqrt{(-240)^2 + (231)^2} = 333\ \mu$로 계산되고

식 (6.36)에 의해 $\tan 2\theta_P = \frac{231}{280}$이고 따라서 $\theta_P = 19.76°$로 계산된다.

A점과 B점은 주변형률에 해당되므로 주변형률

$\epsilon_a = \epsilon_{\text{ave}} - R = 280 - 333 = -53\ \mu$

$\epsilon_b = \epsilon_{\text{ave}} + R = 280 + 333 = 613\ \mu$로 계산된다.

표면에서 $\sigma_z = 0$이고 ϵ_c는 식 (6.41)을 이용하여 다음과 같이 계산된다.

$$\epsilon_c = -\frac{\nu}{1-\nu}(\epsilon_a + \epsilon_b) = -\frac{0.3}{1-0.3}(-53 + 613) = -240\ \mu$$

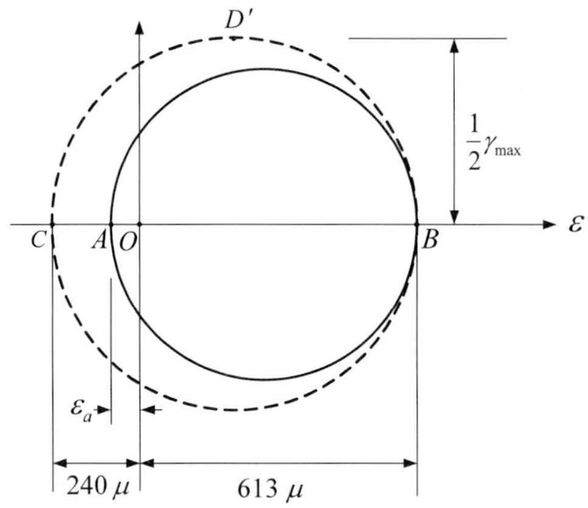

(c) C점을 잡고 B점과 C점을 지나는 모어원을 그리면 D'점을 얻을 수 있다. D'점이 최대 전단변형률 성분이며 다음과 같이 계산된다.

$\frac{1}{2}\gamma_{max} = \frac{1}{2}(613+240) = 426.5\ \mu$, 따라서 최대 전단변형률 $\gamma_{max} = 853\ \mu$이다.

강의 탄성계수 $E = 2.1\times 10^5$ MPa이므로 강의 전단탄성계수

$G = \frac{E}{2(1+\nu)} = \frac{2.1\times 10^5}{2(1+0.3)} = 8.1\times 10^4$ MPa이다. 따라서

최대 전단응력 $\tau_{max} = G\gamma_{max} = 8.1\times 10^4 \times 853\times 10^{-6} = 69$ MPa

로 계산된다.

연습문제

EXERCISE

1. 주어진 응력상태에서 단면 요소를
(a) 30° 시계방향으로
(b) 15° 반시계방향으로
회전시켰을 때, 축응력과 전단응력을 구하라.

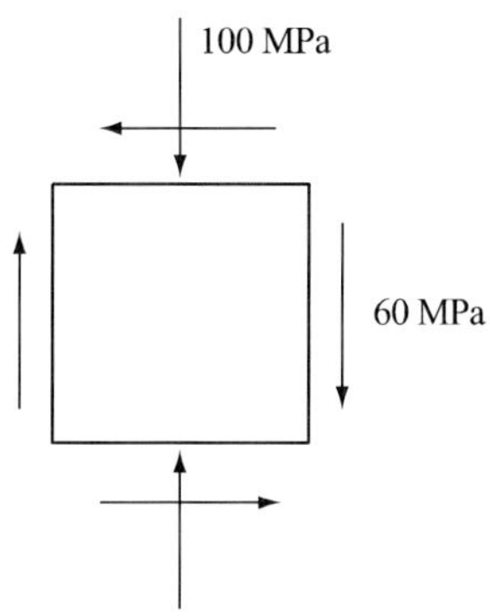

해석 순서

① 주어진 응력상태의 응력성분 산정

$\sigma_x = 0,\ \sigma_y = -100\,\text{MPa},\ \tau_{xy} = -60\,\text{MPa}$

$\dfrac{\sigma_x + \sigma_y}{2} = -50\ \text{MPa},\quad \dfrac{\sigma_x - \sigma_y}{2} = 50\ \text{MPa}$

② 30° 시계방향으로 회전 시, 식 (6.3)과 식 (6.4)로부터 축응력과 전단응력 산정

$\theta = -30°,\ 2\theta = -60°$

$\sigma_{x'} = 27.0\,\text{MPa},\ \sigma_{y'} = -127.0\,\text{MPa},\ \tau_{x'y'} = 13.3\,\text{MPa}$

③ 15° 반시계방향으로 회전 시, 식 (6.3)과 식 (6.4)로부터 축응력과 전단응력 산정

$\theta = 15°,\ 2\theta = 30°$

$\sigma_{x'} = -36.7\ \text{MPa},\ \sigma_{y'} = -63.3\,\text{MPa},\ \tau_{x'y'} = -77.0\,\text{MPa}$

*주의: τ가 '–'이면 θ도 '–' 즉, 시계방향임.

2. 그림과 같은 기둥의 단면 중심에 하중 P가 작용되고 있다.
경사면 $a-a$에 발생되는 응력이 각각 $\sigma = -30\,\text{MPa},\ \tau = 10\,\text{MPa}$일 때
(a) $a-a$면이 수평면과 이루는 각 β와
(b) 기둥에 발생되는 최대 압축응력을 구하라.

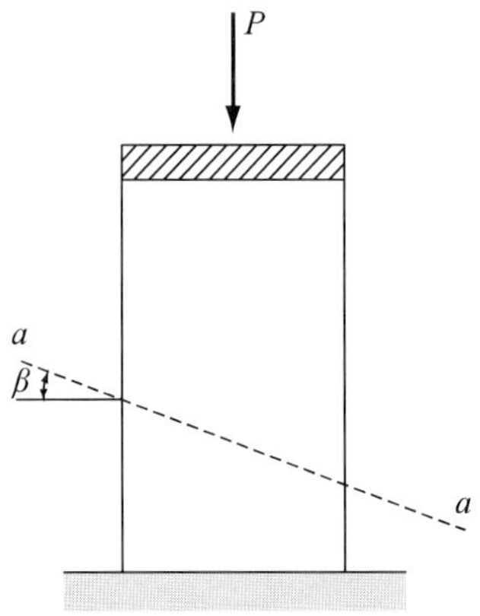

해석 순서

① 자유물체도 및 힘, 면적성분 산정

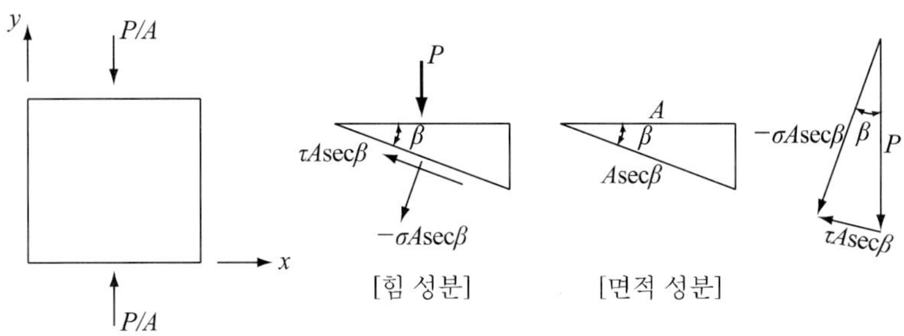

$$\sigma_x = 0,\quad \tau_{xy} = 0,\quad \sigma_y = \sigma_{\max} = \left|-\frac{P}{A}\right|$$

$$\tan\beta = \frac{\tau\, A\, \sec\beta}{-\sigma\, A\, \sec\beta} = \frac{1}{3}$$

② 수평면과 이루는 각 β 산정

$$\beta = \arctan\frac{1}{3} = 18.4°$$

③ 기둥에 발생되는 최대 압축응력 산정

$$P = -\sigma\, A\, \sec\beta\, \sec\beta$$

$$\frac{P}{A} = \frac{-\sigma}{\cos^2\beta} = 33.3\ \text{MPa}$$

3. 강재 파이프 AB는 바깥 지름이 200 mm, 벽 두께가 10 mm이다. 팔 CD가 파이프에 견고히 부착되었다고 할 때 H점에 발생되는 주응력과 최대 전단응력을 구하라.

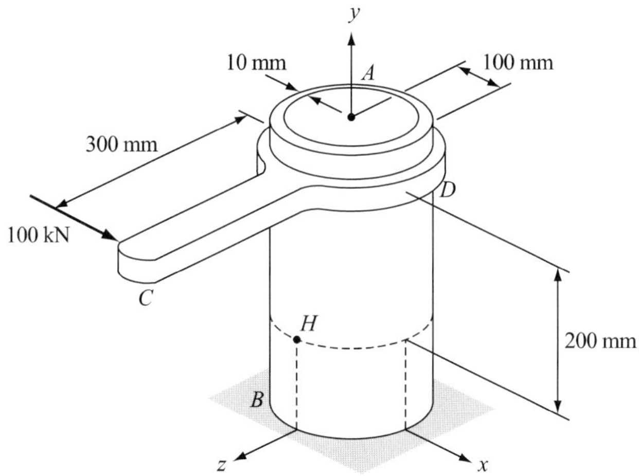

해석 순서

① 단면값 산정 $J = 5.402 \times 10^{-5}\,\text{m}^4$, $I = 2.701 \times 10^{-5}\,\text{m}^4$

② 부재력 산정 $F_x = 100\,\text{kN}$, $M_y = 30\,\text{kNm}$, $M_z = 20\,\text{kNm}$

③ 비틀림모멘트에 의한 H점의 전단응력 산정

$$M_T = M_y = 30\,\text{kNm},\ \tau_{xyT} = \frac{M_T c}{J} = 55.54\,\text{MPa}$$

$$M_z = 20\,\text{kNm}$$

④ 수평력에 의한 H점의 전단응력 산정

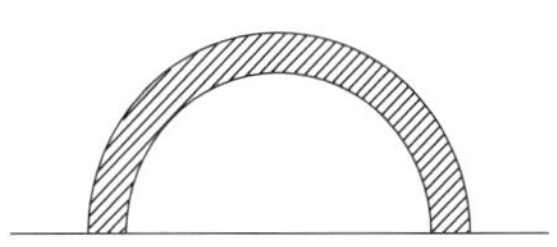

$$A = \frac{\pi}{2} r^2,\ \bar{y} = \frac{4}{3\pi} r \text{ 이므로}$$

$$Q = A\bar{y} = \frac{2}{3} r^3 = 1.807 \times 10^{-4}\,\text{m}^3$$

$$\tau_{xyF} = \frac{VQ}{It} = 33.45\,\text{MPa}$$

⑤ 휨모멘트 M_z에 의한 H점의 휨응력 산정

$\sigma_y = 0$ (H점은 중립축상에 있으므로)

⑥ H점에 발생되는 총응력 산정

$\sigma_x = 0$, $\sigma_y = 0$, $\tau_{xy} = \tau_{xyT} + \tau_{xyF} = 89\,\text{MPa}$

⑦ H 점에 발생되는 주응력 및 최대 전단응력 산정

$$\sigma_{max} = \left(\frac{\sigma_x + \sigma_y}{2}\right) + \sqrt{\left(\frac{\sigma_x - \sigma_y}{2}\right)^2 + \tau_{xy}^2} = 89\text{ MPa}$$

$$\sigma_{min} = \left(\frac{\sigma_x + \sigma_y}{2}\right) - \sqrt{\left(\frac{\sigma_x - \sigma_y}{2}\right)^2 + \tau_{xy}^2} = -89\text{ MPa}$$

$$\tau_{max} = \sqrt{\left(\frac{\sigma_x - \sigma_y}{2}\right)^2 + \tau_{xy}^2} = 89\text{ MPa}$$

4. 모어원을 이용하여 주어진 응력상태의

(a) 주면의 방향

(b) 최대 전단응력

(c) 주응력을 구하라.

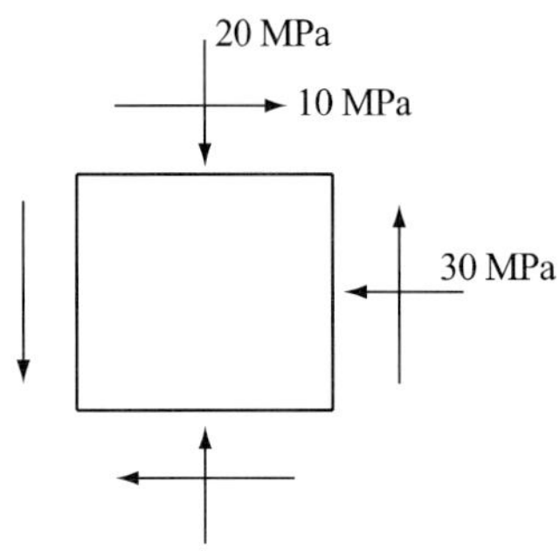

해석 순서

① 주어진 응력상태의 응력성분 산정

$\sigma_x = -30\text{ MPa},\ \sigma_y = -20\text{ MPa},\ \tau_{xy} = 10\text{ MPa}$

$$\sigma_{ave} = \frac{\sigma_x + \sigma_y}{2} = -25\text{ MPa}$$

② 모어원 작도 및 좌표 산정

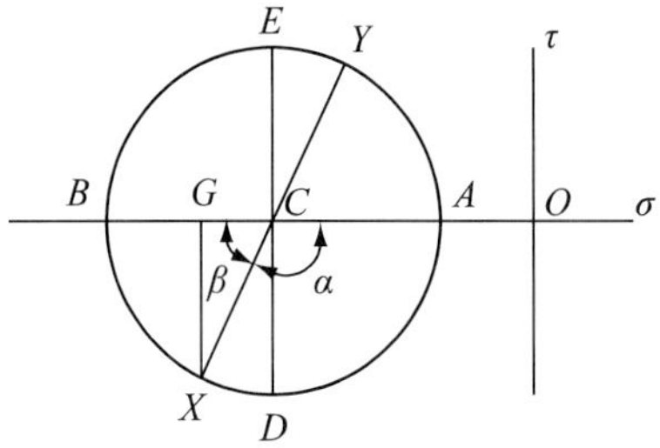

$X:\ (\sigma_x,\ -\tau_{xy}) = (-30\text{ MPa},\ -10\text{ MPa})$

$Y:\ (\sigma_y,\ \tau_{xy}) = (-20\text{ MPa},\ 10\text{ MPa})$

$C:\ (\sigma_{ave},\ 0) = (-25\text{ MPa},\ 0)$

③ 주면의 방향 산정

$$\tan\beta = \frac{GX}{CG} = 2.0,\ \beta = 63.44°,\ \theta_B = -\frac{1}{2}\beta = -31.7°$$

$$\alpha = 180° - \beta = 116.6°,\ \theta_A = \frac{1}{2}\alpha = 58.3°$$

④ 최대 전단응력과 주응력 산정

$$R = \sqrt{\overline{CG}^2 + \overline{GX}^2} = 11.18\,\text{MPa}$$

$$\theta_D = \theta_B + 45° = 13.28°,\ \theta_E = \theta_A + 45° = 103.28°$$

$$\tau_{\max} = R = 11.18\,\text{MPa}$$

$$\sigma_{\max} = \sigma_{\text{ave}} + R = -13.82\,\text{MPa}\quad \sigma_{\min} = \sigma_{\text{ave}} - R = -36.18\,\text{MPa}$$

$$\sigma' = \sigma_{\text{ave}} = -25\,\text{MPa}$$

5. 그림과 같이 주어진 응력상태에서 최대 전단응력이 70 MPa보다 작거나 같은 σ_x의 범위를 구하라.

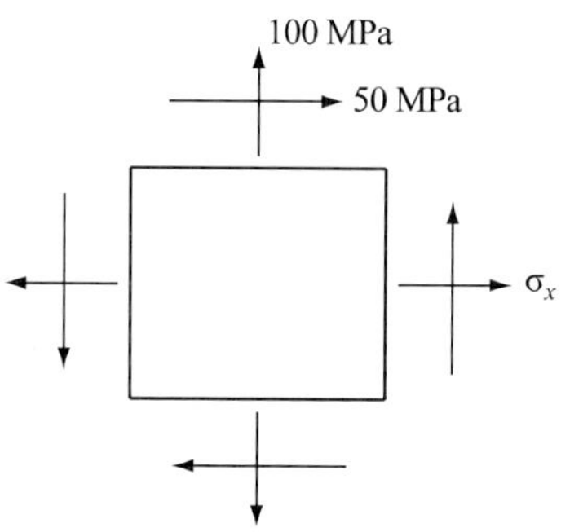

해석 순서

① 주어진 응력상태의 응력성분 산정

$\sigma_y = 100\,\text{MPa},\ \tau_{xy} = 50\,\text{MPa}$

② 모어원의 반지름 R 산정

$R = \sqrt{\left(\frac{\sigma_x - \sigma_y}{2}\right)^2 + \tau_{xy}^2}$ 에서

$\frac{\sigma_x - \sigma_y}{2}$를 U로 놓으면, $\sigma_x = \sigma_y + 2U$

$R = \sqrt{U^2 + \tau_{xy}^2} = \tau_{\max} = 70\,\text{MPa},\ U = \pm 49\,\text{MPa}$

③ σ_x의 범위 산정

$\sigma_x = \sigma_y + 2U$

$2\,\text{MPa} \le \sigma_x \le 198\,\text{MPa}$

6. 그림과 같이 주어진 응력상태에서 축응력 σ_x가 60 MPa과 같거나 작은 값이 되는 각 θ의 범위를 구하라.

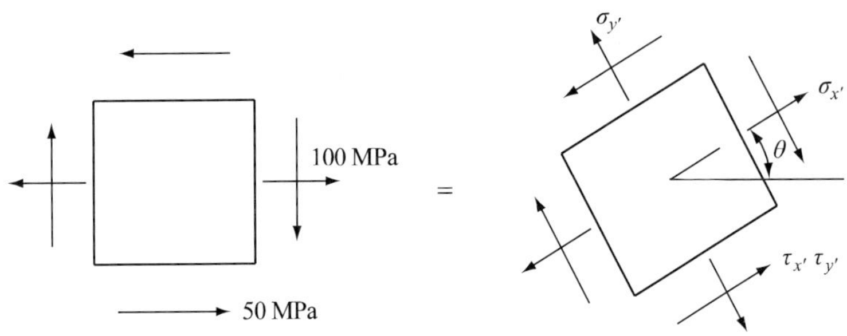

해석 순서

① 주어진 응력상태의 응력성분 산정

$$\sigma_x = 100\ \text{MPa},\ \sigma_y = 0,\ \tau_{xy} = -50\ \text{MPa}$$

$$\sigma_{\text{ave}} = \frac{\sigma_x + \sigma_y}{2} = 50\ \text{MPa},\ R = \sqrt{\left(\frac{\sigma_x - \sigma_y}{2}\right)^2 + \tau_{xy}^2} = 70.71\ \text{MPa}$$

② 모어원 작도

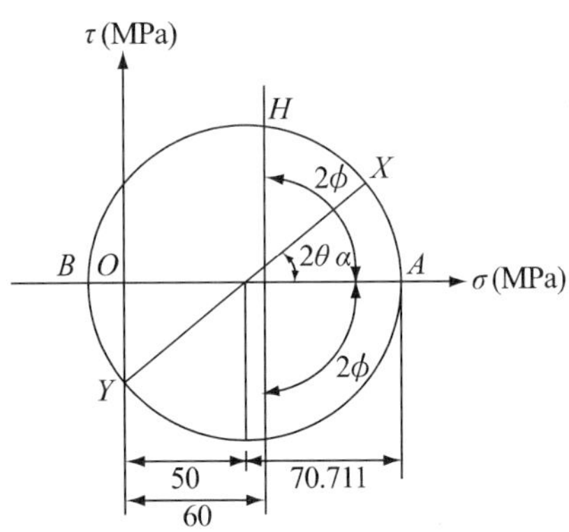

③ 축응력 σ_x가 60 MPa과 같거나 작은 값이 되는 각 θ의 범위 산정

$$\tan 2\theta_p = \frac{2\tau_{xy}}{\sigma_x - \sigma_y} = -1,\ 2\theta_p = -45°,\ \theta_p = -22.5°$$

$\sigma_x{}' = 50$ MPa보다 같거나 작은 값이므로

$R\cos2\phi = 10\,\text{MPa}$, $\phi = 40.95°$, $\theta_H = \theta_P + \phi = 18.45°$

$2\,\theta_K = 2\,\theta_H + 360° - 4\,\phi = 223.11°$, $\theta_K = 116.55°$

θ의 범위 $\theta_H \le \theta \le \theta_K$

$18.45° \le \theta \le 116.55°$ 또는 $198.45° \le \theta \le 296.55°$

7. 그림과 같은 응력상태에서 최대 전단응력 τ_{max}가 90 MPa이 되는 τ_{xy}를 구하라.

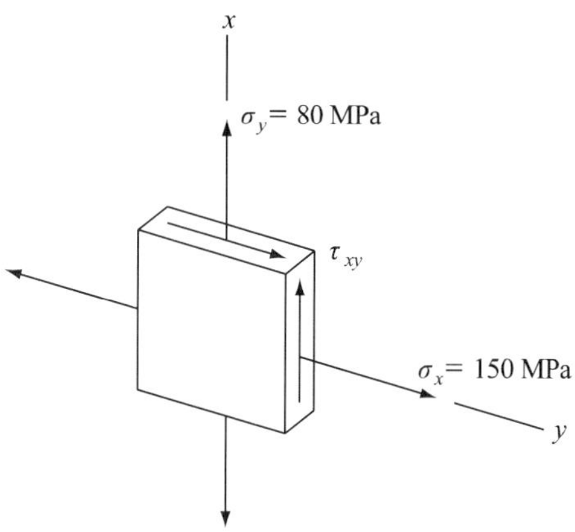

해석 순서

① 모어원 작도

$\sigma_x = 150\,\text{MPa}$,

$\sigma_y = 80\,\text{MPa}$

$$\sigma_{ave} = \frac{\sigma_x + \sigma_y}{2} = 115\,\text{MPa}$$

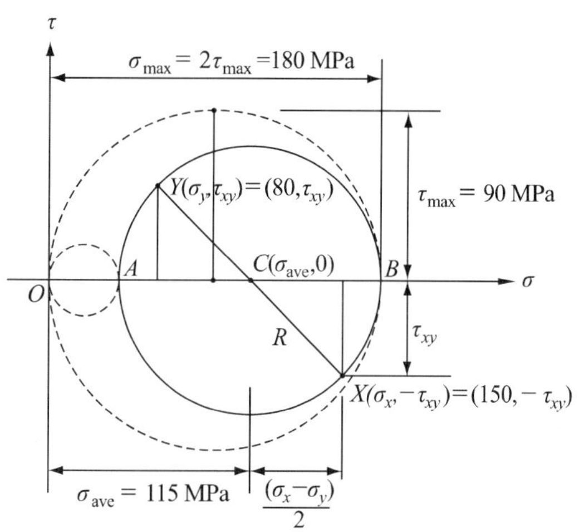

② τ_{xy} 계산

$\sigma_{max} = \sigma_{ave} + R$ 이므로 $R = \sigma_{max} - \sigma_{ave} = 65\,\text{MPa}$

$$\tau_{xy} = \pm\sqrt{R^2 - \left(\frac{\sigma_x - \sigma_y}{2}\right)^2} = \pm\,54.8\,\text{MPa}$$

8. 그림과 같이 기둥에 수직하중 P 와 수평하중 V 가 작용되고 있다. A 점에서 기둥의 표면에 부착된 45° 로제트로부터 $\epsilon_1 = -70\ \mu$, $\epsilon_2 = 300\ \mu$, $\epsilon_3 = 250\ \mu$의 변형률이 측정되었다.

탄성계수 $E = 200$ GPa이고 푸아송비 $\nu = 0.3$일 때, 측정된 변형률 데이터로부터 기둥에 작용되고 있는 수직하중 P 와 수평하중 V 를 구하라.

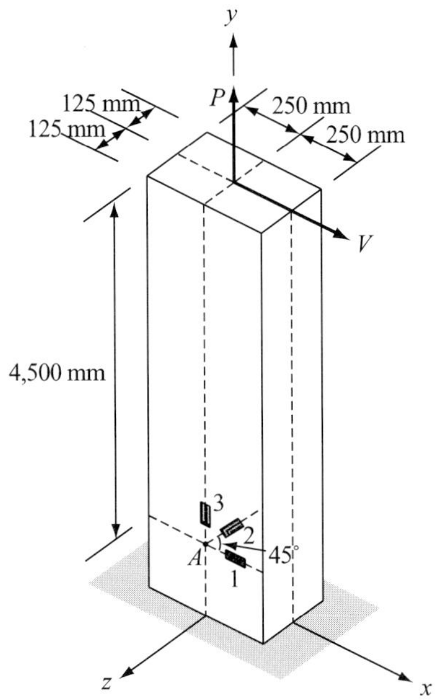

해석 순서

① 식 (6.42)로부터 ϵ_x, ϵ_y, γ_{xy} 산정

$$\epsilon_1 = -70\ \mu = \epsilon_x(1) + \epsilon_y(0) + \gamma_{xy}(0)(1)$$

$$\epsilon_2 = 300\ \mu = \epsilon_x\left(\frac{1}{2}\right) + \epsilon_y\left(\frac{1}{2}\right) + \gamma_{xy}\left(\frac{1}{2}\right)$$

$$\epsilon_3 = 250\ \mu = \epsilon_x(0) + \epsilon_y(1) + \gamma_{xy}(1)(0)$$

$$\epsilon_x = -70\ \mu, \quad \epsilon_y = 250\ \mu, \quad \gamma_{xy} = 420\ \mu v$$

② 수직하중 P 산정

$$\sigma_y = \frac{E}{1-\nu^2}(\epsilon_y + \nu\,\epsilon_x) = 50.3\ \text{MPa}$$

$$\sigma_y = \frac{P}{A} \text{ 이므로 } P = \sigma_y A = 6{,}287.5\ \text{kN}$$

③ 수평하중 V 산정

$$G = \frac{E}{2(1+\nu)} = 76.9\ \text{GPa}$$

$$\tau_{xy} = G\gamma_{xy} = 32.3\ \text{MPa}$$

$$\tau_{xy} = \frac{VQ}{It} \text{에서 } V = \frac{It}{Q}\tau_{xy} = 2{,}691.7\ \text{kN}$$

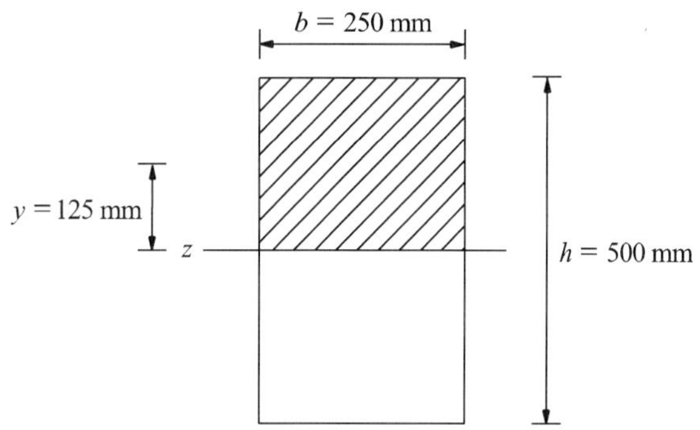

07
부재력선도
部材力線圖, Member Force Diagram

7.1 부재력선도의 정의(定意, Definition)

이 장에서는 부재력선도 즉, 축력선도(軸力線圖, Normal Force Diagram: N.F.D)와 전단력선도(剪斷力線圖, Shear Force Diagram: S.F.D) 그리고 휨모멘트선도(Bending Moment Diagram: B.M.D), 비틀림모멘트선도(Torsional Moment Diagram: T.M.D)에 대해 다룬다. 앞으로는 축력선도를 N.F.D, 전단력선도를 S.F.D, 휨모멘트선도를 B.M.D, 그리고 비틀림모멘트선도를 T.M.D로 표현하기로 한다. N.F.D, S.F.D, B.M.D, T.M.D를 작성하는 목적은 설계에 이용하기 위함이다. 즉, 절대 최대 부재력이 발생되는 위치를 찾아 단면을 결정하고 응력검토를 함으로써 궁극적으로 안전하고 경제적인 설계를 하기 위함이다.

7.2 평면문제에서의 N.F.D, S.F.D, B.M.D의 작성

N.F.D, S.F.D, B.M.D에 대한 설명을 위해 간단한 단순보시스템으로 예를 들겠다. 우선 중요한 문제는 부호규정이니 혼동하지 않길 바란다. 축력은 인장이 '+', 전단력은 부재의 정면에서 봤을 때 왼쪽은 상향, 오른쪽은 하향방향이 '+'이며 휨모멘트는 부재 단면 상부가 압축되는 경우가 '+'이다. 5장의 그림 5.3을 다시 그림 7.1에 나타냈으니 숙지하기 바란다.

여기서 점선은 정면에서 본 기준선이다. 만약 기준선을 부재 상부로 하는 경우 전단력

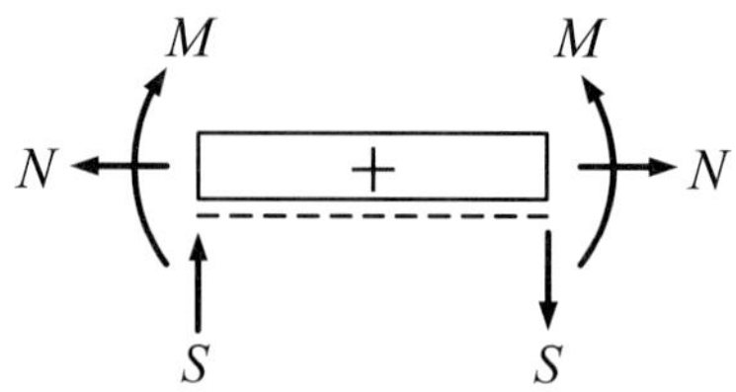

그림 7.1

과 휨모멘트의 부호가 상반된다. 따라서 정해진 기준선에 따라 전단력과 휨모멘트의 부호가 결정된다.

다음으로 그림 7.2를 이용하여 N.F.D와 S.F.D 및 B.M.D를 나타내보자.

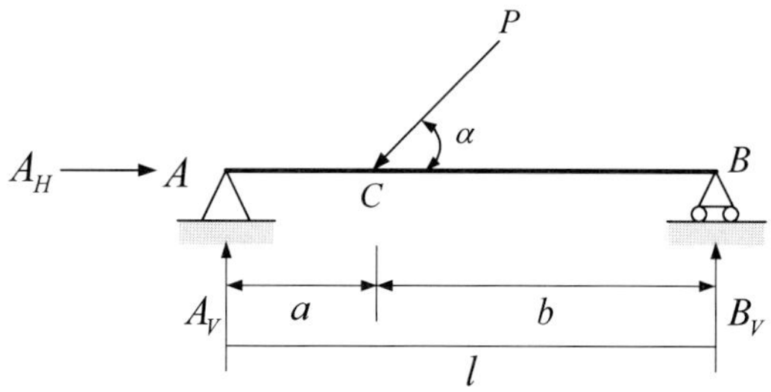

그림 7.2

그림 7.2의 구조시스템은 정정이고, 힘의 평형방정식으로부터 $A_V = \dfrac{Pb\sin\alpha}{l}$ 이고 $B_V = P\sin\alpha - A_V$ 또는 $B_V = \dfrac{Pa\sin\alpha}{l}$ 임을 알 수 있다. 또한 $A_H = P\cos\alpha$이다. 첫 번째로 A점으로부터 자유물체도를 이용해 부재력을 식으로 나타내보자. 이 경우 임의 점까지의 거리는 두 구간으로 나누어 생각해야 한다. 즉, $0 < x \le a$일 때와 $a < x \le l$일 때이다. 왜냐하면 하중 P의 작용점 전과 후의 자유물체도가 달라지기 때문이다. 물론 여기서 B점을 기준으로 했을 경우에 하중 P의 작용점 이전과 이후의 자유물체도를 세워 계산할 수도 있다. 여기서는 A점을 기준으로 한 경우로서 $0 < x \le a$일 때와 $a < x \le l$일 때의 자유물체도를 그림 7.3(a), (b)와 같이 나타내었다.

그림 7.3(a)로부터

$$N(x) = -A_H = -P\cos\alpha$$

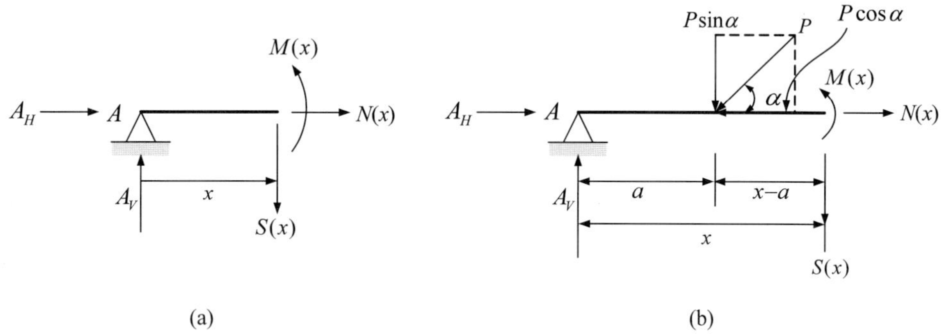

그림 7.3

$$S(x) = A_V = \frac{Pb\sin\alpha}{l}$$

$$M(x) = A_V x$$

임을 알 수 있다. 그림 7.3(b)로부터

$$N(x) = 0$$

$$S(x) = A_V - P\sin\alpha = B_V$$

$$M(x) = A_V x - P(x-a)\sin\alpha$$

가 된다. 이 결과를 그림으로 나타내면 그림 7.4와 같다.

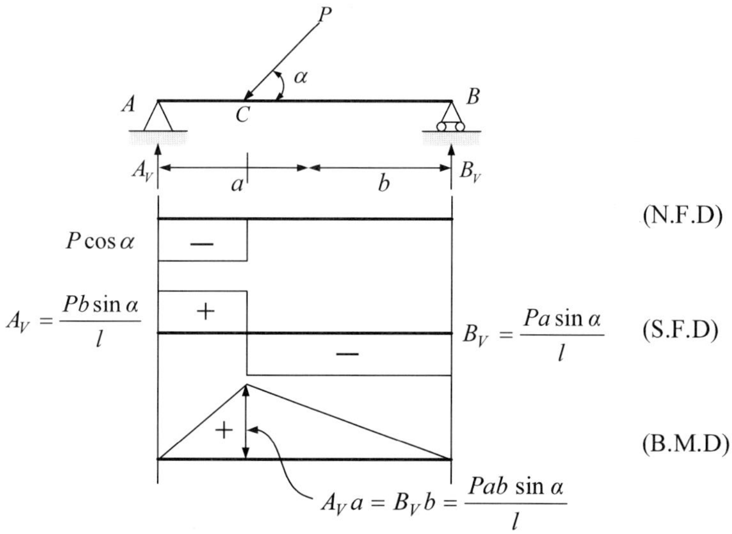

그림 7.4

자유물체도로부터 AC구간의 축력은 압축으로 $-A_H$가 되고 CB구간에서는 "0"이 된다. 또한 AC구간의 전단력은 A_V이고 '+'이며 CB구간에서는 B_V로 '−'이다. 부호 규정을 참고하기 바란다. 휨모멘트는 AC구간에서 거리 x에 비례하므로 C점에서 최대가 되며 $M_{\max}=A_V a=\dfrac{Pab\sin\alpha}{l}$이고 부호는 '+'이다. $M_{\max}=B_V b$이기도 하다.

7.3 평면문제에서의 하중 w와 전단력 V, 그리고 휨모멘트 M 사이의 관계(Relations Among Load and Shear and Bending Moment)

그림 7.5에서 가운데 dx부분만 생각해 보자. dx는 보에서 임의거리 x로부터의 미소거리를 의미하고 임의거리 x에서의 전단력 S와 휨모멘트 M이 dx만큼 변화 후 전단력은 $S+dS$, 휨모멘트는 $M+dM$으로 변화된 상태를 나타내고 있다. 그리고 분포(分布, Distribution)하중이 dx구간에 재하되었을 때 dx부분만 독립된 자유물체도로 표현할 수 있다. 따라서 힘의 평형방정식을 다음과 같이 세워 하중과 전단력 및 휨모멘트 사이의 관계를 얻을 수 있다. 먼저

$$+\uparrow\sum V=S-(S+dS)-w(x)dx=0$$

으로부터

$$\frac{dS}{dx}=-w(x)$$

라는 식이 성립된다. 다음으로는

$$\overset{\curvearrowleft}{+}\sum M_{②}=-M+M+dM-Sdx+\frac{w(x)}{2}dx^2=0$$

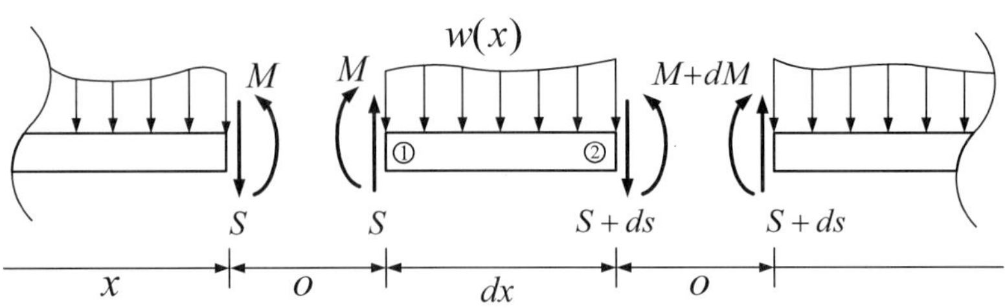

그림 7.5

으로부터

$$\frac{dM}{dx} = S$$

라는 식이 성립된다. 여기서 $\frac{w(x)}{2}dx^2$의 항은 미소거리의 자승이므로 무시될 수 있다. 위의 두 관계식을 연계시키면

$$\frac{d^2M}{dx^2} = \frac{dS}{dx} = -w(x) \tag{7.1}$$

와 같은 하중과 전단력 및 휨모멘트 사이의 수학적 관계식이 성립된다. 위의 w, S와 M 사이의 수학적 관계 및 집중하중 P와 하중으로서의 휨모멘트 M 사이의 관계를 확대 적용시키면 S.F.D과 B.M.D에서 다음과 같은 규칙이 성립된다(그림 7.6 참조).

1) 하중이 없는 구간에서 S.F.D는 일정하고 B.M.D는 선형(線形, Linear)적 변화를 한다.
2) 등분포하중(等分布荷重, Uniformly Distributed Load) w가 작용되는 구간에서 S.F.D는 선형적 변화를 하고 B.M.D는 2차 포물선으로 변한다.
3) 집중하중(集中荷重, Concentrated Load) P가 작용되는 곳에서 S.F.D는 P의 크기만큼 계단을 이루고 B.M.D에서는 꺾임이 일어난다.
4) 하중으로서 M이 작용되는 경우 작용점에서 S.F.D와 B.M.D의 기울기는 변화하지 않는다. B.M.D에서는 M의 크기만큼 계단을 이룬다.
5) S.F.D가 "0"이 되는 곳에서 즉, 부호가 교차되는 곳에서 휨모멘트는 최대가 될 수 있다. 만일 단일하중(單一荷重, Single Load) 즉, 한 개의 구조시스템에서 w나 P가 하나만 작용될 때 S.F.D의 부호가 교차되는 위치에서 모멘트는 최대가 된다.
6) 하중이 1차 또는 2차 함수로 변화할 때 S.F.D는 2차 또는 3차로 변화하고 B.M.D는 3차 또는 4차로 변화한다. 즉, 하중보다 S.F.D는 1차가 더 커지고 B.M.D는 2차가 더 커진다.

그림 7.6은 w와 P 및 하중으로서 M이 단순보시스템에 동시에 작용되는 경우의 S.F.D와 B.M.D의 특징을 나타내고 있다.

다음으로는 위에서 정리한 규칙에 따라 간단한 구조시스템들의 부재력선도(部材力線圖, Diagram of Member Force)를 작성해보기로 하자. 그림 7.7과 같은 외팔보(Cantilever) 시스템에서 자유단에 집중하중 P가 작용될 때 A점의 수직반력은 상향으로 P 즉, 부호 규정에 따라 '+'로 작용되고 B점으로부터 임의 거리 x에서의 휨모멘트 $M(x) = Px$인데

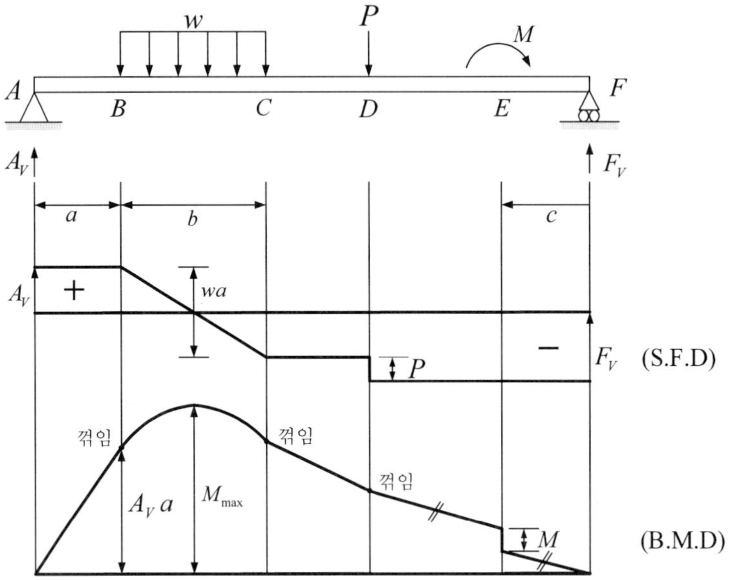

그림 7.6

부호규정상 '−'이다. 앞서에서의 규칙과 같이 집중하중 작용점에서 S.F.D는 집중하중 크기만큼 계단을 이루고 하중이 없는 곳에서는 일정하다. 또한 B.M.D는 선형적 변화를 하고 A점에서의 휨모멘트 $M_A = Pl$이 된다.

그림 7.8은 외팔보시스템에서 등분포하중이 재하된 경우로서 A점의 수직반력 $A_V = wl$로 '+'이고 $M_A = \dfrac{wl^2}{2}$으로 '−'이다. 앞서의 규칙 2)와 같이 등분포하중하에서 S.F.D는 선형적 변화를 하고 B.M.D는 부호규정상 '−'이고 2차 함수로 변화한다.

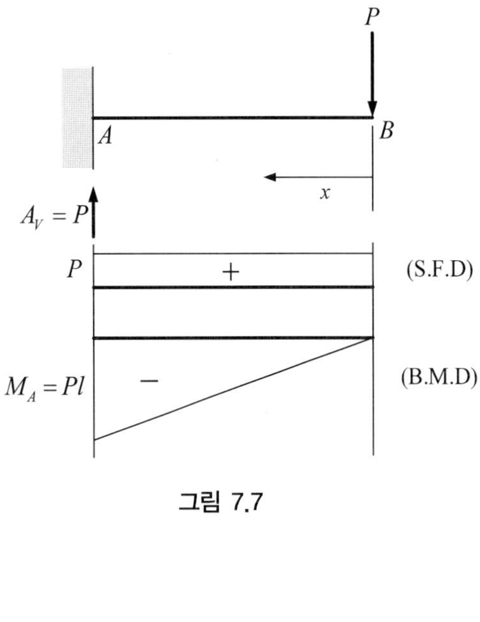

그림 7.7

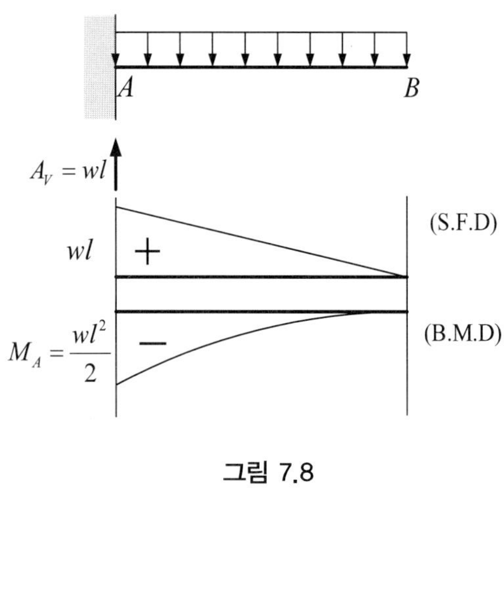

그림 7.8

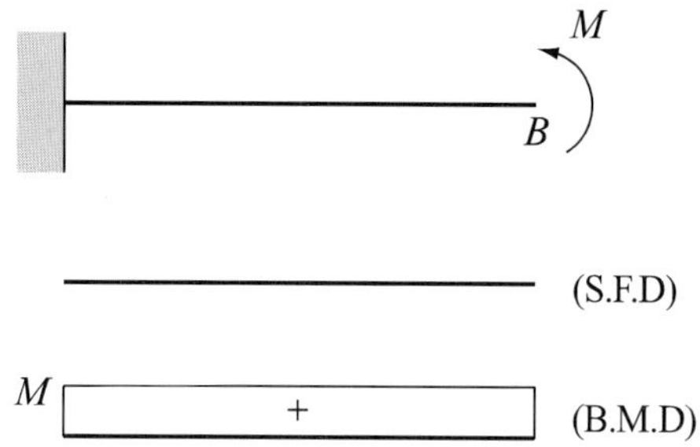

그림 7.9

다음으로는 그림 7.9와 같이 외팔보에서 B점에 하중으로서 M이 작용되는 경우를 생각해보자.

규칙 4)로부터 S.F.D와 B.M.D의 기울기는 변화되지 않고 B.M.D에서 M의 작용점 즉, B점에서 M만큼 계단을 이룬다. B점에서의 전단력이 0이었기 때문에 AB구간에서 S.F.D와 B.M.D에 변화가 없고 B.M.D의 부호는 부호규정에 따라 '+'이다.

그림 7.10은 단순보시스템에서 등분포하중이 작용되는 경우로서 A점과 B점의 수직 반력은 $\frac{wl}{2}$이고 부호규정상 A점에서는 '+'이며 B점에서는 '−'이다. 모멘트는 자유물체도로부터 일반식(一般式, General Equation)을 세울 수 있다. 이 구조시스템의 경우 등분포하중 w가 전 지간(支間, Span Length)을 통해 일정(一定, Constant)하기 때문에 일반식 하나로 전 지간을 표현할 수 있다. 여기서 지간은 지점과 지점 사이의 거리를 의미한다.

A점에서의 자유물체도로부터 $S(x)=A_V-wx$가 되고 $M(x)=A_Vx-\frac{wx^2}{2}$이 된다. 여기서 $M(x)$를 x에 대해 미분해보면 $\frac{dM(x)}{dx}=A_V-wx=S(x)$가 된다. 이 결과로

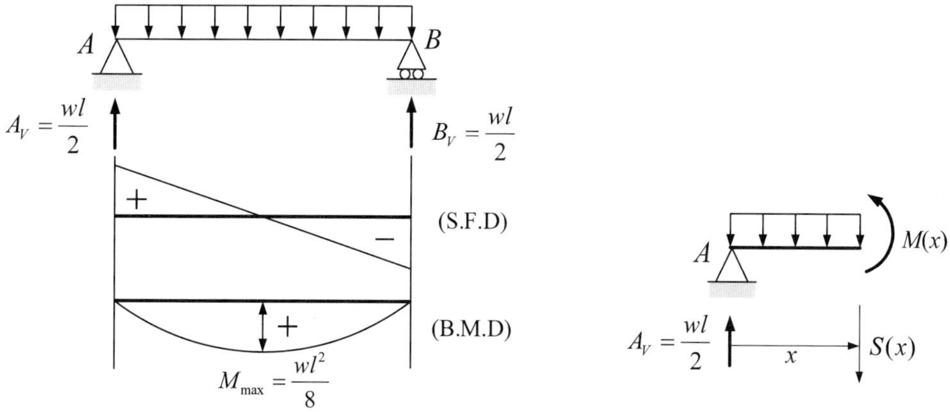

그림 7.10

부터 앞서의 하중과 전단력 및 휨모멘트 사이의 관계식이 성립됨을 알 수 있다. 그리고 $M_{\max} = A_V \times \frac{l}{2} - \frac{w\,l^2}{2} = \frac{w\,l^2}{8}$이 된다. 이 결과는 규칙 2) 및 5)와 일치한다.

다음으로는 단순보시스템에서 모멘트가 하중으로 작용되는 경우를 알아보자. 그림 7.11과 같이 C점에 M이 작용될 때 전체 시스템의 힘의 평형방정식 $\overset{\curvearrowleft}{+}\sum M_B = -A_V l - M = 0$으로부터 $A_V = -\frac{M}{l}$이 되는데 부호는 '–'이다. 따라서 $B_V = \frac{M}{l}$이 되고 부호는 역시 '–'이다. 그리고 AC구간의 C점에서의 $M_{C(l)} = -A_V a$가 되고 BC구간의 C점에서의 $M_{C(r)} = B_V b$가 된다. 여기서 괄호 안의 첨자 (l), (r)은 왼쪽(Left)과 오른쪽(Right)의 약자이다. 따라서 C점에서의 계단차는 M이 된다. 또한 B.M.D의 AC구간과 BC구간의 기울기는 일정하다. 이 결과 또한 앞서의 규칙 4)와 일치한다.

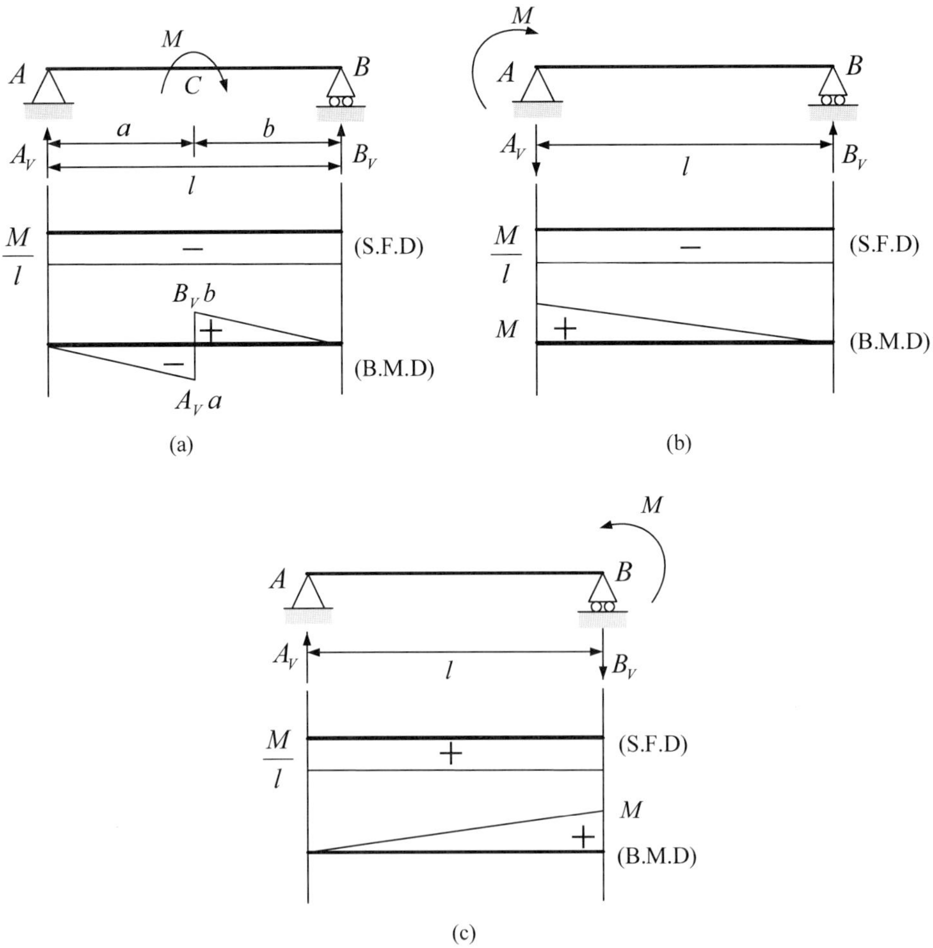

그림 7.11

이 문제에서 하중으로서 M이 A점 또는 B점에 작용되는 경우도 아울러 생각해보자. M이 A점과 B점에 '+'로 작용되는 경우 S.F.D는 그림 7.11(a)와 같고 단지 B.M.D만 다르다. 즉, M이 A점에 작용되는 경우 그림 7.11(b)와 같이 B.M.D의 A점에서는 M이 되고 B점에서는 "0"이다. 반면 M이 B점에 작용되는 경우 B.M.D의 B점에서 M이고 A점에서는 "0"이다. 물론 두 경우 B.M.D는 선형적 변화를 한다.

다음으로는 내민보시스템을 예로 설명해보자. 그림 7.12에서 우선 A점의 수직반력 $A_V = \frac{1}{l}(-P_2 c\sin\alpha + P_1 b)$가 되고, A점의 수평반력 $A_H = P_2\cos\alpha$이다. B점의 수직반력 $B_V = P_1 + P_2\sin\alpha - A_V$가 된다. 여기서 AB구간의 모멘트에 관한 일반식은 1개로 나타낼 수 없다. 왜냐하면 P_1의 작용점 전후의 자유물체도가 다르기 때문이다. 따라서 $0 < x \le a$인 경우 $M(x) = A_V x$이고 $S(x) = A_V$이다. 다음으로 $a < x \le l$인 경우 $M(x) = A_V x - P_1(x-a)$가 되고 $S(x) = A_V - P_1$이 된다. BC구간은 B점이 고정단인 외팔보(Cantilever)로 간주할 수 있으므로 $S(x) = P_2\sin\alpha$로 AB구간이 일정하고 P_2에 의한 B점의 모멘트는 $P_2 c\sin\alpha$가 된다. 한편 C점에 작용되는 축력 $N = P_2\cos\alpha$로 AB구간과 BC구간 모두 일정하다. B점의 모멘트를 A점을 기준으로 한 자유물체도로 구한 값과 비교해보면

$$M(l) = A_V l - P_1 b = -P_2 c\sin\alpha + P_1 b - P_1 b = -P_2 c\sin\alpha$$

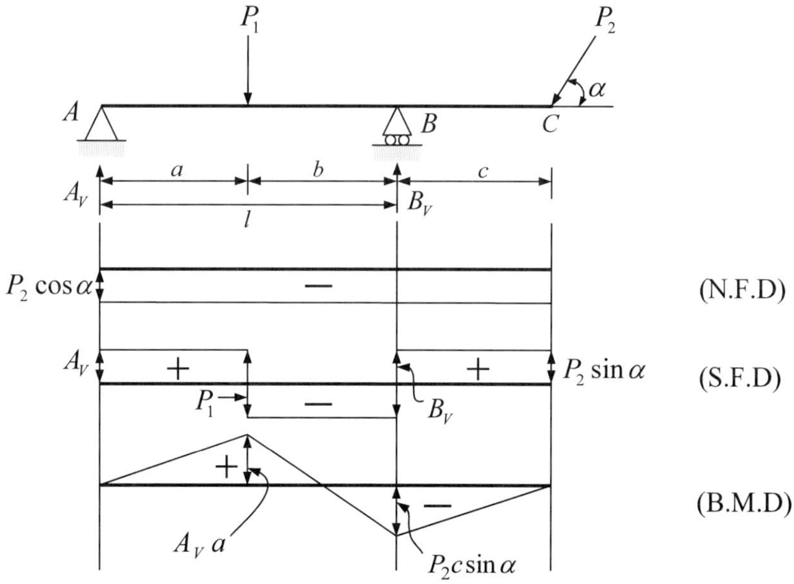

그림 7.12

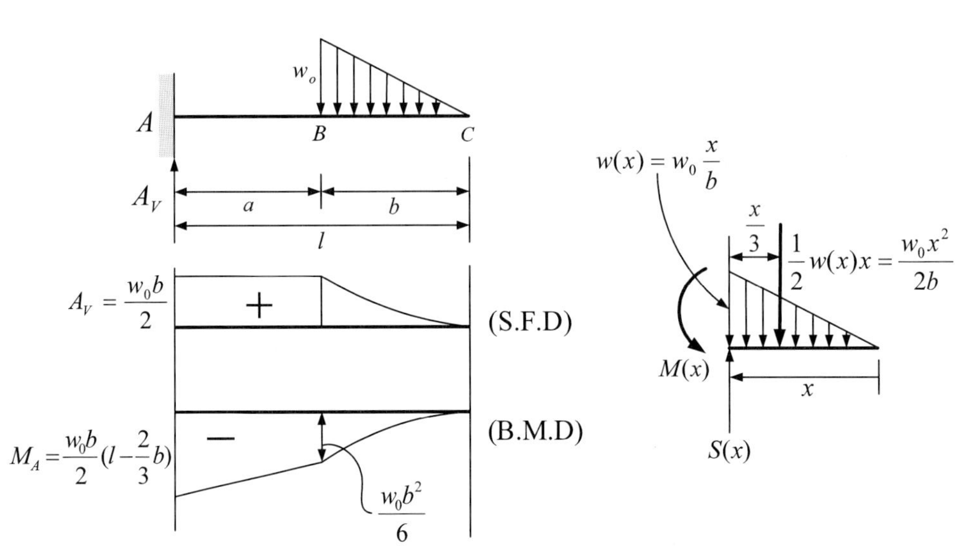

그림 7.13

로 BC구간에서 계산했던 B점의 모멘트와 일치한다. 이 예에서의 S.F.D와 B.M.D는 앞서 설명했던 규칙 1) 및 규칙 3)과 일치한다.

다음으로는 외팔보시스템에서 그림 7.13과 같이 자유단 C로부터 1차 함수로 변하는 하중의 경우를 생각해보자.

우선 A점의 수직반력 $A_V = \dfrac{w_o b}{2}$이고 모멘트 $M_A = -\dfrac{w_0 b}{2}\left(l - \dfrac{2}{3}b\right)$가 된다.

다음으로는 BC구간의 자유물체도로 $S(x)$와 $M(x)$를 구해보자. $S(x) = \dfrac{w_0 x^2}{2b}$이고 2차 함수이며 $M(x) = -\dfrac{w_0 x^2}{2b} \times \dfrac{x}{3} = -\dfrac{w_0 x^3}{6b}$으로 3차 함수이다. 그리고 $x = b$일 때 즉, B점의 $S_B = \dfrac{w_0 b}{2}$이고 $M_B = -\dfrac{w_0 b^2}{6}$이 된다.

앞서의 S.F.D와 B.M.D의 규칙 1)에 부합되는지 확인해보기 위해 다음의 자유물체도를

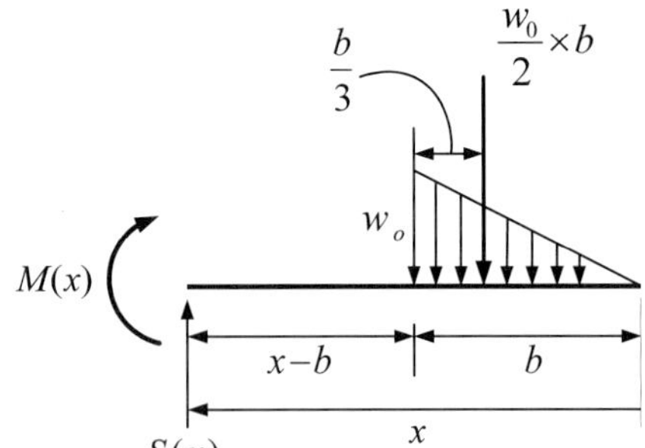

이용하여 검토해보기로 한다. $b \le x \le l$의 경우 자유물체도로부터 $S(x) = \frac{w_0\, b}{2}$ 즉, S는 $\frac{w_0\, b}{2}$로 x에 상관없이 일정하다.

$M(x) = -\frac{w_0\, b}{2}\left(x - \frac{2}{3}b\right)$로 선형적 변화를 한다. 그리고 A점의 수직반력 $A_V = \frac{w_0\, b}{2}$이고 $M_A = -\frac{w_0\, b}{2}\left(l - \frac{2}{3}b\right)$이므로 또한 앞서의 규칙 1)과 일치한다.

[예제 7.1]

다음 그림과 같은 단순보에 삼각형 모양의 분포하중이 작용될 때 S.F.D와 B.M.D를 작도하라.

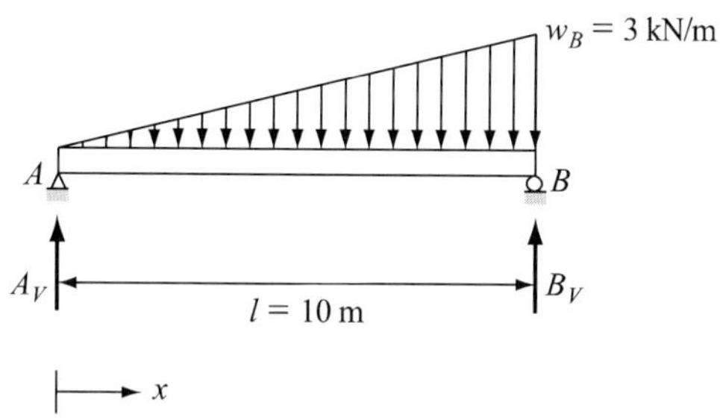

[풀이] 힘의 평형방정식 $+\uparrow \sum F_y = 0$과 $\curvearrowleft_{+} \sum M_B = 0$의 관계식으로부터 A_V와 B_V는 다음과 같이 계산된다.

$$A_V + B_V - \frac{1}{2} \times 3 \times 10 = 0$$

$$A_V + B_V = 15 \text{ kN}$$

$\curvearrowleft_{+} \sum M_B = 0$

$$-A_V \times 10 + \frac{1}{2} \times 3 \times 10 \times \frac{10}{3} = 0$$

$$A_V = 5 \text{ kN}, \quad B_V = 10 \text{ kN}$$

자유물체도

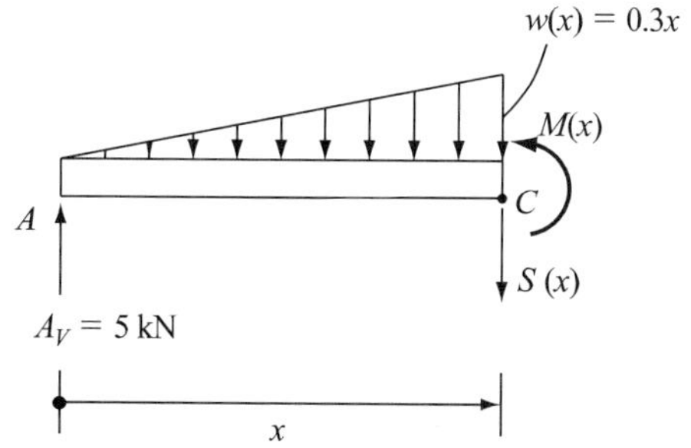

힘의 평형방정식 $+\uparrow\sum F_y=0$의 관계식으로부터 임의 거리 x에 대한 전단력 $S(x)$는 다음과 같이 계산된다.

$$5-0.3\times x\times x\times\frac{1}{2}-S(x)=0$$

$$S(x)=5-0.15x^2$$

그리고 전단력이 "0"인 위치 x_0는 다음과 같이 계산된다.

$$S(x_0)=5-0.15x_o^2=0$$

$$x_0=5.77\text{ m}$$

또한 A점에서의 임의 거리 x인 C점에서 $\overset{\curvearrowleft}{+}\sum M_C=0$이 되어야 하므로 휨모멘트 $M(x)$는 다음과 같이 계산된다.

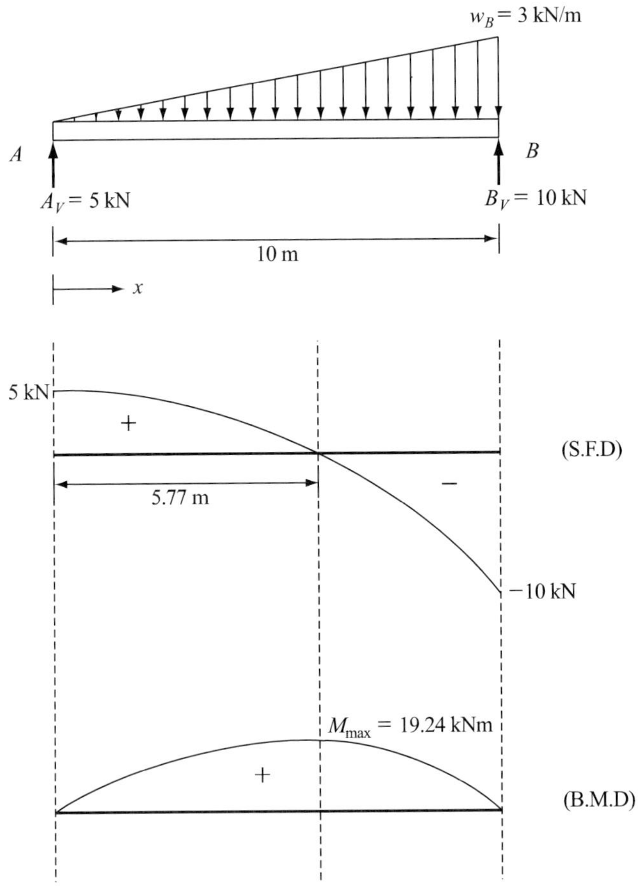

$$-5x+\left(0.3\times x\times x\times\frac{1}{2}\right)\frac{x}{3}+M(x)=0$$

$$M(x)=5x-0.05x^3$$

따라서 S.F.D 및 B.M.D는 아래와 같이 작도되고 $M_{max}=19.24\text{ kN m}$이다.

[예제 7.2]

다음 그림과 같은 단순보에 분포하중 및 모멘트 하중이 작용될 때의 S.F.D와 B.M.D를 작도하라.

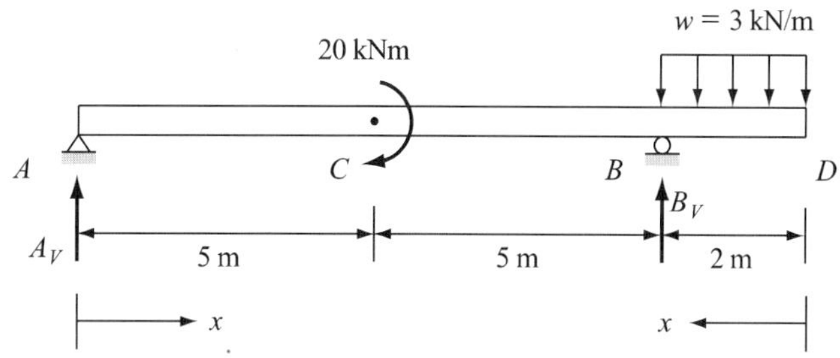

[풀이] 힘의 평형방정식 $+\uparrow\Sigma F_y=0$과 $\overset{\curvearrowleft}{+}\Sigma M_B=0$으로부터 A_V와 B_V는 다음과 같이 계산된다.

$$A_V+B_V-3\times 2=0$$

$$A_V+B_V=6\text{ kN}$$

$\overset{\curvearrowleft}{+}\Sigma M_B=0$

$$-A_V\times 10-20-3\times 2\times\frac{2}{2}=0$$

$$A_V=-2.6\text{ kN},\quad B_V=8.6\text{ kN}$$

AC 구간의 자유물체도

$0<x\le 5\text{ m}$

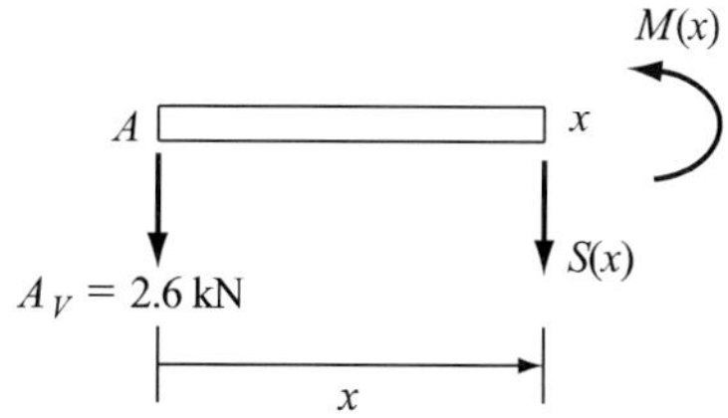

힘의 평형방정식 $+\uparrow \sum F_y = 0$으로부터 임의 거리 x에서의 전단력 $S(x)$는 다음과 같이 계산된다.

$$-2.6 - S(x) = 0$$
$$S(x) = -2.6 \text{ kN}$$

또한 A점에서 거리 x에서의 $\overset{\curvearrowleft}{+} \sum M_x = 0$이 되어야 하므로 휨모멘트 $M(x)$는 다음과 같이 계산된다.

$$2.6x + M(x) = 0$$
$$M(x) = -2.6x$$

CB 구간의 자유물체도

$5 \text{ m} < x \leq 10 \text{ m}$

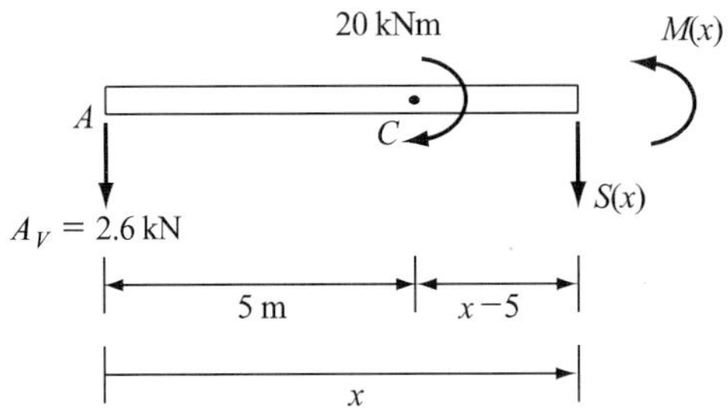

$$-2.6 - S(x) = 0$$
$$S(x) = -2.6 \text{ kN}$$

또한 A점에서의 거리 x에서의 $\overset{\curvearrowleft}{+} \sum M_x = 0$이 되어야 하므로 휨모멘트 $M(x)$는 다음과 같이 계산된다.

$$2.6x - 20 + M(x) = 0$$
$$M(x) = -2.6x + 20$$

BD 구간의 자유물체도

$0 < x \leq 2 \text{ m}$

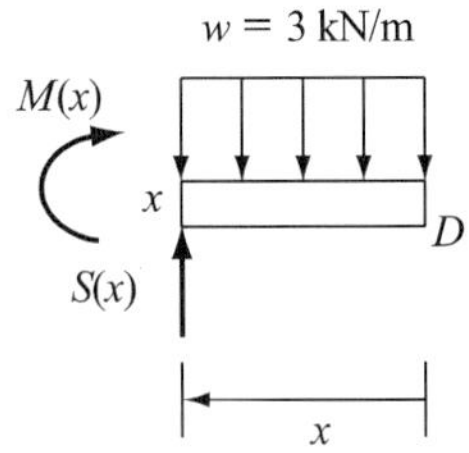

힘의 평형방정식 $+\uparrow\sum F_y=0$의 관계식으로부터 D점에서 임의 거리 x에 대한 전단력 $S(x)$는 다음과 같이 계산된다.

$$S(x)-3x=0$$
$$S(x)=3x$$

또한 D점에서의 거리 x에서 $\overset{\curvearrowleft}{+}\sum M_x=0$이 되어야 하므로 휨모멘트 $M(x)$는 다음과 같이 계산된다.

$$-M(x)-3\times x\times\frac{x}{2}=0$$
$$M(x)=-\frac{3}{2}x^2$$

따라서 S.F.D 및 B.M.D는 아래와 같이 작도된다.

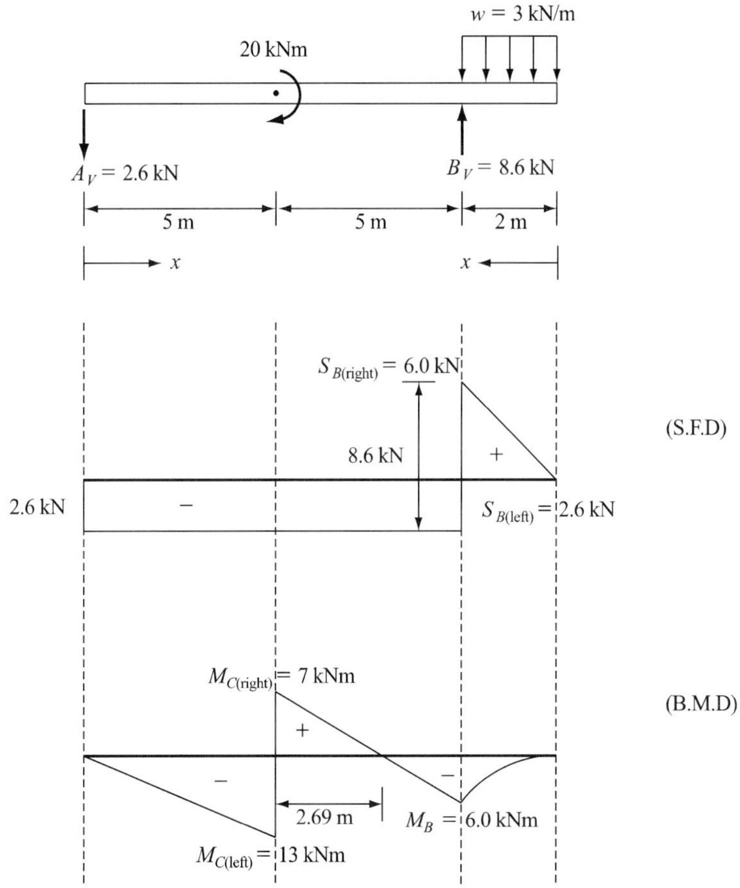

[예제 7.3]

다음 그림과 같은 단순보에 등분포하중 및 모멘트하중이 작용될 때의 S.F.D와 B.M.D를 작도하라.

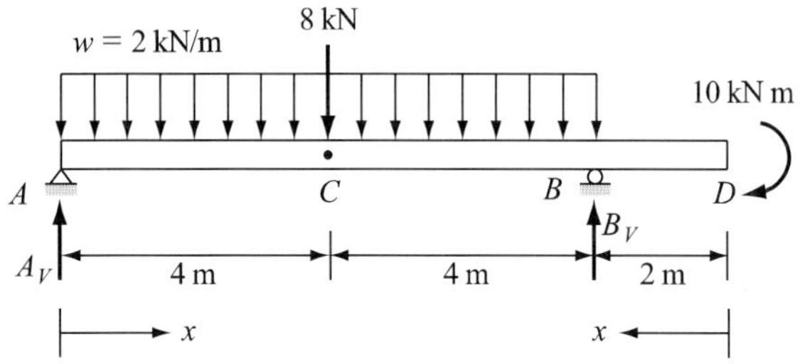

[풀이] 힘의 평형방정식 $+\uparrow\sum F_y=0$으로부터 다음과 같은 식이 성립된다.

$$A_V+B_V-2\times8-8=0$$
$$A_V+B_V=24\text{ kN}$$

또한 $\overset{\curvearrowleft}{+}\sum M_B=0$으로부터 A_V와 B_V는 다음과 같이 계산된다.

$$-A_V\times8+2\times8\times\frac{8}{2}+8\times4-10=0$$
$$A_V=10.75\text{ kN},\ B_V=13.25\text{ kN}$$

AC 구간의 자유물체도

$0<x<4\text{ m}$

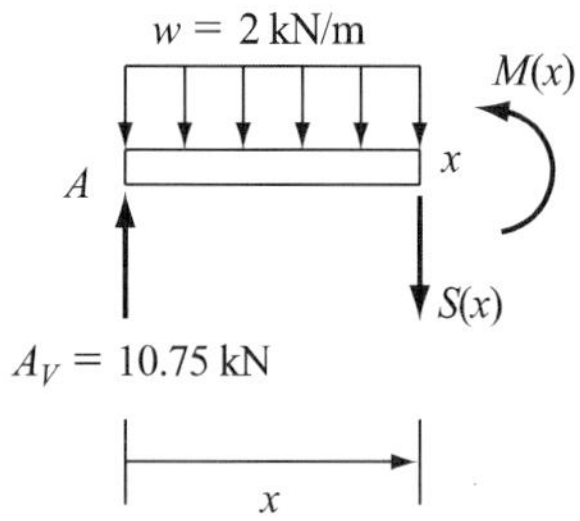

힘의 평형방정식 $+\uparrow\sum F_y=0$으로부터 전단력 $S(x)$는 다음과 같다.

$$10.75-2x-S(x)=0$$
$$S(x)=-2x+10.75$$

여기서 조심해야 할 것은 $M_{\max}$의 위치를 찾는 것이다. $S(x)=0$인 위치 $x=5.375\text{ m}$로 계산된다. 그러나 $x=4\text{ m}$에 집중하중 8 kN이 작용되므로 $x=5.375\text{ m}$에서 $M_{\max}$가 발생될 수 없다. 따라서 S.F.D의 부호가 교차되는 $x=4\text{ m}$에서 $M_{\max}=27\text{ kNm}$가 발생된다.

또한 A점에서 거리 x에서의 $\overset{\curvearrowleft}{+}\sum M_x = 0$이 되어야 하므로 휨모멘트 $M(x)$는 다음 식과 같이 표현된다.

$$-10.75x + 2 \times x \times \frac{x}{2} + M(x) = 0$$

$$M(x) = -x^2 + 10.75x$$

CB 구간의 자유물체도

$4\text{ m} < x \le 8\text{ m}$

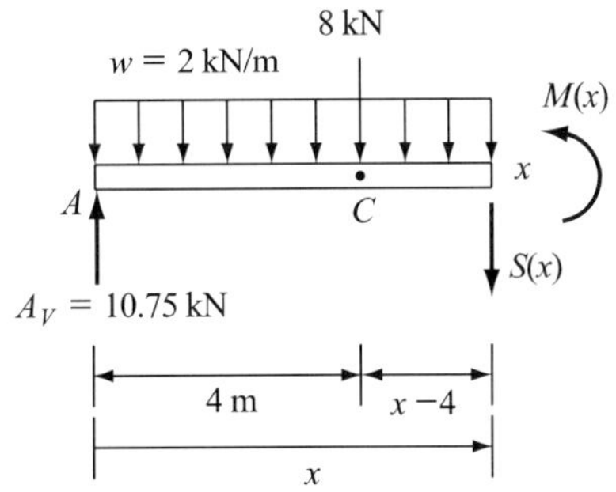

힘의 평형방정식 $+\uparrow\sum F_y = 0$의 관계식으로부터 A점으로부터 임의 거리 x에 대한 전단력 $S(x)$는 다음과 같이 표현된다.

$$10.75 - 2x - 8 - S(x) = 0$$

$$S(x) = -2x + 2.75$$

또한 A점에서의 거리 x에서의 $\overset{\curvearrowleft}{+}\sum M_x = 0$이란 평형방정식이 성립되어야 하므로 모멘트 $M(x)$는 다음과 같은 식으로 나타내진다.

$$-10.75x + 2x \times \frac{x}{2} + 8(x-4) + M(x) = 0$$

$$M(x) = -x^2 + 2.75x + 32$$

- BD 구간의 자유물체도

$0 < x \le 2\text{ m}$

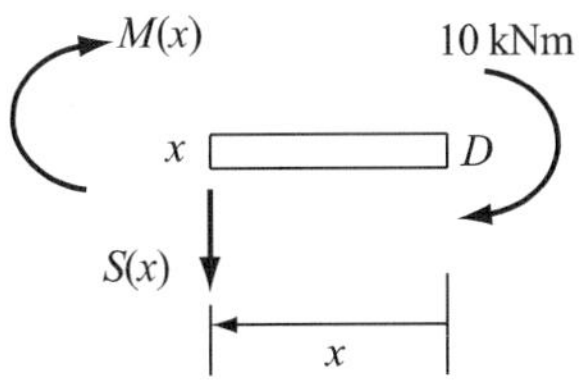

BD 구간의 힘의 평형방정식 $+\uparrow\sum F_y = 0$의 관계식으로부터 D점으로부터의 임의 거리 x에 대한 전단력 $S(x) = 0$으로 계산되고 $\overset{\curvearrowleft}{+}\sum M_x = 0$이 되어야 하므로 모멘트 $M(x)$는 다음과 같이 계산된다.

$$-M(x) - 10 = 0$$
$$M(x) = -10 \text{ kNm}$$

따라서 S.F.D 및 B.M.D는 아래와 같이 작도된다.

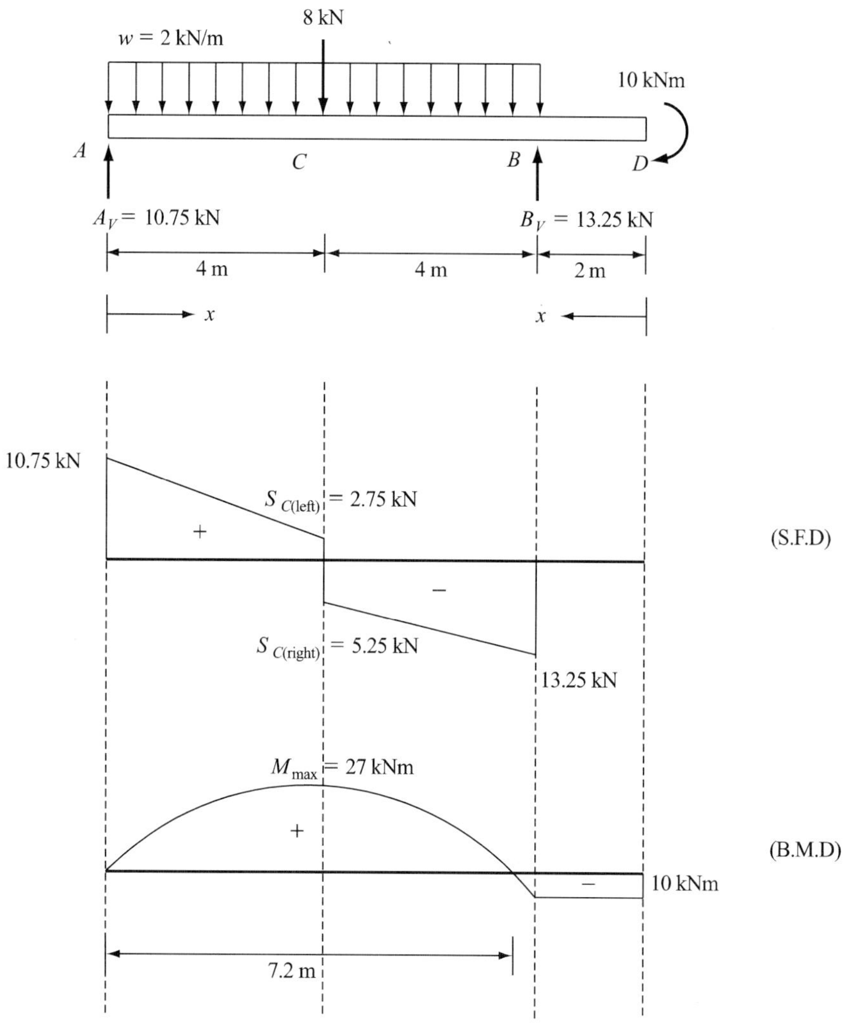

7.4 공간문제에서의 N.F.D, S.F.D, B.M.D, T.M.D

지금까지 평면문제에서의 부재력선도를 다루었고 지금부터는 간단한 공간문제에 대해 알아보기로 하자. 그림 7.14와 같은 구조시스템의 부재력선도를 구해보자.

평면문제에서는 3개의 부재력선도 즉, N.F.D, S.F.D, B.M.D였는데 공간문제에서는 6개의 부재력선도 즉, N.F.D, 2개의 S.F.D, 2개의 B.M.D, 그리고 비틀림모멘트선도 T.M.D가 있다. 그림 7.14의 구조시스템에서 BC구간의 자유물체도를 그려보자. 자유물체도에 나타낸 부재력들 중 힘의 성분은 일반적인 좌표 표시방법에 따른 화살표 방향 즉, B점에서 바깥쪽 화살표 방향으로, 그리고 모멘트 성분들은 화살표 방향에서 시계 반대방향의 회전력으로 표시하였고 부호를 '+'로 하였다. BC구간의 자유물체도로부터 부재력들이 다음과 같이 표현된다.

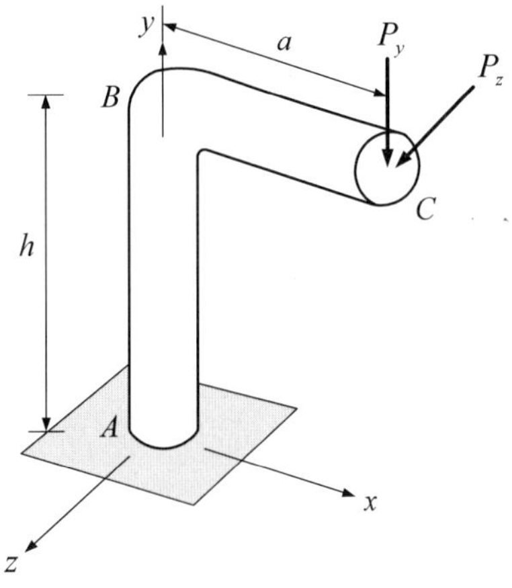

그림 7.14

$$+\nwarrow \sum F_x = N_x + 0 = 0 \quad \rightarrow \quad N_x = 0$$

$$+\uparrow \sum F_y = N_y - P_y = 0 \quad \rightarrow \quad N_y = P_y$$

$$+\nearrow \sum F_z = -N_z - P_z = 0 \quad \rightarrow \quad N_z = -P_z$$

$$\sum M_{x(B)} = M_x + 0 = 0 \quad \rightarrow \quad M_x = 0$$

$$\sum M_{y(B)} = M_y - P_z\, a = 0 \quad \rightarrow \quad M_y = P_z\, a$$

$$\sum M_{z(B)} = M_z - P_y\, a = 0 \quad \rightarrow \quad M_z = P_y\, a$$

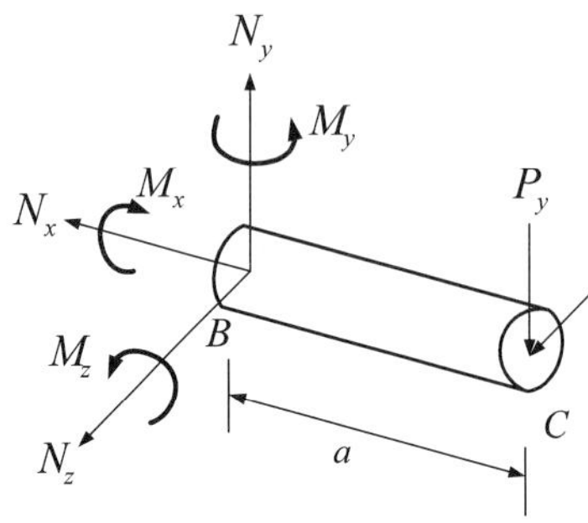

이 결과는 그림 7.15와 같이 표시된다.

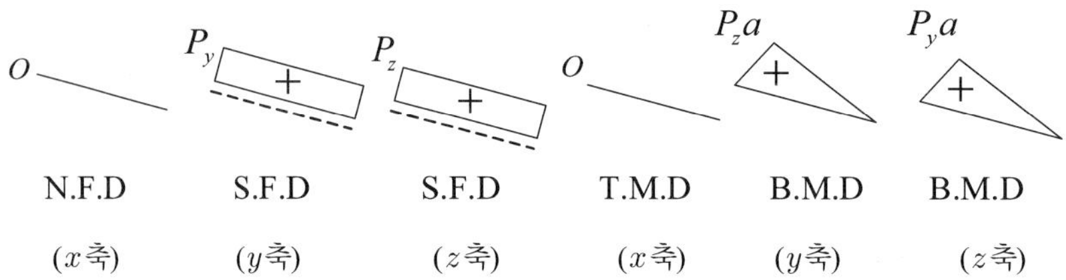

그림 7.15

여기서 P_z가 '−'로 계산되었음에도 불구하고 S.F.D상 '+'로 나타낸 이유는 전단력의 부호는 기준선이 아래에 있을 때 왼쪽에서 위쪽을 향하는 방향이 '+'이기 때문이다(7.2절의 부호규정 참조).

다음으로는 부재 BA의 부재력 선도를 구하기 위해 B점에서 임의 점 y에서의 자유물체도를 작성하면 아래 그림 7.16과 같다. 여기서 부재력의 방향은 BC구간에서와 같은 방법으로 표시하였다.

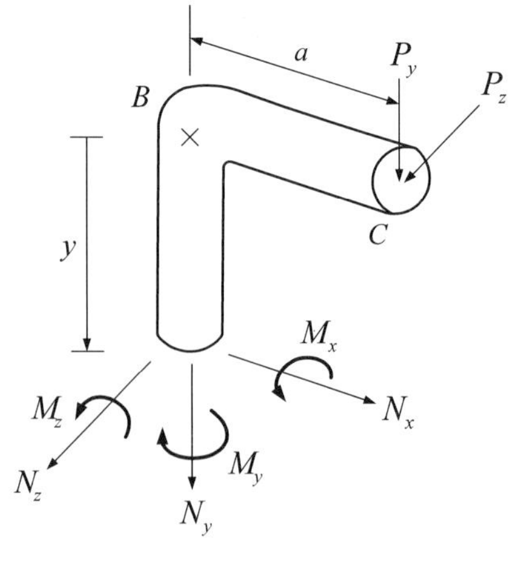

그림 7.16

자유물체도로부터 부재력은 다음과 같이 표현된다.

$$+\nwarrow \sum F_x = -N_x + 0 = 0 \quad \rightarrow \quad N_x = 0$$

$$+\uparrow \sum F_y = -N_y - P_y = 0 \quad \rightarrow \quad N_y = -P_y$$

$$+\nearrow \sum F_z = -N_z - P_z = 0 \quad \rightarrow \quad N_z = -P_z$$

$$\sum M_x = M_x + P_z y = 0 \quad \rightarrow \quad M_x = -P_z y$$

$$\sum M_y = M_y + P_z\, a = 0 \quad \rightarrow \quad M_y = -P_z\, a$$

$$\sum M_z = M_z - P_y\, a = 0 \quad \rightarrow \quad M_z = P_y\, a$$

그리고 이 결과는 그림 7.17과 같이 표시된다.

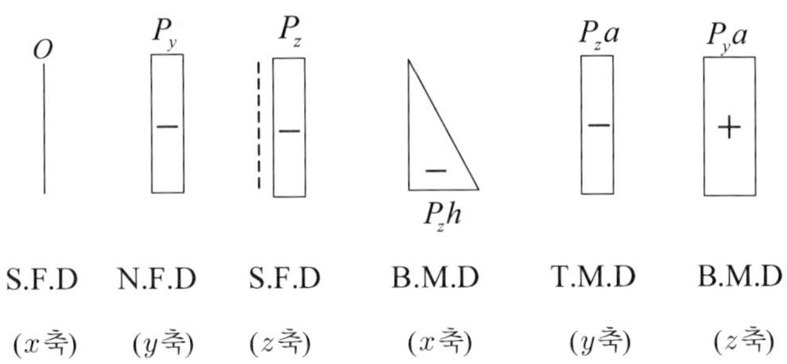

그림 7.17

부재력선도를 전구조시스템 AB와 BC구간에 한꺼번에 표시할 수는 있겠으나 여기서 AB구간과 BC구간을 분리하여 표시한 이유는 부재력선도가 B점에서 중복되어 복잡해지기 때문이다. 예로서 y축의 부재력은 부재 AB에서는 축력 즉, N.F.D이고 BC에서는 전단력 즉, S.F.D이다. 여기서 부재 AB구간으로부터의 B점의 부재력과 BC구간으로부터의 B점의 부재력은 힘의 평형을 이루어야 한다. 즉, 절댓값으로 같아야 한다.

[예제 7.4]

그림과 같은 간단한 3차원 구조물의 하중상태에서

1) 부재력선도

2) j, k점에서의 응력

3) j, k점에서의 주응력을 계산하라.

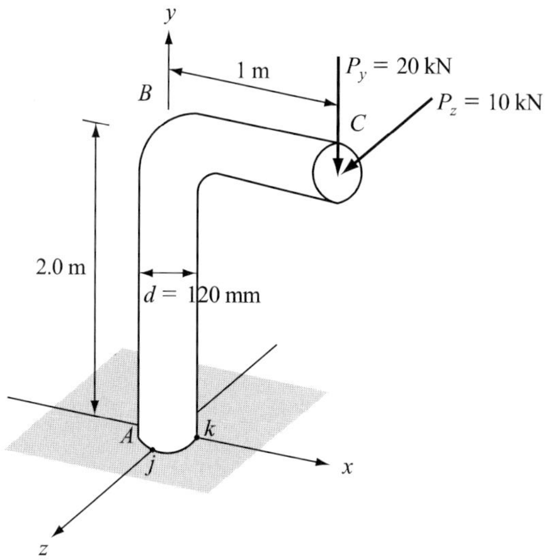

[풀이] 1) 부재력선도

BC 구간

[N.F.D: x축]

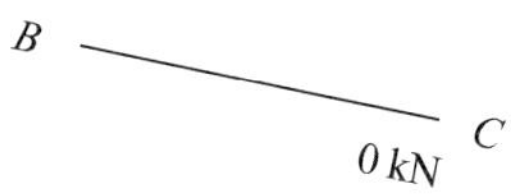

[S.F.D: y축]

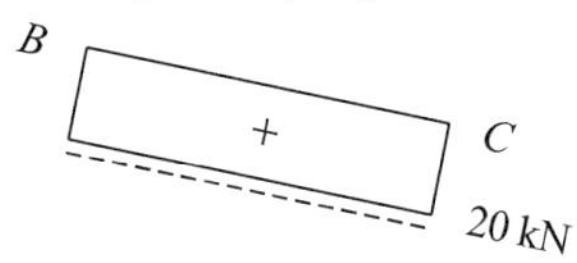

[S.F.D: z축]

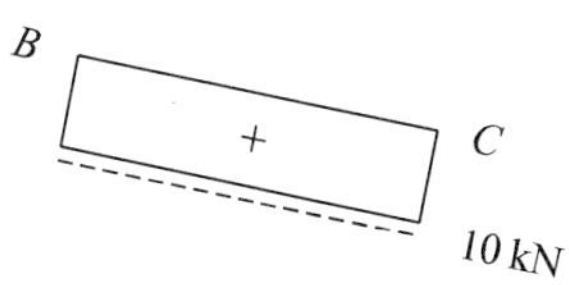

[T.B.D: x축]

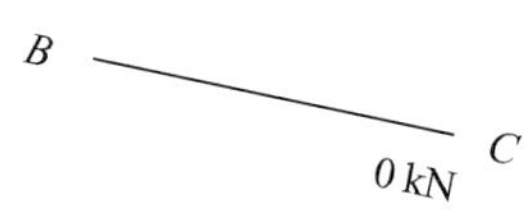

[B.M.D: y축]

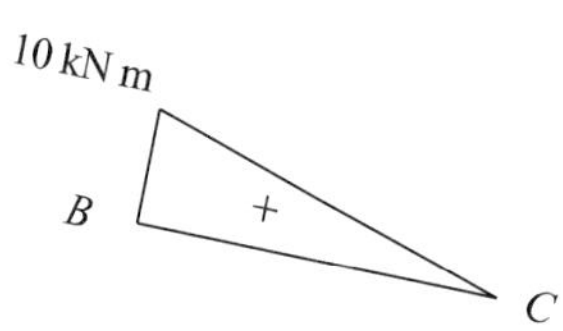

[B.M.D: z축]

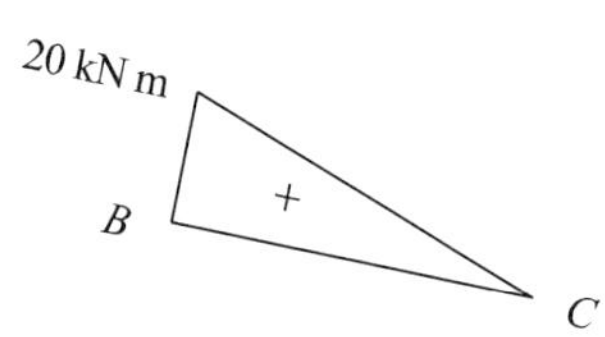

AB 구간

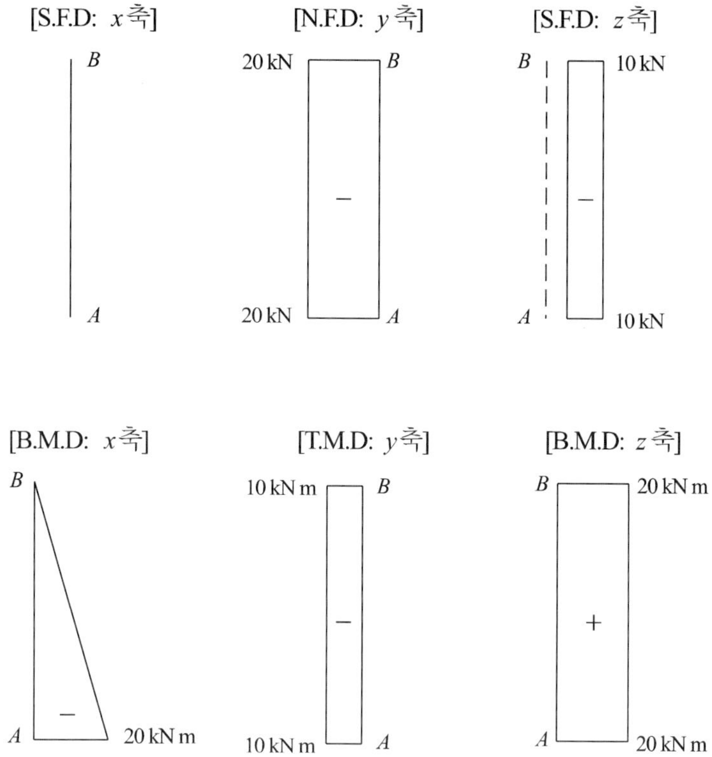

2) j, k점에서의 응력 및 주응력 계산

A점에서의 부재력 표시

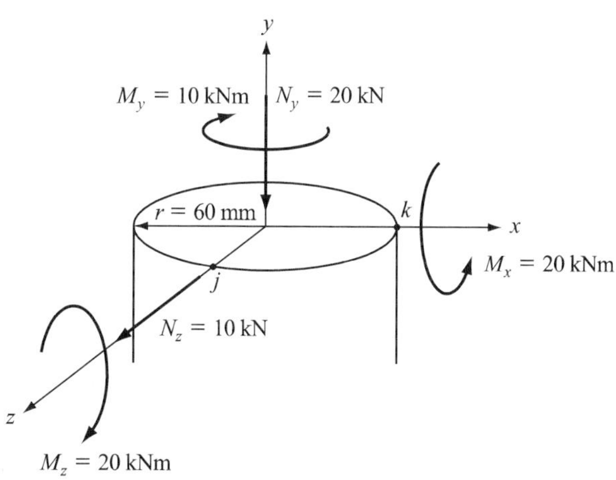

j점의 응력 및 주응력 계산

j점에서의 응력 σ_y, τ_{yx}를 산정하면 다음과 같다.

$$\sigma_y = -\frac{N_y}{A} - \frac{M_x}{I_x} r = -\frac{20\times10^3}{\frac{\pi\times120^2}{4}} - \frac{20\times10^6}{\frac{\pi\times120^4}{64}}\times60 = -119.7\,\text{MPa},$$

여기서 $\sigma_x = 0$

여기서 j점이 z축의 중립축에 놓여있기 때문에 M_z에 의한 j점에서의 σ_y성분은 “0”이다.

j점의 전단응력은 다음과 같은 방법으로 계산할 수 있다. j점은 단면 z축 선상의 끝단에 있기 때문에 x축에 관한 단면1차모멘트는 “0”이 된다. 따라서 N_z는 j점에 전단응력을 유발시키지 못하며 M_y에 의한 즉, 비틀림에 의한 전단응력만을 고려하면 된다.

$$\tau_{yx} = \frac{M_y r}{J} = -\frac{10\times10^6\times60}{\frac{\pi\times120^4}{32}} = -29.5\,\text{MPa}$$

j점에서의 응력성분 $\sigma_x = 0$, $\sigma_y = -119.7\,\text{MPa}$, $\tau_{yx} = -29.5\,\text{MPa}$이므로 주응력과 최대 전단응력은 다음과 같이 계산된다.

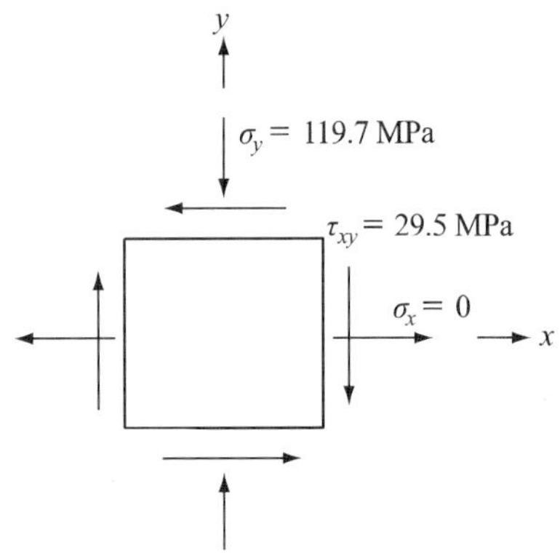

$$\sigma_{max/min} = \frac{\sigma_x+\sigma_y}{2} \pm \sqrt{\left(\frac{\sigma_x-\sigma_y}{2}\right)^2 + \tau_{xy}^2}$$

$$= \frac{0-119.7}{2} \pm \sqrt{\left(\frac{0+119.7}{2}\right)^2 + (-29.5)^2}$$

$\sigma_{max} = 6.9\,\text{MPa}$

$\sigma_{min} = -126.6\,\text{MPa}$

$$\tau_{\max} = \sqrt{\left(\frac{\sigma_x - \sigma_y}{2}\right)^2 + \tau_{yx}^2}$$

$$= \sqrt{\left(\frac{0 + 119.7}{2}\right)^2 + (-29.5)^2} = 66.7\,\text{MPa}$$

k점의 응력 및 주응력 계산

k점에서의 응력 σ_y, τ_{yz}를 산정하면 다음과 같다.

$$\sigma_y = -\frac{N_y}{A} - \frac{M_z}{I_z}r = -\frac{20\times10^3}{\frac{\pi\times120^2}{4}} - \frac{20\times10^6}{\frac{\pi\times120^4}{64}}\times60$$

$$= -119.7\,\text{MPa}$$

여기서 $\sigma_z = 0$

여기서 k점이 x축의 중립축에 놓여있기 때문에 M_x에 의한 k점에서의 σ_y성분은 "0"이다.

k점의 전단응력은 N_z와 비틀림모멘트 M_y에 의한 전단응력의 합으로 계산된다.

$$\tau_{yz} = \frac{N_z Q}{I_x t} + \frac{M_y r}{J} = \frac{10\times10^3\times\left(\frac{1}{2}\times\frac{\pi\times120^2}{4}\times\frac{4}{3\pi}\times\frac{120}{2}\right)}{\frac{\pi\times120^4}{64}\times120} + \frac{10\times10^6\times60}{\frac{\pi\times120^4}{32}}$$

$$= 30.7\,\text{MPa}$$

k점에서의 응력성분 $\sigma_y = -119.7\,\text{MPa}$, $\tau_{yz} = 30.7\,\text{MPa}$이므로 주응력과 최대 전단응력은 다음과 같이 계산된다.

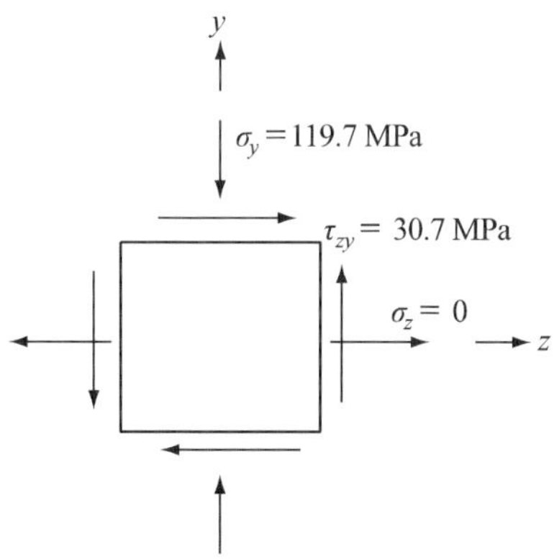

$$\sigma_{max/min} = \frac{\sigma_z + \sigma_y}{2} \pm \sqrt{\left(\frac{\sigma_z - \sigma_y}{2}\right)^2 + \tau_{yz}^2}$$

$$= \frac{0 - 119.7}{2} \pm \sqrt{\left(\frac{0 + 119.7}{2}\right)^2 + (30.7)^2}$$

$$\sigma_{max} = 7.4\,\text{MPa}$$

$$\sigma_{min} = -127.1\,\text{MPa}$$

$$\tau_{max} = \sqrt{\left(\frac{\sigma_{zx} - \sigma_y}{2}\right)^2 + \tau_{yz}^2}$$

$$= \sqrt{\left(\frac{0 + 119.7}{2}\right)^2 + (30.7)^2} = 67.3\,\text{MPa}$$

[예제 7.5]

그림과 같은 교통표지판에 각각의 방향으로 하중이 작용되고 있을 때 구조물의 부재력선도를 작성하라.

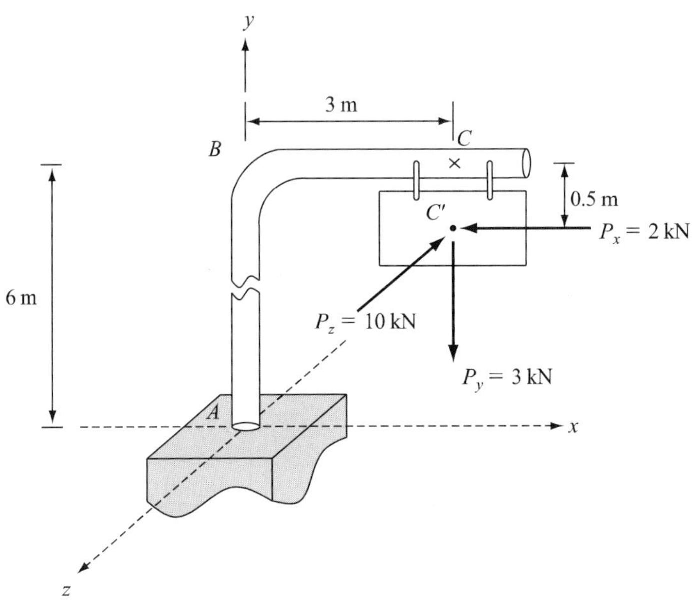

[풀이] 먼저 구조물의 자유물체도를 작성하기 위하여 C'점에 작용된 하중을 C점으로 이동시키면 그림에 나타낸 대로 하중의 이동에 따른 편심모멘트 M_x와 M_z가 발생된다.

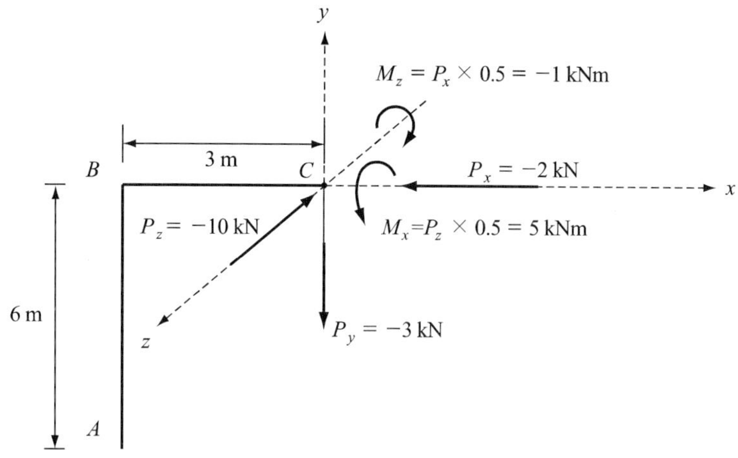

CB 구간

CB 구간의 자유물체도를, 그리고 자유물체도로부터 다음과 같이 부재력들이 계산된다.

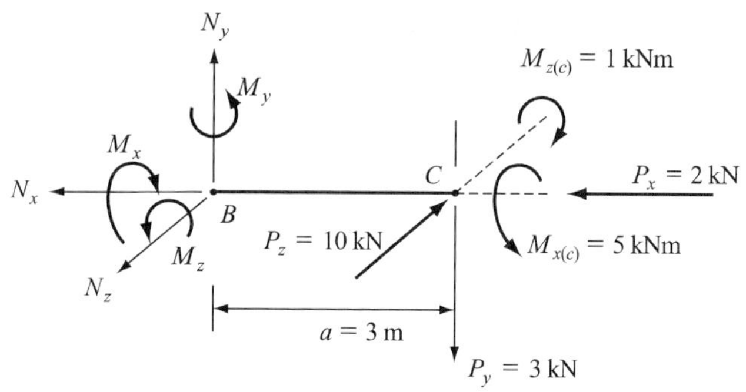

$$\overset{\leftarrow}{+} \sum F_x = N_x + P_x = 0 \quad \rightarrow N_x = -P_x = -2 \text{ kN}$$

$$+\uparrow \sum F_y = N_y - P_y = 0 \rightarrow N_y = P_y = 3 \text{ kN}$$

$$+\swarrow \sum F_z = N_z - P_z = 0 \rightarrow N_z = P_z = 10 \text{ kN}$$

$$\sum M_{x(B)} = M_x - M_{x(c)} = 0 \rightarrow M_x = M_{x(c)} = 5 \text{ kNm}$$

$$\sum M_{y(B)} = M_y + P_z a = 0 \rightarrow M_y = -P_z a = -10 \times 3 = -30 \text{ kNm}$$

$$\sum M_{z(B)} = M_z - M_{z(c)} - P_y a = 0 \rightarrow M_z = M_{z(c)} + P_y a = 1 + 3 \times 3 = 10 \text{ kNm}$$

그리고 부재력선도는 아래 그림과 같다. 여기서 z축의 S.F.D에서 부호가 '–'인 것은 전단력의 부호규정에 따랐기 때문이다.

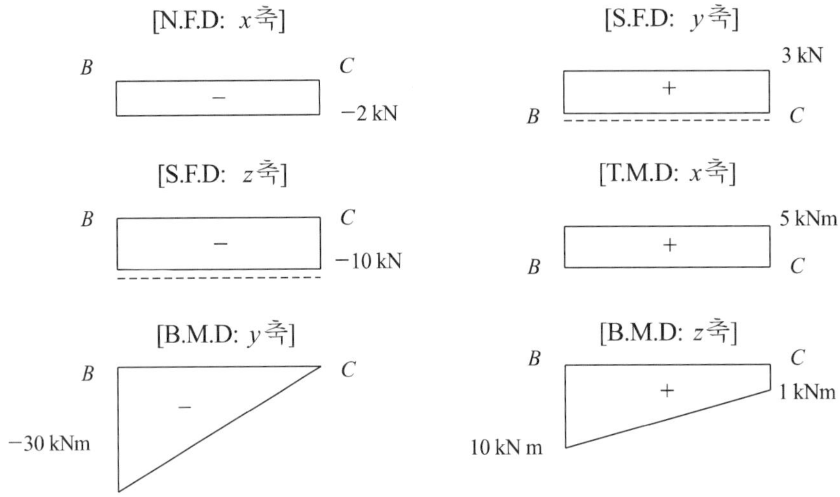

AB 구간

AB 구간의 자유물체도는 다음과 같다.

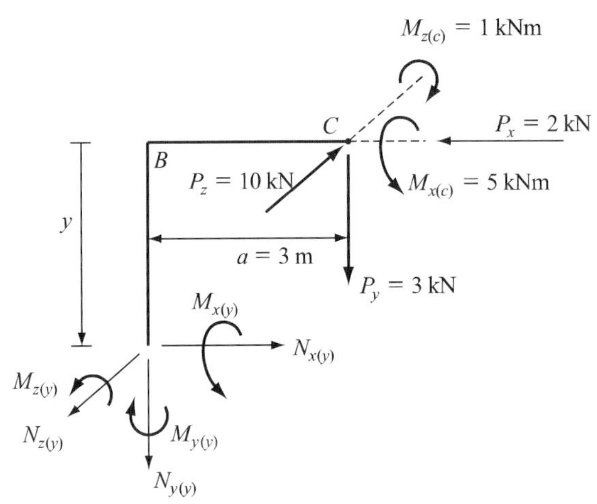

자유물체도로부터 부재력들은 다음과 같이 계산된다.

$$\overset{\rightarrow}{+} \sum F_x = N_x(y) - P_x = 0 \quad \rightarrow N_x(y) = P_x = 2\text{ kN}$$

$$+\downarrow \sum F_y = N_y(y) + P_y = 0 \ \rightarrow N_y(y) = -P_y = -3\text{ kN}$$

$$+\swarrow \sum F_z = N_z(y) - P_z = 0 \ \rightarrow N_z = P_z = 10\text{ kN}$$

$$\sum M_x = M_x(y) + M_{x(c)} - P_z y = 0 \rightarrow M_x(y) = -M_{x(c)} + P_z y = -5 + 10y$$

$$\sum M_y = M_y(y) - P_z\, a = 0 \rightarrow M_y(y) = 10 \times 3 = 30 \text{ kN m}$$

$$\sum M_z = M_z(y) - M_{z(c)} - P_y\, a + P_x y = 0$$

$$\rightarrow M_z(y) = M_{z(c)} + P_y\, a - P_x y = 1 + 3 \times 3 - 2y = 10 - 2y$$

그리고 부재력선도는 아래 그림과 같다. 여기서 x축의 S.F.D에서 부호가 '–'인 것은 전단력의 부호규정에 따랐기 때문이다.

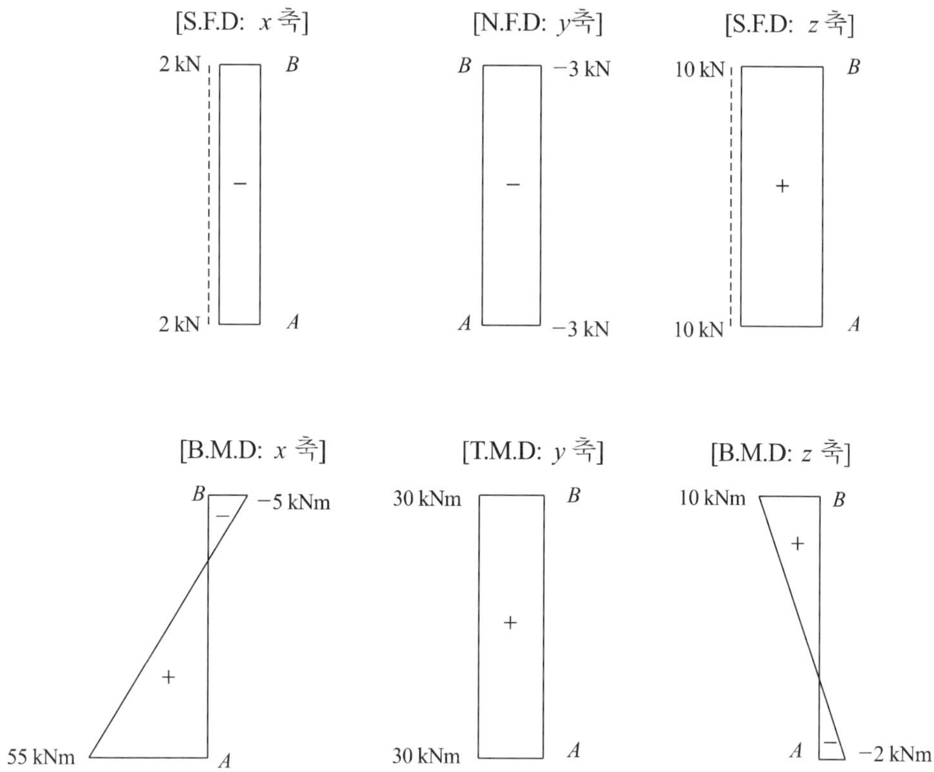

7.5 균일단면(均一斷面, Uniform Section)보의 설계

보를 설계하기 위해서는 제일 먼저, 사용할 재료의 안전계수 및 물성치(物性値, Material Property)가 결정되어야 한다. 물성치란 탄성계수 E, 압축강도, 인장강도, 푸아송비, 단위중량 등을 말한다. 두 번째로는 평면문제인 경우 계획된 구조물의 N.F.D와 S.F.D 및 B.M.D로부터 절대 최댓값을 찾아내고, 세 번째로는 단면을 선택해야 하는데 균일단면보의 경우 휨모멘트가 지배적인 부재이기 때문에 휨모멘트를 기준으로 단면계수를 계산하여 강재인 경우 강재표(부록 A)를 이용하여 계산된 $S_{\min}$을 만족시키는 단면을 찾아낸다. 휨모멘트에 대응하기 위해 필요한 최소한의 단면계수 $S_{\min}$은 다음과 같이 계산된다.

$$S_{\min} = \frac{|M|_{\max}}{\sigma_{\text{all}}} \tag{7.2}$$

직사각형 단면인 경우 $S = \dfrac{bh^2}{6}$이므로 형하공간(桁下空間, Space under Beam) 즉, 사용할 공간을 고려하여 보의 높이 h를 결정하면 b가 계산되므로 단면의 윤곽이 결정된다. 앞서 단면효과에서 다루었듯이 h에 따라 단면효과가 현저히 달라지므로 구조물의 사용목적에 부합되는 한 h가 크도록 함이 바람직하다. h가 큰 경우에는 사용공간이 줄어드는 것은 당연하다. 원형 단면인 경우 $S = \dfrac{\pi r^3}{2}$이므로 단면의 반경을 계산할 수 있다. 그러나 특별한 경우가 아니면 원형단면을 보로 사용하지 않는다. 그 이유는 단면효과가 매우 좋지 않기 때문이다. S-보나 H-보의 경우에는 부록표를 이용하여 계산된 $S_{\min}$값을 찾아낸다. S-보나 H-보에서의 전단응력은 복부(Web)가 전단력 전체를 감당하는 것으로 설계해도 된다. 즉,

$$\tau = \frac{|V|_{\max}}{A_{\text{web}}} \tag{7.3}$$

식 (7.3)에 따라 A_{web}을 계산할 때 복부의 높이를 보 전체 높이 h로 하는 경우 또는 플랜지 높이를 고려하여 $h-t_f$로 하는 경우 또는 순수한 복부의 높이 즉, $h-2t_f$로 하는 경우가 있는데 저자는 안전측인 $h-2t_f$로 계산할 것을 권한다. 여기서 복부가 전단력 전체를 감당하도록 설계하는 이유는 5장에서 검토했듯이 복부가 전단력의 90% 이상을 감당하기 때문이다. 선택한 단면으로부터 $\tau_{\max}$ 또는 τ_{ave}와 σ_m을 계산해서 각기 허용응력 σ_{all}과 τ_{all}을 초과하는지 검토해야 한다. 여기서 σ_m은 보방정식에 의한 최대응력으로 주

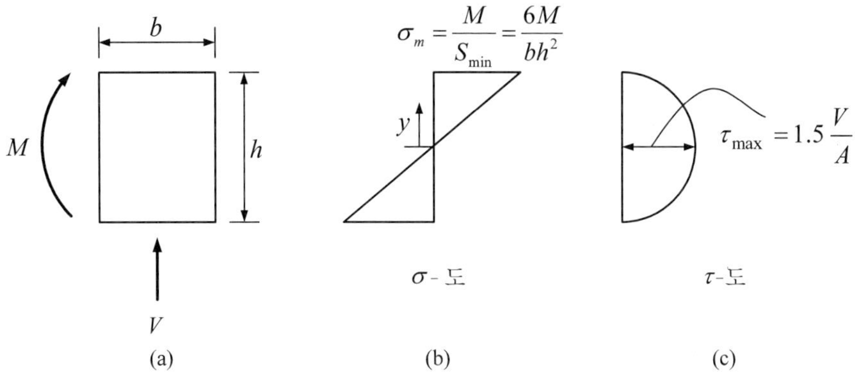

그림 7.18

응력 $\sigma_{\max}$와 구분하기 위해 첨자 m만을 사용하였다. 만일 계산된 응력이 허용응력을 초과한다면 단면선택을 여유 있는 쪽으로 다시 해야 한다. 다음 단계로는 주응력 검토를 해야 하는데 직사각형 단면은 주응력 검토가 필요 없다. 그 이유를 그림 7.18을 이용해 설명해보자.

그림 7.18(a)는 휨모멘트 M과 전단력 V가 작용되는 직사각형 단면이고 그림 7.18(b)는 휨모멘트에 의한 축응력(휨응력)도이며 그림 7.18(c)는 전단응력도이다. 주응력을 구하는 식 (6.9)

$$\sigma_{\max/\min} = \frac{\sigma_x + \sigma_y}{2} \pm \sqrt{(\frac{\sigma_x - \sigma_y}{2})^2 + \tau_{xy}^2}$$

로부터 그림 7.18(b)와 (c)에서 σ_x가 최대 즉, σ_m일 때 $\tau = 0$이므로 $\sigma_{\max} = \sigma_m$이 된다. 또한 τ가 최대일 때 $\sigma = 0$이므로 $\sigma_{\max} = \tau_{\max}$가 된다. 즉, 그림 7.18과 같은 경우에서 주응력 계산은 의미가 없다는 뜻이다. 다시 말해서 단면높이 h를 통해 어느 위치에서도 주응력 $\sigma_{\max/\min}$은 σ_m이나 $\tau_{\max}$를 초과할 수 없다. 한편 S-보나 H-보는 주응력 검토가 필요하다. 그 이유를 그림 7.19를 이용하여 설명해보자.

그림 7.19(a)는 휨모멘트 M과 전단력 V가 작용되고 있는 H-보의 단면을 보이고 있고 플랜지와 복부의 접합부를 a로 표시하였다. 그림 7.19(b)는 휨모멘트 M에 의한 σ-도를, 그림 7.19(c)는 전단력 V에 의한 τ-도를 나타내고 있다. 여기서 τ의 부호는 의미가 없고, σ_m이 발생되는 위치에서의 $\tau = 0$이므로 주응력을 검토할 의미가 없다. 마찬가지로 중립축 즉, $\sigma = 0$이고 전단응력이 최대가 되는 위치에서의 주응력 검토도 필요 없다. 그러나 플랜지와 복부의 접합부 a에서의 σ_a는 상당한 크기이고 또한 복부의 전단응력 $\tau_{a(w)}$도 상당한 크기를 나타내고 있다. 바로 이 위치에서의 주응력 검토가 필요하다.

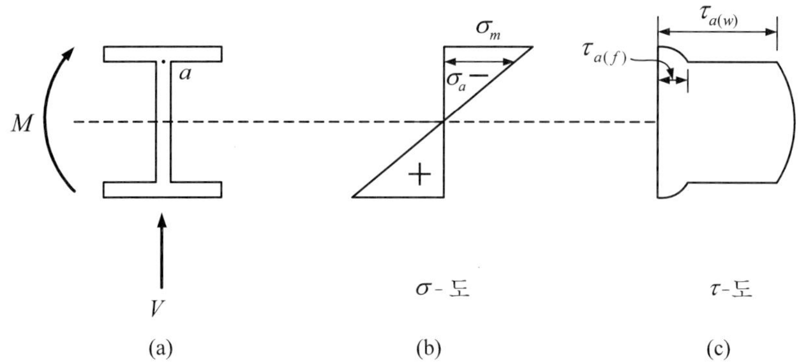

그림 7.19

[예제 7.6]

외팔보가 40 kN의 하중을 받고 있고 단면은 H-강으로 그림과 같다. 필렛의 영향 즉, 응력집중 현상을 무시할 경우 보의 허용축응력이 140 MPa이라 할 때 안전을 검토하라.

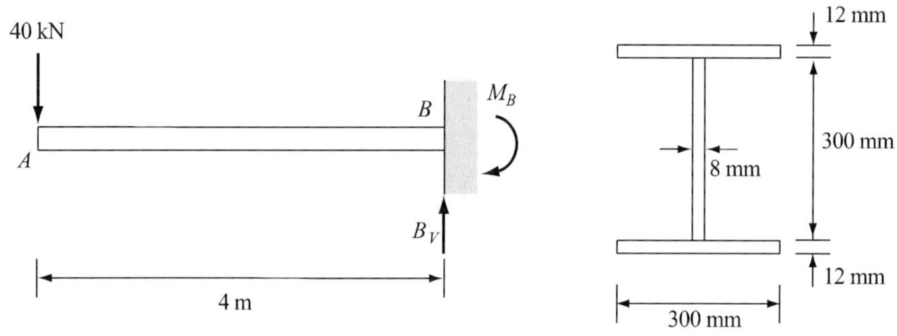

[풀이] 외팔보에서는 최대 휨모멘트가 B점에서 발생되고 전단력은 AB구간을 통해 일정하므로 B점에서의 휨모멘트와 지점반력 B_V는 다음과 같이 계산된다.

$$M_B = 40 \times 4 = 160 \text{ kN m}$$

$$B_V = 40 \text{ kN}$$

또한 주어진 단면에 대한 단면2차모멘트는 다음과 같이 계산된다.

$$I = \frac{300 \times 324^3}{12} - \frac{292 \times 300^3}{12} = 1.93 \times 10^8 \text{ mm}^4$$

아래 그림과 같은 단면의 a점과 b점에서의 축응력 σ_a와 σ_b는 다음과 같이 계산된다.

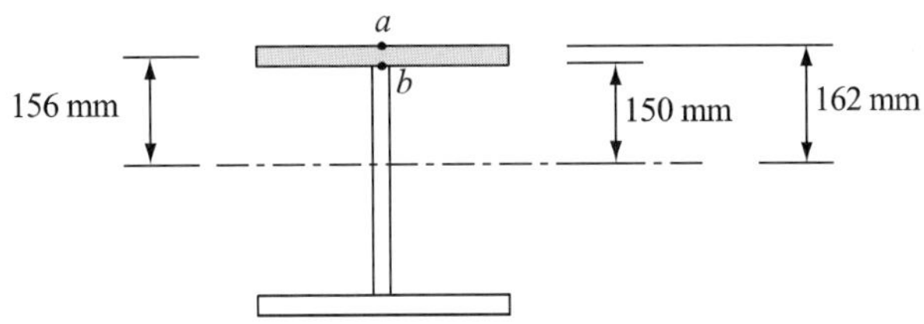

$$\sigma_a = \frac{1.6\times 10^8}{1.93\times 10^8}\times 162 = 134.30\ \mathrm{MPa}$$

$$\sigma_b = \frac{1.6\times 10^8}{1.93\times 10^8}\times 150 = 124.35\ \mathrm{MPa}$$

a점과 b점에서의 휨응력은 각각 허용응력인 140 MPa보다 작으나 b점의 전단응력을 계산하여 주응력을 검토해야 한다. b점의 전단응력은 다음과 같이 계산된다.

$$\tau_b = \frac{VQ}{It} = \frac{40\times 10^3\times 300\times 12\times 156}{1.93\times 10^8\times 8} = 14.55\ \mathrm{MPa}$$

b점에서의 응력상태는 $\sigma_b = 124.35\ \mathrm{MPa}$, $\tau_b = 14.55\ \mathrm{MPa}$이므로 주응력 $\sigma_{\max}$는 다음과 같이 계산된다.

$$\sigma_{\max} = \frac{\sigma_b}{2} + \sqrt{\left(\frac{\sigma_b}{2}\right)^2 + \tau_b^2} = \frac{124.35}{2} + \sqrt{\left(\frac{124.35}{2}\right)^2 + 14.55^2} = 126.03\ \mathrm{MPa}$$

따라서 단면의 주응력 검토 결과 허용응력인 140 MPa의 범위 안에 있으므로 단면은 주어진 조건을 만족한다.

다음으로는 전단응력에 대한 개략적인 응력을 검토해보자. 허용전단응력 $\tau_{\mathrm{all}} = \frac{\sigma_{\mathrm{all}}}{\sqrt{3}}$이므로 $\tau_{\mathrm{all}} = 81\ \mathrm{MPa}$로 계산된다. 주어진 전단력 $B_V = 40\ \mathrm{kN}$을 단면의 복부가 감당하는 것으로 전단응력 τ를 계산해보자.

$$\tau = \frac{B_V}{A_{\mathrm{web}}} = \frac{40\times 10^3}{300\times 8} = 16.67\ \mathrm{MPa}$$

계산된 전단응력은 τ_{all}에 훨씬 미치지 못한다.

[예제 7.7]

아래 그림과 같은 보가 2개의 집중하중을 받고 있다. 이 구조물의 $\sigma_{\mathrm{all}} = 120\ \mathrm{MPa}$, $\tau_{\mathrm{all}} = 70\ \mathrm{MPa}$일 때, 이 보의 최소폭 b를 구하라.

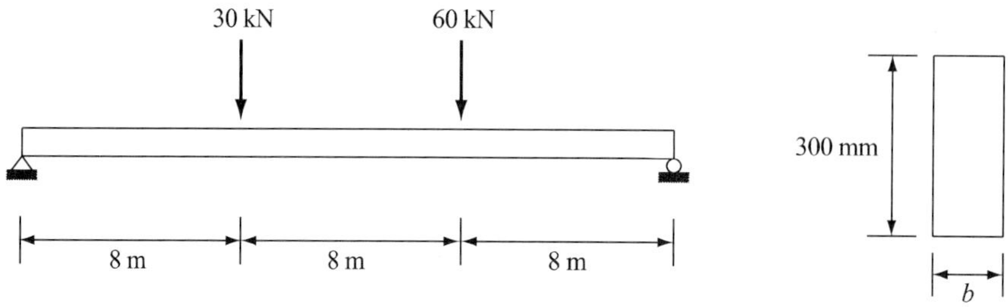

[풀이] 먼저 절대 최대 전단력과 최대 휨모멘트를 결정하기 위해 반력을 계산하고 S.F.D와 B.M.D를 다음과 같이 작도한다.

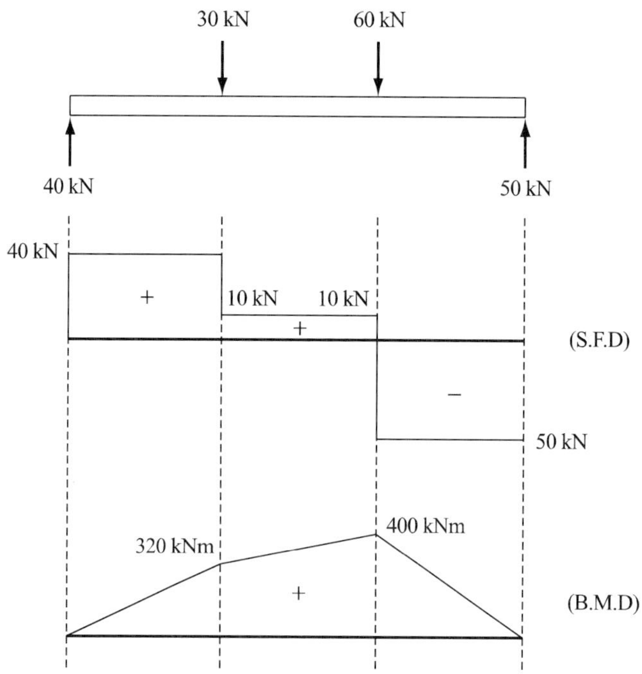

작도된 S.F.D와 B.M.D로부터의 절대 최댓값은 다음과 같다.

$$M_{\max} = 400\text{ kN m},\ |V|_{\max} = 50\text{ kN}$$

허용축응력 $\sigma_{\text{all}} = 120\text{ MPa}$을 만족하는 단면폭 b는 다음의 조건식으로부터 계산된다.

$$\sigma = \frac{4.0 \times 10^8}{\dfrac{b \times 300^3}{12}} \times 150 \leq \sigma_{\text{all}} = 120\text{ MPa}$$

$$b \geq \frac{4.0 \times 10^8 \times 12 \times 150}{120 \times 300^3}$$

$$b \geq 222.22$$

따라서 $b = 230\ \text{mm}$를 선택하여 허용전단응력을 만족하는지 검토한다.

$$\tau = \frac{3}{2} \times \frac{|V|_{max}}{A} = \frac{3}{2} \times \frac{50 \times 10^3}{230 \times 300} = 1.09\ \text{MPa} \ll \tau_{all}$$

따라서 선택한 $b = 230\ \text{mm}$는 주어진 조건을 만족한다.

[예제 7.8]

예제 7.3의 구조물에서 사용된 강재의 허용축응력 $\sigma_{all} = 260\ \text{MPa}$일 경우, 부록 A를 참고하여 사용가능한 단면을 결정하라. 단, 주응력 검토는 생략한다.

[풀이] 예제 7.3의 풀이로부터 주어진 구조물에 발생되는 최대 휨모멘트 $M_{max} = 27\ \text{kNm}$이다.

단면이 허용될 수 있는 최소 허용단면계수

$$S_{min} = \frac{M_{max}}{\sigma_{all}} = \frac{27 \times 10^6}{260} = 10.38 \times 10^4\ \text{mm}^3$$ 로 계산된다.

부록 A의 W-강의 물성표로부터 S_{min}값 이상인 단면을 정리하면 다음과 같다.

표준 단면치수 ($H \times B \times t_1 \times t_2 \times r$)	단면적(mm^2)	단면계수(mm^3)
H $125 \times 125 \times 6.5 \times 9 \times 10$	30.31×10^2	13.6×10^4
H $150 \times 100 \times 6 \times 9 \times 11$	26.84×10^2	13.8×10^4
H $200 \times 100 \times 4.5 \times 7 \times 11$	23.18×10^2	16.0×10^4

따라서 단면사용의 경제적인 측면에서 단면적이 가장 작은 즉, 가벼운 단면 H $200 \times 100 \times 4.5 \times 7 \times 11$강을 선택한다.

[예제 7.9]

그림과 같은 하중을 받고 있는 보의 단면을 H형강으로 설계하고자 할 때 부록 A를 이용하여 단면을 결정하라. 단, 주응력 검토는 생략한다. (단, 사용된 강재의 허용응력은 $140\ \text{MPa}$이다.)

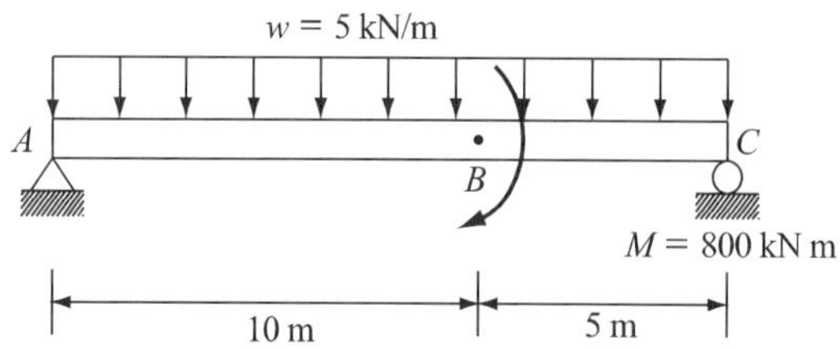

[풀이] 먼저 최대 휨모멘트를 결정하기 위해 반력을 계산하고 B.M.D를 다음과 같이 작도한다.

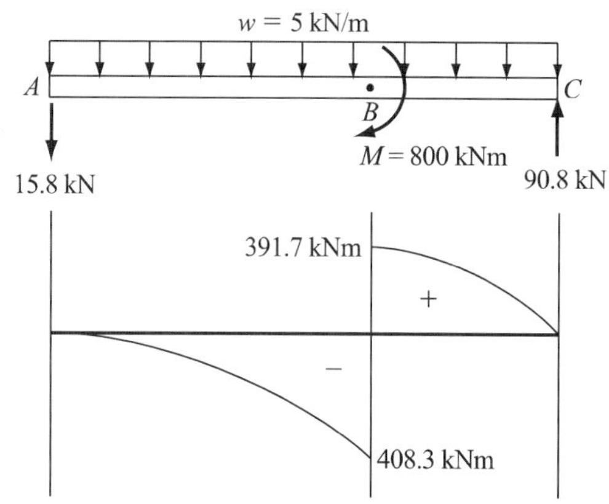

주어진 구조물에 발생되는 절대 최대 휨모멘트 $|M|_{max} = 408.3 \text{ kNm}$ 이다.
단면이 허용될 수 있는 최소 허용단면계수

$$S_{min} = \frac{M_{max}}{\sigma_{all}} = \frac{408.3 \times 10^6}{140} = 2.92 \times 10^6 \text{ mm}^3$$ 로 계산된다.

부록 A의 H형강 물성표로부터 참고하여 S_{min} 값 이상인 단면을 정리하면 다음과 같다.

표준 단면치수 ($H \times B \times t_1 \times t_2 \times r$)	단면적(mm^2)	단면계수(mm^3)
H 400×400×18×18×22	21.44×10^3	3.03×10^6
H 400×400×13×21×22	21.87×10^3	3.33×10^6
H 600×200×12×20×22	15.25×10^3	2.98×10^6
H 600×200×13×23×22	17.07×10^3	3.38×10^6

따라서 경제적인 측면에서 단면적이 가장 작은, 즉 가벼운 단면 H 606×201×12×20×22강을 선택한다.

7.6 균일강도(均一强度, Constant Strength)보

부재력선도의 형태는 구조시스템 및 하중의 형태에 따라 달라지고 휨모멘트의 경우 절대 최댓값과 절대 최솟값의 차가 큰 경우가 많다. 그럼에도 불구하고 구조시스템 전 구간의 단면을 절대 최댓값을 기준으로 일정하게 설계하는 경우가 많은데 그 이유는 시공성(施工性, Constructability)을 높이기 위함이다. 그 예를 그림 7.20으로 설명해보자.

그림 7.20은 단순보시스템의 목재보로서 $\sigma_{all}=12$ MPa이고 $\tau_{all}=7$ MPa이라 할 때 최대 휨모멘트 $M_{max}=\dfrac{Pl}{4}=\dfrac{20\times10}{4}=50$ kNm이고 요구되는 최소 단면계수 $S_{min}\geq\dfrac{M_{max}}{\sigma_{all}}=\dfrac{50\times10^3}{12\times10^6}=4.17\times10^{-3}$ m^3로 계산된다. 직사각형 단면인 경우 단면의 폭 $b=10$ cm라 할 때 계산된 S_{min}을 만족시키는 $h=50$ cm로 계산된다. 만일 균일 단면으로 설계했을 경우 A지점이 $M=0$이고 전단력 $V=10$ kN에 의한 $\tau_{max}=1.5\times\dfrac{V}{A}=0.3$ MPa로 τ_{all}에 비해 매우 미미한 값이다. 따라서 균일강도보의 개념으로 볼 때 비경제적인 설계라 할 수 있다. 물론 A지점의 휨응력 $\sigma=0$이다.

다음으로는 비균일 단면으로 했을 시 A지점의 필요한 단면높이 h를 계산해보자.

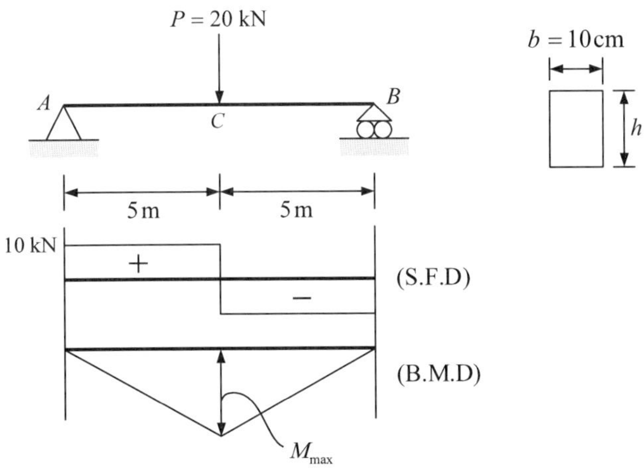

그림 7.20

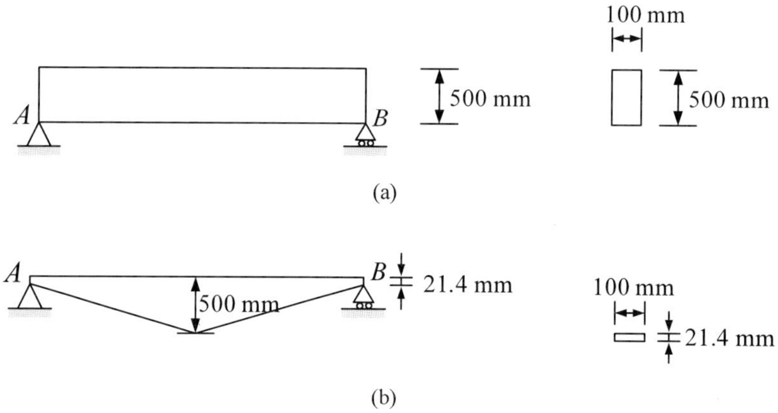

그림 7.21

$\tau_{\text{all}} = 7\text{ MPa} \le 1.5 \times \dfrac{V}{A}$로부터 $A \ge 21.4\text{ cm}^2$로 계산되고 필요한 단면높이 h는 2.14 cm가 계산된다.

그림 7.21은 위의 예에서 계산한 결과를 그림으로 표시하였다. 그림 7.21(a)는 최대 휨 모멘트를 기준으로 균일단면으로 설계했을 경우이고 그림 7.21(b)는 비균일단면보 즉, 균일강도보에 접근되도록 설계했을 경우를 나타내고 있다. 그림 7.21의 예는 균일단면보와 균일강도보의 개념적 설명에 불과한 것이니 참고 바란다. 결론적으로 균일단면보는 시공의 용이성이 있으나 경제성은 좋지 않다. 그러나 시공성 때문에 균일단면보를 많이 사용하고 있는 실정이다.

균일강도보에 가까운 외형을 갖는 교량시스템에 대해 알아보자.

그림 7.22(a)는 국내에서 실제 건설되었던 교량의 개략적인 시스템도이다. 그림 7.22(b)는 교각 중심으로 한쪽 팔(Arm)만 고려한 시스템으로 S.F.D과 B.M.D를 표시하였다. 여기서의 S.F.D나 B.M.D는 간소화한 모델로 실제 상황과 어느 정도의 차이가 있을 수 있음을 참고하기 바란다. 그림 7.22(b)의 S.F.D나 B.M.D의 형상과 그림 7.22(a) 교량의 단면변화가 비슷하므로 이러한 형태의 교량은 균일강도보에 가까운 교량형태이다. 여기서 w_d는 사하중으로 등분포하중으로 가정하였다. 그림 7.22(a)와 같은 형태와 비슷한 구조시스템으로 건설된 교량으로는 원효대교, 청풍대교 등이 있다. 이러한 교량구조시스템은 경간 중앙의 연결부위에 과다한 처짐 발생으로 인해 문제가 됐던 교량들이다. 원효대교는 연결부위를 고정시키는 시스템 변환과 보강으로 현재까지 사용되고 있고, 청풍대교는 철거될 예정이며 새로운 교량으로 대체되었다.

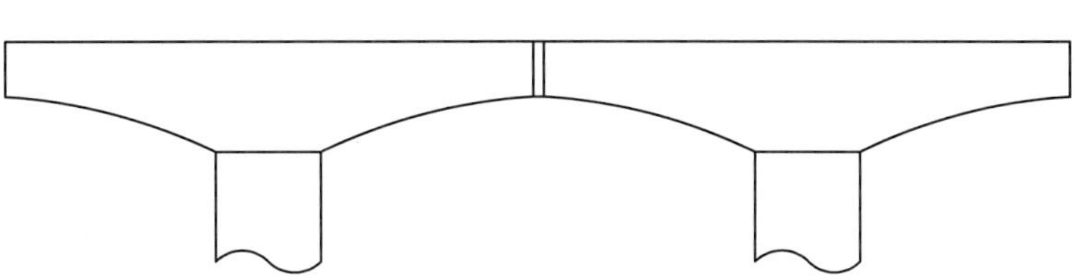

(a)

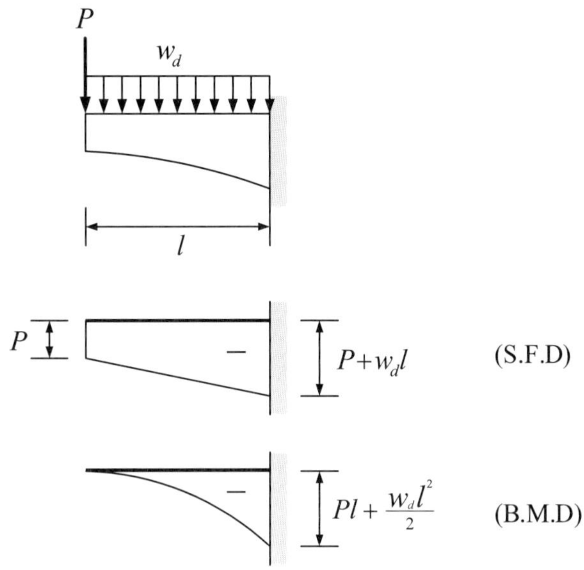

(b)

그림 7.22

[예제 7.10]

그림과 같이 집중하중을 받고 있는 비균일단면보에서 최대 휨응력이 발생되는 위치를 구하고 허용휨응력 $\sigma_{\text{all}} = 140\ \text{MPa}$일 때 작용될 수 있는 가장 큰 집중하중 P의 크기를 구하라. 단, 자중은 무시한다.

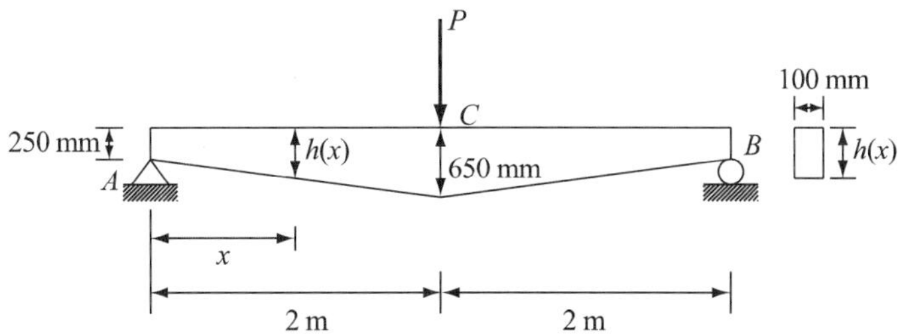

[풀이] $0 < x < 2\,\mathrm{m}$의 범위에서 임의의 위치 x에 발생되는 휨모멘트 $M(x)$는 다음과 같이 계산된다.

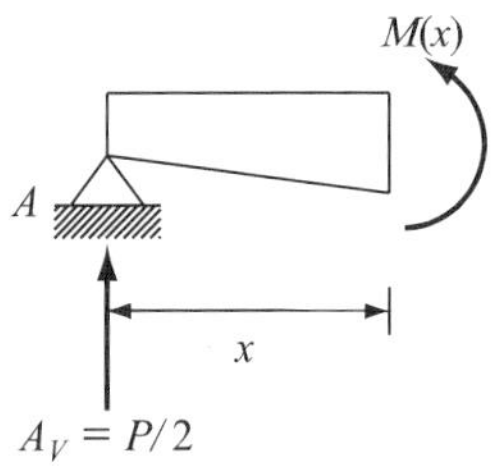

$$\curvearrowleft + \sum M = M(x) - \frac{P}{2}x = 0$$

$$M(x) = \frac{P}{2}x$$

임의의 위치 x에서 단면의 높이 h를 x에 관한 함수의 형태로 나타내면 $h(x) = 0.2x + 250$으로 표현된다.

따라서 휨응력 $\sigma = \dfrac{M(x)}{S_x} = \dfrac{\frac{P}{2}x}{\frac{bh(x)^2}{6}} = \dfrac{3Px}{100 \times (0.2x + 250)^2}$로 표현된다. 최대 휨응력이 발생되는 위치는 $\dfrac{d\sigma}{dx} = 0$이 만족되는 x이므로 다음과 같이 계산할 수 있다.

$$\begin{aligned}\frac{d\sigma}{dx} &= \frac{3P}{100}\frac{(250+0.2x)^2 - x \times 2 \times (250+0.2x) \times 0.2}{(250+0.2x)^4} \\ &= \frac{3P}{100}\frac{250 - 0.2x}{(250+0.2x)^3} = 0\end{aligned}$$

이를 만족하는 $x_{\max} = \dfrac{250}{0.2} = 1{,}250\,\mathrm{mm}$로 계산된다. 즉 A점에서 $1.25\,\mathrm{m}$ 떨어진 위치에 최대 휨응력이 발생된다.

허용휨응력 $\sigma_{\text{all}} = 140\,\mathrm{MPa}$이므로 $M_{\max} = \dfrac{Px_{\max}}{2} = \sigma_{\text{all}}S$라는 관계식으로부터 작용될 수 있는 최대 집중하중 $P_{\max}$는 다음과 같이 계산된다.

$$\begin{aligned}P_{\max} &= \frac{2}{x_{\max}}\sigma_{\text{all}}S = \frac{2}{1{,}250} \times 140 \times \frac{100 \times (0.2 \times 1{,}250 + 250)^2}{6} \\ &= 933{,}333\mathrm{N} \fallingdotseq 933\,\mathrm{kN}\end{aligned}$$

연습문제

EXERCISE

1. 그림과 같은 하중을 받는 보의 S.F.D 및 B.M.D를 그려라.

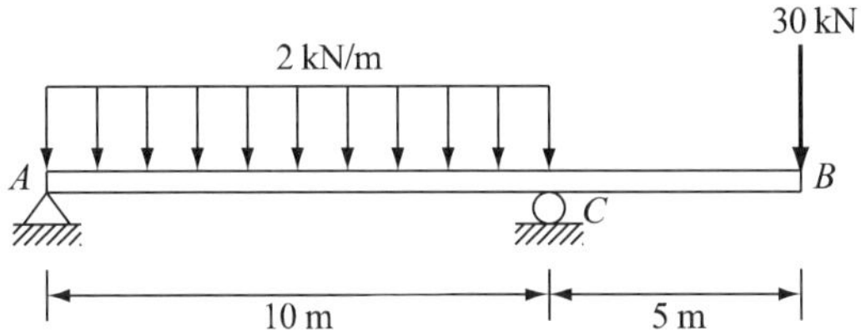

해석 순서

① 자유물체도 및 반력 산정

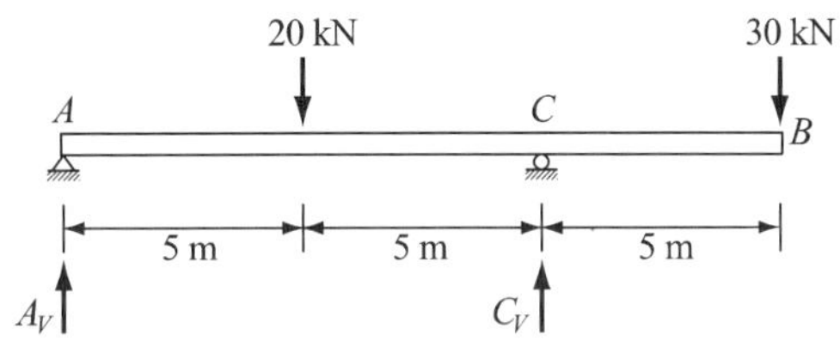

$A_V = -5\text{ kN}\ (\downarrow)$

$C_V = 55\text{ kN}\ (\uparrow)$

② 구간별 전단응력 및 휨모멘트 산정

• AC 구간 $0 \le x \le 10\text{ m}$

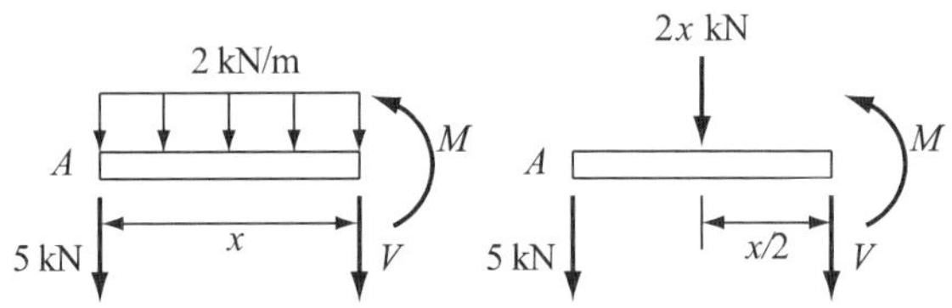

$\Sigma F_y = 0,\ S = -2x - 5$

$\Sigma M = 0,\ M = -x^2 - 5x$

• CB 구간 $10\text{ m} \le x \le 15\text{ m}$

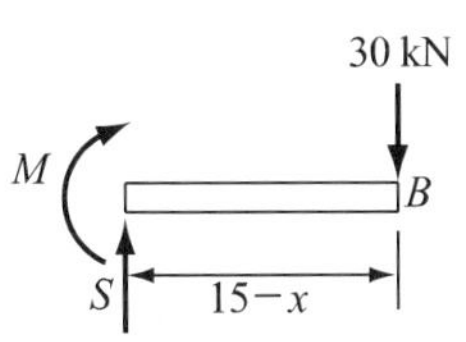

$\Sigma F_y = 0,\ S = 30\text{ kN}$

$\Sigma M = 0,\ M = 30x - 450$

③ S.F.D 및 B.M.D 작성

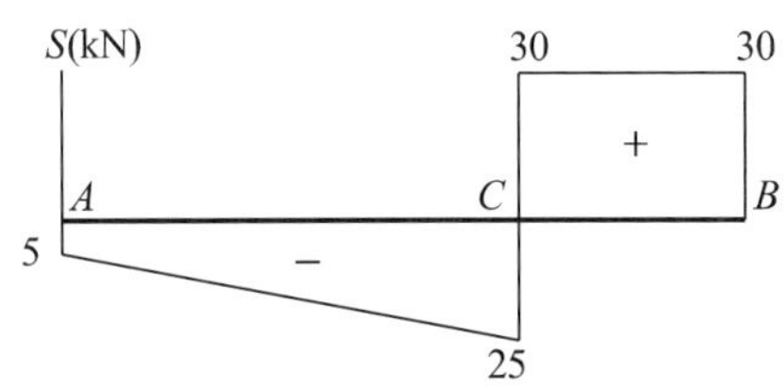

(S.F.D)

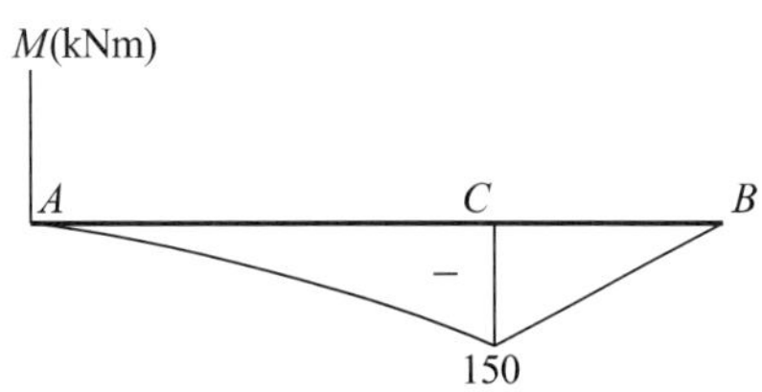

(B.M.D)

2. 한 변의 길이가 b이고 강재로 된 정사각형 단면을 갖는 보가 그림과 같이 지지되어 있다. 강재의 단위중량 $\gamma = 78.5\,\mathrm{kN/m^3}$일 때, 휨에 의한 최대 축응력이 $100\,\mathrm{MPa}$이 되는 단면의 치수 b를 구하라.

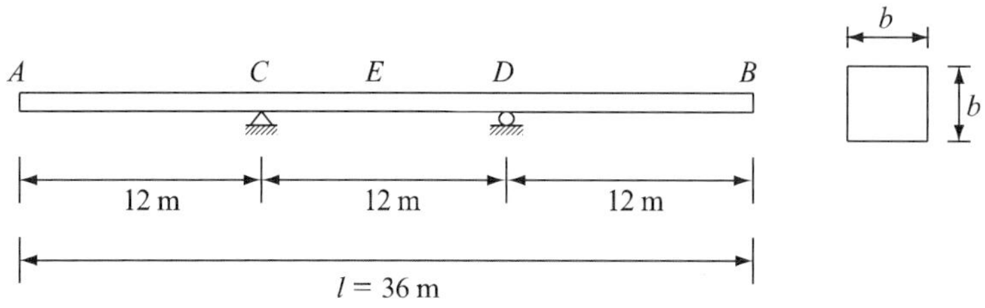

해석 순서

① 강재단면의 자중에 의한 등분포하중 산정 및 반력 산정

자중 $w = A\,\gamma = b^2\,\gamma,\ C_V = D_V = \dfrac{1}{2}\,wl$

② C점에서의 휨모멘트 M_C 산정

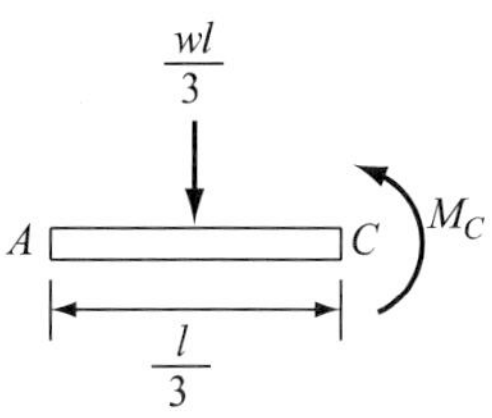

$$\Sigma M = 0,\quad M_C = -\frac{wl^2}{18}$$

③ E점에서의 휨모멘트 M_E 산정

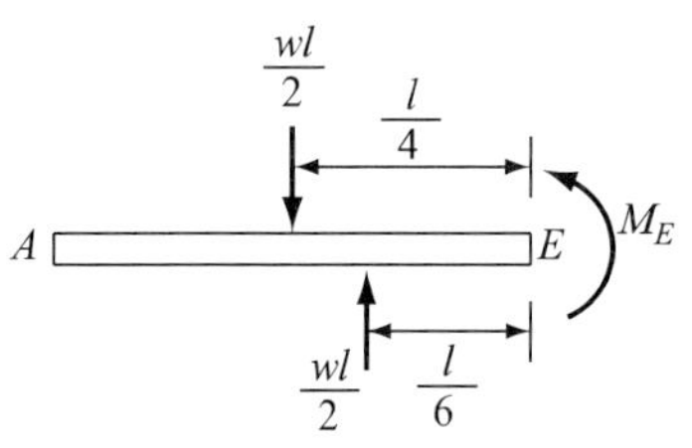

$$\Sigma M = 0,\quad M_E = -\frac{wl^2}{24}$$

④ B.M.D 작도

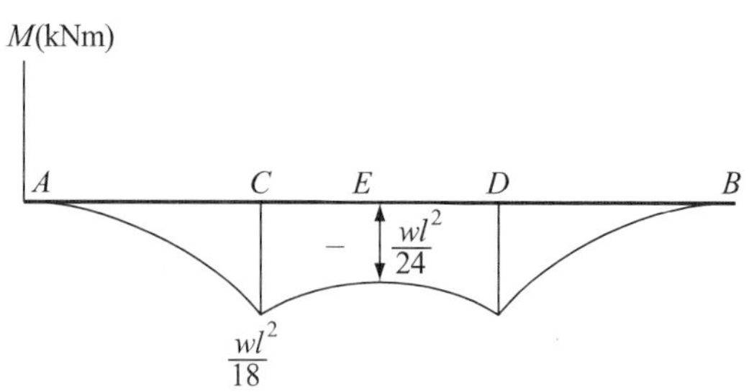

⑤ 강재단면의 치수 b 산정

$$|M|_{\max} = \frac{w\,l^2}{18} = \frac{b^2\gamma\,l^2}{18},\ b = \frac{\gamma\,l^2}{3\,\sigma} = 0.38\ \mathrm{m}$$

3. 그림과 같은 하중을 받는 보에서의 S.F.D와 B.M.D를 그리고 휨모멘트에 의한 최대응력을 구하라.

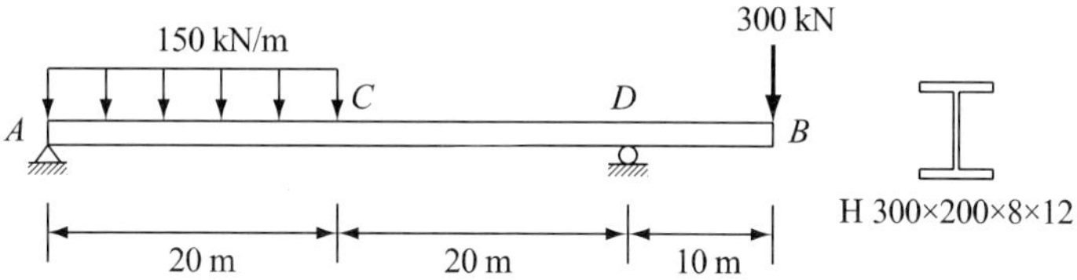

해석 순서

① 자유물체도 및 반력 산정

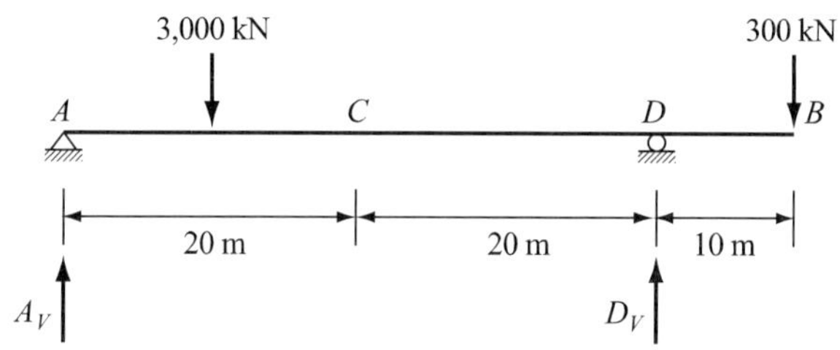

$A_V = 2{,}175$ kN (↑)

$D_V = 1{,}125$ kN (↑)

② 각 점에서의 전단력 산정 및 S.F.D 작성

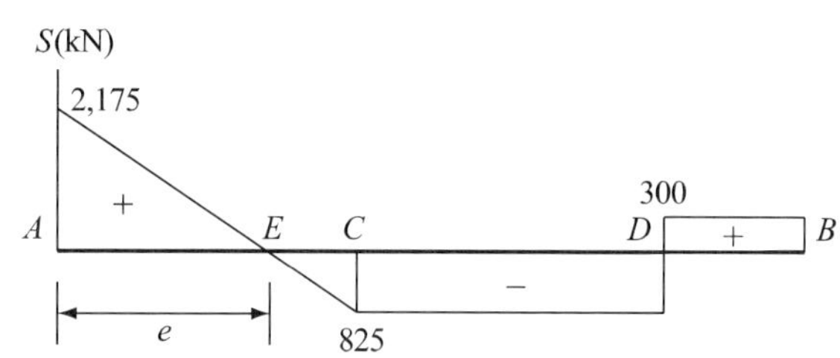

비례식에 의하여

$e = 14.5$ m

③ 각 점에서의 휨모멘트 산정 및 B.M.D 작성

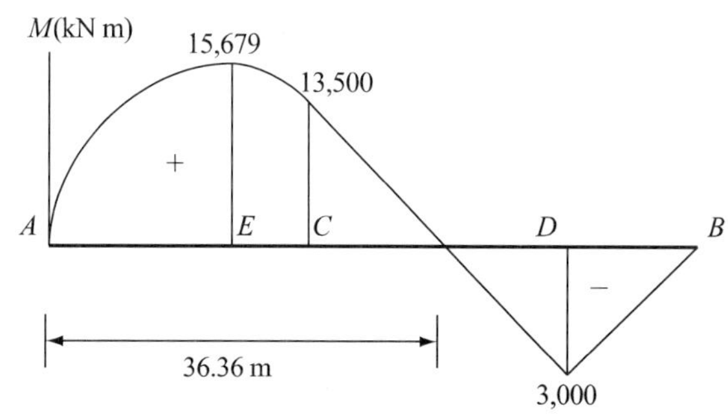

④ 휨모멘트에 의한 최대응력 산정

$|M|_{max} = 15{,}679\ \mathrm{kNm}$, H 300×200×8×12의 단면계수 $Z_x = 0.077\ \mathrm{m}^3$

$\sigma_{max} = 204.79\ \mathrm{MPa}$

4. 그림과 같은 보에서 S.F.D와 B.M.D를 그리고 휨모멘트에 의한 최대응력을 구하라.

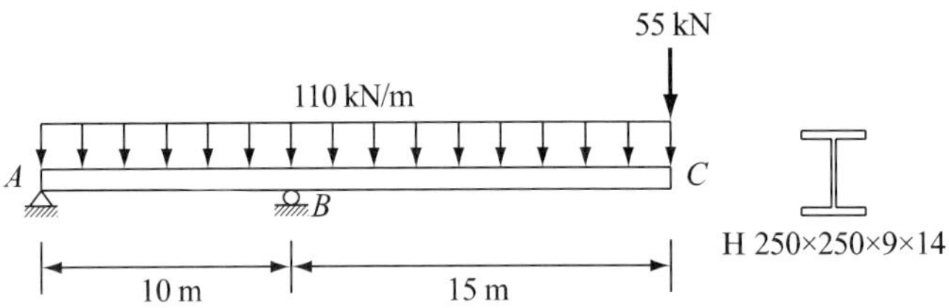

해석 순서

① 자유물체도 및 반력 산정

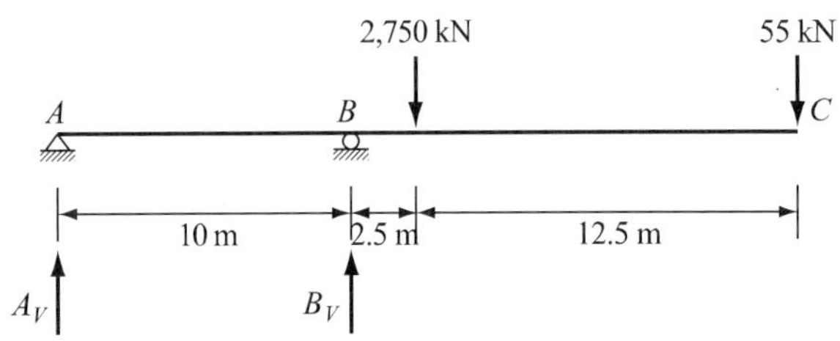

$A_V = -770\ \mathrm{kN}$ (↓)

$B_V = 3{,}575\ \mathrm{kN}$ (↑)

② 각 점에서의 전단력 산정 및 S.F.D 작성

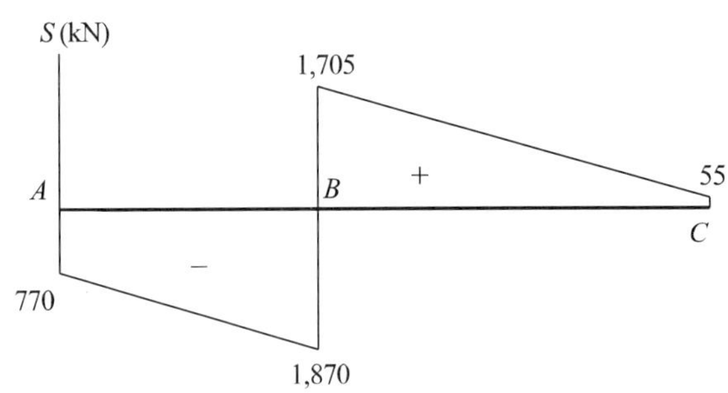

③ 각 점에서의 휨모멘트 산정 및 B.M.D 작성

S.F.D에서 각 구간의 면적 산정

AB 구간: $-13{,}200\ \mathrm{kNm}$, BC 구간: $13{,}200\ \mathrm{kNm}$

각 점에서의 휨모멘트 산정

$M_B = -13{,}200\ \mathrm{kNm}$, $M_C = 0$

(자유물체도를 이용하여 계산한 M_B와 비교해 볼 것)

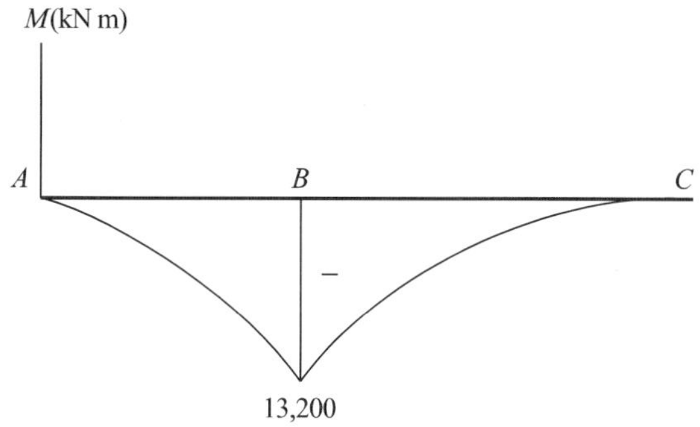

④ 휨모멘트에 의한 최대 축응력 산정

$|M|_{\max} = 13{,}200\ \mathrm{kNm}$, H 250×250×9×14의 단면계수 $Z_x = 0.0867\ \mathrm{m}^3$

$\sigma_{\max} = 152.2\ \mathrm{MPa}$

5. 그림과 같은 하중을 받는 보의 높이 h를 구하라.
단, $\sigma_{all} = 80\ \mathrm{MPa}$이고 균일단면보이다.

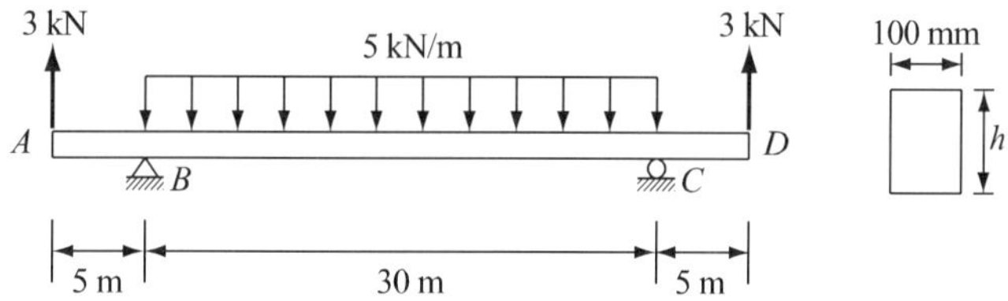

해석 순서

① 반력 산정 $B_V = C_V = 72\ \mathrm{kN}\ (\uparrow)$

② 각 점에서의 전단력 산정 및 S.F.D 작성

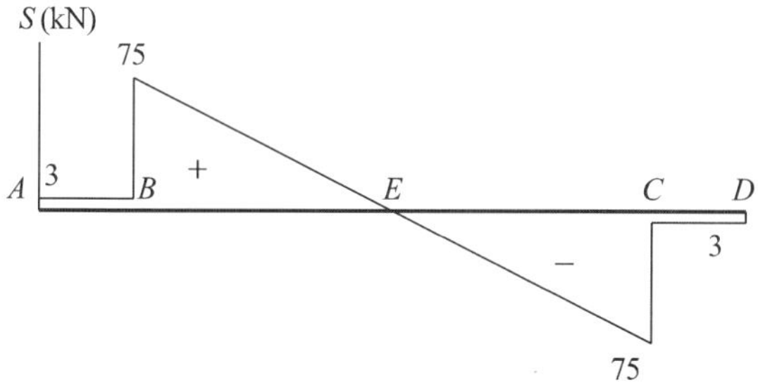

③ 각 점에서의 휨모멘트 산정 및 B.M.D 작성

S.F.D에서 각 구간의 면적 산정

AB 구간: $15\ \mathrm{kNm}$, BE 구간: $562.5\ \mathrm{kNm}$

EC 구간: $-562.5\ \mathrm{kNm}$, CD 구간: $-15\ \mathrm{kNm}$

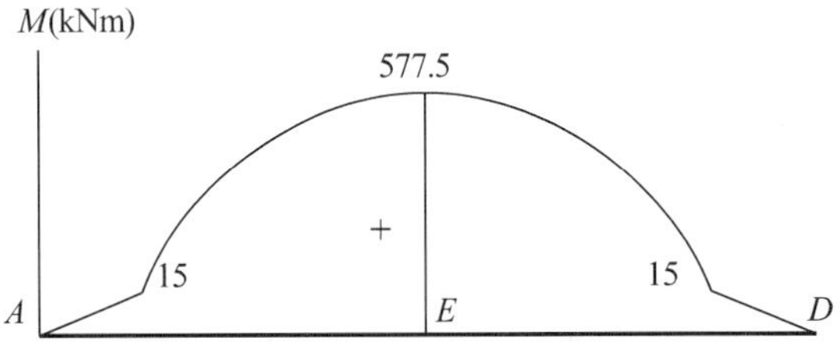

④ 허용축응력에 대한 보의 높이 h 산정

$|M|_{max} = 577.5\ \text{kN m},\ h = 658\ \text{mm}$

6. 그림과 같은 하중을 지지할 수 있도록 H형강으로 된 보의 가장 경제적인 단면을 결정하라. 단, $\sigma_{all} = 200\ \text{MPa}$

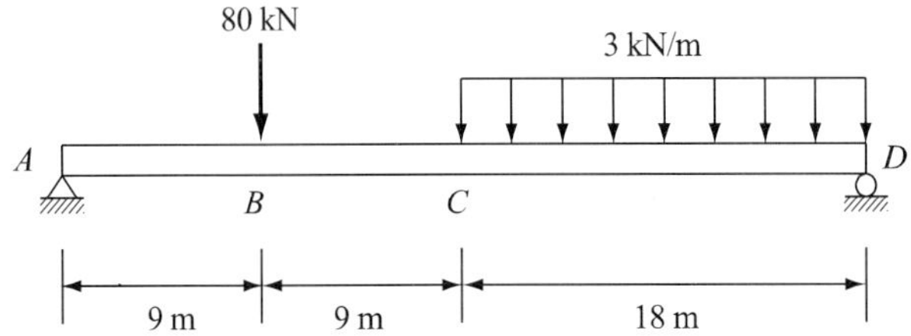

해석 순서

① 반력 산정 $A_V = 73.5\ \text{kN}\ (\uparrow),\ D_V = 60.5\ \text{kN}\ (\uparrow)$

② 각 점에서의 전단력 산정 및 S.F.D 작성

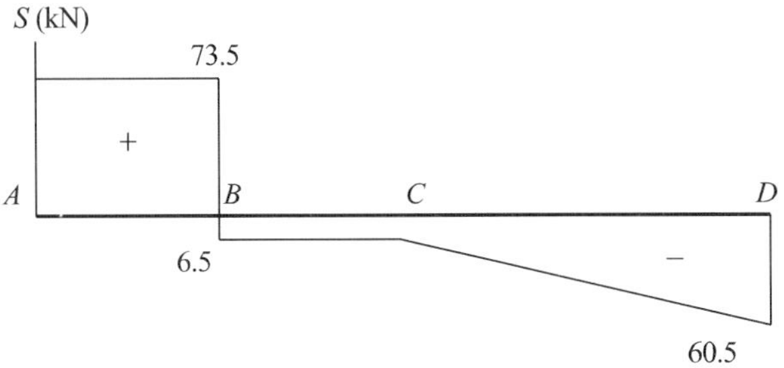

③ 각 점에서의 휨모멘트 산정 및 B.M.D 작성

S.F.D에서 각 구간의 면적 산정

AB 구간: 661.5 kN m, BC 구간: − 58.5 kN m

CD 구간: − 603 kN m

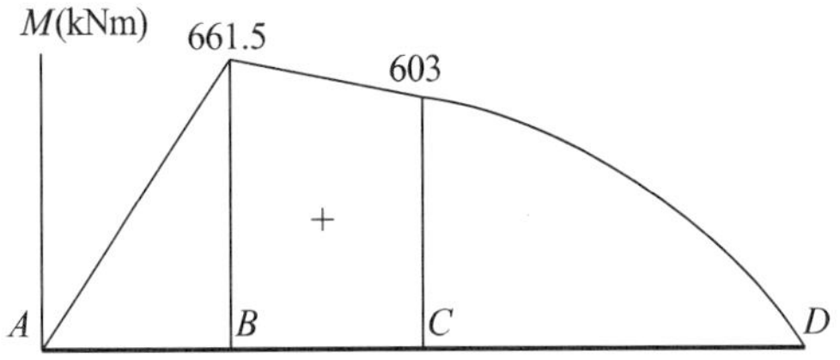

④ 허용축응력에 대한 H형강의 단면 결정

$|M|_{max} = 661.5\ \mathrm{kNm}$,

사용가능 H형강의 최소 단면계수: $3.308 \times 10^{-3}\ \mathrm{m}^3$

→ H $400 \times 400 \times 13 \times 21$ 채택

7. 그림과 같은 하중을 받는 보의 S.F.D 및 B.M.D를 작성하라.

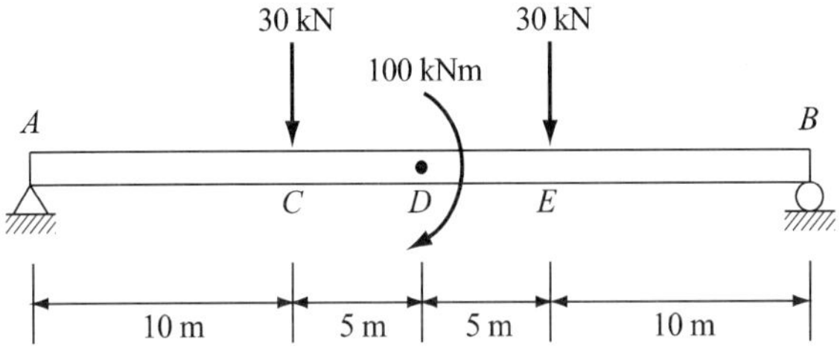

해석 순서

① 반력 산정 $A_V = 26.67\ \mathrm{kN}\ (\uparrow)$, $B_V = 33.33\ \mathrm{kN}\ (\uparrow)$

② 구간별 전단응력 및 휨모멘트 산정

• AC 구간 $0 \le x < 10\ \mathrm{m}$

$S = 26.67\ \mathrm{kN}$, $M = 0\ \mathrm{kNm}$

• AC 구간 $0 \le x \le 10\ \mathrm{m}$

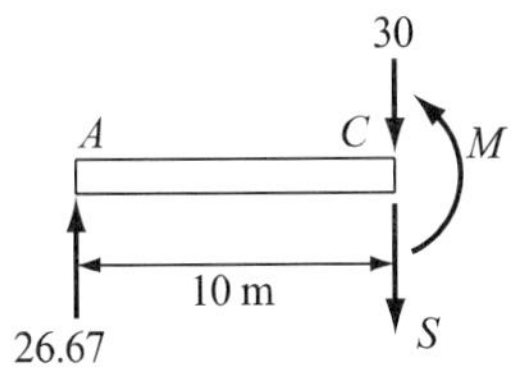

$\sum F_y = 0$, $S = -3.33\ \mathrm{kN}$

$\sum M = 0$, $M = 266.70\ \mathrm{kNm}$

• AD 구간 $0 \le x < 15\ \mathrm{m}$

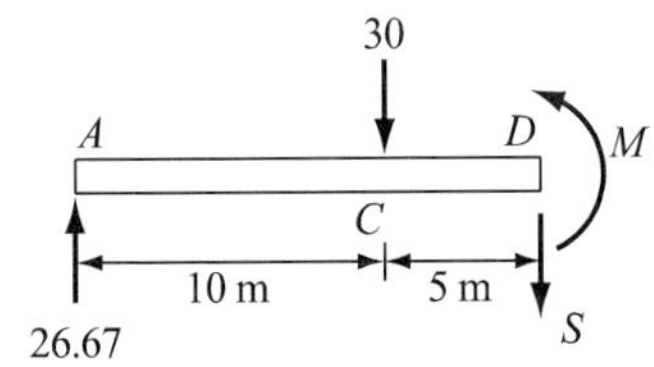

$\sum F_y = 0$, $S = -3.33\ \mathrm{kN}$

$\sum M = 0$, $M = 250.05\ \mathrm{kNm}$

• AD 구간　$0 \le x \le 15\text{ m}$

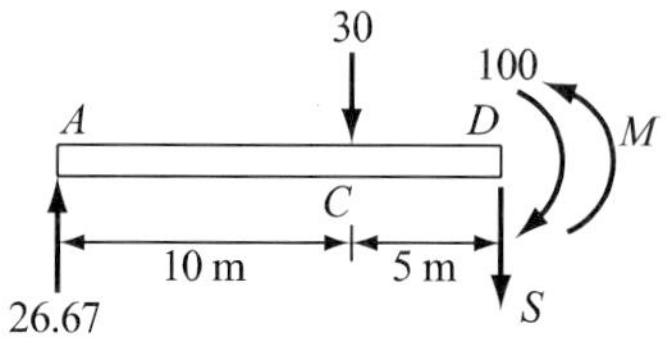

$\sum F_y = 0$, $S = -3.33\text{ kN}$

$\sum M = 0$, $M = 350.05\text{ kNm}$

• EB 구간　$20 < x \le 30\text{ m}$

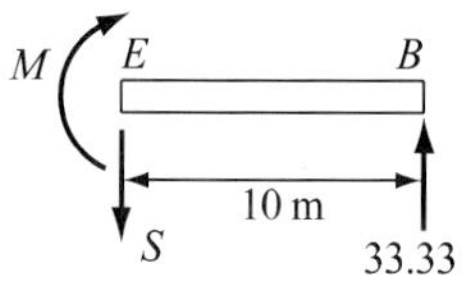

$\sum F_y = 0$, $S = -33.33\text{ kN}$

$\sum M = 0$, $M = 333.33\text{ kNm}$

③ S.F.D 및 B.M.D 작성

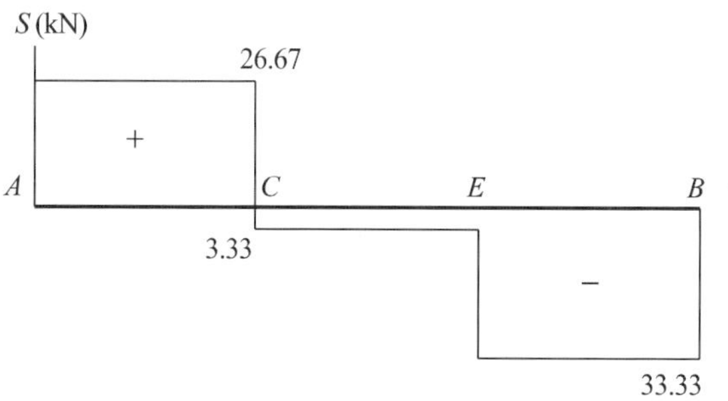

(S.F.D)

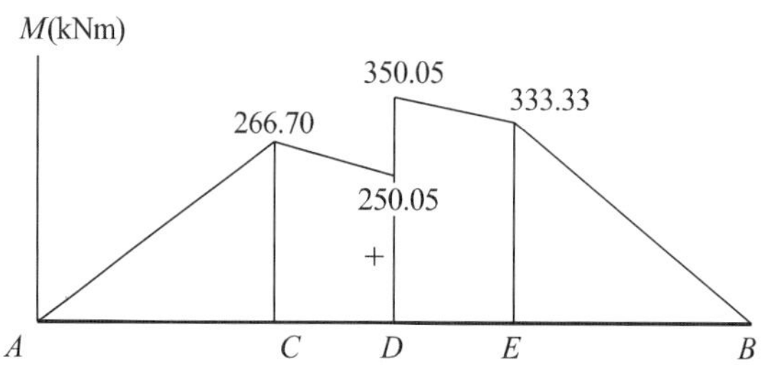

(B.M.D)

8. 그림과 같은 하중을 받는 보에서의 S.F.D와 B.M.D를 그리고 휨모멘트에 의한 최대 축 응력을 구하라.

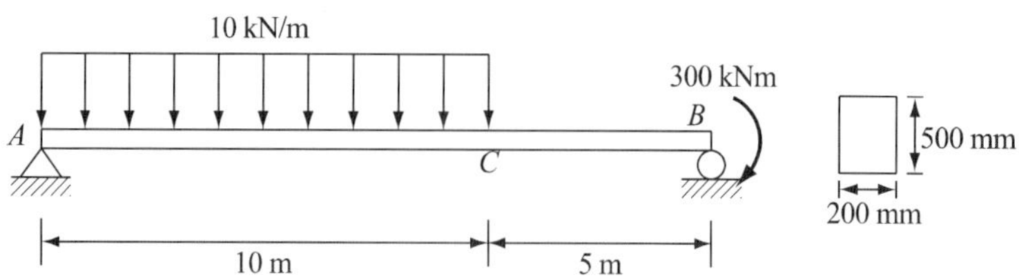

해석 순서

① 반력 산정 $A_V = 46.67$ kN (↑), $B_V = 53.33$ kN (↑)

② 각 점에서의 전단력 산정 및 S.F.D 작성

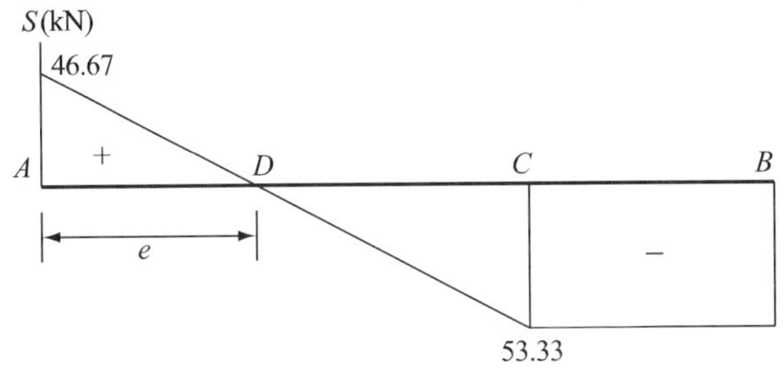

비례식에 의하여

$e = 4.667$ m

③ 각 점에서의 휨모멘트 산정 및 B.M.D 작성

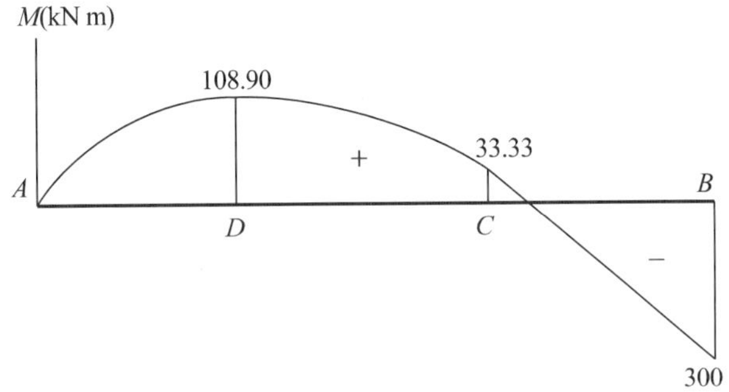

④ 휨모멘트에 의한 최대 축응력 산정

$|M|_{max} = 300$ kNm

$\sigma_{max} = 36$ MPa

08

이중적분법에 의한 보의 처짐각 및 처짐

Angle of Deflection and Deflection of Beam by Double Integration

8.1 이중적분법(二重積分法, Method of Double Integration)의 개요(槪要, Synopsis)

이 장에서는 3장에서 다룬 곡률 κ와 관련하여 교량시스템에서 흔히 사용되고 있는 보 시스템의 처짐각 및 처짐에 대해 다룬다. 앞으로의 9장과 10장에서도 구조시스템의 처짐각 및 처짐을 다루게 되는데 그 목적으로는 크게 2가지를 들 수 있다.

첫 번째로는 사용성(使用性, Serviceability)에 관한 것이다. 극단적인 예로서 안전하고 경제적으로 건설된 교량에 중차량이 지나갈 때 50 cm 정도가 처진다고 생각해보자. 중차량 자체는 물론 주변의 승용차에 승차한 사람들은 불안감에 빠질 것이다. 고층건물에서도 수평변위가 과도하면 사용성에 문제가 생긴다. 따라서 교량이나 건물들의 처짐 또는 수평변위에 대한 규정이 관련 시방서(施方書, Specification)에 정해져 있다.

두 번째로는 부정정구조물(不靜定構造物, Statically Indeterminate Structures)의 해석에서 힘의 평형방정식 외에 처짐각 또는 처짐에 관한 식이 필요하다.

위에서 언급했듯이 앞으로 9장과 10장에서도 처짐각 및 처짐에 대해 다룬다는 의미는 재료역학에서 처짐각 및 처짐 해석이 큰 비중을 차지하고 있다는 뜻으로 생각할 수 있다.

3장에서 정의한 곡률 $\kappa = \dfrac{1}{\rho} = \dfrac{M}{EI}$이란 식을 기억해보자. 이 장에서 다룰 이중적분법에 의한 처짐각 및 처짐은 곡률과 관련이 있고 보 시스템 전체를 통해 한 개의 자유물체도로 해결할 수 있는 경우 즉, 시스템 전체를 모멘트에 관한 하나의 일반식이 성립되는 경우 또는 대칭 시스템에서 유용하다. 예로서 외팔보 및 단순보시스템에서 등분포하중 또는 보의 끝단에서 하중으로서 모멘트가 작용되는 경우 등을 들 수 있다.

집중하중이 비대칭이거나 하중의 수가 많은 경우에는 모멘트에 관한 일반식이 하나 이상이 되어야 하므로 문제 풀이가 복잡해지기 때문에 9장이나 10장의 방법을 택하는 것이 현명하다.

8.2 탄성곡선방정식(彈性曲線方程式, Equation of The Elastic Curve)

기초 미적분학(基礎微積分學)으로부터 곡률 κ에 관한 식은 다음과 같다.

$$\kappa = \frac{1}{\rho} = \frac{\dfrac{d^2y}{dx^2}}{\left[1+\left(\dfrac{dy}{dx}\right)^2\right]^{(3/2)}} \tag{8.1}$$

여기서 곡률반경 ρ와 dx 및 dy, 처짐각 θ의 의미는 그림 8.1에 나타나 있다.

그림 8.1(a)는 단순보시스템에서 양단 AB에 휨모멘트 M에 의해 변형된 상태의 그림에서 곡률반경 ρ와 θ가 표시되어 있고 그림 8.1(b)는 A점으로부터 임의 수평거리 x에서의 수직처짐 $y(x)$, 그리고 미분요소 dx 및 dy, $\theta(x)$가 표현되어 있다. 여기서 $\theta(x)$는 임의 수평거리 x에서의 처짐각이다.

위의 곡률에 관한 식 (8.1)에서 $\dfrac{dy}{dx}$는 매우 미소한 값이므로 $\left(\dfrac{dy}{dx}\right)^2$의 항은 무시할 수 있다. 따라서 $\kappa = \dfrac{1}{\rho} = \dfrac{d^2y}{dx^2}$로 표현되고, 3장에서 $\dfrac{1}{\rho} = \dfrac{M}{EI}$의 관계식을 연계시키면 $\dfrac{d^2y}{dx^2} = \dfrac{M(x)}{EI}$라는 식이 성립된다.

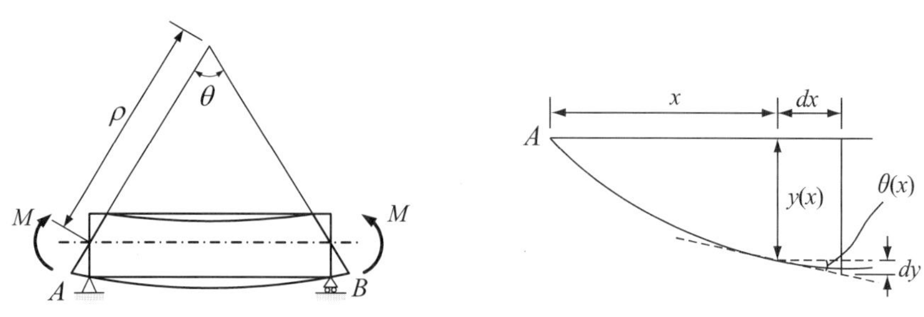

(a) (b)

그림 8.1

이 식은 탄성곡선(彈性曲線, Elastic Curve)에 대한 지배미분방정식(支配微分方程式)이라고도 한다. 위 식을 x에 대해 한 번 적분하면 다음과 같다.

$$EI\frac{dy}{dx}=\int_0^x M(x)dx+c_1$$

여기서 c_1은 적분상수(積分常數)이고 $\frac{dy}{dx}=\theta(x)$[그림 8.1(b) 참조]이다. 따라서 $EI\theta(x)=\int_0^x M(x)dx+c_1$으로도 표현된다. 위 식을 다시 한 번 더 x에 대해 적분하면 다음과 같은 처짐 $y(x)$에 관한 식이 된다.

$$EIy(x)=\int_0^x\left[\int_0^x M(x)dx+c_1\right]dx+c_2$$

$$=\int_0^x dx\int_0^x M(x)dx+c_1x+c_2$$

여기서 EI는 휨강성으로 재료적 특성과 단면의 기하학적 특성이 결합된 강성(剛性, Rigidity)계수이다. 재료적 특성은 탄성계수 E이고, 단면의 기하학적 특성은 I를 말한다. 그리고 c_2는 두 번 적분함에 따라 발생되는 적분상수이다.

적분상수 c_1과 c_2는 다음의 그림 8.2와 같은 경계조건(境界條件, Boundary Condition)에 의해 결정된다.

그림 8.2(a)는 단순보시스템으로 지점 A와 B에서 처짐이 "0"이고 그림 8.2(b)는 외팔보시스템에서 고정단지점 A에서 처짐각 및 처짐이 "0"이며 그림 8.2(c)는 내민보(Overhanging Beam)시스템으로 A 지점과 B 지점에서의 처짐이 "0"이라는 경계조건들이 표현되어 있다.

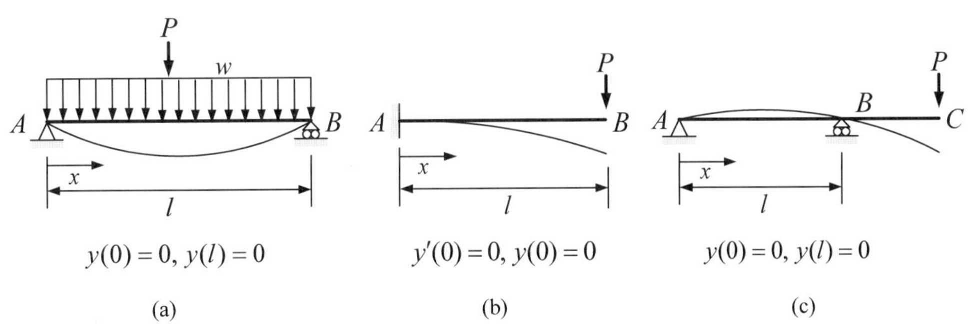

그림 8.2

이중적분법에서의 처짐각 및 처짐의 부호는 다음과 같이 결정된다. 9장에서 다룰 처짐각 및 처짐의 부호규정과는 다름을 미리 밝혀두니 참고 바란다.

그림 8.3(a)는 처짐의 부호를 나타낸 것으로 상향 처짐이 '+'이고, 하향 처짐이 '−'이다. 한편 그림 8.3(b)에 나타낸 처짐각은 왼쪽에서는 시계 반대방향이 '+'이고 오른쪽에서는 시계방향이 '+'이다.

다음으로는 가장 간단한 구조시스템인 외팔보 및 단순보시스템에 작용되는 집중하중 P 및 등분포하중 w 그리고 하중으로서 모멘트 M에 의한 처짐각 및 처짐들을 구해보자.

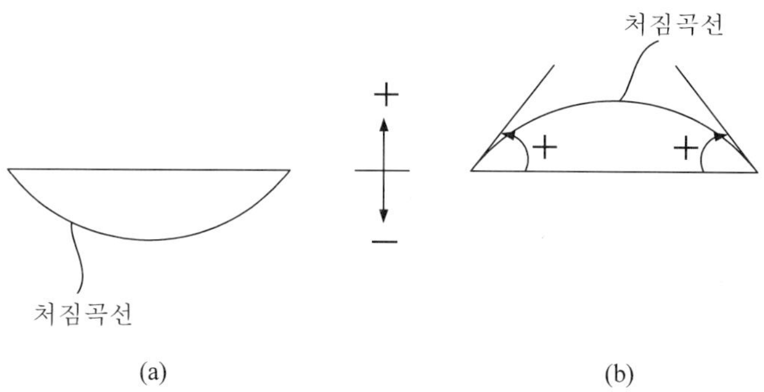

그림 8.3

외팔보시스템

그림 8.4와 같은 외팔보시스템은 B점에서의 집중하중 P에 의한 모멘트의 일반식을 보길이 l을 통해 한 개로 나타낼 수 있다. 즉, $M(x) = -Px$ 이다. 따라서

$$EIy'' = M(x)$$

$$EIy' = \int_0^x (-Px)dx + c_1 = -\frac{Px^2}{2} + c_1$$

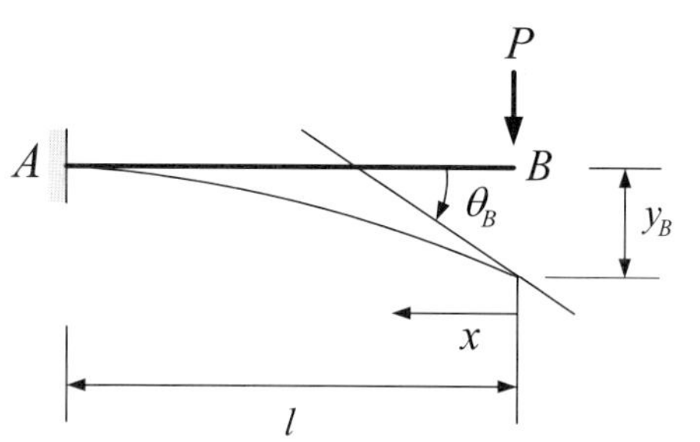

그림 8.4

$$EIy = -\frac{Px^3}{6} + c_1 x + c_2$$

로 전개된다.

여기서 경계조건 $x = l$ 일 때 $y'(l) = 0$, $y(l) = 0$이므로 $c_1 = \frac{Pl^2}{2}$이고 $c_2 = \frac{Pl^3}{6} - \frac{Pl^3}{2} = -\frac{Pl^3}{3}$이다.

그러므로 처짐각식

$$EIy'(x) = -\frac{Px^2}{2} + \frac{Pl^2}{2}$$

이고 처짐곡선식

$$EIy(x) = -\frac{Px^3}{6} + \frac{Pl^2}{2}x - \frac{Pl^3}{3}$$

이 된다. 따라서 B 점의 처짐각 또는 처짐은 $x = 0$인 경우이므로 위의 식으로부터 $\theta_B = \frac{Pl^2}{2EI}$ 이고 $y_B = -\frac{Pl^3}{3EI}$ 이 계산된다.

다음으로는 그림 8.5와 같은 외팔보시스템에서 등분포하중 w가 재하된 경우 B 점에서의 처짐각 θ_B 및 처짐 y_B를 구해보자.

B 점에서 거리 x 만큼 떨어진 곳의 모멘트 $M(x) = -\frac{wx^2}{2}$이므로

$$EIy' = \int_0^x \left(-\frac{wx^2}{2}\right) dx + c_1 = -\frac{wx^3}{6} + c_1$$

$$EIy = -\frac{wx^4}{24} + c_1 x + c_2$$

로 전개된다.

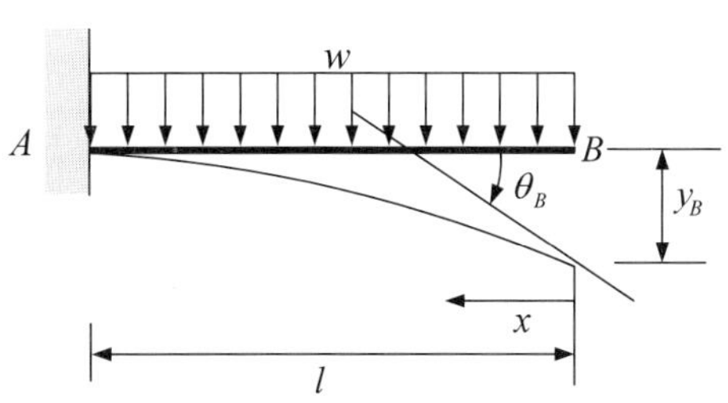

그림 8.5

여기서도 경계조건 $x=l$ 일 때 처짐각 $y'(l)=0$이고 $y(l)=0$이다. 그러므로 적분상수 $c_1=\frac{wl^3}{6}$, $c_2=\frac{wl^4}{24}-\frac{wl^4}{6}=-\frac{wl^4}{8}$으로 계산된다. 따라서 처짐각식

$$EIy'(x)=-\frac{wx^3}{6}+\frac{wl^3}{6}$$

이고 처짐곡선식

$$EIy(x)=-\frac{wx^4}{24}+\frac{wl^3}{6}x-\frac{wl^4}{8}$$

이 된다. 여기서 B점의 처짐각 또는 처짐은 $x=0$ 인 경우이므로 $\theta_B=\frac{wl^3}{6EI}$ 이고 $y_B=-\frac{wl^4}{8EI}$ 이 된다.

다음으로는 그림 8.6과 같은 외팔보에서 B점에 하중으로서 M이 작용될 때 B점에서의 처짐각 θ_B와 처짐 y_B를 구해보자.

여기서 $M(x)=M$으로 B점으로부터의 거리 x에 무관하다. 따라서

$$EIy'=Mx+c_1$$

$$EIy=\frac{Mx^2}{2}+c_1x+c_2$$

가 된다.

여기서도 경계조건 $x=l$ 일 때 처짐각 $y'(l)=0$이고 $y(l)=0$이므로 적분상수 $c_1=-Ml$, $c_2=\frac{Ml^2}{2}$이 된다. 따라서

처짐각식

$$EIy'(x)=Mx-Ml$$

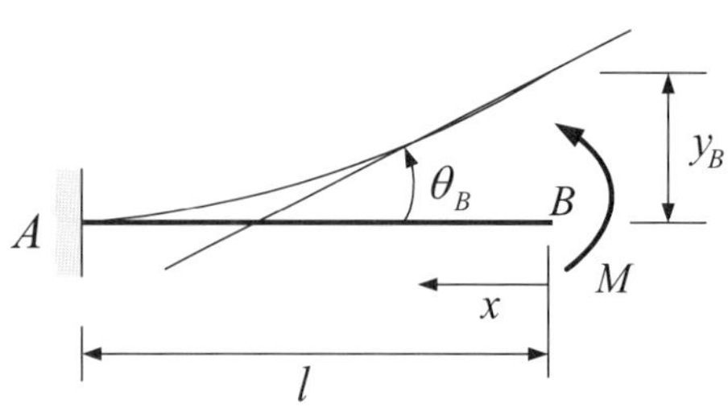

그림 8.6

이고 처짐곡선식

$$EIy(x) = \frac{M}{2}x^2 - Mlx + \frac{Ml^2}{2}$$

이므로 $\theta_B = -\frac{Ml}{EI}$ 이고 $y_B = \frac{Ml^2}{2EI}$ 이 된다.

단순보시스템

다음으로는 단순보시스템에서 지점 중앙에 집중하중 P가 작용되는 경우와 등분포하중 w가 작용되는 경우 및 한쪽 단에 하중으로서 모멘트 M이 작용되는 경우를 순서대로 풀어보자.

그림 8.7과 같은 단순보시스템에서 관심이 될 수 있는 문제는 끝단 A점 또는 B점에서의 처짐각과 보의 중앙인 C점에서의 처짐이다. 물론 C점에서의 처짐각이 "0"이라는 것 즉, 최대 처짐이 발생되는 위치에서의 처짐각은 "0"이라는 것은 당연한 사실이다.

우선 A 지점으로부터 x 만큼 떨어진 위치에서의 모멘트 $M(x) = \frac{P}{2}x$ 가 되고

$$EIy' = \frac{P}{4}x^2 + c_1$$

그리고

$$EIy = \frac{P}{12}x^3 + c_1x + c_2$$

가 된다. 여기서 경계조건은 $x = 0$일 때 $y(0) = 0$이고, 최대 처짐 발생위치에서의 처짐각은 0이므로 $x = \frac{l}{2}$일 때 $y'\left(\frac{l}{2}\right) = 0$이 된다. 그러므로 $c_2 = 0$, $c_1 = -\frac{P}{16}l^2$이 된다.

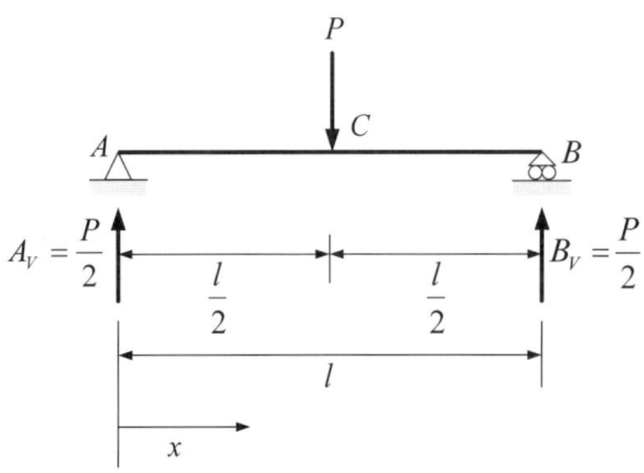

그림 8.7

따라서 $x \le \dfrac{l}{2}$ 일 때 즉, AC구간의 처짐각식 및 처짐곡선식은 다음과 같이 표현된다.

처짐각식

$$y'(x) = \frac{1}{EI}\left(\frac{P}{4}x^2 - \frac{Pl^2}{16}\right)$$

이고 처짐곡선식

$$y(x) = \frac{1}{EI}\left(\frac{P}{12}x^3 - \frac{Pl^2}{16}x\right)$$

가 된다. 여기서 θ_A는 $x=0$인 경우이므로 $\theta_A = -\dfrac{Pl^2}{16EI}$ 으로 계산되고 C점의 처짐 y_C 즉, 최대 처짐 $y_{\max} = -\dfrac{Pl^3}{48EI}$이 된다.

두 번째로 그림 8.8과 같이 등분포하중 w가 작용되는 경우를 알아보자.

A 점과 B 점에서의 수직반력은 $\dfrac{wl}{2}$이고 A 점에서 임의 거리 x점에서의 모멘트 $M(x)$는 그림 8.9의 자유물체도로부터 $\dfrac{wl}{2}x - \dfrac{w}{2}x^2$ 이 됨을 알 수 있다.

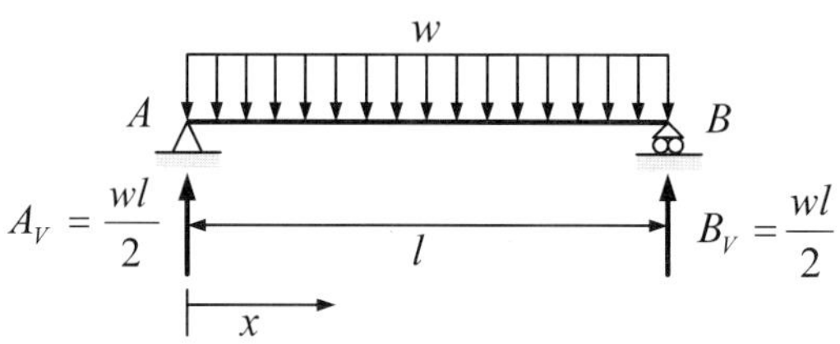

그림 8.8

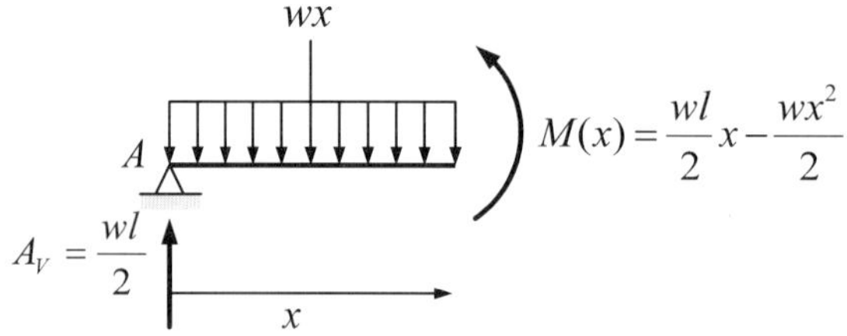

그림 8.9

따라서

$$EIy' = \frac{wl}{4}x^2 - \frac{w}{6}x^3 + c_1$$

$$EIy = \frac{wl}{12}x^3 - \frac{w}{24}x^4 + c_1 x + c_2$$

가 된다.

여기서도 경계조건 $x=0$일 때 $y(0)=0$이고 $x=l$일 때 $y(l)=0$이므로 $c_2=0$, $c_1 = -\frac{w}{24}l^3$ 이 된다. 따라서 처짐각식 및 처짐곡선식은 다음과 같이 정리된다.

$$y'(x) = \frac{1}{EI}\left(\frac{wl}{4}x^2 - \frac{w}{6}x^3 - \frac{wl^3}{24}\right)$$

$$y(x) = \frac{1}{EI}\left(\frac{wl}{12}x^3 - \frac{w}{24}x^4 - \frac{wl^3}{24}x\right)$$

여기서 관심이 되는 문제는 단순보의 끝에서 즉, A지점에서의 처짐각 θ_A와 보의 중앙에서의 최대 처짐 $y_{\max}$이다. 따라서 $\theta_A = -\frac{wl^3}{24EI}$ 이 되고 $y_{\max}$는 $x=\frac{l}{2}$일 때이므로

$$y_{\max} = \frac{1}{EI}\left[\frac{wl}{12}\left(\frac{l}{2}\right)^3 - \frac{w}{24}\left(\frac{l}{2}\right)^4 - \frac{wl^3}{24}\left(\frac{l}{2}\right)\right] = -\frac{5wl^4}{384EI}$$

으로 계산된다.

단순보시스템의 세 번째 경우는 그림 8.10과 같이 하중으로서 모멘트 M이 보의 끝에 작용될 때를 생각해보자. 여기서는 A점에 M을 적용시키기로 한다.

여기서 A 점과 B 점의 지점반력은 $\frac{M}{l}$이고 그 절댓값은 같으나 방향이 반대이다. 따

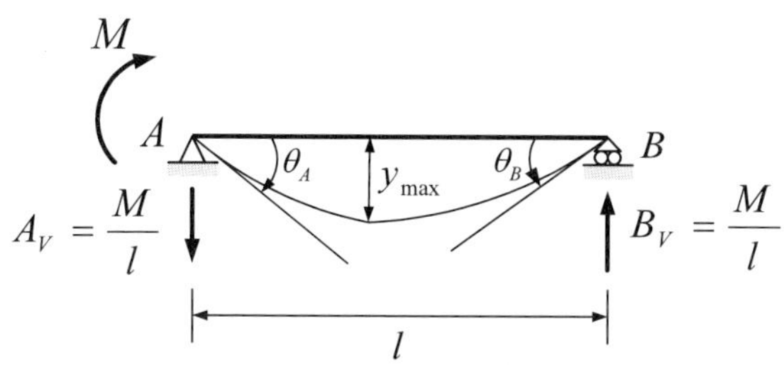

그림 8.10

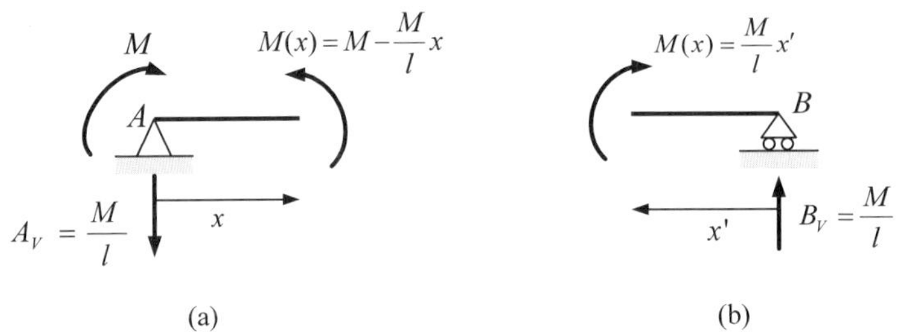

그림 8.11

라서 그림 8.11(a)의 자유물체도로부터 A지점에서 x 만큼의 거리에서의 모멘트 $M(x) = M - \frac{M}{l}x$가 된다.

따라서

$$EIy' = Mx - \frac{M}{2l}x^2 + c_1$$

$$EIy = \frac{M}{2}x^2 - \frac{M}{6l}x^3 + c_1 x + c_2$$

가 된다.

여기서도 경계조건 $x=0$ 일 때 $y(0)=0$ 이고 $x=l$일 때 $y(l)=0$ 을 적용하면 $c_2 = 0$, $c_1 = -\frac{M}{3}l$ 이 됨을 알 수 있다. 따라서 처짐각식 및 처짐곡선식은 다음과 같이 정리된다.

$$y'(x) = \frac{1}{EI}\left(Mx - \frac{M}{2l}x^2 - \frac{Ml}{3}\right)$$

$$y(x) = \frac{1}{EI}\left(\frac{M}{2}x^2 - \frac{M}{6l}x^3 - \frac{Ml}{3}x\right)$$

여기서도 관심이 되는 문제는 하중으로서 모멘트 M이 작용된 A점에서의 처짐각과 최대 처짐의 위치 및 최대 처짐이 될 것이다. A점의 처짐각 $\theta_A = -\frac{Ml}{3EI}$ 이 된다. 한편 최대 처짐 $y_{\max}$는 $y'=0$ 인 위치에서 나타나므로 $x - \frac{x^2}{2l} - \frac{l}{3} = 0$인 2차 방정식을 근의 공식을 이용해 풀면 $x = 1.58l$ 과 $0.42l$ 의 결과가 나온다. 그런데 $x = 1.58\,l$ 은 보의 길이보다도 큰 값이므로 허수이며 $0.42l$ 이 타당한 값이 된다. 따라서 $y_{\max} = -\frac{0.063Ml^2}{EI}$ 이 된다. 다음으로 그림 8.11(b)의 자유물체도를 이용하여 계산해보자.

여기서 $M(x') = \frac{M}{l}x'$ 이므로

$$EIy' = \frac{M}{2l}x'^2 + c_1$$

$$EIy = \frac{M}{6l}x'^3 + c_1 x' + c_2$$

가 되고 경계조건으로부터 $c_1 = -\frac{M}{6}l$, $c_2 = 0$ 이 계산된다.

따라서 $\theta_B = -\frac{Ml}{6EI}$ 로 계산되고 θ_A는 $x' = l$ 일 때이므로 앞서와 같은 계산결과가 나온다. 또한 최대 처짐의 위치는 B 지점으로부터 $0.58\,l$ 로 계산된다.

다음으로는 아래 그림 8.12와 같은 단순보시스템에서 집중하중 P가 비대칭으로 작용되는 경우인데, 이는 개요에서 언급했듯이 모멘트에 관한 일반식이 2개가 필요하고 따라서 적분상수 4개를 해결해야 하므로 복잡하다.

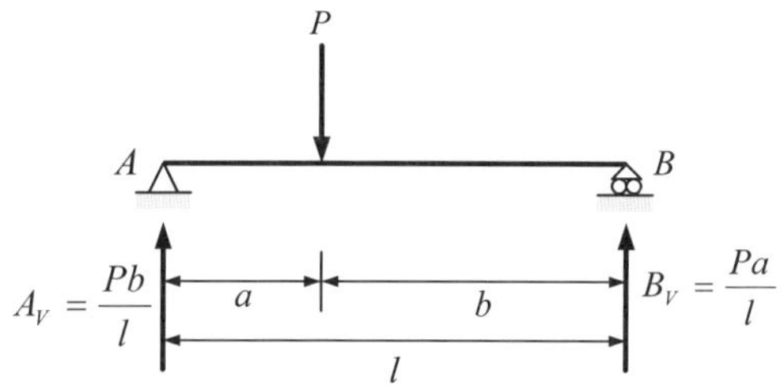

그림 8.12

이런 문제는 9장이나 10장의 방법으로 해결하는 것이 편리하므로 이중적분법에 의한 풀이는 생략하기로 한다.

[예제 8.1]

그림과 같은 하중을 받는 외팔보 AB 에서 B 점의 처짐각과 처짐을 구하라.

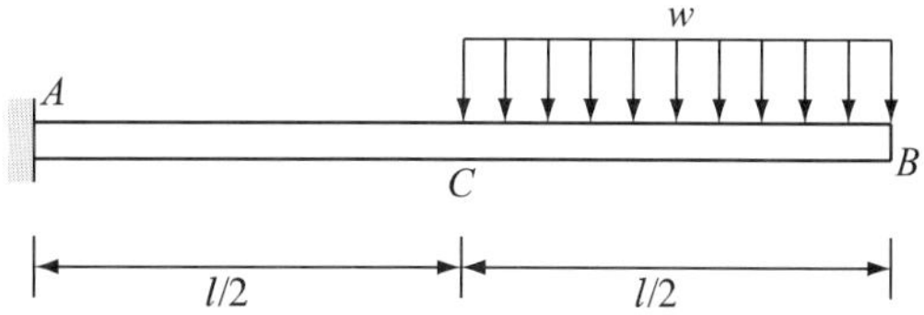

[풀이] 그림과 같은 하중을 받는 외팔보에서 B 점의 처짐각과 처짐의 계산은 중첩의 원리를 이용한다. 예제에서 주어진 하중 w는 AB 구간에 w가 하향으로 작용된 경우와 AC

구간에 w가 상향으로 작용된 경우를 중첩한 것과 같다.

하중 w에 대하여 처짐각 및 처짐은 그림 8.5로부터 산정된 결과를 이용한다.

AB 구간에 하향의 하중 w로부터 B 점에서 계산되는 처짐각 및 처짐은 각각 $\theta_{B_1} = \dfrac{wl^3}{6EI}$, $y_{B_1} = -\dfrac{wl^4}{8EI}$ 이며, AC 구간에 상향의 하중 w로부터 C 점에서 계산되는 처짐각 및 처짐은 각각 다음과 같이 계산된다.

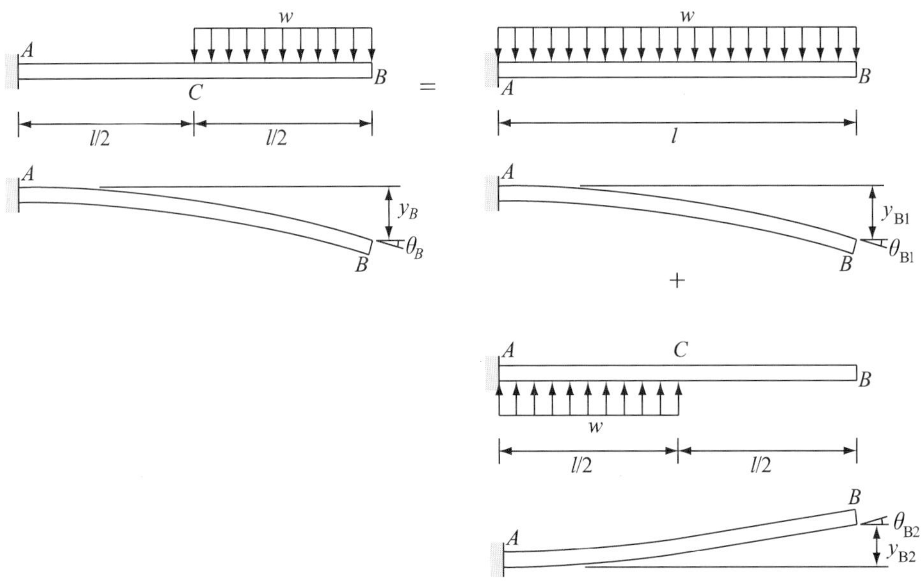

$$\theta_{C_2} = -\frac{w(l/2)^3}{6EI} = -\frac{wl^3}{48EI},\ y_{C_2} = \frac{w(l/2)^4}{8EI} = \frac{wl^4}{128EI}$$

외팔보 AB 의 CB 구간에서 하중 w에 대한 휨모멘트는 “0”이므로 탄성곡선은 직선이 되며 상향의 하중 w에 의한 B 점에서의 처짐각은 C 점에서의 처짐각과 같다. 그리고 B 점에서의 상향 처짐은 C 점에서의 상향 처짐과 C 점에서의 처짐각에 CB 구간의 길이를 곱한 값의 합과 같다.

따라서 θ_{B_2}와 y_{B_2}는 다음과 같이 표현된다.

$$\theta_{B_2} = \theta_{C_2} = -\frac{wl^3}{48EI}$$

$$y_{B_2} = y_{C_2} + \theta_{C_2}(l/2) = \frac{wl^4}{128EI} + \frac{wl^3}{48EI}(l/2) = \frac{7wl^4}{384EI}$$

여기서 $\theta_{C_2}(l/2)$의 합에 ‘$-$’가 생략된 것은 상향의 처짐이기 때문이다.

따라서 하중 w 에 의한 B 점의 처짐각 θ_B는 다음과 같이 계산된다.

$$\theta_B = \theta_{B_1} + \theta_{B_2} = \frac{wl^3}{6EI} - \frac{wl^3}{48EI} = \frac{7wl^3}{48EI}$$

하중 w에 의한 B 점의 처짐

$$y_B = y_{B_1} + y_{B_2} = -\frac{wl^4}{8EI} + \frac{7wl^4}{384EI} = -\frac{41wl^4}{384EI}$$

으로 계산된다.

[예제 8.2]

1) 아래 그림 (a)와 같이 집중하중 P_1과 P_2가 작용된 경우 $\delta_{B(P_1)} = \delta_{B(P_2)}$가 되기 위한 P_2를 구하라.

2) 아래 그림 (b)와 같이 등분포하중 w_1과 w_2가 작용된 경우 $\delta_{B(w_1)} = \delta_{B(w_2)}$가 되기 위한 w_2를 구하라. 여기서, (a), (b)의 경우 모든 EI는 일정하다.

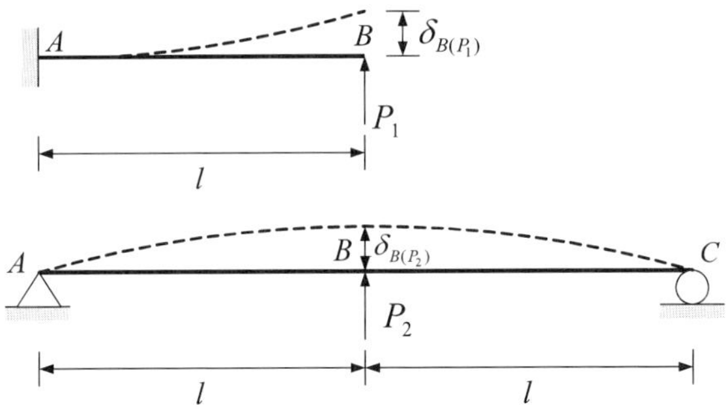

(a)

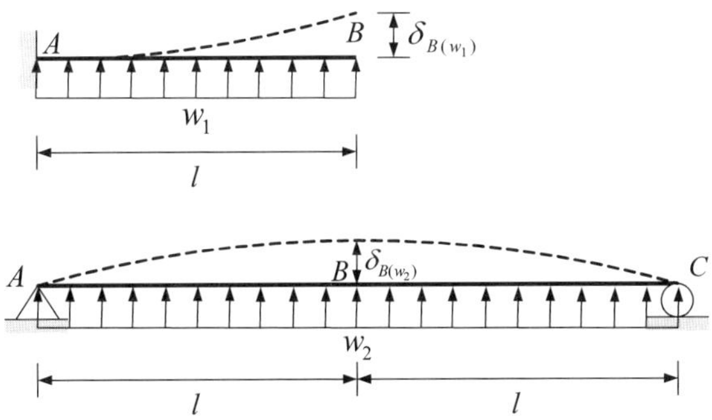

(b)

[풀이] 1) 그림 8.4로부터 $\delta_{B(P_1)} = \dfrac{P_1 l^3}{3EI}$이고 그림 8.7로부터 $\delta_{B(P_2)} = \dfrac{P_2(2l)^3}{48EI}$이다. 따라서

$\dfrac{P_1 l^3}{3EI} = \dfrac{P_2(2l)^3}{48EI}$ 이므로 $P_2 = 2P_1$ 으로 계산된다.

2) 그림 8.5로부터 $\delta_{B(w_1)} = \dfrac{w_1 l^4}{8EI}$ 이고 그림 8.9로부터 $\delta_{B(w_2)} = \dfrac{5w_2(2l)^4}{384EI}$ 이다.
따라서

$\dfrac{w_1 l^4}{8EI} = \dfrac{5w_2(2l)^4}{384EI}$ 이므로 $w_2 = 0.6\,w_1$ 으로 계산된다.

8.3 부정정보(不靜定보, Statically Indeterminate Beam)

부정정보는 힘의 평형방정식만으로는 해석이 불가능하고 변형 또는 변위에 관한 식이 추가되어야만 해석이 가능한 구조시스템이다. 부정정 문제를 푸는 기본적 순서는 다음과 같다.

(1) 부정정차수 판정
(2) 정정 구조시스템으로의 변환

예로서 아래 그림 8.13과 같은 1차 부정정시스템은 다음과 같은 방법에 의해 정정시스템화한다.

첫 번째 방법으로 그림 8.14와 같이 B 지점을 제거하는 경우

B 지점에 처짐 $y_{B(w)}$가 발생 되는데 이 문제는 앞에서(그림 8.5 참조) 풀어보았으므로 $y_{B(w)}$값을 기억하는 것이 필요하다. 원래 구조시스템에서 B 지점에는 상향의 지점반력 B_V 가 작용되었기 때문에 처짐이 발생되지 않은 것이므로 B_V 에 의한 상향 처짐 $y_{B(B_V)}$를 계산하여 $y_{B(w)}$와 상쇄되는 조건에서 B_V 를 구한다.

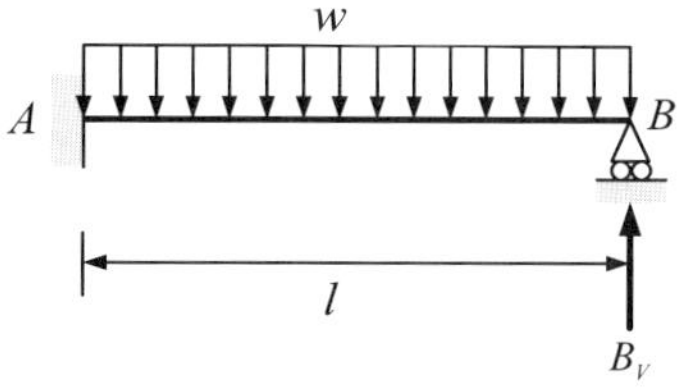

그림 8.13

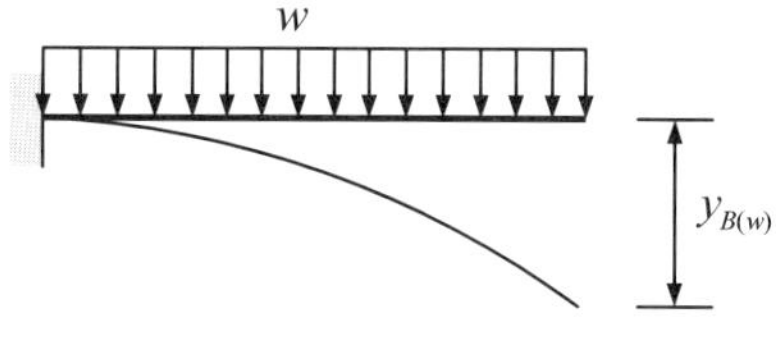

그림 8.14

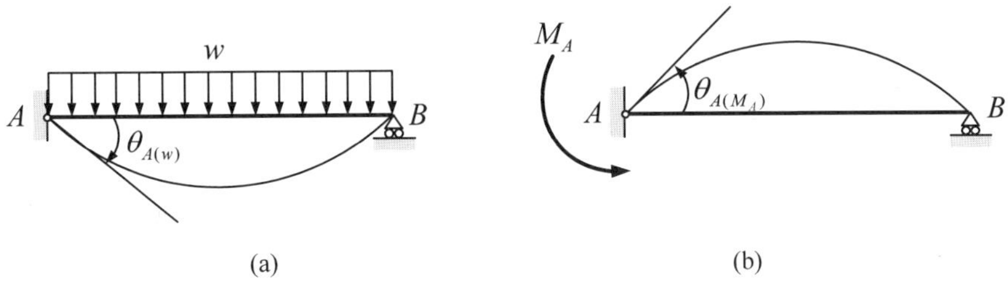

그림 8.15

두 번째 방법으로는 그림 8.15(a)와 같이 A 지점을 힌지화하므로 정정시스템화할 수 있다. 따라서 하중 w 에 의한 A 지점의 처짐각 $\theta_{A(w)}$를 구한다. 원래 구조시스템에서는 A점에 처짐각이 발생되지 않아야 하므로 M_A에 의한 $\theta_{A(w)}$를 상쇄시키는 처짐각 $\theta_{A(M_A)}$를 구하고 $\theta_{A(w)}$와 $\theta_{A(M_A)}$가 절댓값으로 같다는 조건에서 M_A를 구한다[그림 8.15(b) 참조].

이러한 방법으로 1차 부정정 문제에서 반력 하나가 해결되었으므로 다음 단계에서는 힘의 평형방정식으로 나머지 지점반력들을 구할 수 있다. 2경간 연속보 구조시스템에서도 정정 구조시스템화하기 위해 같은 요령으로 B 지점을 제거하는 경우(그림 8.19 참조)

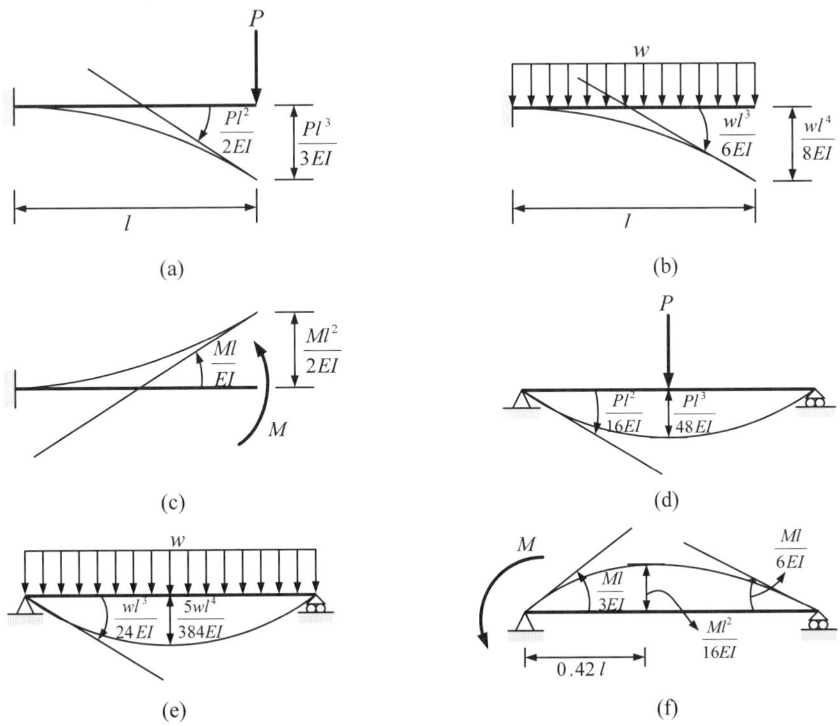

그림 8.16

와 B 지점을 힌지화하는 경우(그림 8.22 참조)가 있다. B 지점을 제거한 경우에는 B 지점의 처짐을, B 지점을 힌지화한 경우에는 B 지점의 처짐각을 구하고 부정정력 B_V 에 의한 상향 변위 또는 M_B 에 의한 변위각을 구해 B 지점의 수직반력을 구하거나 모멘트를 구해 문제를 해결한다. 더 상세한 내용은 뒤에서 예를 들어 설명하기로 한다.

부정정 문제를 해결하기 위해서는 그림 8.16과 같은 기본이 되는 단순보시스템과 외팔보시스템에서의 집중하중, 등분포하중 그리고 하중으로서의 모멘트에 의한 처짐각 및 처짐에 대해 암기해 두는 것이 필요하다. 물론 부정정 문제를 푸는 데 필요할 뿐만 아니라 기술자로서 생활하는 데 기본적인 지식이 되는 것이므로 그림 8.16과 같이 요약되는 내용을 암기함이 편리하다. 여기에서는 처짐각과 처짐의 방향이 나타나 있으므로 부호는 생략한다.

다음으로는 그림 8.13과 같은 가장 간단한 1차 부정정 문제를 다루어보자. 2장에서 부정정차수 판정법에 따라 1차 부정정이라는 판정을 하는 데 의문이 없으리라 판단한다. 아래 그림의 구조시스템은 앞서 8.3절에서 설명한 대로 2가지 방법에 따라 풀어보자.

첫 번째로 그림 8.17(b), (c)와 같이 B 점을 제거하는 경우 $y_{B(w)} = \dfrac{wl^4}{8EI}$ 이고 B 지점에서의 수직반력 B_V 에 의한 처짐은 $y_{B(B_V)} = \dfrac{B_V l^3}{3EI}$ 이 된다. 그러므로 $y_{B(w)} = y_{B(B_V)}$ 의 조건에서 $B_V = \dfrac{3}{8}wl$ 이 계산된다. 따라서 $A_V = \dfrac{5}{8}wl$ 이라는 것은 힘의 평형방정식 $\sum V = 0$ 으로부터 쉽게 찾아낼 수 있을 것이다.

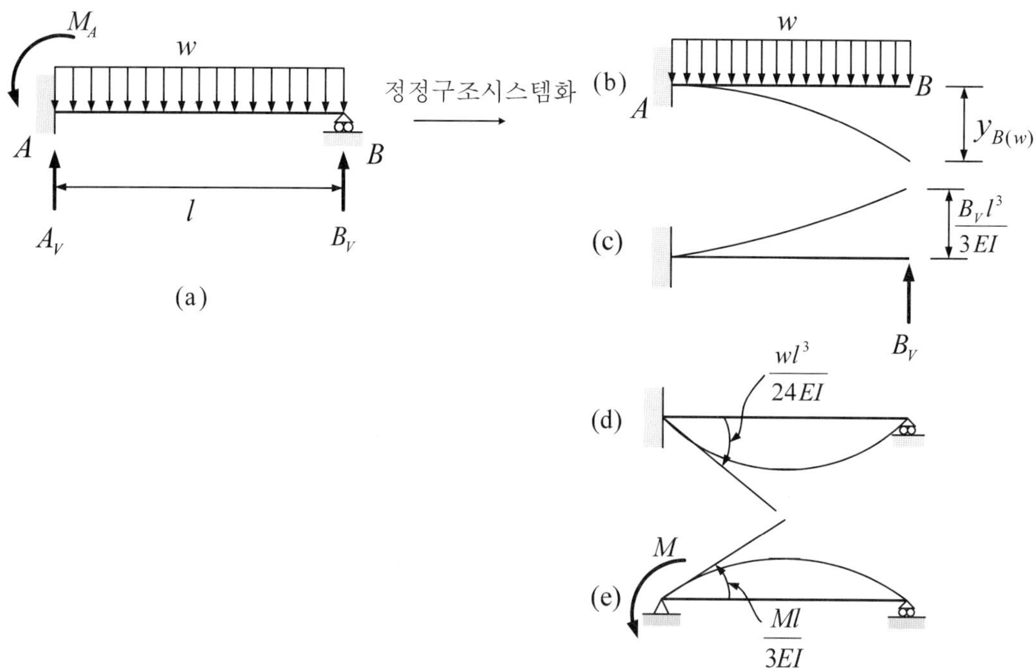

그림 8.17

그림 8.17(a)로부터 A지점에서의 지점모멘트 M_A를 $\sum M=0$의 식으로부터 구해보자.

$$\overset{\curvearrowleft}{+}\sum M_A = M_A + B_V l - \frac{wl^2}{2} = 0$$

으로부터

$$M_A = -\frac{3}{8}wl^2 + \frac{1}{2}wl^2 = \frac{wl^2}{8}$$

이 계산된다. M_A는 부호규정상 화살표 방향이 '−'이므로 부모멘트이다.

두 번째로는 그림 8.17(d), (e)와 같이 A지점을 힌지화하여 정정 구조시스템화한 경우로서 $\theta_{A(w)} = \dfrac{wl^3}{24EI}$이 되고 이를 상쇄시키려는 A점의 모멘트 M_A에 의한 처짐각 $\theta_{A(M_A)} = \dfrac{Ml}{3EI}$이 된다. 여기서 부호는 화살표 방향으로 대신하여 '+'나 '−'의 표시는 생략한다.

따라서 $\theta_{A(w)} = \theta_{A(M_A)}$의 조건식으로부터 $M_A = \dfrac{wl^2}{8}$이 첫 번째 경우와 같이 계산된다. 다음 단계로 힘의 평형방정식으로부터 A와 B지점의 수직반력을 계산해보면 첫 번째의 경우와 같은 결과가 계산된다.

다음으로 설명할 1차 부정정구조물인 그림 8.18과 같은 2경간 연속보 구조시스템의 정정시스템화 및 처짐 또는 처짐각을 그림 8.19 및 그림 8.22와 같이 나타내었다. 이 문제에서도 대칭으로 2가지 방법에 의해 정정 구조시스템화할 수 있다.

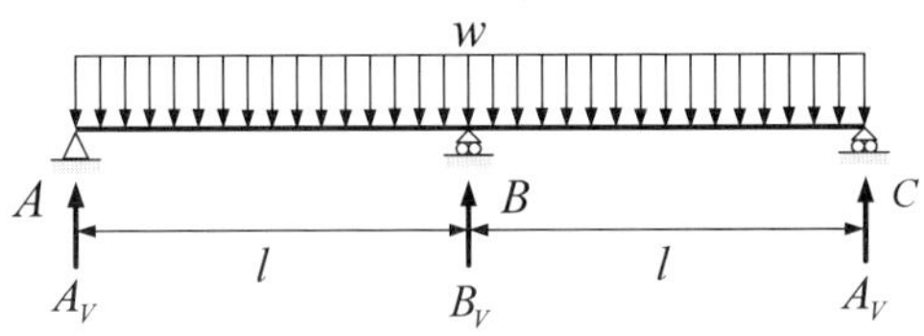

그림 8.18

첫 번째 B지점을 제거하는 경우 다음 그림 8.19와 같이 하중 w 및 B_V에 의한 처짐이 계산된다.

여기서 $y_{B(w)} = \dfrac{5w}{384EI}(2l)^4 = \dfrac{5wl^4}{24EI}$이 계산되고 $y_{B(B_V)} = \dfrac{B_V l^3}{6EI}$이 된다. 따라서 조건식 $y_{B(w)} = y_{B(B_V)}$로부터 $B_V = \dfrac{5wl}{4}$이 계산되고 $A_V = C_V = \dfrac{3wl}{8}$이 계산된다. 이러한 과정을 거쳐 지점반력이 해결되었으나 최대 정모멘트 $M_{\max}$를 구해야 할 문제가 남아있다.

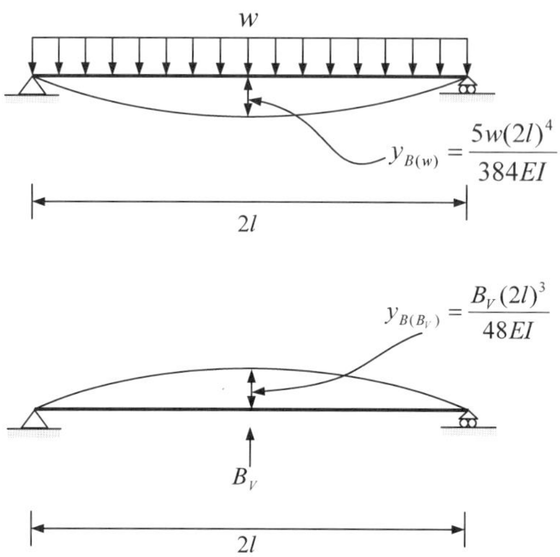

그림 8.19

M_{max}는 전단력이 "0"인 위치 즉, $\frac{dM(x)}{dx} = 0$ 인 위치에서 그림 8.20과 같은 자유물체도로부터 구할 수 있다.

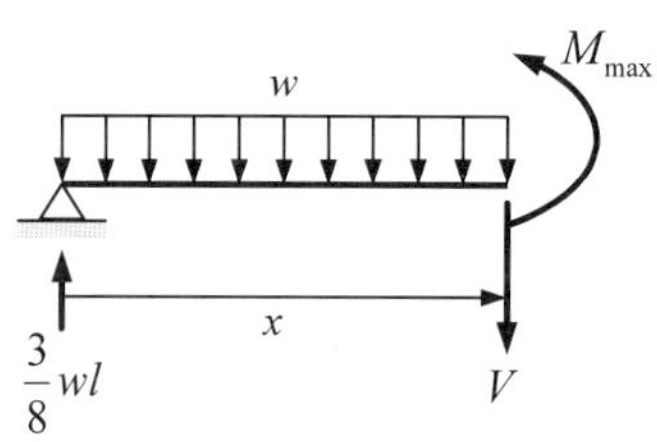

그림 8.20

M_{max}의 위치는 전단력 V가 0인 위치의 조건식 $\frac{3}{8}wl - wx = 0$으로부터 $x = \frac{3l}{8}$ 임을 알 수 있다. 또는 $M(x) = \frac{3}{8}wlx - \frac{wx^2}{2}$ 으로부터

$$\frac{dM(x)}{dx} = \frac{3}{8}wl - wx = 0$$

의 조건식으로부터도 같은 결과를 확인할 수 있다. 따라서

$$M_{max} = \frac{3}{8}wl\left(\frac{3}{8}l\right) - \frac{w}{2}\left(\frac{3}{8}l\right)^2 = \frac{9}{64}wl^2 - \frac{9}{128}wl^2 = 0.0703\,wl^2$$

이 계산된다.

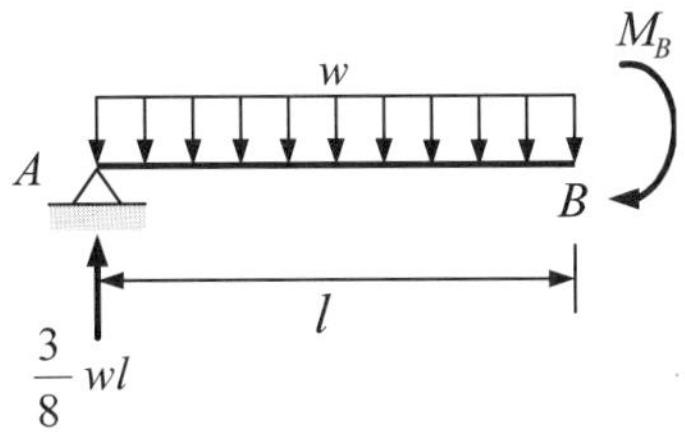

그림 8.21

다음으로는 B 지점의 지점모멘트 M_B를 그림 8.21과 같은 자유물체도를 이용하여 구해보자.

힘의 평형방정식으로부터

$$M_B = -\frac{3}{8}wl^2 + \frac{wl^2}{2} = \frac{wl^2}{8}$$

으로 계산된다. 여기서 M_B는 부호규정상 부모멘트이다.

두 번째로는 B 지점을 힌지화하는 경우로서 그림 8.22와 같은 구조시스템과 B점의 처짐각이 표현되어 있다.

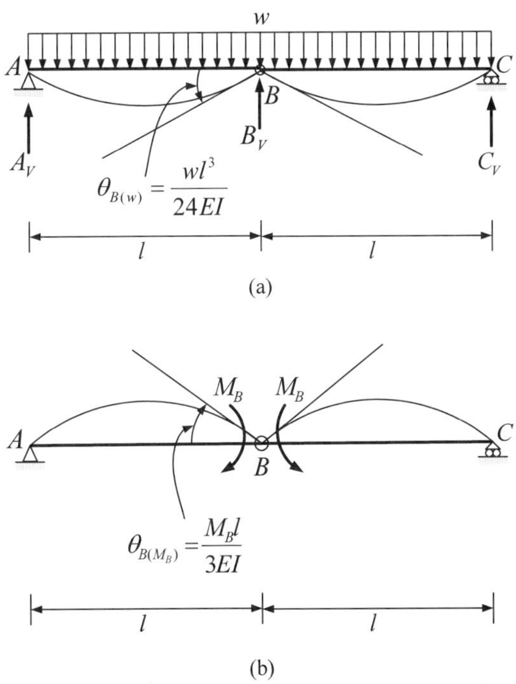

그림 8.22

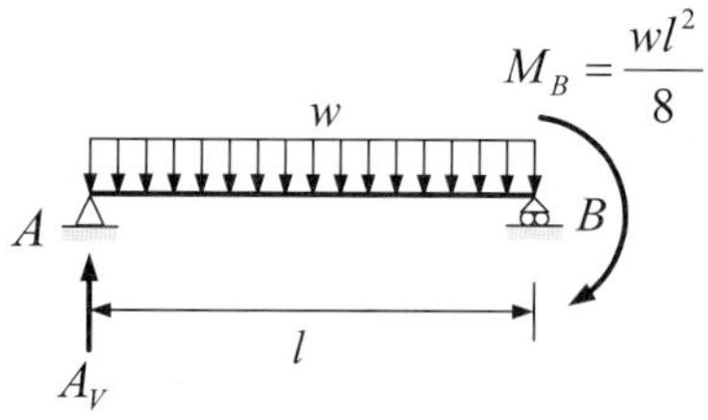

그림 8.23

그림 8.16의 결과로부터 $\theta_{B(w)} = \dfrac{wl^3}{24EI}$이고, $\theta_{B(M_B)} = \dfrac{M_B l}{3EI}$임을 알 수 있다. 따라서 조건식 $\theta_{B(w)} = \theta_{B(M_B)}$로부터 $M_B = \dfrac{wl^2}{8}$이 되고 부호규정상 부모멘트이다. 나머지 반력 A_V, B_V는 그림 8.23과 같은 자유물체도로부터 구할 수 있으며 힘의 평형방정식으로부터

$$A_V = \frac{1}{l}\left(-M_B + \frac{wl^2}{2}\right) = \frac{3}{8}wl$$

이 계산된다. 따라서 $C_V = \dfrac{3}{8}wl$이고 $B_V = \dfrac{5}{4}wl$로 첫 번째 경우의 결과와 일치된다.

다음으로는 그림 8.24와 같은 3경간 연속보시스템에 대해 알아보자. 이 시스템은 부정정 판정법에 의해 2차 부정정으로 판정된다. 그러나 그림과 같은 등분포하중 조건에서는 대칭시스템이므로 1차 부정정으로 간주하여 해결할 수 있다. 따라서 B와 C점에서의 반력은 대칭관계 즉, $B_V = C_V$이고 $M_B = M_C$이다.

이 시스템도 대칭시스템으로 2가지 방법에 의해 정정 구조시스템화할 수 있다. 첫 번째는 그림 8.25와 같이 B지점과 C지점을 힌지화하는 경우이고, 두 번째는 그림 8.32와 같이 B지점과 C지점을 제거하는 경우이다.

우선 첫 번째 방법에서 B, C지점을 힌지화한 상태에서의 하중 w에 의한 처짐곡선이 그림 8.26에 나타나 있다.

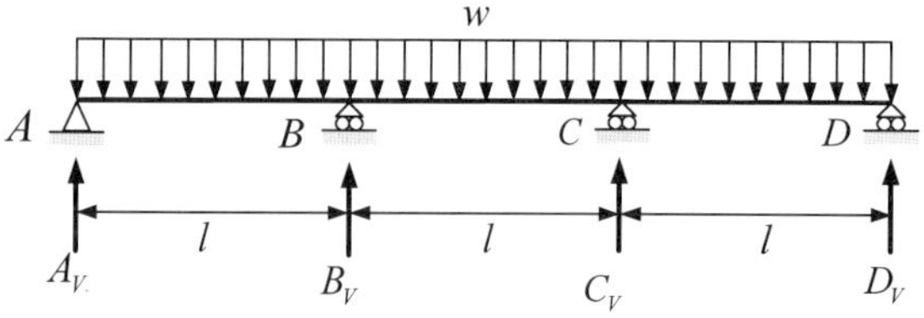

그림 8.24

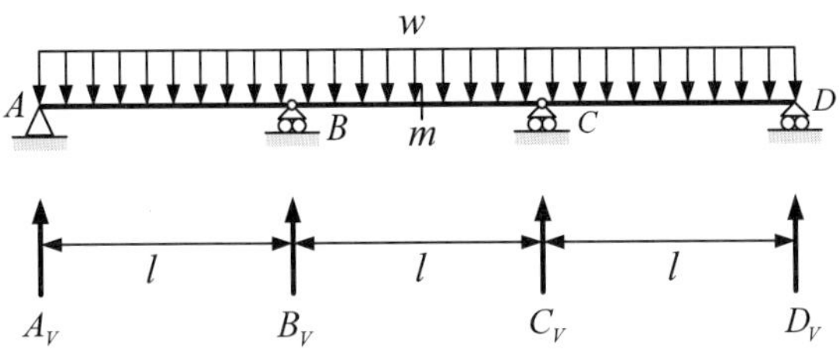

그림 8.25

그림 8.26으로부터 $\theta_{B(l)}$ 과 $\theta_{B(r)}$ 은 그림 8.16의 (e)의 경우이므로 $\dfrac{wl^3}{24EI}$ 임을 알 수 있다. 다음으로는 부정정모멘트 M_B 와 M_C 에 의한 처짐각 $\theta'_{B(l)}$ 과 $\theta'_{B(r)}$ 을 그림 8.27로부터 구해보자.

그림 8.27(a)에는 부정정모멘트 M_B 와 M_C 에 의한 처짐곡선이 나타나 있고, 그림 8.27(b)는 AB 구간의 자유물체도를 나타내고 있다. 그림 8.27(b)에서 $\theta'_{B(l)}$ 은 그림 8.16(f)로부터 $\dfrac{M_B l}{3EI}$ 임을 알 수 있다. $\theta'_{B(r)}$ 은 그림 8.28로부터 이중적분법을 이용하여 구할 수 있다. $\theta'_{B(l)}$ 은 물론 9장의 모멘트 면적법 또는 10장의 에너지 방법에 의해 구할 수도 있다.

그림 8.28로부터 $B_V = C_V = 0$ 이고 $M(x) = -M_B$ 이다. 따라서

$$EIy''(x) = -M_B \text{ 이고}$$

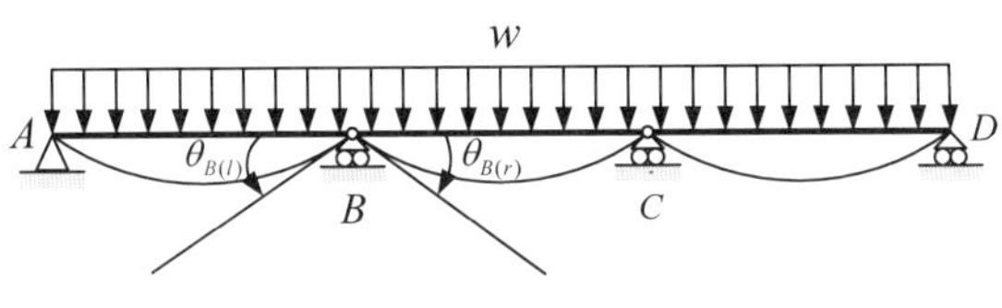

그림 8.26

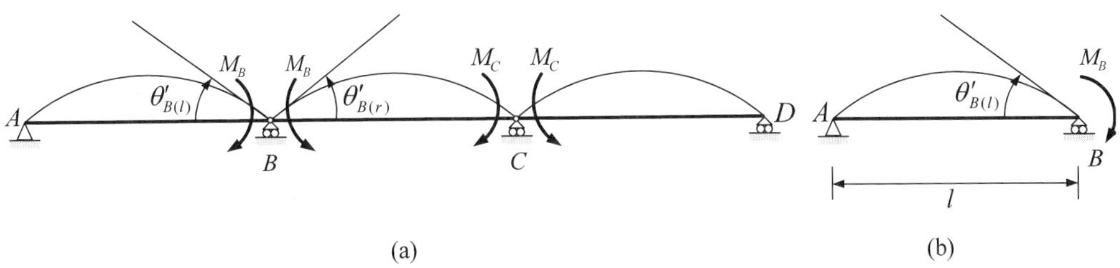

그림 8.27

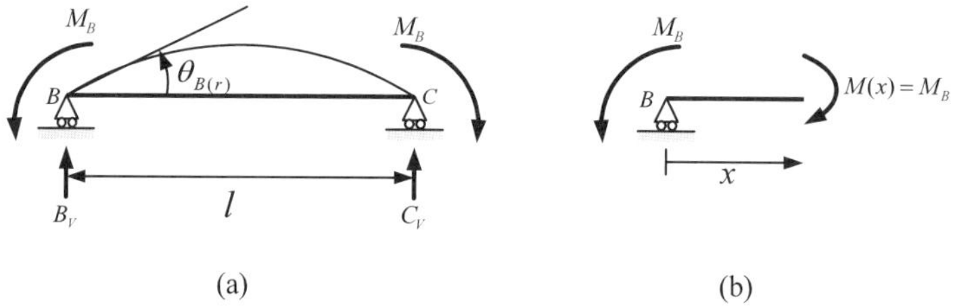

그림 8.28

$$EIy'(x) = -M_B x + C_1 \text{ 이며}$$

$$EIy(x) = -\frac{M_B x^2}{2} + C_1 x + C_2$$

가 된다.

여기서 경계조건 $x=0$일 때 $y(0)=0$ 이므로 $C_2=0$이고, $x=l$ 일 때 $y(l)=0$ 이므로 $C_1 = \dfrac{M_B l}{2}$이 된다.

따라서 처짐각식

$$EIy'(x) = -M_B x + \frac{M_B l}{2}$$

이 되고 $\theta'_{B(r)}$는 $x=0$ 일 때 이므로 $\theta'_{B(r)} = \dfrac{M_B l}{2EI}$로 계산된다.

다음으로는 조건식을 생각해보자. 원래 구조시스템에서 B 점에서의 처짐각은 "0"이었으므로 다음과 같은 조건식이 성립된다. 여기서 부호는 이중적분법의 부호기준에 따랐다.

$$-\theta_{B(l)} - \theta_{B(r)} + \theta'_{B(l)} + \theta'_{B(r)} = 0$$

$$-2\frac{wl^3}{24EI} + \frac{M_B l}{3EI} + \frac{M_B l}{2EI} = 0$$

위의 식으로부터 $M_B = \dfrac{wl^2}{10}$이 계산된다. A 점의 반력 A_V는 그림 8.29(a)로부터 구해진다.

$$\overset{\curvearrowleft}{+}\Sigma M_B = -M_B + A_V l - \frac{1}{2}wl^2$$

$$= -\frac{wl^2}{10} + A_V l - \frac{wl^2}{2} = 0$$

$$A_V = \frac{1}{l}\left(\frac{wl^2}{2} - \frac{wl^2}{10}\right) = \frac{2}{5}wl$$

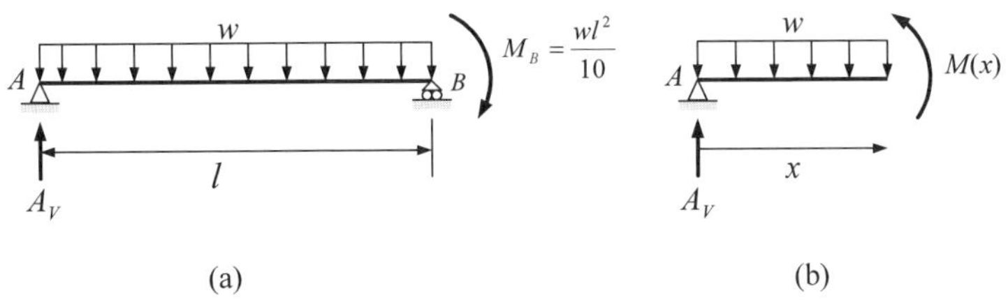

그림 8.29

그리고 다음과 같은 힘의 평형방정식이 성립된다.

$$B_V + C_V = 3wl - A_V - D_V = \frac{11}{5}wl$$

따라서 $B_V = C_V = \frac{11}{10}wl$ 이 계산된다.

다음으로는 그림 8.29(b)로부터 AB 구간의 최대 모멘트 $M_{\max}$를 구해보자.

$$M(x) = A_V\, x - \frac{wx^2}{2} = \frac{2wl}{5}x - \frac{wx^2}{2}$$

$$\frac{dM(x)}{dx} = \frac{2wl}{5} - wx = 0$$

의 조건으로부터 $x = \frac{2}{5}l$ 의 위치에서 $M_{\max}$가 발생된다. 따라서

$$M_{\max} = \frac{2}{5}wl\left(\frac{2}{5}l\right) - \frac{w}{2}\left(\frac{2}{5}l\right)^2 = 0.08\,wl^2$$

이 계산된다.

다음으로는 BC 구간의 중앙점 m 에서의 모멘트 M_m은 그림 8.30의 자유물체도로부터 다음과 같이 계산된다.

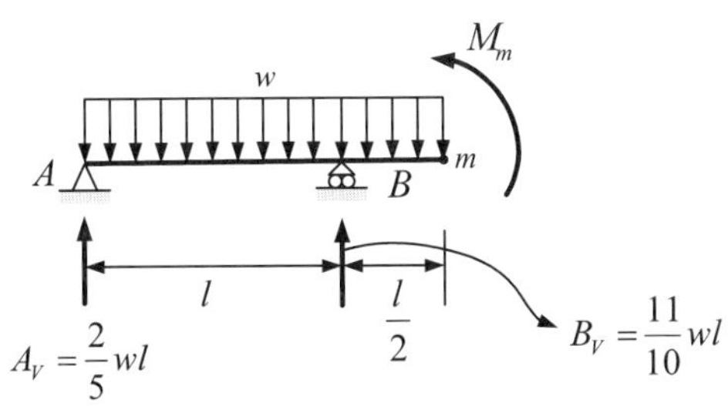

그림 8.30

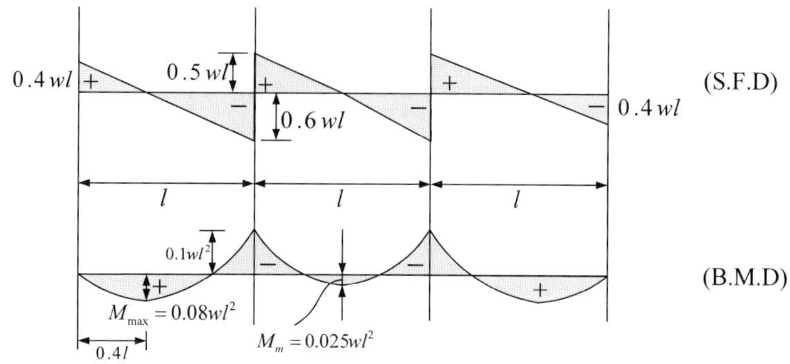

그림 8.31

$$M_m = A_V \frac{3}{2}l + B_V \frac{l}{2} - \frac{w\left(\frac{3}{2}l\right)^2}{2} = 0.025wl^2$$

지금까지의 결과로부터 S.F.D와 B.M.D를 그려보면 그림 8.31과 같다.

3경간 연속 구조시스템의 두 번째 해석방법은 그림 8.32와 같이 B지점과 C지점을 제거하므로 정정 구조시스템화하는 방법이다.

B와 C지점을 제거하므로 B와 C지점에서는 $y_{B(w)}$와 $y_{C(w)}$의 처짐이 발생되는데 대칭시스템으므로 $y_{B(w)} = y_{C(w)}$가 되고, $y_{B(w)}$와 $y_{C(w)}$는 이중적분법에 의한 탄성곡선식을 구해 쉽게 해결할 수 있다.

즉,

$$M(x) = A_V x - \frac{wx^2}{2} = \frac{3}{2}wlx - \frac{wx^2}{2}$$

으로부터 그리고 경계조건 $x = 0$일 때 $y(0) = 0$이고, 최대 처짐의 위치 즉, $x = \frac{3}{2}l$ 일 때 $y'\left(\frac{3}{2}l\right) = 0$ 이므로 완전한 탄성곡선식을 구해 B점의 처짐 $y_{B(w)}$를 구할 수 있다.

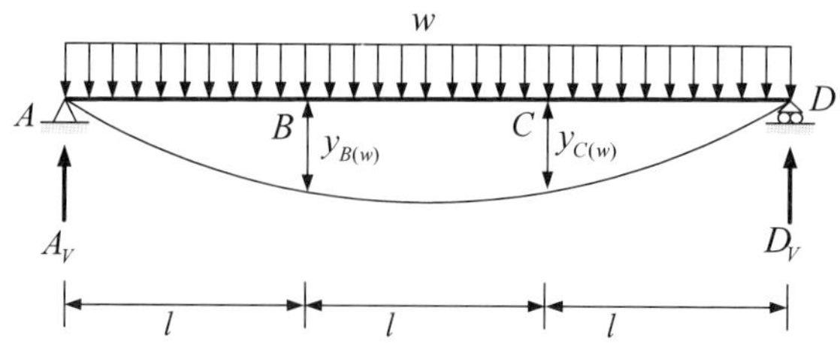

그림 8.32

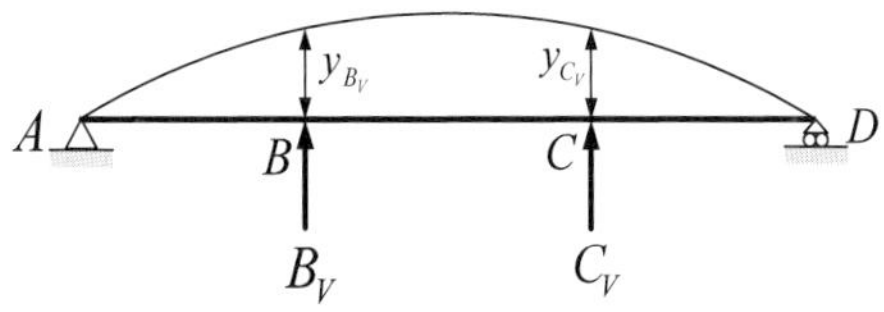

그림 8.33

다음 단계로는 그림 8.33과 같이 B점과 C점에 부정정력인 상향 수직력 B_V, C_V를 적용시켜 y_{B_V}, y_{C_V}를 구해야 한다. 여기서 물론 $y_{B_V} = y_{C_V}$이다.

이 문제는 대칭을 이용한다고 해도 $0 < x \le l$ 구간과 $l < x \le 2l$ 구간으로 구분하여 2개의 자유물체도 즉, 2개의 모멘트에 대한 일반식이 필요하다. 따라서 적분상수 4개를 경계조건 또는 조건식으로부터 해결해야 하는 번거로움이 따른다. 따라서 저자는 앞서 그림 8.12에서의 비대칭 집중하중이 작용되는 단순보시스템의 경우에서와 마찬가지로 이 문제도 9장 모멘트 면적법이나 10장의 에너지 방법을 이용하거나 첫 번째 방법(그림 8.25 참조) 즉, B, C지점을 힌지화하는 방법을 이용할 것을 권한다. 따라서 이 문제의 복잡한 방법보다는 비교적 간단한 방법인 9장에서의 모멘트 면적법과 10장의 에너지 방법에서 다루기로 하겠다. 다음으로는 3차 부정정 문제를 다루어 보기로 한다. 양단이 고정단(固定端, Fixed End)인 그림 8.34와 같은 구조시스템은 부정정차수 판정법에 의해 3차 부정정이다. 그러나 축하중이 존재하지 않기 때문에 수평반력 $A_H = B_H = 0$ 이다. 따라서 2차 부정정 구조시스템으로 간주하여 문제를 해결할 수 있다.

이 시스템은 대칭구조이므로 $A_V = B_V = \dfrac{wl}{2}$ 이고 $M_A = M_B$ 이다. 이 구조시스템을 정정 구조시스템화하는 방법은 2가지 방법이 있는데 그 첫 번째는 A 지점이나 B 지점을 제거하는 것이고 두 번째 방법은 양단을 힌지화하는 것이다. 두 번째 방법은 부정정차수 판정식에 따르면 1차 부정정구조이나 $A_H = B_H = 0$ 이므로 정정 구조시스템으로 문제 풀이가 가능하다.

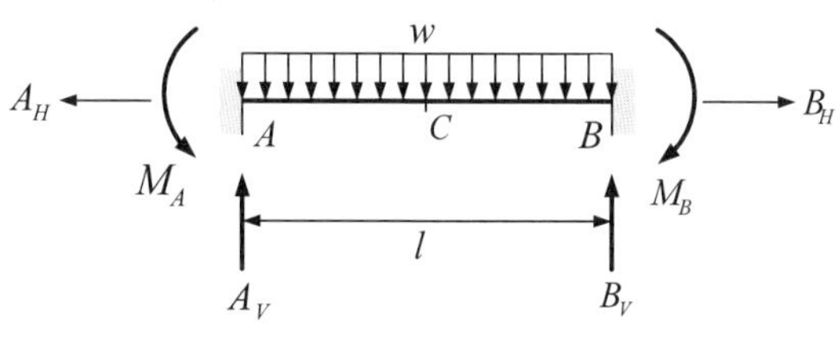

그림 8.34

첫 번째 방법에서 B 지점을 제거했을 경우의 처짐각 및 처짐이 그림 8.35(a)에 나타나 있다. 다음으로는 B 점의 수직반력 B_V 와 M_B 에 의한 B 점의 처짐각 및 처짐이 그림 8.35(b)와 그림 8.35(c)에 나타나 있다.

그림 8.35로부터 조건식을 적용시키면 다음과 같다.

$$y_{B(w)} = y_{B(B_V)} + y_{B(M_B)}$$

$$\theta_{B(w)} = \theta_{B(B_V)} + \theta_{B(M_B)}$$

따라서 위의 식은 다음과 같이 표현된다.

$$\frac{wl^4}{8EI} = \frac{B_V l^3}{3EI} + \frac{M_B l^2}{2EI}$$

$$\frac{wl^3}{6EI} = \frac{B_V l^2}{2EI} + \frac{M_B l}{EI}$$

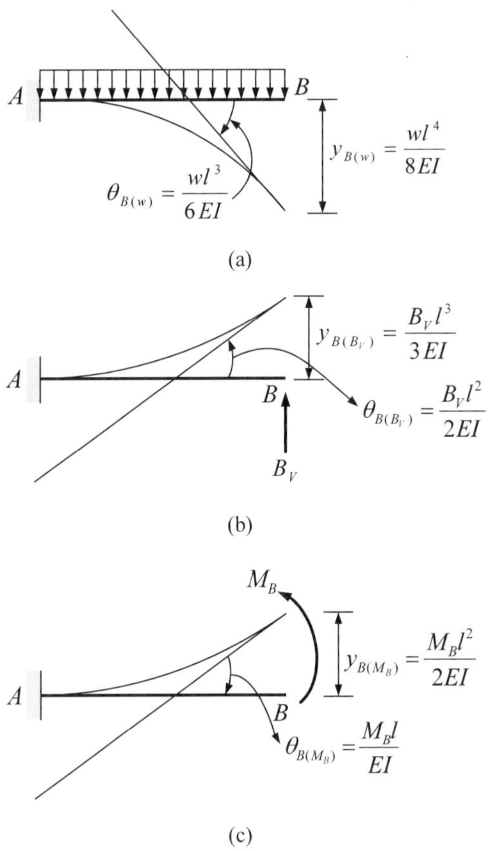

그림 8.35

여기서 $B_V = \dfrac{wl}{2}$ 이므로 위의 두 식 중 하나의 식만 이용해도 $M_B = -\dfrac{wl^2}{12}$ 이 계산된다. 그리고 보 AB의 중앙점 C에서의 모멘트는 그림 8.37에서 설명된다.

다음으로는 두 번째 방법 즉, 양단 A, B를 힌지화하는 대칭시스템의 방법으로 문제를 풀어보자. 그림 8.36(a)에 양단이 힌지화된 구조시스템과 A단에서의 처짐각이 표현되어 있다. 그림 8.36(b)에는 양단이 힌지화된 구조시스템에 부정정모멘트 M_A와 M_B에 의한 A점의 처짐각이 나타나 있다.

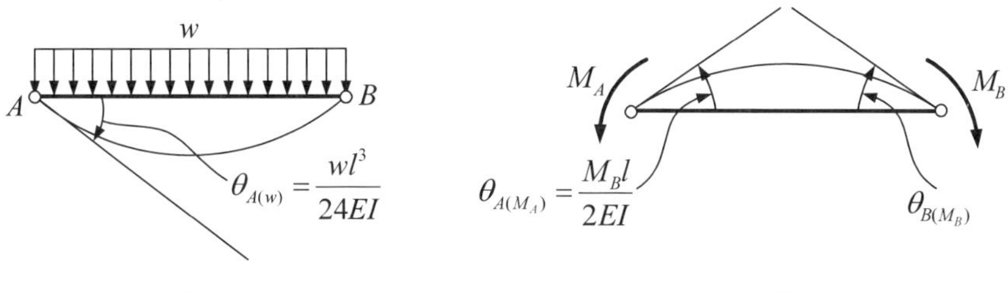

그림 8.36

따라서 조건식 $\theta_{A(w)} = \theta_{A(M_A)}$로부터 $M_B = \dfrac{wl^2}{12}$ 이 간단하게 계산된다. 여기서 $\theta_{A(M_A)}$는 M_A와 M_B에 의한 처짐각임을 주지하기 바란다. 다음으로는 보 AB의 중앙점 C에서의 모멘트를 그림 8.37의 자유물체도를 이용하여 구해보면 다음과 같이 표현되며 두 방법에 의한 M_B의 계산결과는 같다는 것을 알 수 있다. 그림 8.38은 위의 결과를 S.F.D와 B.M.D로 표현한 것이다.

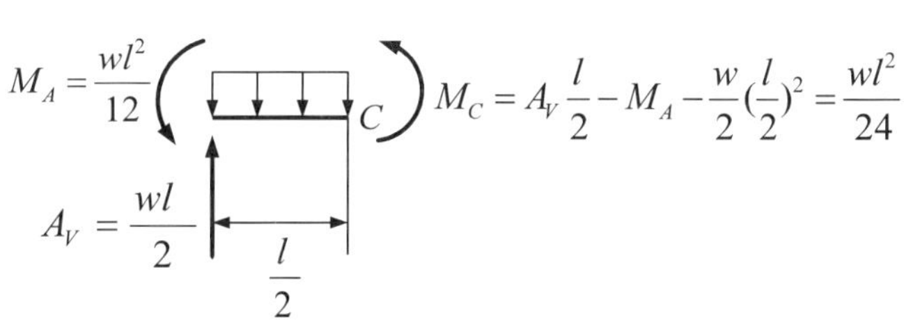

그림 8.37

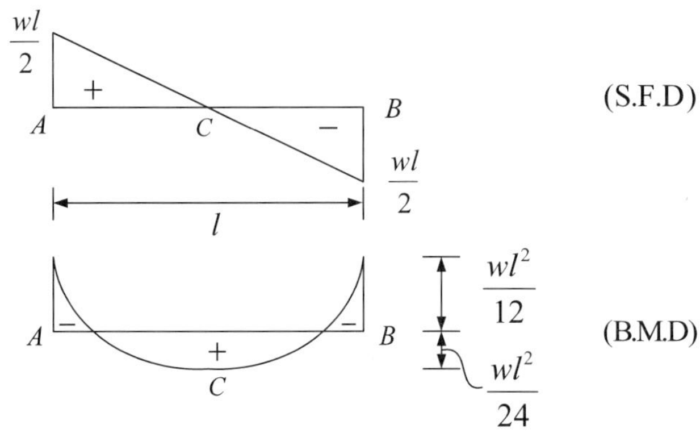

그림 8.38

8.4 분포하중(分布荷重, Distributed Load) w와 전단력 V 및 휨 모멘트 M 사이의 관계를 이용한 탄성곡선식(彈性曲線式, Equation of Elastic Curve)

탄성범위 내에서의 하중에 의한 처짐곡선식 즉, 탄성곡선식은 $\dfrac{M(x)}{EI}$를 2번 적분하고 경계조건을 이용하여 적분상수를 결정함으로써 구할 수 있었다. 하중 w 와 전단력 V 및 모멘트 M 사이의 관계식, 즉

$$\frac{dM(x)}{dx} = V(x),\ \frac{dV(x)}{dx} = -w(x)$$

의 관계식(7.3절 참조)으로부터

$$\frac{1}{EI}\frac{dM(x)}{dx} = y''' = \frac{V(x)}{EI}$$

가 되고

$$\frac{1}{EI}\frac{dV(x)}{dx} = y'''' = -\frac{w(x)}{EI}$$

의 관계식이 성립된다. 즉, 다음의 미분방정식 $y'''' = -\dfrac{w(x)}{EI}$를 네 번 적분하면 탄성곡선식이 구해진다. 이 식 $y'''' = -\dfrac{w(x)}{EI}$를 한 번 적분하면

$$y''' = -\frac{1}{EI}\left[\int w(x)dx + c_1\right] = \frac{V(x)}{EI}$$

가 되고, 두 번 적분하면 다음식과 같이 $\frac{M(x)}{EI} = y''$에 대해 전개되며

$$y'' = -\frac{1}{EI}\left[\int dx \int w(x)dx + c_1 x + c_2\right]$$

위의 식을 세 번 적분하면 처짐각 $\frac{\theta(x)}{EI} = y'$에 대해 다음과 같이 표현된다.

$$y' = -\frac{1}{EI}\left[\int dx \int dx \int w(x)dx + \frac{1}{2}c_1 x^2 + c_2 x + c_3\right]$$

이 식을 다시 한 번 더 적분하면 다음과 같은 탄성곡선식이 구해진다.

$$y = -\frac{1}{EI}\left[\int dx \int dx \int dx \int w(x)dx + \frac{1}{6}c_1 x^3 + \frac{1}{2}c_2 x^2 + c_3 x + c_4\right]$$

여기서 적분상수 c_1, c_2, c_3, c_4는 다음과 같은 경계조건으로부터 구할 수 있다. 그림 8.39와 같은 등분포하중이 재하된 외팔보의 경우

$x=0$ 일 때 $y'(0)=0$, $y(0)=0$ 이고 $x=l$ 일 때 $V(l)=0$, $M(l)=0$ 이므로 4개의 적분상수가 결정되고 탄성곡선식을 구할 수 있다.

다음으로는 그림 8.40과 같은 단순보의 경우

$x=0$ 일 때 $y(0)=0$, $M(0)=0$ 이고 $x=l$ 일 때 $y(l)=0$, $M(l)=0$ 이므로 4개의 적분상수가 결정된다. 여기서 물론 $x=\frac{l}{2}$일 때 $y'\left(\frac{l}{2}\right)=0$ 이란 경계조건도 성립된다.

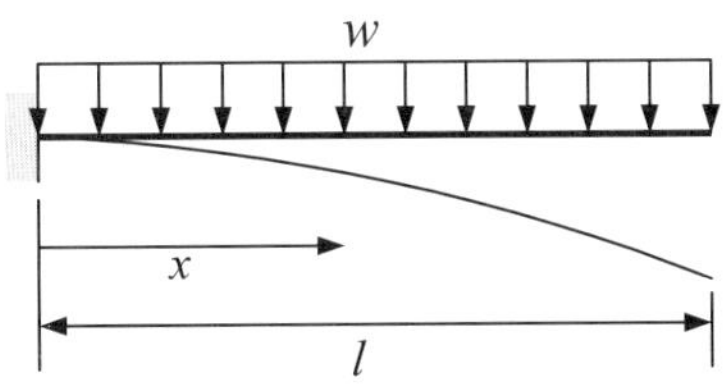

그림 8.39

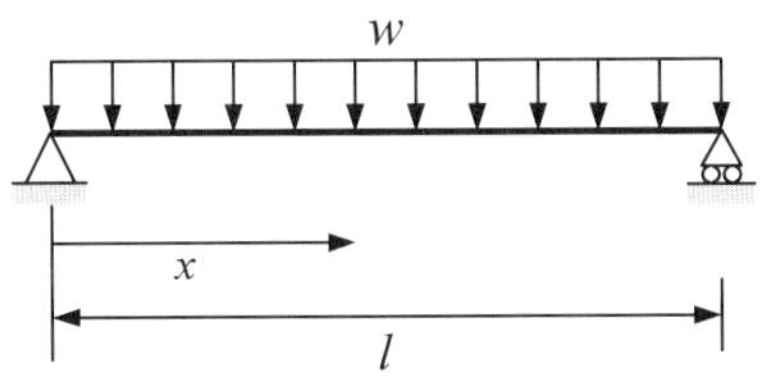

그림 8.40

다음으로는 균일단면 외팔보에서 등분포하중이 재하된 그림 8.41과 같은 경우의 탄성 처짐각식 및 처짐곡선식과 최대 처짐각과 최대 처짐을 8.4절의 방법에 따라 구해보자.

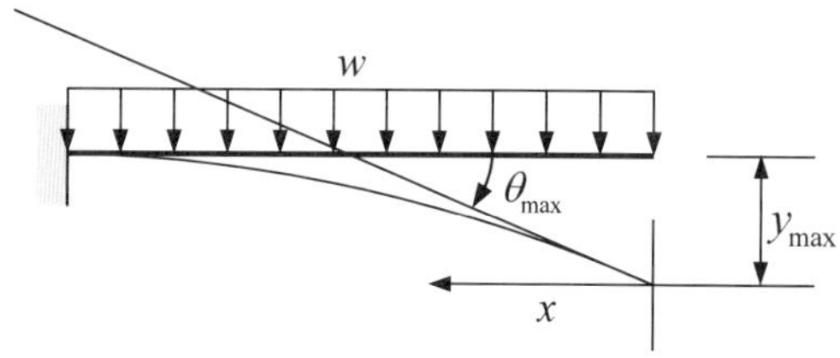

그림 8.41

그림 8.41의 외팔보시스템에서

$EIy'''' = -w$ 이고 한 번 적분하면

$EIy''' = V(x) = -wx + c_1$이 된다. 다시 한 번 더 적분하면

$EIy'' = M(x) = -\dfrac{wx^2}{2} + c_1x + c_2$가 되고 경계조건 $x = 0$일 때 $M(0) = 0,\ V(0) = 0$ 이므로 $c_1 = 0,\ c_2 = 0$ 이 된다. $M(x)$를 다시 한 번 더 적분하면

$EIy' = -\dfrac{wx^3}{6} + c_3$ 가 되고 다시 한 번 더 적분하면

$EIy = -\dfrac{wx^4}{24} + c_3x + c_4$ 가 된다. 여기서 $x = l$ 일 때 $y'(l) = 0,\ y(l) = 0$ 이므로

$c_3 = \dfrac{wl^3}{6},\ c_4 = -\dfrac{wl^4}{8}$ 이 된다. 따라서 탄성처짐각식

$$y'(x) = \frac{1}{EI}\left(-\frac{wx^3}{6} + \frac{wl^3}{6}\right)$$

이 되고 탄성처짐곡선식

$$y(x) = \frac{1}{EI}\left(-\frac{w}{24}x^4 + \frac{wl^3}{6}x - \frac{wl^4}{8}\right)$$

이 된다. 따라서 $x = 0$ 일 때,

$$\theta_{max} = \frac{wl^3}{6EI}$$

이고 y_{max}는 $\dfrac{wl^4}{8EI}$이 계산된다. 이 결과는 $EIy'' = M(x)$를 이중적분법으로 즉, 두 번 적분함으로써 해결되었던 문제가 복잡한 과정을 거쳐 해결된 셈이다. 복잡함에도 불구하고 이 문제를 다룬 이유는 하중 w, 전단력 V 및 모멘트 M과의 상호관계와 탄성곡선식과의 관계를 더 분명하게 이해시키기 위함이었고, 비등분포하중이 작용되는 경우(예제 8.3 및 8.4 참조)에 유용하게 적용할 수 있기 때문이다.

다음으로는 등분포하중이 재하된 균일단면 단순보의 경우(그림 8.40 참조) 탄성곡선식과 최대 처짐을 8.4절의 방법에 따라 구해보도록 하자.

$$EIy'''' = -w$$
$$EIy''' = V(x) = -wx + c_1$$
$$EIy'' = M(x) = -\frac{1}{2}wx^2 + c_1 x + c_2$$

로부터 경계조건 $x=0$ 일 때 $M(0)=0$ 이므로 $c_2=0$ 이 된다. 또한 $x=l$ 일 때 $M(l)=0$ 이므로 $c_1 = \frac{1}{2}wl$ 을 얻는다. 따라서 $EIy'' = M(x) = -\frac{1}{2}wx^2 + \frac{1}{2}wlx$가 되고 이 식을 x 에 대해 두 번 적분하고 다시 경계조건으로부터 적분상수를 결정할 수 있으므로 다음과 같은 과정을 거쳐 탄성처짐곡선식을 구할 수 있다.

$$EIy' = \theta(x) = -\frac{1}{6}wx^3 + \frac{1}{4}wlx^2 + c_3$$
$$EIy = -\frac{1}{24}wx^4 + \frac{1}{12}wlx^3 + c_3 x + c_4$$

위 식으로부터 $x=0$ 일 때 $y(0)=0$ 이므로 $c_4=0$ 이고, $x=l$ 일 때 $y(l)=0$ 이므로 $0 = -\frac{1}{24}wl^4 + \frac{1}{12}wl^4 + c_3 l$ 이 되고 $c_3 = -\frac{1}{24}wl^3$이 계산된다. 따라서 탄성처짐곡선식

$$y(x) = \frac{w}{24EI}(-x^4 + 2lx^3 - l^3 x)$$

를 구할 수 있고 $x = \frac{l}{2}$ 일 때 $y_{\max} = -\frac{5wl^4}{384EI}$이 계산된다. 8.4절의 방법에 따라 앞에서 다룬 등분포하중하에서의 외팔보와 단순보의 해석은 이중적분법보다 번거로웠으나 다음의 예제들에서는 8.4절의 방법이 매우 유용하다.

[예제 8.3]

그림과 같이 삼각형 분포하중을 받는 외팔보가 있다. 보 AB 의 단면은 부록 A에 수록되어 있는 H $200 \times 150 \times 6 \times 9 \times 13$이다. A점의 처짐과 처짐각을 구하라. (단, 탄성계수 $E = 200$ GPa 이다.)

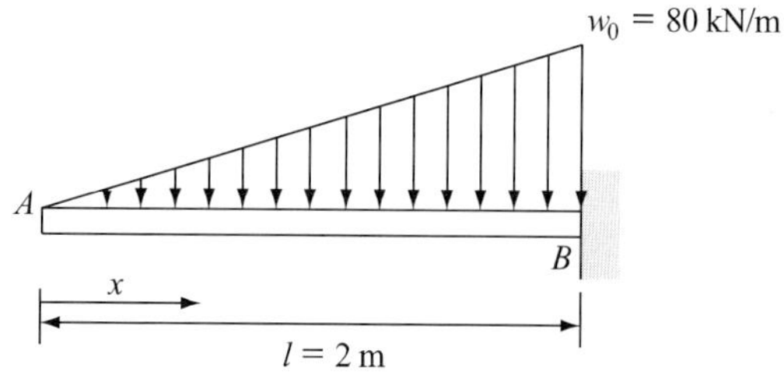

[풀이] 아래 그림에서 삼각형의 닮음에 의해 임의의 거리 x에서 하중

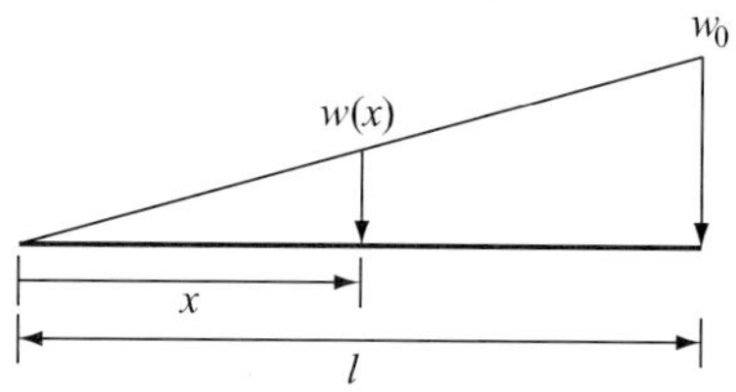

$w(x) = \dfrac{w_0 x}{l}$로 표현된다.

$EIy'''' = -w(x) = -\dfrac{w_0 x}{l}$이므로 이를 네 번 적분하면 탄성처짐곡선식이 구해진다.

한 번 적분하면

$$EIy''' = V(x) = -\frac{w_0}{2l}x^2 + c_1$$

이 되고 다시 한 번 더 적분하면

$$EIy'' = M(x) = -\frac{w_0}{6l}x^3 + c_1 x + c_2$$

가 되며 경계조건 $x = 0$ 일 때 $M(0) = 0, V(0) = 0$ 이므로 $c_1 = 0$, $c_2 = 0$ 이 결정된다.

$M(x)$를 다시 한 번 더 적분하면

$$EIy' = -\frac{w_0}{24l}x^4 + c_3$$

가 되고 다시 한 번 더 적분하면

$$EIy = -\frac{w_0}{120l}x^5 + c_3 x + c_4$$

가 된다. 여기서 $x = l$ 일 때 $y'(l) = 0$, $y(l) = 0$ 이므로

$$c_3 = \frac{w_0 l^3}{24},\ c_4 = -\frac{w_0 l^4}{30}$$

이 된다. 따라서 탄성처짐각식

$$y'(x) = \frac{1}{EI}\left(-\frac{w_0}{24l}x^4 + \frac{w_0 l^3}{24}\right)$$

이 되고 탄성처짐곡선식

$$y(x) = \frac{1}{EI}\left(-\frac{w_0}{120l}x^5 + \frac{w_0 l^3}{24}x - \frac{w_0 l^4}{30}\right)$$

이 된다.

탄성처짐곡선식 $y(x)$와 탄성처짐각식 $y'(x)$의 x에 "0"을 대입하면 A점의 처짐과 처짐각은 다음과 같이 계산된다.

$$y_A = y(0) = \frac{1}{EI}\left(-\frac{w_0 l^4}{30}\right),\ \theta_A = y'(0) = \frac{1}{EI}\left(\frac{w_0 l^3}{24}\right)$$

따라서 문제에서 주어진 조건

$w_0 = 80\ \mathrm{kN/m}$, $E = 200\ \mathrm{GPa}$, $l = 2\ \mathrm{m}$ 그리고 부록 A에서

$I = 2{,}690 \times 10^4\ \mathrm{mm}^4$을 위의 식에 대입하면 y_A와 θ_A는 다음과 같이 계산된다.

$$y_A = y(0) = \frac{1}{EI}\left(-\frac{w_0 l^4}{30}\right) = \frac{1}{200 \times 10^3 \times 2{,}690 \times 10^4} \times \left(-\frac{80 \times 2{,}000^4}{30}\right)$$

$$= -7.93\ \mathrm{mm}$$

$$\theta_A = y'(0) = \frac{1}{EI}\left(\frac{w_0 l^3}{24}\right) = \frac{1}{200 \times 10^3 \times 2{,}690 \times 10^4} \times \left(\frac{80 \times 2{,}000^3}{24}\right) = 0.005\ \mathrm{rad}$$

[예제 8.4]

그림과 같은 분포하중을 받는 단순보가 있다. 보 AB의 단면은 부록 A에 수록되어 있는 H $200 \times 100 \times 4.5 \times 7 \times 11$이다. A점의 처짐각과 최대 처짐을 구하라. (단, $w_0 = 200\ \mathrm{kN/m}$이고 탄성계수 $E = 210\ \mathrm{GPa}$이다.)

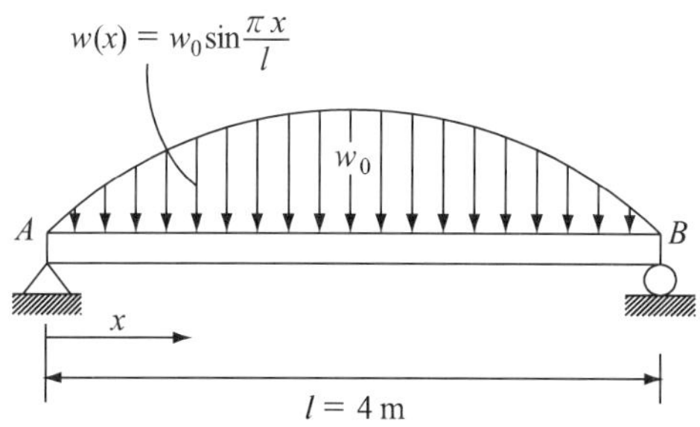

[풀이]

$$EIy'''' = -w(x) = -w_0 \sin\frac{\pi x}{l}$$

이므로 이를 네 번 적분하면 탄성처짐곡선식이 구해진다.

한 번 적분하면

$$EIy''' = V(x) = \frac{w_0 l}{\pi}\cos\frac{\pi x}{l} + c_1$$

이 된다. 다시 한 번 더 적분하면

$$EIy'' = M(x) = \frac{w_0 l^2}{\pi^2}\sin\frac{\pi x}{l} + c_1 x + c_2$$

가 되고 경계조건 $x = 0$일 때 $M(0) = 0$이므로 $c_2 = 0$이고 $x = l$ 일 때 $M(l) = 0$ 이므로 $c_1 = 0$이다.

$M(x)$를 다시 한 번 적분하면

$$EIy' = -\frac{w_0 l^3}{\pi^3}\cos\frac{\pi x}{l} + c_3$$

가 되고 다시 한 번 더 적분하면

$$EIy = -\frac{w_0 l^4}{\pi^4}\sin\frac{\pi x}{l} + c_3 x + c_4$$

가 된다. 여기서 $x = 0$일 때 $y(0) = 0$이므로 $c_4 = 0$이 되고, $x = l$일 때 $y(l) = 0$ 이므로 $c_3 = 0$이 된다. 따라서 탄성처짐각식

$$y'(x) = \frac{1}{EI}\left(-\frac{w_0 l^3}{\pi^3}\cos\frac{\pi x}{l}\right)$$

가 되고 탄성처짐곡선식

$$y(x) = \frac{1}{EI}\left(-\frac{w_0\, l^4}{\pi^4}\sin\frac{\pi x}{l}\right)$$

가 된다.

탄성처짐곡선식 $y(x)$에 $x = \dfrac{l}{2}$을 대입하면 최대 처짐 $y_{\max}$가 계산되고, 탄성처짐각식 $y'(x)$에 $x = 0$을 대입하면 A점의 처짐각이 다음과 같이 계산된다.

$$y_{\max} = y\left(\frac{l}{2}\right) = \frac{1}{EI}\left(-\frac{w_0\, l^4}{\pi^4}\right),\ \theta_A = y'(0) = \frac{1}{EI}\left(-\frac{w_0\, l^3}{\pi^3}\right)$$

따라서 문제에서 주어진 조건

$w_0 = 200\ \mathrm{kN/m}$, $E = 210\ \mathrm{GPa}$, $l = 4\ \mathrm{m}$ 그리고 부록 A에서

$I = 1{,}580 \times 10^4\ \mathrm{mm}^4$를 위의 식에 대입하면 $y_{\max}$와 θ_A는 다음과 같이 계산된다.

$$y_{\max} = y\left(\frac{l}{2}\right) = \frac{1}{EI}\left(-\frac{w_0\, l^4}{\pi^4}\right) = \frac{1}{210 \times 10^3 \times 1{,}580 \times 10^4} \times \left(-\frac{200 \times 4{,}000^4}{\pi^4}\right)$$
$$= -158\ \mathrm{mm}$$

$$\theta_A = y'(0) = \frac{1}{EI}\left(-\frac{w_0\, l^3}{\pi^3}\right) = \frac{1}{210 \times 10^3 \times 1{,}580 \times 10^4} \times \left(-\frac{200 \times 4{,}000^3}{\pi^3}\right)$$
$$= -0.12\ \mathrm{rad}$$

[예제 8.5]

중첩법을 이용하여 아래 그림에 있는 보에서 S.F.D와 B.M.D를 구하여라. (단, EI는 일정하다.)

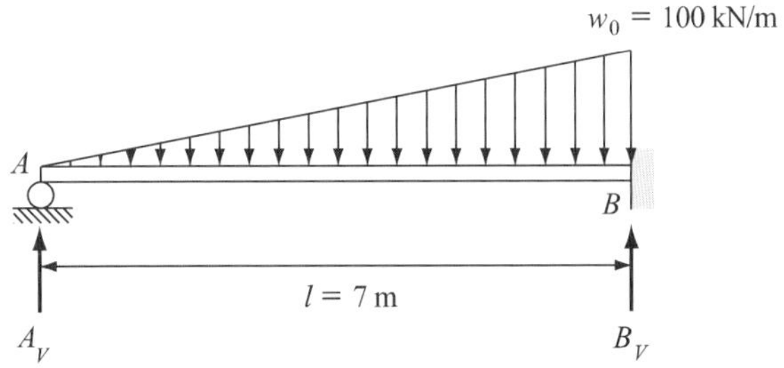

[풀이] 그림 (a)와 같이 A지점을 제거한 구조시스템에서 발생되는 A점의 처짐 δ_{w_0}를 구한다.

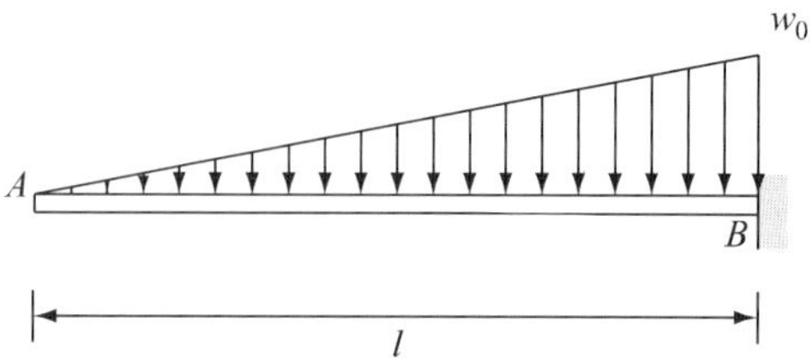

(a)

예제 8.3을 참고하면 A점의 처짐 $\delta_{w_0} = -\dfrac{w_0 l^4}{30EI}$이다.

그림 (b)와 같이 A점에 수직반력 A_V를 적용시키고 이때 발생되는 A점의 처짐 δ_{A_V}를 구한다.

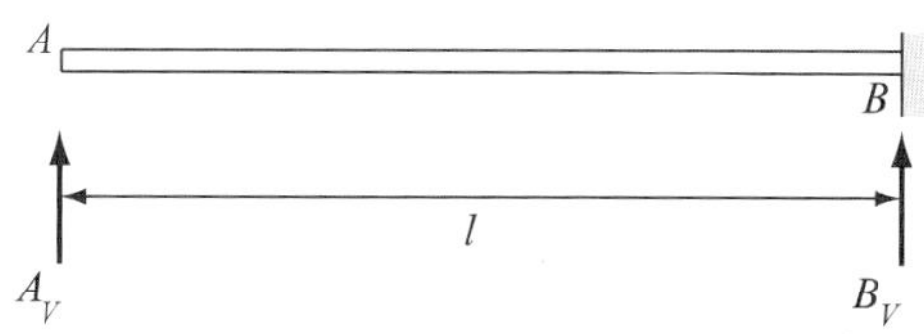

(b)

그림 8.16에서 외팔보의 끝단 A에 집중하중 A_V가 작용되는 경우, A점의 처짐 $\delta_{A_V} = \dfrac{A_V l^3}{3EI}$이다

중첩법에 의해 $\delta_{W_o} = \delta_{A_V}$의 조건이 성립되므로 $\dfrac{w_0 l^4}{30EI} = \dfrac{A_V l^3}{3EI}$이다. 따라서 $A_V = \dfrac{w_0 l}{10} = \dfrac{100 \times 7}{10} = 70\ \text{kN}$으로 계산된다.

다음으로는 원래의 구조시스템에 다음과 같은 힘의 평형방정식을 세워 B_V 및 M_B를 계산한다.

$$+\uparrow \sum V = A_V + B_V - \frac{w_0 l}{2} = 0,\ B_V = \frac{2}{5} w_0 l = 280\ \text{kN}$$

$$\overset{\curvearrowleft}{+} \sum M_B = -M_B - A_V l + \frac{w_0 l}{2}\frac{l}{3} = 0,\ M_B = 326.7\ \text{kNm}$$

최대 모멘트 $M_{\max}$ 및 발생위치 x는 다음의 자유물체도로부터 구한다.

$$M_{\max} = A_V x - \frac{w(x)x}{2}\frac{x}{3} = 146.1\ \text{kNm}$$

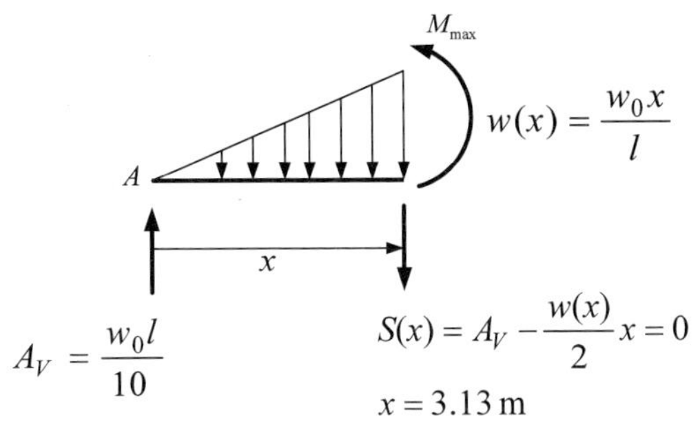

따라서 S.F.D 와 B.M.D는 다음과 같이 작도된다.

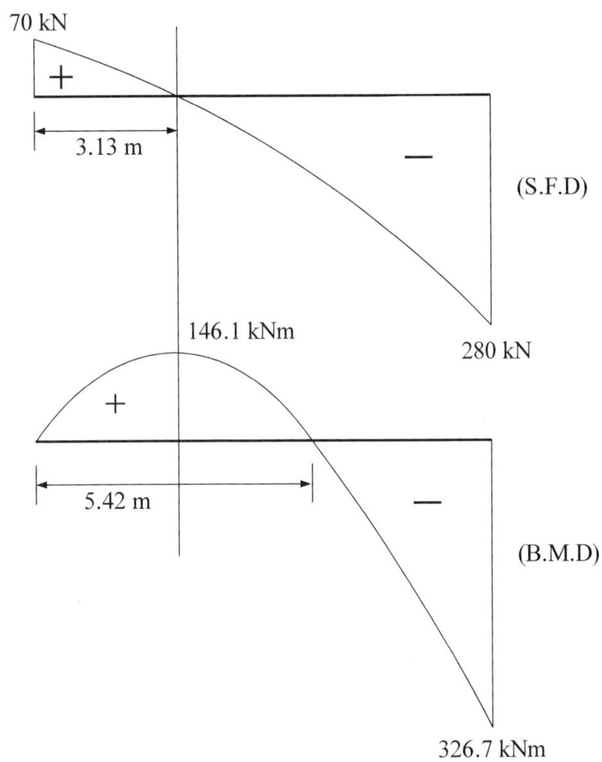

연습문제

EXERCISE

1. 그림과 같이 외팔보에 하중이 가해질 때 자유단 C 점에서의 처짐각 및 처짐을 구하라 (단, $E = 200$ GPa).

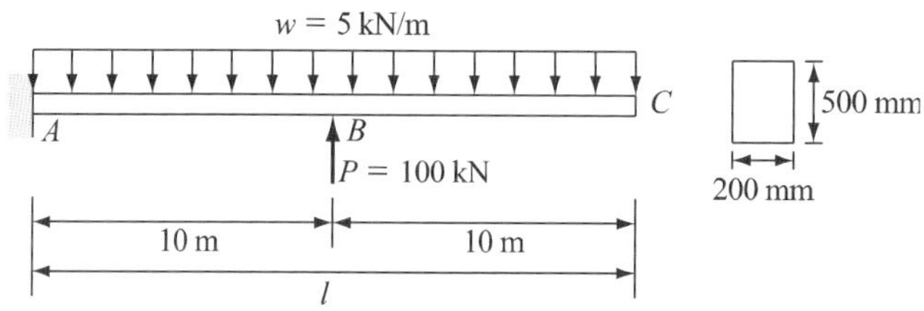

해석 순서

– 외팔보의 길이를 l, 집중하중을 P, 등분포하중을 w라 하면(그림 8.16 참조)

① 등분포하중 w에 의한 자유단 C 점에서의 처짐각 및 처짐 산정

$$y_{C(w)} = -\frac{wl^4}{8EI},\ \theta_{C(w)} = -\frac{wl^3}{6EI}$$

② 집중하중 P 에 의한 B 점에서의 처짐각 및 처짐 산정

$$y_{B(P)} = \frac{P(l/2)^3}{3EI} = \frac{Pl^3}{24EI},\ \theta_{B(P)} = \frac{P(l/2)^2}{2EI} = \frac{Pl^2}{8EI}$$

③ 집중하중 P 에 의한 자유단 C 점에서의 처짐각 및 처짐 산정

BC 구간에서 $\theta_{C(P)} = \theta_{B(P)},\ y_{C(P)} = y_{B(P)} + \frac{l}{2}\theta_{B(P)}$

$$y_{C(P)} = \frac{Pl^3}{24EI} + \frac{l}{2}\frac{Pl^2}{8EI} = \frac{5Pl^3}{48EI}$$

④ 외력에 의한 자유단 C 점에서의 처짐량

$$y_C = y_{C(w)} + y_{C(P)} = -\frac{wl^4}{8EI} + \frac{5Pl^3}{48EI} = -0.04\ \mathrm{m}(\downarrow)$$

⑤ 외력에 의한 자유단 C 점에서의 처짐각

$$\theta_C = \theta_{C(w)} + \theta_{C(P)} = -\frac{wl^3}{6EI} + \frac{Pl^2}{8EI} = -4.0\times10^{-3}\ \mathrm{rad}\ (\triangledown)$$

2. 그림과 같은 외팔보에 하중이 주어질 때 자유단 C 점에서의 처짐각 및 처짐을 구하라 (단, $E = 200$ GPa).

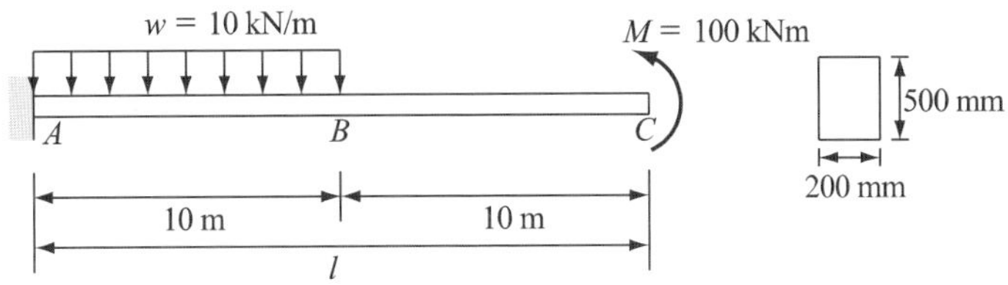

해석 순서

① 등분포하중 w에 의한 B점에서의 처짐각 및 처짐 산정

$$y_{B(w)} = -\frac{w(l/2)^4}{8EI} = -\frac{wl^4}{128EI},\ \theta_{B(w)} = -\frac{w(l/2)^3}{6EI} = -\frac{wl^3}{48EI}$$

② 등분포하중 w에 의한 자유단 C점에서의 처짐각 및 처짐 산정

BC구간에서 $\theta_{C(w)} = \theta_{B(w)},\ y_{C(w)} = y_{B(w)} + \frac{l}{2}\theta_{B(w)}$

$$y_{C(w)} = -\frac{wl^4}{128EI} - \frac{l}{2}\frac{wl^3}{48EI} = -\frac{7wl^4}{384EI}$$

③ 휨모멘트 M에 의한 C점에서의 처짐각 및 처짐 산정

$$y_{C(M)} = \frac{Ml^2}{2EI},\ \theta_{C(M)} = \frac{Ml}{EI}$$

④ w와 M에 의한 자유단 C점에서의 처짐량

$y_C = y_{C(w)} + y_{C(M)} = -0.022\ \text{m}(\downarrow)$

⑤ w와 M에 의한 자유단 C점에서의 처짐각

$\theta_C = \theta_{C(w)} + \theta_{C(M)} = 8.0 \times 10^{-4}\ \text{rad}\ (\measuredangle)$

3. 그림과 같은 하중을 받는 보에서 C점에서의 처짐 및 A점에서의 처짐각을 구하라(단, $a = b = 15\ \text{m},\ E = 200\ \text{GPa}$).

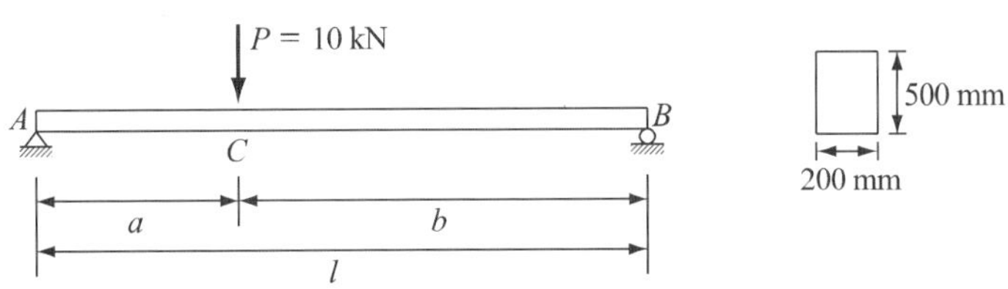

해석 순서

① 집중하중 P에 의한 C점에서의 처짐 및 A점에서의 처짐각 산정

$a = b = \frac{l}{2}$ 이므로

$$y_C = -\frac{Pa^2b^2}{3EIl} = -\frac{Pl^3}{48EI} = -0.0135\ \text{m}(\downarrow)$$

② 집중하중 P에 의한 A점에서의 처짐각 산정

$$\theta_A = -\frac{Pb(l^2-b^2)}{6EIl} = -\frac{Pl^2}{16EI} = -1.35\times 10^{-3}\ \text{rad}\ (\text{↶})$$

4. 그림과 같은 균일보로부터 A점과 B점의 지점반력을 구하라.

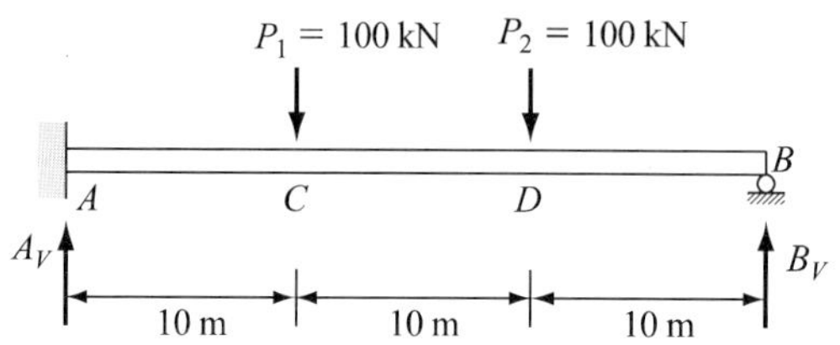

해석 순서

① 반력 B_V에 의한 B점에서의 처짐 산정

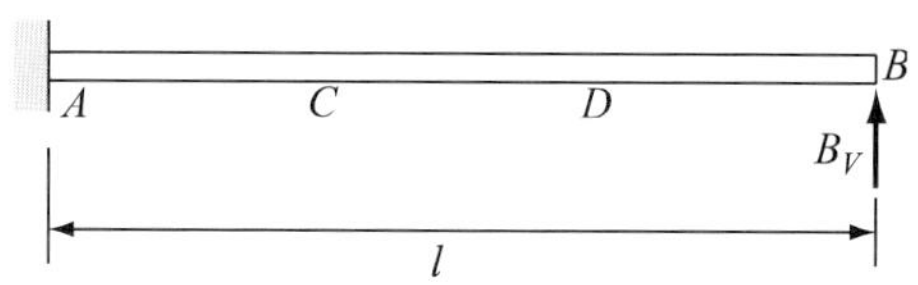

$$y_{B(B_V)} = \frac{B_V l^3}{3EI}$$

② 집중하중 P_1에 의한 C점에서의 처짐각 및 처짐 산정

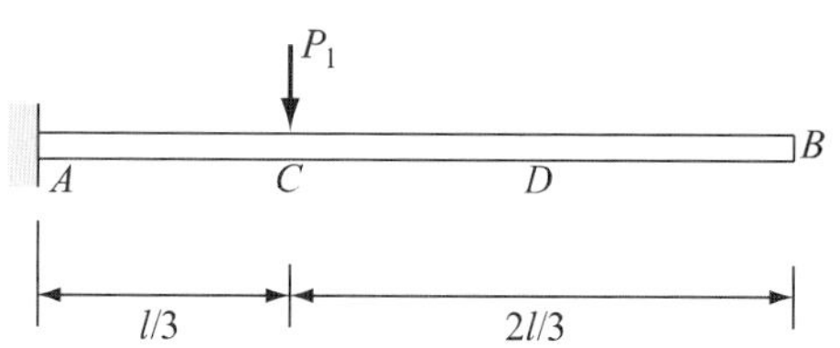

$$y_{C(P_1)} = -\frac{P_1(l/3)^3}{3EI} = -\frac{P_1 l^3}{81EI}$$

$$\theta_{C(P_1)} = -\frac{P_1(l/3)^2}{2EI} = -\frac{P_1 l^2}{18EI}$$

③ 집중하중 P_1에 의한 B점에서의 처짐 산정

$$y_{B(P_1)} = y_{C(P_1)} + \frac{2l}{3}\theta_{C(P_1)} = -\frac{4P_1 l^3}{81EI}$$

④ 집중하중 P_2에 의한 D점에서의 처짐각 및 처짐 산정

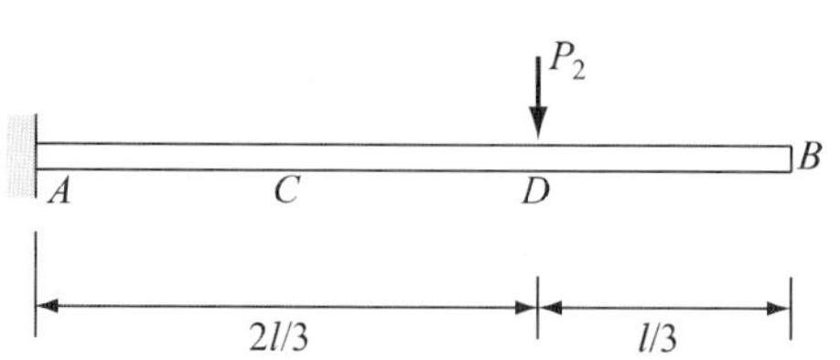

$$y_{D(P_2)} = -\frac{P_2(2l/3)^3}{3EI} = -\frac{8P_2 l^3}{81EI}$$

$$\theta_{D(P_2)} = -\frac{P_2(2l/3)^2}{2EI} = -\frac{2P_2 l^2}{9EI}$$

⑤ 집중하중 P_2에 의한 B점에서의 처짐 산정

$$y_{B(P_2)} = y_{D(P_2)} + \frac{l}{3}\theta_{D(P_2)} = -\frac{14P_2 l^3}{81EI}$$

⑥ B점의 반력 산정

$y_{B(B_V)} + y_{B(P_1)} + y_{B(P_2)} = 0$이므로 $B_V = \frac{2}{3}P_1 = 66.7\ \text{kN}(\uparrow)$

⑦ A점의 반력 산정

$$A_V = \frac{4}{3}P_1 = 133.3\ \text{kN}(\uparrow),\ M_A = \frac{1}{3}P_1 l = 1{,}000\ \text{kNm}$$

5. 그림과 같은 하중을 받는 균일보의 지점 반력을 구하라.

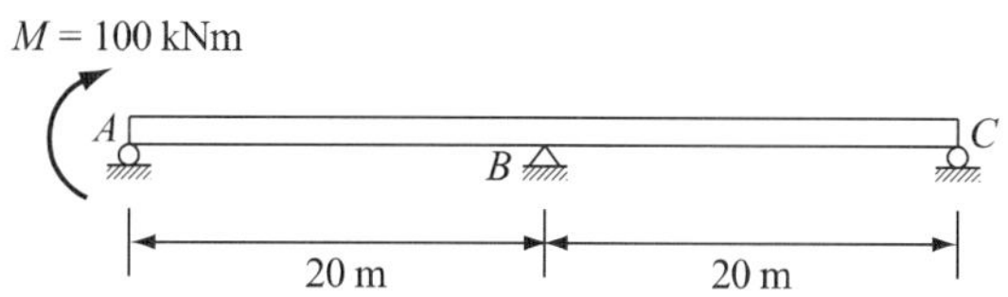

해석 순서

① 반력 B_V에 의한 A점에서의 처짐각 산정

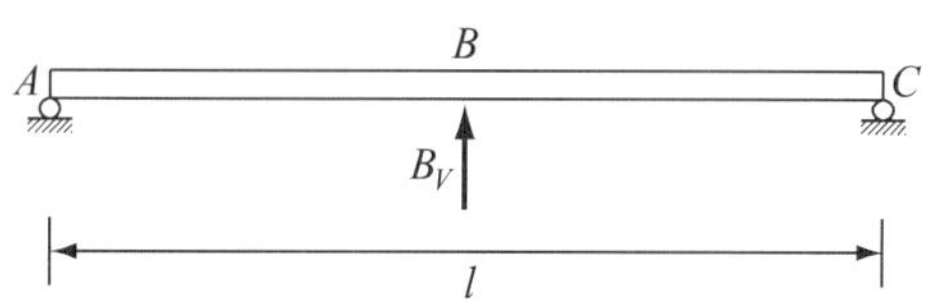

$$\theta_{A(B_V)} = \frac{B_V l^2}{16EI}$$

② 휨모멘트 M에 의한 A점에서의 처짐각 산정

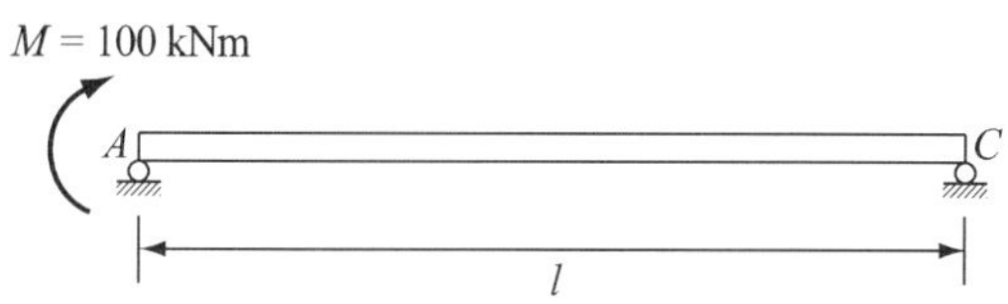

$$\theta_{A(M)} = -\frac{Ml}{3EI}$$

③ B점의 반력 산정

$\theta_{A(B_V)} + \theta_{A(M)} = 0$이므로 $B_V = \frac{16M}{3l} = 13.3\ \text{kN}(\uparrow)$

④ A점과 C점의 반력 산정

$$A_V = -9.17\ \text{kN}(\downarrow),\ C_V = -4.17\ \text{kN}(\downarrow)$$

6. 그림과 같은 보에서 B점에서의 반력을 구하라.

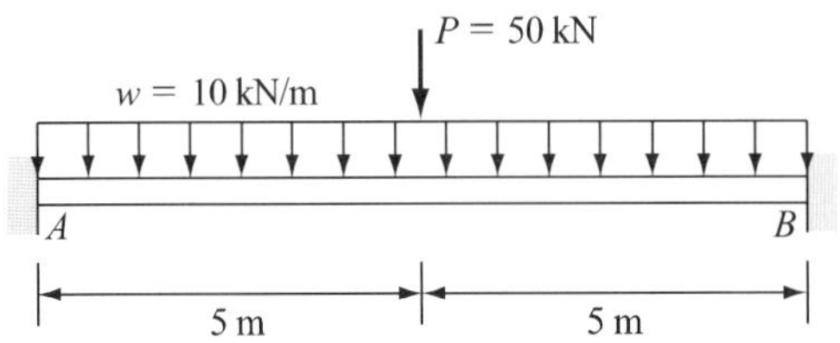

해석 순서

① 하중 w에 의한 B점에서의 처짐각 및 처짐 산정

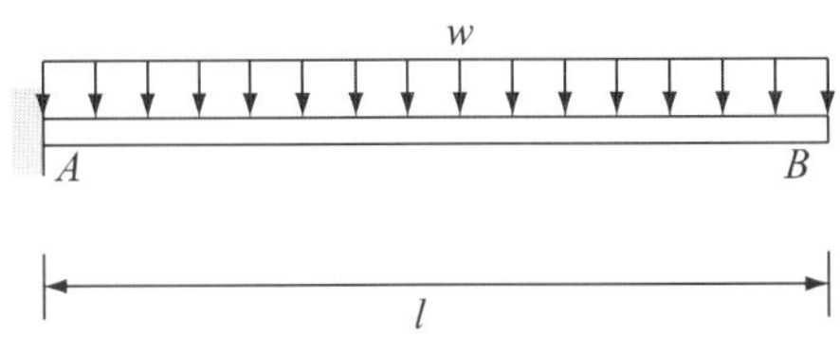

$$y_{B(w)} = -\frac{wl^4}{8EI}, \quad \theta_{B(w)} = -\frac{wl^3}{6EI}$$

② 하중 P에 의한 B점에서의 처짐각 및 처짐 산정

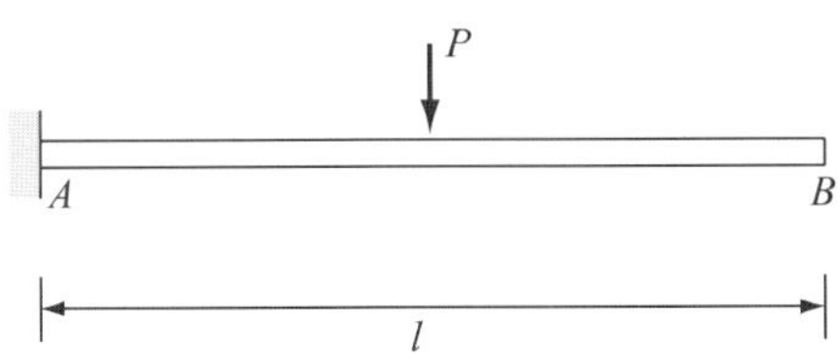

$$y_{B(P)} = -\frac{P(0.5l)^3}{3EI}\left(1+\frac{3}{2}\right)$$

$$\theta_{B(P)} = -\frac{P(0.5l)^2}{2EI}$$

③ 반력 B_V에 의한 B점에서의 처짐각 및 처짐 산정

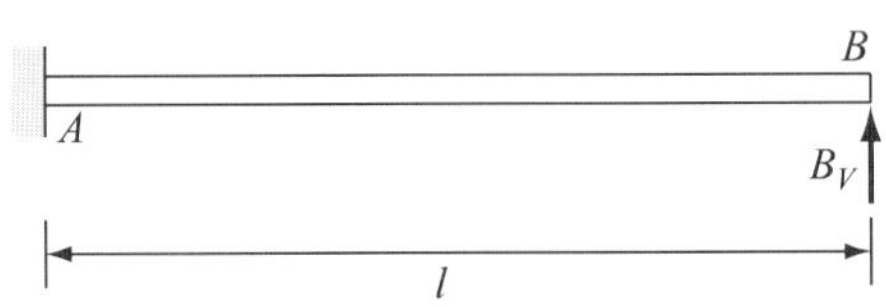

$$y_{B(B_V)} = \frac{B_V l^3}{3EI}, \quad \theta_{B(B_V)} = \frac{B_V l^2}{2EI}$$

④ 반력 M_B에 의한 B점에서의 처짐각 및 처짐 산정

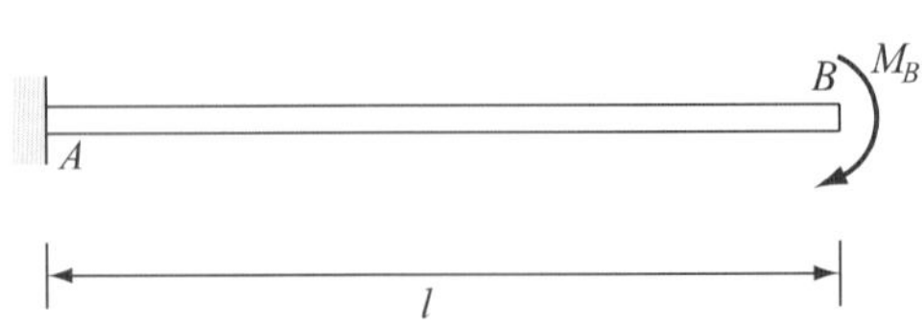

$$y_{B(M_B)} = -\frac{M_B l^2}{2EI}, \quad \theta_{B(M_B)} = -\frac{M_B l}{EI}$$

⑤ B점의 반력 산정

$y_{B(B_V)} + y_{B(M_B)} + y_{B(w)} + y_{B(P)} = 0$에서

$$\frac{B_V l^3}{3EI} - \frac{M_B l^2}{2EI} - \frac{wl^4}{8EI} - \frac{P(0.5l)^3}{3EI}\left(\frac{5}{2}\right) = 0 \qquad (1)$$

$\theta_{B(B_V)} + \theta_{B(M_B)} + \theta_{B(w)} + \theta_{B(P)} = 0$에서

$$\frac{B_V l^2}{2EI} - \frac{M_B l}{EI} - \frac{w l^3}{6EI} - \frac{P(0.5l)^2}{2EI} = 0 \qquad (2)$$

식 (1)과 (2)로부터

$$B_V = \frac{1}{2} w l + \frac{P}{2} = 75.0\,\mathrm{kN}(\uparrow),\ \ M_B = \frac{1}{12} w l^2 + \frac{1.5Pl}{12} = 145.8\,\mathrm{kNm}$$

09
모멘트 면적을 이용한 처짐각 및 처짐을 구하는 방법

9.1 모멘트 면적의 제1정리(First Moment-Area Theorem)

8장에서는 적분(積分, Integration)을 이용하여 보의 탄성처짐각식 및 탄성처짐곡선식을 유도하였다. 이 장에서는 탄성곡선의 형태적(形態的) 성질을 이용하여 처짐각 및 처짐을 구하는 방법에 대해 다루기로 한다.

앞서 느꼈듯이 이중적분법에서는 하중의 수가 많아질수록 각 구간별로 각각의 자유물체도를 적용해 모멘트에 관한 식을 세워야 했고 하나의 모멘트에 관한 일반식마다 2개의 적분상수를 결정해야 하는 번거로움이 있었다. 그러나 이 방법은 이중적분법과는 달리 여러 하중이 작용되는 경우와 불연속하중이 작용되는 경우 또는 비균일단면에서 매우 편리하다. 그림 8.1(b)로부터 $\frac{dy}{dx}=\theta$ 임을 알았고 이 관계를 $y''=\frac{1}{EI}M(x)$에 적용시키면 $\frac{d\theta}{dx}=\frac{d^2y}{dx^2}=y''=\frac{M(x)}{EI}$ 가 되고 따라서

$$d\theta=\frac{M(x)}{EI}dx \tag{9.1}$$

로 표현된다.

그림 9.1(a)는 단순보시스템에서 불연속 분포하중과 집중하중이 재하된 상태를 보이고 있고, 그림 9.1(b)는 그림 9.1(a)의 개략적인 B.M.D를 EI로 나눈 그림이다. 그리고 그림 9.1(c)는 탄성처짐곡선에서 C점과 D점에서의 접선 및 접선각 θ_C와 θ_D가 나타나 있고, 그림 9.1(d)에는 θ_C와 θ_D의 사잇각인 $\theta_{D/C}$가 나타나 있다.

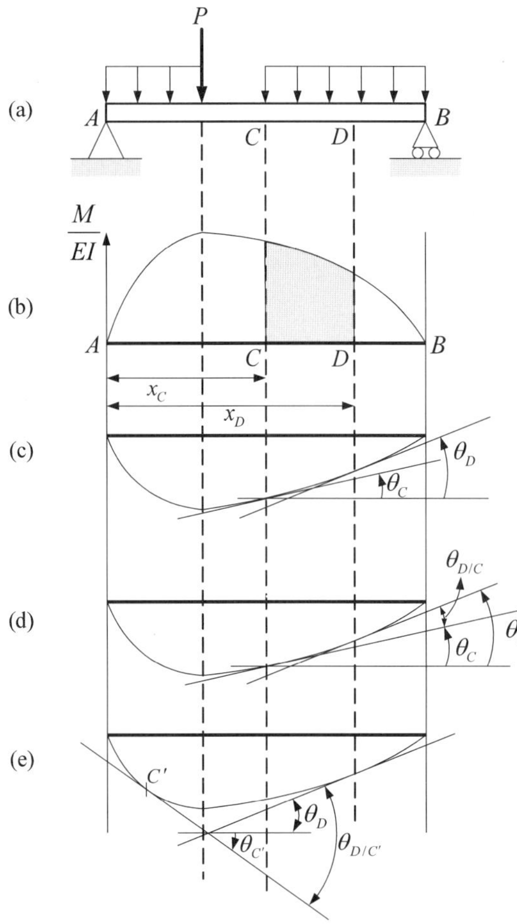

그림 9.1

즉, 두 접선끼리 이루는 각 $\theta_{D/C}$는 다음과 같이 표현할 수 있다(식 9.1 참조).

$$\int_{\theta_C}^{\theta_D} d\theta = \int_{x_C}^{x_D} \frac{1}{EI} M(x)dx$$

$$\theta_D - \theta_C = \int_{x_C}^{x_D} \frac{1}{EI} M(x)dx$$

위의 식에서 주목해야 할 점은 θ_C와 θ_D가 같은 방향의 처짐각인 경우이다. 만일 그림 9.1(e)와 같이 $\theta_{C'}$과 θ_D의 처짐각의 방향이 반대이면 처짐각의 절댓값으로 $\theta_{D/C'} = \theta_D + \theta_{C'}$ 이 된다.

그리고 $\int_{x_C}^{x_D} \frac{1}{EI} M(x)dx$ 는 $\frac{M}{EI}$ 선도에서 x_C에서 x_D까지의 면적을 의미한다. 마찬

가지로 $\theta_{D/C}=\theta_D-\theta_C$ 도 C 점과 D 점 사이의 $\dfrac{M}{EI}$ 선도의 면적[그림 9.1(b)의 음영으로 나타낸 면적]과 같다. 이 결론을 모멘트 면적 제1정리라 한다.

9.2 모멘트 면적의 제2정리(Second Moment-Area Theorem)

그림 9.2는 처짐곡선에서 D 점에서의 접선과 C 점에서의 수직축으로부터의 거리 CE 즉, $t_{C/D}$ 가 표시되어 있고 C 점으로부터 임의 거리 x_1 의 P 점과 dx 만큼 증분된 거리 P' 점이 표시되어 있다. 또한 P 점과 P' 점에서의 접선끼리 이루는 각 $d\theta$ 와 두 접선이 C 점에서 수직축과 만나는 거리 dt 가 표시되어 있다. 여기서 $d\theta$ 는 미소각이므로

$$dt=x_1 d\theta$$

로 표현된다. 여기에 식 (9.1)의 $d\theta=\dfrac{M(x)}{EI}dx$ 의 관계식을 대입하면

$$dt=x_1\frac{M(x)}{EI}dx$$

가 된다. 따라서 CE 의 거리

$$t_{C/D}=\int_C^D x_1\frac{M(x)}{EI}dx$$

로 표현된다. 여기서 $\dfrac{M(x)}{EI}dx$ 는 $\dfrac{M}{EI}$ 선도의 면적요소를 나타내고, x_1 은 면적요소의 도심까지의 거리를 의미한다. 따라서 처짐곡선에서 임의 점 C, D 에서 D 점에서의 접선과 C 점에서의 수직축이 만나는 점을 E 라 할 때 거리 CE 즉, $t_{C/D}$ 는 $\dfrac{M}{EI}$ 선도에서 CD 구간의 면적에 도심까지의 거리 $\bar{x}$ 를 곱한 것이다(그림 9.3 참조).

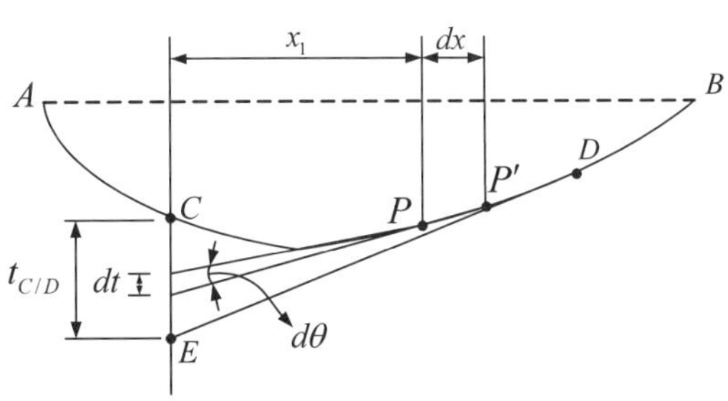

그림 9.2

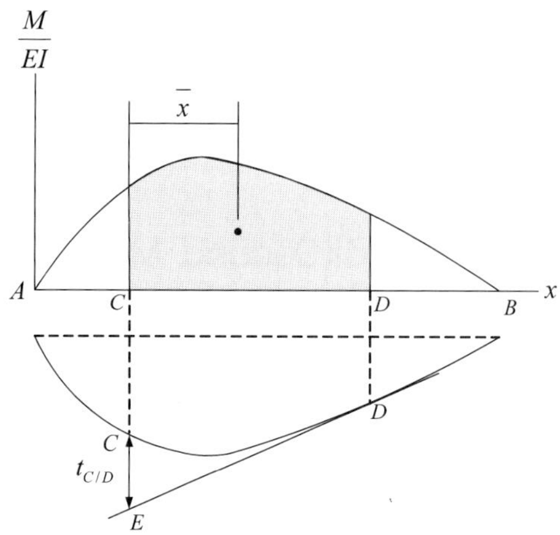

그림 9.3

이 결론이 모멘트 면적 제2정리이다. 8장의 이중적분법에서의 부호와는 달리 모멘트 면적법에서의 처짐각 및 처짐의 부호는 모멘트의 부호에 따라 결정된다. 다음으로는 모멘트 면적 제1, 제2정리를 이용하여 8장에서 다룬 외팔보 및 단순보시스템에 작용되는 집중하중, 등분포하중, 하중으로서의 모멘트에 의한 처짐각 및 처짐을 계산하고 8장의 해석결과 및 해석의 용이성을 비교해보자.

그림 9.4는 외팔보 AB의 자유단 B점에 수직집중하중 P가 작용됨에 따른 $\dfrac{M}{EI}$ 선도 및 처짐곡선과 B점에서의 처짐각 θ_B 및 처짐 y_B를 나타낸 것이다.

θ_B는 A점에서의 접선과 B점에서의 접선끼리 이루는 각 $\theta_{B/A}$이고 모멘트 면적 제1 정리에 의하면 AB 사이의 $\dfrac{M}{EI}$선도의 면적과 같다. 따라서

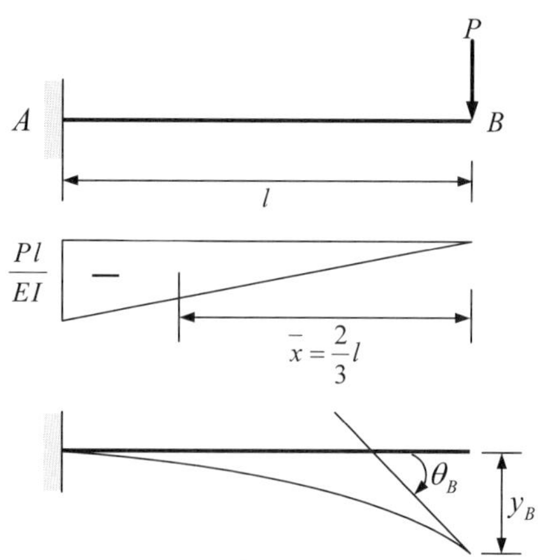

그림 9.4

$$\theta_{B/A} = \theta_B - \theta_A = -\frac{1}{2}\frac{Pl}{EI}l = -\frac{Pl^2}{2EI}$$

이 된다. 여기서 A 점에서의 접선은 수평 즉, $\theta_A = 0$이다. 모멘트 면적 제2정리에 의하면 $y_B = t_{B/A}$는 B 점에서의 수직축에 관한 AB구간의 $\frac{M}{EI}$선도 면적의 1차 모멘트이다. 따라서

$$y_B = \theta_B \times \frac{2}{3}l = -\frac{1}{2}\frac{Pl^2}{EI}\frac{2}{3}l = -\frac{Pl^3}{3EI}$$

이 된다.

그림 9.5는 외팔보 AB에 등분포하중 w가 작용되고 있는 경우로서 $\frac{M}{EI}$선도와 처짐곡선 및 처짐각 θ_B, 그리고 처짐 y_B를 나타낸 것이다.

모멘트 면적 제1정리에 의해 B 점에서의 처짐각

$$\theta_B = -\frac{1}{3}\frac{wl^2}{2EI}l = -\frac{wl^3}{6EI}$$

이 된다. 그리고 모멘트 면적 제2정리에 의해 B 점에서의 처짐

$$y_B = \theta_B \times \frac{3}{4}l = -\frac{wl^4}{8EI}$$

으로 계산된다. 모멘트면적법을 이용하기 위해서는 여러 형태의 모멘트도에 대한 면적 및 도심까지의 거리를 알아야 한다. 표 9.1에는 자주 쓰이는 모멘트도의 형태에 대해 면적 및 도심까지의 거리가 나타나 있다.

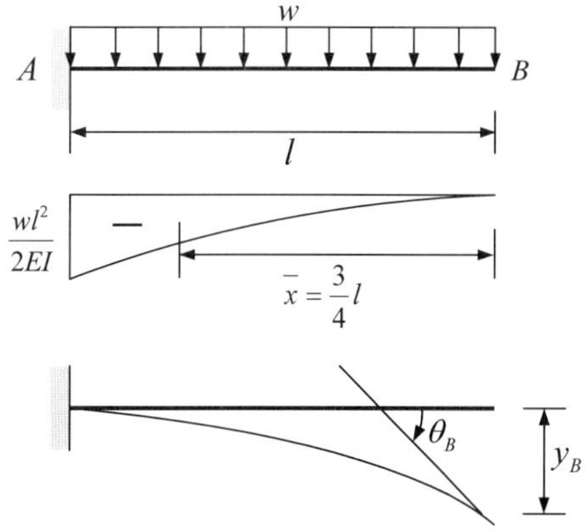

그림 9.5

표 9.1

Shape		$\bar{x}$	$\bar{y}$	area
삼각형 단면	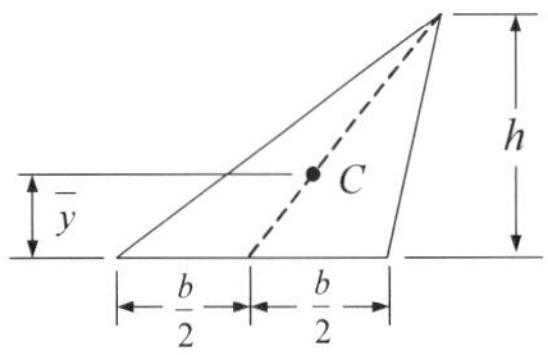		$\frac{h}{3}$	$\frac{bh}{2}$
4분원 및 반원 단면	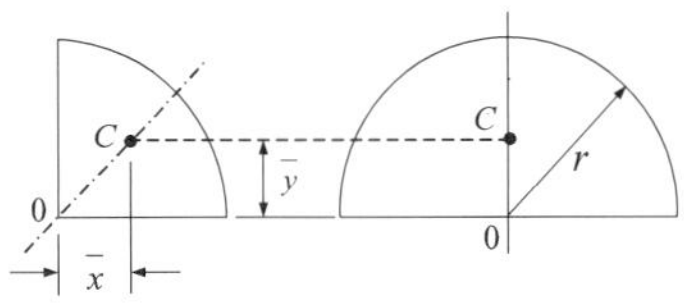	$\frac{4r}{3\pi}$	$\frac{4r}{3\pi}$	$\frac{\pi r^2}{4}$
		0	$\frac{4r}{3\pi}$	$\frac{\pi r^2}{2}$
반 포물선 및 포물선 단면	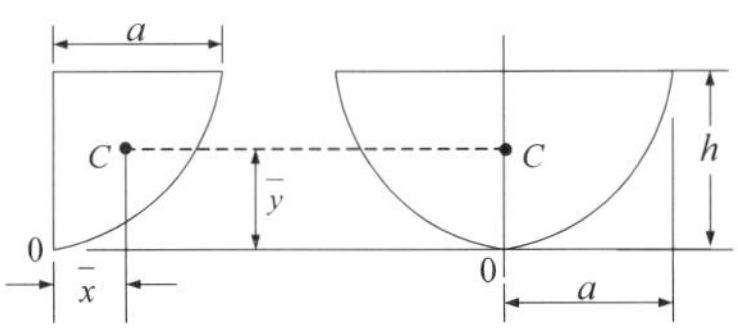	$\frac{3a}{8}$	$\frac{3h}{5}$	$\frac{2ah}{3}$
		0	$\frac{3h}{5}$	$\frac{4ah}{3}$
2차 포물선	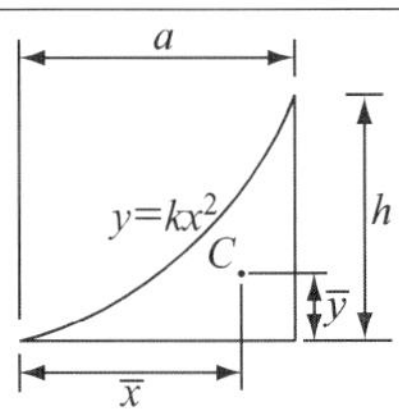	$\frac{3a}{4}$	$\frac{3h}{10}$	$\frac{ah}{3}$
3차 포물선	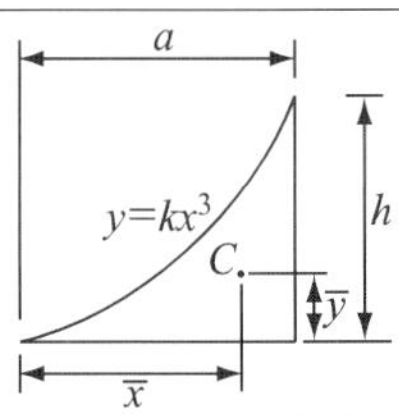	$\frac{4a}{5}$	$\frac{2h}{7}$	$\frac{ah}{4}$
일반 포물선	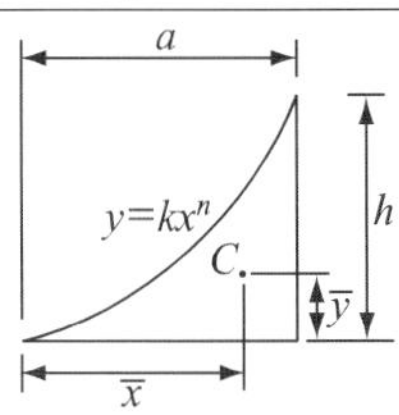	$\frac{a(n+1)}{n+2}$	$\frac{h(n+1)}{2(2n+1)}$	$\frac{ah}{n+1}$
부채꼴	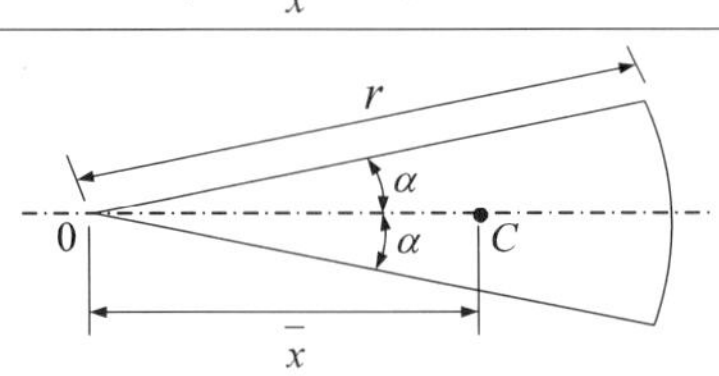	$\frac{2r\sin\alpha}{3\alpha}$	0	αr^2

그림 9.6은 외팔보 AB에서 자유단 B점에 하중으로서 모멘트 M이 작용되는 경우로 $\frac{M}{EI}$선도와 처짐곡선 및 B점에서의 처짐각 θ_B와 처짐 y_B를 나타낸 것이다.

θ_B는 AB구간의 $\frac{M}{EI}$선도의 면적이므로 $\theta_B = \frac{Ml}{EI}$이 되고 $y_B = \frac{l}{2}\theta_B = \frac{Ml^2}{2EI}$ 이 된다.

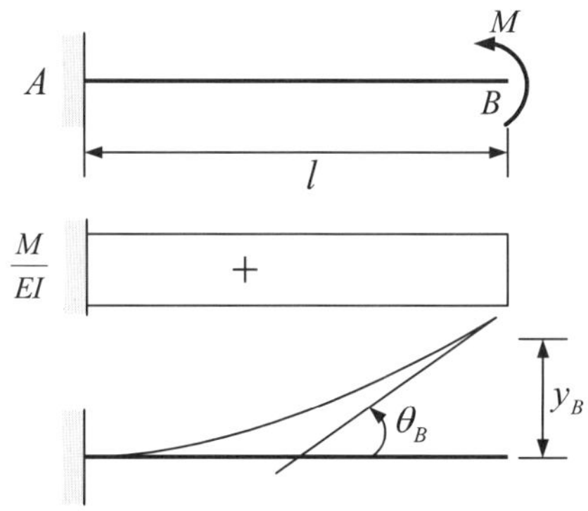

그림 9.6

[예제 9.1]

두 외팔보 AB에 그림과 같은 하중이 작용되고 있다. B점에서의 처짐 및 처짐각을 구하라. (단, $EI = 20\ \mathrm{MNm}^2$이다.)

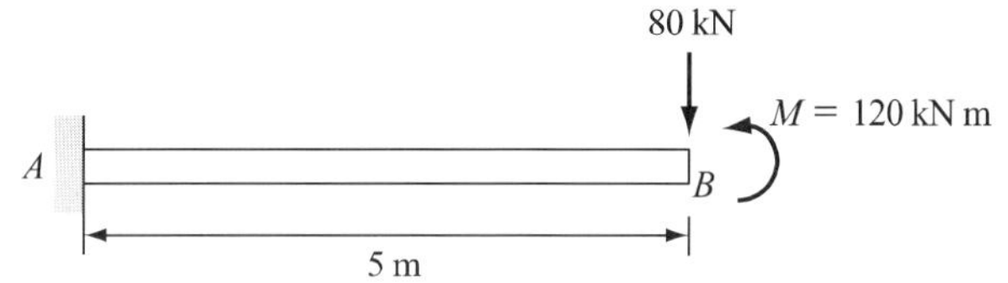

(a)

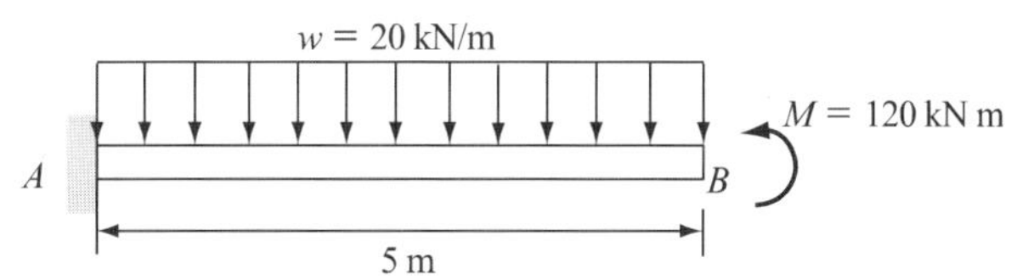

(b)

[풀이] (a) $\frac{M}{EI}$선도를 작도하면 다음과 같다.

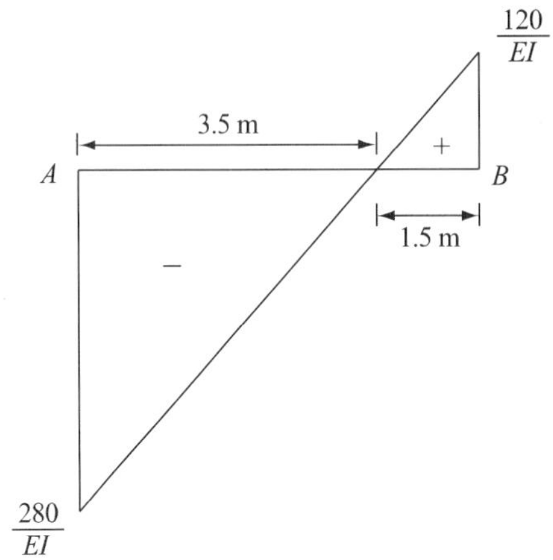

θ_B는 AB 구간의 $\dfrac{M}{EI}$ 선도의 면적과 같고 y_B는 B 점에서의 수직축에 대한 AB 구간의 총 면적 1차 모멘트에 해당된다. 따라서

$$\theta_B = \frac{1}{2}\times\frac{-280}{EI}\times 3.5 + \frac{1}{2}\times\frac{120}{EI}\times 1.5 = \frac{-400}{EI} = \frac{-400}{20\times 10^3} = -0.02\ \text{rad}$$

이고

$$y_B = \left(\frac{1}{2}\times\frac{-280}{EI}\times 3.5\right)\times\left(\frac{2\times 3.5}{3}+1.5\right)+\left(\frac{1}{2}\times\frac{120}{EI}\times 1.5\right)\times\frac{1.5}{3}$$

$$= \frac{-1{,}833.33}{EI} = \frac{-1{,}833.33}{20\times 10^3} = -0.092\ \text{m} = -92\ \text{mm}$$가 된다.

(b) 등분포하중과 모멘트하중으로 나누어 $\dfrac{M}{EI}$ 선도를 작도하면 다음과 같다. 이 경우 등분포하중 w와 모멘트 M에 의한 $\dfrac{M}{EI}$ 선도를 분리하지 않고 한꺼번에 작도하면 $\dfrac{M}{EI}$ 선도의 면적 및 도심까지의 거리 계산에 어려움이 따른다.

B 점에서의 처짐각 θ_B는 AB 구간의 $\dfrac{M}{EI}$ 선도의 면적과 같고 B 점에서의 처짐 y_B는 B 점에서의 수직축에 대한 AB 구간의 총 면적 1차 모멘트에 해당된다.

따라서 $\theta_B = \dfrac{1}{3}\times\dfrac{-250}{EI}\times 5 + \dfrac{120}{EI}\times 5 = \dfrac{183.33}{EI} = \dfrac{183.33}{20\times 10^3} = 0.009\ \text{rad}$이고

$$y_B = \left(\frac{1}{3}\times\frac{-250}{EI}\times 5\right)\times\left(\frac{3\times 5}{4}\right)+\left(\frac{120}{EI}\times 5\right)\times 2.5 = \frac{-62.5}{EI} = \frac{-62.5}{20\times 10^3}$$

$$= -0.003\ \text{m} = -3\ \text{mm}$$

가 계산된다.

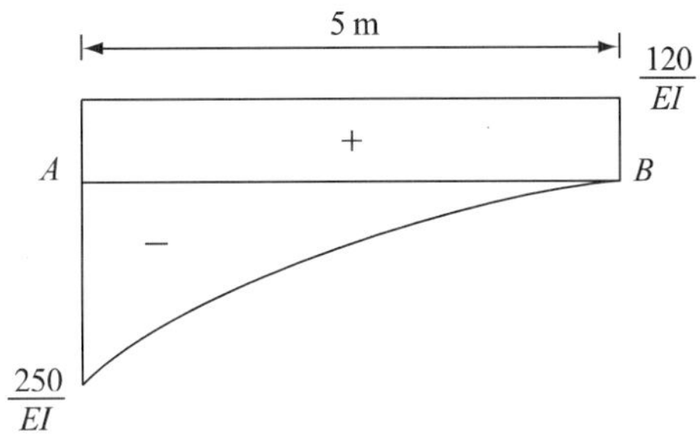

그림 9.7은 단순보시스템 AB에서 보 중앙의 C점에 수직집중하중 P가 작용되고 있고 $\dfrac{M}{EI}$선도와 처짐곡선에서 A점에서의 접선과 C점에서의 접선 및 A점에서의 처짐각 θ_A와 C점에서의 처짐 y_C를 나타낸 것이다.

여기서 최대 처짐이 발생되는 보의 중앙점 C에서의 처짐각 $\theta_C = 0$이다. 따라서 A점에서의 처짐각 θ_A는 AC구간의 $\dfrac{M}{EI}$선도의 면적과 같다. 그리고 C점에서의 처짐 y_C는 최대 처짐 $y_{\max}$이고 $y_{\max}$는 A점에서의 수직축에 대한 AC구간 $\dfrac{M}{EI}$선도의 면적 1차 모멘트에 해당된다. 따라서

$$\theta_A = \frac{1}{2}\frac{Pl}{4EI}\frac{l}{2} = \frac{Pl^2}{16EI}$$

이고 최대 처짐 $y_{\max}$는 다음과 같이 계산된다.

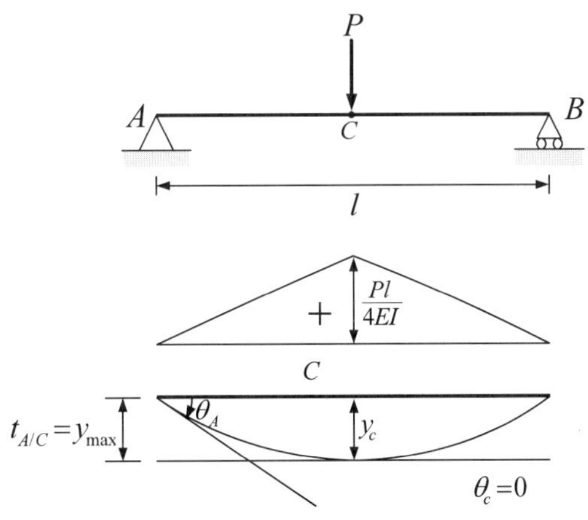

그림 9.7

$$y_{\max} = \frac{2}{3}\frac{l}{2}\theta_A = \frac{Pl^3}{48EI}$$

다음으로는 그림 9.8과 같이 단순보시스템 AB에 등분포하중이 작용되는 경우를 계산해보자. 다음 그림에는 $\dfrac{M}{EI}$선도와 처짐곡선에서 θ_A 및 θ_C, $y_{\max}$가 나타나 있다.

따라서 A점에서의 처짐각 θ_A는 $\dfrac{M}{EI}$선도에서 AC구간의 면적에 해당된다. 즉,

$$\theta_A = \frac{2}{3}\frac{wl^2}{8EI}\frac{l}{2} = \frac{wl^3}{24EI}$$

이 된다. 또한 $y_{\max}$는 A 점에서의 수직축으로부터 AB구간의 $\dfrac{M}{EI}$선도의 면적 1차 모멘트에 해당된다. 따라서 $y_{\max}$는 다음과 같이 계산된다.

$$y_{\max} = \frac{5}{8}\frac{l}{2}\theta_A = \frac{5wl^4}{384EI}$$

여기서 A점에서 AC구간의 $\dfrac{M}{EI}$선도의 도심까지의 거리는 표 9.1로부터 $\dfrac{5}{8}\times\dfrac{l}{2}$이 됨을 알 수 있다.

단순보시스템에서 하중으로서 모멘트가 작용되는 경우는 9.3절의 그림 9.10에서 다루기로 한다.

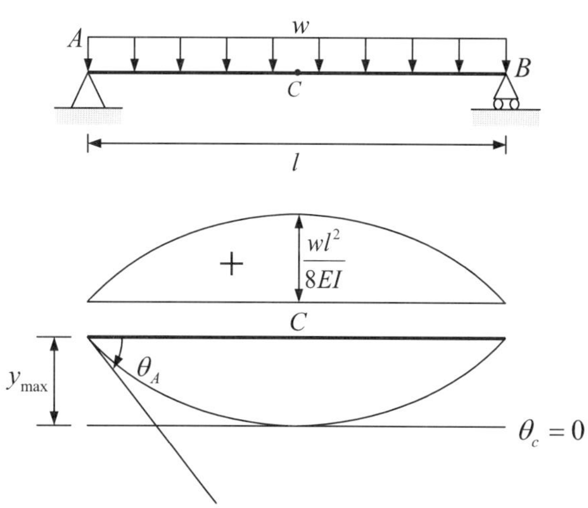

그림 9.8

[예제 9.2]

다음 그림과 같은 캔틸레버 보에서 B 점과 C 점의 처짐과 처짐각을 구하라($E = 200$ GPa).

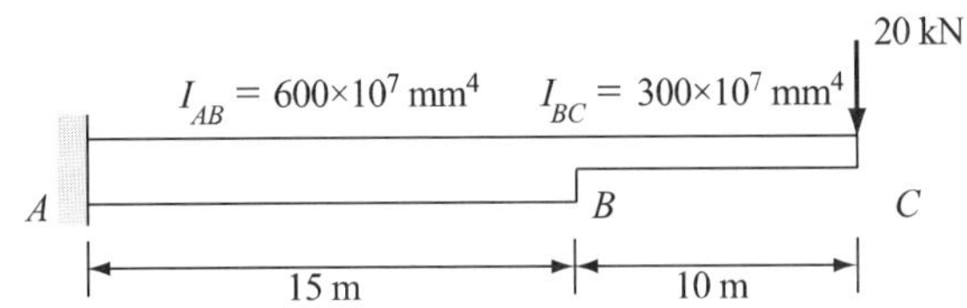

[풀이] (a) B.M.D

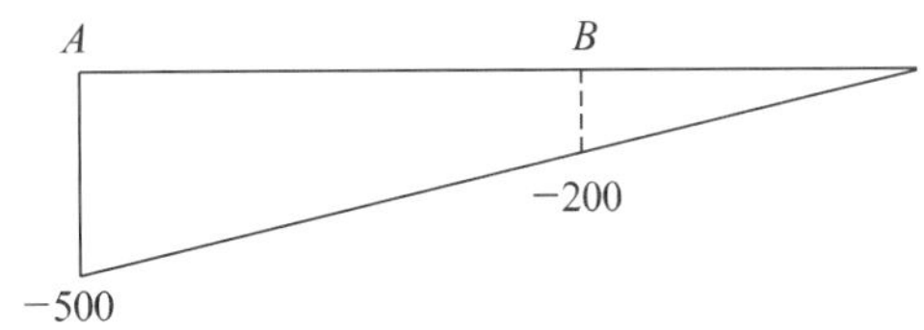

(b) $\dfrac{M}{EI}$ 선도($I = I_{BC} = I_{AB}/2$)

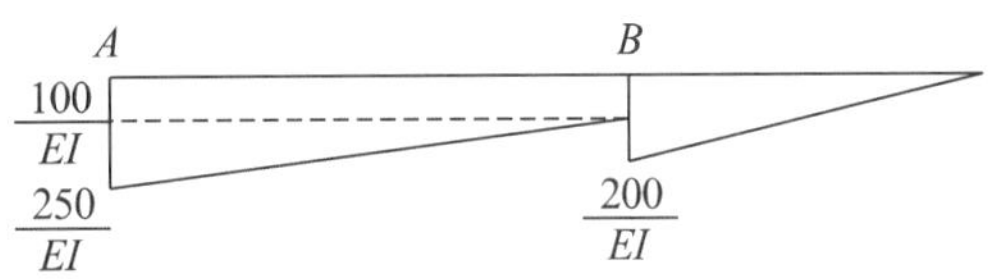

(c) 처짐곡선

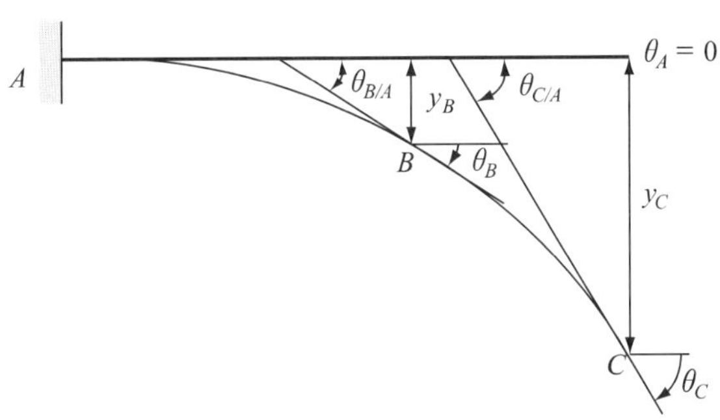

그림 (a)는 B.M.D이고 그림 (b)는 BC 구간의 단면2차모멘트 I 를 기준으로 환산된 $\dfrac{M}{EI}$ 선도이다. 그림 (c)에는 처짐곡선에서 B점과 C 점에서의 처짐각 θ_B, θ_C 및 처짐 y_B, y_C 가 각각 나타나 있고, A 점에서의 접선과 B 점 및 C 점에서의 접선과의 사잇각 $\theta_{B/A}$, $\theta_{C/A}$가 각각 나타나 있다.

여기서 A 점에서의 접선은 수평 즉, $\theta_A = 0$이므로 $\theta_{B/A} = \theta_B$이고 $\theta_{C/A} = \theta_C$ 임을 알 수 있다. 따라서 θ_B 및 θ_C 그리고 y_B 및 y_C 는 다음과 같이 계산된다.

$$\theta_B = \frac{1}{EI}\left(100 \times 15 + \frac{1}{2} \times 150 \times 15\right)$$
$$= \frac{2{,}625 \text{ kN m}^2}{EI} = \frac{2{,}625}{200 \times 10^6 \times 300 \times 10^{-5}} = 0.0044 \text{ rad}$$

$$y_B = \frac{1}{EI}\left(100 \times 15 \times 7.5 + \frac{1}{2} \times 150 \times 15 \times 10\right)$$
$$= \frac{22{,}500 \text{ kN m}^3}{EI} = \frac{22{,}500}{200 \times 10^6 \times 300 \times 10^{-5}} = 0.038 \text{ m} = 38 \text{ mm}$$

$$\theta_C = \frac{1}{EI}\left(100 \times 15 + \frac{1}{2} \times 150 \times 15 + \frac{1}{2} \times 200 \times 10\right)$$
$$= \frac{3{,}625 \text{ kN m}^2}{EI} = \frac{3{,}625}{200 \times 10^6 \times 300 \times 10^{-5}} = 0.006 \text{ rad}$$

$$y_C = \frac{1}{EI}\left[100 \times 15 \times (7.5 + 10) + \frac{1}{2} \times 150 \times 15 \times (10 + 10) + \frac{1}{2} \times 200 \times 10 \times 6.67\right]$$
$$= \frac{55{,}420 \text{ kN m}^3}{EI} = \frac{55{,}420}{200 \times 10^6 \times 300 \times 10^{-5}} = 0.092 \text{ m} = 92 \text{ mm}$$

[예제 9.3]

다음과 같은 보에서 C 점의 처짐각 및 처짐을 구하라($E = 200$ GPa, $I = 200 \times 10^7$ mm^4).

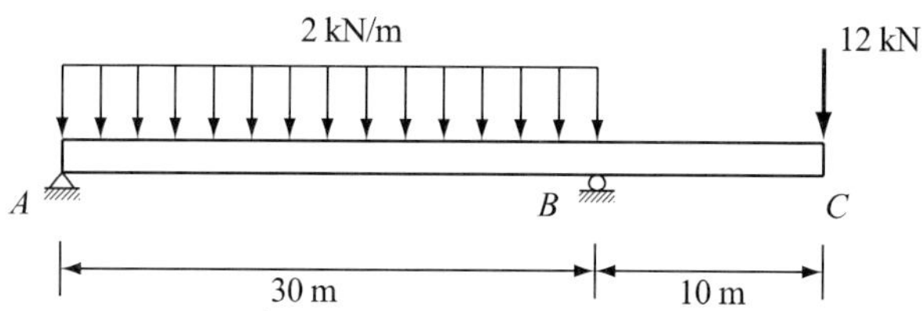

[풀이] $\dfrac{M}{EI}$ 선도와 처짐곡선을 나타내면 다음과 같다.

(a) $\dfrac{M}{EI}$ 선도

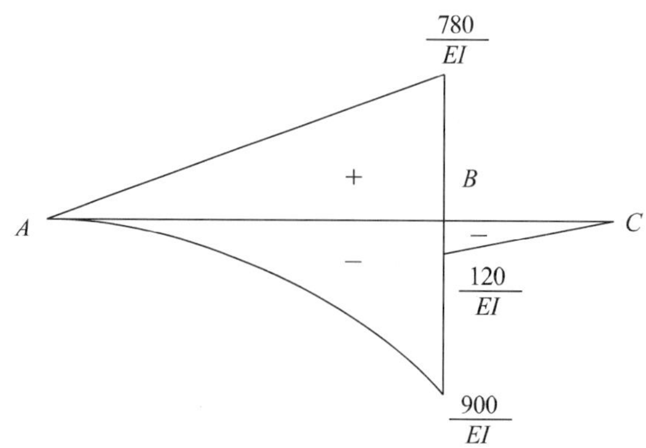

(b) 처짐곡선

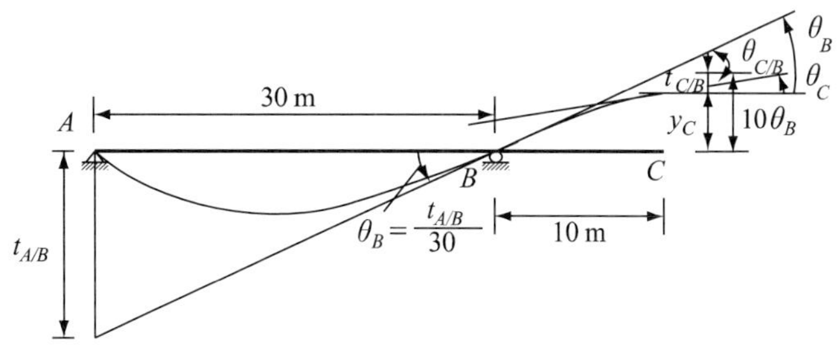

그림 (a)는 $\dfrac{M}{EI}$ 선도이고 그림 (b)에는 처짐곡선에서 $t_{A/B}$ 및 θ_B 와 $t_{C/B}$ 및 y_C 그리고 $\theta_{C/B}$와 θ_C가 나타나 있다.

B 점에서의 처짐각

$$\theta_B = \frac{t_{A/B}}{30} = \frac{1}{30EI}\left(\frac{1}{2}\times 780\times 30\times 20 - \frac{1}{3}\times 900\times 30\times \frac{3}{4}\times 30\right)$$

$$= \frac{1{,}050\ \text{kN m}^2}{EI}$$

이며 또한 그림 (b)로부터 $y_C = 10\theta_B - t_{C/B}$이고

$$t_{C/B} = \frac{1}{2}\times\frac{120}{EI}\times 10\times\frac{20}{3} = \frac{4{,}000\ \text{kN m}^3}{EI}$$

이다. 그러므로

$$y_C = 10\times\frac{1{,}050}{EI} - \frac{4{,}000}{EI} = \frac{6{,}500\text{kN m}^3}{EI}$$

이므로 $E = 200\ \text{GPa}$, $I = 200\times 10^7\ \text{mm}^4$의 값을 대입하면 y_C는 다음과 같이 계산된다.

$$y_C = \frac{6{,}500}{200\times 10^6\times 200\times 10^{-5}} = 0.016\ \text{m} = 16\ \text{mm}$$

그리고 $\theta_{C/B} = -\dfrac{1}{2}\times\dfrac{120}{EI}\times 10 = -\dfrac{600}{EI}$ 으로 계산된다.

여기서 $\theta_{C/B}$가 θ_B보다 절댓값으로 적다는 결과는 θ_B와 θ_C가 같은 방향의 처짐각이란 의미이다.

따라서 $\theta_C = \theta_{C/B} + \theta_B$이므로 $\theta_C = -\dfrac{600}{EI} + \dfrac{1{,}050}{EI} = 0.0011\ \text{rad}$로 계산된다.

9.3 최대 처짐(Maximum Displacement)

아래 그림 9.9는 불규칙 하중이 재하된 단순보시스템 AB의 개략적으로 나타낸 $\dfrac{M}{EI}$ 선도와 처짐곡선으로부터 A점에서 최대 처짐까지의 거리 x_o 또는 B점에서 최대 처짐까지의 거리 $x_o{}'$ 및 $t_{B/A}$ 그리고 θ_A, θ_B, 최대 처짐 $y_{\max}$의 위치에서의 θ_C 즉, $\theta_C = 0$이 나타나 있다.

여기서 θ_A, θ_B는 각각 $\theta_A = \dfrac{t_{B/A}}{l}$, $\theta_B = \dfrac{t_{A/B}}{l}$와 같이 표현된다. 여기서 $t_{B/A}$는 B점을 통하는 수직축에 대한 AB구간의 $\dfrac{M}{EI}$선도의 면적 1차 모멘트이고 $t_{A/B}$는 A점을 통하는 수직축에 대한 AB구간의 $\dfrac{M}{EI}$선도의 면적 1차 모멘트에 해당된다.

다음으로는 $y_{\max}$의 위치 즉, A점 또는 B점에서 C점까지의 거리 x_o 또는 $x_o{}'$을 생각해보자. 우선 처짐곡선에서 A점에서의 접선과 C점에서의 접선의 사이각 $\theta_{C/A}$는 $\theta_C = 0$ 이므로 θ_A와 같고, θ_A는 AC구간의 $\dfrac{M}{EI}$선도의 면적 $A_{A/C}$에 해당된다. 따라서 이 조건에 맞는 x_o를 결정할 수 있다.

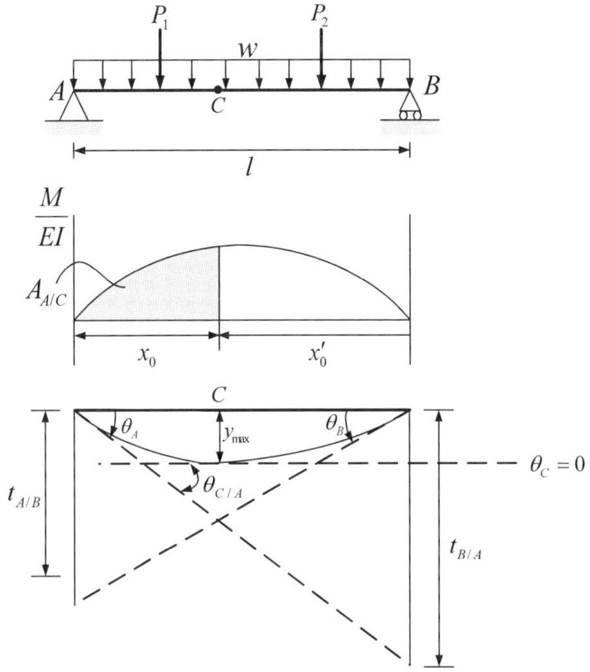

그림 9.9

다음으로는 똑같은 방법으로 x_o'도 결정할 수 있는데 $y_{\max}$의 위치를 결정함에 있어 $\dfrac{M}{EI}$선도의 면적을 쉽게 구할 수 있는 기준점 즉, A점 또는 B점을 선택해야 한다.

이에 대한 이해를 쉽게 하기 위해 하중으로서 M이 작용되는 단순보의 경우를 생각해 보자.

그림 9.10의 $\dfrac{M}{EI}$선도에서 A점을 기준으로 하는 경우 AC구간의 면적은 사다리꼴이고 B점을 기준으로 하는 경우 BC구간의 면적은 삼각형이므로 B점을 기준으로 하는 것이 C점의 위치를 찾는 데 편리하다. 이를 위해서는 B점에서의 처짐각 θ_B를 계산해야 한다.

$$\theta_B = \frac{t_{A/B}}{l}$$

이고

$$t_{A/B} = \frac{1}{3}l \times \frac{1}{2}\frac{M}{EI}l = \frac{Ml^2}{6EI}$$

이 계산된다. 따라서 $\theta_B = \dfrac{Ml}{6EI}$이 되고, B점에서 $\dfrac{M}{EI}$선도의 면적이 θ_B가 되는 위치 즉, B점에서 x_o'이 되는 거리가 $y_{\max}$의 위치이다. 즉,

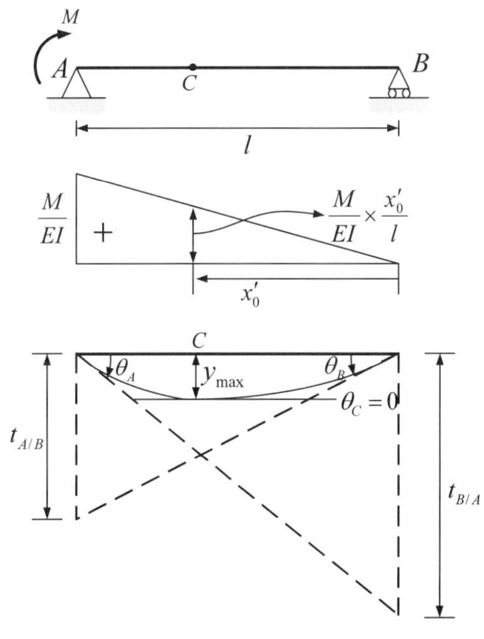

그림 9.10

$$\theta_B = \frac{Ml}{6EI} = \frac{1}{2}\frac{M}{EI}\frac{x_o{}'}{l}x_o{}' = \frac{Mx_o{}'^2}{2lEI}$$

의 조건에서 $x_o{}' = 0.577l$로 계산된다. 따라서

$$y_{\max} = \frac{2}{3}x_o{}'\theta_B = 0.064\frac{Ml^2}{EI}$$

으로 계산된다.

9.2절과 9.3절에서도 외팔보 및 단순보에서 집중하중과 등분포하중 및 하중으로서의 모멘트에 의한 처짐각 및 처짐을 8장에서 이중적분법에 의해 다룬 것과 비교하기 위해 모멘트면적법에 의해 다루어 보았다. 각각의 특징을 잘 파악하고 이해하기 바란다. 여기서 주의해야 할 것은 처짐각 및 처짐에 대한 부호가 8장과 9장이 일치하지 않는다는 점이다. 즉, 8장의 이중적분법에 의한 처짐각 및 처짐의 부호는 그림 8.3에 정의되어 있고, 9장에서의 처짐각 및 처짐의 부호는 모멘트도의 부호와 관계된다.

다음으로 8장에서 9장으로 미루었던 단순보시스템에서 비대칭 집중하중이 그림 9.11(a)와 같이 작용되는 경우 D점에서의 처짐 y_D와 처짐각 θ_D 및 최대 처짐 $y_{\max}$를 구해 보자.

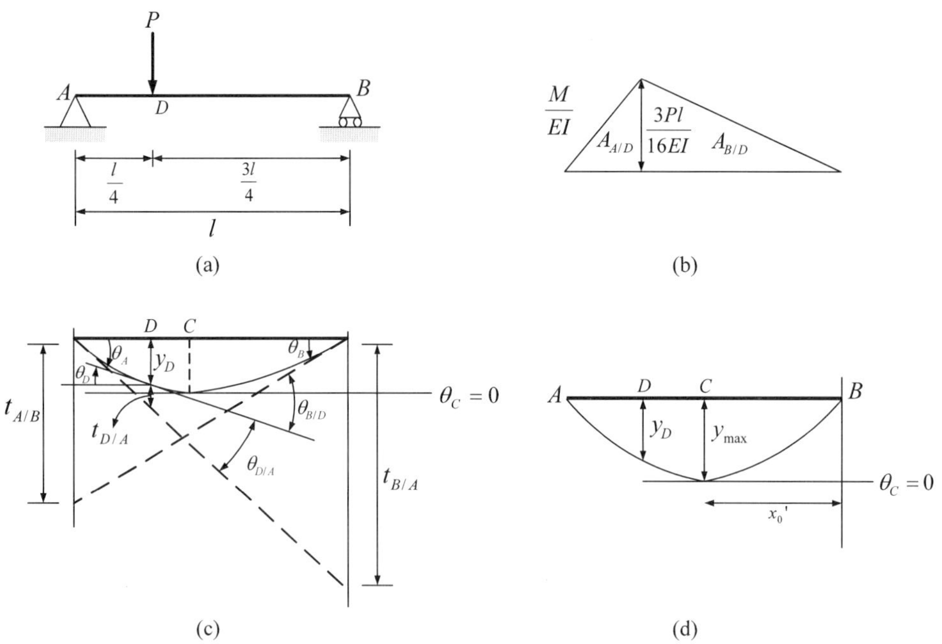

그림 9.11

그림 9.11(b)는 $\frac{M}{EI}$ 선도이고 D 점에서 $\frac{M}{EI}$ 선도의 최댓값은 $\frac{3Pl}{16EI}$ 이다. 그림 9.11(c)는 처짐곡선에서 A, B, D 점에서의 처짐각 θ_A, θ_B, θ_D 및 $t_{A/B}$, $t_{B/A}$, $t_{D/A}$, $\theta_{D/A}$, $\theta_{B/D}$ 가 표시되어 있고 이 값들은 앞서에서의 모멘트 면적 제1, 2정리에 의해 계산될 수 있다. 그림 9.11(d)는 B 점에서 최대 처짐의 위치까지의 거리 $x_o{}'$이 나타나 있다.

우선 θ_A와 θ_B를 구하기 위해 $t_{A/B}$와 $t_{B/A}$를 구해야 하는데 모멘트 면적 제2정리를 이용해보자. $\frac{M}{EI}$ 선도의 AD 구간의 면적

$$A_{A/D} = \frac{1}{2}\frac{3Pl}{16EI}\frac{l}{4} = \frac{3Pl^2}{128EI}$$

이고 BD 구간의 면적

$$A_{B/D} = \frac{1}{2}\frac{3Pl}{16EI}\frac{3l}{4} = \frac{9Pl^2}{128EI}$$

이 된다. 따라서

$$t_{A/B} = A_{A/D}\frac{2}{3}\frac{l}{4} + A_{B/D}\left(\frac{l}{4} + \frac{1}{3}\frac{3l}{4}\right) = \frac{Pl^3}{256EI} + \frac{9Pl^3}{256EI} = \frac{5Pl^3}{128EI}$$

이 계산된다. 따라서 θ_B 는 다음과 같이 계산된다.

$$\theta_B = \frac{t_{A/B}}{l} = \frac{5Pl^2}{128EI}$$

그리고

$$t_{B/A} = A_{A/D}\left(\frac{3l}{4} + \frac{1}{3}\frac{l}{4}\right) + A_{B/D}\frac{2}{3}\frac{3l}{4} = \frac{7Pl^3}{128EI}$$

으로 계산된다. 따라서

$$\theta_A = \frac{t_{B/A}}{l} = \frac{7Pl^2}{128EI}$$

이다. 모멘트 면적 제1정리로부터 $\theta_{A/D} = A_{A/D}$ 이고 $\frac{3Pl^2}{128EI}$ 이다. 따라서

$$\theta_D = \theta_A - \theta_{A/D} = \frac{7Pl^2}{128EI} - \frac{3Pl^2}{128EI} = \frac{Pl^2}{32EI}$$

이 된다. 그리고 $t_{D/A}$는 모멘트 면적 제2정리로부터 $A_{A/D}\times\left(\frac{1}{3}\frac{l}{4}\right)=\frac{Pl^3}{512EI}$이 계산되므로

$$(y_D+t_{D/A})=t_{B/A}\times\frac{1}{4}=\frac{7Pl^3}{512EI}$$

이다. 따라서 우리가 구하고자 하는 D점에서의 처짐

$$y_D=\frac{7Pl^3}{512EI}-\frac{Pl^3}{512EI}=\frac{3Pl^3}{256EI}$$

으로 계산된다.

다음으로는 최대 처짐을 구해보자. 최대 처짐 $y_{\max}$의 위치에서 $\theta=0$ 이므로 θ_B에 해당되는 $\frac{M}{EI}$선도에서의 면적 $A_{x_o'}$ 을 찾아보자. 그림 9.12의 $\frac{M}{EI}$선도에서 B점으로부터 최대 처짐까지의 거리 x_o'이 표시되어 있다.

x_o'의 위치에서 $\frac{M}{EI}$선도의 값은

$$\frac{3Pl}{16EI}\times\frac{4}{3l}\times x_o'=\frac{Px_o'}{4EI}$$

이 된다. 따라서 $\theta_B=A_{x_o'}$ 의 조건 즉,

$$\frac{5Pl^2}{128EI}=\frac{1}{2}\frac{Px_o'}{4EI}x_o'$$

으로부터 $x_o'=0.558l$ 이 계산된다.

따라서 그림 9.11(d)로부터 $y_{\max}$는 $\frac{M}{EI}$선도의 B 점에서 x_o'까지의 면적 $A_{x_o'}$ 의 B 점을 통하는 수직축에 관한 1차 모멘트이다. 즉,

$$y_{\max}=A_{x_o'}\frac{2}{3}x_o'=\frac{1}{2}\frac{Px_o'}{4EI}x_o'\frac{2}{3}x_o'=\frac{0.0146Pl^3}{EI}$$

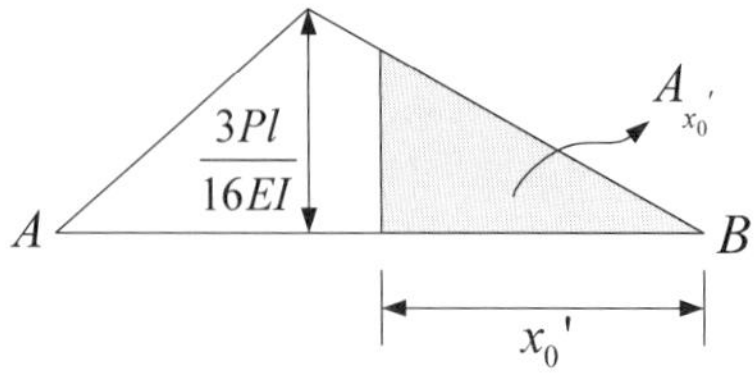

그림 9.12

이 계산된다.

최대 처짐을 구할 때 A점을 기준으로 했을 경우 $\dfrac{M}{EI}$선도의 면적이 사다리꼴이고 B점을 기준으로 했을 경우에는 삼각형이므로 면적 계산을 간단히 할 수 있는 B점을 기준으로 하였다.

[예제 9.4]

아래의 단순보 구조시스템에 대해 보의 최대 처짐을 구하라. (단, $EI = 140\ \mathrm{MNm^2}$이다.)

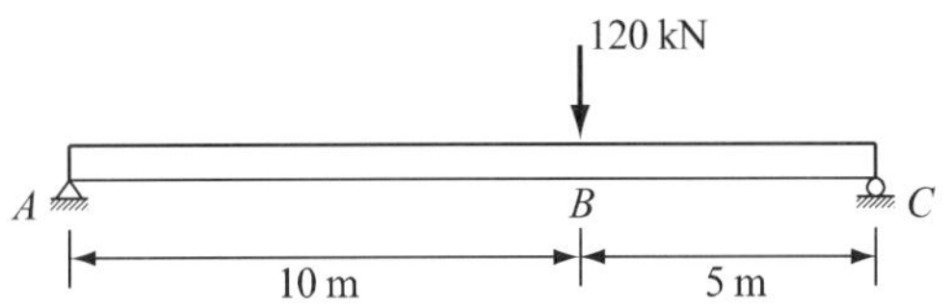

[풀이] (a) $\dfrac{M}{EI}$선도

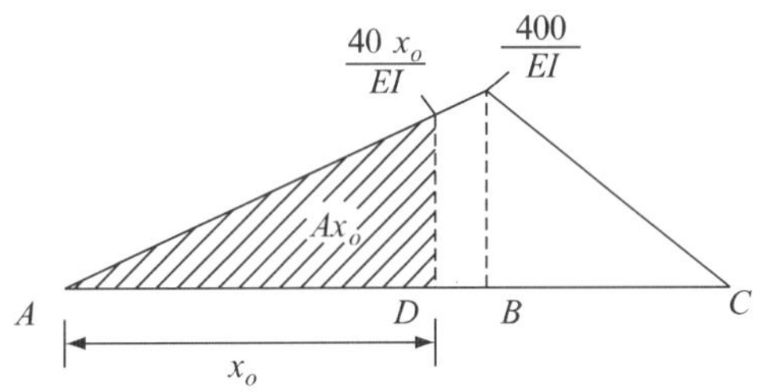

(b) 처짐곡선

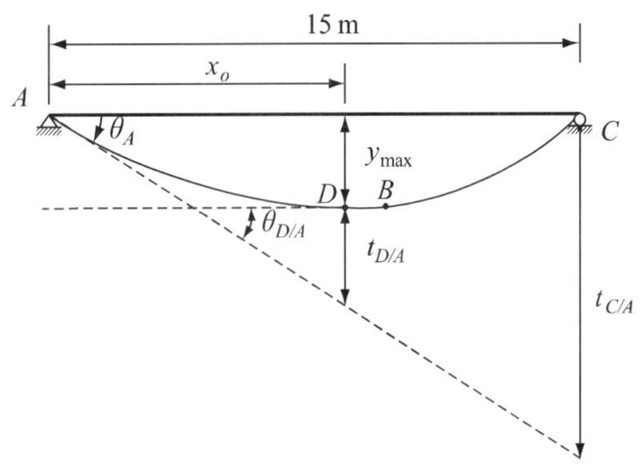

그림 (a)에는 $\dfrac{M}{EI}$선도로부터 A점에서 최대 처짐이 발생되는 거리 x_o와 위치 D가 나타나 있고, 그림 (b)에는 처짐곡선과 θ_A 및 A점과 D점에서의 접선끼리 이루는 각 $\theta_{D/A}$ 및 $y_{\max}$와 $t_{D/A}$ 그리고 $t_{C/A}$가 나타나 있다.

A점의 처짐각 θ_A는 다음의 식으로부터 다음과 같이 구할 수 있다.

$$\theta_A = \frac{t_{C/A}}{l} = \frac{1}{15}\left[\left(\frac{1}{2}\times\frac{400}{EI}\times 10\right)\left(\frac{10}{3}+5\right)+\left(\frac{1}{2}\times\frac{400}{EI}\times 5\right)\left(\frac{2\times 5}{3}\right)\right]$$

$$= \frac{1,333.33}{EI} = \frac{1,333.33}{140\times 10^3} = 0.0095\text{ rad}$$

$$\theta_{B/A} = \frac{1}{2}\times\frac{400}{EI}\times 10 = \frac{2,000}{EI}$$

$\theta_{B/A}$가 θ_A보다 크므로 B점의 처짐각

$\theta_B = -\theta_A + \theta_{B/A} = -\dfrac{1,333.33}{EI} + \dfrac{2,000}{EI} = \dfrac{666.67}{EI}$로 계산된다. 이 결과는 그림 9.1(e)의 경우이므로 기울기가 "0"이 되는 D점은 A점과 B점 사이에 위치하게 된다.

그림 (a)로부터 x_o의 위치에서 $\dfrac{M}{EI}$선도의 값은 $\dfrac{40x_o}{EI}$가 되고 면적 $A_{x_o} = \dfrac{1}{2}\dfrac{40x_o}{EI}x_o$이다. 따라서 $\theta_{D/A} = \theta_D - \theta_A$로부터 $\theta_D = 0$이므로 $\theta_A = A_{x_o}$ 즉, $\dfrac{1,333.33}{EI} = \dfrac{1}{2}\dfrac{40x_o}{EI}\times x_o$로부터 $x_o = 8.16\text{ m}$로 계산된다.

그림 (b)로부터

$y_{max} + t_{D/A} = t_{C/A}\times\dfrac{8.16}{15} = 0.0777\text{ m}$이고

$t_{D/A} = \dfrac{1}{2}\times\dfrac{40}{EI}\times 8.16^2\times\dfrac{8.16}{3} = 0.0259\text{ m}$로 계산된다.

따라서 최대 처짐 $y_{max} = 0.0777 - 0.0259 = 0.0518\text{ m} = 51.8\text{ mm}$이다.

[예제 9.5]

집중하중과 모멘트하중을 동시에 받고 있는 단순보가 있다. θ_A와 y_C 및 최대 처짐 y_{max}를 구하라(단, $EI = 20\text{ MN m}^2$).

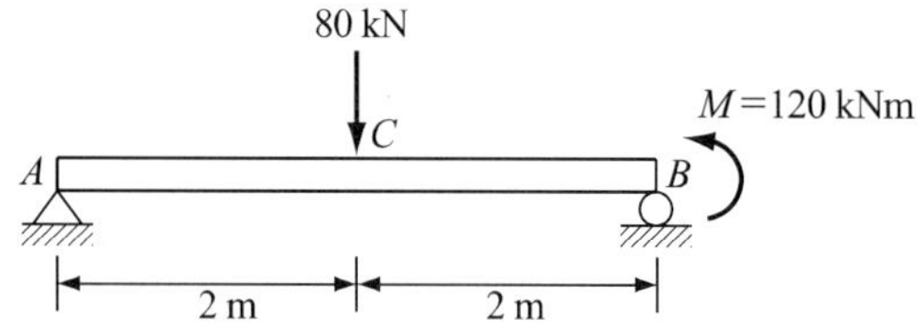

[풀이] $\dfrac{M}{EI}$ 선도와 처짐곡선을 나타내면 다음과 같고 $\theta_A = \dfrac{t_{B/A}}{l}$ 로부터 다음과 같이 계산된다.

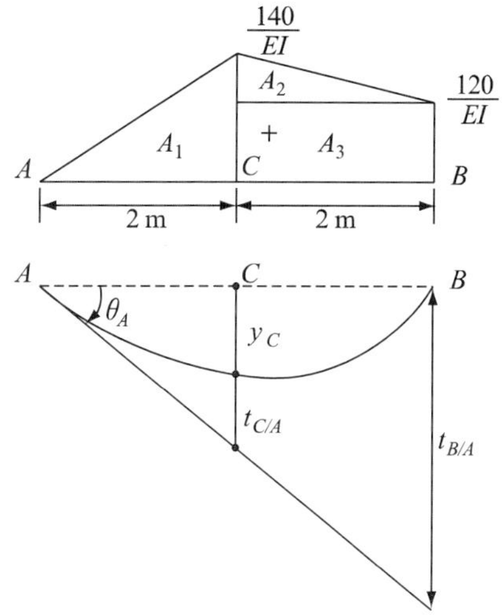

$$\theta_A = \frac{t_{B/A}}{l} = \frac{1}{4EI}\left[\frac{1}{2}\times 140\times 2\times\left(2+2\times\frac{1}{3}\right)+\frac{1}{2}\times 20\times 2\times\left(2\times\frac{2}{3}\right)+120\times 2\times 1\right]$$

$$= \frac{640}{4EI} = \frac{160}{20\times 10^3} = 0.008\ \text{rad}$$

C 점의 처짐 y_C 는 다음식에 의해 다음과 같이 계산된다.

$$y_C = \frac{t_{B/A}}{2} - t_{C/A}$$

$$t_{C/A} = \frac{1}{2}\times\frac{140}{EI}\times 2\times\left(2\times\frac{1}{3}\right) = \frac{93.33}{EI}$$

$$y_C = \frac{320}{EI} - \frac{93.33}{EI} = \frac{226.67}{20\times 10^3}\times 10^3 = 11.3\ \text{mm}$$

다음으로는 C 점의 처짐각 θ_C 를 계산해보자. 여기서 θ_A 와 θ_C 는 같은 방향의 처짐각이므로 $\theta_C = \theta_A - \theta_{C/A}$ 의 관계식이 성립된다[그림 9.1(d) 참조].

따라서

$$\theta_C = \theta_A - \theta_{C/A} = \frac{160}{EI} - A_1 = \frac{160}{EI} - \frac{1}{2}\times\frac{140}{EI}\times 2 = \frac{20}{EI}$$

처짐각이 A 점 오른쪽으로 갈수록 작아지기 때문에 처짐각이 "0"이 되는 D점은 C 점과 B 점 사이에 위치하게 된다.

아래 그림의 $\frac{M}{EI}$ 선도에서 B점으로부터 최대 처짐까지의 거리 x_o'이 표시되어 있다.

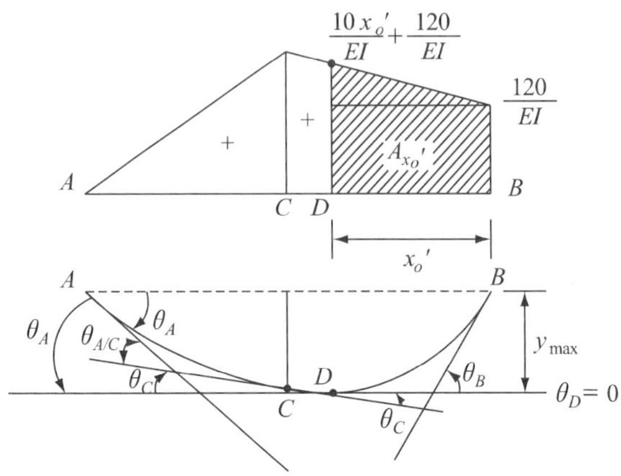

x_o'의 위치에서 $\frac{M}{EI}$ 선도의 값은 $\frac{10x_o'}{EI}+\frac{120}{EI}=\frac{10x_o'+120}{EI}$이 된다. 그리고 B 점의 처짐각

$$\theta_B = -\theta_A + \theta_{B/A} = -\frac{160}{EI}+\frac{1}{2}\times\frac{140}{EI}\times 2+\frac{1}{2}\times\frac{20}{EI}\times 2+\frac{120}{EI}\times 2=\frac{240}{EI}$$

이다.

위의 식에서 θ_A의 부호가 '−'가 되는 이유는 θ_A와 θ_B의 처짐각의 방향이 서로 다르기 때문이다[그림 9.1(e) 참조].

따라서 $\theta_B = A_{x_o'}$의 조건 즉, $\frac{240}{EI}=\frac{1}{2}\times\frac{10x_o'}{EI}\times x_o'+\frac{120}{EI}\times x_o'$으로부터 $x_o'=1.86\,\mathrm{m}$로 계산되고 $y_{\max}$는 $\frac{M}{EI}$ 선도의 B 점에서 x_o'까지의 면적 $A_{x_o'}$의 B점을 통하는 수직축에 관한 면적 1차 모멘트이다. 즉,

$$y_{\max}=\left(\frac{1}{2}\times\frac{10x_o'}{EI}\times x_o'\right)\left(\frac{2}{3}x_o'\right)+\left(\frac{120}{EI}\times x_o'\right)\left(\frac{x_o'}{2}\right)=\frac{219}{EI}$$

$$=\frac{219}{20\times 10^3}\times 10^3 = 10.95\,\mathrm{mm}\text{로 계산된다.}$$

다음으로는 8장의 그림 8.33에서 3경간 연속보시스템의 해석 중 B, C지점을 제거하는 경우의 해석에 대해 9장으로 미루었는데 여기에서 다루기로 한다.

그림 9.13(a)는 등분포하중이 작용되고 한 지간장이 l인 3경간 연속보 구조시스템을

나타내고 그림 9.13(b)는 B, C지점을 제거한 정정 구조시스템에서 A점에서의 반력 $A_{V(w)}=\dfrac{3}{2}wl$에 의한 $\dfrac{M}{EI}$선도와 등분포하중 w에 의한 $\dfrac{M}{EI}$선도가 구분되어 나타나 있다. 여기서 $A_{V(w)}$에 의한 $\dfrac{M}{EI}$선도는 '+'이고 w에 의한 $\dfrac{M}{EI}$선도는 '−'이다. $A_{V(w)}$와 w에 의한 $\dfrac{M}{EI}$선도를 한꺼번에 그리지 않고 구분한 이유는 한꺼번에 그렸을 경우 $\dfrac{M}{EI}$선도의 면적 및 도심까지의 거리를 표 9.1을 이용해서는 구하기가 불가능하기 때문이다.

그림 9.13(b)로부터 알 수 있듯이 $A_{V(w)}$에 의한 $\dfrac{M}{EI}$선도는 삼각형이고 w에 의한 $\dfrac{M}{EI}$선도는 2차 포물선이므로 면적 및 도심까지의 거리를 쉽게 알 수 있다. 다시 말해서 면적과 도형의 도심을 쉽게 알 수 있는 도형을 중첩시키기 위함이다.

그림 9.13(c)는 정정 구조시스템화한 지간이 $3l$인 단순보시스템에서 A점에서의 처짐각 θ_A, B점과 C점에서의 처짐 $y_{B(w)}$와 $y_{C(w)}$가 표시되어 있다. 여기서 물론 $y_{B(w)}=y_{C(w)}$이다. 또한 B점과 A점에서의 접선끼리의 사이각 $\theta_{B/A}$ 및 $t_{B/A}$, $t_{D/A}$도 표시되어 있다. 여기서 $y_{B(w)}$를 구하기 위해서는 $t_{B/A}$와 $t_{D/A}$를 구해야 한다.

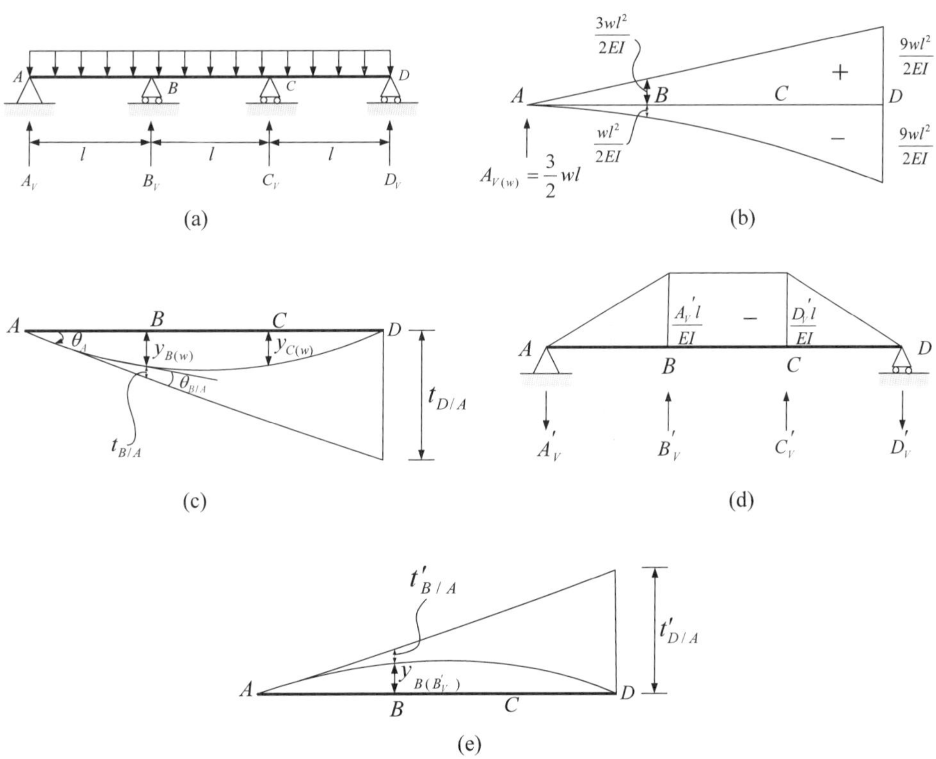

그림 9.13

따라서

$$t_{B/A} = \frac{1}{2}\frac{3wl^2}{2EI}l\frac{l}{3} - \frac{1}{3}\frac{wl^2}{2EI}l\frac{l}{4} = \frac{5wl^4}{24EI}$$

이고

$$t_{D/A} = \frac{1}{2}\frac{9wl^2}{2EI}3l^2 - \frac{1}{3}\frac{9wl^2}{2EI}3l\frac{3l}{4} = \frac{27wl^4}{8EI}$$

으로 계산된다. 따라서

$$y_{B(w)} + t_{B/A} = t_{D/A} \times \frac{1}{3}$$

이 되므로 구하고자 하는

$$y_{B(w)} = \frac{27wl^4}{8EI}\frac{1}{3} - \frac{5wl^4}{24EI} = \frac{11wl^4}{12EI}$$

으로 계산된다.

다음으로는 그림 9.13(d)에 지점이 제거된 B, C점에서의 부정정력 B'_V와 C'_V에 의한 $\frac{M}{EI}$선도와 그림 9.13(e)에 B'_V와 C'_V에 의한 처짐곡선 및 $t'_{B/A}$, $t'_{D/A}$, $y_{B(B_V')}$가 표시되어 있다. 여기서

$$t'_{B/A} = \frac{1}{2}\frac{A'_V l}{EI}l\frac{l}{3} = \frac{A'_V l^3}{6EI}$$

으로 계산되고 $A'_V = D'_V$이다.

따라서

$$t'_{D/A} = \frac{1}{2}\frac{A'_V l}{EI}l\left(2l + \frac{l}{3}\right) + \frac{A'_V l}{EI}l\frac{3l}{2} + \frac{1}{2}\frac{A'_V l}{EI}l\frac{2l}{3} = \frac{3A'_V l^3}{EI}$$

으로 계산된다. 따라서 $y_{B(B'_V)} + t'_{B/A} = \frac{1}{3}t'_{D/A}$이므로

$$y_{B(B'_V)} = \frac{3A'_V l^3}{EI}\frac{1}{3} - \frac{A'_V l^3}{6EI} = \frac{5A'_V l^3}{6EI}$$

으로 계산된다. 그리고 조건식은 $y_{B(w)} = y_{B(B_V')}$이므로

$$\frac{11wl^4}{12EI} = \frac{5A'_V l^3}{6EI}$$

과 같은 등식이 성립되고, $A'_V = B'_V$ 이므로 $B'_V = \frac{11wl}{10}$ 이 계산된다. 여기서 그림 9.13(a)의 B_V 는 그림 9.13(d)의 B'_V 와 같음을 주지하기 바란다. 따라서

$$A_V = D_V = \frac{2wl}{5}$$

이 된다.

다음으로는 AB 구간의 $M_{\max}$ 의 크기와 위치 및 M_B 그리고 BC 구간의 $M_{\max}$ 를 구해보자.

그림 9.14의 자유물체도로부터 $S=0$ 인 위치 즉, $M_{\max}$ 의 위치는 $\frac{2}{5}l$ 이고

$$M_{\max} = \frac{2}{5}wl\frac{2}{5}l - \frac{w}{2}\left(\frac{2}{5}l\right)^2 = \frac{2}{25}wl^2$$

이 계산된다. 그리고

$$M_B = \frac{2}{5}wl^2 - \frac{1}{2}wl^2 = -\frac{1}{10}wl^2$$

으로 계산된다. 그리고 BC 구간의 $M_{\max}$ 는 그림 9.15의 자유물체도로부터

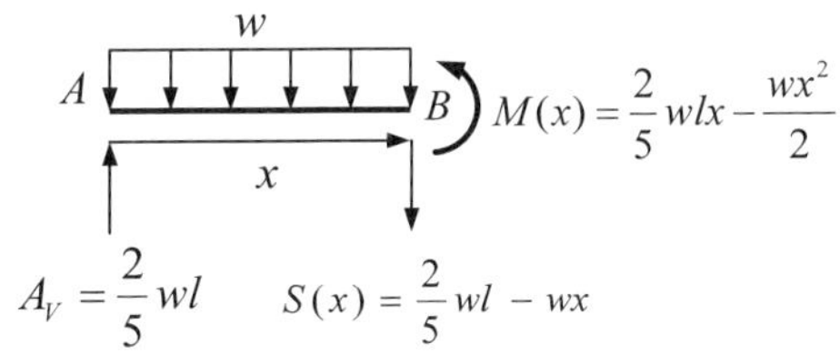

그림 9.14

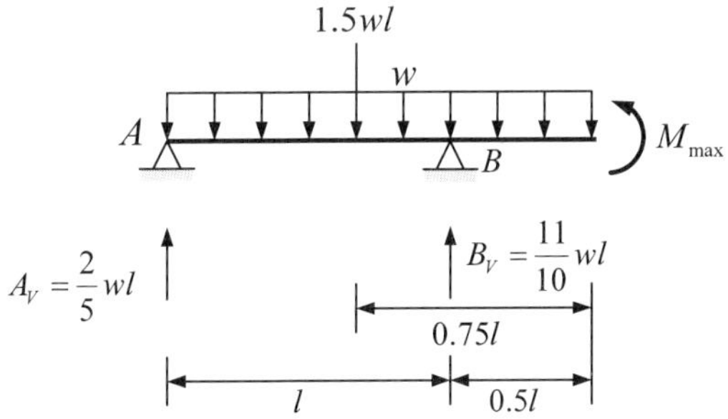

그림 9.15

$$M_{\max}=A_V\times 1.5l+B_V\times 0.5l-1.5wl\times 0.75l=\frac{wl^2}{40}$$

으로 계산된다. 따라서 이 결과는 8장의 이중적분법에서 계산한 결과와 일치한다. 그림 9.15에서 $1.5wl$은 등분포하중을 집중하중으로 대치한 것이다.

[예제 9.6]

아래 그림과 같은 양단고정보가 중앙에 집중하중 P를 받고 있을 때 S.F.D 와 B.M.D를 그려라 (단, EI는 일정).

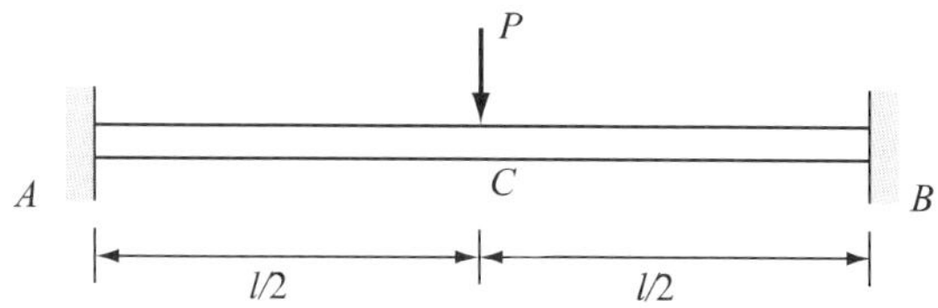

[풀이] 그림 (a)에 지점반력 A_V, B_V, M_A, M_B를 각각 나타내었고 그림 (b)에는 B 지점이 제거된 상태에서 B_V와 P 및 M_B에 의한 $\frac{M}{EI}$ 선도를 나타내었다. 그리고 그림 (c)에는 B_V에 의한 상향 처짐 $y_{B(B_V)}$와 P와 M_B에 의한 하향 처짐 $y_{B(P)}+y_{B(M_B)}$가 나타나 있다.

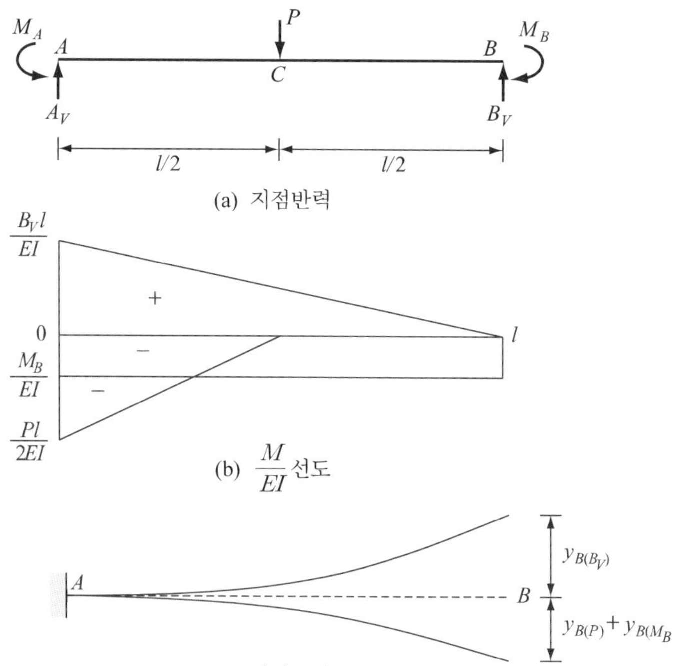

(a) 지점반력

(b) $\frac{M}{EI}$ 선도

(c) 처짐곡선

집중하중 P가 보의 중앙에 작용되므로 대칭조건으로부터 다음과 같은 조건식이 성립된다.

$$A_V = B_V = \frac{P}{2},\ M_A = M_B$$

그리고 B점에서의 처짐이 "0"인 조건식 즉, $y_{B(B_V)} = y_{B(P)} + y_{B(M_B)}$로부터 M_B를 구할 수 있다.

우선 모멘트 면적 제2정리를 이용하여 B_V에 의한 윗 방향으로의 처짐 $y_{B(B_V)}$는 다음과 같이 구해진다.

$$y_{B(B_V)} = \frac{1}{2} \times \frac{B_V l}{EI} \times l \times \frac{2l}{3} = \frac{B_V l^3}{3EI} = \frac{P l^3}{6EI}$$

또한 M_B와 P에 의한 아랫방향으로의 처짐 $y_{B(M_B)}$와 $y_{B(P)}$는 다음과 같이 계산된다.

$$y_{B(M_B)} = \frac{M_B}{EI} \times l \times \frac{l}{2} = \frac{M_B l^2}{2EI}$$

$$y_{B(P)} = \frac{1}{2} \times \frac{Pl}{2EI} \times \frac{l}{2} \times \frac{5l}{6} = \frac{5Pl^3}{48EI}$$

따라서 $\frac{P l^3}{6EI} - \frac{M_B l^2}{2EI} - \frac{5 P l^3}{48EI} = 0$의 조건식으로부터 $M_B = \frac{P l}{8}$로 계산된다.

P의 작용점 C에서의 모멘트 M_C는 다음과 같은 자유물체도로부터 계산된다.

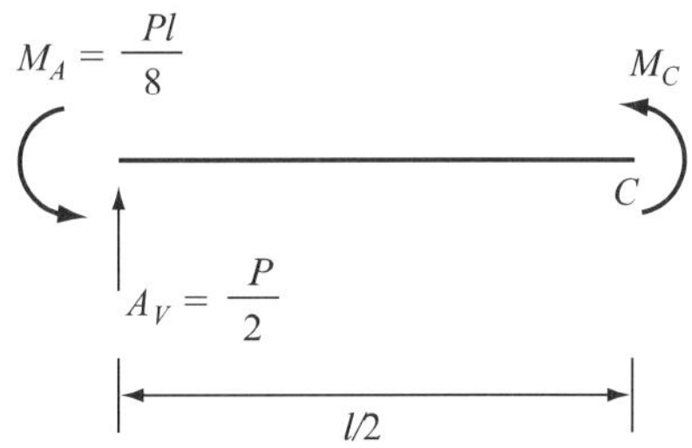

$$M_C = \frac{P}{2} \times \frac{l}{2} - \frac{P l}{8} = \frac{Pl}{8}$$

위의 결과로부터 S.F.D 및 B.M.D는 다음 그림과 같다.

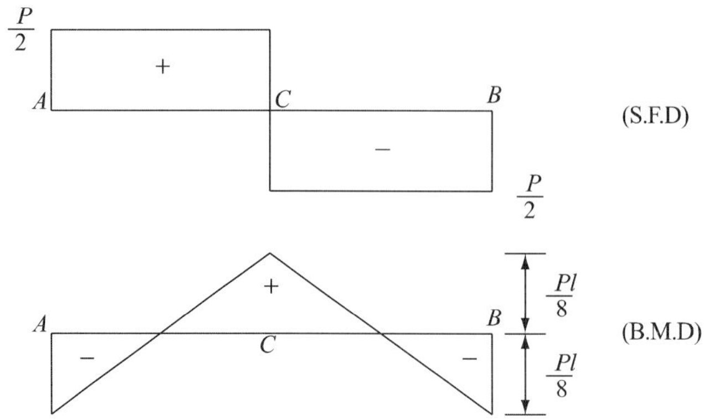
P/2
+
A
C
B
(S.F.D)
−
P/2
Pl/8
+
A
B
(B.M.D)
C
−
−
Pl/8

연습문제

EXERCISE

1. 그림과 같은 하중을 받는 보에서

(a) A점에서의 처짐각

(b) 보의 중앙점 C점에서의 처짐을 구하라(단, $E = 200$ GPa).

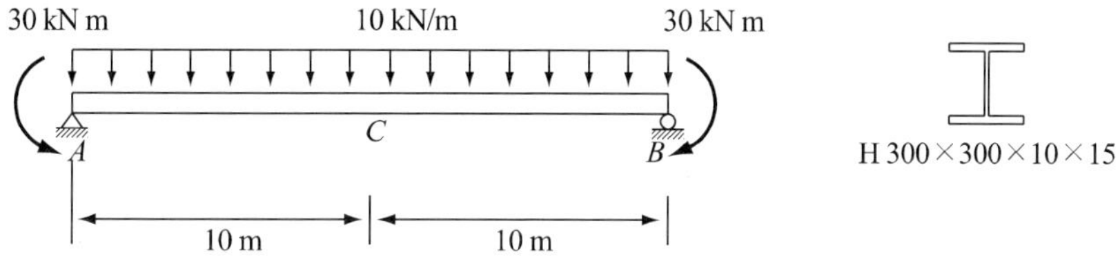

해석 순서

① 반력 및 C점에서의 모멘트 M_c 계산

$I = 2.04 \times 10^{-4}\,\mathrm{m}^4$, $EI = 4.08 \times 10^7\,\mathrm{N\,m}^2$

$A_V = B_V = 100\,\mathrm{kN}\ (\uparrow)$

임의 점 x에서의 휨모멘트 $M_x = -5x^2 + 100x - 30$

C점($x = 10$ m)에서의 휨모멘트 $M_c = 470\,\mathrm{kN\,m}$

② $\dfrac{M}{EI}$선도 작성

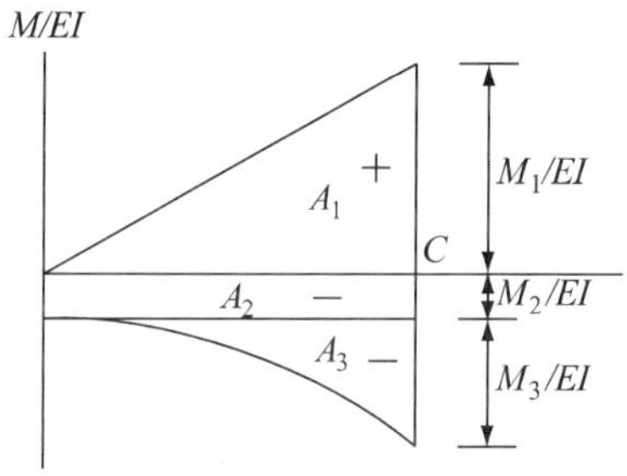

M_1: A_V에 의한 C점에서의 모멘트

$M_2 = -30\,\mathrm{kN\,m}$

M_3: w에 의한 C점에서의 모멘트

$$\frac{M_1}{EI} = \frac{1{,}000 \times 10^3}{4.08 \times 10^7} = 2.45 \times 10^{-2}\,\mathrm{m}^{-1}$$

$$\frac{M_2}{EI} = -7.35 \times 10^{-4}\,\mathrm{m}^{-1},\quad \frac{M_3}{EI} = -1.23 \times 10^{-2}\,\mathrm{m}^{-1}$$

$$A_1 = \frac{1}{2} \times 2.45 \times 10^{-2} \times 10 = 0.123$$

$$A_2 = -7.35 \times 10^{-3}$$

$A_3 = -0.041$

③ $\dfrac{M}{EI}$선도에 의하여 A점에서의 처짐각 산정

$$\theta_A = \theta_C + \theta_{C/A} = -(A_1 + A_2 + A_3) = -0.047 \text{ rad } (\text{↺})$$

④ $\dfrac{M}{EI}$선도에 의하여 C점에서의 처짐 산정

$$y_C = t_{A/C} = A_1 \times \frac{2}{3} \times 10 + A_2 \times \frac{10}{2} + A_3 \times \frac{3}{4} \times 10 = 0.47 \text{ m } (\downarrow)$$

2. 그림과 같은 하중을 받는 보에서 C점에서의 처짐이 "0"이 되도록 등분포하중 w(kN/m)를 구하라(단, $E = 200$ GPa).

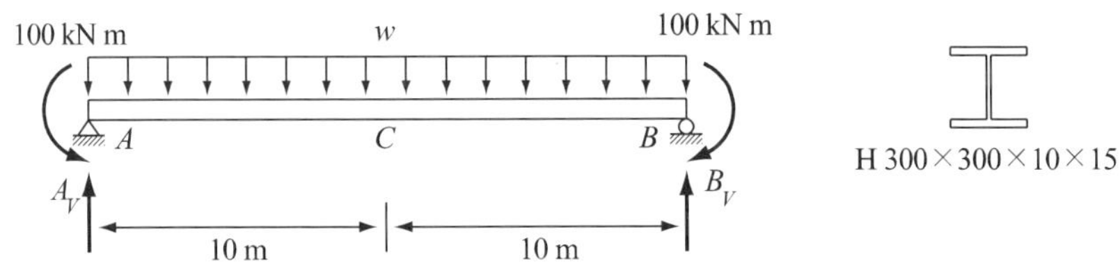

해석 순서

① 반력 및 모멘트에 관한 일반식 M_x

$I = 2.04 \times 10^{-4}\text{ m}^4,\ EI = 4.08 \times 10^7 \text{ Nm}^2$

$A_V = B_V = 10\,w \text{ kN } (\uparrow)$

임의 점 x에서의 휨모멘트 $M_x = -0.5\,wx^2 + 10\,wx - 100$

C점($x = 10$ m)에서의 휨모멘트 $M_c = 100\,w - 100 - 50\,w$

② $\dfrac{M}{EI}$선도 작성

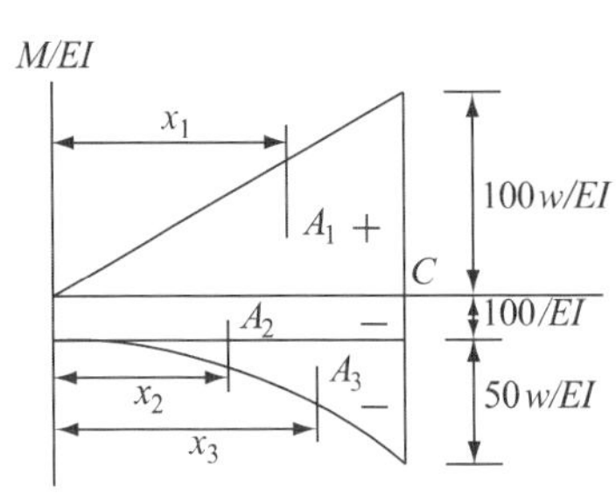

$$A_1 = \frac{1}{2} \times \frac{100w}{EI} \times 10 = \frac{500w}{EI}$$

$$x_1 = \frac{2}{3} \times 10 = 6.667 \text{ m}$$

$$A_2 = -\frac{1{,}000}{EI},\ x_2 = 5.0 \text{ m}$$

$$A_3 = -\frac{166.667w}{EI},\ x_3 = 7.5 \text{ m}$$

③ $\dfrac{M}{EI}$선도에 의하여 C점에서의 처짐 산정

$$y_C = t_{A/C} = A_1 x_1 + A_2 x_2 + A_3 x_3 = 0$$

④ 등분포하중 w 산정

$2,083.5\,w - 5,000 = 0$

$w = 2.4\ \text{kN/m}$

3. 그림과 같은 하중을 받는 보에서

(a) A점에서의 처짐각

(b) D점에서의 처짐을 구하라(단, $E = 200\ \text{GPa}$).

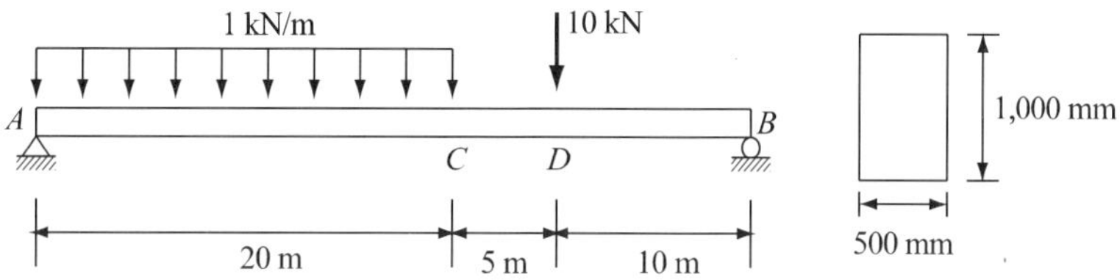

해석 순서

① 반력 산정

$EI = 8.333 \times 10^9\ \text{Nm}^2,\ A_V = 17.143\ \text{kN}(\uparrow),\ B_V = 12.857\ \text{kN}(\uparrow)$

② B.M.D 작성

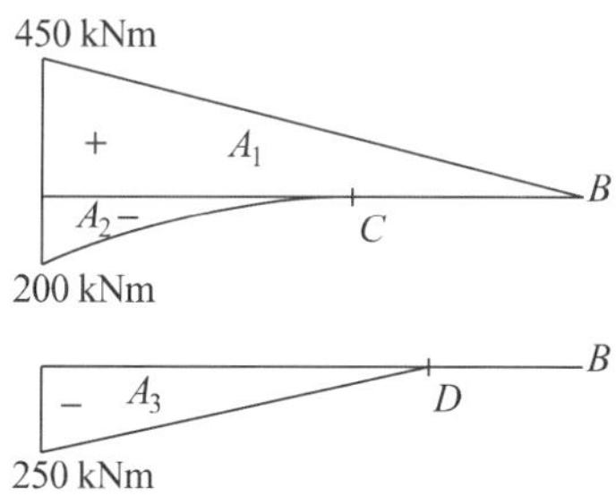

$A_1 = 7,875\ \text{kNm}^2$

$A_2 = -1,333.3\ \text{kNm}^2$

$A_3 = -3,125\ \text{kNm}^2$

③ A점에서의 처짐각 산정

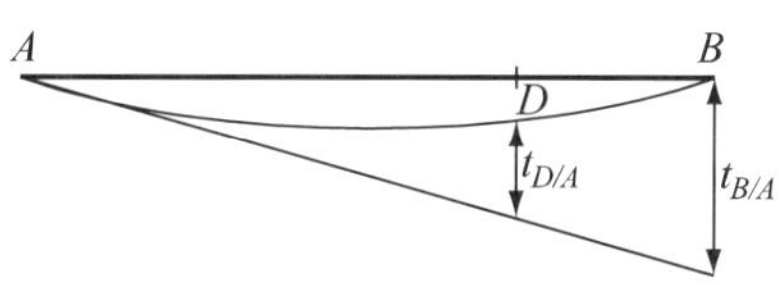

$$\theta_A = -\frac{EIt_{B/A}}{EIl}\ (\triangleleft)$$

$$= -2.1 \times 10^{-4}\ \text{rad}$$

$$EIt_{B/A} = A_1\left(35 - \frac{1}{3}35\right) + A_2\left(35 - \frac{1}{4}20\right) + A_3\left(35 - \frac{1}{3}25\right)$$

$$= 60,413\ \text{kN m}^3$$

④ D점에서의 처짐 산정

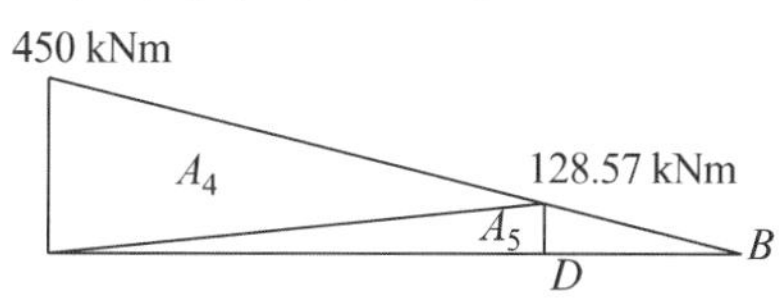

$A_4 = 5,625\ \text{kNm}^2$

$A_5 = 1,607.1\ \text{kNm}^2$

$$EIt_{D/A} = A_4\left(\frac{2}{3}25\right) + A_5\left(\frac{1}{3}25\right) + A_2\left(25 - \frac{1}{4}20\right) + A_3\left(\frac{2}{3}25\right)$$

$$= 28{,}393\ \mathrm{kNm^3}$$

$$EIy_D = EIt_{D/A} - EI\frac{x_D}{l}\,t_{B/A}$$

$$= 28{,}393 - \frac{25}{35}\,60{,}413 = -14{,}759\ \mathrm{kNm^3}$$

$$y_D = -1.771 \times 10^{-3}\ \mathrm{mm}\ (\downarrow)$$

4. 다음 그림과 같은 단면으로 이루어진 보 AD의

(a) B점에서의 처짐각

(b) A점에서의 처짐을 구하라(단, $E = 200$ GPa).

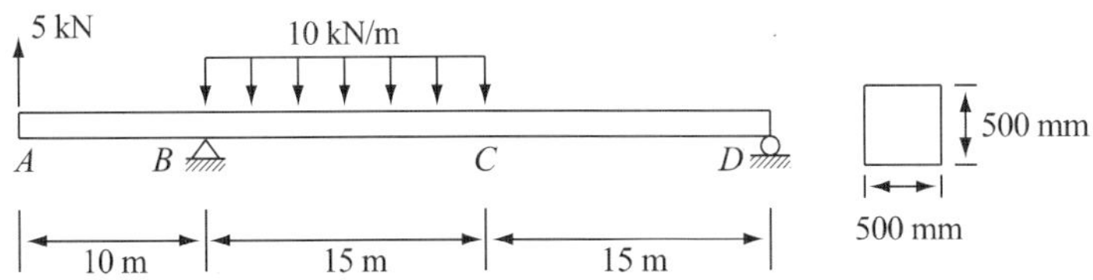

해석 순서

① 반력 산정

$EI = 1.042 \times 10^6\ \mathrm{kNm^2}$, $A_V = 39.167\ \mathrm{kN}\,(\uparrow)$, $B_V = 105.833\ \mathrm{kN}\,(\uparrow)$

② B.M.D 작성

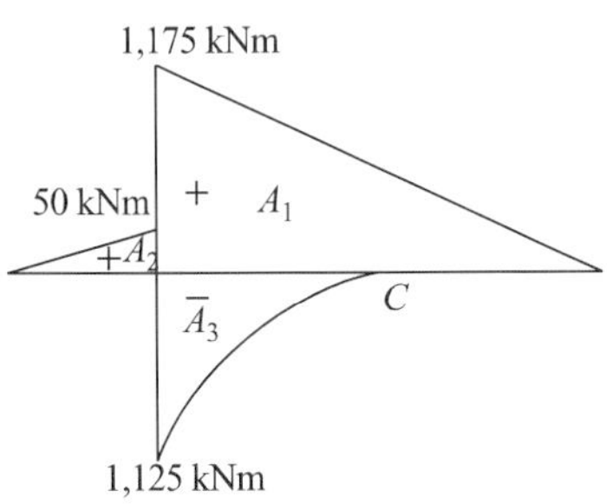

$A_1 = 17{,}625\ \mathrm{kNm^2}$

$A_2 = 250\ \mathrm{kNm^2}$

$A_3 = -5{,}625\ \mathrm{kNm^2}$

③ B점에서의 처짐각 산정

$$EIt_{D/A} = A_1\left(\frac{2}{3}30\right) + A_3\left(15 + \frac{3}{4}15\right) = 204{,}846.7\ \mathrm{kNm^3}$$

$$\theta_B = -\frac{EIt_{D/A}}{EIl} = -6.55 \times 10^{-3}\ \mathrm{rad}\ (\triangleleft)$$

④ A점에서의 처짐 산정

$y_A = t_{A/B} - l_{AB}\theta_B = 67.1\ \text{mm}\ (\uparrow)$

5. 그림과 같은 하중을 받는 보에서의 각 지점의 반력을 구하라.

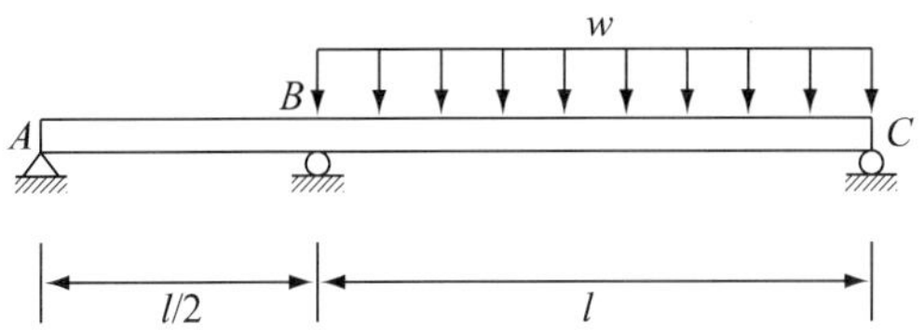

해석 순서

① B지점을 제거하고 B점에 반력 B_V를 외력으로 작용시킨 하중계와 B지점을 제거한 하중계로 분리하여 각 하중계의 $\dfrac{M}{EI}$선도 작성

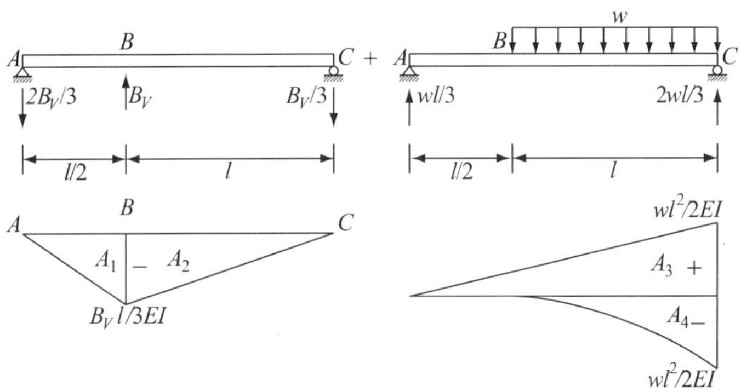

$$A_1 = \frac{1}{2}\left(-\frac{B_V l}{3EI}\right)\left(\frac{l}{2}\right) = -\frac{B_V l^2}{12EI}$$

$$A_2 = \frac{1}{2}\left(-\frac{B_V l}{3EI}\right)l = -\frac{B_V l^2}{6EI}$$

$$A_3 = \frac{1}{2}\left(\frac{wl^2}{2EI}\right)\left(\frac{3l}{2}\right) = \frac{3wl^3}{8EI}$$

$$A_4 = \frac{1}{3}\left(-\frac{wl^2}{2EI}\right)l = -\frac{wl^3}{6EI}$$

$$t_{C/A} = A_1\left(l + \frac{1}{3}\frac{l}{2}\right) + A_2\left(\frac{2}{3}l\right) + A_3\left(\frac{1}{3}\frac{3l}{2}\right) + A_4\left(\frac{1}{4}l\right)$$

$$= -\frac{5}{24}\frac{B_V l^3}{EI} + \frac{7}{48}\frac{wl^3}{EI}$$

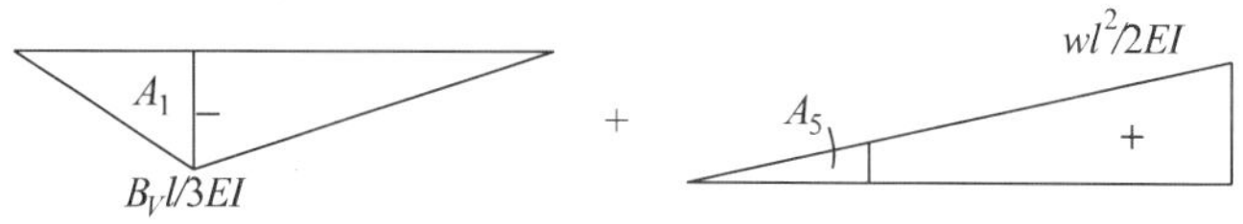

$$A_5 = \frac{wl^3}{24EI}$$

$$t_{B/A} = A_1\left(\frac{1}{3}\frac{l}{2}\right) + A_5\left(\frac{1}{3}\frac{l}{2}\right) = -\frac{1}{72}\frac{B_Vl^3}{EI} + \frac{1}{144}\frac{wl^4}{EI}$$

② B 점에서의 처짐 산정 ⇒ B 점에서의 처짐은 "0"

$$y_B = t_{B/A} - \frac{l/2}{3l/2}t_{C/A} = \frac{1}{18}\frac{B_Vl^3}{EI} - \frac{1}{24}\frac{wl^4}{EI} = 0$$

③ 각 지점에서의 반력 산정

$$B_V = \frac{3}{4}wl(\uparrow),\ A_V = -\frac{1}{6}wl(\downarrow),\ C_V = \frac{5}{12}wl(\uparrow)$$

6. 그림과 같은 하중을 받는 보에서 이동지점 B 에서의 반력을 구하고 모멘트도를 작도하라.

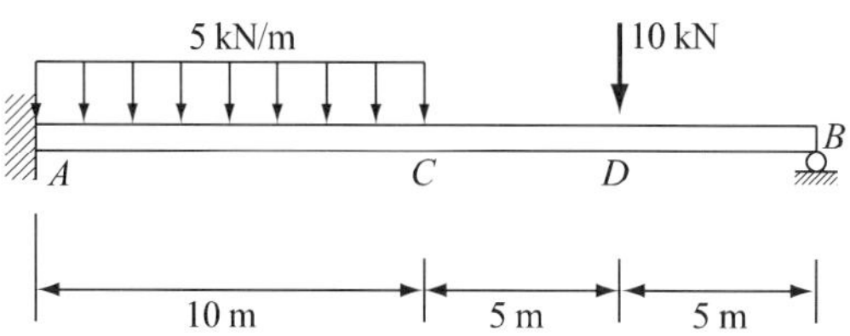

해석 순서

① 이동지점 B를 제거하고 B점에 반력 B_V를 외력으로 작용시켜 $\frac{M}{EI}$선도 작성

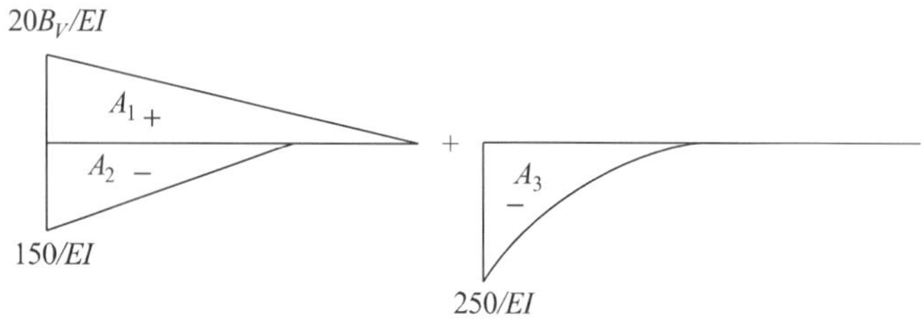

$$A_1 = \frac{1}{2}\left(\frac{20B_V}{EI}\right)20 = \frac{200B_V}{EI},\ A_2 = -\frac{1,125}{EI},\ A_3 = -\frac{833.3}{EI}$$

② B점에서의 처짐 산정 ⇒ B 점에서의 처짐은 “0”

$$t_{B/A} = A_1\left(\frac{2}{3}20\right) + A_2\left(5 + \frac{2}{3}15\right) + A_3\left(10 + \frac{3}{4}10\right) = 0$$

③ 이동지점 B 의 반력 산정

$B_V = 11.8$ kN (↑)

④ B.M.D

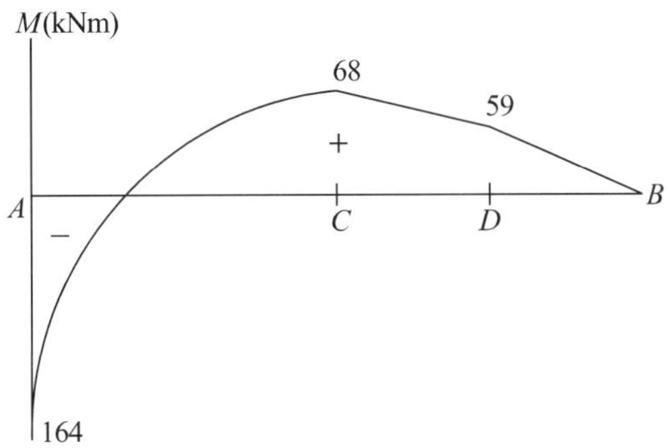

10
에너지 방법
Energy Method

10.1 변형에너지(Deformation Energy)

앞서 8장과 9장에서는 여러 구조시스템과 다양한 하중조건(荷重條件, Load Condition) 하에서 곡률과 휨모멘트의 개념과 모멘트 면적에 근거를 두어 처짐각 및 처짐에 대해 다루었다.

이 장에서는 지금까지와는 다른 개념 즉, 변형에너지에 근거를 두어 처짐각 및 처짐에 대해 다루고자 한다.

그림 10.1과 같은 봉의 자유단에서 하중 P를 점점 증가시키면 매우 미소한 양이지만 봉은 x만큼 변형될 것이다.

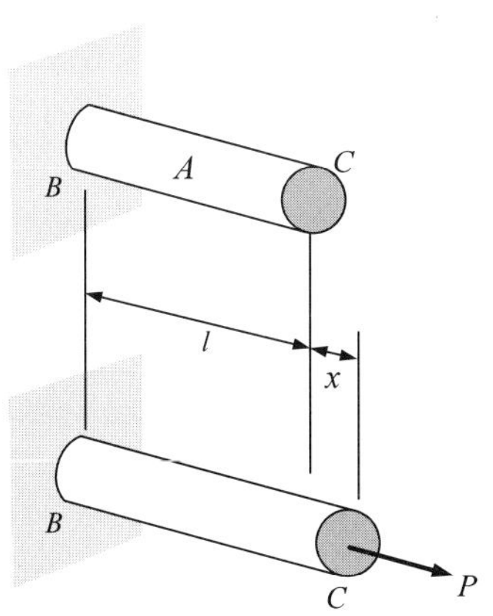

그림 10.1

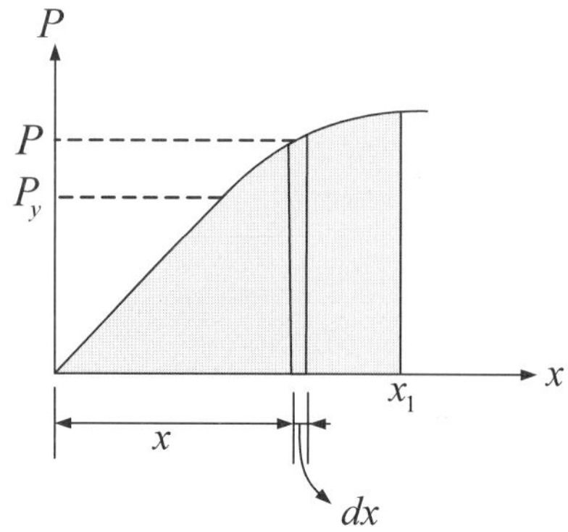

그림 10.2

그림 10.2에 하중 P와 변형량 x의 관계가 나타나 있다. 여기서도 항복하중 P_y를 초과하면 P와 x의 관계는 비선형(非線型, Nonlinear) 거동을 하게 된다.

그림 10.2로부터 하중 P에 의한 미소변형량 dx가 한 미소일량

$$dU = P dx$$

로 표현된다. 즉, dU는 $P-x$선도에서 dx에 해당되는 미소면적(微小面積, Infinitesimal Area)이다. 만일 탄성범위를 지나 x_1까지 변형되었다면 변형에너지는 $P-x$선도에서 P와 x_1의 음영으로 나타낸 면적이다.

이때의 일량

$$U = \int_0^{x_1} P dx$$

로 표현되고 이때의 일량 U를 봉의 변형에너지라 한다. 변형에너지의 단위는 모멘트와 같이 힘 × 거리 즉, N m로 나타내어지고 1 Nm를 1줄(Joule)이라고 한다. 그림 10.3과 같이 하중 P가 항복하중 P_y를 초과하지 않는 경우의 하중 P_1에 의해 x_1의 변형량이 발생되었을 때의 봉의 변형을 선형탄성변형(線形彈性變形, Linear Elastic Deformation)이라고 한다. 이 경우 $P_1 = kx_1$으로 표현되는데 여기서 k는 스프링계수이다. 이때의 변형에너지를 탄성변형에너지 U라 하고 다음과 같이 표현한다.

$$U = \int_0^{x_1} k x_1 dx = \frac{k x_1^2}{2} = \frac{1}{2} P_1 x_1$$

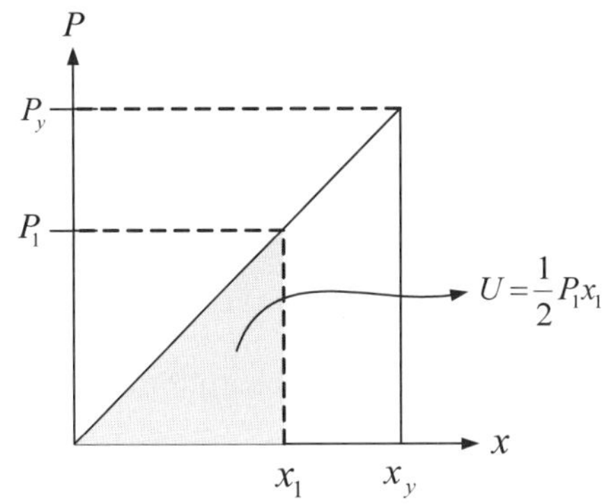

그림 10.3

그리고 u를 탄성변형에너지 밀도(密度, Density)라 하면 $u=\dfrac{U}{V}$로 표현되고, 여기서 V는 봉의 체적으로 Al이 된다, 여기서 A는 봉의 단면적이고, l은 봉의 길이이다.

변형에너지를 밀도로 표현하는 이유는 봉의 단면적의 크기와 길이에 상관없이 재료의 $\sigma-\epsilon$에 관한 특성으로만 표현하기 위함이다. 따라서

$$u=\int_0^{x_1}\frac{P_1}{Al}dx=\int_0^{\epsilon_x}\sigma_x\,d\epsilon_x$$

로 표현될 수 있다. 여기서 $d\epsilon_x=\dfrac{dx}{l}$이고, u의 단위(單位, unit)는 Joule/m^{3}가 된다. 변형에너지 밀도 즉, 단위체적당 변형에너지 u의 개념을 $\sigma-\epsilon$선도로 표시하면 그림 10.4와 같다.

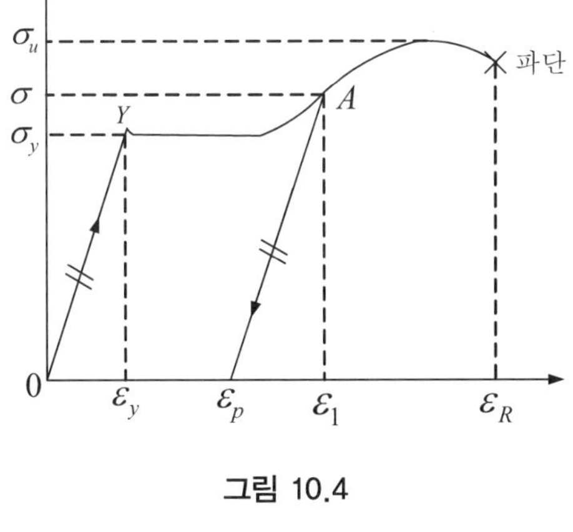

그림 10.4

그림 10.4의 $\sigma-\epsilon$선도로부터 소성역의 임의 점 A, 즉 $\sigma-\epsilon$선도상의 ϵ_1에 해당되는 점에서 하중을 "0"으로 제거하면 탄성역의 초기 기울기 $O-Y$ 즉, 초기 강성(剛性, Rigidity)과 같게 회복된다. 그러나 변형률은 ϵ_1에서 ϵ_p만큼 남게 되는데, 이 ϵ_p를 영구변형률 또는 소성변형률(塑性變形率, Plastic Strain)이라고 한다. 여기서 회복되지 않고 남은 에너지 부분을 소성변형에 의한 에너지 소산 또는 흡수라 한다.

소산(消散, Dissipation) 또는 흡수(吸收, Absorption)된 에너지는 열에너지로 변환(變換, Transformation)되어 사라진 것이다. 여기서 ϵ_1을 기준으로 할 경우 $\epsilon=0$에서부터 ϵ_1까지의 $\sigma-\epsilon$선도의 면적이 에너지 밀도 u이다. $\epsilon=0$에서 ϵ_R까지의 $\sigma-\epsilon$선도의 면적으로 하는 에너지 밀도 u를 재료의 인성계수(靭性係數, Modulus of Toughness)라고 하며, 연성(延性, Ductility)과 밀접한 관계가 있다. 즉, 인성계수가 큰 재료일수록 연성이 좋다고 한다. 그리고 $\epsilon=0$에서 ϵ_y까지 즉, $O-Y-\epsilon_y$의 삼각형 면적을 레질리언스 계수(Modulus of Resilience)라 한다. 레질리언스 계수는 최대 탄성변형에너지 밀도 u_y이다. 이 경우 후크의 법칙 $\sigma_y = E\epsilon_y$가 성립되므로 u_y는 다음 식과 같이 표현된다.

$$u_y = \int_0^{\epsilon_y} E\epsilon_x \, d\epsilon_x = \frac{E\epsilon_y^2}{2} = \frac{\sigma_y^2}{2E}$$

10.2 충격하중(衝擊荷重, Impact Loadings)

그림 10.5와 같이 질량(質量, Mass) m인 물체가 v_0의 속도로 봉에 부딪혔을 때의 운동(運動)에너지

$$T = \frac{1}{2}mv_0^2$$

으로 표현된다.

만일 봉에 질량 m이 v_0의 속도로 충격을 주었을 때, 봉은 움직이지 않았고 즉, 관성(慣性, Inertia)이 발생되지 않았고 탄성범위 내에 있었다면 즉, 에너지 소산 또는 흡수가 없었다면 봉이 충격에 의해 받은 변형에너지 U는 T와 같다. 따라서

$$P_1 x_1 = mv_o^2$$

이라는 관계식이 성립된다. 그리고 탄성범위 내에서 $x_1 = \dfrac{P_1 l}{EA}$이므로 위의 식은

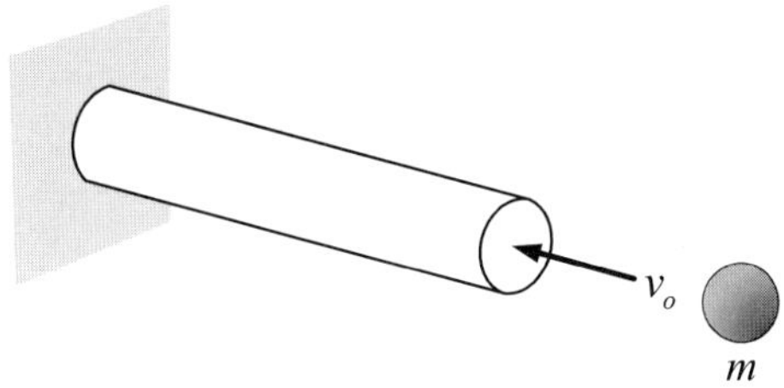

그림 10.5

$$\frac{P_1^2 l}{EA} = mv_0^2$$

이 된다. 이 식을 P_1에 대해 정리하면

$$P_1 = \sqrt{\frac{EAmv_0^2}{l}}$$

으로 표현된다. 여기서 P_1은 충격하중에 의한 에너지에 대응되는 정하중(靜荷重, Static Load)이고, 이때의 응력 σ는 다음 식으로 표현된다.

$$\sigma = \frac{P_1}{A} = \sqrt{\frac{Emv_0^2}{Al}}$$

10.3 축력(軸力, Normal Force)에 의한 탄성변형에너지

지금까지는 균일분포응력(均一分布應力, Uniformly Distributed Stress) 즉, σ_x가 일정한 경우에 대해 변형에너지 밀도 $u = \dfrac{U}{V}$로 표현하였다. 그러나 비균일 분포응력을 받는 부재(部材, Members)에서의 에너지 밀도는 다음과 같이 표현된다.

$$u = \lim_{\triangle V \to 0} \frac{\triangle U}{\triangle V} \quad \text{또는} \quad u = \frac{\triangle U}{\triangle V}$$

그리고 앞서 $u = \int_0^{\epsilon_x} \sigma_x d\epsilon_x$의 관계는 다른 표현으로

$$u = \frac{1}{2} E \epsilon_x^2 = \frac{1}{2} \sigma_x \epsilon_x = \frac{\sigma_x^2}{2E}$$

으로도 나타내어진다.

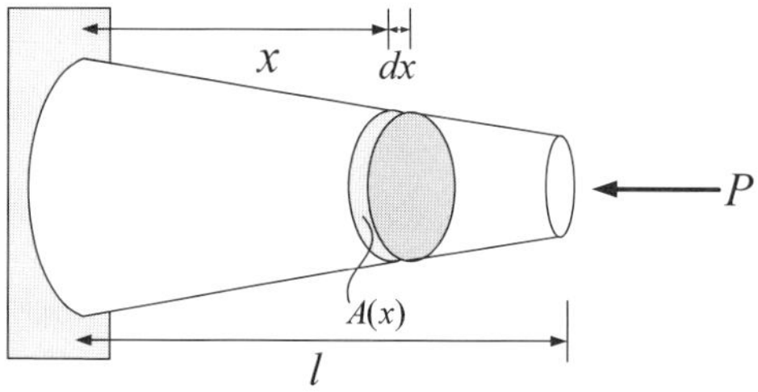

그림 10.6

그림 10.6과 같이 변단면의 봉이 일축응력(一軸應力, Uniaxial Stress)을 받는 경우 탄성변형에너지 즉, 후크의 법칙이 성립되는 범위 내에서의 변형에너지

$$U = \int \frac{\sigma_x^2}{2E} dV$$

로 나타낼 수 있다. 여기서 dV는 $A(x)dx$이다.

그리고 $\sigma_x = \dfrac{P}{A(x)}$ 이므로

$$U = \int_0^l \frac{P^2}{2EA(x)^2} dV = \int_0^l \frac{P^2}{2EA(x)} dx$$

로 표현된다.

만일 봉이 균일단면일 경우

$$U = \frac{P^2 l}{2EA}$$

이 된다.

[예제 10.1]

그림과 같이 단면의 크기가 다른 봉 ABC 의 탄성변형에너지 U 를 구하라. (단, 모든 부재의 탄성계수 E 는 균일하다.)

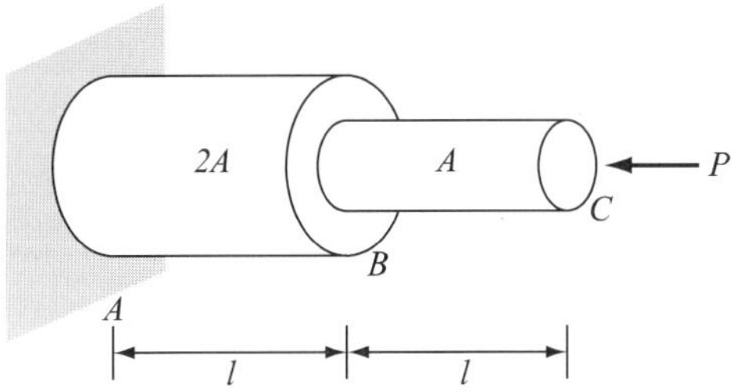

[풀이] C 점에 작용되는 하중 P 는 AB 구간이나 BC 구간에 일정하게 작용되므로

$$U_{(AB\text{구간})} + U_{(BC\text{구간})} = \frac{P^2 l}{2E(2A)} + \frac{P^2 l}{2EA} = \frac{3P^2 l}{4EA}$$

로 간단하게 계산된다.

[예제 10.2]

예제 1.1에서 계산된 트러스 구조물의 탄성변형에너지를 구하라. (단, 모든 부재의 탄성계수 $E = 70\ \mathrm{GPa}$, 단면적 $A = 1{,}000\ \mathrm{mm}^2$ 이다.)

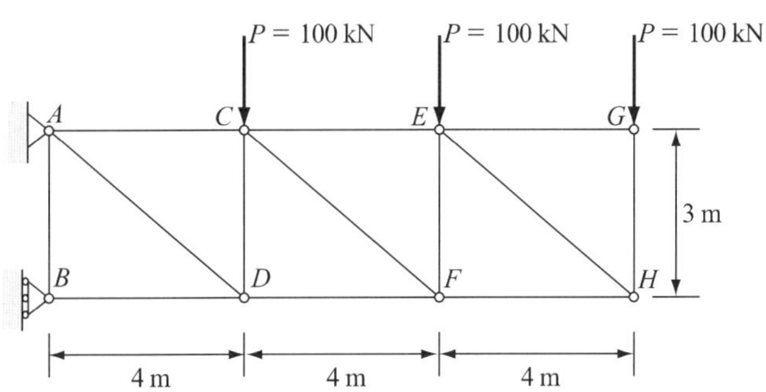

[풀이] 예제 1.1에서 구한 트러스의 각 부재력은 다음 그림과 같고 이것을 표로 정리하면 다음과 같다.

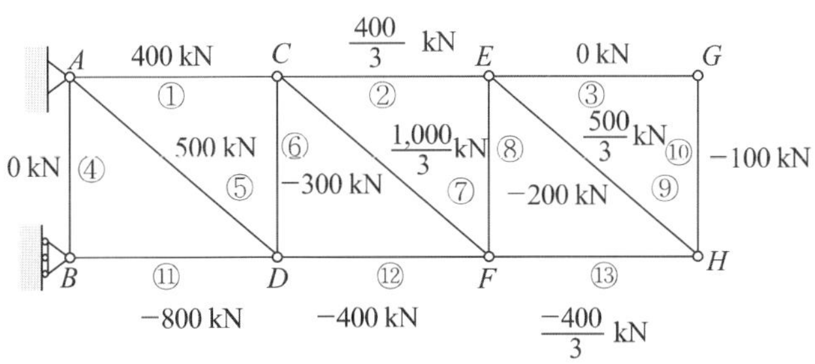

부 재	부재력 F (kN)	길이 l (m)
①	400	4
②	400/3	4
③	0	4
④	0	3
⑤	500	5
⑥	−300	3
⑦	1,000/3	5
⑧	−200	3
⑨	500/3	5
⑩	−100	3
⑪	−800	4
⑫	−400	4
⑬	−400/3	4

이 값을 이용하여 트러스의 탄성변형에너지는 다음과 같이 계산된다.

$$
\begin{aligned}
U &= \sum_{i=1}^{13} \frac{P_i^2 l_i}{2EA} \\
&= \frac{1}{2EA}\left\{
\begin{aligned}
&(400\times 10^3)^2\times 4+\left(\frac{400}{3}\times 10^3\right)^2\times 4+0\times 4+0\times 3+(500\times 10^3)^2\times 5 \\
&+(-300\times 10^3)^2\times 3+\left(\frac{1,000}{3}\times 10^3\right)^2\times 5+(-200\times 10^3)^2\times 3 \\
&+\left(\frac{500}{3}\times 10^3\right)^2\times 5+(-100\times 10^3)^2\times 3+(-800\times 10^3)^2\times 4 \\
&+(-400\times 10^3)^2\times 4+\left(-\frac{400}{3}\times 10^3\right)^2\times 4
\end{aligned}
\right\} \\
&= \frac{6.347\times 10^{12}}{2EA} = 45.34\ \text{kNm}
\end{aligned}
$$

10.4 휨모멘트에 의한 탄성변형에너지

휨모멘트 M에 의한 축응력 $\sigma=\dfrac{M}{I}y$이므로 M에 의한 탄성변형에너지 U는 다음과 같이 표현된다.

$$U = \int \frac{\sigma_x^2}{2E} dV = \int \frac{M^2 y^2}{2EI^2} dV$$

여기서 $dV = dA\,dx$이므로

$$U = \int_0^l \frac{M^2}{2EI^2} \left(\int y^2 dA \right) dx$$

로 표현된다. 한편 $\int y^2 dA$는 단면의 도심축에 대한 단면2차모멘트 I 이므로 U는 최종적으로 다음과 같이 표현된다.

$$U = \int_0^l \frac{M^2}{2EI} dx$$

다음으로는 8장과 9장에서 다루었던 외팔보시스템과 단순보시스템에서 집중하중 P와 등분포하중 w, 그리고 하중으로서 모멘트가 작용되는 경우의 탄성변형에너지 U를 구해보자. 단, 휨모멘트의 영향만을 고려하는 것으로 한다.

외팔보

그림 10.7과 같은 집중하중의 경우

$M(x) = -Px$이고 균일단면이므로

$$U = \int_0^l \frac{P^2 x^2}{2EI} dx = \frac{P^2 l^3}{6EI} \text{ 이 된다.}$$

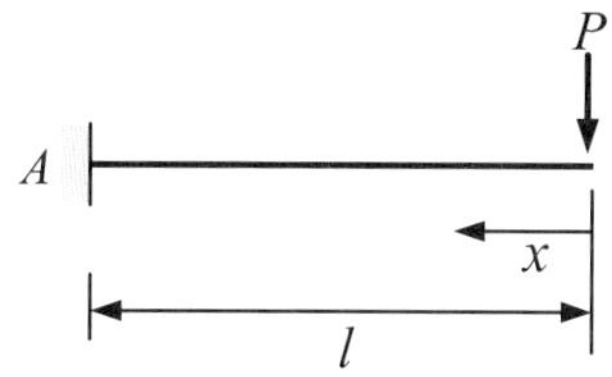

그림 10.7

그림 10.8과 같은 등분포하중의 경우

$M(x) = -\dfrac{wx^2}{2}$이므로 U는 다음과 같이 계산된다.

$$U = \int_0^l \frac{w^2 x^4}{8EI} dx = \frac{w^2 l^5}{40EI}$$

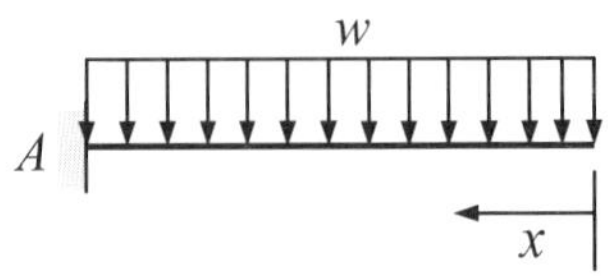

그림 10.8

그림 10.9와 같이 하중으로서 M이 작용되는 경우
$M(x) = M$ 이므로

$$U = \int_0^l \frac{M^2}{2EI} dx = \frac{M^2 l}{2EI} \text{이 된다.}$$

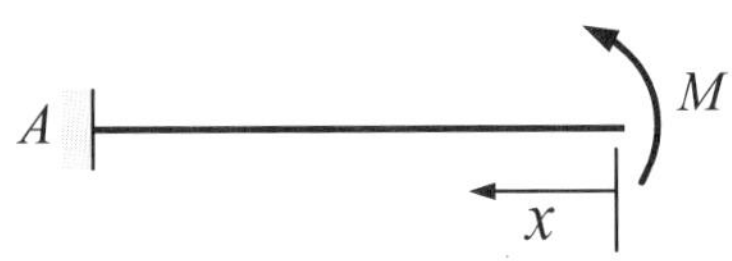

그림 10.9

● 단순보

그림 10.10과 같이 집중하중의 경우 모멘트에 대한 일반식이 AC 구간과 BC 구간으로 2개가 되고, 대칭이므로 $x = \dfrac{l}{2}$까지 적분한 결과를 2배로 하여 U값을 계산하면 된다.

따라서

$$U = 2\int_0^{\frac{l}{2}} \frac{\left(\frac{P}{2}x\right)^2}{2EI} dx = 2\int_0^{\frac{l}{2}} \frac{P^2 x^2}{8EI} dx = \frac{P^2}{12EI}\left(\frac{l}{2}\right)^3 = \frac{P^2 l^3}{96EI} \text{ 으로 계산된다.}$$

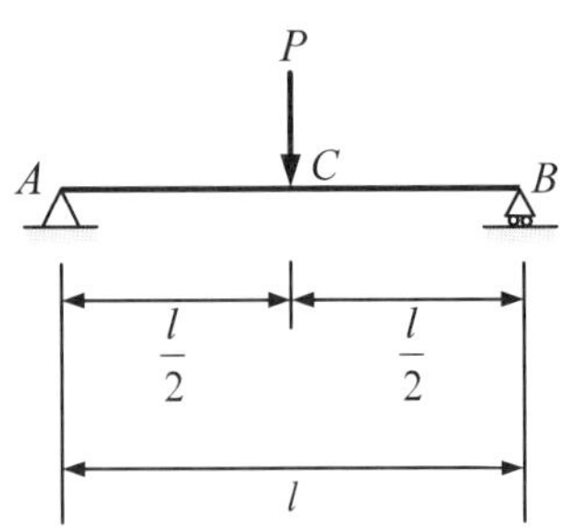

그림 10.10

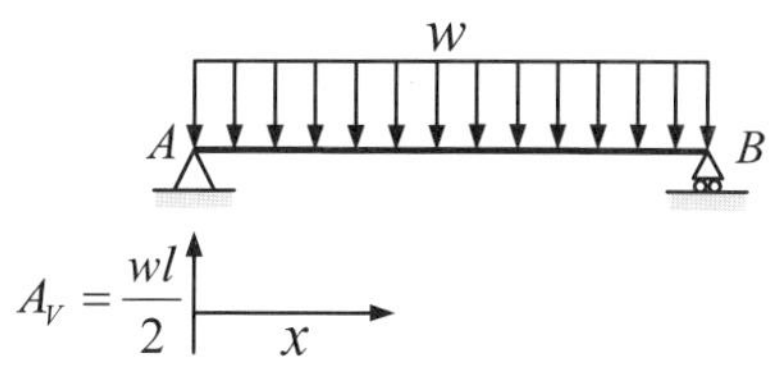

그림 10.11

그림 10.11과 같이 단순보에 등분포하중이 작용되는 경우

$M(x) = \frac{wlx}{2} - \frac{wx^2}{2}$ 이므로

$$U = \frac{1}{2EI}\int_0^l \left(\frac{w^2l^2}{4}x^2 - \frac{w^2lx^3}{2} + \frac{w^2x^4}{4}\right)dx = \frac{w^2l^5}{240EI}$$ 이 된다.

그림 10.12와 같이 하중으로서 모멘트 M이 작용되는 경우

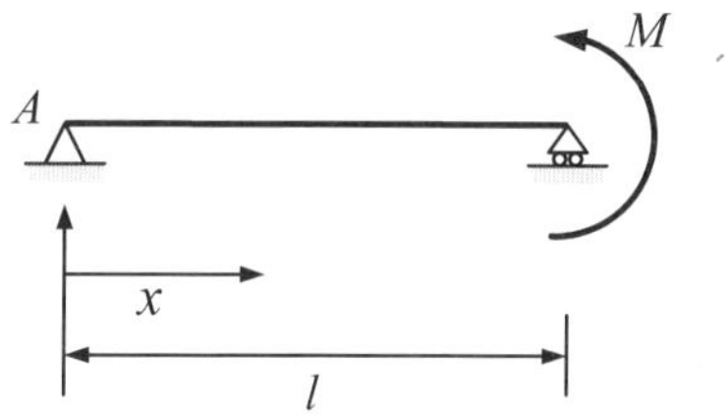

그림 10.12

$M(x) = \frac{M}{l}x$ 이므로

따라서

$$U = \frac{1}{2EI}\int_0^l \left(\frac{M^2}{l^2}x^2\right)dx = \frac{M^2l}{6EI}$$ 이 된다.

10.5 비틀림모멘트(M_T)에 의한 탄성변형에너지

앞서 10.1절의 변형에너지 밀도에 관한 설명에서 축응력에 의한 탄성변형에너지 밀도 $u = \int_0^{\epsilon_x} \sigma_x d\epsilon_x$임을 알았다. τ_{xy}가 탄성범위 즉, $\tau_{xy} < \tau_y$일 때 전단응력에 의한 탄성변형 에너지 밀도 u도 축응력에서와 마찬가지로 다음과 같이 표현할 수 있다(그림 10.13 참조).

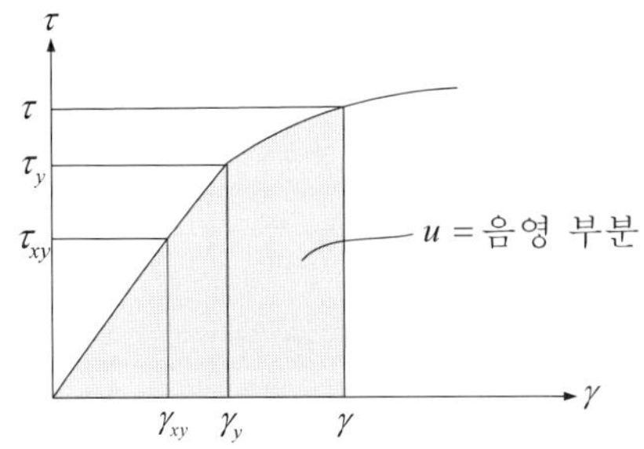

그림 10.13

$$u = \int_0^{\gamma_{xy}} \tau_{xy} d\gamma_{xy}$$

여기서도 탄성범위 내에서는 후크의 법칙이 성립되므로 $\tau_{xy} = G\gamma_{xy}$이고

$$u = \frac{1}{2} G\gamma_{xy}^2 = \frac{1}{2}\tau_{xy}\gamma_{xy} = \frac{\tau_{xy}^2}{2G}$$

로 표현된다.

그리고 $dU = udV$의 관계식을 위 식에 적용시키면, 탄성변형에너지

$$U = \int \frac{\tau_{xy}^2}{2G} dV$$

가 되고 이 식에 원형단면에서의 비틀림모멘트 M_T에 의한 전단응력 $\tau_{xy} = \dfrac{M_T\rho}{J}$의 관계식을 대입하면

$$U = \int \frac{M_T^2}{2GJ^2}\rho^2 dV$$

로 표현된다. 여기서도 $dV = dAdx$로 놓으면

$$U = \int_0^l \frac{M_T^2}{2GJ^2}\left(\int \rho^2 dA\right)dx$$

가 되고, 극관성모멘트 $J = \int \rho^2 dA$이므로 최종적으로 U는 다음 식과 같다.

$$U = \int_0^l \frac{M_T^2}{2GJ} dx$$

만일 균일단면일 경우

$$U = \frac{M_T^2}{2GJ} l$$

로 표현된다.

[예제 10.3]

그림과 같이 직경이 $2d$이고, 길이가 l인 원형 단면봉이 A점에 고정되어 있고 B점으로부터는 직경이 d이고 길이가 l인 원형단면 봉이 연결되어 있다. C점에 M_T가 작용되고 있을 때의 탄성변형에너지 U를 구하라. (단, 부재 AB와 부재 BC는 같은 재료이며 자중은 무시한다.)

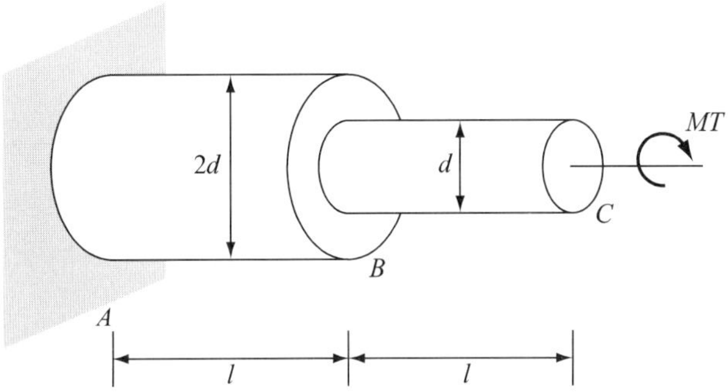

[풀이] C점에서 작용되는 M_T는 A점에서부터 C점까지 동일하므로

$$U = \frac{M_T^2 l}{2GJ_{(AB)}} + \frac{M_T^2 l}{2GJ_{(BC)}} \text{ 로 표현된다.}$$

여기서, $J_{(AB)} = \dfrac{\pi d^4}{2}$ 이고, $J_{(BC)} = \dfrac{\pi\left(\dfrac{d}{2}\right)^4}{2} = \dfrac{\pi d^4}{32}$ 이므로 구하려는 탄성변형에너지 U는 다음과 같이 계산된다.

$$U = \frac{17 M_T^2 l}{G\pi d^4}$$

10.6 전단력에 의한 탄성변형에너지

10.4절에서 휨모멘트에 의한 탄성변형에너지를 계산할 때, 전단력의 영향을 무시하였다. 물론 8장의 이중적분법과 9장의 모멘트면적법에서도 전단력의 영향을 무시하고 처짐각 및 처짐을 계산하였는데, 이 절에서는 전단응력이 탄성변형에너지에 미치는 영향을 알아보기 위해 휨모멘트에 의한 영향과 비교해보기로 한다. 물론 탄성변형에너지는 처짐각 및 처짐과 관련된다(10.10절의 Castigliano의 정리 참조).

그림 10.14와 같이 단면폭이 b이고 높이가 h인 단면을 갖는 외팔보시스템의 자유단에 수직하중 P가 재하된 경우를 생각해보자. 10.4절에서 휨모멘트에 의한 탄성변형에너지 U_M은 다음과 같은 식으로 표현되었다.

$$U_M = \frac{P^2 l^3}{6EI}$$

5장에서 $\tau_{xy} = \frac{3}{2}\frac{V}{A}\left(1 - \frac{y^2}{c^2}\right) = \frac{3}{2}\frac{P}{bh}\left(1 - \frac{y^2}{c^2}\right)$의 관계식을 유도하였다. 이 식을 전단력에 의한 탄성변형에너지

$$U_V = \int \frac{\tau_{xy}^2}{2G} dV$$

에 대입하면 다음과 같이 표현된다.

$$U_V = \frac{1}{2G}\left(\frac{3}{2}\frac{P}{bh}\right)^2 \int \left(1 - \frac{y^2}{c^2}\right)^2 dV$$

여기서 $dV = b\,dy\,dx$로 놓고 정리하면

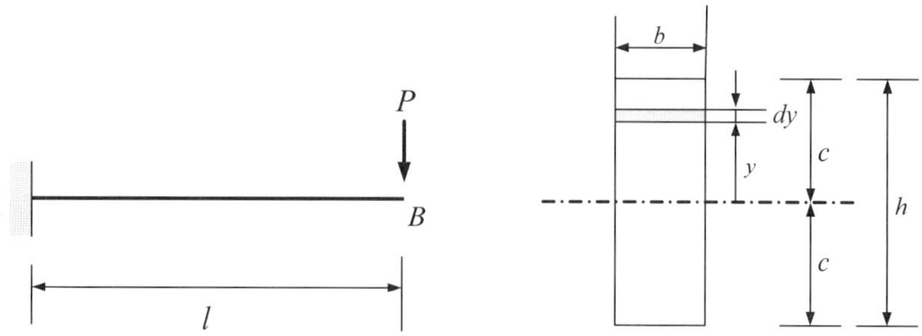

그림 10.14

$$U_V = \frac{9P^2 b}{8Gb^2h^2}\int_{-c}^{c}\left(1-2\frac{y^2}{c^2}+\frac{y^4}{c^4}\right)dy\int_0^l dx = \frac{9P^2 l}{8Gbh^2}\left[y-\frac{2}{3}\frac{y^3}{c^2}+\frac{1}{5}\frac{y^5}{c^4}\right]_{-c}^{c}$$
$$= \frac{3P^2 l}{5GA}$$

로 표현된다. 따라서 그림 10.14의 외팔보시스템의 총 탄성변형에너지 U는 휨모멘트 M에 의한 U_M과 전단력 V에 의한 U_V를 합한 것이다. 즉

$$U = U_M + U_V = \frac{P^2 l^3}{6EI} + \frac{3P^2 l}{5GA}$$

이 된다. 또한 $\frac{I}{A} = \frac{h^2}{12}$이므로 이를 U_M의 인수(因數)로 표현하면 U는 다음과 같은 식으로 표현된다.

$$U = \frac{P^2 l^3}{6EI}\left(1+\frac{3Eh^2}{10Gl^2}\right) = U_M\left(1+\frac{3Eh^2}{10Gl^2}\right)$$

여기서, 전단탄성계수 G는 탄성계수 E의 약 $\frac{1}{3}$이므로 $G=\frac{E}{3}$로 대치하면 다음과 같은 식이 얻어진다.

$$\frac{3Eh^2}{10Gl^2} = 0.9\left(\frac{h}{l}\right)^2$$

만일 $\frac{h}{l}$가 0.1 이하인 경우, 전단력에 의한 영향은 휨모멘트에 의한 영향의 0.9% 이내이다. 변형에너지는 처짐각 및 처짐에 비례한다(10.8절 참조).

실제에 있어 일반적으로 $\frac{h}{l}$의 비는 0.1보다도 훨씬 적다. 따라서 처짐각 및 처짐 계산에서 전단력의 영향은 무시할 만큼 미미하다. 그렇기 때문에 8장과 9장에서 처짐각 및 처짐 계산에 전단력의 영향을 무시한 것으로 이해하면 된다.

10.7 공간(空間, Space)상태에서의 탄성변형에너지

지금까지는 탄성변형에너지를 평면상태(平面狀態, Plane State)에 대해 다루었는데 이 절에서는 공간상태 즉, x, y, z좌표계에서의 탄성변형에너지에 대해 다루기로 하겠다.

우선 평면상태로 다룬 10.3절의 축력에 의한 탄성변형에너지

$$U = \int \sigma_x d\epsilon_x = \int E\epsilon_x d\epsilon_x = \frac{1}{2}\sigma_x \epsilon_x$$

의 관계식과 10.5절의 비틀림모멘트에 의한 탄성변형에너지

$$U = \int \tau_{xy} d\gamma_{xy} = \int G\gamma_{xy} d\gamma_{xy} = \frac{1}{2}\tau_{xy}\gamma_{xy}$$

의 관계식을 공간상태로 확대 적용시키면 탄성변형에너지 U는 다음 식과 같이 표현된다.

$$U = \frac{1}{2}\left(\sigma_x\epsilon_x + \sigma_y\epsilon_y + \sigma_z\epsilon_z + \tau_{xy}\gamma_{xy} + \tau_{xz}\gamma_{xz} + \tau_{yz}\gamma_{yz}\right)$$

이 식에 2장의 일반화된 후크의 법칙(식 2.3, 2.4, 2.5)을 대입시키면, 6장에서 다룬 식 (6.16)과 같이 된다.

10.8 단일하중(單一荷重, Single Loading)하에서의 일과 에너지

탄성범위 내에서 외팔보시스템에 작용되는 수직하중 P에 의한 일 W와 하중으로서의 모멘트 M에 의한 일 W 그리고 비틀림모멘트 M_T에 의한 일 W는 그림 10.15에 각각 나타나 있다.

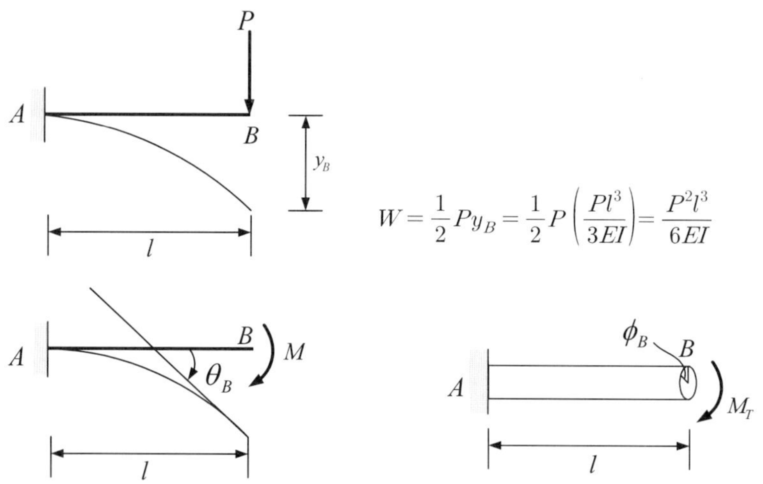

$$W = \frac{1}{2}Py_B = \frac{1}{2}P\left(\frac{Pl^3}{3EI}\right) = \frac{P^2l^3}{6EI}$$

$$W = \frac{1}{2}M\theta_B = \frac{M^2l}{2EI}$$

$$W = \frac{1}{2}M_T\phi_B = \frac{1}{2}M_T\left(\frac{M_Tl}{GJ}\right) = \frac{M_T^2\,l}{2GJ}$$

그림 10.15

그림 10.15로부터 알 수 있듯이 일과 관련된 식에서 수직하중 P는 수직처짐 y_B와, 휨모멘트 M은 처짐각 θ_B와, 비틀림모멘트 M_T는 비틀림 각 ϕ_B와 관계된다.

[예제 10.4]

그림과 같이 2개의 부재로 이루어진 구조물이 B점에서 하중 P를 받고 있다. 2개의 부재는 같은 재료로 만들어져 있고 단면적은 A이며 탄성계수는 E이다. B점의 수평변위를 구하라.

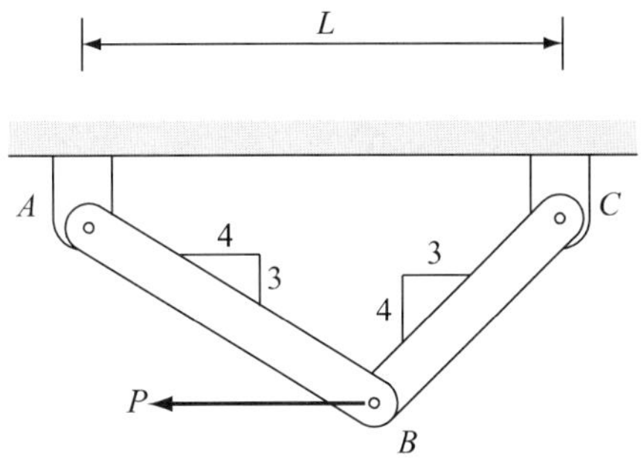

[풀이] B점에서 하중방향으로의 변위를 y_B라고 하면 하중 P가 한 일 W는 다음과 같다.

$$W = \frac{1}{2} P y_B$$

한편 보에 축적된 변형에너지 U는 다음과 같이 나타낼 수 있다.

$$U = U_{BA} + U_{BC} = \frac{F_{BA}^2 (l_{BA})}{2EA} + \frac{F_{BC}^2 (l_{BC})}{2EA}$$

여기서 각 부재의 길이와 내력은 다음과 같은 조건식으로부터

$$\frac{3}{5} l_{BA} = \frac{4}{5} l_{BC}, \quad \frac{4}{5} l_{BA} + \frac{3}{5} l_{BC} = l$$

$l_{BA} = 0.8l,\ l_{BC} = 0.6l$과 $F_{BA} = -0.8P,\ F_{BC} = 0.6P$임을 알 수 있다.

따라서 탄성변형에너지는 다음과 같이 계산된다.

$$U = \frac{P^2 l (0.8^3 + 0.6^3)}{2EA} = 0.364 \frac{P^2 l}{EA}$$

일과 에너지의 원리에 의하여 $W = U$이므로 하중방향의 변위

$y_B = 0.728 \dfrac{Pl}{EA}$로 계산된다.

[예제 10.5]

아래 그림과 같은 단순지지보가 수직하중 P를 받는다고 할 때 하중 작용점에서의 보의 처짐을 구하라.

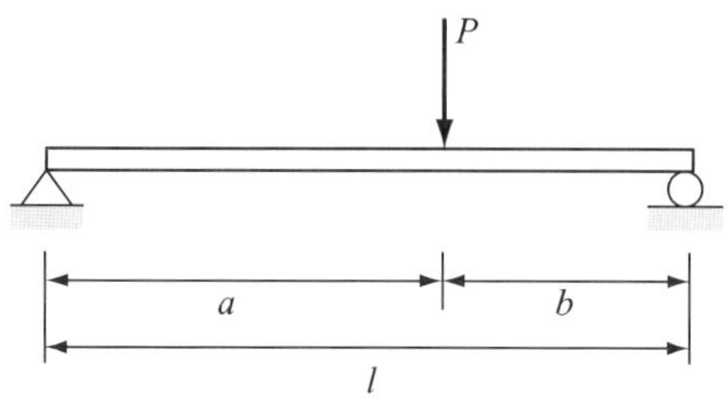

[풀이] 외력 P에 의해 행해진 일은 내부의 변형에너지와 같다는 조건으로부터 처짐을 구할 수 있다. 보에서 휨모멘트에 관한 식은 $0 \le x \le a$구간과 $a \le x \le l$의 구간으로 구분되므로 이 두 구간에 걸쳐서 적분하여 탄성변형에너지를 구하여야 한다.

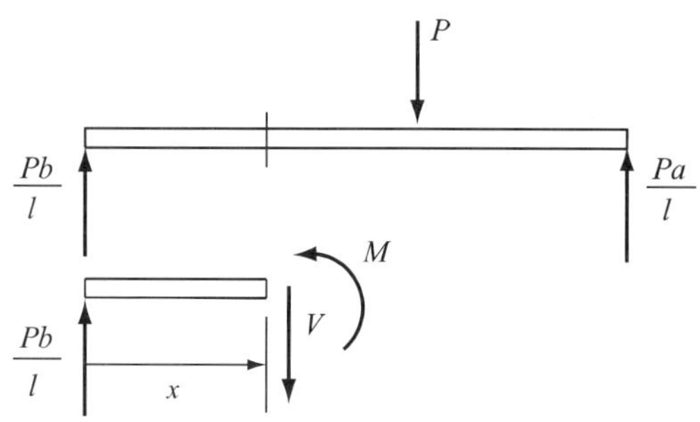

그림 (a)

그림 (a)에서 $0 \le x \le a$ 구간의 굽힘모멘트는 다음과 같다.

$$M = \frac{Pb}{l}x$$

또한 이 구간 내의 탄성변형에너지를 U_1이라 할 때 U_1은 다음과 같이 계산된다.

$$U_1 = \frac{1}{2EI}\int_0^a M^2 dx = \frac{1}{2EI}\int_0^a \frac{P^2 b^2}{l^2} x^2 dx = \frac{P^2 a^3 b^2}{6EIl^2}$$

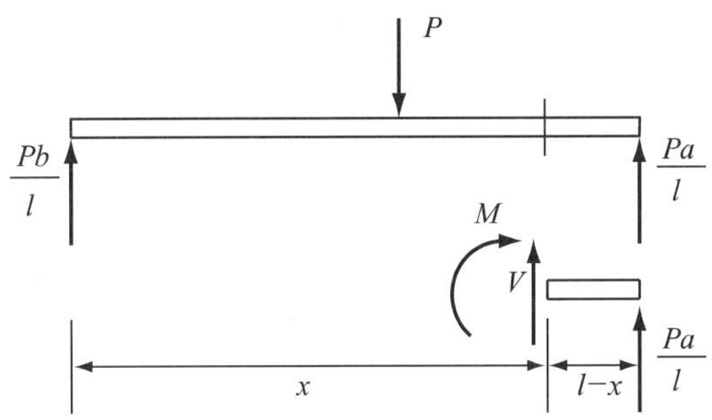

그림 (b)

다음으로는 그림 (b)에서 $a \le x \le l$ 구간의 굽힘모멘트는 다음과 같다.

$$M = \frac{Pa}{l}(l - x)$$

또한 이 구간 내의 탄성변형에너지를 U_2라 할 때 U_2는 다음과 같이 계산된다.

$$U_2 = \frac{1}{2EI}\int_a^l M^2 dx = \frac{1}{2EI}\int_a^l \frac{P^2 a^2}{l^2}(l - x)^2 dx$$

$$= \frac{P^2 a^2}{2EIl^2}\left(\frac{l^3}{3} - l^2 a + la^2 - \frac{a^3}{3}\right)$$

그리고 P가 작용되는 점에서 보의 처짐을 y라고 한다면 P에 의해 행해진 일은 총 변형에너지와 같다. 즉,

$$\frac{1}{2}Py = U_1 + U_2 = \frac{P^2 a^2}{2EIl^2}\left(\frac{ab^2}{3} + \frac{l^3}{3} - l^2 a + la^2 - \frac{a^3}{3}\right)$$

의 관계식이 성립되고 이 식을 y에 대해 풀면 P가 작용되는 점에서의 보의 처짐이 다음과 같이 계산된다.

$$y = \frac{Pa^2}{EIl^2}\left(\frac{ab^2}{3} + \frac{l^3}{3} - l^2 a + la^2 - \frac{a^3}{3}\right)$$

[예제 10.6]

비틀림모멘트 M_T가 그림과 같이 원형 축 ABC에 작용되고 있다. C점에서의 비틀림각 $\phi_{C/A}$를 구하라(단, $G = 40\ \mathrm{GPa}$).

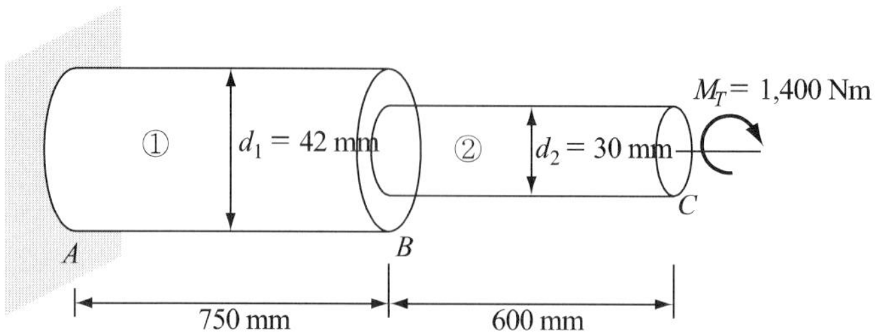

[풀이] 각각의 단면에 대한 극관성모멘트는 다음과 같이 계산된다.

$$J_{AB} = \frac{\pi}{2} \times 21^4 = 3.05 \times 10^5 \text{ mm}^4$$

$$J_{BC} = \frac{\pi}{2} \times 15^4 = 7.95 \times 10^4 \text{ mm}^4$$

비틀림모멘트에 의한 탄성변형에너지를 산정하면 다음과 같다.

$$U = \sum_{i=1}^{2} \frac{M_T^2 l_i}{2GJ} = \frac{1}{2G}\left\{\frac{(1,400 \times 10^3)^2 \times 750}{3.05 \times 10^5} + \frac{(1,400 \times 10^3)^2 \times 600}{7.95 \times 10^4}\right\}$$

$$= \frac{1.961 \times 10^{10}}{2 \times 40 \times 10^3} = 245,125 \text{ Nmm}$$

비틀림모멘트가 C점에 작용될 때 한 일은 U와 같으므로 다음과 같은 등식으로부터 비틀림각 $\phi_{C/A}$는 다음과 같이 계산된다.

$$U = \frac{1}{2} M_T \phi_{C/A}$$

$$\phi_{C/A} = \frac{2U}{M_T} = \frac{2 \times 245,125}{1,400 \times 10^3} = 0.35 \text{ rad}$$

[예제 10.7]

아래 그림과 같이 무게 W인 벽돌을 높이 h에서 떨어뜨렸다. 이 보에서의 최대응력과 최대 처짐을 구하라. (단, 재료의 탄성계수는 E이고 단면2차모멘트는 I 이며 단면의 최대응력 발생점에서 도심축까지의 거리는 c 이다.)

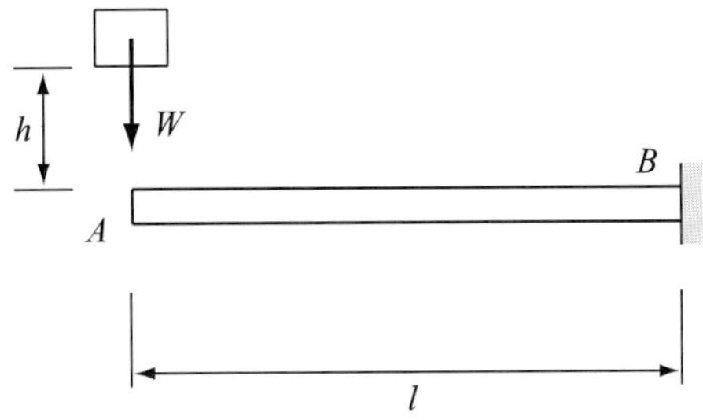

*참고 지금까지 다른 책들에서 표현한 h는 물체의 중심으로부터의 거리였는데 이 책에서는 물체의 하단으로부터의 거리를 h로 표현하였다. 그 이유는 물체의 하부가 보에 닿을 때의 위치에너지가 유효에너지라고 판단하기 때문이다.

[풀이] 벽돌이 높이 h에서 떨어질 때 위치에너지는 운동에너지로 변환되고 충격의 결과로 운동에너지는 보의 변형에너지로 변하게 된다.
우선 위치에너지 U_h는 다음과 같이 계산된다.

$$U_h = W(h + y_{\max}) \fallingdotseq Wh$$

여기서 $y_{\max}$는 보의 최대 처짐이며 높이 h에 비해 미소한 양이라고 가정하여 무시하기로 한다. 한편 충격하중 $P_{\max}$를 받는 외팔보에서 탄성변형에너지 U는 다음과 같다. 여기서 전단력의 영향은 무시하기로 한다.

$$U = \frac{P_{\max}^2 l^3}{6EI}$$

에너지 보존의 법칙으로부터 위의 두 값이 같아야 하므로,

$$\frac{P_{\max}^2 l^3}{6EI} = Wh$$

이고, 이 식을 $P_{\max}$에 대해 정리하면 다음과 같다.

$$P_{\max} = \sqrt{\frac{6WhEI}{l^3}}$$

보의 최대응력 $\sigma_{\max}$는 고정단 B에서 일어나며 다음과 같이 표현된다.

$$\sigma_{\max} = \frac{|M|c}{I} = \frac{(P_{\max} l)c}{I}$$

이 식에 $P_{\max}$를 대입하면 최대응력 $\sigma_{\max}$는 다음과 같이 표현된다.

$$\sigma_{\max} = \sqrt{\frac{6WhE}{l(I/c^2)}}$$

그리고 최대 하중 $P_{\max}$에 의한 보의 최대 처짐 $y_{\max}$는 다음과 같다.

$$y_{\max} = \frac{P_{\max} l^3}{3EI}$$

여기에 $P_{\max}$ 대신 $\sqrt{\frac{6WhEI}{l^3}}$를 대입하면 최대 처짐은 다음과 같이도 표현된다.

$$y_{\max} = \frac{\sqrt{\frac{6WhEI}{l^3}}\, l^3}{3EI} = \sqrt{\frac{2l^3 Wh}{3EI}}$$

[예제 10.8]

무게 $W = 5\ \mathrm{kN}$인 물체가 정지상태로부터 높이 $h = 80\ \mathrm{mm}$만큼 낙하해서 보 AB의 끝단 B에 떨어진다. 이때 보에 발생되는 최대 처짐과 최대응력을 구하라. (단, $E = 200\ \mathrm{GPa}$이고, 단면은 부록 A의 H $800 \times 300 \times 16 \times 30$이다.)

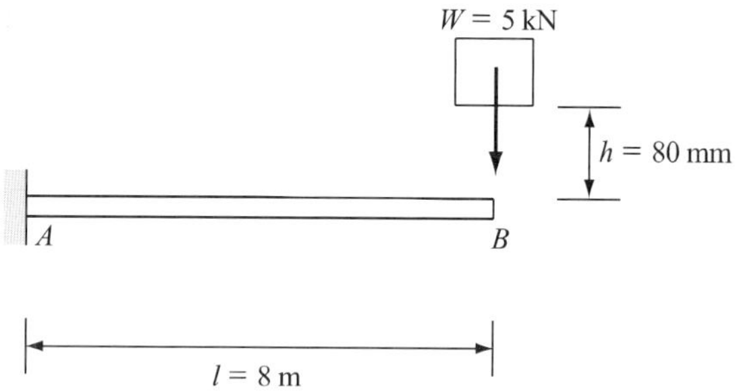

[풀이] 예제 10.7의 풀이를 참고하면

보의 최대응력 $\sigma_{\max}$는 고정단 A에서 일어나며 다음과 같다.

부록 A에서 H $800 \times 300 \times 16 \times 30$의 단면2차모멘트 $I = 3.39 \times 10^9\ \mathrm{mm}^4$이다.

$$\sigma_{\max} = \sqrt{\frac{6WhE}{l(I/c^2)}} = \sqrt{\frac{6 \times 5 \times 10^3 \times 80 \times 200 \times 10^3}{8 \times 10^3 \times (3.39 \times 10^9/404^2)}} = 53.7\ \mathrm{MPa}$$

최대 처짐 역시 예제 10.7의 결과를 이용하면 다음과 같이 계산된다.

$$y_{\max} = \sqrt{\frac{2l^3 Wh}{3EI}} = \sqrt{\frac{2 \times (8 \times 10^3)^3 \times 5 \times 10^3 \times 80}{3 \times 200 \times 10^3 \times 3.39 \times 10^9}} = 14.2\ \mathrm{mm}$$

예제 10.9

무게 $W = 5\ \mathrm{kN}$ 인 물체가 정지상태로부터 높이 $h = 100\ \mathrm{mm}$ 만큼 낙하해서 보 AB 의 중앙점 C 에 떨어졌다. 이때 C 점에 발생되는 최대 처짐과 보에 발생되는 최대응력을 구하라. (단, $E = 200\ \mathrm{GPa}$ 이다.)

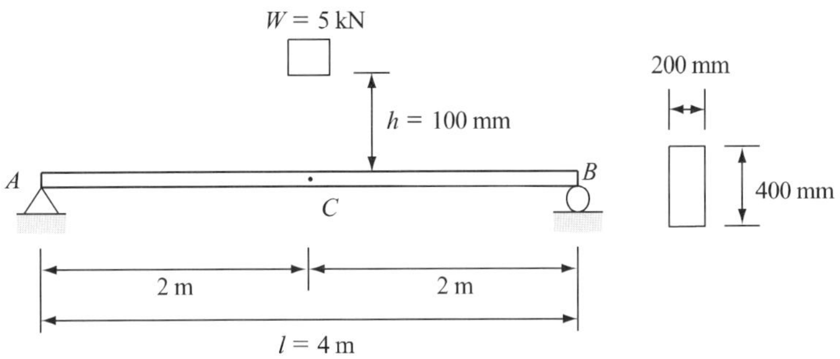

[**풀이**] 충격하중 $P_{\max}$ 를 받는 단순보에서 변형에너지는 다음과 같다. 여기서 전단력의 영향은 무시하기로 한다.

부록 B의 처짐 및 처짐각표에서 단순보의 중앙점에서의 최대 처짐 $y_{\max} = \dfrac{P_{\max}\, l^3}{48EI}$ 이다. 이 식을 $P_{\max}$ 에 관하여 정리하고 $U = \dfrac{1}{2} P_{\max} y_{\max}$ 의 식에 대입하면 다음과 같은 단순보의 탄성변형에너지가 계산된다.

$$U = \frac{1}{2} P_{\max} y_{\max} = \frac{1}{2} \frac{48EI}{l^3} y_{\max}^2 = \frac{24EI}{l^3} y_{\max}^2 \tag{1}$$

또한 물체 D 의 무게 W 가 한 일은

$$U_h = W(h + y_{\max}) \tag{2}$$

이다. 여기서 $y_{\max}$ 는 보의 최대 처짐이다.

따라서 에너지 보존의 법칙으로부터 식 (1)과 (2)의 등식관계를 성립시키면 다음과 같다.

$$\frac{24EI}{l^3} y_{\max}^2 = W(h + y_{\max})$$

이 식을 $y_{\max}$ 에 관해 정리하여 2차 방정식을 풀면 $y_{\max}$ 는 다음과 같이 계산된다.

$$\frac{24EI}{l^3} y_{\max}^2 - W y_{\max} - Wh = 0$$

$$\frac{24 \times 200 \times 10^3 \times \dfrac{200 \times 400^3}{12}}{(4 \times 10^3)^3} y_{\max}^2 - (5 \times 10^3) y_{\max} - (5 \times 10^3) \times 100 = 0$$

$$(80 \times 10^3) y_{\max}^2 - (5 \times 10^3) y_{\max} - (5 \times 10^3) \times 100 = 0$$

$$y_{\max} = 2.5 \text{ mm}$$

그리고 충격하중 $P_{\max}$는 $y_{\max} = \dfrac{P_{\max} l^3}{48EI}$을 $P_{\max}$에 관한 식으로 정리하여 다음과 같이 구한다.

$$P_{\max} = \frac{48EI}{l^3} y_{\max} = \frac{48 \times 200 \times 10^3 \times \dfrac{200 \times 400^3}{12}}{(4 \times 10^3)^3} \times 2.5 = 400 \times 10^3 \text{ N} = 400 \text{ kN}$$

그리고 보에 발생되는 최대 모멘트 $M_{\max}$는 중앙점 C에서 $\dfrac{P_{\max} l}{4}$이 발생되므로 최대응력 $\sigma_{\max}$는 다음과 같이 계산된다.

$$\sigma_{\max} = \frac{M_{\max}}{I} c = \frac{\dfrac{P_{\max} l}{4}}{I} c = \frac{\dfrac{400 \times 10^3 \times 4 \times 10^3}{4}}{\dfrac{200 \times 400^3}{12}} \times 200 = 75 \text{ MPa}$$

[예제 10.10]

아래 그림의 트러스구조에서 B 점에 수직하중 P가 작용되고 있다. 각 부재의 탄성계수 E와 단면적 A는 일정하다. B 점에서의 수직처짐을 구하라.

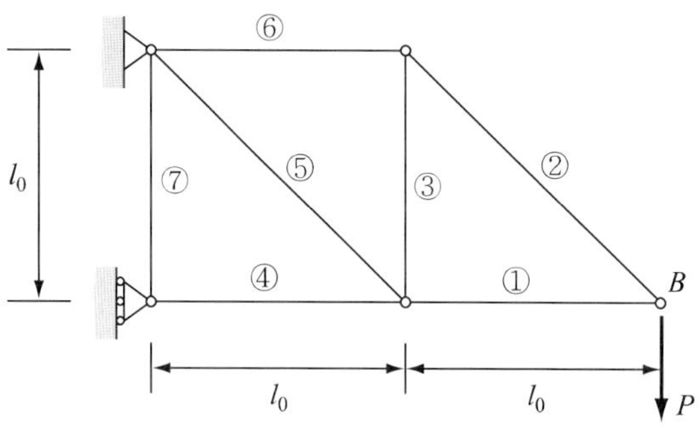

[풀이] B 점에서 변위의 수직성분을 y라 하자. 외력 P 에 의해 행해진 일을 부재 내의 탄성변형에너지의 합과 같게 놓음으로써 y를 구할 수 있다. 하중 P 에 의한 일

$$W = \frac{1}{2}Py$$

이고, 부재에서의 탄성변형에너지

$$U = \sum_{i=1}^{7}\frac{F_i^2 l_i}{2EA}$$

로 표현된다. 그리고 하중 P 에 의한 일 W는 탄성변형에너지와 같으므로 다음의 조건식이 성립된다. 즉,

$$\frac{1}{2}Py = \sum_{i=1}^{7}\frac{F_i^2 l_i}{2EA}$$

이 관계식을 y에 대해 정리하면 다음과 같다.

$$y = \frac{1}{PEA}\sum_{i=1}^{7}F_i^2 l_i$$

각 부재에 발생되는 부재력과 부재의 길이는 다음과 같이 계산된다.

$$F_1 = -P, \quad l_1 = l_0$$

$$F_2 = \sqrt{2}\,P, \quad l_2 = \sqrt{2}\,l_0$$

$$F_3 = -P, \quad l_3 = l_0$$

$$F_4 = -2P, \quad l_4 = l_0$$

$$F_5 = \sqrt{2}\,P, \quad l_5 = \sqrt{2}\,l_0$$

$$F_6 = P, \quad l_6 = l_0$$

$$F_7 = 0, \quad l_7 = l_0$$

따라서 B점에서의 최종 수직처짐을 계산하면 다음과 같다.

$$y = \frac{(7+4\sqrt{2})Pl_0}{EA}$$

10.9 여러 하중하에서의 일과 에너지(Works and Energy under Several Loads)

이 절에서는 여러 개의 하중을 받는 구조물의 탄성변형에너지와 처짐각 또는 처짐의 상관관계에 대하여 알아보기로 한다. 그림 10.16(a)에는 단순보시스템에서 두 하중 P_1, P_2가 C_1, C_2점에서 수직으로 작용될 때, C_1점에서의 처짐 x_1과 C_2점에서의 처짐 x_2가 나타나 있다. 그림 10.16(b)는 P_1만 C_1점에 수직으로 작용시켰을 때 C_1점에서의 처짐 x_{11}, C_2점에서의 처짐 x_{21}이 표현되어 있다. 여기서 첨자의 앞 숫자는 위치를 나타내고, 뒤의 숫자는 처짐을 발생시킨 하중번호를 나타낸다. 예로서 x_{ij}의 경우 i점에서 하중 P_j에 의한 처짐이란 뜻이다. 그림 10.16(c)는 그림 10.16(b)의 P_1에 의한 처짐현상이 발생된 후 C_2점에 P_2가 작용되는 경우 C_1점의 처짐 x_{12}와 C_2점의 처짐 x_{22}가 나타나 있다.

여기서 처짐은 하중에 비례하므로 처짐의 비례상수 즉, 영향계수를 α_{ij}라 할 때 처짐은 다음과 같이 나타낼 수 있다.

$$x_{11} = \alpha_{11} P_1, \quad x_{21} = \alpha_{21} P_1, \quad x_{12} = \alpha_{12} P_2, \quad x_{22} = \alpha_{22} P_2$$

구조물이 탄성범위 내에 있을 때는 중첩법(Method of Superposition)이 성립되므로

$$x_1 = x_{11} + x_{12} = \alpha_{11} P_1 + \alpha_{12} P_2, \quad x_2 = x_{21} + x_{22} = \alpha_{21} P_1 + \alpha_{22} P_2$$

로 표현된다.

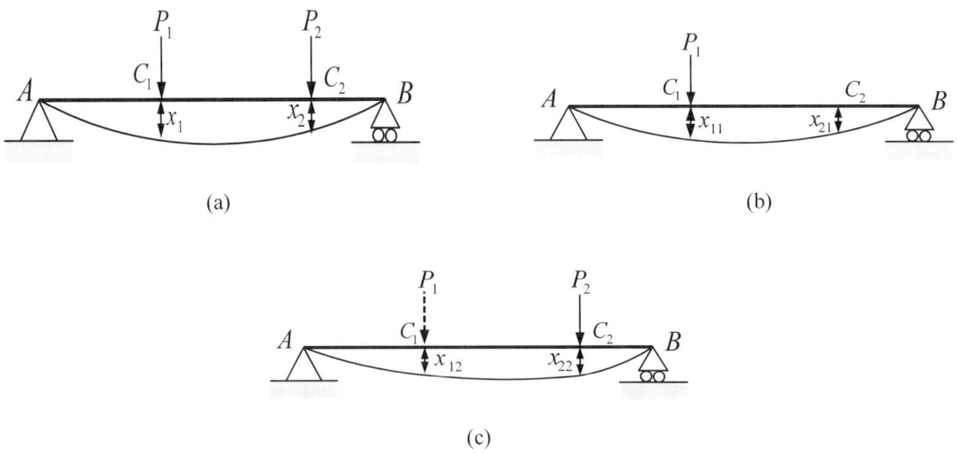

그림 10.16

그림 10.16(b)에서 P_1이 한 일은 다음과 같이 표현된다.

$$\frac{1}{2}P_1x_{11} = \frac{1}{2}P_1(\alpha_{11}P_1) = \frac{1}{2}\alpha_{11}P_1^2$$

한편 C_2점에서의 처짐 x_{21}은 C_2점에 하중이 작용되기 전 발생된 처짐이기 때문에 한 일은 "0"이 된다. 그림 10.16(c)의 경우 P_2에 의한 C_1점에서의 추가 처짐 x_{12}는 P_1이 재하된 상태에서 발생된 것이므로 이때의 한 일은 P_1x_{12} 즉, $\alpha_{12}P_1P_2$가 된다. 하중이 재하된 상태의 일과 추가로 재하됨에 따른 일을 잘 구분하길 바란다. 즉, 처짐 x_{12}에 의한 하중 P_1이 한 일은 삼각형이 아니고 그림 10.17(a)의 x_{12}구간과 같이 사각형으로 표현된다. 한편 C_2점에서 P_2에 의한 처짐이 x_{22}이므로 이때의 한 일은 그림 10.17(b)와 같이 나타내어진다. 그리고 P_2가 한 일은 다음과 같다.

$$\frac{1}{2}P_2x_{22} = \frac{1}{2}\alpha_{22}P_2^2$$

따라서 보 AB에서 P_1과 P_2가 한 일 즉, 탄성변형에너지

$$U = \frac{1}{2}\alpha_{11}P_1^2 + \alpha_{12}P_1P_2 + \frac{1}{2}\alpha_{22}P_2^2$$

으로 표현된다. P_1과 P_2가 한 일을 각각 그림으로 표현하면 그림 10.17(a)와 그림 10.17(b)와 같다.

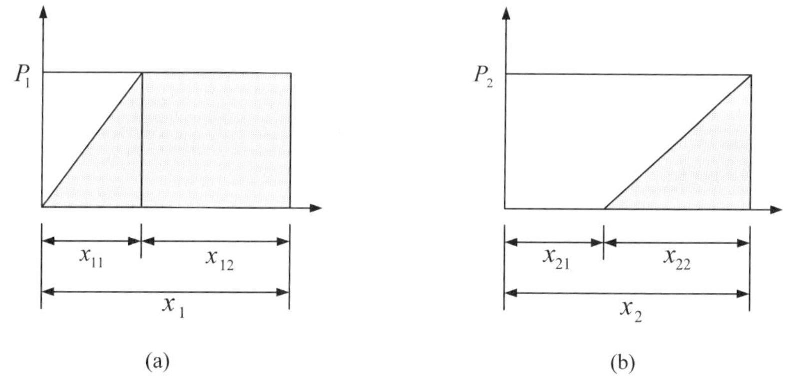

그림 10.17

이번에는 순서를 바꾸어 P_2을 먼저 재하시키고, P_1을 재하시키는 경우 탄성변형에너지 U는 다음과 같이 표현된다.

$$U = \frac{1}{2}\alpha_{22}P_2^2 + \alpha_{21}P_1P_2 + \frac{1}{2}\alpha_{11}P_1^2$$

그리고 하중과 변형의 관계는 그림 10.18과 같이 나타내어진다.

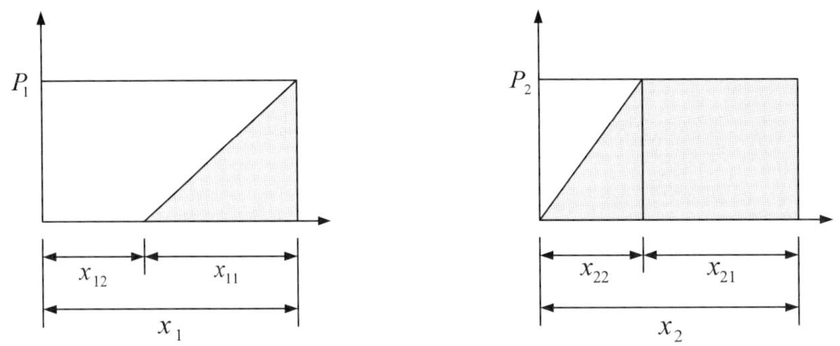

그림 10.18

위에서의 두 경우 즉, P_1이 먼저 재하되고 P_2가 나중에 재하되는 경우의 변형에너지는 P_2가 먼저 재하되고, P_1이 후에 재하되는 경우의 변형에너지와 같아야 하므로 $\alpha_{12} = \alpha_{21}$이라는 결론을 얻게 된다. **이 결론은 C_1점에 단위하중 $P_1' = 1$이 재하될 때 C_2점에서의 처짐 x_{21}'은 C_2점에 단위하중 $P_2' = 1$이 재하될 때 C_1점에서의 처짐 x_{12}'과 같다.**

즉,

$$x'_{21} = x'_{12}$$

의 뜻으로 정의된다(그림 10.19 참조). 이 결론을 영국의 물리학자 James Clerk Maxwell (1831~1879)의 이름을 따서 **Maxwell의 상반정리**(相反定理, Maxwell's Reciprocal Theorem)**라고 한다.**

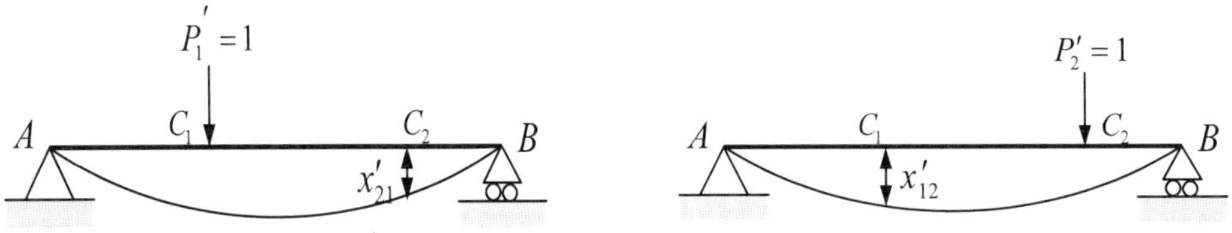

그림 10.19

10.10 Castigliano의 정리(定理, Theorem)

앞서에서 단순보시스템에 하중 P_1과 P_2가 작용될 때 탄성변형에너지

$$U=\frac{1}{2}\alpha_{11}P_1^2+\alpha_{12}P_1P_2+\frac{1}{2}\alpha_{22}P_2^2$$

으로 계산되었다. 이 식을 P_1에 대해서 편미분하면 다음과 같다.

$$\frac{\partial U}{\partial P_1}=\alpha_{11}P_1+\alpha_{12}P_2$$

이 결과는 C_1점 즉, P_1이 작용된 점에서의 처짐 x_1에 해당된다는 것을 알 수 있다. 반대로 P_2에 대해서 편미분하면 다음과 같이 표현된다.

$$\frac{\partial U}{\partial P_2}=\alpha_{12}P_1+\alpha_{22}P_2$$

이 결과는 C_2점 즉, P_2가 작용된 점에서의 처짐 x_2가 됨을 알 수 있다.

이러한 결론은 어떤 탄성구조물(彈性構造物, Elastic Structures)에서 하중 P_1, P_2, $\cdots$, P_j, $\cdots$, P_n이 작용될 때, P_j의 작용점에서의 처짐 x_j는 전체 구조시스템의 탄성변형에너지 U를 P_j로 편미분(編微分, Partial Differentiation)한 것과 같다는 의미이다. 즉, $x_j=\dfrac{\partial U}{\partial P_j}$로 표현된다.

이 이론(理論, Theorem)을 처음 발표한 사람이 이탈리아의 기술자 Albert Castigliano (1847~1884)였다. 이 결론을 Castigliano의 정리라고 한다. 이 정리는 휨모멘트 M 또는 비틀림모멘트 M_T가 작용될 때도 똑같이 적용된다. 즉,

$$\theta_j=\frac{\partial U}{\partial M_j},\qquad \phi_j=\frac{\partial U}{\partial M_{T_j}}$$

가 된다.

다음으로는 트러스 구조물에서 P_1, P_2, $\cdots$, P_j, $\cdots$, P_n이 작용될 때 부재력 F_1, F_2, $\cdots$, F_j, $\cdots$, F_n이 계산되는 경우 Castigliano의 정리를 이용하여 P_j가 작용되는 점에서의 처짐 x_j를 구해보자. 이때의 탄성변형에너지

$$U=\sum_{i=1}^{n}\frac{F_i^2 l_i}{2E_iA_i}$$

로 표현되고

$$x_j=\frac{\partial U}{\partial P_j}=\sum_{i=1}^{n}\frac{F_i l_i}{E_iA_i}\frac{\partial F_i}{\partial P_j}$$

로 표현된다. 또한 휨모멘트에 대해 Castigliano의 정리를 적용시키면 다음과 같다. 탄성변형에너지 $U=\int_0^l \frac{M^2}{2EI}dx$이고, 하중 P_j점에서의 처짐 x_j는 다음과 같이 계산된다.

$$x_j=\frac{\partial U}{\partial P_j}=\int_0^l \frac{M}{EI}\frac{\partial M}{\partial P_j}dx$$

만일 계산해야 할 처짐각 θ_j 또는 처짐 x_j 방향으로 하중 P_j 또는 모멘트 M_j가 존재하지 않는 경우 $\frac{\partial M}{\partial P_j}$ 또는 $\frac{\partial M}{\partial M_j}$이 존재하지 않으므로 Castigliano의 정리를 직접 이용할 수 없다. 이런 경우 가상력 Q_j 또는 M_j를 적용시켜 $\frac{\partial M}{\partial Q_j}$또는 $\frac{\partial M}{\partial M_j}$를 계산한 후 가상력 Q_j 또는 M_j는 "0"으로 하여 Castigliano의 정리를 적용할 수 있다. 이러한 가상력을 이용하여 편미분하는 방법은 트러스 구조물에서도 적용된다.

[예제 10.11]

Castigliano의 정리를 이용하여 아래 그림과 같은 트러스에서 B 점의 수직처짐과 수평변위를 구하라. (단, $E=200\ \mathrm{GPa}$, $A=1{,}200\ \mathrm{mm}^2$이고 EA는 일정하다.)

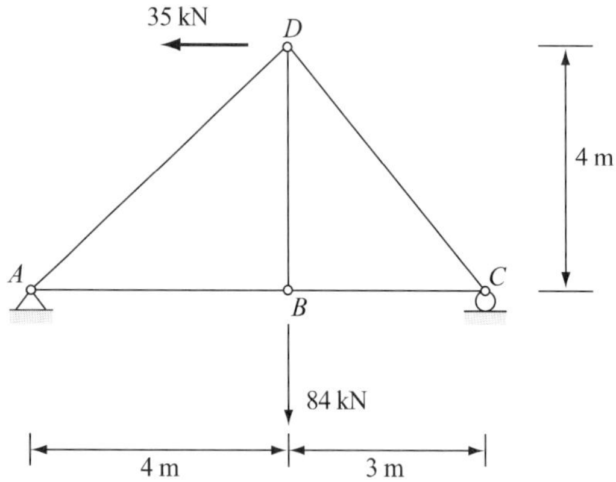

[풀이] 아래 그림과 같이 가상의 수평하중 P_1을 B 점의 수평변위를 구하기 위해 적용시켰고 84 kN의 수직하중은 B 점에서 수직처짐을 계산하는데 사용하기 위하여 변수 P_2로 나타내었다. P_1, P_2에 대한 부재력 계산은 절점법을 적용하였다.

하중 P_1, P_2에 따른 부재력들을 아래의 표에 나타내었으며 인장력은 '+'부호로, 압축력은 '−'부호로 표시하였다. 트러스의 B점에서 수평변위와 수직처짐을 구하기 위해 $P_1=0$, $P_2=84$ kN의 값을 F에 대한 식에 대입하고 Castigliano의 정리를 적용한 결과를 표에 나타냈다.

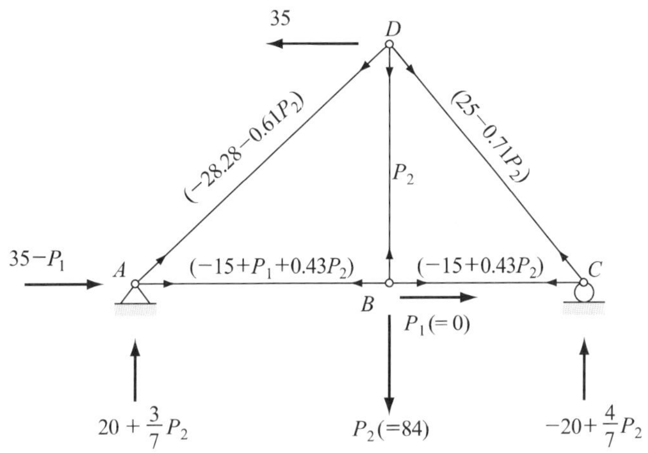

구간	l(m)	F(kN)	$\dfrac{\partial F}{\partial P_1}$ (kN/kN)	$\dfrac{\partial F}{\partial P_2}$ (kN/kN)	$P_1=0,\ P_2=84$ kN	
					$\left(\dfrac{\partial F}{\partial P_1}\right)Fl$ (kNm)	$\left(\dfrac{\partial F}{\partial P_2}\right)Fl$ (kNm)
AB	4	$-15+P_1+0.43P_2$	1	0.43	84.48	36.33
BC	3	$-15+0.43P_2$	0	0.43	0	27.24
AD	5.66	$-28.28-0.61P_2$	0	−0.61	0	274.55
BD	4	P_2	0	1	0	336.00
CD	5	$25-0.71P_2$	0	−0.71	0	122.97
$\sum\left(\dfrac{\partial F}{\partial P}\right)Fl$					84.48	797.09

따라서 B 점의 수평변위(y_{B_H})와 수직처짐(y_{B_V})은 다음과 같이 계산된다.

$$y_{B_H} = \frac{1}{EA}\sum\left(\frac{\partial F}{\partial P_1}\right)Fl = \frac{84.48}{EA}\ \text{kN m} = \frac{84.48}{200\times10^6\times0.0012} = 0.00035\ \text{m}\ (\rightarrow)$$

$$y_{B_V} = \frac{1}{EA}\sum\left(\frac{\partial F}{\partial P_2}\right)Fl = \frac{797.09}{EA}\ \text{kN m} = \frac{797.09}{200\times10^6\times0.0012} = 0.00332\ \text{m}\ (\downarrow)$$

다음으로는 8장과 9장에서 다루었던 외팔보시스템과 단순보시스템에서 집중하중 P, 등분포하중 w, 하중으로서의 모멘트 M에 의한 처짐각 또는 처짐을 Castigliano의 정리를 이용하여 계산해보자.

외팔보

그림 10.20으로부터 $M(x) = -Px$이고 처짐 y_B를 구하기 위해 $M(x)$를 P로 편미분하면 $\frac{\partial M(x)}{\partial P} = -x$이다. 따라서 $y_B = \int_0^l \frac{-Px}{EI}(-x)dx = \frac{Pl^3}{3EI}$으로 계산된다.

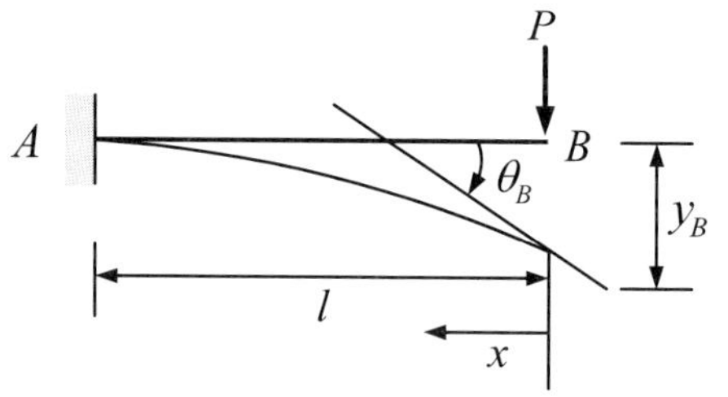

그림 10.20

다음으로는 처짐각 θ_B를 구해야 하는데 B점에 편미분할 M이 존재하지 않으므로 그림 10.21과 같이 가상모멘트 M을 적용시켜 편미분해보자.

$M(x) = -Px - M$, $\frac{\partial M(x)}{\partial M} = -1$ 이 된다. 따라서 $\theta_B = \int_0^l \frac{-Px}{EI}(-1)dx = \frac{Pl^2}{2EI}$

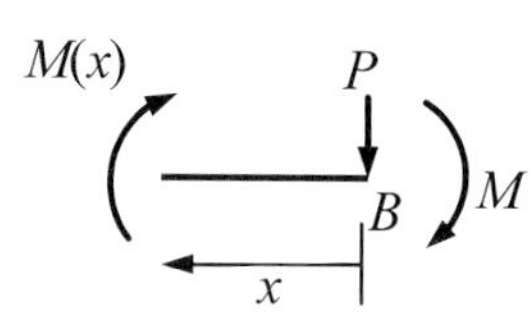

그림 10.21

으로 계산된다. 여기서 $M(x) = -Px + 0$ 즉, $M = 0$이 됨을 주지하기 바란다. 다시 말해서 가상모멘트 M은 오직 편미분하기 위한 도구였을 뿐이다.

다음으로는 그림 10.22와 같이 등분포하중이 재하된 경우를 생각해보자.

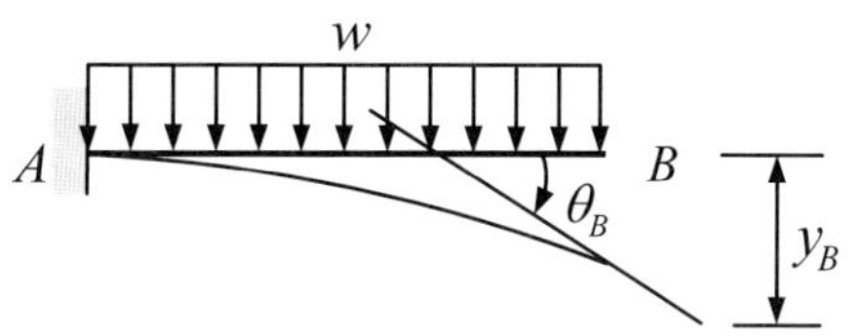

그림 10.22

이 경우 편미분할 P나 M이 존재하지 않으므로 가상력 Q 또는 가상모멘트 M을 적용시켜 편미분해야 한다. 가상력 Q의 적용에 의한 $M(x) = -\dfrac{wx^2}{2} - Qx$가 되고, $\dfrac{\partial M(x)}{\partial Q} = -x$가 된다. 따라서

$$y_B = \int_0^l \frac{1}{EI}\left(-\frac{wx^2}{2}\right)(-x)dx = \frac{wl^4}{8EI}$$

으로 계산된다.

가상모멘트 M에 의한 $M(x) = -\dfrac{wx^2}{2} - M$, $\dfrac{\partial M(x)}{\partial M} = -1$이므로

$$\theta_B = \int_0^l \frac{1}{EI}\left(-\frac{wx^2}{2}\right)(-1)dx = \frac{wl^3}{6EI}$$

으로 계산된다.

다음으로는 하중으로서 M이 작용되는 경우를 생각해보자.

하중으로서 M이 작용된 경우 처짐 y_B를 구하기 위해서는 $\dfrac{\partial M(x)}{\partial Q}$의 값이 필요하므로 그림 10.23과 같이 가상수직력 Q를 재하하여 $M(x)$를 계산한다.

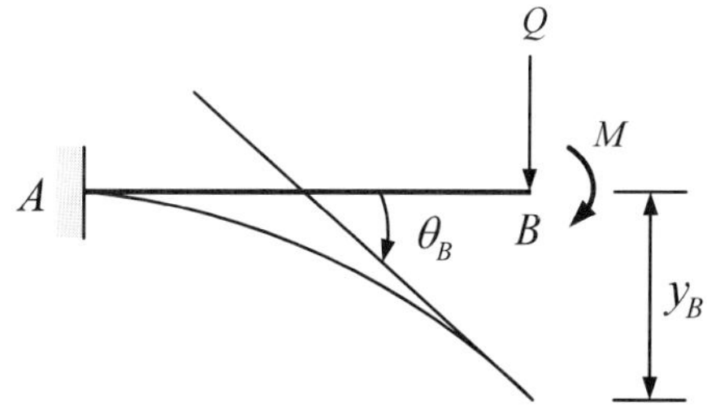

그림 10.23

$$M(x) = -Qx - M, \quad \frac{\partial M(x)}{\partial Q} = -x$$

이므로

$$y_B = \int_0^l \left(\frac{-M}{EI}\right)(-x)dx = \frac{Ml^2}{2EI}$$

으로 계산된다. 그리고

$$\frac{\partial M(x)}{\partial M} = -1$$

이므로

$\theta_B = \int_0^l \left(\frac{-M}{EI}\right)(-1)dx = \frac{Ml}{EI}$로 계산된다.

이상의 외팔보에서 3가지 하중 조건에서의 처짐 및 처짐각의 계산결과는 8장과 9장에서의 결과와 일치됨을 알 수 있다.

단순보 시스템

그림 10.24와 같이 집중하중 P가 작용된 경우를 생각해보자.

이 경우 AC구간에서 $M(x) = \frac{Px}{2}$, $\frac{\partial M(x)}{\partial P} = \frac{x}{2}$가 된다. 따라서 $y_C = 2\int_0^{\frac{l}{2}} \left(\frac{Px}{2EI}\right)\left(\frac{x}{2}\right)dx = \frac{Pl^3}{48EI}$ 이 계산된다. θ_A를 구하기 위해서는 A점에 가상모멘트 M을 작용시켜 $\frac{\partial M(x)}{\partial M}$의 값을 구해야 한다.

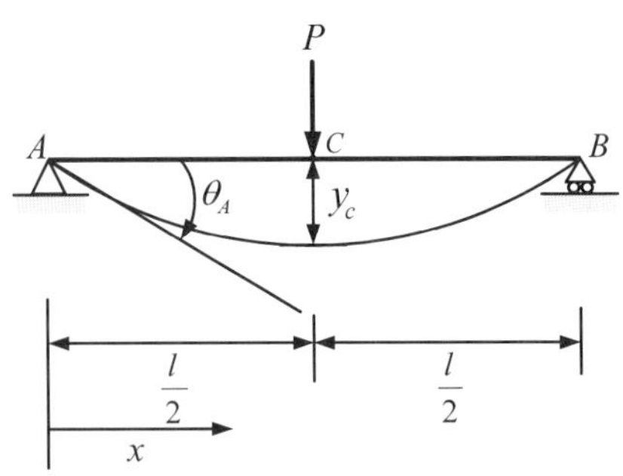

그림 10.24

그림 10.25(a)에서 $M(x) = \dfrac{P}{2}x + M - \dfrac{M}{l}x$, $\dfrac{\partial M(x)}{\partial M} = 1 - \dfrac{x}{l}$가 계산되고 그림 10.25(b)에서 $M(x') = \dfrac{P}{2}x' + \dfrac{M}{l}x'$, $\dfrac{\partial M(x')}{\partial M} = \dfrac{x'}{l}$이 계산된다. 따라서

$$\theta_A = \int_0^{\frac{l}{2}} \frac{1}{EI}\left(\frac{P}{2}x\right)\left(1 - \frac{x}{l}\right)dx + \int_0^{\frac{l}{2}} \frac{1}{EI}\left(\frac{P}{2}x'\right)\left(\frac{x'}{l}\right)dx' = \frac{Pl^2}{16EI}$$

으로 계산된다.

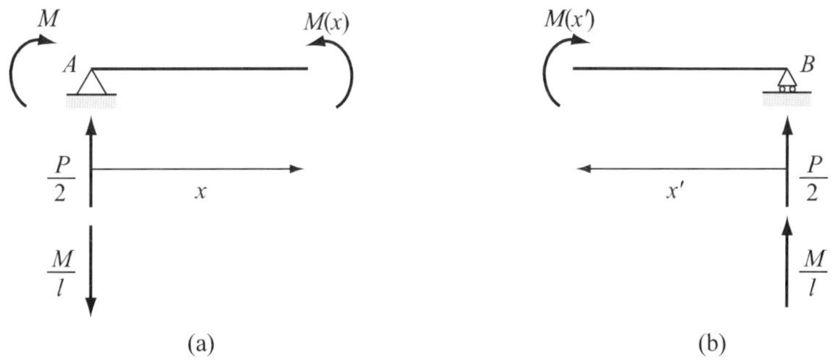

그림 10.25

다음 그림 10.26은 단경간 구조시스템에서 등분포하중 w가 재하된 경우로서 C점의 처짐 y_c를 구하기 위해서는 C점에 가상력 Q를 재하한 상태의 모멘트 $M(x)$를 구해야 한다. 즉, $M(x) = \left(\dfrac{1}{2}wl + \dfrac{Q}{2}\right)x - \dfrac{wx^2}{2}$, $\dfrac{\partial M(x)}{\partial Q} = \dfrac{x}{2}$가 된다.

따라서

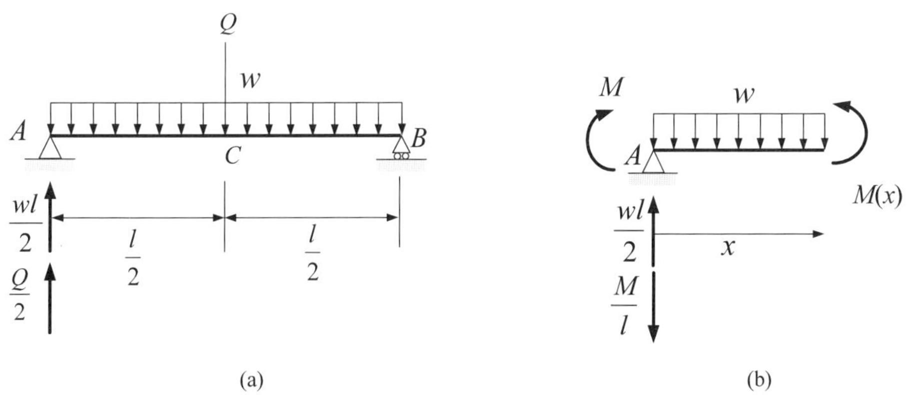

그림 10.26

$$y_C = 2\int_0^{\frac{l}{2}} \frac{1}{EI}\left(\frac{wl}{2}x - \frac{wx^2}{2}\right)\left(\frac{1}{2}x\right)dx = \frac{2}{EI}\left[\frac{wlx^3}{12} - \frac{wx^4}{16}\right]_0^{\frac{l}{2}} = \frac{5wl^4}{384EI}$$

이 되므로 이중적분법이나 모멘트면적법의 결과와 같다.

다음으로 θ_A를 구하기 위해서도 A점에 가상모멘트 M을 적용시켜 $\dfrac{\partial M(x)}{\partial M}$를 구해야 한다. 다음 그림 10.26(b)의 자유물체도로부터

$$M(x) = \frac{wl}{2}x - \frac{wx^2}{2} + M - \frac{M}{l}x,\quad \frac{\partial M(x)}{\partial M} = 1 - \frac{x}{l} \text{가 된다.}$$

따라서

$$\theta_A = \int_0^l \frac{1}{EI}\left(\frac{wl}{2}x - \frac{wx^2}{2}\right)\left(1 - \frac{x}{l}\right)dx = \frac{1}{EI}\left[\frac{wlx^2}{4} - \frac{wx^3}{3} + \frac{wx^4}{8l}\right]_0^l = \frac{wl^3}{24EI}$$

으로 계산된다. 이 결과 역시 앞서의 8장과 9장의 결과와 같다.

다음으로는 그림 10.27과 같이 모멘트 M이 하중으로 작용되는 경우를 생각해보자. 이때

$$M(x) = M - \frac{M}{l}x,\quad \frac{\partial M(x)}{\partial M} = 1 - \frac{x}{l}$$

가 되고

$$\theta_A = \int_0^l \frac{1}{EI}\left(M - \frac{M}{l}x\right)\left(1 - \frac{x}{l}\right)dx = \frac{Ml}{3EI}$$

로 계산된다. 여기서 최대 처짐 $y_{\max}$를 구하기 위해서는 $y_{\max}$의 위치가 결정되어야 그 위치에 수직 가상력 Q를 재하시켜 $\dfrac{\partial M(x)}{\partial Q}$의 값을 결정할 수 있는데 지금까지 배운 Castigliano의 정리에 의해서는 $y_{\max}$의 위치를 찾기가 쉽지 않다. 이런 경우에는 8장의 이중적분법이나 9장의 모멘트면적법을 이용함이 바람직하다.

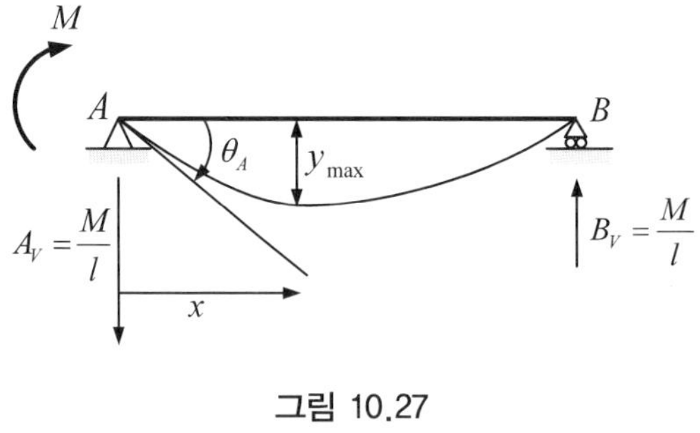

그림 10.27

10.11 부정정구조물(不靜定構造物, Statically Indeterminate Structure)

지금까지 8장과 9장에서 다루었던 부정정구조물의 해석방법은 구조물시스템을 정정 구조시스템으로 변환하여 변환된 조건 즉, 지점 제거 또는 힌지 설정 등에 따라 부정정력(不靜定力)을 적용시키는 순서였다. 이 절에서도 마찬가지 방법으로 설명하기로 하고 예제 풀이에서는 에너지 방법의 특성을 이용하여 설명하기로 하겠다. 설명의 예로는 구조시스템 및 하중조건이 8장과 9장에서 다루었던 것과 동일한 것으로 하기로 한다. 단, 앞서 그림 8.16으로 다루었던 외팔보 및 단순보 구조시스템에서 집중하중 P, 등분포하중 w 및 하중으로서의 모멘트 M에 의한 해석결과인 그림 8.16을 이용하여 설명해보자.

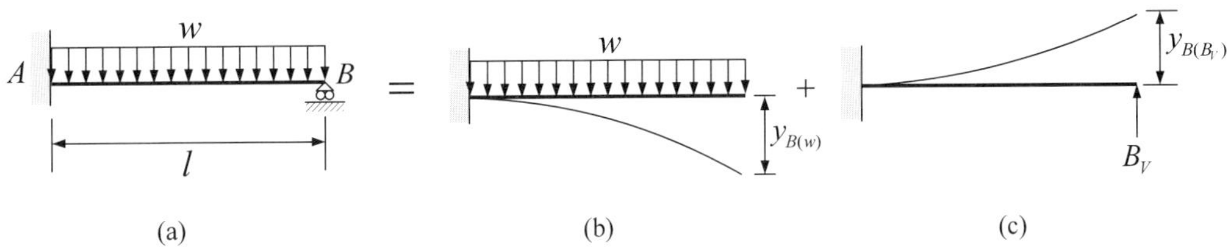

그림 10.28

그림 10.28(a)와 같은 1차 부정정시스템은 B 지점을 제거함으로써 정정 구조시스템화하였고 그림 10.28(b), (c)의 $y_{B(w)}$, $y_{B(B_V)}$는 앞서에서 계산하였으므로 생략하기로 한다. 원 구조시스템에서 B 지점에는 처짐이 발생되지 않았던 조건 즉, $y_{B(w)} = y_{B(B_V)}$의 조건으로부터 B_v를 계산한 다음 전체 구조물에 대한 힘의 평형방정식으로부터 A지점의 반력 즉, V_A와 M_A를 계산할 수 있다.

다음 방법으로는 그림 10.29와 같이 A지점을 힌지화하므로 정정 구조시스템화할 수 있다. 이 경우 단순보시스템에서 등분포하중이 재하된 경우와 A지점에 하중으로서의

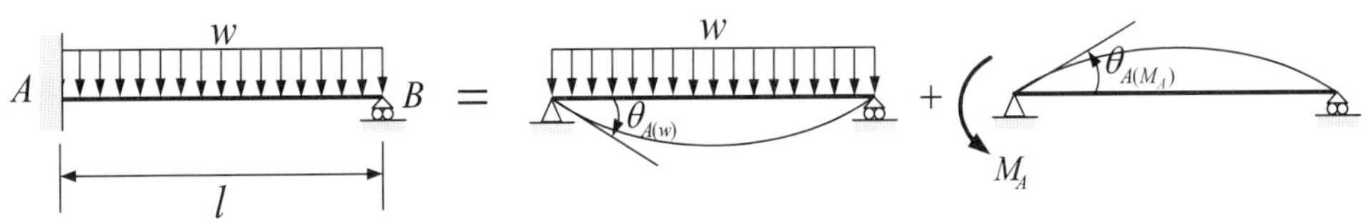

그림 10.29

모멘트 M_A를 적용시켜 경계조건을 이용하여 M_A를 선결할 수 있다. 나머지 계산은 힘의 평형방정식으로 해결된다.

다음으로는 1차 부정정인 2경간 연속보 구조시스템에 대해 설명해보자. 그림 10.30(a)와 같은 2경간 연속보 구조시스템을 정정 구조시스템화하는 방법은 그림 10.30(b), (c), (d)와 같이 3가지 방법이 있다.

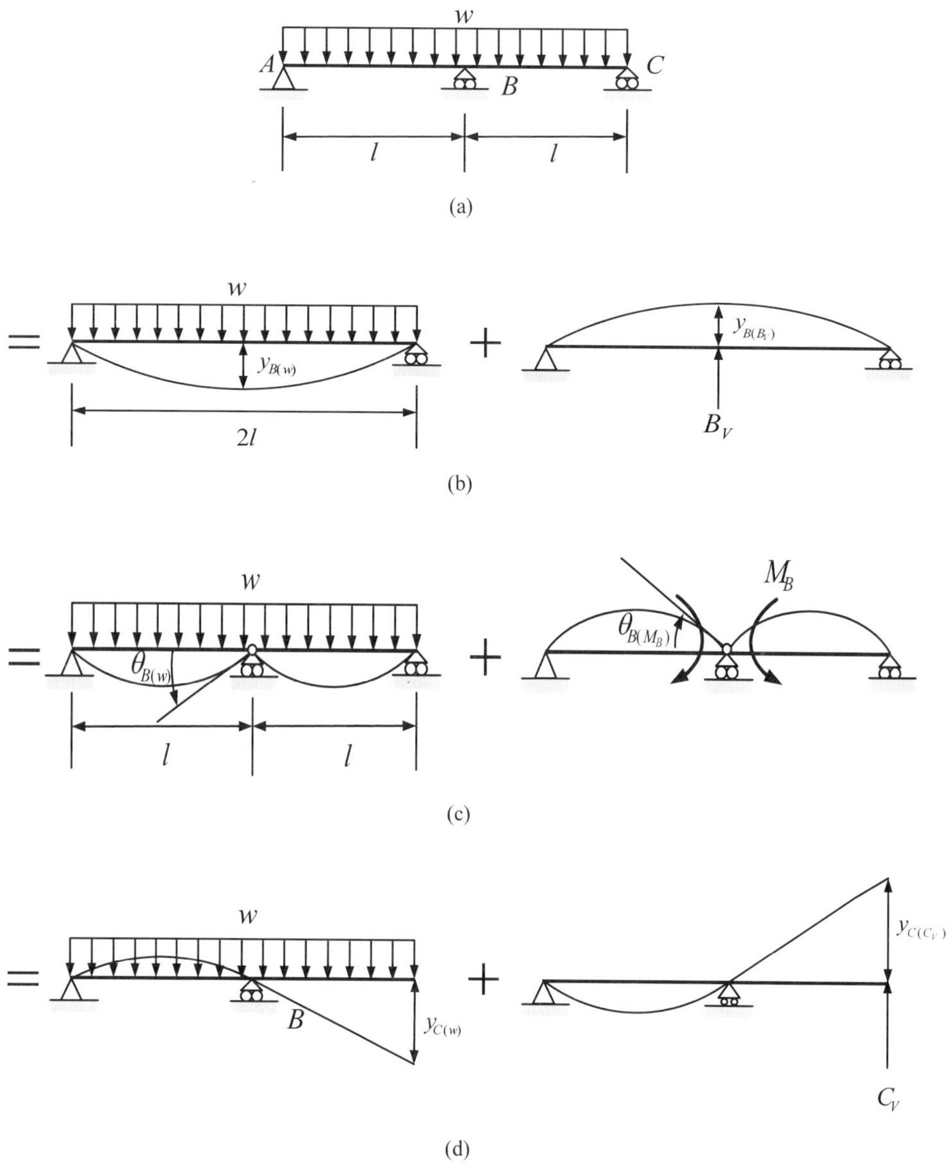

그림 10.30

그림 10.30(b)는 B 지점을 제거한 경우로서, 앞서 다룬 단순보 구조시스템의 등분포하중 w 또는 집중하중 B_V가 재하된 것과 동일한 형상이나 $l = 2l$인 것만 다른 경우이고 $y_{B(w)}$나 $y_{B(B_V)}$의 계산방법은 똑같다. 그림 10.30(c)는 B 지점을 힌지화하는 경우로서 등분포하중 w가 재하된 경우 또는 하중으로서 모멘트 M_B가 작용되는 경우와 똑같이 $\theta_{B(w)}$와 $\theta_{B(M_B)}$를 계산하여 $\theta_{B(w)} = \theta_{B(M_B)}$의 조건식으로부터 M_B를 계산할 수 있다. 그림 10.30(d)는 C 지점을 제거한 경우로서 대칭시스템을 이용한 그림 10.30(b), 그림 10.30(c)보다 복잡하니 굳이 비대칭으로 계산해야 하는 이 방법은 피하는 것이 좋다.

다음으로는 2차 부정정 구조시스템인 3경간 연속보시스템에 대해 설명해보자.

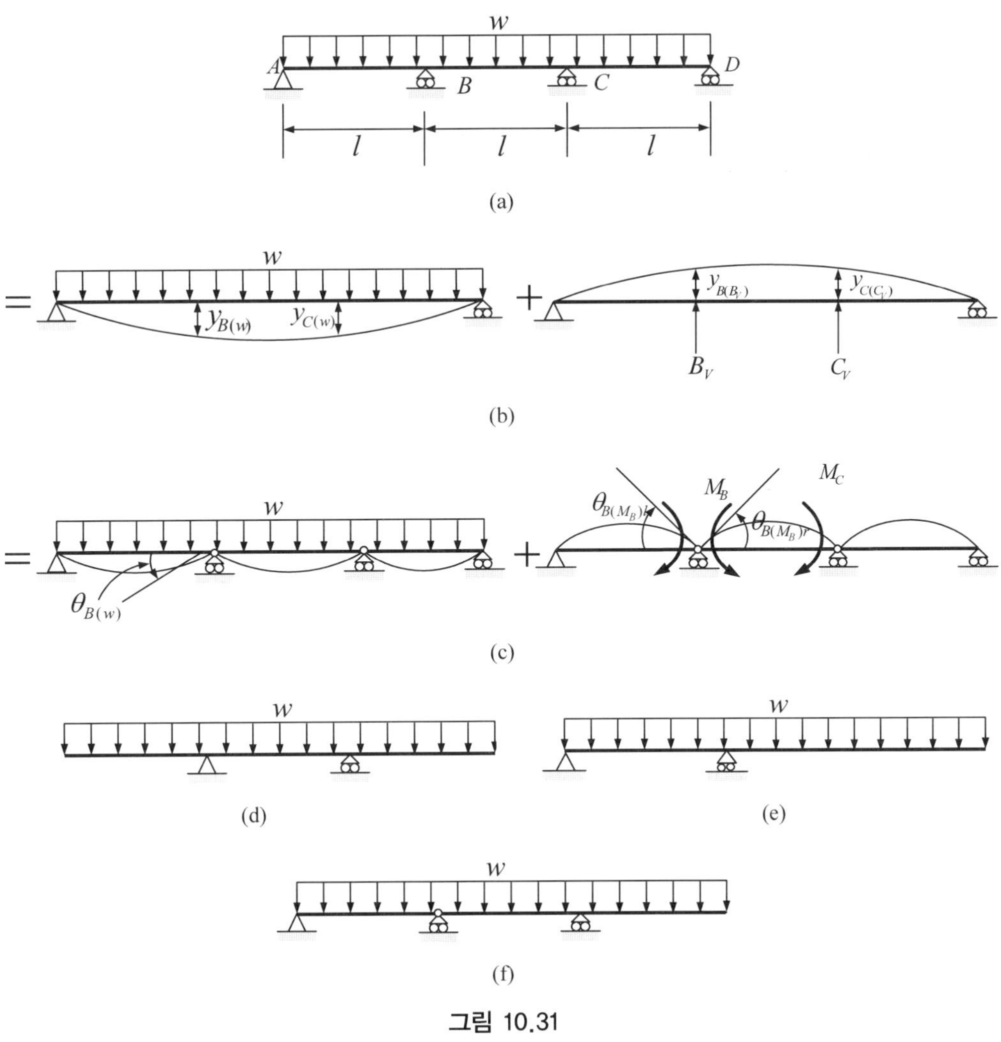

그림 10.31

그림 10.31(a)는 3경간 연속보 구조시스템에 등분포하중 w가 재하된 상태를 보이고 있고, 그림 10.31(b)는 B지점과 C지점을 제거함으로써 정정 구조시스템화된 상태이다. 이 경우 대칭을 이용 즉, $y_{B(w)} = y_{C(w)}$, 그리고 $y_{B(B_V)} = y_{C(C_V)}$의 관계를 이용하여 해석할 수 있으나 모멘트면적법이 제일 간편한 방법이니 여기서 더 이상의 설명은 생략하기로 한다. 그림 10.31(c)는 B지점과 C지점을 힌지화하는 방법으로 여기서도 대칭을 이용하면 쉽게 문제를 해결할 수 있다. 즉, $2\theta_{B(w)} = \theta_{B(M_B)l} + \theta_{B(M_B)r}$이므로, $M_B = -\dfrac{wl^2}{10}$이 계산된다. 대칭시스템이므로 물론 C점의 모멘트 M_C도 $-\dfrac{wl^2}{10}$이 된다. 나머지 반력은 힘의 평형방정식으로부터 구할 수 있다. 그림 10.31(d)는 A지점과 D지점을 제거하여 정정 구조시스템화한 것으로 계산과정은 생략한다. 그림 10.31(e)와 그림 10.31(f)는 정정 구조시스템화하는 방법을 설명하기 위한 것으로 이 방법은 계산과정이 매우 복잡하다. 왜냐하면 비대칭 구조시스템이기 때문이다. 대칭화가 가능한 시스템의 경우에는 반드시 대칭의 장점을 최대한 이용하는 것이 현명한 방법이다.

[예제 10.12]

아래 그림과 같은 등분포하중 w를 받고 있는 부정정보가 있다. 지금까지의 방법과는 달리 A점의 지점반력을 포함하는 모멘트식으로 Castigliano의 정리를 이용하여 보의 지점 A와 B에서의 반력을 구하라. 재료의 탄성계수는 E이고 단면의 도심축에 대한 단면2차모멘트는 I이다.

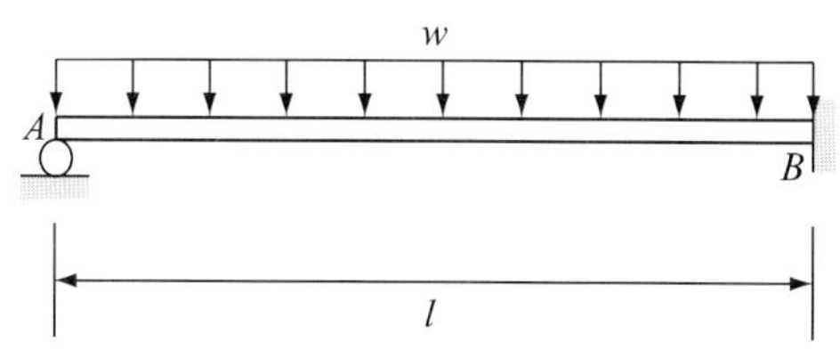

[풀이] 위와 같은 1차 부정정보에서 보의 지점반력을 구하기 위해서는 평형방정식이 한 개 부족하다. 여기서는 에너지 방법의 특징을 이용해 부족한 방정식을 구해보기로 한다.

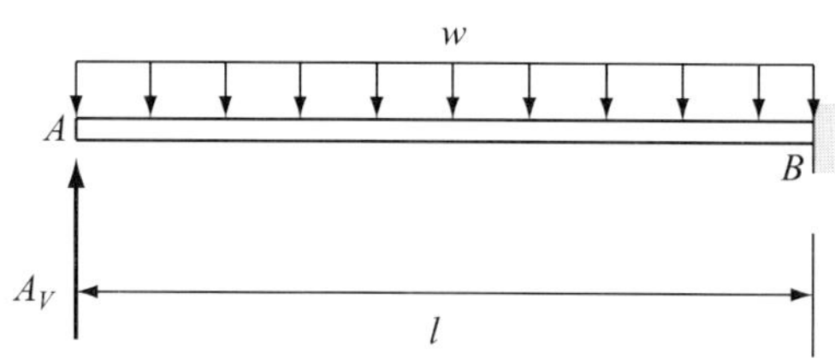

위의 그림에서 A점을 제거함으로써 나타난 지점반력을 A_V로 표시하여 나타내면 보

는 등분포하중 w와 A점에서의 집중하중 A_V를 받는 정정보의 문제가 된다. A점에서의 처짐량이 "0"이라는 것을 알고 있으므로 에너지 방법을 적용하여 A점에서의 처짐량을 구하는 식을 "0"으로 놓으면 부족한 하나의 식을 얻을 수 있다. 이의 과정을 수식으로 표시하면 다음과 같다.
외팔보 형태에서 에너지 방법으로 A점의 처짐량을 구하는 식은 다음과 같다.

$$y_A = \frac{\partial U}{\partial A_V} = \int_0^l \frac{1}{EI} M(x) \frac{\partial M(x)}{\partial A_V} dx$$

여기서 M은 A점으로부터 거리 x인 위치에서의 모멘트로서

$$M(x) = A_V x - \frac{1}{2} w x^2$$

으로 표현되며 A_V에 대해 편미분을 하면 다음과 같은 결과가 나온다.

$$\frac{\partial M(x)}{\partial A_V} = x$$

이 식들을 A점의 처짐 y_A의 계산식에 대입하면

$$y_A = \frac{1}{EI} \int_0^l x \left(A_V x - \frac{1}{2} w x^2 \right) dx$$
$$= \frac{1}{EI} \left(\frac{A_V l^3}{3} - \frac{w l^4}{8} \right)$$

으로 계산된다. 위의 그림에서 A점은 지지점이므로 처짐이 "0"이 되어야 하므로 A_V는 다음과 같이 계산된다.

$$A_V = \frac{3}{8} wl$$

따라서 나머지 지점반력들은 힘의 평형방정식에 의해 다음과 같이 계산된다.

$$B_V = \frac{5}{8} wl, \; M_B = -\frac{1}{8} wl^2$$

[예제 10.13]

다음 그림의 보에서 C점의 처짐을 구하라(단, Castigliano의 정리를 이용하고 EI는 일정).

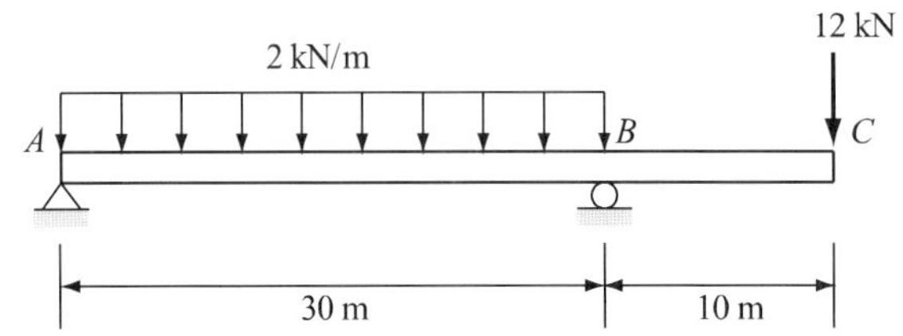

[풀이] 아래의 그림에서 12 kN의 외력은 처짐을 구하고자 하는 위치인 C점에 이미 작용되고 있으나 계산식을 간편하게 나타내기 위해 변수 P로 나타낸다. C점에 작용되는 하중 P에 의한 반력을 아래의 그림에 나타내었다. 하중이 AC구간을 통해 연속되지 않기 때문에 보를 AB, BC의 두 구간으로 나누어 계산해야 하며 휨모멘트에 대한 식을 구하기 위해 사용된 x좌표를 그림에 나타내었다. 보의 두 구간에 대해 P를 변수로 하여 구해진 $M(x)$에 대한 식을 P에 관한 $M(x)$의 함수와 함께 표에 나타내었다.

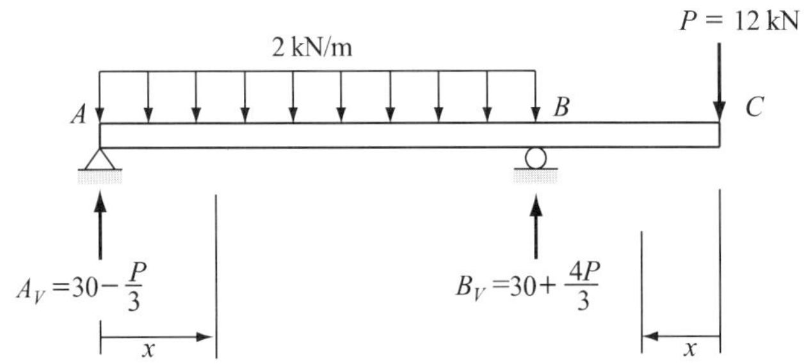

구간	x좌표		$M(x)$(kNm)	$\frac{\partial M(x)}{\partial P}$(kNm/kN)
	x의 기준점	범위(m)		
AB	A	0~30	$\left(30-\frac{P}{3}\right)x-x^2$	$-\frac{x}{3}$
CB	C	0~10	$-Px$	$-x$

C점에서의 처짐은 $P=12$ kN을 $M(x)$와 $\partial M(x)/\partial P$에 대한 식에 대입하고 Castigliano의 정리를 적용하면 다음과 같이 계산된다.

$$y_C = \frac{1}{EI}\left\{\int_0^{30}(26x-x^2)\left(-\frac{x}{3}\right)dx + \int_0^{10}(-12x)(-x)dx\right\}$$
$$= \frac{1}{EI}(-78,000+67,500+4,000) = -\frac{6,500}{EI}$$

y_C가 음수이므로 C점이 P의 방향과 반대 방향인 위로 변위된다는 것을 의미한다.

[예제 10.14]

다음 트러스 구조물에서 F 점에 100 kN의 하중이 작용될 때 G 점의 처짐을 Castigliano의 정리를 이용하여 계산하라. (단, $E = 2.1 \times 10^5$ MPa이며 각 부재의 단면적 A는 그림에 표시되어 있다.)

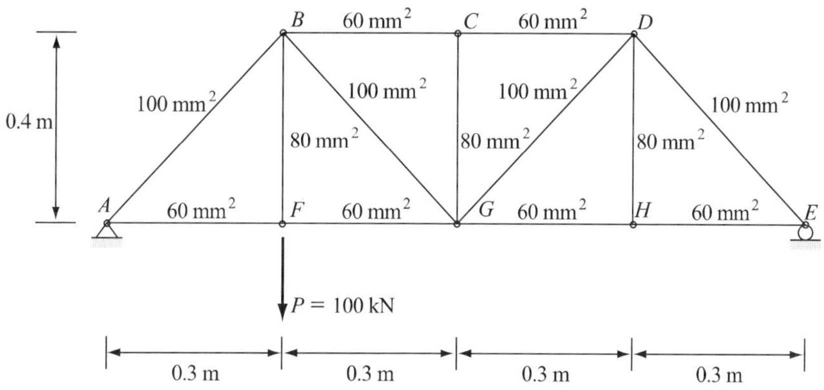

[풀이] 먼저 부재력을 구하면 다음과 같다. (부재력 계산과정은 생략한다.)

(a) 실제 하중에 의한 부재력 산정

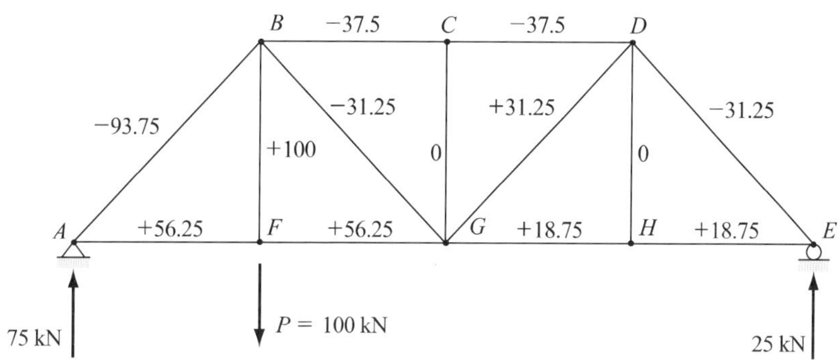

(b) G 점에 가상하중 P 재하

G 점에 가상하중 P를 재하하여 트러스의 부재력을 산정하면 다음과 같다.

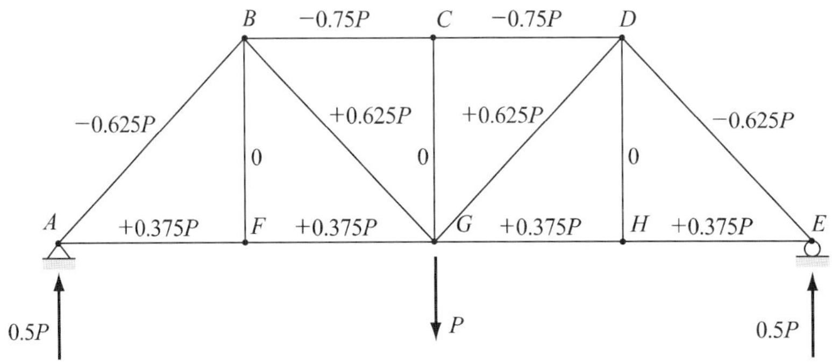

(c) G 점의 처짐 산정

(a)와 (b)에서 계산된 부재력에 대해 표를 만들면 다음과 같다.

부재	l(mm)	A(mm^2)	l/A	F[kN]	$\frac{\partial F}{\partial P}$	$F\left(\frac{\partial F}{\partial P}\right)\frac{l}{A}$
AF	300	60	5	$56.25+0.375P$	0.375	105.47
FG	300	60	5	$56.25+0.375P$	0.375	105.47
GH	300	60	5	$18.75+0.375P$	0.375	35.16
HE	300	60	5	$18.75+0.375P$	0.375	35.16
BC	300	60	5	$-37.50-0.75P$	−0.75	140.63
CD	300	60	5	$-37.50-0.75P$	−0.75	140.63
AB	500	100	5	$-93.75-0.625P$	−0.625	292.97
BG	500	100	5	$-31.25+0.625P$	0.625	−97.66
GD	500	100	5	$31.25+0.625P$	0.625	97.66
DE	500	100	5	$-31.25-0.625P$	−0.625	97.66
FB	400	80	5	100	0	0
CG	400	80	5	0	0	0
HD	400	80	5	0	0	0
$\sum$						953.15

따라서 Castigliano의 정리를 이용하여 계산된 G 점의 처짐 y_G 는 다음과 같이 계산된다.

$$y_G = \sum F\left(\frac{\partial F}{\partial P}\right)\frac{l}{EA} = \frac{953.15}{210} = 4.54 \text{ mm} \downarrow$$

[예제 10.15]

다음 구조물에서 C 점의 수직처짐을 Castigliano의 정리를 이용하여 구하라(단, $G=0.4E$, $J=2I$ 이며 $E=200$ GPa, $I=90.4\times10^6$ mm^4).

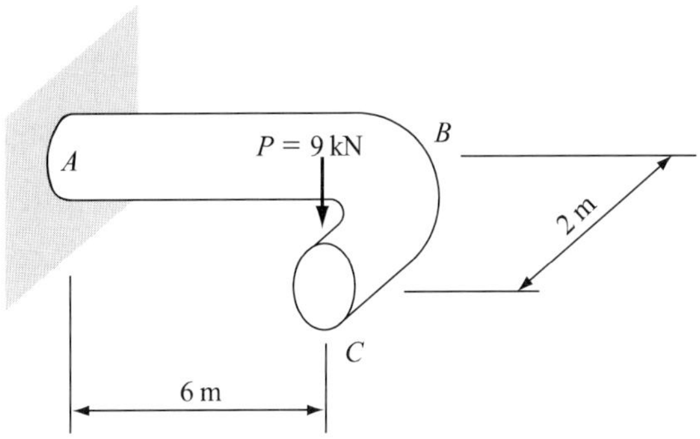

[풀이] C 점에 작용되는 하중 9 kN을 P 로 하여 단면력을 산정하면 다음 표와 같다.

구간	x 의 기준점	적분 구간	$M(x)$	$\frac{\partial M(x)}{\partial P}$	M_T	$\frac{\partial M_T}{\partial P}$
$A\sim B$	B	0~6	$-Px$	$-x$	$2P$	2
$B\sim C$	C	0~2	$-Px$	$-x$	0	0

C 점의 최종 처짐y_c는 다음과 같이 계산된다.

$$y_C=\int\frac{M(x)}{EI}\frac{\partial M(x)}{\partial P}dx+\int\frac{M_T}{GJ}\frac{\partial M_T}{\partial P}dx$$

$$=\int_0^6\frac{(-Px)(-x)}{EI}dx+\int_0^2\frac{(-Px)(-x)}{EI}dx+\int_0^6\frac{(2P)(2)}{GJ}dx$$

$$=\frac{72P}{EI}+\frac{8P}{3EI}+\frac{24P}{(0.4E)(2I)}=\frac{942}{EI}=\frac{942}{200\times10^6\times90.4\times10^{-6}}$$

$$=0.052\text{ m}=52\text{ mm}\downarrow$$

10.12 단위하중법(單位荷重法, Method of Unit Load)

단위하중법은 주어진 하중하에서의 처짐각 및 처짐, 나아가 비틀림각을 구하고자 하는 위치에 단위하중 즉, 수직처짐을 구하고자 할 때는 수직 단위하중 $P'=1$을, 처짐각을 구하고자 할 때는 단위모멘트 $M'=1$을, 그리고 비틀림각을 구하고자 할 때는 단위비틀림 모멘트 $M_T'=1$을 적용시켜 발생된 모멘트를 적분하여 구하는 방식인데 적분 대신 모멘트도의 형상에 따라 계수를 적용시켜 결과를 얻을 수 있다. 이 방법은 저자가 학생이었을 때 이용했던 방법으로 표에 익숙해지면 매우 빠르고 쉬운 방법이라고 생각한다. 표 10.1은 여러 형태의 모멘트도에 대한 적분계수를 나타내고 있다. 가로의 모멘트도와 세로의 모멘트도가 겹치는 경우의 계수가 적분계수 α이다. 처짐을 식으로 표현하면 다음과 같다.

트러스 구조의 처짐 y는 다음 식으로부터 구해진다.

$$EAy = \int N_o N' dx$$

트러스 구조에서는 축력도가 직사각형이므로 항상 $\alpha = 1$이다.

휨모멘트에 의한 보의 처짐 및 처짐각은 다음 식에 의해 구해진다.

$$EI_c\, y_i \text{ 또는 } EI_c\theta_i = \frac{I_c}{I}\int_0^l M_o\, M'\, dx = \frac{I_c}{I}\,\alpha\, M_o M'\, l \tag{10.1}$$

여기서 α는 표 10.1로부터 찾을 수 있고 표 10.1에서 M^*는 M_o 또는 M'에 해당된다. M_o는 주어진 하중으로부터의 모멘트에 의한 것이고 M'은 단위하중 $P'=1$ 또는 $M'=1$로부터의 모멘트에 의한 것이다.

휨모멘트, 축력, 전단력, 비틀림모멘트가 작용되는 경우의 처짐 및 처짐각은 다음과 같은 식으로 나타내진다.

$$EI_c\, y_i \text{ 또는 } EI_c\theta_i = \frac{I_c}{I}\int_0^l M_o\, M'\, dx + \frac{EI_c}{AE}\int N_o N' dx + \frac{EI_c}{GA}\int S_o S' dx + \frac{EI_c}{GJ}\int M_{T_o} M_T'\, dx$$

여기서 축력도와 비틀림모멘트도는 항상 사각형이므로 적분계수 $\alpha = 1$이다.

표 10.1 적분계수 α

			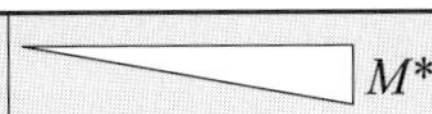	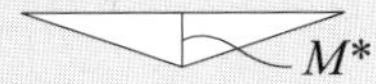
	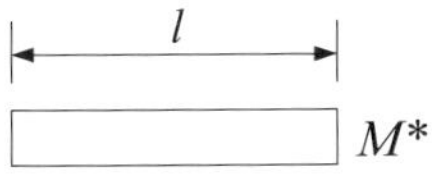	1	$\frac{1}{2}$	$\frac{1}{2}$
		$\frac{1}{2}$	$\frac{1}{3}$	$\frac{1}{4}$
		$\frac{1}{2}$	$\frac{1}{6}$	$\frac{1}{4}$
	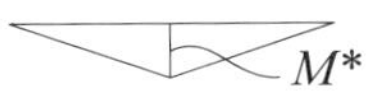	$\frac{1}{2}$	$\frac{1}{4}$	$\frac{1}{3}$
	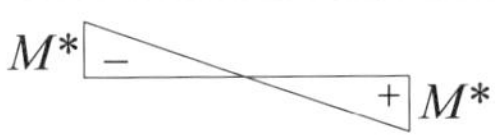	0	$\frac{1}{6}$	0
2차 포물선	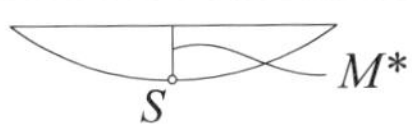	$\frac{2}{3}$	$\frac{1}{3}$	$\frac{5}{12}$
	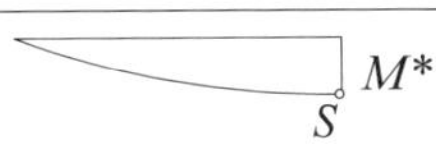	$\frac{2}{3}$	$\frac{5}{12}$	$\frac{17}{48}$
	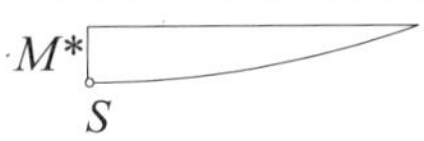	$\frac{2}{3}$	$\frac{1}{4}$	$\frac{17}{48}$
		$\frac{1}{3}$	$\frac{1}{4}$	$\frac{7}{48}$
		$\frac{1}{3}$	$\frac{1}{12}$	$\frac{7}{48}$
3차 포물선	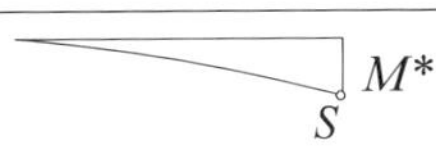	$\frac{1}{4}$	$\frac{1}{5}$	$\frac{3}{32}$
	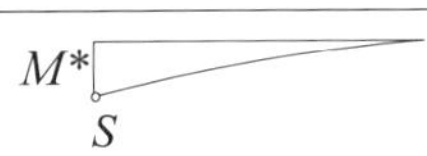	$\frac{1}{4}$	$\frac{1}{20}$	$\frac{3}{32}$

평면문제에서 보의 실제적인 처짐 및 처짐각은 모멘트에 의해 지배되므로 일반적으로 축력, 전단력 항은 무시하니 참고 바란다.

표 10.1의 2차 포물선 및 3차 포물선에 대한 그림에서 S는 최대점을 의미한다.

식 10.1에서 I_c는 기준이 되는 단면2차모멘트를 의미하는데 단면2차모멘트가 서로 다른 여러 단면으로 구성된 구조물일 때 적용된다. I는 기준 단면 이외의 부재의 단면2차모멘트이다. M_o는 주어진 하중하에서의 모멘트도로서 표 10.1에 여러 경우의 모멘트도의 형상이 표시되어 있다. M'은 위에서 언급한 $P'=1$, $M'=1$ 혹은 $M_T{}'=1$에 의한 모멘트도로서 역시 표 10.1에 여러 경우의 모멘트도의 형상이 나타나 있다.

표 10.1을 이용하여 단위하중법에 대해 상세히 설명하기 위해 앞서 8장, 9장 그리고 Castigliano의 정리에 의한 처짐각 및 처짐을 구하는 예로 들었던 외팔보와 단순보시스템에서 집중하중 P 및 등분포하중 w 그리고 하중으로서의 모멘트 M이 작용되는 경우를 계산해보자.

외팔보

집중하중 P가 작용되는 경우의 모멘트도는 그림 10.32(a)와 같고 단위하중 $P'=1$에 의한 모멘트도는 그림 10.32(b)에 나타나 있다. 표 10.1로부터 그림 10.32(a)의 모멘트도의 형태와 그림 10.32(b)의 모멘트도의 형태가 겹치는 계수 $\alpha=\dfrac{1}{3}$이다.

그리고 식 (10.1)에서 $I_c=I$이고 $M_o=Pl$, $M'=l$이므로 $EIy_B=\dfrac{1}{3}Plll=\dfrac{Pl^3}{3}$으로 계산된다. 한편 $M'=1$일 때의 모멘트도의 형상은 그림 10.32(c)와 같이 사각형이므로 표 10.1로부터 그림 10.32(a)와 그림 10.32(c)의 모멘트도의 형상이 겹치는 계수 $\alpha=\dfrac{1}{2}$이다. 그리고 $M_o=Pl$이며 $M'=1$이므로 식 (10.1)로부터 $EI\theta_B=\dfrac{1}{2}Pll=\dfrac{Pl^2}{2}$이 된다.

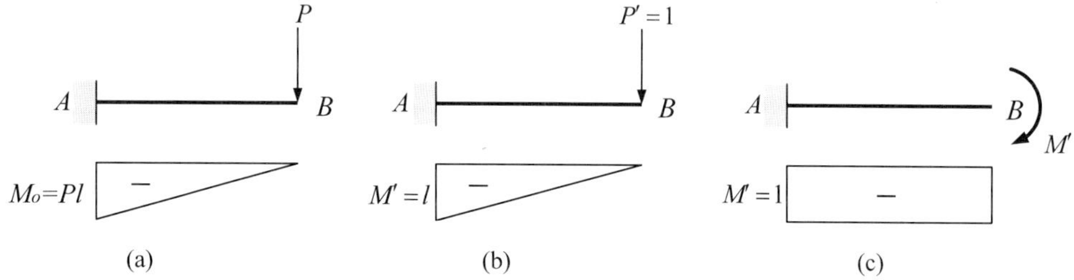

그림 10.32

다음으로는 등분포하중이 작용되는 경우 M_0는 그림 10.33과 같고 $P'=1$에 의한 M'도[그림 10.32(b)]와 겹치는 α는 표 10.1로부터 $\dfrac{1}{4}$이고, $M'=1$에 의한 M'도[그림 10.32(c)]와 겹치는 α는 $\dfrac{1}{3}$이다.

따라서 $EIy_B=\dfrac{1}{4}\dfrac{wl^2}{2}ll=\dfrac{wl^4}{8}$, $EI\theta_B=\dfrac{1}{3}\dfrac{wl^2}{2}l=\dfrac{wl^3}{6}$이 된다.

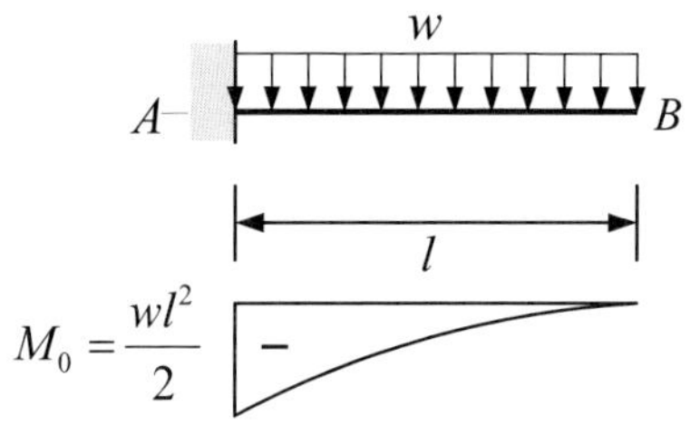

그림 10.33

하중으로서 모멘트 M이 작용되는 경우 그림 10.34의 모멘트도와 $P' = 1$에 의한 α는 표 10.1로부터 $\frac{1}{2}$이고, $M' = 1$에 의한 α는 1이다.

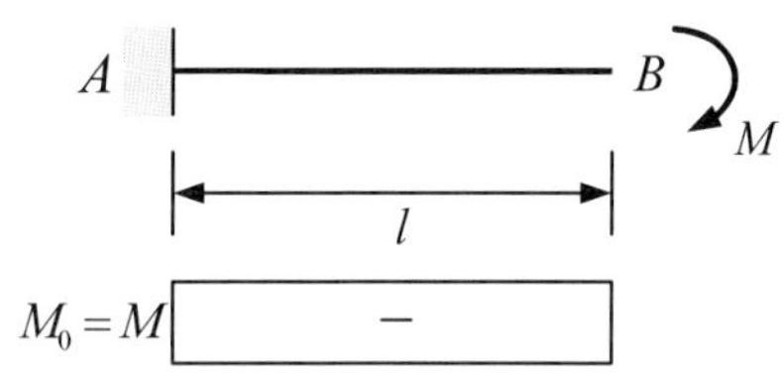

그림 10.34

따라서 $EIy_B = \frac{1}{2}Mll = \frac{Ml^2}{2}$, $EI\theta_B = Ml$이 된다.

단순보

집중하중이 보 중간에 작용되는 경우에서 그림 10.35(a)의 모멘트도와 $P' = 1$에 의한 그림 10.35(b)의 모멘트도가 겹치는 α는 표 10.1로부터 $\frac{1}{3}$이고, A점에 작용되는 $M' = 1$에 의한 그림 10.35(c)의 모멘트도가 겹치는 α는 $\frac{1}{4}$이다.

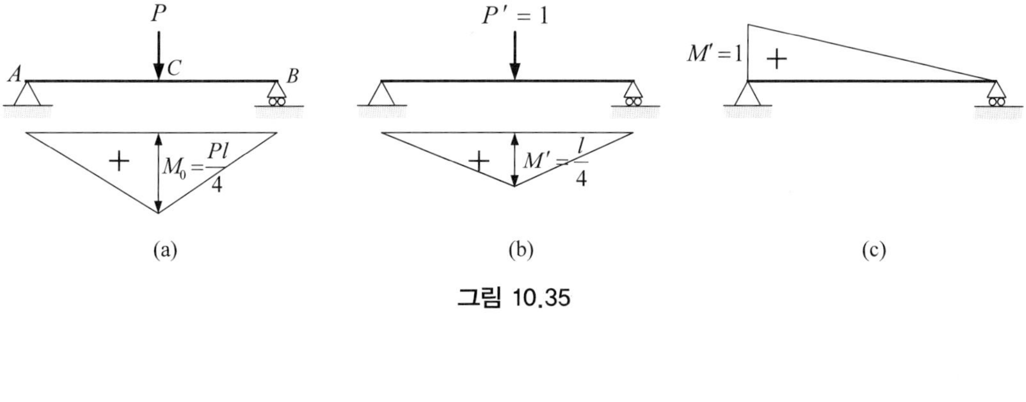

그림 10.35

따라서 $EIy_C = \frac{1}{3}\frac{Pl}{4}\frac{l}{4}l = \frac{Pl^3}{48}$, $EI\theta_A = \frac{1}{4}\frac{Pl}{4}1l = \frac{Pl^2}{16}$이 된다.

등분포하중이 작용되는 경우 그림 10.36의 모멘트도와 $P'=1$에 의한 그림 10.35(b)의 모멘트도가 겹치는 α는 표 10.1로부터 $\frac{5}{12}$이고, $M'=1$에 의한 그림 10.35(c)의 모멘트도가 겹치는 α는 $\frac{1}{3}$이다.

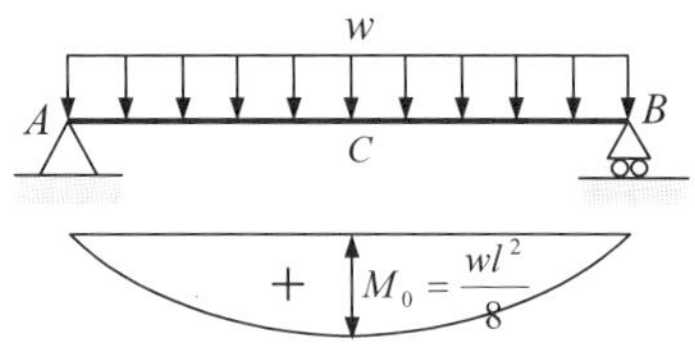

그림 10.36

따라서 $EIy_C = \frac{5}{12}\frac{wl^2}{8}\frac{l}{4}l = \frac{5wl^4}{384}$, $EI\theta_A = \frac{1}{3}\frac{wl^2}{8}1l = \frac{wl^3}{24}$이 된다.

그림 10.37과 같이 하중으로서 모멘트 M이 A점에 작용되는 경우 $P'=1$[그림 10.35(b)]에 의한 α는 표 10.1로부터 $\frac{1}{4}$이고, $M'=1$[그림 10.35(c)]에 의한 α는 표 10.1로부터 $\frac{1}{3}$이다.

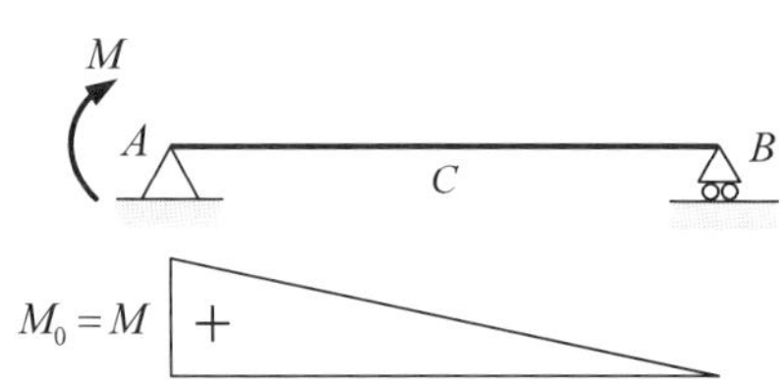

그림 10.37

따라서 $EIy_C = \frac{1}{4}M\frac{l}{4}l = \frac{Ml^2}{16}$, $EI\theta_A = \frac{1}{3}M1l = \frac{Ml}{3}$이 된다.

이 결과들은 8장의 이중적분법, 9장의 모멘트면적법 그리고 Castigliano의 방법과 물론 같고 난이도는 여러분들이 판단하기 바란다.

다음 예제는 단순보에서 비대칭하중 P가 작용되는 경우로서 8장과 9장 그리고 Castigliano의 방법에 의해 풀이가 간단하지 않은 문제였다. 단위하중법으로 풀어보고 풀이의 간단 정도를 판단하여 보자.

하중 P에 의한 모멘트도 M_o와 $P'=1$에 의한 M'도, $M'=1$에 의한 M'도가 그림 10.38(a), (b), (c)에 각각 나타나 있다. 우선 $P'=1$에 의한 α는 $\frac{1}{3}$임을 알 수 있다. 따라서 $EIy_C = \frac{1}{3}\frac{3Pl}{16}\frac{3l}{16}l = \frac{3Pl^3}{256}$으로 매우 간단하게 계산된다. $M'=1$에 의한 M'도는 그림 10.39와 같이 AC, CB 두 구간으로 나누어 계산하면 된다.

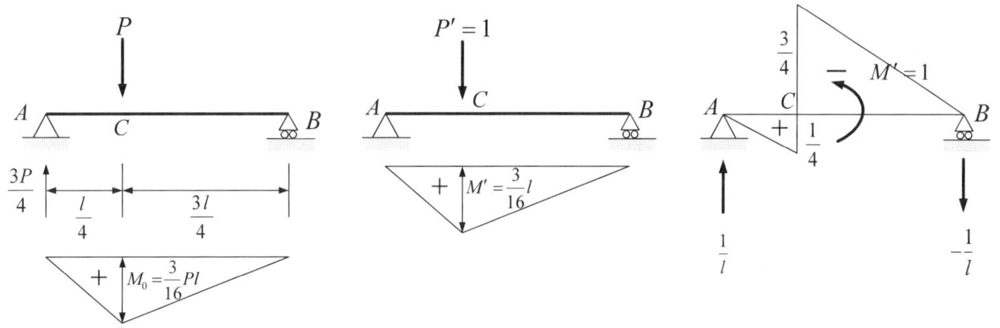

(a) (b) (c)

그림 10.38

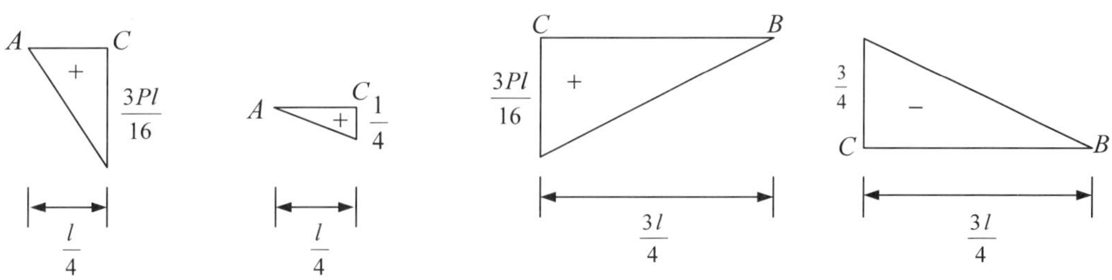

그림 10.39

표 10.1로부터 AC구간이나 CB구간 모두 α는 $\frac{1}{3}$이다.

따라서 $EI\theta_C = \frac{1}{3}\left(\frac{3}{16}Pl\frac{1}{4}\frac{l}{4} - \frac{3}{16}Pl\frac{3}{4}\frac{3l}{4}\right) = -\frac{Pl^2}{32}$으로 비교적 간단하게 계산된다.

[예제 10.16]

2경간 연속보에서 등분포하중이 그림과 같이 작용되는 경우 단위하중법을 이용하여 지점반력 B_V를 구하고 주요 위치에서의 모멘트를 구하라.

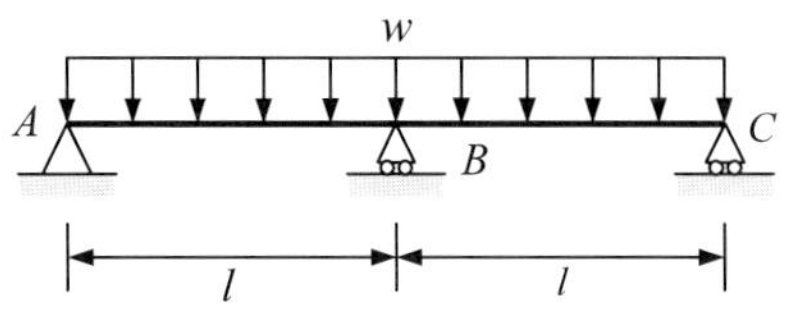

[풀이] 이 구조시스템은 1차 부정정이고 B 지점을 제거한 정정 구조시스템으로 변환하여 해석해보기로 한다. 하중 w와 B 지점에 단위하중 $P'=1$을 재하한 상태의 모멘트도는 다음과 같다.

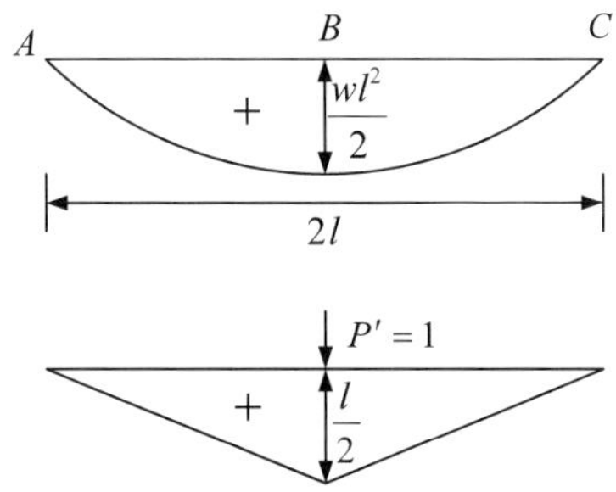

w에 의한 모멘트도와 $P'=1$에 의한 모멘트도로부터 적분계수 $\alpha = \dfrac{5}{12}$이다. 하중 w에 의한 B 점의 처짐 $y_{(w)}$는 다음과 같이 계산된다.

$$EIy_{(w)} = \frac{5}{12}\frac{wl^2}{2}\frac{l}{2}2l = \frac{5wl^4}{24}$$

다음으로는 B 지점의 지점반력 B_V에 의한 B 점에서의 상향 처짐 $y_{(B_V)}$를 구하기 위해 B_V와 단위하중 $P'=1$에 의한 모멘트도를 그려보자.

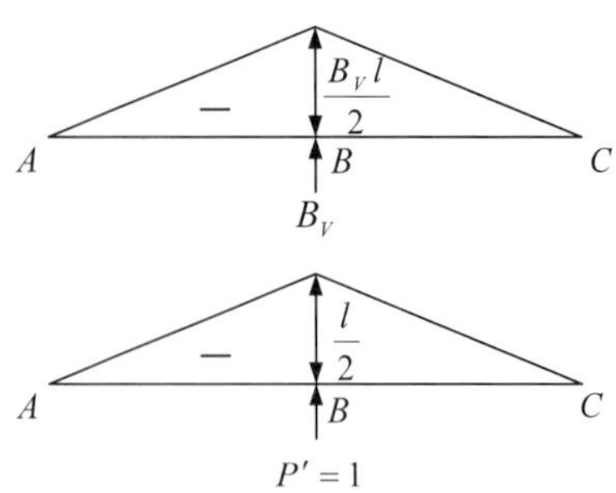

그림으로부터 적분계수 $\alpha = \dfrac{1}{3}$이므로 B_V에 의한 B점에서의 상향 처짐 $y_{(B_V)}$는 다음과 같이 계산된다.

$$EIy_{(B_V)} = \frac{1}{3}\frac{B_V l}{2}\frac{l}{2}2l = \frac{B_V l^3}{6}$$

조건식 $y_{(w)} = y_{(B_V)}$로부터 $B_V = \dfrac{5}{4}wl$이 계산된다.

다음으로는 지점반력 A_V와 B_V를 구해보자.

$A_V + C_V = 2wl - \dfrac{5}{4}wl$로부터 $A_V = C_V = \dfrac{3}{8}wl$이 계산된다.

다음으로는 $M_{\max}$와 M_B를 다음의 자유물체도로부터 구해보자.

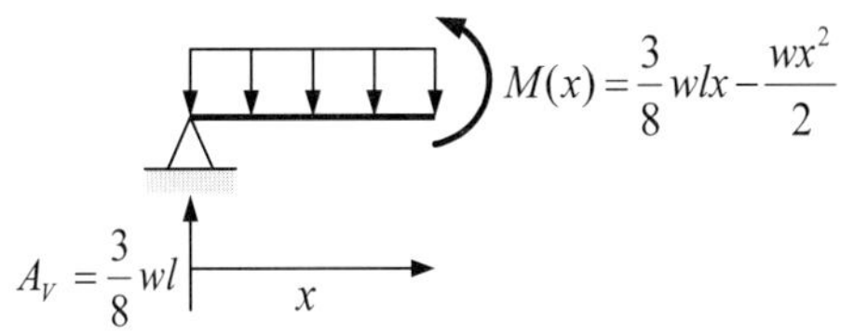

최대 처짐 $M_{\max}$의 위치는 $\dfrac{dM_{(x)}}{dx} = \dfrac{3}{8}wl - wx = 0$의 조건으로부터 $x = \dfrac{3}{8}l$임을 알 수 있다.

따라서

$M_{\max} = \dfrac{3}{8}wl(\dfrac{3}{8}l) - \dfrac{w}{2}(\dfrac{3}{8}l)^2 = 0.0703wl^2$으로 계산되고

$M_B = \dfrac{3}{8}wl^2 - \dfrac{wl^2}{2} = -0.125wl^2$이 된다.

[예제 10.17]

그림과 같은 2경간 연속보에서 집중하중이 작용되는 경우 단위하중법을 이용하여 지점반력 B_V를 구하고 모멘트 $M_{\max}$와 M_B를 구하라(단, EI는 일정).

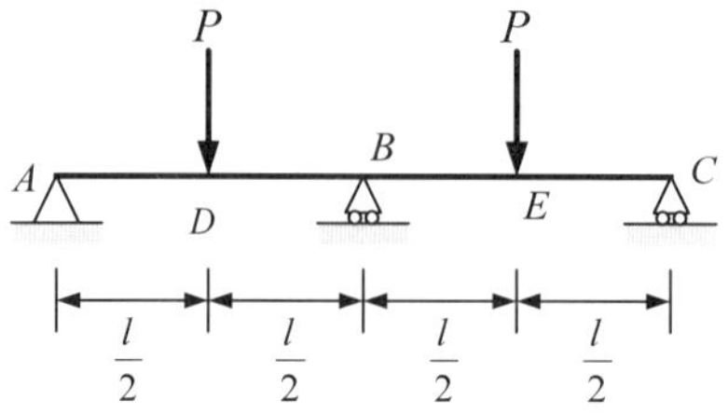

[풀이] 이 구조시스템에서도 B 지점을 제거하므로 정정 구조시스템화하여 문제를 풀기로 한다. 하중 P 에 의한 모멘트도는 다음 그림과 같다.

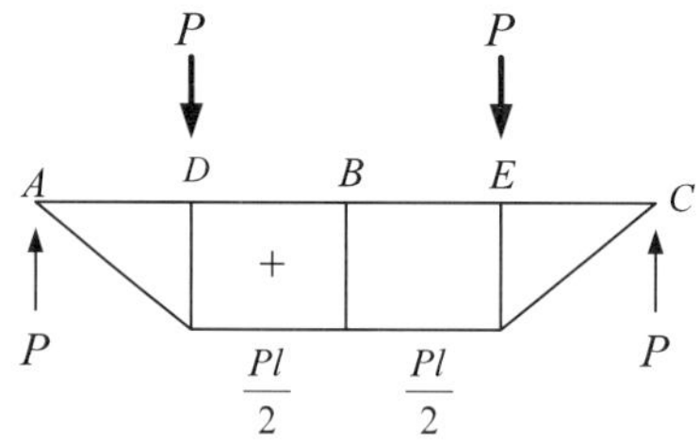

B 지점에 단위하중 $P' = 1$을 재하한 상태의 모멘트도는 다음과 같다.

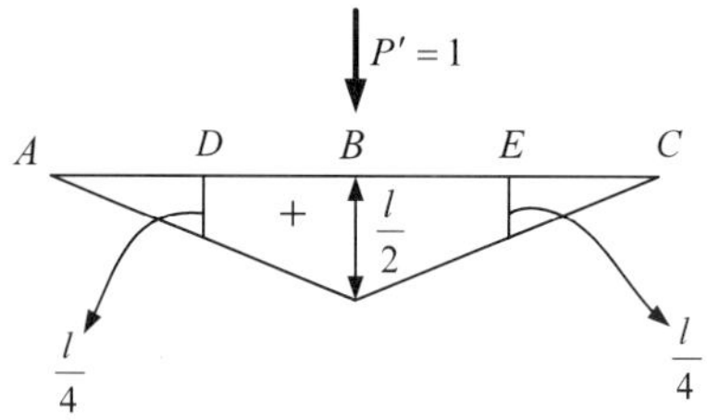

AD 구간의 모멘트도는 아래와 같으므로 적분계수 $\alpha = \dfrac{1}{3}$ 이다.

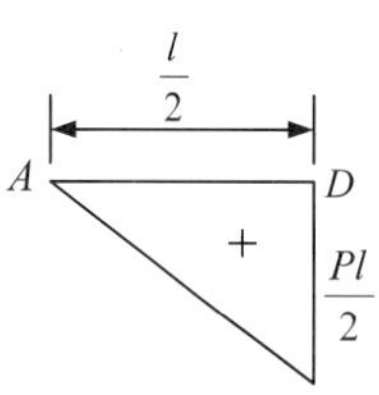

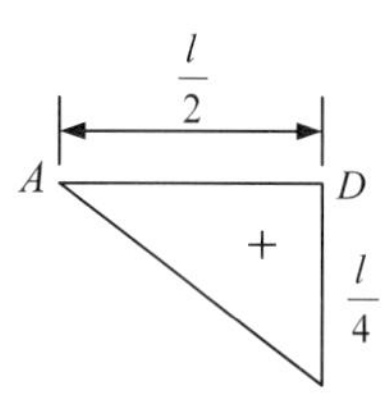

한편 DB 구간의 모멘트도는 다음과 같이 분할하여 계산할 수 있다.

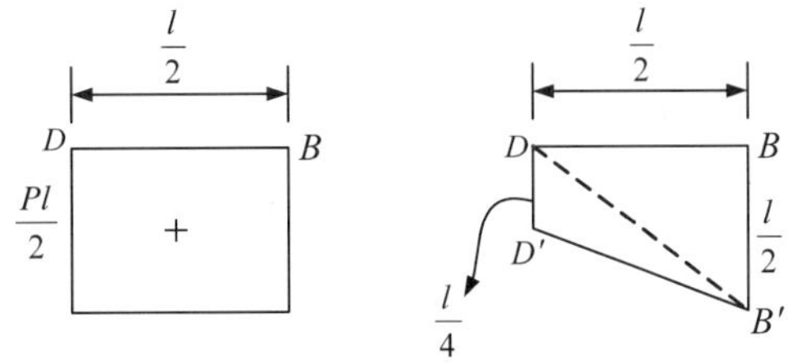

왼쪽 모멘트도와 오른쪽의 분할된 모멘트도 $DD'B'$ 또는 DBB'의 적분계수 $\alpha = \dfrac{1}{2}$이다. 따라서 B 지점 제거에 의한 B 지점의 처짐 $y_{(P)}$는 다음과 같이 계산된다.

$$EIy_{(P)} = 2[\frac{1}{3}\ \frac{Pl}{2}\ \frac{l}{4}\ \frac{l}{2} + \frac{1}{2}\ \frac{Pl}{2}\ \frac{l}{4}\ \frac{l}{2} + \frac{1}{2}\ \frac{Pl}{2}\ \frac{l}{2}\ \frac{l}{2}] = \frac{11}{48}Pl^3$$

다음으로는 지점반력 B_V에 의한 B 점의 상향 처짐 $y_{(B_V)}$를 다음과 같이 계산한다.

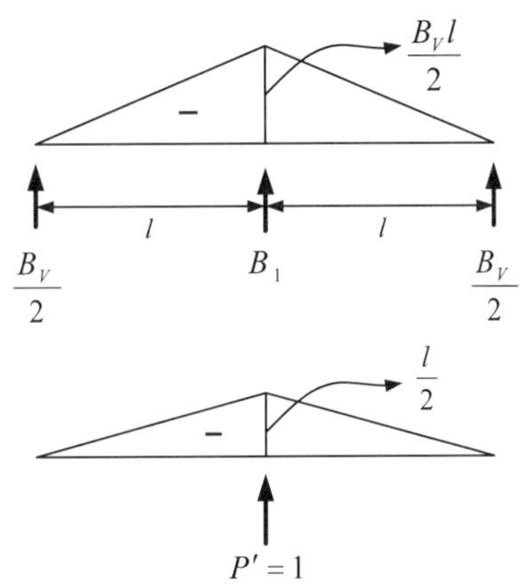

$$EIy_{(B_V)} = \frac{1}{3}\ \frac{B_V l}{2}\ \frac{l}{2}\ 2l = \frac{B_V l^3}{6}$$

따라서 조건식 $y_{(P)} = y_{(B_V)}$ 로부터 $B_V = 1.375P$이고 $A_V = C_V = 0.3125P$가 계산된다.

다음으로는 모멘트 $M_{\max}$와 M_B를 구해보자. 여기서 $M_{\max}$는 P의 작용점 D점 및 E 점임을 알 수 있다. 왜냐하면 D 점과 E 점에서 하중 P에 의해 전단력이 '+'와 '−'가 교차되는 현상이 나타나기 때문이다.

따라서

$$M_{\max} = 0.3125P\frac{l}{2} = 0.1562Pl \text{이고}$$

$$M_B = 0.3125Pl - \frac{Pl}{2} = -0.1875Pl$$ 이 계산된다.

[예제 10.18]

3경간 연속보 구조시스템에서 등분포하중하의 각 지점반력을 단위하중법을 이용하여 구하라.

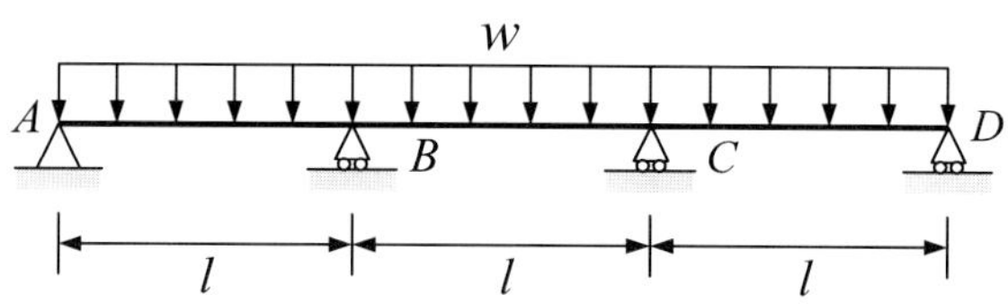

[풀이] 이 구조시스템은 2차 부정정이나 대칭 구조시스템이므로 1차 부정정 구조시스템으로 해석할 수 있다. B 지점과 C 지점을 힌지화한 정정 구조시스템으로 해석하기로 한다. 아래 그림은 하중 w와 단위하중 $M' = 1$에 의한 모멘트도이다.

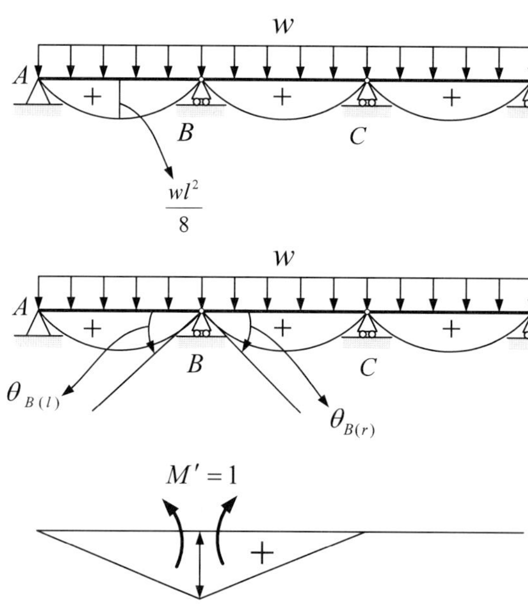

그림으로부터 하중 w에 의한 $\theta_{B(l)} = \theta_{B(r)}$은 w에 의한 모멘트도와 단위하중 $M' = 1$에 의한 모멘트도를 중첩하므로 계산할 수 있다. 여기서 AB 및 BC 구간의 $\alpha = \dfrac{1}{3}$이므로 $EI(\theta_{B(l)} + \theta_{B(r)}) = 2\left(\dfrac{1}{3}\,\dfrac{wl^2}{8}\,1l\right) = \dfrac{wl^3}{12}$이 계산된다.

다음 그림은 B 점의 부정정모멘트 M_C 및 M_B와 $M' = -1$에 의한 모멘트도이다.

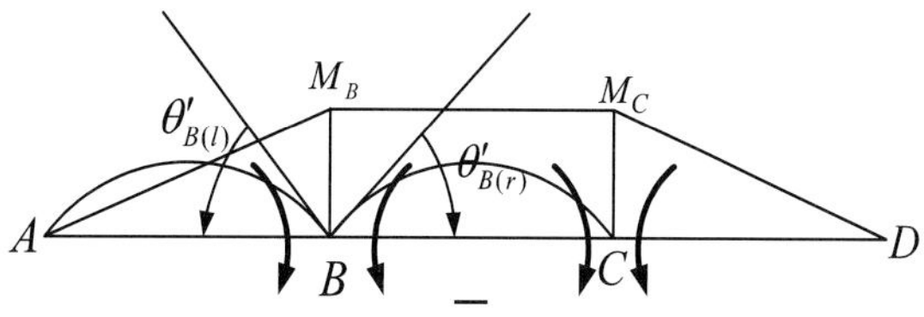

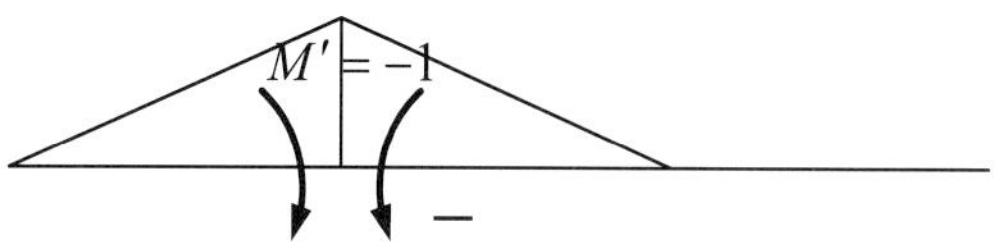

여기서 $\theta'_{B(l)} = \theta'_{B(r)}$은 M_B에 의한 모멘트도와 $M' = -1$에 의한 모멘트도를 중첩하므로 구할 수 있다. 여기서 AB 구간의 $\alpha = \dfrac{1}{3}$이고 BC 구간의 $\alpha = \dfrac{1}{2}$이므로

$EI(\theta'_{B(l)} + \theta'_{B(r)}) = \dfrac{1}{3} M_B 1 l + \dfrac{1}{2} M_B 1 l = \dfrac{5}{6} M_B l$ 이 계산된다.

따라서 $\theta_{B(l)} + \theta_{B(r)} = \theta'_{B(l)} + \theta'_{B(r)}$의 조건식으로부터

즉, $\dfrac{wl^3}{12} = \dfrac{5}{6} M_B l$ 로부터 $M_B = \dfrac{wl^2}{10}$이 계산된다.

여기서 M_B의 부호는 위의 모멘트도에서 '−'방향으로 표현했기 때문에 '−'이다. 나머지 지점반력 및 $M_{\max}$, M_B는 힘의 평형방정식을 이용하여 구할 수 있다. 그리고 9장의 모멘트면적법에 의한 예제 풀이를 참고하기 바란다.

[예제 10.19]

다음 그림과 같은 길이 l 인 양단고정보 AB의 중앙 C 점에 집중하중 P가 작용될 때 C 점에서의 처짐을 단위하중법을 이용하여 구하라(EI는 일정).

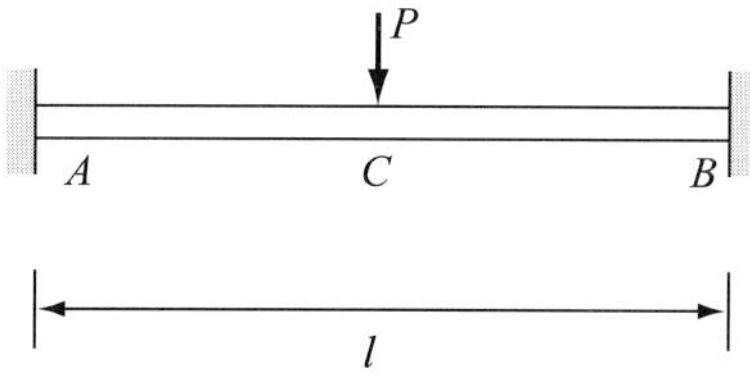

[풀이] 양단고정보 AB의 중앙 C점에 집중하중 P가 작용될 경우의 휨모멘트도와 중앙 C점에 단위하중 $P'=1$이 작용될 경우의 휨모멘트도를 부록 C를 이용하여 작도하고 표 10.1의 적분표를 이용하여 처짐을 계산한다.

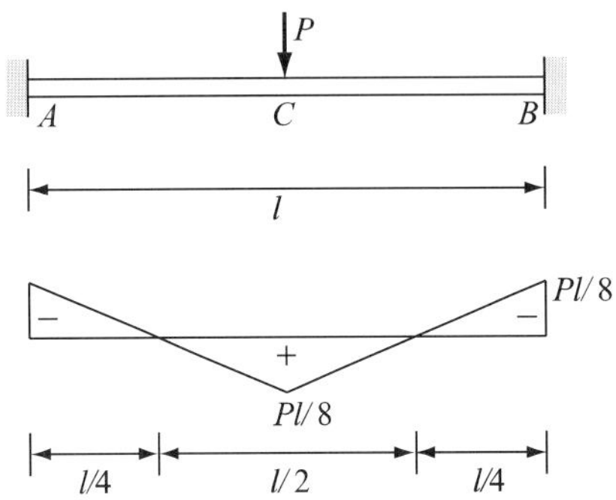

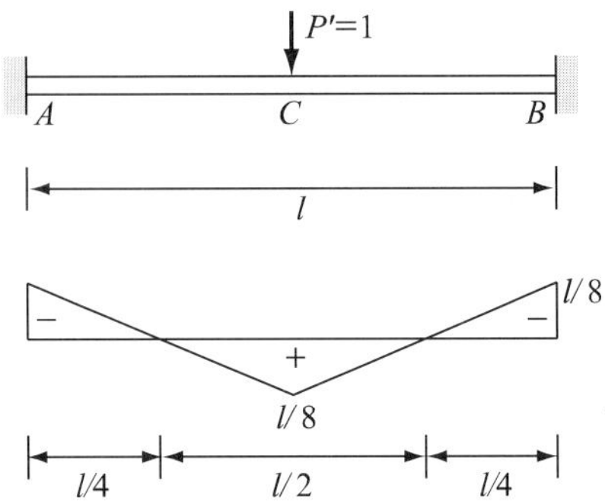

중앙 C점에서의 처짐 y_c는 다음과 같이 계산된다.

$$EIy_C = 2\left[\frac{1}{3}\,\frac{l}{4}\left(-\frac{Pl}{8}\right)\left(-\frac{l}{8}\right)\right] + \frac{1}{3}\,\frac{l}{2}\,\frac{Pl}{8}\,\frac{l}{8}$$

$$= 4\times\frac{1}{3}\times\frac{Pl}{8}\times\frac{l}{8}\times\frac{l}{4} = \frac{Pl^3}{192}$$

$$y_c = \frac{Pl^3}{192EI}$$

[예제 10.20]

다음 그림 (a)와 같은 길이 l인 외팔보 AB의 끝단 B점에 집중하중 P_1이 작용될 때의 B점에서의 처짐 y_B와 그림 (b)와 같은 길이가 $2l$이고 양단이 고정인 보 AB의 중앙 C점에 작용되는 집중하중 P_2에 의한 C점에서의 처짐 y_C가 동일한 경우의 P_1과 P_2의 비를 구하라(단, EI는 일정).

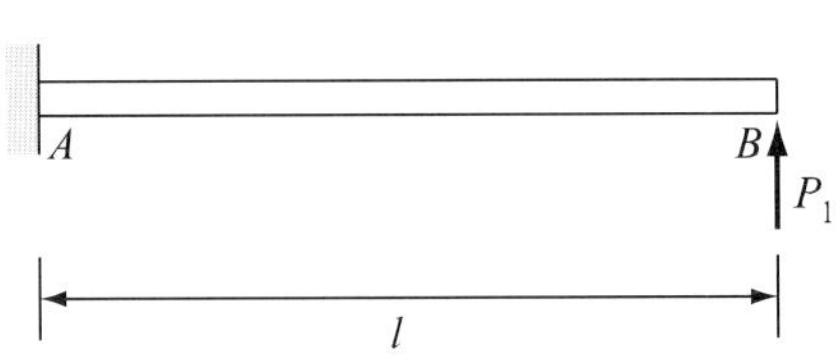

(a)

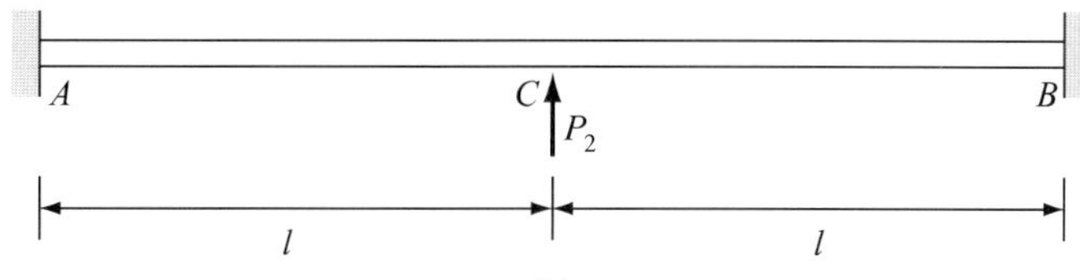

(b)

[풀이] 그림 (a)의 B 점의 처짐 y_B는 8장 그림 8.16으로부터 $\dfrac{P_1 l^3}{3EI}$ (↑)임을 알 수 있으며, 그림 (b)의 C 점의 처짐 y_C는 예제 10.19로부터 $\dfrac{P_2(2l)^3}{192} = \dfrac{P_2 l^3}{24EI}$ (↑)임을 알 수 있으므로 $y_B = y_C$의 조건으로부터 $P_2 = 8P_1$이 계산된다.

[예제 10.21]

예제 10.15를 단위하중법으로 풀어라.

[풀이] 하중 P에 의한 모멘트도는 다음과 같다.

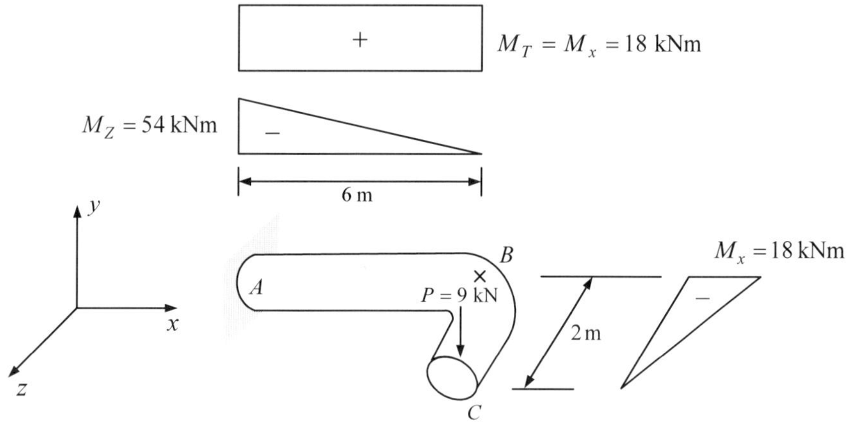

단위하중 $P' = 1$에 의한 모멘트도는 다음과 같다.

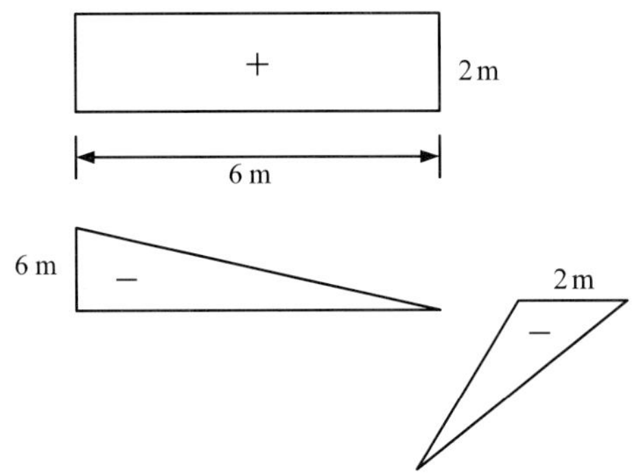

따라서 C 점에서의 처짐 δ_C 는 다음과 같이 계산된다.

$$\delta_C = \frac{1}{EI}\left(\frac{1}{3}\times 54\times 6\times 6+\frac{1}{3}\times 18\times 2\times 2\right)+\frac{1}{GJ}(1\times 18\times 2\times 6)$$

$$= \frac{672}{EI}+\frac{216}{(0.4E)(2I)}$$

$$= \frac{942}{EI} = 0.052\ \mathrm{m} = 52\ \mathrm{mm}\downarrow$$

연습문제

EXERCISE

1. 알루미늄 원형축 AB 에 50 kNm의 비틀림모멘트 M_T 가 작용될 때 100 Nm만큼의 변형에너지의 발생이 요구된다.

$E=$ 73 GPa일 때

(a) 사용될 수 있는 축 AB 의 내부 지름

(b) 축에서 발생되는 최대 전단응력

(c) A 점에서의 비틀림각 ϕ_A를 구하라.

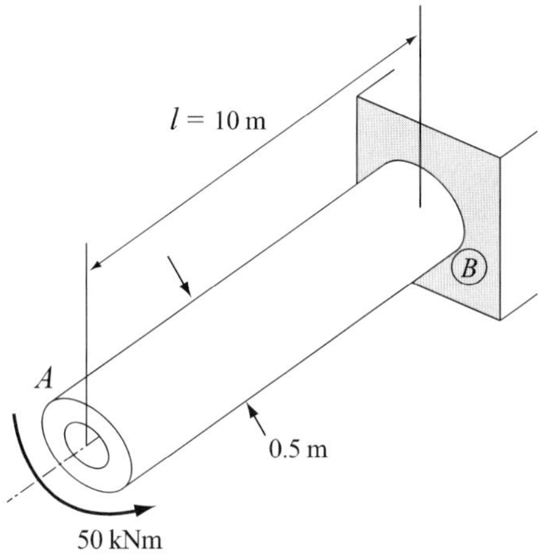

해석 순서

① 축 AB 의 비틀림 강성 산정

$$U = \frac{M_T^2\, l}{2\,GJ} \text{ 에서, } J = \frac{M_T^2\, l}{2\,GU} = 1.712 \times 10^{-3}\ \mathrm{m}^4$$

② 내부 지름 산정

$$J = \frac{\pi}{32}\left({d_1}^4 - {d_2}^4\right) = 1.712 \times 10^{-3}\ \mathrm{m}^4 \text{에서, } d_2 = 0.461\ \mathrm{m}$$

③ 최대 전단응력 산정

$$\tau = \frac{M_T\, c}{J} = 7.301\ \mathrm{MPa}$$

④ A 점에서의 비틀림각 ϕ_A 산정

$$\phi_A = \frac{M_T\, l}{GJ} = 0.004\ \mathrm{rad} \doteqdot 0.23°$$

2. 무게가 10 N인 블록 D가 그림과 같은 위치에서 지름 100 mm인 봉의 끝단에 떨어진다. $E=$ 200 GPa일 때

(a) 끝단 A점에서의 최대 처짐

(b) 봉의 최대 휨모멘트

(c) 봉에서의 최대 축응력을 구하라.

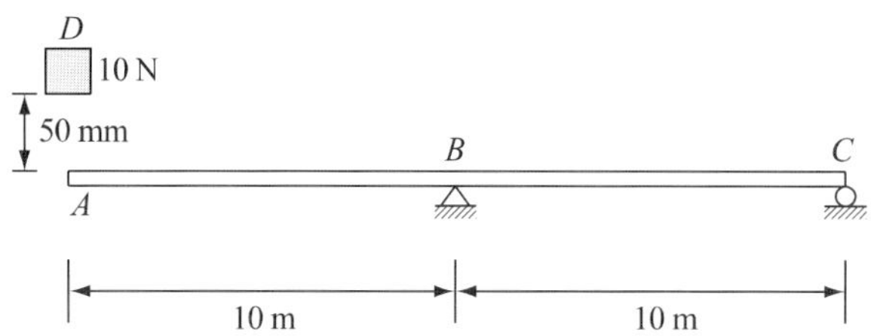

해석 순서

① 봉의 휨모멘트에 의한 변형에너지 산정

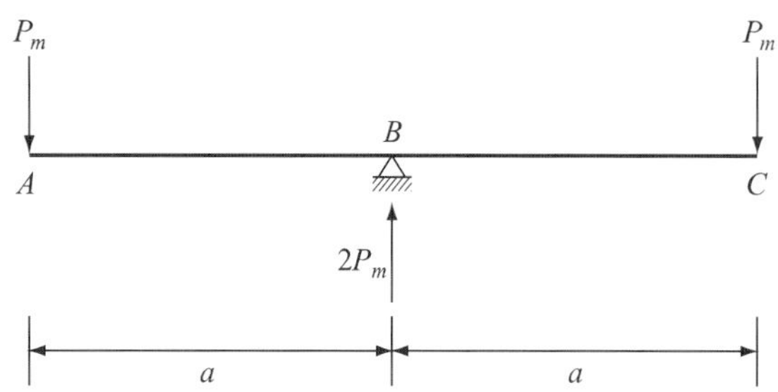

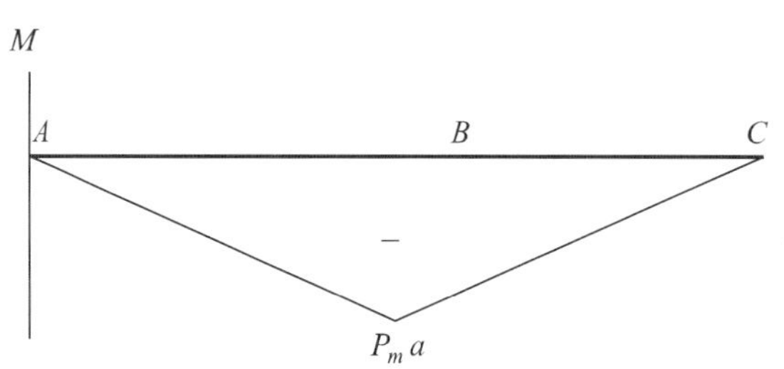

AB 구간에서 $M_m = -P_m x = -P_m a$

$$U_{AB} = \int_0^a \frac{M_m^2}{2EI}dx = \int_0^a \frac{P_m^2 x^2}{2EI}dx = 1.698 \times 10^{-4} P_m^2 = U_{BC}$$

$$U_m = U_{AB} + U_{BC} = 3.395 \times 10^{-4} P_m^2$$

② 끝단 A점에서의 최대 처짐 산정

$U_m = \frac{1}{2} P_m y_m = 3.395 \times 10^{-4} P_m^2$ 으로부터 $P_m = 1{,}473\, y_m$

$U_m = 736.377\, y_m^2$

블록 D가 한 일 $mg\,(h + y_m) = 10\,(0.05 + y_m) = 0.5 + 10\,y_m$

일은 곧 에너지이므로 $0.5 + 10\,y_m = 736.377\, y_m^2$

$y_m = 34\ \mathrm{mm}$

③ 봉의 최대 휨모멘트 산정

$P_m = 1{,}473\, y_m = 50.0\ \mathrm{N}$

$M_m = -P_m\, a = -500.7\ \mathrm{N\ m}$

④ 봉에서의 최대 축응력 산정

$$\sigma_m = \frac{M_m\, c}{I} = 5.1\ \mathrm{MPa}$$

3. 그림과 같은 하중을 받는 보에서 B점의 처짐을 Castigliano의 정리와 단위하중법을 이용하여 구하라($E = 200\ \mathrm{GPa}$).

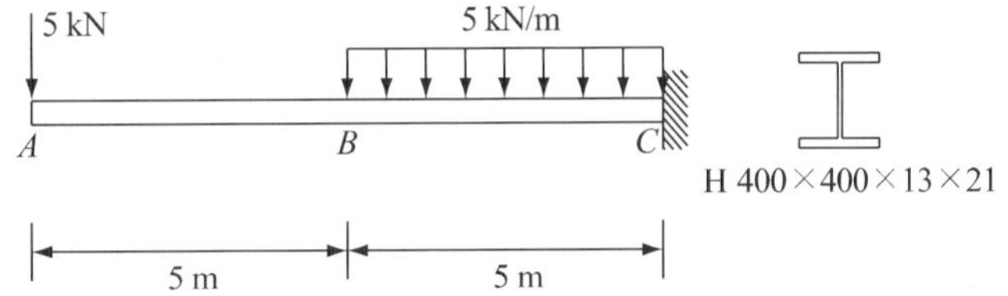

해석 순서

(a) Castigliano의 정리를 이용하는 방법

① EI값 산정

$EI = 1.33 \times 10^8\ \mathrm{N\ m^2}$

② 처짐을 구하는 B점에 직접적인 하중이 작용되고 있지 않으므로 가상의 하중 Q를 작용시켜 AB구간과 BC구간의 휨모멘트 산정

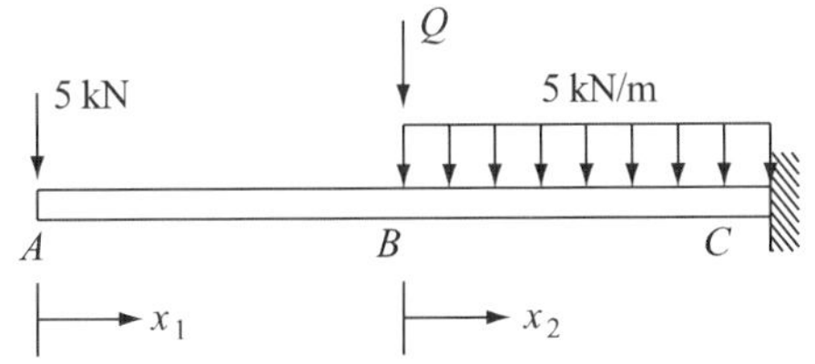

– AB 구간 $M_{AB} = -5\,x_1,\ \dfrac{\partial M_{AB}}{\partial Q} = 0$

– BC 구간 $M_{BC} = -5(5 + x_2) - 5\,x_2\,\dfrac{x_2}{2} - Q\,x_2$, $\dfrac{\partial M_{BC}}{\partial Q} = -x_2$

③ B 점의 처짐 산정

$$y_B = \frac{1}{EI}\left\{\int_0^5 M_{AB}\frac{\partial M_{AB}}{\partial Q}\,dx_1 + \int_0^5 M_{BC}\frac{\partial M_{BC}}{\partial Q}\,dx_2\right\}$$

$$= \frac{1}{EI}\int_0^5 (2.5\,x_2^3 + 5\,x_2^2 + 25\,x_2)\,dx_2 = 6.8\text{ mm }(\downarrow)$$

(b) 단위하중법을 이용하는 방법

– A 점에 집중하중 5 kN만 작용되는 경우 B 점의 처짐 y_{BP} 산정

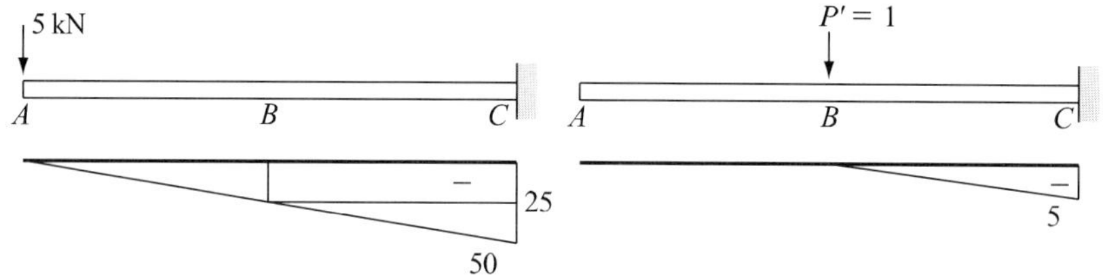

$$y_{BP} = \frac{1}{EI}\left[\left(\frac{1}{2}\times 5\times 25\times 5\right) + \left(\frac{1}{3}\times 5\times 25\times 5\right)\right] = \frac{520.833}{EI}$$

– 구간 BC 에 등분포하중 5 kN/m만 작용되는 경우 B 점의 처짐 y_{Bw} 산정

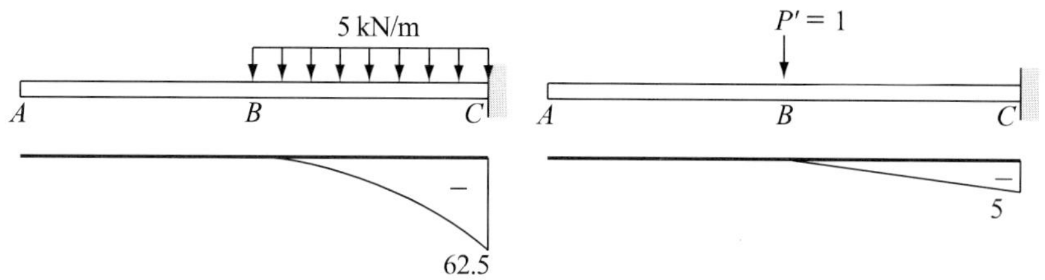

$$y_{Bw} = \frac{1}{EI}\left(\frac{1}{4}\times 5\times 62.5\times 5\right) = \frac{390.625}{EI}$$

– 집중하중 5 kN과 등분포하중 5 kN/m가 동시에 작용되는 경우 B 점의 처짐 y_B 산정

$$y_B = y_{BP} + y_{Bw} = \frac{911.458}{EI} = 6.8\text{ mm }(\downarrow)$$

4. 그림과 같은 하중을 받는 강재보($E = 200$ GPa)에 대해

(a) 굽힘에 의한 탄성변형에너지

(b) Castigliano의 정리에 의한 D 점의 처짐각 및 처짐

(c) 단위하중법에 의한 D 점의 처짐각 및 처짐을 구하라.

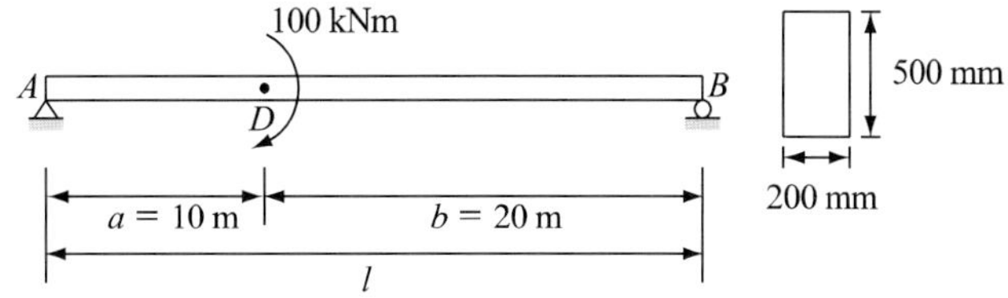

해석 순서

(a) 탄성변형에너지를 구하라.

① 지점반력 산정

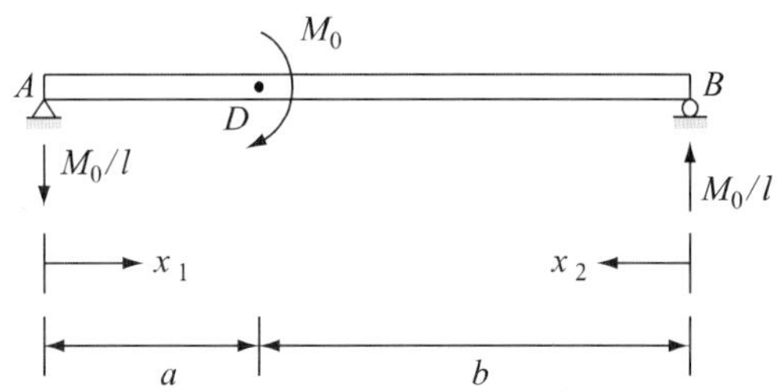

② AD 구간과 BD 구간의 휨모멘트 및 탄성변형에너지 산정

– AD 구간 $M_{AD} = -\dfrac{M_0\,x_1}{l}$, $U_{AD} = \displaystyle\int_0^a \frac{M_{AD}^2}{2EI}\,dx_1 = \frac{M_0^2\,a^3}{6EIl^2}$

– BD 구간 $M_{BD} = \dfrac{M_0\,x_2}{l}$, $U_{BD} = \displaystyle\int_0^b \frac{M_{BD}^2}{2EI}\,dx_2 = \frac{M_0^2\,b^3}{6EIl^2}$

③ 전체 강재보의 탄성변형에너지 산정

$$U = U_{AD} + U_{BD} = \frac{M_0^2\,(a^3 + b^3)}{6EIl^2} = 40\ \text{N m}$$

(b) Castigliano의 정리에 의한 D 점의 처짐각 및 처짐을 구하라.

(b–1) 처짐각 – D 점에 하중으로서의 모멘트 M_0 재하

① AD 구간과 BD 구간의 휨모멘트 산정

– AD 구간 $M_{AD} = \dfrac{M_0\,x_1}{l}$, $\dfrac{\partial M_{AD}}{\partial M_0} = \dfrac{x_1}{l}$

– BD 구간 $M_{BD} = \dfrac{M_0\,x_2}{l}$, $\dfrac{\partial M_{BD}}{\partial M_0} = \dfrac{x_2}{l}$

② D 점의 처짐각 산정

$$\theta_D = \frac{1}{EI}\left\{\int_0^{10} M_{AD}\frac{\partial M_{AD}}{\partial M_0}\,dx_1 + \int_0^{20} M_{BD}\frac{\partial M_{BD}}{\partial M_0}\,dx_2\right\}$$

$$= \frac{1}{EI}\left[\int_0^{10}\frac{M_0}{l^2}\,x_1^2dx_1 + \int_0^{20}\frac{M_0}{l^2}\,x_2^2dx_2\right] = 0.0008\ \text{rad}$$

(b-2) 처짐 - D 점에 가상의 하중 Q 재하

① AD 구간과 BD 구간의 휨모멘트 산정

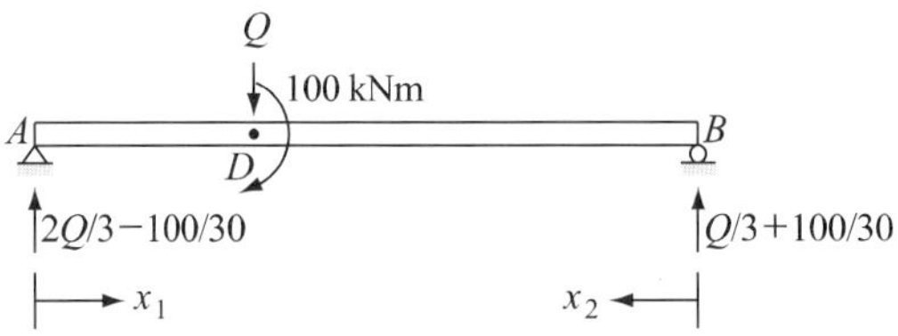

- AD 구간 $M_{AD} = \dfrac{2}{3}Qx_1 - \dfrac{100}{30}x_1, \quad \dfrac{\partial M_{AD}}{\partial Q} = \dfrac{2}{3}x_1$

- BD 구간 $M_{BD} = \dfrac{1}{3}Qx_2 + \dfrac{100}{30}x_2, \quad \dfrac{\partial M_{BD}}{\partial Q} = \dfrac{1}{3}x_2$

② D 점의 처짐 산정

$$y_D = \frac{1}{EI}\left\{\int_0^{10} M_{AD}\frac{\partial M_{AD}}{\partial Q}dx_1 + \int_0^{20} M_{BD}\frac{\partial M_{BD}}{\partial Q}dx_2\right\}$$

$$= \frac{1}{EI}[-\int_0^{10}\frac{200}{90}x_1^2dx_1 + \int_0^{20}\frac{100}{90}x_2^2dx_2] = 5.3\text{ mm}$$

(c) 단위하중법에 의한 D 점의 처짐각 및 처짐을 구하라.

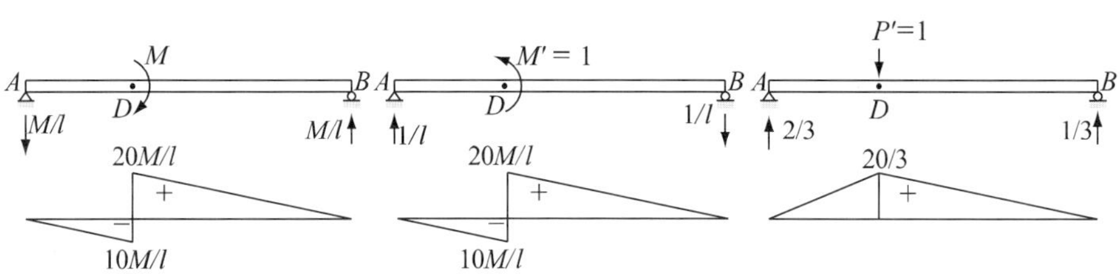

- 처짐각 산정

$$\theta_D = \frac{1}{EI}[\frac{1}{3}(\frac{10M}{l})\frac{10}{l}10 + \frac{1}{3}\frac{20M}{l}(\frac{20}{l})20] = 0.0008\text{ rad}$$

- 처짐 산정

$$y_D = \frac{1}{EI}[\frac{1}{3}(-\frac{10M}{l})\frac{20}{3}10 + \frac{1}{3}\frac{20M}{l}\frac{20}{3})20] = 5.3\text{ mm}$$

5. 그림과 같은 트러스 구조물의 모든 부재는 알루미늄으로 만들어져 있고 단면적은 0.1 m^2, $E = 72\text{ GPa}$일 때 그림과 같은 하중을 받는 트러스 구조물에 대해

(a) 탄성변형에너지

(b) Castigliano의 정리에 의한 C 점의 수직 및 수평처짐 y_{C_V}, y_{C_H}

(c) 단위하중법에 의한 C 점의 수직 및 수평처짐 y_{C_V}, y_{C_H}를 구하라.

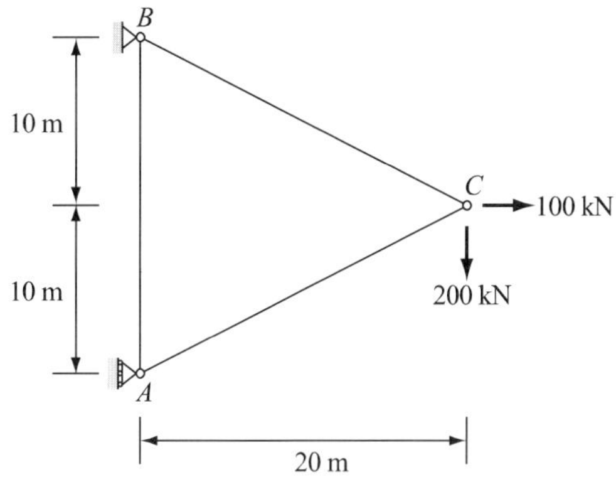

해석 순서

(a) 탄성변형에너지를 구하라.

① 각 부재의 부재력 산정

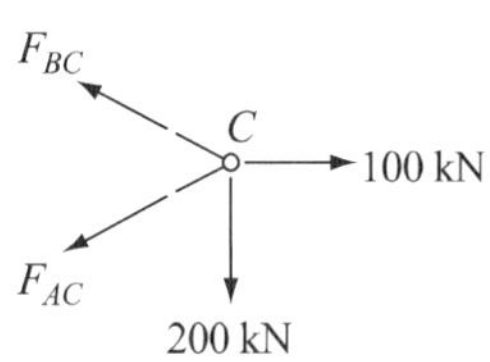

$$\Sigma F_x = 0,\ -\frac{20}{22.36}F_{BC} - \frac{20}{22.36}F_{AC} + 100 = 0$$

$$\Sigma F_y = 0,\ \frac{10}{22.36}F_{BC} - \frac{10}{22.36}F_{AC} - 200 = 0$$

$$F_{BC} = 279.5\text{ kN},\ F_{AC} = -167.7\text{ kN}$$

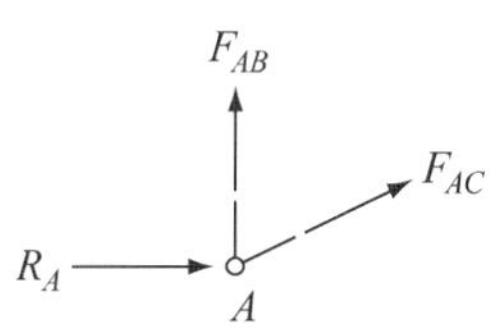

$$\Sigma F_y = 0,\ F_{AB} + \frac{10}{22.36}F_{AC} = 0$$

$$F_{AB} = 75\text{ kN}$$

② 탄성변형에너지 산정

부재	F_i(kN)	l_i(m)	$F_i^2 l_i$(N^2m)
BC	279.5	22.36	1.747×10^{12}
AB	75	20	0.113×10^{12}
AC	−167.7	22.36	0.629×10^{12}
Σ			2.489×10^{12}

탄성변형에너지 $U = \sum \frac{F_i^2 l_i}{2EA} = \frac{1}{2EA}\sum F_i^2 l_i = 172.8\text{ J}$

(b) Castigliano의 정리에 의한 C점의 수직 및 수평처짐 y_{C_V}, y_{C_H}를 구하라.

① 각 부재의 부재력 산정

– 100 kN의 수평하중 변수 P_1, 200 kN의 수직하중 변수 P_2로 치환.

$$F_{BC} = 0.559\ P_1 + 1.118\ P_2,\ F_{AC} = 0.559\ P_1 - 1.118\ P_2$$

$$F_{AB} = -0.25\ P_1 + 0.50\ P_2$$

구간	l_i(m)	F_i(kN)	$\frac{\partial F_i}{\partial P_1}$ (kN/kN)	$\frac{\partial F_i}{\partial P_2}$ (kN/kN)	$P_1 = 100,\ P_2 = 200$	
					$\left(\frac{\partial F_i}{\partial P_1}\right)\frac{F_i l_i}{A}$ (kN/m)	$\left(\frac{\partial F_i}{\partial P_2}\right)\frac{F_i l_i}{A}$ (kN/m)
BC	22.36	$0.559\,P_1 + 1.118\,P_2$	0.559	1.118	34,936	69,870
AC	22.36	$0.559\,P_1 - 1.118\,P_2$	0.559	−1.118	−20,961	41,922
AB	20.00	$-0.25\,P_1 + 0.5\,P_2$	−0.25	0.5	−3,750	7,500
$\sum\left(\frac{\partial F_i}{\partial P_i}\right)\frac{F_i l_i}{A}$					10,225	119,292

② 수직 및 수평처짐 y_{C_V}, y_{C_H} 산정

$$y_{C_V} = \frac{1}{E}\sum\left(\frac{\partial F_i}{\partial P_2}\right)\frac{F_i l_i}{A} = 1.657\ \mathrm{mm}\ (\downarrow)$$

$$y_{C_H} = \frac{1}{E}\sum\left(\frac{\partial F_i}{\partial P_1}\right)\frac{F_i l_i}{A} = 0.142\ \mathrm{mm}\ (\rightarrow)$$

(c) 단위하중법에 의한 C점의 수직 및 수평처짐 y_{C_V}, y_{C_H}를 구하라.

(c-1) 수직처짐 y_{C_V} 산정

① 수직방향으로 단위하중 $P' = 1$ 재하, 부재력 산정

$F_{BC} = 1.118,\ F_{AC} = -1.118,\ F_{AB} = 0.5$

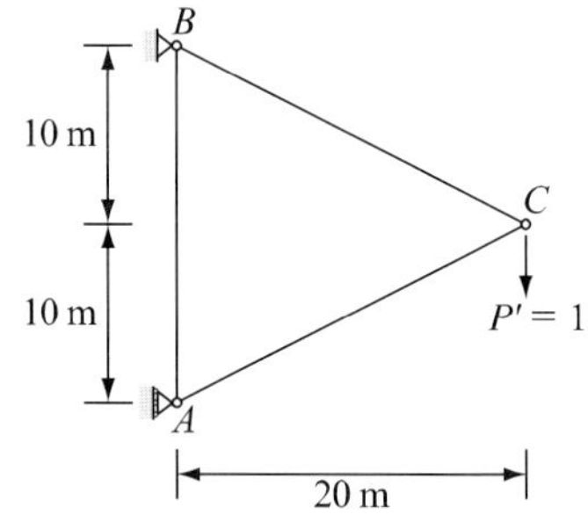

② 수직처짐 y_{C_V} 산정

$$y_{C_V} = \frac{1}{EA}\sum f_i F_i l_i$$
$$= 1.657\ \mathrm{mm}\ (\downarrow)$$

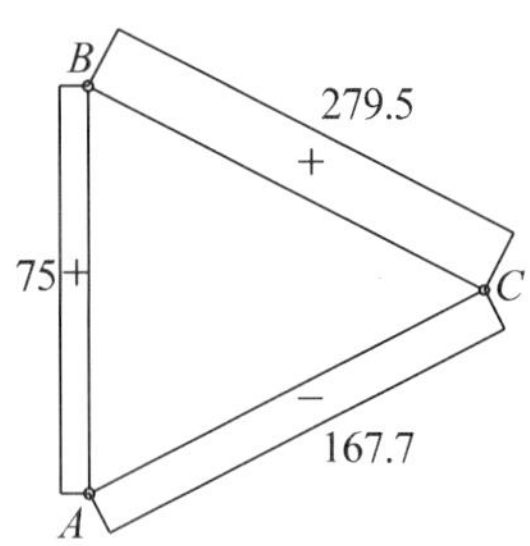

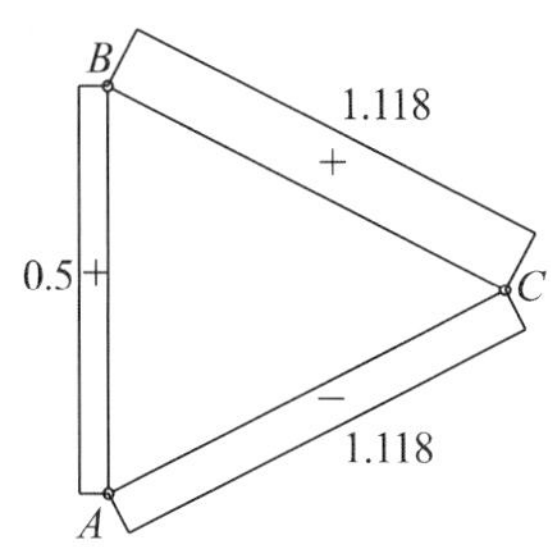

(c-2) 수평처짐 y_{C_H}

① 수평방향으로 단위 하중 $P' = 1$ 재하,
부재력 산정
$F_{BC} = 0.559$, $F_{AC} = 0.559$, $F_{AB} = -0.25$

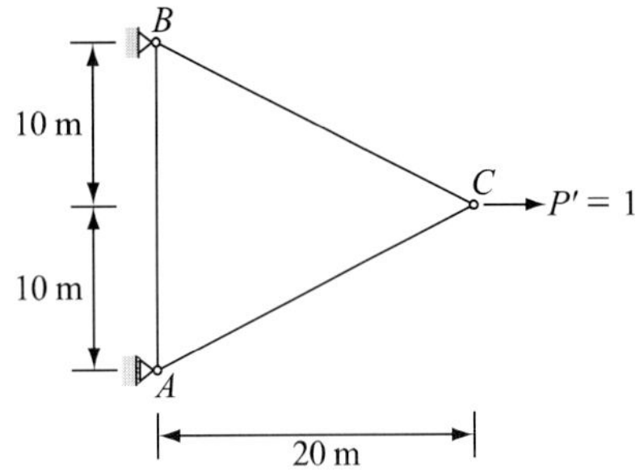

② 수평처짐 y_{C_H} 산정

$$y_{C_H} = \frac{1}{EA}\sum f_i F_i l_i$$
$$= 0.142 \text{ mm } (\rightarrow)$$

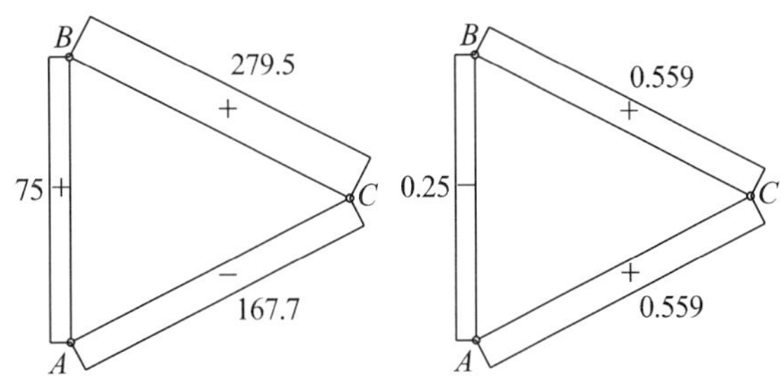

6. 그림과 같은 하중을 받는 보에서의 Castigliano의 정리와 단위하중법을 이용하여 각 지점의 반력을 구하라.

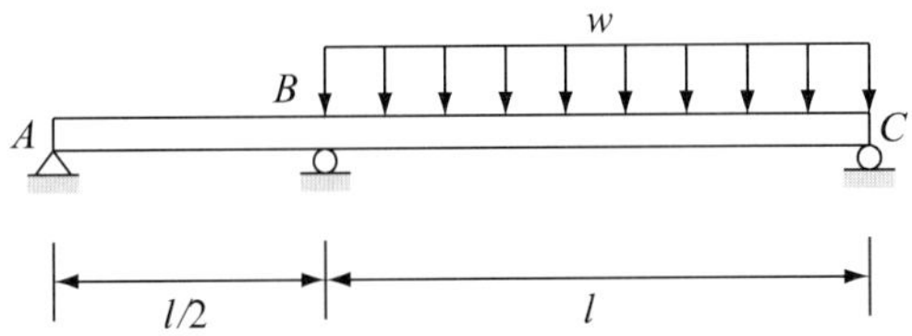

해석 순서

(1) Castigliano의 정리에 의한 지점반력 산정

① 지점 A를 제거하고 A점 반력 A_V를 외력으로 작용시킨 하중계에서 반력 산정

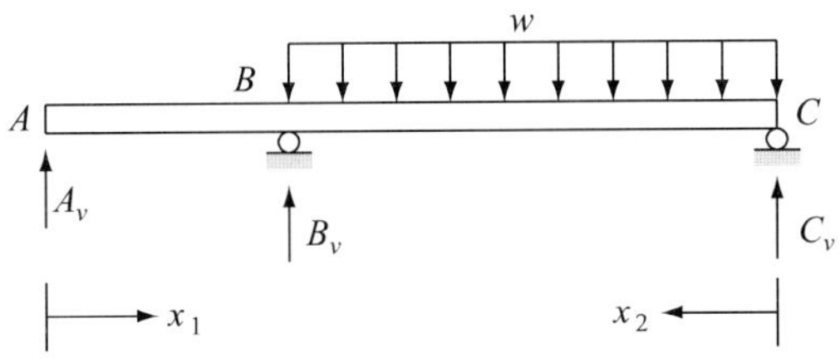

$$C_V = \frac{1}{2}A_V + \frac{1}{2}wl\ (\uparrow)$$

② AB 구간과 CB 구간의 휨모멘트 산정

- AB 구간 $M_{AB} = A_V x_1$, $\dfrac{\partial M_{AB}}{\partial A_V} = x_1$

- CB 구간 $M_{BC} = C_V x_2 - \dfrac{1}{2} w l x_2^2$

$$= \frac{1}{2} A_V x_2 + \frac{1}{2} w l x_2 - \frac{1}{2} w l x_2^2, \quad \frac{\partial M_{BC}}{\partial A_V} = \frac{1}{2} x_2$$

③ 변형에너지 산정 $U = \displaystyle\int_0^{\frac{l}{2}} \frac{M_{AB}^2}{2EI} dx_1 + \int_0^l \frac{M_{BC}^2}{2EI} dx_2$

④ A 점의 처짐 산정 → A 점에서의 처짐은 "0"

$$y_A = \frac{\partial U}{\partial Q} = \frac{1}{EI}\left\{\int_0^{\frac{l}{2}} M_{AB} \frac{\partial M_{AB}}{\partial A_V} dx_1 + \int_0^l M_{BC} \frac{\partial M_{BC}}{\partial A_V} dx_2\right\} = 0$$

$$y_A = \frac{A_V l^3}{24EI} + \frac{A_V l^3}{12EI} + \frac{w l^4}{48EI} = 0$$

⑤ 각 지점에서의 반력 산정

$$A_V = -\frac{1}{6} wl\,(\downarrow),\ C_V = \frac{5}{12} wl\,(\uparrow),\ B_V = \frac{3}{4} wl\,(\uparrow)$$

(2) 단위하중법에 의한 지점의 반력 산정

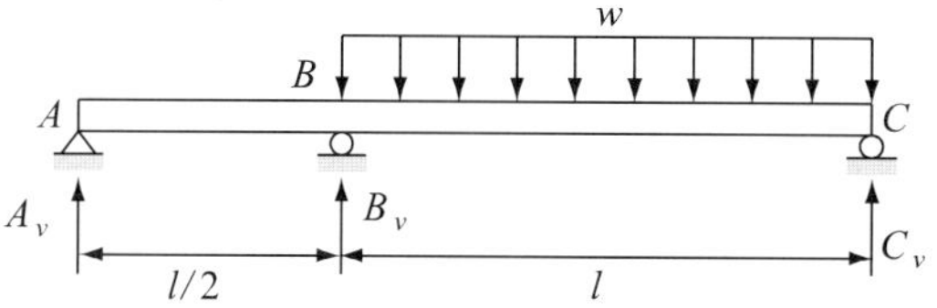

① B 지점 제거 및 w에 의한 모멘트도 M_o

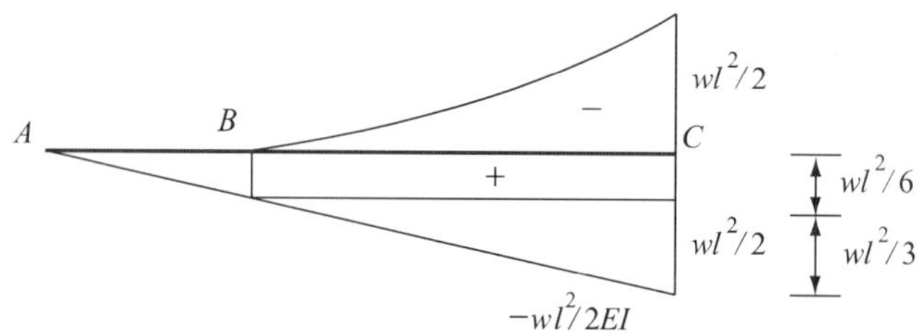

② B 지점에 단위하중 $P' = 1$에 의한 모멘트도 M'

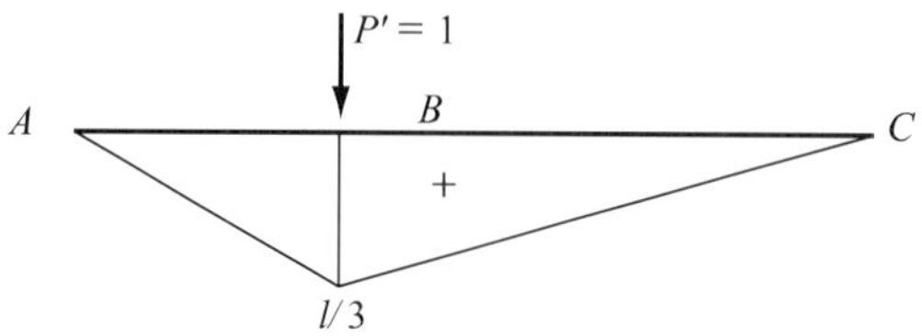

③ AB 구간과 BC 구간 구분

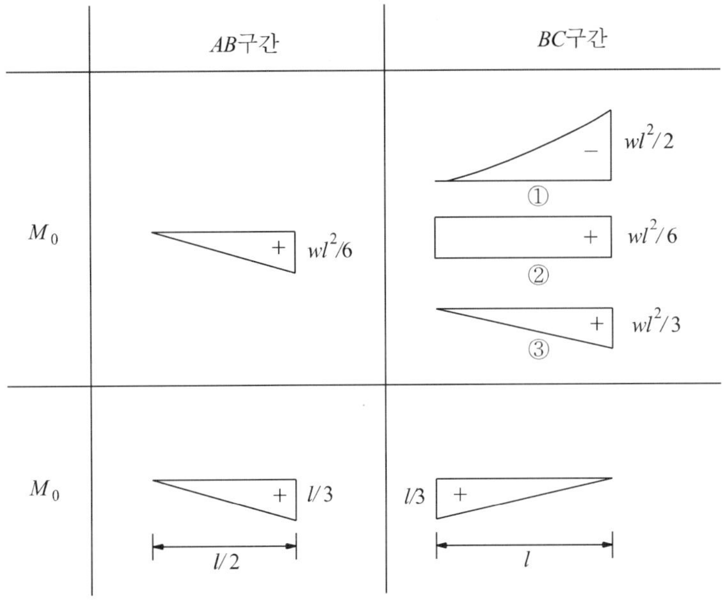

AB 구간: $\alpha = \dfrac{1}{3}$

BC 구간: ① + M'도 $\alpha = \dfrac{1}{12}$, ② + M'도 $\alpha = \dfrac{1}{2}$, ③ + M'도 $\alpha = \dfrac{1}{6}$

$$EI\delta_{B(w)} = \frac{1}{3}\frac{wl^2}{6}\frac{l}{3}\frac{l}{2} - \frac{1}{12}\frac{wl^2}{2}\frac{l}{3}l + \frac{1}{2}\frac{wl^2}{6}\frac{l}{3}l + \frac{1}{6}\frac{wl^2}{3}\frac{l}{3}l = \frac{wl^4}{24}$$

④ B_V 에 의한 B 점에서의 처짐 $\delta_{B(B_V)}$ 산정

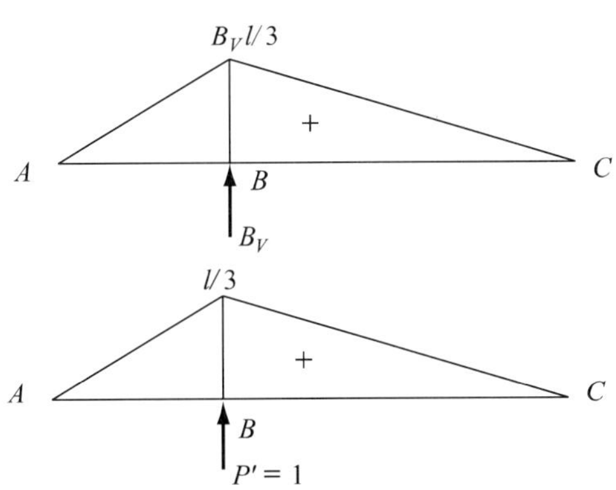

$$EI\delta_{B(B_V)} = \frac{1}{3}\frac{B_V l}{3}\frac{l}{3}\frac{3l}{2} = \frac{B_V l^3}{18}$$

⑤ 각 지점에서의 반력 산정

조건식 $\delta_{B(w)} = \delta_{B(B_V)}$ 즉, $\dfrac{wl^4}{24EI} = \dfrac{B_V l^3}{18EI}$ 으로부터 $B_V = \dfrac{3}{4}wl\,(\uparrow)$

나머지 지점반력 계산은 Castigliano의 정리에 의한 해석방법과 동일

11 기 둥 Column

11.1 구조물의 안정(構造物의 安定, Stability of Structure)

지금까지는 트러스구조시스템과 보구조시스템의 해석 즉, 지점반력 및 부재력(축력, 전단력, 휨모멘트, 비틀림모멘트)을 구하고 응력 및 변형률 그리고 처짐 및 처짐각의 계산방법에 대해 다루었다. 이러한 일련의 작업은 궁극적으로 구조물을 안전(安全, Safety)하고 경제적으로 설계하기 위한 목적을 갖는 행위였다. 11장에서도 궁극적인 목적은 지금까지와 다를 바 없으나 주된 목적은 기둥의 안정이란 새로운 용어를 다루는 것이다.

지금까지 다루어 온 트러스 부재는 축력만을 받는 기능을 가졌고 보는 휨모멘트를 지

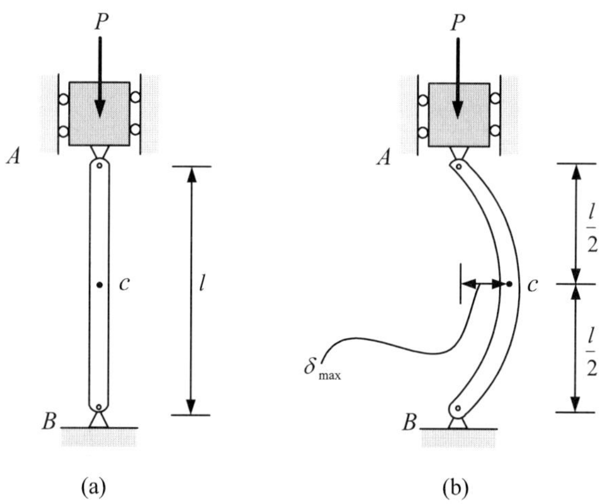

그림 11.1

배적으로 받는 부재로 정의되었듯이 기둥도 기능으로 볼 때 압축력(壓縮力, Compressive Force)을 주로 받는 부재로 정의된다. 그리고 그림 11.1(a)와 같이 대부분 수직으로 존재한다. 수직으로 서 있고 압축력을 받는 경우 그림 11.1(b)와 같이 휘어지려는 경향이 있는데 부재의 중앙인 C 점에서 최대의 휨이 발생되는 것이 일반적이다. 그 이유는 A 점이나 B 점은 지점이므로 횡으로의 변위가 구속되어 있고 구속의 영향으로부터 가장 먼 거리가 부재의 중앙인 C 점 즉, $\frac{l}{2}$ 위치이기 때문이다. 균일단면의 기둥인 경우 압축응력(壓縮應力, Compressive Stress) $\frac{P}{A}$가 허용응력(許容應力, Allowable Stress)에 미치지 못하는 경우에도 횡으로 휘어져(변위되어) 파괴되는 경우가 있다. 이런 경우를 부재가 좌굴(座掘, Buckling)되었다고 한다.

다음으로는 그림 11.2(a)와 같이 강봉으로 구성된 기둥 AB가 있고 중앙인 C 점에 계수가 K인 회전스프링이 결합된 모형(模型, Model)을 생각해보자.

기둥 AB가 압축력 P에 의해 그림 11.2(b)와 같이 변형되었다고 할 때, 압축력 P와 편심 Δ에 의해 발생된 편심모멘트를 외적인 일 M_a라 하면

$$M_a = P\Delta$$

로 표현되고,

$$\Delta = \frac{l}{2}\sin\Delta\theta$$

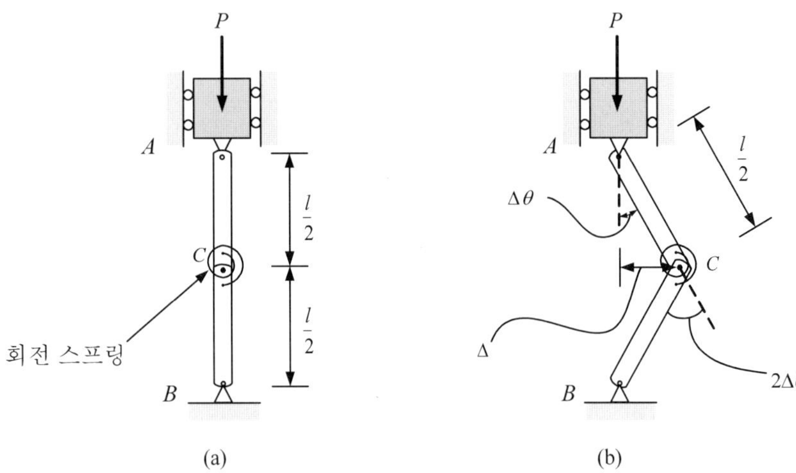

그림 11.2

이다. 여기서 $\Delta\theta$는 미소각이므로 $\sin\Delta\theta = \Delta\theta$로 표현된다. 따라서

$$M_a = \frac{Pl}{2}\Delta\theta$$

가 되고 회전스프링이 $2\Delta\theta$만큼 회전함에 따라 한 일을 내적인 일 M_i라 할 때,

$$M_i = K(2\Delta\theta)$$

로 표현된다. 외적 일 M_a는 내적 일 M_i와 같아야 하므로

$$\frac{Pl}{2}\Delta\theta = K(2\Delta\theta)$$

의 관계식이 성립되고 $P = \frac{4K}{l}$가 된다. 이때의 압축력 P를 임계하중(臨界荷重, Critical Load) P_{cr}이라고 한다. 따라서 작용된 하중 $P > P_{cr}$인 경우 기둥은 불안정(不安定, Unstability) 상태이고, $P < P_{cr}$이면 기둥은 안정하다고 말한다. 여기서 우리는 안전(安全, Safety)과 안정(安定, Stability)에 대하여 용어적 의미를 구분해야 할 것이다.

재료역학에서의 안전은 응력개념(應力槪念, Concept of Stress)에서 허용응력 σ_{all}을 초과하는지의 여부에 따라 'O.K'와 'N.G'로 판정되고, 안정은 구조시스템과 관련된 경우와 좌굴과 관련된 경우가 대부분이다. 구조시스템의 경우 부정정차수 판정법에서 언급했듯이 구조물로서 존재할 수 없는 즉, 부정정차수 $n < 0$일 때 불안정시스템인 경우이고 좌굴의 경우는 항복응력에 미치지 못하는 경우에도 휨에 의해 파괴되는 즉, 좌굴되는 상태이다. 또 하나의 경우는 부력(浮力, Buoyancy)과 관련하여 구조시스템의 안정이란 용어를 사용한다.

11.2 단부조건이 다른 기둥의 Euler 공식 유도

첫 번째로 양단이 힌지인 기둥에 관한 Euler 공식을 유도하기 위하여 편의상 기둥을 $90°$ 회전시켜 우리에게 익숙한 단순보 구조시스템을 이용하기로 하자.

그림 11.3(a)의 단순보 구조시스템은 A점이 이동지점이고 B지점이 고정지점으로 구성되어 있으며 A점에 수평으로 작용되는 하중 P에 의해 하향으로 처짐이 발생된 상태를 보이고 있다. 여기서 보의 자중은 무시한다. 그림 11.3(b)는 A점으로부터 임의 점 x에서의 자유물체도가 나타나 있고 이 자유물체도로부터 임의 점의 모멘트 $M(x) = -Py(x)$로

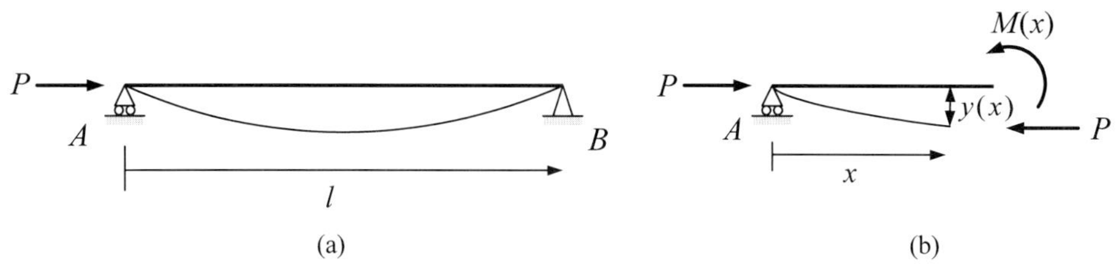

그림 11.3

표현된다. 이 식을 8장 이중적분법에서 다루었던 $\dfrac{d^2y}{dx^2} = \dfrac{M(x)}{EI}$ 의 관계식에 대입하면

$$\frac{d^2y}{dx^2} = \frac{-Py(x)}{EI}$$

의 식이 성립된다. 여기서 $\lambda^2 = \dfrac{P}{EI}$ 로 놓으면 $y''(x) + \lambda^2 y(x) = 0$이라는 미분방정식이 성립되고, 이 미분방정식의 일반해(一般解, General Solution)는 다음과 같다.

$$y = A\sin\lambda x + B\cos\lambda x$$

여기서 경계조건 $x=0$ 일 때, $y=0$이므로 $B=0$ 이 된다. 또한 $x=l$ 일 때, $y=0$ 이므로 $A\sin\lambda l = 0$ 이 되는데 이는 $A=0$ 또는 $\sin\lambda l = 0$ 이어야 한다는 의미이다. 그런데 초기 가정에서 처짐이 존재한다는 전제를 하였기 때문에 A는 "0"이 될 수 없다. 따라서 $\sin\lambda l = 0$이어야 하므로 $\lambda l = n\pi$ 이어야 한다. 이 관계식에 $\lambda = \sqrt{\dfrac{P}{EI}}$ 를 대입하면 $\sqrt{\dfrac{P}{EI}}\, l = n\pi$이고 양변을 제곱하고 P에 관해 정리하면

$$P = \frac{n^2\pi^2 EI}{l^2}$$

가 된다.

여기서 $n=1$일 때 그림 11.4(a)와 같이 $l_B = l$이며

$$P_{cr} = \frac{\pi^2 EI}{l^2}$$

가 된다. 여기서 l_B를 좌굴장(座屈長, Buckling Length)이라 하고 l_B의 첨자 B는 Buckling의 B를 의미한다. 그리고 $n=2$일 때는 그림 11.4(b)와 같은 좌굴형태로서 $l_B = \dfrac{l}{2}$ 이며

$$P_{cr} = \frac{\pi^2 EI}{\left(\frac{l}{2}\right)^2}$$

가 되고 $n=3$일 때는 그림 11.4(c)와 같은 좌굴형태로 $l_B = \frac{l}{3}$로서

$$P_{cr} = \frac{\pi^2 EI}{\left(\frac{l}{3}\right)^2}$$

가 된다. 당연히 P_{cr}이 최소가 되는 $n=1$의 경우가 일반적인 좌굴하중 또는 임계하중(臨界荷重, Critical Load)

$$P_{cr} = \frac{\pi^2 EI}{l^2}$$

가 된다. 이 식을 스위스 수학자 Leonard Euler(1707~1783)의 이름을 따서 Euler 공식이라고 한다.

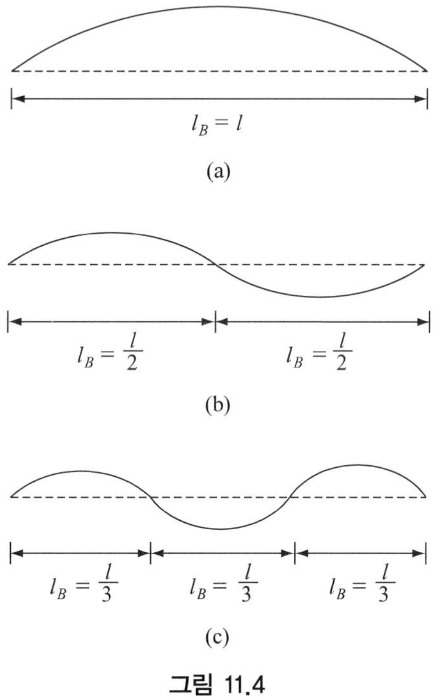

그림 11.4

임계하중 P_{cr}을 단면적 A로 나눈 값을 임계응력(臨界應力, Critical Stress) σ_{cr}이라

하고, $I = Ar^2$을 대입하면

$$\sigma_{cr} = \frac{P_{cr}}{A} = \frac{\pi^2 EI}{Al^2} = \frac{\pi^2 EAr^2}{Al^2}$$

이 된다. 여기서, r은 회전반경(回轉半徑, Radius of Gyration)이라고 한다. 따라서 $\sigma_{cr} = \dfrac{\pi^2 E}{\left(\dfrac{l}{r}\right)^2}$로 표현되고 $\dfrac{l}{r}$은 기둥의 날씬 정도의 척도인 세장비(細長比, Slenderness Ratio) λ로 정의된다. 여기서 σ_{cr}은 E값에 비례하고 항복강도 σ_y와는 무관하다. 그리고 σ_{cr}은 압축응력임에도 '−'를 생략하고 표현하는 특징이 있다. 실제 세장비 λ를 달리하여 즉, r은 일정하게 하고 기둥길이를 달리하여 σ_{cr}에 해당되는 실험결과와 σ_{cr}에 관한 위의 식과 비교한 개념적인 그림을 그림 11.5에 나타내었다.

그림 11.5에서 점으로 표시한 것은 실험결과이고, 점선은 공식 $\sigma_{cr} = \dfrac{\pi^2 E}{\lambda^2}$에 의한 선도이다. 그림을 살펴보면 실험결과와 이론공식이 전혀 맞지 않는 구간과 중간 구간, 그리고 잘 맞는 구간으로 구분된다. 전혀 맞지 않는 구간을 단주(短柱, Short Column)라고 하는데 전혀 맞지 않는 이유는 원래 Euler 공식의 유도과정이 그림 11.3과 같이 처짐 y가 존재한다는 가정으로부터 시작되었기 때문에 휨이 발생되지 않는 부재 즉, 단주에 대해서는 맞지 않는 것이 당연하며 λ가 개략적으로 약 20까지의 구간이라 할 수 있다. 또한 중간 구간을 중간주(中間柱 , Middle Column)라고 하는데 개략적으로 λ는 20~100

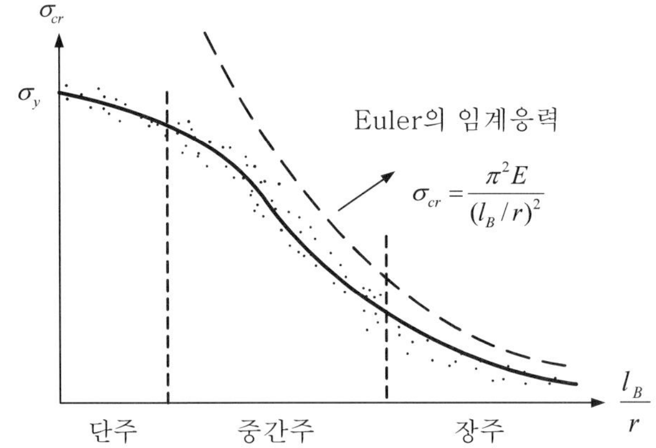

그림 11.5

정도를 말한다. 이 중간주를 지나면 실험결과와 Euler 공식이 잘 맞는 것을 알 수 있는데 이 구간을 장주(長柱, Long Column)라고 한다. 단주구간은 좌굴의 염려가 없으므로 압축응력 $\sigma = \dfrac{P}{A}$로 응력계산을 해도 된다.

[예제 11.1]

다음 그림과 같이 강체보 ACB에 기둥 CD가 연결되어 있을 때 부재 CD가 안전할 수 있는 최대 허용하중 P를 구하라. (단, 탄성계수 $E = 200\ \mathrm{GPa}$, 부재 CD의 단면은 $50\ \mathrm{mm} \times 50\ \mathrm{mm}$의 정사각형이며 구조물의 안전계수 $\mathrm{F.S} = 2.0$이다.)

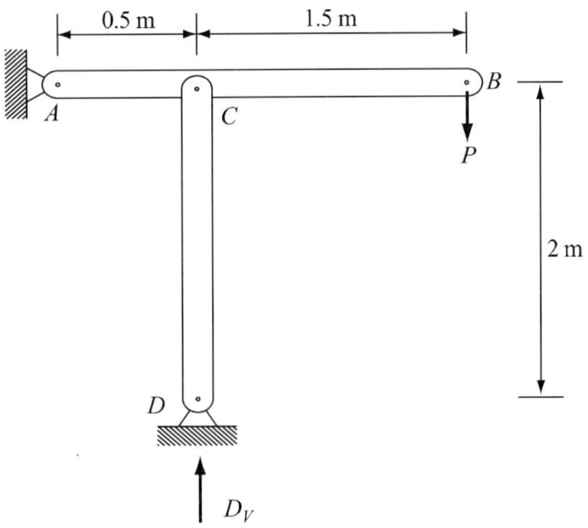

[풀이] 먼저 기둥부재 CD에 발생되는 부재력을 구하기 위해 D점의 반력을 계산해야 한다. A점에 작용되는 모멘트에 관한 힘의 평형방정식 $\overset{\curvearrowleft}{+}\sum M_A = 0$으로부터

$$D_V \times 0.5 - P \times 2.0 = 0$$

이고 따라서 $D_V = 4P$이다.

기둥부재 CD에 발생되는 압축력은 $4P$이고 또한 이 부재의 단면2차모멘트는 다음과 같이 계산된다.

$$I = \frac{50^4}{12} = 520{,}833\ \mathrm{mm}^4$$

기둥부재 CD의 양단은 힌지이므로 임계하중

$$P_{cr} = \frac{\pi^2 (200 \times 10^3)(520{,}833)}{(2 \times 10^3)^2} = 257{,}021\ \mathrm{N}$$

으로 계산된다.

따라서 $P_{cr} = 257$ kN $= 4P$의 관계로부터

$$P = 64.25 \text{ kN}$$

로 계산되어지나 안전계수를 고려해야 하므로 최대 허용하중 $P_{\rm all}$은 다음과 같이 결정된다.

$$P_{\rm all} = \frac{P}{F.S} = \frac{64.25}{2} = 32.13 \text{ kN}$$

이상의 Euler 공식은 기둥 양단이 힌지로 구성된 경우이고, 단부 조건이 다른 경우 즉, 그림 11.6(a)와 같이 외팔보시스템이 90° 회전된 상태, 그림 11.6(b)와 같이 하부 지점은 고정단이고 상부는 횡방향으로는 변위가 구속되어 있고 수직방향만 자유인 경우, 그리고 그림 11.6(c)와 같이 양단이 고정단인 경우가 있다.

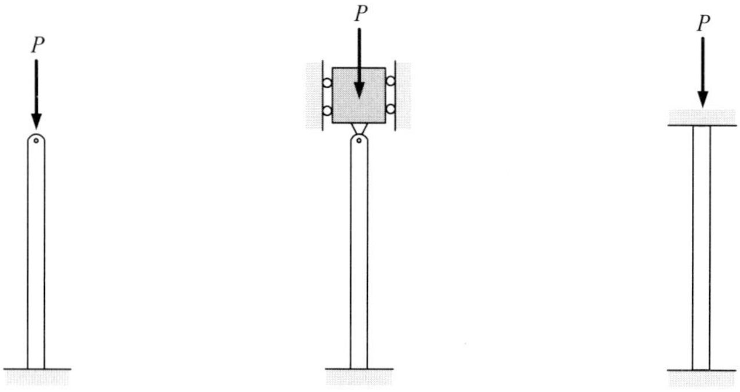

그림 11.6

그림 11.6(a) 경우의 좌굴 특성을 알아보기 위해 그림을 11.7과 같이 90° 회전시켜 우리에게 익숙한 외팔보시스템 형태로 변환시켰다.

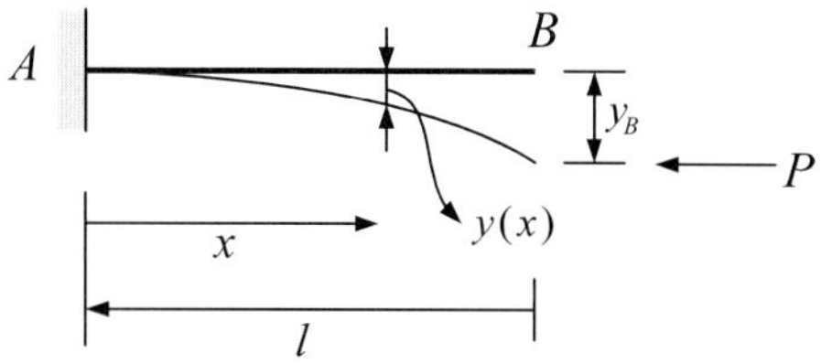

그림 11.7

그림 11.7로부터 다음과 같은 식이 성립된다. 여기서 y_B는 B점에서의 처짐이고 $y(x)$는 A점으로부터 임의 거리 x점에서의 처짐이다. $M(x)$를 x점에서의 편심모멘트라 하면 다음과 같은 식이 성립된다.

$$M(x) = P[y_B - y(x)]$$

여기서 $y'' = \dfrac{M(x)}{EI}$이므로

$$y''(x) + \frac{P}{EI}y(x) = \frac{P}{EI}y_B$$

로 표현되고, $\lambda^2 = \dfrac{P}{EI}$로 놓으면

$$y''(x) + \lambda^2 y(x) = \lambda^2 y_B$$

라는 미분방정식이 성립된다. 이 미분방정식의 일반해는 다음과 같다.

$$y(x) = C_1 \sin\lambda x + C_2 \cos\lambda x + y_B$$

여기서 경계조건 $x=0$일 때 $y(0)=0$, $y'(0)=0$이므로

$$y(0) = C_1 \sin 0 + C_2 \cos 0 + y_B = 0$$

으로부터 $C_2 = -y_B$가 되고

$$y'(x) = \lambda C_1 \cos\lambda x - \lambda C_2 \sin\lambda x$$

로부터

$$y'(0) = \lambda C_1 - 0 = 0$$

이므로 $C_1 = 0$이 된다. 따라서

$$y(x) = C_2 \cos\lambda x + y_B$$

라는 처짐곡선식이 성립된다. 여기서 $y(l) = y_B$이므로

$$y(l) = C_2 \cos\lambda l + y_B = y_B$$

로부터 $C_2 \cos\lambda l = 0$이라는 식이 성립된다.

여기서 $C_2 = -y_B \neq 0$이므로 $\cos \lambda l = 0$이어야 하므로 $\lambda l = \frac{\pi}{2}, \frac{3\pi}{2}, \frac{5\pi}{2}, \cdots$이다. 여기서 $\lambda l = \frac{\pi}{2}$일 때, $P_{cr} = \frac{\pi^2 EI}{(2l)^2}$ 즉, 좌굴장 $l_B = 2l$로 그림 11.8(a)와 같은 좌굴형태를 보인다. $\lambda l = \frac{3}{2}\pi$일 때 $P_{cr} = \frac{\pi^2 EI}{(\frac{2}{3}l)^2}$ 즉, 좌굴장 $l_B = \frac{2}{3}l$로 그림 11.8(b)와 같은 좌굴형태를, 그리고 $\lambda l = \frac{5}{2}\pi$일 때 $P_{cr} = \frac{\pi^2 EI}{(\frac{2}{5}l)^2}$ 즉, 좌굴장 $l_B = \frac{2}{5}l$로 그림 11.8(c)와 같은 좌굴형태를 보인다. 그림 11.8의 (b)와 (c)에서 c 점으로 나타낸 점은 변곡점이다.

여기서 P_{cr}이 최소가 되는 $\lambda l = \frac{\pi}{2}$일 때의 경우가 일반적인 좌굴하중 또는 임계하중이 된다.

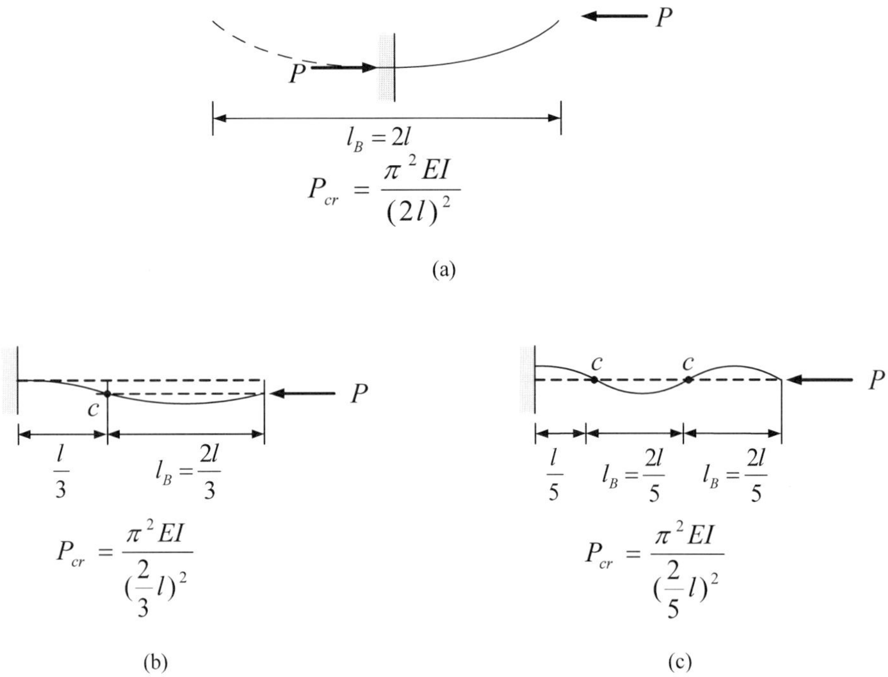

그림 11.8

다음으로는 그림 11.6(b) 시스템에 대한 Euler 공식을 유도하기 위해 시스템을 90° 회전시켜 수평상태에서 생각해보기로 하자.

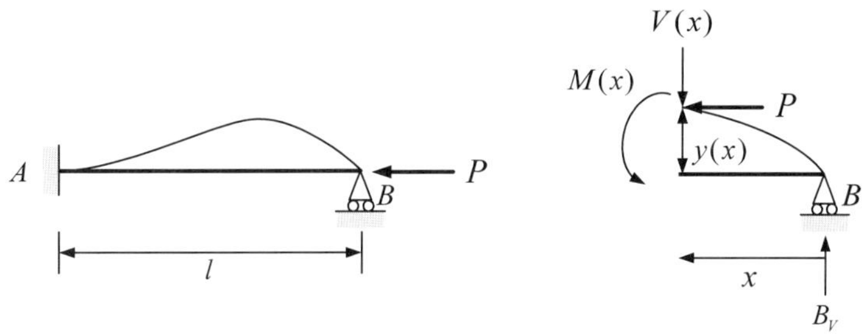

(a) (b)

그림 11.9

그림 11.9(a)는 1차 부정정시스템이고, 고정단(固定端, Fixed End)인 A점의 처짐각 및 처짐이 “0”인 상태에서 상향으로 변형된 상태를 보이고 있다. A점에는 3개의 지점반력 즉, 축력 N, 전단력 V, 휨모멘트 M이 지지될 수 있는 지점이다. 그림 11.9(b)의 자유물체도로부터 B점을 회전점으로 하여 힘의 평형방정식을 세워보면, 다음과 같이 전개된다.

$$\overset{\curvearrowleft}{+}\sum M_B = M(x) + Py(x) + V(x)x = 0$$

$$M(x) + Py(x) = -V(x)x$$

이 식에 다시 $\dfrac{1}{EI}\dfrac{d^2y}{dx^2} = M(x)$를 대입하면,

$$y''(x) + \frac{P}{EI}y(x) = -\frac{V(x)}{EI}x$$

가 된다. 여기서도 물론 보의 자중은 무시한다. 또한 $\lambda^2 = \dfrac{P}{EI}$로 치환하면

$$y''(x) + \lambda^2 y(x) = -\frac{V(x)}{EI}x$$

라는 미분방정식이 세워진다. 이 미분방정식의 좌변은 양단이 힌지인 경우의 미분방정식과 같다. 따라서 미분방정식의 일반해는 이 미분방정식의 특수해(特殊解, Particular Solution)와 양단이 힌지인 단순보시스템의 미분방정식의 일반해를 합한 것과 같다. 특수해 $y(x) = -\dfrac{V(x)}{\lambda^2 EI}x$로 표현되고, 또한 $y(x) = -\dfrac{V(x)}{P}x$가 된다. 따라서 미분방정식의 해는

$$y(x) = A\sin\lambda x + B\cos\lambda x - \frac{V(x)}{P}x$$

가 된다. 여기서도 경계조건 $x=0$일 때, $y=0$이므로 $B=0$이다. 또한 $x=l$일 때, $y=0$이므로

$$A\sin\lambda l = \frac{V}{P}l \tag{11.1}$$

이 된다. 위의 $y(x)$에 관한 식을 x에 대해 한 번 미분하면 $\frac{dy}{dx} = A\lambda\cos\lambda x - \frac{V(x)}{P}$가 되고 $x=l$일 때, 처짐각 $\frac{dy}{dx}=0$이어야 하므로

$$A\lambda\cos\lambda l = \frac{V}{P} \tag{11.2}$$

로 결론지어진다.

위에서 식 (11.1)의 관계식을 식 (11.2)로 나누면 $\frac{1}{\lambda}\tan\lambda l = l$이란 식이 얻어진다. 이 식을 시행착오법(試行錯誤法, Method of Try and Error)으로 풀면 만족되는 λl의 최솟값은 '4.49'로 계산된다. 따라서 $P=P_{cr}=\frac{20.2EI}{l^2}$가 되고 좌굴장 l_B를 계산해보면 $\frac{\pi^2 EI}{l_B^2}=\frac{20.2EI}{l^2}$로부터 $l_B=0.7l$이 계산된다.

마지막으로 양단이 고정단인 경우의 좌굴형태를 그림 11.10(d)를 이용하여 설명해보자. 그림 11.10(d)로부터 A점에서의 처짐각이 "0"인 것처럼 C점에서의 처짐각도 "0"이고 처짐곡선 AB는 중앙점 C점을 기준으로 대칭이다. 또한 AC구간에서 처짐곡선의 변곡점 사이의 길이는 $\frac{l}{4}$이므로 C점을 기준으로 좌우 변곡점 사이의 길이는 $\frac{l}{2}$이며 이 변곡점 사이의 길이가 양단이 고정단인 기둥의 좌굴장 l_B가 된다. 지금까지 다룬 단부조건에 따른 P_{cr}과 l_B를 요약하면 그림 11.10과 같이 나타내어진다.

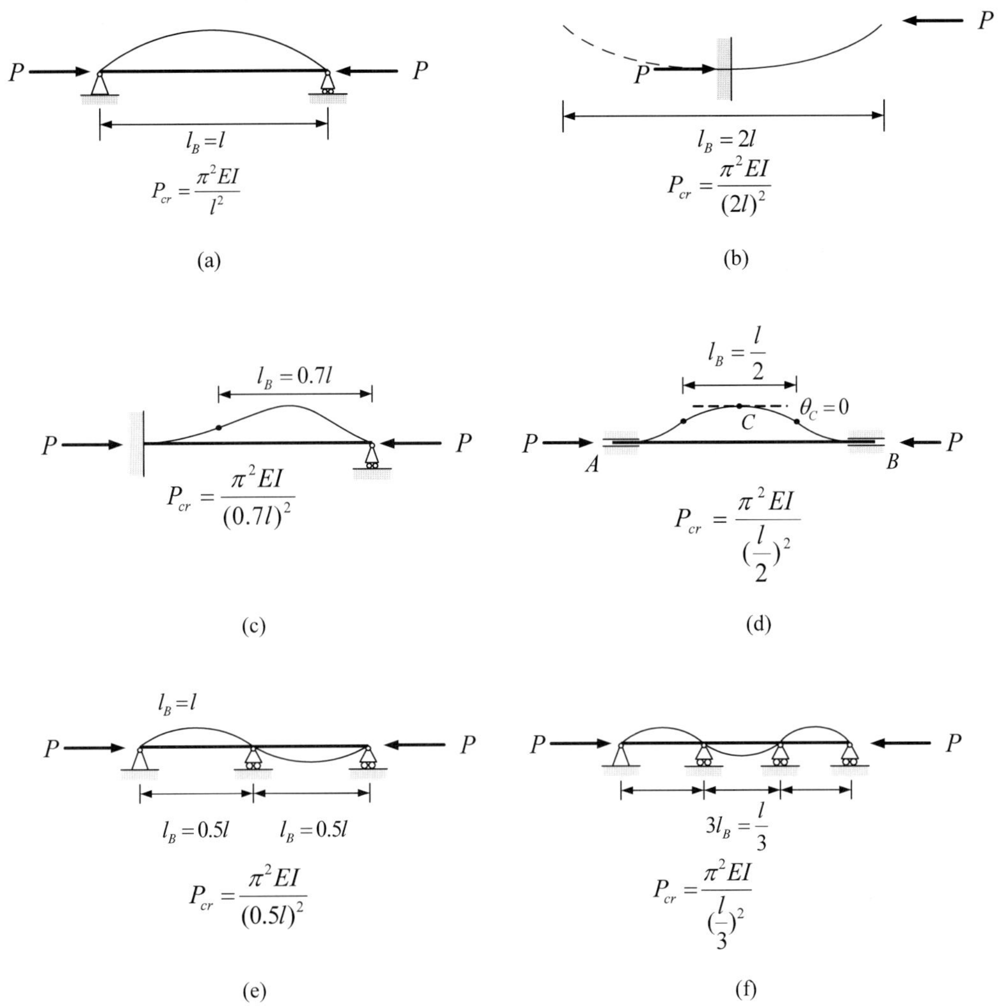

그림 11.10

[예제 11.2]

아래와 같은 기둥부재의 단면은 $a \times b$이고 길이가 l일 때 xz 평면에서 B 점은 고정-힌지이고 yz 평면에서 B 점이 자유단일 때

(1) 좌굴에 효과적인 단면비 $\left(\dfrac{a}{b}\right)$를 결정하라.

(2) $l = 5\ \mathrm{m}$, $E = 2.1 \times 10^5\ \mathrm{MPa}$, $P = 100\ \mathrm{kN}$, $S.F = 2$일 때 효율적인 단면 크기를 산정하라.

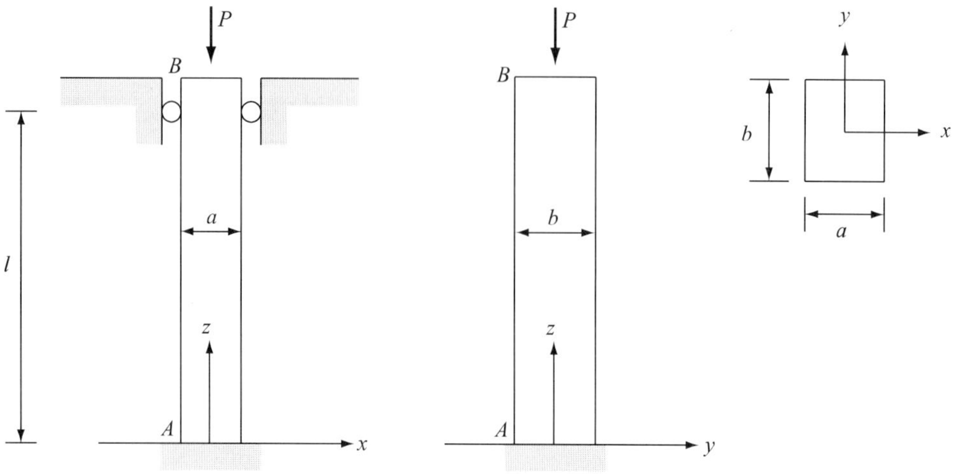

[풀이] (1) 좌굴에 효과적인 단면비 $\left(\dfrac{a}{b}\right)$의 결정

먼저 좌굴에 효과적인 단면비를 결정하기 위해 x축 방향으로의 좌굴에 대해서는 xz 평면을 고려한다. 여기서 단면2차모멘트

$$I_y = \frac{a^3 b}{12}$$

이며 1단 고정, 타단 힌지이므로 $l_B = 0.7l$이다. 따라서 좌굴하중

$$P_{cr} = \frac{\pi^2 EI_y}{(0.7l)^2}$$

이 된다. 한편 y축 방향으로의 좌굴은 yz평면에서 발생되므로 단면2차모멘트

$$I_x = \frac{ab^3}{12}$$

으로 계산되고 1단 고정, 타단은 자유이므로 $l_B = 2l$이다. 따라서 좌굴하중

$$P_{cr} = \frac{\pi^2 EI_x}{4l^2}$$

로 표현된다. 각 좌굴 평면에 대한 좌굴하중이 서로 같을 때 좌굴에 대하여 효과적인 단면이 결정될 수 있다. 따라서 다음과 같은 조건식으로부터

$$\frac{2\pi^2 EI_y}{l^2} = \frac{\pi^2 EI_x}{4l^2}$$

다음과 같이 단면비를 계산할 수 있다.

$$\frac{I_y}{I_x} = \frac{a^2}{b^2} = \frac{1}{8}$$

따라서 $\frac{a}{b} = \frac{1}{2\sqrt{2}}$

(2) $l = 5\,\mathrm{m}$, $E = 2.1 \times 10^5\,\mathrm{MPa}$, $P = 100\,\mathrm{kN}$, $S.F = 2$일 때 효율적인 단면 크기의 산정

xz평면이나 yz평면 중에 어떤 것을 사용해도 같은 결과를 얻을 수 있다. 왜냐하면 (1)번에서 각 좌굴평면을 고려하여 $\frac{a}{b}$가 결정되었기 때문이다. 여기서는 xz평면을 고려한 임계하중을 계산하고 그에 따른 단면을 결정하기로 한다.

$$P_{cr} = \frac{2\pi^2 EI_y}{l^2} = \frac{2\pi^2(2.1 \times 10^5)}{5{,}000^2} I_y = 200 \times 10^3$$

$$I_y = 1.206 \times 10^6\,\mathrm{mm}^4$$

따라서 (1)번에서 계산된 단면비 $\left(\frac{a}{b}\right)$를 사용하면 $b = \sqrt{8}\,a$이므로 a와 b는 다음과 같이 계산된다.

$$I_y = \frac{\sqrt{8}\,a^4}{12} = 1.206 \times 10^6\,\mathrm{mm}^4$$

$$a = 47.56\,\mathrm{mm},\; b = 134.52\,\mathrm{mm}$$

[예제 11.3]

교각이 중심축하중만 받고 있다고 가정할 때 다음 그림과 같은 상부 구조와 교각의 연결구조에 따른 교각의 최대 허용하중 P_{all}을 구하라. (여기서 상부 구조는 교대와 일체화된 완전한 연속교이고 교각은 장주이며 기초 하단은 완전 고정이라고 가정한다. 교각은 지름 $d = 2\,\mathrm{m}$, 높이 $h = 10\,\mathrm{m}$의 원형기둥으로 기초 저판의 효과는 무시하고 탄성계수 $E = 25\,\mathrm{GPa}$이며 안전계수 $\mathrm{S.F} = 2.0$이다.)

(a) 교대일체형 연속보 교량(상부 구조가 교각의 교좌장치 위에 거치)

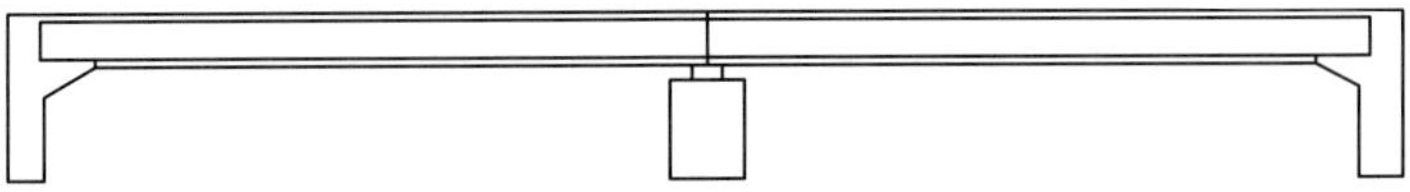

(b) 교대 및 교각일체형 연속보 교량(상부 구조와 교각이 강결로 연결됨)

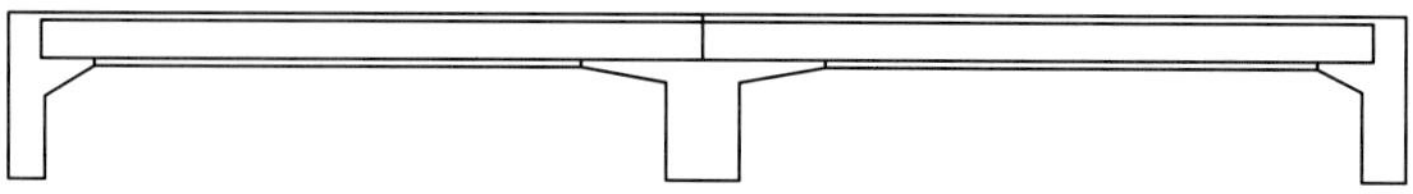

[풀이] 먼저 기둥부재의 단면제원은 다음과 같이 계산된다.

$$I = \frac{\pi}{4}\left(\frac{d}{2}\right)^4 = \frac{\pi}{4}\left(\frac{2,000}{2}\right)^4 = 7.85 \times 10^{11}\ \text{mm}^4$$

$$A = \frac{\pi}{4}d^2 = \frac{\pi}{4}(2,000)^2 = 3.14 \times 10^6\ \text{mm}^2$$

$$r^2 = \frac{I}{A} = 2.5 \times 10^5\ \text{mm}^2$$

우선 (a) 교량에서 교각은 일단고정(교각하부), 타단힌지(교각상부)이므로 $l_B = 0.7l$이다. 따라서 Euler 공식으로부터 P_{cr}은 다음과 같이 계산된다.

$$l_B = 0.7l = 0.7 \times 10\ \text{m} = 7\ \text{m} = 7 \times 10^3\ \text{mm}$$

$$P_{cr} = \frac{\pi^2 EI}{l_B^2} = \frac{\pi^2 \times 25 \times 10^3 \times 7.85 \times 10^{11}}{(7 \times 10^3)^2} = 3.95 \times 10^9\ \text{N} = 3.95 \times 10^6\ \text{kN}$$

P_{cr}을 안전율로 나눠줌으로써 최대 허용하중 P_{all}은 다음과 같이 계산된다.

$$P_{\text{all}} = \frac{P_{cr}}{F.S} = \frac{3.95 \times 10^6}{2} = 1.98 \times 10^6\ \text{kN}$$

다음으로 (b) 교량에서 교각은 양단고정으로 간주하여 $l_B = 0.5l$이다. 따라서 장주에 대한 Euler 공식으로부터 P_{cr}은 다음과 같이 계산된다.

$$l_B = 0.5l = 0.5 \times 10\ \text{m} = 5\ \text{m} = 5 \times 10^3\ \text{mm}$$

$$P_{cr} = \frac{\pi^2 EI}{l_B^2} = \frac{\pi^2 \times 25 \times 10^3 \times 7.85 \times 10^{11}}{(5 \times 10^3)^2} = 7.75 \times 10^9\ \text{N} = 7.75 \times 10^6\ \text{kN}$$

P_{cr}을 안전율로 나눠줌으로써 최대 허용하중 P_{all}은 다음과 같이 계산된다.

$$P_{\text{all}} = \frac{P_{cr}}{F.S} = \frac{7.75 \times 10^6}{2} = 3.88 \times 10^6\ \text{kN}$$

따라서 (a)와 (b) 교량을 비교해보면 양단고정방식인 (b) 교량이 1.96배의 중심축하중을 더 받을 수 있는 것으로 계산된다.

이 결과는 좌굴장비의 제곱에 의해서도 계산된다.

11.3 편심축하중(偏心軸荷重, Eccentric Load)에 의한 임계하중 및 최대응력

지금까지의 P_{cr} 또는 σ_{cr}은 기둥의 도심수직축에 작용되는 힘 즉, 편심되지 않은 수직하중에 대해서 다루어졌다. 이 절에서는 기둥이 축에 작용되지 않고 축과 편심을 이루는 경우에 대하여 다루어진다. 여기서도 대부분 수직으로 존재하는 기둥을 수평으로 눕혀 단순보시스템으로 변환시킨 그림으로 설명해보자. 여기서도 보의 자중은 무시한다.

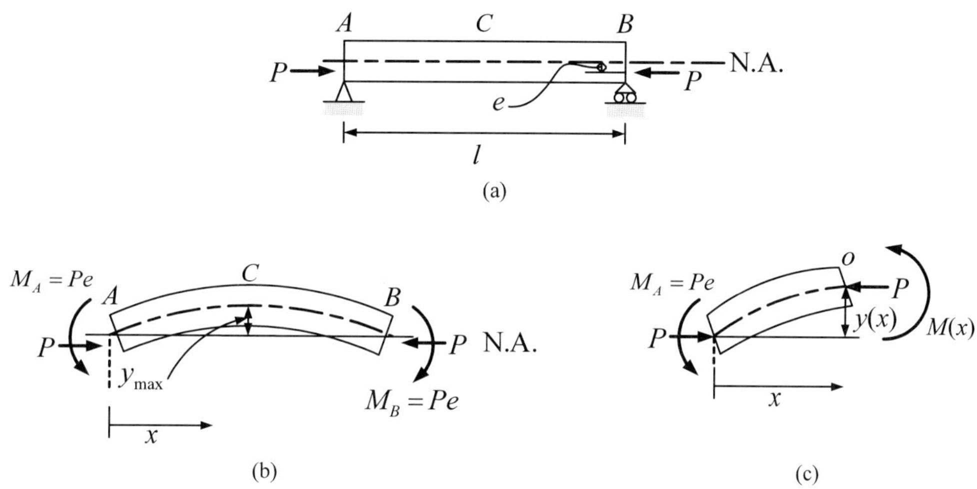

그림 11.11

그림 11.11(a)는 중립축(中立軸, Neutral Axis; N.A.)보다 e만큼 아래로 편심되어 수평하중 P가 작용되는 상태와 보의 길이 l의 중앙 위치 C가 표시되어 있고, 그림 11.11(b)는 P와 P에 의한 편심모멘트 M_A 또는 M_B에 의해 상향으로 변형된 상태와 최대 처짐 $y_{\max}$를 나타내고 있다. 그림 11.11(c)는 A점에서 임의 점까지의 거리 x에서의 자유물체도가 나타나 있다. 이 자유물체도로부터 힘의 평형방정식 $\overset{\curvearrowleft}{+}\sum M_o = M(x) + Pe + Py(x) = 0$이 성립되고, 따라서

$M(x) = -Pe - Py(x)$가 되며

$$y''(x) + \frac{P}{EI}y(x) = -\frac{Pe}{EI}$$

로 표현된다. 여기서도 $\lambda^2 = \dfrac{P}{EI}$를 대입하면 다음과 같은 미분방정식이 성립된다.

$$y''(x)+\lambda^2 y(x) = -\lambda^2 e$$

이 미분방정식의 일반해(一般解, General Solution)는 다음과 같다.

$$y(x) = A\sin\lambda x + B\cos\lambda x - e$$

여기서 경계조건 $x=0$일 때, $y=0$이므로 $B=e$이다. 또한 $x=l$ 일 때, $y=0$을 적용시키면 $A\sin\lambda l = e(1-\cos\lambda l)$이 된다. 이 식에 삼각함수 공식 $\sin\lambda l = 2\sin\frac{\lambda l}{2}\cos\frac{\lambda l}{2}$과 $1-\cos\lambda l = 2\sin^2\frac{\lambda l}{2}$을 대입시키면 $A = e\tan\frac{\lambda l}{2}$로 표현된다. 따라서 그림 11.11(b)와 같이 상향으로 변형된 탄성곡선(彈性曲線, Elastic Curve)식 $y(x) = e\left(\tan\frac{\lambda l}{2}\sin\lambda x + \cos\lambda x - 1\right)$로 표현된다. 그리고 최대 처짐 $y_{\max}$는 $x=\frac{l}{2}$일 때이므로

$$y_{\max} = e\left(\tan\frac{\lambda l}{2}\sin\frac{\lambda l}{2}+\cos\frac{\lambda l}{2}-1\right) = e\left(\frac{\sin^2\frac{\lambda l}{2}+\cos^2\frac{\lambda l}{2}}{\cos\frac{\lambda l}{2}}-1\right)$$

$$= e\left(\sec\frac{\lambda l}{2}-1\right) = e\left[\sec\left(\sqrt{\frac{P}{EI}}\frac{l}{2}\right)-1\right] \tag{11.3}$$

로 표현된다.

위 식에서 $\sqrt{\frac{P}{EI}}\frac{l}{2} = \frac{\pi}{2}$일 때 $y_{\max}$는 무한대(無限大, Infinity)가 된다. 즉, 기둥으로서 존재할 수 없는 파괴상태라 할 수 있고, 이때의 하중 P가 임계하중이 된다. 즉 $P_{cr} = \frac{\pi^2 EI}{l^2}$의 관계가 성립되고 이 식은 앞서 양단이 힌지일 때 유도되었던 Euler 공식과 일치한다. 위 식으로부터 $EI = \frac{P_{cr}l^2}{\pi^2}$의 관계식을 식 (11.3)에 대입하면 다음 식과 같은 결론이 내려진다.

$$y_{\max} = e\left(\sec\frac{\pi}{2}\sqrt{\frac{P}{P_{cr}}}-1\right) \tag{11.4}$$

다음으로는 최대응력 $\sigma_{\max}$를 구해보자.

그림 11.11(b)로부터 $\sigma_{\max}$는 $y_{\max}$의 위치 즉, 보의 중앙인 C점에서 발생된다. 왜냐하면 $M(x) = -Pe - Py(x)$의 식으로부터 C점에서 $y(x)$가 최대가 되기 때문이다. 그리

고 편심축하중이 작용되는 경우 절댓값으로 $\sigma_{\max} = \dfrac{P}{A} + \dfrac{M_{\max}}{I} c$로 표현된다. 여기서 $M_{\max}$는 그림 11.11(c)에서 $x = \dfrac{l}{2}$일 때 구해진다. 따라서

$$M_{\max} = -P\,y_{\max} - M_A = -P(y_{\max} + e)$$

로 표현된다. 따라서 절댓값으로 $\sigma_{\max} = \dfrac{P}{A} + \dfrac{1}{Ar^2} P(y_{\max} + e)c$이고, 또한 다음 식과 같이도 표현된다.

$$\sigma_{\max} = \frac{P}{A}\left[1 + \frac{(y_{\max} + e)}{r^2} c\right] \tag{11.5}$$

여기서 $I = Ar^2$이다.

다시 식 (11.5)에 식 (11.3)을 대입하면

$$\sigma_{\max} = \frac{P}{A}\left[1 + \frac{ec}{r^2} sec\left(\sqrt{\frac{P}{EI}}\frac{l}{2}\right)\right] \tag{11.6}$$

이 된다.

또한 식 (11.4)를 식 (11.5)에 대입하면 $\sigma_{\max}$는 다음과 같이 표현된다.

$$\sigma_{\max} = \frac{P}{A}\left(1 + \frac{ec}{r^2} sec\frac{\pi}{2}\sqrt{\frac{P}{P_{cr}}}\right) \tag{11.7}$$

P_{cr}은 그림 11.10과 같이 단부조건에 따라 다르게 계산된다. 이렇게 다르게 계산된 P_{cr}을 위 식에 대입하여 여러 단부조건에서의 $\sigma_{\max}$를 구할 수 있다.

여기서 한 가지 알아두어야 할 것은 P가 제곱근 속에 존재하므로 $\sigma_{\max}$는 P에 선형적(線型的, Linear) 변화를 하지 않는다는 것이다. 즉, P와 σ는 비선형적(非線型的, Nonlinear) 관계이다. 따라서 안전계수는 허용응력 σ_{all}을 계산할 때처럼 응력에 고려되어서는 안 되고 압축력 즉, P에 고려되어야 한다. 이 말의 뜻은 $\sigma_{\max}$와 P_{cr}의 관계가 선형적 관계일 때보다 $\sigma_{\max}$가 크게 계산되는 경우를 선택해야 한다는 뜻이다. 다시 말해서 **안전측 설계를 위해서는 σ_{all} 개념이 아니고 안전계수가 고려된 압축하중 P에 의한 응력이 σ_y를 초과하지 않도록 설계해야 한다는 뜻이다.**

11.4 시컨트 공식(Secant Formula)

시컨트 공식은 단부조건과 좌굴장(挫屈長, Buckling Length) l_B에 따라 결정되는 세장비(細長比, Slenderness Ratio) $\lambda = \frac{l_B}{r}$인 기둥에 최대응력 $\sigma_{\max}$를 일으키는 단위단면적당 하중 즉, 응력 $\frac{P}{A}$로 나타낸 식이다.

식 (11.6)에서 $l = l_B$, $I = Ar^2$으로 놓고 $\frac{P}{A}$에 관해서 정리하면 시컨트 공식이 세워진다. 즉, $\frac{P}{A}$는 다음과 같이 표현된다.

$$\frac{P}{A} = \frac{\sigma_{\max}}{\left[1 + \frac{ec}{r^2} sec\left(\frac{1}{2}\sqrt{\frac{P}{EA}}\,\frac{l_B}{r}\right)\right]}$$

이 식에 E값과 편심거리 e 및 기둥의 단부조건에 따라 결정되는 l_B 그리고 단면의 형상에 따라 결정되는 A, r 및 단면 도심에서의 최대 거리 c(보 방정식에서 $y = c$에 해당됨)를 대입하여 $\frac{P}{A}$의 값을 계산할 수 있다.

그림 11.12는 $E = 200$ GPa 이고, $\sigma_y = 250$ MPa인 강재기둥에 대해서 시컨트 공식의

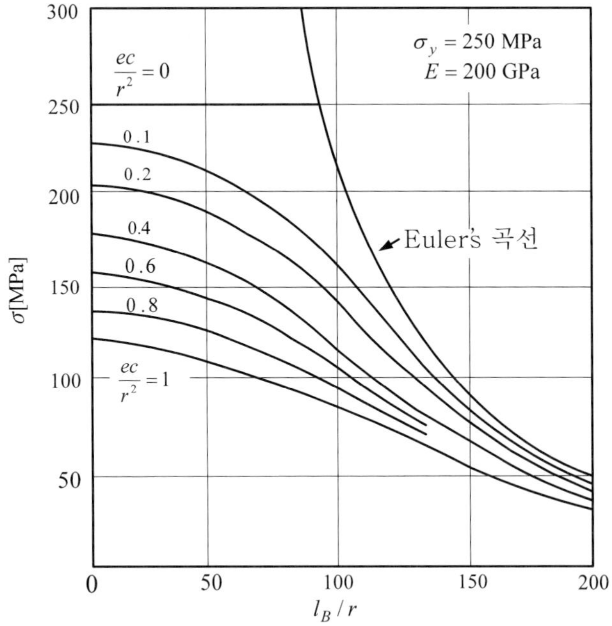

그림 11.12

결과를 보여주는 곡선이다. 이 곡선으로부터 $\lambda = \frac{l_B}{r}$와 $\frac{ec}{r^2}$값에 따라 기둥에 좌굴을 일으키는 또는 최대로 허용될 수 있는 응력 $\frac{P}{A}$를 결정할 수 있다.

그림 11.12로부터 $\lambda = \frac{l_B}{r}$값이 미소하면 sec항(項)은 "1"이 되므로 시컨트 공식은 다음과 같이 된다.

$$\frac{P}{A} = \frac{\sigma_{\max}}{1 + \frac{ec}{r^2}}$$

위의 식을 $\sigma_{\max}$에 대해 풀면 $\sigma_{\max}$는 다음식과 같다.

$$\sigma_{\max} = \frac{P}{A}\left(1 + \frac{ec}{r^2}\right) = \frac{P}{A}\left(1 + \frac{Aec}{I}\right)$$

여기서 $r^2 = \frac{I}{A}$이다. 한편 3.7절의 편심축하중에서 $M = Pe$이므로 절댓값으로 $\sigma_{\max}$는 다음과 같이 쓸 수 있다.

$$\sigma_{\max} = \frac{P}{A} + \frac{Mc}{I} = \frac{P}{A}\left(1 + \frac{Aec}{I}\right)$$

즉, λ값이 미소할 때의 시컨트 공식과 3장에서 다룬 편심축하중에 의한 절대 최대응력 $\sigma_{\max}$가 일치함을 알 수 있다. 그림 11.12로 돌아가서 λ값이 커질수록 $\frac{ec}{r^2}$에 따라 달라지는 여러 형태의 곡선은 Euler 공식 $\sigma_{cr} = \frac{\pi^2 EI}{\lambda^2}$에 의한 곡선과 접근하게 됨을 알 수 있다. 결론적으로 시컨트 공식은 λ가 작을수록 Euler 공식에 의한 결과와 서로 맞지 않는다. 왜냐하면 Euler 공식은 기둥이 휘어진 상태를 기본으로 하여 유도(誘導, Inducing)된 것이기 때문이다. 따라서 단주 즉, λ가 작은 기둥에서는 휘어지는 현상이 나타나지 않으므로 Euler 공식은 사실과 다른 결과가 도출된다는 것은 앞에서 언급한 바 있다.

[예제 11.4]

아래 그림과 같이 길이 $l = 10\ \text{m}$인 보가 편심량 $e = 0.2\ \text{m}$의 압축하중을 받고 있다. 단면은 그림과 같고 강재이며 탄성계수 $E = 200\ \text{GPa}$이다. $\sigma_y = 250\ \text{MPa}$일 때 P의 최대 허용값을 구하라. (단, 지점조건은 양단이 힌지이다.)

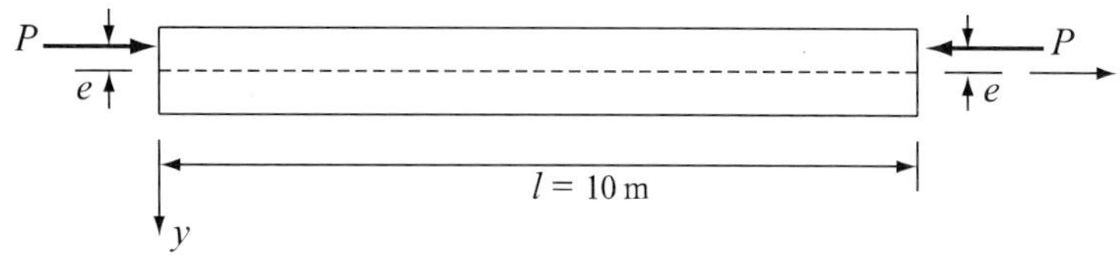

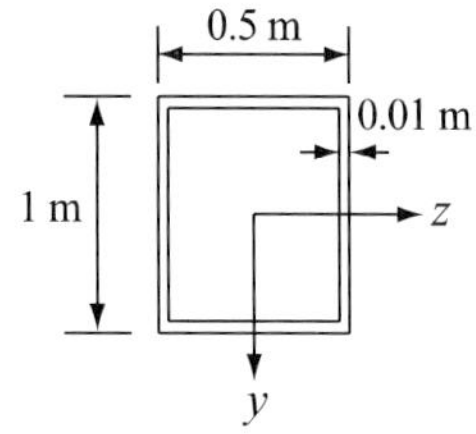

[풀이] 먼저 보의 단면제원(단면적, 단면2차모멘트, 회전반경)은 다음과 같이 계산된다.

$$A = 0.5 \times 1.0 - 0.48 \times 0.98 = 0.0296 \text{ m}^2$$

$$I_z = \frac{0.5 \times 1^3}{12} - \frac{0.48 \times 0.98^3}{12} = 4.0190 \times 10^{-3} \text{ m}^4$$

$$r = \sqrt{\frac{I}{A}} = 0.3685 \text{ m}$$

이 값들을 이용하면 편심비

$$\frac{ec}{r^2} = \frac{0.2 \times 0.5}{0.3685^2} = 0.7364$$

를 계산할 수 있고 또한 아래와 같이 세장비를 계산할 수 있다.

$$\frac{l}{r} = \frac{10}{0.3685} = 27.14$$

위에서 계산된 값들을 이용하여 그림 11.12를 이용하면 σ는 약 142 MPa임을 알 수 있다. 따라서 최대로 허용될 수 있는 최대 하중 P는 다음과 같이 계산된다.

$$P = 142 \times 10^6 \times 0.0296 = 4{,}203{,}200 \text{ N} = 4{,}203 \text{ kN}$$

[예제 11.5]

끝단 C가 자유단이고 저면 B가 고정단인 원형 강봉 BC에 $e = 10$ mm 만큼 편심되어 있는 상태에서 54 kN의 축하중 P가 작용되고 있다. 지름 $d = 72$ mm인 경우 기둥의 최대 압축응력을 구하라. (단, $E = 200$ GPa이다.)

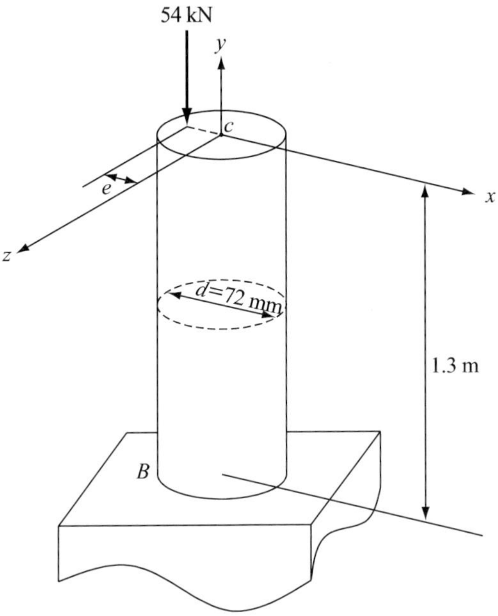

[풀이] P_{cr}을 계산하기 위한 단면값과 P_{cr}은 다음과 같이 계산된다.

$$I = \frac{\pi}{4}\left(\frac{d}{2}\right)^4 = \frac{\pi}{4}\left(\frac{72}{2}\right)^4 = 1.32 \times 10^6 \text{ mm}^4$$

$$A = \frac{\pi}{4}d^2 = \frac{\pi}{4}(72)^2 = 4{,}072 \text{ mm}^2$$

$$r^2 = \frac{I}{A} = 324 \text{ mm}^2$$

$$l_B = 2l = 2 \times 1.3 \text{ m} = 2.6 \text{ m} = 2.6 \times 10^3 \text{ mm}$$

$$P_{cr} = \frac{\pi^2 EI}{l_B^2} = \frac{\pi^2 \times 200 \times 10^3 \times 1.32 \times 10^6}{(2.6 \times 10^3)^2} = 385{,}440 \text{ N} \triangleq 385.44 \text{ kN}$$

위에서 계산된 임계하중 P_{cr}로부터 기둥에 발생되는 최대 압축응력은 식 (11.7)에 따라 다음과 같이 계산할 수 있다.

$$\sigma_{\max} = \frac{P}{A}\left[1 + \frac{ec}{r^2}\sec\left(\frac{\pi}{2}\sqrt{\frac{P}{P_{cr}}}\right)\right]$$

$$= \frac{54 \times 10^3}{4{,}072}\left[1 + \frac{10 \times \frac{72}{2}}{324}\sec\left(\frac{\pi}{2}\sqrt{\frac{54 \times 10^3}{385.44 \times 10^3}}\right)\right] = 28 \text{ MPa}$$

다음으로는 3.7절의 편심축하중에 의한 절댓값으로 $\sigma_{\max}$를 계산하여 시컨트 공식에 의한 결과와 비교해보자.

$$\sigma_{max} = \frac{P}{A} + \frac{Pec}{I} = \frac{54 \times 10^3}{4,072} + \frac{54 \times 10^3 \times 10 \times 36}{1.32 \times 10^6} = 13.3 + 14.7 = 28\ \text{MPa}$$

단주에서 시컨트 공식은 의미가 없다는 결론이다.

11.5 $P-\Delta$효과($P-\Delta$效果, $P-\Delta$Effect)

$P-\Delta$효과는 수직부재 즉, 기둥에서 수직력 P와 수평력 H에 의한 수평변위(水平變位, Horizontal Displacement) Δ에 의해 추가적인 모멘트 ΔM이 발생되고 다시 이 ΔM으로 인한 추가 수평력 ΔH는 또 다른 수평변위 $\Delta\Delta$를 발생시키는 연쇄적인 효과를 말한다.

$P-\Delta$효과를 고려한 해석을 기하학적 비선형(幾何學的非線型, Geometric Nonlinear)해석이라고도 한다. 이러한 이론을 유럽에서는 Theory Second Order라 하고 약자로 Th.2.O로 표현한다.

이 이론을 그림 11.13을 이용하여 설명해보자.

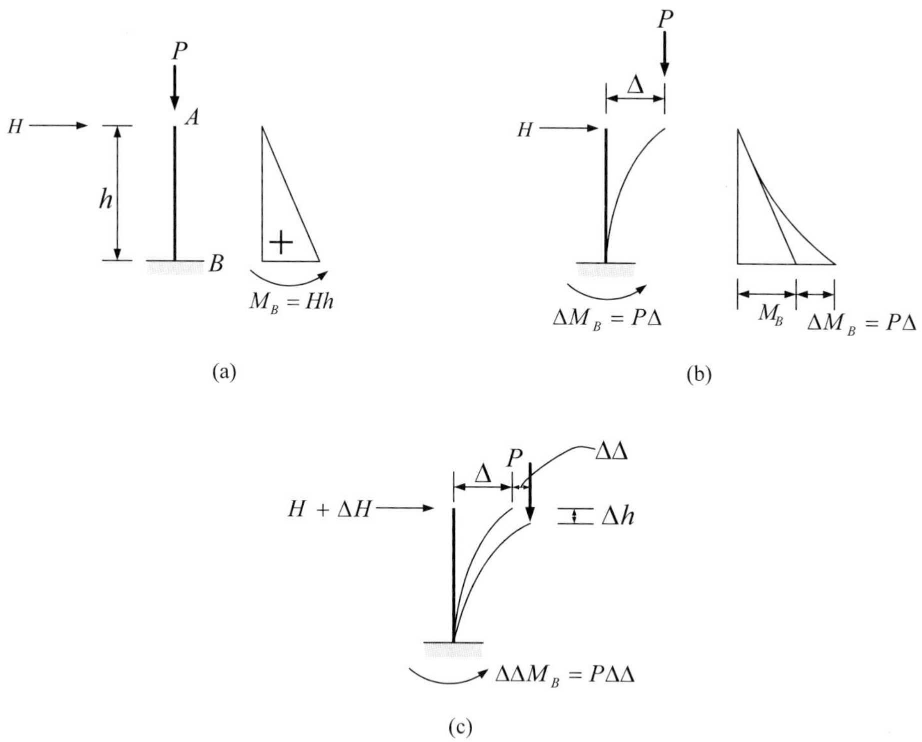

그림 11.13

그림 11.13(a)는 A단이 자유단이고, B점은 고정단 지점인 기둥이 A점에 수직력 P와 수평력 H가 작용되는 경우 $P-\Delta$효과를 고려하지 않는 구조시스템과 모멘트도이다. 즉, 일반적인 방법에 의한 모멘트도이다.

그림 11.13(b)는 수평력 H에 의해 수평변위 Δ가 발생된 상태와 수직력 P에 의해 추가 모멘트

$$\Delta M = P\Delta$$

가 발생된 구조시스템 및 모멘트도이다.

그림 11.13(c)는 ΔM에 의한 추가 수평력

$$\Delta H = \frac{\Delta M}{h}$$

에 의한 추가 수평변위 $\Delta\Delta$가 발생되고 다시 수직력 P에 의한 추가 모멘트

$$\Delta\Delta M = P\Delta\Delta$$

가 발생된 상태와 수평변위에 의한 그리고 P에 의한 변형에 의해 발생될 수 있는 높이 감소량 Δh가 표시되어 있다.

연속적인 추가 모멘트와 수평변위에 대한 계산은 2단계 이상 즉, ΔH 이상의 계산은 일반적으로 볼 때 큰 의미가 없으므로 2단계 정도만 고려하는 것이 바람직하다. $P-\Delta$효과를 고려한 설계에서는 허용응력 개념이 아니다. 압축력 P 또는 수평력 H에 안전계수를 고려하여 계산한 응력이 σ_y를 초과하지 않도록 설계해야 한다(식 11.7에 대한 설명 참조). 그리고 그림 11.13(c)에서 높이 감소량 Δh를 고려하여 해석하는 이론을 유럽에서는 Theory Third Order라 하고 약자로 Th.3.O로 표현한다.

대부분의 경우 Th.3.O의 영향은 무시할 정도이나 트러스 구조에서 압축력을 받는 대각선 부재의 길이 감소효과 즉, Th.3.O의 영향은 의미 있는 결과가 도출될 수 있다.

[예제 11.6]

그림과 기둥구조에 주어진 하중 및 단면에서 다음을 구하라. (단, $H = 30\ \mathrm{kN}$, $P = 100\ \mathrm{kN}$, 기둥의 항복응력 $\sigma_y = 240\ \mathrm{MPa}$, $F.S = 1.71$, $E = 210\ \mathrm{GPa}$이다.)

(a) 기존 방법에 의한 최대응력

(b) $P-\Delta$효과를 고려한 절대 최대응력(기둥의 좌굴 및 자중은 무시)

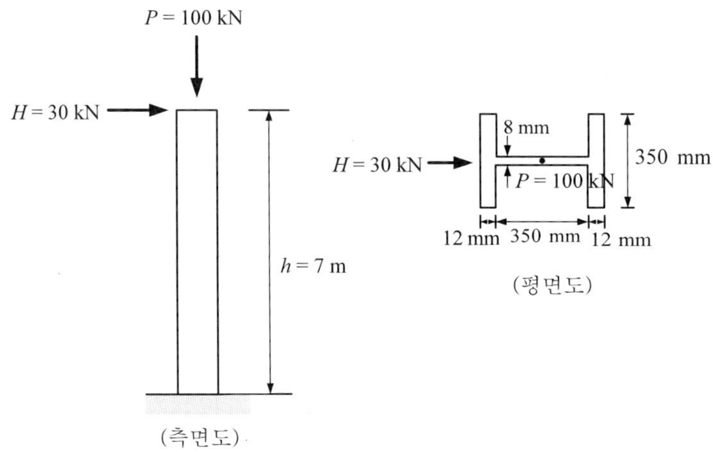

[풀이] (a) 일반적인 응력

기둥에 작용되는 부재력선도는 아래와 같이 작도할 수 있다.

B.M.D의 부호는 기둥의 오른쪽을 기준으로 한 경우이다.

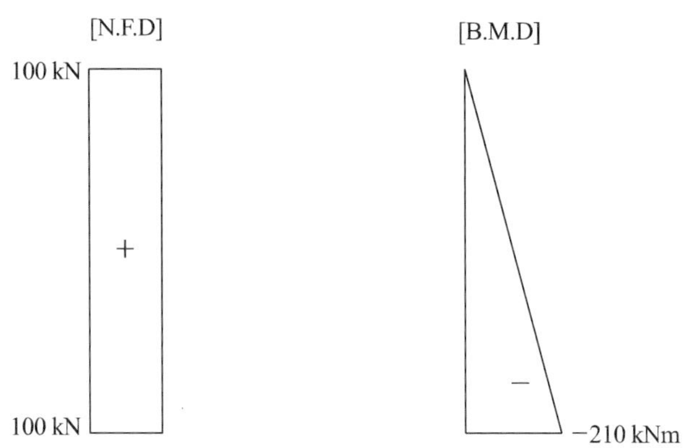

주어진 기둥의 단면적과 단면2차모멘트는 다음과 같이 계산된다.

$$A = 374 \times 350 - 350 \times 342 = 11,200\ \text{mm}^2$$

$$I = \frac{350 \times 374^3}{12} - \frac{342 \times 350^3}{12} = 3.04 \times 10^8\ \text{mm}^4$$

$$\sigma_{\text{all}} = \frac{\sigma_y}{F.S} = 140\ \text{MPa}$$

여기서 기둥에 발생되는 최대응력은 다음과 같다.

$$\sigma = -\frac{P}{A} \pm \frac{M}{I}y = -\frac{100 \times 10^3}{11.2 \times 10^3} \pm \frac{210 \times 10^6 \times 187}{3.04 \times 10^8}$$

$$= -138.11\ \text{MPa(압축) 또는 } 120.25\ \text{MPa(인장)}$$

따라서 계산된 응력은 절댓값으로 허용응력 이내에 있으므로 기둥은 안전하다.

(b) $P-\Delta$효과를 고려한 절대 최대응력

수평력 H에 의해 발생되는 수평변위 Δ는 아래의 그림과 같다.

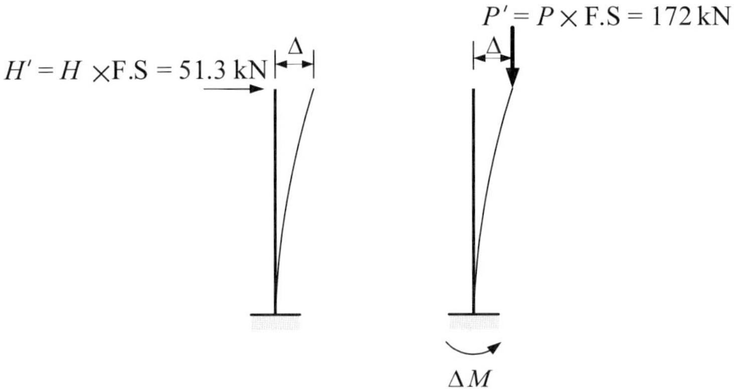

이때의 변위를 계산하면 다음과 같다.

$$\Delta = \frac{H' h^3}{3EI} = \frac{51.3 \times 10^3 \times (7 \times 10^3)^3}{3 \times 210 \times 10^3 \times 3.04 \times 10^8} = 91.88 \text{ mm}$$

따라서 이 변위와 수직하중 V에 의해 발생되는 모멘트

$$\Delta M = P' \Delta = 171 \text{ kN} \times 0.092 \text{ m} = 15.73 \text{kNm}$$

이며 이 모멘트를 발생시키는 수평력 ΔH는 다음과 같이 계산된다.

$$\Delta H = \frac{\Delta M}{h} = \frac{15.73 \text{ kNm}}{7 \text{ m}} = 2.25 \text{ kN}$$

수평력 ΔH에 의해 발생되는 수평변위 $\Delta\Delta$는 아래의 그림과 같이 발생된다.

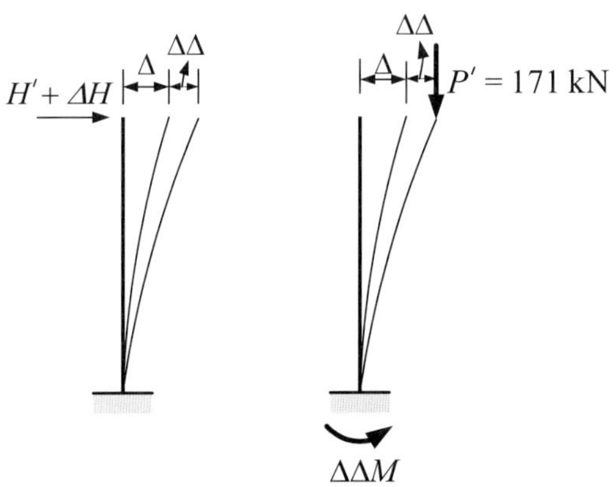

이때의 추가된 변위를 계산하면 다음과 같다.

$$\Delta\Delta = \frac{\Delta H h^3}{3EI} = \frac{2,250 \times (7 \times 10^3)^3}{3 \times 210 \times 10^3 \times 3.04 \times 10^8} = 4.03\ \mathrm{mm}$$

따라서 변위와 수직하중 P'에 의해 발생되는 추가 모멘트

$$\Delta\Delta M = P'\Delta\Delta = 171\ \mathrm{kN} \times 0.00403\ \mathrm{m} = 0.69\ \mathrm{kNm}$$

로 계산된다. 따라서 기둥에 발생되는 최대응력은 다음과 같다.

$$\begin{aligned}\sigma &= -\frac{P}{A} \pm \frac{(M + \Delta M + \Delta\Delta M)}{I} y = -\frac{171 \times 10^3}{11.2 \times 10^3} \pm \frac{375.52 \times 10^6 \times 187}{3.04 \times 10^8} \\ &= -235.3\ \mathrm{MPa},\ 204.7\ \mathrm{MPa}\end{aligned}$$

따라서 $P-\Delta$ 효과를 고려한 절대 최대응력 검토 결과 항복응력 σ_y를 초과하지 않는다.

11.6 중심축하중을 받는 기둥의 설계(Design of Column under Centric Load)

앞서 다룬 11.2절에서 중심축하중하의 임계응력 σ_{cr}에 대한 Euler 공식과 11.4절에서 다룬 편심축하중하의 최대응력 $\sigma_{\max}$에 관한 시컨트 공식은 완전한 탄성한계 즉, $\sigma-\epsilon$선도의 비례한도 내에서 그리고 완전한 직선부재로 가정한 전제하에서 유도된 것들이었다. 그러나 실제 상황에서는 이상적인 가정하에서 유도된 식과 지난 수십 년 동안 수행된 수많은 실험결과와는 일치하지 않기 때문에 Euler 공식과 실험결과를 근거로 한 경험식이 제안되어 왔다. 그림 11.5로부터 임계응력 σ_{cr}과 세장비 λ의 관계도는 크게 3구간으로 구분되었다. 첫 번째로 단주 즉, $\sigma_{cr} = \sigma_y$인 구간과 두 번째로 중간주 즉, σ_{cr}이 σ_y와 Euler 공식의 σ_{cr}과의 과도구간, 세 번째로 장주구간 즉, σ_{cr}이 아래 식에 의해 계산되는 구간이다.

$$\sigma_{cr} \approx \frac{\pi^2 E}{\lambda^2}$$

단주구간의 σ_{cr}은 E값과 무관하고 σ_y에 의해 결정되며 장주구간에서의 σ_{cr}은 σ_y와는 무관하고 E값에 의해 지배됨을 알 수 있다. 이러한 특성들이 고려된 여러 재료에 대한 실험결과들을 근거로 한 경험식들을 소개해보면 다음과 같다. 경험식으로서 가장 널리 사용되는 것은 AISC(American Institute of Steel Construction)이고 다음과 같은 내용을 담고 있다.

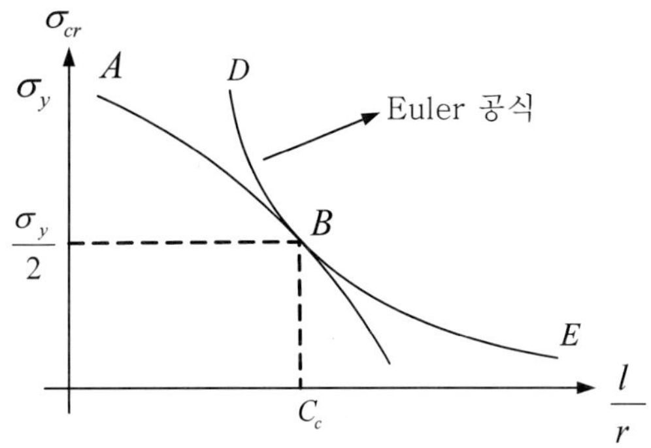

그림 11.14

1) 임계응력 σ_{cr}을 결정하는 방법

그림 11.14로부터 AB구간의 포물선은 다음 식으로부터 결정된다.

$$\sigma_{cr} = \sigma_o - k\left(\frac{l_B}{r}\right)^2 = \sigma_o - k(\lambda)^2 \tag{11.8}$$

여기서 σ_o는 σ_y이고 B점의 σ_{cr}은 $\frac{1}{2}\sigma_y$이며 $\lambda = C_c$로 놓으면 $k = \frac{\sigma_y}{2C_c^{\,2}}$가 되고 식 (11.8)에 $\sigma_o = \sigma_y$와 k값을 대입하면 σ_{cr}은 다음과 같이 표현된다.

$$\sigma_{cr} = \sigma_y\left(1 - \frac{\lambda^2}{2C_c^{\,2}}\right) \tag{11.9}$$

이때 식 (11.9)의 적용범위는 $\lambda \leq C_c$일 때이다.

그림 11.14의 BE구간은 다음과 같은 Euler 공식으로 정의된다.

$$\sigma_{cr} = \frac{\pi^2 E}{\lambda^2} \tag{11.10}$$

물론 식 (11.10)의 적용범위는 $\lambda \geq C_c$일 때이고, 식 (11.10)에 $\sigma_{cr} = \frac{\sigma_y}{2}$와 $\lambda = C_c$를 대입하고 $C_c^{\,2}$으로 정리하면 다음 식과 같이 표현된다.

$$C_c^{\,2} = \frac{2\pi^2 E}{\sigma_y}$$

2) 허용응력 σ_{all}의 결정방법

그림 11.15는 항복강도가 서로 다른 3종의 강재에 대해 $\sigma_{\text{all}}-\lambda$곡선이 나타나 있다. 허용응력 σ_{all}을 기준으로 하는 강재의 설계에 있어 AISC는 λ가 200을 초과하는 것을 허용하지 않는다는 특징이 있다. 허용응력 σ_{all}을 결정할 때 그림 11.14의 경우와 마찬가지로 C_c를 결정해야 한다. $C_c \le \lambda \le 200$의 경우 $F.S = \dfrac{23}{12}$으로 규정하고 있고 $\sigma_{\text{all}} = \dfrac{\pi^2 E}{F.S(\lambda^2)}$로 정의된다. $\lambda < C_c$의 경우 즉, 단주와 중간주의 범위에서 안전계수 $F.S$는 다음과 같이 규정하고 있다.

$$F.S = \frac{5}{3} + \frac{3}{8} \times \frac{\lambda}{C_c} - \frac{1}{8}\left(\frac{\lambda}{C_c}\right)^2$$

세장비 λ가 고려된 허용응력 σ_{all}은 다음 식에 의해 결정된다.

$$\sigma_{\text{all}} = \frac{\sigma_y}{F.S}\left[1 - \frac{1}{2}\left(\frac{\lambda}{C_c}\right)^2\right]$$

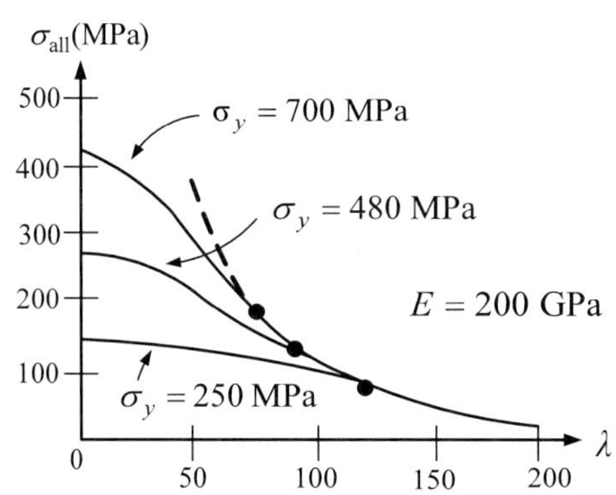

그림 11.15

[예제 11.7]

양단이 힌지이고 단면은 부록 A의 H $400 \times 400 \times 13 \times 21$인 기둥이 있다. 기둥의 탄성계수 $E = 200$ GPa이고 항복응력 $\sigma_y = 240$ MPa이다. 기둥의 길이 $l = 5$ m일 때 허용축하중을 구하라.

[풀이] 양단이 힌지인 기둥이므로 좌굴장 $l_B = l$이고 부록 A로부터 주어진 단면의

$$A = 218.7\ \mathrm{cm}^2,\ r_{\min} = 10.1\ \mathrm{cm}$$

이다. 따라서

$$\lambda = \frac{500}{10.1} = 49.5$$

로 계산된다.

$$C_c = \sqrt{\frac{2\pi^2 E}{\sigma_y}} = \sqrt{\frac{2\times\pi^2\times 200\times 10^3}{240}} = 128.3$$

이므로 $\lambda < C_c$의 경우로 단주와 중간주 범위에 있다. 따라서 안전계수

$$F.S = \frac{5}{3} + \frac{3}{8}\times\frac{49.5}{128.3} - \frac{1}{8}\left(\frac{49.5}{128.3}\right)^2$$

$$= 1.79$$

로 계산된다. 따라서 허용압축응력

$$\sigma_{\mathrm{all}} = \frac{\sigma_y}{F.S}\left[1 - \frac{1}{2}\left(\frac{\lambda}{C_c}\right)^2\right]$$

$$= \frac{240}{1.79}\left[1 - \frac{1}{2}\left(\frac{49.5}{128.3}\right)^2\right]$$

$$= 124.1\ \mathrm{MPa}$$

이므로 허용축하중

$$P_{\mathrm{all}} = 218.7\times 10^2\times 124.1\times 10^{-3} = 2{,}714.1\ \mathrm{kN}$$

으로 계산된다.

11.7 편심축하중을 받는 기둥의 설계

3장에서 편심축하중의 일반적인 경우에서 다루었듯이 편심축하중에 의해 편심모멘트 M이 발생되고 이때의 부재단면에 발생되는 절대 최대응력

$$\sigma_{\max} = \frac{P}{A} + \frac{Mc}{I}$$

로 표현되었다. 만일 기둥에서 편심축하중이 작용된 경우 $\sigma_{\max}$는 11.6절에서 다룬 기둥

의 세장비 λ가 고려된 허용응력 σ_{all}을 초과해서는 안 된다. 즉,

$$\frac{P}{A}+\frac{Mc}{I}\le \sigma_{all}$$

이어야 한다. 이 규정을 허용응력법(Allowable Stress Method)에 의한 검토식이라고 한다. 위의 식에서 $\sigma_P=\frac{P}{A}$, $\sigma_M=\frac{Mc}{I}$로 놓고 σ_{all}로 나누면 다음과 같이 표현되고

$$\frac{\sigma_P}{\sigma_{all}}+\frac{\sigma_M}{\sigma_{all}}\le 1 \tag{11.11}$$

이렇게 표현된 식을 상호작용(相互作用, Interaction)법에 의한 검토식이라 한다. 식 (11.11)로부터 $\frac{\sigma_P}{\sigma_{all}}$와 $\frac{\sigma_M}{\sigma_{all}}$을 절댓값으로 하여 좌표축에 표시하면 그림 11.16과 같고 음영으로 나타낸 범위는 안전측이다.

만일 축하중 P가 단면의 2축 x, z축에 편심된 경우

$$\sigma_P=\frac{P}{A},\ \sigma_{M_x}=\frac{M_x z}{I_x},\ \sigma_{M_z}=\frac{M_z x}{I_z}$$

라고 할 때 상호작용식은 다음과 같이 표현된다.

$$\frac{\sigma_P}{\sigma_{all}}+\frac{\sigma_{M_x}}{\sigma_{all}}+\frac{\sigma_{M_z}}{\sigma_{all}}\le 1$$

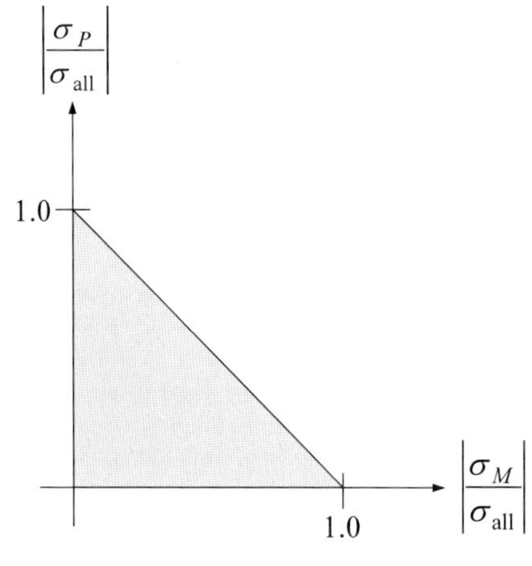

그림 11.16

연습문제

EXERCISE

1. 양단이 힌지로 구성된 길이 10 m의 기둥단면의 바깥지름 200 mm 그리고 두께가 20 mm인 강관의 임계하중을 구하라($E=$ 200 GPa).

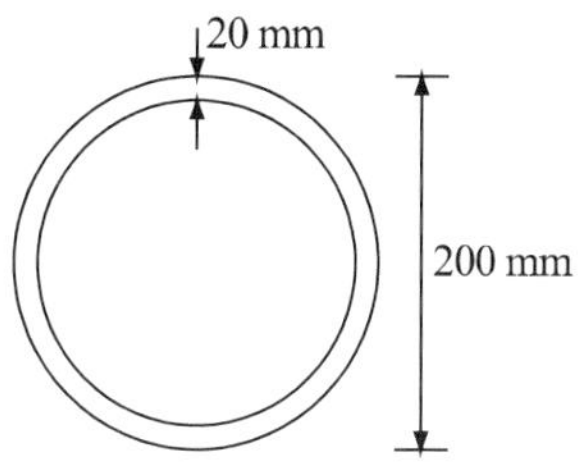

해석 순서

① 단면2차모멘트 산정

$$I=\frac{\pi}{4}(0.1^4-0.08^4)=4.637\times 10^{-5}\ \mathrm{m}^4$$

② 임계하중 산정

$$P_{cr}=\frac{\pi^2 EI}{l^2}=915.3\ \mathrm{kN}$$

2. 기둥 AB는 강재, 기둥 CD는 알루미늄 재질로 이루어져 있다. 그림과 같은 하중을 받을 때

(a) 강재 기둥의 임계하중

(b) 두 기둥의 임계하중이 같을 때 알루미늄 기둥의 치수 d

(c) (b)에서의 강재 기둥에 대한 알루미늄 기둥의 중량비를 구하라.

(강재 기둥 AB: $E_s=$ 200 GPa, $\gamma_s=$ 87.5 kN/m^3)

(알루미늄 기둥 CD: $E_a=$ 70 GPa, $\gamma_a=$ 27.1 kN/m^3)

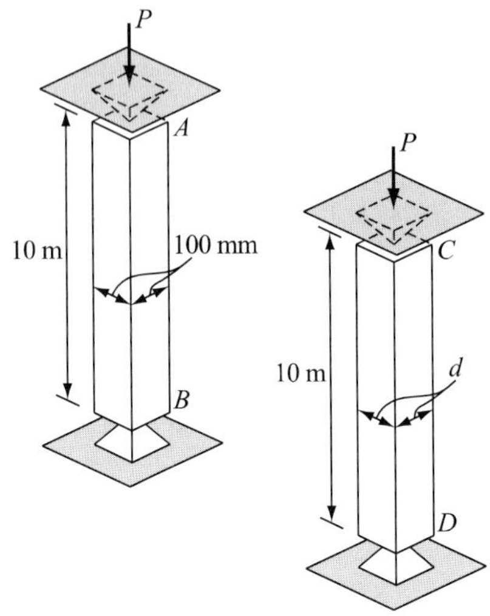

해석 순서

① 강재 기둥의 임계하중 산정

$$P_{cr} = \frac{\pi^2 E_s I_s}{l^2} = 164.5 \text{ kN}$$

② 두 기둥의 임계하중이 같을 때 알루미늄 기둥의 치수 d 산정

$$P_{cr} = \frac{\pi^2 E_a I_a}{l^2} = \frac{\pi^2 E_a (d^4/12)}{l^2} = 164.5 \text{ kN}$$

$$d = 130 \text{ mm}$$

③ 강재 기둥에 대한 알루미늄 기둥의 중량비 산정

$$\frac{m_a}{m_s} = \frac{\gamma_a\, l \times 130^2}{\gamma_s\, l \times 100^2} = 0.523 = 52.3\,\%$$

3. 그림과 같은 구조물의 B 점에 수평과 70°의 경사로 $P = 4{,}000$ kN의 하중이 작용될 때 구조물의 안전계수를 구하라. 부재 AB, BC, AC의 직경 d는 모두 100 mm, $E = 200$ GPa이고 구조물이 이루는 평면 내에서의 좌굴만 고려한다.

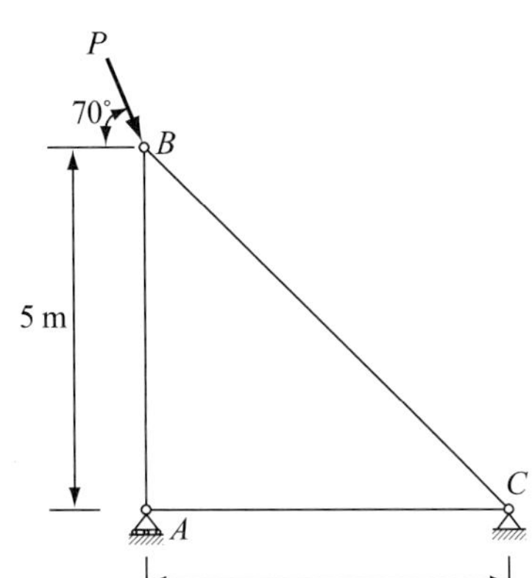

해석 순서

① 부재력 산정

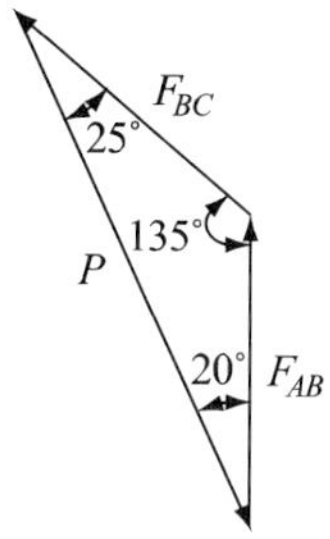

$F_{AB} = 2{,}390.7$ kN

$F_{BC} = 1{,}934.8$ kN

$F_{AC} = 0$

② 부재 AB 및 부재 BC가 받을 수 있는 임계하중(임계부재력) 산정

$$F_{AB,\,cr} = \frac{\pi^2 EI}{l_{AB}^2} = 6{,}201.3\text{ kN},\ F_{BC,\,cr} = \frac{\pi^2 EI}{l_{BC}^2} = 3{,}100.6\text{ kN}$$

③ 부재 AB 및 부재 BC의 안전계수 산정

$$F.S_{AB} = \frac{F_{AB,\,cr}}{F_{AB}} = 2.59,\ F.S_{BC} = \frac{F_{BC,\,cr}}{F_{BC}} = 1.60$$

④ 구조물 전체의 안전계수

$F.S = 1.60$

4. 기둥 AB가 50 kN의 중심축하중 P를 받고 있다. 케이블 BC와 BD를 당겨, B점이 x, z평면 내에서 움직이지 못하게 하였다. 케이블의 인장을 무시하고 Euler 공식과 안전계수 $F.S = 2.2$를 사용하여 기둥 AB의 최대 허용높이 h를 구하라(단, $E = 200$ GPa).

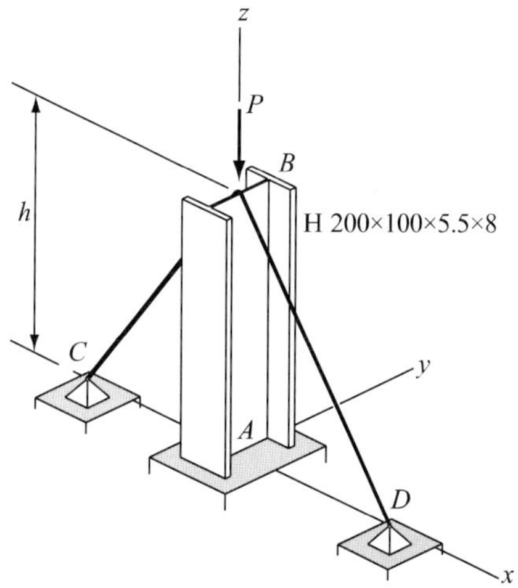

해석 순서

① 기둥 AB 단면의 x축, y축에 대한 단면2차모멘트(부록 A)

$I_x = 1.84 \times 10^{-5}\,\mathrm{m}^4$, $I_y = 0.134 \times 10^{-5}\,\mathrm{m}^4$

② 안전계수를 고려한 임계하중 산정

$P_{cr,\,\min} = F.S \times P = 110 \times 10^3\,\mathrm{N}$

③ xz평면 내에서 기둥 AB의 최대 허용높이 h 산정

xz평면 내에서 기둥 AB의 지지조건은 힌지+고정이므로 $l_B = 0.7\,l$

$$P_{cr} = \frac{\pi^2 EI_y}{(0.7l)^2},\ l = 7.0\,\mathrm{m}$$

④ yz평면 내에서 기둥 AB의 최대 허용높이 h 산정

yz평면 내에서 기둥 AB의 지지조건은 자유+고정이므로 $l_B = 2\,l$

$$P_{cr} = \frac{\pi^2 EI_x}{(2l)^2},\ l = 9.1\,\mathrm{m}$$

따라서 기둥AB 최대 허용높이 $h = 7.0\,\mathrm{m}$이다.

5. 축하중 P가 정사각형 강재기둥 AB의 중심축으로부터 10 mm 떨어진 C점에 작용되고 있다.

$E = 200\,\mathrm{GPa}$일 때

(a) 끝단 B에서의 수평처짐이 20 mm일 때 축하중 P와

(b) 그에 따른 기둥의 절대 최대응력을 구하라.

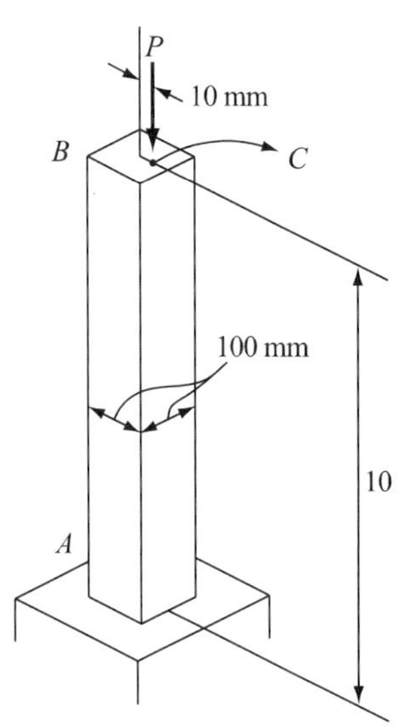

해석 순서

① 기둥 단면의 단면2차모멘트 및 단면적 산정

$I = 8.333 \times 10^{-6}\ \text{m}^4,\ A = 0.01\ \text{m}^2$

② 임계하중 산정

기둥 AB 의 지지조건은 자유+고정이므로 $l_B = 2l$

$$P_{cr} = \frac{\pi^2 EI}{(l_B)^2} = 13.089\ \text{kN}$$

③ 끝단 B 에서의 수평처짐이 20 mm 일 때 축하중 P 산정

수평처짐식(식 11.4) $y_{max} = e\left(\sec\frac{\pi}{2}\sqrt{\frac{P}{P_{cr}}} - 1\right)$로부터

$$\sec\left(\frac{\pi}{2}\sqrt{\frac{P}{P_{cr}}}\right) = \frac{y_{max}+e}{e},\quad \cos\left(\frac{\pi}{2}\sqrt{\frac{P}{P_{cr}}}\right) = \frac{e}{y_{max}+e}$$

$$\frac{P}{P_{cr}} = \left(\frac{2}{\pi}\arccos\frac{e}{y_{max}+e}\right)^2 = 0.614,\ P = 8.0\ \text{kN}$$

④ 기둥의 절대 최대응력 산정

$$M_{max} = P(e + y_{max}) = 2.4\ \text{kN m}$$

$$\sigma_{max} = \frac{P}{A} + \frac{Mc}{I} = 15.27\ \text{MPa}$$

6. 그림과 같은 단면을 가진 강관의 중심축으로부터 10 mm 떨어진 점에 축하중 P가 작용되고 있다. $E = 200$ GPa일 때

(a) 중앙점 C 에서의 수평처짐이 20 mm 일 때 축하중 P와

(b) 그에 따른 기둥의 절대 최대응력을 구하라.

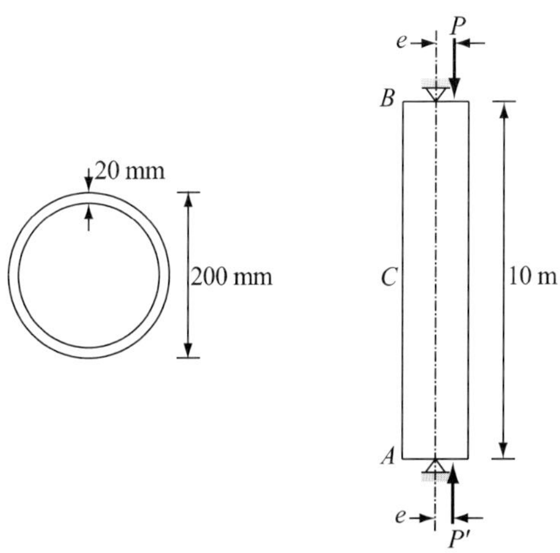

해석 순서

① 기둥 단면의 단면2차모멘트 및 단면적 산정

$I = 2.701 \times 10^{-5}\,\mathrm{m}^4,\ A = 5.969 \times 10^{-3}\,\mathrm{m}^2$

② 임계하중 산정

기둥 AB 의 지지조건은 힌지 + 힌지이므로 $l_B = l$

$$P_{cr} = \frac{\pi^2 EI}{(l_B)^2} = 533.156\,\mathrm{kN}$$

③ 중앙점 C 에서의 수평처짐이 20mm일 때 축하중 P 산정

수평처짐식(식 11.4) $y_{\max} = e\left(\sec\frac{\pi}{2}\sqrt{\frac{P}{P_{cr}}} - 1\right)$로부터

$$\sec\left(\frac{\pi}{2}\sqrt{\frac{P}{P_{cr}}}\right) = \frac{y_{\max} + e}{e},\ \cos\left(\frac{\pi}{2}\sqrt{\frac{P}{P_{cr}}}\right) = \frac{e}{y_{\max} + e}$$

$$\frac{P}{P_{cr}} = \left(\frac{2}{\pi}\arccos\frac{e}{y_{\max} + e}\right)^2 = 0.614,\ P = 327.4\,\mathrm{kN}$$

④ 기둥의 절대 최대응력 산정

$$M_{\max} = P(e + y_{\max}) = 9.821\,\mathrm{kN\,m}$$

$$\sigma_{\max} = \frac{P}{A} + \frac{Mc}{I} = 91.2\,\mathrm{MPa}$$

부록 A 강재제원표-H형강

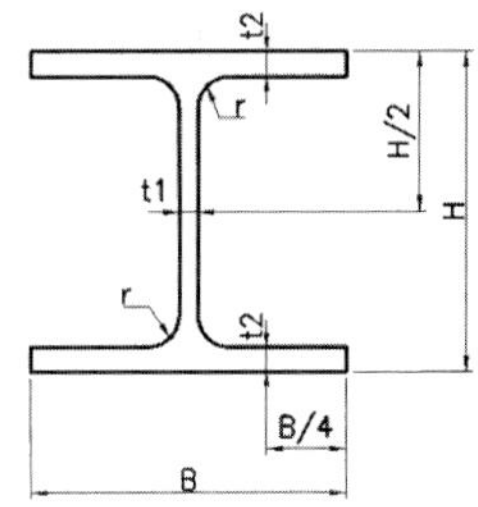

공칭치수 Nominal Size mm	표준 단면 치수 Standard Sectional Dimension mm				단면적 Sectional Area mm^2	단위 중량 Unit Weight N/m	단면 2차 모멘트 Moment of Inertia mm^4		단면 2차 반경 Radius of Gyration mm		단면 계수 Modulus of Section mm^3	
	H×B	t_1	t_2	r	A	W	Ix	Iy	ix	iy	Zx	Zy
100×100	100×100	6	8	10	2190	172	3.83E+06	1.34E+06	41.8	24.7	7.65E+04	2.67E+04
125×125	125×125	6.5	9	10	3031	238	8.47E+06	2.93E+06	52.9	31.1	1.36E+05	4.70E+04
150×75	150×75	5	7	8	1785	140	6.66E+06	4.95E+05	61.1	16.6	8.88E+04	1.32E+04
150×100	148×100	6	9	11	2684	211	1.02E+07	1.51E+06	61.7	23.7	1.38E+05	3.01E+04
150×150	150×150	7	10	11	4014	315	1.64E+07	5.63E+06	63.9	37.5	2.19E+05	7.51E+04
200×100	198×99	4.5	7	11	2318	182	1.58E+07	1.14E+06	82.6	22.1	1.60E+05	2.30E+04
	200×100	5.5	8	11	2716	213	1.84E+07	1.34E+06	82.4	22.2	1.84E+05	2.68E+04
200×150	194×150	6	9	13	3901	306	2.69E+07	5.07E+06	83	36.1	2.77E+05	6.76E+04
200×200	200×200	8	12	13	6353	499	4.72E+07	1.60E+07	86.2	50.2	4.72E+05	1.60E+05
	200×204	12	12	13	7153	562	4.98E+07	1.70E+07	83.5	48.8	4.98E+05	1.67E+05
	208×202	10	16	13	8369	657	6.53E+07	2.20E+07	88.3	51.3	6.28E+05	2.18E+05
250×125	248×124	5	8	12	3268	257	3.54E+07	2.55E+06	104	27.9	2.85E+05	4.11E+04
	250×125	6	9	12	3766	296	4.05E+07	2.94E+06	104	27.9	3.24E+05	4.70E+04
250×175	244×175	7	11	16	5624	441	6.12E+07	9.84E+06	104	41.8	5.02E+05	1.13E+05
250×250	244×252	11	11	16	8206	644	8.79E+07	2.94E+07	103	59.8	7.20E+05	2.33E+05
	248×249	8	13	16	8470	665	9.93E+07	3.35E+07	108	62.9	8.01E+05	2.69E+05
	250×250	9	14	16	9218	724	1.08E+08	3.65E+07	108	62.9	8.67E+05	2.92E+05
	250×255	14	14	16	10470	822	1.15E+08	3.88E+07	105	60.9	9.19E+05	3.04E+05
300×150	298×149	5.5	8	13	4080	320	6.32E+07	4.42E+06	124	32.9	4.24E+05	5.93E+04
	300×150	6.5	9	13	4678	367	7.21E+07	5.08E+06	124	32.9	4.81E+05	6.77E+04
300×200	294×200	8	12	18	7238	568	1.13E+08	1.60E+07	125	47.1	7.71E+05	1.60E+05
	298×201	9	14	18	8336	654	1.33E+08	1.90E+07	126	47.7	8.93E+05	1.89E+05

공칭치수 Nominal Size mm	표준 단면 치수 Standard Sectional Dimension mm				단면적 Sectional Area mm^2	단위 중량 Unit Weight N/m	단면 2차 모멘트 Moment of Inertia mm^4		단면 2차 반경 Radius of Gyration mm		단면 계수 Modulus of Section mm^3	
300×300	294×302	12	12	18	10770	845	1.69E+08	5.52E+07	125	71.6	1.15E+06	3.65E+05
	298×299	9	14	18	11080	870	1.88E+08	6.24E+07	130	75	1.27E+06	4.17E+05
	300×300	10	15	18	11980	940	2.04E+08	6.75E+07	131	75.1	1.36E+06	4.50E+05
	300×305	15	15	18	13480	1060	2.15E+08	7.10E+07	126	72.6	1.44E+06	4.66E+05
	304×301	11	17	18	13480	1060	2.34E+08	7.73E+07	132	75.7	1.54E+06	5.14E+05
	310×305	15	20	18	16530	1300	2.82E+08	9.46E+07	132	76	1.81E+06	6.20E+05
	310×310	20	20	18	18080	1420	2.94E+08	9.94E+07	128	75	1.89E+06	6.42E+05
350×175	346×174	6	9	14	5268	414	1.11E+08	7.92E+06	145	38.8	6.41E+05	9.10E+04
	350×175	7	11	14	6314	496	1.36E+08	9.84E+06	147	39.5	7.75E+05	1.12E+05
	354×176	8	13	14	7368	578	1.61E+08	1.18E+07	148	40.1	9.09E+05	1.34E+05
340×250	336×249	8	12	20	8815	692	1.85E+08	3.09E+07	145	59.2	1.10E+06	2.48E+05
	340×250	9	14	20	10150	797	2.17E+08	3.65E+07	146	60	1.28E+06	2.92E+05
350×350	344×348	10	16	202	14600	1150	3.33E+08	1.12E+08	151	87.8	1.94E+06	6.46E+05
	344×354	16	16	0	16660	1310	3.53E+08	1.18E+08	146	84.3	2.05E+06	6.69E+05
	350×350	12	19	20	17390	1370	4.03E+08	1.36E+08	152	88.4	2.30E+06	7.76E+05
	350×357	19	19	20	19140	1560	4.28E+08	1.44E+08	147	85.3	2.45E+06	8.09E+05
400×200	396×199	7	11	16	7216	566	2.00E+08	1.45E+07	167	44.8	1.01E+06	1.45E+05
	400×200	8	13	16	8412	660	2.37E+08	1.74E+07	168	45.4	1.19E+06	1.74E+05
	404×201	9	15	16	9616	755	2.75E+08	2.03E+07	169	46	1.36E+06	2.02E+05
400×300	386×299	9	14	22	12010	943	3.37E+08	6.24E+07	167	78.1	1.74E+06	4.18E+05
	390×300	10	16	22	13600	1070	3.87E+08	7.21E+07	169	72.8	1.98E+06	4.81E+05
400×400	388×402	15	15	22	17850	1400	4.90E+08	1.63E+08	166	95.4	2.52E+06	8.09E+05
	394×398	11	18	22	18680	1470	5.61E+08	1.89E+08	173	101	2.85E+06	9.51E+05
	394×405	18	18	22	21440	1680	5.97E+08	2.00E+08	167	96.5	3.03E+06	9.85E+05
	400×400	13	21	22	21870	1720	6.66E+08	2.24E+08	175	101	3.33E+06	1.12E+06
	400×408	21	21	22	25070	1970	7.09E+08	2.38E+08	168	97.5	3.54E+06	1.17E+06
	* 406×403	16	24	22	25490	2000	7.80E+08	2.62E+08	175	101	3.84E+06	1.30E+06
	* 414×405	18	28	22	29540	2320	9.28E+08	3.10E+08	177	102	4.48E+06	1.53E+06
	* 428×407	20	35	22	36070	2830	1.19E+09	3.94E+08	182	104	5.57E+06	1.93E+06

공칭치수 Nominal Size mm	표준 단면 치수 Standard Sectional Dimension mm				단면적 Sectional Area mm^2	단위 중량 Unit Weight N/m	단면 2차 모멘트 Moment of Inertia mm^4		단면 2차 반경 Radius of Gyration mm		단면 계수 Modulus of Section mm^3	
	* 458×417	30	50	22	52860	4150	1.87E+09	6.05E+08	188	107	8.17E+06	2.90E+06
	* 498×432	45	70	22	77010	6050	2.98E+09	9.40E+08	197	111	1.30E+07	4.37E+06
450×200	446×199	8	12	18	8430	662	2.87E+08	1.58E+07	185	43.3	1.29E+06	1.59E+05
	450×200	9	14	18	9676	760	3.35E+08	1.87E+07	186	44	1.49E+06	1.87E+05
450×300	434×299	10	15	24	13500	1060	4.68E+08	6.69E+07	186	70.4	2.16E+06	4.48E+05
	440×300	11	18	24	15740	1240	5.61E+08	8.11E+07	189	71.8	2.55E+06	5.41E+05
500×200	496×199	9	14	20	10130	795	4.19E+08	1.84E+07	203	42.7	1.69E+06	1.85E+05
	500×200	10	16	20	11420	896	4.78E+08	2.14E+07	205	43.3	1.91E+06	2.14E+05
	506×201	11	19	20	13130	1030	5.65E+08	2.58E+07	207	44.3	2.23E+06	2.54E+05
500×300	482×300	11	15	26	14550	1140	6.04E+08	6.76E+07	204	68.2	2.50E+06	4.51E+05
	488×300	11	18	26	16350	1280	7.10E+08	8.11E+07	208	70.4	2.91E+06	5.41E+05
600×200	596×199	10	15	22	12050	946	6.87E+08	1.98E+07	239	40.5	2.31E+06	1.99E+05
	600×200	11	17	22	13440	1060	7.76E+08	2.28E+07	240	41.2	2.59E+06	2.28E+05
	606×201	12	20	22	15250	1200	9.04E+08	2.72E+07	243	42.2	2.98E+06	2.71E+05
	612×202	13	23	22	17070	1340	1.03E+09	3.18E+07	246	43.1	3.38E+06	3.14E+05
600×300	582×300	12	17	28	17450	1370	1.03E+09	7.67E+07	243	66.3	3.53E+06	5.11E+05
	588×300	12	20	28	19250	1510	1.18E+09	9.02E+07	248	68.5	4.02E+06	6.01E+05
	594×302	14	23	28	22240	1750	1.37E+09	1.06E+08	249	69	4.62E+06	7.01E+05
700×300	692×300	13	20	28	21150	1660	1.72E+09	9.02E+07	286	65.3	4.98E+06	6.02E+05
	700×300	13	24	28	23550	1850	2.01E+09	1.08E+08	293	67.8	5.76E+06	7.22E+05
	708×302	15	28	28	27360	2150	2.37E+09	1.29E+08	294	68.6	6.70E+06	8.53E+05
800×300	792×300	14	22	28	24340	1910	2.54E+09	9.93E+07	323	63.9	6.41E+06	6.62E+05
	800×300	14	26	28	26740	2100	2.92E+09	1.17E+08	330	66.2	7.29E+06	7.82E+05
	808×302	16	30	28	30760	2410	3.39E+09	1.38E+08	332	67	8.40E+06	9.15E+05
900×300	* 890×299	15	23	18	26680	2100	3.39E+09	1.03E+08	356	62	7.61E+06	6.87E+05
	* 900×300	16	28	18	30580	2400	4.04E+09	1.26E+08	364	64.3	8.99E+06	8.42E+05
	* 912×302	18	34	18	36010	2830	4.91E+09	1.57E+08	369	65.6	1.08E+07	1.04E+06
	* 918×303	19	37	18	38740	3040	5.35E+09	1.72E+08	372	66.7	1.17E+07	1.14E+06

부록 A 강재제원표–I형강

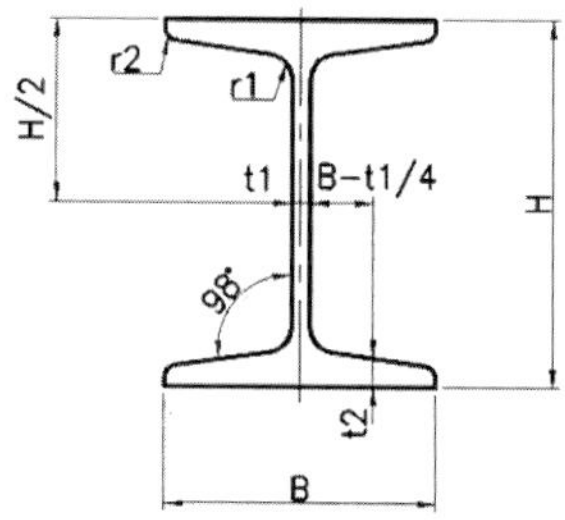

표준단면칫수 Standard Sectional Dimension (mm)					단면적 Sectional Area (mm^2)	단위중량 Unit Weight (N/m)	중심의 위치 Center of Gravity (mm)		단면 2차모멘트 Moment of Inertia (mm^4)		단면 2차반경 Radius of Gyration (mm)		단면계수 Modulus of Section (mm^3)	
H×B	t_1	t_2	r_1	r_2	A	W	Cx	Cy	Ix	Iy	ix	iy	Zx	Zy
125×75	5.5	9.5	9	4.5	2045	161	0	0	5.38E+06	5.75E+05	51.3	16.8	8.60E+04	1.53E+04
150×75	5.5	9.5	9	4.5	2183	171	0	0	8.19E+06	5.75E+05	61.2	16.2	1.09E+05	1.53E+04
200×100	7	10	10	5	3306	260	0	0	2.17E+07	1.38E+06	81.1	20.5	2.17E+05	2.77E+04
250×125	7.5	12.5	12	6	4879	383	0	0	5.18E+07	3.37E+06	103	26.3	4.14E+05	5.39E+04
300×150	10	18.5	19	9.5	8347	655	0	0	1.27E+08	8.86E+06	123	32.6	8.49E+05	1.18E+05
300×150	11.5	22	23	11.5	9788	768	0	0	1.47E+08	1.08E+07	122	33.2	9.78E+05	1.49E+05
350×150	9	15	13	6.5	7458	585	0	0	1.52E+08	7.02E+06	143	31.7	8.70E+05	9.35E+04
350×150	12	24	25	12.5	11110	872	0	0	2.24E+08	1.18E+07	142	32.6	1.28E+06	1.58E+05
400×150	10	18	17	8.5	9173	720	0	0	2.41E+08	8.64E+06	162	30.7	1.20E+06	1.15E+05
400×150	12.5	25	27	13.5	12210	958	0	0	3.17E+08	1.24E+07	161	31.8	1.58E+06	1.65E+05
450×175	11	20	19	9.5	11680	917	0	0	3.92E+08	1.51E+07	183	36	1.74E+06	1.73E+05
400×175	13	26	27	13.5	14610	1150	0	0	4.88E+08	2.02E+07	183	37.2	2.17E+06	2.31E+05
600×190	13	25	25	12.5	16940	1330	0	0	9.84E+08	2.46E+07	241	38.1	3.28E+06	2.59E+05
600×190	16	35	38	19	22450	1760	0	0	1.30E+09	3.54E+07	241	39.7	4.33E+06	3.73E+05

부록 B 단면성능

단면형상	단면적 A	도심에서의 최대거리 e	단면 2차모멘트 I	단면계수 Z(e에 대하여)	단면 2차반경 i
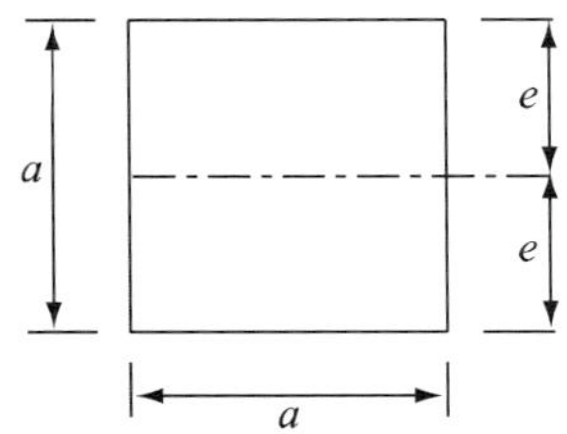 	a^2	$\frac{a}{2}$	$\frac{a^4}{12}$	$\frac{a^3}{6}$	$\frac{a}{\sqrt{12}}$
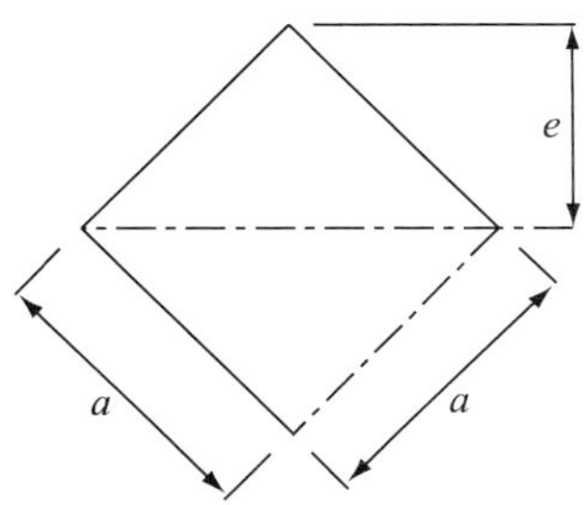 	a^2	$\frac{a}{\sqrt{2}}$	$\frac{a^4}{12}$	$\frac{a^3}{6\sqrt{2}}$	$\frac{a}{\sqrt{12}}$
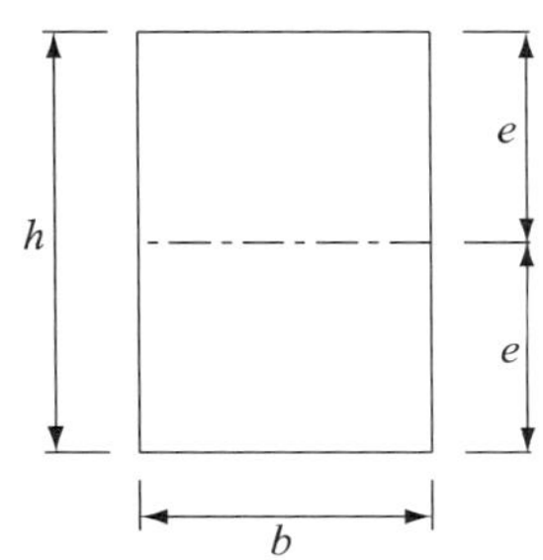 	bh	$\frac{h}{2}$	$\frac{bh^3}{12}$	$\frac{bh^2}{6}$	$\frac{h}{\sqrt{12}}$

단면형상	단면적 A	도심에서의 최대거리 e	단면 2차모멘트 I	단면계수 Z(e에 대하여)	단면 2차반경 i
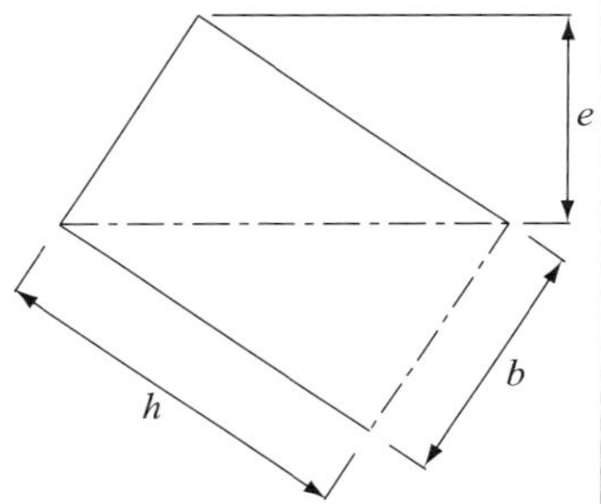	bh	$\dfrac{bh}{\sqrt{b^2+h^2}}$	$\dfrac{b^3h^3}{6(b^2+h^2)}$	$\dfrac{b^2h^2}{6\sqrt{b^2+h^2}}$	$\dfrac{bh}{\sqrt{6(b^2+h^2)}}$
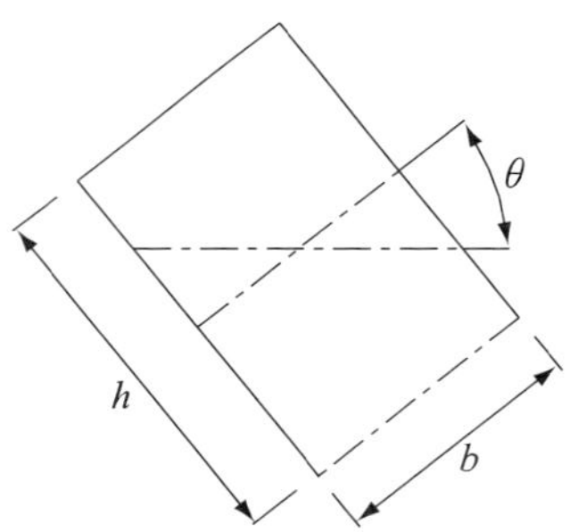	bh	$\dfrac{h\cdot\cos\theta+b\cdot\sin\theta}{2}$	$\dfrac{bh}{12}(h^2\cdot\cos^2\theta+b^2\cdot\sin^2\theta)$	$\dfrac{bh}{6}\left(\dfrac{h^2\cdot\cos^2\theta+b^2\cdot\sin^2\theta}{h\cdot\cos\theta+b\cdot\sin\theta}\right)$	$\sqrt{\dfrac{h^2\cdot\cos^2\theta+b^2\cdot\sin^2\theta}{12}}$
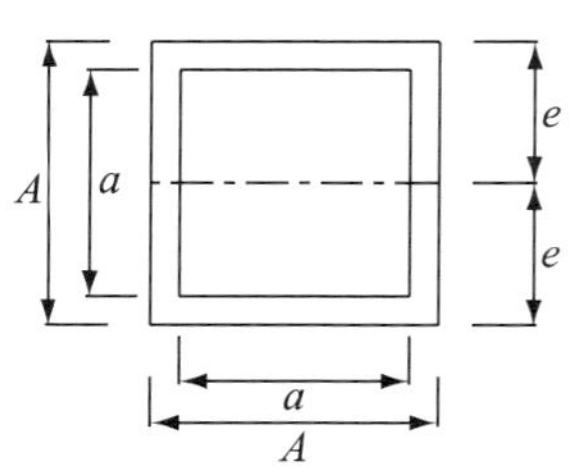	A^2-a^2	$\dfrac{A}{2}$	$\dfrac{A^4-a^4}{12}$	$\dfrac{A^4-a^4}{6A}$	$\sqrt{\dfrac{A^2+a^2}{12}}$

단면형상	단면적 A	도심에서의 최대거리 e	단면 2차모멘트 I	단면계수 Z(e에 대하여)	단면 2차반경 i
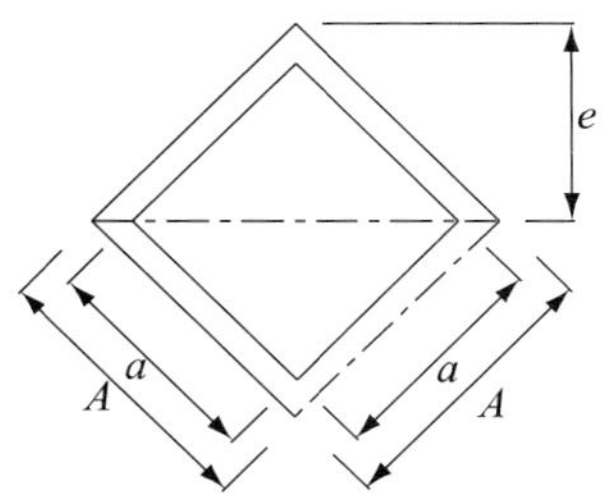	A^2-a^2	$\frac{A}{\sqrt{2}}$	$\frac{A^4-a^4}{12}$	$\frac{\sqrt{2}(A^4-a^4)}{12A}$	$\sqrt{\frac{A^2+a^2}{12}}$
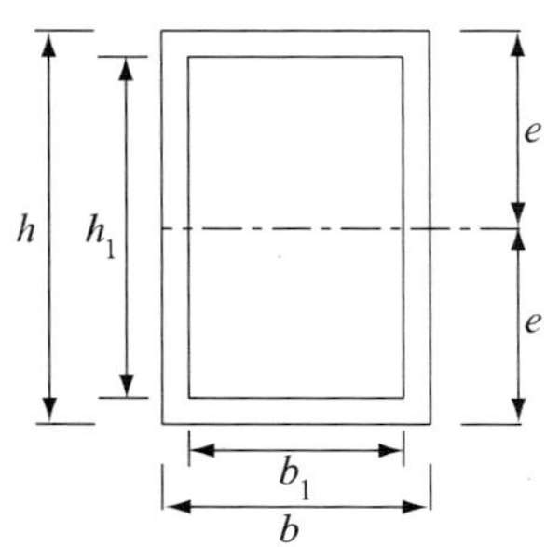	$bh-b_1h_1$	$\frac{h}{2}$	$\frac{bh^3-b_1h_1^3}{12}$	$\frac{bh^3-b_1h_1^3}{6h}$	$\sqrt{\frac{bh^3-b_1h_1^3}{12(bh-b_1h_1)}}$
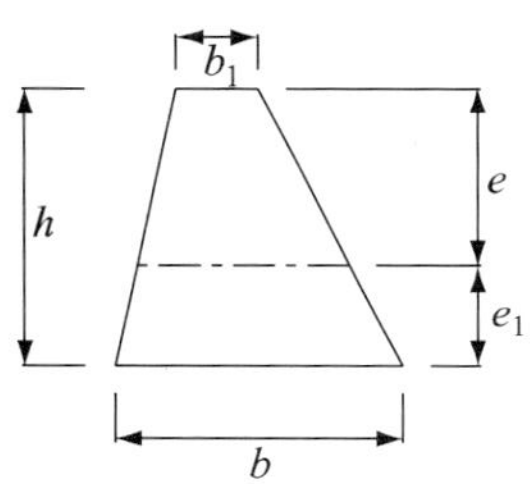	$\frac{1}{2}h(b+b_1)$	$\frac{h(b_1+2b)}{3(b_1+b)}$	$\frac{h^3(b^2+4bb_1+b_1^2)}{36(b+b_1^2)}$	$\frac{h^2(b^2+4bb_1+b_1^2)}{12(2b+b_1^2)}$	$\sqrt{\frac{2h^2(b^2+4bb_1+b_1^2)}{36(b+b_1)^2}}$

단면형상	단면적 A	도심에서의 최대거리 e	단면 2차모멘트 I	단면계수 Z(e에 대하여)	단면 2차반경 i
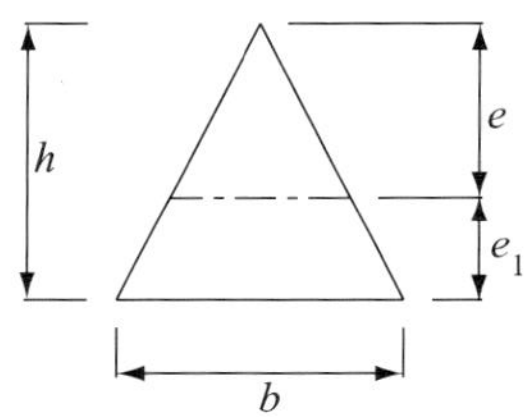	$\frac{bh}{2}$	$\frac{2}{3}h$	$\frac{bh^3}{36}$	$\frac{bh^2}{24}$	$\frac{h}{\sqrt{18}}$
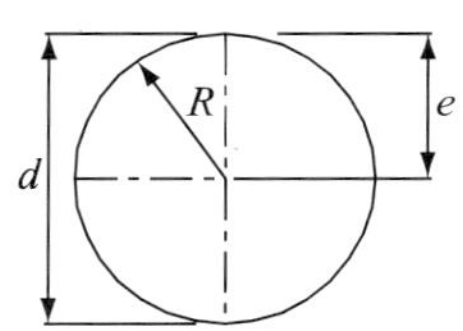	$\frac{\pi}{4}d^2$	$\frac{d}{2}$	$\frac{\pi d^4}{64}$	$\frac{\pi d^3}{32}$	$\frac{d}{4}$
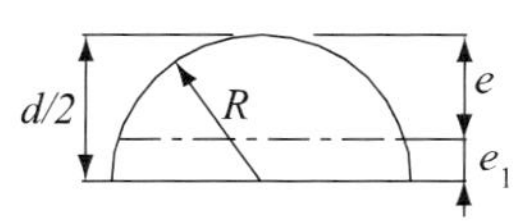	$\frac{\pi}{8}d^2$	$\frac{d}{6\pi}(3\pi-4)$	$\frac{d^4(9\pi^2-64)}{1152\pi}$	$\frac{d^3(9\pi^2-64)}{192(3\pi-4)}$	$\sqrt{\frac{d^2(9\pi^2-64)}{144\pi^2}}$
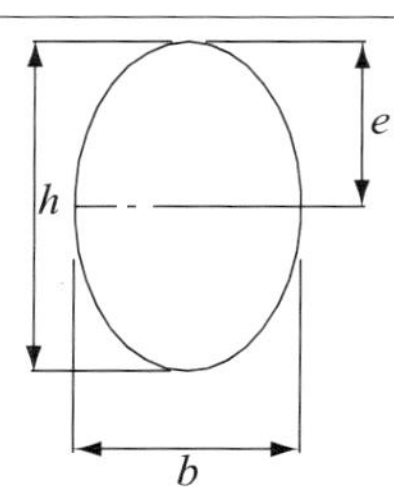	$\frac{\pi bh}{4}$	$\frac{h}{2}$	$\frac{\pi bh^3}{64}$	$\frac{\pi bh^2}{32}$	$\frac{h}{4}$

단면형상	단면적 A	도심에서의 최대거리 e	단면 2차모멘트 I	단면계수 Z(e에 대하여)	단면 2차반경 i
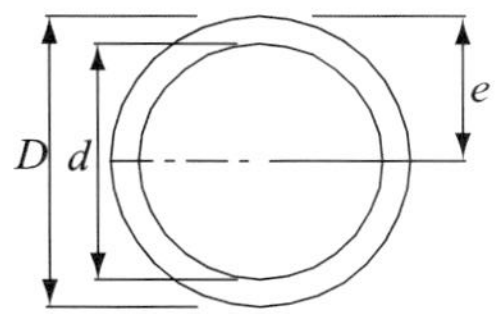	$\frac{\pi}{4}(D^2-d^2)$	$\frac{D}{2}$	$\frac{\pi}{64}(D^4-d^4)$	$\frac{\pi}{32D}(D^4-d^4)$	$\frac{\sqrt{D^2+d^2}}{4}$
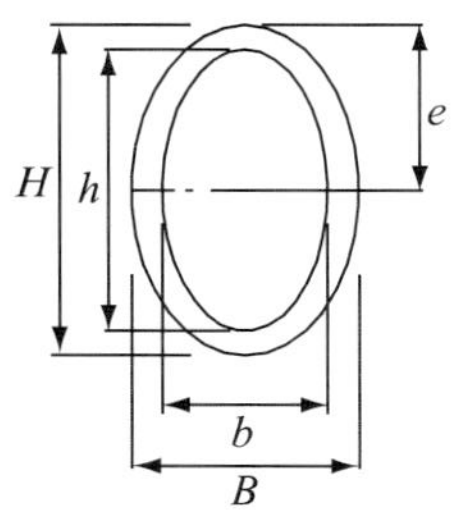	$\frac{\pi}{4}(BH-bh)$	$\frac{H}{2}$	$\frac{\pi}{64}(BH^3-bh^3)$	$\frac{\pi}{32h}(BH^3-bh^3)$	$\sqrt{\frac{BH^3-bh^3}{16(BH-bh)}}$
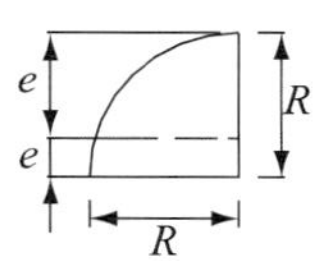	$\frac{\pi R^2}{4}$	$0.5756R$	$0.055R^4$	$0.0956R^3$	$0.26433R$
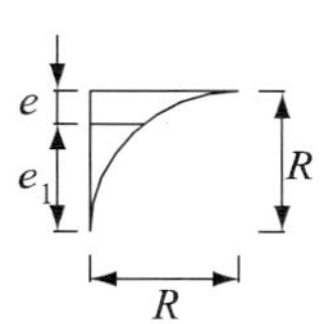	$\left(1-\frac{\pi}{4}\right)R^2$	$0.2234R$	$0.0075R^4$	$0.0336R^3$	$0.187R$

단면형상	단면적 A	도심에서의 최대거리 e	단면 2차모멘트 I	단면계수 Z(e에 대하여)	단면 2차반경 i
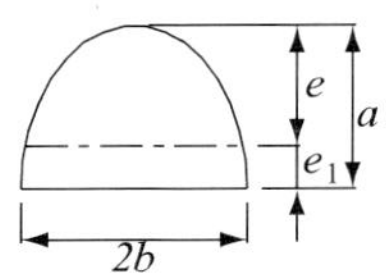	$\frac{\pi ab}{2}$	$0.5756a$	$0.1098a^3b$	$0.1907a^2b$	$0.264a$
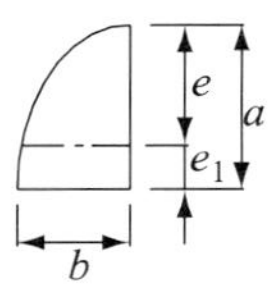	$\frac{\pi ab}{4}$	$0.5756a$	$0.0549a^3b$	$0.0953a^2b$	$0.264a$
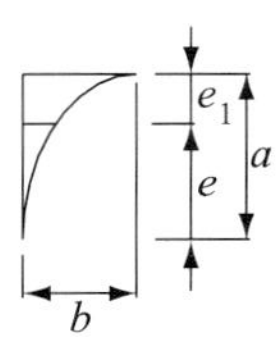	$ab\left(1-\frac{\pi}{4}\right)$	$4.6598\frac{a}{b}$	$0.0075a^3b$	$0.0016a^2b^2$	$0.1869a$

부록 C 구조시스템

구조시스템	반력	처짐각	처짐	기타 부재력
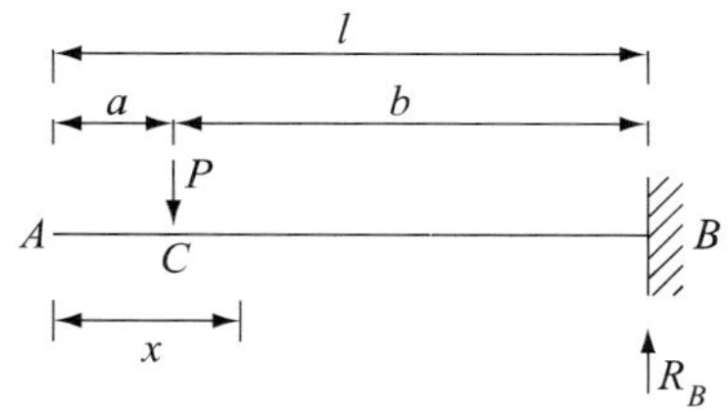	$R_B = P$ $M_B = -Pb$	$\theta_A = -\dfrac{Pb^2}{2EI}$	$\delta_A = \dfrac{Pb^3}{3EI}\left(1 + \dfrac{3a}{2b}\right)$	
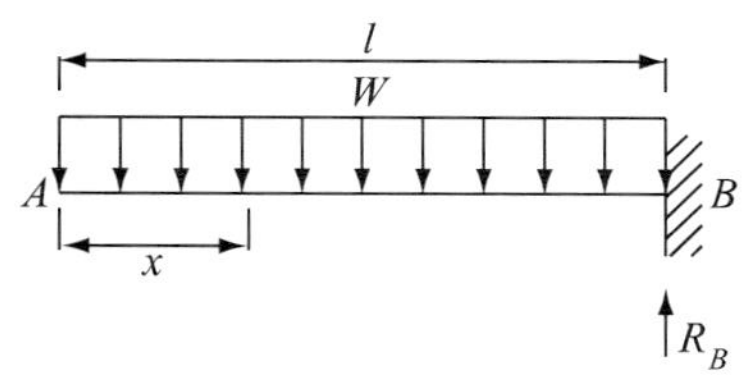	$R_B = wl$ $M_B = -\dfrac{wl^2}{2}$	$\theta_A = -\dfrac{wl^3}{6EI}$	$\delta_A = \dfrac{wl^4}{8EI}$	
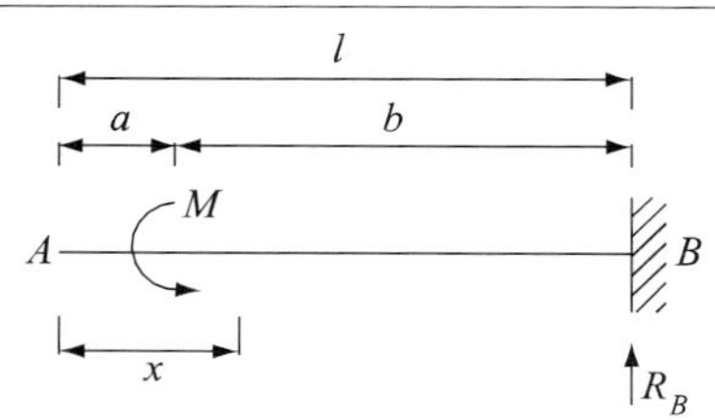	$R_B = 0$ $M_B = -M$	$\theta_A = -\dfrac{Mb}{EI}$	$\delta_A = \dfrac{M}{2EI}(b^2 + 2ab)$	
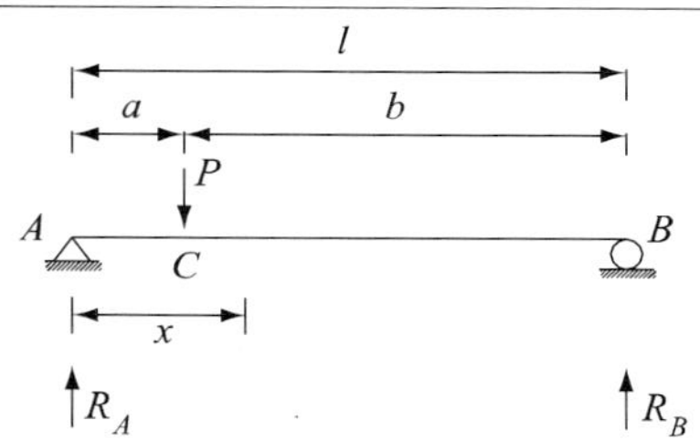	$R_A = \dfrac{Pb}{l}$ $R_B = \dfrac{Pa}{l}$	$\theta_A = \dfrac{Pb}{6EIl}(l^2 - b^2)$ $\theta_B = \dfrac{Pa}{6EIl}(a^2 - l^2)$	$\delta_C = \dfrac{Pa^2b^2}{3EIl}$ $\delta_{\max} = \dfrac{Pb}{3EIl}\sqrt{\left(\dfrac{a^2 + 2ab}{3}\right)^3}$	$M_C = \dfrac{Pab}{l}$

구조시스템	반력	처짐각	처짐	기타 부재력
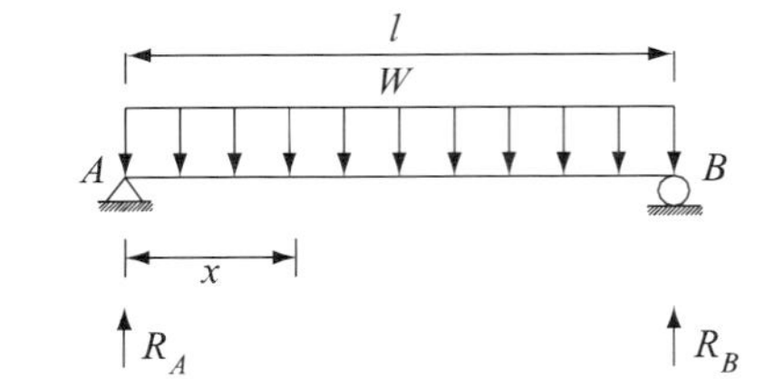	$R_A = R_A = \frac{wl}{2}$	$\theta_A = -\theta_B = \frac{wl^3}{24EI}$	$\delta_{\max} = \frac{5wl^4}{384EI}$	$M_{\max} = \frac{wl^2}{8}$
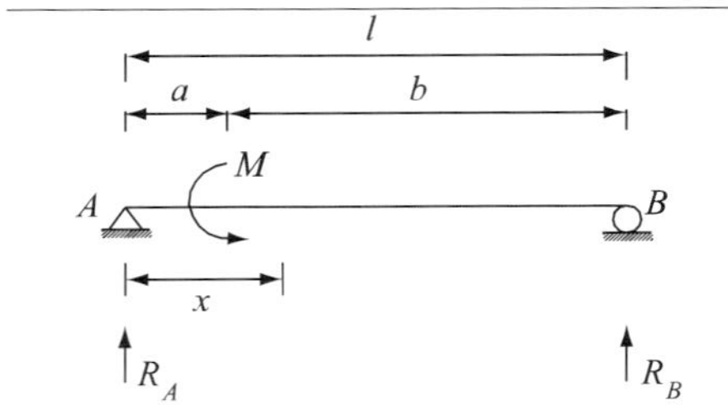	$R_A = -R_B = \frac{M}{l}$	$\theta_A = \frac{M}{6EIl}(l^2 - 3b^2)$ $\theta_B = \frac{M}{6EIl}(l^2 - 3a^2)$		$M_{CA} = \frac{a}{l}M$ $M_{CB} = -\frac{b}{l}M$
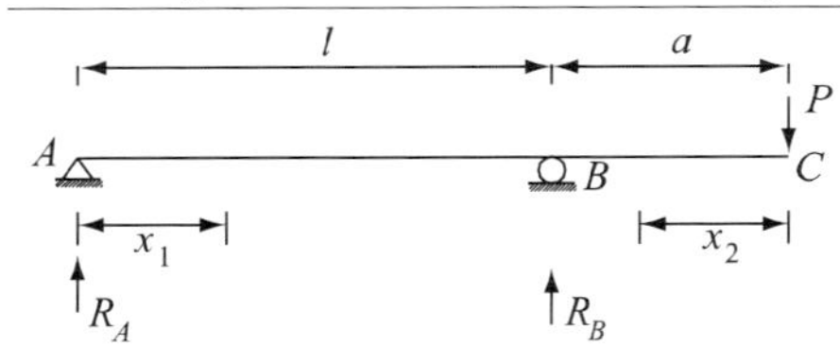	$R_A = -\frac{Pa}{l}$ $R_B = \frac{a+l}{l}P$	$\theta_A = \frac{al}{6EI}P$ $\theta_B = \frac{al}{3EI}P$ $\theta_C = \frac{a^2}{2EI}P + \theta_B$	$\delta_C = \frac{Pa^2}{3EI}(l+a)$ $\delta_{\max} = -0.0642\frac{Pal^2}{EI}$	$M_B = -Pa$
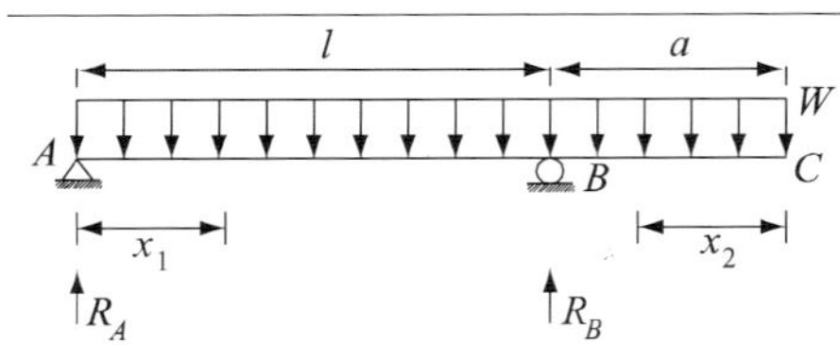	$R_A = \frac{w(l^2 - a^2)}{2l}$ $R_B = \frac{w(l+a)^2}{2l}$	$\theta_C = \frac{wa^3}{3EI} + \frac{wl}{24EI}(l^2 - 4a^2)$	$\delta_C = \frac{wa^4}{8EI} + \frac{wla}{24EI}(4a^2 - l^2)$	$M_B = -\frac{wa^2}{2}$
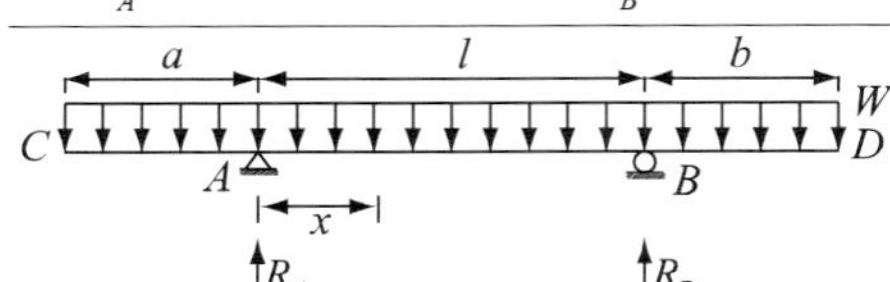	$R_A = \frac{w(a+l)^2 - wb^2}{2l}$ $R_B = \frac{w(b+l)^2 - wa^2}{2l}$	$\theta_A = \frac{wl}{24EI}(l^2 - 4a^2 - 2b^2)$ $\theta_B = -\frac{wl}{24EI}(l^2 - 2a^2 - 4b^2)$	$\delta_C = \frac{wa^4}{8EI} - \theta_A a$ $\delta_D = \frac{wb^4}{8EI} - \theta_B b$	$M_A = -\frac{wa^2}{2}$ $M_B = -\frac{wb^2}{2}$

구조시스템	반력	처짐각	처짐	기타 부재력
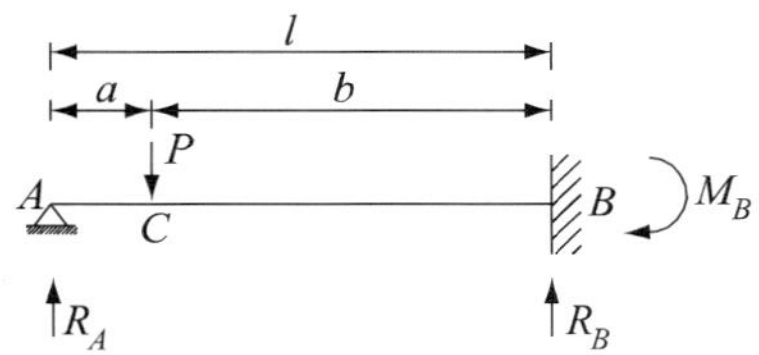	$R_A=\frac{Pb^2}{2l^3}(3a+2b)$ $R_B=P-R_A$ $M_B=-\frac{Pab(2a+b)}{2l^2}$	$\theta_A=\frac{Pab^2}{4EIl}$	$\delta_C=\frac{Pa^2b^3(4a+3b)}{12EIl^3}$	$M_C=\frac{Pab^2(3a+2b)}{2l^3}$
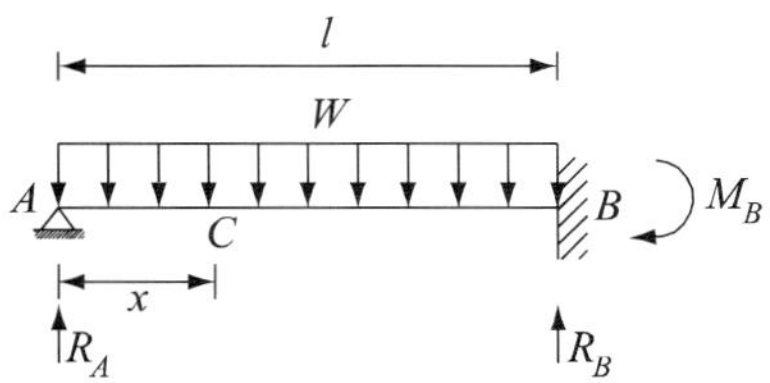	$R_A=\frac{3}{8}wl$ $R_B=\frac{5}{8}wl$ $M_B=-\frac{wl^2}{8}$	$\theta_A=\frac{wl^3}{48EI}$	$\delta_{MAX}=\frac{wl^4}{185EI}$	$M_C=\frac{9}{128}wl^2$
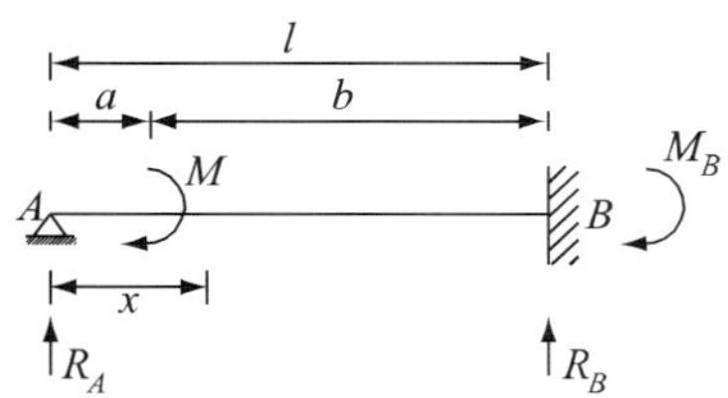	$R_A=-R_B$ $=-\frac{3M}{2l}\left(\frac{l^2-a^2}{l^2}\right)$ $M_B=\frac{M}{2}\left(1-3\frac{a^2}{l^2}\right)$	$\theta_A=-\frac{M}{EI}\left(\frac{1}{4}l-a+\frac{3a^2}{4l}\right)$		
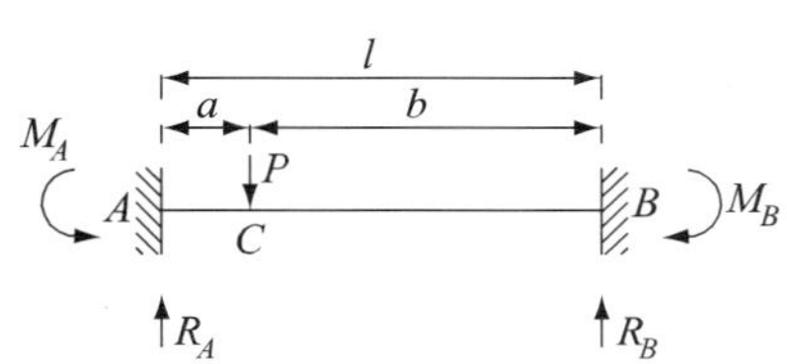	$R_A=\frac{Pb^2}{l^3}(3a+b)$ $R_B=\frac{Pa^2}{l^3}(a+3b)$ $M_A=-\frac{Pab^2}{l^2}$ $M_B=-\frac{Pa^2b}{l^2}$		$\delta_C=\frac{Pa^3b^3}{3EIl^3}$	$M_C=\frac{2Pa^2b^2}{l^3}$

구조시스템	반력	처짐각	처짐	기타 부재력
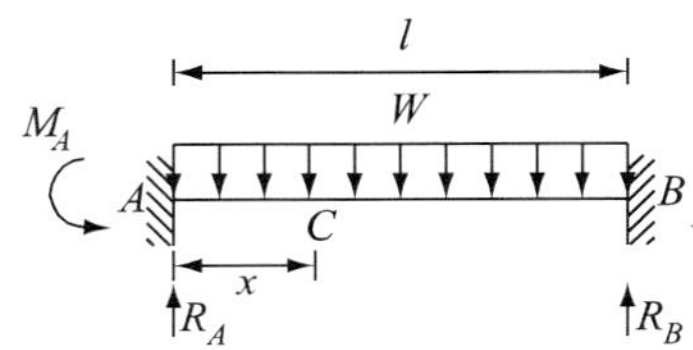	$R_A = R_B = \frac{wl}{2}$ $M_A = M_B = -\frac{wl^2}{12}$		$\delta_C = \frac{wl^4}{384EI}$	$M_C = \frac{wl^2}{24}$
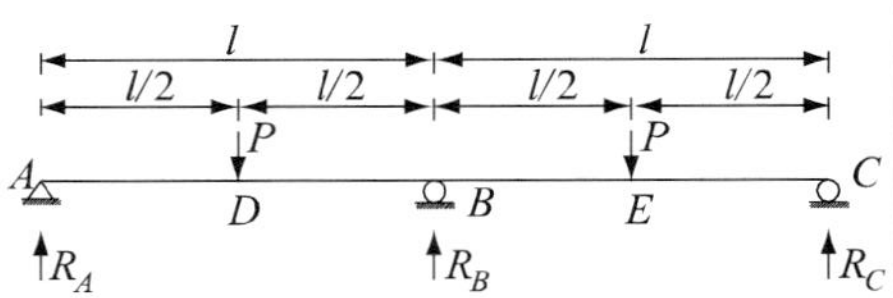	$R_A = R_C = \frac{5}{16}P$ $R_B = \frac{11}{8}P$		$\delta_{MAX} = \frac{Pl^3}{48\sqrt{5}\,EI}$ $\delta_D = \delta_E = \frac{7Pl^3}{768EI}$	$M_B = -\frac{3}{16}Pl$ $M_D = M_E = \frac{5}{32}Pl$
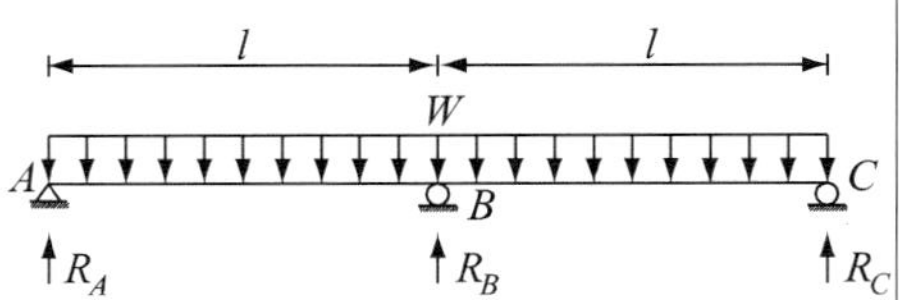	$R_A = R_C = \frac{3}{8}wl$ $R_B = \frac{5}{4}wl$		$\delta_{MAX} = \frac{wl^4}{185EI}$	$M_B = -\frac{1}{8}wl^2$ $M_D = \frac{9}{128}wl^2$
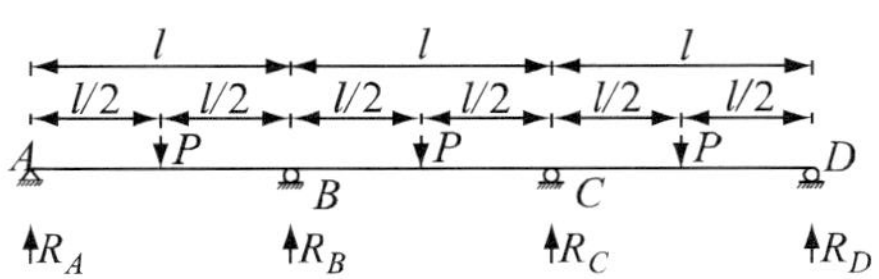	$R_A = R_D = 0.35P$ $R_B = R_C = 1.15P$			$M_B = M_C = -0.15P$ $M_1 = 0.175Pl$ $M_2 = 0.1Pl$
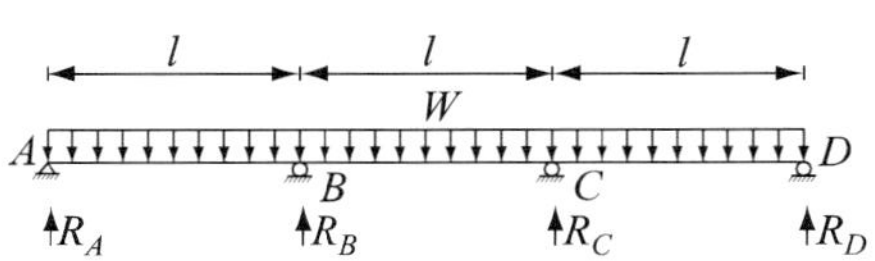	$R_A = R_D = 0.4wl$ $R_B = R_C = 1.1wl$			$M_B = M_C = -0.1wl^2$ $M_1 = 0.08wl^2$ $M_2 = 0.025wl^2$

부록 D

참고문헌

1. Beer, F.P., and Johnston, Jr., E.R., *Mechanics of Materials*, McGraw-Hill Book Company, New York, 1981.
2. Kurt Hirschfeld, *Baustatik*, Springer-Verlag Berin, New York, 1982.
3. Timoshenko, S.P., and Gere, J.M., *Mechanics of Materials*, 2nd ed., Van Nostrand Reinhold Company, 1984.

재료역학

2013년 2월 20일 제1판 2쇄 인쇄
2013년 2월 25일 제1판 2쇄 발행

지은이 구민세
펴낸이 류 제 동
펴낸곳 **청문각**

책임편집 안기용
표지디자인 유선영
마케팅 나상욱 · 함승형 · 송길배

우편번호 413-120
주소 경기도 파주시 문발로 116
전화 1644-0965
팩스 070-8650-0965
등록 2012.11.26. 제406-2012-000127호

홈페이지 www.cmgpg.com
전자우편 webmaster@cmgpg.com
ISBN 978-89-6364-124-9

값 30,000원

* 잘못된 책은 바꾸어 드립니다.
* 저자와의 협의 하에 인지를 생략합니다.